国家级精品资源共享课制药工艺设计配套教材

教育部高等学校制药工程专业教学指导分委员会推荐教材

制药工程工艺设计

第三版

张珩◎主编

张秀兰　李忠德◎副主编

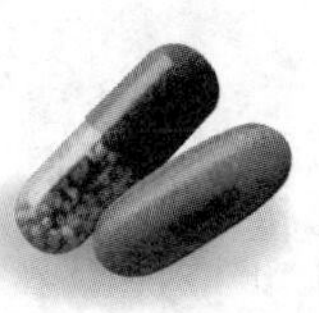

化学工业出版社

·北京·

《制药工程工艺设计》（第三版）是国家级精品资源共享课制药工艺设计配套教材和教育部高等学校制药工程专业教学指导分委员会推荐教材。

全书共十六章。重点介绍制药工程项目设计的基本程序、工艺流程设计、物料衡算、能量衡算及热数据的估算、工艺设备选型与设计、车间布置、管道设计、净化空调系统设计、制药用水系统设计、非工艺设计项目、制药厂建设工程项目实施与管理、生物发酵车间设计及示例、制剂车间设计及示例、中药前处理和提取车间设计及示例、生物制品车间设计及示例、化学制药车间设计及示例。本书全面系统阐述和反映制药工艺设计的基本理论与方法。内容满足化学制药、中药制药、生物制药、药物制剂的设计知识和要求，第十二章到第十六章以各论的形式、以设计示例方法说明制药工艺设计的基本理论和方法的应用过程。

《制药工程工艺设计》（第三版）可作为高等院校制药工程专业、药物制剂及相关专业的教材，也可供制药与化工等行业从事设计、研究、生产的工程技术人员参考。

图书在版编目（CIP）数据

制药工程工艺设计/张珩主编. —3版. —北京：化学工业出版社，2018.8（2025.2重印）

国家级精品资源共享课制药工艺设计配套教材　教育部高等学校制药工程专业教学指导分委员会推荐教材

ISBN 978-7-122-32602-7

Ⅰ.①制…　Ⅱ.①张…　Ⅲ.①制药工业-化学工程-高等学校-教材　Ⅳ.①TQ46

中国版本图书馆CIP数据核字（2018）第152175号

责任编辑：杜进祥　　文字编辑：丁建华

责任校对：王素芹　　装帧设计：关　飞

出版发行：化学工业出版社（北京市东城区青年湖南街13号　邮政编码100011）

印　　装：三河市双峰印刷装订有限公司

787mm×1092mm　1/16　印张32¼　插页5　字数863千字　2025年2月北京第3版第8次印刷

购书咨询：010-64518888　　售后服务：010-64518899

网　　址：http://www.cip.com.cn

凡购买本书，如有缺损质量问题，本社销售中心负责调换。

定　　价：79.00元

《制药工程工艺设计》（第三版）
编 写 人 员

主　　编　张　珩

副 主 编　张秀兰　李忠德

编写人员（以姓氏笔画为序）

丰贵鹏（新乡学院）

王　凯（湖北大学）

王　嘉（中国医药集团联合工程有限公司）

王凯凯（新乡学院）

叶　萍（中国医药集团联合工程有限公司）

江　峰（中国药科大学）

李忠德（中国医药集团联合工程有限公司）

李美松（浙江大远智慧制药工程技术有限公司）

杨裕栋（中国医药集团联合工程有限公司）

张　珩（武汉工程大学/新乡学院）

张功臣（北京唯新精准医学研究有限公司）

张秀兰（武汉工程大学）

陈　聪（武汉纽威制药机械有限公司）

前言

制药工程工艺设计是一门以药学、药剂学、药品生产质量管理规范（GMP）、工程学及相关理论和工程技术为基础来综合研究制药工程项目设计的应用型工程学科。

为了满足制药工程专业和药物制剂等专业的教学需要，我们 2006 年根据多年从事制药工程领域教学与科研的工作经验编写了《制药工程工艺设计》。在经过七年使用，即制药工程专业走过了 15 年的发展历程后，我们顺应发展需要编写了《制药工程工艺设计》（第二版）。今天的制药工程专业已经发展成为了一个对国民经济发展具有强大高新技术产业支撑的高新专业。在这个发展过程中，《制药工程工艺设计》伴随了许多制药工程专业学生的成长，因而它本身也已有了广泛的使用者和读者群。同时，本书还是国家级精品资源共享课制药工艺设计的配套教材和教育部高等学校制药工程专业教学指导分委员会推荐教材，并荣获中国石油和化学工业优秀教材一等奖。

随着中国医药工业的快速发展，药品生产质量整体水平全面提升，《药品生产质量管理规范》（GMP）对医药生产与设计提出了更高的硬件和软件要求，进一步提高药物生产质量管理规范水平势在必行。因此，我们编写了《制药工程工艺设计》（第三版），第三版的编写原则是遵循和体现医药工业新发展对制药工程项目设计的新思想。同时，满足制药工程专业教学质量国家标准和国际实质等效的国家工程教育认证的新要求。主要修改为：

（1）对第二版内容的修改重点是精炼简化、补充完善。示例和例证都做了一些调整，如有些图纸过于陈旧，进行了一些更新。

（2）补充与调整较多的内容之一是为了突出制药工业生产新发展新需求：①制药合成车间流程设计如何满足 GMP 的新要求，如药物合成产品设计中，如何体现有机挥发性物质做到近零排放；②增加了自动控制系统设计，以促进设计理论上水平。

（3）补充与调整较多的内容之二是对第二版引入的最新隔离技术和核心区设计方法进行了新的补充，以提高制药工程项目设计的先进性。

（4）补充与调整较多的内容之三是删除了制药工程验证一章，取而代之的是制药厂建设工程项目实施与管理一章，以培养和增强学生项目管理能力的提高。

（5）补充与调整较多的内容之四是各论中的化学制药车间设计及示例一章完全改写了。从产品到内容以及图纸全部更新，内容与前面的化学合成药物生产的全部生产过程（从工艺流程设计，到三算两布置）遥相呼应，使得化学药物的工艺设计在设计理论上有了一个新的提高。

本书共十六章，第一章到第十一章包括制药工程项目设计的基本程序、工艺流程设计、物料衡算、能量衡算及热数据的估算、工艺设备选型与设计、车间布置、管道设计、净化空调系统设计、制药用水系统设计、非工艺设计项目（包括：建筑设计概论、供水和排水、供电、冷冻、采暖通风、劳动安全、环境保护、工程经济）、制药厂建设工程项目实施与管理，全面系统阐述和反映制药工程工艺设计的基本理论与方法，内容横向满足化学制药、天然药物制药、生物制药的设计要求，纵向适应上游原料药和下游药物制剂的需要。第十二章到第十六章以各论的形式，通过生物发酵车间设计及示例、制剂车间设计及示例、中药前处理和提取车间设计及示例、生物制品车间设计及示例、化学制药车间设计及示例来说明制药工程工艺设计的基本理论与方法的应用过程，以便使制药工程工艺设计的课程体系与内容更加丰富起来。

本书由武汉工程大学、中国医药集团联合工程有限公司等单位的专家共同编写。张珩主编，张秀兰、李忠德副主编。编写分工如下：绪论张珩、张秀兰；第一章张珩、张秀兰、李忠德；第二章张珩、张秀兰、李美松；第三章王凯；第四章张珩、张秀兰、丰贵鹏；第五章张珩、李美松、王凯凯；第六章李忠德、张珩、张秀兰；第七章张珩、张秀兰；第八章张功臣、江峰、丰贵鹏；第九章张功臣、江峰、王凯凯；第十章王凯；第十一章陈聪、王萍；第十二章李忠德、王嘉；第十三章王嘉、李忠德；第十四章叶萍；第十五章李忠德、杨裕栋；第十六章杨裕栋、李忠德。全书由张珩、张秀兰、李忠德统稿。

本书可作为高等院校制药工程专业、药物制剂及相关专业的教材，也可供制药与化工行业从事设计、研究、生产的工程技术人员参考。

笔者水平所限，加之时间仓促，书中不妥和不尽人意之处恐难避免，热切希望专家和广大读者不吝赐教，批评指正。

张　珩

2018 年 6 月于武昌

第一版前言

制药工程工艺设计是一门以药学、药剂学、GMP（药品生产质量管理规范）和工程学及相关科学理论和工程技术为基础来综合研究制药工程项目设计的应用型工程学科。

1998年，我国设置了全新的制药工程专业，其专业内涵广泛，覆盖化学制药、中药制药、生物制药和药物制剂等方面。为了满足制药工程专业和药物制剂（工业）等专业的教学需要，作者根据多年从事制药工程领域教学与科研工作经验，为制药工程专业本科教学编写了这本《制药工程工艺设计》教材。

本书共十章，第一章到第九章从医药工程项目设计的基本程序、工艺流程设计、物料衡算、能量衡算及热数据估算、工艺设备设计及材料腐蚀和防腐蚀、车间布置、管道设计、制药洁净厂房空调净化系统设计、非工艺设计基础（包括：建筑设计概论、工艺用水及其制备、供水和排水、供电、冷冻、采暖通风、劳动安全、环境保护、工程经济）方面全面系统阐述和反映制药工程工艺设计的基本理论与方法，内容横向满足化学制药、天然药物制药、生物制药的设计要求，纵向适应上游原料药和下游药制制药的需要。第十章以各论的形式，通过化学制药车间设计、生物发酵车间设计、中药前处理和提取车间设计、制剂车间设计、基因工程车间设计实例来说明制药工程工艺设计的基本理论与方法的应用过程，以使制药工程工艺设计的课程体系与内容更加丰富。

本书由武汉工程大学（原武汉化工学院）、华东理工大学和武汉医药设计院等共同编写。张珩主编，罗晓燕副主编。参加编写的人员有：绪论张珩、张秀兰；第一章罗晓燕、张珩、李忠德；第二章罗晓燕；第三章王凯；第四章罗晓燕；第五章罗晓燕、张珩；第六章张秀兰、张珩；第七章张秀兰、张珩、张功臣；第八章王凯、张珩；第九章王凯、张珩；第十章李忠德、张功臣、夏庆、郑学峰。全书由张珩、李忠德统稿。

本书可作为高等院校制药工程专业、药物制剂专业及相关专业的教材，也可供制药与化工行业从事研究、设计、生产的工程技术人员参考。

编者水平所限，时间仓促，书中不妥之处热切希望专家和广大读者不吝赐教，批评指正。

编者

2005年10月于武昌

目录

绪论 …… 1
一、制药工程工艺设计的重要性 …… 1
二、制药工程工艺设计的特点 …… 1
三、工艺设计的分类 …… 3
四、学习本课程的意义 …… 3
第一章　制药工程项目设计的基本程序 …… 4
第一节　设计前期工作阶段 …… 4
一、设计前期工作的目的和内容 …… 4
二、项目建议书 …… 5
三、可行性研究 …… 5
四、设计委托书 …… 6
五、厂址的选择 …… 6
六、总图布置 …… 7
七、环境影响报告书 …… 11
第二节　设计期工作阶段 …… 12
一、初步设计阶段 …… 15
二、施工图设计阶段 …… 17
第三节　设计后期工作阶段 …… 18
第四节　制药工程设计常用规范和标准 …… 19
习题 …… 20
第二章　工艺流程设计 …… 21
第一节　概述 …… 21
一、工艺流程设计的重要性 …… 21
二、工艺流程设计的任务和成果 …… 21
三、工艺流程设计的原则 …… 22
第二节　工艺流程设计的基本程序 …… 22
一、对选定的生产方法进行工程分析 …… 22
二、进行方案比较 …… 22
三、绘制工艺流程框图 …… 23
四、绘制设备工艺流程简图 …… 23
五、绘制初步设计阶段的带控制点工艺流程图 …… 23
六、绘制施工阶段的带控制点工艺流程图 …… 23
第三节　工艺流程图 …… 24
一、工艺流程框图 …… 24
二、设备工艺流程图 …… 24
三、物料流程图 …… 26
四、带控制点的工艺流程图 …… 27
第四节　工艺流程设计的技术处理 …… 44
一、确定生产线数目 …… 45
二、操作方式 …… 45
三、保持主要设备的生产能力平衡、提高设备利用率 …… 46
四、考虑全流程的弹性 …… 49
五、以化学单元反应为中心，完善生产过程 …… 49
六、合理设计各个单元操作 …… 56
七、工艺流程的完善与简化 …… 56
八、合成药物工艺流程设计的新要求 …… 58
第五节　典型单元设备的自控流程 …… 61
一、泵的自控流程设计 …… 61
二、管壳式换热设备的自控流程设计 …… 62
三、精馏塔的自控流程设计 …… 62
四、釜式反应器的自控流程设计 …… 65
第六节　特定过程及管路的流程 …… 67
一、夹套设备综合管路流程 …… 67
二、发酵罐的管路流程 …… 68
三、离子交换树脂柱的管路流程 …… 69
四、多功能提取罐的管路流程 …… 69
五、三效浓缩蒸发器的管路流程 …… 69
第七节　自动控制系统设计 …… 71
一、自动控制系统概述 …… 71
二、设计方法 …… 72
三、设计示例 …… 77
习题 …… 86
第三章　物料衡算 …… 87
第一节　概述 …… 87
一、物料衡算的作用和任务 …… 87
二、物料衡算的类型 …… 87
三、物料衡算的基本理论 …… 88
四、物料衡算的基本方法和步骤 …… 89
五、计算数据说明 …… 96
六、物料衡算的自由度分析方法 …… 96
第二节　物理过程的物料衡算 …… 100
一、吸收过程的物料衡算 …… 101

二、精馏过程的物料衡算 …………………… 101
三、干燥过程的物料衡算 …………………… 104
四、制剂过程的物料衡算 …………………… 105
第三节　化学反应过程的物料衡算 …… 108
一、简单化学反应过程的物料衡算 ……… 108
二、复杂化学反应过程的物料衡算 ……… 110
第四节　连续的物料衡算 ………………… 114
一、串联和并联的物料衡算 ………………… 114
二、旁路的物料衡算 ………………………… 114
三、循环的物料衡算 ………………………… 114
第五节　制药过程的合成 ………………… 118
一、过程合成的实质 ………………………… 118
二、过程合成的基本原则和任务 ………… 118
三、过程合成的步骤 ………………………… 119
第六节　物料流程图……………………… 119
习题 …………………………………………… 122
第四章　能量衡算及热数据的估算 … 124
第一节　概述 ……………………………… 124
第二节　热量衡算………………………… 124
一、设备的热量平衡方程式 ……………… 124
二、各项热量的计算 ……………………… 125
三、单元设备热量衡算的步骤 …………… 129
四、热量衡算应注意的问题 ……………… 130
五、典型单元设备热负荷的计算 ………… 130
第三节　常用热力学数据的计算 ……… 135
一、热容 …………………………………… 136
二、汽化热 ………………………………… 139
三、熔融热 ………………………………… 140
四、升华热 ………………………………… 141
五、溶解热 ………………………………… 141
六、燃烧热 ………………………………… 143
第四节　加热剂、冷却剂及其他能量消耗的计算……………………… 149
一、常用加热剂和冷却剂 ………………… 149
二、电能的用量 …………………………… 151
三、燃料的用量 …………………………… 151
四、压缩空气消耗量的计算 ……………… 151
五、用于输送液体的真空的消耗量 ……… 152
习题 ………………………………………… 154
第五章　工艺设备选型与设计 ………… 156
第一节　概述 ……………………………… 156
一、工艺设备选型与设计的目的和意义 ……………………………………… 156
二、工艺设备的分类和来源 ……………… 156
三、工艺设备选型与设计的任务 ………… 156
四、设备选型与设计的原则 ……………… 157
五、无菌原料药生产设备的特殊要求 …… 158
六、工艺设备选型与设计的阶段 ………… 159
七、定型设备的设计内容 ………………… 160
八、非定型设备的设计内容 ……………… 160
九、设备设计计算 ………………………… 162
十、设备装配图的绘制 …………………… 168
第二节　制剂设备选型、设计与安装 ……………………………… 169
一、制剂设备的选型与设计 ……………… 169
二、工艺设备的安装 ……………………… 173
三、制剂设备 GMP 达标中的隔离与清洗灭菌问题 …………………………… 173
第三节　材料的腐蚀和防腐蚀 ………… 179
一、耐腐蚀材料的选择 …………………… 179
二、材料的防腐蚀措施 …………………… 180
第四节　制药工程中常用的材料 ……… 181
一、黑色金属材料 ………………………… 181
二、有色金属 ……………………………… 182
三、非金属材料 …………………………… 183
习题 ………………………………………… 185
第六章　车间布置 ……………………… 186
第一节　概述 ……………………………… 186
一、车间布置的重要性和目的 …………… 186
二、制药车间布置设计的特点 …………… 186
三、车间组成 ……………………………… 186
四、车间布置设计的内容和步骤 ………… 186
第二节　车间的总体布置 ……………… 188
一、厂房形式 ……………………………… 189
二、厂房总平面布置 ……………………… 191
三、厂房平面布置 ………………………… 192
四、厂房立面布置 ………………………… 193
五、车间公用及辅助设施的布置 ………… 193
六、化学制药车间的设计要点 …………… 194
第三节　设备布置的基本要求 ………… 199
一、满足 GMP 的要求 …………………… 199
二、满足工艺要求 ………………………… 200
三、满足建筑要求 ………………………… 200
四、满足安装和检修要求 ………………… 201
五、满足安全和卫生要求 ………………… 201
六、设备的露天布置 ……………………… 205
第四节　多功能车间布置设计 ………… 205
一、多功能车间的特点 …………………… 205
二、多功能车间的设计原则 ……………… 205
第五节　药品洁净车间要求及原料药“精烘包”工序布置设计 …… 211
一、《药品生产质量管理规范》的一般要求 …………………………………… 211
二、原料药“精烘包”工序布置设计 …… 213

第六节　制剂车间布置设计 …………… 222
一、制剂车间的总体布置和厂房形式 …… 222
二、车间组成 …………………………… 223
三、制剂车间布置设计的原则 ………… 225
四、制剂车间布置的特殊要求 ………… 227
五、制剂车间洁净分区概念 …………… 228
六、制剂车间布置设计的步骤 ………… 230
七、车间布置中的若干技术要求 ……… 235
八、制剂车间布置设计举例 …………… 245
第七节　车间布置设计方法和车间布置图 …………………… 256
一、车间布置设计方法 ………………… 256
二、初步设计车间布置图 ……………… 257
三、初步设计车间布置图的绘制 ……… 257
四、施工图阶段车间布置图 …………… 265
习题 ……………………………………… 266
第七章　管道设计 ……………………… 267
第一节　概述 …………………………… 267
一、管道设计的作用和目的 …………… 267
二、管道设计的条件 …………………… 267
三、管道设计的内容 …………………… 267
第二节　管道、阀门和管件及其选择 ………………………… 268
一、管道 ………………………………… 268
二、阀门 ………………………………… 276
三、管件 ………………………………… 284
四、管道的连接 ………………………… 284
第三节　管道设计方法 ………………… 286
一、管道布置 …………………………… 286
二、管道的支承 ………………………… 291
三、管道的柔性设计 …………………… 292
四、管道的隔热 ………………………… 293
第四节　管道布置设计 ………………… 294
一、管道布置图 ………………………… 294
二、管道轴测图 ………………………… 307
三、计算机在管道布置设计中的应用 …… 308
习题 ……………………………………… 308
第八章　净化空调系统设计 …………… 309
第一节　医药工业洁净厂房 …………… 309
一、对设施的要求 ……………………… 309
二、对环境控制的要求 ………………… 309
第二节　净化空调系统的空气处理 …… 312
一、空气过滤器 ………………………… 312
二、空气处理系统 ……………………… 315
三、排风系统 …………………………… 316
四、空气消毒系统 ……………………… 317
五、洁净区气流组织 …………………… 319
六、特殊设置要求 ……………………… 322
第三节　净化空调系统设计方法 ……… 322
一、设计条件及设计基础 ……………… 322
二、系统设计 …………………………… 323
三、设计计算 …………………………… 324
四、设备计算与选型 …………………… 326
五、风和水、汽配管系统设计 ………… 328
六、气锁的设计 ………………………… 329
七、洁净室的压差控制 ………………… 329
第四节　空气洁净技术的应用 ………… 331
一、片剂生产 …………………………… 331
二、水针剂生产 ………………………… 335
三、粉针剂生产 ………………………… 336
四、输液生产 …………………………… 337
五、人流与物流净化通道 ……………… 338
第五节　节能措施探讨 ………………… 339
一、建筑布局 …………………………… 339
二、工艺条件 …………………………… 340
三、工艺装备 …………………………… 341
四、净化空调系统 ……………………… 342
习题 ……………………………………… 344
第九章　制药用水系统设计 …………… 345
第一节　制药用水概述 ………………… 345
一、制药用水的分类与应用范围 ……… 345
二、制药用水生产系统的组成 ………… 346
第二节　制药用水工艺与设备 ………… 347
一、制药用水工艺 ……………………… 347
二、制药用水生产设备 ………………… 347
第三节　制药用水储存与分配系统 …… 359
一、储存与分配系统的基本原理 ……… 359
二、储存单元 …………………………… 359
三、制药用水的分配系统 ……………… 361
习题 ……………………………………… 365
第十章　非工艺设计项目 ……………… 366
第一节　建筑设计概论 ………………… 366
一、工业厂房结构分类和基本组件 …… 366
二、土建设计条件 ……………………… 373
第二节　仓库 …………………………… 374
一、仓库功能 …………………………… 374
二、仓库分类 …………………………… 375
三、仓库的布置 ………………………… 376
四、仓库储存环境 ……………………… 376
五、安全条件 …………………………… 377
六、仓库设备 …………………………… 378
七、仓库管理 …………………………… 381
第三节　公用系统 ……………………… 382
一、供水和排水 ………………………… 382

二、供电 …………………………………… 384
三、冷冻 …………………………………… 385
四、采暖通风 ……………………………… 385
五、消防 …………………………………… 387
第四节 劳动安全和环境保护 ………… 390
一、安全工程概述 ………………………… 390
二、劳动安全 ……………………………… 391
三、清洁工艺与清洁生产 ……………… 397
四、环境保护 ……………………………… 398
五、三废处理 ……………………………… 398
第五节 工程经济 ………………………… 398
一、工程项目的设计概算 ……………… 398
二、项目投资 ……………………………… 401
三、成本估算 ……………………………… 403
四、工程项目的财务评价 ……………… 405
习题 ………………………………………… 406
第十一章 制药厂建设工程项目实施与管理 ……………………………… 408
第一节 制药厂建设工程项目投资估算 ……………………………… 408
一、工程项目投资估算的内容 ………… 409
二、制药厂建设项目投资估算方法 …… 409
第二节 制药厂建设工程项目的项目组织管理 ……………………………… 410
一、项目组织 ……………………………… 411
二、项目组织与企业组织的主要区别 …… 411
三、工程项目管理组织及其特点 ……… 412
四、工程项目管理组织的组成及其类型 ……………………………… 413
五、工程项目管理组织策划的工作内容和步骤 ……………………… 413
六、建设工程项目的管理模式 ………… 414
七、制药厂建设项目业主方团队建设 …… 415
第三节 制药厂建设工程项目发包及招标投标 ……………………………… 417
一、制药厂建设工程项目的发包模式 …… 417
二、招标、投标的基本概念和特性 …… 418
第四节 制药厂建设工程项目施工前期管理及施工过程管理 …… 421
一、合同管理 ……………………………… 421
二、项目施工前期管理 ………………… 426
三、项目施工进度控制 ………………… 431
四、项目施工质量控制 ………………… 432
第五节 制药厂建设工程项目后期管理工作 ……………………………… 436
一、工程项目竣工验收 ………………… 436
二、工程项目竣工结算 ………………… 439
三、工程项目竣工档案管理 …………… 441
四、投产准备 ……………………………… 442
第十二章 生物发酵车间设计及示例 ……………………………… 445
第一节 生物发酵车间设计概述 ……… 445
一、生物发酵车间设计考虑的基本因素 ……………………………… 445
二、生物发酵车间设计的特点 ………… 446
第二节 生物发酵车间设计示例 ……… 447
一、设计任务 ……………………………… 447
二、生产工艺选择及流程设计 ………… 447
三、物料衡算和能量衡算 ……………… 448
四、设备选择 ……………………………… 449
五、车间平面布置 ………………………… 452
六、车间主管设计和配管设计 ………… 453
第十三章 制剂车间设计及示例 ……… 454
第一节 制剂车间设计概述 …………… 454
一、制剂车间设计考虑的基本因素 …… 454
二、制剂车间设计的特点 ……………… 454
第二节 制剂车间设计示例 …………… 456
一、设计任务 ……………………………… 456
二、生产工艺选择及流程设计 ………… 457
三、物料衡算和能量衡算 ……………… 457
四、设备选择 ……………………………… 459
五、车间平面布置 ………………………… 461
六、车间主管设计和配管设计 ………… 462
第十四章 中药前处理和提取车间设计及示例 ……………………………… 463
第一节 中药前处理和提取车间设计概述 ……………………………… 463
第二节 中药前处理和提取车间设计示例 ……………………………… 464
一、设计任务 ……………………………… 464
二、生产工艺选择及流程设计 ………… 464
三、物料衡算和能量衡算 ……………… 467
四、设备选择 ……………………………… 470
五、车间平面布置 ………………………… 472
第十五章 生物制品车间设计及示例 ……………………………… 478
第一节 生物制品车间设计概述 ……… 478
一、GMP 对生物制品车间厂房和设备的要求 ……………………………… 478
二、生物制品车间设计的要点 ………… 479
第二节 生物制品车间设计示例 ……… 480
一、设计任务 ……………………………… 480
二、生产工艺选择及流程设计 ………… 481

三、设备选择 …………………………… 482
四、车间平面布置 ………………………… 483
五、车间主管设计和配管设计 …………… 486
第十六章　化学制药车间设计及示例 ………………………… 487
第一节　化学制药车间设计概述 ……… 487
第二节　化学制药车间设计示例 ……… 487
一、设计任务 …………………………… 487
二、生产工艺选择及流程设计 ………… 488
参考文献 ………………………………… 502

绪 论

一、制药工程工艺设计的重要性

制药工程工艺设计（process engineering design for pharmaceutical plants）是一门以药学、药剂学、药品生产质量管理规范（good manufacture practice，GMP）、工程学及相关理论和工程技术为基础的综合性、系统性、统筹性很强的应用型工程学科。制药工程工艺设计就是解决如何组织、规划并实现药物工业化规模的生产，其最终成果是建设一个质量优良、生产高效、运行安全、环境达标的药物生产企业。

制药工程工艺设计是实现药物实验室研究向工业化生产转化的必经阶段，是把一项医药工程从设想变成现实的重要建设环节。它将经小试、中试的药物生产工艺经一系列单元反应和单元操作进行组织，对药物的生产制造过程即从原材料到成品之间各个相互关联的全部生产过程进行设计。它包括生产准备过程（药品投入生产前所进行的全部技术准备工作过程）、基本生产过程（直接把原材料、半成品加工成为成品而进行的生产活动总和）、辅助生产过程（为保证基本生产过程的正常进行所必需的各种辅助生产活动的过程）和生产服务过程（为保证基本生产和辅助生产的正常进行所需要的各种服务活动的过程）四个部分。设计出一个生产流程具有合理性、技术装备具有先进性、设计参数具有可靠性、工程经济具有可行性的成套工程装置或制药生产车间，然后经过建造厂房，布置各类生产设备，配套公用工程，最终使工厂按照预定的设计期望顺利地建成并开车投产，这一过程就是制药工程工艺设计的全过程。

制药工程工艺设计的内容既有新产品经中试至建设一个完整的工业化规模生产的制药基地，也包括现有具体生产工艺的技术革新与改造。因此，制药工程工艺设计人员要自觉进行“三结合”（与药物科研相结合，与提高人民健康水平相结合，与医药市场相结合），主动服务“三需要”（适应市场需要，满足客户需要，控制成本需要），按照更新设计观念、更新设计方法、更新科技知识的“三更新”原则，在设计过程中，加强计算机的应用、先进技术和专利成果的选用、先进设计标准与规范的采用，努力达到医药工程设计的高质量和高水平。因此，要把制药工程工艺设计作为一门综合性学科来研究，才能将我国制药工程设计水平提高到一个新的台阶，最终促进我国制药工业的综合实力和核心竞争力在世界的制药舞台上立于不败之地。

二、制药工程工艺设计的特点

制药工程工艺设计和普通的化工设计相同点是：设计的安全性、可靠性和规范性是设计工作的根本出发点和落脚点。而不同点是：药品是直接关系到人民健康和生命安全具有国计民生影响的特殊产品，对药物的纯度与含量要求与对一般化学品或试剂含量要求有着本质的区别。针对药品首先要考虑杂质对人体健康没有危害，又不影响疗效。而对化学品或试剂的含量只考虑杂质引起的化学变化是否会影响其使用目的和范围。因此，在进行制药工程项目设计时，如何保证药品的质量是不容忽视的重大课题。药典是国家控制药品质量的标准，是管理药物生产、检验、供销和使用的依据，具有法律的约束力。为使药品质量符合药典的规定，设计与生产必须以GMP作为药品生产质量管理的基本规范和准则。

制药工程工艺设计是一项政策性很强的综合工作，设计人员要充分了解中国的国情，了解我国资源分布，严格遵守国家政策法令，自觉维护人民的生命安全。GMP是一套适用于制药、食品等行业的强制性国家标准。制药工程工艺设计必须满足GMP的要求，就是要在设计中保证药品生产全过程能减少和防止污染和交叉污染，确保所生产药品安全有效、质量稳定可控。同时，要紧跟国际先进的设计理论，如2010版GMP在硬件上对制药工业的生产过程的无菌、净化要求有很大提高，采用了欧盟的标准，实行A（指的是动态百级）、B（相当于原来的静态百级）、C（相当于原来的万级）、D（相当于原来的十万级）四级标准，并要求“静态”和“动态”都要达标。而《现行药品生产质量管理规范》（cGMP）是最新的国际药品生产行为规范和管理标准，其核心理念是要求产品生产和物流的全过程都必须验证，从根本上讲，cGMP就是侧重在生产软件上进行高标准的要求。

一个好的设计必须更新观念，与时俱进。绿色化的制药工艺设计应以“减量化、再利用、资源化”（Reduce、Recycle、Resource）为基本原则，即“3R”原则。减量化应该减少制药过程的能耗、物耗，减少有害物质的使用或生成。再利用应该减少废弃物，并使废弃物在系统内再利用。资源化应该尽量将排放的废弃物转化为可用的再生资源；尽量延长产品的生命周期。制药工程工艺设计还必须满足EHS管理体系（Environment、Health、Safety的缩写）的要求，EHS管理体系是环境管理体系（EMS）和职业健康安全管理体系（OHSMS）两体系的整合（在国外也被称为HSE）。EHS管理体系建立起一种通过系统化的预防管理机制，彻底消除各种事故、环境和职业病隐患，以便最大限度地减少事故、环境污染和职业病的发生，从而达到改善企业安全、环境与健康业绩的管理方法。EHS关注的管理目标是：生产的环境保护和控制、员工的身体健康、员工的人身安全和企业的设备安全。EHS管理体系的目标指标是针对重要的环境因素、重大的危险因素或者需要控制的因素而制定的量化控制指标。目标指标可以是保持维持型的指标，如控制年度工伤率在千分之几以下；也可以是改进提高型，如将某种资源的利用率提高多少个百分点。因此，在制药工艺设计过程中工程师必须考虑工艺过程的要求和产品标准（质量）、存在哪些危险及如何避免（安全健康）、会产生哪些环境问题及如何控制（环境），必须评价工艺过程所具有的各种潜在危险性（如：原料、反应、操作条件的不同，偏离正常运转的变化，工艺设备本身的危险性等），研究排除这些危险性或用其他适当办法对这些危险性加以限制的方法。所以，结合这些问题，充分研究EHS硬件资源配置，包括：①与安全及消防有关的设施，如劳保、逃生、防盗、防火、防爆、相关潜在危险源的识别设施以及危险物品、易燃易爆、有毒物品的仓储和管理设施等，设计应关注整个生产过程可能导致员工受伤、设备损坏的因素，并通过预防控制手段阻止危害因素诱发事故；②环境控制及污染源识别、检测和处理设施，主要是三废（废气、废液和固体废弃物）处理以及突发环境事件的应急处理设施，设计应提供室内的空气质量、照明、温度、地面的清洁、设备的布置，保证生产现场秩序井然、布局合理，为员工提供良好舒适的生产环境状态；③与人员健康有关的人员急救、防护设施，包括洗眼器、紧急冲淋、防毒防害和基本应急救护药品、药具等，必要时，工艺设计还要提出工艺过程操作原则或安全备忘录，设计应考虑员工在生产过程中的健康问题，控制操作接触有毒有害化学品、车间噪声、生产设备的振动等可能对员工的身体造成的健康影响。制药工艺设计工程师要将工厂建设、产品生产、设备采购和环境、健康和安全等融为一体，将绿色设计、清洁生产、安全作业、对环境友好、保障人类健康融入设计之中，更多地关注环境、职业健康及安全问题，才能有效推进制药工业的不断进步。

三、工艺设计的分类

根据医药工程项目生产的产品形态不同，医药工程项目设计可分为原料药生产设计和制剂生产设计。根据具体的剂型，制剂生产设计又包括片剂车间设计、针剂车间设计等。

根据医药工程项目生产的产品不同，医药工程项目设计可分为：合成药厂设计、中药提取药厂设计、抗生素厂设计、生物制药厂设计和药物制剂厂设计。

制药工业属于过程工业型制造业（流程型制造业，与离散型制造业相对应），流程型制造业一般是能耗大户，也是排放的大户，其节能、降耗、减排的任务十分艰巨。

四、学习本课程的意义

制药工程专业人才知识构架的一个重要方面就是工程能力和工程素质的培养，“制药工程工艺设计”课程正是为了满足这一需求而设置的。本教材的编写也是为了满足制药工程专业内涵扩大的需求而进行的尝试。

本课程的主要任务是使学生学习制药厂（车间）工艺设计的基本理论和方法，运用这些基本理论与制药工业生产实践相结合的思维方法，掌握工艺流程、物料衡算、热量衡算、工艺设备设计、计算和选型、车间和工艺管路布置设计、非工艺条件设计的基本方法和步骤。训练和提高学生运用所学基础理论和知识，分析和解决制药厂（车间）工程技术实际问题的能力，领会药厂洁净技术、GMP 管理理念和原则。

本课程强调工程观点和技术经济观点。通过本课程的学习，使学生树立符合 GMP 要求的整体工程理念，从技术的先进性、可靠性与经济的合理性以及环境保护的可行性三个方面树立正确的设计思想。掌握制药生产工艺技术与 GMP 工程设计的基本要求以及洁净生产厂房的设计原理，熟悉药厂公用工程的组成与原理，了解制药相关的政策法规，从而为能够进行符合 GMP 要求的制药工程车间工艺设计奠定初步理论基础。

第一章 制药工程项目设计的基本程序

制药工程项目设计的基本程序如图 1-1 所示。此程序分为设计前期、设计中期和设计后期三个阶段。这三个阶段互相联系、步步深入。

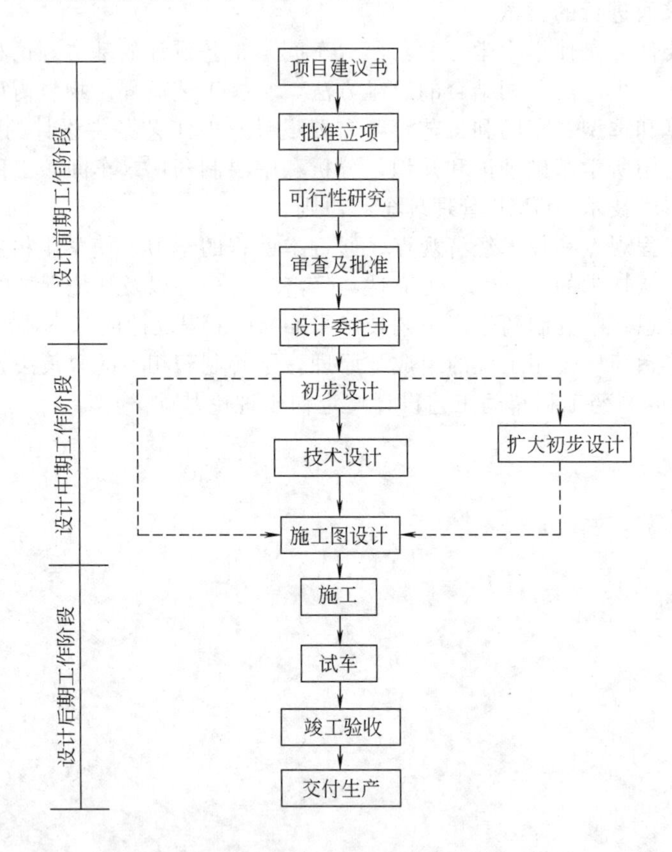

图 1-1　制药工程项目设计的基本程序

第一节　设计前期工作阶段

一、设计前期工作的目的和内容

设计前期的工作目的是对项目建设进行全面分析，对项目的社会和经济效益、技术可靠性、工程的外部条件等进行研究。本阶段的主要工作有项目建议书、可行性研究报告和设计任务（委托）书。

二、项目建议书

项目建议书是法人单位向有关主管部门或投资方推荐项目时提出的报告书，建议书主要说明项目建设的必要性，并对项目建设的可行性进行初步分析。其主要内容有：项目建设的背景和依据、投资的必要性和经济意义、产品名称及质量标准、产品方案及拟建生产规模、工艺技术方案、主要原材料的规格和来源、建设条件和厂址初步方案、燃料和动力供应、市场预测、项目投资估算及资金来源、环境保护、工厂组织和劳动定员估算、项目进度计划、经济与社会效益的初步估算。

通常项目建议书经过主管部门批准后，即可进行可行性研究。对于一些技术成熟又较为简单的小型工程项目，可以简化设计程序，项目建议书经主管部门批准后，即可进行方案设计，直接进入施工图设计阶段。

三、可行性研究

项目建议书经主管部门批准后，即可由业主委托设计、咨询单位进行可行性研究。可行性研究主要对拟建项目在技术、工程、经济和外部协作条件上是否合理和可行，进行全面分析、论证和方案比较。国际可行性研究分三个阶段：机会研究（投资额根据类似工程估算，误差较大）、初步可行性研究（投资估算偏差范围应在±20%以内）、可行性研究（投资估算偏差范围应在±10%以内）。

根据《医药建设项目可行性研究报告内容规定》，可行性研究报告内容如下：

(1) 总论　概述项目名称、主办单位及负责人、项目建设背景和意义；编制依据和原则；研究工作范围和分工；可行性研究的结论提要；存在的主要问题和建议。

(2) 需求预测　产品在国内外的需求情况预测，产品的价格分析和竞争能力分析。

(3) 产品方案及生产规模　产品方案及生产规模的比较选择及论证；提出产品方案和建设规模；主副产品的名称、规格、质量指标和标准、产量。

(4) 工艺技术方案　概述国内外相关工艺；分析比较和选择工艺技术方案；绘制工艺流程图；通过物料、能量衡算，制定原材料单耗及能耗，并与国内外同类产品的先进水平比较；主要设备的选择和比较；主要自控方案的确定。

(5) 原材料、燃料及公用系统的供应。

(6) 建厂条件及厂址方案　介绍厂址概况（如厂区位置、地形地貌、工程地质、水文条件、气象、地震及社会经济等情况）；公用工程及协作条件（如水、电、汽的供给、交通运输等）；厂址方案的技术经济比较和选择意见。

(7) 公用工程和辅助设施方案　确定全厂初步布置方案；全厂运输总量和厂内外交通运输方案；水、电、汽的供应方案；采暖通风和空气净化方案；土建方案及土建工程量的估算；其他公用工程和辅助设施的建设规模。

(8) 环境保护　建设地区的环境现状；工程项目的污染物情况；综合利用与环保监测设施方案；治理方案；环境保护的综合评价；环保投资估算。

(9) 职业安全卫生　职业安全卫生的基本情况；工程建设的安全卫生要求；职业安全卫生的措施；综合评价。

(10) 消防　消防的基本情况；消防设施规划。

(11) 节能　能耗指标及分析；节能措施综述；单项节能工程。

(12) 工厂组织和劳动定员　工厂体制及组织；年工作日；生产班制和定员；人员培训

计划和要求。

(13)《药品生产质量管理规范》(GMP) 实施规划的建议　培训对象、目标和内容；培训地点、周期、时间及详细内容。

(14) 项目实施规划　项目建设周期规划编制依据和原则；各阶段实施进度规划及正式投产时间的建议（包括建设前期、建设期）；编制项目实施规划进度或实施规划。

(15) 投资估算　项目总投资（包括固定资产、建设期贷款利息和流动资金等投资）的估算；资金筹措和使用计划；资金来源；筹措方式和贷款偿付方法。

(16) 社会及经济效果评价　产品成本和销售收入的估算；财务评价；国民经济评价；社会效益评价。

(17) 风险分析

(18) 评价结论　从技术、经济等方面论述工程项目建设的可行性；列出项目建设存在的主要问题；得出可行性研究结论。

上述适用于新建大、中型医药建设项目。根据工程项目的性质、规模和条件的不同，可行性研究报告的内容有所侧重或调整。如小型项目在满足决策需要前提下，可适当简化可行性研究报告；改建和扩建工程项目应结合企业已有条件及改造规模规划编制可行性研究报告；中外合资项目应考虑其特点编制可行性研究报告。

必须强调：市场研究是项目可行性的前提与基础；工艺技术是项目可行性的研究关键；经济评价是项目可行性的核心和重点。

可行性研究报告编制完后，由项目委托单位上报审批，审批程序包括预审和复审（期间可组织专家评审）。通常根据工程项目的大小不同分别报请各级主管部门或投资方审批立项。对于一些较小项目，常将项目建议书与可行性研究报告合并上报审批立项。

可行性研究报告的作用：①建设项目投资决策和编制设计说明书的依据；②向银行申请贷款的依据；③建设项目主管部门与各有关部门商谈合同、协议的依据；④建设项目开展初步设计的基础；⑤拟采用新技术、新设备研制计划的依据；⑥建设项目补充地形、地质勘察工作和补充工业化试验的依据；⑦安排计划、开展建设前期工作的参考；⑧项目环境影响评价报告、项目设立安全评价报告、项目职业病危害预评价报告等的依据。

进行可行性研究应注意：①研究的科学性和独立性；②深度需满足业主要求；③承担单位应具备资质与条件；④研究报告要审批。

四、设计委托书

设计委托书是项目业主以委托书或合同的形式，委托工程公司或设计单位进行某项工程的设计工作，设计委托书内容包括项目建设主要内容、项目建设要求和用户需求（并提供工艺资料），是进行工程设计的依据。

五、厂址的选择

厂址选择（site selection）是指在拟建地区具体地点范围内明确建设项目坐落的位置，是基本建设的一个重要环节，选择的好坏对工厂的设计建设进度、投资金额、产品质量、经济效益以及环境保护等方面具有重大影响。

有条件的情况下，在编制项目建议书阶段就可以开始选址工作，选址报告也可先于可行性研究报告提出。

GMP 规范中对厂房选址有明确规定。目前，我国药厂的选址工作大多采取由建设业主提出、设计部门参加、政府主管部门审批的组织形式进行。选址工作组一般由工艺、土建、供排水、供电、总图运输和技术经济等专业人员组成。

具体选择厂址时，应考虑以下各项因素（以制剂车间为例）：

(1) 环境　GMP规定：药品生产企业必须有整洁的内外生产环境。从总体上来说，制药厂最好选在大气条件良好、空气污染少的地区，尽量避开闹市、化工区、风沙区、铁路和公路等污染较多的地区，以使药品生产企业所处环境的空气、场地、水质等符合生产要求。

(2) 供水　制剂工业用水分为非工艺用水和工艺用水两大类。非工艺用水（自来水或水质较好的井水）主要用于产生蒸汽、冷却、洗涤（如洗浴、冲洗厕所、洗工衣、消防等）；工艺用水分为饮用水（自来水）、纯化水和注射用水。厂址应靠近水源充沛和水质良好的水源。

(3) 能源　制药厂生产需要大量的动力和蒸汽。因此选址时，应考虑建在电力供应充足和邻近燃料供应的地点。

(4) 交通运输　制药厂应建在交通运输发达的区域，厂区周围有已建成或即将建成的市政道路设施，能提供快捷方便的公路、铁路或水路等运输条件，消防车进入厂区的道路不宜少于两条。

(5) 自然条件　自然条件包括气象、水文、地质、地形，主要考虑拟建项目所在地的气候特征（如四季气候特点、日照情况、气温、降水量、汛期、风向、雷暴雨、灾害天气等）是否有利于减少基建投资和日常操作费用；地质地貌应无地震断层和基本烈度为9度以上的地震；土壤的土质及植被好，无泥石流、滑坡等隐患；地势利于防洪、防涝或厂址周围有集蓄、调节供水和防洪等设施。当厂址靠近江河的濒水地段时，厂区场地的最低设计标高应高于计算最高洪水位0.5m。

(6) 环保　选址应注意当地的自然环境条件，对工厂投产后给环境可能造成的影响作出预评价，并得到当地环保部门认可。

(7) 城市规划　符合在建城市发展的近、远期发展规划，节约用地，但应留有发展的余地。

(8) 协作条件　厂址应选择在储运、机修、公用工程（电力、蒸汽、给水、排水、交通、通讯）和生活设施等方面具有良好协作条件的地区。

(9) 其他　下列地区不宜建厂：有开采价值的矿藏地区；国家规定的历史文物、生物保护和风景游览地；地耐力在0.1MPa以下的地区；对机场、电台等使用有影响的地区。

六、总图布置

厂址确定后，根据制药工程项目的生产品种、规模及有关技术要求，总体设计工厂内部所有建筑物和构筑物在平面和立面上布置的相对位置及运输网、工程网、行政管理、福利及绿化设施的布置等问题，即进行工厂的总图布置（又称总图运输、总图布局）。总图布置的效果图如图1-2所示。

（一）总图布置设计依据

总图布置设计的依据主要有：

(1) 政府部门下发、批复的与建设项目有关的一系列管理文件；

(2) 建设地点建筑工程设计基础资料（厂区地貌、工程地质、水文地质、气象条件及给排水、供电等有关资料）；

(3) 建设地点厂区用地红线图及规划、建筑设计要求；

(4) 建设项目所在地区控制性详细规划。

图 1-2　某药厂总图布置的效果图

（二）总图布置设计范围

按照项目的生产品种、规模，在用地红线内进行厂区总平面布置设计、竖向布置设计、交通运输设计和绿化布置设计。

1. 总平面布置

根据建设用地外部环境、工程内容的构成以及生产工艺要求，确定全厂建筑物、构筑物、运输网和地上、地下工程技术管网（上、下水管道、热力管道、煤气管道、物料管道、空压管道、冷冻管道、消防栓高压供水管道、通讯与照明电缆电线等）的坐标或位置。

2. 总图竖向布置

根据厂区地形特点、总平面布置以及厂外道路的高程，确定目标物的标高并计算项目的土（石）方工程量。竖向布置的目的是在满足生产工艺流程对高程要求的前提下，利用和改造自然地形，使项目建设的土（石）方工程量为最小，并保证运输、防洪安全（如使厂区内雨水能顺利排除）。竖向布置有平坡式和台阶式两种。

3. 交通运输布置

根据人流与物流分流的原则，设置人流出入口、物流出入口，确定对外、对内采用的运输途径、设备和方法，并进行运输量统计。

4. 绿化布置

确定厂区的绿化面积和绿化方案及投资。

（三）总图布置的要求

制药厂的总图布置要满足生产、安全、发展规划三方面的要求。

1. 生产要求

(1) 合理的功能分区和避免污染的总体布局　一般药厂包含：主要生产车间（制剂生产车间、原料药生产车间等）；辅助生产车间（机修、仪表等）；仓库（原料、辅料、包装材料、成品库等）；动力（锅炉房、压缩空气站、变电所、配电房等）；公用工程（水塔、冷却塔、泵房、消防设施等）；环保设施（污水处理、绿化等）；全厂性管理设施和生活设施（厂部办公楼、中心化验室、药物研究所、计量站、动物房、食堂、医院等）；运输、道路设施（车库、道路）等。

在总图设计时，应按照上述各功能区组成的管理系统和生产功能（功能区划分为生产区、辅助生产区、行政区和生活区）进行分区布置。从整体上做到功能分区布置合理，又要保证相互便于联系。具体应考虑以下原则和要求：

① 一般在厂区中心布置主要生产区，而将辅助车间布置在它的附近。

② 生产性质相类似或工艺流程相联系车间要靠近或集中布置。

③ 生产厂房应考虑工艺特点和生产时的交叉感染。例如，兼有原料药物和制剂生产的药厂，原料药生产区布置在制剂生产区的下风侧；抗生素类生产厂房的设置应考虑防止与其他产品的交叉污染。

④ 总平面布置时，应将卫生要求相似的车间靠近布置，将产生大量烟、粉尘、有害气体的车间和设备布置在厂区边沿地带以及生活区的全年主导风向的下风向。办公、质检、食堂、仓库等行政、生活辅助区布置在厂前区，并处于全年主导风向的上风侧或全年最小频率风向的下风侧。因此，在总图布置前，就要掌握该地区的全年主导风向和夏季主导风向的资料。

风向频率是在一定时间内，各种风向出现的次数占所有观察次数的百分比，用下式表示：

$$风向频率=\frac{该风出现次数}{风向的出现次数}\times 100\%$$

风向频率玫瑰图一般出现在总图图纸右上方，代表这一地区的风向频率。风向频率玫瑰图绘制方法是根据某一地区多年统计的平均各个方向吹风次数的分数值，按一定比例绘制而成。绘制步骤为确定方位坐标；根据多年统计平均值用一定比例绘制出各方向长度；联系各点绘成封闭图。图 1-3 是北京地区的风向频率玫瑰图，虚线代表夏季。有 4 个、8 个、12 个、16 个风向方位图，8 个方位应用最普遍。

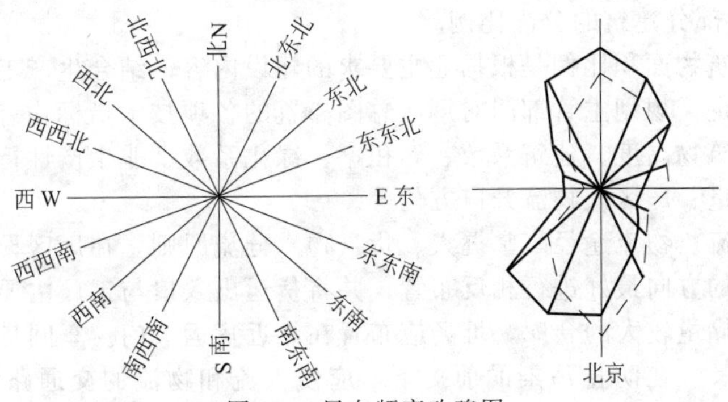

图 1-3 风向频率玫瑰图

一般在夏季，原料药车间均开窗生产，故常以夏季主导风来考虑车间的相互位置关系。全年主导风向比夏季主导风向的频率大得多，差别又十分明显时，则按全年主导风向来考虑。当全年主导风向和夏季主导风向相反，频率又接近时，总平面布置时可将有影响的厂房适当错开布置，同时注意建筑物的方位、类型与主导风向、日照的关系，以保证厂房有良好的天然采光和自然通风。炎热地区还要避免日晒（注意将热加工车间朝北布置）。

⑤ 车库、仓库、堆场等布置在邻近生产区的货运出入口及主干道附近，应避免人、物流交叉，并使厂区内外运输短捷顺直。

⑥ 锅炉房、污水处理站等可能产生空气污染源的单体布置在厂区主导风向的下风侧（全年最小风频的上风侧）；冷冻、变配电、空压、制氮、循环水等动力设施宜靠近动力负荷中心。

⑦ 动物房的设置应符合国家食品药品监督管理局《实验动物管理办法》等有关规定，布置在僻静处，并有专用的排污和空调设施。

⑧ 危险品库应设于厂区安全位置，并有防冻、降温、消防等措施，麻醉产品、剧毒药品应设专用仓库，并有防盗措施。

⑨ 考虑工厂建筑群体的空间处理及绿化环境布置，应符合当地城镇规划要求。

⑩ 考虑企业发展需要，留有余地，使近期建设与远期的发展相结合，以近期为主。

目前国内不少制剂类制药企业都采用组合式厂房布置，这种布局方式能满足生产并缩短生产工序的路线，方便管理和提高工效，节约用地并能将零星的间隙地合并成较大面积的绿化区。

(2) 适当的建筑物及构筑物布置　药厂的建筑物及构筑物系指其车间、辅助生产设施及行政、生活用房等。进行建筑物及构筑物布置时，应考虑以下几个方面：

① 提高建筑系数、土地利用系数及容积率，节约建设用地，厂房集中布置或车间合并是提高建筑系数及土地利用系数的有效措施之一。如生产性质相近的水针车间及大输液车间，对洁净、卫生、防火要求相近，可合并在一座楼房内分层（区）生产；片剂、胶囊剂、散剂等固体制剂加工有相近的过程，可按中药、西药类别合并在一个生产区生产。

设置多层建筑厂房是提高容积率的主要途径。一般可以根据药品生产性质和使用功能，将生产车间组成综合制剂厂房，并按产品特性进行合理分区。例如，在建一个中、西药制剂厂房（其中有非青非头类抗生素），当产品剂型有口服液、外洗剂、固体制剂和粉针剂时，可以按二层建筑进行厂房设计。将中、西药口服液、外洗剂及其配套的制瓶车间布置在综合制剂生产厂房一层；中、西药和非青非头类药物固体制剂以及粉针车间布置在生产厂房二层。采用这种方式布局，一方面使制瓶机、制盖机等较为重大的设备布置在底层，利于降低土建造价，另一方面可以将使用有机溶剂的工艺设备和产生粉尘的房间布置在二层，有利于防火防爆处理和减轻粉尘交叉污染。

② 确定药厂各部分建筑的分配比例。

药厂各部分建筑物面积比例是根据业主要求的建设内容、结合生产工艺要求、兼顾相关法律法规要求来确定。规划主管部门对厂区总图布置的各项技术指标均有详细要求，如建筑退让红线距离、建筑物高度、建筑系数、容积率、绿化系数、非生产性行政生活设施建筑面积占比、停车位数量、厂区人物流开口方位等。

(3) 协调的人流、物流途径　掌握人、货（物）分流原则，在厂区设置人流入口和物流入口。人流与物流的方向最好进行相反布置，并将货运出入口与工厂主要出入口分开，以消除彼此的交叉。存储量较大的仓库，堆场应布置在靠近货运大门。车间货物出入口与门厅分开，以免与人流交叉。在防止污染的前提下，应使人流和物流的交通路线尽可能径直、短捷、通畅，避免交叉和重叠。生产负荷中心靠近水、电、汽、冷供应源；有流顺和短捷的生产作业线，使各种物料的输送距离短，减少介质输送距离和耗损；原材料、半成品存放区与生产区的距离要尽量缩短，以减少途中污染。

道路是主要的振动源、噪声源和污染源。根据道路烟尘浓度的衰减趋势，对一般主要交通运输道路而言，距路边 50m 以内的区域为重污染区，50～100m 的区域为较重污染区，100m 以外的区域为轻污染区。因此，洁净制药厂房应尽量远离铁路、公路和机场。

(4) 周密的工程管线综合布置　药厂涉及的工程管线，主要有生产和生活用的上下水管道、热力管道、压缩空气管道、冷冻管道及生产用的物料管道等，另外还有通讯、广播、照明、动力等各种电线电缆。进行总图布置时要综合考虑。一般要求管线之间、管线与建筑物、构筑物之间尽量相互协调，方便施工，安全生产，便于检修。

(5) 较好的绿化布置　按照生产区、行政区、生活区和辅助区的功能要求，规划一定面积的绿化带，在各建筑物四周空地及预留地布置绿化。绿化以种植草坪为主，辅以常绿灌木和乔木，以减少露土面积，利于保护生态环境，净化空气。厂区道路两旁植上常青的行道树，不能绿化的道路应铺成不起尘的水泥地面，杜绝尘土飞扬。

2. 安全要求

对于药厂生产使用的有机溶剂、液化石油气等易燃易爆危险品，厂区布置应充分考虑安全布局，严格遵守防火、卫生等安全规范和标准的有关规定，重点是防止火灾和爆炸事故的发生。

(1) 根据生产使用物质的火灾危险性、建筑物的耐火等级、建筑面积、建筑层数等因素确定建筑物的防火间距。

(2) 储罐区、危险品库应布置在厂区的安全地带。生产车间使用液化气、氮、氧气和回收有机溶剂时，则将它们布置在邻近生产区域的单层防火、防爆厂房内。

3. 发展规划要求

制药企业的厂区布置要能较好地适应工厂的近、远期规划，留有一定的发展余地。

图 1-4 是某制药企业的总平面布置图。

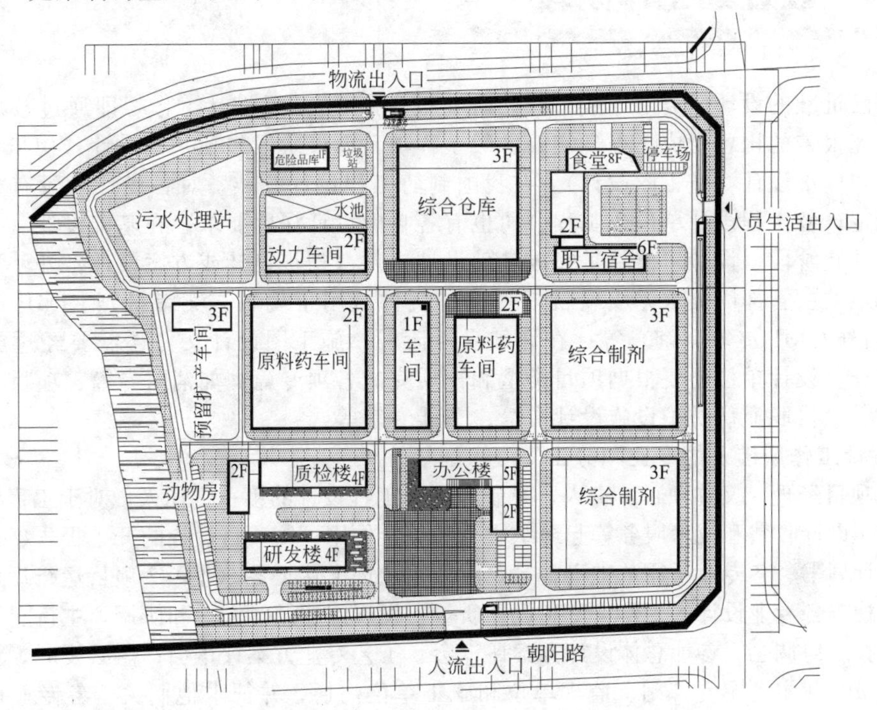

图 1-4　某制药企业总平面布置图

(四) 总图布置设计成果

1. 设计图纸

(1) 基础设计阶段（初步设计或方案设计图纸）：鸟瞰图、区域布置图；总平面图；竖向布置图；管道综合布置方案图；土石方作业图（内部作业）等。

(2) 施工图设计阶段：包括图纸目录、总平面布置图、竖向布置图、管道综合图、道路详图。

2. 设计表格

总平面布置的主要技术经济指标和工程量表；设备表；材料表。

七、环境影响报告书

环境影响评价简称环评，是指对规划和建设项目实施后可能造成的环境影响进行分析、预测和评估，提出预防或者减轻不良环境影响的对策和措施，给出跟踪监测的方法与对策文件。

环境影响评价报告书内容包括：总论，拟建项目概况，拟建项目地区环境概况，建设项目工程分析，建设项目环境质量现状调查及评价，建设项目环境影响预测评价，项目选址的合理性分析，建设项目清洁生产分析和污染物排放总量控制分析，建设项目环境经济损益简要分析，公众参与，项目环境保护措施及建议，环境风险分析和事故预防应急措施，建设项目环境管理及环境监测计划，评价结论和建议。

环境影响评价报告书由建设项目承担单位委托评价单位编写，环境保护行政主管部门审批。

第二节　设计期工作阶段

根据已批准的设计任务书（或可行性研究报告），可开展设计工作。即通过技术手段把可行性研究报告的构思变成工程现实。一般工程项目设计阶段包括基础设计（初步设计或方案设计）和详细设计（施工图设计）。在我国制药工程设计领域，对各设计阶段有相应的设计深度规定，各工程设计单位或工程公司也有各自的设计深度要求。在基础设计（初步设计或方案设计）阶段，设计单位除了完成基础设计文件（初步设计或方案设计）外，还要根据项目所在地的主管部门要求完成项目规划设计文件（用于规划方案审批）、GMP 审核文件（用于国内外 GMP 专家咨询）等；在详细设计阶段，施工图设计文件还需要经过施工图审查机构审查。设计单位还要根据项目类型和性质完成各项专篇：如消防专篇、项目安全设施设计专篇、项目职业病防护设施设计专篇、节能专篇等。

1. 设计工作所涉及的专业和分工

(1) 项目经理　又称项目负责人，是制药项目工程设计的第一责任人，对于工程设计的进度、质量、设计收费和技术服务等起组织协调和领导作用。①项目设计的开工报告、设计进度表、项目计划书、各专业所需基础资料等要由项目经理下达至各专业；②项目运行后，项目经理要经常检查各专业设计的工作进度和设计质量，发现问题及时沟通和协调，主持召开有关设计进度与技术协调会，参加总体设计方案评审会、工艺专业方案评审会；③必要时，代表各专业设计人员与业主、主管部门、监理单位和施工单位沟通，并征求他们关于各专业设计的意见，统一观点；④各专业完成施工图设计后，填写完工报告，交项目经理保存。

(2) 工艺专业　负责制药产品生产装置的工艺设计，包括完成图纸目录、工艺物料流程图（PFD）、工艺设计说明书、物料平衡表、工艺设备表，并确定工艺生产单元内所有设备的设计条件。

(3) 系统专业　完成 PID 图和系统的管道水力计算；确定阀门和系统元件的规格、参数；提出设备设计压力及标高要求；提出机泵的净正吸入压头（NPSH）和 Δp 要求；设备管道的绝热和涂漆要求；噪声控制设计等。

(4) 布置专业　负责装置设备布置图设计及安装。

(5) 管道专业　按 PID 图的内容要求，进行装置管道设计。

(6) 界外管道专业（外管专业）　负责厂区内装置间和厂区外工艺、公用工程及供热外管的系统设计和管道设计。

(7) 管道材料专业（包括绝热和涂漆）　编制管道材料分类索引和管道等级表；完成阀门、管件及特殊附件的数据表；负责绝热结构和涂漆要求设计；完成管道材料分类汇总表。

(8) 管道机械专业　负责有关管系的应力分析、计算；金属管道的壁厚计算及管架设计。

(9) 分析专业　承担中央化验室和车间化验室设计。

(10) 设备专业　负责换热器、容器、特殊设备施工图设计或审查制造厂的设计图纸，确定本体及零部件材料，编制材料备忘录和技术说明。

(11) 机修专业　负责机修设计。

(12) 总图运输专业　负责厂区总图布置和道路、运输、绿化设计。

(13) 建筑专业　负责建筑设计。

(14) 结构专业　负责混凝土结构、钢结构和设备基础设计。

(15) 电气专业　负责工厂的变电所和厂区的供电线路设计。

(16) 电讯专业　负责工厂的有线、无线通信及工业电视和电视电缆系统设计。

(17) 仪表专业　负责工厂的仪表控制、检测和 DCS 系统。

(18) 工业炉专业　负责工业炉系统的设计或审查制造厂的设计图纸。

(19) 热工专业　负责锅炉房和全厂热工系统设计。

(20) 给排水专业　负责工厂的新鲜水、循环水、消防水。

(21) 采暖通风专业　负责工厂的采暖、通风、空调及冷冻站设计。

(22) 工程经济专业　负责编制各设计阶段的投资估算、概算和预算及财务评价。

(23) 环保专业　编制环境保护篇，承担或参与"三废治理"设计。

其中，(2)～(9) 各专业设计的内容都属于制药工艺过程设计的内容。在中国，绝大多数医药设计院规模都在 150 人以下，为方便管理，通常可将 (2)～(9) 各专业合为一个专业——工艺专业。

2. 国际通用制药设计程序

国际通用制药设计程序是将制药工程工艺设计分为工艺包设计（基础设计）和工程设计两个阶段。

(1) 工艺包设计　由专利商或工程公司的工艺专业主导承担，提供工程公司作为工程设计的依据，其主导专业基本工作内容为：①工艺流程图（PFD）；②工艺控制图（PCD）；③工艺说明书；④设备表；⑤工艺数据表；⑥概略布置图。

(2) 工程设计　由工艺设计、基础工程设计、详细工程设计三部分构成。工艺设计由工程公司的工艺专业将专利商文件转化为工程公司设计文件，发给有关专业开展工程设计，并提供用户审查，主导专业是工艺，其主导专业基本工作内容为：①工艺流程图（PFD）；②工艺控制图（PCD）；③工艺说明书；④物料平衡表；⑤设备表；⑥工艺数据表；⑦安全备忘录；⑧概略布置图；⑨各专业设计条件。基础工程设计为详细工程设计提供全部资料，为设备、材料采购提出请购文件，主导专业是工艺系统和管道专业，其主导专业基本工作内容为：①管道仪表流程图（PID）；②设备计算及分析草图；③设计规格说明书；④材料选择；⑤请购文件；⑥设备布置图（分区）；⑦管道平面布置图（分区）；⑧地下管网图；⑨电气单线图；⑩各有关专业设计条件。详细工程设计提供施工所需的所有详细图纸和文件，作为施工及材料补充订货的依据，主导专业是工艺系统和管道专业等，其各主导专业基本工作内容为：①管道仪表流程图（PID）；②设备安装平剖面图；③详细配管图；④管段图（空视图）；⑤基础图；⑥结构图、建筑图；⑦仪表设计图；⑧电气设计图；⑨设备制造图；⑩其他专业全部施工所需图纸文件；⑪各专业施工安装说明。

随着我国设计体制与国际工程公司模式的接轨，制药工艺专业在设计范围与设计阶段的划分也在发生变化。在专业范围划分方面，传统的制药工艺专业包括工艺系统和工艺管道两个部分，而在国际工程公司设计模式下，工艺系统专业和管道专业是分开设置的，而管道专业本身不仅仅包含工艺管道，可能包括车间或装置内的其他专业的管道（在目前的设计模式中，空调通风专业的管道不包括在管道专业之中）；在设计阶段划分上，按照我国目前的项目建设程序，设计仍然主要分为初步设计（或方案设计、扩大初步设计）和施工图设计两个阶段，这两个阶段基本对应国际工程公司设计模式下的基础工程设计和详细工程设计，但其程序、内容和工作方式等方面有一定的差别。

现将制药工艺专业设计流程介绍如下：

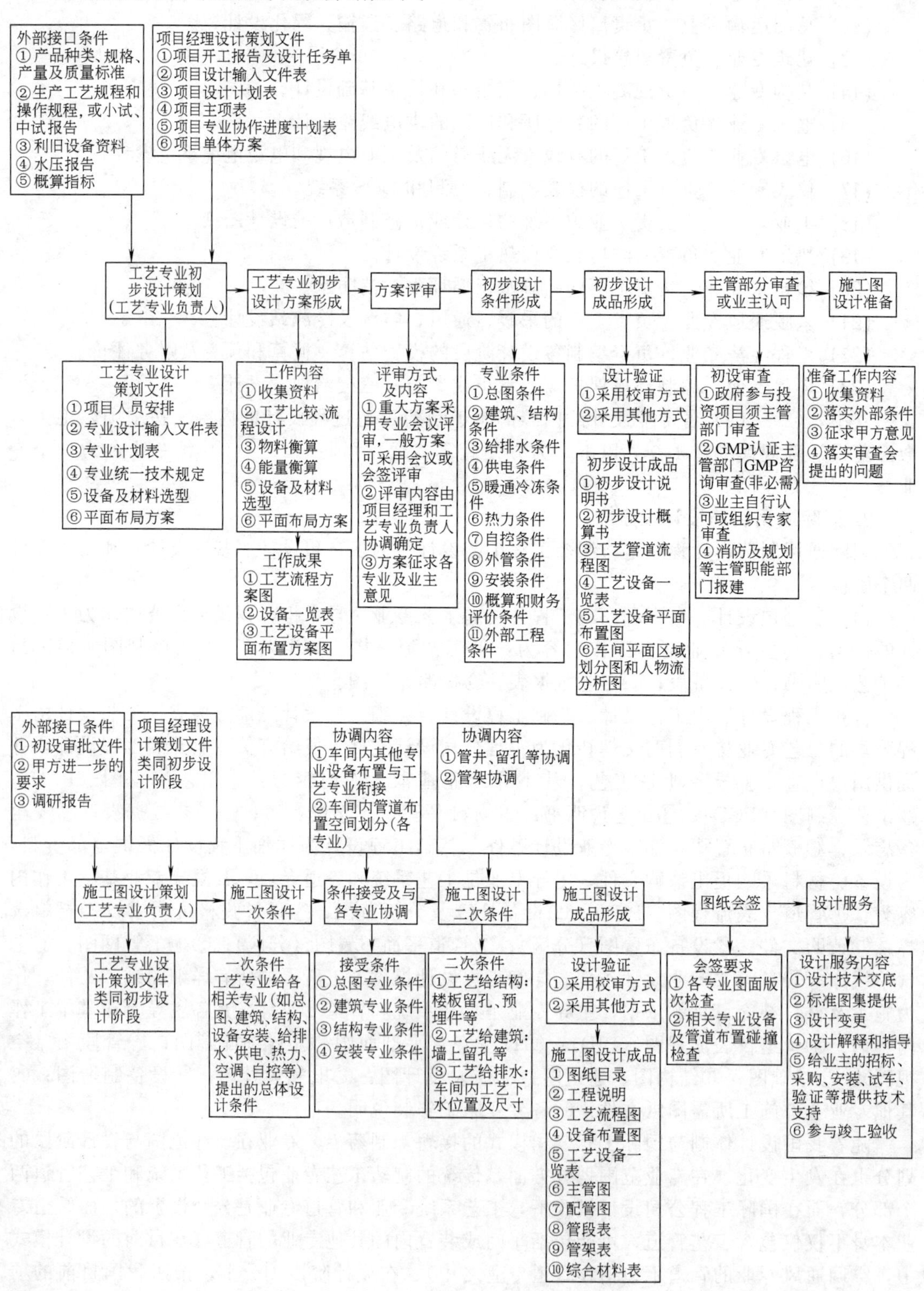

一、初步设计阶段

初步设计是根据下达的任务书（或可行性研究报告）及设计基础资料，确定全厂设计原则、设计标准、设计方案和重大技术问题。设计内容包括总图、运输、工艺、自控、设备及安装、材控、建筑、结构、电气、采暖、通风、空调、给排水、动力和工程经济（含设计概算和财务评价）等。初步设计成果是初步设计说明书和图纸。

（一）初步设计工作基本程序

初步设计阶段具体工作程序如图 1-5 所示。

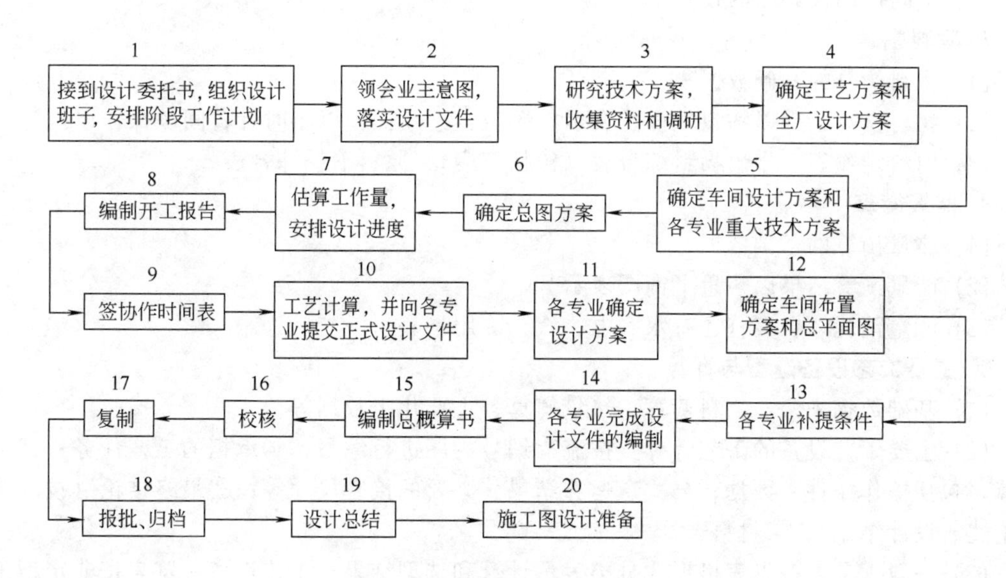

图 1-5　初步设计工作程序

（二）初步设计说明书的内容

1. 设计依据和设计范围

(1) 文件　任务书、批文等。

(2) 设计资料　中试报告、调查报告等。

2. 设计指导思想和设计原则

(1) 设计指导思想　工程设计的具体方针政策和指导思想。

(2) 设计原则　各专业设计原则，如设备选型和材质选用原则等。

3. 建设规模和产品方案

(1) 产品名称和性质。

(2) 产品质量规格。

(3) 产品规模（吨/年）。

(4) 副产物数量（吨/年）。

(5) 产品包装、储藏方式。

4. 生产方法和工艺流程

(1) 生产方法　扼要说明原料与工艺路线。

(2) 化学反应方程式　写明方程式，注明化学名称，标注主要操作条件。

(3) 工艺流程　包括：①工艺流程方框图；②带控制点工艺流程图和流程叙述，即按生产工艺工序，物料经过工艺设备的顺序及生成物去向说明技术条件（如温度、流量、压力、配比等），如间歇操作，需说明一次操作的加料量和时间。

5. 车间组成和生产制度

(1) 车间组成情况。

(2) 生产制度包括年工作日、操作班次、间歇或连续生产。

6. 原料及中间产品的技术规格

(1) 原料、辅料的技术规格。

(2) 中间产品及产品的技术规格。

7. 物料衡算

(1) 物料衡算的基础数据。

(2) 物料衡算结果以物料平衡图表示，单位：连续操作以小时计；间歇操作以批计。

(3) 原料定额表、排出物料综合表（包括三废）、原料消耗综合表。

8. 能量衡算

(1) 热量衡算的基础数据。

(2) 能量衡算结果以热量平衡图表示。

(3) 能量消耗综合表（还有水、电、汽、冷用量表）。

9. 主要工艺设备选型与计算

(1) 基础数据来源　物料衡算、热量衡算、主要化工数据等。

(2) 主要工艺设备的工艺计算　按流程编号为序进行编写：①承担的工艺任务；②工艺计算，包括操作条件、数据、公式、运算结果、必要的接管尺寸等；③最终结论（技术结果的论述、设计结果）；④材料选择。

(3) 一般工艺设备以表格形式分类表示计算和选型结果　工艺设备一览表按非定型工艺设备和定型工艺设备两类编制。

(4) 间歇操作的设备要排列工艺操作时间表和动力负荷曲线。

10. 工艺过程主要原材料、动力消耗定额及公用系统消耗

11. 车间布置设计

(1) 车间布置说明　包括生产、辅助生产、行政生活等部分的区域划分、生产工序流向、防火、防爆、防腐、防毒考虑等。

(2) 设备布置平面图与立面图。

12. 生产过程分析控制

(1) 中间产品、生产过程质量控制的常规分析和三废分析等。

(2) 主要生产控制分析表。

(3) 分析仪器设备表。

13. 仪表及自动控制

(1) 控制方案说明，具体表现在工艺流程图上。

(2) 控制测量仪器设备汇总表。

14. 土建

(1) 设计说明。

(2) 车间（装置）建筑物、构筑物表。

(3) 建筑平面图、立面图、剖面图。

15. 采暖通风及空调

16. 公用工程

(1) 供电　包括：①设计说明，包括电力、照明、避雷、弱电等；②设备、材料汇总表。

(2) 供排水　包括：①供水；②排水（清下水、生产污水、生活污水、蒸汽冷凝水）；③消防用水。

(3) 蒸汽　各种蒸汽用量及规格等。

(4) 冷冻与空压　包括：①冷冻；②空压；③设备、材料汇总表。

17. 原、辅材料及产品贮运

18. 车间维修

19. 职业安全卫生

20. 环境保护

(1)"三废"产生及排放情况表。

(2)"三废"治理方法及综合利用途径。

21. 消防

22. 节能

23. 车间定员　如生产工人、分析工、维修工、辅助工、管理人员等。

24. 概算

25. 工程技术经济

(1) 投资

(2) 产品成本

① 计算数据：a. 各种原料、中间产品的单价和动力单价依据；b. 折旧费、工资、维修费、管理费用依据。

② 成本计算：a. 原料和动力单耗费用；b. 折旧、工资、维修、管理费用及其他费用；c. 产品工厂成本。

③ 技术经济指标　包括：规模；年工作日；总收率、分步收率；车间定员（生产人员与非生产人员）；主要原材料及动力消耗；建筑与占地面积；产品车间成本；年运输量（运进与运出）；基建材料；三废排出量；车间投资。

26. 存在的问题及建议

主要表述因投资额度限制造成的问题与建议或因技术发展限制造成的问题与建议。

(三) 初步设计的审查和变更

对于工程项目的初步设计文件，按隶属关系由主管部门投资方审批。特大或特殊项目，由国家发改委报国务院审批。具体项目的建设审批程序可查询各地建设主管部门的网站，必须经过原设计文件批准机关的同意才能变更已经过批准的设计文件。

二、施工图设计阶段

施工图设计是根据批准的（扩大）初步设计（基础设计或方案设计）及总概算为依据，完成各类施工图纸和施工说明及施工图预算工作，满足项目施工及试车等需要。

(一) 施工图设计的深度

施工图设计的深度应满足下列要求：①设备及材料的安排和订货；②非标设备的设计和安排；③施工图预算的编制；④土建、安装工程的要求。

（二）施工图设计的内容

施工图设计阶段的主要设计文件有图纸和设计说明书。

1. 设计说明书

施工图设计说明书的内容除（扩大）初步设计说明书内容外，还包括以下内容：对原（扩大）初步设计的内容进行修改的原因说明；安装、试压、保温、油漆、吹扫、运转安全等要求；设备和管道的安装依据、验收标准和注意事项。通常将此部分直接标注在图纸上，可不写入设计说明书中。

2. 图纸

施工图是工艺设计的最终成品，主要包括：①施工阶段管道及仪表流程图（带控制点的工艺流程图）；②施工阶段设备布置图及安装图；③施工阶段管道布置图及安装图；④非标设备制造及安装图；⑤设备一览表；⑥非工艺工程设计项目的施工图。

（三）设计基本程序

施工图设计工作程序见图 1-6。

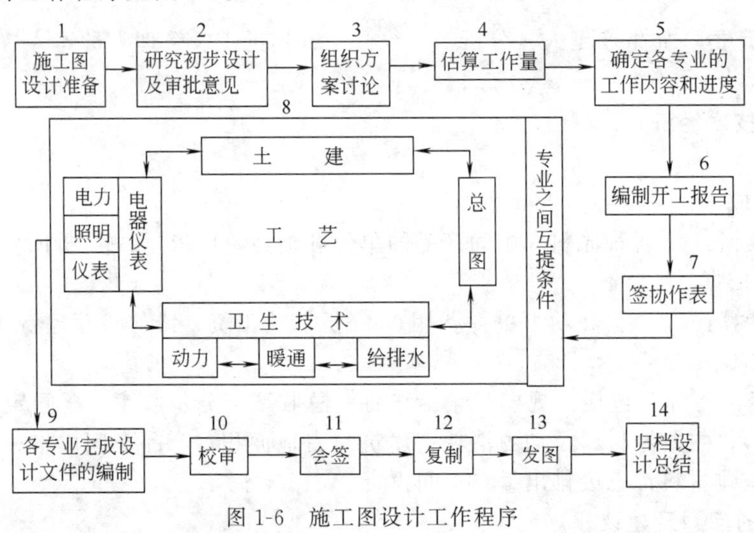

图 1-6　施工图设计工作程序

第三节　设计后期工作阶段

设计后期工作主要是设计技术服务。项目建设单位在具备施工条件后，通常依据设计概算或施工图预算制定标底，通过招、投标的形式确定施工单位。施工单位根据施工图编制施工预算和施工组织计划。项目建设单位、设计单位、施工单位和监理单位对施工图进行会审，设计部门对设计中的一些问题进行解释和处理。设计部门派人参加现场施工过程中各项工程验收，以便了解和掌握施工情况，确保施工符合设计要求，同时能及时发现和纠正施工图中的问题。施工完后进行设备的调试和试车生产，设计人员应业主要求可参加试车前的准备以及试车工作，向生产单位说明设计意图并及时处理该过程中出现的设计问题。设备的调试通常是从单机到联机，先空车，然后从水代物料到实际物料。当试车正常后，建设单位组织施工、监理和设计等单位按工程承建合同、施工技术文件及工程验收规范先组织验收，然后向主管部门提出竣工验收报告，并绘制竣工图以及整理一些技术资料。在竣工验收合格后，作为技术档案交给生产单位保存，建设单位编写工程竣工决算书以报业主或上级主管部门审查。待工厂投入正常生产后，设计部门还要注意收集资料、进行总结，为以后的设计工作、该厂的扩建和改建提供经验。

第四节　制药工程设计常用规范和标准

工程设计必须执行一定的规范和标准，才能保证设计质量。标准主要指企业的产品、规范侧重于设计所要遵守的规程。按指令性可将标准和规范分为强制性与推荐性两类。按发行单位可以将规范和标准分为国家标准、行业标准、地方标准和企业标准。以下为制药设计中常用的有关规范和标准：

1.《药品生产质量管理规范》(2010 版)；

2.《药品生产质量管理规范实施指南》(2010 年修订)；

3.《医药工业洁净厂房设计规范》GB 50457—2008；

4.《洁净厂房设计规范》GB 50073—2013；

5.《建筑设计防火规范》GB 50016—2014；

6.《爆炸和火灾危险环境电力装置设计规范》GB 50058—2014；

7.《工业企业设计卫生标准》GB Z1—2010；

8.《污水综合排放标准》GB 8978—2002；

9.《工业企业厂界环境噪声排放标准》GB 12348—2008；

10.《工业建筑采暖通风与空气调节设计规范》GB 50019—2015；

11.《压力容器》GB 150—2011；

12.《建筑采光设计标准》GB/T 50033—2013；

13.《建筑照明设计标准》GB 50034—2013；

14.《工业建筑防腐蚀设计规范》GB 50046—2008；

15.《化工企业安全卫生设计规定》HG 20571—2014；

16.《化工装置设备布置设计规定》HG/T 20546—2009；

17.《化工装置管道布置设计规定》HG/T 20549—1998；

18.《医药建设项目初步设计内容及深度规定》[国家医药管理局文件，国药综经字(1995)，第 397 号]；

19.《医药建设项目可行性研究报告内容及深度规定》[国家医药管理局文件，国药综经字 (1995)，第 397 号]；

20. 中华人民共和国国务院令 [1998] 第 253 号《建设项目环境保护管理条例》；

21.《工业企业噪声控制设计规范》GB/T 50087—2013；

22.《环境空气质量标准》GB 3095—1996；

23.《锅炉大气污染物排放标准》GB 13271—2014；

24.《化工自控设计规定》HG/T 20505～20516—2000；

25.《建筑灭火器配置设计规范》GB 50140—2005；

26.《建筑物防雷设计规范》GB 50057—2010；

27.《火灾自动报警系统设计规范》GB 50116—2013；

28.《自动喷水灭火系统设计规范》GB 50084—2017 (自 2018 年 1 月 1 日起实施)；

29.《建筑结构荷载规范》GB 50009—2012；

30.《民用建筑设计准则》GB 50352—2005；

31.《建筑结构可靠度设计统一标准》GB 50068—2001；
32.《建筑给排水设计规范》GB 50015—2009；
33.《建筑结构制图标准》GB/T 50105—2010；
34.《建筑地面设计规范》GB 50037—2013；
35.《化工企业总图运输设计规范》GB 50489—2009；
36.《通风与空调工程施工质量验收规范》GB 50243—2016。

习　题

1-1　医药项目设计通常有哪些设计阶段，它们的主要内容是什么？
1-2　施工图设计的工作程序是什么？
1-3　施工图设计相对初步设计深度加大了，体现在哪些方面？
1-4　初步设计的变更需要履行哪些程序才能进行下一步工作？
1-5　医药工程设计项目 GMP 的各个附录分别适用于哪些医药品种？

第二章 工艺流程设计

第一节 概述

一、工艺流程设计的重要性

工艺流程设计（process flow design）是工艺设计的核心。因为生产的目的是得到优质高产低耗的产品，而这取决于工艺流程设计的可靠性、合理性及先进性，而且工艺设计的其他项目均受制于工艺流程设计，同时流程设计与车间布置设计决定车间或装置的基本面貌。

工艺流程设计包括实验工艺流程设计和生产工艺流程设计两部分。对于国内已大规模生产、技术比较简单以及中试已完成的产品，其工艺流程设计一般属于生产工艺流程设计；对于只有文献资料依据、国内尚未进行实验和生产以及技术比较复杂的产品，其工艺流程设计一般属于实验工艺流程设计。本章主要讲述生产工艺流程设计。

二、工艺流程设计的任务和成果

（一）工艺流程设计的任务

(1) 确定流程的组成　从原料到成品的流程由若干个单元反应、单元操作相互联系组成，相互联系为物料流向。确定每个过程或工序的组成，即什么设备、多少台套、之间连接方式和主要工艺参数是流程设计的基本任务。

(2) 确定载能介质的技术规格和流向　在制药生产工艺流程设计中，要确定常用的水蒸气、水、冷冻盐水、压缩空气和真空等载能介质的种类、规格和流向。

(3) 确定生产控制方法　单元反应和单元操作在一定的条件下进行（如温度、压力、进料速度、pH 值等)，只有生产过程达到这些技术参数的要求，才能使生产按给定方法进行。因此，在流程设计中对需要控制的工艺参数应确定其检测点、检测仪表安装位置及其功能。

(4) 确定“三废”的治理方法　除了产品和副产品外，对全流程中所排出的“三废”要尽量综合利用，对于一些暂时无法回收利用的，则需进行妥善处理。

(5) 制定安全技术措施　对生产过程中可能存在的安全问题（特别是停水、停电、开车、停车以及检修等过程）应确定预防、预警及应急措施（如设置报警装置、事故贮槽、防爆片、安全阀、泄水装置、水封、放空管、溢流管等)。

(6) 绘制工艺流程图　如何绘制工艺流程图（包括流程框图和带控制点工艺流程图等）的具体内容和方法将在下一节介绍。

(7) 编写工艺操作方法　在设计说明书中阐述从原料到产品的每一个过程的具体生产方法，包括原辅料及中间体的名称、规格、用量；工艺操作条件（如温度、时间、压力等)；控制方法；设备名称等。

（二）工艺流程设计的成果

初步设计阶段工艺流程设计的成果是初步设计阶段带控制点的工艺流程图和工艺操作说明；施工图设计阶段的工艺流程设计成果是施工图阶段的带控制点工艺流程图，即管道仪表流程图（piping and instrument diagram，PID）。

三、工艺流程设计的原则

工艺流程设计通常要遵循以下原则：①保证产品质量符合规定的标准；②尽量采用成熟、先进的技术和设备；③满足 GMP 要求；④尽可能少的能耗；⑤尽量减少“三废”排放量；⑥具备开车、停车条件，易于控制；⑦具有宽泛性，即在不同条件下（如进料组成和产品要求改变时）能够正常操作的能力；⑧具有良好的经济效益；⑨确保安全生产；⑩遵循“三协调”原则（人流物流协调、工艺流程协调、洁净级别协调），正确划分生产区域的洁净级别，按工艺流程合理布置，避免生产流程的迂回、往返和人流与物流交叉等。

第二节　工艺流程设计的基本程序

一、对选定的生产方法进行工程分析

对小试、中试工艺报告或工厂实际生产工艺及操作控制数据进行工程分析，在确定产品方案（品种、规格、包装方式）、设计规模（年产量、年工作日、日工作班次、班生产量）及生产方法的情况下，将产品的生产工艺过程按制药类别和制剂品种分解成若干个单元反应、单元操作或工序，并确定每个基本步骤的基本操作参数（又称原始信息，如温度、压力、时间、进料流量、浓度、生产环境、洁净级别、人净物净措施要求、制剂加工、包装、单位生产能力、运行温度与压力、能耗等）和载能介质的技术规格。

二、进行方案比较

在保持原始信息不变的情况下，要从成本、收率、能耗、环保、安全及关键设备使用等方面，进行全流程工艺方案论证，以确定最优方案，这对于工艺流程的先进性和成本具有重要意义。现以常规反应罐中浓缩操作的减压蒸发和薄膜蒸发浓缩工艺方案进行比较。

减压蒸发使溶液沸点降低，从而比常压能较快地浓缩药液。适用于含热敏性物质药液的浓缩，同时可以回收有机溶剂。其优点：①减压蒸发时溶液沸点降低，传质温差增大，传热面积减小，设备费用降低；②可蒸发不耐高温的溶液；③可利用低压蒸汽或废气作为加热剂；④操作温度低，损失于外界的热量也相应地减小。缺点：①溶液沸点降低，黏度增大，导致总括传热系数下降；②需要减压装置（真空泵、缓冲罐、气液分离器）等辅助设备，使基建费用和操作费用相应增加；③单效蒸发能量消耗大。

薄膜蒸发是使药液在蒸发时形成薄膜增加气化表面的方法，具有速度快、药液受热时间短、成分不易被破坏等特点，可以在常压或减压下进行，也可回收溶剂。优点：①设备传热系数高（蒸发强度大），设备占地面积小；②低温蒸发，节约能源，特别适合热敏性物料的低温浓缩，同时可以选用普通材料来处理对强腐蚀介质的浓缩；③物料停留时间短，生产周期短，运转周期成本低；④可利用低压蒸汽；⑤适用的黏度范围宽，操作的弹性大；⑥操作方便，易于维修保养。缺点：设备成本高。

到底采用何种设备进行浓缩工艺，论证时需结合产品特性等具体分析决定。

三、绘制工艺流程框图

工艺流程框图（如图 2-1 所示）是以方框和圆框、文字和带箭头线条的形式定性地表示由原料变成产品的生产过程。

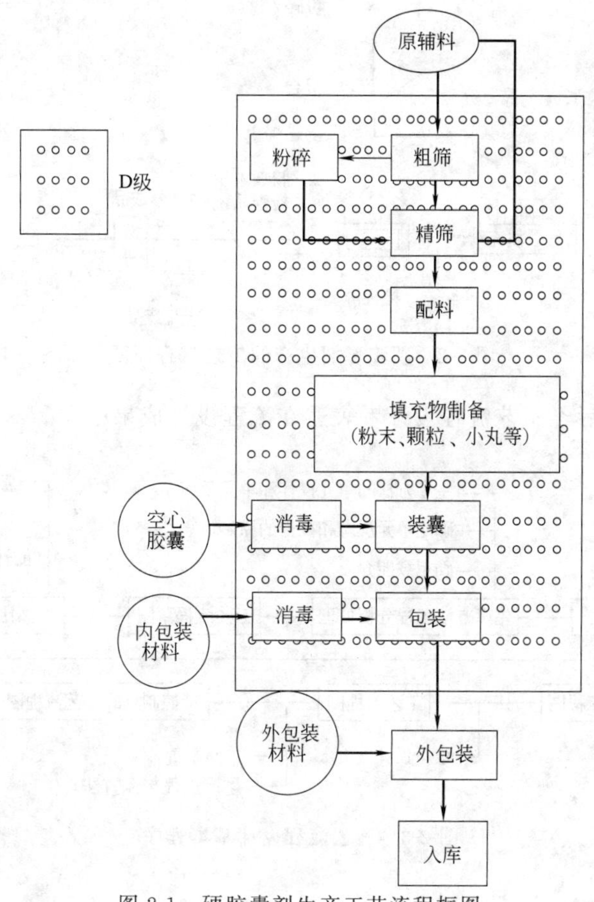

图 2-1　硬胶囊剂生产工艺流程框图

四、绘制设备工艺流程简图

确定最优方案后，就可进行物料衡算、能量衡算、设备的选型和设计，并绘制工艺流程简图。工艺流程简图（如图 2-2 所示）是以设备的外形、设备的名称、设备间的相对位置、物料流线及文字的形式定性地表示出由原料变成产品的生产过程。

五、绘制初步设计阶段的带控制点工艺流程图

工艺流程图绘制后，就可进行车间布置和仪表自控设计。根据车间布置和仪表自控设计结果，绘制初步设计阶段的带控制点工艺流程图（参见图 2-7）。

六、绘制施工阶段的带控制点工艺流程图

初步设计工艺流程图经过审查批准后，按照初步设计的审查意见进行修改完善，并在此基础上绘制施工图阶段的带控制点工艺流程图。

上述流程设计的基本程序可用图 2-3（“鱼骨图”）表示。由图可见，流程设计贯穿整个工艺设计过程，由定性到定量、由浅入深，逐步完善。这项工作由流程设计者和其他专业设

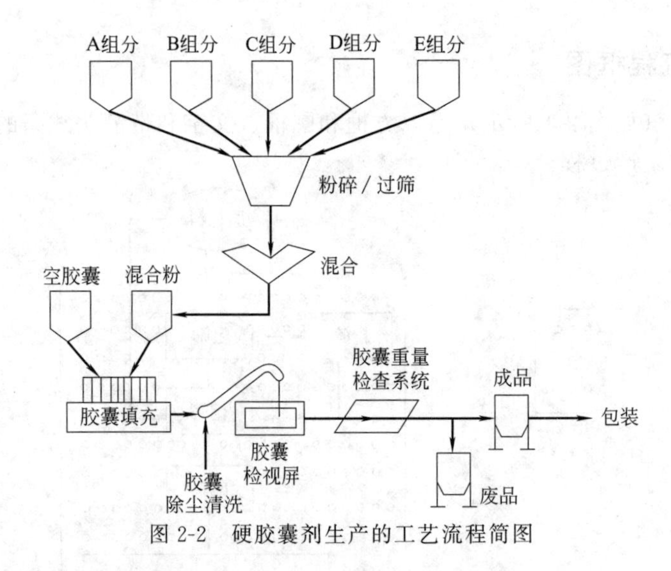

图 2-2　硬胶囊剂生产的工艺流程简图

计人员共同完成，最后经工艺流程设计者表述在流程设计成果中。

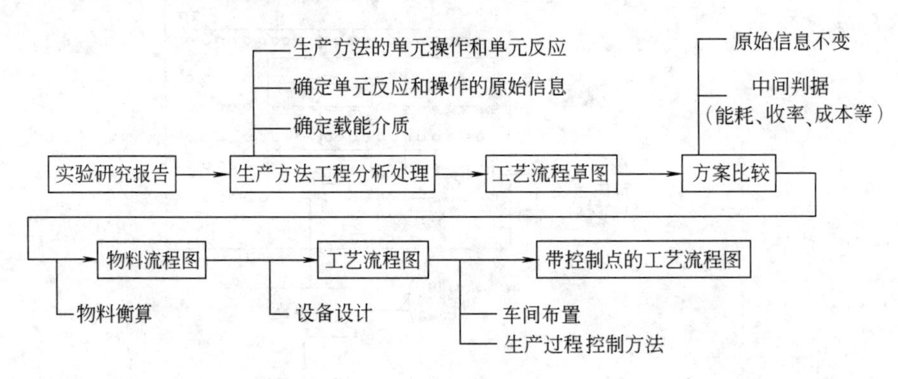

图 2-3　工艺流程设计基本程序

第三节　工艺流程图

工艺流程图是以图解的形式表示工艺流程。工艺流程设计的不同阶段，工艺流程图的深度不同，工艺流程图有工艺流程框图、设备工艺流程图、物料流程图、带控制点的工艺流程图等。

一、工艺流程框图

生产路线确定以后，物料衡算工作开始之前，绘制工艺流程框图。它是一种定性图纸，便于方案比较和物料衡算，不编入设计文件中。工艺流程框图（process flow diagram，PFD）以圆框表示单元反应，以方框表示单元操作，以箭头表示物料的流向，用文字表示单元反应、单元操作以及物料的名称。框图完成的形式应为：骨架正确，物尽其用。图 2-4 为对氨基苯乙醚的生产工艺流程。

二、设备工艺流程图

设备工艺流程图（如图 2-5 所示）以设备的几何图形（设备图例在带控制点工艺流程图章节中叙述）表示单元反应和单元操作，以箭头表示物料和载能介质的流向，用文字表示设备、物料和载能介质的名称。

进行设备工艺流程图的设计必须具备工业化生产的概念。以图 2-5 间歇式混酸配制过程为例说明，实验室制备很简单，玻璃棒、量筒、烧杯即可，但在工业上实现就不那么简单。必须考虑的问题有：

① 首先要有带搅拌的夹套反应混合器，起到烧杯与玻璃棒的作用。

② 要有硫酸计量罐和硝酸酸计量罐，起到量筒的作用。

③ 在工业上，配制混酸往往是用废酸进行非水调节，因此，还需设置废酸计量罐。

④ 配制混酸的原料硫酸和硝酸需考虑一定的贮存量，故设置硫酸贮罐和硝酸贮罐。同时废酸也设置废酸贮罐。

⑤ 将硫酸、硝酸和废酸从原料贮罐送到相应的计量罐中的方法，可以考虑的流体输送方法有四种：

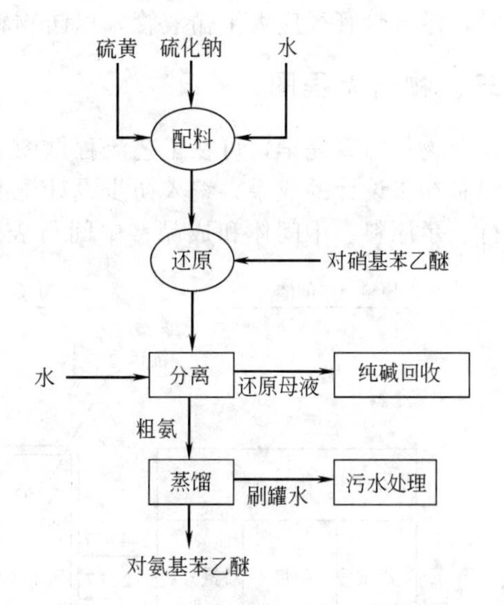

图 2-4　对氨基苯乙醚生产工艺流程

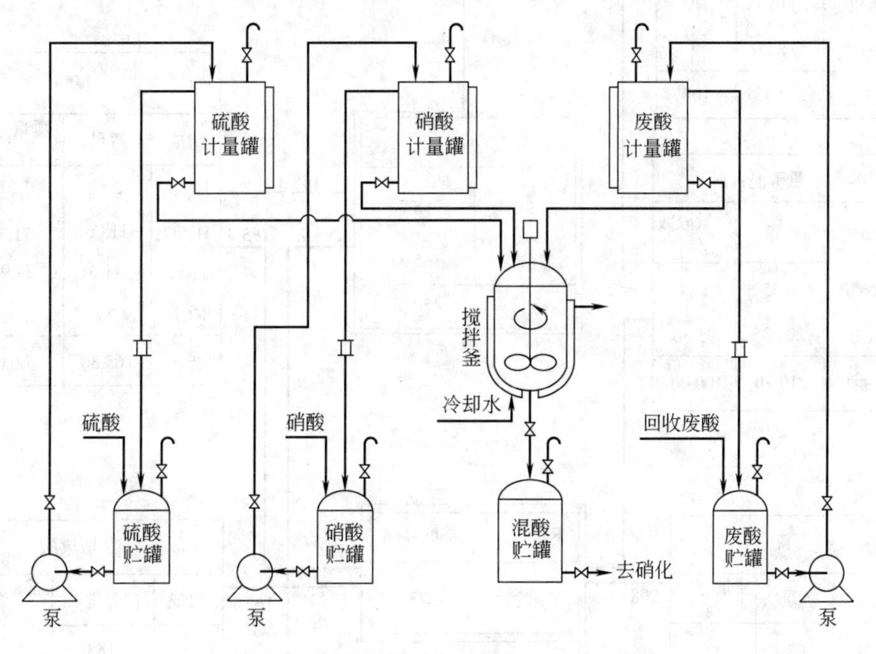

图 2-5　混酸配制过程的设备工艺流程图

利用位差输送；真空输送；空压输送；泵输送。位差输送显然不能实现；真空输送对于硫酸等相对密度大的物料力量较小，稍远距离垂直输送不合适；空压不适合输送易燃易爆物料，易静电爆炸；泵输送适合，故配置送料泵。空压系统可改为先进的氮气保护与输送系统，利用 0.5kPa（表压）的氮气作为氮封，0.5MPa（表压）的氮气进行压料，可用于输送易燃易爆物料，易产生静电物料。这一技术符合 EHS 管理规范的要求。

⑥ 为配好的混酸安排混酸贮罐以供硝化用，同时为安全起见，还应配置事故贮罐。

⑦ 流程的细化：为避免泵送计量罐内物料会憋压，计量罐顶部安装放空阀；为解决放空阀处可能溢料，安装溢流管；在溢流管上安装视镜便于底层操作者判断物料是否已满，同

时，溢流管管径应大于输液管，以防物料冲出。

三、物料流程图

物料衡算完毕，可在工艺流程框图或设备工艺流程图基础上绘制物料流程图。物料流程图是初步设计的成果，编入初步设计说明书中。如图 2-6 所示，物料流程图有三纵行，左边行表示原料、中间体和成品；中间行表示单元反应和单元操作；右边行表示副产品和“三

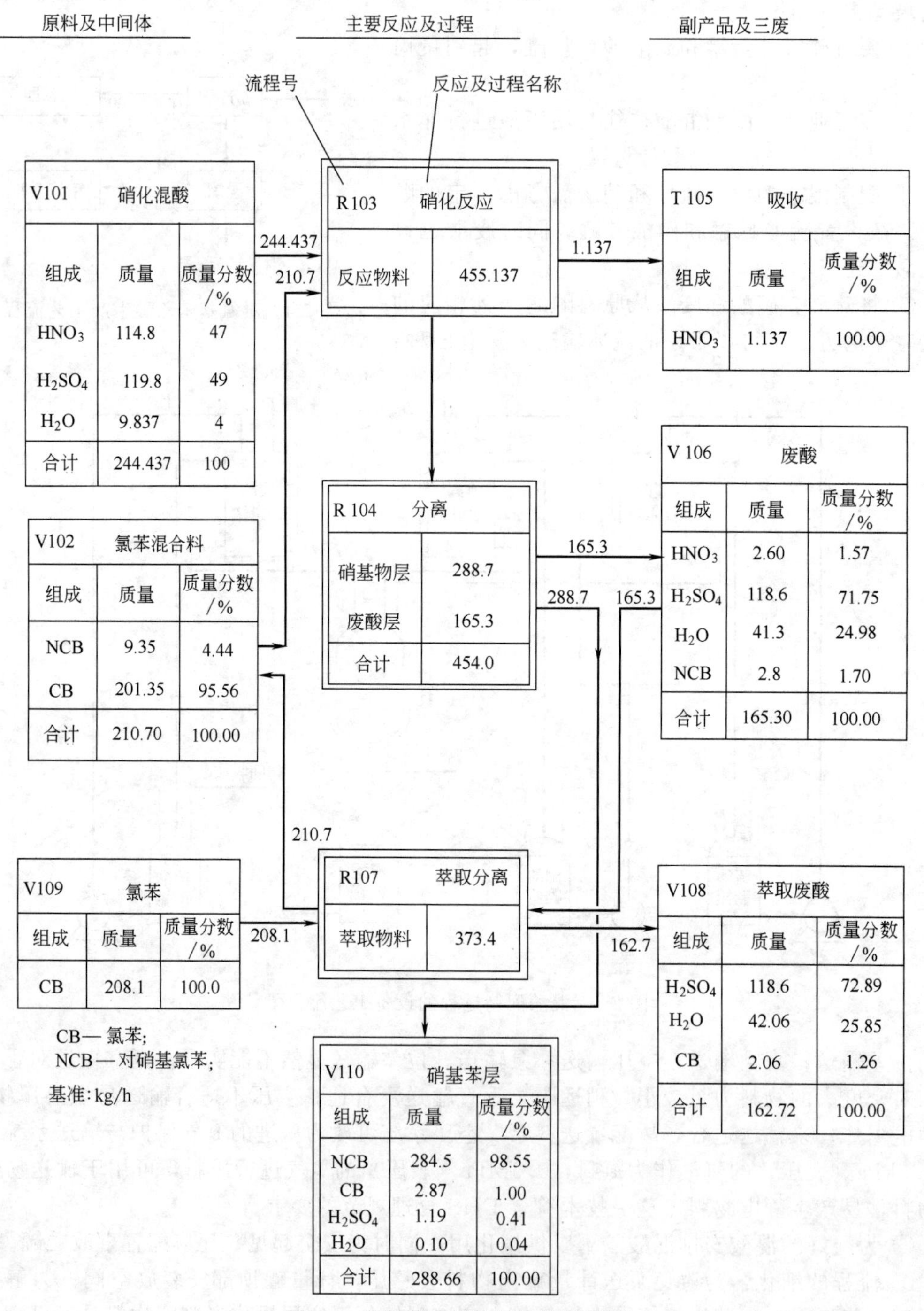

图 2-6 原料药车间物料流程图示例

废”排放物。每一个框表示过程名称、流程号及物料组成和数量，物料流向及其数量分别用箭头和数字表示，为了突出单元过程，可把中间纵行的图框绘成双线。物料流程图既表示物料由原、辅料转变为产品的来龙去脉（路线），又表征原料、辅料及中间体在各单元反应、单元操作中的物质类别和物料量的变化。在物料流程图中，整个物料量是平衡的，故又称物料平衡图。

四、带控制点的工艺流程图

带控制点工艺流程图（见图 2-7），又称管道仪表流程图（piping and instrument diagram，P&ID 或 PID），是用图示方法把工艺流程所需要的全部设备（装置）、管道、阀门、管件和仪表及其控制方法等表示出来，是工艺设计中必须完成的图样。它是施工、安装和生产过程中设备操作、运行和检修的依据。带控制点工艺流程图画法有两个重要原则：①有相对比例，没有绝对比例；②有上下关系，没有左右关系。

在工程设计中工艺系统专业因设计阶段不同通常需要完成七版 PID 图设计。一般要经过扩初设计阶段（工程基础设计阶段，又称工程分析设计过程）的 PID A 版、PID R 版、PID 1 版、PID 1A 版和施工图设计阶段的 PID 2 版、PID 3 版、PID 施工版等。

PID A 版程序　工艺系统专业在接受专利商基础设计条件及各专业条件基础上，经过完成下列步骤后发表的初步条件版给各有关的专业开展时使用。步骤为管道水力计算，确定管道尺寸；设备容器接管表；工业炉接管表；换热器接管表；设备标高及泵的净正吸入压头（NPSH）计算，确定机泵压差要求及泵数据表；设备设计压力；界区接点条件。

PID R 版程序　是工程公司设计文件内部审核版。PID R 版是在 PID A 版发表后，经各专业返回条件进行修改和进一步计算后完善和补充的，以达到供内部审查所规定的深度。这些计算有：流量计算，确定流量及数据表；调解法计算，确定调节阀尺寸及数据表；安全阀计算，确定安全阀尺寸及数据表；爆破板计算，确定爆破板尺寸和数据表；补齐所缺管道，标注所有管道尺寸及伴热和保温要求；标注管道等级及管道号，附管道命名表。

PID 1 版程序　经过内部审查后，根据审查修改意见，将制造厂按询价书返回的订货资料、有关专业进行完善后的条件、供审批设备布置图、管道壁厚表进行修改后提供给用户审查。

PID 1A 版程序　在对 PID1 版进行审查的基础上，与用户统一意见后，由有关专业修改条件完成。它是工程基础设计阶段的最终成品。增加特殊数据表；特殊阀门，过滤器，消音器；管道、设备保温（冷）类型及厚度；评定和确认与工艺系统有关的设备、管件、阀门等制造厂商的图纸和资料；较完整的管道命名表。

施工图设计阶段（工程详细设计阶段）完成 PID2 版、PID3 版、PID 施工版。

PID 2 版程序　根据管道专业进行平面管道设计返回的意见；制造厂商返回的成品版设计图纸（简称 ACF 图，供设计审查用）修改意见；流量计，调节阀等制造厂商数据表；成品版设备布置图；设备标高 NPSH 进行修改后发表的平面版本 PID。

PID 3 版程序　根据管道专业进行成品管道设计返回的意见；制造厂商返回的施工版设计图纸（简称 CF 图，最终图）；施工版设备布置图；最终的设备标高 NPSH；泵的 NPSH 最终版等进行修改后发表的文件。

PID 施工版程序　根据管道空视图及最终的界区条件，发表工艺系统专业在工程详细设计阶段的最后一个能满足施工要求的 PID 施工图。它包括：施工版管道命名表，图纸索引及规定，最终冷却水平衡，最终蒸汽平衡。至此，工程详细设计阶段结束。

七个阶段是从各个设计阶段将一个工艺流程从原则流程到实际操作流程的演进过程。

近年来，计算机在管道仪表流程图的辅助设计过程中的应用日渐增多。PDMS 是三维实体模型工厂设计系统的核心产品，用于复杂工艺的工厂和以配管为主的工程项目详细设计

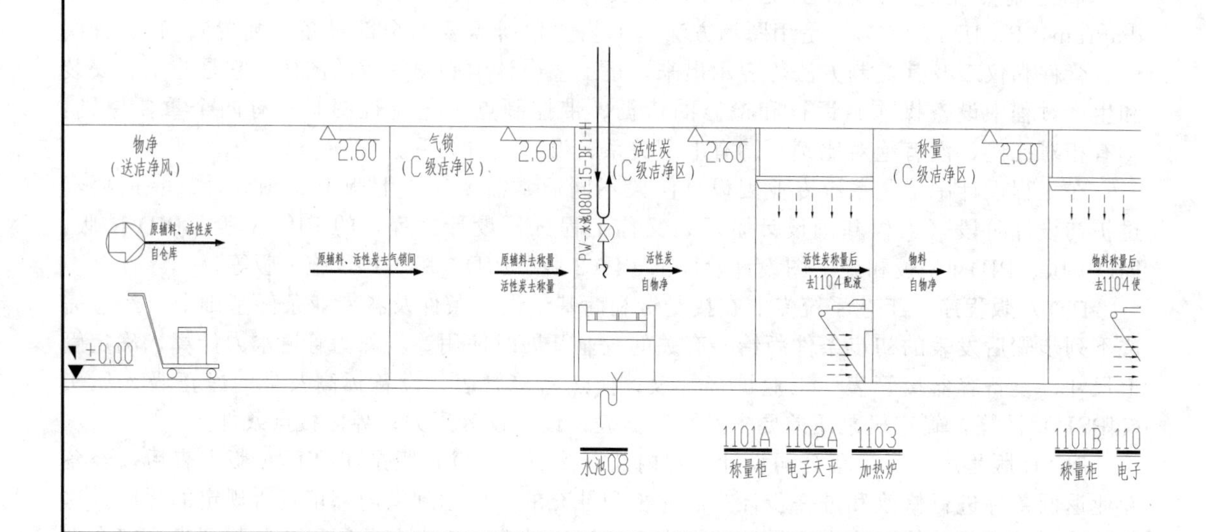

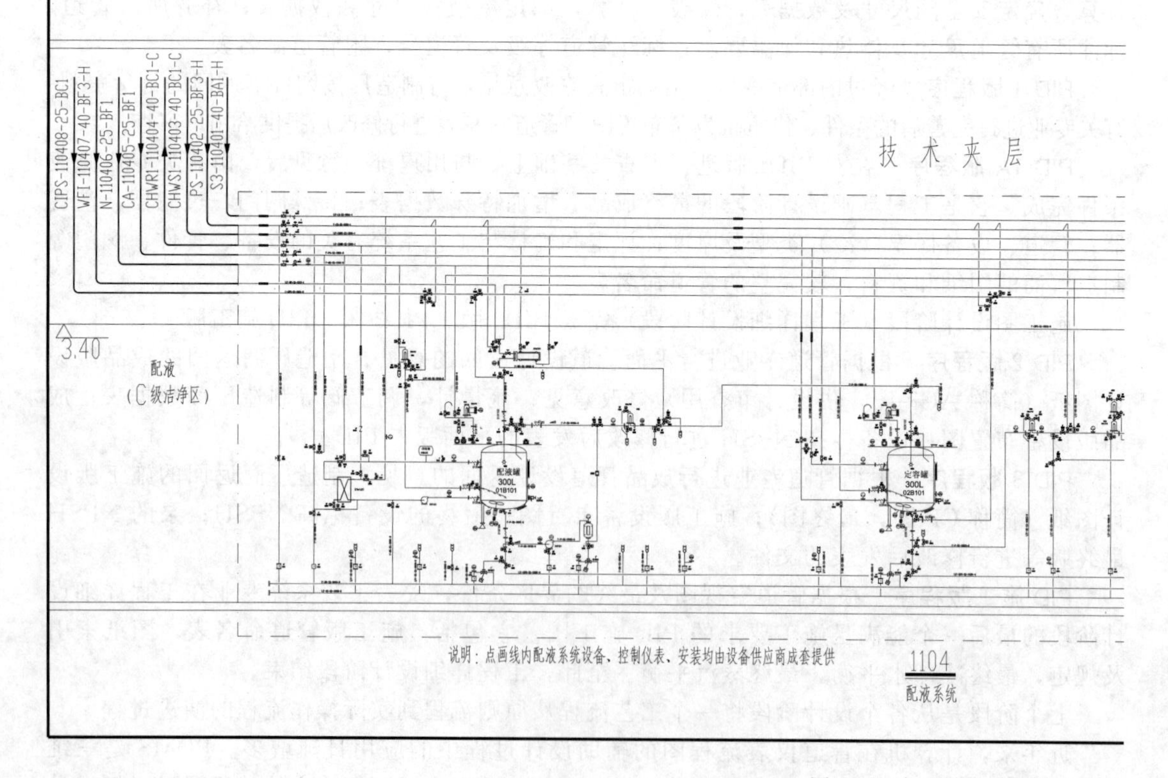

图 2-7　冻干粉针车间配液过滤

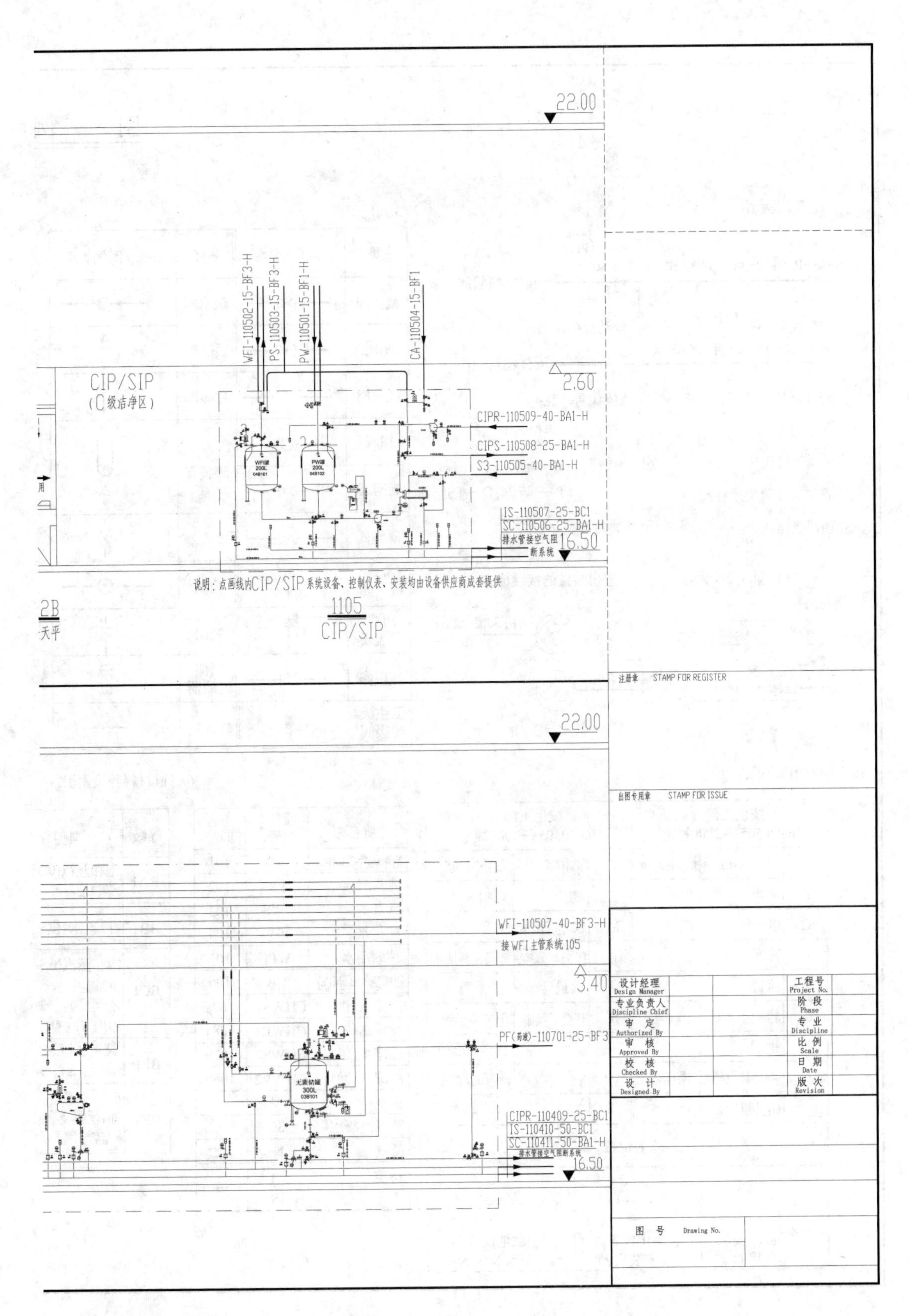

工段带控制点的工艺流程图

图例

1.管线表示法

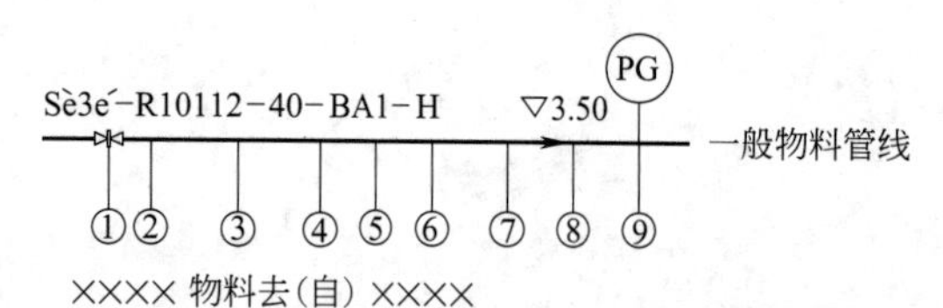

① 阀件符号，见3　② 流体代号，见4

③ 管道编号　④ 公称直径，单位mm

⑤ 管道等级代号，见6　⑥ 隔热符号：H—保温；C—保冷；P—防烫；D—防结露

⑦ 管道底或管架顶标高

⑧ 物料流向　⑨ 仪表符号，见2

装置内的接续标志　进出装置的接续标志

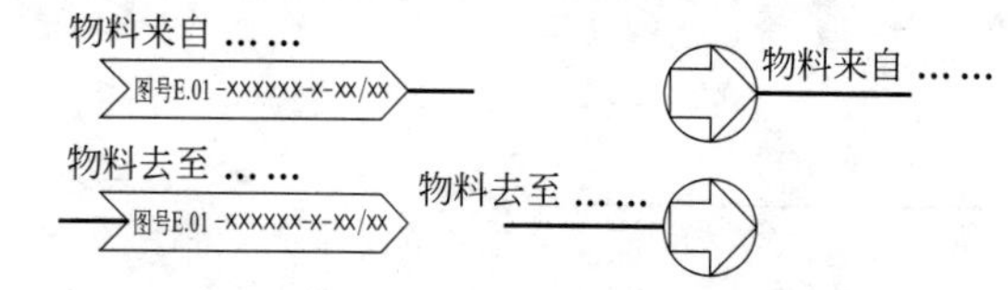

3.阀门管件

名称	图例	名称	图例
截止阀		疏水阀	
闸阀		顶底阀	
柱塞阀		呼吸阀	
球阀		U形隔膜阀	
旋塞阀			
隔膜阀		阻火器	
角式截止阀		视镜	
角式节流阀		视盅	
减压阀		气体过滤器	
卫生级呼吸阀		软连接	

2.仪表和自控符号

按化工部 HG 20505—2000规定			按化工部 HG 20505—2000规定		
	首位字母	后继字母		首位字母	后继字母
A	分析	报警	L	物位	灯
C	电导率	控制	M	水分或湿度	
D	密度		P	压力、真空	连接或测试点
F	流量		Q	数量	
G	毒性气体或可燃气体	视镜、观察	S	速度、频率	开关、连锁
H	手动		T	温度	传送(变送)
K	时间、时间程序	操作器	V	振动、机械监视	阀、风门、百叶窗
VFD	(电机)变频控制				

安装位置

①就地安装仪表	②集中仪表盘安装仪表	③就地仪表盘安装仪表

4.流体代号

介质名称	流体代号	主管编号
饱和蒸汽(0.3MPa)	S3	101
纯蒸汽	PS	102
自来水	CWS	103
纯化水	PW	104
注射用水	WFI	105
压缩空气(0.6MPa)	CA	106
冷冻水(供)	CHWS1	107a
冷冻水(回)	CHWR1	108a
冷冻水(供)	CHWS2	107b
冷冻水(回)	CHWR2	108b
真空	V	
蒸汽冷凝水	SC	
氮气	N	
排空	VT	
生产污水	IS	

6.管道材料等级索引

等级	典型介
BA1	饱和蒸汽(0.3 蒸汽冷凝水、
BB1	冷冻水(供、
BC1	饱和蒸汽(0.3 真空压缩空气、自来水、 生产污水、排空、冷冻 物料(无毒、非易燃、
BF1	纯化水、压缩 氮气、生产污
BF3	注射用水、纯蒸汽、 物料(无毒、非易燃 压缩空气、氮气、

图 2-8　工艺专业

5.管道材料等级编号说明

B C 2
- 序号
- 管道材质
- 管道的压力等级

a.管道材料等级号由两个英文字母和一个数字共三部分组成，第一部分代表压力等级，第二部分代表管道材料，第三部分用以区分相似的情况。

b.压力和材料代号如下表：

第一部分		第二部分		第三部分
符号	意义	符号	意义	顺序区别号
A	≤0.6MPa	A	碳钢(无缝管)	顺序区别号
B	1.0MPa	B	碳钢(焊接管，镀锌管)	顺序区别号
C	1.6MPa	C	304(0Cr18Ni9)	顺序区别号
D	2.5MPa	D	316(0Cr17Ni12Mo2)	顺序区别号
E	4.0MPa	E	316L(00Cr14Ni12Mo2)	顺序区别号
F	6.3MPa	F	不锈钢薄壁管	顺序区别号
G	10.0MPa	G	低合金管	顺序区别号
H	16.0MPa	H	塑料管	顺序区别号
K	25.0MPa	K	碳钢衬胶	顺序区别号
		L	钢塑复合管	顺序区别号
		M	铜	顺序区别号
				顺序区别号

质	温度范围/℃	腐蚀裕度/mm	法兰型式、压力等级、基本材料	压力管道设计类别、级别
MPa) 自来水	0～159	1.5	*PN*10平焊RF面HG/T 20592—2009 碳钢(20无缝管)	饱和蒸汽 GC3
回)	0～50	1.5	*PN*10平焊RF面HG/T 20592—2009 碳钢(Q235-A焊接钢管)	
MPa) 蒸汽冷凝水 水(供、回) 非易爆)	0～159	0	*PN*10平焊RF面HG/T 20592—2009 06Cr19Ni10(304)	
空气、 水	0～80	0	1.0MPa卡箍QB/T 2005 — 94 06Cr19Ni10(304)	
消毒液 、非易爆) 排空	0～133	0	1.0MPa卡箍QB/T 2005 — 94 022Cr17Ni12Mo2(316L)	

注册章 STAMP FOR REGISTER

出图专用章 STAMP FOR ISSUE

设计经理 Design Manager			工程号 Project No.	
专业负责人 Discipline Chief			阶段 Phase	
审定 Authorized By			专业 Discipline	
审核 Approved By			比例 Scale	
校核 Checked By			日期 Date	
设计 Designed By			版次 Revision	

图号 Drawing No.

图例首页图

和设计修改，所有工程图纸和设计报告都直接从1∶1比例的计算机模型中生成。PDMS结合强大的数据库与先进的图形处理功能，可处理任意规模和复杂的工程项目及大量设计数据，其全彩色实体设计环境和实时动态碰撞干扰检查功能为工程界提供优秀的CAD工具。

Aspen工程套件（Aspen engineering suite，AES）是工厂设计的重要软件和集成的工程产品套件（有几十种产品）。其中Aspen Plus是一个举世公认的生产装置设计、稳态模拟和优化的大型通用新型第三代流程模拟软件系统。在实际应用中，Aspen Plus流程模拟的优越性为：进行工艺过程的质量和能量平衡计算；预测物流的流率、组成和性质；预测操作条件、设备尺寸；缩短装置设计时间，允许设计者快速地测试各种装置的配置方案；帮助改进当前工艺；在给定的限制内优化工艺条件；辅助确定一个工艺约束部位（消除瓶颈）。

1. 带控制点的工艺流程图的基本要求

在带控制点的工艺流程图中，用设备图形表示单元反应和单元操作，同时，要反映物料及载能介质的流向及连接；要表示生产过程中的全部仪表和控制方案；要表示生产过程中的所有阀门和管件；要反映设备间的相对空间关系。

2. 带控制点的工艺流程图的绘制步骤

①确定图幅；②绘出地面、操作台、楼层和屋顶的基准线；③一般从左至右按连接关系绘出主要单元设备，然后根据连接关系和空间关系绘出与主要设备相连的设备，如换热器、计量罐、过滤器等，绘图时应注意与地面、操作台、屋顶基准线的关系；④依次绘出工艺管线和辅助工艺管线，同时绘出控制阀等各种管件和仪表控制点；⑤标注设备、管道及楼层高度等；⑥填写标题栏；⑦写出图例和符号说明；⑧作出设备一览表。

3. 绘制带控制点的工艺流程图的一般规定

PID绘制要求可参考中华人民共和国行业标准《管道仪表流程图设计规定》HG 20559—93，各个行业、各个部门的标准会有差异，但设计时应以HG 20559—93为参照准则。

(1) 图幅与图框 带控制点工艺流程图多采用A1图幅，简单流程可用A2图幅，但一套图纸的图幅宜一样。流程图可按主项分别绘制，也可按生产过程分别绘制，原则上一个主项绘制一张图，若流程很复杂，可分成几部分绘制。

图框是采用粗线条在图纸幅面内给整个图（包括文字说明和标题栏在内）的框界。常见图幅见表2-1（GB/T 14689—2008）。

表2-1 基本幅面表及图框尺寸 单位：mm

尺寸	幅面代号				
	A0	A1	A2	A3	A4
$B\times L$	841×1189	594×841	420×594	297×420	210×297

注：B—宽度；L—长度。

(2) 比例 绘制PID图不按比例，但按相对比例。过大设备（装置）比例可适当缩小，过小设备（装置）比例可适当放大，但设备间的相对大小不能改变。并采用不同的标高基准线示意出各设备位置的相对高低。整个图面要匀称协调和美观。

(3) 图例 将设计中管线、阀门、设备附件、流体代号、管道材料等级编号说明、管道材料等级索引、计量-控制仪表等图形符号用文字说明，以便了解流程图内容（见图2-8）。

图例包括：流体代号、设备名称和位号、管道标注、管道等级号及管道材料等级表、隔热及隔声代号、管件阀门及管道附件、检测和控制系统的符号、代号等。

(4) 相同系统的绘制方法 当一个流程图中有两个或两个以上完全相同的局部系统时，只绘出一个系统的流程，其他系统用细双点划线的方框表示，框内注明系统名称及其编号。当整个流程比较复杂时，可以绘一张单独的局部系统流程图，在总流程图中各系统均用细双点划线方框表示。框内注明系统名称、编号和局部系统流程图图号。

(5) 图形线条　图形实线线条根据宽度分粗实线（0.9～1.2mm）、中粗线（0.5～0.7mm）和细实线（0.15～0.3mm）。所有线型的图线宽度（d）应按图样的类型和尺寸大小在下列数系中选择：0.13mm；0.18mm；0.25mm；0.35mm；0.5mm；0.7mm；1mm；1.4mm；2mm。该数系的公比为1∶1.4。粗实线、中粗线和细实线的宽度比率为4∶2∶1。选定了粗实线的宽度之后，按此比例，中粗线和细实线的宽度也就确定了。在同一图样中，同类图线的宽度应该一致。主要物料管道为粗实线；其他物料管道为中粗线；设备外形、阀门、管件、仪表控制符号、引线等为细实线。

(6) 字体　图纸和表格中所有文字写成长仿宋体，字体高度参照表2-2，详细情况见GB/T 14691—1993。

表2-2　字体高度

书写内容	字体高度/mm	书写内容	字体高度/mm
图标中的图名及视图符号	7	图纸中数字及字母	3.5
工程名称	5	图名	7
文字说明	5	表格中文字	5

(7) 图形绘制和标注

1）绘出设备一览表上所列的所有设备（装置）

① 设备外形　设备和装置按表2-3管道及仪表流程图上的设备、装置图例绘出。未规定的设备和装置的图形可根据实际外形和内部结构特征简化画出。

设备装置上所有接口（包括人孔、手孔、装卸料口等）一般要画出，其中与配管有关以及与外界有关的管口（如直连阀门的排液口、排气口、放空口及仪表接口等）则必须画出。管口一般用单细实线表示，也可以与所连管道线宽度相同，个别管口用双细实线绘制。一般设备管口法兰可不绘制。设备装置的支承和底座可不表示。设备装置自身的附属部件与工艺流程有关者，如设备上的液位计、安全阀、列管换热器上的排气口、柱塞泵所带的缓冲缸等，它们不一定需要外部接管，但对生产操作和检测都是必需的，有的还要调试，因此图上要表示出来。

② 设备的位置　在流程图中，装置与设备的位置一般按流程顺序从左至右排列，其相对位置一般考虑便于管道的连接和标注。对于有流体从上自流而下并与其他设备的位置有密切关系时，设备间的相对高度与设备布置的情况相似，对于有位差要求的设备，还应标注限位尺寸。

设备布置在楼孔板、操作台上以及地坑里均需作相关的表示，地下或半地下设备在图上要表示出一段相关的地面。

③ 设备的标注　在流程图中需要标注设备位号（上方）、位号线（中间）、设备名称（下方）。一种是标在流程图的下方或上方，要求排列整齐，并尽可能正对设备。如图2-9所示，当几个装置或机器是垂直排列时，设备的位号和名称可以由上而下按顺序标注，也可以水平标注；另一种是在设备图形内部或近旁仅标注设备位号。

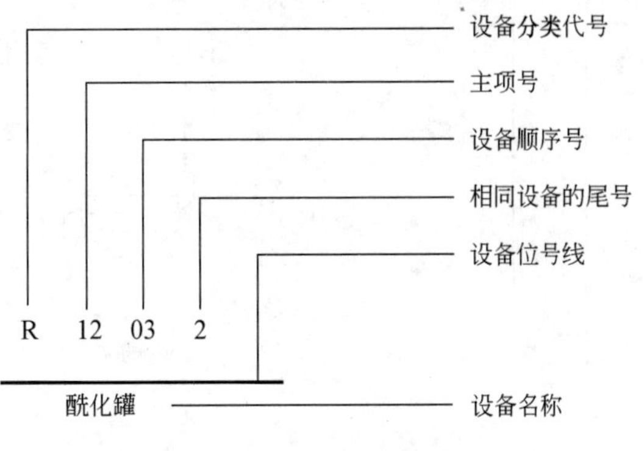

图2-9　设备名称和位号

如图2-9所示，设备位号包括设备类别代号（见表2-3，也有不标此代号的）、主项号（常为设备所在车间、工段的代号）、设备在流程图中的顺序号以及相同设备的尾号。主项代号采用两位数字（01～99），如不满 10 项时，可采用一位数字。两位数字也可按车间（或装置）、工段（或工序）划分。设备顺序号可按同类设备各自编排序号，也可综合编排总顺序号，用两位数字表示（01～99）。相同设备的尾号是同一位号的相同设备的顺序号，用 A，B，C…表示，也可用 1，2，3…表示。设备位号在流程图、设备布置图和管道布置图上标注时，要在设备位号下方画一条位号线，线条为 0.9mm 或 1.0mm 宽的粗实线。

设备位号从初步设计到施工图，在所有的文件中都是一致的。设备位号主要出现位置：工艺叙述；PID 图；设备一览表；车间设备布置图。

表 2-3　管道及仪表流程图上的设备图例

设备类别	代号	图　例
压缩机、空压机	C	风机　离心压缩机　卧式旋转式压缩机　立式旋转式压缩机　单级往复式压缩机（M） 双级往复式压缩机（M）　四级往复式压缩机（M）　蒸汽透平驱动的离心压缩机（ST）
干燥设备	D	厢式　回转式　喷雾式 沸腾式　耙式

续表

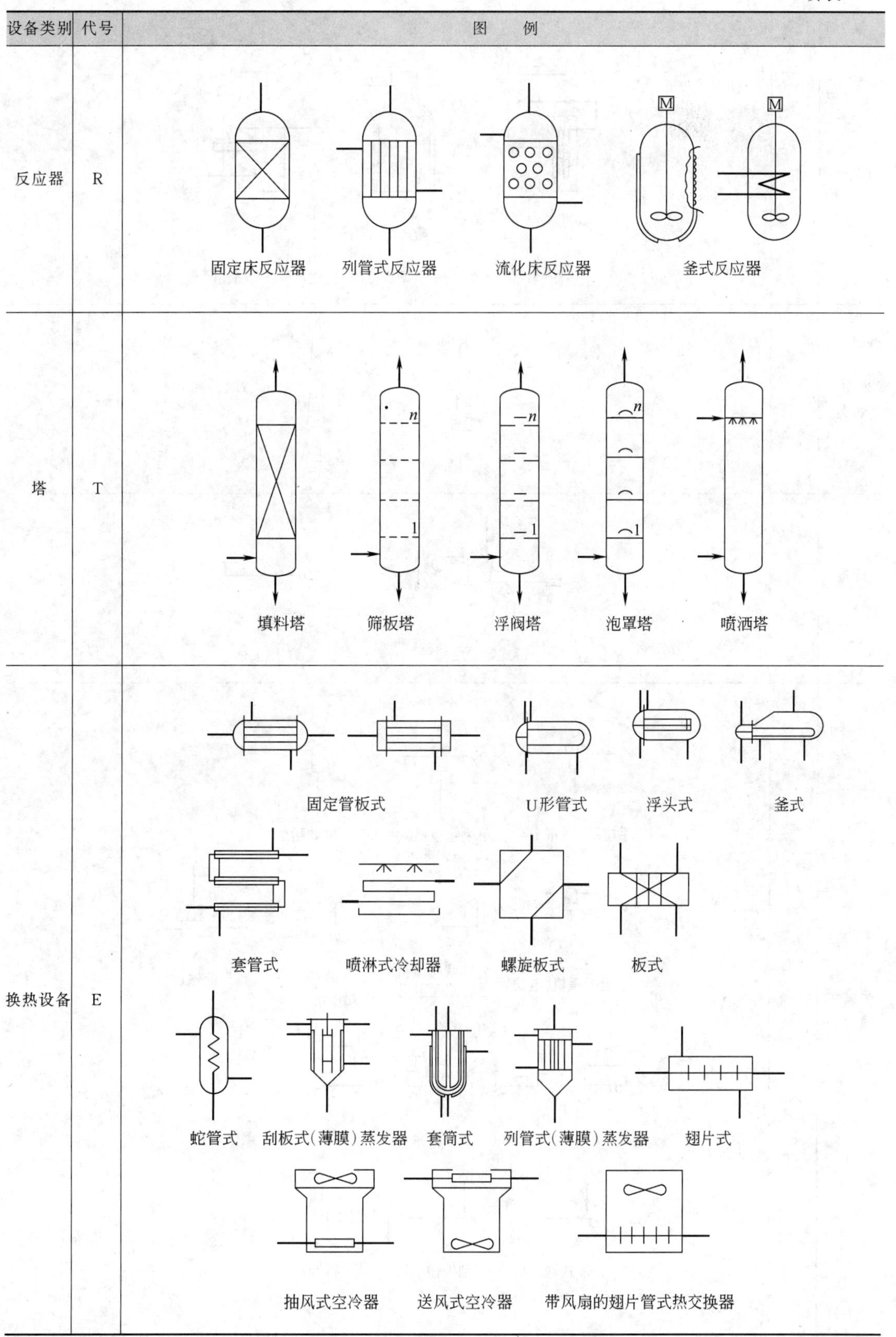

设备类别	代号	图例
反应器	R	固定床反应器　列管式反应器　流化床反应器　釜式反应器
塔	T	填料塔　筛板塔　浮阀塔　泡罩塔　喷洒塔
换热设备	E	固定管板式　U形管式　浮头式　釜式　套管式　喷淋式冷却器　螺旋板式　板式　蛇管式　刮板式(薄膜)蒸发器　套筒式　列管式(薄膜)蒸发器　翅片式　抽风式空冷器　送风式空冷器　带风扇的翅片管式热交换器

续表

设备类别	代号	图例
工业炉	F	箱式炉 图例仅供参考，炉子类型改变时，应按具体炉型画出
火炬、烟囱	S	烟囱　火炬
计量设备	W	带式定量给料秤　地上衡
起重运输设备	L	手拉葫芦（带小车）　单梁起重机（手动）　电动葫芦 单梁起重机（电动）　旋转式起重机 悬臂式起重机　吊钩桥式起重机　气流输送机 手推车　卡车　槽车　叉车 带式输送机　刮板输送机　斗式提升机

续表

设备类别	代号	图例
特殊设备	M	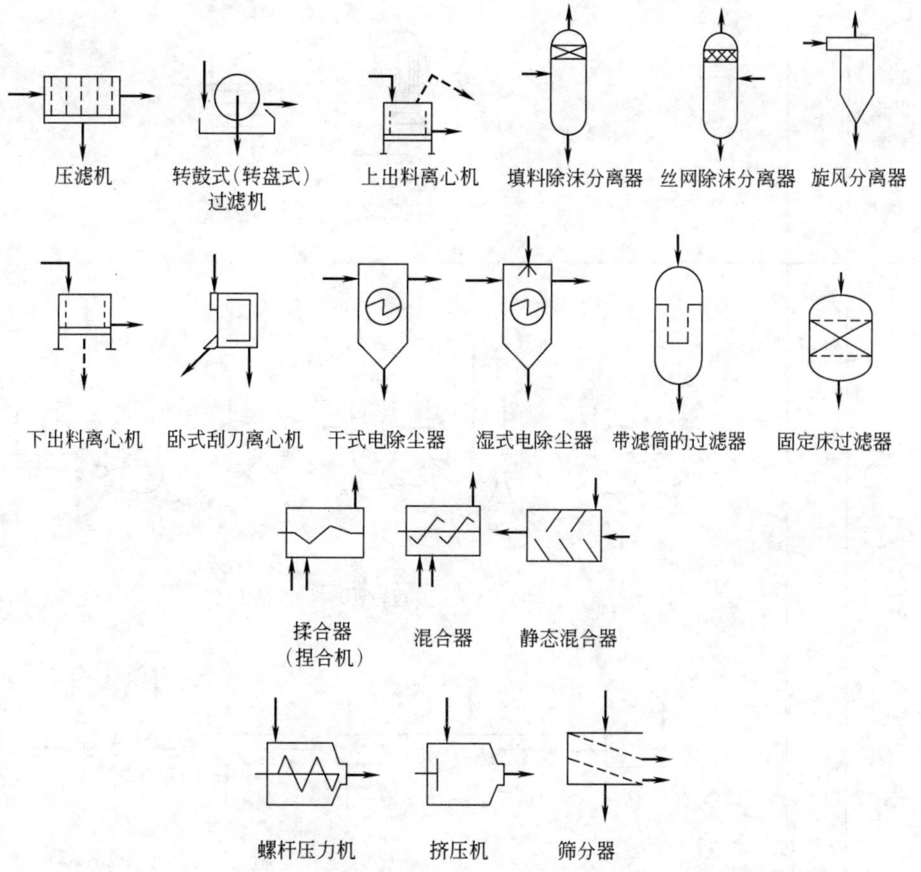 压滤机　转鼓式(转盘式)过滤机　上出料离心机　填料除沫分离器　丝网除沫分离器　旋风分离器　下出料离心机　卧式刮刀离心机　干式电除尘器　湿式电除尘器　带滤筒的过滤器　固定床过滤器　揉合器(捏合机)　混合器　静态混合器　螺杆压力机　挤压机　筛分器
容器	V	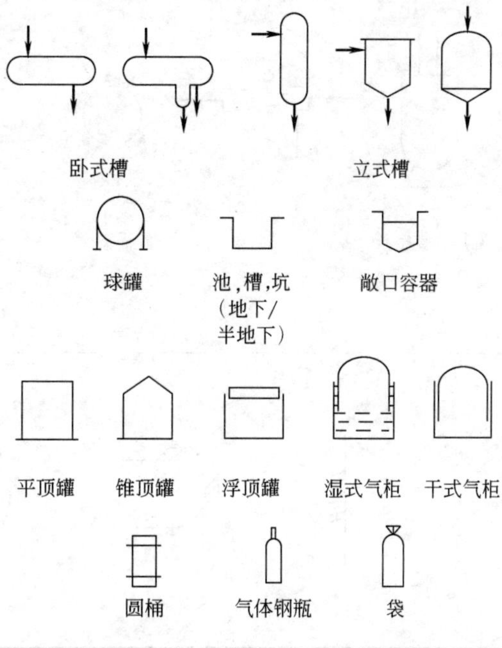 卧式槽　立式槽　球罐　池,槽,坑(地下/半地下)　敞口容器　平顶罐　锥顶罐　浮顶罐　湿式气柜　干式气柜　圆桶　气体钢瓶　袋

续表

设备类别	代号	图　例
其他设备	X	蒸馏水器　消毒柜
泵	P	离心泵　液下泵　旋转泵 齿轮泵　水环式真空泵 纳氏泵　W型真空泵 螺杆泵　活塞泵　柱塞泵　隔膜泵　蒸汽透平驱动的离心泵 旋片式真空泵　喷射泵　旋涡泵　管道泵　滚珠泵
隔热		

续表

设备类别	代号	图例
设备内构件		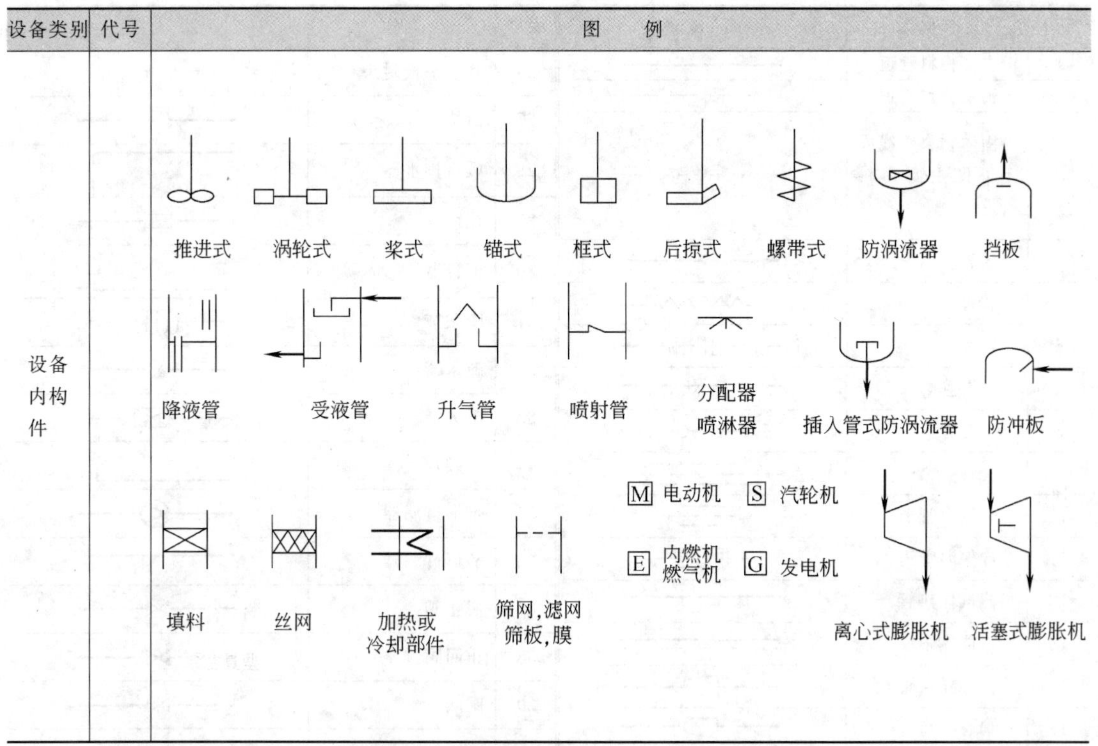

注：1. 本规定中未列出的设备和机器图例，可按实际外形简化画出，但在同一设计中，同类设备的外形应一致。

2. 凡带法兰的塔、反应器、容器、换热器用一横线表示法兰，如图所示：

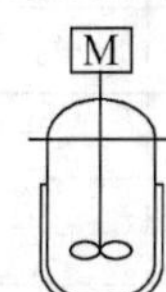

2）绘出全部管道，包括阀门、管件、管道附件

① 绘制要求　按表 2-4 管道及仪表流程图上的管子、管件、阀门及管道附件的图例绘出全部工艺管道以及与工艺有关的辅助管道，绘出管道上的阀门、管件和管道附件（不包括管道间的连接件，如三通、弯头、法兰等），为安装和检修等原因所加的法兰、螺纹连接件等仍需绘出和标注。

在流程图中不对各种管道的比例作统一规定。根据输送介质的不同，流体管道可用不同宽度的实线或虚线表示，各种管道的画法见表 2-4。

管道的伴热管要全部绘出，夹套管可只要绘出两端头的一小段，有隔热的管道在适当部位画上隔热标志。

固体物料进出设备用粗虚（或实）弧形线或折线表示。

按系统分绘流程图时，在工艺管道及仪表流程图中的辅助系统管道与公用系统管道只画与设备（或工艺管道）相连接的一小段（包括阀门、仪表等控制点）。

管线应横平竖直，转弯应画成直角，要避免穿过设备，避免管道交叉，必须交叉时，一般采用竖断横不断的画法。管道线之间、管道线与设备之间的间距应匀称、美观。

② 管道标注　在管道及仪表流程图中管道必须标注，以下管道除外：

a. 阀门、管道附件的旁路管道，例如调节阀、疏水器、管道过滤器、大阀门的开启等的旁路。b. 管道上直接排入大气短管以及就地排放的短管，阀后直接排大气无出气管道的安全阀前入口管道等。c. 设备管口与设备管口直连，中间无短管者，如重叠直连的换热器

表 2-4　工艺流程图中常见管道、管件、阀门的图例

序号	名称	图　例
1	主要物料管道	
2	辅助物料管道	
3	固体物料管线或不可见主要物料管道	
4	仪表管道	
5	软管	
6	翅片管	
7	喷淋管	
8	多孔管	
9	套管	
10	热保温管道	
11	冷保温管道	
12	蒸汽伴热管	
13	电伴热管	
14	同心异径管	
15	偏心异径管	
16	毕托管	
17	文氏管	
18	混合管	
19	放空管	
20	取样口	AX
21	水表	
22	转子流量计	
23	盲板	
24	盲通两用盲板	
25	管道法兰	
26	管端平板封头	
27	活接头	
28	敞口排水器	
29	视镜	
30	消音器	
31	膨胀节	
32	疏水器	
33	阻火器	
34	爆破片	
35	锥形过滤器	
36	Y 形过滤器	
37	截止阀	
38	止回阀	
39	闸阀	
40	球阀	
41	蝶阀	
42	针型阀	
43	节流阀	
44	隔膜阀	
45	浮球阀	
46	减压阀	
47	三通球阀	
48	四通球阀	
49	弹簧式安全阀	
50	重锤式安全阀	

接管。其垫片、螺栓帽在管道一览表中予以统计。d. 仪表管道。e. 在成套设备或机组中提供的管道及管件等。f. 直接连接在设备管口的阀门或盲板（法兰盖）；这些阀门、盲板垫片等仍要在管道一览表中予以统计。

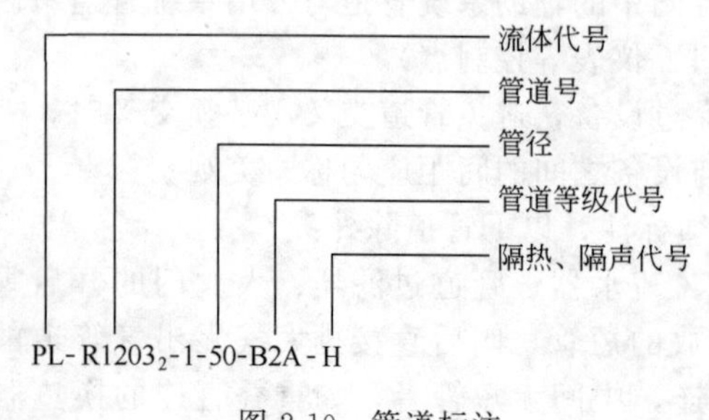

图 2-10　管道标注

如图 2-10 所示，管道标注包括流体代号、管道号、管径和管道等级代号四个部分，各个部分之间用一短横线隔开。对于有隔热、隔声要求的管道，还要在管道等级代号之后注明隔热、隔声的代号，代号参见表 2-8。流体代号见表 2-5。

表 2-5　流体代号

流体代号	流体名称	流体代号	流体名称
1. 工艺流体		IA	仪表空气
P	工艺流体	IG	惰性气体
PA	工艺空气	(4)油	
PG	工艺气体	$D\overline{O}$	污油
PGL	气液两相流工艺流体	$F\overline{O}$	燃料油
PGS	气固两相流工艺流体	$G\overline{O}$	填料油
PL	工艺液体	$L\overline{O}$	润滑油
PLS	液固两相流工艺流体	$H\overline{O}$	加热油
PS	工艺固体	$R\overline{O}$	原油
PW	工艺水	$S\overline{O}$	密封油
2. 辅助、公用工程流体代号		(5)其他	
(1)蒸汽、冷凝水		DR	排液、导淋
HS	高压蒸汽	FV	火炬排放气
HUS	高压过热蒸汽	H	氢
LS	低压蒸汽	N	氮
LUS	低压过热蒸汽	O	氧
MS	中压蒸汽	SL	淤浆
MUS	中压过热蒸汽	VE	真空排放气
SC	蒸汽冷凝水	VT	放空
TS	伴热蒸汽	(6)其他传热介质	
(2)水		AG	气氨
BW	锅炉给水	AL	液氨
CSW	化学污水	BR	冷冻盐水(回)
CWR	冷却水(回)	BS	冷冻盐水(供)
CWS	冷却水(供)	ERG	气体乙烯或乙烷
DNW	脱盐水	ERL	液体乙烯或乙烷
DW	饮用水、生活用水	FRG	氟利昂气体
FW	消防水	FRL	氟利昂液体
HWR	热水(回)	FSL	熔盐
HWS	热水(供)	HM	载热体
RW	原水、新鲜水	PRG	气体丙烯或丙烷
SW	软水	PRL	液体丙烯或丙烷
TW	自来水	(7)燃料	
WW	生活废水	FG	燃料气
(3)空气		FL	液体燃料
AR	空气	FS	固体燃料
CA	压缩空气	NG	天然气

注：1. 在工程设计中遇到本表以外的流体时，可补充代号，但不得与本表所列代号相同，增补的代号一般用2～3个大写英文字母表示。

2. 流体字母中如遇英文字母“O”应写成“$\overline{O}$”。

3. 对于某一公用工程同时有两个或两个以上水平技术要求时，可在流体代号后加注参数下标以示区别。温度参数2℃，只注数字，不注单位；温度为零下的，数字前要加负号，如 BS_{-10} 表示－10℃的冷冻盐水。压力参数0.6MPa，只注数字，不注单位，如 $IA_{0.6}$ 表示0.6MPa的空气仪表。蒸汽代号除用HS、MS、LS分别表示高、中、低不同压力的蒸汽外，也可以用下标表示，如 $S_{0.6}$ 表示0.6MPa的蒸汽。

管道号由设备位号及其后续的管道顺序号组成。其中管道顺序号是与某一设备连接的管道编号，可用一位数（1～9）表示，采用此种表示方法，如果超出9根管道时，可按该管道另一方所连接的设备上管道来标注。如果需要也可采用两位数字（01～99）表示。公用系统的管道号由三位数组成，前一位表示总管（主管）或区域（楼层），后两位表示支管，如有需要也可用四位数字表示。

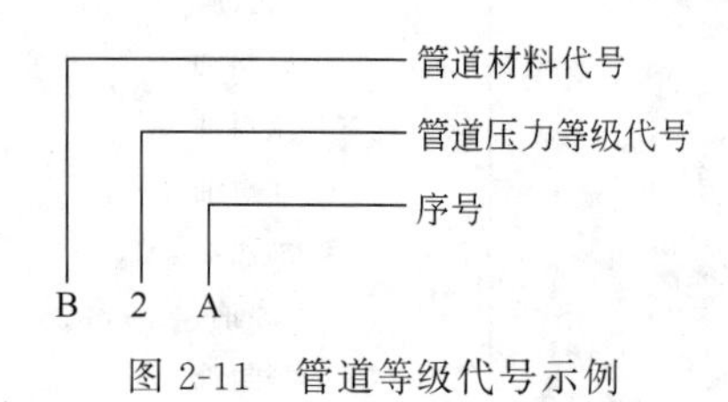

图 2-11　管道等级代号示例

管径一般为公称直径。公制管以毫米为单位，只注数字，不注单位；英制管以英寸为单位，数字和英寸符号要标注，如 3″（1″=0.0254m）。

管道等级代号由管道材料代号、管道压力等级代号和序号三部分组成，如图 2-11 所示。管道材料代号和压力等级代号分别见表 2-6 和表 2-7 所示，序号是随同一材料的同一压力等级按序编排，用英文字母 A，B，C…编排，当大写字母不够用时，可改小写字母 a，b，c…编排。管道的隔热和隔声代号见表 2-8。

表 2-6　管道材料的代号

代号	管道材料	代号	管道材料	代号	管道材料
A	铸铁及硅铸铁	D	合金钢	G	非金属
B	碳素钢	E	不锈耐酸钢	H	衬里管
C	普通低合金钢	F	有色金属	I	喷涂管

表 2-7　管道的压力等级代号

压力等级/MPa	压力代号	压力等级/MPa	压力代号	压力等级/MPa	压力代号
0.25		2.5	3	16.0	8
0.6	0	4.0	4	22.0	9
1.0	1	6.3	6	32.0	10
1.6	2	10.0	7		

注：部分管道压力等级与本表有差异时，用接近的压力代号。

表 2-8　管道的隔热和隔声代号

代号	功能类型	备注	代号	功能类型	备注
H	保温	采用保温材料	S	蒸汽伴热	采用蒸汽伴管和保温材料
C	保冷	采用保冷材料	W	热水伴热	采用热水伴管和保温材料
P	防烫	采用保温材料	O	热油伴热	采用热油伴管和保温材料
D	防结露	采用保冷材料	J	夹套伴热	采用夹套管和保温材料
E	电伴热	采用电热带和保温材料	N	隔声	采用隔声材料

3）绘出全部检测仪表、调节控制系统及分析取样系统　在管道及仪表流程图中，要把检测仪表、调节控制系统、分析取样点和取样阀等全部绘出并作相应标注。检测仪表用于测量、显示和记录过程进行中的温度、压力、流量、液位、浓度等各种参量的数值及其变化情况。

各种检测仪表具有不同的检测功能和需要不同的安装位置，例如玻璃水银温度计的检测元件水银泡只能安装在被检测部位，且只能就地读数。如果换成热电偶检测元件（热电偶传感器），则检测出的电信号可以通过传递、放大等变换过程使其在控制室以温度数值显示出来。因此在流程图中不仅要表示仪表检测的参数，而且要表示检测仪表（或传感器）和显示仪表（或称二次仪表）的安装位置（就地还是集中在控制室或仪表盘上），以及该项检测所具有的功能（如显示、记录或调节等）。

仪表控制点的图形符号是一细实线圆圈，如图 2-12 所示。在图中一般用细实线将检测点和圆圈连接起来。圆圈中间有无线段、线段形式表示仪表的安装和读取状态。

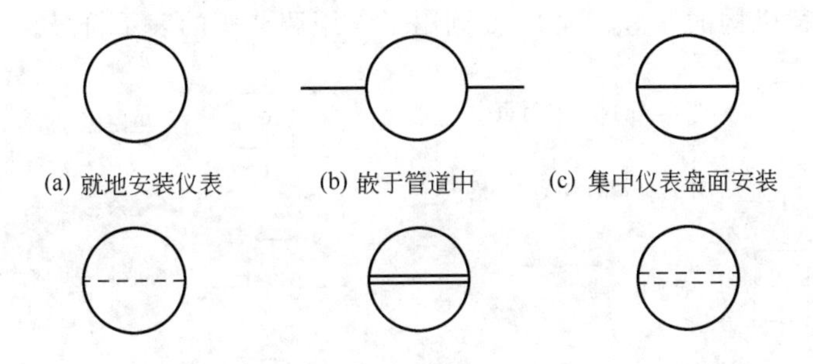

图 2-12　仪表的常见图例和安装位置

在圆圈中分上下两部分注写，上部分第一个字母为参数代号，后续的为功能代号（见表 2-9）；下部分写数字，第一个数字代表主项号，后续的为仪表序号，仪表序号是按工段或工序编制的，可用两位数（01～99）表示。

表 2-9　常见被测变量和功能的代号

字母	第一字母		后续字母	字母	第一字母		后续字母
	被测变量	修饰词	功能		被测变量	修饰词	功能
A	分析		报警	N	供选用		供选用
B	喷嘴火焰		供选用	O	供选用		节流孔
C	电导率		控制或调节	P	压力或真空		连接点或测试点
D	密度或相对密度	差		Q	数量或件数	累计、计算	累计、计算
E	电压		检出元件	R	放射性		记录或打印
F	流量	比(分数)		S	速度或频率	安全	开关或联锁
G	尺度		玻璃	T	温度		传达或变送
H	手动			U	多变量		多功能
I	电流		指示	V	黏度		阀、挡板
J	功率	扫描		W	重量或力		套管
K	时间或时间程序		自动或手动操作器	X	未分类		未分类
L	物位或液位		信号	Y	供选用		计算器
M	水分或湿度			Z	位置		驱动、执行

图 2-13 表示反应罐内温度检测及控制系统。图中表示系统用气动薄膜调节阀，被测变量参数为罐内的温度（T），功能 RC 为调节记录，主项号是 2，仪表序号为 03，温度检测仪表要引到控制室仪表盘上集中安装。通过对反应罐内温度的设定，检测仪表检测到罐内温度变化的情况，将温度的变化转换成电信号传输到控制室仪表盘显示并记录，经信号处理后，由温度检测仪表的执行机构通过改变气动薄膜阀的开度，调节管路内冷却水的流量，使反应罐内温度保持在工艺要求的范围内。

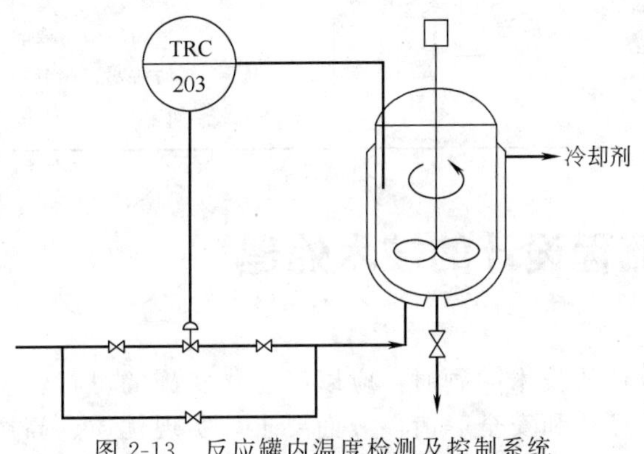

图 2-13　反应罐内温度检测及控制系统

图 2-14 为执行机构的符号；表 2-10 列出了常用调节阀的表示符号。

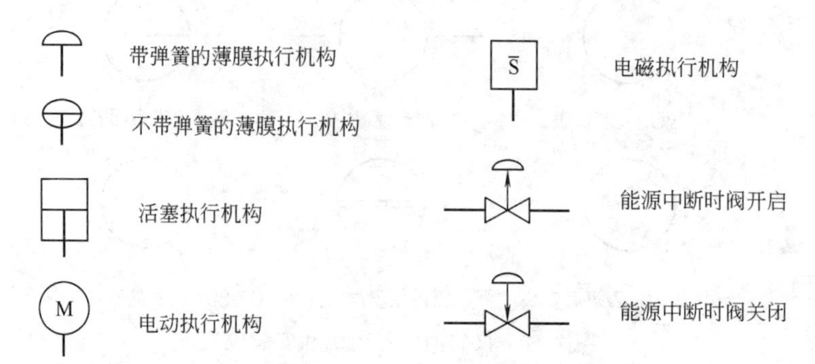

图 2-14　执行机构符号

表 2-10　常用调节阀

序号	名称	符号	序号	名称	符号
1	气动薄膜调节阀（气闭式）		7	气动蝶形调节阀	
2	气动薄膜调节阀（气开式）		8	电动蝶形调节阀	M
3	气动活塞式调节阀		9	气动薄膜调节阀（带手轮）	
4	液动活塞式调节阀		10	电磁调节阀	S
5	气动三通调节阀		11	带阀门调节器的气动薄膜调节阀	
6	气动角形调节阀		12	带阀门定位器的气动活塞式调节阀	

第四节　工艺流程设计的技术处理

在考虑工艺流程设计的技术问题时，应以工业化实施的可行性、可靠性和先进性为基点，使流程满足生产、经济和安全等诸多方面要求，实现优质、高产、低耗、安全等综合目标。

一、确定生产线数目

根据生产规模、产品品种、换产次数、设备能力等因素，决定采用一条还是几条生产线进行生产。

二、操作方式

根据物料性质、反应特点、生产规模、工业化条件是否成熟等因素，决定采用连续、间歇还是联合的操作方式。

（一）连续操作

按一般规律，采用连续操作方式比较经济合理，因为连续操作具有下列优点：①工艺参数在设备任何一点不随时间而变，因而产品质量稳定；②参数稳定使操作易于控制，便于实现机械化和自动化，从而降低劳动强度，提高生产能力；③设备生产能力大，设备小型，费用省，从而降低了基建、固定资产投资及维修费用。

对于产量大的产品，只要技术上可行，应尽可能地采用连续化生产，例如：苯的硝化、安乃近生产中的苯胺的重氮化等。

（二）间歇操作

间歇过程是分批输出产品，生产过程中温度、质量、热量、浓度及其他性质是随时间变化的。间歇操作具有以下特点：①小批量产品生产更经济；②可灵活调整产品生产方案；③可灵活改变生产速率；④适于在同一工厂中使用标准的多用途设备生产不同的产品；⑤最适于设备需要在线清洗和在线消毒的要求；⑥适于从实验室直接放大的过程；⑦为保证产品的同一性，每批产品可按原料和操作条件加以区分。

医药产品品种更新快，有些产品是高价值低产量；有些则随市场波动很大（如用于防治瘟疫的药）；有些产品的生产工艺复杂，反应时间长，转化率低，后处理复杂。要实现连续化生产，在技术条件上达不到要求，因而在制药工业生产中间歇操作是最常用的一种操作方式。

（三）联合操作

联合操作是连续操作和间歇操作的联合应用。在制药工业生产中，很多产品全流程是间歇的，而个别步骤是连续的。在连续和间歇过程之间常采用中间贮罐缓冲和衔接。大部分间歇过程由一系列的间歇步骤和半连续步骤组成。

如图 2-15 所示，原料从贮罐用泵输出后，经换热器预热，进入间歇反应器，反应器内

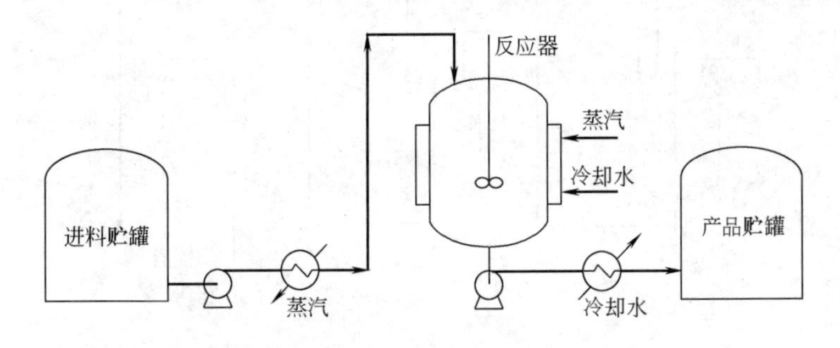

图 2-15　简单间歇过程

物料加热、反应和冷却是间歇过程，反应完成后产物由泵送出，经换热器冷却后进入贮罐则是半连续操作过程。该过程可用Gantt图（即时间-事件图）表示（见图2-16）。Gantt图横道的起点表示任务开始的时间，终点表示任务结束的时间，其长度就表示该任务持续的时间。任务之间还可用带箭头的线相连，描述各任务先后关系。

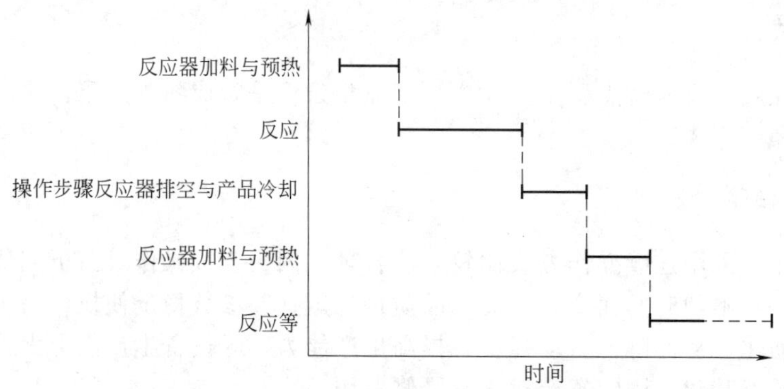

图2-16　间歇过程的Gantt图（即时间-事件图）

三、保持主要设备的生产能力平衡、提高设备利用率

设备的有效使用是间歇操作过程设计的目标之一。生产过程的间歇性质，使得设备无法完全利用，时间最长的操作步骤控制着生产周期。通过交叠进行多批生产来提高设备利用率。交叠即在任一时刻，同时进行多批生产的不同操作步骤，使不同批次生产之间的时间周期缩短。

【例2-1】　由丁二烯和二氧化硫生产丁二烯砜，要经过反应、蒸发、汽提三个步骤，且蒸发和汽提的一部分物料回到反应器循环利用。丁二烯砜间歇过程生产流程图见图2-17。各加工步骤操作时间见表2-11。

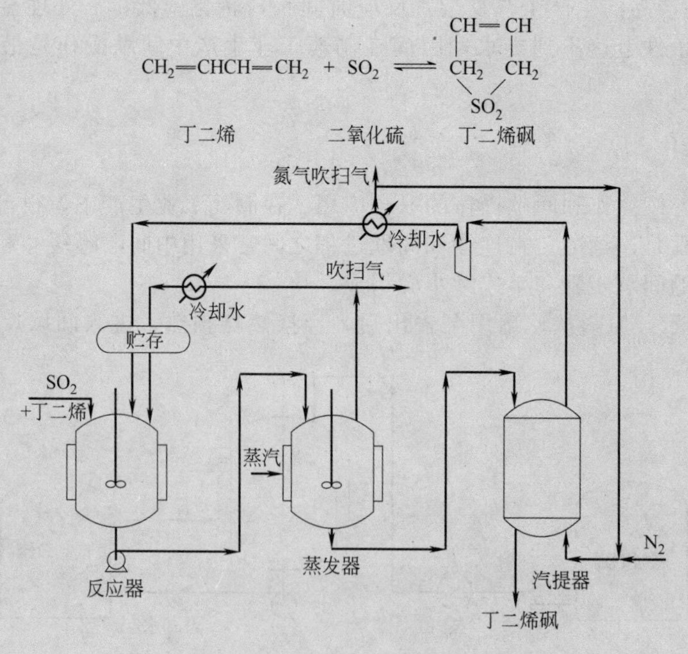

图2-17　丁二烯砜间歇过程生产流程图

表 2-11 各加工步骤操作时间

加工步骤	操作时间/h	加工步骤	操作时间/h	加工步骤	操作时间/h
反应	2.1	汽提	0.65	卸料	0.25
蒸发	0.45	装料	0.25		

方案一 图 2-18 为间歇过程循环的 Gantt 图（时间-事件图）。图中所示步骤之间的重叠很小，即前一步骤的结束与后一步骤开始同时进行，批循环时间为 4.2h。显然，Gantt 图表明各单项设备利用率很低，即在整批操作周期内的小部分时间运行。

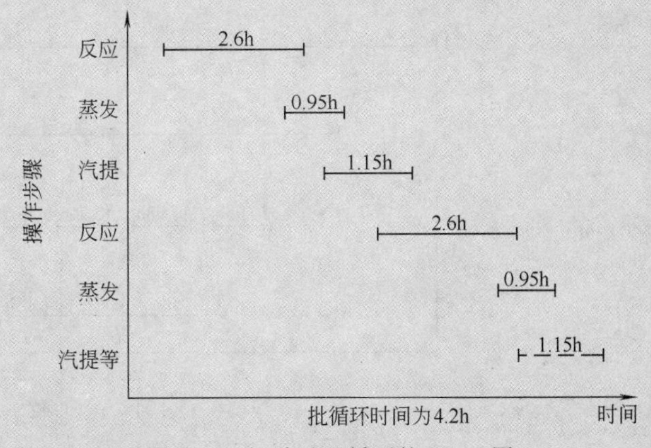

图 2-18 间歇过程循环的 Gantt 图

方案二 图 2-19 为间歇步骤重叠循环的 Gantt 图。反应器批与批之间不间断地生产，批循环时间缩短为 2.6h，为多批生产不同步骤同时进行，设备利用率显著提高。该方案中反应时间最长，限制了批循环时间，虽然反应器没有“死”时间（即不进行生产的时间），但蒸发器和汽提器还有大量“死”时间。

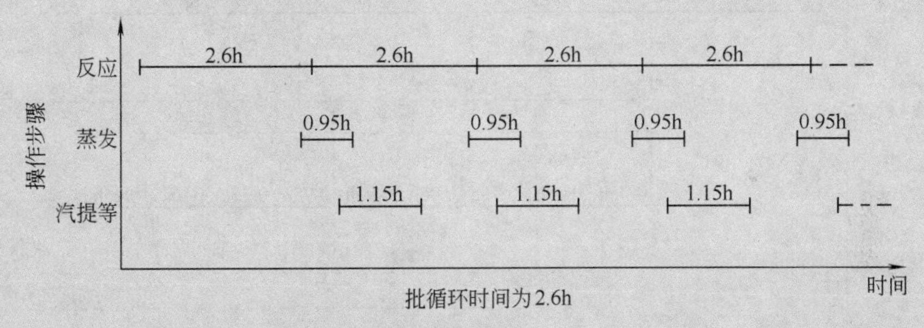

图 2-19 间歇步骤重叠循环的 Gantt 图

方案三 图 2-20 为两台反应器平行操作时的 Gantt 图。采用这样的平行操作，化学反应能够覆盖，从而允许蒸发和汽提操作频繁地进行，因此提高了设备利用率，批循环时间为 1.3h，两台反应器如维持原有体积，这就意味着在相同时间内能够加工更多批的物料。反应器没有“死”时间，但蒸发器和汽提器仍有少量间断点状“死”时间。

可见，如果使用两台具有原体积的反应器，那么生产过程的产量就增加了。如果不需要增加产量，那么反应器、蒸发器和汽提塔的尺寸就可以减小。但要增加一台与原体积相同的反应器，这就意味着生产过程的产量大幅度增加，当然投资费用和操作费用也会增加。

方案四 图 2-21 为在反应器和蒸发器之间以及蒸发器和汽提塔之间有中间贮槽的操作过程的 Gantt 图。这样蒸发器操作步骤不受反应步骤完成以后才能开始的限制，同样汽提操作步骤也不再受蒸发操作步骤完成以后才能开始的限制。这些独立的操作步骤被中间贮槽解耦。批循环时间虽仍为 2.6h，但消除了蒸发器和汽提塔的“死”时间，所以能够完成更多的蒸发和汽提操作，从而可以降低蒸发器和汽提塔的尺寸。这时需要比较权衡的是增加中间贮槽的投资费用，增加和减少蒸发器和汽提塔尺寸的投资费减少的情况。由图2-22可见，反应器和蒸发器之间的中间贮槽对设备利用率有很大的影响，而在蒸发器和汽提塔之间的中间贮槽则对设备利用率的影响不太显著，并且在经济上也很难判断。

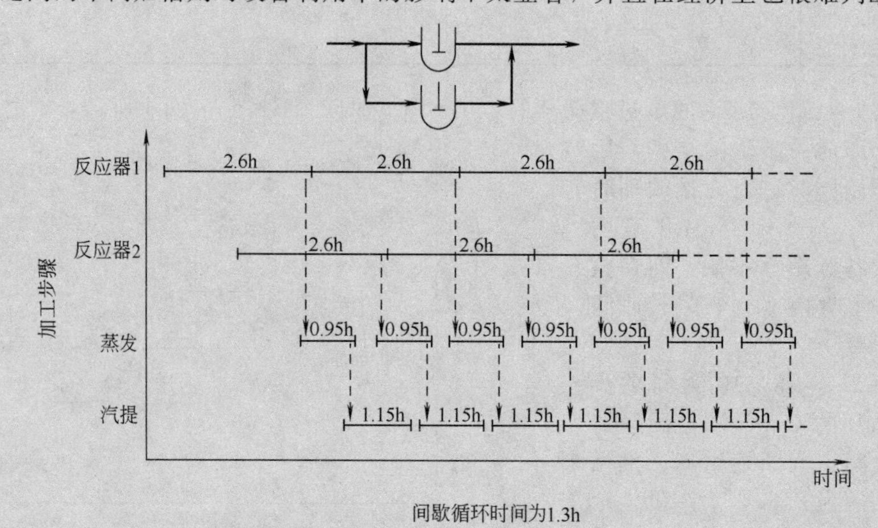

图 2-20　两台反应器平行操作时的 Gantt 图

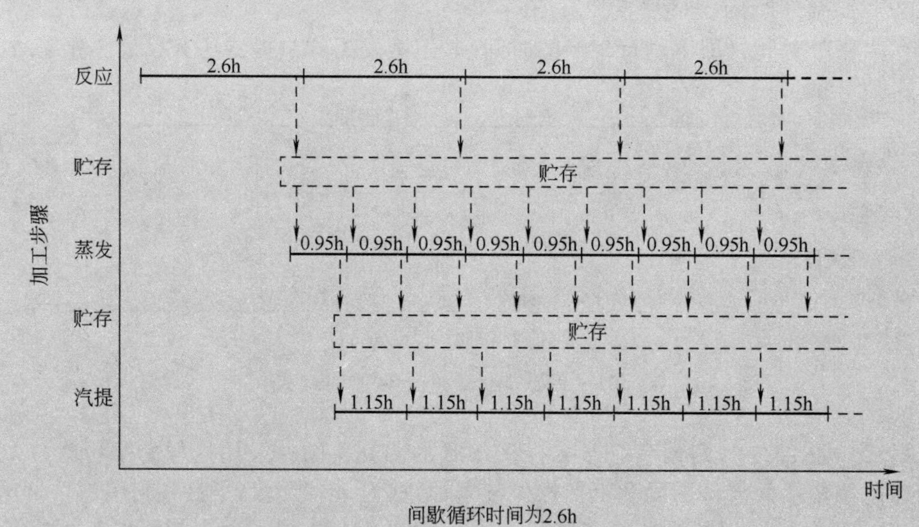

图 2-21　具有中间贮槽时的 Gantt 图

由上例，可以使用下列方法提高设备利用率：①将一个以上的操作合并在一台设备中（如在同一个容器中进行原料预热和反应），但是这些操作不能限制循环时间；②覆盖操作，即在任何给定时间，工厂在不同的加工阶段有一批以上的物料；③在限定批循环时间的加工步骤使用平行操作；④在限定批循环时间的加工步骤使用串联操作；⑤在限定批循环时间的加工步骤增加设备尺寸，以降低具有非限制批循环时间的操作步骤的“死”时间；⑥在具有非限定批循环时间的操作步骤降低设备尺寸，以增加设备的加工时间，从而降低这些操作步骤的“死”时间；⑦在间歇操作步骤之间加入中间贮槽。

四、考虑全流程的弹性

有些原料有季节性，有些产品市场需求有波动，因此要通过调查研究和生产实践来确定生产流程的弹性。

五、以化学单元反应为中心，完善生产过程

一般将化学原料药的工艺流程分为五个部分，即原料预处理过程、反应过程、产物的后分离过程、产品的精制干燥包装和“三废”处理过程，围绕着这些部分有物料的输送和能量的交换。

（一）采用新技术、新设备

随着GMP技术要求的不断提高，近年来制药工艺设计越来越多地采用绿色制药工艺设计的理念，大大促进了装备技术的进步。如化学合成药生产应用新型“三合一”多功能洗涤、过滤、干燥一体化机组，实现固液分离、固体洗涤、固体干燥、固体卸料的全封闭、全过程的连续操作，同时又具备CIP（在线清洗）与SIP（在线灭菌）功能，减少物料的转料次数，减少粉尘和溶剂的外泄，因此该设备符合GMP的各项要求，适用于无菌级原料药的生产。又如离心机作为常用的分离设备，现已发展了多种类型的适用于有毒、有害、易燃、易爆等介质液固分离的全封闭、全自动下卸料离心机，从而取代了三足式离心机。目前新型的水平轴离心机无需基础，直接安装在地板上，并能采用穿墙式安装方式，将设备操作区与服务区有效隔开，带CIP与SIP系统，完全符合GMP要求。

传统中药前处理车间一般由提取、浓缩、醇沉和浸膏干燥等工艺过程组成。随着制药工艺设计技术创新的推动，现在现代中药提取动态组罐逆流提取、超临界流体萃取、超声提取、酶法提取等新技术正在不断推动中药制药的进步。如工业动态组罐逆流提取是对经典热回流提取制备技术的新改进。膜分离技术的引入是对传统的中药提取制备技术的一个革命性进步，它将微滤、超滤和纳滤等膜技术集成替代了经典的提取、浓缩和醇沉工艺。其优点是：常温操作，能耗低；分离过程无相变发生，不会改变中药有效成分及结构；分离系数大，更好除杂质，有效保留中药原方配伍成分，有效成分损失少，成品稳定性好；操作方便，易于自动化。适于热敏性物质的分离、纯化。

（二）物料回收、循环套用

未反应物料一般经过分离后通过泵或压缩机再回到反应器进料，成为循环流程，这样既降低了原料的消耗定额，也减小了“三废”处理量。由于循环系统必须设置循环压缩机或循环泵，会增大设备投入和动力消耗，故是否循环要综合考虑而定。

图2-22为常用循环流程，循环物料通常是反应原料、溶剂、催化剂，如果生成副产物的副反应为可逆反应，可通过循环副产物来抑制副产物的生成。

图2-23为没有分离的循环流程，未经过分离从反应系统出来的物料部分直接返回反应器，同时部分采出，在生产中当转化率很低而分离产品和原料又很困难的情况下，常采用这种完全不分离的循环流程。

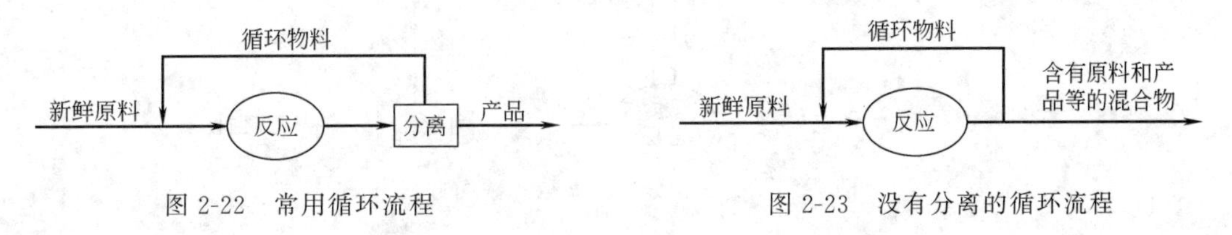

图2-22　常用循环流程　　　图2-23　没有分离的循环流程

【例 2-2】 用混酸硝化氯苯。已知混酸组成：HNO_3 为 47%，H_2SO_4 为 49%，H_2O 为 4%。氯苯与混酸中的 HNO_3 的物质的量之比为 1∶1.1。硝化温度 80℃；硝化时间 3h；硝化废酸中含硝酸<1.6%，含混合硝基氯苯为获得混合硝基氯苯量的 1%。

方案一 硝化分层方案

如图 2-24 所示，一定浓度的硫酸、硝酸和水混合配制成符合工艺要求的混酸，随后与原料氯苯进行硝化反应，反应混合物有产物硝基氯苯、水、原料硫酸以及剩余的硝酸和氯苯。根据物质互溶性及相对密度得知，此反应混合物分成两层，即硝基物层和废酸层，在硝基物层中主要是硝基氯苯和氯苯，还含有少量的硫酸、硝酸和水。在废酸层中则主要是硫酸、硝酸和水，还含有少量的硝基氯苯和氯苯。硝基物层送去精制，废酸层直接出售。该方案硫酸单耗很大，而废酸层含有的硝基氯苯和氯苯又限制了废酸的利用。

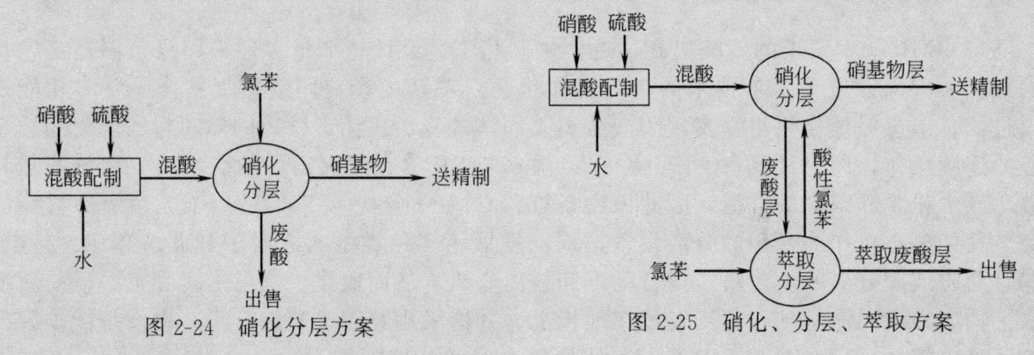

图 2-24 硝化分层方案

图 2-25 硝化、分层、萃取方案

方案二 硝化、分层、萃取方案

如图 2-25 所示，将原料氯苯与废酸层进行混合萃取，并与废酸层中剩余的硝酸进行硝化反应，使废酸层中剩余硝酸得到进一步利用。同时原料氯苯的加入使废酸层中原含有的少量硝基氯苯和生成的硝基氯苯被萃取进入酸性氯苯层，主要含有氯苯和硝基氯苯的酸性氯苯层进入硝化分层操作，进行正常硝化反应。经过硝化、萃取、分层之后的萃取废酸层主要含有硫酸和水。该方案与方案一相比，硝酸、氯苯单耗减小，产物硝基氯苯的收率提高。但硫酸单耗仍很大，废酸中含有的极少量氯苯和硝基氯苯仍限制了废酸的综合利用。同时还需多设置一台萃取设备。

方案三 硝化、分层、萃取、浓缩方案

如图 2-26 所示，将萃取后废酸层进行浓缩，先是氯苯与水形成共沸物，氯苯会随水一起蒸出，经冷却后可回收蒸出的氯苯，然后蒸除大部分水，浓缩后的废酸层进入混酸配制工序循环使用。与方案二相比，该方案浓缩后废酸循环套用，使硫酸单耗大大降低，氯苯损耗进一步降低，但需增加浓缩装置以及浓缩所需的能耗。

哪种方案最佳，还需综合分析确定。

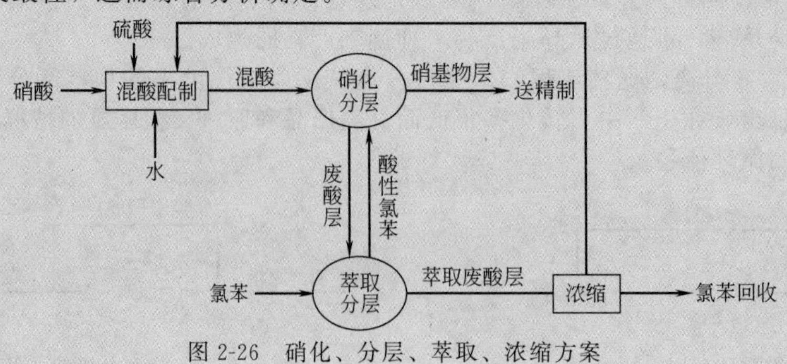

图 2-26 硝化、分层、萃取、浓缩方案

（三）提高能量利用率，降低能耗

能量消耗是生产成本中一个重要的影响因素，因而在流程设计时要提高能量利用率，降低能耗。

1. 合理安排设备间的相对高度，尽量采用物料自流

设备通常采用三层布置：计量槽在上，反应器在中间，过滤、离心机在下（见图2-27）。这种设计可以减少输送物料的设备，还可以节省输送物料的能耗。但由于流体是由底层的贮槽通过泵或压缩空气或真空送到计量器的，因而在满足工艺要求的条件下，竖向标高应尽量小，这样可减小流体由贮槽输送到计量器的能耗，同时也降低了厂房的高度。

图 2-27　原料药合成车间三层布置实例

2. 充分利用余热、余能

研究换热流程与换热方案，改进传热方式，提高设备的传热效率，在需要冷却的流股和需要加热的流股之间进行热交换，对系统进行热集成，尽可能经济地回收所有过程物流的有效能量，以减少公用工程的耗能量。还应选用保温性良好的材料，减少热量损失。

图 2-28 所示流程的反应器和分离系统之间不设热集成，此流程的热利用率低。图 2-29 为设有热集成的两个流程。图 2-29（a）中进料位置不能向左移一个节点进料，这样是不适宜的，主要是温度推动力变小了。

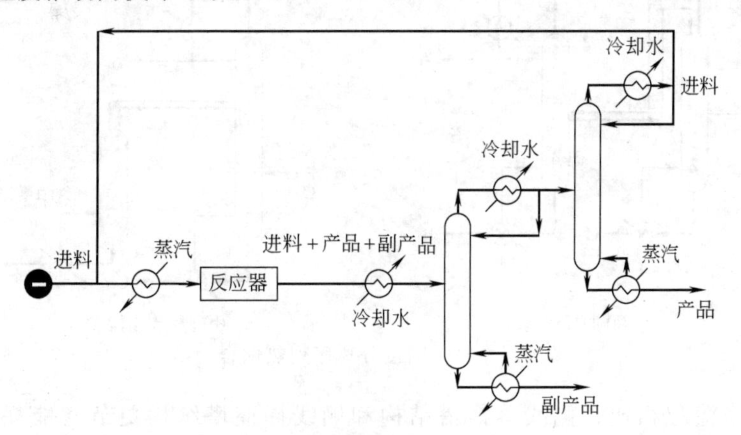

图 2-28　不设热集成的系统

在精馏系统中，如可用物流直接传热来提供热量，就是热偶合。图 2-30（a）所示为直接蒸馏序列的热偶合流程。第一塔的再沸器通过热偶合由第二塔的气相物流取代，第一塔塔釜液相流仍为第二塔进料，四个塔段分别为 1、2、3、4。在图 2-30（b）中，四个塔段重新排列形成“侧线蒸馏塔”结构。

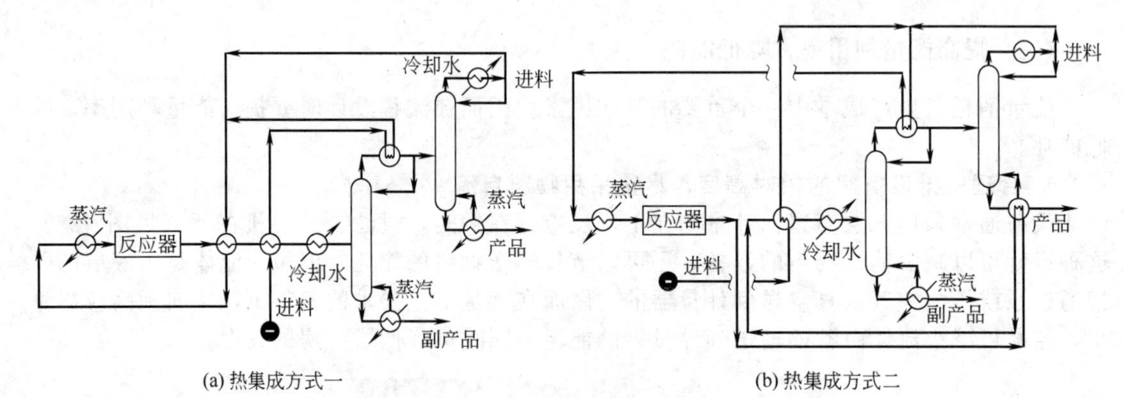

(a) 热集成方式一　　(b) 热集成方式二

图 2-29　设有热集成的两个流程

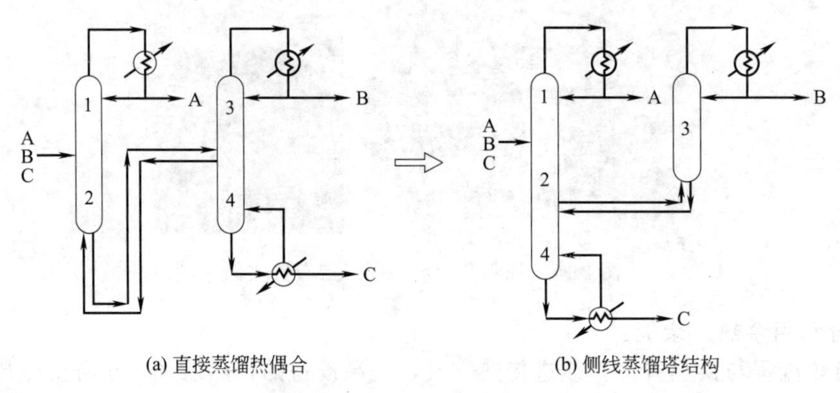

(a) 直接蒸馏热偶合　　(b) 侧线蒸馏塔结构

图 2-30　直接分离序列热偶合

图 2-31（a）为简单塔间接分离序列的热偶合顺序。第一塔的冷凝器由热偶合代替，四个塔段仍分别为1、2、3、4。在图 2-31（b）中，四个塔段重新排列，形成“侧线提馏塔”结构。

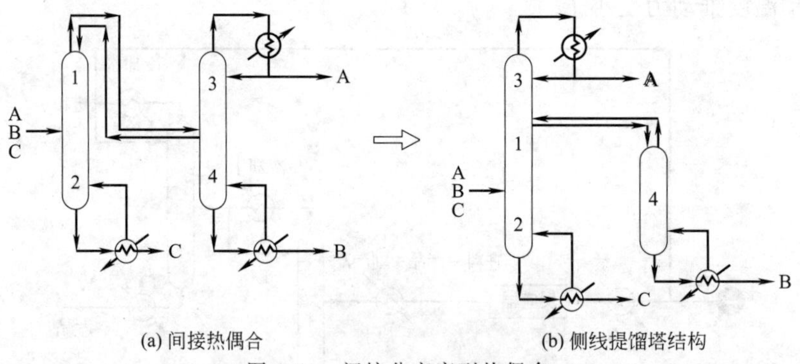

(a) 间接热偶合　　(b) 侧线提馏塔结构

图 2-31　间接分离序列热偶合

和简单两塔流程相比，侧线蒸馏塔结构和侧线提馏塔结构更节省能耗，这是由于主塔（第一塔）中的进料板混合减少了。在简单塔中，第一塔内出现中间组分峰值，而在侧线蒸馏塔结构和侧线提馏塔结构中，利用中间组分峰值作为侧线蒸馏塔和侧线提馏塔的进料。

图 2-32（a）所示预分离塔流程中预分离塔有一再沸器和一分凝器。图 2-32（b）所示为热偶合预分离流程结构，又称 Petlyuk 塔。为使图中的两种结构等效，只需在预分离塔顶和塔底增加一些塔板，以代替冷凝器和再沸器即可。

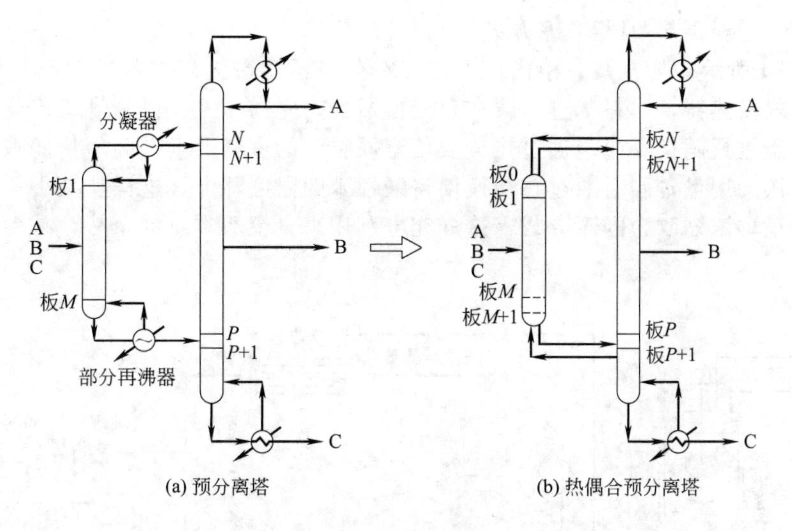

图 2-32　预分离器结构热偶合

【例 2-3】 在加压连续釜式反应器中，用含硫酸、硝酸和水的混酸硝化苯制备硝基苯。已知苯与混酸中 HNO_3 的物质的量之比为 1∶1.1；反应压力为 0.46MPa，反应温度为 130℃；反应后的硝化液进入连续分离器，分离出的酸性硝基苯和废酸的温度约为 120℃；酸性硝基苯经冷却、碱洗、水洗等处理工序后送精制工段。

方案一　间接水冷-常压浓缩方案

如图 2-33 所示，由于分离为连续操作，而中和与浓缩为间歇操作，因而中间都设置了中间贮槽，分离后的酸性苯以 120℃进入中间贮槽自然冷却。酸性苯的热量没有被利用，当其以一定温度进入中和器，用稀碱水和水洗（强放热的酸碱中和反应），用冷却水冷却时，使得冷却水的用量加大。分离后的另一股 120℃的流体废酸进入废酸槽后，因放置，其热量同样没有被利用，当其常温进行浓缩罐常压浓缩时，需供给更多的水蒸气。

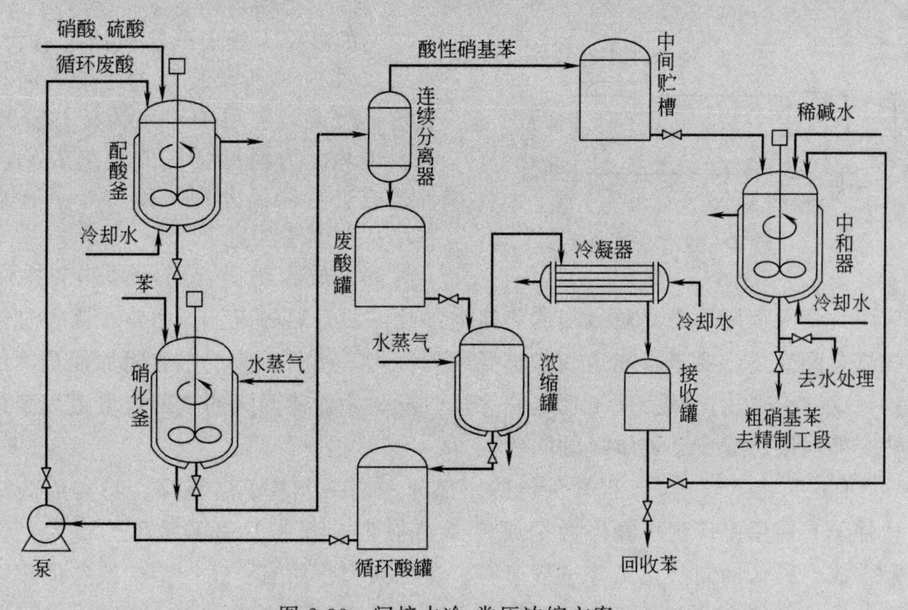

图 2-33　间接水冷-常压浓缩方案

方案二 原料预热-闪蒸浓缩方案

如图 2-34 所示，与方案一相比，本方案在分离器和酸性硝基苯的中间贮槽之间设置了一台列管式换热器，原料苯进口改在热交换器处，先与 120℃酸性硝基苯经过热交换后再进入硝化釜进行硝化反应。通过热交换使得原料苯的进料温度升高，从而减小了硝化釜所需加热蒸汽的用量，同时通过热交换使得酸性苯的温度降低，这样就减小了中和时所需的冷却水用量。浓缩改为闪蒸方式，这样充分利用来自废酸本身的余热，减少了浓缩时水蒸气的用量。

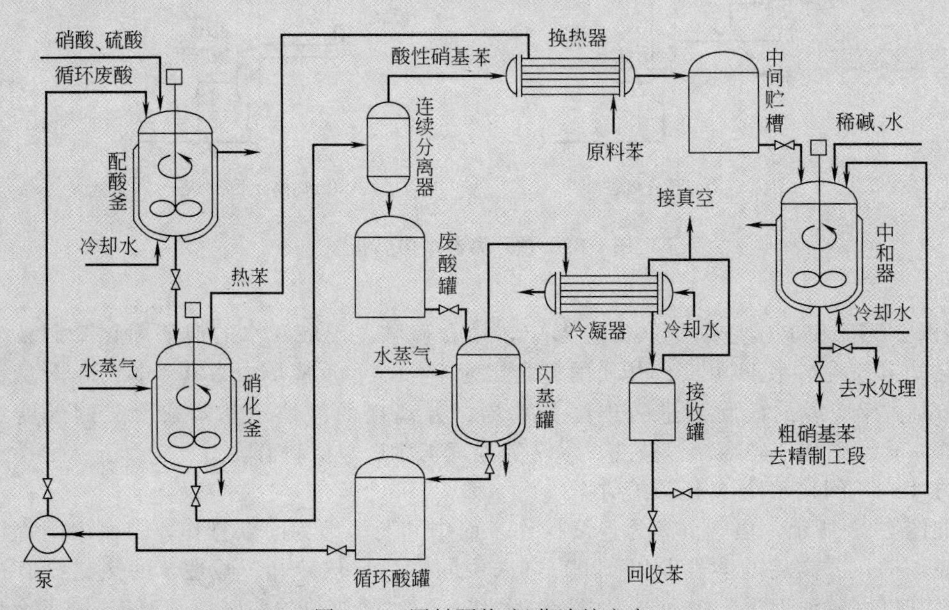

图 2-34 原料预热-闪蒸浓缩方案

此方案充分利用酸性硝基苯和废酸的余热，在需要冷却的流股和需要加热的流股之间进行热集成，使能耗降低，但多了一台换热器，需综合考虑选定方案。

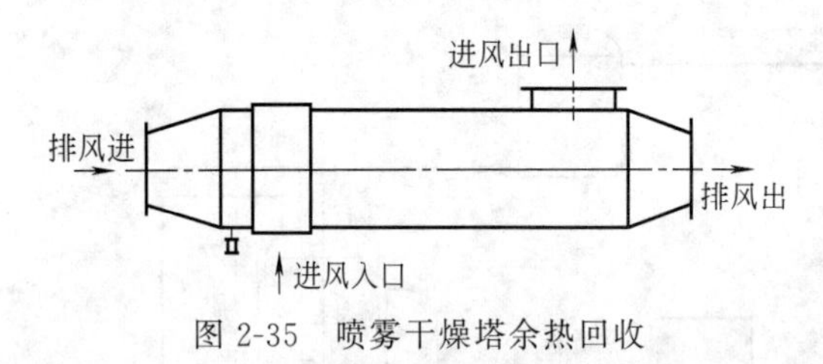

图 2-35 喷雾干燥塔余热回收

又如喷雾干燥塔的排风携带有大量余热，可采用图 2-35 所示装置进行余热回收，为加大传热效果，夹层中以水为传热介质，构成气液传热。为保持良好的预热效果，预热器外部应进行保温处理，预热器中有水，不能在结冰温度下放置。

热集成和热偶合实际是热交换网络合成技术的应用，其原理是用需要被冷却的热流体加热需要升温的流体。通常在需要加热和需要冷却的物流之间换热，对于不能达到指定温度的物流，还需要使用带有附加能量体的加热或冷却设备，这些冷热物流及公用工程之间怎样匹配，才能使网络的热回收量最大附加能量最小，是热交换网络合成所必须解决的问题。

Aspen Pinch 是 ASPEN 工程软件包的一部分，是一个基于过程综合与集成的窄点技术的计算软件。它应用工厂现场操作数据或者 Aspen Plus 模拟计算的数据为输入，设计能耗最小、操作成本最低的制药化工等过程流程。它的典型作用有：工厂节能改造的集成方案设计；工厂扩大生产能力的“脱瓶颈”分析；能量回收系统（例如换热器网络）的设计分析；公用工程系统合理布局和优化操作（包括加热炉、蒸汽透平、燃气透平、制冷系统等模型在内)。采用这种窄点技术进行流程设计，一般工厂改造可节能20%左右；对新厂设计可节省操作成本30%，并同时降低10%～20%投资。

3. 利用余压

带压操作结束以后，在放料时仍有一定的压力，可充分利用余压输送物料，以降低能耗。

4. 以流股分割代替分离器分离

利用流股分割和混合是特别容易实现的两种操作，其在流程设计中能起到节约设备、降低成本、减少能耗的作用。流股分割只把流股分成若干分，而不改变组成成分。现有物料a和b均由1、2、3三种组分组成；而现要用12t a及13t b制成三种产品A、B、C分别为2t、12t及11t。易分离程度是成分2>成分1>成分3。流程分离任务见图2-36，现请设计分离流程。

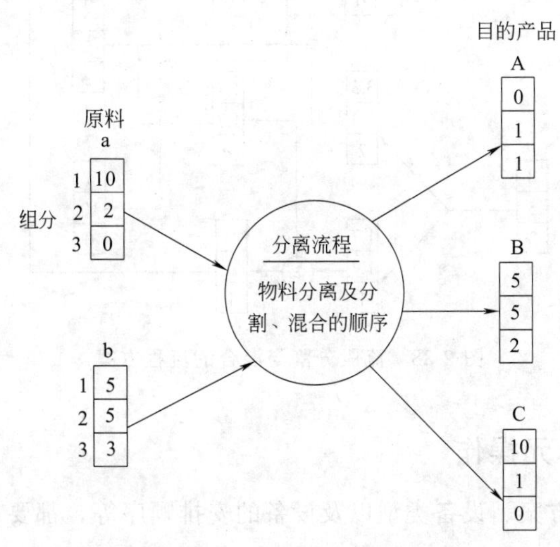

图2-36 流程分离任务图

一般而言，人们自然会考虑采用分离手段进行流程设计，即采用三个分离器进行分离。即将a和b的各个纯组分用分离塔分离开，然后再进行按比例混合（图2-37）。

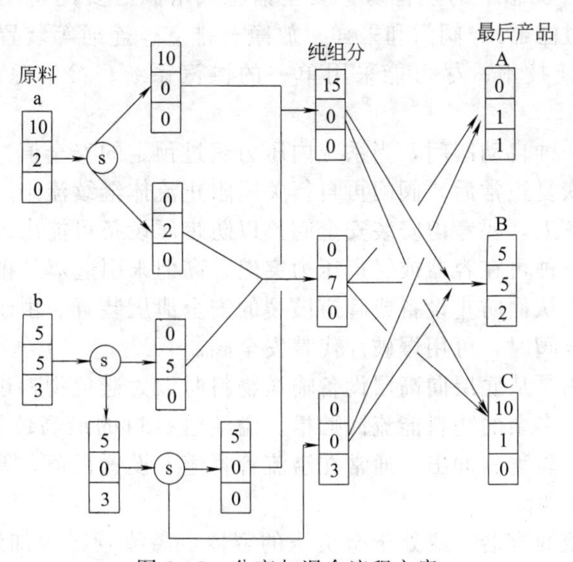

图2-37 分离与混合流程方案

如果成本正比于分离操作的处理量，则可以近似用处理的质量大小表明成本的高低（三个分离器，处理量为33t）。因此，应尽量采用流股分割和混合来降低分离负荷。

若仅仅以流股分割来代替分离器（图2-38），分离器s由3个减少为2个，节约了设备投资。同时，处理量由12+13+8=33，变成为6+4.4=10.4，使分离负荷降低为1/3，能耗大大减少。

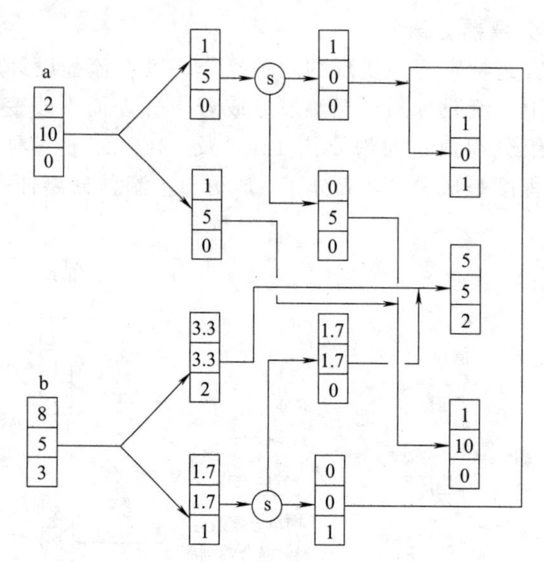

图2-38 流股分割与混合的流程方案

六、合理设计各个单元操作

对每个单元的流程方案、设备类型以及设备的安排顺序等，都要从全系统最优出发。

七、工艺流程的完善与简化

整个流程确定后，还要全面检查、分析各个过程的操作手段和相互连接方法；要考虑到开停车以及非正常生产状态下的预警防护安全措施，增添必要的备用设备，增补遗漏的管线、管件（止回阀、过滤器）、阀门和采样、放净、排空、连通等装置；要尽可能地减少物料循环量，力求采用新技术；尽可能采用单一的供汽系统、冷冻系统；尽可能简化流程管线。

(1) 安全阀　是一种自动阀门，当系统内压力超过预定的安全值，会自动打开排出一定数量的流体。当压力恢复正常后，阀门再自行关闭阻止流体继续流出。在蒸汽加热夹套、压缩气体贮罐等有压设备上，要考虑安装安全阀，以防带压设备可能出现的超压。

(2) 爆破片　是一种可在容器或管道压力突然升高但未引起爆炸前先行破裂，排出设备或管道内的高压介质，从而防止设备或管道破裂的安全泄压装置。由于物料容易堵塞、腐蚀等原因而不能安装安全阀时，可用爆破片代替安全阀。

(3) 溢流管　当用泵从底层向高层设备输送物料时，为避免物料过满造成危险和物料的损失，可采用溢流管使多余的物料能流回贮槽。溢流管接口的最高位置必须低于容器顶部，管径应大于输液管，以防物料冲出。通常在溢流管管道上设置视镜，便于底层操作者判断物料是否已满，如图2-39所示。

对于封闭的、有盖的容器，或处于微负压的容器，溢流管必须加装液相U形管式密封装置或机械密封装置，如图2-40所示。如采用密封腿方式密封，则必须注明密封高度。

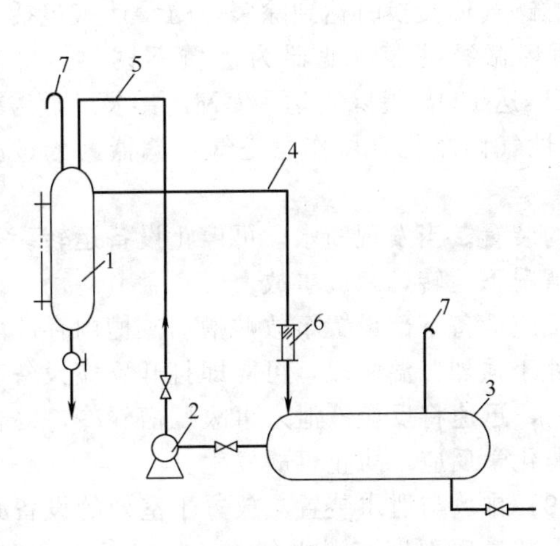

图 2-39　溢流管管道上设置视镜

1—高位槽；2—泵；3—贮槽；4—溢流管；
5—输液管；6—视镜；7—排气管

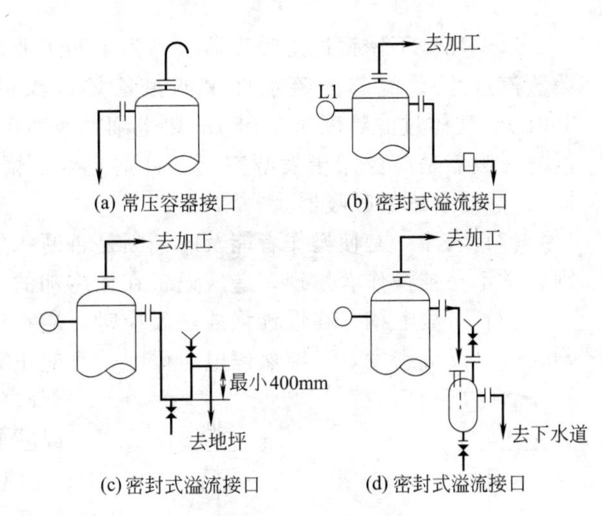

图 2-40　溢流管接口

(4) 放空阀与阻火器　密闭容器通常情况下应有放空管线。含有空气、某些惰性气体及少量水蒸气的放空管线应在容器的顶部。有害但无毒性、非致命气体（如热气体）的放空管线应延伸到室外，其终点应超过附近建筑物的高度。而危险性气体或气相物，应进入火炬或另一个收集系统作进一步处理。放空管的顶端要采用防雨弯头或防雨帽，如图 2-41 所示。放空管的直径一般要大于或等于进入该容器的最大液体管道。

对于有毒、易燃易爆的挥发性溶剂，要按蒸汽处理。将贮罐上空的蒸汽在放空前送到一个净化系统（压缩机、吸收塔等）。该系统使用了一个真空安全阀，当液面下降时就从大气中吸入空气，见图 2-42 (a)，但是当贮罐充满时就迫使气体通过净化处理系统，见图 2-42 (b)。如果因为物质的可燃性需要充入惰性气体，也可使用类似的系统，当液面下降时吸入的就是惰性气体而不是空气了。

在低沸点易燃液体贮槽上部排放口须安装阻火器，阻止火种进入贮槽引起事故。

(5) 贮罐呼吸阀　又称小呼吸排放。由于温度和大气压力变化引起蒸气膨胀和收缩而产生蒸气排出，它出现在罐内液面无任何变化的情况。其有两种：①一定压力时呼或吸；②类似于单向止逆阀，只向外呼，不向内吸，当系统压力升高时，气体经过呼吸阀向外放空，保证系统压力恒定（有毒贮罐不能装呼吸阀）。

贮罐呼吸阀主要满足贮罐大小呼吸的通气要求与阻火器配套安装在贮存甲、乙、丙类液体的贮罐顶上。贮罐呼吸阀是保护罐安全的重要附件，装设在罐的顶板上，由压力阀和真空阀两部分组成。

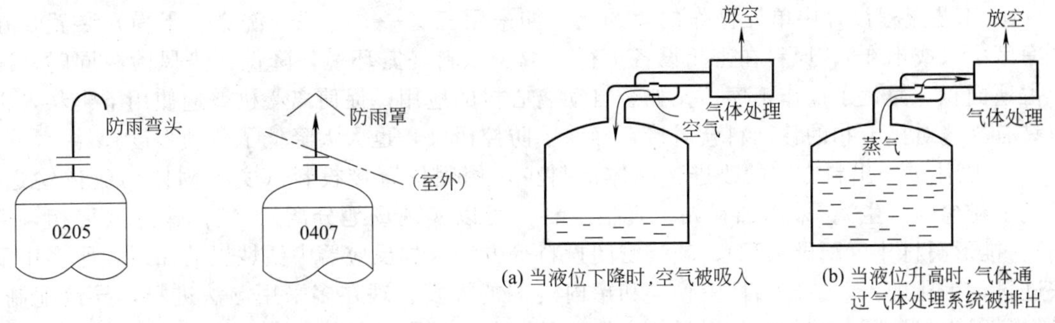

图 2-41　放空管的形式　　　　图 2-42　具有气体处理系统的贮罐

(6) 不锈钢过滤呼吸器　专为制药工业贮罐气体交换时达到除菌目的设计（包括灭菌蒸汽过滤）。滤芯为疏水性聚四氟乙烯或聚丙烯微孔滤膜，滤器为优质不锈钢（304、316L）。气体过滤精度对0.02μm以上细菌及噬菌体达100%滤除，达到GMP要求。不锈钢过滤呼吸器是广泛用于发酵空气、针剂空气、惰性气体净化（可作总空气过滤器、分过滤器）、蒸馏水罐的呼吸器。

(7) 水斗　是使操作者能及时判断是否断水的装置。当发现断水，可停止设备运转。否则，常不易被操作者发现，造成设备在无冷却的情况下运转，酿成事故。

(8) 事故贮槽　在设计强放热反应时，应在反应设备下部设置事故贮槽，贮槽内存冷溶剂，一旦反应引发，又突然停电、停水，反应正处于强烈升温阶段，可立即打开反应设备底部阀门，迅速将反应液泄入事故贮槽骤冷，终止或减弱化学反应，防止事故发生。

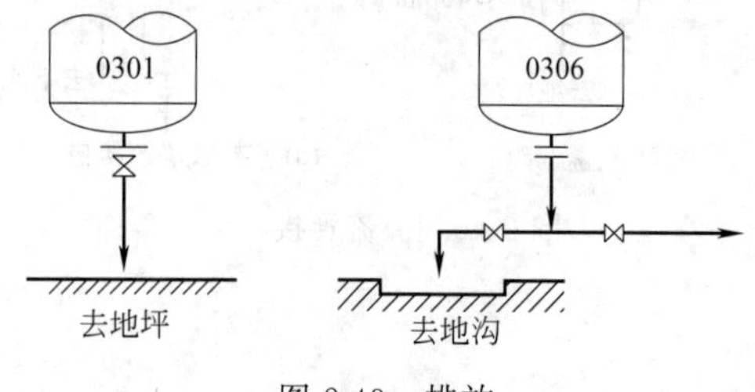

图2-43　排放

(9) 排放与泄水装置　放置于室外的设备必须在设备最底部安装泄水装置，在设备停车时，可经泄水装置排空设备中的液体，防止气温下降，液体冻结，体积膨胀而损坏设备。

大多数容器底部应设有放净阀。排放管道的去处应予注明，如图2-43所示。

(10) 可燃气体探测器（简称测爆仪）　是对单一或多种可燃气体浓度响应的探测器。可燃气体探测器有催化型、半导体型。

(11) 安全门斗　是在建筑物出入口设置的起分隔、挡风、御寒等作用的建筑过渡空间。安全门斗是将防火防爆车间的不同区域进行分割与安全防范的门斗。

(12) 防爆墙　是具有抗爆炸冲击波的能力、能将爆炸的破坏作用限制在一定范围内的墙。有钢筋混凝土防爆墙、钢板防爆墙、型钢防爆墙和砖砌防爆墙。防爆墙应能承受3MPa的冲击压力。在有爆炸危险的装置与无爆炸危险的装置之间，以及在有较大危险的设备周围应设置防爆墙。

安全装置还应有：报警装置、安全水封、接地装置、防雷装置、防火墙等。

八、合成药物工艺流程设计的新要求

随着制药工业的不断进步，制药工业设计除了执行GMP要求外，还要遵循国际化的EHS理念（Environment、Health、Safety的缩写，指环境、健康与安全一体化的管理），生产者的健康要求使得我们不仅要关注水与废水，还要关注气体与废气、固体与固体尘埃。因此，制药工业过程挥发性有机物（VOCs）近零排放技术就成为工艺设计的关键控制条件之一。

按照GMP和EHS要求：制药合成设计技术要做到密闭化、管道化、自动化。

① 工艺流程设计中单元操作的集约化：如采用三合一（过滤、洗涤、干燥）装置，在洁净区中（或不在），原料在密闭设备运行，减少原料暴露环境，降低污染风险。同时，减少占地面积，简化了操作工序。又如全自动离心机的应用，促使离心机普遍使用下出料，再与具有无缝对接卡扣的移动料仓对接，确保了防控污染，也大大降低了劳动强度。

② 固体进、出料方式的改进：固体加料少，用固体直接投料（实行固体的流体输送，避免了粉尘的产生）。采用加料站、真空上料（可以实现场地分离）、气体输送（稀相，密相）、锥形阀料斗（配微负压）、吨袋密闭投料等方法。如反应器中活性炭的加入，原多用干法进料，手孔进入，造成活性炭粉尘和罐内溶剂的挥发。现在多采用湿法进料，异地配制，确保了卫生与健康。吨袋密闭投料的方法对于职业接触限值较低，存在较大职业健康危害的

固体物料（如致敏性、含激素、高活性物料等），应尽量采用小袋包装，使用真空固体加料机或手套箱进行操作，并佩戴好个人防护服及用具。

对于粉体流动性较好的固体物料，使用符合 GMP 要求的真空上料机，配合无菌分体阀（也称 α/β 阀），即可实现固体物料的密闭转移，避免粉尘的产生（图 2-44）。真空上料机由真空发生器、过滤器、分离器、进料仓、进料管道等部分组成，过滤器能使被输送的物料与空气完全分离，避免物料进入大气。无菌分体阀分为主动阀和被动阀两部分，分别装在要对接的两个容器上，使每个容器都可以保持密闭状态，对接之前在两片暴露在外的阀片缝隙之间通入汽化过氧化氢灭菌就可保证无菌对接。

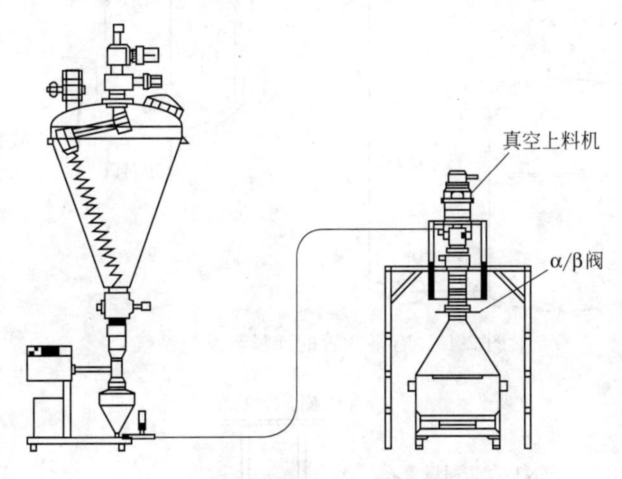

图 2-44　真空上料示意图

③ 液体进、出料方式的改进：采用加料方式为压力/真空、重力、泵（隔膜，离心，计量）。计量方式采用重量、体积、流量计方法。加料前宜将整个设备及管路系统进行氮气置换，由于容积一般较大，置换时可采用先将系统抽真空后充氮的方式进行，并在放空处设置采样设施，检测内部氧含量，排除爆炸危险。液体原料按盛装容器分为罐区储罐储存及料桶储存，来自于罐区的物料在罐区储罐上部设置氮封，而来自料桶的液体原料有人工开盖过程，会造成物料暴露。本着密闭化的目的，应设置独立的房间或区域进行集中加料，并设置局部排风进行保护。

液体进料时，应少用溶剂计量罐，采用精确计量泵输送，避免上料常压排空问题；少用液固分离离心机，避免了分离过程大量气体和液体的溢出；若需用溶剂计量罐，在与反应器连接中，巧妙使用一根平衡管，使计量罐的通气口与反应釜的通气口相连接，既保证了工艺液体的正常流出，又可避免打开反应器的排气管造成的污染，实现了液体从计量罐向反应器和气体从反应器向计量罐的双向平衡流动，实现了管道的密闭加料。如图 2-45 所示。

料桶加料方式：采用真空进料是一种较为安全可靠的方式，但由于真空度的限制，料桶与反应釜进料口之间的高度差不宜过大，特别是对于密度较大的液体物料。在反应釜进料同层平面中设置加料小间（BOOTH，图 2-46）是一种国外较流行的做法，在物料运输较为方便处，采用轻质隔断进行局部维护，单侧对外敞开作为操作面，并在另一侧设置排风口，在保证断面风速的情况下，保护人员操作时不暴露在危险环境中；管道均采用硬管连接至反应釜（或高位槽），当加料时采用磅秤连锁反应，促使反应釜进口切断阀进行准确的自动计量，加料完毕后，末端氮气吹扫，将管道中的残液排净。

④ 物料干燥等分离过程的改进。

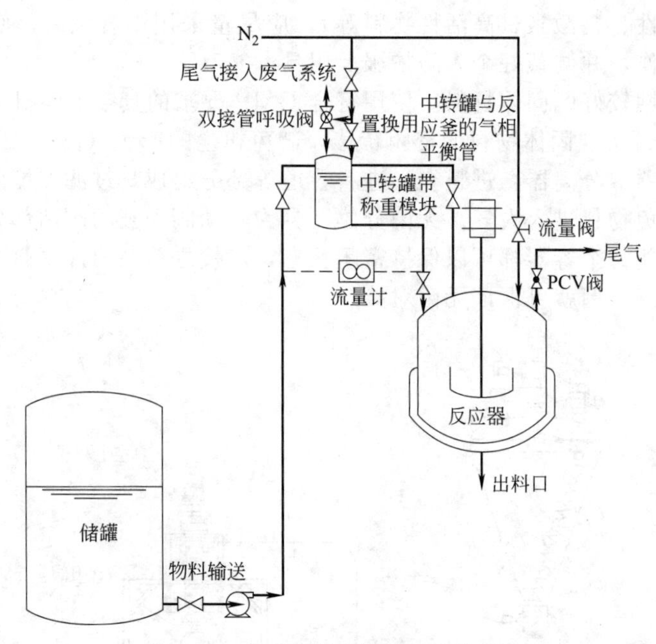

图 2-45　有平衡管的计量与反应系统

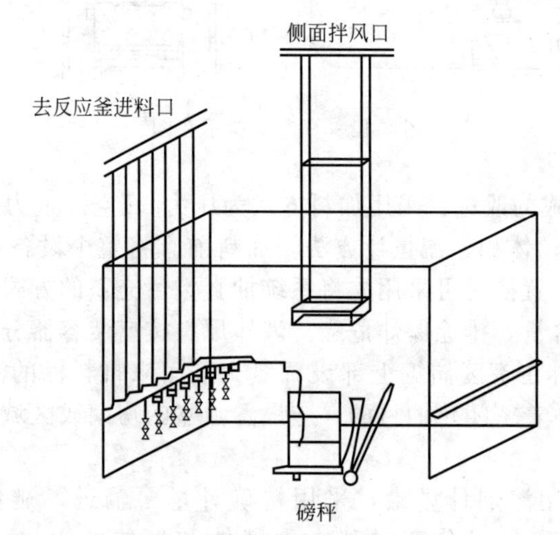

图 2-46　加料小间（BOOTH）

⑤ 储运的排放控制。

⑥ 连接件的泄露控制（LDAR，泄漏检测与修复）：采用固定或移动监测设备，监测制药企业各类反应釜、原料输送管道、泵、压缩机、阀门、法兰等易产生挥发性有机物泄漏处，并修复超过一定浓度的泄漏检测处，从而达到控制原料泄漏对环境造成污染，是国际上较先进的制药废气检测技术。

⑦ 所有容器设备封闭，避免敞口，呼吸或排气管统一连接废气总管，送去治理设施。

⑧ 真空泵排气收集溶剂回收和治理设施。

⑨ 干燥设备排气收集接溶剂回收和治理设施。

⑩ 局部空间收集接治理设施。

⑪ 车间全部负压操作。

⑫ 废气收集接治理设施：严格实行三级处理，即岗位中和与吸收处理，车间吸附与喷淋塔处理，总厂喷淋与焚烧处理。

在整个车间生产中，具有动力传感器系统中间体散装容器（IBC）、具有无缝对接卡扣的移动密闭料仓和自动导引运输车（AGV 小车）正在大量的使用（装备有电磁或光学等自动导引装置，能够沿规定的导引路径行驶，具有安全保护以及各种移载功能的运输车）。

第五节　典型单元设备的自控流程

一、泵的自控流程设计

1. 离心泵

(1) 离心泵的流程设计　如图 2-47 所示，泵的入口和出口处要设置切断阀；为了防止离心泵未启动时物料的倒流，要在泵的出口处设置止回阀；为了观察泵工作时的压力，要在泵的出口处安装压力表；泵与泵入口切断阀间和出口处切断阀间的管线均要设置放净阀，并将排出物送往合适的排放系统；泵出口管道的管径一般与泵的入管口一致或放大一档，以减小阻力。

(2) 离心泵的自控　离心泵的控制变量是出口流量，自控一般采用出口直接节流法、旁路调节法和改变泵的转速法。

① 直接节流法　图 2-47 所示为出口直接节流法，它是在泵的出口管路上设置调节阀，利用阀的开度变化来调节流量。此法简单易行，是最常用的一种流量自控法，但不适宜于介质正常流量低于泵的额定流量的 30%以下的情况。泵出口管道管径一般与泵的入管口一致或放大一档，以减小阻力。

② 旁路调节法　图 2-48 所示为旁路调节法，此法是在泵的进出口旁路管道上设置调节阀，使一部分流体从出口返回到进口来调节出口流量。此法使泵的总效率降低，耗费能量，但调节阀的尺寸比直接节流法的要小。此法可用于介质流量偏低的情况。

③ 改变泵的转速法　当泵选用汽轮机或可调速电机时，就可采用改变泵的转速来调节出口流量。此法节约能量，但驱动机及其调速装置投资较高，适用于较大功率的电机。

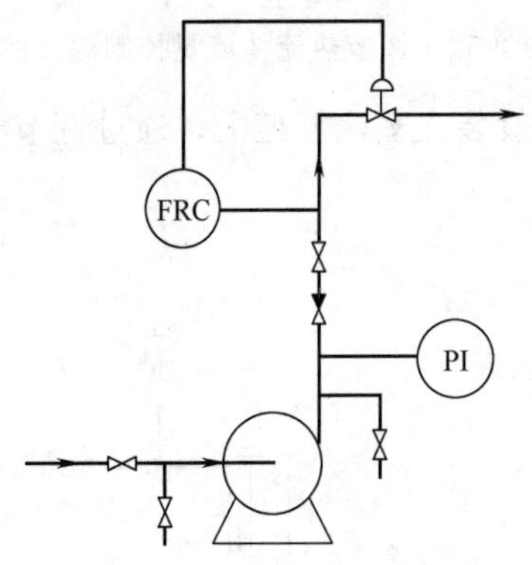

图 2-47　离心泵的直接节流调节

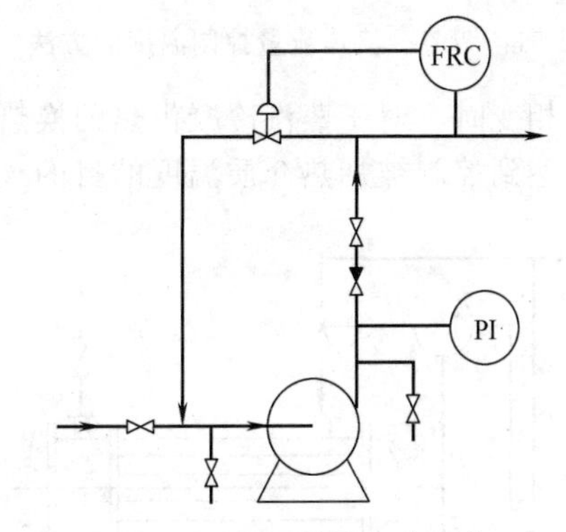

图 2-48　离心泵的旁路调节

2. 真空泵

常用的真空泵有机械泵、水喷射泵和蒸汽喷射泵。真空泵的控制变量是真空度。常用的自控方法有吸入管阻力调节（图 2-49）和吸入支管调节（图 2-50）。

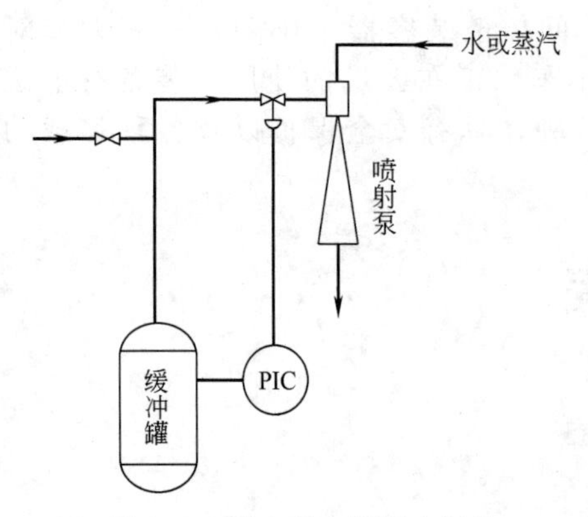

图 2-49　真空吸入管阻力调节

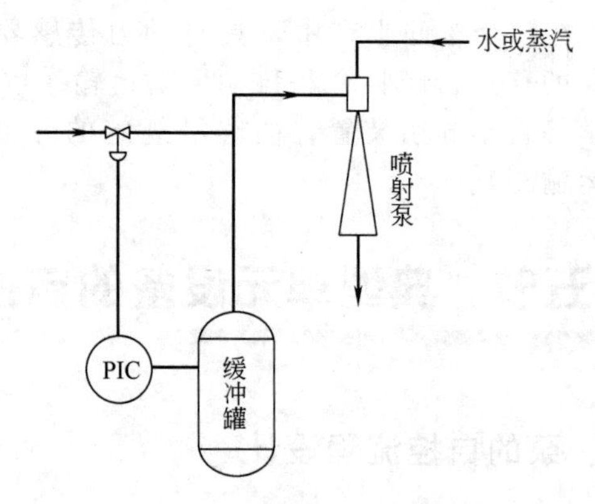

图 2-50　真空吸入支管调节

二、管壳式换热设备的自控流程设计

换热器设备的控制变量一般有温度、流体流量和压力。在此主要讨论温度的控制方案。常用的控温方法有调节换热介质流量、调节传热面积和分流调节法。

(1) 调节换热介质流量　此法有无相变均可使用，应用广泛，但被调节流体的流量必须是工艺上允许的。

无相变时，当热流体进出口温差小于冷流体进出口温差时，冷流体的流量变化将会引起热流体出口温度的显著变化，因而调节冷流体流量效果较好些（见图 2-51）；反之，调节热流体流量效果较好些（见图 2-52）；当热流体进出口温差大于 150℃时，不宜采用三通调节阀。图 2-53 所示可采用两个两通调节阀，一个气开，一个气关。

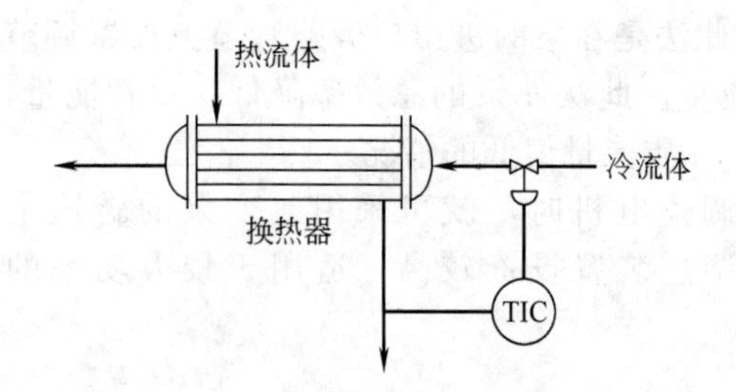

图 2-51　调节冷流体流量控制温度的方法

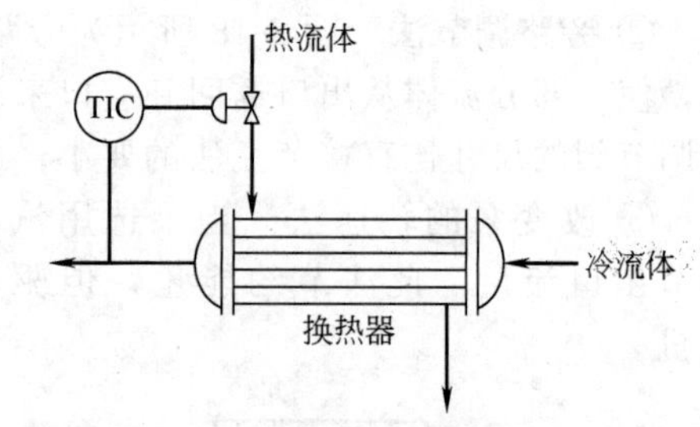

图 2-52　调节热流体流量控制温度的方法

有相变时，对于蒸汽冷凝供热的换热器，调节阀一般装在蒸汽管道上，通过调节蒸汽的压力，达到控制被加热介质温度的目的（图 2-54）。

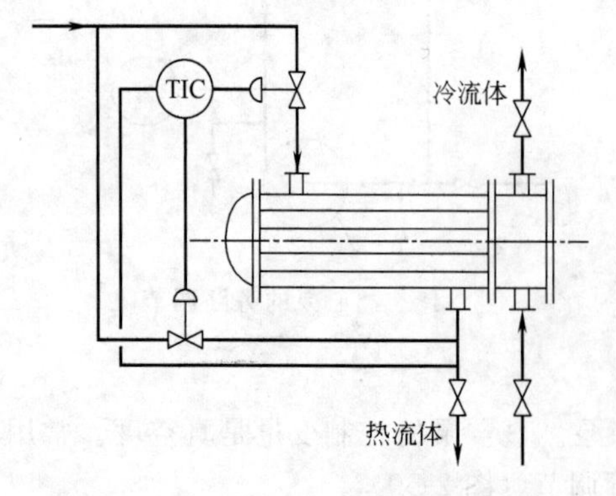

图 2-53　两个阀的调节方案

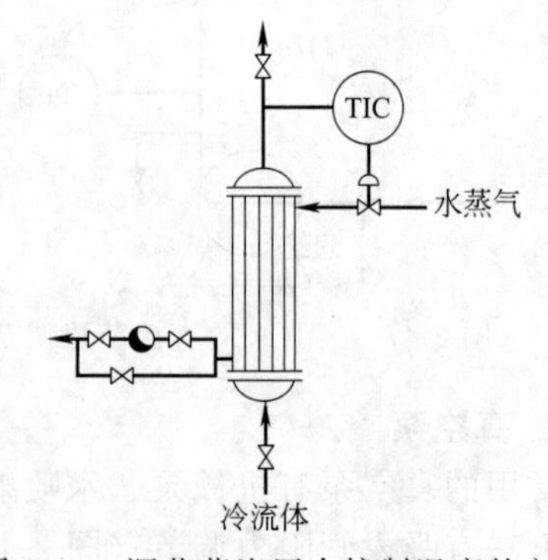

图 2-54　调节蒸汽压力控制温度的方法

(2) 调节传热面积　如图 2-55 所示，调节阀装在冷凝水管路上，若出口冷流体的温度高于给定值，阀则关小，冷凝液积聚，使得有效传热面积减小，传热量随之减小，直至平衡为止，反之亦然。此法要有较大的传热面积余量，且滞后大，只适用于有相变的情况。但使用此法调节传热量的变化比较和缓，可以防止局部过热，对热敏性介质有好处。

(3) 分流调节　当换热的两股流体的流量都不能改变时，可调节其中一股流体一部分走旁路，从而达到控温的目的（图 2-56）。三通阀安装在流体的进口处，采用分流阀；也可装在出口处，采用合流阀。此法调节迅速，但要求传热面要有余量。

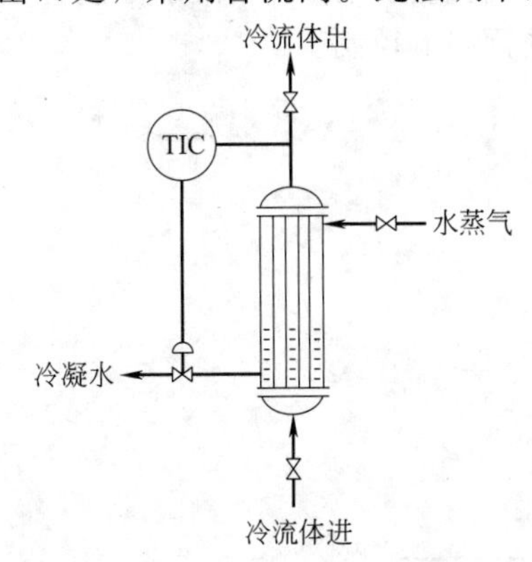

图 2-55　调节传热面积控制温度的方法

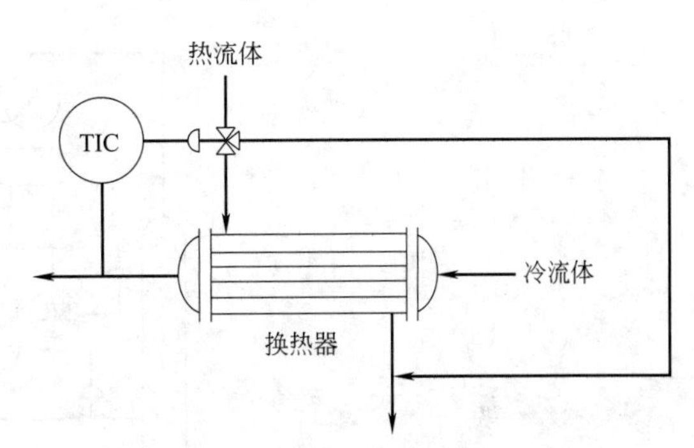

图 2-56　分流调节控制温度的方法

三、精馏塔的自控流程设计

精馏塔是常用的一种液液分离设备，精馏塔有温度、流量、压力和液位等诸多控制变量，因而控制比较复杂。

（一）精馏塔的基本控制方法

精馏塔的控制方法很多，但基本控制方法有两种。

(1) 按精馏段指标控制　如果馏出液的纯度要求比釜液的高，即主产品是馏出液，则采用按精馏段指标控制。

采用此法时，通常取精馏段某点的成分或温度作为被调参数，而回流量 L_R、馏出液流量 D 或塔内蒸汽流量 V_S 作为调节参数。在 L_R、D、V_S 以及釜液流量 B 四个变量中，选择一个作为调节手段，另一个不变，其余两个按回流罐和再沸器的物料平衡由液位调节器进行调节。

图 2-57 中 A 方案所示是精馏段控制中最常用的方法，通过主调回流量 L_R 来控制精馏段塔板温度，塔内蒸汽流量 V_S 恒定，D 和 B 由液位调节器进行调节控制。

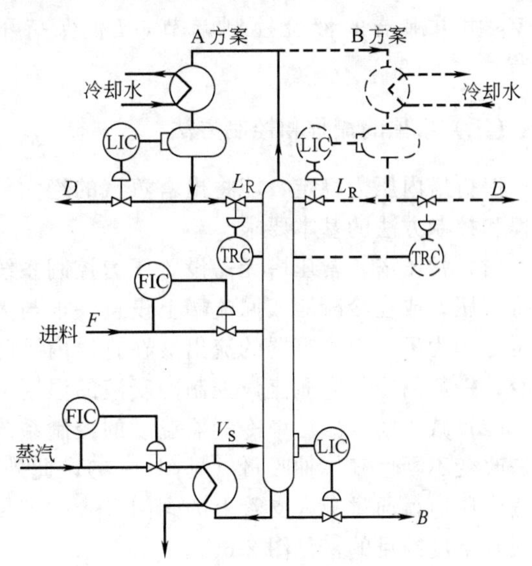

图 2-57　按精馏段指标控制方案

当回流量很大时，则通过主调馏出液流量 D 来控制精馏塔板温度，塔内蒸汽流量 V_S 恒定，L_R 和 B 由液位调节器进行调节控制，如图 2-57 中 B 方案所示。

(2) 按提馏段指标控制　如果釜液的纯度要求比馏出液的高，即主产品是塔底出料，则按提馏段指标控制。

采用此法时，通常取提馏段某点的成分或温度作为被调参数，而釜液流量 B、回流量 L_R 或塔内蒸汽流量 V_S 作为调节参数。在 L_R、B、V_S 以及馏出液流量 D 四个变量中，选择一个作为调节手段，选择另一个不变，其余两个按回流罐和再沸器的物料平衡由液位调节器进行调节。

图 2-58 中 A 方案所示是提馏段控制中最常用的方法，通过主调加热蒸汽来控制提馏段塔板温度，塔内回流量 L_R 恒定，D 和 B 由液位调节器进行调节控制。

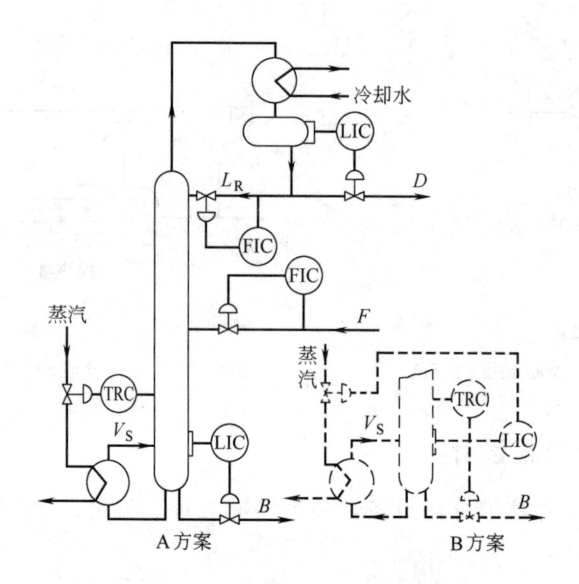

图 2-58　按提馏段指标控制的方案

图 2-58 中 B 方案所示是通过主调釜液流量 B 来控制提馏段塔板温度，塔内蒸汽流量 V_S 由再沸器的液位控制调节，L_R 保持不变，D 由回流罐的液位调节器进行控制调节。

(二) 塔顶的流程和控制方法

保持塔内压力稳定，能将出塔蒸汽的绝大部分冷凝下来，并排出不凝气体是确定塔顶的流程和控制方法的基本要求。

(1) 常压塔　常压塔无需设置压力控制系统，塔顶通过回流罐上的放气口与大气相通来保持常压，或在冷凝器或回流罐上设置一根与大气相通的压力平衡管，保持塔内压力接近大气压力。为了避免冷凝器的流出液在管道内因降压而部分汽化产生气蚀作用，必须使冷凝液过冷，一般用冷却介质流量控制冷凝液的温度，如图 2-59 所示。

(2) 减压塔　减压塔冷凝器温度的控制系统与常压塔一样。控制减压塔真空度的常用方法是改变不凝性气体抽吸量（见图 2-60），此外还可设置一吸入支管，保持蒸汽喷射泵入口的蒸汽压力，通过吸入支管上的阀门吸入一定量的空气或惰性气体进行调节，从而达到控制塔顶真空度的目的（见图 2-60）。

(3) 加压塔　当不凝性气体的含量较低时，可通过调节冷凝器的冷却介质的流量来调节塔顶的压力（见图 2-61）。当冷凝器的传热量减小，蒸汽就不能全部冷凝下来，不凝性气体形成压力，塔压就会升高；反之则降低。当不凝性气体的含量较高时，除通过调节冷凝器的冷却介质的流量来调节外，还必须辅以不凝性气体放空。还可采用图 2-62 所示的旁路控制方法。

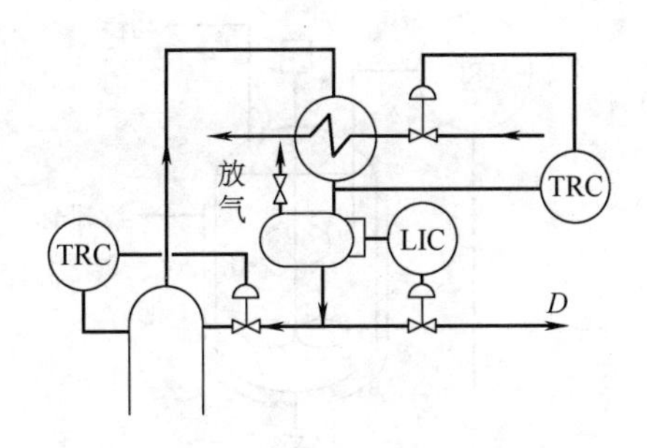

图 2-59　常压塔塔顶的流程和控制方法

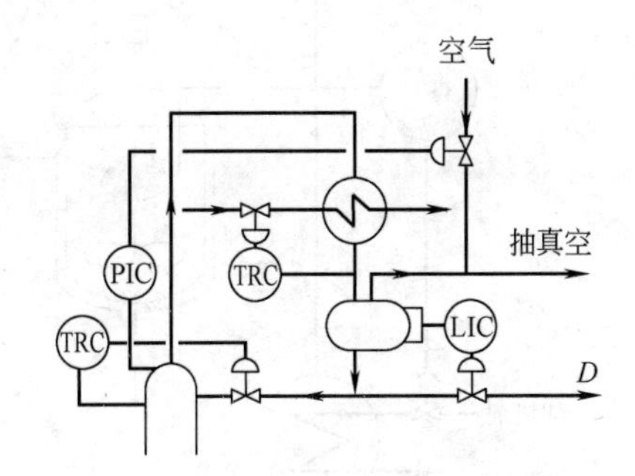

图 2-60　减压塔塔顶的流程和控制方法

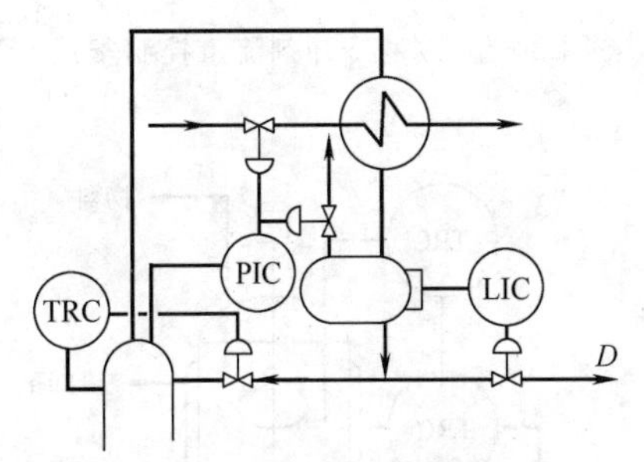

图 2-61　加压塔塔顶的流程和控制方法

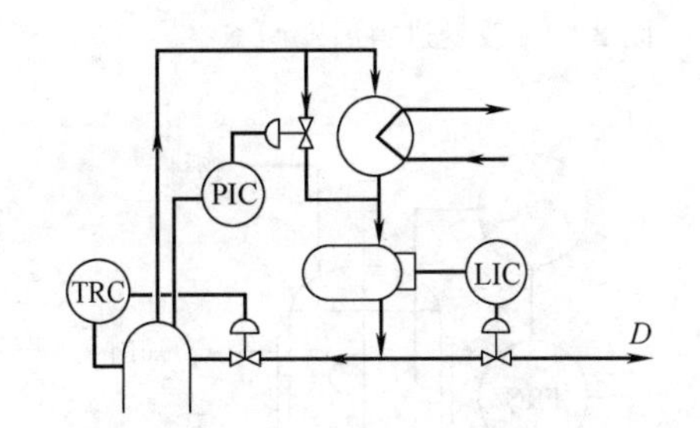

图 2-62　加压塔塔顶的流程和旁路控制方法

四、釜式反应器的自控流程设计

釜式反应器是制药生产中最常用的反应器，根据工艺要求反应器的控制变量有温度、流量、投料比等。

（一）釜温的控制

反应器釜温的控制方法有：改变进料温度，改变载能介质流量的单回路温度控制和串级调节。

(1) 改变进料温度　如果物料要经过热交换后进入反应器，则可通过改变进入换热设备中的载能介质流量，来改变进料温度，从而达到调节反应器内温度的目的，见图 2-63。此法方便，但温度滞后严重。

(2) 改变载能介质流量的单回路温度控制　图 2-64 表示通过改变冷却剂流量的方法来控制釜内温度，此法结构简单，但温度滞后严重。同时冷却剂流量相对较小，釜温与冷却剂温差较大，因而当内部温度不均匀时，易造成局部过热或过冷现象。

(3) 串级调节　为避免釜温控制的滞后，可采用串级调节方案。图 2-65 所示为釜温与冷却剂流量串级调节，副参数选择的是冷却剂的流量，对克服冷却剂流量的干扰较及时有效，但不能反映冷却剂温度变化的干扰。而图 2-66 所示为釜温与夹套温度串级调节，副参数选择的是夹套的温度，此法能综合反映冷却剂和反应器内的干扰。

（二）反应器进料流量的控制

稳定的进料流量以及各种进料之间的配比是单元过程的工艺条件，因此必须对进料流量以及流量比进行控制。

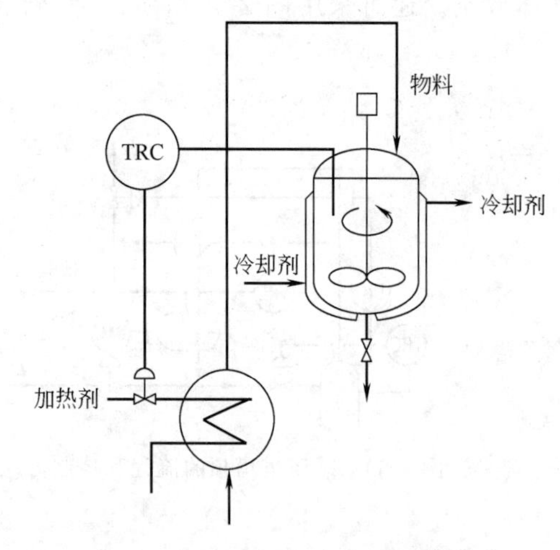

图 2-63 改变进料温度调釜温

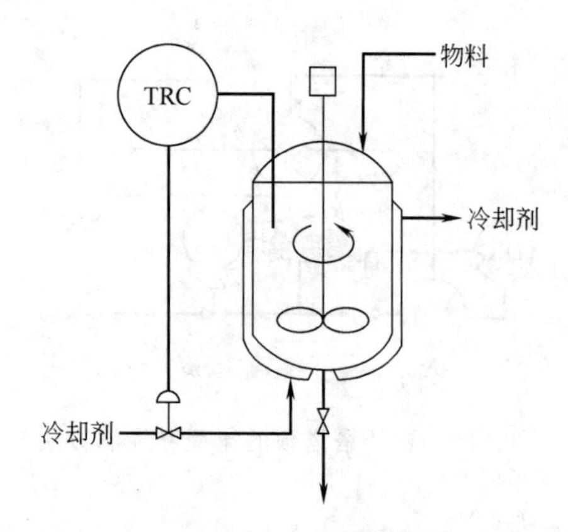

图 2-64 改变冷却剂流量控制釜温

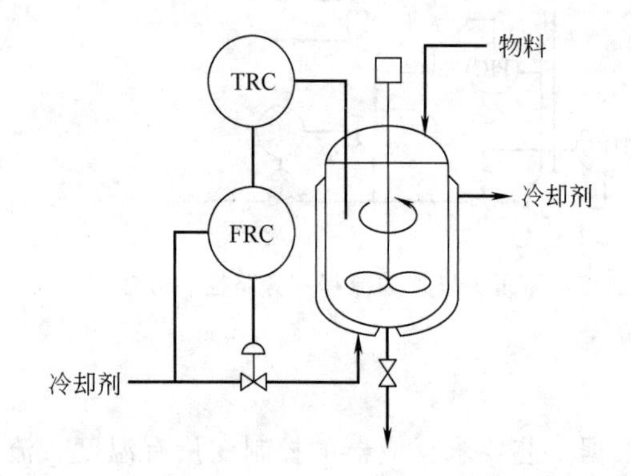

图 2-65 釜温与冷却剂流量串级调节

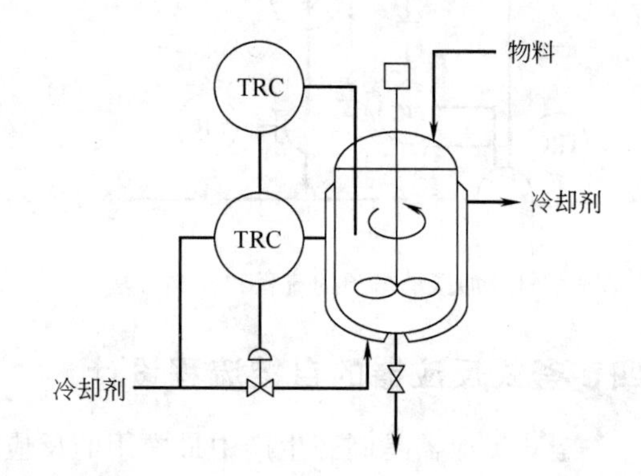

图 2-66 釜温与夹套温度串级调节

(1) 多种物料流量恒定控制方案　当反应器为多种原料进料，为保证各股物流的稳定，可以对每股物料设置一个单回路控制系统，见图 2-67。

(2) 多种物料流量比值控制方案　图 2-68 为三种物料流量比值控制方案，图中 KK-1、KK-2 为比值系数，根据工艺要求来设置，其中物料 A 为主物料，B、C 为副物料。

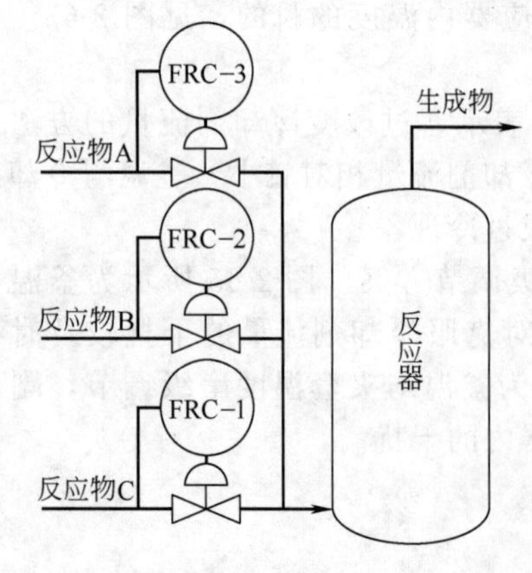

图 2-67 三种物料流量恒定控制方案

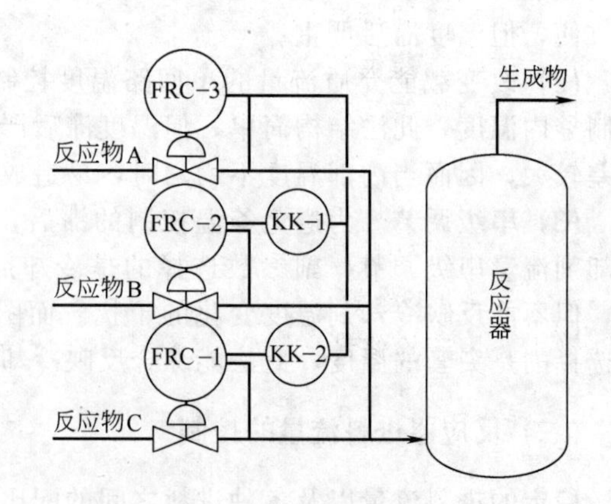

图 2-68 三种物料流量比值控制方案

第六节　特定过程及管路的流程

由若干单元设备组成的特定过程以及单元设备的特定管路系统具有一定的共性和要求。

一、夹套设备综合管路流程

图 2-69 所示为夹套设备的载能介质综合管路布置，这是制药生产中常用到的多功能加热、冷却装置，它遵循配管四进四回原则（包括蒸汽、循环水、冰盐水、真空和空压）。

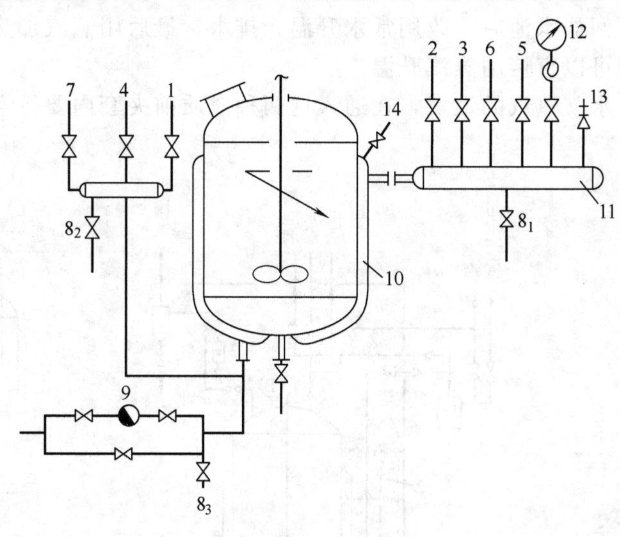

图 2-69　夹套设备综合管路布置方案

1,3—水管；2—蒸汽；4—盐水进；5—盐水回；6—压缩空气；7—压回盐水管；8—排水管；9—疏水器；10—夹套；11—混合器；12—压力表；13—安全阀；14—排空气阀

(1) 热水加热　让管路 3、2 和 8_2 的阀门打开，其余的阀门关闭，就可实现热水加热物料。蒸汽由管路 2 进，水由管路 3 进，两者在混合器（又称分配站，两分配管可合并，管内隔断；或为方便操作，两分配管并排安装）11 内直接混合成热水进入夹套，通过管 8_2 排放下水。热水加热的特点是放热量小，热水与被加热物料之间的温差小，加热缓慢，温度变化速度慢，适于制药生产中要求加热比较温和的情况。

(2) 蒸汽加热　管路 2、9 及其旁路，12、13、14 构成蒸汽夹套加热系统管路。蒸汽经管 2 进入夹套，冷凝水排出。用水蒸气作载热介质时，其载送的热量主要部分是相变热。为了有效地利用蒸汽热量，必须及时地将冷凝水排放，但不能将未冷凝的蒸汽排放，因此须安装汽水分离器（又称疏水器）。疏水器 9 应水平安装，并配旁路管，安装位置要低于设备 0.5m 以下，便于冷凝水排放，正常生产时疏水器的前后阀门都打开，旁路上的阀门关闭，旁路管主要用于检修和加热设备开始运行时排放的大量冷凝水，在正常运行时使用旁通管是不合适的。14 为夹套的排空气阀，用于启动时排除夹套内的空气和不凝性气体。压力表 12 用于指示蒸汽的压力。

(3) 冷却水冷却　将水管 1 和排水管 8_1 的阀门打开，其余阀门全关闭，就可实行冷水冷却。冷水由水管 1 进夹套，从排水管 8_2 排出。为转换冷冻盐水操作，釜底还应安装排水

管 8_3 以排除夹套内剩余的冷却水。

(4) 冷冻盐水冷却　管路 4、5、6 和 7 是实现冷冻盐水冷冻操作的管路。冷冻盐水由管 4 进入夹套，经管 5 排出，由于盐水成本较高，使用完后必须送回盐水池。在冷却操作完后，关闭管路 4、5 的阀门，打开管路 6、7 的阀门，用压缩空气将夹套中残余的盐水压回盐水池中。

在一台设备中同一批料先后进行几种单元反应或单元操作，根据工艺要求，前后操作温差有时会较大。为了避免冷冻盐水、蒸汽的浪费以及设备的损坏，通常应该缓慢地降低或上升温度，因而不能由冷冻盐水冷却直接改换成蒸汽加热，反之也不行。例如先要求在－10℃下进行反应，反应完后，要求在 120℃下进行蒸馏，如用冷冻盐水冷冻到－10℃，随后直接用蒸汽加热到 120℃，则蒸汽耗量会加大，同时搪玻璃罐的温差过大则易裂。解决的办法是用压缩空气将盐水压回盐水池后，改用常水升温，排水，最后用蒸汽加热。如果使用完盐水后间隔时间较长，则可以直接用蒸汽升温。

为了避免冷冻盐水、蒸汽的浪费，在通入这两种介质前夹套内要排空，不能有别的残留物（如冷凝水）。

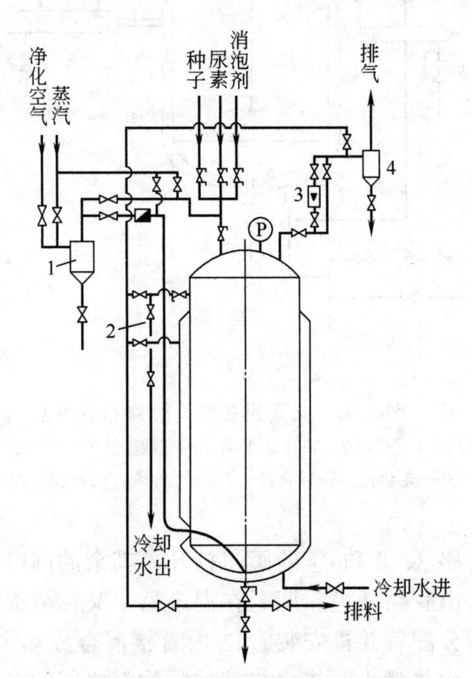

图 2-70　有氧发酵罐

1—分过滤器；2—取样管；3—空气流量计；4—旋风分离器

二、发酵罐的管路流程

如果发酵罐的管路配置不良，造成死角、无法灭菌或设备渗漏，都会使生产发生染菌现象。图 2-70 为有氧发酵罐，与发酵罐连接的管路有空气管、进料管、出料管、蒸汽管、水管、取样管、排气管等。为了减少管路，有些管要尽可能合并，然后再与发酵罐相连。如有的配置是将接种管、尿素管、消泡剂管合并后再与发酵罐相连，做到一管多用。但排气管道一般要单独设置，不能将排气管道相互串通，避免相互干扰。进空气管宜由罐外下部进入。在接种管、尿素管、消泡剂管以及它们合并后与发酵罐相连管路上的阀门两面安置小排气阀门，通蒸汽灭菌时打开，消除死角。

三、离子交换树脂柱的管路流程

离子交换树脂柱常用于药物的分离、脱色处理。如硫酸新霉素采用产品洗脱纯化，使用强酸型阳离子交换柱，其脱色使用阴离子交换柱的管路流程。具体工艺为：

阳离子交换柱 先用饮用水反洗；然后通洗涤剂，通低氨洗涤，通低氨结束后取样分析；再水洗，用饮用水洗涤，正洗涤 3h 后反洗 30min，再正洗，在出口处测 pH 值达标时结束洗涤。然后用饮用水洗 30min，再接着反洗。最后通入解吸氨将新霉素解吸下来。

阴离子交换柱 先用饮用水洗好的阴树脂通入柱子内，再通入盐酸溶液，当出口浓度达到标准时停止通酸，用酸浸泡一段时间；用水正洗 3h 后再反洗 30min，再正洗，在出水处测 pH 值达标时停止水洗。再接着通碱，当出口浓度达标时，停止通碱，用碱浸泡一段时间。最后再用水洗正洗，当 pH 达标，水洗无杂质为止。最后通过串联将阳离子柱中的溶液送入阴离子交换柱中脱色。通过如图 2-71 所示的管路可以实现上述全部工艺操作。

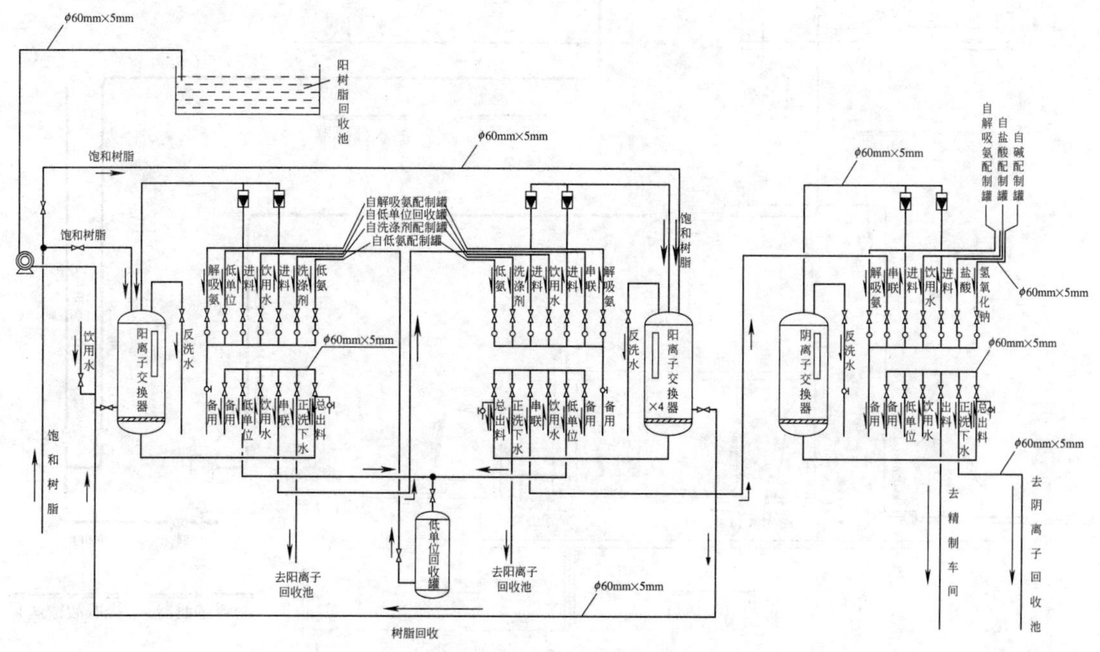

图 2-71　离子交换树脂柱的管路流程

四、多功能提取罐的管路流程

多功能提取罐适用于中药制药的常压、微压、水煎、温浸、热回流、强制循环渗漏作用、芳香油提取及有机溶剂回收等多种工艺操作。为了在同一设备上实现上述操作，配管设计有很多技巧。具体设计见图 2-72。

五、三效浓缩蒸发器的管路流程

三效浓缩蒸发器采用列管式循环外循环式加热工作原理，具有蒸发速度快、有效保持物料原效、节能效果显著等特点，适合于制药行业特别是中药提取液的蒸发浓缩工艺过程。三效浓缩蒸发器的管路流程如图 2-73 所示。当对浓缩的中药提取液要求较高时可改为二效浓缩蒸发器接一球形蒸发器，浓缩效果更佳。

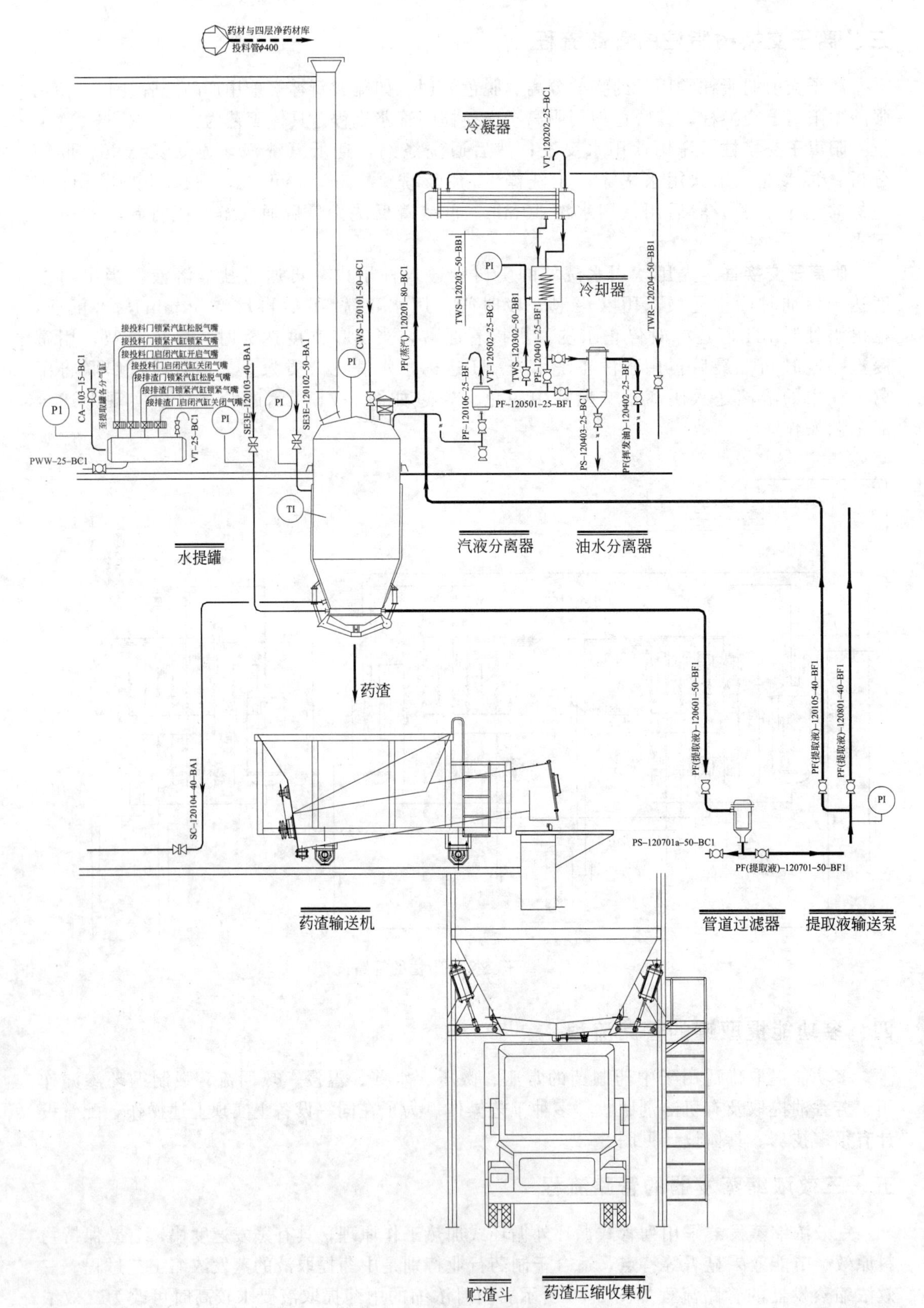

图 2-72 多功能提取罐的管路流程

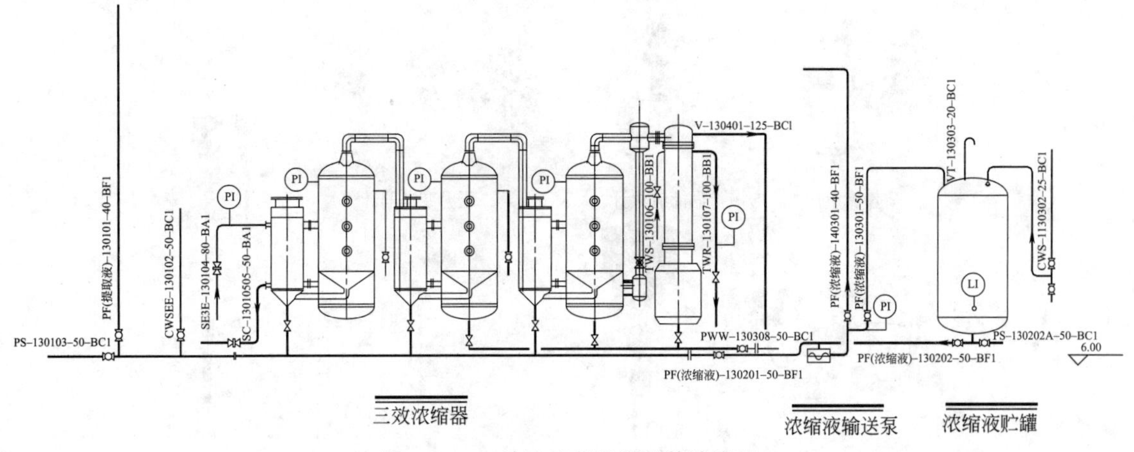

图 2-73　三效浓缩蒸发器的管路流程

第七节　自动控制系统设计

一、自动控制系统概述

自动控制系统（automatic control systems）是在无人直接参与下，可使生产过程或其他过程按期望规律或预定程序进行的控制系统。自动控制系统是实现自动化的主要手段，简称自控系统。

随着生产和科学技术的发展，自动控制广泛应用于电子、化工、航海航天、核反应等各个学科领域及生物、医学、管理工程和其他许多社会生活领域，并为各学科之间的相互渗透起到促进作用。自动控制技术的应用，不仅使生产过程实现了自动化，改善了劳动条件，同时全面提高了劳动生产率和产品质量，降低了生产成本，提高了经济效益。

自动控制系统由四个基本环节构成，即控制对象、测量变送装置、控制器和执行器。如图 2-74 所示：为简单控制系统的方块图，控制器通过控制对象的测量值与工艺给定值之间的偏差来进行控制，并通过执行器实现最终的单元操作，这是典型的反馈控制系统。

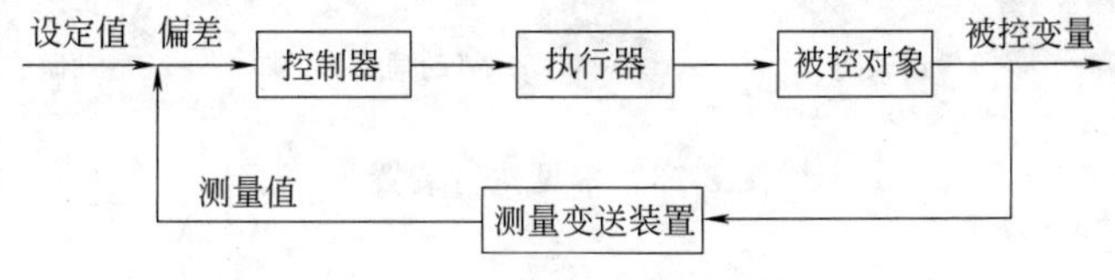

图 2-74　简单控制系统示意图

1. 被控对象

在自动控制系统中被控对象一般指控制设备或过程（工艺、流程等）等，如提取罐温度、输液泵、搅拌电机、加料量、反应时间等。

2. 测量变送装置

测量被控变量，并将被控变量转化为特定的信号。在制药生产中，压力、温度、液位、流速、密度等是工艺控制中常见的控制变量。常见测量变送装置如图 2-75 所示。

3. 执行器

根据控制器传输来的控制指令进行自动调整操作，以达到控制变量的目的。制药自控系

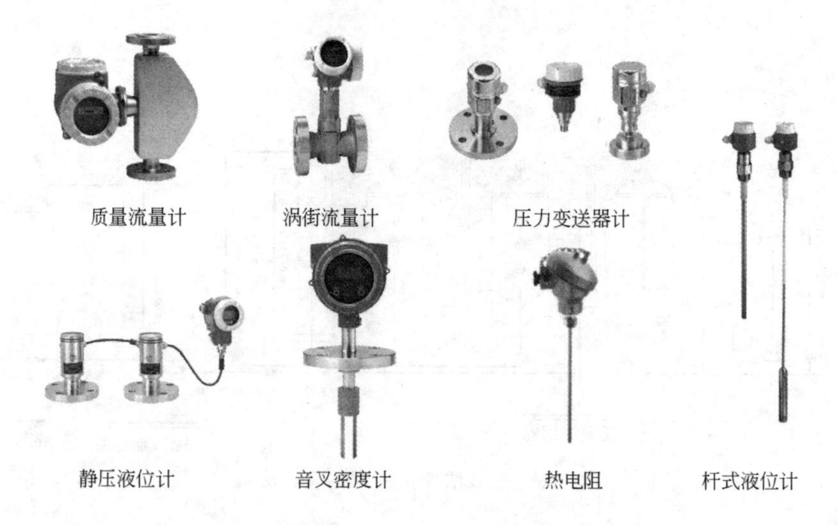

图 2-75　常见测量变送装置

统设计中，通常所说的执行机构是指各类控制阀门。按照配置的动力，执行器可将其分为气动、电动和液压三大类。在药品生产现场，常有各类有机溶剂等易燃易爆危险化学品的存在，目前普遍采用气动执行机构。常见执行装置如图 2-76 所示。

图 2-76　常见执行装置

4. 控制器

接受来自变送器的信号值，同时与设定值进行内部偏差比较，根据一定的规律进行偏差控制运算，并将运算结果（控制指令）以特定的信号模式传输给执行器。控制器是现场自动化设备的核心，现场所有设备的执行和反馈、所有参数的采集和下达全部依赖于控制器的指令。

二、设计方法

在自动控制设计中，首先应根据生产工艺的要求，分析生产过程中各个变量的性质及其相互关系，分析被控对象的特性和控制目标要求，选择合理的自动控制策略和自动控制方案；然后根据各方面的约束条件，合理进行自控系统和设备的选型，构成合理的控制系统硬件结构，进行应用软件设计开发，最终达到预期的控制目标。设计中，自动控制策略和自控方案设计是最主要的，合理的自控策略和自控方案是建立在对被控对象深入了解的基础上。因此，合理、完善的自动控制系统设计，要求我们的设计人员要真正了解不同形态的制药生产自动化的特点和内容。

自控系统的设计要讲究可靠性、实用性、经济技术合理性、先进性和合规性的原则，同时考虑到药品质量关系到人民生命安全和健康，自动化系统设计和自动化仪表选型必须符合GMP、GAMP（《良好自动化生产实践指南》）以及21CFR Part11等法规的要求，并达到GAMP所要求的计算机系统验证的要求。

（一）设计标准

制药行业自控系统设计主要依据标准如下：

1.《中华人民共和国药典》（2015版）；

2.《药品生产质量管理规范》及其附录（2010版）；

3.《药品GMP指南》（2011版）；

4. 美国联邦法规21条11部分《电子签名及记录》（FDA 21CFR PART 11）；

5.《良好自动化生产实践指南》（第5版）（ISPE GAMP5）；

6.《良好工程质量管理规范》（ISPE Good Practice Guide：GEP）；

7.《石油化工分散控制系统设计规范》（SH/T 3092—2013）；

8.《自动化仪表选型设计规范》（HG/T 20507—2014）；

9.《爆炸性环境设备通用要求》（GB 3836—2010）；

10.《控制室设计规定》（HG/T 20508—2000）；

11.《仪表供电设计规定》（HG/T 20509—2000）；

12.《仪表系统接地设计规定》（HG/T 20513—2000）；

13.《自动化仪表工程施工及验收规范》（GB 50093—2013）；

14.《自动化仪表工程施工质量验收规范》（GB 50131—2007）；

15.《电子信息系统机房设计规范》（GB 50174—2008）；

16.《视频显示系统工程技术规范》（GB 50464—2008）。

（二）设计内容

制药工艺自控系统主要设计内容如下：

① 带控制点的工艺流程图设计；

② 自动化控制系统的设备、阀门和仪表等选型及配置；

③ 向主体设备厂商提出关于自控仪表接口加工制作技术的要求，并向其提供接口设计图纸；

④ 自动化控制相关的电缆、桥架、气管、保护管等安装材料的选型及安装布置设计；

⑤ 机房及中央控制室设计；

⑥ 自控系统的选型及配置设计；

⑦ 自控系统、仪表的环境防护措施的设计；

⑧ 自控系统功能及控制程序设计。

（三）工艺自控设计

我国制药工业分为原料药生产和制剂生产，两者主要包括化学制药、生物制药和中药制药等类型。不同的制药类型，其自动化的形式不尽相同，尤其是原料药和制剂，其自动化的方式几乎完全不同。

在原料药的生产单元设备和过程中，存在部分工艺环节与化工生产类似的情况（尤其是化学制药），而仍有部分则存在明显差异。因而控制理论和方法策略在制药领域内虽大范围适用，但制药工业中的某些自动化问题仍具有其特殊性，如微生物生长和代谢的发酵过程的自动化问题，中药提取、浓缩、醇沉、渗漉等过程的自动化问题等。

目前制药生产基本上都是采用小规模、多品种、单元化、批量化和间歇式的生产方式，其特征是：物料流动的不连续、物料和设备的非稳态、产品及其工艺的不确定和设备资源的动态调度分配。生产过程复杂，工艺较长，在生产过程中由于控制点较多，每步操作都需要进行准确控制，同时还包括一些复杂的控制对象如 pH 值控制、浓度控制等。工艺点控制的优劣直接影响产品的质量和生产效率。工艺控制方案设计主要满足如下条件：

(1) 满足工艺合理性　工艺自控方案应该建立在正确的工艺、设备设计方案和合理的工艺、设备需求基础上。如控制方案脱离了车间实际工艺和设备需求，设计不合理，即使拥有完善的控制方案设计，也无法实现精确控制。控制方案要符合生产实际，就需要充分了解生产工艺及设备。根据生产过程特性，将生产过程分成若干生产单元，深入了解每个生产单元的工艺、设备的控制要求、对象特征、干扰情况、约束条件等，这些是制定合理控制方案的基础。

(2) 从工艺全局出发，统筹兼顾。生产中，每个生产设备都是前后紧密关联的，各个设备的生产操作是相互联系、相互影响的。因此，在设计控制方案时，应从工艺全局出发，统筹兼顾进行系统设计。

(3) 讲究可靠、实用、经济技术合理和先进四个原则。

(四) 自控系统设计

目前的工业自动控制系统主要有 PLC（可编程逻辑控制系统）、DCS（集散控制系统）和 FCS（现场总线控制系统）。

可编程逻辑控制系统 PLC（programmable logic controller）始于 20 世纪 60 年代，作为传统的继电接触控制器的替代产品，PLC 控制器逐步发展成为一种广泛应用的自动控制装置。传统的 PLC 控制属于集中控制，尤其在单体设备的逻辑控制方面具有强大的适用性。但在面对不断扩大的现代化大规模生产潮流以及网络与通信技术大踏步发展的情况下，传统 PLC 控制也面临变革，由大型集中控制逐渐发展为由小型的、分散在现场的 PLC 控制站以及远程智能通信 I/O（输入/输出）组件构成的新的控制通信系统，也就是早期的分散控制系统。分散于现场的 PLC 控制站作为现场工艺参数的直接测量、控制装置，实现对过程的监视、调控；而过程监控的相关信息则通过通信系统传输给主控制站，并在主控制站中实现对整个生产过程信息的集中监视与管理。

集散控制系统 DCS（distributed control system）产生发展于 20 世纪 80 年代，是集中管理、分散控制的理念体现。DCS 控制系统是计算机技术（computer）、通信技术（communication）和控制技术（controller）相结合的产物，通过以微处理器为核心的智能仪表，一方面采集底层模拟信号制的传感器信号，另一方面通过数字通信的方式相互连接交换数据实现集中管理。区别于 PLC 控制系统中的操作站，DCS 控制系统中的操作站不仅实现生产过程的监视记录，同时还是实现生产控制操作、发出控制指令的核心，而分散于现场的控制站更多地负责现场信号的实时采集、运算与传输。控制站、操作站以及 I/O 组件通过现场总线连接，构成一个完整的控制网络。

现场总线控制系统（FCS）是在集散控制系统（DCS）的基础上产生的。与传统的 DCS 控制系统相比，FCS 系统更好地体现了“信息集中，控制分散”的思想。现场总线技术将专用的芯片置入传统的现场仪表装置，使其具有了数字计算和数据通信的功能。FCS 控制系统将控制功能下放到现场的智能仪表，由现场智能仪表完成现场数据的采集、运算及传输等功能，通过现场总线将多个现场装置与远程监控计算机之间进行联通，实现数据传输与信息交换，形成各种适应实际需求的控制系统。可以说，现场总线控制技术为实现现场设备更高级的智能化提供了平台。

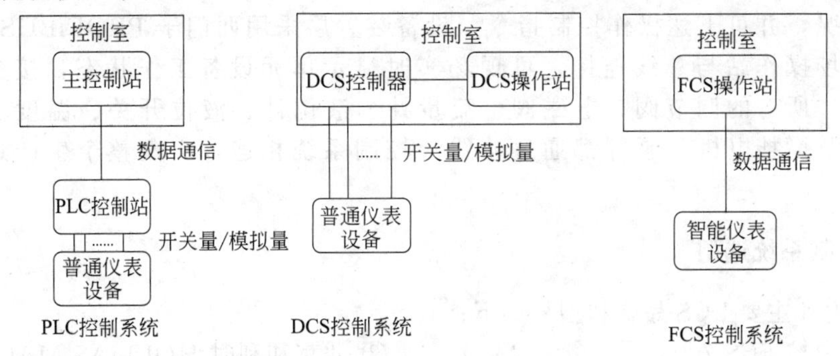

图 2-77　PLC、DCS、FCS 控制系统结构示意图

如图 2-77 所示，体现了 PLC、DCS、FCS 控制系统的组建架构。在复杂的大型生产控制系统中，考虑到实际的控制规模、系统投入以及技术情况，往往会发生多种控制模式共存的情况。

在制药生产过程中，由于生产过程比较长、设备多、工艺复杂，控制点数较多，间歇式批量生产，且系统必须符合 GMP、GAMP 规范以及 21CFR Part11 等法规的要求，目前普遍采用 DCS 控制系统。对于具有独立工作属性的设备，如纯水等，多采用 PLC 控制系统，DCS 控制系统对 PLC 控制系统进行数据通信和监视，组成统一数据库。控制系统由控制站、操作员站、工程师站及现场仪表和执行器等组成，采用工业以太网技术和现场总线技术组成三层分布式网络系统。常见 DCS 控制系统架构如图 2-78 所示。

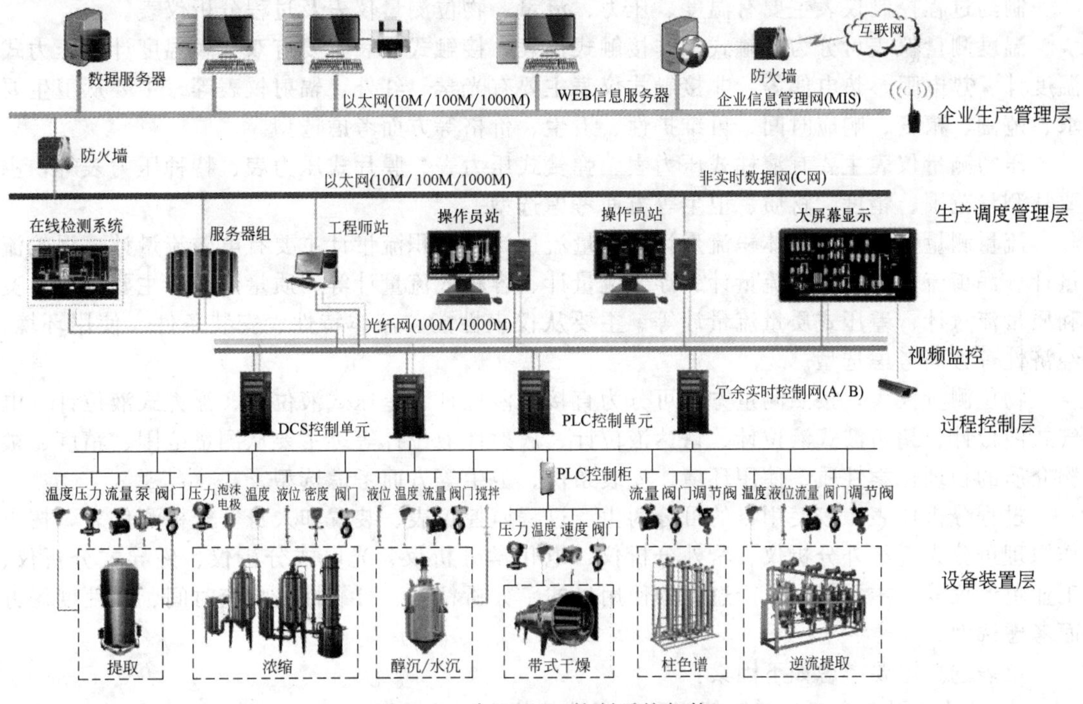

图 2-78　常见 DCS 控制系统架构

系统共分三层：设备装置层、过程控制层和生产调度管理层。生产调度管理层和过程控制层，主要完成整个提取过程的在线监测和数据采集，并向设备控制层下达控制指令，所有系统操作人员都能够在标准、友好和面向工艺的窗口上跟踪过程活动和参与生产控制。过程控制层采用了客户/服务器结构，客户机与服务器的连接采用标准工业以太网。在中央控制室设有大屏幕和操作员工作站，操作员通过操作终端详细了解生产运行情况，并可下达操作控制指令。设备装置层采用西门子 PROFIBUS-DP 现场总线，设有现场操作站与总线连接，可现场实时显示单元设备工作状态，接受指令，控制生产过程。所有的调节阀、电磁阀、流量计、液位计、液位开关、温度变送器、压力变送器以及搅拌电机和泵等都通过总线与控制系统相连，实现整个生产过程的自动控制。

(五) 控制系统选型

目前国内外主要 DCS 品牌和型号如下：

① 浙大中控 ECS-700

② 北京和利时 HOLLiAS MACS

③ SIEMENS PCS7

④ Honeywell PKS C300

⑤ Emerson Delta V

⑥ ABB DCS800

⑦ Yokogawa CS3000

控制系统主要从以下几个方面考虑选型：

① 系统功能的选择，要确保满足据医药行业的标准和特点。

② 系统规模的选择，选择与项目规模相适宜的系统规模。

③ 系统性能指标的选择，如系统稳定性、准确性、快速性等。

④ 系统可维护性的选择，如系统组态软件是否灵活，是否便于用户维护。

(六) 控制仪表选型

制药过程控制仪表主要有温度、压力、流量、物位测量仪表及过程分析仪表。

温度测量仪表可分为接触式和非接触式仪表，接触式仪表主要有双金属温度计、压力式温度计、热电阻、热电偶等。非接触式仪表主要有光学、红外、辐射仪表等。主要从卫生要求、范围、精度、响应时间、可维护性、卫生、价格等方面考虑选型。

压力测量仪表主要有液柱式压力表、弹簧式压力表、膜片式压力表、特种压力表等，主要从测量范围、精度、材质、卫生等方面考虑选型。

流量测量仪表可分为体积流量计和质量流量计。体积流量计主要有电磁流量计、涡轮流量计、涡街流量计、超声流量计、浮子流量计、容积式流量计等。质量流量计主要有科里奥利质量流量计、差压式质量流量计等。主要从仪表性能、流体特性、安装条件、使用环境、经济性等方面考虑选型。

物位测量仪表，按照测量方法可分为直接式液位计、差压式液位计、浮力式液位计、电气式液位计、超声波式液位计、雷达液位计、放射性液位计等。主要从测量范围、精度、被测介质的物理化学性质、使用环境、安装条件、卫生等方面考虑选型。

过程分析仪表，按使用目的可分为生产过程监控仪表、装置和人身安全检测仪表，按工作原理可分为近红外分析仪、紫外分析仪、电化学分析仪、光电式分析仪、磁导式分析仪、工业色谱仪等。主要根据生产过程的使用目的、分析精度、可靠性、响应时间、线性度等方面考虑选型。

仪表选型主要考虑如下因素：

① 尽量选用符合工艺控制精度和稳定性的仪表。

② 尽量选用高稳定性、免维护或维护周期长的仪表，方便维护管理。

③ 尽量选择带现场显示，以方便现场检修。

④ 要适应现场的使用工况和环境。

⑤ 在易燃易爆环境下，要选择具有防爆性能。

⑥ 与物料直接接触，尽可能选择非接触式或卫生型仪表，预防污染。

（七）控制室设计

控制室是对生产过程进行集中控制、监视的场所。控制室设计要考虑以下方面：

① 控制室位置要适中，选择安全区域，尽可能接近生产设备现场。对有易燃易爆有毒及腐蚀性介质的生产装置，控制室应选择在主导风向的上风侧。

② 控制室面积要合适，如2～3个操作站，建议室内35～45m^2，每增加一个操作站再增加6～10m^2。操作站前面离墙（或大屏）建议3.5～5m，操作站后面离墙不小于1.5m。

③ 控制室温度15～40℃、相对湿度30%～70%。

④ 控制室空气净化要求，尘埃＜200μg/m^3、H_2S＜10μg/L、SO_2＜50μg/L、Cl_2＜1μg/L。

⑤ 控制室地面要采用防静电措施，如防静电地板，机柜接地等。

⑥ 控制室噪声应限制在60dB（A）以下，远离振动源，地面振幅在0.1mm以下。

⑦ 控制系统采用市电和UPS双路供电，采用单独接地方式或等电位接地。

三、设计示例

某药企新建中药提取车间，进行中药浸膏的生产，主要生产工艺为药材水提后浓缩得到浸膏，主要生产设备有6m^3多功能提取罐24台、6m^3提取液储罐24台、4m^3/h双效浓缩液器12台、2m^3浓缩液储罐12台、出渣车2台。该车间生产过程进行自动控制系统设计。

（一）设计任务

实现提取车间的提取、浓缩、收膏全流程的自动化运行，提高药品质量批次一致性，提高生产效率。

（二）工艺自控设计

根据生产工艺及流程图，提取车间自控流程图设计见图2-79（见文后插页）。

1. 提取工段自控设计

(1) 控制点设计　提取工段控制点设计见表2-12。

表2-12　提取工段控制点设计

控制项	主要控制点	主要控制功能说明
投药材控制	①投料指示灯 ②投料按钮 ③投料筒伸缩 ④提取罐投料盖开关	①提示现场人员投料 ②开始投料及投料完毕确认 ③投料筒伸缩位置控制 ④投料盖开关控制
加水量控制	①饮用水进罐阀 ②流量计	计量加水

续表

控制项	主要控制点	主要控制功能说明
浸泡控制	计时	浸泡控制
升温控制	①蒸汽调节阀 ②夹套蒸汽压力检测 ③夹套开关阀 ④疏水旁通阀 ⑤罐内上下温度	①调节蒸汽压力,进行升温和恒温控温 ②自动疏水 ③压力超标安全联锁
外循环控制	①提取罐底阀 ②过滤器进出阀 ③离心泵 ④泵后进提取罐阀	①提取液外循环控制 ②提高罐内温度均一性 ③提高药液浓度均一性
微沸提取控制	①蒸汽调节阀 ②夹套蒸汽压力检测 ③夹套开关阀 ④疏水旁通阀 ⑤罐内上下温度	①微沸控制 ②提取时间控制
出液及防堵控制	①提取罐底阀 ②泵后出液阀 ③泵后流量计 ④压缩空气反吹阀 ⑤液位开关、离心泵	①出液至提取液储罐 ②出料计量控制 ③防堵液控制,出液堵塞时,压缩空气反吹
出渣控制	①现场指示灯光 ②现场安全确认按钮 ③与出渣车通信	①提示现场人员出渣 ②与出渣车联动控制 ③当出渣现场有安全隐患时,安全联锁
清洗控制	①清洗阀 ②排污阀(带反馈)	①自动清洗 ②清洁状态显示

(2) 控制方案设计　启动自控系统，根据批生产指令，首先由人工或信息系统导入药品生产批次信息，如药品名称、规格、批号、生产日期等，操作完成后，系统提示开始生产。控制系统按照工艺规程，从药材人工投料开始，加溶剂、进料、升温、保温提取(计时)、出液，多次提取，出渣、清洗，整个过程实现自动化控制。工艺主要控制策略设计如下：

① 系统自检：投料前，生产系统进行自检。自检分为三部分，一是对公用系统进行自检，包括蒸汽、空压等供应是否符合生产要求；二是对提取系统进行设备状态自检，自检内容包含设备是否处于可用状态、设备是否在清洁有效期内；三是提取系统设备状态的初始化，确保生产前各个阀门均处于正确状态。自检不通过时，系统会发出提示预警信息，人工排除；自检通过后，提示生产人员开始投料。

② 投药材：系统自检通过后，提示人工投药材，操作室人员点击确认后，系统将操作权限放至现场按钮，同时现场灯闪烁，现场操作人员现场检测符合后，按现场按钮确认，提取罐投料盖自动打开，投料筒伸至投料口，开始投料。投料完成后，再次按现场按钮，投料筒缩至设置位置，关上提取罐投料盖，同时将操作权转回至控制室操作站。操作过程中，如提取罐投料盖和投料筒不能开关到设定位置，系统提示报警，暂停程序运行。

③ 加水：药材投毕后，系统根据工艺要求，向提取罐加饮用水，通过流量计自动计量加水量，达到设定值时关闭进水阀。

④ 浸泡：首次饮用水加完后，开始进入药材浸泡，系统自动计时，当浸泡达到设定时，系统提示浸泡完成，进入第一次提取操作。

⑤ 升温：浸泡完毕后，系统按照设定的升温曲线，通过调节阀自动调节蒸汽压力，进行加热升温。在升温过程中，系统间歇性打开旁通阀，进行自动疏水。罐内配有药液温度检测，当温度达到回流提取温度时，进入保温提取。

⑥ 微沸提取：升温至回流状态时，系统开始保温提取计时，计时误差±60s，计时达到设定时间时，系统提示出液。在保温提取过程中，系统通过调节阀自动调节蒸汽压力，始终保持罐内呈现微沸状态。

⑦ 外循环：在升温过程中进行药液外循环，提高药液温度均一性，提高升温速度。在微沸提取过程中，当罐内上下温度差超过 2℃时，启动外循环，确保提取罐内温度均一性，或根据工艺需求，按照一定的时间间隔进行循环，提高药液浓度均一性。

⑧ 出液及防堵塞：提取结束后，系统开启罐底阀、泵、出液阀，将药液转至提取液储罐中。出液管设置流量计和液位开关，对出液进行计量，达到设定出液量且管道无液体流通时，自动判断出液完成。出液未达到设定出液量且管道无液体流通时，系统判断为堵料，自动开启空压进行反吹处理，连续开启 3 次，每次开启 10s，再启动出液程序。同时提取液储罐配置液位计，达到高液位时，自动停止进液，并预警提示，防止溢料。

⑨ 多次提取：第一次提取完成后，根据工艺程序设置，自动开始进行第二次、第三次提取，提取过程控制同上述③～⑧。

⑩ 出渣：当提取完成后，系统提示准备出渣，现场指示灯闪烁。操作室人员点击出渣确认后，将操作权转至现场，现场人员检查确认具备出渣条件后，通过现场按钮确认，系统调用出渣车至罐底，打开提取罐底盖，进行出渣。为防止发生安全事故，提取罐罐底锁与罐底开启装置有联锁保护措施，系统严格按照安全流程（至少二级复核）出渣，当系统提示出渣后，现场按钮在 30s 内没有确认时，系统将预警提示，重新进行出渣安全确认，在非出渣时间，现场按钮无法开启提取罐底盖。出渣完成后，操作权转至控制室。

⑪ 清洗：出渣完成后，系统自动打开清洗阀，对罐内进行冲洗，达到设定时间后，关闭底盖，再次开启清洗阀，清洗提取罐、过滤器和管道，循环一定时排污。排污结束，系统自动将提取罐状态变为为“已清洗”，并开始清洁有效期倒计时。

⑫ 安全联锁：提取罐夹套设置压力检测点，当夹套压力大于最高工作压力值时，系统自动关闭蒸汽进气阀，同时打开旁通阀泄压，系统同步预警，消除安全隐患后，系统重新开启蒸汽系统。提取罐内设置有压力检测点，当罐内压力达到设定值时，系统发出报警，并提示操作人员现场处理隐患。

提取生产工序，从投药材开始，系统按照设定的提取工艺要求自动进行酒精调配、定量加酒精、升温、保温提取、出液、出渣、清洗，全过程实现自动化作业。相比传统人工作业方式，更具有提取温度均匀、自动消泡、出液防堵塞、安全联锁、蒸汽节能等优势，保障安全、提高提取效率，降低生产成本。

2. 浓缩收膏工段自控设计

(1) 控制点设计　浓缩收膏工段控制点设计见表 2-13。

表 2-13　浓缩收膏工段控制点设计

控制项	主要控制点	主要控制功能说明
进料及补料控制	①提取液储罐罐底阀 ②一效、二效进液阀 ③一效、二效液位计 ④液位开关	①浓缩器前进料 ②浓缩过程中补料 ③进料完毕控制

续表

控制项	主要控制点	主要控制功能说明
真空度控制	①真空调节阀 ②一效、二效压力变送器	调节浓缩器内的真空度
温度控制	①蒸汽调节阀 ②夹套蒸汽压力检测 ③疏水旁通阀 ④温度计	①浓缩温度控制 ②压力超标安全联锁
消泡控制	①一效、二效泡沫电极 ②真空调节阀 ③一效、二效排空阀	①泡沫检测 ②消泡控制
受液器出液控制	①受液器隔断阀 ②受液器排空阀 ③受液器底阀 ④受液器液位计	①受液器液位检测 ②受液器满液后自动排液
并料控制	①二效真空阀 ②二效排空阀 ③一效、二效罐底阀 ④一效、二效液位计	二效药液并入一效，进行收膏浓缩
浓缩终点控制	①液位计 ②密度计	①浓缩药液体积检测 ②浓缩药液密度检测 ③浓缩终点控制
药液出液控制	①一效真空阀 ②一效排空阀 ③一效底阀 ④储罐真空阀 ⑤储罐液位计	蒸出液自动排出
清洗控制	①清洗阀 ②排污阀	①自动清洗 ②清洁状态显示

(2) 控制方案设计　启动自控系统，根据提取批生产指令和提取液物料信息，自动接收生产批次信息，如药品名称、规格、批号、生产日期等，操作人员确认后，系统提示开始生产。控制系统按照工艺规程，从浓缩器抽真空开始，进料、浓缩、出液、清洗，整个过程实现自动化控制。工艺主要控制策略设计如下：

① 系统自检：正式启动前，系统对生产系统进行自检。对公用系统进行自检；对浓缩系统进行设备状态自检，以及浓缩系统设备状态的初始化，确保生产前各个阀门均处于正确状态。自检不通过时，系统会发出提示预警信息，人工排除；自检通过后，提示开始浓缩。

② 进料及补料：系统自检通过后，系统自动开启真空阀（自动模式下，真空阀与真空泵启动联动），待真空度到达－0.06MPa后，开启提取液储罐罐底出液阀及一效、二效进料阀，开始进料，药液达到一效、二效蒸发室设定的高液位时，停止进料。在浓缩过程中，蒸发室液位降至设定的低液位处时，自动开始进料至高液位处，如此重复进液，直至提取液储罐无液体且进料管液位开关检测不到液体时，判定进液完毕。

③ 真空控制：通过真空调节阀自动调节阀门开度，使一效、二效蒸发室真空度达到工艺设定值，控制真空度稳定在工艺允许范围内，防止真空度波动较大致使药液出现爆沸、跑料现象。

④ 温度控制：进料完毕且真空度稳定在设定范围内后，开始升温。开启蒸汽调节阀调节加热蒸汽压力，对浓缩液升温至设定值，开始蒸发浓缩。在开始升温阶段时，由于设备和药液温度较低，蒸汽加热时会产生较多的冷凝水，如果疏水阀不能及时疏水，可适时开启旁通阀排冷凝水，待温度升至某个设定值时关闭旁通阀。在浓缩过程中，通过控制加热蒸汽压力，保证浓缩过程中温度的稳定控制。

⑤ 浓缩控制：真空度和温度达到设定值时，蒸发室内药液呈现喷雾状态，开始蒸发浓缩。在浓缩过程中，对真空度和温度进行稳定控制，使药液处于最佳蒸发状态。当蒸发室内药液蒸发至低液位时，进行自动补料。浓缩过程中，温度、真空度及液位控制超出设定范围值时，系统进行预警。

⑥ 消泡控制：浓缩过程中，系统通过多点式泡沫电极检测罐内药液泡沫。当泡沫上升至设定高位置处时，开启排空阀，降低蒸发室内真空度，进行消泡。

⑦ 受液器出液控制：蒸发过程中，溶剂经过冷凝器冷却后变成冷凝液，进入受液器。受液器配有液位计，当液位达到设定的高液位时，关闭受液器内上下隔断阀，开启排空阀和底阀，排放冷凝液。受液器液位降至设定的低液位时，关闭排空阀和底阀，开启隔断阀，开始接受冷凝液。

⑧ 并料控制：提取药液进液完毕后，二效浓缩至设定密度后，开始二效转入一效，进行收膏浓缩。关闭二效真空，打开二效排空阀，打开二效、一效底阀，通过一效真空，将二效蒸发器内药液抽入到一效内，继续浓缩至工艺要求的药液密度。

⑨ 浓缩终点控制：在线密度计实时对药液密度进行检测，当药液浓缩至设定密度范围值时，关闭真空阀、打开排空阀，停止浓缩。系统记录药液密度和体积等关键参数。

⑩ 药液出液控制：开启浓缩液储罐真空阀，真空度达到－0.06MPa后，打开浓缩器底阀，将浓缩药液抽入储罐。储罐配有液位计，达到高液位时，停止进液，并预警提示，防止溢料。

⑪ 清洗控制：出液结束后，开启对浓缩器的清洗，开启浓缩器的饮用水阀、排污阀。清洗计时到设定参数〈清洗时间〉，自动关闭清洗阀，延时等待排尽后，关闭排污阀。再开启饮用水阀，加至设定水位，开始抽真空、升温至设定范围，进行设备动态运行清洗一定时间后排污。可根据实际情况，设置动态运行清洗次数。清洗完毕后，系统浓缩器状态变为为“已清洗”，并开始清洁有效期倒计时。

⑫ 安全联锁：浓缩器加热室设置压力检测点，当夹套压力大于最高工作压力值时，系统自动关闭蒸汽进气阀，同时打开旁通阀泄压，系统同步预警，消除安全隐患后，系统重新开启蒸汽系统；浓缩完成后所有执行机构恢复到安全位置。

⑬ 浓缩生产工序，从抽真空、进料、升温、浓缩、中间补料、出溶剂、浓缩终点判断、出浓缩液、清洗等全过程，实现完全自动化生产作业。相比传统人工作业方式，更具有浓缩效率高、自动消泡、防冲料、浓缩终点判断准、温控准确、蒸汽节能等优势。

(3) 自控仪表配置及选型　自控仪表一览表见表 2-14。

表 2-14　自控仪表一览表

序号	仪表位号	仪表类型	设备描述	材质	防爆类	数量
多功能提取罐						
1	TIC3101a～x	温度变送器	提取罐内上温度	304	非防爆	24
2	TIC3102a～x	温度变送器	提取罐内下温度	304	非防爆	24
3	PIA3102a～x	压力变送器	提取夹套蒸汽压力	304	非防爆	24
4	PIA3101a～x	压力变送器	提取罐内压力	304	非防爆	24

续表

序号	仪表位号	仪表类型	设备描述	材质	防爆类	数量
多功能提取罐						
5	FRSQ3101a～x	电磁流量计	提取溶剂流量	304	非防爆	24
6	LS3101a～x	音叉物位开关	提取出液音叉开关	304	非防爆	24
7	XCV3101a～x	气动角座调节阀	提取蒸汽调节阀	304	非防爆	24
8	XV3103a～x	气动角座阀	提取上夹套蒸汽进阀	304		24
9	XV3104a～x	气动角座阀	提取中夹套蒸汽进阀	304		24
10	XV3105a～x	气动角座阀	提取下夹套蒸汽进阀	304		24
11	XV3106a～x	气动角座阀	夹套蒸汽冷凝水旁通阀	304		24
12	XV3102a～x	卫生气动球阀	提取溶剂进阀	304		24
13	XV3108a～x	卫生气动球阀	提取罐底出液阀	304		24
14	XV3107a～x	卫生气动球阀	压缩空气反吹阀门	304		24
15	XV3112a～x	卫生气动球阀	提取出液阀	304		24
16	XV3113a～x	卫生气动球阀	提取药液循环阀	304		24
17	XV3101a～x	卫生气动球阀	清洗水进阀	304		24
18	XV3111a～x	卫生气动球阀	排污阀	304		24
19	XV3142a～x	气动角座阀	冷凝器进水阀	304		24
20	XV3109a～x	卫生气动三通球阀	双联过滤器进液切换	304		24
21	XV3110a～x	卫生气动三通球阀	双联过滤器出液切换	304		24
22	—	单头电磁阀	投料筒伸缩开关			48
23	—	接近开关	投料筒伸到位检测		非防爆	24
24	—	接近开关	投料筒缩到位检测		非防爆	24
25	—	单头电磁阀	投料门开关			48
26	—	接近开关	投料门开到位检测		非防爆	24
27	—	接近开关	投料门关到位检测		非防爆	24
28	—	单头电磁阀	投料门锁开关			48
29	—	接近开关	投料门锁开到位检测		非防爆	24
30	—	接近开关	投料门锁关到位检测		非防爆	24
31	—	单头电磁阀	罐底门开关			48
32	—	接近开关	罐底门关到位检测		非防爆	24
33	—	单头电磁阀	罐底门锁开关			48
34	—	接近开关	罐底锁开到位检测		非防爆	24
35	—	接近开关	罐底锁关到位检测		非防爆	24
36	—	按钮箱	投料现场反馈		非防爆	24
37	SIS3101a～x	电机控制	出液泵控制			24
38	—	通信控制	出渣车			2
提取液储罐						
1	LIS3102a～x	隔膜静压液位计	罐液位计	304	非防爆	24
2	XV3116a～x	卫生气动球阀	罐出液阀	304		24

续表

序号	仪表位号	仪表类型	设备描述	材质	防爆类	数量
			提取液储罐			
3	XV3114a～x	卫生气动球阀	清洗水进阀	304		24
4	XV3115a～x	卫生气动球阀	排污阀	304		24
			双效浓缩器			
1	PIA3104a～l	压力变送器	一效蒸发室内真空检测	304	非防爆	12
2	PIA3105a～l	压力变送器	二效蒸发室内真空检测	304	非防爆	12
3	PIA3103a～l	压力变送器	蒸汽压力检测	304	非防爆	12
4	PIA3106a～l	压力变送器	真空管真空度检测	304	非防爆	12
5	TIC3103a～l	温度变送器	一效蒸发器内药液温度检测	304	非防爆	12
6	TIC3104a～l	温度变送器	二效蒸发器内药液温度检测	304	非防爆	12
7	IIT3101a～l	泡沫电极	一效蒸发室泡沫检测	304	非防爆	12
8	IIT3102a～l	泡沫电极	二效蒸发室泡沫检测	304	非防爆	12
9	LIS3103a～l	电容液位计	一效蒸发室蒸发室液位检测	304	非防爆	12
10	LIS3104a～l	电容液位计	二效蒸发室蒸发室液位检测	304	非防爆	12
11	LIS3105a～l	磁翻板液位计	冷凝液收集罐液位检测	304	非防爆	12
12	DI3101a～l	密度计	一效密度检测	316	非防爆	12
13	DI3102a～l	密度计	二效密度检测	316	非防爆	12
14	XCV3102a～l	气动角座调节阀	浓缩器蒸汽压力调节	304	非防爆	12
15	XV3117a～l	气动角座阀	蒸汽切断	304		12
16	XV3119a～l	气动角座阀	夹套疏水旁通	304		12
17	XV3121a～l	气动卫生球阀	一效清洗水	304		12
18	XV3122a～l	气动卫生球阀	二效清洗水	304		12
19	XV3118a～l	气动卫生球阀	提取药液进	304		12
20	XV3123a～l	气动卫生球阀	提取药液出	304		12
21	XV3124a～l	气动卫生球阀	提取药液出总管	304		12
22	XV3125a～l	气动卫生球阀	双效排污	304		12
23	XV3129a～l	气动蝶阀	切断真空	304		12
24	XV3120a～l	气动蝶阀	一效蒸发室排空	304		12
25	XV3126a～l	气动蝶阀	二效蒸发室排空	304		12
26	XCV3103a～l	气动蝶阀调节阀	真空度调节	304	非防爆	12
27	XV3128a～l	气动蝶阀	一效真空切断	304		12
28	XV3127a～l	气动蝶阀	二效真空切断	304		12
29	XV3130a～l	气动蝶阀	循环水进	304		12
30	XV3133a～l	气动蝶阀	受液器放空	304		12
31	XV3131a～l	气动蝶阀	受液器气相连通阀	304		12
32	XV3132a～l	气动蝶阀	受液器液相连通阀	304		12
33	XV3134a～l	气动卫生球阀	冷凝液收集罐排污	304		12

续表

序号	仪表位号	仪表类型	设备描述	材质	防爆类	数量
浓缩液储罐						
1	LIS3106a～l	隔膜静压液位计	罐液位	304	非防爆	12
2	TIC3105a～l	温度变送器	物料温度	304	非防爆	12
3	PIA3107a～l	压力变送器	浓缩液储罐压力	304	非防爆	12
4	XV3135a～l	卫生气动球阀	罐进液阀	304		12
5	XV3139a～l	卫生气动球阀	罐出液阀	304		12
6	XV3140a～l	卫生气动球阀	冷却水进阀	304		12
7	XV3136a～l	卫生气动球阀	清洗水进阀	304		12
8	XV3138a～l	卫生气动球阀	排污阀	304		12
9	XV3137a～l	卫生气动球阀	真空阀	304		12
10	XV3141a～l	卫生气动球阀	泵出液阀	304		12
11	SIS3102a～l	电机控制	搅拌电机控制			12
12	SIS3103a～l	电机控制	泵的启停			12

（三）自控系统设计及选型

1. 自控系统架构图

自控系统架构图如图 2-80 所示。

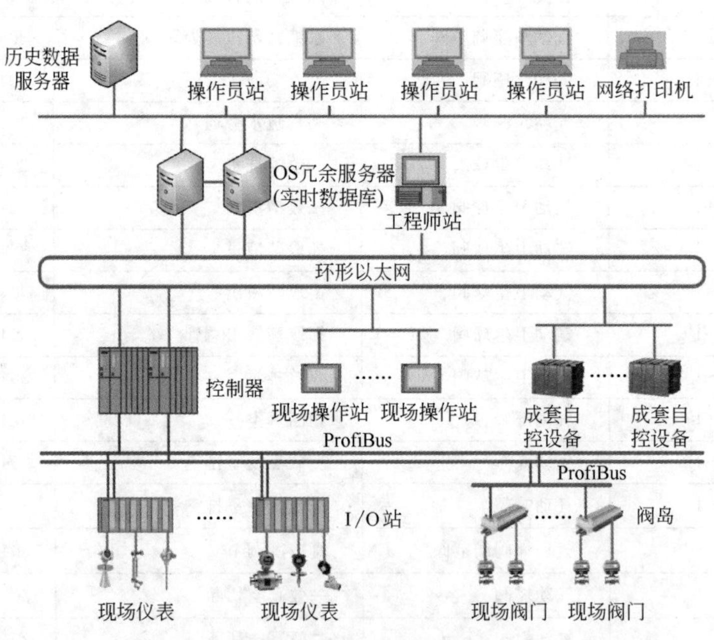

图 2-80　自控系统架构图

采用西门子 PCS7 过程控制系统，该系统具有全集成、统一组态、统一通信、统一数据库、可扩展性强、维护成本低、适合制药行业间歇式生产批量控制等特点，系统设计如下：

① 控制器（CPU）采用西门子 PCS7 410-5H 冗余系统，当其中一个 CPU 出现故障时另一 CPU 能正常运行，确保生产正常运行不中断。

② 通信网采用工业以太网，环网设计，保障系统通信安全。

③ 系统配置冗余的 OS 服务器，服务器里包含了系统实时数据的存储功能，系统运行中的所有数据，实时同步储存在两个服务器中，当一台出现故障时，另一台正常运行，故障修复后，会自动对另一台服务器数据进行备份，确保两台 OS 服务器数据的一致、完整，确保数据可靠性。

④ 1 台工程师站，4 台操作员站，1 台网络打印机，操作员站功能按冗余配置，其中任意一台操作员站出现故障不影响系统操作。

⑤ 总线型阀岛，总线型阀岛根据现场功能点分散布局，各阀岛与系统之间采用 DP 总线进行通信，便于系统布设及后期维护，同时有利于现场功能区的扩展。

⑥ 网络：控制网络采用 PROFIBUS 现场总线，双网设计，所有 I/O 站均直接连接在 PROFIBUS 现场总线上，通过分布式接口模块实现与控制站的数据的交换和共享。通信网络采用环形工业以太网。

自控系统主要功能设计有：权限管理、工艺参数管理、设备及仪表运行状态管理、生产流程可视化监控、消息与预警、数据及报表管理等。

系统主要硬件配置：控制器西门子 PCS7 CPU 410-5H 冗余系统套件、电源模块、ET200PA 模块、DI32 模块、DO32 模块、AI16 模块、AO8 模块、前连接器、现场操作面板、FESTO 总线型阀岛等。

系统主要软件配置：工程师站（ES）、操作员站（OS）、I/O 冗余服务器、历史数据服务器、现场操作屏审计追踪软件等。

2. 中央控制室设计

为便于生产控制、监视、操作和管理，在生产车间设置中央控制室，进行集中控制、统一管理。

中央控制室主要配置 1 台工程师站、4 台操作员站，用于自控系统维护和生产运行操作。同时配置 12 块工业高清液晶拼接屏，拼缝≤3.5mm，3×4 排列，用于显示、监控整个生产运行状态，也可显示车间视频监控。大屏系统可根据需求同时显示多个监控对象，对重点关注内容进行实时监控管理。控制室的温湿度、噪声、震动、尘埃等环境要求详见控制室设计部分。

中央控制室的设计图如图 2-81 所示，中央控制室的设计效果图如图 2-82 所示。

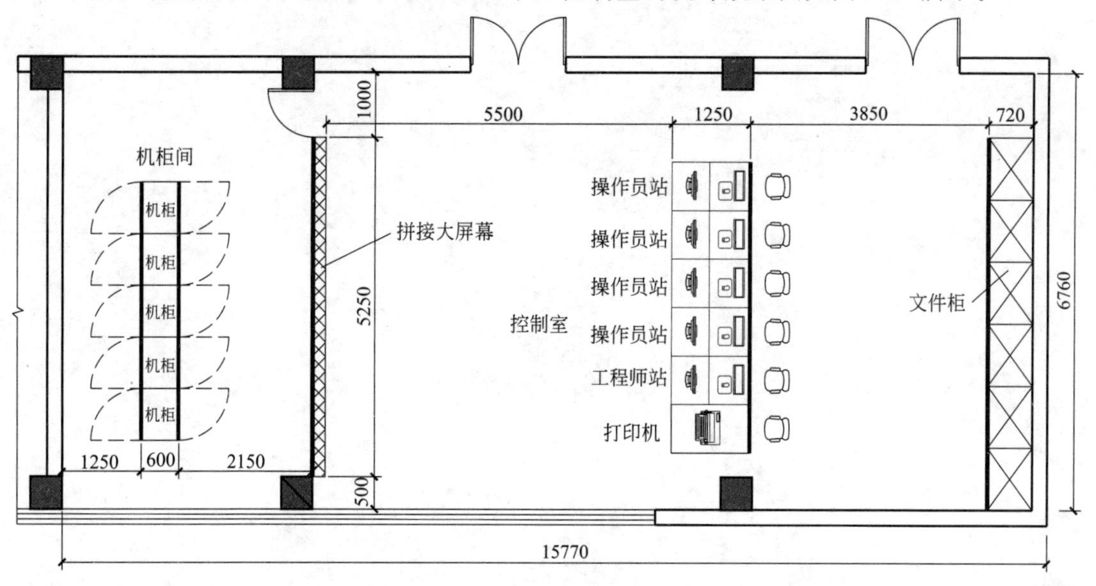

图 2-81　中央控制室设计图

图 2-82　控制室设计效果图

习　　题

2-1　工艺流程设计的任务是什么?

2-2　微波提取的工作原理是什么?

2-3　超临界萃取工艺的实施难点在哪里? 试通过查阅图书及电子资源，举例说明超临界萃取在中药提取中的应用。

2-4　单元设备流体在输送时，有哪些手段可作为动力系统?

2-5　设备位号是 PID 图中重要的标注之一，根据编号原则，解释 $R1203_2$ 的内涵。

2-6　简述疏水器、溢流管的作用和原理。

2-7　解释 PID、PFD 的中英文名称和定义。

第三章 物料衡算

第一节 概述

在医药设计中，经常会遇到两类问题：一是新产品工艺流程或生产设备的设计和改造；二是对实际操作过程的分析和控制。解决这两类问题，需要掌握和灵活运用综合性的医药设计的原理和方法，在这些知识中最基本的就是物料衡算。物料衡算是制药工艺设计中最先完成的一个计算项目，其结果是后续的热量衡算、设备工艺设计与选型、确定原材料消耗定额、车间与管道布置设计等设计项目的依据。

一、物料衡算的作用和任务

物料衡算是制药工艺设计的基础，根据所需要设计项目的年产量，通过对全过程或者单元操作的物料衡算，可以得到单耗（生产1kg产品所需要消耗原料的量）、副产品量、输出过程中物料损耗量以及“三废”生成量等，使设计由定性转向定量。物料衡算结果的正确与否将直接关系到工艺设计的可靠程度。

物料衡算的步骤为：确定物系和该物系物料衡算的界限；解释开放与封闭物系之间的差异；写出一般物料衡算所用的反应式、进出物料量等相关内容；引入的单元操作不发生累积，不生成或消耗，不发生质量的进入或流出的情况；列出输入=输出等式，利用物料衡算确定各物质的量；解释某一化合物进入物系的质量和该化合物离开物系的质量情况。

在制药过程中经常遇到有关物料的各种数量和质量指标，如“量”（产量、流量、消耗量、排出量、投料量、损失量、循环量等）、“度”（纯度、浓度、分离度等）、“比”（配料比、循环比、固液比、气液比、回流比等）、“率”（转化率、单程收率、产率、回收率、利用率等）等。这些量都与物料衡算有关。在生产中，针对已有的制药装置或系统，利用实测得到的数据（还有查阅文献手册和理论计算得到的数据）计算出一些不能直接测定的数据。由此可对其生产状况进行分析，确定实际生产能力，衡量操作水平，寻找薄弱环节，挖掘生产潜力，为改进生产提供依据。此外，通过物料衡算可以算出原料消耗定额、产品和副产品的产量以及“三废”的生成量，并在此基础上做出能量平衡，计算动力消耗定额，最后算出产品成本以及总的经济效果。同时，为设备选型，设备尺寸套数、台数以及辅助工程和公共设施的规模的确定提供依据。

二、物料衡算的类型

在医药生产中，按照物质的变化过程来分，可将物料衡算分为两类。

一类是物理过程的物料衡算，即在生产系统中，物料无化学反应的过程，它所发生的只是相态和浓度的变化。这类物理过程在医药工业中主要为分离操作过程。如流体输送、吸附、结晶、过滤、干燥、粉碎、蒸馏、萃取等单元操作过程（结晶过程见图 3-1）。

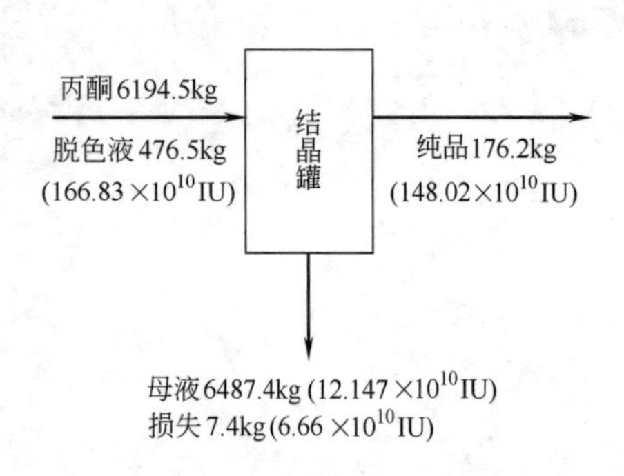

图 3-1 盐酸林可霉素结晶过程物料衡算

另一类是化学过程的物料衡算，即含化学反应的过程。在计算时常用到组分平衡和化学元素平衡，特别是当化学反应计量系数未知或很复杂以及只有参加反应的各物质化学分析数据时，用元素平衡最方便。

此外，物料衡算还可以按照操作方式的不同分为两类。

一类是连续操作的物料衡算，如生产枸橼酸铋钾的喷雾干燥，需要向干燥器中输送具有一定速度、湿度和温度的空气，同时湿物料从反方向以相应速度通过干燥器。物料在干燥器中行进时不断被加热，所处状态在不断改变，但对设备某一部位而言，物料状态是不随时间改变而改变的。如物料在进口的温度和出口的温度是始终不随时间变化的定值，如图 3-2 所示。图中 W_B 是干空气的量，W_S 是绝干物料的量，C 为物料的干基含量，Y 为空气的绝对湿度。

另一类是间歇操作的物料衡算。在过程开始时原料一次性进入体系，经过一段时间以后一次性移出产物，过程中没有物质进出体系。如硫酸软骨素的制备是向经过提取后的滤液加入 95％乙醇搅拌，沉淀析出，取出即得产品，见图 3-3。间歇操作特点是操作过程的状态随时间的变化而改变。

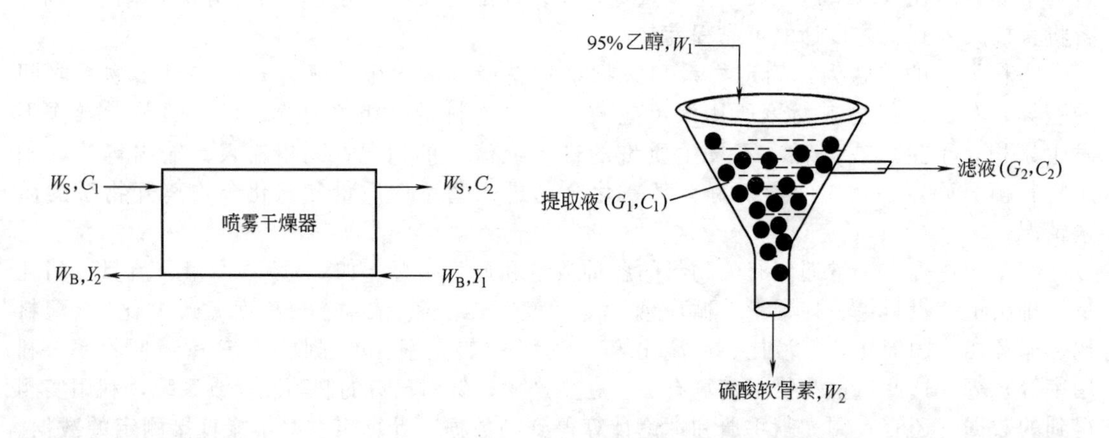

图 3-2 干燥过程物料衡算示意图

图 3-3 沉淀工段物料衡算示意图

三、物料衡算的基本理论

物料衡算以质量守恒定律和化学计量关系为理论基础，指“在一个特定物系中，进入物系的全部物料质量加上所有生成量之和必定等于离开该系统的全部产物质量加上消耗掉的和积累起来的物料质量之和”。物料衡算一般式为：

$$\sum G_{进料} + \sum G_{生成} = \sum G_{出料} + \sum G_{累积} + \sum G_{消耗} \tag{3-1}$$

式中，$\sum G_{进料}$ 为所有进入物系质量之和；$\sum G_{生成}$ 为物系中所有生成质量之和；$\sum G_{出料}$

为所有离开物系质量之和；$\sum G_{消耗}$为物系中所有消耗质量之和（包括损失）；$\sum G_{累积}$为物系中所有积累质量之和。

物系是人为规定一个过程的全部或其一部分作为研究对象，也称为体系或系统。它可以是一个单元操作的设备，也可以是一个过程的一部分或整体（一个工段或一个车间）。

图 3-4 是物料衡算范围示意图。

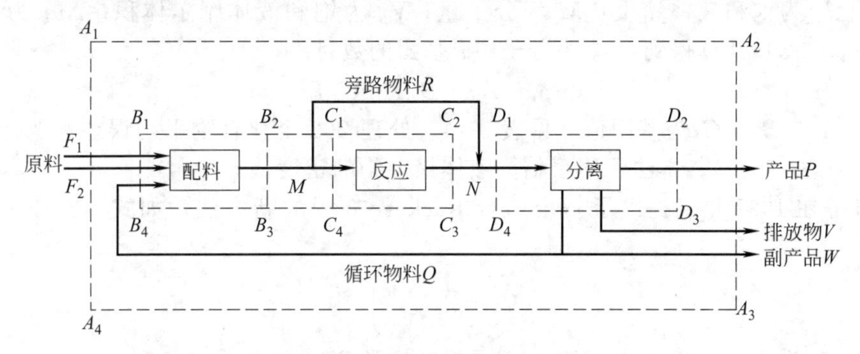

图 3-4　物料衡算范围示意图

若物系中的物质无生成或消耗，即该物系为孤立的封闭系统（enclosed isolated system），式（3-1）可简化为：

$$\sum_{累积}=\sum G_{进料}-\sum G_{出料} \tag{3-2}$$

若物系中没有累积量，过程是稳态过程时，任何简单或复杂的生产过程都可简化为：

$$\sum G_{进料}=\sum G_{出料} \tag{3-3}$$

当进行有化学反应的计算时，物料衡算可根据反应的平衡方程式和化学计量关系进行衡算。

四、物料衡算的基本方法和步骤

（一）收集基本数据

在进行物料衡算前，要尽可能收集符合实际情况的准确数据，通常称为原始数据。这些数据是整个计算的基本数据。应根据不同计算性质来确定原始数据的收集方法。当进行设计计算时，可依据设定值（如年产量 100t，年工作日 330 天等）；当进行生产过程测定性计算，则要严格依据现场实际数据（包括投料量、配料比、转化率、选择性、总收率、回收套用量等）。如盐酸林可霉素的真空薄膜浓缩蒸发，要求浓缩液效价 $(8\sim12)\times10^4$ U/mL，而发酵液碱化收率要在 97%～98%。当某些数据不能精确测定或欠缺时，可在工艺设计计算允许的范围内借用、推算或假定（往往是设计变量）。如非那西丁生产的烃化催化后，进行水洗，静置分层得到的有机相产品质量要求为含量≥99%，有机氯（即对硝基氯苯）含量≤1.8mL/g，设产品含量为 99.20%，则该数值为假定值。

另外，还需要收集相关的物性数据。如流体的密度、原料的规格（主要指原料的有效成分和杂质含量、气体或者液体混合物的组成等）、临界参数、状态方程参数、萃取或水洗过程的分配系数、精馏过程的回流比、结晶过程的饱和度等。

相关物性参数如无法获取准确的实验数据，可通过合适的估算方法以获得计算用的密度等数据。下面举例说明部分物性数据的估算方法。

基团法估算饱和液体密度始于 20 世纪 70 年代的 Fedors 法，该法关注聚合物，对基团划分较粗。在 20 世纪 90 年代，基团法有很大发展，GCVOL 法是一个典型代表，计算式为式（3-4）和式（3-5）：

$$d_s=\frac{M}{V_s}=\frac{M}{\sum n_i \Delta v_i} \tag{3-4}$$

式中，d_s 为饱和液体密度；M 为分子量；V_s 为饱和液体摩尔体积；Δv_i 为基团贡献值，根据式（3-5）计算得到；n_i 为分子中 i 基团的数目。

$$\Delta v_i=A_i+B_i T+C_i T^2 \tag{3-5}$$

式中，A_i、B_i、C_i 为基团值（见表 3-1）。处理 262 个化合物平均误差约为 1%，明显好于 Rackett 法（5%）。本法可用于估算液体聚合物的密度。

Sastri 等在 1997 年又提出了一个结合 Rackett 方程的新方法，如式（3-6）～式（3-9）所示。

$$V_s=V_c\left(\frac{V_b}{V_c}\right)^K \tag{3-6}$$

式中，V_c 为临界体积；V_b 为正常沸点时对应的摩尔体积。

$$K=\left(\frac{1-T_r}{1-T_{br}}\right)^{2/7} \tag{3-7}$$

式中，T_r 为对比温度；T_{br} 为沸点对应的对比温度。

$$V_c=K_1\sum \Delta v_i \tag{3-8}$$

$$\frac{V_b}{V_c}=\frac{0.373K_3}{K_1}\left(1-\frac{K_2}{\sum \Delta v_i}\right) \tag{3-9}$$

$K_1=(1-0.02B)$　（用于烷和全氟烃，B 为支链数）

$K_1=1.00$　（其他）

$K_2=19\mathrm{cm^3\cdot mol^{-1}}$　（含 N 的双键或叁键）

$K_2=-38\mathrm{cm^{-3}\cdot mol^{-1}}$　（酚）

$K_2=0$　（其他）

$K_3=1+0.015(C-7)$　［用于碳数（C）大于 7 的脂肪族化合物］

$K_3=1.000$　（其他）

不同结构化合物 Δv_i 为（$\mathrm{cm^3\cdot mol^{-1}}$）（取值参阅 Fluid Phase Equilibria，1997，132：33-46）：C 18，H 19，醇类 O 13，酚类 O－25，双键 O（>C= O、—CHO、—COO—、—COOH、呋喃等）22，其他 O 9，F 32，Cl 65，Br 80，I 100，伯胺中 N 3，仲、叔胺中 N 19，脂族双键、叁键 N 43，环中 N 29，S 53，双键 19，叁键 37，三元环－1，四元环－10，五元或六元环－19，不饱和多环或稠环－19，饱和多环或稠环-37。用此法处理 144 个液体 664 点，平均误差 1.7%，而用实验的 V_b、V_c 代入式（3-9），公式误差为 1.0%。

Constantinous 等的方法是一个考虑邻近基团影响的基团法，所用的方程是式（3-10）：

$$V_s=12.11+\sum_i n_i V_i+W\sum_i n_j V_j\ (\mathrm{cm^3\cdot mol^{-1}}) \tag{3-10}$$

式中，n_i 和 n_j 分别是 1 级和 2 级基团数，相应的基团贡献值为 V_i 和 V_j（表 3-2）；W 为 2 级基团影响度，取 $W=0$ 为只考虑 1 级基团，不考虑邻近基团影响，平均误差为 1.16%；取 $W=1$ 为最大考虑邻近基团影响，平均误差为 0.98%。以上结果都是考验 300 多个化合物取得的，所得 V_s 为 25℃下的摩尔体积（$\mathrm{cm^3\cdot mol^{-1}}$），不区分饱和态和过冷态。和

GCVOL 法一样，本法也可用于估算液体聚合物的密度。

【例 3-1】 用 GCVOL 法和 Constantinous 等法估算甲基异丁基酮在 298.15K 下的液体摩尔体积，实验值为 125.76 $cm^3 \cdot mol^{-1}$。

解 估算过程如下。

此化合物结构为 $CH_3COCH_2CH(CH_3)_2$，前一种方法可划分基团为 2 个 CH_3，1 个 CH_2，1 个 CH，1 个 CH_3CO，从表 3-1 中查得各 A_i、B_i、C_i值，可得：

$$V=\sum A_i+\sum B_iT+\sum C_iT^2$$
$$=18.960\times 2+12.520+6.297+42.180+(45.58\times 2+12.94-21.92-67.17)\times 10^{-3}\times 298.15+22.58\times 10^{-5}\times 298.15^2$$
$$=123.46(cm^3\cdot mol^{-1})$$

与实验值相比误差为−1.82%。

后一种方法把基团分为两级，其中第一级与上一方法的基团相同，因此

$$\sum_i n_iV_i=26.14\times 2+16.41+7.11+36.55=112.35$$

而第二级基团修正两个基团，即 $(CH_3)_2CH$ 和 CH_3COCH_2，其取值参阅 Fluid Phase Equilibria(1995，103：11-22)

$$\sum_i n_jV_j=1.33-0.3=1.03$$

若取 $W=1$

$$V=12.11+112.35+1.03=125.49(cm^3\cdot mol^{-1})$$

与实验值相比误差为 0.2%。若不考虑第二级修正（$W=0$)，则估算 V 为 124.46$cm^3\cdot mol^{-1}$。

表 3-1 GCVOL 法基团值

基团	A /(cm^3/mol)	10^3B /[cm^3/(mol·K)]	10^3C /[cm^3/(mol·K)]	实例
$-CH_3$	18.960	45.58	0	乙烷:2—CH_3
$-CH_2-$	12.520	12.94	0	丁烷:2—CH_3,2—CH_2—
$>CH-$	6.297	−21.92	0	2-甲基丙烷:3—CH_3,1 $>CH-$
$>C<$	1.296	−59.66	0	2,2-二甲基丙烷:4—CH_3,1 $>C<$
$(-CH-)_A$	10.090	17.37	0	苯:6$(-CH-)_A$
$(-CH_3)_{AC}$	23.580	24.43	0	甲苯:5$(-CH-)_A$,1$(-CH_3)_{AC}$
$(-CH_2-)_{AC}$	18.186	−8.589	0	乙苯:5$(-CH-)_A$,1$(-CH_2-)_{AC}$,1—CH_3
$(>CH-)_{AC}$	8.925	−31.86	0	异丙苯：5$(-CH-)_A$，1$(>CH-)_{AC}$，2—CH_3
$(>C<)_{AC}$	7.369	−83.60	0	叔丁苯：5$(-CH-)_A$，1$(>C<)_{AC}$，3—CH_3

续表

基团	A /(cm^3/mol)	10^3B /[cm^3/(mol·K)]	10^3C /[cm^3/(mol·K)]	实　例
CH_2═	20.630	31.43	0	1-己烯:1—CH_3,3—CH_2—,1CH_2═,1—CH═ (H)
—CH═ (H)	6.761	23.97	0	2-己烯:2—CH_3,2—CH_2—, 2—CH═ (H)
>C═	−0.3971	−14.10	0	2-甲基-2-丁烯:3—CH_3,1—CH═,1 >C═
—CH_2OH	39.460	−110.60	23.31	1-己醇:1—CH_3,4—CH_2—,1—CH_2OH
>CHOH	40.920	−193.20	32.21	2-己醇:2—CH_3,3—CH_2—, 1 >CHOH
$(—OH)_{AC}$	41.200	−164.20	22.78	苯酚:5$(CH—)_A$,1$(—OH)_{AC}$
CH_3CO—	42.180	−67.17	22.58	甲基乙基酮:1—CH_3,1—CH_2—,1CH_3CO—
—CH_2CO—	48.560	−170.40	32.15	二乙基酮:2—CH_3,1—CH_2—,1—CH_2CO—
>CHCO—	25.170	−185.60	28.59	二异丙基酮:4—CH_3,1 >CH— , 1 >CHCO—
—CHO	12.090	45.25	0	1-己醛:1—CH_3,4—CH_2—,1—CHO
CH_3COO—	42.820	−20.50	16.42	乙酸丁酯:1—CH_3,3—CH_2—,1CH_3COO—
—CH_2COO—	49.730	−154.10	33.19	丙酸丁酯:2—CH_3,3—CH_2—,1—CH_2COO—
>CHCOO—	43.280	−168.70	33.25	异丁酸甲酯:3—CH_3, >CHCOO—
—COO—	14.230	11.93	0	甲基丙烯酸甲酯:2—CH_3,1—CH_2—,1 >C═O ,1—COO—
$(—COO—)_{AC}$	43.060	−147.20	20.93	苯甲酸甲酯: 1—CH_3, 5 $(—CH—)_A$, 1 $(—COO—)_{AC}$
CH_3O—	16.660	74.31	0	甲基乙基醚:1—CH_3,1—CH_2,1CH_3O—
—CH_2O—	14.410	28.54	0	二乙基醚,2—CH_3,1—CH_2—,1—CH_2O—
>CHO—	35.070	−199.0	40.93	二异丙基醚:4—CH_3, 1 >CH— , >CHO—
>C—O— (—C—O—)	30.120	−247.30	40.69	二叔丁基醚:6—CH_3, 1 >C< , 1—C—O—
—CH_2Cl	25.29	49.11	0	1-氯丁烷:1—CH_3,2—CH_2—,1—CH_2Cl

基团	A /(cm³/mol)	10^3B /[cm³/(mol·K)]	10^3C /[cm³/(mol·K)]	实例
>CHCl	17.40	27.24	0	2-氯丙烷;2—CH_3，1 >CHCl
>CCl—	37.62	−179.1	32.47	2-氯-2-甲基丙烷;3—CH_3，1 >CCl—

表 3-2　Constantinous 等基团法 1 级基团值 V_i

基团	V_i	基团	V_i	基团	V_i	基团	V_i
—CH_3	26.14	$(C)_A$ CH_2—	19.16	—COOH	22.32	CH_3NH—	26.74
—CH_2—	16.41	$(C)_A$ CH	9.93	$(CCl)_A$	62.02	—CH_2NH—	23.18
>CH—	7.11	OH—	5.51	—CH_2Cl	33.71	>CHNH—	18.13
>C<	−3.80	$(C)_A$ OH	11.33	>CHCl	26.63	CH_3N<	19.13
>C—C<	14.51	CH_3CO—	36.55	—CCl	20.20	—CH_2N<	16.83
H_2C=CH—	37.27	—CH_2CO—	28.16	—$CHCl_2$	46.82	$(C)_A$ NH_2	13.65
—CH=CH—	26.92	—CHO	20.02	—$CFCl_2$	53.84	C_5H_4N	60.82
CH_2=C<	26.97	CH_3COO—	45.00	—CF_2Cl	53.83	C_5H_3N	53.38
—CH=C<	16.10	—CH_2COO—	35.67	$(C)_A$ Cl	24.14	—CH_2CN	33.13
>C=C<	2.96	HCOO—	26.67	$(C)_A$ F	17.27	—CH_2NO_2	33.75
—CH_2—CH=CH—	43.40	CH_3O—	32.74	>C=CCl—	15.33	>$CHNO_2$	26.20
—C≡C—	14.51	—CH_2O—	23.11	—Br	21.43	—$CON(CH_3)_2$	54.77
$(HC)_A$	13.17	>CH—O—	17.99	—I	27.91	—CH_2SH	34.46
$(C)_A$	4.40	—COO—	19.17	—CH_2NH_2	26.46	CH_3S—	34.84
$(C)_A$ CH_3 (H)	28.88	FCH_2O—	20.59	>$CHNH_2$	19.52	—CH_2S—	27.32

（二）列出包括主、副反应的化学反应方程式

在进行物料衡算时，一定要对化学反应的类型和产物做到全面了解。若过程中有化学反应发生，则需要列出物系内所有化学反应方程式，并建立已知量、未知量以及常数之间的数学关系。如在磺胺甲噁唑（SMZ）的中间体5-甲基异噁唑（5-MI）合成中，就会出现副产物3-甲基异噁唑（3-MI）（图3-5）。这是一个平行反应，若反应级数相同，其特点是反应速率之比是一常数，与反应物浓度和时间没有关系，即不论反应时间多长，主副产物的比例是一定值，即：

$$k_1/k_2=x/y$$

式中，x、y 分别为5-MI和3-MI的浓度；k_1、k_2 分别为5-MI和3-MI的速率常数。

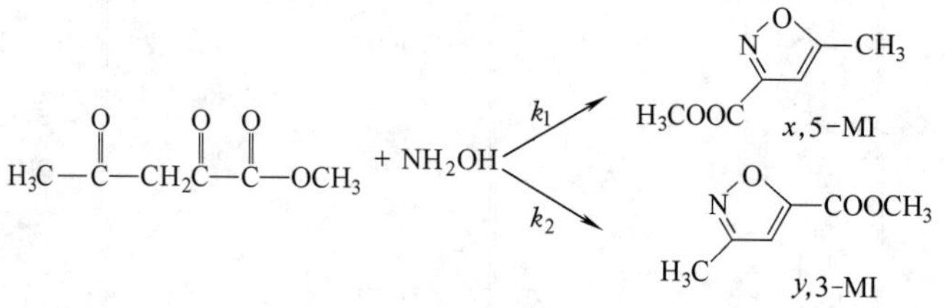

$H_3C-CO-CH_2-CO-CO-OCH_3 + NH_2OH \xrightarrow{k_1}$ H_3COOC-异噁唑-CH_3（x, 5-MI）

$\xrightarrow{k_2}$ H_3C-异噁唑-$COOCH_3$（y, 3-MI）

图3-5 成环反应简图

（三）根据给定条件画出物料平衡流程简图

根据衡算的物系，画出示意流程图。在图中表示出所有的物料线（主物料线、辅助物料线、次物料线），将原始数据（包括数量和组成）标注在物料线上，未知量也同时标注。绘制物料流程图时，着重考虑物料的种类和走向，输入和输出要明确，通常主物料线为左右方向，辅助和次物料线为上下方向，整个系统用一个方框和若干进、出线表示即可。

【例3-2】 某制药过程进料AB，一部分经反应器后进入分离器，一部分由旁路直接进入分离器。从分离器得到产物P、副产物W及一部分循环物流返回到反应器，一部分放空（见图3-6）。

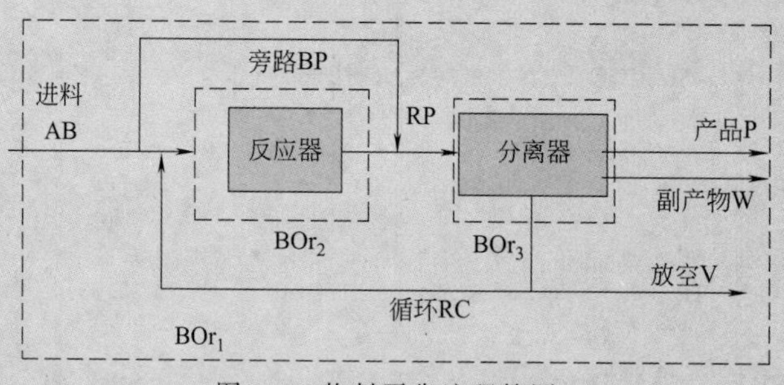

图3-6 物料平衡流程简图

（1）根据要求在图上画出计算范围，确定体系边界（虚线所围），图中字母代表各股物流。

（2）若对总体系进行衡算，边界虚线 BOr_1。

物料衡算式：

$$进料[AB]=出料[P+W+V]$$

即 $$m_{AB}=m_P+m_W+m_V \quad ①$$

(3) 对各组分列物料衡算式，如对子系统 BOr_2 作衡算：

$$AB+RC-BP=RP \quad ②$$

这样循环流 RC 作为未知量包含在衡算式中得以求解。

分离器衡算：

$$BP+RP=RC+V+P+W$$

此式也可由式①－式②得出。

总之，以什么样的范围作为衡算体系，要用最简体系并包括未知量以求解。

(四) 选择物料计算基准

在物料衡算中，恰当地选择计算基准可以简化计算，并缩小计算误差。根据过程特点选择医药设计计算的基准主要有四种：

(1) 时间基准　指以一段时间如 1h、1 天等的投料量或产量作为计算基准。这种基准可直接与生产规模和设备计算相联系。如年产 1000t 青霉素，年操作时间为 330 天，那么每天平均产量为 3.03t。

(2) 质量基准　指以 1kg、1000kg 等作基准。但如果所用原料药或产品系单一化合物，或者由已知组成质量分数和组分分子量的多组分组成，那么用物质的量（摩尔）作基准更为方便。

(3) 体积基准　指对气体物料进行衡算时选用基准，即把实际体积换算为标准体积，用 m^3（STP）表示。这样既排除了温度、压力变化带来的影响，而且可直接同物质的量（摩尔）基准换算。气体混合物组分的体积分数同其摩尔分数在数值上是相同的。

(4) 干湿基准　指在衡算时有选用算和不算水分在内的基准问题。若不计算水分在内称为干基，否则为湿基。如红霉素（erythromycin）进行有氧发酵生产中，空气组成通常取含氧 21%（体积），含氮 79%，这是以干基计算的；如果把水分（水蒸气）计算在内，氧气、氮气的百分含量就变了。又如年产福尔马林（formalin）5000t，系指湿基，是含一定百分比水的混合物。

根据不同过程的特点，选择计算基准时应注意的原则为：

① 应选择已知量最多的流股作为计算基准。如某一体系，进料只知其主要成分，而产物的组成已知，就可以选用产物的单位质量或单位体积作基准；反之亦然。

② 对液体或固体体系，常选取单位质量如 1t 或 100t 为基准。

③ 对于连续流动的体系，用单位时间内的物流量作基准较方便。如以 1min、1h 或 1 天进料量或产品量为基准。

④ 对于间歇体系，可选择加入设备的批量作基准。对于处理量很大的计算，可先按 1t（或 100t）、100kg（或 1kg）进行衡算，然后再换算到实际需要量。

⑤ 对于气体物料，若环境条件（如温度、压力）已定，可选取体积作基准。

(五) 列出物料平衡表

物料平衡表主要包括：输入和输出的物料（见表 3-3）；原辅材料消耗定额（见表 3-4）；“三废”排量（见表 3-5）。

表 3-3　输入和输出物料平衡

进料			出料		
物料名称	物料质量/kg	物料含量/%	物料名称	物料质量/kg	物料含量/%

表 3-4 原辅材料消耗定额

序号	原料名称	单位	规格	成品消耗定额（单耗）	小时消耗量	年消耗量	备注

表 3-5 “三废”排量

序号	名称	特性和组成	单位	每吨产品排出量/kg	小时排量/kg	年排量/t	备注

（六）绘制物料流程框图

物料流程框图是物料衡算计算结果的一种表示方式，它最大的优点是简单清楚，查阅方便，并能表示出各物料在流程中的位置和相互关系。在制药设计中，特别需要注意成品的质量标准、原辅料的质量和规格、各工序中间体的检验方法和监控、回收套用处理等，这些都是影响物料衡算的因素。

五、计算数据说明

常用的基本数据计算公式简单归类如下：

（1）转化率 对某一组分的转化率通常用 x 表示，即：

$$x=\frac{\text{反应组分消耗的量}}{\text{投入反应组分的量}}\times 100\%$$

（2）收率（产率） 收率通常用 Y 表示，即：

$$Y=\frac{\text{主要产物实际所得量}}{\text{按投入原料计算所得的该产物的理论量}}\times 100\%$$

总收率为各个工序收率的乘积，即：$Y=Y_1\times Y_2\times Y_3\times Y_4\cdots$

必须注意工业上的实际收率与理论定义是有差异的，即：引起实际得量与理论得量差值的因素是未反应原料、原料的副反应、产物的进一步反应或分解以及包括一切物理效应及机械漏损在内的消耗。这就不必总是要讨论转化率的多少了。

（3）选择性 指主、副产物中，主产物所占的百分率，一般用 Φ 表示。

$$\Phi=\frac{\text{主产物生成量折算成原料消耗量}}{\text{反应消耗原料量}}\times 100\%$$

（4）单耗 指生产 1kg 产品所需要消耗原材料的质量，用 Z 表示：

$$Z=\frac{\text{原材料的消耗量}}{\text{生产1kg 产品}}$$

此外，还有回流比、分配系数、流量、流速、摩尔分数、质量分数、含水量、湿度等数据的计算需要注意。

六、物料衡算的自由度分析方法

对一个设备众多、过程复杂的制药生产车间甚至药厂，各种因素之间互相影响、互相约束，物料衡算比较复杂。在这种情况下，对过程进行自由度分析可以指导物料衡算。

从代数方程的求解中知道，为了求解方程中所出现的 N 个未知数，必须要有 N 个线性独立的方程组联解。如果能利用的独立方程数目小于 N，则不可能得到完全解。如果能利

用的方程数大于 N，那么，必须选择其中的 N 个方程用于解题，这总会出错或矛盾，因为所获得的解仅取决于所选用的 N 个方程，并不一定同时满足没有被利用的方程。因此，最可靠的方法是在求解之前先使未知变量数与方程数目相等。自由度就是量度两者之间是否相等的最简单指标。一个系统的自由度定义如下：

自由度＝物流独立变量数－独立平衡方程数－附加关系方程数

如果自由度为正值，则表明条件不足，不能解出全部未知物流变量。如果自由度为负值，则表明条件过多，为获得唯一可靠的解必须将多余的条件（可能是不合理的）删去。如果自由度为零，则说明未知变量数目正好等于能列出的方程数，未知物流变量能够全部求出。一旦确定系统的自由度为零，就可以列出所有方程及各种已知条件，通过对代数方程组的求解，一般都能求出结果。在具体求解时会遇到下面两个问题，即平衡方程组的选择及计算基数的设置。

1. 平衡方程组的选择

因为对于一个包含有 S 个组分的系统可以列出（$S+1$）个平衡方程，而其中只有 S 个方程是线性独立的，于是，就会遇到如何从（$S+1$）个方程中选择 S 个方程的问题。选择的原则是方程中所含的未知变量数最少。由于是从（$S+1$）个方程中选择 S 个方程，只需删去一个方程，根据上述原则，只要检查哪一个方程所含的未知变量最多，就删去，这样处理最为方便。一般而言，总的物料平衡方程总是被采用的，因为方程中只含流量变量，不出现浓度变量，与组分的平衡方程相比，其未知变量数目可能会少一些。

2. 计算基数的设置

因为方程组对流量变量是相容的，所以，当问题中没有给定所有物流的流量数值时，可以指定任一股物流的流量数值作为计算基数。在工程设计中，这种情况不大可能出现，因为产品的年产量总是给定的。尽管如此，仍可以利用方程相容性质，重新设定计算基数，目的在于使问题的求解更为简便。在后面将要讨论的多单元系统，有时为了方便解题，可以先不考虑已经给定的数量数值，在自由度分析设定一个流量数值作为计算基数，在此基础上进行求解，最后再将求出的结果按已经给定的流量赋值放大或缩小，同样可以得到最后的答案。

【例 3-3】 由两个精馏塔所组成的分离系统用来处理含有 3 个组分（苯、甲苯、二甲苯）的混合物。经分离后有 3 股出料，每股都富集了其中的一种组分。已知原料液中苯(B)、甲苯（T）、二甲苯（X）的摩尔分数分别为 0.2、0.3、0.5，塔Ⅰ底液中含苯 0.025，甲苯 0.35，其余为二甲苯，塔Ⅱ顶液中含苯 0.08，甲苯 0.72，其余为二甲苯。又知塔Ⅰ的塔顶液中不含二甲苯，塔Ⅱ塔底液中不含苯。系统的赋值已注入，如图 3-7 所示。若原料液的处理量为 1000mol/h，对该系统进行物料衡算。

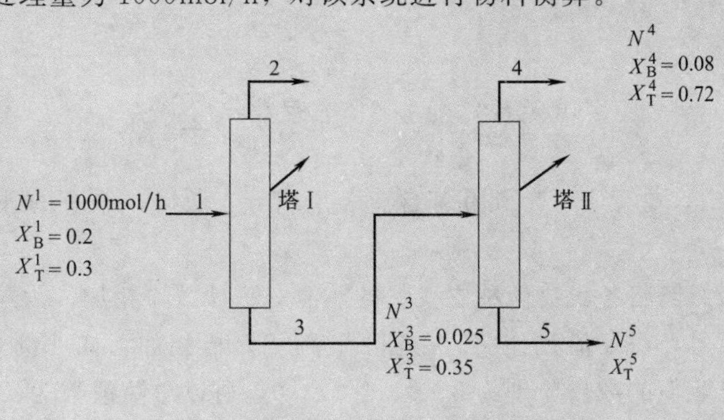

图 3-7　精馏分离系统物料赋值情况

解 首先，由系统的自由度判别该系统有无完全解。一个多元系统的自由度定义为：

系统自由度＝系统所有物流独立变量总数－系统独立平衡方程数－

赋值数－附加关系方程总数

一个系统物流独立变量总数等于系统所包含的各股物流独立变量数之和，既包括该系统与环境连接的物流，也包括系统内部的物流。如图 3-7 所示，1、2、4、5 四股物流是系统与环境连接的物流，3 是内部物流。为了防止遗漏，在解题时可将系统所有物流进行编号，然后再计算每股物流所含的组分数，将这些数目相加即为系统物流变量总数。该题中，物流 1、3、4 均含有 3 个组分，物流 2、5 各含 2 个组分，所以，系统的物流总量总数为 13 个。

系统自由度分析中第二项是系统的独立平衡方程数。先将第一个单元从系统中隔离出来，根据以前的分析可知，可以列出一套线性独立平衡方程组，方程组数目等于单元Ⅰ所含的组分数。对于单元Ⅱ同样可以列出第二套线性独立平衡方程组。如果将包括两个单元的系统看作一个单元，也可以列出一套平衡方程组，方程组的数目等于系统所含有的组分数。于是，对于一个由 2 个单元所组成的多元系统一共可列出 3 套平衡方程组。将最后一套，即将整个系统作为一个单元而列出的平衡方程组称为总物料平衡（overall balances），而基于每一个单元而列出的平衡方程组称为单元物料平衡（unit balances）。这 3 套方程组是否能全部用于解题，则要看这 3 套方程组是否线性独立。回顾一下在讨论一个单元的物料平衡问题时，对于含有 S 个组分的一个单元共列出 $S+1$ 个平衡方程，即对每个组分而言可列出 S 个平衡方程，再加上一个总的物料平衡方程。然而，只有其中的 S 个方程是线性独立的，第 $S+1$ 个方程不能提供任何新的信息。现在将这个结论推广到多单元系统，同样成立。这是因为若将第一套与第二套方程组中各组分的平衡方程分别相加，就能得到余下的一套方程组。于是，对于一个含有 M 个单元的多元系统，虽然可以列出 $M+1$ 套平衡方程组，但是，只有其中的 M 套是线性独立的。设多元系统共含有 S 个组分，系统内每一个单元可能只含有 S 个组分中的某些成分，也可能是全部组分。不管第 i 个单元所含有的组分数 S_i 为多少，对该单元而言总能列出 S_i 个独立平衡方程。所以，对一个包含有 M 个单元的系统，能列出的线性独立平衡方程数等于各个单元的组分数之和，即

$$多单元系统独立平衡方程数=\sum_{i=1}^{M} S_i$$

在［例 3-3］中，单元Ⅰ、单元Ⅱ都含有 3 个组分，所以，系统的独立平衡方程总数为 6 个。

系统赋值总数只需将各股物流独立变量的赋值一一计数再相加。为防止遗漏，可以将系统的所有物流编号，将赋值数分别记在各股物流下，再相加。如［例 3-3］中共有 5 股物流，各股物流已赋值的数目分别为 3、0、2、2、0，所以总赋值数为 7 个。

附加关系总数是将系统内所给的条件一一计数，然后再相加。［例 3-3］中没有给出附加关系，所以附加关系总数为零。

确定了系统自由度分析的各个组成部分的具体数值，就可以计算系统的自由度。与一个单元的自由度一样，若系统的自由度为正值，说明还缺少条件，得不到完全解；若系统自由度为负值，说明给定条件过多，要删去不合理的条件；若系统自由度为零，说明该系统的未知物流变量数正好等于能列出的线性独立方程数，能求出完全解。［例 3-3］中，物流变量数为 13；平衡方程数为 6；赋值数为 7；附加关系数为零，故可知，系统的自由度为零。

由于多元系统所含的未知物流变量数较多，有时可多达几十个，甚至上百个，若系统的自由度为零的话，则可以列出的方程数也有这么多，用手工方法联解这几十个、甚至上百个方程将是十分困难的。因此，在求解多元系统的物料平衡问题时，系统的自由度只作为判断该系统是否有完全解的一种手段，而真正求解是采用顺序求解的方法。

可以将每一个单元从系统中分离出来，分别单独计算自由度，再连同系统自由度分析，列出一张自由度分析表。自由度分析如表 3-6 所示。由表 3-6 可知，单元Ⅰ的自由度为零，说明单元Ⅰ可以先单独求出完全解。一旦解出单元Ⅰ的所有未知变量后，凡与该单元相连接的单元都受益，可以相应减少一些未知变量数。如物流 3 有 3 个独立变量，已赋值 2 个，还剩一个未知，在解完单元Ⅰ以后可以获得该未知变量的数值，这相当于给单元Ⅱ增加了一个赋值，使单元Ⅱ的自由度减少为零，又可以求出完全解。这种不用同时联解系统所有方程，而是一个单元、一个单元求解的方法就是顺序求解。下面就用该方法对［例 3-3］进行求解。

表 3-6　自由度分析表

项　目	单元Ⅰ	单元Ⅱ	系统
物流变量总数	8	8	13
平衡方程数	3	3	6
赋值数	5	4	7
附加关系	0	0	0
自由度	0	1	0

先求解单元Ⅰ，可列出 4 个平衡方程，即

苯平衡　$$200=N^2X_B^2+(0.025)N^3 \quad (1)$$

甲苯平衡　$$300=(1-X_B^2)N^2+(0.35)N^3 \quad (2)$$

二甲苯平衡　$$500=(0.625)N^3 \quad (3)$$

总物料平衡　$$1000=N^2+N^3 \quad (4)$$

其中，只有 3 个是线性独立的。根据未知数最少的原则，选用（1）、（3）、（4）3 个方程，可以很方便地解出：$N^3=800$mol/L；$N^2=200$mol/L；$X_B^2=0.9$。

将 $N^3=800$ 作为赋值，可以接着求解单元Ⅱ，单元Ⅱ能列出 4 个平衡方程，即

苯平衡　$$0.025\times800=0.08N^4 \quad (5)$$

甲苯平衡 $0.35\times800=0.72N^4+X_T^5N^5$ (6)

二甲苯平衡 $0.625\times800=0.2N^4+(1-X_T^5)N^5$ (7)

总物料平衡 $800=N^4+N^5$ (8)

同理，选用（5）、（6）、（8）3个方程，可以解出：$N^4=250$mol/L；$N^5=550$mol/L；$X_T^5=0.182$。

至此，系统6个未知变量全部求出。含3种组分的混合物经过2个精馏塔分离后得到3股物流：塔Ⅰ的顶部馏出液富集了苯（90%）；塔Ⅱ的顶部馏出液富集了甲苯（72%）；塔Ⅱ的底部富集了二甲苯（81.8%）。

在［例3-3］的求解中，由于单元Ⅰ的自由度为零，所以，可以首先进行求解。但是，往往会出现这种情况，系统的自由度为零，但每一个单元的自由度均不等于零，即没有一个单元能首先求出完全解。当然，系统的自由度为零，说明该系统能解出全部的未知变量。但是，如果不采用整个系统所有方程同时联解的方法，仍用比较方便的顺序求解，那么，可以采用如下两种方法进行求解。

(1) 计算基数重置　当系统的自由度为零，而系统内所有单元的自由度不等于零，但出现某些单元的自由度为1时，可以考虑采用计算基数重置的方法。若某单元的自由度为1，又没有任何流量赋值，为了求出该单元的未知变量，可以不顾系统内其他流量的赋值情况，先假设一个流量数值作为该单元的计算基数，使该单元的自由度变成零，首先求出结果。再以此为基础，计算其他各个单元，直至全部解完。最后，再按实际赋值将所有物流的流量按比例放大或缩小，就能得到符合给定条件的完全解。

(2) 采用总物料平衡　在讨论多元系统的平衡方程时曾提到，若将整个系统作为一个单元，也可以进行自由度分析，并进行物料衡算，这就是总物料平衡。由于总物料平衡仅是系统各单元物料平衡的加和，并非独立，所以，在求解过程中一旦使用了总物料平衡，就要特别小心，防止组分的平衡方程及附加关系方程的重复使用，以免出错。

因此，运用自由度分析的方法，选定合适的模块进行物料衡算，其方法思路清晰，计算简洁明了。

第二节　物理过程的物料衡算

在医药工业中，物质在单元操作过程中不发生反应，只有相态和浓度变化，该类物理过程主要有混合过程和分离过程。如在吸收过程中，尾气与吸收剂首先混合，经传质后再分离。混合计算常用于复杂制药过程的简化计算。

按混合分离过程分类有机械分离和传质分离。传质分离有两种：一是在原料中加入分离剂而形成两相，组分在两相中传质而被分离，如萃取；二是给原料物流加入能量或除去能量，即加热或冷却原料物流，使之分为两相，如精馏。

按物理单元操作过程分类，分不带过程限制条件和带过程限制条件两类：不带过程限制条件的物料衡算，只需通过物料平衡关系式和浓度限制关系式列出相关的关联方程式，且关联方程式均为线性或均可线性化，进而求解物料衡算结果；而带过程限制条件的物料衡算，不仅要用物料平衡关系式和浓度限制关系式，还要有通常为非线性并难以线性化的过程限制关系式，列出相关的关联方程式，进而求解物料衡算结果。

一、吸收过程的物料衡算

吸收通常多为用适当的液体吸收剂处理气体混合物，以除去其中一种或多种组分的操作。气体混合物与一定量的吸收剂接触，溶质从气相转入液相，若保持过程的压强、温度恒定，经过足够长时间，液相的溶质浓度达到饱和，即称气液达到相平衡。此时的气液组成称平衡组成，气相中溶质的分压称平衡分压，液相中溶质的平衡浓度称该溶质的气体在液体中的溶解度。

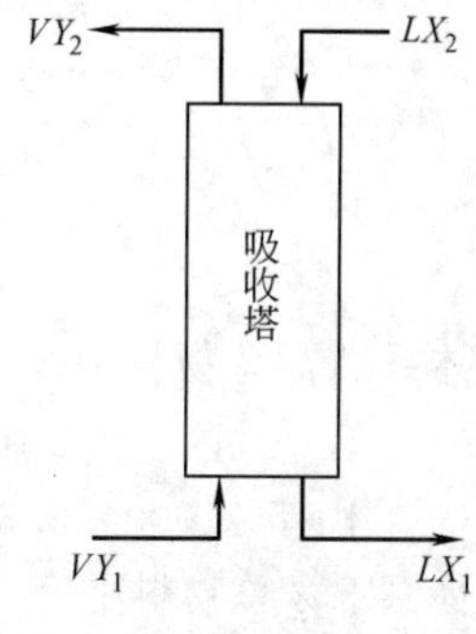

图 3-8　吸收塔的流程图

图 3-8 为一逆流操作的填料吸收塔。在吸收操作中，吸收剂和惰性气体量在通过塔体时基本没有变化。若以摩尔分数表示气液两相之组成，因为是稳态操作，组分的进出必须平衡。全塔的物料衡算：

$$\frac{V}{Y_1-Y_2}=L(X_1-X_2)$$

式中，L 为单位时间通过吸收塔的吸收剂量，mol/h；V 为单位时间通过吸收塔的干惰性气体量，mol/h；Y_1，Y_2 为塔底（气体入口）和塔顶（气体出口）的气相组成；X_1，X_2 为塔底（液体出口）和塔顶（液体入口）的液相组成。

为保证吸收塔正常操作，必须使供给的吸收剂量不得低于某个限度，这个限度称为最小液气比 L_{min}/V。此时在塔底气液相被认为达到平衡，则有：

$$\frac{L_{min}}{V}=\frac{Y_1-Y_2}{X^*-X_2}$$

式中，X^* 为与气相成平衡的液相浓度。

吸收剂用量 L_{min} 由此式求得。通常吸收剂用量 L 约为 L_{min} 的 1.2～2.0 倍，即：

$$L=(1.2\sim2.0)L_{min}$$

二、精馏过程的物料衡算

精馏过程是利用液体混合物中各组分挥发度的差异进行分离的一种单元操作。

【例 3-4】 两个精馏塔分离苯（B）、甲苯（T）、二甲苯（X），见图 3-9。衡算体系：①精馏塔 1；②精馏塔 2；③ 精馏塔 1+精馏塔 2。A、B、C 体系各有 n 个独立方程，共三组。但其中任一组方程都可由其他两组线性组合，即只有两种方程是独立的（共 $2n$），最多只能求 $2n$ 个未知数。

解 ①流股 2、3、4、5 的物流量分别是 S_2、S_3、S_4、S_5（mol/h）；②流股 3 中的苯、甲苯、二甲苯的组成为 X_{3B}、X_{3T}、X_{3X}。

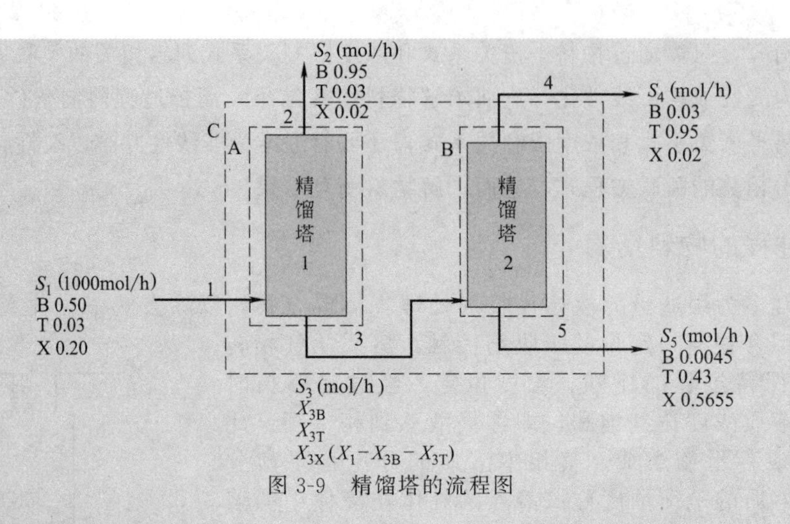

图 3-9 精馏塔的流程图

体系 A：总物料平衡 $1000=S_2+S_3$

苯 $1000\times 0.5=0.95S_2+X_{3B}S_3$

甲苯 $1000\times 0.3=0.03S_2+X_{3T}S_3$

体系 B：总物料平衡 $S_3=S_4+S_5$

苯 $X_{3B}S_3=0.03S_4+0.0045S_5$

甲苯 $X_{3T}S_3=0.95S_4+0.43S_5$

体系 C：总物料平衡 $1000=S_2+S_4+S_5$

苯 $1000\times 0.5=0.95S_2+0.03S_4+0.0045S_5$

甲苯 $1000\times 0.3=0.03S_2+0.95S_4+0.43S_5$

上述三组方程，只有二组是独立的，即六个方程是独立的，任二组均可。但选择时要考虑未知量最少的方程组。体系 C 的方程组只有三个未知数（S_2、S_4、S_5），可从三个方程中直接解出 S_2、S_4、S_5。即：$S_2=520$mol/h；$S_4=150$mol/h；$S_5=330$mol/h。

第 1 组方程有 4 个未知数，第 2 组有 5 个未知数，故选第 1 组。

解出：$S_3=480$mol/h；$X_{3B}=0.0125$；$X_{3T}=0.5925$；$X_{3X}=0.395$

可见，在许多线性方程中，不管衡算体系如何选择和组合，但独立衡算方程的最多数目应等于：设备数（体系数）×物料组分数。即：$C\times M$ 个独立方程。对于本题，$C=2$，$M=3$；最多只能求解 $C\times M$ 个未知量。

【例 3-5】 某药厂要求设计一套从气体中精馏回收丙酮的装置系统，并计算回收丙酮的费用。系统流程见图 3-10，要求由已知数据，列出各物流的流率（kg/h），以便确定设备的大小，并计算精馏塔的进料组分。

解 本系统由吸收塔、蒸馏塔和冷凝器三个单元操作组成。除空气进料的其余组成均用质量分数表示，故将空气-丙酮混合气进料的摩尔分数换算为质量分数。基准：100kmol 气体进料。

组分	物质的量/kmol	质量/kg	质量分数/%
丙酮	1.5	87	2.95
空气	98.5	2860	97.05
总计	100	2947	100.00

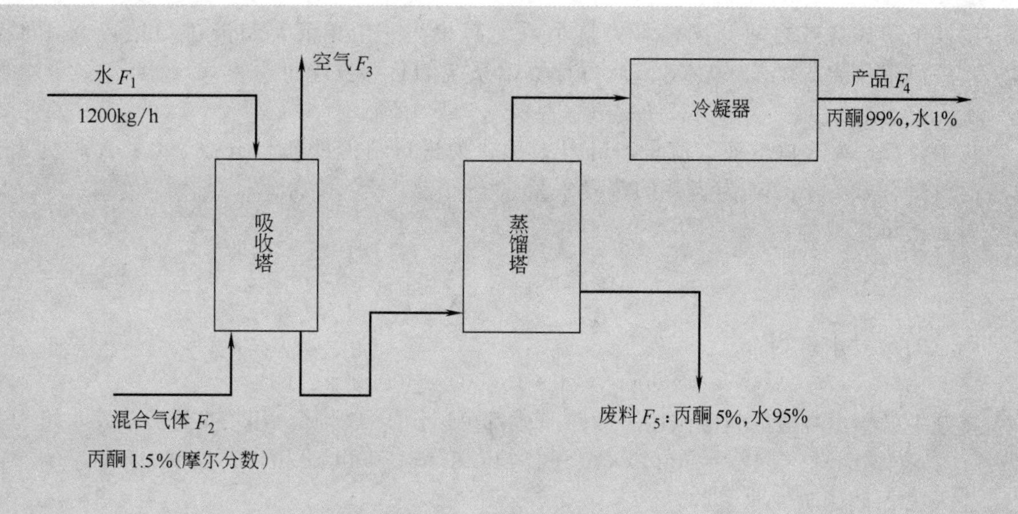

图 3-10　系统流程

对系统作物料衡算：进入系统的物流为两个，离开系统的物流为三个，其中已知一个物流量，因此有四个物流是未知的。

总物料平衡方程为：　　$1200+F_2=F_3+F_4+F_5$

各组分平衡式：

丙酮　　$0.0295F_2=0.99F_4+0.05F_5$

水　　$1200=0.01F_4+0.95F_5$

空气　　$0.9705F_2=F_3$

上述 4 个方程式中独立方程式为 3 个，因此本方程求解尚缺数据，故补充数据可为：

(1) 每小时进入系统的气体混合物，离开系统的产品或废液的物流量；

(2) 进入精馏塔的组分。

此例体现了物料平衡式中未知变量数与独立方程式数目不相等时，需补充设计数据才能进行衡算或与能量衡算联立解算才能求解。

【例 3-6】 某制药厂的废碱液回收工段用四效蒸发器浓缩，供料方式为Ⅲ效—Ⅳ效—Ⅱ效—Ⅰ效，蒸发器总处理能力为 80000kg/h，从含 15%（质量分数）固形物浓缩到含 60%固形物，第Ⅱ效后含 31.5%固形物。按上述要求计算总蒸发水量和每一效蒸发器的蒸发水量。

解　画出蒸发浓缩流程示意图（图 3-11）。

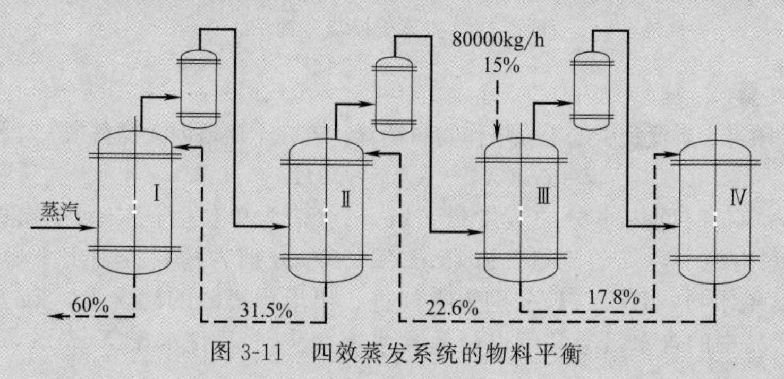

图 3-11　四效蒸发系统的物料平衡

假设不考虑各效之间分配，可将整个系统简化为一个单元，料液进口浓度含固形物15%，出口浓度含固形物60%，由此可计算出系统的总蒸发水量。

$$F_{进} X_{进}=(F_{进}-W)X_{出}$$

式中，$F_{进}$ 为进口料液的流量，kg/h；$X_{进}$ 为进口料液的质量分数，%；$X_{出}$ 为出口料液的质量分数，%；W 为当效的蒸发水量，kg/h。

由上式可以得到：

$$W=F_{进}\left(1-\frac{X_{进}}{X_{出}}\right)$$

则总的蒸发水量为：

$$W_{总}=80000\times(1-15/60)=60000(\mathrm{kg/h})$$

本题中已给出各效的料液浓度，故每一效都可以用上式计算，得第Ⅲ效的蒸发水量为：

$$W_3=80000\times(1-15/17.8)\approx12600(\mathrm{kg/h})$$

进入第Ⅳ效的蒸发水量为：

$$67400\times(1-17.8/22.6)\approx14300(\mathrm{kg/h})$$

最后得到：

$W_{总}=60000$kg/h；$W_3=12600$kg/h；$W_4=14300$kg/h；

$W_2=15000$kg/h；$W_1=18100$kg/h

三、干燥过程的物料衡算

干燥是一个物料对湿组分的吸附或解析过程。在干燥任务确定后，通过物料衡算可算出需除去的水分量和需要消耗的空气量，从而确定出干燥产品量，并为系统风机大小、动力消耗等的确定提供可靠依据。现以喷雾干燥物料衡算为例说明。

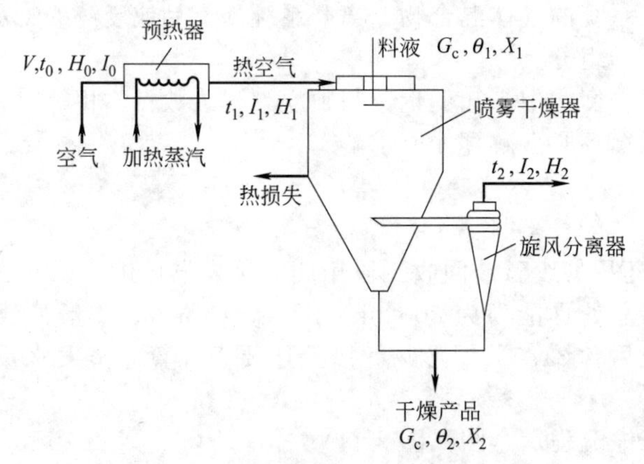

图 3-12　喷雾干燥流程简图

1. 水分蒸发量

对于图 3-12 喷雾干燥流程中的干燥塔作物料衡算，若在干燥塔内无物料损失，那么可写出：

$$W=G_c(X_1-X_2)=L(H_2-H_1) \tag{3-12}$$

式中，W 为单位时间内水分的蒸发量，kg/s；G_c 为单位时间内绝干物料的流量，kg/s；L 为单位时间内绝干空气的流量，kg/s；X_1、X_2 分别为物料进、出干燥塔时的干基含水量，kg 水/kg 绝干料；H_1、H_2分别为空气进、出干燥塔时的湿含量，kg 水/kg 绝干气。

湿物料和产品中的含水量通常都以湿基含水率 ω 与干基含水率 X 表示，两者关系为式(3-13)：

$$X=\frac{\omega}{1-\omega} \tag{3-13}$$

式中，X 为物料的干基含水量，kg 水/kg 绝干料；ω 为物料（或产品）的湿基含水量，kg 水/kg 湿物料。

2. 空气消耗量

将式（3-12）改写，绝干空气消耗量可表示为式（3-14）或式（3-15）：

$$L=\frac{W}{H_2-H_1}=\frac{W}{H_2-H_0} \tag{3-14}$$

或

$$l=\frac{L}{W}=\frac{1}{H_2-H_0} \tag{3-15}$$

式中，L 为绝干空气消耗量，kg/s；l 为单位水分汽化所需绝干空气消耗量，kg 干空气/kg水；H_0、H_1、H_2 为空气进、出预热器及离开干燥器时的湿含量，kg 水/kg 干空气。

式（3-15）表明：干空气消耗量仅与空气的最初湿含量（预热前）和离开干燥器时的湿含量有关，与所经历的路径无关。在相同条件下，干空气消耗量 L 随 H_0 的增加而增加，即干空气消耗量随设备安装地点及季节不同而不同，必须按设备安装地最高相对湿度计算。

温度为 t_0、湿度为 H_0 的湿空气消耗量，即实际空气消耗量由式（3-16）或式（3-17）计算：

$$L'=L(1+H_0) \tag{3-16}$$

或

$$L'_V=L(0.722+1.244H_0)\frac{273+t_0}{273} \tag{3-17}$$

式中，L'为湿空气的质量流量，kg/h；L'_V为湿空气的体积流量，m^3/h；L 为干空气的质量流量，kg 绝干气/h；H_0 为湿空气的湿度，kg 湿空气/kg 干空气；t_0 为湿空气的温度，℃。

3. 干燥产品量

根据干燥任务要求，进入干燥器的湿物料除去水分而获得产品，由物料衡算可得式（3-18）或式（3-19）：

$$G_2=G_1-W \tag{3-18}$$

或

$$G_2=G_1\frac{1-\omega_1}{1-\omega_2} \tag{3-19}$$

式中，G_1 为进入干燥器的湿物料量，kg/h；G_2 为干燥产品量，kg/h；W 为水分蒸发量，kg/h；ω_1 为湿物料的湿基含水量，kg 水/kg 湿物料；ω_2 为干燥产品的湿基含水量，kg 水/kg 产品。

四、制剂过程的物料衡算

现以静脉滴注用奥美拉唑钠无菌冻干粉针生产为例介绍制剂过程的物料衡算。

【例 3-7】 静脉滴注用奥美拉唑钠无菌冻干粉针每支含奥美拉唑钠 42.6mg，二水合乙二胺四乙酸二钠（EDTA）1.5mg 及调节 pH 10.5～11.0 的氢氧化钠适量；附有 10mL 专用等渗的溶剂灭菌生理盐水，调节 pH10.5～11.0 的氢氧化钠适量。产品包装基准为 5mL 西林瓶。

物料衡算条件：年生产能力 2000 万支/年；包装规格 42.6mg/5mL 西林瓶；外包形式 10 瓶/小盒、10 小盒/大盒、10 大盒/箱；工作班制 250 天/年，冻干工序 3 班/天，其他岗位 1 班/天；冻干时间 1 批/天。各生产工序收率见表 3-7。

表 3-7　各生产工序的收率

工序	奥美拉唑钠收率/%	西林瓶收率/%	胶塞收率/%	铝盖收率/%	工序	奥美拉唑钠收率/%	西林瓶收率/%	胶塞收率/%	铝盖收率/%
配料	99	—	—	—	灯检	99.8	99.8	99.8	99.8
洗瓶烘干	—	99	—	—	贴签包装	99.8	99.8	99.8	99.8
灌装加塞	99.5	99.5	99.5	—	胶塞洗涤	—	—	99.5	—
冻干压塞	100	100	100	—	铝盖洗涤	—	—	—	98
轧盖	99.5	99.5	99.5	99.5	总收率	97.6	97.62	98.11	97.12

注：1. 各工序西林瓶收率 $=\dfrac{\text{各工序使用西林瓶个数}-\text{各工序损耗西林瓶个数}}{\text{各工序使用西林瓶个数}}$

2. 各工序奥美拉唑钠、胶塞、铝盖的收率定义相同。

(一) 浓配、稀配岗位原辅料的物料衡算

每天奥美拉唑钠用量为：

奥美拉唑钠日用量＝年产量×规格÷年工作日÷总收率

$=2000\times10^4\times42.6\times10^{-6}\div250\div0.976$

$=3.492\text{kg}$

EDTA 的每天用量为：

每天 EDTA 的用量＝年产量×每瓶 EDTA 含量÷年工作日÷奥美拉唑钠总收率

$=2000\times10^4\times1.5\times10^{-6}\div250\div0.976=0.213\text{kg}$

NaOH 的每天用量为：调节 pH10.5～11.0 的氢氧化钠适量

注射用水的每天用量为：

浓配注射用水用量为总溶液体积量的 80%，本设计中每支西林瓶灌装 2mL 溶液。故有：西林瓶的总收率为：

西林瓶的总收率＝洗瓶烘干收率×灌装加塞收率×轧盖收率×灯检收率×贴签包装收率

$=0.99\times0.995\times0.995\times0.998\times0.998=0.9762$

每天灌装总西林瓶数为：

每天总灌装西林瓶数＝年产量÷年工作日÷西林瓶的总收率×洗瓶烘干收率

$=2000\times10^4\div250\div0.9762\times0.99=81129$

灌装完成后每天总溶液体积为：

每天总溶液体积＝每天灌装西林瓶数×每支灌装量

$=81129\times2\times10^{-3}=162.3\text{L}$

每天浓配注射用水用量为：

每天注射用水量＝每天总溶液体积×80%

$=162.3\times80\%=129.8\text{L}$

每天稀配注射用水量：

加适量注射用水将溶液稀释至灌装完成后每天总溶液体积 162.3L 即可。

每天活性炭用量：在本设计中活性炭用量为浓配液质量的 0.1%。

每天活性炭用量＝(每天奥美拉唑钠用量＋每天 EDTA 用量＋每天浓配注射用水量)×0.1%

$=(3.492+0.123+129.8\times10^{-3}\times1000)\times0.1\%=0.133\text{kg}$

（二）西林瓶的物料衡算

西林瓶的总收率为：

西林瓶的总收率＝洗瓶烘干收率×灌装加塞收率×轧盖收率×灯检收率×贴签包装收率

＝0.99×0.995×0.995×0.998×0.998＝0.9762

每天西林瓶的总用量为：

每天西林瓶的总用量＝年产量÷年工作日÷西林瓶的总收率

＝2000×10^4÷250÷0.9762＝81949 支

每天洗瓶烘干的西林瓶损耗为：

每天损耗量＝每天西林瓶总用量×洗瓶烘干损耗率

＝81949×1％＝820 支

每天灌装的西林瓶数为：

每天灌装西林瓶数＝每天西林瓶总用量－每天洗瓶烘干的损耗量

＝81949－820＝81129 支

每天灌装加塞的西林瓶损耗为：

每天损耗量＝每天灌装的西林瓶数×灌装损耗率

＝81129×0.5％＝405 支

冻干、压塞工序收率为 100％，因此没有损耗。

每天轧盖西林瓶数为：

每天轧盖的西林瓶数＝每天灌装的西林瓶数－每天灌装损耗量

＝81129－405＝80724 支

每天轧盖的西林瓶损耗量：

每天损耗量＝每天轧盖西林瓶数×轧盖损耗率

＝80724×0.5％＝404 支

每天灯检的西林瓶数为：

每天灯检西林瓶数＝每天轧盖西林瓶数－每天轧盖损耗量

＝80724－404＝80320 支

每天灯检西林瓶损耗量为：

每天损耗量＝每天灯检西林瓶数×灯检损耗率

＝80320×0.2％＝160 支

每天贴签包装的西林瓶数为：

每天贴签包装的西林瓶数＝每天灯检西林瓶数－每天灯检损耗量

＝80320－160＝80160 支

每天贴签包装的损耗量为：

每天损耗量＝每天贴签包装西林瓶数×贴签包装损耗率

＝80160×0.2％＝160 支

每天最终成品西林瓶数为：

每天成品西林瓶数＝每天贴签包装西林瓶数－每天贴签包装损耗量

＝80160－160＝80000 支

每天最终成品西林瓶数的校核：

每天最终成品西林瓶数＝年产量÷年工作日

＝2000×10^4÷250＝80000 支

根据物料衡算基础数据，还可完成胶塞、铝盖等岗位的物料衡算，并求得如图 3-13 所示的全流程物料平衡框图。

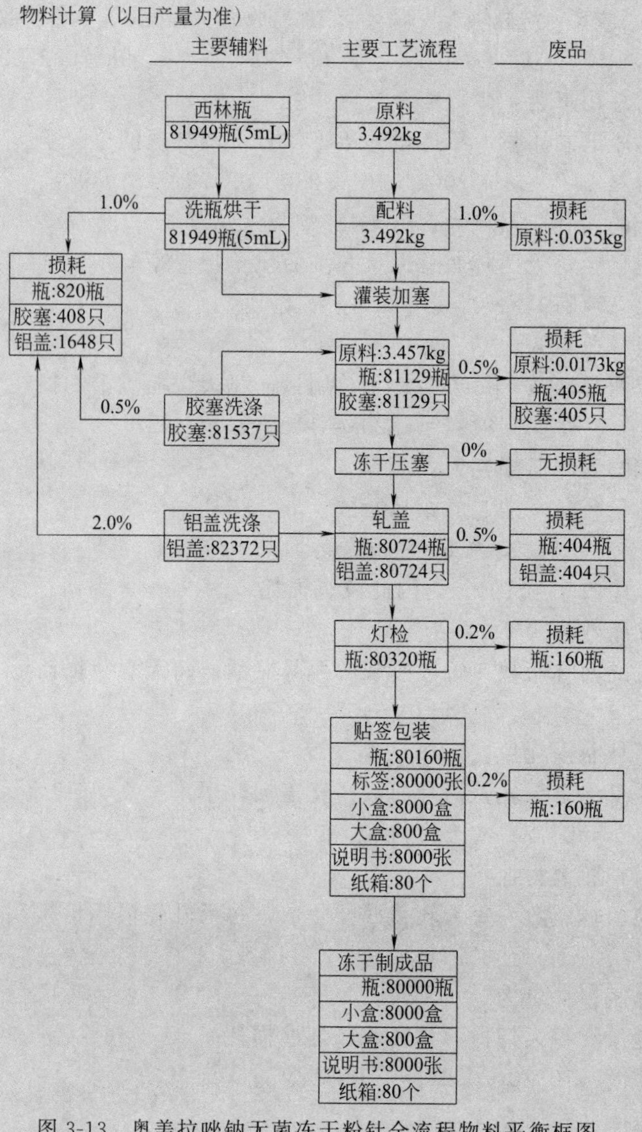

图 3-13　奥美拉唑钠无菌冻干粉针全流程物料平衡框图

第三节　化学反应过程的物料衡算

在反应器中进行的化学反应多种多样。无论反应器中进行的是何种类型化学反应，都可通过化学平衡常数或转化率，用组分平衡和元素平衡列出物料平衡关联式进行物料衡算。

一、简单化学反应过程的物料衡算

简单化学反应过程的物料衡算，可直接通过化学计量系数进行。

【例 3-8】 年产 700t 非那西丁烃化工段的物料衡算。设计基本条件为：工作日 300 天/年；总收率 83.93%，其中烃化工段收率 93%，还原工段收率 95%，酰化工段精制收率 95%；设产品纯度为 99.5%。已知生产原始投料量如下：

物料	对硝基氯苯	乙醇	碱液	催化剂
投料量/kg	2000	514.46	4653	344.68
含量	95%	95%	46%	39.5%

解 日产纯品量 $=\dfrac{700\times 10^3}{300}\times 99.5\%=2321.67\text{kg}$

非那西丁相对分子质量为 179.22。

每天所需纯对硝基氯苯投料量 $=\dfrac{2321.67\times 157.56}{179.22\times 93\%\times 95\%\times 95\%}=2431.81$

（对硝基氯苯）$+NaOH+C_2H_5OH\xrightarrow{催化剂}$（对硝基苯乙醚）$+H_2O+NaCl$

相对分子质量：157.56　40.00　46.07　167.17　18.02

(1) 进料量

95% 对硝基氯苯的量为：2431.81÷95%=2559.80kg

其中杂质为：2559.80−2431.81=127.99kg

95%乙醇量为：2559.80/2000×514.56=658.59kg

其中纯品量为：658.59×95%=625.66kg

杂质量为：658.59−625.66=32.93kg

46%碱液量为：2559.80×4653/2000=5955.37kg

纯品量为：5955.37×46%=2739.47kg

水量为：5955.37−2739.47=3215.90kg

39.5%催化剂量为：2559.80×344.68/2000=441.16kg

纯催化剂量为：441.16×39.5%=174.26kg

纯乙醇量为：441.16×56.95%=251.3kg

杂质量为：441.16−174.26−251.24=15.66kg

(2) 出料量　设转化率为 99.3%。

反应用对硝基氯苯量为：2431.81×99.3%=2414.79kg

剩余量为：2431.81−2414.79=17.02kg

用去 NaOH 量为：$\dfrac{2431.81\times 99.3\%}{157.56}\times 40.00=613.08\text{kg}$

剩余 NaOH 量为：2739.47−613.08=2126.39kg

用去乙醇量为：$\dfrac{2431.81\times 99.3\%}{157.56}\times 46.07=706.08\text{kg}$

进料中乙醇量为：625.66+251.3=876.96kg

剩余乙醇量为：876.96−706.08=170.88kg

生成的水量为：$\dfrac{2431.81\times 99.3\%}{157.56}\times 18.02=276.18\text{kg}$

总水量为：276.18＋3215.90＝3492.08kg

生成的 NaCl 量为：$\dfrac{2431.81\times 99.3\%}{157.56}\times 58.44=895.66\text{kg}$

生成的对硝基苯乙醚量为：$\dfrac{2431.81\times 99.3\%}{157.56}\times 167.17=2562.07\text{kg}$

杂质总量为：15.6＋32.93＋127.99＝176.52kg

进出物料衡算数据汇总见表 3-8。

表 3-8　进出物料平衡表

进料			出料		
物料名称	物料质量/kg	物料含量/%	物料名称	物料质量/kg	物料含量/%
对硝基氯苯	2431.81	25.29	对硝基氯苯	17.02	0.18
乙醇	876.96	9.12	乙醇	170.88	1.78
氢氧化钠	2739.47	28.49	氢氧化钠	2126.39	22.12
催化剂	174.26	1.81	催化剂	174.26	1.81
水	3215.90	33.45	水	3492.08	36.31
杂质	176.52	1.84	氯化钠	895.66	9.32
			对硝基苯乙醚	2562.07	26.64
			杂质	176.52	1.84
总计	9614.92	100	总计	9614.88	100

二、复杂化学反应过程的物料衡算

反应器中进行的化学反应常常很复杂，其中有可逆反应、平行反应、串联反应等。对于复杂反应的物料衡算，除建立元素平衡方程式外，还需用反应平衡关系来确定各组分的平衡组成。

【例 3-9】 拟用 60%发烟硫酸磺化硝基苯生产间硝基苯磺酸。已知生产任务为每天投料 1t 硝基苯，试进行物料衡算。已知收率 90%，硝基苯转化率 100%。设过程中除主要反应外，还有 5-硝基-1,3-苯二磺酸生成，反应损失不计。硝基苯纯度 98%。查得硝基苯磺化时的废酸浓度（Π 值）为 82，物料密度 $\rho=1173\text{kg/m}^3$，60%发烟硫酸 $\rho=2020\text{kg/m}^3$。

解　每天投入硝基苯量＝1000/123＝8.13kmol

$C_6H_5NO_2 + SO_3 \longrightarrow$ 3-$NO_2C_6H_4SO_3H$　　(1)

相对分子质量　123　80　203

投料量　7.317　x_1　x_2

$C_6H_5NO_2 + 2SO_3 \longrightarrow$ 5-$NO_2C_6H_3(SO_3H)_2$　　(2)

相对分子质量　123　2×80　283

投料量　0.813　y_1　y_2

其中 7.317kmol 按反应（1）进行，0.813kmol 按反应（2）进行。

消耗 SO_3 量 $=x_1+y_1=7.317\times80+0.813\times2\times80=715.44$kg

生成一磺化物量 $=x_2=7.317\times203=1485.35$kg

生成二磺化物量 $=y_2=0.813\times283=230.08$kg

随硝基苯带入的杂质量 $=1000\times2/98=20.4$kg，因此，共投入粗硝基苯量 $=1000+20.4=1020.4$kg，则粗硝基苯的体积 $V=1020.4/1173=0.870\text{m}^3$。

依据公式：

$$M_s=\frac{M_c}{M}\times80n\left(-\frac{100-\Pi}{S-\Pi}\right)$$

式中，M_s 为磺化剂用量，kg；M_c 为被磺化物用量，kg；S 为以 SO_3 含量表示的磺化剂浓度，%；Π 为以 SO_3 含量表示的废酸浓度，%；M 为被磺化物的相对分子质量；n 为引入磺酸基的个数。

可得磺化剂用量：

$$M_s=\frac{M'_c}{M_1}80n'\left(\frac{100-\Pi}{S-\Pi}\right)+\frac{M''_c}{M_2}80n''\left(\frac{100-\Pi}{S-\Pi}\right)$$

$$=7.317\times80\times1\times\frac{100-82}{92.7-82}+0.813\times80\times2\times\frac{100-82}{92.7-82}=1203.5\text{kg}$$

其中 60% 发烟硫酸的 $S=60+40\times80/98=92.7$；M_c' 为一磺化物的量，kg；M_c'' 为二磺化物的量，kg。

投入 SO_3 量 $=1203.5\times0.927=1115.6$kg

投入 H_2O 量 $=1203.5\times(1-0.927)=87.9$kg

磺化剂体积 $V=1203.5/2020=0.596\text{m}^3$

在废酸中剩余 SO_3 量 $=1115.6-715.44=400.16$kg

废酸量 $=1203.5-715.44=488.06$kg

废酸浓度 $=(400.16/488.06)\times100=82$（即 Π 值）

【例 3-10】 根据资料完成 6000t/年味精发酵车间的物料衡算。味精发酵采用淀粉原料，双酶法或水解法制糖，中糖发酵，一次等电点提取的工艺，工艺流程见图 3-14。

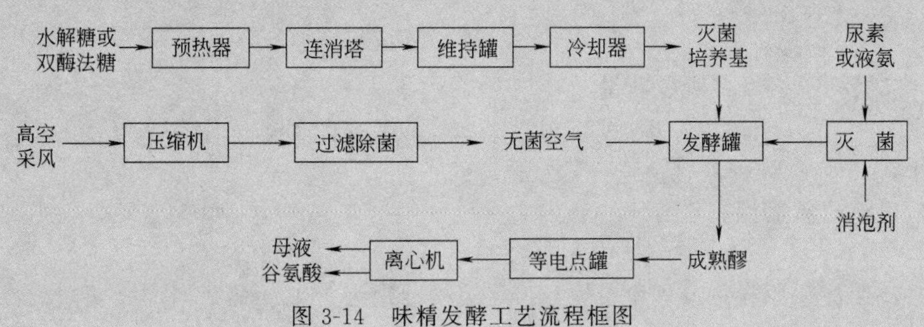

图 3-14　味精发酵工艺流程框图

已知工艺技术指标及基础数据为：

（1）主要技术指标见表 3-9。

（2）主要原材料质量指标　淀粉原料中淀粉含量 80%，含水 14%。

表 3-9 味精发酵主要技术指标

指标名称	单位	指标数	指标名称	单位	指标数
生产规模	t/年	6000(味精)	发酵初糖	kg/m^3	150
生产方法	中糖发酵,一次等电点提取		淀粉转化率	%	95
生产天数	天/年	300	糖酸转化率	%	48
日产量	t/天	20	谷氨酸含量	%	90
倒罐率	%	1	谷氨酸提取率	%	80
发酵周期	h	48	味精对谷氨酸精制收率	%	112

二级种子培养基配方（g/L）：

糖分	25	硫酸镁	0.6	硫酸亚铁	0.002
糖蜜	20	泡敌	0.6	尿素	3.5
玉米浆	5～10	磷酸氢二钾	1.0	硫酸锰	0.002

发酵培养基配方为（g/L）：

糖分	150	磷酸氢二钠	0.2	硫酸亚铁	0.002
植物油	1.5	糖蜜	4	硫酸镁	0.6
氯化钾	0.8	泡敌	0.6	尿素（总尿）	40
硫酸锰	0.002	接种量	2%		

解 以生产 1000kg 纯度 100%味精计，需耗用原辅材料及其他物料量为：

（1）发酵液量

$$V_1=\frac{1000}{150\times0.48\times0.8\times0.99\times1.12}=15.66m^3$$

式中，150 为发酵培养基初糖浓度，kg/m^3；0.48 为糖酸转化率（48%）；0.8 为谷氨酸提取率（80%）；0.99 为除去倒罐率 1%后的发酵成功率（99%）；1.12 为味精对谷氨酸精制收率（112%）。

（2）发酵液配制需糖量（以纯糖计）

$$m_1=150V_1=150\times15.66=2349kg$$

（3）二级种子液量

$$V_2=2\%\times V_1=2\%\times15.66=0.313m^3$$

式中，2%为接种量。

（4）二级种子培养液所需糖量

$$m_2=25V_2=25\times0.313=7.83kg$$

式中，25 为二级种液含糖量，kg/m^3。

（5）生产味精需糖总量

$$m=m_1+m_2=2349+7.83=2356.8kg$$

（6）耗用淀粉原料量 理论上，100kg 淀粉转化为 111kg 葡萄糖，故理论上耗用淀粉量为：

$$m_{淀粉}=\frac{2356.8}{80\%\times95\%\times\frac{111}{100}}=2793.7kg$$

式中，80%为淀粉原料含纯淀粉量；95%为淀粉转化率。

（7）尿素耗用量

二级种子液消耗尿素量：$3.5V_2=3.5\times0.313=1.1\text{kg}$

发酵培养基消耗尿素量：$40V_1=40\times15.66=626.4\text{kg}$

共消耗尿素量：$1.1+626.4=627.5\text{kg}$

（8）糖蜜耗用量

二级种子液消耗糖蜜量：$20V_2=20\times0.313=6.26\text{kg}$

发酵培养基消耗糖蜜量：$4V_1=4\times15.66=62.64\text{kg}$

共消耗糖蜜量：$6.26+62.64=68.9\text{kg}$

（9）氯化钾消耗用量

$$m_{氯化钾}=0.8V_1=0.8\times15.66=12.53\text{kg}$$

（10）磷酸氢二钠消耗用量

$$m_3=0.2V_1=0.2\times15.66=3.13\text{kg}$$

（11）硫酸镁消耗用量

$$m_{硫酸镁}=0.6(V_1+V_2)=0.6\times(15.66+0.313)=9.58\text{kg}$$

（12）泡敌（消泡剂）耗用量

$$m_{泡敌}=0.6V_1=0.6\times15.66=9.4\text{kg}$$

（13）植物油消耗用量

$$m_{植物油}=1.5V_1=1.5\times15.66=23.5\text{kg}$$

（14）谷氨酸（麸酸）量

① 发酵液谷氨酸含量

$$m_1\times0.48\times(1-1\%)=2349\times0.48\times(1-1\%)=1116.2\text{kg}$$

② 实际生产的谷氨酸（提取率 80%）　$1116.2\times0.8=893\text{kg}$

由上述生产 1000kg 味精（100%纯度）的物料衡算，可求得 6000t/年味精发酵车间的物料平衡结果，见表 3-10。

表 3-10　6000t/年味精发酵车间的物料平衡表

物料名称	生产 1t 味精(100%)物料量	6000t/年物料量	每日物料量
发酵液量/m^3	15.66	93960	313.2
二级种子液量/m^3	0.313	1878	6.26
发酵用糖/kg	2349	1.41×10^7	47000
二级种子液用糖/kg	7.83	46980	156.6
糖液总量/kg	2356.8	1.41×10^7	47000
淀粉/kg	2793.7	1.68×10^7	56000
尿素(或液氨)/kg	627.5	3.77×10^6	12566.7
糖蜜/kg	68.9	4.13×10^5	1376.7
氯化钾/kg	12.53	75180	250.6
磷酸氢二钠/kg	3.13	18780	62.6
硫酸镁/kg	9.58	57480	191.6
泡敌/kg	9.4	56400	188
植物油/kg	23.5	1.41×10^5	470
谷氨酸/kg	893	5.36×10^6	17866.7

第四节　连续的物料衡算

制药过程由多个单元设备构成，单元设备由物料流或能量流联系起来。复杂制药过程的物料衡算可分解为单元设备的串联、并联和物流的旁路、循环等几种基本形式。在只有一个或两个循环物流的简单情况，只要计算基准及系统边界选择恰当，计算常可简化。在衡算时，先对总过程、再对循环系统列出方程式衡算求解。

一、串联和并联的物料衡算

单元设备串联有三种情况：分离设备与分离设备的串联，反应器与反应器串联，反应器与分离器串联。串联特点是物流为单向，前置单元设备的出料物流为后续单元设备的进料物流。单元设备串联体系的物料衡算一般采用逐步解法，对每个单元设备进行物料衡算。当不需了解串联各单元的物流变量时，也可将串联单元作为一个体系来衡算。

单元设备的并联常用来扩大制药生产系统的处理能力，其物料衡算同串联一样采用逐步解法。

二、旁路的物料衡算

旁路过程是反应物流从一个单元绕过一个或几个单元（或设备）直接进入另一个单元的过程，见图 3-15。一般以结点（两股或多股物料的交汇点）法作衡算比较方便。

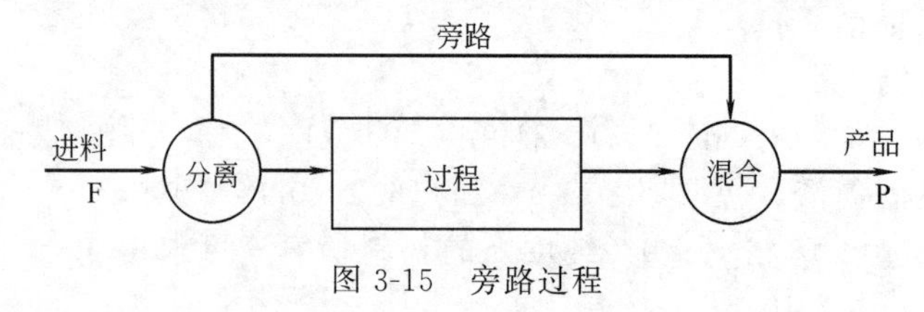

图 3-15　旁路过程

图 3-16 表示三股物流的交点，在工艺流程中如新鲜原料加入到循环系统中、物料的混合、溶液的配制以及精馏塔塔顶回流和取出产品等均属于此情况。用结点法作衡算是一种计算技巧，适用于任何过程。

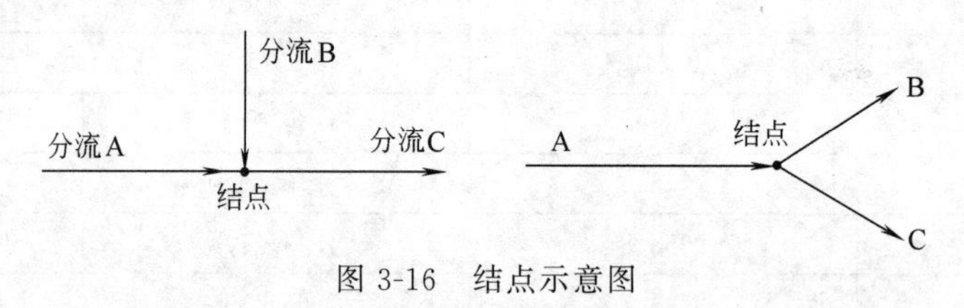

图 3-16　结点示意图

三、循环的物料衡算

由于在反应过程中，反应物转化率低于 100%，为了提高原料利用率，在制药生产中一般将未反应原料与产品先进行分离，然后原料循环套用，与新鲜原料一起再进反应器反应。

当化学反应中反应物没完全反应，而是和产物一起离开反应器；或有些化学反应需要有意识地控制在低转化率下进行的情况，反应器后需要串联一个分离设备。分离未反应完的反应物，并使它返回反应器重新利用，该返回物流称循环物流。还有采用循环物流的情况是：对有贵重或稀缺物质参加的化学反应，常将原料配比其他原料比例大于化学计量系数，则大比例原料的转化率低，需循环使用；对需加入稀释剂的化学反应，稀释剂需要循环使用；对溶液吸收和溶液萃取等分离过程，溶剂回收后循环使用和精馏塔的物流回流。

通常循环物流的组成与新鲜原料不同，因其含有少量的产物和副产物，反应的产物和副产物对反应器的影响使反应体系在经过一个非稳态过渡过程后才能达到稳态操作。循环体系的物料衡算是对稳态操作进行计算。简单循环体系通常包括混合器、反应器和分离器三个子体系。总物料衡算可以提供新鲜原料和产物之间的关系。子体系的物料衡算可以提供循环物流的流量和组成，以提供设备设计所需数据。

循环体系有循环比、混合比、总转化率、单程转化率、总收率和单程收率六个重要参数。循环体系的总转化率大于单程转化率，是因为采用循环物流反应。采用循环物流后需增大反应器，增加分离设备，因此流程也变得更为复杂。

以反应器为核心的分离循环体系可分为三类：循环物料完全不同于产物的理想分离体系；循环物流中既有反应物又有产物的部分分离体系；循环物流与产物物流组成完全相同的完全不分离体系。在一定的循环比下，分离设备将粗产品分离时，完全分离的体系总转化率最高，部分分离次之，完全不分离最低。在实际生产中，完全分离难以实现。通常采用部分分离，并尽可能分离完全。分离设备的投资随分离要求的提高而增加。

在进行循环体系物料衡算时，若已知循环物流的流量和组成，可采用逐步解法。若循环物流的流量和组成为未知时，通常采用以下两种解法。

（一）试差法

估计循环流量，并逐步计算至循环回流处。将估计值与计算值进行比较，并重新假定估计值，一直计算到估计值与计算值之差在允许的误差范围内。但试差法计算工作量大，通常在用计算程序进行物料衡算时采用。

（二）代数解法

当循环物流的流量和组成未知时，列出物料平衡方程式，可采用解联立方程组或携带变量法进行求解。根据不同的工艺过程，循环物流有单循环、双循环、多循环及循环圈相套的工艺过程，见图 3-17。

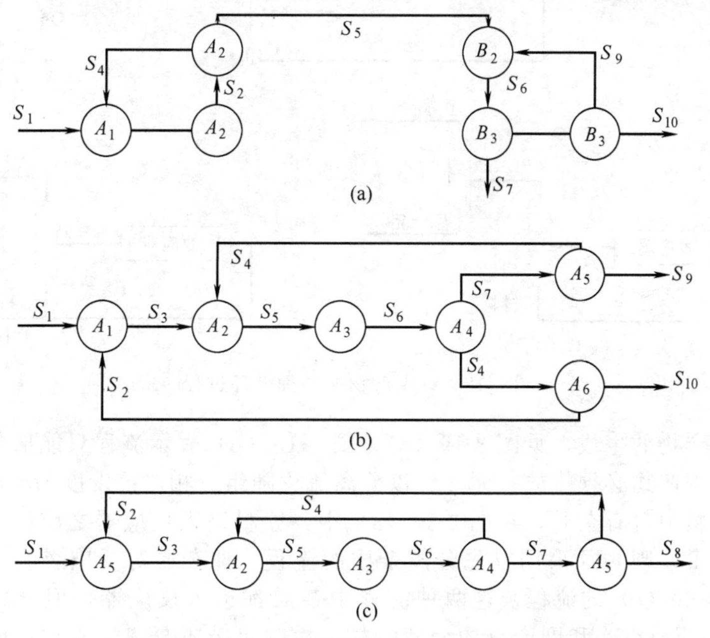

图 3-17　几种复杂循环过程流程示意图

对于这些循环过程进行物料衡算时，要注意下列几点：

(1) 计算应按流程顺序进行，有助于简化。对于循环回路的计算，必须在某一点或一设备前后选取一初值。虽然初值选在任何位置都行，但以选在尽量靠近起始处为宜，这样可以知道进料的全部或部分组成和流量。如图 3-17（a）中，将初值设在 S_4 处，就能满足这一要求。因为 S_1 和 S_4 均已知，就可顺序往下计算。

(2) 首先鉴别循环圈和组，然后有针对性地确定计算方法。若是循环圈，则考虑如何合理假设初值；若可将过程分为若干组，就把这些组分割开来分别计算。如图 3-17（a）可把过程分成 A、B 两组，继而判定 A 组和 B 组内各有一个循环圈。故先从 A 组 S_4 物流处算起，依次进行，待 A 组计算完毕后转入 B 组。S_5 物流起过渡作用，再假定 S_9 初值进行 B 组计算。以此类推，直到解出所求各值。

(3) 按计算时间最少的原则确定在哪个位置假定初值。要本着总变量个数最少、分开物流数最少的原则去假定初值，这样可减少工作量。图 3-17（b）带两个循环圈，在 S_3 物流处设定初值。这时未知量的数目比在 S_4、S_5 两物流处同时设定初值所产生的未知量数目少。

一般反应过程都会有副产物生成，则需要增加一个分离器，见图 3-18（a）。分离出的未反应原料循环返回，将副产物排放处理以维持物料平衡。由于有两个分离器，故分离顺序可以不同，与图 3-18（a）不同的分离顺序见图 3-18（b）。此外，也可采用放空代替两个分离，见图 3-18（c）。放空可节省分离费用，但增加原料损失及废物处理费用，只有当原料或副产品分离费用很高时，才考虑采用放空。采用放空的另一必要条件是原料和副产品从相对挥发度顺序来看是邻近组分（假设采用蒸馏分离）。此外，还要考虑副产物浓度增加给反应带来的影响。如副产物太多会使催化剂中毒，给后续分离操作带来更多的麻烦。

当组分的相对挥发度顺序不同时，可改变分离流程。

对于复杂系统而言，如果副产物的反应为可逆反应，可通过再循环副产物，完全抑制其

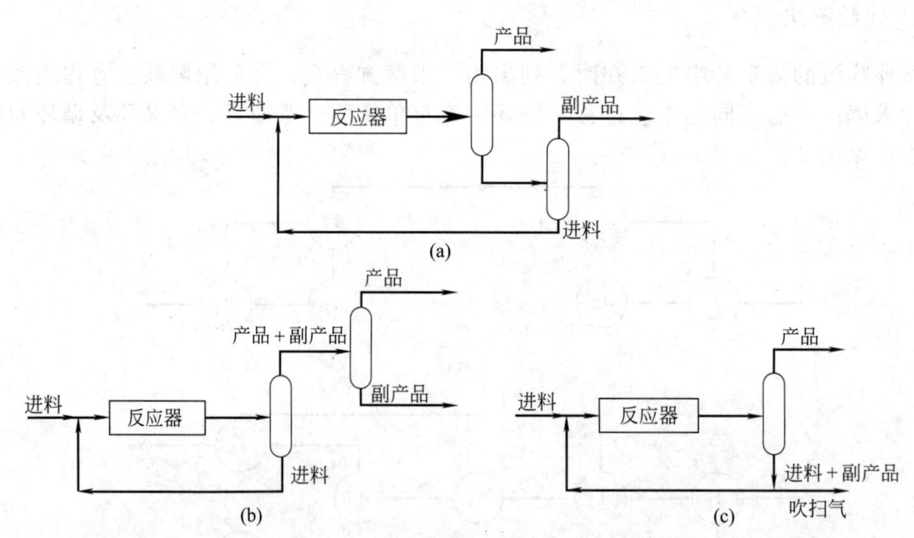

图 3-18　有副产物的各种循环过程

生成，以利于主产物的生成，见图 3-19（a）。图 3-19（b）表示流程只能部分抑制副产物的生成，新生成的副产物必须排放。同样，该分离流程随组分相对挥发度的不同而有所变化。

通常原料进料中含有杂质，在图 3-20（a）中，原料进入反应器之前，如杂质对反应不利或使催化剂中毒，则必须采用首先分离杂质的流程；如杂质对反应影响不大，可采用图 3-20（b）或图 3-20（c）的流程。这两种流程中杂质都进入反应器，但分离顺序不同。图 3-20（d）流程使用放空。和副产物的分离一样，放空可节省分离器费用，但增加原料损失

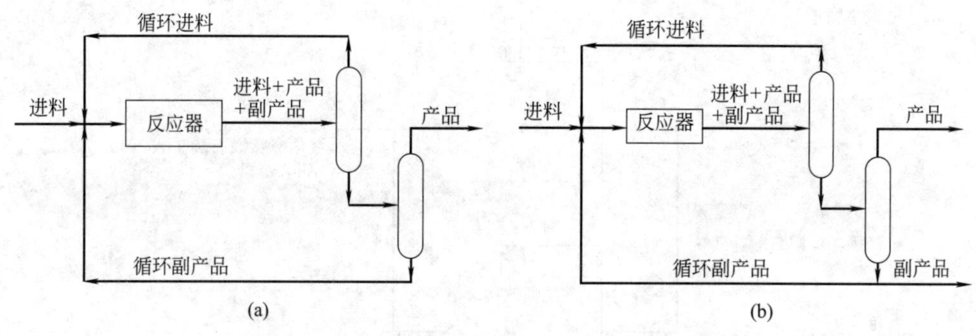

图 3-19 可逆副反应生成副产物时的循环流程

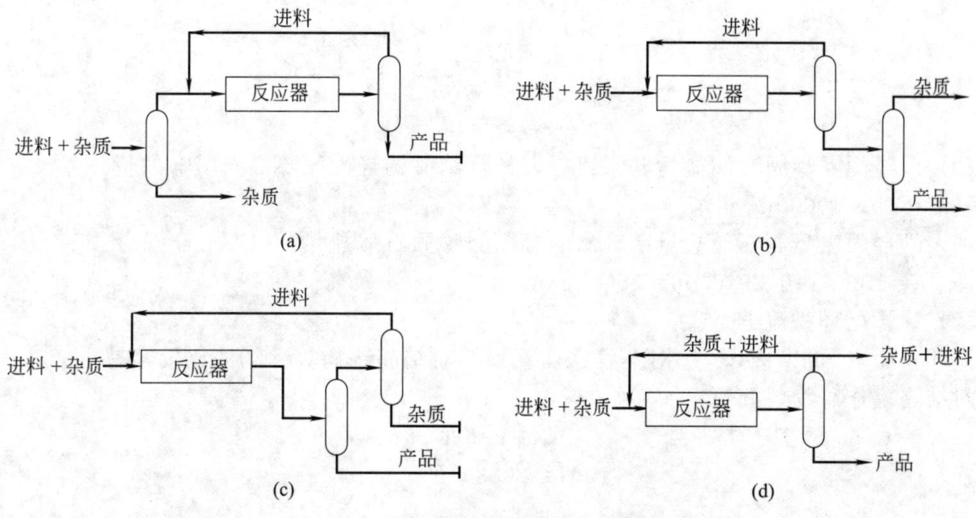

图 3-20 原料中含杂质时的各种循环流程

费用。只有在原料或杂质分离费用很高时，才考虑采用放空。采用放空的另一必要条件是原料和杂质从相对挥发度顺序来看是邻近组分。此外，还要考虑杂质浓度的增加给反应带来的不利影响。

通过对再循环的必要性及影响因素分析，当流程中存在多个循环时应特别引起注意。如两循环组分相对挥发度相近，则没有必要进行分离，因为它们必在流程某处混合。这种不必要的分离和混合是设计者应予以避免的。此外，物料衡算中，结点法的应用是实施过程合成计算的一个十分重要的切入点。

【例 3-11】 浓度为 20%羟丙哌嗪酒石酸盐（A），以每小时 10000kg 的流速进入一高效蒸发器，浓缩至 50%后，放入结晶罐，上层的饱和溶液（37.8℃时，溶解度 0.6kg 羟丙哌嗪酒石酸盐/kg 水）进行循环（见图 3-21），求循环物料流速。

解 按题意有 4 个未知数，即 W、M、A'和 R，而对每一个单元设备均可列出两个组分物料衡算式，因此可得唯一解。

（1）结晶后的母液的质量分数（X_R）

以 1kg 水为基准时，饱和循环物流含 1.6kg 溶液，故组成为：

$$0.6/1.6=0.375\text{kgA/kg 溶液}$$

结晶后的母液的质量分数为 0.375kg A 和 0.625 H_2O。

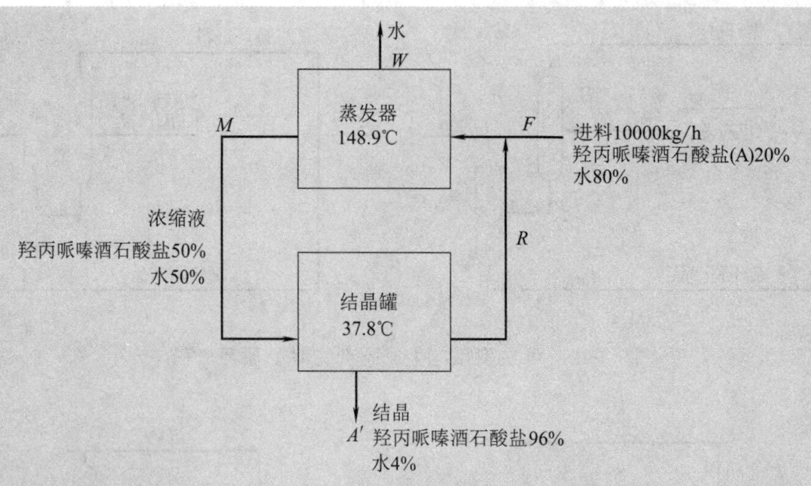

图 3-21　羟丙哌嗪酒石酸盐浓缩-结晶流程

（2）以羟丙哌嗪酒石酸盐为联系组分，计算结晶的羟丙哌嗪酒石酸盐的量

基准：1h，10000kg 料液

加入的羟丙哌嗪酒石酸盐量＝输出的羟丙哌嗪酒石酸盐量

即 $A'=10000\times0.20/0.96=2083\text{kg/h}$

（3）计算循环物流 R

循环物流 R 可以采用：①对蒸发器衡算；②对结晶罐衡算。②法比较容易。

对结晶罐作总物料衡算：

$$M=A'+R$$

$$M=2083+R$$

组分（羟丙哌嗪酒石酸盐）物料衡算：

$$MX_{\text{M}}=A'X_{\text{C}}+RX_{\text{R}}$$

$$0.5M=0.96A'+0.375R=2000+0.375R$$

解上面两个方程式，得：

$$M=9751\text{kg/h}\qquad R=7668\text{kg/h}$$

第五节　制药过程的合成

用一切可能的手段开发并确定以竞争性价格生产所需产品的生产流程的过程，即为过程合成。过程合成现正逐渐发展成为化工制药系统工程中的一个主要领域。

一、过程合成的实质

过程合成就是要选择各项单元操作及其搭配方式，从而创立一个流程结构，以满足总的设计要求，其结构方案与每个组成单元操作的最优化操作条件和总体最优化条件一起，代表了这个设计问题的最优解。

二、过程合成的基本原则和任务

权衡技术与经济、安全、工程等方面的因素，在过程开发实验的基础上，结合专家制药化工生产过程的实际经验，将某个制药化工过程的原料准备、反应合成、产物分离三个阶段的有关单元操作有机地组合在一起，形成一个较优的工艺流程。基本原则为：①重视过程开发实验结果（根本出发点）；②尽量确保工程中运用的工艺技术和设备的成熟性；③考虑工程放大的影响；④组织流程时，考虑流程的可操作性，尽量增大流程（尤其是关键设备）的操作弹性；⑤重视流程的运行安全问题；⑥从经济角度，节省流程的固定投资，减少流程的操作费用；⑦重视副产品回收，同步考虑环保因素。

一般而言，制药化工过程的典型流程见图 3-22。

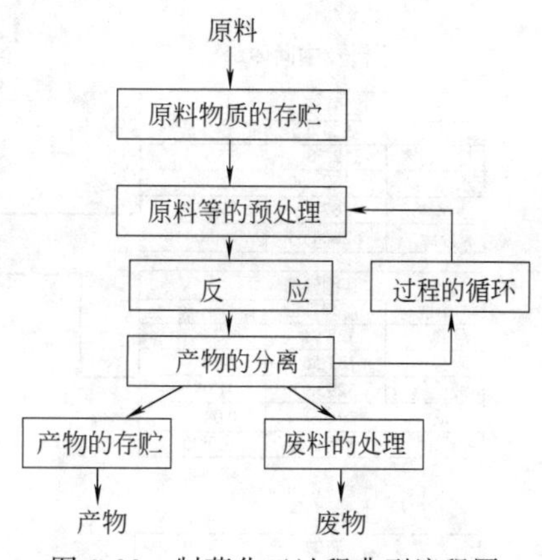

图 3-22　制药化工过程典型流程图

三、过程合成的步骤

一个常规的过程合成大致由下列步骤组成：

(1) 提出设计的要求和规定　实际上是将约束固定下来，从数学上讲，就是明确约束方程，确定边界条件，这样才不致产生无穷多个解。

(2) 建立评价流程方案的方法　要选择合适的技术经济评价函数，这可能是单目标函数，也可能是多目标函数。

(3) 各种可供选择的流程方案的合成　这一步是最具有创造性的步骤，过去往往取决于设计师的经验与智慧，现正发展使用专家系统方法使计算机能够自动地产生可供选择的替代流程，但这是相当复杂的任务。

(4) 分解与分析　将整个大系统设计分解成若干相互关联而易于分析的子系统，然后用相应的数学模型进行模拟与分析，察看这种被选择的流程结构的性能及行为。

(5) 流程评价　根据模拟与分析的结果进行目标函数的计算（或其他评价指标计算），以便进行不同方案的比较。

(6) 最优化　这里有两个层次的最优化：一是对一个既定的流程方案的操作参数达到最优化，因为将来不同流程方案比较时均应以各自的最优性能为基准；另一个是流程结构的优化，即不同替代方案之间的择优。

过程合成研究的几个主要领域包括反应合成路线的合成、分离过程的合成、换热网络的合成、具有热集成装置的分离系统合成、反应器网络的选型、全流程优化的合成和控制系统最佳操作时间配合的合成等。

过程合成的目标是确定系统中单元（操作单元或设备）的最优连接以及所用单元的最优类型的设计和选择。所选单元及其连接代表了这一过程系统的结构。在系统的作用被确定以后，常可用不同类型的操作单元及其设计和多种可能的连接方式来实现。

第六节　物料流程图

工艺流程图完成后，随即开始物料衡算，将物料衡算的结果标注在工艺流程框图中（还可标注在设备工艺流程图上），它就成为能够定量的物料流程图。物料流程图是初步设计的成果，编入初步设计说明书中。图 3-23 为盐酸林可霉素提取工段的物料流程图。

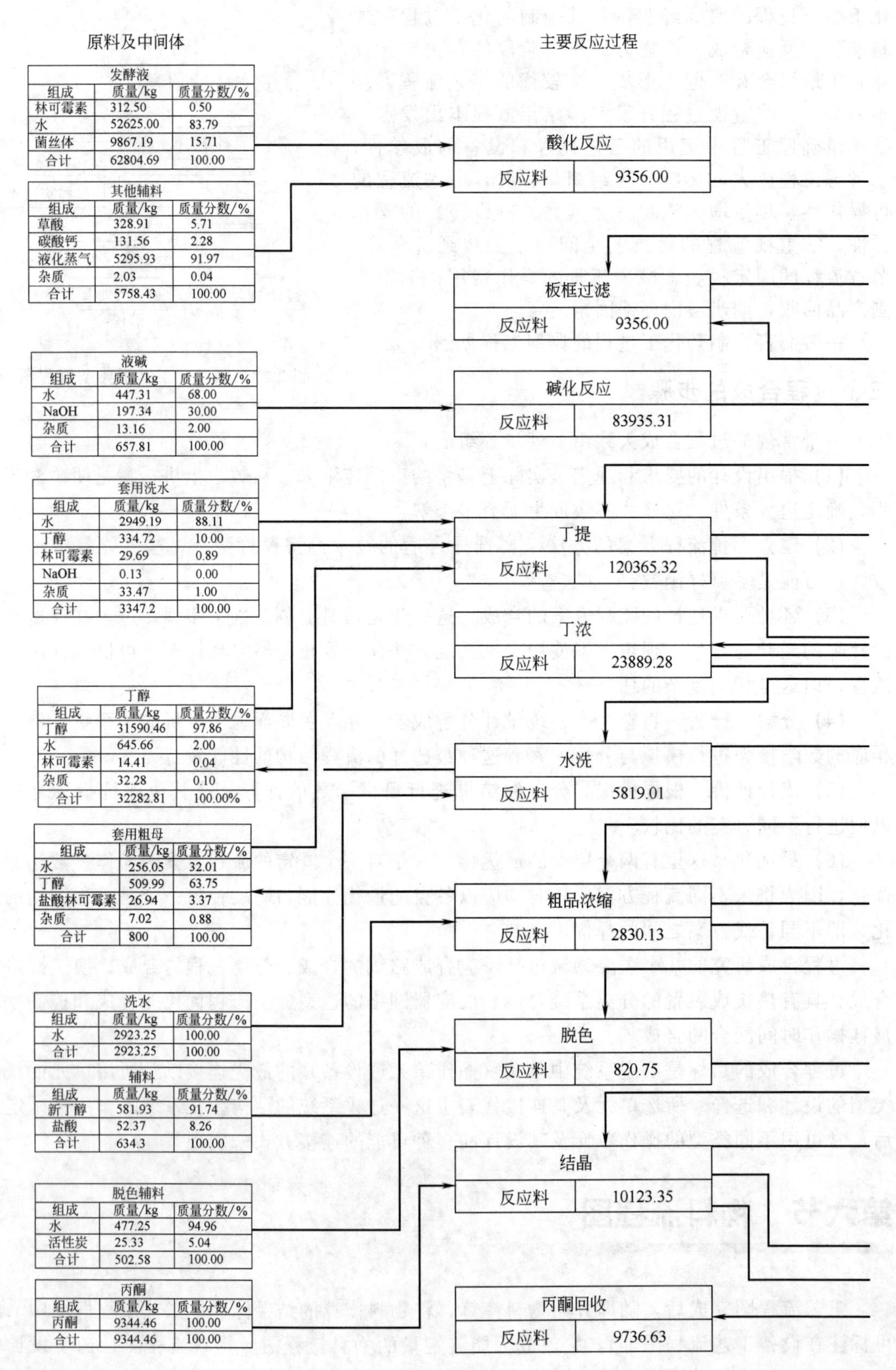

图 3-23 盐酸林可霉素提

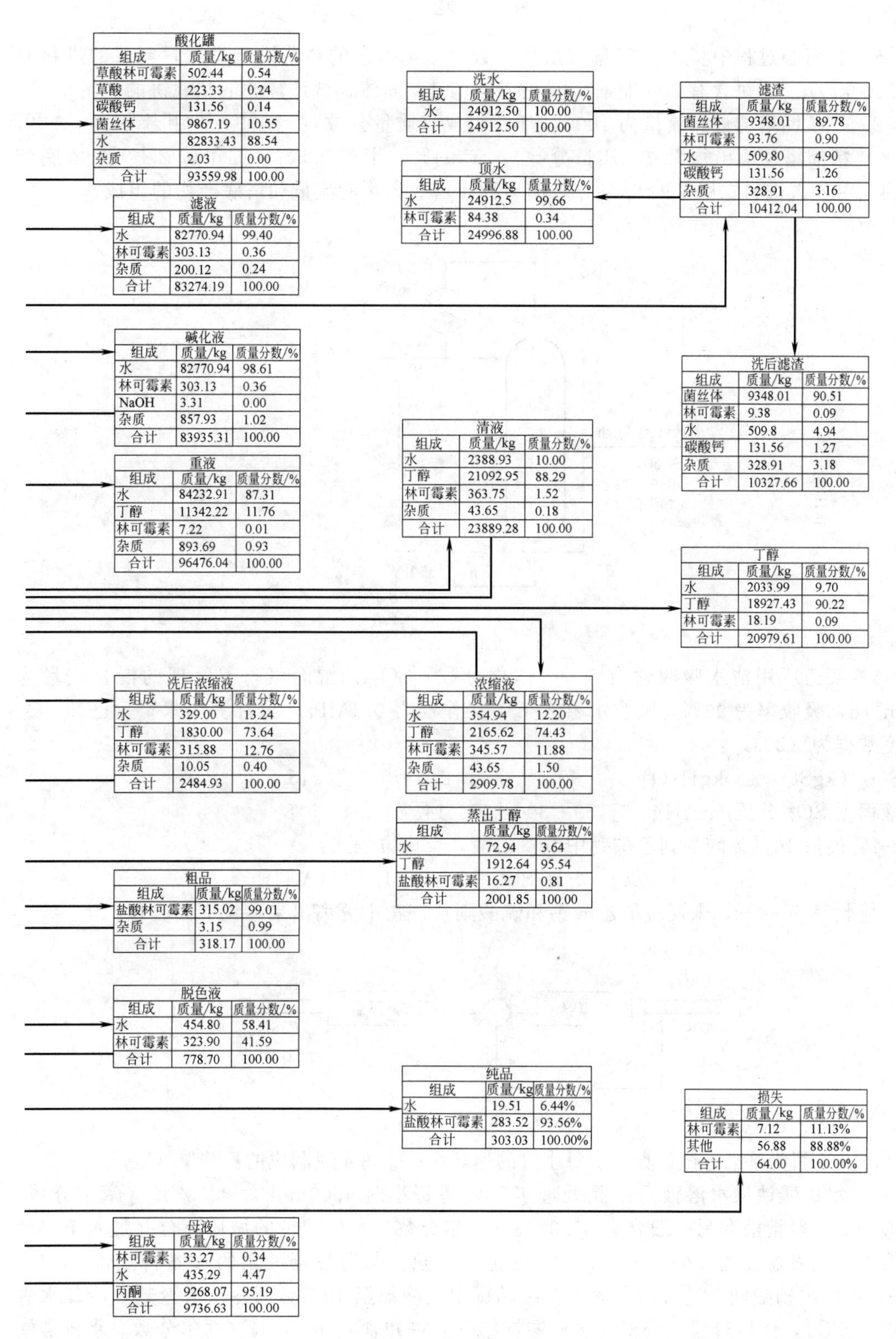

副产品及“三废”

酸化罐		
组成	质量/kg	质量分数/%
草酸林可霉素	502.44	0.54
草酸	223.33	0.24
碳酸钙	131.56	0.14
菌丝体	9867.19	10.55
水	82833.43	88.54
杂质	2.03	0.00
合计	93559.98	100.00

洗水		
组成	质量/kg	质量分数/%
水	24912.50	100.00
合计	24912.50	100.00

滤渣		
组成	质量/kg	质量分数/%
菌丝体	9348.01	89.78
林可霉素	93.76	0.90
水	509.80	4.90
碳酸钙	131.56	1.26
杂质	328.91	3.16
合计	10412.04	100.00

顶水		
组成	质量/kg	质量分数/%
水	24912.5	99.66
林可霉素	84.38	0.34
合计	24996.88	100.00

滤液		
组成	质量/kg	质量分数/%
水	82770.94	99.40
林可霉素	303.13	0.36
杂质	200.12	0.24
合计	83274.19	100.00

碱化液		
组成	质量/kg	质量分数/%
水	82770.94	98.61
林可霉素	303.13	0.36
NaOH	3.31	0.00
杂质	857.93	1.02
合计	83935.31	100.00

洗后滤渣		
组成	质量/kg	质量分数/%
菌丝体	9348.01	90.51
林可霉素	9.38	0.09
水	509.8	4.94
碳酸钙	131.56	1.27
杂质	328.91	3.18
合计	10327.66	100.00

清液		
组成	质量/kg	质量分数/%
水	2388.93	10.00
丁醇	21092.95	88.29
林可霉素	363.75	1.52
杂质	43.65	0.18
合计	23889.28	100.00

重液		
组成	质量/kg	质量分数/%
水	84232.91	87.31
丁醇	11342.22	11.76
林可霉素	7.22	0.01
杂质	893.69	0.93
合计	96476.04	100.00

丁醇		
组成	质量/kg	质量分数/%
水	2033.99	9.70
丁醇	18927.43	90.22
林可霉素	18.19	0.09
合计	20979.61	100.00

洗后浓缩液		
组成	质量/kg	质量分数/%
水	329.00	13.24
丁醇	1830.00	73.64
林可霉素	315.88	12.76
杂质	10.05	0.40
合计	2484.93	100.00

浓缩液		
组成	质量/kg	质量分数/%
水	354.94	12.20
丁醇	2165.62	74.43
林可霉素	345.57	11.88
杂质	43.65	1.50
合计	2909.78	100.00

蒸出丁醇		
组成	质量/kg	质量分数/%
水	72.94	3.64
丁醇	1912.64	95.54
盐酸林可霉素	16.27	0.81
合计	2001.85	100.00

粗品		
组成	质量/kg	质量分数/%
盐酸林可霉素	315.02	99.01
杂质	3.15	0.99
合计	318.17	100.00

脱色液		
组成	质量/kg	质量分数/%
水	454.80	58.41
林可霉素	323.90	41.59
合计	778.70	100.00

纯品		
组成	质量/kg	质量分数/%
水	19.51	6.44%
盐酸林可霉素	283.52	93.56%
合计	303.03	100.00%

损失		
组成	质量/kg	质量分数/%
林可霉素	7.12	11.13%
其他	56.88	88.88%
合计	64.00	100.00%

母液		
组成	质量/kg	质量分数/%
林可霉素	33.27	0.34
水	435.29	4.47
丙酮	9268.07	95.19
合计	9736.63	100.00

取工段物料流程框图

习　题

3-1　在离心过程中将含有25%（质量分数）诺氟沙星的料浆进行过滤，料浆的进料流量为2000kg/h。滤饼含有90%固体，而滤液含有1%固体，试计算滤液和滤饼的流量。

3-2　一精馏塔的进料流量为1000kg/h，组成（质量分数）：苯60%，甲苯25%，二甲苯15%。精馏塔顶馏出物组成（质量分数）：苯94%，甲苯3.5%，二甲苯2.5%。塔底产物中的二甲苯占进料二甲苯的95%。求馏出物、塔底产物的流量和塔底产物的组成。

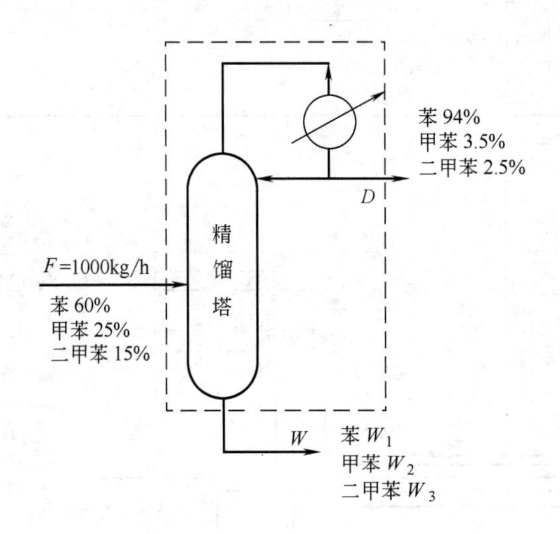

3-3　某药厂用清水吸收含有5%（体积分数）SO_2的混合气，需处理的混合气量为$1000m^3/h$，吸收率为90%，吸收水温20℃，操作压力0.1MPa，试计算用水量。已知SO_2溶解度数据为（20℃）：

$SO_2/(kgSO_2/100kgH_2O)$	1	0.7	0.5	0.3	0.2	0.15
液面上SO_2分压/mmHg	59	39	26	14.7	8.4	5.8

3-4　过量10%硫酸加到乙酸钙中制备乙酸，反应方程式：

$$Ca(Ac)_2+H_2SO_4 \longrightarrow CaSO_4+2HAc$$

反应收率为90%，未反应的乙酸钙和硫酸则从产物中分离出来，见下面流程：

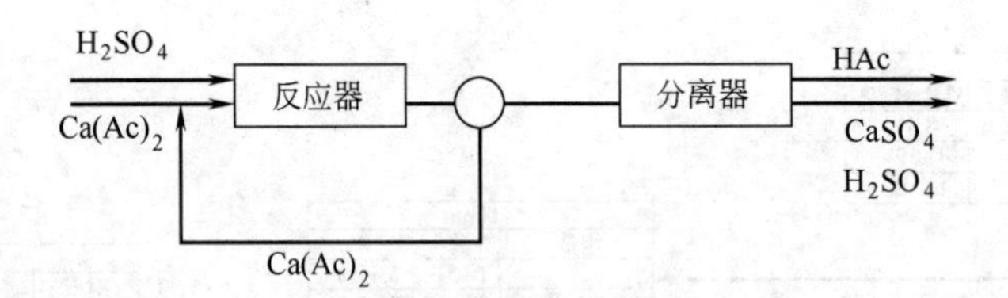

以100kg/h进料为基准，试计算：①每小时的循环量；②每小时制成的乙酸量（kg/h）。

3-5　水杨酸钠从水溶液重结晶处理工艺是将每小时4500mol含33.33%（摩尔分数）水杨酸钠的新鲜溶液和另一股含有36.36%（摩尔分数）水杨酸钠的循环液合并加入至一台蒸发器中，蒸发温度为120℃，用0.3MPa蒸汽加热。从蒸发器放出的浓缩料液含49.4%（摩尔分数）水杨酸钠，进入结晶罐，在结晶罐中被冷却至40℃。用冷却水冷却（冷却水进出口温度5℃），然后过滤，获得含水杨酸钠结晶滤饼和含有36.36%（摩尔分数）水杨酸钠的滤液循环，滤饼中的水杨酸钠占滤饼总物质量的95%。流程见下图：

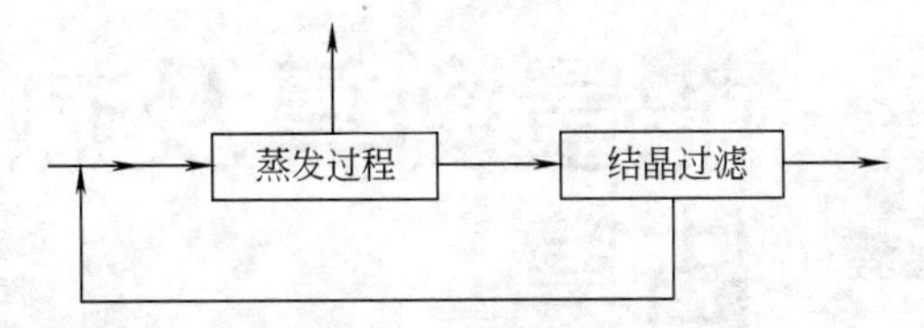

试计算：①蒸发器蒸发出水量；②循环液与新鲜液的物质的量之比；③蒸发器和结晶罐的投料比（物质的量之比）。

3-6 试计算本章第二节中静脉滴注用奥美拉唑钠无菌冻干粉针剂车间铝盖、胶塞的每日消耗量。

第四章 能量衡算及热数据的估算

第一节 概述

制药生产所经过的单元反应和单元操作都必须满足一定的工艺要求，如严格地控制温度、压力等条件。因此，如何有效利用能量的传递和转化规律，以保证适宜的工艺条件，是制药生产中的重要问题。

1. 能量衡算的目的和意义

在过程设计中进行能量衡算，可以决定过程所需要的能量，计算出生产过程能耗指标，以便对工艺设计的多种方案进行比较，选定先进的生产工艺。

能量衡算的数据是设备选择与设计计算的依据。热量衡算是要确定设备的传热面积和换热介质的规格与数量，使设备同时满足物料衡算和热量衡算的要求。当生产设备与传热关系不大时，热量衡算可与设备选型、计算同时进行（如计量罐和储罐等）。

2. 能量衡算的依据及必要条件

能量衡算的主要理论依据是能量守恒定律。在进行能量衡算时，必须具有物料衡算的数据以及所涉及物料的热力学物性数据（如反应热、溶解热、比热容、相变热等）。

3. 能量守恒的基本方程

能量守恒定律的一般方程式为：

$$输出能量=输入能量+生成能量-消耗能量-积累能量 \tag{4-1}$$

能量的形式有多种，如势能、动能、电能、热能、机械能、化学能等，各种形式的能量在一定条件下可以互相转化，但其总能量是守恒的。系统与环境之间是通过物质传递、做功和传热三种方式进行能量传递的。在制药生产中热能是最常用的能量表现形式，所以主要介绍热量衡算。

4. 热量衡算的分类

热量衡算分为单元设备的热量衡算和系统热量衡算。

第二节 热量衡算

一、设备的热量平衡方程式

当内能、动能、势能的变化量可以忽略且无轴功时，根据能量守恒定律可得出热量平衡方程式：

$$Q_1+Q_2+Q_3=Q_4+Q_5+Q_6 \tag{4-2}$$

式中，Q_1 为物料带入到设备的热量，kJ；Q_2 为加热剂或冷却剂传给设备或所处理物料的热量，kJ；Q_3 为过程热效应（放热为正；吸热为负），kJ；Q_4 为物料离开设备所带走的热量，kJ；Q_5 为加热或冷却设备所消耗的热量，kJ；Q_6 为设备向环境散失的热量，kJ。

热量衡算的目的是计算出 Q_2，关键是计算 Q_3，从而确定加热剂或冷却剂的量。为了求 Q_2，必须知道式（4-2）中其他各项。

二、各项热量的计算

（一）Q_1 与 Q_4 的计算

$$Q_1(Q_4)=\sum m\int_{t_0}^{t_2}C_p\,\mathrm{d}t \tag{4-3}$$

$$C_p=f(t)=a+bt+ct^2+\cdots \tag{4-4}$$

式中，m 为输入（或输出）设备的各种物料的质量，kg；C_p 为物料的定压比热容，kJ/(kg·℃)；

当 C_p-t 是直线关系时，式（4-3）可简化为：

$$Q_1(Q_4)=\sum mC_p(t_2-t_0) \tag{4-5}$$

式中，t_0 为基准温度，℃；t_2 为物料的实际温度，℃。

C_p 为 t_0、t_2 之间的平均定压比热容，可以是 t_0 和 t_2 下定压比热容的平均值，也可以是 t_0 和 t_2 平均温度下的定压比热容。

C 的求取：①线图；②表；③经验公式。要注意比热容数据的精确性，即温度的影响。例如 95%乙醇 293K 时 $C=0.63$kJ/(kg·℃)，343K 时 $C=0.81$kJ/(kg·℃)，为 293K 的 1.3 倍，如按 293K 时的 C 算 343K 的 C，热量要少算 30%。

（二）Q_5 的计算

Q_5 的计算与过程无关。对于稳态操作过程，$Q_5=0$；对于非稳态过程，如开车、停车以及间歇操作过程，Q_5 可按式（4-6）计算：

$$Q_5=\sum MC_p(t_2-t_1) \tag{4-6}$$

式中，M 为设备各部件的质量，kg；C_p 为设备各部件材料的定压比热容，kJ/(kg·℃)；t_1 为设备各部件的初始温度，一般取室温，℃；t_2 为设备各部件的最终平均温度，根据具体情况来定，℃。

设换热器壁两侧流体的给热系数分别为 A_h（高温侧）和 A_1（低温侧），传热终了时两侧流体的温度分别为 t_h（高温侧）和 t_1（低温侧），则：

① 当 $A_\mathrm{h}\approx A_1$ 时，$t_2=(t_\mathrm{h}+t_1)/2$

② 当 $A_\mathrm{h}\gg A_1$ 时，$t_2=t_\mathrm{h}$

③ 当 $A_\mathrm{h}\ll A_1$ 时，$t_2=t_1$

（三）Q_6 的计算

$$Q_6=\sum A\alpha_\mathrm{T}(t_\mathrm{w}-t_0)\tau \tag{4-7}$$

式中，Q_6 为设备向环境散失的热量，J；A 为设备散热表面积，m^2；α_T 为设备散热表面与周围介质之间的联合给热系数，W/(m^2·℃)；t_w 为散热表面的温度（有隔热层时为绝热层外表的温度），℃；t_0 为周围介质的温度，℃；τ 为散热持续的时间，s。

设备散热表面与周围介质之间的联合给热系数可用以下经验公式求得：

(1) 当隔热层外空气做自然对流，且 t_w 为 50～350℃时：

$$\alpha_T=8+0.05t_w \tag{4-8}$$

(2) 当空气做强制对流，空气的速度 $u\leqslant 5m/s$ 时：

$$\alpha_T=5.3+3.6u \tag{4-9}$$

(3) 当空气做强制对流，空气的速度 $u>5m/s$ 时：

$$\alpha_T=6.7u^{0.78} \tag{4-10}$$

对于室内操作的锅式反应器，α_T 的数值可近似取为 10 W/(m^2·℃)。

通常，Q_5 与 Q_6 一起估算（医药工业连续操作较少），即热损失：

$$Q_5+Q_6=(5\%\sim10\%)Q_{总}$$

关于 $Q_5+Q_6=(5\%\sim10\%)Q_{总}$ 应用需特别注意：式（4-2）是一个通式。当操作过程是连续过程时，式中 Q_5 在稳态操作时为零，仅在开、停车时需求解，而 Q_6 可直接推导估算。当操作过程是间歇过程时，计算过程将分段进行热量衡算，每段衡算完后（无论是需要冷量还是热量），均附加此段 $Q_{总}$ 的 5%～10%，即为每段 Q_5+Q_6 的量。具体分段算法参见［例 4-8］。

（四）过程热效应 Q_3 的计算

过程热效应包括反应热与状态变化热。

1. 化学反应热的计算

进行化学反应所放出或吸收的热量称为化学反应热。化学反应热作为状态函数服从赫斯定律，它只与起始、终末状态有关，而与过程途径无关。化学反应热的求算方法有：

(1) 标准反应热计算　当反应温度为 298K 及标准大气压时反应热的数值为标准反应热，用 $\Delta H^{\ominus}$ 表示。$\Delta H^{\ominus}$ 可在有关手册中查到，且规定负值表示放热，正值表示吸热，这与热量衡算平衡方程式中规定的符号相反，下述用 $q_r^{\ominus}$ 表示标准反应热，且规定正值表示放热，负值表示吸热，因而 $q_r^{\ominus}=-\Delta H^{\ominus}$。

(2) 用标准生成热求 $q_r^{\ominus}$　标准生成热指反应物和生成物均处于标准状态下（0.1MPa，25℃或某一定温度下），由若干稳定相态单质生成 1mol 某物质时，过程放出的热量（元素单质的生成热假定为零）（单位 kJ/mol）。

$$q_r^{\ominus}=-\sum\sigma_i\Delta H_{fi}^{\ominus}=\sum(q_f)_{产物}-\sum(q_f)_{反应物} \tag{4-11}$$

式中，σ_i 为反应方程式中各物质的化学计量系数，反应物为负，生成物为正；$\Delta H_{fi}^{\ominus}$ 为各物质的标准生成热，kJ/mol。

(3) 用标准燃烧热求 $q_r^{\ominus}$　标准燃烧热指 1mol 处于稳定聚集状态物质处于标准状态下（25℃，0.1MPa）完全燃烧时所放出的热量——燃烧热（单位 kJ/mol）。燃烧的最终产物标准燃烧热为 0。

$$q_r^{\ominus}=\sum\sigma_i\Delta H_{ci}^{\ominus}=\sum(q_c)_{反应物}-\sum(q_c)_{产物} \tag{4-12}$$

式中，σ_i 为反应方程式中各物质的化学计量系数（反应物为负，生成物为正）；$\Delta H_{ci}^{\ominus}$ 为各物质的标准燃烧热，kJ/mol。

(4) 标准生成热与标准燃烧热的换算

$$H_f^{\ominus}+H_c^{\ominus}=\sum nH_{ce}^{\ominus}$$

$$q_f+q_c=\sum(q_c)_{元素} \tag{4-13}$$

式中，$H_{ce}^{\ominus}$ 为元素的标准燃烧热，kJ/mol，常见元素标准燃烧热的数值见表 4-1；n 为化合物中同种元素的原子数；$H_f^{\ominus}$、$H_c^{\ominus}$ 分别为同一化合物的标准生成热和标准燃烧热。

$\sum(q_c)_{元素}$ 易得到，只要知道 q_c 即可求 q_f，或知 q_f 可求 q_c。一般 q_c、q_f 从手册、实

验、经验计算得到。一般 q_c 由实验法进行估算而得到。所以多以下式进行计算：

$$q_f=\sum(q_c)_{元素}-q_c$$

表 4-1 元素的燃烧热

元素燃烧过程	元素燃烧热/(kg/mol)	元素燃烧过程	元素燃烧热/(kg/mol)
$C \to CO_2$(气)	395.15	$Br \to HBr$(溶液)	119.32
$H \to \frac{1}{2}H_2O$(液)	143.15	$I \to I'$(固)	0
$F \to HF$(溶液)	316.52	$N \to \frac{1}{2}N_2$(气)	0
$Cl \to \frac{1}{2}Cl_2$(气)	0	$N \to HNO_3$(溶液)	205.57
$Cl \to HCl$(溶液)	165.80	$S \to SO_2$(气)	290.15
$Br \to \frac{1}{2}Br_2$(液)	0	$S \to H_2SO_4$(溶液)	886.8
$Br \to \frac{1}{2}Br_2$(气)	−15.37	$P \to P_2O_5$(固)	765.8

(5) 不同温度下反应热（q_r^t）的计算

① 反应恒定在 t℃下进行，且反应物和生成物在（25～t)℃范围内无相变时，有关系式：

$$q_r^t=q_r^{\ominus}-(t-25)(\sum n_i C_{pi}) \qquad \text{kJ/mol} \tag{4-14}$$

式中，n_i 为反应方程式中化学计量系数（反应物为负，生成物为正）；t 为反应温度，℃；C_{pi} 为反应物或生成物在（25～t)℃温度范围内的平均比热容，kJ/(mol·℃)。

② 如果反应物或生成物在（25～t)℃范围内有相变化，那么需对式（4-14）进行修正。

2. 生物发酵反应热的计算

$$Q=Q_F V_L \tag{4-15}$$

式中，Q 为发酵罐的热效应，kJ/h；Q_F 为单位体积发酵液所产生的热量，又称为发酵热，kJ/(m^3·h)，其值见表 4-2；V_L 为发酵罐内发酵液的体积，m^3。

表 4-2 各类发酵液的发酵热

序号	发酵液名称	发酵热		序号	发酵液名称	发酵热	
		kJ/(m^3·h)	kcal/(m^3·h)			kJ/(m^3·h)	kcal/(m^3·h)
1	青霉素丝状菌	23000	5500	6	谷氨酸	29300	7000
2	青霉素球状菌	13800	3300	7	赖氨酸	33400	8000
3	链霉素	18800	4500	8	柠檬酸	11700	2800
4	四环素	25100	6000	9	酶制剂	14700～18800	3500～4500
5	红霉素	26300	6300				

3. 物理状态变化热

常见的物理状态变化热有相变热和溶解混合热。

(1) 相变热　在恒定温度和压力下，单位质量（或物质的量）的物质发生相变时的焓变称为相变热，如汽化热、冷凝热、熔化热、升华热等。

许多化合物的相变热数据可从有关手册、参考文献中查得，在使用中要注意单位和符号与式（4-2）所规定的一致性。如查到的数据，其条件不符合要求时，可设计一定的计算途径求出。例如，已知 T_1、p_1 条件下某物质 1mol 的汽化潜热为 ΔH_1，根据盖斯定律，可用图 4-1 所设的途径求出 T_2、p_2 条件下的汽化潜热 ΔH_2。

$$\Delta H_2=\Delta H_1+\Delta H_4-\Delta H_3 \tag{4-16}$$

ΔH_3 是液体的焓变，忽略压力对焓的影响。

$$\Delta H_3=\int_{T_1}^{T_2} C_{p液}\,dT \tag{4-17}$$

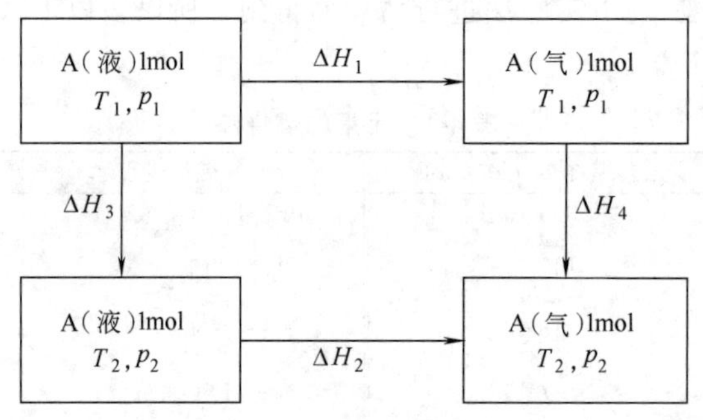

图 4-1 相变热计算示意图

ΔH_4 是温度、压力变化时的气体焓变，如将蒸汽看作理想气体，可忽略压力对焓的影响，则：

$$\Delta H_4=\int_{T_1}^{T_2}C_{p汽}\mathrm{d}T \tag{4-18}$$

所以有：

$$\Delta H_2=\Delta H_1+\int_{T_1}^{T_2}(C_{p汽}-C_{p液})\mathrm{d}T \tag{4-19}$$

(2) 溶解热与混合热　当固体、气体溶于液体，或两种液体混合时，由于分子间的相互作用与它们在纯态时不同，伴随这些过程就会有热量的释放或吸收，这两种过程的过程热分别称为溶解热或混合热。对气体混合物或结构相似的液体混合物（如直链烃混合物），可忽略溶解热或混合热。但另外一些混合或溶解过程（如硫酸、硝酸、氨水溶液的配制、稀释等）则有显著热量变化。某些物质的溶解热、混合热可直接从有关手册或资料中查到，也可根据积分溶解热或积分稀释热求得。

① 积分溶解热　恒温恒压下，将1mol溶质溶解于 n mol溶剂中，该过程所产生的热效应称为积分溶解热。

1mol L(或 S、G)＋溶剂⟶溶液＋q(热效应,放热为正,吸热为负)

式中，L表示液体；S表示固体；G表示气体。

积分溶解热是温度和浓度的函数，不仅可计算把溶质溶于溶剂中形成某一含量溶液时的热效应，还可计算把溶液从某一含量稀释或浓缩到另一含量的热效应。一些物质的积分溶解热在设计手册等资料中查得。表4-3为25℃时 H_2SO_4 水溶液的积分溶解热。

表 4-3　25℃时 H_2SO_4 水溶液的积分溶解热

$n(H_2O)/n(H_2SO_4)$	积分溶解热 ΔH_s/(kJ/mol)	$n(H_2O)/n(H_2SO_4)$	积分溶解热 ΔH_s/(kJ/mol)	$n(H_2O)/n(H_2SO_4)$	积分溶解热 ΔH_s/(kJ/mol)
0.5	15.74	8	64.64	1000	78.63
1.0	28.09	10	67.07	5000	84.49
2	41.95	25	72.53	10000	87.13
3	49.03	50	73.39	100000	93.70
4	54.09	100	74.02	500000	95.38
5	58.07	200	74.99	∞	96.25
6	60.79	500	76.79		

注：表中积分溶解热的符号规定为放热为正，吸热为负。

② 积分稀释热　恒温恒压下，将一定量的溶剂加入到含1mol溶质的溶液中，形成较稀的溶液时所产生的热效应称为积分稀释热。

溶液(c_1,q_1)＋溶剂⟶另一浓度的溶液(c_2,q_2)＋q

根据赫斯定律：

$$稀释热=q_2-q_1$$

③ 无限稀释积分溶解热　当加入溶剂量（一般是水）无限大时，直到无热效应时的值多为定值。因为无限稀释是一基态，$H=0$，而任何一个浓度的溶液为 H_1，因此：

$$无限稀释热=H_1-H=\Delta H$$

【例 4-1】 在 25℃和 1.013×10^5 Pa 下，用水稀释 78%硫酸水溶液以配制 25%硫酸水溶液 1000kg，试计算配制过程中的浓度变化热。

解　设 G_1 为 78%硫酸溶液的用量，G_2 为水的用量，则：

$$G_1\times78\%=1000\times25\%$$

$$G_1+G_2=1000$$

解得：$G_1=320.5\text{kg}$　　$G_2=679.5\text{kg}$

配制前后 H_2SO_4 的物质的量：$n(H_2SO_4)=320.5\times10^3\times0.78\div98=2550.9\text{mol}$

配制前 H_2O 的物质的量：$n(H_2O)=320.5\times10^3\times0.22\div18=3917.2\text{mol}$

则　　$n_1=3917.2\div2550.9=1.54$

由表 4-3 用内插法查得，$\Delta H_{S1}=35.57\text{kJ/mol}$

配制后水的物质的量为：

$$n(H_2O)=(320.5\times0.22+679.5)\times10^3\div18=41667.2\text{mol}$$

则　　$n_2=41667.2\div2550.9=16.3$

由表 4-3 用内插法查得　$\Delta H_{S2}=69.30\text{kJ/mol}$

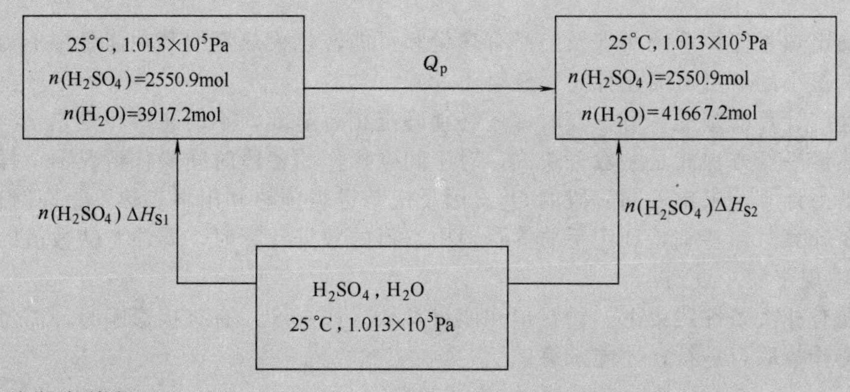

根据盖斯定律得：

$$n(H_2SO_4)\Delta H_{S1}+Q_p=n(H_2SO_4)\Delta H_{S2}$$

$$Q_p=n(H_2SO_4)\Delta H_{S2}-n(H_2SO_4)\Delta H_{S1}=2550.9\times69.30-2550.9\times35.57=8.604\times10^4\text{kJ}$$

三、单元设备热量衡算的步骤

在进行热量衡算时，首先要对单元设备进行热量衡算，通过衡算得出设备的有效热负荷，由热负荷确定加热剂或冷却剂用量、设备的传热面积等。单元设备的热量衡算步骤如下：

(1) 明确衡算对象，划定衡算范围，绘制设备的热平衡图　为了分析和减少衡算错误，先绘制设备的热平衡图，在图上标注进出衡算范围的各种形式热量，并列出热平衡方程。

(2) 搜集有关数据　热量衡算涉及物料量、物料状态和物质的热力学参数，如比热容、相变热、反应热、溶解热、稀释热等。热力学数据可从有关物性参数手册、书刊等资料上查得，也可从工厂实际生产中实测数据取得。如上述途径无法得到有关数据，可以通过热力学数据估算方法求得。关键点是数据的可靠性，以保证计算可靠性。

(3) 选择计算基准　在进行热量计算时，要选择同一计算基准，并使计算简单方便。若基准选择不当，会给计算带来许多不便。计算基准有数量和相态（也称基准态）。数量基准是指从量出发计算热量，可以为单位时间的量或每批的量。一般选择 0℃、液态为计算基准态较简单，对反应过程一般取 25℃为计算基准态。

(4) 计算各种形式热量的值　按热量衡算平衡方程式求出式中各种热量。

(5) 列热量平衡表　热量衡算完毕后，将所得结果汇总成表，并检查热量是否平衡。

(6) 求出加热剂或冷却剂等载能介质的用量

(7) 求出每吨产品的动力消耗定额、每小时最大用量以及每天用量和年消耗量　要结合设备计算及设备操作时间周期的安排进行（在间歇操作中此项工作显得特别重要）。在汇总每个设备的动力消耗量得出车间总耗量时，须考虑一定的损耗（如蒸汽 1.25，水 1.2，压缩空气 1.30，真空 1.30，冷冻盐水 1.20），最后得出能量消耗综合表（如表 4-4）。

表 4-4　能量消耗综合表

序号	名称	规格	每吨产品消耗定额	每小时最大用量	每昼夜(或每小时)消耗量	年消耗量	备注

四、热量衡算应注意的问题

(1) 确定热量衡算系统所涉及的所有热量和可能转化成热量的其他能量，不得遗漏，但对衡算影响很小的项目可简化计算（忽略不计）。

(2) 确定计算的基准。有相变时，还必须确定相态基准，不能忽略相变热。

(3) 热量平衡方程式是一般普遍式，对于间歇操作的各段时间操作情况不一样，应分段进行热量平衡计算，求出不同阶段的 Q_2。因反应与进料预热和出料带热不是同时进行。

(4) 在计算时，特别是利用手册等资料中查得的数据计算时，要注意使数值的正负号与式（4-2）中规定的一致。

(5) 在有相关条件约束下，物料量和能量参数（如温度）有直接影响时，需将物料平衡和热量平衡计算联合进行，才能求解。

五、典型单元设备热负荷的计算

（一）换热器的热量衡算

1. 热负荷的计算

换热器的热负荷又称为传热量，可通过热量衡算求得。在热损失可忽略不计的条件下，若两流体均无相变，热负荷由下式计算：

$$Q=W_{h}C_{ph}(T_1-T_2)=W_{c}C_{pc}(t_2-t_1) \tag{4-20}$$

若热流体有相变，例如饱和蒸汽冷凝且冷凝液在饱和温度下流出时，则：

$$Q=W_{h}r=W_{c}C_{pc}(t_2-t_1) \tag{4-21}$$

若冷凝液低于饱和温度下流出换热器时，则：

$$Q=W_h[r+C_{ph}(T_s-T_2)]=W_cC_{pc}(t_2-t_1) \tag{4-22}$$

式中，Q 为热负荷，W；W_h、W_c 为热、冷流体的质量流量，kg/s；C_{ph}，C_{pc}为热、冷流体的定压比热容，kJ/(kg·℃)；T_1、T_2 为热流体的进、出口温度，℃；t_1、t_2 为冷流体的进、出口温度,℃；T_s 为冷凝液的饱和温度，℃；r 为饱和蒸汽的冷凝潜热，kJ/kg。

在换热器的设计计算中，冷、热流体的物性数据，如比热容 C_p、密度 ρ、动力黏度 μ 及热导率 λ 等的查取，依流体的定性温度 t_m 进行。

对于黏度较小的流体定性温度 t_m （$\mu<2\mu_{水}$）：

$$t_m=\frac{t_1+t_2}{2}\left(或\ t_m=\frac{T_1+T_2}{2}\right) \tag{4-23}$$

对于黏度较大的流体定性温度 t_m （$\mu\geqslant 2\mu_{水}$）：

$$t_m=0.4t_h+0.6t_l \tag{4-24}$$

式中，t_h 为流体进、出口温度中较高的温度，℃；t_l为流体进、出口温度中较低的温度，℃。

当换热器壳体保温后仍与环境温度相差较大时，则热损失不可忽略，在计算热负荷时，还应计入热损失量，以保证换热器设计的可靠性，使之满足生产要求。

2. 加热剂或冷却剂用量的计算

换热器加热剂或冷却剂的用量取决于工艺流体所需的热量及加热剂或冷却剂的进出口温度，此外还和设备的热损失有关。若忽略设备的热损失，加热剂的耗用量为：

$$G_h=\frac{Q}{C_{ph}\Delta T}=\frac{Q}{r} \tag{4-25}$$

式中，Q 为热负荷，W；G_h 为加热剂的质量流量，kg/s；ΔT 为加热剂的进出口温度变化，℃；C_{ph}为加热剂的定压比热容，kJ/(kg·K)；r 为加热剂的冷凝潜热，kJ/kg。

或冷却剂的耗用量为：

$$G_c=\frac{Q}{C_{pc}\Delta t} \tag{4-26}$$

式中，G_c 为冷却剂的质量流量，kg/s；Δt 为冷却剂的进出口温度变化，℃；C_{pc}为冷却剂的定压比热容，kJ/(kg·K)。

换热设备热损失的简略计算可取换热器热负荷的 3%～5%。

3. 有效平均温差的计算

在设备选择与计算中，有传热面积的校核，根据 Q_2 求传热面积时，需要知道有效平均温差。

(1) 列管式换热器的有效平均温差的计算

① 两换热介质逆流流向时，有效平均温差的计算：

$$\Delta t_m=\frac{(T_1-t_2)-(T_2-t_1)}{\ln\frac{(T_1-t_2)}{(T_2-t_1)}} \tag{4-27}$$

式中，Δt_m 为有效平均温差；T_1、t_1 分别为两换热介质的入口温度；T_2、t_2 分别为两换热介质的出口温度。

② 两换热介质并流流向时，有效平均温差的计算：

$$\Delta t_m=\frac{(T_1-t_1)-(T_2-t_2)}{\ln\frac{(T_1-t_1)}{(T_2-t_2)}} \tag{4-28}$$

③ 其他流向，有效平均温差的计算：

$$\Delta t_m = \phi \frac{(T_1 - t_1) - (T_2 - t_2)}{\ln \dfrac{(T_1 - t_1)}{(T_2 - t_2)}} \tag{4-29}$$

式中，ϕ 为校正系数，如校正系数<1，应尽量控制在 0.8 以上。

(2) 间歇式反应锅有效平均温差的计算

① 间歇冷却过程有效平均温差的计算　图 4-2 中，冷却剂进口温度始终不变为 t_1，经过热交换后出口温度由 t_1' 升温到 t_2；锅中流体的温度则由 T_1 降至 T_2。可见，这个过程的有效平均温差在不断变化，因而不能用起始或终止状态的有效平均温差来代替整个过程的有效平均温差。可采用下列经验公式求出：

$$\Delta t_m = \frac{T_1 - T_2}{\ln \dfrac{(T_1 - t_1)}{(T_2 - t_1)}} \times \frac{A-1}{A \ln A} \tag{4-30}$$

$$A = \frac{T_1 - t_1}{T_1 - t_1'} = \frac{T_2 - t_1}{T_2 - t_2} \tag{4-31}$$

冷却剂的平均最终温度：

$$t_{平均} = t_1 + \Delta t_m \ln A \tag{4-32}$$

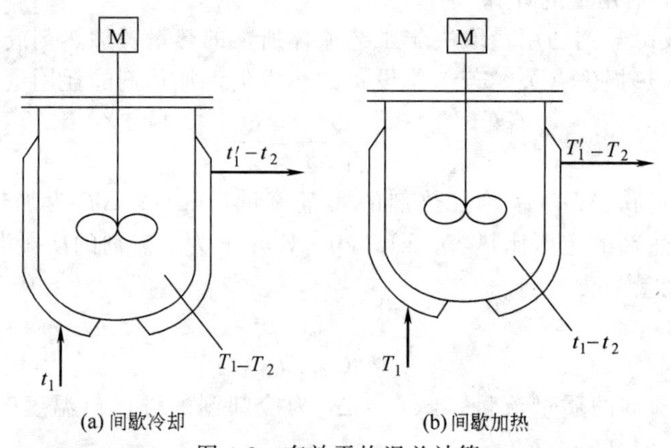

图 4-2　有效平均温差计算

② 间歇加热过程的有效平均温差的计算　图 4-2 中，加热剂进口温度始终不变为 T_1，经过热交换后出口温度由 T_1' 降温到 T_2；锅中流体的温度则由 t_1 升至 t_2。可见这个过程的有效平均温差在不断变化，因而不能用起始或终止状态的有效平均温差来代替整个过程的有效平均温差。可采用下列经验公式求出：

$$\Delta t_m = \frac{t_2 - t_1}{\ln \dfrac{(T_1 - t_1)}{(T_1 - t_2)}} \times \frac{A-1}{A \ln A} \tag{4-33}$$

$$A = \frac{T_1 - t_1}{T_2' - t_1} = \frac{T_1 - t_2}{T_2 - t_2} \tag{4-34}$$

加热剂的平均最终温度：

$$t_{平均} = T_1 - \Delta t_m \ln A \tag{4-35}$$

如果是蒸汽加热，热源主要是蒸汽冷凝成水放出的潜热，故可简化为夹套进出温度一样，则用下列公式：

$$\Delta t_m = \frac{(T_1 - t_1) - (T_1 - t_2)}{\ln \dfrac{(T_1 - t_1)}{(T_1 - t_2)}} \tag{4-36}$$

式中，T_1 为蒸汽的温度；t_1、t_2 分别为间歇加热锅中流体的起始和终了温度。

4. 估算传热面积

在估算传热面积时，可根据所处理流体介质的性质，凭经验或参考表 4-5 换热器总传热系数的大致范围，预先假设一 $K_{0(估)}$ 值，利用总传热速率方程式进行计算：

$$S_0'=\frac{Q}{K_{0(估)}\Delta t_m} \tag{4-37}$$

式中，S_0' 为估算的传热面积，m^2；$K_{0(估)}$ 为假设的总传热系数，$W/(m^2 \cdot K)$；Δt_m 为平均传热温度差，℃。

估算的传热面积在进行实际选型后，还需校核验证。

表 4-5　总传热系数 K 值的大致范围

管内(管程)	管间(壳程)	传热系数 K	
		$W/(m^2 \cdot K)$	$kcal/(m \cdot h \cdot ℃)$
水(0.9～1.5m/s)	净水(0.3～0.6m/s)	582～698	500～600
水	水(流速较高时)	814～1163	700～1000
冷水	轻有机物 $\mu<0.5\times10^{-3}Pa \cdot s$	467～814	350～700
冷水	中有机物 $\mu=(0.5\sim1)\times10^{-3}Pa \cdot s$	290～698	250～600
冷水	重有机物 $\mu>1\times10^{-3}Pa \cdot s$	116～467	100～350
盐水	轻有机物 $\mu<0.5\times10^{-3}Pa \cdot s$	233～582	200～500
有机溶剂	有机溶剂 0.3～0.55m/s	198～233	170～200
轻有机物 $\mu<0.5\times10^{-3}Pa \cdot s$	轻有机物 $\mu<0.5\times10^{-3}Pa \cdot s$	233～465	200～400
中有机物 $\mu=(0.5\sim1)\times10^{-3}Pa \cdot s$	中有机物 $\mu=(0.5\sim1)\times10^{-3}Pa \cdot s$	116～349	100～300
重有机物 $\mu>1\times10^{-3}Pa \cdot s$	重有机物 $\mu>1\times10^{-3}Pa \cdot s$	58～233	50～200
水(1m/s)	水蒸气(有压力)冷凝	2326～4652	2000～4000
水	水蒸气(常压或负压)冷凝	1745～3489	1500～3000
水溶液 $\mu<2.0\times10^{-3}Pa \cdot s$	水蒸气冷凝	1163～4071	1000～3500
水溶液 $\mu>2.0\times10^{-3}Pa \cdot s$	水蒸气冷凝	582～2908	500～2500
有机物 $\mu<0.5\times10^{-3}Pa \cdot s$	水蒸气冷凝	582～1193	500～1000
有机物 $\mu=(0.5\sim1)\times10^{-3}Pa \cdot s$	水蒸气冷凝	291～582	250～500
有机物 $\mu>1\times10^{-3}Pa \cdot s$	水蒸气冷凝	116～349	100～300
水	有机物蒸气及水蒸气冷凝	582～1163	500～1000
水	重有机物蒸气(常压)冷凝	116～349	100～300
水	重有机物蒸气(负压)冷凝	58～174	50～150
水	饱和有机溶剂蒸气(常压)冷凝	582～1163	500～1000
水	含饱和水蒸气和氯气(20～50℃)	174～349	150～300 水蒸气含量越低 K 越小
水	SO_2(冷凝)	814～1163	700～1000
水	NH_3(冷凝)	698～930	600～800
水	氟利昂(冷凝)	756	650

注：$kcal/(m \cdot h \cdot ℃)$ 为非法定单位，$1kcal/(m \cdot h \cdot ℃)=1.164W/(m^2 \cdot K)$。

(二) 喷雾干燥塔的热量衡算

通过热量衡算可确定干燥过程的耗热量及各项热量的分配，从而计算所需加热介质量，校验干燥塔出口条件是否符合要求，并加以调整。热量衡算为预热器的设计或选用以及干燥塔的设计提供重要的依据。

1. 预热器的热负荷及加热介质消耗量

图 4-3 中，对预热器进行热量衡算，可得到加热空气所需热量，即预热器的热负荷为：

$$Q_P=L(I_1-I_0) \tag{4-38}$$

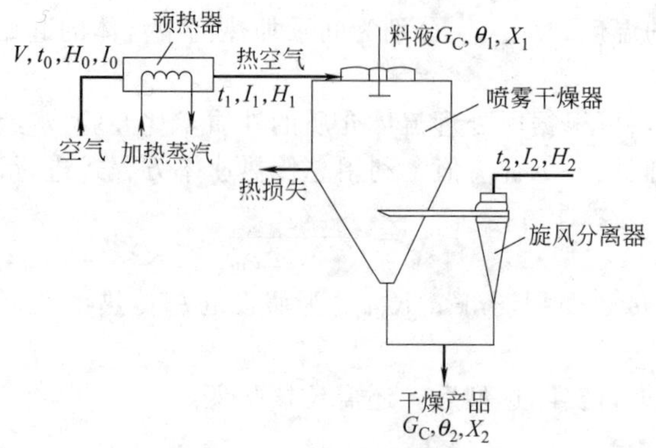

图 4-3 喷雾干燥流程简图

式中，Q_P 为加热空气所需热量，kJ/h；L 为绝干空气流量，kg 绝干气/h；I_0、I_1 分别为进、出预热器空气的热焓，kJ/kg 干空气。

空气热焓可由下式求出：

$$I=(1.01+1.88H)t+2490H \tag{4-39}$$

式中，H 为温度 t 时空气的湿含量，kg 水/kg 干空气；t 为空气温度，℃。

若干燥介质采用饱和蒸汽，那么加热蒸汽消耗量为：

$$D=\frac{Q_P}{r} \tag{4-40}$$

式中，D 为加热蒸汽耗用量，kg/h；r 为蒸汽压力下水的汽化热，kJ/kg。

2. 干燥塔的热量衡算

如图 4-3 对于干燥塔作热量衡算可写出：

$$LI_1+G_CI_1'+Q_D=LI_2+G_CI_2'+Q_L \tag{4-41}$$

或写成：

$$Q_D=L(I_2-I_1)+G_C(I_2'-I_1')+Q_L \tag{4-42}$$

式中，Q_D 为向干燥器补充的热量，kJ/h；I_1'、I_2'分别为湿物料进入和离开干燥塔时的热焓，kJ/kg；Q_L 为干燥塔的热损失，kJ/h；G_C 为物料进入干燥塔的流量，kg/h。

湿物料的焓 I'包括绝干物料的焓（以 0℃物料为基准）和物料中所含水分的焓（以 0℃液态水为基准）两部分，通常可由下式求出：

$$I'=C_s\theta+XC_w\theta=C_m\theta \tag{4-43}$$

式中，C_s 为绝干物料的比热容，kJ/(kg 绝干料·K)；C_w 为水的比热容，kJ/(kg 水·K)；X 为湿物料的干基含水量，kg 水/kg 绝干料；θ 为物料温度；Q 为物料温度，K；C_m 为湿物料的比热容，kJ/(kg 绝干料·K)，可写成 $C_m=C_s+C_wX$。

在设计中 G_C、θ_1、X_1、X_2 是干燥任务规定的，气体湿度 $H_1=H_0$ 由空气初始状态决定，干燥塔的热损失 Q_L 可按传热有关公式求取，或根据设备规模按预热器热负荷的 5%～10%考虑。干燥终了时的物料温度 θ_2 是干燥后期气固两相及物料内部热、质传递的必然结果，不能任意选择，应在一定条件下由实验测出或按经验判断确定。由于气体进入干燥塔的温度 t_1 可以选定，因此进行干燥过程的物料和热量衡算还需确定出口气体的状态参数。

在干燥过程中，一般均不向干燥器补充热量（即 $Q_D=0$），若以 1kg 水汽化为基准，可将式（4-43）改写为：

$$\frac{I_2-I_1}{H_2-H_1}=-(q_m+q_1-C_w\theta_1) \tag{4-44}$$

$$q_m=\frac{G_CC_{m2}(\theta_2-\theta_1)}{W}$$

$$q_1=\frac{Q_L}{W}$$

式中，q_m 为物料升温所需热量，kJ/kg 水；q_1 为汽化 1kg 水的热损失，kJ/kg 水；W 为干燥过程中物料需要蒸发的水的量，kg。

可见，空气进入干燥器状态（H_1,I_1）和出口状态（H_2,I_2）之间的关系为一条斜率为$-(q_m+q_1-C_w\theta_1)$ 的直线。所以，利用湿空气的 I-H 图，采用图解法可便利地确定出离开干燥器气体的出口状态（H_2,I_2）。其过程见图 4-4。

① 由加热空气进入干燥器状态（H_1,I_1），在 I-H 图中定出状态点 B。

② 任取一湿度 H_e（$H_e>H_1$），由下式求出 I_e：

$$\frac{I_e-I_1}{H_e-H_1}=-(q_m+q_1-C_w\theta_1) \tag{4-45}$$

③ 根据 H_e 与 I_e 值在 I-H 图中定出状态点 E（H_e，I_e），连接 B、E 两点便可画出空气进、出干燥器的状态变化关系曲线。

④ 根据规定的空气离开干燥器的出口温度 t_2 作等温线，可得到与所画直线的交点 C，C 点就是空气出口状态点（H_2,I_2）。

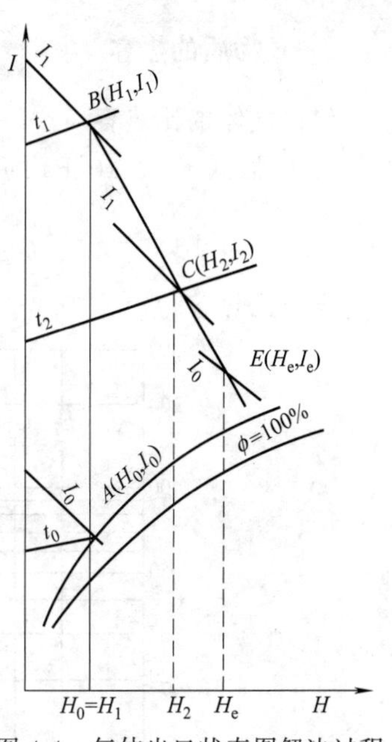

图 4-4 气体出口状态图解法过程

3. 整个干燥系统的热量衡算

对图 4-3 的干燥系统进行热量衡算，可写出：

$$LI_1+Q_P+Q_D+G_CI'_1=LI_2+G_CI'_2+Q_L \tag{4-46}$$

经整理得：

$$Q=Q_P+Q_D=L(I_2-I_1)+G_C(I'_2-I'_1)+Q_L \tag{4-47}$$

式中，Q 为干燥系统消耗的总热量，kJ/h；Q_P 为预热空气所需热量，kJ/h；Q_D 为干燥器补充的热量，kJ/h。

第三节　常用热力学数据的计算

常见元素和化合物的热力学数据可通过有关物化手册查得，但化合物的品种繁多，不可能都能从手册和软件数据库中查到，加之：①新化合物，特别是有机化合物，其物化数据不能用简单的方法测出；②手册中的物化数据，其测定条件与生产或工程应用条件有时不符；③手册中所载的多为元素或单组分的物化数据，而工程实践中遇到的常为多组分的混合物等因素，使确定工程应用条件下多组分混合物的热力学数据成为关键的问题。

为了解决上述问题，人们试图通过计算的方法得出物化数据的近似数值，这些方法是：

① 物化数据相互关联法，由较易计算的物化常数（如相对分子质量）或较易查得的物化性质（如沸点、熔点、临界常数等）推算其他物化数据。

② 用组成化合物的原子物化数据或官能团结构因数加和推测化合物的物化数据。

③ 用已测过的物化数据制成线图，通过内插与外推法得出某些化合物的未知物化数据。

④ 经验公式。

热力学数据估算方法在许多手册和有关资料中都有报道。本节主要介绍常用热力学数据的计算方法。

一、热容

(1) 摩尔热容　每1mol或1kmol物质温度升高1℃所需要的热量，称为摩尔热容，单位kJ/(mol·℃)或kJ/(kmol·℃)。

(2) 比热容　每1kg物质温度升高1℃所需要的热量，称为比热容，单位kJ/(kg·℃)。

(一) 物质的热容

(1) 气体的比热容

① 压强低于5×10^5 Pa的气体或蒸气均可作理想气体处理，其定容比热容：

$$C_V=\frac{4.187(2n+1)}{M} \tag{4-48}$$

定压比热容：

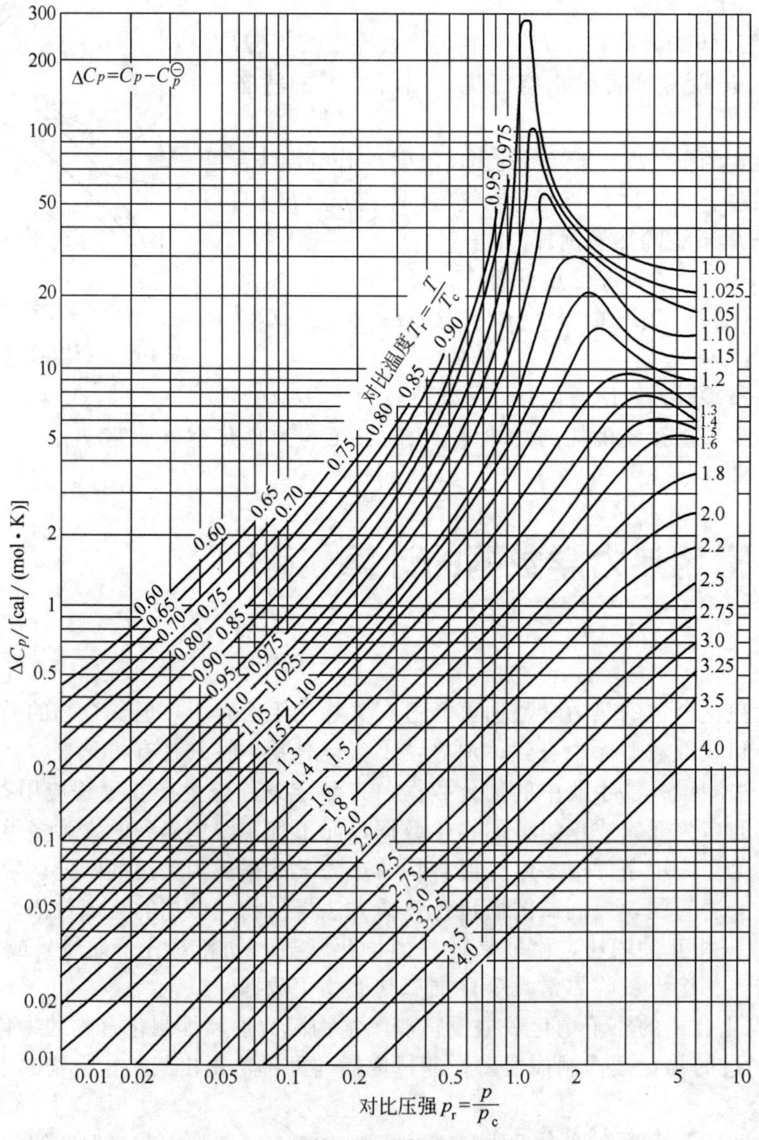

图4-5　气体比热容等温压强校正

1cal＝4.1868J

$$C_p=\frac{4.187(2n+3)}{M} \tag{4-49}$$

式中，n 为化合物分子中原子个数；M 为化合物的摩尔质量，kg/kmol。

② 压强高于 5×10^5Pa 的气体　通过对比压强 p_r 和对比温度 T_r，查图 4-5 得实际气体与理想气体的定压比热容之差 ΔC_p，ΔC_p 与理想气体的定压比热容之和即为实际气体的 C_p。

(2) 固体在常温下的比热容

① 元素的比热容

$$C=\frac{C_i}{A} \tag{4-50}$$

式中，A 为原子摩尔质量；C_i 为 i 元素原子的摩尔热容，kJ/(kmol·℃)（可由表 4-6 查得）。

② 化合物的比热容

$$C_p=\frac{\sum n_i C_i}{M} \tag{4-51}$$

式中，M 为化合物的摩尔质量，kg/kmol；n_i 为分子中 i 元素原子数；C_i 为 i 元素原子的摩尔热容，kJ/(kmol·℃)（可由表 4-6 查得）。

表 4-6　元素原子的摩尔热容　　　单位：kcal/(kmol·℃)

原子	固态的 C_i	液态的 C_i	原子	固态的 C_i	液态的 C_i
C	1.8	2.8	P	5.4	7.4
H	2.3	4.3	S	5.5	7.4
B	2.7	4.7	Cl	6.2	估计在 0～24℃之间为 8.0
Si	3.8	5.8	N	2.6	—
O	4.0	6.0	其他①	6.2	8.0
F	5.0	7.0			

① 指原子量在 40 以上的固体金属元素，液体金属及熔盐见《化工工艺设计手册》。

注：1. 柯普（KOPP）规则是指 1mol 化合物总比热容（C_p）近似地等于化合物里以原子形式存在的元素比热容的总和（20℃左右近似估算固体或者液体比热容）。

2. 1kcal/(kmol·℃)＝4.1868kJ/(kmol·℃)。

(3) 液体的比热容　大部分液体比热容在 1.7～2.5kJ/(kg·℃) 之间，少数液体例外，如液氨与水的比热容较大，在 4kJ/(kg·℃) 左右，而汞和液体金属的比热容很小。液体比热容随温度上升而稍有增大，但压强的影响不大。

① 有机化合物的比热容

$$C_p=\frac{\sum n_i C_i}{M} \tag{4-52}$$

式中，M 为化合物摩尔质量，kg/kmol；n_i 为分子中 i 种基团的个数；C_i 为基团的摩尔热容，J/(mol·℃)（可由表 4-7 查得）。

表 4-7　基团摩尔热容　　　单位：J/(mol·℃)

基团	温度/℃					
	−25	0	25	50	75	100
—H	12.6	13.4	14.7	15.5	16.7	18.8
$—CH_3$	38.52	40.0	41.7	43.5	45.9	48.4
$—CH_2—$	7.2	27.6	28.3	29.1	29.8	31.0
>CH— (—CH with vertical bonds)	20.9	23.9	24.9	25.8	26.6	28.1

续表

基团	温度/℃					
	−25	0	25	50	75	100
$-\overset{\vert}{\underset{\vert}{C}}-$	8.4	8.4	8.4	8.4	8.4	
—C≡C—	46.1	46.1	46.1	46.1		
—O—	28.9	29.3	29.7	30.1	30.6	31.0
—CO—(酮)	41.9	42.7	43.5	44.4	45.2	46.1
—OH—	27.2	33.5	44.0	52.3	61.8	71.2
—COO—(酯)	56.5	57.8	59.0	61.1	63.2	64.9
—COOH	71.2	74.1	78.7	83.7	90.0	94.2
$-NH_2$	58.6	58.6	62.8	67.0		
—NH—	51.1	51.1	51.1			
$-\overset{\vert}{N}-$	8.4	8.4	8.4			
—CN	56.1	56.5	56.9			
$-NO_2$	64.5	64.9	65.7	67.0	68.2	
—NH—NH—	79.6	79.6	79.6			
C_6H_5—(苯基)	108.9	113.0	117.2	123.5	129.8	136.1
$C_{10}H_7$—(萘)	180.0	184.2	188.4	196.8	205.2	213.5
—F	24.3	24.3	25.1	26.0	27.0	28.3
—Cl	28.9	29.3	29.7	30.1	30.8	31.4
—Br	35.2	35.6	36.0	36.4	37.3	38.1
—I	39.4	39.8	40.4	41.0		
—S—	37.3	37.7	38.5	39.4		

有机液体的比热容还可用下式估算：

$$C_{pL}=kM^{\alpha} \tag{4-53}$$

式中，M 为化合物摩尔质量，kg/kmol；k 为常数（醇 3.56，酸 3.81，酮 2.46，酯 2.51，脂肪烃 3.66）；α 为常数（醇－0.1，酸－0.152，酮－0.0135，酯－0.0573，脂肪烃－0.113）。

② 水溶液比热容

$$C=C_s n+(1-n) \tag{4-54}$$

式中，C 为水溶液的比热容，kJ/(kg·℃)；C_s 为固体的比热容，kJ/(kg·℃)；n 为水溶液中固体的质量分率。

(二) 混合物的热容

在实际生产过程中遇到的大多是混合物，极少数混合物有实验测定的热容数据，一般都是根据混合物内各种物质的热容和组成进行估算的。

(1) 理想气体混合物的热容　理想气体分子间没有作用力，因而理想气体混合物热容按分子组成加和规律计算。即：

$$C_p=\sum x_i C_{pi}^{\ominus} \tag{4-55}$$

式中，C_p 为理想气体混合物定压摩尔热容；x_i 为 i 组分的摩尔分数；$C_{pi}^{\ominus}$ 为混合气体中各组分的理想气体定压摩尔热容。

(2) 真实气体混合物的热容　求真实气体混合物热容时，先求该混合气体在同样温度下为理想气体时的热容 $C_p^{\ominus}$，然后根据混合气体的假临界压力 p'_c 和假临界温度 T'_c，在对比压力和对比温度下，在图 4-5 上查出混合气体 $C_p-C_p^{\ominus}$，最后求得 C_p。

【例 4-2】 求100℃时，80%乙烯和20%丙烯混合气体在4.05MPa时的摩尔热容。已知乙烯和丙烯的 $C_p^\ominus$-T 函数式为：

乙烯 $C_p^\ominus[\mathrm{kcal/(kmol \cdot K)}]=2.830+28.601\times10^{-3}T-8.726\times10^{-6}T^2$

丙烯 $C_p^\ominus[\mathrm{kcal/(kmol \cdot K)}]=2.253+45.116\times10^{-3}T-13.740\times10^{-6}T^2$

解 以 $C_{p1}^\ominus$ 和 $C_{p2}^\ominus$ 分别表示100℃时乙烯和丙烯的理想气体定压摩尔热容，则：

$$C_{p1}^\ominus=2.830+28.601\times10^{-3}\times373-8.726\times10^{-6}\times373^2$$
$$=12.3\mathrm{kcal/(kmol \cdot K)}=51.46\mathrm{kJ/(kmol \cdot K)}$$
$$C_{p2}^\ominus=2.253+45.116\times10^{-3}\times373-13.740\times10^{-6}\times373^2$$
$$=17.2\mathrm{kcal/(kmol \cdot K)}=71.96\mathrm{kJ/(kmol \cdot K)}$$
$$C_p^\ominus=0.8\times51.46+0.2\times71.96=55.56\mathrm{kJ/(kmol \cdot K)}$$

查得乙烯的临界压力为5.039MPa，临界温度为282.2K，丙烯的临界压力为4.62MPa，临界温度为365K，则混合物的假临界压力和假临界温度为：

$p'_c=0.8\times5.039+0.2\times4.62=4.955\mathrm{MPa}$，$T'_c=0.8\times282.2+0.2\times365=298.7\mathrm{K}$

100℃时4.05MPa混合气体的 p_r 和 T_r 为

$$p_r=4.05/4.955=0.817,\ T_r=(273+100)/298.7=1.25$$

由图4-5查得该条件下 $(C_p-C_p^\ominus)=2.6\mathrm{kcal/(kmol \cdot K)}=10.88\mathrm{kJ/(kmol \cdot K)}$，而该混合气体100℃下的理想气体定压摩尔热容 $C_p^\ominus=55.56\mathrm{kJ/(kmol \cdot K)}$，因此，100℃时4.05MPa下混合气体的定压摩尔热容为 $C_p=55.56+10.88=66.44\mathrm{kJ/(kmol \cdot K)}$

(3) 液体混合物的热容 液体混合物的热容尚无较理想的计算方法，工程计算多采用与理想气体混合物热容相同的加和公式，即按组成加和估算。此法对分子结构相似的物质混合液体（如对二甲苯和间二甲苯、苯和甲苯的混合液体）还较准确，但对其他液体混合物则有较大的误差。

(4) 发酵谷物的比热容 在制药发酵工艺中，常需要计算黄豆饼粉、花生饼粉、谷物等的比热容，对于这些谷物类原料，可按下列经验公式计算：

$$C_{谷物}=0.01[(100-W)C_0+4.18W] \tag{4-56}$$

式中，W 为含水百分率；C_0 为绝对谷物比热容，1.55kJ/(kg·K)。

二、汽化热

液体汽化所吸收的热量称为汽化热，又称为蒸发潜热。在一些手册中能查到一些物质在常压沸点下或25℃的汽化热，但很少有制药过程非常压操作条件的数据，因此需要根据易于查到的正常沸点或25℃的汽化热求算其他条件下的汽化热。

（一）利用Waston从已知温度的汽化热求另一温度的汽化热

$$\frac{\Delta H_{v2}}{\Delta H_{v1}}=\left[\frac{1-T_{r2}}{1-T_{r1}}\right]^{0.38} \tag{4-57}$$

式中，ΔH_v 为汽化热，kJ/kg或kJ/mol；T_r 为对比温度（实际温度与临界温度之比值）。式（4-57）简单准确，在离临界温度10℃以外，平均误差1.8%，因此被广泛应用。

(二）根据盖斯定律从已知的 T_1、p_1 条件下的汽化数据求 T_2、p_2 条件下的汽化数据

盖斯定律法计算汽化热见图 4-1 和式（4-19）。

(三）液体在沸点下的汽化热

$$\Delta H_{vb}=\frac{T_b}{M}(39.8\lg T_b-0.029T_b) \tag{4-58}$$

式中，ΔH_{vb}为汽化热，kJ/kg；T_b 为液体的沸点，K；M 为液体的相对分子质量。

(四）特劳顿（Trouton）规则

$$\Delta H_{汽化}(\mathrm{J/mol})=bT_b \tag{4-59}$$

式中，T_b 为液体的正常沸点，K；b 为常数，非极性液体 $b=0.088$，水、低级醇类$b=0.109$。误差<30%。

(五）克-克方程（Clansius-Clapetyron)

$$\ln p^*=-\frac{\Delta H_{汽化}}{RT}+B \tag{4-60}$$

$$\ln\frac{p_1^*}{p_2^*}=\frac{\Delta H_{汽化}}{R}\left(\frac{T_1-T_2}{T_1T_2}\right) \tag{4-61}$$

式中，p_i 为蒸汽压（温度变化不大时，ΔH 汽化可作常数），利用查得蒸汽压数据 p^*。

(六）陈（Chen）方程式

$$\Delta H_{汽化}(\mathrm{kJ/mol})=\frac{T_b[0.0331(T_b/T_c)-0.0327+0.0297\lg p_c]}{1.07-(T_b/T_c)} \tag{4-62}$$

式中，T_b 为正常沸点，K；T_c 为临界温度，K；p_c 为临界压强，atm。公式精度为 2%。

(七）根据对比压强、对比温度求汽化热

任何温度、压强下，化合物的汽化热均可按下列公式计算：

$$\Delta H_v=(-28.5)\lg\left[p_r\frac{T_rT_c}{0.62(1-T_r)}\right] \tag{4-63}$$

式中，ΔH_v 为汽化热，kJ/kg；T_c 为临界温度，K；T_r 为对比温度（实际温度与临界温度之比）；p_r 为对比压强（实际压强与临界压强之比）。

(八）混合物的汽化热

混合物汽化热用各组分汽化热按组成加权平均得到。若汽化热以 kJ/kg 为单位，混合物汽化热按质量分数加权平均；若以 kJ/kmol 为单位，则按摩尔分数加权平均得到。

三、熔融热

固体的熔融热可用下式估算：

$$\Delta H_m=4.187\frac{T_m}{M}K_1 \tag{4-64}$$

式中，ΔH_m 为熔融热，kJ/kg；T_m 为熔点，K；M 为摩尔质量，kg/kmol；K_1 为常数（见表 4-8）。

表 4-8 式（4-64)、式（4-65）中 K_1、K_2 值

类　别	K_1	K_2
元素	2～3(可取 2.2)	0.56
无机物	5～7	0.72
有机物	10～16	0.58

如缺乏熔点，则可按下式估算熔点：

$$T_m = T_b K_2 \tag{4-65}$$

式中，T_m 为熔点，K；T_b 为沸点，K；K_2 为常数（见表4-8）。

另外，还可以采用经验数据：$\Delta H_m = 9.2T_m$（K）（金属类元素）；$\Delta H_m = 25T_m$（K）（无机化合物）；$\Delta H_m = 50T_m$（K）（有机化合物）。

还有求解溶解热的欣达（Honda）法则为：

$$\frac{\Delta H_m}{T_f} = C_2 \tag{4-66}$$

式中，T_f 为常数，凝固点；C_2 为常数，无机物20.92～29.29，有机物37.33～46.02，元素8.37～12.55。

四、升华热

根据蒸发热 ΔH_v 和熔融热 ΔH_m，可按下式估算升华热 ΔH_{sub}：

$$\Delta H_{sub} = \Delta H_v + \Delta H_m \tag{4-67}$$

$$q_c = 1.33q_v \tag{4-68}$$

式中，q_v 为蒸发潜热，kcal/kg。

五、溶解热

1. 溶解热估算

如溶质溶解时不发生解离作用，溶剂与溶质间无化学作用（包括络合物的形成等）时，物质溶解热可按下述原则和公式进行估算：

(1) 溶质是气态，则溶解热为其冷凝热。

(2) 溶质是固态，则溶解热为其熔融热。

(3) 溶质是液态，如形成理想溶液，则溶解热为0；如为非理想溶液，则按下式计算：

$$\Delta H_s = -\frac{4.57T^2}{M} \times \frac{\mathrm{d}\lg\gamma_i}{\mathrm{d}T} \tag{4-69}$$

式中，ΔH_s 为溶解热；γ_i 为在该浓度时溶质的活度系数；M 为溶质的摩尔质量，kg/kmol；T 为温度，K。

如是浓度不太大的溶液，可用克-克方程计算：

$$\Delta H_s = \frac{4.57}{M} \times \frac{T_1 T_2}{T_1 - T_2} \lg \frac{c_1}{c_2} \tag{4-70}$$

式中，c_1、c_2 为溶质在 T_1(K)、T_2(K) 时的溶解度。如溶质为气体，也可用溶质的分压代替。

2. 硫酸的积分溶解热（又称博脱式）

SO_3 溶于1kg水生成一定浓度 H_2SO_4 时所放出的热量，利用 SO_3 在水中的积分溶解热得到：

$$\Delta H_s = \frac{2111}{\frac{1-m}{m} + 0.2013} + \frac{2.989(T-15)}{\frac{1-m}{m} + 0.062} \tag{4-71}$$

式中，ΔH_s 为 SO_3 溶于水形成硫酸的积分溶解热，kJ/kgH_2O；m 为以 SO_3 计，硫酸的质量分数；T 为操作温度，℃。

3. 硝酸的积分溶解热

$$\Delta H_s = \frac{37.57n}{n + 1.757} \tag{4-72}$$

式中，ΔH_s 为硝酸的积分溶解热，kJ/mol HNO_3；n 为溶解1mol HNO_3 的 H_2O 的物质的量，mol。

4. 盐酸的积分溶解热

$$\Delta H_s=\frac{50.158n}{1+n}+22.5 \tag{4-73}$$

式中，ΔH_s 为盐酸的积分溶解热，kJ/mol HCl；n 为溶解 1mol HCl 的 H_2O 的物质的量，mol。

5. 硫酸的无限稀释热

$$q=766.2-\frac{1357n}{n+49} \tag{4-74}$$

式中，q 为 1kg 一定浓度的硫酸被无限量的水稀释时所放出的热量，kJ/kg 硫酸；n 为硫酸溶液中水的质量分数，%。

6. 硝酸的无限稀释热

$$q=464.7-\frac{1306n}{n+98.5} \tag{4-75}$$

式中，q 为 1kg 一定浓度的硝酸被无限量的水稀释时所放出的热量，kJ/kg 硝酸；n 为硝酸溶液中水的质量分数，%。

7. 混酸的无限稀释热

$$q=\frac{q_1-q_2}{q_1-(q_1-q_2)x} \tag{4-76}$$

式中，q 为 1kg 一定浓度的硝化混酸被无限量的水稀释时所放出的热量，kJ/kg 混酸；q_1 为含水量与混酸相同的硫酸无限稀释热，kJ/kgH_2SO_4；q_2 为含水量与混酸相同的硝酸无限稀释热，kJ/kgHNO_3。

混酸中 H_2SO_4、HNO_3、H_2O 的质量分数分别为 m、l、n，则：

$$x=\frac{m}{l+m}$$

混酸稀释热的列线图见图 4-6。

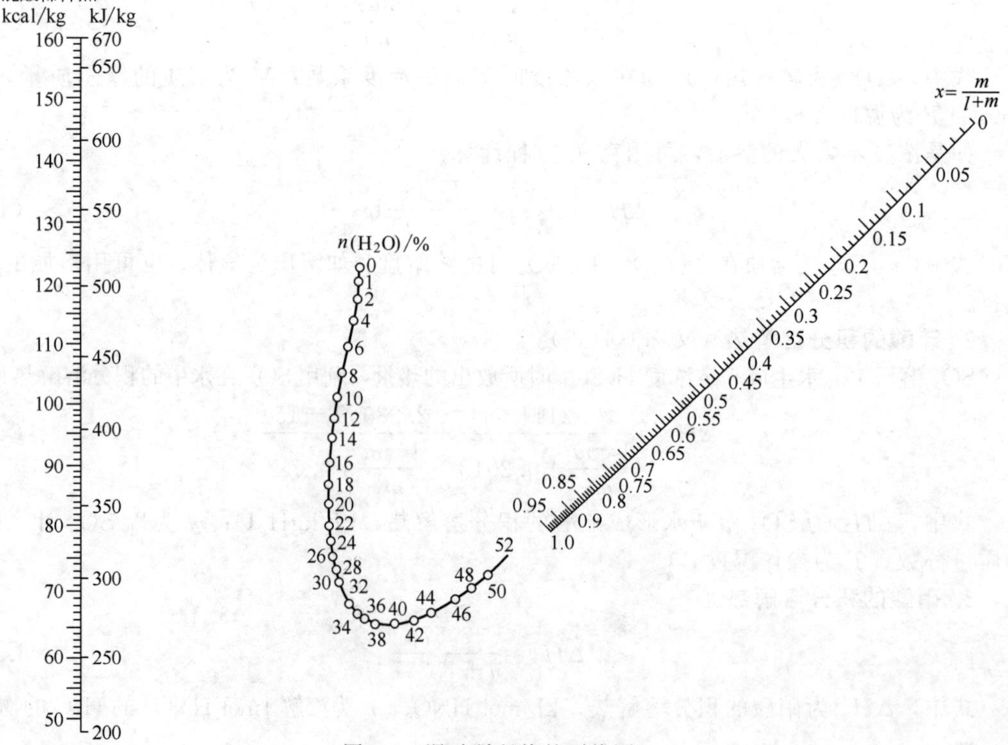

图 4-6 混酸稀释热的列线图

六、燃烧热

有机物质燃烧热估算可采用卡拉奇法。主要适用于液体有机物，固体相差熔化热即相变热。

如果设想碳原子与氢原子之间的键是由一对电子形成的，那么在有机化合物燃烧时所放出的热，就可以看作是这些电子从碳原子和氢原子转移到氧原子上的结果。根据对大多数化合物分析的结果表明，每个电子的转移会释放出 109.07kJ 的热量。

（一）最简单的有机化合物

$$Q_c = 109.07n = 109.07(4C + H - P) \tag{4-77}$$

式中，Q_c 为化合物的燃烧热，kJ/mol；C 为化合物中 C 的原子数；H 为化合物中 H 的原子数；P 为 C、H 已和 O 结合的电子数；n 为化合物在燃烧时，C、H 向氧转移的电子数。

$$n = 4C + H - P$$

因为：

原有 C、H 电子数－已经与 O 结合的电子数＝燃烧时向氧转移的电子数

（二）更复杂的键类和多数具有取代基的衍生物

$$Q_c = 109.07n + \sum k\Delta \tag{4-78}$$

式中，k 为分子中同样取代基的数目；Δ 为取代基和键的热量校正值（见表 4-9）；n 为化合物在燃烧时的电子转移数。

表 4-9 卡拉奇公式中的热量校正值

取代基和键的性质	结构式	热量校正值 Δ/(kJ/mol)	说明
脂基与芳基之间的键	R—Ar	－14.6	
两个芳基之间的键	Ar—Ar	－27.2	对稠环化合物等于环的结合点的数目
乙烯键	C═C(顺式)	69.1	
	C═C(反式)	54.4	
芳基与乙烯基或乙炔基之间的键	Ar—CH═CH_2 ArC≡CH	－27.2	
伯型脂基与羟基之间的键	R—OH	54.4	与羟基相连的碳原子在燃烧时，构成 C—O 键的电子不转移。羟基中氧原子上的电子在燃烧时不转移
仲型脂基与羟基之间的键	R_2CH—OH	27.2	
叔型脂基与羟基之间的键	R_3C—OH	14.6	
芳基与羟基之间的键	Ar—OH	14.6	同上
脂族或芳族的醚	(Ar)R—O—R(Ar)	81.6	与氧相连的碳原子在燃烧时只转移 3 个电子
脂族或芳族的醛基	(Ar)R—CHO	54.4	醛基和酮基中的碳原子在燃烧时只转移 2 个电子
脂族或芳族的酮基	(Ar)R—CO—R(Ar)	27.2	
α-酮酸	R—CO—COOH	54.4	如果 R—CO—基与—COOH 基相连，则引入此校正值后，无需再对—COOH 中的碳原子在燃烧时进行校正
醇酸	R_2(OH)—COOH	27.2	同上

续表

取代基和键的性质	结 构 式	热量校正值 Δ/(kJ/mol)	说 明
脂肪酮	R—CO—	27.2	如果 R—CO—与另一个—CO—R相连，除了引入这个校正值外，应再引入 2 个—CO—的校正值
羧酸	—COOH	41.2	
脂肪族的酯	R—COOR	69.036	
芳族伯胺	Ar—NH_2	27.2	与氨基相连的碳原子在燃烧时转移 4 个电子，氨基上氢原子的电子在燃烧时也都转移
脂肪伯胺	R—NH_2	54.4	
芳族仲胺	Ar—NH—Ar	54.4	
脂族仲胺	R—NH—R	81.6	
芳族叔胺	Ar_3N	81.6	
脂肪叔胺	R_3N	108.8	
氨基中氮与芳基之间的键	Ar—N(氨型)	−14.6	对于胺类，除引入相应的氨基校正值外，还应对每个芳基与氮之间的键引入此校正值
取代酰胺	R—NH—COR	27.2	
芳族或脂肪族的腈基	Ar—CN R—CN	69.1	与腈基相连的碳原子在燃烧时转移 4 个电子
芳族的异腈基	Ar—NC	−27.2	对于芳腈应引入两个校正值：一是 C 与 CN 之间的校正值；二是 CH 的校正值
脂肪族的异腈基	R—NC	138.6	
芳族或脂族的硝基	R—NO_2 Ar—NO_2	54.4	与—NO_2 相连的碳原子在燃烧时转移 3 个电子
芳族磺酸	Ar—SO_3H	−97.906	与—SO_3H 相连的碳原子在燃烧时转移 3 个电子
脂族化合物中的氯	R—Cl	−32.2	与—Cl 相连的碳原子在燃烧时转移 3 个电子
芳族化合物中的氯	Ar—Cl	−27.2	与—Cl 相连的碳原子在燃烧时转移 3 个电子
脂族化合物中的溴	R—Br	69.1	
芳族化合物中的溴	Ar—Br	−14.6	
脂族与某些芳族化合物中的碘	Ar—I R—I	175.8	

【例 4-3】 试估算 C_6H_5Cl 的燃烧热。

解 $n=4\times6+5-1=28$，由表 4-9 得：$\Delta_{Ar-Cl}=-27.2kJ/mol$，$Q_c=109.07\times28-27.2=3026.8kJ/mol$

查手册知：

$$Q_c=3080.7kJ/mol, 误差=\frac{3026.8-3080.7}{3080.7}=-1.75\%$$

卤素生成（$X+RH \longrightarrow RX$）如氯苯，从结构上消耗掉 1 个 H，可看成 1 个电子转移，或认为相当于氯苯的氯位是一个 O 连接。

（三）彻底氧化法

对复杂的化合物，n 值不易判定，可用本法。

【例 4-4】 求 $C_6H_5NO_2$ 的 n。

$$C_6H_5NO_2+14.5O \longrightarrow 6CO_2+\frac{5}{2}H_2O+NO_2$$

1 个 O 原子参加反应有 2 个电子转移，故：

$$n=2\times14.5=29$$

通式：

$$aA+XO \longrightarrow bB+cC+dD$$

即得：

$$n=2X$$

有时，方程式难以配平，更简单的方法如下

$$C \xrightarrow{2O} CO_2 \quad H \xrightarrow{\frac{1}{2}O} \frac{1}{2}H_2O \quad S \xrightarrow{2O} SO_2 \quad N \xrightarrow{2O} NO_2$$

即 1 个 C 需 2 个 O。

$$\begin{aligned} n &=2\times(需要的氧数-化合物中已有的氧数) \\ &=2\times\left(2\times6+\frac{1}{2}\times5+2\times1-2\right)=29 \end{aligned}$$

【例 4-5】 求 2,4,6-三硝基苯酚的 n。

解法一

$C_6H_3N_3O_7$：

$$\begin{aligned} n &=2\times(需要的氧数-化合物中已有的氧数) \\ &=2\times\left(2\times6+\frac{1}{2}\times3+2\times3-7\right)=25 \end{aligned}$$

解法二

$$C_6H_3N_3O_7+12.5O \longrightarrow 6CO_2+\frac{3}{2}H_2O+3NO_2$$

$$n=2\times12.5=25$$

【例 4-6】 萘磺化过程的热量计算。物料衡算数据见表 4-10。已知加入熔融萘的温度为 110℃；加入 98%硫酸的温度为 50℃；磺化过程排出蒸气的温度为 160℃；磺化液出料温度为 160℃。又已知液萘与硫酸进行磺化反应时的反应热为 21kJ/mol。

表 4-10　物料衡算数据

进料				出料			
物料名称		质量/kg	含量/%	物料名称		质量/kg	含量/%
萘	纯萘	1515	98.4	磺化液	2-萘磺酸	1960	71
	水	25	1.6		1-萘磺酸	221	8
浓硫酸	硫酸	1245	98		硫酸	193	7
	水	25	2		萘	152	5.5
					水	234	8.5
				气体	萘	21	42
					SO_3	19.6	39
					水	9.4	19
总计	2810			总计	2810		

解　选择基础温度为0℃，以液态为基准态。

(1) 物料带入热量Q_1的计算　由物料衡算表知，萘磺化过程每批投精萘1540kg，投98%硫酸1270kg。由手册查得98%硫酸的比热容为1.46kJ/(kg·℃)，水在55℃的比热容为4.23kJ/(kg·℃)。根据式(4-52)计算，液萘($C_{10}H_8$)的比热容为：

$$(10\times2.8+8\times4.3)\times4.187/128=2.041\ \text{kJ/(kg·℃)}$$

$$Q_1=1515\times110\times2.041+25\times4.23\times110+1270\times50\times1.46=4.44\times10^5\text{kJ}$$

(2) 过程热效应Q_3的计算　萘的磺化过程可看成是按下列步骤进行：

① 原始硫酸(98%)⟶反应硫酸(100%)+分离酸+$Q_{分离}$

② $C_{10}H_8$+反应硫酸⟶$C_{10}H_7SO_3H+H_2O+Q_r$

③ 分离酸+H_2O⟶残余酸+$Q_{稀释}$

$Q_{分离}$和$Q_{稀释}$可通过硫酸的无限稀释热进行计算。

$$Q_{分离}=m_{原}q_{原}-m_{反}q_{反}-m_{分}q_{分}$$

$$Q_{稀释}=m_{分}q_{分}-m_{残}q_{残}$$

式中，$m_{原}$为加入98%的硫酸质量，kg；$q_{原}$为98%硫酸的无限稀释热，kJ/kg酸；$m_{反}$为参加反应的硫酸质量，kg；$q_{反}$为100%硫酸的无限稀释热，kJ/kg酸；$m_{分}$为分离后硫酸的质量，kg；$q_{分}$为分离后硫酸的无限稀释热，kJ/kg酸；$m_{残}$为磺化过程残余硫酸质量，kg；$q_{残}$为残余硫酸的无限稀释热，kJ/kg酸。

上面二式相加得：

$$Q_{分离}+Q_{稀释}=m_{原}q_{原}-m_{反}q_{反}-m_{残}q_{残}$$

$$m_{原}=1270\text{kg}$$

硫酸的浓度为98%，所以$n=2$，由式(4-74)：

$$q_{原}=766.2-1357\times\frac{2}{2+49}=712.98\text{kJ/kg 酸}$$

$$m_{反}=(1960+221)\times\frac{98}{208}=1028\text{kg}$$

因参与反应的是纯硫酸，所以$n=0$，则：

$$q_{反}=766.2-1357\times\frac{0}{0+49}=766.2\text{kJ/kg 酸}$$

磺化反应结束后，磺化液中含硫酸193kg，水234kg。

因此：

$$m_{残}=193+234=427\text{kg}$$

$$n=\frac{234}{427}\times100\%=54.8\%$$

$$q_{残}=766.2-1357\times\frac{54.8}{54.8+49}=49.79\text{kJ/kg 酸}$$

$$Q_{分离}+Q_{稀释}=1270\times712.98-1028\times766.2-427\times49.79=0.96\times10^5\text{kJ}$$

Q_r 的计算：

$$Q_r=1028\times1000\times21/98=2.2\times10^5\text{kJ}$$

$$Q_3=Q_r+Q_{分离}+Q_{稀释}=2.2\times10^5+0.96\times10^5=3.16\times10^5\text{kJ}$$

（3）物料带走热量 Q_4 的计算　由物料衡算表可知，磺化液中包含萘磺酸（2-萘磺酸和1-萘磺酸）2181kg、萘152kg、硫酸193kg、水234kg。已知物料温度为160℃。由式（4-52）可知，液体萘磺酸的比热容为1.8kJ/(kg·℃)。由手册查得100%硫酸的比热容为1.141kJ/(kg·℃)；160℃水的焓为653.5kJ/kg；液萘汽化热为315.9kJ/kg；液态 SO_3 比热容2.69kJ/(kg·℃)；SO_3 沸点为44.75℃；SO_3 在45℃时的汽化热497.9kJ/kg；气体 SO_3 在45～160℃的平均比热容为0.7071kJ/(kg·℃)；160℃水蒸气的焓为2761kJ/kg。则：

$$\begin{aligned}Q_4=&2181\times1.8\times160+152\times2.041\times160+193\times1.141\times160+234\times653.5+21\times\\&(160\times2.041+315.9)+19.6[45\times2.69+497.9+(160-45)\times0.7071]+9.4\times2761\\=&9.19\times10^5\text{kJ}\end{aligned}$$

（4）设备向环境散失的热量 Q_6 的计算　估计磺化釜向空气散热表面积为10m²。釜外壁有保温层，保温层外表面温度假定为60℃，空气温度为18℃。由式（4-8），釜表面向四周（自然对流的空气）散热的对流传热系数：

$$\alpha=8+0.05\times60=11\ \text{W/(m}^2\cdot℃)$$

已知每批操作周期为3.25h，因此：

$$Q_6=11\times10\times3.25\times60\times60\times(60-18)=0.54\times10^5\text{kJ}$$

（5）设备的热负荷 Q_2 的计算　因加热或冷却设备所消耗的热量 Q_5 很小，忽略不计，所以：

$$\begin{aligned}Q_2&=Q_4+Q_6-Q_1-Q_3\\&=9.19\times10^5+0.54\times10^5-4.44\times10^5-3.16\times10^5\\&=2.13\times10^5\text{kJ}\end{aligned}$$

计算表明，在萘磺化过程中需要进行加热，每批操作需要供热 2.13×10^5kJ。计算结果见表4-11。

表4-11　热量平衡计算结果

热量类型	数值/kJ	热量类型	数值/kJ
Q_1	4.44×10^5	Q_4	9.19×10^5
Q_2	2.13×10^5	Q_5	0
Q_3	3.16×10^5	Q_6	0.54×10^5

【例4-7】 用乙苯混酸硝化过程物料衡算数据作热量核算。硝化反应器为搪玻璃夹套式反应釜，间歇生产，每天生产三批，每批反应时间为5h。夹套传热系数 $K=655.2$kJ/(m²·h·℃)，物料进口温度25℃，终了温度35℃，夹套中氯化钙冷冻盐水进口温度为－10℃，出口温度－5℃。物料衡算数据见表4-12。

解

表 4-12　物料衡算数据（以每天各物料进出重量为基准）

<table>
<tr><th colspan="3">进料</th><th colspan="3">出料</th></tr>
<tr><th>名称</th><th>质量/kg</th><th>百分比/%</th><th>名称</th><th>质量/kg</th><th>百分比/%</th></tr>
<tr><td rowspan="4">95%乙苯
1478.6</td><td rowspan="3">纯乙苯
1404.6</td><td rowspan="3">95</td><td rowspan="4">硝化物
2073.9</td><td>对硝基乙苯
1000</td><td>48.22</td></tr>
<tr><td>邻硝基乙苯
880</td><td>42.43</td></tr>
<tr><td>间硝基乙苯
119.9</td><td>5.78</td></tr>
<tr><td>杂质
74</td><td>5</td><td>杂质
74</td><td>3.57</td></tr>
<tr><td rowspan="3">混酸
2472.8</td><td>硝酸
877.7</td><td>32</td><td rowspan="3">废酸
2147.7</td><td>硝酸
44.2</td><td>2.06</td></tr>
<tr><td>硫酸
1536.0</td><td>56</td><td>硫酸
1536</td><td>71.52</td></tr>
<tr><td>水
329.1</td><td>12</td><td>水
567.5</td><td>26.42</td></tr>
</table>

热平衡式：

$$Q_2=Q_4+Q_5+Q_6-Q_1-Q_3$$

设定：

$$Q_5+Q_6=15\%Q_2$$

基准温度取 25℃，则：$Q_1=0$

热平衡式可写成：

$$Q_2=Q_4+15\%Q_2-Q_3$$

$$Q_2=\frac{Q_4-Q_3}{0.85}$$

(1) 计算 Q_4

① 各物质 C_p 的计算

a. 硝基乙苯用 Missenard 法估算其 C_p：

$$C_p=1.64\text{kJ/(kg·℃)}$$

b. 废酸 C_p

查手册知：

$$C_p(HNO_3)=1.78\text{kJ/(kg·℃)}$$

$$C_p(H_2SO_4)=1.42\text{kJ/(kg·℃)}$$

$$C_p(H_2O)=4.187\text{kJ/(kg·℃)}$$

$$C_{p废}=1.78\times2.06\%+1.42\times71.52\%+4.187\times26.42\%=2.158\text{kJ/(kg·℃)}$$

② Q_4 的计算

$$Q_4=2073.9\times1.64(35-25)+2147.7\times2.158(35-25)$$
$$=80359.3\text{kJ}=8.036\times10^4\text{kJ}$$

(2) 计算 Q_3

$$Q_3=Q_r+Q_p$$

① 化学反应热 Q_r 计算

$$Q_r=\frac{(1404.6\times1000)q_r^{\ominus}}{106.17}$$

由卡拉奇法可计算出该反应：$q_r^{\ominus}=155.01\text{kJ/mol}$

$$Q_r=2.051\times10^6\text{kJ/mol}$$

② 物理变化热 Q_p 的计算　根据物料衡算数据，利用无限稀释热的数据可计算混酸、废酸和硝酸的无限稀释热。

$$q_{d混}=417\text{kJ/kg}；q_{d废}=285\text{kJ/kg}；q_{d硝}=466\text{kJ/kg}$$

$$G_{混}=2472.8\text{kg}；G_{废}=2147.7\text{kg}；G_{硝}=833.47\text{kg}$$

根据盖斯定律：

$$Q_p=G_{混}q_{d混}-G_{硝}q_{d硝}-G_{废}q_{d废}=3.067\times10^4\text{kJ}$$

$$Q_3=2.082\times10^6\text{kJ}$$

(3) Q_2 的计算

$$Q_2=-2.355\times10^6\text{kJ}（需冷却）$$

第四节　加热剂、冷却剂及其他能量消耗的计算

一、常用加热剂和冷却剂

通过热量衡算求出热负荷，根据工艺要求以及热负荷的大小，可选择合适的加热剂或冷却剂，进一步求出所需加热剂或冷却剂的量，以便知晓能耗，制定用能措施。

加热过程的能源选择主要为热源的选择，冷却或移走热量过程的能源选择主要为冷源的选择。常用的热源有蒸汽、热水、导热油、电、熔盐、烟道气等，常用的冷源有冷却水、冰、冷冻盐水、液氨等。

(一) 加热剂、冷却剂的选用原则

① 在较低压力下可达到较高温度；②化学稳定性高；③没有腐蚀作用；④热容量大；⑤冷凝热大；⑥无火灾或爆炸危险性；⑦无毒性；⑧温度易于调节；⑨价格低廉。一种加热剂或冷却剂同时满足这些要求是不可能的，应根据具体情况进行分析，选择合适的加热剂。

(二) 常用的加热剂和冷却剂的性能特点和物性参数

常用加热剂和冷却剂的性能见表 4-13。几种冷冻剂的物理性质见表 4-14。

表 4-13　常用加热剂和冷却剂的性能

序号	加热剂或冷却剂	使用温度/℃	传热系数/[W/(m²·℃)]	性能及特点
1	热水	30～100	50～1400	加热温度较低，可用于热敏性物料的加热
2	低压饱和水蒸气(表压＜600kPa)	100～150	1.7×10^3～1.2×10^4	蒸汽的冷凝潜热大，传热系数高，调节温度方便。缺点是高压饱和水蒸气或高压汽水混合物均需采用高压管道输送，故投资费用较大。需蒸汽锅炉和蒸汽输送系统
3	高压饱和水蒸气(表压＞600kPa)	150～250		
4	高压汽水混合物	200～250		

续表

序号	加热剂或冷却剂	使用温度/℃	传热系数/[W/(m²·℃)]	性能及特点
5	导热油	100～250	50～175	可在较低的蒸汽压力(一般小于1.013×10⁶Pa)下获得较高的加热温度，且加热均匀，使用方便。需热油炉和循环装置
6	道生油(液体)	100～250	200～500	由26.5%的联苯和73.5%的二苯醚组成的低共熔和低共沸混合物，熔点12.3℃，沸点258℃，可在较低的蒸汽压力(一般小于1.013×10⁵Pa)下获得较高的加热温度。需道生炉和循环装置
7	道生油(蒸汽)	250～350	1000～2200	
8	烟道气	300～1000	12～50	加热效率低，传热系数小，温度不易控制。常用于加热温度较高的场合
9	熔盐	400～540		由40% $NaNO_2$、53% KNO_3 和 7% $NaNO_3$ 组成，蒸汽压力低，传热效果好，加热稳定。常用于高温加热
10	电加热	<500		加热速度快，清洁，效率高，操作、控制方便，使用温度范围广，但成本较高。常用于所需热量不大以及加热要求较高的场合
11	空气	10～40		设备简单，价格低廉，但冷却效果较差
12	冷却水	15～30		设备简单，控制方便，价格低廉，是最常用的冷却剂
13	冷冻盐水	−15～30		使用方便，冷却效果好，但冷冻系统的投资较大。常用于冷却水无法达到的低温冷却

表 4-14　几种冷冻剂的物理性质

冷冻剂名称	分子式	相对分子质量	常压下沸点/℃	汽化热/(kcal/kg)①	临界温度/℃	临界压力/(kgf/cm²)②	凝固点/℃
氨	NH_3	17.03	−33.4	327.1	132.3	112.3	−77.7
氟利昂12	CCl_2F_2	120.92	−29.8	40.0	111.5	39.6	−155.0
甲烷	CH_4	16.04	−161.5	122.0	−82.6	45.8	−182.4
乙烷	C_2H_6	30.07	−88.6	126.1	32.2	48.2	−183.3
乙烯	C_2H_4	28.05	−103.7	125.2	9.2	50.0	−169.1
丙烯	C_3H_6	41.08	−47.7	105.0	91.8	45.4	−185.3
丙烷	C_3H_8	44.10	−42.1	101.8	96.6	42.0	−187.7

① 1kcal/kg=4.187kJ/kg；
② 1kgf/cm²=98066.5Pa。

(三) 加热剂和冷却剂的用量计算

1. 直接蒸汽加热时的蒸汽用量

蒸汽加热时的主要供热量是蒸汽的相变热，为简化可只考虑蒸汽放出的冷凝热。

$$D=\frac{Q_2}{[H-C(T_k-273)]\eta} \tag{4-79}$$

式中，D 为加热蒸汽消耗量，kg；Q_2 为由加热蒸汽传给所处理物料及设备的热量，kJ；H 为水蒸气的热焓，kJ/kg；C 为冷凝水的比热容，可取 4.18kJ/(kg·K)；T_k 为被加热液体的最终温度，K；η 为热利用率，保温设备为 0.97～0.98，不保温设备为 0.93～0.95。

2. 间接蒸汽加热时的蒸汽用量

$$D=\frac{Q_2}{[H-C(T-273)]\eta} \tag{4-80}$$

式中，T 为冷凝水的最终温度，K；其余符号含义同上。

3. 发酵罐空罐灭菌时蒸汽消耗量估算

发酵罐空罐灭菌以及实罐灭菌保温过程的蒸汽消耗量常用以下方法计算：

$$D=5V_F\rho_s \tag{4-81}$$

式中，D 为蒸汽消耗量，kg；V_F 为发酵罐全容积，m^3；ρ_s 为发酵罐灭菌时罐压下蒸汽的密度，kg/m^3。

4. 发酵罐实罐灭菌保温时的蒸汽消耗量估算

发酵罐实罐灭菌保温的蒸汽消耗量较难准确计算，一般来讲，保温时间内的蒸汽消耗量可按发酵罐实罐灭菌直接蒸汽加热升温时蒸汽消耗量的30%～50%进行估算。

5. 冷却剂的用量

(1) 冷却剂在换热设备中不发生相变时，冷却剂用量为：

$$W=\frac{Q_2}{C(T_K-T_H)} \tag{4-82}$$

式中，W 为冷却剂的用量，kg；Q_2 为由冷却剂从所处理物料及设备中移走的热量，kJ；C 为冷凝剂的平均比热容，kJ/(kg·K)；T_K 为冷却剂的最终温度，K；T_H 为冷却剂的最初温度，K。

(2) 液态冷却剂在换热设备中气化时，冷却剂用量为：

$$W=\frac{Q_2}{\Delta H_v+C(T_2-T_1)} \tag{4-83}$$

式中，W 为冷却剂的用量，kg；Q_2 为由冷却剂从所处理物料及设备中移走的热量，kJ；C 为冷凝剂在 T_1 和 T_2 间的平均定压比热容，kJ/(kg·K)；T_2 为冷却剂蒸气出口温度，K；T_1 为液态冷却剂进口温度，K；ΔH_v 为冷却剂在温度 T_2 下的汽化热，kJ/kg。

二、电能的用量

$$E=\frac{Q_2}{3600\eta} \tag{4-84}$$

式中，E 为电能消耗量，kW·h（1kW·h＝3600kJ）；Q_2 为热负荷，kJ；η 为电热装置的热效率，一般为 0.85～0.95。

三、燃料的用量

$$B=\frac{Q_2}{\eta Q_p} \tag{4-85}$$

式中，B 为燃料的消耗量，kg；η 为燃烧炉灶的热效率，一般为 0.3～0.5，工业锅炉的热效率为 0.6～0.92；Q_p 为燃料的发热值，褐煤 8400～14600kJ/kg，烟煤 14600～33500kJ/kg，无烟煤 14600～29300kJ/kg，燃料油 40600～43100kJ/kg，天然气 33500～37700kJ/kg。

四、压缩空气消耗量的计算

在制药生产过程中，广泛使用压缩空气（或压缩氮气）输送物料、搅拌液体、压紧压滤机滤饼等过程。通过压缩空气用量的计算，可确定合适的压缩机。压缩空气的消耗量都折成常压下单位时间空气的体积，一般以 m^3/h 表示。

压缩空气用于输送液体物料时的消耗量计算如下：

1. 压送液体时，压缩空气在设备内所需的压强 p

$$p=H\rho g+\frac{\rho u^2}{2}(1+\sum\xi)+p_0 \tag{4-86}$$

式中，H 为压送静压高度，即设备间垂直位差，m；ρ 为液体密度，kg/m^3；g 为重力加速度，$9.81m/s^2$；u 为管内液体流速，m/s；$\sum\xi$ 为阻力系数总和；p_0 为液面上方的压强，Pa。

式（4-86）中压头损失项需要根据实际情况计算，为简化起见，可按压送液体静压高度的 20%～50%估算，即：

$$\frac{\rho u^2}{2}(1+\sum\xi)=20\%\sim50\%H\rho g \tag{4-87}$$

2. 设备中液体一次全部压完，压缩空气的消耗量

（1）一次操作折算成 1.01×10^5 Pa 的压缩空气的体积 V_a

$$V_a=\frac{V_A p}{1.01\times10^5} \tag{4-88}$$

式中，V_A 为设备容积，m^3；p 为压缩空气在设备内所需的压强，Pa。

（2）单位时间压缩空气消耗量 V_h

$$V_h=\frac{V_a}{\tau} \tag{4-89}$$

式中，τ 为每次压送所用的时间，h。

3. 设备中液体部分压出，压缩空气的消耗量

（1）一次操作折算成 1.01×10^5 Pa 的压缩空气的体积 V_a

$$V_a=\frac{V_A(2-\phi)+V_1}{2\times1.01\times10^5}p \tag{4-90}$$

式中，ϕ 为设备装料系数；V_1 为一次压送的液体体积，m^3。

（2）单位时间压缩空气消耗量 V_h

$$V_h=\frac{V_a}{\tau} \tag{4-91}$$

式中，τ 为每次压送所用的时间，h。

五、用于输送液体的真空的消耗量

真空的用量一般用抽气速率（m^3/h）表示。抽气速率指单位时间内由真空泵直接从真空系统抽出的气体的体积。

1. 设备中的剩余压强 p_k 的计算

$$p_k=1.033-0.0001H\rho\xi \tag{4-92}$$

式中，H 为设备间的垂直距离，m；ρ 为被输送液体的密度，kg/m^3；ξ 为流体阻力损失系数，一般为 1.2。

按上式计算后，可将 p_k 的单位换算为法定单位 Pa。

2. 真空用量（m^3/h）

$$B=\frac{V_a\ln p_k}{\tau} \tag{4-93}$$

式中，V_a 为设备容积，m^3；τ 为一次输送所需的时间，h。

【例 4-8】 萘的磺化过程分为五个阶段：①加萘过程，15min，物料温度为 110℃；②升温过程，于 15min 升温至 140℃；③加硫酸过程，加入 98%硫酸的温度为 50℃，60min 加完，物料温度由 140℃升到 160℃；④保温过程，于 160℃维持 105min；⑤出料过程，15min 将 160℃的物料压出。整个磺化过程温度与时间的关系如图 4-7 所示。磺化过程排出蒸气的温度为 160℃。已知液萘与硫酸进行磺化反应时的反应热为 21kJ/mol。假定磺化釜体积为 3000L，夹套传热面积为 8.3m²，每批操作投料量以及物料衡算和热量衡算的数据见［例 4-6］。熔融萘升温时，总传热系数 1255.2kJ/(m²·h·℃)；加热、磺化物料时，总传热系数为 836.8 kJ/(m²·h·℃)；加热用 0.8MPa（表压）水蒸气。校核夹套的传热面积是否满足要求。

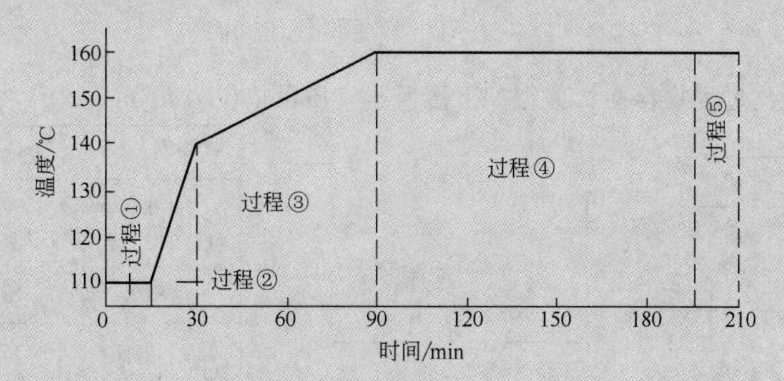

图 4-7 萘磺化过程温度与时间关系

在间歇操作中，整个操作过程常分成几个操作阶段，物料在各阶段的温度以及各阶段的传热量都不相同。为了计算传热面积和载能介质的用量，应作出整个操作过程的温度曲线，对各阶段分别进行热量衡算，求出各阶段需要的传热面积，并以计算的最大传热面积作为设计反应器的依据。

解 由图 4-7 可知，过程①、⑤不需要热交换。过程③有反应过程的热效应使物料升温，不需要加热。

(1) 计算过程②所需要的传热面积

液萘在 110～140℃的平均比热容为 2.041kJ/(kg·℃)，水的平均比热容 4.26kJ/(kg·℃)(查得)。

升温所需热量 $Q_{2(过程②)}=(1515\times2.041+25\times4.26)\times(140-110)=9.6\times10^4$kJ

加热水蒸气的温度为 175℃，则：

$$\Delta T_m=\frac{(175-110)-(175-140)}{\ln\frac{(175-110)}{(175-140)}}=48.5$$

过程②的时间为：

$$\theta=15/60=0.25\text{h}$$

过程②需要传热面积：

$$A=\frac{9.6\times10^4}{1255.2\times48.5\times0.25}=6.31\text{m}^2$$

(2) 计算过程④所需传热面积

已知整个过程的 Q_2 为 2.13×10^5kJ，因此：

$$Q_{2(过程④)}=Q_2-Q_{2(过程②)}=2.13\times10^5-9.6\times10^4=1.17\times10^5\text{kJ}$$

$$\Delta T_m = 175 - 160 = 15℃$$

过程④的时间为：

$$\theta = 105/60 = 1.75\text{h}$$

过程④需要传热面积：

$$A = \frac{1.17\times10^5}{836.8\times15\times1.75} = 5.33\text{m}^2$$

由于 8.3＞6.31＞5.33，故磺化釜的夹套传热面积（8.3m^2）能满足要求。

习　题

4-1　甲苯磺化过程物料衡算数据如下图所示（质量单位为 kg）：

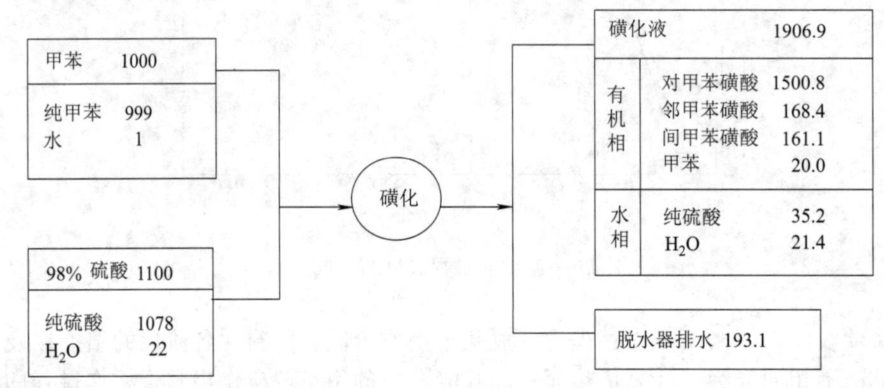

主反应式如下：

$$\text{C}_6\text{H}_5\text{CH}_3 + \text{H}_2\text{SO}_4 \longrightarrow p\text{-CH}_3\text{C}_6\text{H}_4\text{SO}_3\text{H} + \text{H}_2\text{O}$$

已知加入甲苯和浓硫酸的温度均为 30℃，甲苯和硫酸的标准化学反应热为 117.2kJ/mol（放热），设备（包括磺化釜、回流冷凝器和脱水器，下同）升温所需的热量为 1.3×10^5kJ，设备表面向周围环境的散热量为 6.2×10^4kJ，回流冷凝器中冷却水移走的热量共 9.8×10^5kJ。试对甲苯磺化过程进行热量衡算。

有关热力学数据：甲苯定压比热容为 1.71kJ/(kg·℃)；98%硫酸定压比热容为 1.47kJ/(kg·℃)；磺化液平均定压比热容为 1.59kJ/(kg·℃)；水定压比热容为 4.18kJ/(kg·℃)。

4-2　硝基苯的磺化采用 60%发烟硫酸作磺化剂在间歇操作的磺化釜内进行。主反应为：

$$\text{C}_6\text{H}_5\text{NO}_2 + \text{SO}_3 \longrightarrow m\text{-NO}_2\text{C}_6\text{H}_4\text{SO}_3\text{H}$$

副反应为：

$$\text{C}_6\text{H}_5\text{NO}_2 + 2\text{SO}_3 \longrightarrow 3,5\text{-(HO}_3\text{S)}_2\text{C}_6\text{H}_3\text{NO}_2$$

硝基苯的转化率为100%，硝基苯磺化物的选择性系数为0.9，物料衡算的结果如下图所示（质量单位为kg）：

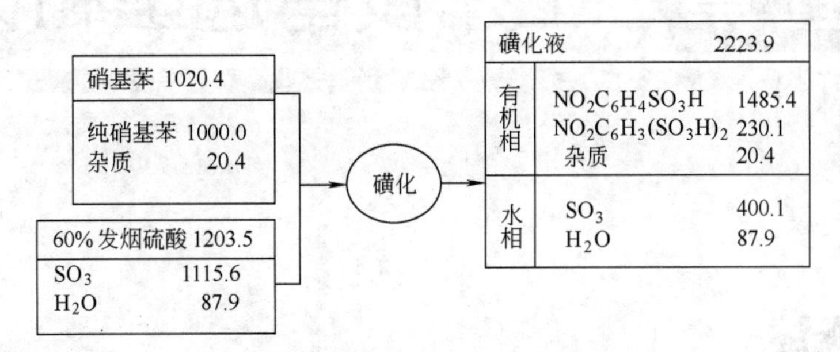

根据条件，计算磺化过程的热效应。磺化温度为408K（温度对反应热的影响忽略）。

4-3　用1876kg混酸（HNO_3 32%、H_2SO_4 56%、H_2O 12%）对1052.6kg含量为95%的乙苯进行硝化，乙苯转化率100%，全部生成一硝基乙苯，其中对位、邻位与间位的比例为50∶44∶6。已知硝化反应温度为40℃，求硝化过程热效应。

4-4　某工厂要生产一套萘1,5-二磺酸双钠盐生产装置。生产过程为间歇生产，经过磺化、盐析、精制三个阶段。生产规模为300t/年。年操作时间为300天，一天24h三班操作。反应转化率为100%，收率为60%，其中单磺化反应为80%，双磺化反应为75%，其余均为异构体。原料规格：精萘98%；浓硫酸98%；发烟硫酸20%。

磺化工艺如下：

在生产操作中，先将硫酸及发烟硫酸（合计）投入磺化反应釜内，将底酸冷至10℃，然后开始将萘分批加入，进行单磺化反应，控制反应温度≤40℃，约反应3h后将磺化温度调整为55℃。保温2h后，将物料冷至30℃以下，再滴加发烟硫酸进行双磺化反应，滴加的速度以控制反应温度≤40℃为宜。加毕，保温4h，磺化结束。投料比为：萘∶浓硫酸∶发烟硫酸（单磺化）∶发烟硫酸（双磺化）=1∶0.4∶1.2∶1.4。

对磺化反应釜进行热量衡算，计算加热剂和冷却剂的用量，以及反应釜的换热面积。

列出常规手册上查不到的一些数据如下：

① 萘的比热容：0.31kcal/(kg·℃)

② 发烟硫酸的比热容：0.3395kcal/(kg·℃)

③ 反应产生异构物的比热容：0.338kcal/(kg·℃)

④ 单磺化反应产物萘磺酸的比热容：0.422kcal/(kg·℃)

⑤ 双磺化反应产物萘二磺酸的比热容：0.367kcal/(kg·℃)

⑥ 单磺化、双磺化反应后的废酸（H_2SO_4）的比热容：0.348kcal/(kg·℃)

⑦ 萘磺酸的生成热：−124.8kcal/mol

⑧ 萘二磺酸的生成热：−270.2kcal/mol

⑨ 萘的生成热：18.4kcal/mol

第五章 工艺设备选型和设计

第一节 概述

一、工艺设备选型与设计的目的和意义

工艺流程设计是核心，而工艺设备选型与设计是工艺设计的主体之一。因为先进工艺流程能否实现，往往取决于所设计的设备是否与工艺相适应。

二、工艺设备的分类和来源

用于制药工艺生产过程的设备称为制药设备，包括制药专用设备和非制药专用设备。设备的大小、结构和类型多种多样，按 GB/T 15692 将制药设备分为八类：

(1) 原料药设备及机械　原料药设备及机械用于实现生物、化学物质转化或利用动物、植物、矿物等来制取医药原料。其中有反应设备、分离设备、换热设备、药用灭菌设备、贮存设备等。

(2) 制剂机械　制剂机械是将原料药制成各种剂型的机械与设备，有压片机、包衣机、胶囊填充机等。

(3) 药用粉碎机械　药用粉碎机械是用于将药物粉碎（含研磨）并符合药品生产要求的机械。

(4) 饮片机械　饮片机械用于将天然药用动物、植物、矿物进行选、洗、润、切、烘、炒、煅等方法制取中药饮片。

(5) 制药用水设备　制药用水设备是以各种方法制取制药用水的设备。

(6) 药品包装机械　药品包装机械为完成药品包装过程以及与包装过程相关的机械和设备。

(7) 药物检测设备　药物检测设备为检测各种药物制品或半制品质量的仪器和设备。

(8) 制药辅助设备　制药辅助设备为执行非主要制药工序的有关机械和设备。

按照标准化分类，又可将设备分为标准设备（即定型设备）和非标准设备（即非定型设备）。标准设备是由设备厂家成批成系列生产的设备，可以买到成品，而非标准设备则是需要专门设计的特殊设备，是根据工艺要求，通过工艺及机械设计计算，然后提供给有关工厂制造。选择设备时，应尽量选择标准设备。只有特殊要求下，才按工艺提出的条件去设计制造设备，而且在设计非标准设备时，对于已有标准图纸的设备，设计人员只需根据工艺需要确定标准图图号和型号，不必自行设计，以节省非标准设备施工图设计的工作量。

标准设备可从产品目录、样本手册、相关手册、期刊和网上查到其型号和规格。

三、工艺设备选型与设计的任务

工艺设备选型与设计的任务主要有：

(1) 确定单元操作所用设备的类型。这项工作要根据工艺要求来进行，如制药生产中遇到的固液分离，需确定是采用过滤机还是离心机的选型问题。

(2) 根据工艺要求决定工艺设备的材料。

(3) 确定标准设备型号或牌号以及台数。

(4) 对于已有标准图纸的设备，确定标准图图号和型号。

(5) 对于非定型设备，通过设计与计算，确定设备主要结构和工艺尺寸，提出设备设计条件单。

(6) 编制工艺设备一览表。

当设备选择与设计工作完成后，将结果按定型设备和非定型设备编制设备一览表（见表5-1），作为设计说明书的组成部分，并为下步施工图设计以及其他非工艺设计提供必要的条件。

施工图设计阶段的设备一览表是施工图设计阶段的主要设计成果之一，在施工图设计阶段非标准设备的施工图纸已完成，设备一览表可以填写得更准确和详尽。

表 5-1　综合工艺设备一览表

<table>
<tr><td colspan="2" rowspan="3">设计单位</td><td colspan="2">工程名称</td><td></td><td colspan="2" rowspan="3">综合设备一览表</td><td colspan="3">编制　　年　月　日</td><td colspan="3">工程号</td><td colspan="4"></td></tr>
<tr><td colspan="2">设计项目</td><td></td><td colspan="3">校核　　年　月　日</td><td colspan="3">序号</td><td colspan="4"></td></tr>
<tr><td colspan="2">设计阶段</td><td></td><td colspan="3">审核　　年　月　日</td><td colspan="3">第　页</td><td colspan="4">共　页</td></tr>
<tr><td rowspan="2">序号</td><td rowspan="2">设备分类</td><td rowspan="2">设备位号</td><td rowspan="2">设备名称</td><td rowspan="2">主要规格型号材料</td><td rowspan="2">面积/m^2（或容积/m^3）</td><td rowspan="2">附件</td><td rowspan="2">数量</td><td rowspan="2">单重/kg</td><td rowspan="2">单价/元</td><td rowspan="2">图纸图号或标准图号</td><td rowspan="2">设计或定购</td><td colspan="2">保温</td><td rowspan="2">安装图号</td><td rowspan="2">制备厂家</td><td rowspan="2">备注</td></tr>
<tr><td>材料</td><td>厚度</td></tr>
<tr><td></td><td></td><td></td><td></td><td></td><td></td><td></td><td></td><td></td><td></td><td></td><td></td><td></td><td></td><td></td><td></td><td></td></tr>
<tr><td></td><td></td><td></td><td></td><td></td><td></td><td></td><td></td><td></td><td></td><td></td><td></td><td></td><td></td><td></td><td></td><td></td></tr>
<tr><td></td><td></td><td></td><td></td><td></td><td></td><td></td><td></td><td></td><td></td><td></td><td></td><td></td><td></td><td></td><td></td><td></td></tr>
<tr><td></td><td></td><td></td><td></td><td></td><td></td><td></td><td></td><td></td><td></td><td></td><td></td><td></td><td></td><td></td><td></td><td></td></tr>
</table>

四、设备选型与设计的原则

从基本原料制得原料药，进一步加工得到各种剂型，这一系列操作是在设备中进行的。设备不同，对工程项目的生产能力、操作可靠性、产品成本和质量等都有重大的影响。因此，在选择设备时，要贯彻先进可靠、节能高效、经济合理、系统最优等基本原则：

(1) 满足GMP要求　设备的设计、选型、安装、改造和维护必须符合GMP中有关设备选型、选材的要求，应当尽可能降低产生污染、交叉污染、混淆和差错的风险，便于操作维护，方便清洁、消毒或灭菌。

(2) 满足工艺要求　①设备能力与生产相适应，并获最大的单位产量；②适应品种变化，保证产品质量；③设备成熟可靠，操作方便可靠，达到产品的产量；④有合理的温度、压强、流量、液位的检测、控制系统；⑤能改善环境保护。

(3) 满足设备结构要求　①具有合理的强度。设备的主体部分和其他零件，都要有足够的强度。为防止生产中突然超压，要采用保安部件（指有意识将某一零件的承载能力设计得低于设备的其他零件），如采用防爆片等，一旦超限则零件被破坏，避免爆炸事故发生。②具有足够的刚度。设备及其构件在外压作用下能保持原状的能力，如塔设备中的塔板、受外压的容器壳体、端盖等都要满足刚度要求。③良好的耐腐蚀性。④可靠的密封性。⑤良好的操作维修性。⑥大型设备易于运输。

(4) 满足技术经济指标的要求　①生产强度，指设备的单位体积或单位面积在单位时间内所能完成的任务。生产强度越大，设备体积越小。②消耗系数，指生产单位质量或单位体积的产品所消耗的原料和能量。消耗系数愈小愈好。③设备价格。要选择价格合理的设备：尽可能选择材料用量少，特别是贵重材料用量少的设备；并且要尽量选择结构简单、制造容易的设备；尽可能选用价格低廉国产设备。④管理费用。设备结构简单，易于操作、维修，以便减少操作人员、维修和费用。⑤系统上要优化。选择设备时，不可只为一个设备的合理而造成总体问题，要考虑它对前后设备和全局的影响。⑥系统上要最优。

五、无菌原料药生产设备的特殊要求

无菌原料药生产设备为满足 GMP 要求需作特殊要求。

(1) 无菌原料药的生产工艺要求尽量减少设备的内部暴露和物料产品的暴露。当设备与外界环境相通时，相通处应由呼吸器或 A 级层流装置进行保护，更高的要求使用隔离器。

(2) 用于产品的生产、清洁、消毒或灭菌设备，尽可能采用密闭系统，同时确保做到：合理的布置和安装；关键参数控制和记录仪表的校准；设备的确认、维护和维修；设备的清洁、消毒或灭菌；共用设备防止交叉污染的措施；设备在确认的范围内使用；设备能够显示工艺流程、故障以及其他控制参数、设备状态、报警及警示等；当外部公共系统发生故障或达不到要求时，设备不能启动或自动停机；设备具有状态提示灯或蜂鸣报警器。

(3) 设备应具有可灭菌性和可验证性。在设备表面应能及时清洗灭菌，并防止灭菌后的再污染。若生产的药品具有抗菌性或杀菌性，这种清洗尤为重要。要确认清洗后对微生物没有抑菌性，或可以有效地消除抑菌性。若清洗或灭菌不彻底，残存的药品会使下批产品受到污染或设备表面的微生物使下批产品染菌而导致无菌原料药染菌。设备灭菌是无菌生产工艺中关键的一环，所有的与工艺相关的设备都必须灭菌，并通过验证，包括最冷点确定、温度分布和热穿透、生物指示剂的挑战，最终确定灭菌的温度、时间、排气点。所用的生物指示剂应确认其类型、来源、菌种的浓度和 D 值（D 值表示特定温度下为使某种微生物的存活量下降 90%所需的时间）。

(4) 设备的材质和制造要求。直接接触物料的设备材质主体采用 SUS316L（1.4404）不锈钢，密封件采用 FEP/PTFE，接触物料部分要求提供材质报告。不与物料接触部分可采用 SUS304 制造。直接接触物料设备表面粗糙度 $Ra \leqslant 0.4\mu m$，外表面和其他部位表面粗糙度 $Ra \leqslant 0.8\mu m$。国外制药装备表面处理方法是先手工机械抛光，再电解抛光。其优点是：可将机械抛光时的粉末和金属表层一起除去；表面平滑，表面积大大减小，使得清洗效果更好；如果存在凹坑或焊接缺陷，经电解抛光后，可进行修补；电解抛光可以在表面形成非常好的钝化膜，使其耐蚀性大幅度提高；消除机械抛光产生的残余应力部分；外观光泽美观。

(5) 设备管理，维护保养，校验。无菌原料药生产需要完好的设备状态，关注对洁净区环境的影响以及对设备本身的污染。设备完好状态是指设备所具有的工作能力，即性能、精度、效率、安全、环保、能耗等所处的状态。设备的技术状态良好与否，直接关系到产品质量、数量、成本等。要使设备保持良好的状态，就要进行设备的维护和保养。设备的保养分为日常保养和定期维护保养。日常保养是设备维护的基础，是预防事故发生的积极措施。基本内容为：检查设备零部件是否完整，有无缺少；设备工作前应先进行试运转，确认无异常现象方可正常操作；按润滑要求，做好使用前、使用中、使用后的润滑；检查固定部位是否有松动，以防使用中发生事故；检查安全防护装置及安全附件是否完整、准确、可靠，每日生产结束后，按操作规程要求进行设备的清场。设备定期保养是根据使用说明书或它的技术资料制定该设备定期保养细则。设备定期保养基本内容为：设备技术资料所要求的定期润滑内容；定期拆卸、清洗内容；检查调整零部件、更换磨损件；检查电器操作部位及电器原件、电机是否运行正常，有无超温现象；检查传动系统，修复更换磨损件；清洗变速箱，检查零件的磨损情况。

(6) SIP 系统、连接管路的灭菌、布点，气体的排放和冷凝水的排放，设备及管路灭菌。无菌生产使用的所有制药设备均应易清洗和灭菌，最好是在线清洗（CIP）和在线灭菌（SIP），如结晶罐、反应釜、干燥器等，并需验证，确保系统具有可控的无菌保证水平，这需要较高的设备自动化程度。CIP法清洁设备的设计标准：设备内表面必须光滑且能耐清洁溶液和溶剂的腐蚀；整个工艺设备和管道必须可以排空；垫圈、密封圈必须无裂缝，所有管道应有倾斜度以利于排空，无死角。

六、工艺设备选型与设计的阶段

设备选型与设计工作一般分两个阶段进行：

第一阶段的设备设计可在生产工艺流程草图设计前进行，内容包括：①计量和贮存设备的容积计算和选定；②某些容积型标准设备的选定；③某些容积型非标准设备的类型、台数和主要尺寸的计算和确定。

第二阶段的设备设计可在流程草图设计中交错进行，着重解决生产过程的技术问题，如过滤面积、传热面积、干燥面积、蒸馏塔板数以及各种设备的主要尺寸等。至此，所有工艺设备的类型、主要尺寸和台数均已确定。

目前工艺设备设计呈现模块化设计的趋势，其主要特点为：①独立性，可以对模块单独进行设计、制造、调试、修改和储存，这样便于由不同的专业化企业进行生产；②互换性，模块接口部位的结构、尺寸和参数标准化，容易实现模块间的互换，从而使模块满足更大数量的不同产品的需要；③通用性，有利于实现横系列、纵系列产品间的模块的通用，实现跨系列产品间的模块的通用。以化学原料药为例：

(1) 普通生产区单元模块

液体分配单元：①大宗液体物料：来自储罐区，车间设置中间罐，由泵输送至高位罐或反应釜。设计要点：易燃易爆溶剂最多储存一昼夜使用量。②小宗液体物料：来自危险品库，由泵输送至高位罐或反应釜。设计要点：采用气动隔膜泵，局部排风。

称量单元：①普通固体物料：来自原辅料综合仓库，车间设置暂存间。②危险固体物料：来自危险品库，车间设置暂存间。③称量方式：局部除尘罩，称量模块，手套箱。

反应单元：①反应类型：常规反应（－20～150℃）；高温反应（160～270℃），深冷反应（－100～－40℃）。高压反应（类似氢化反应）；特殊反应（异味、毒性、高腐蚀性）；重点监管危化反应。②投料方式：人工投料，提升投料，真空上料，错层投料，手套箱投料。③设计要点：上述反应单独隔间设置。

分离单元：①分离形式：烛式过滤器，微滤机，上出料离心机，下出料离心机，三合一式离心机，卧式离心机等。②出料方式：自动出料，人工出料。③设计要点：涉及有毒有害介质采用密闭设备，采用下出料离心机时注意钢平台高度

浓缩单元：①常用设备：反应釜、螺旋板式冷凝器、螺旋管束冷凝器、列管式冷凝器、搪玻璃冷凝器、碳化硅冷凝器。②设计要点：有腐蚀性介质选用搪玻璃冷凝器、碳化硅冷凝器、石墨冷凝器。

结晶、粉碎、干燥、混合单元：①常用设备：万能粉碎机、双锥干燥器、单锥干燥器、沸腾制粒机、真空干燥箱、热风循环风箱、三维混合机。②上料方式：人工上料、真空上料、提升上料。

(2) 洁净区单元模块　结晶单元、粉碎与干燥单元、混合单元、内包单元、外包单元。

(3) 辅助系统单元模块　真空系统（常用设备——卧式水喷射机组、水环真空泵、机械真空泵、罗茨真空泵组；设计要点——有腐蚀性介质选用卧式水喷射机组或水环真空泵，其他选用干式真空泵）、尾气吸收系统［特殊介质岗位处理（针对非水溶性、有毒介质：深冷

处理，酸碱吸收，活性炭纤维吸附等）后去总吸收系统；安全泄放系统（安全阀、爆破片；经水封罐进总尾气吸收系统）；发生化学反应介质排气单独系统处理；其他水溶性普通易燃易爆介质、酸碱性废气系统（三塔总尾气吸收系统：水喷淋、碱喷淋、酸喷淋）]、纯化水系统（工艺过程配料、洁净区清洗使用；一般设在生产车间）、氮气系统［压料用氮气系统（0.2～0.3MPa，制氮机制氮需减压）；氮封系统（2～8kPa，高压氮减压）]、压缩空气系统（仪表压缩空气、夹套压料压缩空气以及工艺用压缩空气，空压制氮设在全厂动力中心，车间设置缓冲罐）、热水系统（70～90℃，设置在车间）、低温系统（低温盐水、乙二醇、冰河冷剂、液氮，设置在车间）、高温系统（导热油系统、红外加热反应釜，设置在车间）、循环水系统（32～37℃）、冷冻水系统（7～12℃）、蒸汽减压分配系统（车间使用压力一般为0.3MPa，进车间减压，设置分汽缸分配，设置在车间）、凝结水回收系统（回收模块，回收用为热水补水、循环水补水等，设置在车间）、污水预处理系统（针对含特殊物料且污水处理站难处理污水，在车间进行化学处理后排放）、溶剂回收系统（量大、种类多应集中设置溶剂回收，量小可设置在车间）。

(4) 其他功能设置　原辅料、中间体、包材、成品暂存；器具清洗烘干暂存、中间控制、人净系统、物净系统。

(5) 其他专业单元设置　配电系统、火灾报警系统、控制系统、净化空调系统、防爆送排风系统、污水收集提升系统。

七、定型设备的设计内容

对于定型工艺设备的选择，一般可分四步进行。

① 通过工艺选择设备类型和设备材料。

② 通过物料和热量计算确定设备大小、数量（台）。

③ 所选设备的检验计算，如过滤面积、传热面积、干燥面积等校核。

④ 考虑特殊事项。

必须强调：选择正确的设备类型很重要。设备类型往往早在工艺流程设计中就论证过，因为设备类型会在很大程度上影响整个工艺的设计，产生完全不同的工艺方案和工艺流程图。以抗生素提取液采用什么浓缩方法为例进行说明。

(1) 用什么设备进行浓缩？蒸发器浓缩。

(2) 选择什么类型的蒸发器浓缩？根据蒸发器的结构及特点分为：循环型和单程型。循环型有：中央循环管式蒸发器；悬筐式蒸发器；外热式蒸发器；列文式蒸发器；强制循环蒸发器等类型。单程型有：升膜式蒸发器；降膜式蒸发器；升-降膜式蒸发器；刮板式蒸发器等类型。正确选型：单程型。

(3) 四种单程型蒸发器中，选择什么类型进行浓缩？正确选型：升膜式蒸发器。理由：抗生素提取液是热敏性物料，选用单程型升膜式蒸发器，因为降膜蒸发器是控制流速成膜，即流速分布而自然成膜；而升膜则是真空成膜，因此升膜的温度要低一些，停留时间短，效价损失小。

(4) 进一步思考：抗生素提取液浓缩还有没有新的替代技术？如膜分离技术等。反渗透的常温浓缩脱水：①节省了大量冷却介质（－10℃盐水）；②节省了大量蒸汽；③避免加热使料液瞬间升温，产品质量和收率提高。

八、非定型设备的设计内容

工艺设备应尽量选用定型设备，若选不到合适的标准设备，再进行设计。非定型设备的工艺设计由工艺专业人员负责，提出具体工艺要求的设备设计条件单，然后提交给机械设计人员进行施工图设计。设计图纸完成后，返回给工艺人员核实条件并会签。

工艺专业人员提出的设备设计条件单内容包括：

(1) 设备示意图　设备示意图中应表示设备的主要结构类型、外形尺寸、重要零件的外形尺寸及相对位置、管口方位和安装条件等。

(2) 技术特性指标　技术特性指标包括：①设备操作时的条件，如压力、温度、流量、酸碱度、真空度等；②流体的组成、黏度和相对密度等性质；③工作介质的性质（是否有腐蚀、易燃、易爆、毒性等）；④设备的容积，包括全容积和有效容积；⑤设备所需传热面积，包括蛇管和夹套等；⑥搅拌器的类型、转速、功率等；⑦建议采用的材料。

(3) 管口表　设备示意图中应注明管口的符号、名称和公称直径。

(4) 设备的名称、作用和使用场所。

(5) 其他特殊要求　表 5-2 所示是一非标设备的设计条件单示例。

表 5-2　设备设计条件单

工程项目		设备名称	贮　槽	设备用途	高位槽
提出专业	工　艺	设备型号		制　单	

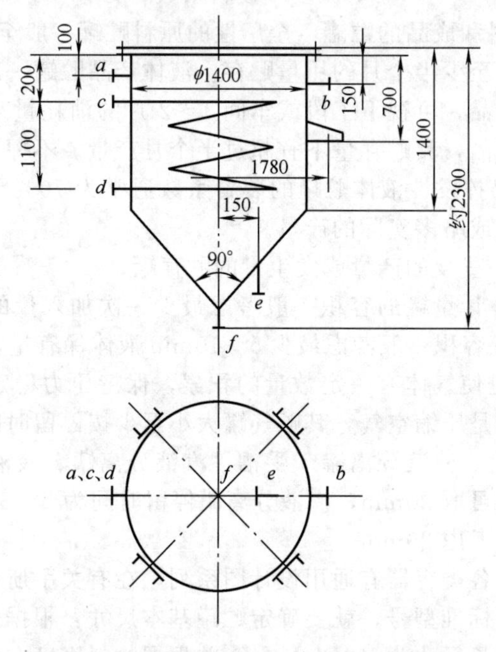

技术特性指标			管口表 编号	用　途	管　径
操作压力		常　压	*a*	进口	*DN*50
操作温度		22～25℃	*b*	回流口	*DN*70
介质	体内	溶剂油	*c*	冷却水入口	*DN*25
	蛇管内	冷却水	*d*	冷却水出口	*DN*25
腐蚀情况		无	*e*	出口	*DN*50
冷却面积		约 0.18m^2	*f*	放净口	*DN*70
操作容积		2.3m^3			
计算容积		2.5m^3			
建议采用材料		Q235-A			

九、设备设计计算

(一) 贮存容器的选型和设计

1. 贮罐的选择

按使用目的不同，贮存容器可分为计量、回流、中间周转、缓冲、混合等工艺容器。

2. 设计贮罐的一般程序

(1) 汇集工艺设计数据 包括：物料衡算和热量衡算；温度、压力、最大使用压力、最高使用温度、最低使用温度；腐蚀性、毒性、蒸汽压、进出量、贮罐的工艺方案等。

(2) 选择容器材料 对有腐蚀性的物料可选用不锈钢等金属材料，在温度、压力允许时可考虑非金属材料、搪瓷或钢制衬胶、衬塑等。

(3) 容器类型的选用 应尽量选择已经标准化、系列化的产品。

(4) 容积计算

$$容积=\frac{物料流量\times停留时间（贮存周期）}{装料系数}$$

① 单纯用于贮存原料和成品的贮罐 全厂性的原料贮罐一般至少有1个月的用量贮存；车间的原料贮罐一般考虑至少半个月的用量贮存。液体产品贮罐一般设计至少有1周的产品产量。如为厂内使用的产品，可视下工段或车间1～2月的消耗量来考虑贮存量；如是出厂终端产品，作为待包装产品，其贮存量不宜超过半个月产量。不挥发性液体贮罐的装料系数通常可达80%～85%，易挥发性液体贮罐的装料系数通常为70%～75%。气柜一般可以设计得稍大些，可以达2天或略多实际的产量。

② 中间贮罐 考虑一昼夜的产量或发生量的贮存罐。

③ 计量罐、回流罐 计量罐的容积一般考虑最少一次加入量的贮存量，其装料系数通常为60%～70%。回流罐容积一般考虑最少5～10min液体保有量，作为冷凝器液封之用。

④ 缓冲罐 其目的是使气体有一定数量的积累，保持压力稳定，从而保证生产过程中流量稳定。最常见的气体是压缩空气，其贮气罐大小至少按停留时间为6～15s计算。

⑤ 受槽、汽液分离罐、液液分离罐 受槽、汽液分离罐、液液分离罐是常用的附属设备。通常受槽的停留时间可取20min，汽液分离罐停留时间为2～3min，液液分离罐则视密度差来决定，易分离时可考虑20min。

(5) 选择标准型号 各类容器有通用设计图系列，在有关手册中查出与之符合或基本相符的标准型号。若不使用标准型号，就要确定贮罐基本尺寸：根据计算结果和圆整后的容积选择合适的长径比，一般长径比为（2～4）∶1，并根据物料密度、卧式或立式的基本要求和安装场地的大小，计算非标设备的公称容积和贮罐基本尺寸。非标设备的公称容积一般是指圆筒部分容积加底封头的容积。

(6) 开口和支座 在选择标准图纸之后，要设计并核对设备的管口。在设备上考虑进料、出料、温度、压力（真空）、放空、液面计、排液、放净以及人孔、手孔、吊装等装置，并留有一定数目的备用孔。如标准图纸的开孔及管口方位不符合工艺要求，而又必须重新设计时，可以利用标准系列型号在订货时加以说明，并附有管口方位图。

(7) 绘制设备草图（条件图）、标注尺寸，提出设计条件和订货要求。

(二) 间歇搅拌反应设备数量和容积的计算

搅拌反应釜是制药工厂最常用的典型设备之一。在操作条件上，有的是高温高压，有的须减压真空，有的要防燃、防爆，有的须防毒、防腐蚀等。所以在设计和制造各种反应釜时，都必须分别满足上述工艺条件及安全操作条件。此外，还要考虑到技术经济指标和结构条件的要求。

搅拌反应釜的基本结构包括：①釜体，由筒体和上下封头组成；②换热装置，有夹套、蛇管，或两者皆用；③搅拌装置，由搅拌器及搅拌轴等组成；④轴封装置，有静密封和动密封两大类；⑤工艺接管，如加料、出料、排气、人孔、手孔、视镜、测温孔、测压孔、防爆孔、安全阀等。

工艺设计步骤如下：

(1) 确定操作方式　根据工艺要求确定反应釜的操作方式。

(2) 确定工艺计算依据　如生产能力、转化率、反应时间、装料系数、操作温度、压力、比热容等。

(3) 收集有关物性数据　包括反应物料、生成物以及其他组分的物性数据。

(4) 反应釜计算容积的确定　化学反应釜、各种计量罐、配制罐等间歇设备都可以用下面的公式确定设备的计算容积：

$$V_{\mathrm{T}}=\frac{V_{\mathrm{d}}(\tau+\tau')\delta}{24\eta n}$$

式中，V_{d} 为每天需处理的物料体积；V_{T} 为间歇设备的计算容积；η 为间歇设备的装料系数；τ 为每批操作需要的反应时间；τ' 为每批操作需要的辅助时间；n 为间歇设备安装的个数；δ 为间歇设备生产能力的后备系数，通常在 1.05～1.3 范围内。

对于不起泡的物理或化学过程，一般装料系数 0.7～0.8；对于沸腾的或有泡沫产生的物理或化学过程，一般装料系数 0.4～0.6；流体的计量及贮存设备，一般装料系数 0.85～0.9。

(5) 公称容积的确定　如果是标准设备即可满足生产要求，将上式求得的设备计算容积 V_{T} 尽可能圆整到国内常用的公称容积系列，具体可查阅《化工工艺设计手册》。注意从手册上选定的公称容积要略大于计算容积 V_{T}，同时应该进行传热面积的校核。若所需传热面积小于选定的设备实际传热面积，则可直接根据手册确定其他设备技术尺寸。

(6) 间歇操作设备间的平衡　药品生产过程通常是由多步间歇操作来完成的，设计时必须考虑各工序之间的衔接和协调，即前一工序操作终了时，下一工序能够保证接收来料。也就是说，要求各工序每天操作的总批数相等。在特殊的情况下，前后工序的总批数不相等时，需设置中间贮存设备。

总批数相等的条件是：

$$\frac{V_{01}}{\phi_1 V_{\mathrm{a}1}}=\frac{V_{02}}{\phi_2 V_{\mathrm{a}2}}=\cdots=\frac{V_{0n}}{\phi_n V_{\mathrm{a}n}}$$

即各工序的设备容积之间保持互相平衡。

或
$$\frac{N_1}{\tau_1}=\frac{N_2}{\tau_2}=\cdots=\frac{N_n}{\tau_n}$$

即各工序的设备个数与其操作周期之比相等。

式中，V_{0i} 为 i 工序一昼夜内被加工的原料、半成品的容量，m^3；ϕ_i 为 i 工序装料系数；$V_{\mathrm{a}i}$ 为 i 工序单台设备容积，m^3；N_i 为 i 工序设备的操作台数（不含备用）；τ_i 为 i 工序设备的每一个操作周期，包括操作时间和辅助时间，h。

设计时一般先确定主要工序的设备容积、台数及其每天总操作批数，然后使其他各工序每天的操作总批数等于主要工序的每天操作总批数，再确定各工序的设备和容积。

（三）连续操作设备数量和容积的设计计算

1. 设备总容积的计算

$$V_{有效}=\upsilon\tau$$

式中，υ 为物料的流量，m^3/h；τ 为物料停留时间，h；$V_{有效}$ 为设备有效总容积，m^3。

2. 设备数量的计算

$$N=\frac{V_{有效}}{\phi V_a}$$

式中，$V_{有效}$ 为设备有效总容积，m^3；V_a 为单台设备容积，m^3；ϕ 为装料系数。

【例 5-1】 已知某酰化反应釜生产周期为 4h，装料系数为 0.80。从酰化反应工段物料衡算可知，酰化反应釜每天处理的物料总体积为 14652.15L。由酰化反应的热量衡算可知，每批的热负荷为 Q_2 为 28949.61kJ。反应液进出温度 25℃→10℃；冷却剂冰盐水的进出温度 −10℃→6℃。试选择合适的反应釜（后备系数为 1）。

解 （1）公称容积和安装个数的计算

$$nV_T=\frac{14652.15\times4}{24\times0.8}=3052.531\text{L}$$

依据《化工工艺设计手册》提供的间歇反应釜公称容积系列，选取公称容积为 4000L 的 K4000 搪玻璃开式反应釜。其酰化反应釜主要参数如下：公称容积 4000L；实际容积 4348L；传热面积 $11.7m^2$；电机功率 5.0kW；公称直径 1600mm；总高度 4560mm。

则需要的设备台数 $n=3052.53/4000=0.76\approx1$ 台

（2）传热面积校核

平均温度差为：
$$\Delta t=\frac{\Delta t_1-\Delta t_2}{\ln(\Delta t_1/\Delta t_2)}=\frac{[25-(-10)]-(10-6)}{\ln\left[\frac{25-(-10)}{10-6}\right]}=14.29℃$$

酰化反应釜为夹套式反应容器，冷却介质为冰盐水，冷却对象为有机料液，反应器材质为搪玻璃，据此查《化工工艺设计手册》，得总传热系数 $K=147\text{kal}/(m^2\cdot h\cdot ℃)$。

$$A_s=\frac{Q_2}{K\Delta t}=\frac{28949.61}{147\times4.187\times14.29}=3.29m^2(<11.7m^2)$$

即满足传热要求。

（四）发酵罐的计算方法

1. 发酵罐容积的确定

在发酵工段，每天所需要的放罐发酵液体积 V_d（m^3/天）可按下式计算：

$$V_d=\frac{1000MU_q}{mU_f\eta}$$

式中，M 为所设计的年产量，t/年；U_q 为成品的纯度，mg/mg；m 为年工作日，天/年；U_f 为年平均发酵水平，mg/mL；η 为提炼总收率，%。

2. **发酵罐公称容积和台数的确定**

发酵工段一般是三班连续生产，对每台发酵罐而言，目前大多数仍处于分批发酵。为了使提炼工段能均衡生产，大多数发酵工厂是每天定时放1～2个罐批的发酵液，供提取工段进行提取发酵产品生产。

发酵罐公称容积V_0可按下式计算：

$$V_0=\frac{V_d}{n_d\phi}$$

式中，V_d为每天所需发酵液体积，m^3/天；n_d为每天放罐罐数，个/天；ϕ为发酵罐装料系数，按品种不同，可取70%～90%。

上式求得的发酵罐公称容积V_0，应尽可能调整到国内常用的发酵罐容积系列，有关系列具体可查阅《化工工艺设计手册》。

发酵工段所需的发酵罐台数n为：

$$n=n_d\times 发酵周期（天）$$

发酵周期是指每一罐批的发酵培养时间加上辅助时间，辅助时间包括进料时间、灭菌操作时间、移种时间、放罐压料时间、检修发酵罐时间。

3. **种子罐容积和台数的确定**

$$种子罐台数=\frac{发酵罐台数\times 种子罐周期(天)}{发酵罐周期(天)}$$

此外，考虑到为了防止由于种子罐种子生长不良或染菌时造成大罐的停工待种，有些工厂利用个别种子罐作为中试放大的试验罐。在此情况下，在确定种子罐数时亦可适当富裕些，以留有余地。

种子罐的公称容积应根据接种比、培养过程中液体损失率和种子罐装料系数来计算：

$$种子罐容积=\frac{发酵罐计量体积\times 接种比\times(1+液体损失率)}{种子罐装料系数}$$

种子罐的液体损失率是由于通气后培养液水分蒸发和泡沫夹带造成的，其损失率约为10%～20%。而种子罐培养过程中，一般不加消沫剂来控制泡沫，所以其装料系数取得较低，一般大多取55%～65%。

【例5-2】 青霉素发酵生产滤液需要进行萃取，已知萃取每天分三班，由于滤液中含蛋白质量较多，在萃取过程中萃取机内沉积固体量较多，需每班拆洗一次，每次操作拆洗时间为2h。每天需处理的滤液为56.548m^3。

解 实际可用于萃取操作时间为6h，则每小时进料量为56.548/6=9.43m^3/h

选取国产SC-500型立式对向交流萃取机，其生产能力约为5m^3/h，则选用萃取机台数：

$$9.53/5\approx 2台$$

（五）换热设备的设计和选用

1. **换热器的选用程序**

(1) 确定基本参数。包括：流量、温度、压力、物性数据以及介质性质特性（如腐蚀性、易燃性、黏滞性等）。

(2) 选择换热器类型。

(3) 流体在空间的流向。

(4) 定性温度以及在该温度下有关的物性数据。

(5) 热负荷，即热量衡算中的Q_2。

(6) 传热系数 K 值或计算 K 值。

(7) 有效平均温差 Δt_m。需要知道冷、热流体的进出口温度。

(8) 所需传热面积 A

$$A=\frac{Q_2}{K\Delta t_m}$$

并考虑通常情况下为10%～20%，特殊情况下为30%的安全系数。

(9) 需要设备的台数。根据计算的传热面积，确定一台、二台或多台设备串联，应在工艺允许范围内调整有效平均温差，再重复计算一次所需传热面积。

(10) 压力降。应在工艺允许范围内，如超出允许范围，则需重选设备。

2. 换热器设计的一般原则

(1) 基本要求　换热器设计要满足工艺操作条件，能长期运转，安全可靠，不泄漏，维修清洗方便，满足工艺要求的传热面积，尽量有较高的传热效率，流体阻力尽量小，还要满足工艺布置的安装尺寸等要求。

(2) 介质流程　介质流程可按以下情况确定：腐蚀性介质走管程，可以降低对外壳材质的要求；毒性介质走管程，泄漏的概率小；易结垢的介质走管程，便于清洗和清扫；压力较高的介质走管程，可以减少对壳体的机械强度要求；温度高的介质走管程，可以改变材质，满足介质要求；黏度较大、流量小的走壳程，可提高传热系数；从压降考虑，雷诺数小的走壳程。

(3) 终端温差　换热器的终端温差通常由工艺过程的需要确定，但在确定温差时要考虑以下几点：

① 热端的温差应在20℃以上；

② 用水或其他冷却介质冷却时，冷端温差可以小一些，但不要低于5℃；

③ 当用冷却剂冷凝工艺流体时，冷却剂的出口温度应当高于工艺流体中最高凝点组分的凝点5℃以上；

④ 冷凝含有惰性气体的流体时，冷却剂出口温度至少比冷凝组分的露点低5℃。

(4) 流速　在换热器内，一般希望采用较高的流速，以加大对流传热系数，但流速过大，磨损严重，能耗也将增加。常见的流速范围可参见相关书籍。

(5) 压力降　压力降的影响因素较多，通常希望换热器的压力降在表5-3所列参考范围之内或附近。

表5-3　换热器压力降参考值表

操作压力 p/MPa	0～0.1(绝压)	0～0.07 (表压)	0.07～1.0(表压)	1.0～3.0(表压)	3.0～8.0(表压)
压力降 Δp/MPa	$\Delta p=p/10$	$\Delta p=p/2$	$\Delta p=0.035$	$\Delta p=0.035～0.18$	$\Delta p=0.07～0.25$

(6) 传热系数　传热面两侧的传热膜系数（a）如相差很大时，a 值较小的一侧将成为控制传热效果的主要因素，设计换热器时，应设法增大该侧的传热膜系数。计算传热面积时常以 a 值小的一侧为准。

(7) 污垢系数　换热器使用中会在壁面产生污垢，在设计时要慎重考虑流速和壁温的影响，从工艺上降低污垢系数，如改进水质、消除死区、增加流速、防止局部过热等。

(8) 管壳式换热器管程和壳程的确定

① 管程的确定　当换热器的换热面积较大而管子又不能很长时，为了提高流体在管内的流速，需将管束分程，但管程不能过大。管程过大，将使管程流动阻力加大，能耗增加，并且会使平均温度差下降，设计时应权衡考虑。

② 壳程的确定　当温度差校正系数 $\phi_{\Delta t}<0.8$ 时，应采用多壳程。

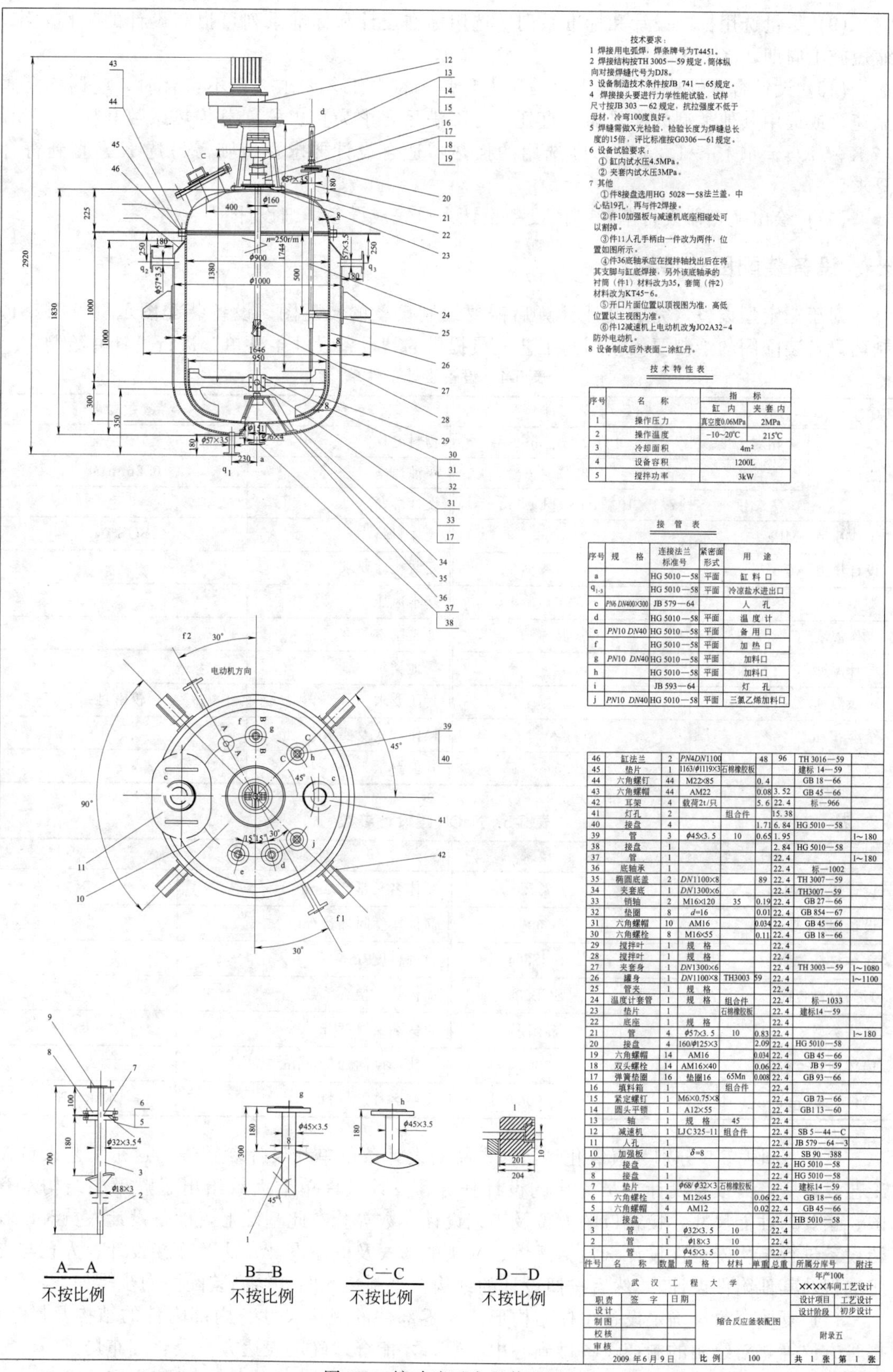

图 5-1 搪玻璃反应釜装配图

(9) 尽量选用标准设计和标准系列　选用标准设计和标准系列可提高设计的工作效率，缩短施工周期，降低工程投资。

(10) 设计合理性检验　首先检验压力降是否符合工艺要求。当不符合时，应调整介质流速，或选用其他类型的换热器，直到压力降满足要求为止。核算总传热系数和换热面积。当 $K_{选}/K_{计}=1.15\sim1.25$ 时，则选用的换热器适合设计要求，否则需另选 $K_{选}$ 直到符合要求。

(11) 绘出换热器设备草图　由设备设计人员完成设备详细设计。

十、设备装配图的绘制

对于非定型设备，完成设计计算后需要绘制设备的装配图，设备装配图示例见图 5-1。制药设备装配图的绘制要依据制药工艺人员提供的“设备设计条件单”进行设计并绘制。

表 5-4　设备设计条件单

名称		参数要求	名称	参数要求
物性	相对密度	1349.0kg/m³	物料名称	氢氧化钠
	含量	32%	腐蚀速率	0.2mm/年
	黏度	17.1×10⁻³Pa·s[kg/(m·s)]	设计寿命	8 年
工作压力/ MPa			壳体材料	SUS304
设计压力/MPa			安装检修要求	
类型		立式	基本风压	
工作温度/℃		常温	地震基本烈度	
设计温度/℃		50	场地类别	
环境温度/℃		25℃	封闭要求	较密封
全容积/m³		25	操作方式及要求	
操作容积/m³		22.5	其他要求	

表 5-5　NaOH 罐设计参数

设计参数	要求	设计参数	要求
设计压力/MPa	常压	筒体名义厚度/mm	8
设计温度/℃	50	筒体厚度附加量/mm	2.8
筒体材料名称	SUS304	腐蚀裕度/mm	2
封头材料名称	SUS304	筒体焊接接头系数	0.85
封头类型	椭圆形	封头名义厚度/mm	8
筒体内直径/mm	3600	封头厚度附加量/mm	2.8
筒体长度/mm	6000	支座名称及材料	水泥支座

表 5-4 和表 5-5 分别为氢氧化钠溶液贮罐的设计条件单和设计参数表，这是工艺人员在工艺设计后，需设备设计人员完成的设计任务。设计条件单上大致给出了贮罐的结构示意图、主要的性能尺寸、接管口的方位及工艺设计参数等。在此基础上，设备设计人员对该制药设备进行结构安全性设计（包括罐体、封头的形式及壁厚设计、法兰连接设计、人孔与支座选型及其他附件设计）；然后按照设计的结构，绘制装配图。绘制装配图的步骤如下：

(1) 复核资料　确定设备主体结构形式、零部件的规格尺寸、内部附件的结构及尺寸、接管方位等，对绘制的制药设备做到心中有数，才能合理确定表达方案及合理布局。

(2) 确定视图的表达方案　根据所绘制的制药设备的结构特点，合理确定表达方案。这里，贮罐采用主视图和俯视图表达。主视图上采用多次旋转的局部剖视图，俯（左）视图为基本视图；对于细微部分（如焊缝接头、未表达清楚的接管等）可采用局部放大图；未表达清楚部分（如空气分布器、支座与地基的连接部分）采用局部放大图另图表达。

(3) 确定比例　根据选定的图幅及设备的总体尺寸，选择绘图比例。

(4) 绘制视图底稿　按绘制装配图底稿的步骤进行，具体的从主视图开始，先画主体结构（即罐体、封头等主体部分），在完成壳体主件后，按装配关系依次绘制其他有关零部件的投影，最后画局部剖视图。画好底稿后，需经过仔细校核，修正无误后，即可标注尺寸。

(5) 标注尺寸及焊缝代号　在装配图上逐一标注特性尺寸、安装尺寸、装配尺寸、总体尺寸；并根据 GB 324—2008 焊接符号表示法、GB/T 985—2008 焊缝的坡口基本形式及尺寸的要求，对焊缝接头进行尺寸标注或符号标注。

(6) 填表　编写零部件及管口序号，填写明细栏及管口表。

第二节　制剂设备选型、设计与安装

一、制剂设备的选型与设计

药物制剂生产以机械设备为主（大部分为专用设备），化工设备为辅。每生产一种剂型都需要一套专用生产设备。制剂专用设备又有两种形式：一种是单机生产，由操作者衔接和运送物料，并完成生产，如片剂等有这种生产形式，其生产规模可大可小，比较灵活，但人为影响因素较大，效率较低；另一种是自动化联动生产线，是从原料到包装材料加入，通过机械加工、传送和控制，完成生产，如输液、粉针等，其生产规模较大，效率高，但操作、维修技术要求较高，对原材料、包装材料质量要求高。后一种形式是今后发展的趋势。

（一）制剂设备选型与设计的步骤

应按下述步骤进行制剂设备选型：①首先了解所需设备的大致情况，国产还是引进，生产厂家的使用情况和技术水平等，进而确定设备的类型；②要核实和使用要求是否一致；③到设备制造厂家了解其生产条件、技术水平及售后服务等，在选择设备时，必须充分考虑设计的要求和各种定型设备和标准设备的规格、性能、技术特征、技术参数、使用条件、设备特点、动力消耗、配套辅助设施、防噪声和减震等有关数据以及设备的价格，此外还要考虑工厂的经济能力和技术素质；④根据调研情况和物料衡算结果，确定所需设备的名称、型号、规格、生产能力、生产厂家等，并造表登记。

在制剂选型与设计中应注意：①用于制剂生产的配料、混合、灭菌等主要设备和用于原料药精制、干燥、包装的设备，其容量应与生产批量相适应；②对生产中发尘量大的设备如粉碎、过筛、混合、制粒、干燥、压片、包衣等设备应附带防尘围帘和捕尘、吸粉装置，经除尘后排入大气的尾气应符合国家有关规定；③干燥设备进风口应有过滤装置，出风口有防止空气倒流装置；④洁净室（区）内应尽量避免使用敞口设备，若无法避免时，应有防止污染措施；⑤设备自动化或程控设备的性能及准确度应符合生产要求，并有安全报警装置；⑥应设计或选用轻便、灵巧的物料传送工具（如传送带、小车等）；⑦不同洁净级别区域传递工具不得混用，B级洁净室（区）使用的传输设备不得穿越其他较低级别区域；⑧不得选用可能释出纤维的药液过滤装置，否则须另加非纤维释出性过滤装置，禁止使用含石棉的过滤装置；⑨设备外表不得采用易脱落的涂层；⑩生产、加工、包装青霉素等强致敏性、某些甾体药物、高活性、有毒害药物的生产设备必须专用等。

（二）制剂专用设备选型与设计的主要依据和设计原则

1. 工艺设备选型与设计的主要依据

① 工艺设备符合国家有关政策法规，可满足药品生产的要求，保证药品生产的质量，安全可靠，易操作、维修及清洁。

② 工艺设备的性能参数符合国家、行业或企业标准，与国际先进制药设备相比具有可比性，与国内同类产品相比具有明显的技术优势。

③ 具有完整的、符合标准的技术文件。

2. 制药设备满足 GMP 设计的具体内容

制药设备在产品设计、制造的技术性能等方面应以满足 GMP 设计通则为纲，以推进制药设备 GMP 规范的建立和完善。

① 设备设计应符合药品生产工艺要求，安全可靠，易于清洗、消毒、灭菌，便于生产操作和维修保养，并能防止差错和交叉污染。

② 应严格控制设备的材质选择。与药品直接接触的零部件均应选用无毒、耐腐蚀，不与药品发生化学变化，不释出微粒或吸附药品的材质。

③ 与药品直接接触的设备内表面及工作零件表面，尽可能不设计有台、沟及外露的螺栓连接。表面应平整、光滑、无死角，易清洗与消毒。

④ 设备应不对装置之外环境构成污染，应采取防尘、防漏、隔热、防噪声等措施。

⑤ 在易燃易爆环境中的设备，应采用防爆电器并设有消除静电及安全保险装置。

⑥ 对注射制剂的灌装设备除应处于相应的洁净室内运行外，要按 GMP 要求，局部采用 A 级层流洁净空气和正压保护下完成各个工序。

⑦ 药液、注射用水及净化压缩空气管道的设计应避免死角、盲管。材料应无毒、耐腐蚀。内表面应经电化抛光，易清洗。管道应标明管内物料流向。其制备、贮存和分配设备结构上应防止微生物的滋生和传染。管路的连接应采用快卸式连接，终端设过滤器。

⑧ 当驱动摩擦而产生的微量异物及润滑剂无法避免时，应对其机件部位实施封闭并与工作室隔离，所用的润滑剂不得对药品、包装容器等造成污染。对于必须进入工作室的机件也应采取隔离保护措施。

⑨ 无菌设备的清洗，尤其是直接接触药品的部位和部件必须灭菌，并标明灭菌日期，必要时要进行微生物学的验证。经灭菌的设备应在三天内使用，同一设备连续加工同一无菌产品时，每批之间要清洗灭菌；同一设备加工同一非灭菌产品时，至少每周或每生产三批后进行全面清洗。设备清洗除采用一般方法外，最好配备在线清洗（CIP）、就地灭菌（SIP）的洁净、灭菌系统。

⑩ 设备设计应标准化、通用化、系列化和机电一体化。实现生产过程的连续密闭，自动检测，是全面实施设备 GMP 的要求的保证。

⑪ 涉及的压力容器，除符合上述要求外，还应符合 GB 150—2011《压力容器》有关规定。

（三）制剂设备设计的趋势

1. 模块化设计

模块化设计是指将原有的连续工艺根据工序性质的不同，分成许多个不同的模块组，比如将片剂分成粉体前处理模块（包括粉碎、筛分等）、制粒干燥模块（湿法、干法、沸腾干燥等）、整粒及总混模块（包括整粒及总混合等）、压片模块、包衣模块、包装模块等。所有这些模块既需要单独进行系统配置的考虑，同时又要将所有模块用相应的手段诸如定量称量、批号打印、密闭转序、中央集中控制等进行合理的连接，最后组成一个完整的系统。

例如Adapta型胶囊充填机（图5-2），可以将粉剂、丸剂、液体或片剂充填到硬胶囊中。其有以下特点：

① 设计灵活，可以使得两种充填单元互换，使不同机器配置和充填组合的即插即用转换成为可能。

② 多产品复合充填：设计可满足在同一胶囊中充填三种产品（根据要求可以充填五种）的要求，产量达到100000粒胶囊/h。

③ 全过程控制：产品装量的单独检测，可以实现总重或净重100%控制。

④ 洁净工作容易：清洁和维护操作简单。

⑤ 根据要求可配置高隔离防护系统，满足GMP要求。

图5-2　Adapta型胶囊充填机

以制剂工业中无菌制药产品工艺条件最为严格的水针生产联动线中的安瓿灌装封口机为例，说明在制剂设备设计和选型中，如何以系统功能优化的概念来充分体现机械化、自动化、程控化和智能化。首先安瓿灌装封口机的材质，要求与药液接触的零部件均应采用无毒、耐腐蚀、不与药品发生化学变化或吸附药液组分和释放异物的材质。封口方法采用燃气+氧助燃，淘汰落后的熔封式封口，采用直立或倾斜旋转拉丝式封口（钳口位置于软、硬处均可）。灌液泵选用机械泵（金属或非金属）或蠕动泵均可，在保证灌装精度情况下，选用蠕动泵，其清洗优于机械泵。燃气系统以适应多种燃气使用为佳，系统的气路分配要求均匀，控制调节有效可靠，系统中必须设置防回火装置。从结构看，灌装、封口必须在A级净化层流等技术下完成。层流装置中，过滤原件上下要有足够静压分配区，出风要有分布板。缺瓶止灌机构的止灌动作要求准确可靠，基本无故障，若无此机构则不符合GMP要求。装量调节机构若用机械泵应设粗调和细调两功能，蠕动泵则由“电控”完成，二者装量误差必须符合有关标准。复合回转伺服机构及回转往复跟随机构是国际同类产品常用机构，其运行性能良好。设备部件应通用化和系列化，即更换少量零部件，适应多规格使用。排废气装置的吸头位置应安排在操作者位置的对侧。控制功能应具有联锁功能——非层流不启动，不能进行灌装和封口操作；显示功能——产量自动计数，层流箱风压显示调节功能，即主轴转速及层流风速能无级调速；监视功能——发生燃气熄火自动切断气源，主机每次停机钳口自动停高位；联动匹配功能——进瓶网带储瓶拥堵，指令停网带及洗瓶机，当疏松至一定程度后指令解除；少瓶时指令个别传送机构暂停，但已送出瓶子仍能继续进行灌装和封口，直至送入出瓶斗，状态正常后自动恢复正常操作。

2. 隔离技术的应用

以一条用于抗癌药生产的带隔离器的液体灌装线为例了解隔离技术与暴露工序的集成（图5-3）。

这套设备可在C级或D级洁净区使用，整套设备包含：转盘式西林瓶清洗机（图5-4）、去热原灭菌隧道烘箱（图5-5）、西林瓶灌装/加塞机（图5-6）、轧盖机（图5-7）、隔离器Isolator及RABS（限制通道屏障系统）（图5-8）、玻瓶外壁清洗机（图5-9）。

图 5-3　带隔离器的液体灌装线

图 5-4　转盘式西林瓶清洗机

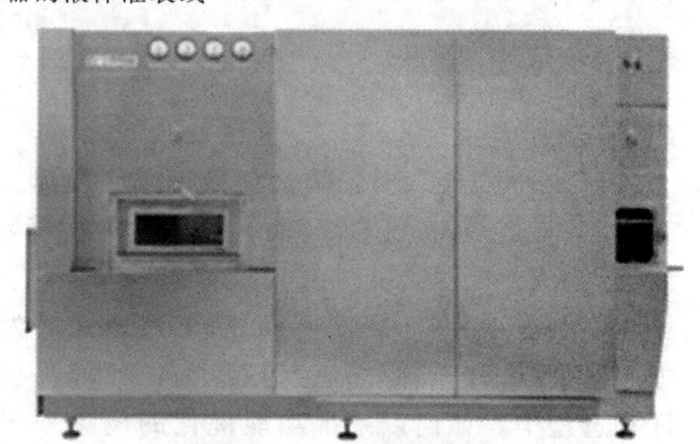

图 5-5　去热原灭菌隧道烘箱

(a) 灌装机

(b) 加塞机

图 5-6　西林瓶灌装/加塞机部分示意图

图 5-7　轧盖机部分示意图

图 5-8　隔离器 Isolator 及 RABS

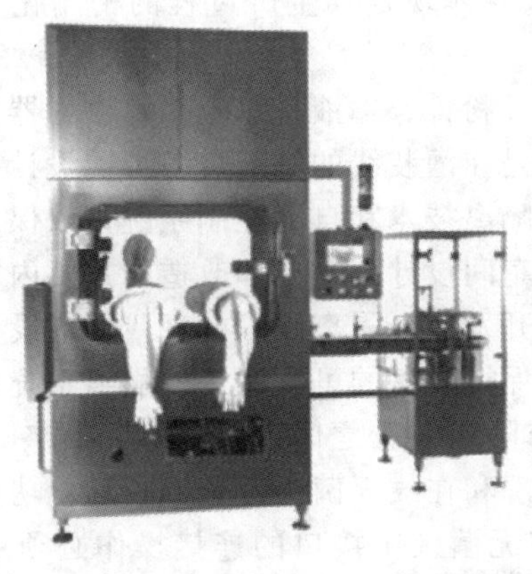 

图 5-9　玻瓶外壁清洗机外形与部分示意图

该套设备的特点为：

① 自动汽化过氧化氢灭菌器灭菌，省时省力，气体分布均匀，效果较好，同时较易进行 GMP 验证；

② 与外界完全隔离，仅通过 HEPA（高效过滤器）进行空气交换，并可恒定隔离舱内的压力以阻绝外界污染；

③ 采用双门或 RTP（快速传递）系统，保证了在无菌环境中的传递；

④ 能够明显降低操作和维护的成本，洁净室要求 C 级或 D 级，相比较 B+A 方式投资成本大大降低。

二、工艺设备的安装

制剂车间工艺设备要达到 GMP 要求，制剂设备的安装是一个重要内容。首先设备布局要合理，安装不得影响产品的质量；安装间距要便于生产操作、拆装、清洁和维修保养，并避免发生差错和交叉污染。同时，设备穿越不同洁净室（区）时，除考虑固定外，还应采用可靠的密封隔断装置，以防止污染。不同洁净等级房间之间，如采用传送带传递物料时，为防止交叉污染，传送带不宜穿越隔墙，而是在隔墙两边分段传送，对送至无菌区的传动装置必须分段传送。应设计或选用轻便、灵巧的传送工具，如传送带、小车、流槽、软接管、封闭料斗等，以辅助设备之间的连接。对洁净室（区）内的设备，除特殊要求外，一般不宜设地脚螺栓。对产生噪声、振动的设备，应采用消声、隔振装置，改善操作环境。动态操作时，洁净室内噪声不得超过 70dB。设备保温层表面必须平整、光洁，不得有颗粒性物质脱落，表面不得用石棉水泥抹面，宜采用金属外壳保护。设备布局上要考虑设备的控制部分与安置的设备有一定的距离，以免机械噪声污染造成对人员的损伤，所以控制部分（工作台）的设计应符合人机工程学原理。

三、制剂设备 GMP 达标中的隔离与清洗灭菌问题

要重视制剂设备的达标，因为它是直接生产药品的装置，在 GMP 实施中具有举足轻重的作用。为此，仅对制剂设备 GMP 达标中的隔离与清洗灭菌进行探讨。

（一）无菌产品生产的隔离技术

按照 GMP 要求，制剂生产过程应尽量避免微生物、微粒和热原污染。由于无菌产品生产应在高洁净环境下进行配料、灌装和密封，而其工艺过程存在许多可变影响因素（如操作人员的无菌操作习惯等），因此，对无菌药品生产提出了特殊要求，其中质量保证体系占有

特别重要的地位。它在制剂设备设计中的一个重要体现是其生产过程的密闭化，实行隔离技术。

医药工业的隔离技术涉及无菌药品（如水针、粉针、输液）以及医疗注射器的生产诸方面。在无菌产品生产中，为避免污染，重要措施是在灌装线的制剂设备周围设计并建立隔离区，将操作人员隔离在灌装区以外，采用彻底的隔离技术和自动控制系统，以保证无菌产品生产无污染。因此，隔离技术成为无菌产品生产车间设计、生产和改造的重要内容。

传统的制剂设备不能满足隔离技术的要求，开发适合隔离技术的现代制剂设备（如灌装设备）原则是：保证设备设计合理、制造优良，保持设备的可靠性；使隔离系统符合人机工程学要求和理念；具备精确的操作控制；设备与隔离装置之间严密密封；装备适合于洁净室；选用耐消毒灭菌和清洗的材料；便于在线清洗和在线灭菌；设备的自动化功能等。

符合人机工程学要求的隔离系统设计，除在无菌区中接口的连接操作必须适合于手动外，还应考虑各种接口的快速操作，当需要进行某项操作（如高压蒸汽灭菌）时，最好不用工具或用简单工具即能迅速完成操作程序。自动化制剂生产线上设备的隔离区内，操作人员应能使用隔离手套，进行方便的手动操作，这就要求制剂设备结构设计具有充分的合理性。

在无菌冻干粉针的生产中，为了保证产品的质量，应采用自动进出料装置和隔离装置，既控制了产品风险，又保护了操作人员。冻干灌装联动线上西林瓶的人工转运一直是导致污染的主要原因。现在一些制剂设备厂家开发出了自动进出料系统转运西林瓶。配备自动进出料的冻干机必须满足以下条件：冻干机必须带有进出料的小门，并实现自动开闭。冻干机板层可以实现等高位置的进出料，即所有板层的进出料全部在统一高度。板层定位精度要求高，可以实现与自动进出料装置的无缝对接。板层两侧带有导向轨道。

自动进出料装置主要有两种形式：一种是移动式自动进出料系统；另外一种是固定式自动进出料系统。

如图 5-10 所示，移动式自动进出料系统可以支持多台冻干机的进料和执行多个任务计划。进料系统包含一个与灌装线集成的进料缓冲平台（infeed system ，简称 IS），它可以收集、移动小瓶，使小瓶排列成符合冻干箱板层的形状和大小。然后，一个自动转移小车（automated guided vehicles，简称 AGV）将排列好的小瓶转移到冻干箱的板层上。冻干工艺完成后，AGV 小车再将排列好的小瓶从冻干箱的板层转移到出料平台（out feed system，简称 OS），进入轧盖机进行轧盖。

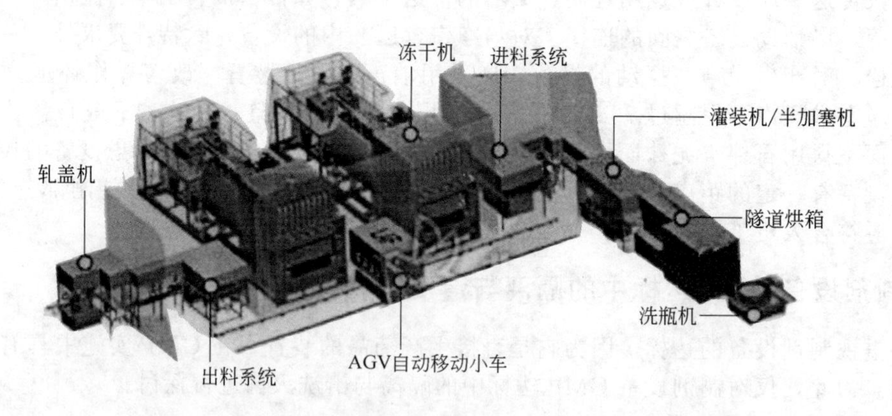

图 5-10　移动式自动进出料系统示意图

移动式自动进出料的特点：系统由进料缓冲平台（IS）、自动转移小车（AGV）、出料平台（OS）组成；一层板层一次完成进出料；适合于两台或以上设备；单边进出料或一边进料一边出料；隔离适合做层流罩（LAF）、限制通道屏障系统（RABS）；冻干机之间更加紧凑，冻干机大门通常位于无菌室。

整个操作过程的环境要达到进料线A级，或者产品线在B级环境开式RABS的条件下。在冻干箱门前要有A级层流保护。所有移动式自动进出料系统单元（IS、OS和AGV）由RABS保护。在轧盖之前，小瓶必须在A级洁净度下保护。

对于只有一台或两台冻干机的生产线，或无需同时进料和出料的生产线，固定式自动进出料系统（row by row）比较适合。固定式自动进出料系统包括一个同灌装线集成的传送机构，通过该传送机构将小瓶运送到冻干箱前，在冻干机小门门口，一排排整齐排列的西林瓶被进料装置有序地推到冻干机的板层上面，出料靠冻干机后面的推杆推出到出料链板上面，如图5-11所示。

固定式自动进出料的特点：逐排实现进出料；适合于一台或最多两台冻干机；单边进出料；隔离适合做LAF、RABS、C-RABS（密闭式限制通道屏障系统）、Isolator（隔离器）；冻干机大门通常位于机械室，冻干机在无菌室内只有进出料小门。

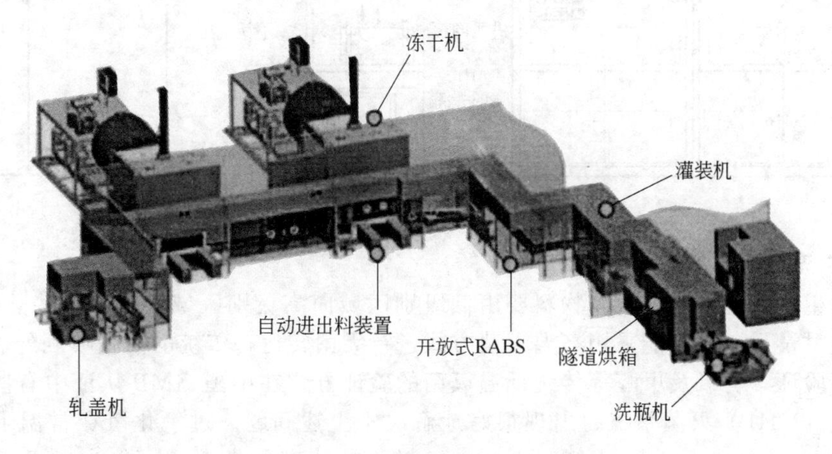

图5-11 固定式自动进出料系统示意图

1. 限制通道屏障系统/隔离器

无菌原料药生产过程中常在混粉、分装、轧盖等工序使用隔离措施代替传统的大面积层流操作。对于附加值较高的药品，可采用完全意义上的隔离器（isolator），可以实现真正的隔离操作，避免人员和外界环境与物料的接触。对于大多数药品，使用隔离器成本过高时，可采用带层流装置的限制通道屏障系统进行操作。RABS（restrictive access barrier systems，限制通道屏障系统），分为O-RABS（open-restrictive access barrier systems，开放式限制通道屏障系统）和C-RABS（closed-restrictive access barrier systems，密闭式限制通道屏障系统）。每种RABS根据取风方式又可以分为主动式（active）和被动式（passive）。如被动式O-RABS的无菌分装轧盖生产线，将计量、分装、轧盖以及层流装置集成在一起，通过轨道将轧盖后的铝桶自动传送到外包区域，既实现了物料分装的自动化操作，又保证了生产过程的无菌状态。

2. 真空转料系统及无菌分体阀

对于粉体流动性较好的固体物料，使用符合GMP要求的真空上料机，配合无菌分体阀（也称α/β阀），即可实现固体物料的密闭转移，避免粉尘的产生（参见图2-44）。真空上料机由真空发生器、过滤器、分离器、进料仓、进料管道等部分组成，过滤器能使被输送的物料与空气完全分离，避免物料进入大气。无菌分体阀分为主动阀和被动阀两部分，分别装在要对接的两个容器上，使每个容器都可以保持密闭状态，对接之前在两片暴露在外的阀片缝隙之间通入汽化过氧化氢灭菌就可保证无菌对接。

3. 负压称量罩

每批固体物料在向溶解罐投料前都要经过称量备料，以确保整个精制过程物料平衡的精确性，从而保证产品质量。在物料称量过程中，产生粉尘不可避免。负压称量罩采用上送风、侧下回风的方式，将粉尘限制在称量台附近，防止其四处扩散，很好地解决了扬尘的问题（见图 5-12）。循环风由内置风机取自房间，经内部中、高效过滤器后部分循环使用，部分排至房间，定期清洗更换过滤器即可。

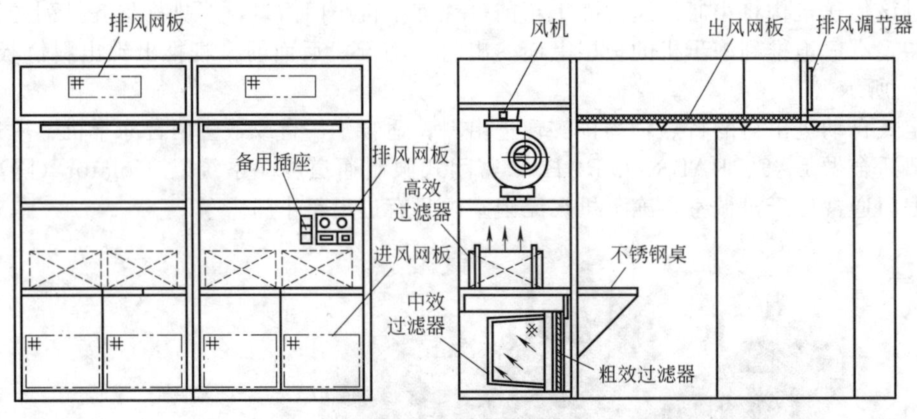

图 5-12　负压称量罩

4. VHP 无菌传递舱

在药品生产过程中，有很多物料要由低级别区域向高级别区域转运，一些热敏性物料、塑料薄膜包材及设备等不能采用高温灭菌方式进行无菌转运，传统的酒精喷洒外表面灭菌方式不能进行验证，臭氧及甲醛等传统低温灭菌的验证方式在中国 GMP 认证中有些争议，汽化过氧化氢（VHP）灭菌系统的出现很好地解决了上述问题。过氧化氢在常温下气体状态比液体状态更具杀孢子能力，经生成游离的氢氧基，用于进攻细胞成分，包括脂类、蛋白质和 DNA 组织，达到完全灭菌的要求。过氧化氢灭菌一般在室温下进行，无需额外升温。灭菌后残留过氧化氢的降解方法较易实现，催化剂也较容易获得，降解后生成产物只有水和氧气。因此，对环境无害，无需额外的清洁。另外，过氧化氢在空气中浓度在 1ppm 以下属于人员安全浓度水平。VHP 无菌传递舱是经专门设计制造而成的一种用于低级别区向高级别区传递物料、去除生物污染源的专用设备（见图 5-13）。

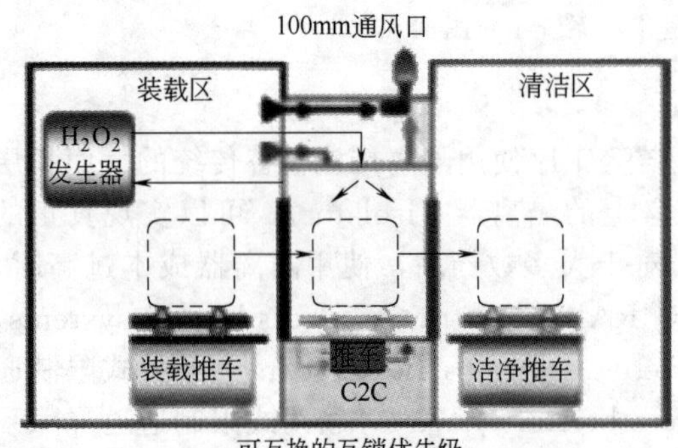

图 5-13　VHP 无菌传递舱使用示意图

（二）在线清洗与在线灭菌

1. 在线清洗

在线清洗（clean in place，CIP）是指系统或较大型设备在原安装位置不作拆卸及移动下的清洁工作。管路在使用过程为全封闭状态。在线清洗就是通过 CIP 系统的管路与需要清洗的生产设备相连，用水和不同的洗涤液，按照一定的程序，通过循环，对设备进行有效的清洗，可将上批生产残留在生产设备中的物质减少到不会影响下批产品疗效、质量和安全性的状态。

在药品生产中，设备的清洗与灭菌占有特殊的地位。在线清洗是包括设备、管道、操作规程、清洗剂配方、自动控制和监控要求的一整套技术系统。全自动CIP清洗站，将清洗液罐、循环泵、循环管路、控制阀门等部件集成在一起，实现了CIP的模块化设计；采用PLC对清洗步骤进行全自动控制，真正达到生产与清洗过程“无缝对接”。对清洗液浓度、液位、温度、流量、pH值、电导率进行自动控制与检测；对生产系统自动进液、清洗、回液、排放、调节以及清洗时间、顺序与检测进行控制，其操作简单，计算机实时运行与监控，清洗效果好，符合GMP要求。GMP明确规定制剂设备要易于清洗，尤其是更换产品时，对所有设备、管道及容器等按规定必须彻底清洗和灭菌，以消除活性成分及其衍生物、辅料、清洁剂、润滑剂、环境污染物质的交叉污染，消除冲洗水残留异物及设备运行过程中释放出的异物和不溶性微粒，降低或消除微生物及热原对药品的污染。应该说在线清洗（CIP）和在线灭菌（SIP）系统的建立是制剂设备GMP达标的重要保证。同时，在制剂设备设计和安装时，要考虑CIP和SIP因素以及由此而引起的相关问题，如清洗后的干燥等。

CIP系统具有的优点：①清除残留，防止微生物污染，避免批次之间的影响；②利于按GMP要求，实现清洗工序的验证；③能使生产计划合理化及提高生产能力；④与手洗作业相比较，能防止操作失误，提高清洗效率，降低劳动强度，安全可靠；⑤可节省清洗剂、水及生产成本；⑥能增加机器部件的使用年限。

CIP的设计要点为：①CIP系统装置主要包括清洗剂站、输送泵、回收泵、清洗设备、清洗和回流管线、各种控制阀清洗剂站，包括各种清洗剂的调配、储存，每个清洗罐的容积由清洗设备和管线来确定，一般采用不锈钢材质；②清洗泵，一般采用不锈钢材质，需根据清洗对象确定清洗泵的流量、扬程及清洗喷头；③清洗喷头，CIP系统的喷头对于彻底清洗至关重要。一般来说，一个CIP系统的优劣，喷头的正确选择具有决定性的作用。按喷头形式不同，分为固定喷洒头、旋转喷洒头与旋转喷射头；按喷射形状不同，分为平面扇形和实心锥形。喷头的设计要根据清洗对象而确定，并能自排放、自清洗。其通常最佳工作压力为0.2～0.25MPa，清洗液流量为4～121L/(min·m^2)；④清洗流速，CIP系统的清洗必须达到相当的湍流速度才使粗颗粒不致沉积而难以清除。在CIP系统输送管道中的液流速度应＞2.0m/s，雷诺系数最好不低于30000；⑤清洗管线，管路连接方式最好采用焊接或卫生型卡箍连接，禁止法兰连接，CIP系统中所有管路不得存在死角，所有管路安装都向低点尽可能大的坡度倾斜（最低1%，但2%效果更好），以保证每个阶段的CIP洗液能全部放尽。不同的分支回路应分别清洗，或者串联清洗，如采用并联的方式清洗不同的线路，需确保每个支路都达到最低的流速要求；⑥阀门，由于球阀、蝶阀、闸阀等阀门在垫片、密封圈或阀杆附近会积累污垢，CIP系统难以清洗，有可能在最后一道淋洗过程中污染清洗对象，故CIP系统所采用的阀门应为隔膜阀或其他洁净阀门；⑦材质，CIP系统的材质根据清洗液体的性质而定，如系统要求最终有注射水淋洗，则注射水过流处应考虑采用316L材质，一般要求可选用304不锈钢，内表面粗糙度至Ra0.4～0.5μm，使CIP系统易于自清洗；⑧控制系统，CIP系统采用PLC控制，配合先进的智能数字仪表及检测设备，编制程序，控制各气动阀门及泵、pH计、电导率分析仪表，自动控制清洗过程；清洗过程中，系统控制对温度、时间、流速、压力、清洗次数、排放等进行自动控制，并对清洗关键数据进行记录和存储。

全自动CIP清洗站可以是单罐、双罐（图5-14）或多罐。根据溶剂结晶型无菌原料药的特点，此类车间多选用双罐或多罐。清洗的一般流程为：清洗液（视药品性质选择酸液或碱液）洗涤→制药用水（饮用水或纯化水）循环清洗→注射用水最后淋洗。清洗过程可根据产品不同性质及清洗难易程度选择不同浓度、温度的清洗液及设定不同的清洗时间。使用全自动CIP清洗站减少了清洁时间和操作人员，清洗过程重现性好，清洗参数较易控制。

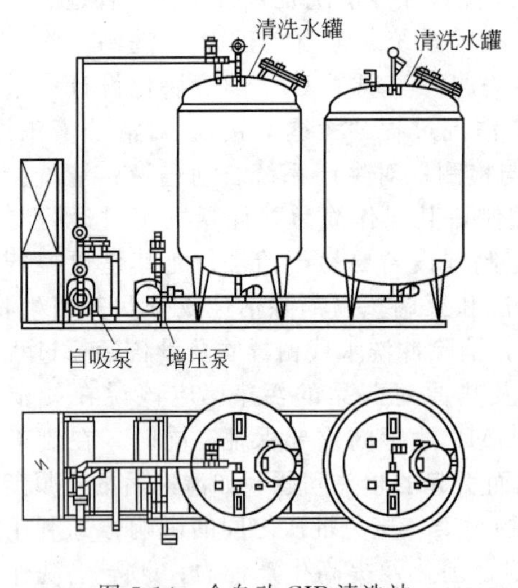

图 5-14　全自动 CIP 清洗站

以无菌注射剂生产过程为例，工艺设备的清洗手段通常分为手工、半自动和在线清洗。手工清洗又称拆洗，如灌装机灌装头、软管等，只有拆洗才能确保清洁效果（应注意人工清洗在克服了物料间交叉污染的同时，常常带来新的污染，加上设备结构因素使之不易清洗）。清洗不锈钢过滤器用超声波清洗器属半自动清洗设备。大型固定设备需采用特殊的清洗方式，即在线清洗。在预定的时间里，将一定温度的清洗液和淋洗液以控制的流速通过待清洗的系统循环而达到清洗的目的。这种方式适用于注射用水系统、灌装系统、配制系统及过滤系统等。在在线清洗中，有两点不变：一是待清洗系统的位置不变；二是其安装基本不变。只有局部因清洗的需要作临时性变动，清洗程序结束后，安装即恢复原样。

一个稳定的在线清洗系统在于优良的设计，而设计的首要任务是根据待清洗系统的实际来确定合适的清洗程序。首先要确定清洗的范围，凡是直接接触药品的设备都要清洗。二是确定药品品种，因为不同的品种，其理化性质不同，其清洗程序也要作相应的变化，才能使其符合规定。还有清洗条件的确定、清洗剂的选择、清洗工具的选型或设计。根据在线清洗过程中的待监测的关键参数和条件（如时间、温度、电导、pH 和流量），确定采用什么样的控制、监控及记录仪表等措施，特别应重视对制剂系统的中间设备、中间环节的在线清洗及监测。在线清洗技术主要包括超声波清洗技术、干冰清洗技术、高压水射流清洗技术、化学清洗技术等。

清洗设备的设计与制造应当遵循方便维护及保养，设备所用的材料和产品与清洁剂不发生反应等原则。清洗工具便于接装入待清洗系统或从系统中拆除。还应特别注意微生物污染问题，尤其是清洁后不再进一步消毒或灭菌系统应特别注意微生物污染的风险。采取的措施如系统管路应有适当的倾斜度，避免积水；清洗设备及所用的清洗剂应保持好的卫生状态等。

清洗剂在清洗中作用重大，按照作用机理可分为溶剂、表面活性剂、化学清洗剂、吸附剂、酶制剂等几类。水是最重要的溶剂，它具有价廉易得、溶解分散力强、无毒无味、不可燃等突出优点。清洗剂的选择取决于待清洗设备表面及表面污染物质的性质。按照具体问题具体对待的原则，如大容量注射剂生产中，常用的在线清洗的清洗剂是碳酸氢钠和氢氧化钠，因为它们具有去污力强和易被淋洗掉的特点，同时，碳酸氢钠可作为注射剂的原料，氢氧化钠常用来调节注射剂的 pH 值。在生化制药中，对细胞无毒性是选择清洗剂的一条重要原则。

2. 在线灭菌

在线灭菌是制剂设备 GMP 达标的另一个重要方面。可采用在线灭菌系统是无菌药品生产过程的管道输送线、配制釜、过滤系统、灌装系统、冻干机和水处理系统等。在线灭菌所需的拆装操作很少，容易实现自动化，从而减少人员的疏忽所致的污染及其他不利影响。在大容量注射器生产系统设计时应当充分考虑系统在线灭菌的要求。如在氨基酸药液配制过程中所用的回滤泵、乳剂生产系统的乳化机和注射用水系统中保持注射用水循环的循环泵不宜进行在线灭菌，在在线灭菌时应当将它们暂时“短路”，排除在在线灭菌系统外。又如灌装系统中灌装机的灌装头部分的部件结构比较复杂，同品种生产每天或同一天不同品种生产后均需拆洗，它们在清洗后应进行在线灭菌。另外，整个系统中应有合适的空气和冷凝水排放口，应有完善的控制与监测措施来匹配，以免造成在线灭菌系统不能正常运转。

第三节　材料的腐蚀和防腐蚀

腐蚀是指材料在环境的作用下引起的破坏或变质。金属腐蚀是由化学或电化学作用所引起的，有时还包括机械、物理或生物的作用。化学腐蚀是金属和介质间由于化学作用而产生的，在腐蚀过程中没有电流产生。而电化学腐蚀是金属和电解质溶液间由于电化学作用而产生的，在腐蚀过程中有电流产生。非金属腐蚀通常是由物理作用或直接的化学作用所引起，如高聚物的溶胀、溶解、化学裂解及硅酸盐的化学溶解等。

通常金属腐蚀的形态可划分为均匀腐蚀和局部腐蚀两大类。均匀腐蚀是材料表面均匀地遭到腐蚀，其结果是设备的壁厚减薄。局部腐蚀是材料表面部分地遭到腐蚀。其破坏的形式是产生麻点、局部穿孔、组织变脆以及设备突然开裂等。大多数局部腐蚀的结果会使设备突然遭到破坏，其危险性比均匀腐蚀大得多。在设备的腐蚀损害中，局部腐蚀约占70%，且通常是突发性和灾难性的，因此，在选材时，对局部腐蚀应予以高度的重视。

一、耐腐蚀材料的选择

（一）选材步骤

(1) 了解设备使用的环境　由于材料在不同条件（如介质、温度、浓度）下耐蚀性不同，因此选材前必须了解设备使用的环境条件，这些条件一般包括如下几方面：

① 设备所要接触的所有介质（包括反应物、生成物、溶剂、催化剂等）的组成和性质，如温度、浓度、压力等；

② 空气混入的程度，有无其他氧化剂；

③ 混入液体中的固体物所引起的磨损和浸蚀情况；

④ 设备内所要进行的单元反应或单元操作情况，特别注意是否有高温、低温、高压、真空、冲击载荷、交变应力、温度变化、加热冷却的温度周期变化、有无急冷急热引起的热冲击和应力变化；

⑤ 液体的静止状态和流动状态；

⑥ 局部的条件差（温度差、浓度差），不同材料的接触状态；

⑦ 应力状态（包括残余应力状态）。

(2) 根据设备的实际使用环境初选材料　根据设备使用的实际环境，结合各种材料手册、工艺设计手册、生产厂家的推荐数据以及实践经验等，进行初步选定，选出几种可供使用的材料，以便进一步筛选。

(3) 进行材料腐蚀实验。

(4) 现场实验　对于一些特别重要的设备有时还要补充实际运转条件的模拟实验。

(5) 确定材料规格牌号　选择材料品种之后，还要根据具体用途，结合市场供应情况，进一步确定材料的牌号、规格。很多品种的材料都有国家标准和行业标准，所选材料的牌号、规格可从手册中查到。

(6) 补充说明　所选材料在加工使用中如有特殊之处，需要强调说明，有时对可代用的材料也需附加说明。对于昂贵材料的选用，常有几种方案的比较说明。

（二）选材方法

选择材料最常用的方法是根据设备的使用条件查阅设计手册或腐蚀数据手册中耐腐蚀材料图表。制药生产中所用的介质很多，使用的温度、浓度等不尽相同，且手册中不可能有每一种介质在各种温度和浓度下的耐蚀情况，当遇到这种情况，可按下列原则来选择材料：

(1) 浓度

① 腐蚀性随浓度的变大而增强。

② 对于腐蚀性不强的介质，各种浓度溶液的腐蚀性往往是相似的。

③ 对于任何介质，如果邻近的上下两个浓度的耐蚀性相同，那么中间浓度的耐蚀性一般也相同；如上下两个浓度的耐蚀性不同，则中间浓度的耐蚀性常介于两者之间。

④ 强腐蚀性介质（如强酸）随浓度的不同，对同一材料的腐蚀性可能产生显著变化，如缺乏具体数据，选用时请慎重。

(2) 温度

① 温度越高，腐蚀性越大。低温环境标明不耐蚀的，则高温环境通常也不耐蚀。

② 当上下两邻近温度的耐蚀性相同时，中间温度的耐蚀性则相同；但如上下两个温度耐蚀性不同，则中间温度的耐蚀性介于两者之间。

当温度或浓度处于接近耐蚀或转入不耐蚀的边缘条件时，为保险起见，宁可不使用此类材料，而改选更优良的材料。

(3) 腐蚀介质

① 由一种物质组成的腐蚀性介质。当手册中无此介质时，可借用同类介质的数据，如可用硫酸钠、磷酸钾等的耐腐蚀数据替代硫酸钾的数据；或可用硬脂酸或其他脂肪酸代替软脂酸的数据。

② 两种或两种以上物质组成的腐蚀性介质。对于两种或两种以上物质组成的混合物：a. 如这些物质间无化学反应，则其腐蚀性一般可看作是各组成物腐蚀性之和，此时各组成物的浓度均已变小；b. 物质之间发生反应，则要考虑反应生成物的腐蚀性。如硫酸与含有氯离子（如食盐）化合物混合产生盐酸，这不仅有硫酸腐蚀性，还有盐酸腐蚀性。

(4) 使用年限的考虑　腐蚀与设备使用年限有关，在设备设计时要考虑材料的使用寿命。确定年限的一般依据是：①满足整个生产装置要求的寿命；②整个设备中各部分材料能均匀地劣化；③要从经济角度综合考虑材料费、施工费、维修费等。

目前国家对各类设备已有正式的折旧年限规定，在设计时可按规定的年限进行计算。

二、材料的防腐蚀措施

为了延长设备的使用寿命，防止设备的腐蚀，选择合适的材料和采取一些防腐蚀措施是非常重要的。

（一）合理的结构设计

尽管选用了较好的耐蚀材料，但如果采用不合理的结构设计，就可能造成水分和其他介质的积存、局部过热、局部应力集中等，而引起局部腐蚀，因而要注意结构设计。下面仅就常见的一些结构设计问题加以介绍：

(1) 避免死角　死角会使液体局部残留或固体物质沉降堆积，这样在设备中会出现局部浓度增高或富集，引起腐蚀。为了避免死角，在可能积存液体的部位开排液孔，且排液孔要低于容器的最低处；换热器的管口与管板要平齐设置。

(2) 避免缝隙　在有缝隙、流体流通不畅的地方，金属容易形成缝隙腐蚀，并且缝隙腐蚀产生后又往往会引发孔蚀和应力腐蚀，造成更大的破坏，因而在结构设计中要避免缝隙。安装方式不当也会引起缝隙。图 5-15 所示为一个不锈钢槽基座的三种设计方式，槽内装有溶液，图 5-15（a）所示槽底直接与混凝土基础接触时有缝隙，不锈钢槽底在 60 天内产生应力腐蚀破裂，如用图 5-15（b）、（c）的结构，问题就可解决。

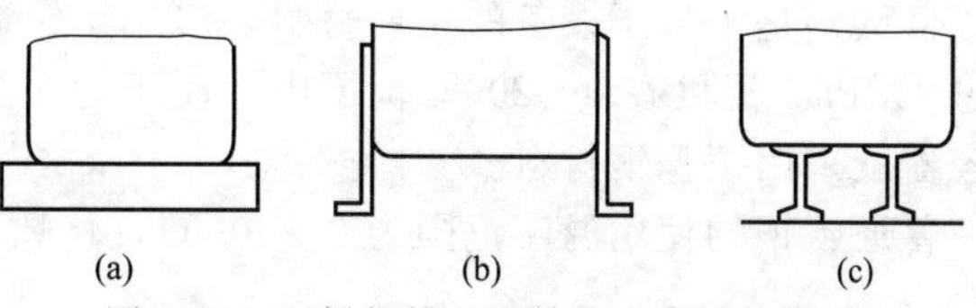

图 5-15　不锈钢槽基座结构对腐蚀的影响

（3）避免异种金属接触　异种金属接触，或同一种金属接触但合金成分不同，都会由于它们在化学介质中不同的腐蚀电位而引起电偶腐蚀，所以在选材时应避免不同金属的互相连接。若必须采用不同金属时，为减缓腐蚀速度，在结构设计中必须妥善处理。

（4）应力　许多设备在制造、加工（特别是焊接）和热处理过程中，会产生不同程度的局部残余应力，在特别环境中会产生应力腐蚀破裂。最好不选用同环境正好属于应力腐蚀特定体系的材料；如必须选用，则要采取措施减小或消除应力。

（二）衬层保护

在金属设备内部加金属或非金属作衬层，隔离腐蚀介质和基体金属，达到防腐蚀的作用，这种方法为衬层保护。按所用衬层保护材料分为金属衬层和非金属衬层保护两大类。

（三）电化学保护

电化学保护是根据金属腐蚀理论而进行的防腐蚀方法，可分为阴极保护法和阳极保护法。

（四）添加缓释剂

缓释剂是能够使金属腐蚀速度大大降低甚至停滞的物质。添加缓释剂法应用成本低、简便、见效快，但要求缓释剂不能影响正常的工艺过程和产品质量，须根据具体操作条件来选择。

第四节　制药工程中常用的材料

制药工程中常用的材料有金属材料与非金属材料。金属材料分为黑色金属和有色金属。金属材料通常具有较高的强度、较好的塑性、良好的导电性和导热性等性质。非金属材料通常是非导体，具有较强的耐蚀性，但其强度低、塑性差、材料硬脆，在使用和制造方面具有一定局限性，常用作设备衬里和涂层。有时将几种材料组合成复合材料。

一、黑色金属材料

黑色金属是以铁为基体的合金，包括碳钢、合金钢和铸铁。

（一）碳钢

含碳量小于 2%的铁碳合金为碳钢。碳钢中主要含铁与碳，除此之外，还有炼钢过程中带入的杂质，如硅、锰、硫、磷。

碳钢的机械性能较好，有较高的强度和硬度，还有较好的韧性和塑性，它价格低廉，来源丰富，是选材的首选材料。即使在腐蚀较严重的环境中，也可采取各类防护措施后加以利用，如用碳钢作设备的基体，在内衬一层耐蚀材料（如衬不锈钢、铝、搪瓷等）。

低碳钢是中低压设备的主要材料，多用半镇静钢作为压力容器用钢，使用的最高压力不超过1MPa，温度在0～200℃范围内。而压力、温度易波动时要用镇静钢制作容器，例如液氨容器就采用镇静钢材料。

普通碳钢的使用温度范围为0～400℃，优质碳钢则为－20～475℃。

（二）合金钢

为了提高碳钢的强度、韧性、耐蚀性、耐高温和耐低温性能，在碳钢中加入一些合金元素，就成了合金钢。常用元素有：铬、镍、锰、硅、钒、钛、钼、铌、铜、硼、磷等。

（三）铸铁

含碳量大于2%的铁碳合金称为铸铁。铸铁一般分为灰口铸铁、可锻铸铁、球墨铸铁、高硅铸铁以及合金铸铁。

二、有色金属

制药设备中常用的有色金属主要有铜、铝、钛以及它们的合金。有色金属的耐蚀性主要决定于其纯度。加入其他金属元素后，一般机械强度会提高，但耐蚀性则降低。多数有色金属稀有而价贵，特别是钛。

（一）铜及其合金

铜对大气、水、海水、碱类溶液具有很好的耐蚀性；对于常温和去氧的盐酸、醋酸等非氧化性酸，稀、冷和不充气的硫酸及有机酸能耐蚀。但在氨和铵盐溶液中，当有空气存在时，铜的腐蚀剧烈。在各种浓度硝酸中，即使在常温下，铜也能被迅速溶解。在低温下，铜的强度、冲击性会有所提高，并保持较高的塑性，因而铜常用于制造深冷设备。

为了提高铜的强度、耐热或耐蚀等性能，常在铜中加入某些合金元素，制成铜合金。常用的有黄铜、青铜、镍铜合金。

（二）铝

铝的特点是质轻、塑性好、导热和导电性好。由于能生成Al_2O_3保护膜，因而能耐氧化性很强酸的腐蚀，如当硝酸浓度大于80%时，工业纯铝比不锈钢耐蚀性强，在大气、纯水、氨水及氧化性盐类溶液中均耐蚀。铝不耐碱的腐蚀，铝的纯度越高，耐蚀性越好。

纯铝的机械强度差，在制造压力较高的设备时，铝作衬里，外壳用钢制，这样压力由钢壳承受。应用较多的是铸造铝合金和防锈铝，防锈铝的耐蚀性好，强度比纯铝高得多，常用于深冷装置如液空吸附过滤器、分馏塔等。铝的导热性好，因而适于制作热交换设备；铝不会产生火花，可制作易挥发性物质的贮存容器；铝不沾污产品，不改变产品颜色，可代替不锈钢制作有关设备；纯铝则多用作浓硝酸贮槽、管道、阀门、泵等的制造材料。

（三）钛及其合金

钛具有强度高、密度小、熔点高和耐蚀性能好等特点。对于氯化物溶液、硝酸、有机酸以及多种有机介质，钛的耐蚀性比不锈钢强，如它能耐沸点下任何浓度的硝酸、潮湿氯气及无机氯化物的腐蚀。

为了提高钛在室温下的强度和高温时的耐热性能，常加入锡、铝、铬、锆、钼、钒、锰和铁等元素，这些元素能溶于钛中，或与钛形成化合物。工业上使用的钛合金，其中铬、锰、铁和铝的强化作用最好，钼和钒其次，锡和锆的作用不大，但能提高合金的抗蚀性。

钛合金的耐蚀性很强，一般不会产生孔蚀和晶间腐蚀，但对氯化物水溶液、高温氯化物、发烟硝酸、N_2O_4、醇类有机溶剂及潮湿空气等介质，钛合金会发生应力腐蚀，加入钼和钒则可提高抗应力腐蚀的性能。如不锈钢钛棒液体过滤器是使用金属钛粉末烧结滤芯，此滤芯有精度高、耐高温、耐腐蚀、机械强度高等优点，广泛应用于粗滤、中间过滤、药液脱碳及气体过滤，也可替代惯用的砂棒过滤器。

三、非金属材料

非金属材料具有耐蚀性好、来源丰富、造价便宜和品种多的优点，但同时具有机械强度低、热导率小、耐热性差、对温度波动比较敏感、易渗透等缺点。

（一）搪玻璃

搪玻璃是一种硅酸盐材料，能耐大多数无机酸、有机酸、有机溶剂等介质的腐蚀，特别是在盐酸、硝酸、王水等介质中具有优良的耐蚀性能，但不能耐任何浓度及温度的氢氟酸。对于含量30%以上，温度大于180℃的磷酸；含量10%～20%，温度大于150℃的盐酸；含量10%～30%，温度高于200℃的硫酸；pH≥12，温度高于100℃的碱液，均不耐蚀。

搪玻璃（即搪瓷）的耐蚀性同搪瓷材料，它具有优良的机械性能、导热性和耐磨性，表面光滑不粘介质，且易于清洗，能将介质与钢胎隔离，使铁离子不溶于介质而污染产品，玻璃层对介质具有优良的保鲜性。

搪玻璃设备使用压力主要取决于钢板的强度、设备的密封性及制造工艺水平。通常罐内使用压力为0.25MPa左右，夹套内压力为6MPa左右。一般使用真空度为700mmHg（1mmHg=133.322Pa）左右。搪玻璃设备使用温度与使用条件（如腐蚀性介质成分、浓度、加热条件等）和制造质量有关。一般在缓慢加热或冷却条件下，使用温度为－30～250℃。搪玻璃设备有：反应罐、贮罐、管道及管件、换热器、蒸发器、塔器、搅拌桨、阀门等。

（二）化工陶瓷

化工陶瓷是由耐火黏土、长石及石英石经成型干燥后焙烧而成，主要成分为SiO_2。它具有优良的耐腐蚀性能（除氢氟酸、强碱及热磷酸等外），特别是在处理湿氯、氯水、盐酸、盐水、醋酸等介质时，其耐蚀性比耐酸不锈钢强。它具有足够的不透性、热稳定性、耐热性、耐磨性，且具有不老化、不污染被处理介质等优点。不足之处是机械强度不高、脆性大、抗温度骤变的能力差。因而陶瓷设备使用压力一般为常压，也可用于内压不高或一定真空度下的条件。使用陶瓷设备要避免撞击、震动和温度骤变，否则容易破裂。

制药常用陶瓷材料有：普通陶瓷、氧化铝陶瓷、氮化硅陶瓷、碳化硅陶瓷、氮化硼陶瓷、金属陶瓷等。化工陶瓷可作管道、管件、阀门容器、塔器、反应器、搅拌器、过滤器、填料及砖板等的制造材料。

（三）塑料

塑料属非金属材料，以合成树脂为主体，根据需要加入填料、增塑剂、稳定剂等附加成分制成，它具有可塑、成型、硬化和保持一定形状的性能。

(1) 耐酸酚醛塑料　它为热固性塑料，具有良好的耐腐蚀性和热稳定性，对于大部分非氧化性酸类及有机溶剂，特别是盐酸、氯化氢、硫化氢、SO_2、SO_3、低浓度及中等浓度的硫酸均耐蚀，但对于强氧化性酸（如硝酸、铬酸、浓硫酸）及碱、碘、溴、苯胺、吡啶等介质均不耐腐蚀。它还具有易于成型及机械加工性，可制成各种化工设备及零部件，如塔器、容器、贮槽、搅拌器、管道、管件、阀门、泵等。其缺点是冲击韧性低，易脆，因而在安装使用及修理过程中要防止受冲击。

(2) 硬聚氯乙烯塑料　在聚氯乙烯树脂中加入不同的增塑剂及稳定剂，使得聚氯乙烯塑料有硬质和软质之分，目前以硬聚氯乙烯塑料为主。硬聚氯乙烯为热塑性塑料。它具有良好的耐腐蚀性能，除强氧化剂（如浓硝酸、发烟硫酸等）、芳香族、氯代碳氢化合物（如苯、甲苯、氯化苯等）及酮类外，能耐大部分酸、碱、盐、烃、有机溶剂等介质的腐蚀。在大多数情况下，硬聚氯乙烯对中等浓度酸、碱介质的耐腐蚀性最好。在腐蚀性介质中，不稳定的主要特征是制品出现膨胀、重量增加、强度变化以及起泡、变色、变脆等现象。硬聚氯乙烯具有一定的机械强度，成型方便，可焊性好，密度小，同时其原料来源充足，价格低廉，因而广泛用于制造塔器、贮槽、球形容器、离心泵、管件及阀门等。硬聚氯乙烯设备的使用温度一般为－10～50℃，硬聚氯乙烯管道的使用温度一般为－15～60℃。温度高于60℃时，其机械性能显著降低；当温度低于常温时，其冲击韧性显著降低。设备一般为常压或真空使用，管道使用压力一般不超过0.3～0.4MPa。同硬聚氯乙烯制设备相比，硬聚氯乙烯衬里设备具有省料、施工快、使用温度稍高、可承受一定压力等优点，但检修不便，施工质量不稳定。

(3) 聚四氟乙烯塑料　聚四氟乙烯塑料为热塑性塑料，它具有极强的耐蚀性，对强腐蚀性介质如浓硝酸、浓硫酸、过氧化氢、盐酸及苛性碱等均耐蚀，甚至王水也不能侵蚀，故有“塑料王”之称，多数有机溶剂都不能使其溶解，只有熔融的苛性碱对它有腐蚀性。聚四氟乙烯用在高温（或低温）防腐蚀要求较高的场合，可制成衬垫、阀座、阀片、密封元件、输送腐蚀介质的高温管道、无油润滑活塞环、小型容器、热交换器、衬里、填料等。

(4) 聚丙烯塑料　聚丙烯塑料是一种新型热塑性塑料。它具有优良的耐腐蚀性能，有机化合物在室温下几乎不能溶解聚丙烯。对大多数羧酸，除浓醋酸与丙酸外，聚丙烯塑料有较好的耐蚀性。对于无机酸、碱或盐类的溶液，除氧化性以外，即使在100℃，聚丙烯塑料也能耐蚀。聚丙烯塑料对于100℃以下的浓磷酸、40%硫酸、盐酸及盐类溶液均耐蚀。由于聚丙烯分子结构中的叔碳原子容易氧化，所以发烟硫酸、浓硝酸和氯磺酸等强氧化性介质即使在室温下也不能使用聚丙烯塑料。对于含有活性氯的次氯酸盐以及过氧化氢、铬酸等氧化性介质，聚丙烯塑料通常也只能用于浓度较小或温度较低的情况下。由于聚丙烯是非极性的，所以醇、酚、醛、酮等极性溶剂比烷烃更不易使聚丙烯溶胀，但氯代烃能引起较大的溶胀作用。在80℃以上，芳烃与氯代烃对聚丙烯有溶解作用。聚丙烯来源丰富，价格低廉，密度低（几乎是塑料中最轻的），吸水性小，耐热性好，因而在防腐设备上应用日益广泛。如用于制作各种管道、贮槽、衬里材料、阀门、压滤机以及化工容器。

(四) 橡胶

橡胶有天然橡胶和合成橡胶两大类，目前用于防腐蚀衬里的是天然橡胶。天然橡胶经硫化处理后，具有一定的耐热性能、机械强度及耐腐蚀性能。如耐酸橡胶除强氧化剂（硝酸、浓硫酸、铬酸及过氧化氢等）及某些溶剂（如苯、二硫化碳等）外，能耐大多数无机酸、有机酸、碱、各种盐类及醇类介质的腐蚀，而丁苯和丁腈橡胶适用于大多数无氧化作用的无机酸。

此外，还有不透性石墨、玻璃钢等材料在制药行业中也有广泛应用。

【例 5-3】 浓硝酸贮槽选材，介质为浓硝酸，操作条件为常温常压。

解 选材时主要考虑耐浓硝酸腐蚀性。耐浓硝酸腐蚀的材料主要有高硅铁、不锈钢、铝、钛及一些非金属材料。高硅铁质脆，不适宜作贮槽。铝的机械强度低，用作卧式容器时可采用加强结构。不锈钢的耐腐蚀性好、强度高，可直接用来制作贮槽，但价格较贵，用它作衬里较合理。钛材太贵，不宜用。

【例 5-4】 氯化氢吸收冷却塔的选材。过程生成的氯化氢气体进入器内，用冷水吸收，伴随吸收反应会放出热量，还需用冷却水对生成的盐酸进行冷却。操作条件：操作温度为 80～120℃；工作压强为 2×10^5 Pa。

解 吸收冷却塔操作温度不太高，工作压力也不大，因此，对材料的强度要求不高。但其内有氯化氢和盐酸，而且随着氯化氢气体的吸收，盐酸的浓度会增大，所以应选择良好的耐腐蚀材料，又因为要冷却盐酸，故需选用导热性良好的材料。除钛材外，一般金属材料都不耐盐酸的腐蚀，不宜选用。非金属材料的耐腐蚀性很好，其中酚醛树脂浸渍的不透性石墨，导热性也很好，可以选作衬里，外用碳钢。

习 题

5-1 反应釜设计时装料系数的选取原则是什么？

5-2 非定型设备设计时，工艺专业人员提出的设备设计条件单包括哪些内容？

5-3 材料的防腐蚀措施有哪些？

5-4 玻璃钢材料有哪些特点和种类，制药行业中哪些设备常采用玻璃钢？

5-5 冻干车间采用的混合式自动进出料系统有哪些特点？

5-6 设备的生产周期如何确定？

第六章 车间布置

第一节 概述

一、车间布置的重要性和目的

车间布置设计的目的是对厂房的配置和设备的排列作出合理的安排。车间布置设计是车间工艺设计的两个重要环节之一，它还是工艺专业向其他非工艺专业提供开展车间设计的基础资料之一。有效的车间布置将会使车间内的人、设备和物料在空间上实现最合理的组合，以降低劳动成本，减少事故发生，增加地面可用空间，提高材料利用率，改善工作条件，促进生产发展。

二、制药车间布置设计的特点

制药工业包括原料药［active pharmaceutical ingredient（API）或 drug substance］工业和制剂（pharmaceutical formulation 或 drug product）工业。

原料药工业包括化学合成药、抗生素、中草药和生物药品的生产。原料药作为精细化学品，属于化学工业的范畴，在车间布置设计上与一般化工车间具有共同特点。但制药产品（包括原料药）是一种防治人类疾病、增强人体体质的特殊商品，必须保证药品的质量。所以，不仅制剂车间，原料药（无菌原料药和非无菌原料药）生产车间的新建、改造必须符合《药品生产质量管理规范》（Good Manufacture Practice，GMP）2010 版的要求，这是药品生产的特殊性。同时，还要严格遵循国家或行业在 EHS 方面（环境 Environment、健康 Health、安全 Safety）等一系列的法律法规和技术标准。

三、车间组成

车间一般由生产部分（一般生产区与洁净区）、辅助生产部分和行政-生活部分组成。

辅助生产部分包括物料净化用室、原辅料外包装清洁室、包装材料清洁室、灭菌室；称量室、配料室、设备容器具清洁室、清洁工具洗涤存放室、洁净工作服洗涤干燥室；动力室（真空泵和压缩机室）、配电室、分析化验室、维修保养室、通风空调室、冷冻机室、原料、辅料和成品仓库等。

行政-生活部分由办公室、会议室、厕所、淋浴室与休息室、女工保健室等组成。

对于火灾类别属于甲乙类的生产厂房，其辅助区和行政生活区的设置有特殊的限制性要求，具体布局时可执行《建筑设计防火规范》或《石油化工企业设计防火规范》等。

四、车间布置设计的内容和步骤

车间布置设计的内容：第一是确定车间的火灾危险类别、爆炸与火灾危险性场所等级及卫生标准；第二是确定车间建筑（构筑）物和露天场所的主要尺寸，并对车间的生产、辅助生产和行政生活区域位置作出安排；第三是确定全部工艺设备的空间位置。

车间布置设计按二段设计进行讨论。

（一）初步设计阶段

车间布置设计是在工艺流程设计、物料衡算、热量衡算和工艺设备设计之后进行的。

1. 布置设计需要的条件和资料

（1）直接资料　包括车间外部资料和车间内部资料。

车间外部资料包括：①设计任务书或用户需求（URS）；②设计基础资料，如气象、水文和地质资料；③本车间与其他生产车间和辅助车间等之间的关系；④工厂总平面图和厂内交通运输等。

车间内部资料包括：①生产工艺流程图；②物料计算资料，包括原料、半成品、成品的数量和性质，废水、废物的数量和性质等资料；③设备设计资料，包括设备简图（形状和尺寸）及其操作条件、设备一览表（包括设备编号、名称、规格形式、材料、数量、设备空重和装料总重、配用电机大小、支撑要求等）、物料流程图和动力（水、电、汽等）消耗等资料；④工艺设计说明书和工艺操作规程；⑤土建资料，主要是厂房技术设计图（平面图和剖面图）、地耐力和地下水等资料；⑥劳动保护、安全技术和防火防爆等资料；⑦车间人员表（包括行管、技术人员、车间分析人员、岗位操作工人和辅助工人的人数，最大班人数和男女比例）；⑧其他资料。

（2）设计规范和规定　车间布置设计应遵守国家有关劳动保护、安全和卫生等规定，这些规定以国家或主管业务部制定的规范和规定形式颁布执行，定期修改和完善。车间布置设计的主要设计依据为《药品生产质量管理规范》（2010 版）、《医药工业洁净厂房设计规范》（GB 50457—2008）、《洁净厂房设计规范》（GB 50073—2013）、《建筑设计防火规范》（GB 50016—2014）等。它们是国家技术政策和法令、法规的具体体现，设计者必须熟悉并理解其含义，严格遵守和执行，不能任意解释，更不能违背。若违背造成事故，设计者应负技术责任，甚至会被追究法律责任。

2. 设计内容

（1）根据生产过程中使用、产生和贮存物质的火灾危险性，按《建筑设计防火规范》和《石油化工企业设计防火规范》确定车间的火灾危险性类别（即确定属甲、乙、丙、丁、戊中哪一类）。按照生产类别、层数和防火分区内的占地面积确定厂房的耐火等级（一至四级）。

（2）按 GMP 要求确定车间各工序的洁净等级。

（3）在满足生产工艺、厂房建筑、设备安装和检修、安全和卫生等项要求的原则下，确定生产、辅助生产、生活和行政部分的布局；决定车间场地与建筑（构筑）物的平面尺寸和高度；确定工艺设备的平、立面布置；决定人流和管理通道、物流和设备运输通道；安排管道电力照明线路、自控电缆廊道等。

3. 设计成果

车间布置设计的最终成果是车间布置图和布置说明。车间布置图作为初步设计说明书的附图，包括下列各项：①各层平面布置图；②各部分剖面图；③附加的文字说明；④图框；⑤图签。布置说明作为初步设计说明书正文的一章（或一节）。

车间布置图和设备一览表还要提供给建筑、结构、设备安装、采暖通风、给排水、电气、自控和工艺管道等设计专业作为设计条件。

（二）施工图设计阶段

初步设计经审查通过后，需对初步设计进行修改和深化，进行施工图设计。它与初步设计的不同之处是：

(1) 施工图设计的车间布置图表示内容更深，不仅要表示设备的空间位置，还要表示设备的管口以及操作台和支架。

(2) 施工设计的车间布置图只作为条件图纸提供给设备安装及其他设计专业，不编入设计正式文件。由设备安装专业完成的安装设计，才编入正式设计文件。设备安装设计包括：①设备安装平、立面图；②局部安装详图；③设备支架和操作台施工详图；④设备一览表；⑤地脚螺钉表；⑥设备保温及刷漆说明；⑦综合材料表；⑧施工说明书。

车间布置设计涉及面广，它是以工艺专业为主导，在非工艺专业（如总图、建筑、结构、设备及管道安装、电气、给排水、采暖通风、自控仪表和外管等专业）密切配合下由工艺人员完成的。因此，在进行车间布置设计时，工艺设计人员要集思广益，采取多方案比较，经过认真分析，选取最佳方案。

第二节　车间的总体布置

车间布置设计既要考虑车间内部的生产、辅助生产、管理和生活的协调，又要考虑车间与厂区供水、供电、供热和管理部分的呼应，使之成为一个有机整体。

制药车间的总体布置要满足新版 GMP 和 EHS 的要求。药厂主要设施包括：厂区建筑物实体（含门、窗）、道路、绿化草坪、围护结构、生产厂房附属公用设施（如：洁净空调和除尘装置，照明，消防喷淋，上、下水管网，生产工艺用纯水、软化水，生产工艺用洁净气体管网等）。厂房设施的合理设计和实施，是我们规避生产质量风险及 EHS 风险的最重要的前提。其中包括合适的空间设计、合理的人流物流设计、恰当的隔离设计以及合适的建筑装修材料的使用。概括来讲，合适的空间应满足主生产设备、生产支持系统以及物料暂存、储存的需要。除此之外，对生产中设备清洁方式和日常维护因素，在设计中也要给予充分的考虑。人流、物流（包括原辅料、半成品、成品、废物流、设备备件、容器等）设计要兼顾 GMP 要求、生产效率、产品过程控制和必要的隔离技术的采用。隔离方式有：在 GMP 区域和非 GMP 区域之间，应用气锁、气闸、更衣、洁净走廊和非洁净走廊设计等。GMP 法规和 EHS 规范下，产品的特性也会影响到车间的总体布置（表 6-1）。

表 6-1　产品特性对车间的总体布置影响一览表

产品特性	风　　险	平面设计方案优化
爆炸性	系统/设备爆炸，引起财产损失或人员伤亡	遵守国家防爆设计规范和施工规范。通过抑制和围堵技术，降低风险
光/紫外线的敏感度	物料、产品特性改变	合适的自然采光和照明设计
吸湿性	物料、产品特性改变	采用缓冲间等隔离设施，抑制水汽进入生产区
流动性	物料传输工艺	垂直传料和水平传料的选择；层高
可清洁性	产品交叉污染；房间清洁周期	房间装修材料能够忍耐频繁清洗的冲刷
化学反应能力	侵蚀房间装修材料，频繁维护或更新	房间装修材料能够忍耐化学物的侵蚀
EHS 高风险	对人员造成伤害；受控物料流失；环境污染	采取缓冲间隔离设计；安全监控和门禁系统设置；对废物处理控制和排风捕捉工艺设计

一、厂房形式

（一）厂房组成形式

根据生产规模特点、厂区面积、地形和地质条件等考虑厂房的整体布置。厂房组成形式有集中式和单体式。“集中式”是指组成车间的生产、辅助生产和生活、行政部分集中安排在一栋厂房中；“单体式”是指组成车间的一部分或几部分相互分离并分散布置在几栋厂房中。生产规模较小，车间中各工段联系紧密，生产特点（主要指防火、防爆等级和生产毒害程度等）无显著差异，厂区面积小，地势平坦，在符合建筑设计防火规范和工业企业设计卫生标准的前提下，可采取集中式。生产规模较大，车间各工段生产特点差异显著，厂区平坦地形面积较小，可采用单体式（如图 6-1 所示）。

图 6-1　头孢类原料药单体式厂房

（二）厂房的层数

工业厂房有单层、多层或单层和多层结合的形式，主要根据工艺流程的需要综合考虑占地和工程造价来进行选用。

厂房的高度，主要决定于工艺设备布置、安装和检修、规范及规划要求，同时考虑通风、采光和安全要求。一般框架或混合结构的多层厂房，层高根据生产工艺及布局需要多采用 5.1m、6m、7.5m 等，最低不宜低于 4.5m；每层高度尽量相同，不宜变化过多。层高可采用 300mm 的模数。

在不同标高的楼层里进行生产，各层间除水平方向的联系外，还可进行竖向间的生产联系，可较多地利用自然采光及辅助间、生活间的自然通风。厂房多层布局可使屋顶面积较小，屋面构造简单，利于排除雨雪并有利于隔热和保温处理。此外，厂房占地面积较小可提高土地利用率，降低基础工程量，缩短厂区道路、管线、围墙等长度，提高绿化覆盖率。厂房平面布局时应考虑生产工艺流程、工序组合、人流物流路线、自然采光和通风的利用等因素。厂房柱网的选择应满足生产要求，同时还应具有最大限度的灵活性和尽可能满足建筑模数（跨度、柱距、宽度、层数、荷载及其他技术参数）要求。生产车间目前多采用钢结构和钢筋混凝土结构。多层医药洁净厂房以现浇钢筋混凝土结构居多。单层医药洁净厂房常采用轻钢结构，轻钢结构厂房可采用大宽度布局，其灵活性和通用性较强，加之施工周期短，造价相对较低，而在医药工程单层厂房中广泛使用。但在轻钢结构厂房设计时，需考虑排风机等屋面设备的承重及安装方式。选择厂房结构方案时主要考虑生产流程要求和建筑场地的大小，同时考虑自然地质状况和地震烈度等相关要求。

（三）厂房平面和建筑模数制

厂房的平面形状和长宽尺寸，既要满足工艺的要求，力求简单，又要考虑土建施工的可能性和合理性。因此，车间的形状常常会使工艺设备的布置具有很多可变性和灵活性，通常采用长方形、L 形、T 形、E 形和 Π 形，尤以长方形为多。从工艺要求上看，有利于设备布置，能缩短管线，便于安装，有较多可供自然采光和通风的墙面；从土建上看，较节省用地，有利于设计规范化、构件定型化和施工机械化。

厂房的宽度、长度和柱距，除非特殊要求，单层厂房应尽可能符合建筑模数制（modular system of construction）的要求，这样可利用建筑上的标准预制构件，节约建筑设计和施工力量，可加速设计和施工的进度。

工业建筑模数制的基本内容是：我国采用的基本模数 MO＝100mm，同时根据建筑设计中建筑部位、构件尺寸、构造节点以及断面、缝隙等尺寸的不同要求，还分别采用分模数和扩大模数。分模数包括 1/2MO（50mm）、1/5MO（20mm）、1/10MO（10mm），其中 1/10MO数列按 10mm 晋级，幅度 10～150mm。分模数 1/2MO（50mm）、1/5MO（20mm）、1/10MO（10mm）适用于成材的厚度、直径、缝隙、构造的细小尺寸以及建筑制品的公偏差等。基本模数 1MO 和扩大模数 3MO（300mm）、6MO（600mm）等适用于门窗、构配件、建筑制品及建筑物的跨度（进深）、柱距（开间）和层高的尺寸等。扩大模数 15MO（1500mm）、30MO（3000mm）、60MO（6000mm）等适用于大型建筑物的跨度（进深）、柱距（开间）、层高及构配件的尺寸等。

药厂建筑常用的建筑模数制如下：①门、窗的尺寸为 300mm 的倍数，单门宽一般 900mm，双门宽有 1200mm、1500mm、1800mm，窗常为 3000mm；②一般多层厂房采用 6m、7.5m、9m 柱距，若柱距因生产及设备要求必须加大时，一般不应超过 12m；③较常用的原料药车间厂房跨度有 6m、9m、12m、15m、18m、24m、30m 等数种。一般原料药车间，其宽度常为 2～3 个柱网跨度，其长度则根据生产规模及工艺要求来决定。最常见的宽度为 12m、14.4m、15m、18m，柱网常按 6-6、6-2.4-6、6-3-6、6-6-6 布置。例如 6-3-6、6-2.4-6 表示宽度为三跨，分别为 6m、3m 或 2.4m、6m，中间的 3 或 2.4 是内廊宽度（m），如图 6-2 所示。多层厂房的总宽度，由于受到自然采光和通风的限制及考虑厂房疏散和泄爆的要求，一般应不超过 24m。单层厂房的总宽度，一般不超过 30m。④厂房的层高为 300mm 的倍数，常为 5100mm、6000mm。1A 柱是基准柱，图 6-3 所示为常见的长方形厂房按照建筑模数制吊装钢柱的实例。

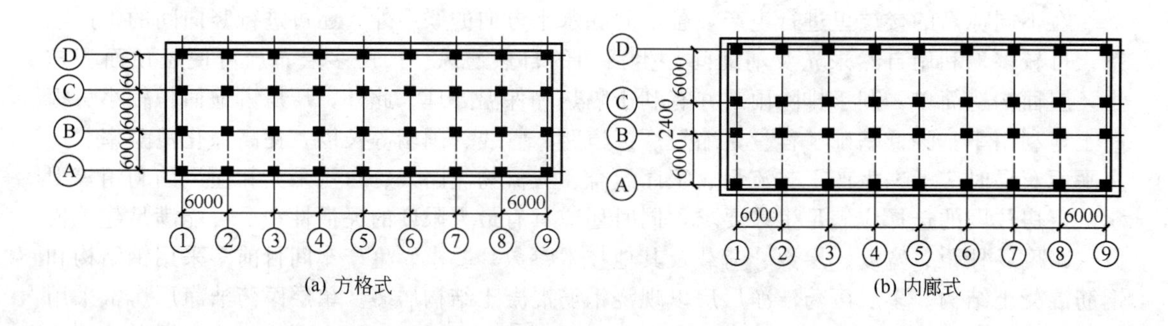

图 6-2　多层厂房柱网布置示意图（单位：mm）

图 6-3　原料药车间吊装钢柱形成的柱网实例

对于制剂车间来说，主要生产过程均为封闭空调环境，受到自然采光和通风的限制较少，故其厂房占地面积和跨度可根据生产要求设计，但必须满足《建筑设计防火规范》等对厂房占地面积、建筑面积、防火分区面积、人员疏散距离等方面的规定。

二、厂房总平面布置

进行总平面布置时，必须依据国家的各项方针政策，结合厂区的具体条件和药品生产的特点及工艺要求，做到工艺流程合理，总体布置紧凑，厂区环境整洁，能满足制药生产的要求。为此，总平面布置的原则是：

(1) 生产性质相近的车间或生产联系较密切的车间，要相互靠近布置或集中布置。

(2) 主要生产区宜布置在厂区中心，辅助车间布置在它的附近。

(3) 动力设施应接近负荷中心或负荷量大的车间；锅炉房及对环境有污染的车间宜布置在下风侧。

(4) 布置生产厂房时，应避免生产时污染，原料药生产区的布置不应影响制剂生产区、行政办公区等。

(5) 运输量大的车间、库房等，宜布置在主干道和货运出入口附近，尽量避免人流与物流交叉。

(6) 行政、生活区应处于主导风向的上风侧，并与生产区保持一段距离。

(7) 危险品应布置在厂区的安全地带。动物房应布置在僻静处，并有专用的排污及空调设备。

(8) 质量标准中有热原或细菌内毒素等检验项目，厂房的设计应特别注意防止微生物污染，根据预定用途、工艺要求等采取相应的控制措施。

(9) 质控实验室区域通常应与生产区分开。当生产操作对检验结果的准确性无不利影响，且检验操作对生产也无不利影响时，中间控制实验室可设在生产区内。

(10) 在原料药车间布置中，除精烘包工序要严格按照GMP布置外，前面的合成分离工序也要考虑GMP的要求，即合成反应区也应该设置相对独立的原辅料存放区、反应中间体的干燥存放区等，以避免物料的交叉污染。

(11) 所有的建筑物尽量的保证坐北朝南的方向布置。

厂区物料流程设计：按工艺流程布局，尽量缩短物料运输路线，减少物料损耗，节约能源，人、物分流。充分考虑厂区仓库和车间的原辅料及成品存放、化验及周转运输的管理模式。原辅料的检验，领用，分装，暂存，岗位使用；中间体及成品的干燥，暂存，检验，入库。图6-4所示为某原辅料及成品管理流程。

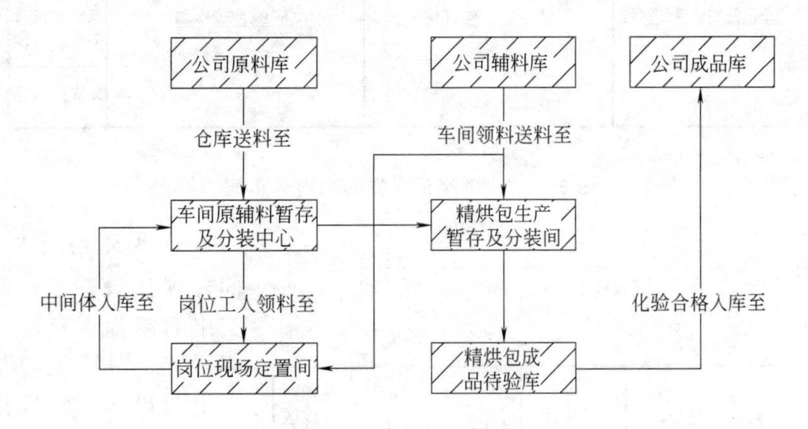

图6-4 原辅料及成品管理流程

厂区人员更衣流程设计：充分考虑厂区、生产车间、辅助车间的人员管理，图6-5所示为人员更衣系统说明。

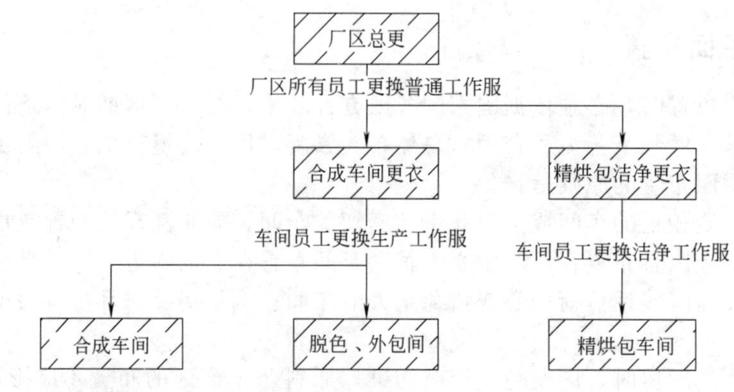

图 6-5　人员更衣系统说明

三、厂房平面布置

生产厂房内部平面布置首先根据生产车间的生产性质、生产工艺流程顺序、各功能间洁净、防爆等因素进行区域划分，再根据各个区域功能间大小、数量、工艺流程、人物流路线确定各主要功能间组合方式，然后根据各区域工艺逻辑关系、人物流关系、管理要求等组合各区，最后考虑建筑造型和厂区总平面布置要求后确定厂房内部平面布局。实际设计过程中，生产厂房面积、形状、柱网、层数等大致方案往往可以参照以往设计经验或根据厂区总平面布置要求进行确定，内部分区和详细布局根据车间和生产线实际需要由浅入深逐步调整布局，经过设计方各专业内部讨论后提交业主或第三方讨论确认。

典型的原料药车间的平面布置有：“一”字形布置，“L”形布置，“U”形布置，详见图6-6～图6-8。三种平面布置均按工艺流程顺序及人、物明确分流的原则设计，每种布置都按照上述设计要点设置了功能区域，但各有自己的特点。

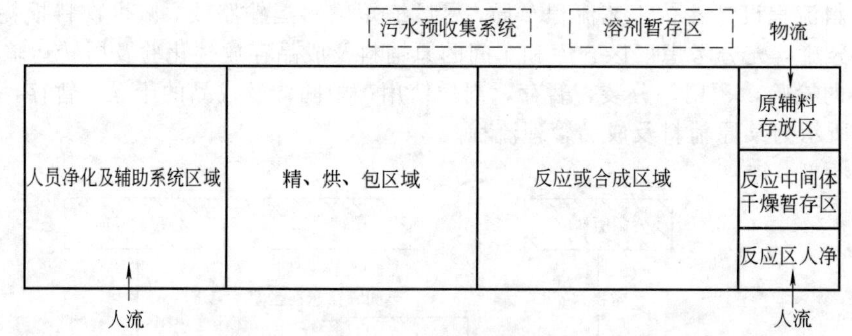

图 6-6　“一”字形布置的原料药车间

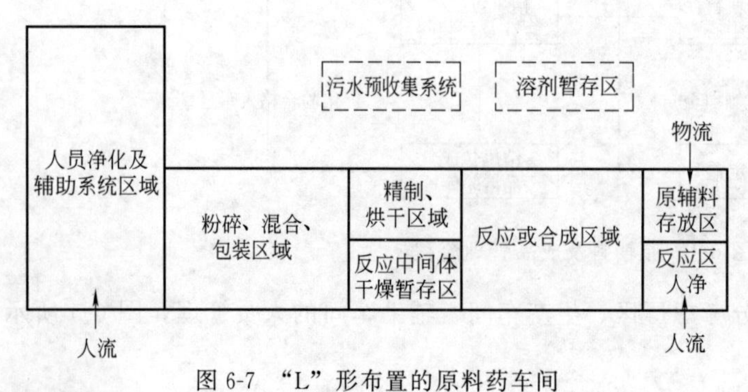

图 6-7　“L”形布置的原料药车间

“一”字形的平面布置，车间外观比较齐整，但车间外有突出的溶剂暂存区域及污水收集系统，对厂区的总体规划有一定的影响，而且化学合成反应区域的宽度通常不宜太宽，太宽不利于区域的防爆泄爆处理及人员的安全疏散。一般根据需要设置宽度为 15～22m，长度为30～82m的长方形车间，以利于泄爆和疏散。为满足生产需要，车间设计必然会变成细长型，对厂区的要求较高。

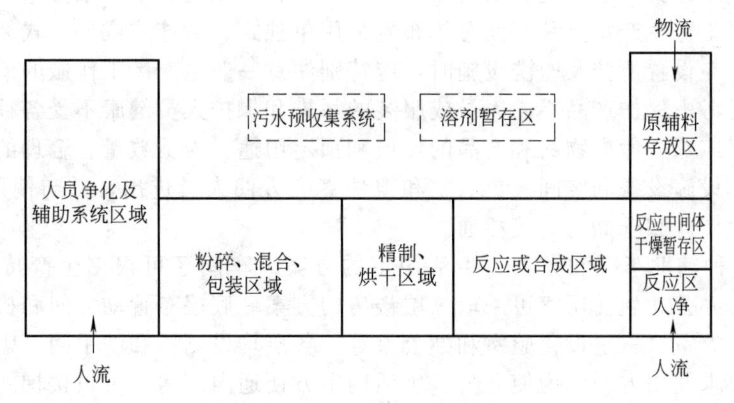

图 6-8 “U”形布置的原料药车间

“L”形布置和“U”形布置可解决上述不利影响，但车间的外观有一定的局限，而且“L”形和“U”形在平面设计中车间的公用系统及辅助部分会设置在“L”字及“U”字的突出端，距离使用点较远，增加了系统的管路长度。因此，在具体设计中应综合考虑不同的影响因素选用不同的布置形式，甚至可将不同的形式加以融合。但无论采用何种布局，都应该考虑原料药车间的设计要点，以满足生产及规范的要求，达到优化设计的目标。

四、厂房立面布置

在高温及有毒害性气体的厂房中，要适当加高建筑物的层高或设置避风式气楼，以利于自然通风、散热。气楼中可布置多段蒸汽喷射泵、高位槽、冷凝器等，以充分利用厂房空间。

有爆炸危险的车间宜采用单层，其内设置多层操作台，以满足工艺设备位差的要求。如必须设在多层厂房内，则宜布置在厂房顶层。单层或多层厂房内有多个局部防爆区时，每个防爆区泄爆面积、疏散距离等均应满足规范要求。如整个厂房均有爆炸危险，则在每层楼板上设置一定面积的泄爆孔。这类厂房还应设置必要的轻质屋面和外墙及门窗的泄压面积。泄压面积与厂房体积的比值一般采用0.03～0.25m^2/m^3，具体泄压面积要根据爆炸物性质和《建筑设计防火规范》要求进行计算确定。防爆区内泄压面应布置合理，不应面对人员集中的场所和主要交通道路。车间内防爆区与非防爆区（生活、辅助及控制室等）间应设防爆墙分隔。如两个区域需要互通时，中间应设防爆门斗。上下层防爆墙应尽可能设在同一轴线处，如布置有困难时，防爆区上层不宜布置非防爆区。有爆炸危险车间应采用封闭式楼梯间。

五、车间公用及辅助设施的布置

（一）车间公用设施

车间除了生产工段外，必须对真空泵房、空压制氮站、冷冻水、热水制备间、配电间、控制间、纯化水和注射用水制备间等公用设施作出合理的安排。对于防爆车间、变配电间和自控间的布置有特殊要求。公用设施布置既要考虑靠近使用点满足工艺要求，又要考虑适当集中，有利于采取防爆措施，同时方便管理。

（二）车间辅助设施

车间辅助设施包括与生产配套的更衣系统、生产管理系统、生产维修、车间清洁等。车间辅助设施根据工艺生产特点和车间总体布置采用单独式、毗连式或插入式，毗连式最为普遍。原料药企业在设置清洁及盥洗设施时，应特别注意一般生产区工作服的清洁、干燥、存放等需要，同时考虑保护产品不受人员或服装的污染和保护人员健康不受各种化学品或原料药影响的需求。应综合考虑物料和产品的性质和预定用途、人员数量、合理的清洗频次，确定适当的程序、设施设备和空间。更衣室和盥洗室应方便人员进出，并与使用人数相适应。盥洗室不得与生产区和仓储区直接相通。

图 6-9 是一种辅助车间和办公、生活用室的方案。车间还可根据生产特点设置所需淋浴，辅助生产、办公、生活用室可采取三层楼房的方案。底层布置动力间和机修间；二层设男女淋浴室和更衣室；三层设化验室和办公室等。各层均设厕所和洗手间。盥洗室应与生产区域隔离，但要求使用方便。为使办公、生活用室方便通向厂房，可设楼梯间将厂房各层和办公、生活用室各层互相沟通。

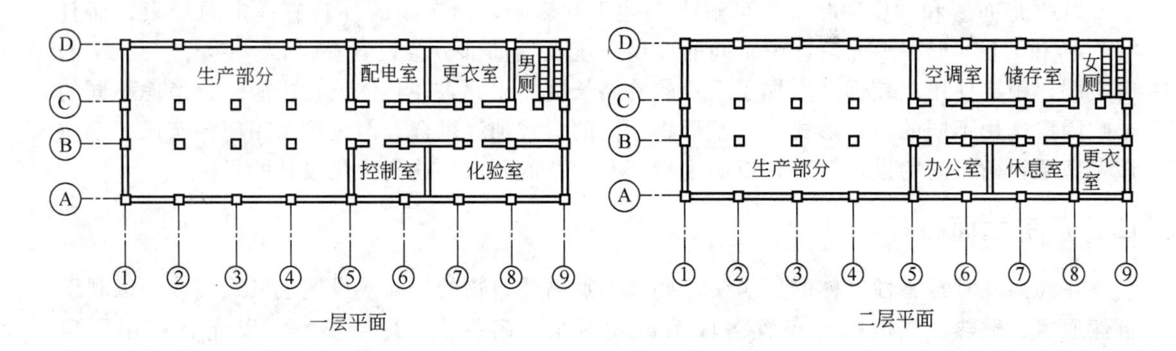

图 6-9 辅助车间和办公、生活用室的方案

在甲、乙、丙类生产厂房内布置辅助房间及生活设施时必须遵循《建筑设计防火规范》等的规定，特别要注意：

(1) 甲乙类生产厂房的布置（包括仓库）不应设置在地下或半地下，厂房内不应设置办公室、休息室等。当办公室、休息室等必须与本厂房毗邻建造时，其耐火等级不应低于二级，并应采用耐火等级不低于 3h 的不燃烧体防爆墙隔开，设置独立的安全出口；甲乙类仓库内严禁设置办公室、休息室等，并且不应毗邻建造。

(2) 在丙类厂房内设置的办公室、休息室等，应采用耐火等级不低于 2.5h 的不燃烧体隔墙和不低于 1h 的楼板与厂房隔开，并至少设置 1 个独立的安全出口。如隔墙上需开设相互连通的门时，应采用乙级防火门。

员工宿舍严禁设置在厂房内。

六、化学制药车间的设计要点

针对化学制药车间生产的主要特点，关注产品的生产线划分、物料人员系统的布局、GMP、工艺安全、环保、职业卫生等因素，具体把握以下设计要点：

1. 生产线划分

按照生产线特点划分，根据以下因素将生产线划分为独立生产线、共（多）用生产线、多功能生产线。

(1) 工艺稳定、产能大（设备满负荷）、工艺路线独特的产品独立设置生产线；

(2) 产品性质同类且工艺设备接近、设备使用有空余的产品考虑共（多）用生产线；

(3) 产能小且生产要求不连续的、工艺不稳定的产品可以考虑多功能生产线。

2. 物料和人员的系统

化学制药车间内部布局须满足人、物流划分清晰，互不交叉为原则，各功能间匹配适度、合理，主要有物料和人员系统的因素：

(1) 物料系统因素

① 按工艺流程布局，尽量缩短物料运输路线，降低劳动强度，减少物料损耗。如果车间比较大，一般将物流设置在车间中部，通过电梯运送至车间两边的生产区域，既缩短物料运输路线，也节省过多货梯的投资。

② 要充分考虑车间的原辅料及成品存放区域空间，考虑其检验、领用、分装、暂存、岗位使用及周转运输的管理模式带来的暂存空间需求。一般各种原辅料的暂存不超过一昼夜使用量，而中间体和成品的检验一般以三天为周期。

③ 根据工艺要求在车间设置物料暂存间及分装间，可以设置车间集中物料管理区，集中分装、集中管理；也可以在生产岗位附近设置物料暂存软隔断，方便各岗位就近投料和管理。

(2) 人员系统因素　要充分考虑车间生产操作人员、技术管理人员的功能需求，如操作间、茶水间、技术间；车间的门禁、换鞋、更衣、淋浴间（根据产品工艺所用原辅料的卫生等级相应来设置）、卫生间（根据需要来设置），电梯（层高较高的，有舒适性需求，且一般不宜人货梯混用）、洗衣间（分为一般区洗衣间、洁净区洗衣间）等需求。

3. GMP 要求

按 FDA、COS、WHO 相应的化学制药 GMP 生产指南的要求，从化学制药起始物料引入工艺过程开始就应按 GMP 要求加以控制。满足《药品生产质量管理规范》《医药工业洁净厂房设计规范》《洁净厂房设计规范》等要求。

车间内根据工艺流程，如反应、后处理、结晶、离心、干燥、粉碎、总混、内包、外包等工序宜顺向布置，尽量避免各工序物料交叉污染。

4. 防火、防爆、消防要求

(1) 防火、防爆、消防：满足《建筑设计防火规范》《建筑物防雷设计规范》《建筑灭火器配置设计规范》等规范要求。

(2) 设备、建筑物、构筑物等的防火间距应符合现行的有关规范的要求；合成药生产厂房（如为甲、乙类生产）的安全出口必须满足规范要求，安全出口可通过设置缓冲间的方式与非防爆区相通；对车间内易形成和积聚爆炸性混合物的地点设置可燃气体浓度探测器等。

5. 工艺安全要求

化学制药建设项目须进行危险化学品、危险化工工艺的辨识和风险分析［比如危险与可操作性分析（HAZOP 分析）、危险度评价法、化工安全风险评估］，如果涉及《重点监管的危险化学品》和《重点监管危险化工工艺》，需要进行重大危险源的辨识。并依据以下几点落实安全设计：

(1) 根据《国家安全监管总局　住房城乡建设部　关于进一步加强危险化学品建设项目安全设计管理的通知》（安监总管三［2013］76 号）的要求，涉及“两重点一重大”和首次工业化设计的建设项目，必须在基础设计阶段开展 HAZOP（危险与可操作性）分析，并针对 HAZOP 分析结论落实相对应的自控措施；同时要以《石油化工企业设计防火规范》（GB 50160）和《建筑设计防火规范》（GB 50016）等规范中最严格的安全条款为准来设置装置间的安全距离。

（2）根据安监总管三［2017］1号《国家安全监管总局关于加强精细化工反应安全风险评估工作的指导意见》的要求，产品中涉及重点监管危险化工工艺和金属有机物合成反应（包括格式反应）的间歇和半间歇反应，要开展反应安全风险评估；并对反应中涉及的原辅料和中间体做热稳定测试，对化学反应过程开展热力学和动力学分析。以此确定反应工艺危险度和各工序操作的热敏风险程度；对此做出与反应、蒸馏、干燥等工序相适应的控制措施（如滴加管路与反应体系温度进行联锁，蒸馏、干燥体系温度与加热媒介进行联锁），使各种工况下的操作温度均控制在安全温度以内，确保工序本质安全。

（3）对有泄放压力需求和放热反应的设备采用安全阀、爆破片等安全泄压装置，防止异常情况下压力剧增产生事故；对受内压的设备及主要管道装设压力释放系统，比如压滤工况的反应釜设置压力泄放管，超压破坏反应釜。蒸汽进车间的总管道上设置安全阀防止蒸汽超压影响车间用汽设备的安全。

（4）采用安全流速，防止静电产生。输送易燃、可燃物料的管道均设有可靠的静电接地设施。

（5）尽量减少甲类物质在车间的储存量，单班超过3桶的有毒、易燃易爆液体，宜设置储罐进行密闭管道转运至车间使用点。

（6）工艺全过程（投料、滴加、加热回流、保温静置、降温析结晶、离心排空、干燥排空、真空泵排空等操作）均密闭操作，设置低压氮封防止空气吸入废气系统。根据排放废气性质分类设置废气管路，大部分没有腐蚀性的有机溶剂废气管道材质选用不锈钢，并做好静电跨接。

（7）车间四周和室外设备区四周设置围堰和污水接受罐，一旦泄漏，液体介质流入接受罐，防止液体扩散，并能收集处理。

（8）长距离、高密度的溶剂离心泵出口等处安装止回阀，防止物料回流造成泵损坏。易燃气体排放管近端设置带阻火器单呼阀或者止回阀，防止尾气倒串，带来物料交叉污染或混合爆炸的危险。

除以上措施外，还要按照《重点监管的危险化学品安全措施和事故应急处置原则》《重点监管的危险化工工艺安全控制要求、重点监控参数及推荐的控制方案》《化工建设项目安全设计管理导则》及其他国家和建设项目当地安监部门的要求来落实安全设计，消除设计缺陷，提高装置的本质安全水平。

6. 职业卫生要求

化学制药建设项目须进行职业病危害因素辨识。职业病危害因素来源于三个方面：即生产工艺过程中的危害因素、生产环境中存在的危害因素和劳动过程中的危害因素。将各种危害因素识别后，有针对性地采取各种措施，以满足《工业企业设计卫生标准》《工业企业噪声控制设计规范》《化工企业安全卫生设计规定》等要求。

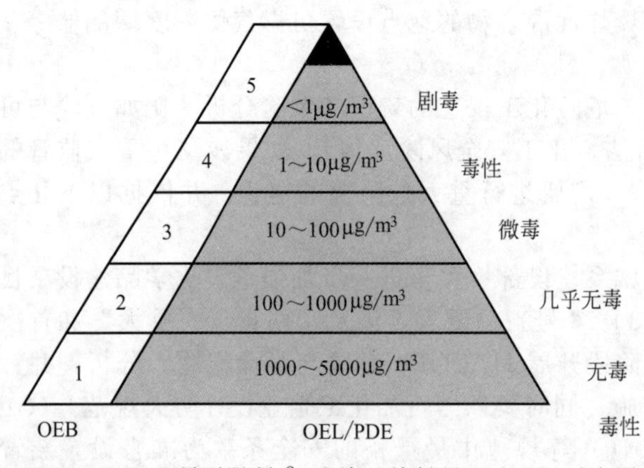

图6-10　职业暴露限制&允许日接触量（PDE）对应图

基于了解各种原辅料、中间体和成品的MSDS（物料安全数据表）、OEL（职业暴露限值）、OEB（职业暴露级别）值（见图6-10）后，在生产过程中具有高毒性或高致敏性的高活性药物发散会对工作人员造成危害。特别是在原料药的生产过程中，例如：

称量分装、投料、离心出料、干燥混合内包的进、出料等岗位，由于装备选型差异、操作不当、开放操作可能性多，高活性的物质有跟人员直接接触的风险。对于职业病危害因素由以下四个屏障来防护：

第一屏障：生产设施本身的封闭程度——封闭系统。

第二屏障：工作场所中的高活性物的排除——HVAC（净化空调系统）。

第三屏障：工作人员本身的防护——PPE（个人防护装备）。

第四屏障：人员和器具退出时的洗消设施——Decontamination（净化）。

根据生产物料和岗位操作特性，合理设置屏障，达到职业卫生防护的相关要求。

各物料级别的判定和归类后，针对在各岗位的操作，采取相应的设施，以达到相应的密闭要求。

OEB 在 1～2 级的，可采取局部抽气系统；

OEB 在 2～3 级的，可采取单向层流系统；

OEB 在 3～4 级的，可采取手套箱系统；

OEB 在 4～5 级的，可采取隔离器系统。

图 6-11 为某公司的职业防护工程措施示意图。

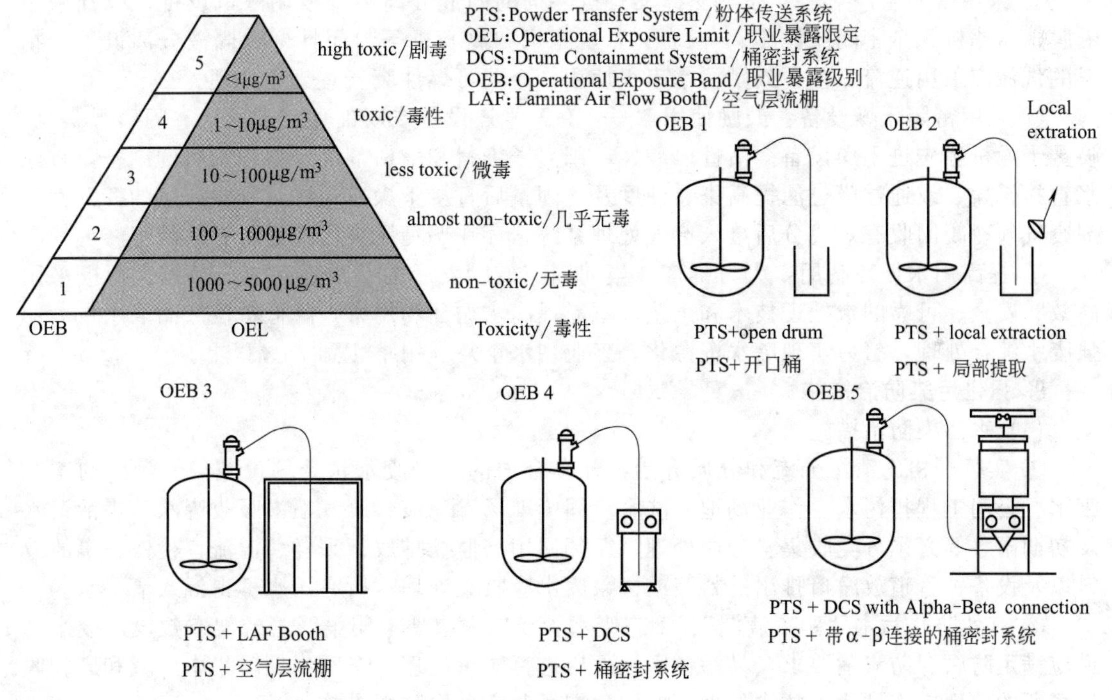

图 6-11　某公司的职业防护工程措施示意图

7. 淘汰落后装备，提升工艺装备及设计理念

化学制药建设项目工艺复杂，使用有毒、有害、可燃的危险化学品较多，在运输、储存、使用时如果不采取先进理念指导设计，会造成各种工序、岗位中的危险品无组织、无处理地不达标排放，给环境带来极大的威胁。设计需要切实做到以下几点：

(1) 淘汰落后装备　淘汰水冲泵（特殊工艺除外）、敞口式离心机、明流式压滤机和非密闭抽滤设备，淘汰电热式鼓风烘干、老式热风循环干燥等干燥设备。

(2) 提升装备和设计升级

① 规范液体物料储存条件：原则上要求储存于配备呼吸阀、防雷、防静电和降温设施

的储罐中。沸点低于45℃的甲类液体应采用压力储罐储存，并按相关规范落实防火间距；沸点高于45℃的易挥发介质如选用固定顶储罐储存时，须设置储罐控温和罐顶废气回收或预处理设施，储罐的气相空间应设置氮气保护系统，储罐排放的废气须收集、处理后达标排放，装卸应采用装有平衡管的封闭装卸系统。

② 采用先进输送设备：优先采用气动隔膜泵等适用工况广、可以空打止回、噪声小的输送泵，采用设有冷却装置的水环泵、液环泵、无油立式机械真空泵、螺杆真空泵等密闭性较好的真空设备，真空尾气应冷凝回收物料，鼓励泵前、泵后安装缓冲罐并设置冷凝装置

③ 提升介质传输工艺：设备之间输送介质应采用气相平衡管技术，涉及危险化学品的介质输送宜采用氮气保护措施。一般应采用密闭机械泵和管道输送液态物料，因特殊原因使用压缩空气、真空压吸等方式输送易燃及有毒、有害化工物料的，应对输送排气进行统一收集、处理。鼓励间歇生产企业安装氮封自动控制系统，对存在恶臭污染的企业应强制配套该系统。

④ 优化进出料方式：鼓励反应釜采用底部给料或使用浸入管给料，顶部添加液体宜采用导管贴壁给料，投料和出料均应设密封装置或设置密闭区域，不能实现密闭的应采用负压排气并收集至尾气处理系统处理。使用剧毒物品的区域，设备布置应相对独立。

⑤ 采用密闭生产工艺：涉及易挥发有机溶剂的固液分离不得采用敞口设备，鼓励采用隔膜式压滤机、全密闭压滤罐、“三合一”压滤机和离心机等封闭性好的固液分离设备。物料的洗涤应采用逆流工艺，鼓励污水串级使用。企业可燃性废气宜集中处理。

⑥ 采用密闭干燥设备：鼓励使用“三合一”干燥设备或双锥真空干燥机、闪蒸干燥机、喷雾干燥机等先进干燥设备。活性、酸性、阳离子染料和增白剂等水溶性染料的制备，宜原浆直接干燥，或通过膜过滤提高染料纯度及含固量后直接干燥。干燥过程中产生的挥发性溶剂废气须冷凝回收有效成分后接入废气处理系统，存在恶臭污染的应进行有效治理。

⑦ 提高用水循环利用：大力推广《当前国家鼓励发展的节水设备（产品）》，积极采用高效、安全、可靠的水处理技术和工艺，不断提高水循环利用率，降低单位产品取水量。加强废水综合处理，努力实现废水资源化，工业用水重复利用率达到75%以上。

8. 强化污染防治措施

(1) 水污染防治措施

① 实行严格的清污分流和分质分治：配套合适的生产废水预处理设施，受污染的工艺废水、公用工程排污水、作业场地冲洗水、固废堆场渗滤液、废气喷淋吸收废水、生活污水及初期雨水等必须分类收集、分质处理、循环回用、监控排放；采样、溢流、检修、事故放料以及设备、管道放净口排出的料液或机泵废水应收集处理；所有污水不得混入清下水。

② 有效防止污水“跑冒滴漏”：工艺废水管线应采取地上明渠明管或架空敷设，废水管道应满足防腐、防渗漏要求，易污染区地面应进行防渗处理。车间内储罐集中区域和废物收集场所的地面应作硬化、防渗处理，四周建围堰并宜采取防雨措施。

③ 影响污水处理效果的重金属、高氨氮、高磷、高盐分、高毒害（包括氟化物、氰化物）、高热、高浓度难降解废水，车间源头应单独配套预处理措施和设施，高盐分母液宜配套脱盐设施或采取其他先进技术进行处理。鼓励对高浓度、难降解有机废水采用集约化的集中焚烧方式处理。

(2) 大气污染防治措施

① 减少无组织排放：通过储罐化储存，管道化输送，密闭化、连续化、自控化生产减少废气无组织排放。通过平衡管、氮封以及密闭化设备、局部负压集气系统收集工艺废气、废水处理站废气以及其他公用工程废气。生产系统所有非安全排泄的工艺排放口、储运设施排放口的排放气均应纳入废气处理系统处理，重点污染源车间推广建立泄漏检测与修复

(LDAR) 体系，减少无组织排放。

② 强化废气预处理：废气应有效收集，对于 H_2S、SO_2、HCl、NH_3、Cl_2、HF、HBr 等水溶性气体，宜采用吸收法预处理；对于高浓度有机溶剂废气，应采用冷凝回收或其他适用技术进行回收预处理。

③ 提升末端治理水平：酸、碱性废气可采用多级水吸收，碱、酸吸收处理，氮氧化物废气宜采用还原吸收工艺。有机废气和恶臭性废气宜根据其特性采取吸收、吸附、焚烧或其他先进适用技术处理。粉尘类废气应采用布袋除尘或以布袋除尘为核心的组合工艺处理。

④ 严格控制排气量：所有不必要的开口应封闭，尽可能提高工艺设备密闭性，减少不必要的集气处理量。废气排放筒应设置监测采样口，排放高度 15m 以上。存在特征污染物、恶臭超标的区域，污染物综合去除效率应达到 85%以上（尾气二级以上冷凝去除效率最高按 40%计算），排放标准按 15m 排气筒排放速率限值执行。

(3) 固体废弃物管理、处置措施。

按照“减量化、资源化和无害化”的原则，对化工固废按其性质和特点分类收集、包装、贮运、处置。危险化学品和危险废物的包装废物应按照危废进行管理。化学制药车间产生的废水处理污泥可根据鉴别结果按其性质进行管理，确保污泥进行无害化处置。

9. 充分考虑厂房的自然通风和自然采光

以利于易燃易爆、有毒有害气体的排放。满足《建筑采光设计标准》《环境空气质量标准》中二级标准等要求。

(1) 尽量采取背光操作，将物料管线设置在操作区域投影区，这样不至于造成管路布置遮挡操作光线，以达到车间光线明亮，美观简洁的效果。

(2) 将易燃易爆、有毒有害的岗位设置在靠近车间外墙，分别设置尾气吸收管路和泄放管，就近接至相应尾气吸收塔和泄爆接收罐。

第三节　设备布置的基本要求

一、满足 GMP 的要求

(1) 设备的设计、选型、布局、安装、改造和维护必须符合预定用途，应当尽可能降低产生污染、交叉污染、混淆和差错的风险，便于生产操作、清洁、维护，以及必要时进行的消毒或灭菌。

(2) 生产设备不得对药品质量产生任何不利影响。与药品直接接触的生产设备表面应当平整、光洁、易清洗或消毒、耐腐蚀，不得与药品发生化学反应、吸附药品或向药品中释放物质。

(3) 洁净车间设备布置及操作台设置应考虑有利于洁净环境的保持和空调系统的有效运行。

(4) 纯化水、注射用水制备、贮存和分配应防止微生物滋生和污染，贮罐和输送管道所用材料应当无毒、耐腐蚀，并定期清洗、灭菌。贮罐的通气口应当安装不脱落纤维的疏水性除菌滤器，管道的设计和安装应当避免死角、盲管。纯化水可采用循环，注射用可采用 70℃以上保温循环。

(5) 设备布置时需考虑设备安装和维修路线、载荷及对洁净区的影响。

(6) 设备的维护和维修不得影响产品质量。应当制定设备的预防性维护计划和操作规程，设备的维护和维修应当有相应的记录。经改造或重大维修的设备应当进行再确认，符合要求后方可用于生产。

(7) 生产、检验设备均应有使用、维修、保养记录，并由专人管理。生产车间或装置应有设备维修、仪器仪表检定等功能间。

二、满足工艺要求

(1) 必须满足生产工艺要求是设备布置的基本原则，即车间内部的设备布置尽量与工艺流程一致，并尽可能利用工艺过程使物料自动流送，避免中间体和产品有交叉往返的现象。为此，一般采用三层式布置，即将主要设备（如反应器）布置在上层，主要分离设备（如离心机）布置在中层，贮槽及干燥设备布置在下层。

图 6-12 发酵设备的对称布置

(2) 在操作中相互有联系的设备应布置得彼此靠近，并保持必要的间距。这里除了要照顾到合理的操作通道和活动空间、行人的方便、物料的输送外，还应考虑在设备周围留出堆存一定数量原料、半成品、成品的空地，必要时可作一般的检修场地。如附近有经常需要更换的设备，更需考虑设备搬运通道应该具备的最小宽度，同时还应留有车间扩建的位置。

(3) 设备的布置应尽可能对称（见图 6-12），在布置相同或相似设备时应集中布置，并考虑相互调换使用的可能性和方便性，以充分发挥设备的潜力。

(4) 设备布置时必须保证管理方便和安全。关于设备与墙壁之间的距离、设备之间的距离、运送设备的通道和人行道的标准都有一定规范，设计时应予以遵守。表 6-2 是建议可采用的安全距离。

表 6-2 设备与设备、设备与建筑物之间的安全距离

项　目		安全距离/m
往复运动的机械，其运动部分离墙的距离	≥	1.5
回转运动的机械与墙之间的距离	≥	0.8～1.0
回转机械相互间的距离	≥	0.8～1.2
泵的间距	≥	1.0
泵列与泵列间的距离	≥	1.5
被吊车吊动的物品与设备最高点的间距	≥	0.4
贮槽与贮槽之间的距离		0.4～0.6
计量槽与计量槽之间的距离		0.4～0.6
反应设备盖上传动装置离天花板的距离（如搅拌轴拆装有困难时，距离还须加大）	≥	0.8
通廊，操作台通行部分最小净空	≥	2.0
不常通行的地方，最小净高		1.9
设备与墙之间有一人操作	≥	1.0
设备与墙之间无人操作	≥	0.5
两设备间有二人背对背操作，有小车通过	≥	3.1
两设备间有一人操作，且有小车通过	≥	1.9
两设备间有二人背对背操作，偶尔有人通过	≥	1.8
一设备间有二人背对背操作，且经常有人通过	≥	2.4
两设备间有一人操作，且偶尔有人通过	≥	1.2
操作台楼梯坡度	≤	45°

三、满足建筑要求

(1) 在可能的情况下，将那些在操作上可以露天化的设备尽量布置在厂房外面，这样就有可能大大节约建筑物的面积和体积，减少设计和施工的工作量，这对节约基建投资是有很大意义的。但是，设备的露天化必须考虑该地区自然条件和生产操作的可能性。

(2) 在不影响工艺流程的原则下，将较高的设备集中布置，可简化厂房的立体布置，避免由于设备高低悬殊造成建筑体积的浪费。

(3) 十分笨重的设备，或在生产中能产生很大震动的设备，如压缩机、离心机等，尽可能布置在厂房的地面层，设备基础的重量等于机组毛重的三倍，以减少厂房的荷载和震动，同时设备基础应与建筑物基础脱开。震动较大的设备应避免设置于钢操作台上，如设备需在操作台上操作，设备基础可单独设置钢筋混凝土基础。大震动的设备在个别场合必须布置在二、三楼时，应将设备安置在梁上(尽量避免这种方案)，并采取有效的减震措施。

(4) 设备穿孔必须避开主梁。

(5) 操作台必须统一考虑，避免平台支柱零乱重复，以节约厂房类构筑物所占用的面积(见图 6-13)。

(6) 厂房出入口、交通道路、楼梯位置都要精心安排，一般厂房大门宽度要比所通过的设备宽度大 0.2m 左右，比满载的运输设备宽度大 0.6～1.0m。

图 6-13　统一设置的操作台实例

四、满足安装和检修要求

(1) 由于制药厂的物料腐蚀性大，因此需要经常对设备进行维护、检修和更换，在设备布置时，必须考虑设备的安装、检修和拆卸的可能性及方法。

(2) 必须考虑设备运入或运出车间的方法及经过的通道。一般厂房内的大门宽度要比需要通过的设备宽 0.2m 左右，当设备运入厂房后，很少需要再整体搬出时，则可在外墙预留孔洞，待设备运入后再砌封。

(3) 设备通过楼层或安装在二层楼以上时，可在楼板上设置安装孔。安装孔分有盖与无盖两种，后者需沿其四周设置可拆卸的栏杆。对需穿越楼板安装的设备(如反应器、塔设备等)，可直接通过楼板上预留的安装孔来吊装。对体积庞大而又不需经常更换的设备，可在厂房外墙先设置一个安装洞，待设备进入厂房后，再行封砌。也可按设备尺寸设置安装门。

(4) 厂房中要有一定的供设备检修及拆卸用的面积和空间，设备的起吊运输高度应大于在运输线上的最高设备高度。

(5) 必须考虑设备的检修、拆卸以及运送物料的起重运输装置，若无永久性起重运输装置，应考虑安装临时起重运输装置的位置。

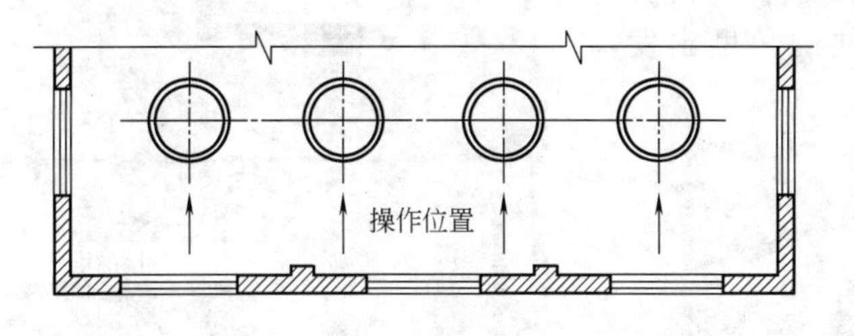

图 6-14　背光操作示意图

五、满足安全和卫生要求

(1) 要创造良好的采光条件，设备布置时尽可能做到工人背光操作，见图 6-14。高大设备避免靠窗设置，以免影响采光。

(2) 对于高温及有毒气体的厂房，要适当加高建筑物的层高，以利通风散热。

(3) 必须根据生产过程中有毒物质、易燃易爆气体的逸出量及其在空气中允许浓度和爆炸极限，确定厂房每小时通风次数，采取加强自然对流及机械通风的措施。对产生大量热量的车间，也需作同样考虑。在厂房楼板上设置中央通风孔，可加强自然对流通风和解决厂房中央采光不足的问题。个别高温岗位，可以送新风进行局部降温。

(4) 对有一定量有毒气体逸出的设备，即使设有排风装置，亦应将此设备布置在下风的地位；对特别有毒的岗位，应设置隔离的小间（单独排风）。处理大量可燃性物料的岗位，特别是在二楼、三楼，应设置消防设备及紧急疏散等安全设施。

(5) 对防爆车间，工艺上必须尽可能采用单层厂房，避免车间内有死角，防止爆炸性气体及粉尘的积累。建筑物的泄压面积根据生产物质类别按规范设计，一般为 $0.05\sim0.1m^2/m^3$。若用多层厂房，楼板上必须留出泄压孔，以利屋顶泄爆，也可采用各层侧泄爆。防爆厂房与其他厂房连接时，必须用防爆墙（防火墙）隔开。加强车间通风，保证易燃易爆物质在空气中的浓度不大于允许极限浓度；采取防止引起静电现象及着火的措施。

(6) 对于接触腐蚀性介质的设备，除设备本身的基础须加防护外，对于设备附近的墙、柱等建筑物，也必须采取防护措施，必要时可加大设备与墙、柱间的距离。

原料药车间设备布置特点：

① 易爆燃、易腐蚀，宜单独设置小合成间（见图 6-15）。

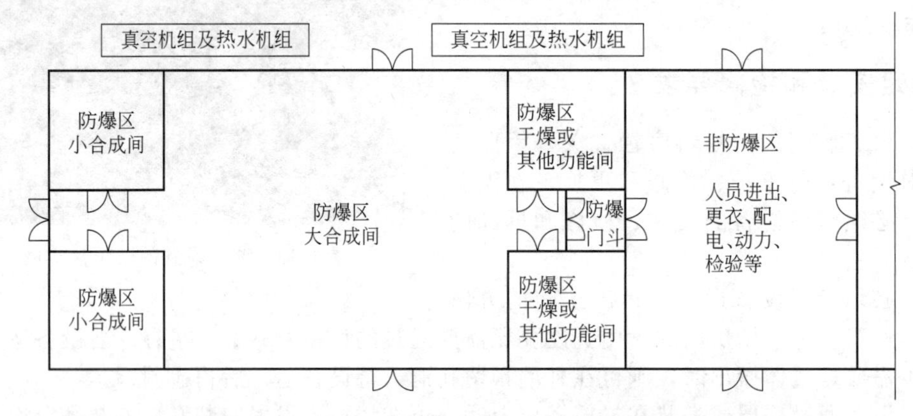

图 6-15 原料药（化学合成药）车间设备平面布置图

② 充分利用层高，减少输送设备（见图 6-16）。对于有回流管线的塔顶冷凝器，调整塔顶冷凝器出口与回流口之间的高度差，可以减少回流管线的输送泵。

③ 检修要求相似的设备统一布置（见图 6-17、图 6-18）。特别是搪玻璃的设备和衬里设备，其检修要求比较高，从经济合理与检修方便的角度出发，将其统一考虑，统一布置。

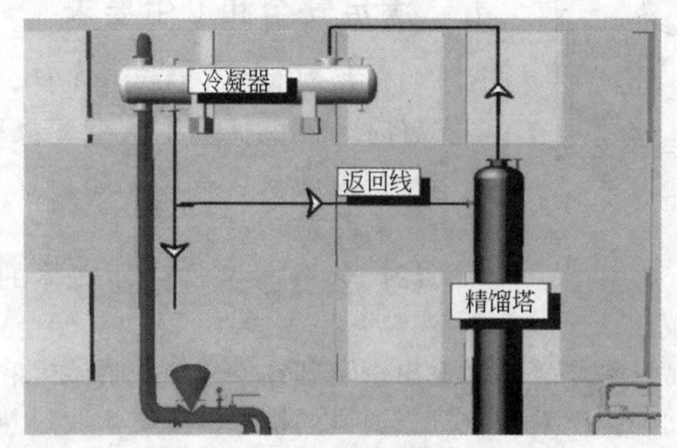

图 6-16 某合成药装置溶剂精馏塔及冷凝器的布置图

图 6-17 某合成药装置搅拌设备布置图（一）

④ 设备分层布置（见图 6-19）。原料药装置设备布置中会将整个装置按单元分区、分层布置，可以优化管道布置，缩短管道长度。

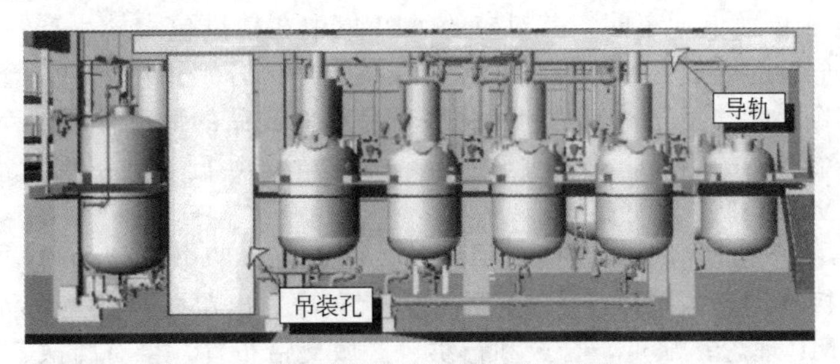

图 6-18　某合成药装置搅拌设备布置图（二）

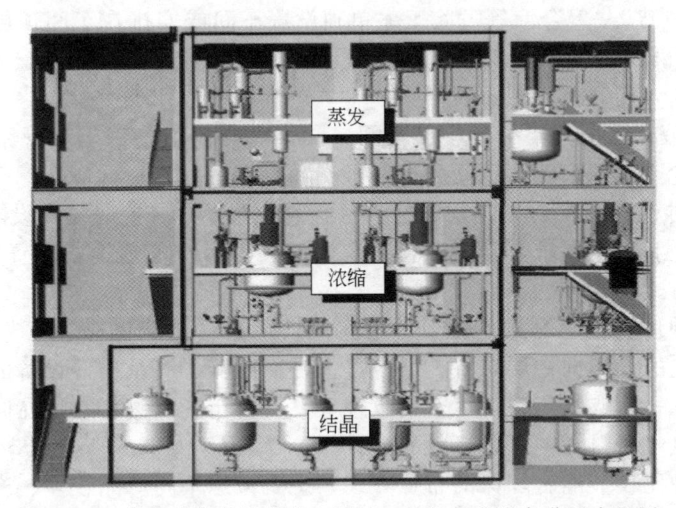

图 6-19　某合成药装置蒸发、浓缩、结晶部分设备分层布置图

⑤ 安全通道的统一设置（见图 6-20）。

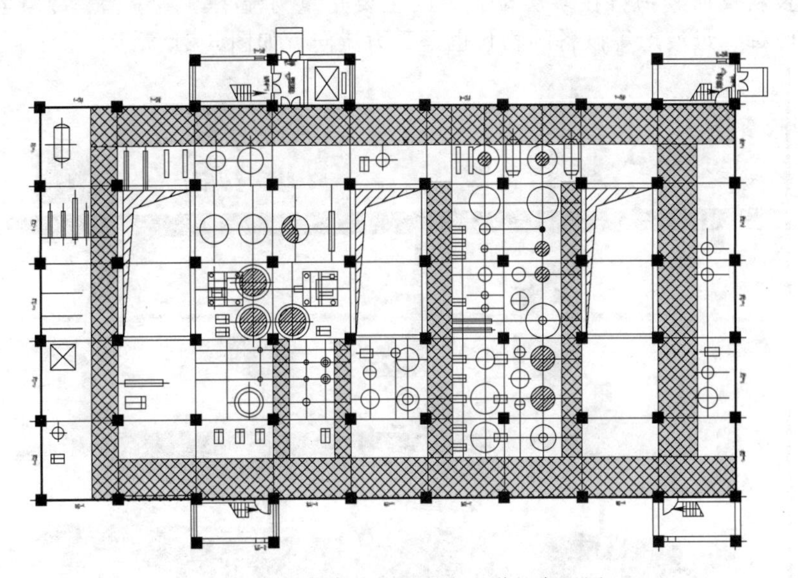

图 6-20　某合成药装置安全通道的布置图

典型化学制药形成API之前，一般是非无菌生产线，生产分为合成和精烘包两大区域。合成车间与精烘包的结合有以下几种方式：

① 各产品合成单独设立车间，其对应的API集中在精烘包大楼生产；单独分设的优点是，可以将比较危险的合成区域，比较干净整洁的洁净区分别相对集中，合成车间考虑各种有毒、有害、危险工艺的工序，精烘包考虑各产品精制成品的最后物理过程，有利于安全隔离。缺点是，每个产品的粗品，都需要转移至精烘包车间，厂区会出现大量物品转运工作，对现场管理和GMP管理提出更高要求。

② 每个产品的合成与精烘包区域在同一单体内设置，两个区域的连接方式一般分为水平连接和纵向连接（优点，单体内解决产品的所有工序，出单体时已是成品，各产品相对独立，更加符合GMP理念；缺点，合成和精烘包区域交错布置，会有疏散、安全等难点。）

③ 生产操作条件相近的岗位相对集中布局。

a. 集中将“氢化”“聚合”等危险工序单独设置车间或安排在车间顶层端头，以满足该物料爆炸后泄爆面积及危险工艺独立成区的要求。并设置氢化釜、聚合釜的操控室与一般反应区用防爆墙隔离，同时开设观察窗。

b. 将所有母液蒸馏岗位集中设置在车间一端，这样便于公用工程管路的集中配置，缩短管线长度和减少空间的浪费，也便于车间操作和管理。

c. 对处理腐蚀性、有毒、黏稠物料的设备宜紧凑布置，必要时还需设隔离墙等措施。

(7) 根据安全和卫生要求，合理布置工艺设备。车间的工艺设备布置大致分为平面流、重力流两种布置方式。

平面流是一种传统布置方式，主要考虑车间产品单一、产能小、工艺较简单的设备联系：以反应釜为主的设备同一层布置，反应釜上是冷凝器、高位槽等设备的布置，反应釜下是离心机、母液罐、萃取收集罐、溶剂接收罐等设备的布置，物料管道在同层设备之间水平连接，大多采取氮气压料和输送泵打料的方式。

重力流是一种比较节能、环保的布置方式，主要考虑车间产品较多、产能大、工艺较复杂的设备联系：以顶层可以设置为投料层，反应釜为主的设备上下层布置，反应釜的下层是离心机、母液罐层，离心湿品垂直向下对接干燥设备，干燥后的物料再通过电梯转运至顶层进行下一步投料反应。物料在多层设备之间主要是重力流下，高位槽、冷凝器、萃取收集罐、溶剂接收罐、母液罐等设备的物料也是重力流向。如图6-21所示。

图6-21　重力流布置方式

总之，车间布局都和产品产能大小，原辅料、中间体及成品的理化特性，生产管理要求及操作方式息息相关。车间的合理布局，都要充分考虑这些因素。

六、设备的露天布置

设备露天或半露天（如无墙有屋顶的框架构筑物）布置的前提是不影响药品的GMP符合性，它的优点是节约建筑面积和土建工程量；缺点是受气候影响大，操作条件差，设备护养要求高，自控要求高。对于某些车间如溶剂回收，装置储罐等，应结合生产工艺的可能和地区的气候条件具体考虑。

（一）凡属下列情况的设备，可以考虑露天布置

(1) 生产中不需要经常看管的设备，其贮存或处理的物料不会因气温的变化而发生冻结和沸腾，如吸收塔、低位水流泵、贮槽、气柜、真空缓冲罐、压缩空气贮罐等。

(2) 直径较大，高度很大的塔类设备。

(3) 需要大气来调节温度、湿度的设备，如凉水塔、空气冷却器、直接冷却器和喷淋冷却器等。

（二）凡属下列情况的设备，一般不能露天布置

(1) 不能受大气影响、不允许有显著温度变化的设备，如反应器（特别是间歇操作的反应器和液相过程的反应器）、使用冷冻剂的设备。

(2) 各种有机械传动的设备和机器，如空压机、冷冻机、往复泵等。

(3) 生产控制和操作台。

第四节　多功能车间布置设计

多功能车间又称综合车间或小产品车间，是一种可实行多品种生产的特定车间，它是适应医药工业产品品种多、产量差别特别悬殊、品种的发展和淘汰较快等特点而发展起来的。从医药工业的特点来看，有的医药产品一年需求量几百千克，个别的甚至只有几千克，这样的产品生产如果建立专用生产车间是不合适的。多功能车间是常规的单品种生产车间的重要补充，新产品的试生产和中试放大也可在多功能车间进行。

一、多功能车间的特点

多功能车间不同于传统的原料药车间，它可以同时或分期生产不同品种的多种原料药。这些原料药之间需要有一定的相似性，如具有相近的生产工艺、所用的设备多数可以通用等。多功能车间的建设可以满足小批量、多品种的生产要求，应对市场的迅速变化。新药的试生产和中试放大可借助多功能车间，进一步完善工艺条件，为扩大生产提供技术数据。

二、多功能车间的设计原则

多功能原料药合成车间设计可分为软件及硬件部分，软件部分为车间工艺流程设计，主要包括密闭化操作工艺、设备及管道清洗工艺、自控多功能分配及切换方案等方面；硬件部分为车间工程设计，主要包括建筑外形选择、工艺设备布局、空间管理、通风设计及管道材质等方面。

多功能车间目前主要有两种设计方法。第一种设计方法的指导思想，是根据既定的产品

方案和规模，选择一套（或几套）工艺设备，实行多品种生产。每更换一个品种，都要根据产品工艺和其他要求，重新调整和组合设备及管道。第二种方法认为药品品种固然很多，工艺路线也不相同，但却有着共同的化学反应（如硝化、磺化等）和单元操作（如蒸馏、干燥等），因此在设计多功能车间时不必拘泥于具体生产的品种和规模，主要按照制药工业中常用的化学反应和单元操作，选择一些不同规格和材料的反应罐、塔器和通用定型设备（如离心机），以及与反应罐、塔器的处理能力相适应的换热器、计量槽和贮槽，并加以合理布置和安装。对安全上有特殊要求的高压反应、具有剧毒介质的反应等给予专门考虑。这样设计出来的多功能车间，设备是相对固定的，而以不同产品的流程去适应它。

第一种设计方法的特点是设备利用率高，生产操作方便，其不足是灵活性和适应性较差，更换产品时，调整设备很费事。第二种设计方法的特点是多功能车间灵活性高，适应性强，缺点是设备数量多，利用率低。以工业生产为主的多功能车间，一般采用第二种方法设计较适宜。以试制研究，包括产销量极小的产品生产为主的多功能车间，采用第一种设计较适宜。

（一）工艺流程设计

1. 密闭化操作

化学合成原料药的生产经常采用具有爆炸危险性的有机溶剂或腐蚀性较强的液体为溶剂，因此车间工艺设计时尤其需要注意减少暴露环节，全程生产密闭化操作，在符合 GMP 规范要求的前提下，以防止交叉污染为首要目标。生产操作过程中需要重点关注防止物料暴露在大气中，加料前宜将整个设备及管路系统进行氮气置换，由于容积较大，置换时可采用先将系统抽真空后充氮的方式进行，次数以三次以上为宜，并在放空处设置采样设施，检测内部氧含量，或者进行实际操作验证后确认次数。液体原料按盛装容器分为罐区储罐储存及料桶储存，来自于罐区的物料在罐区储罐上部设置 2kPa 左右的氮封，而来自料桶的液体原料有人工开盖过程，会造成物料暴露。本着密闭化目的，应设置独立的房间或区域进行集中的加料，并设置局部强排风进行保护。对于固体加料，考虑加料流程时需根据物料的职业接触限值设计加料方案。通常设计时采用吨袋密闭投料，此法目前已十分成熟。但对于职业接触限值较低，存在较大职业健康危害的固体物料（如致敏性、含激素、高活性物料等），应尽量采用小袋包装，使用真空固体加料机或手套箱进行操作，并佩戴好个人防护服及用具。在生产反应过程中，均应在采用氮封的环境下进行操作。为减少开盖取样等环节，可采用真空取样机或循环取样机对反应釜内物料进行中间取样分析。从取样分析的效果及准确度来看，推荐采用循环取样的方式（图 6-22），能够得到较为准确的分析结果，以保证反应的安全和产品的质量。

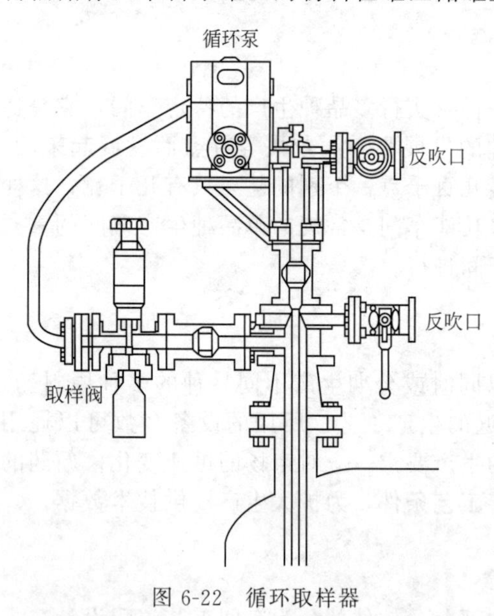

图 6-22　循环取样器

2. 自控方案

多功能原料药生产需满足各种工艺的生产要求，必须具备较高的自动化控制水平。如氧化工艺、氯化工艺等均为化学合成药常用的工艺，其中加氢工艺涉及氢气，其布局设置及厂房建筑要求与其他工艺相差较大，设计时应专门考虑独立设置区域或车间，不适合与多功能原料药生产放在一起。对于危险工艺的自控方案，主要体现在控制反应釜反应过程及紧急安全联锁方面。重点监控的控制参数：反应釜内温度和压力、反应釜内搅拌速率、催化剂流量、反应物料的配比、气相氧含量等。反应釜内温度和压力的控制目前比较多的是采用TCU（温度控制单元）以满足间歇反应釜温度控制或持续不断的工艺过程的加热冷却、恒温、蒸馏、结晶等过程控制，经过特殊定制的装置适用温度范围可以达到（−120～300℃）。TCU可以与反应釜上的温度计及压力表形成联锁控制，当反应异常升温或升压时及时切换夹套热媒；反应釜的进料口及滴加催化剂的进口需设置紧急切断阀，并与温度压力联锁；反应釜进料采用流量计计量；催化剂滴加应采用流量计加调节阀的形式自动化控制，以免反应釜升温过快。反应釜作为重点保护设备，其搅拌器的供电需两路供电；反应釜在反应前需经过氮气置换，可采用人工取样检测放空管线上的氧含量或设置自动氧含量监测仪；反应釜需设置泄压设施，通常在放空管上设置爆破片，爆破片前后管道应尽量减少弯头，爆破片可选用带压力传感器的型号，以便检测是否有动作。如图6-23所示。

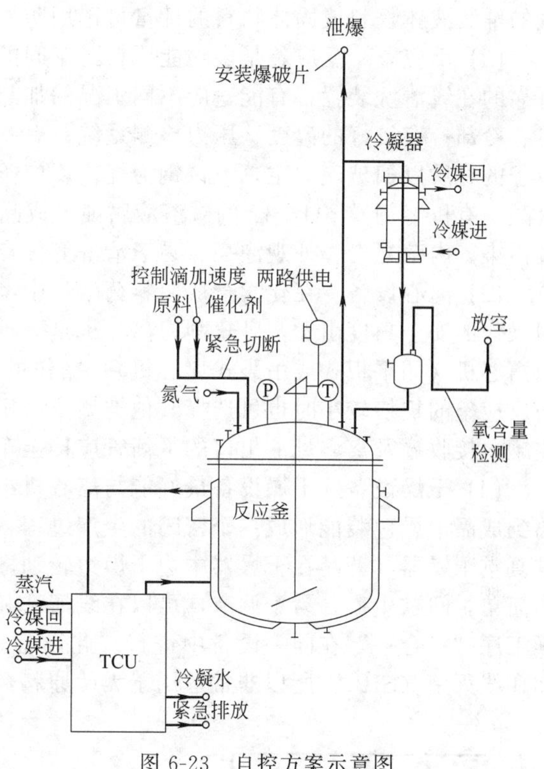

图6-23 自控方案示意图

（二）工艺设备的设计和选择

1. 设备设计和选择的一般原则

产品方案确定后，从中选择一个工艺流程最长、化学反应和单元操作的种类最多的产品，作为设计和选择工艺设备的基础，并注意提高设备通用性和互换性，根据生产量和生产周期来设计和选出工艺设备。这样确定的设备尚需要再逐一与其他既定的产品工艺进行比较，凡是可以互用的，不再选择新设备；不能通用的，则酌量增加一些，或增加一些附件(如不同类型的搅拌器)。根据上述顺序，最后可以确定出一套工艺设备。

为使选定的这套工艺设备能以最少数量满足几个产品的生产需要，一定要提高设备的通用性和互换性，为此应注意以下几点：

(1) 主要工艺设备（如反应器）的材料通常以搪玻璃和不锈钢为主。

(2) 设备大小规格的配备尽可能采用排列组合的方式，减少规格品种。

(3) 主要工艺设备的接口尽量标准化。

(4) 主要工艺设备的内部结构力求简单，避免复杂构件，以便于清洗，如内部结构很难清洗（波纹填料塔），更换产品时就会造成困难 。

(5) 配置必要的中间贮槽和计量槽，调节和缓冲工艺过程，提高主体反应设备的适应性。

2. 具体设备选择注意事项

(1) 物料计量装置　采用滴加的液体物料宜选用计量罐计量，计量罐要带有液位计或电子称重模块，便于物料计量。材质以不锈钢为主，兼有玻璃、塑料等，满足不同腐蚀性物料的需要。大量投入的液体物料的计量宜选用计量泵或计量仪表，带有显示、累计等功能。少量的桶装液体物料或固体物料的计量可选用防爆型的电子台秤，称量精确，安全可靠。

(2) 反应釜　反应釜是多功能原料药车间的关键设备，一般要有转速可调的搅拌器；有可靠的在线清洗装置；有能适应不同工况的加热、冷却装置，最好能设计为多回路的盘管加热、冷却；有较好的温度、压力检测系统；有紧急泄压装置；有安全的取样装置等。合成反应釜的材质以搪玻璃为主，不锈钢为辅。反应釜选搪玻璃材质，适应性广，能耐无机酸、有机酸、有机溶剂及 pH≤12 的碱溶液腐蚀。成品结晶釜多采用不锈钢制作，具有不对产品造成污染、内壁光滑、外观漂亮、易于清洗等优点。

(3) 离心设备　在化学合成原料药生产中经常采用离心分离的方式得到最终产品。从密闭操作的安全角度出发，卧式刮刀离心机是一种理想的选择，操作时的密闭性优于其他类型的离心机（如平板式或吊袋式离心机），操作的连续性能保证减少人工切换或开盖的频率，当反应釜的规格较小时也可选择其他类型离心机。离心机母液出口宜靠重力流至下方母液接收罐，接收罐及离心母液出口的平衡管应接至车间尾气处理系统。

(4) 干燥设备　干燥设备最好能与离心机组合成由管道连接的生产线，以保证从离心分离到成品干燥包装能形成一个密闭的生产过程，从而保证成品的质量。原料药的干燥首选双锥真空干燥器。药品在干燥器中边干燥边转动，对整批药物的均一性有良好保证。此设备操作简单，间歇生产，易于调节，可以在线清洗和在线灭菌。还有一种工艺将过滤、洗涤、干燥工序“三合一”在同一设备中进行。此设备是全密闭的，完全可以做到在线清洗（CIP）和在线灭菌（SIP），所以非常适用于无菌原料药的生产。

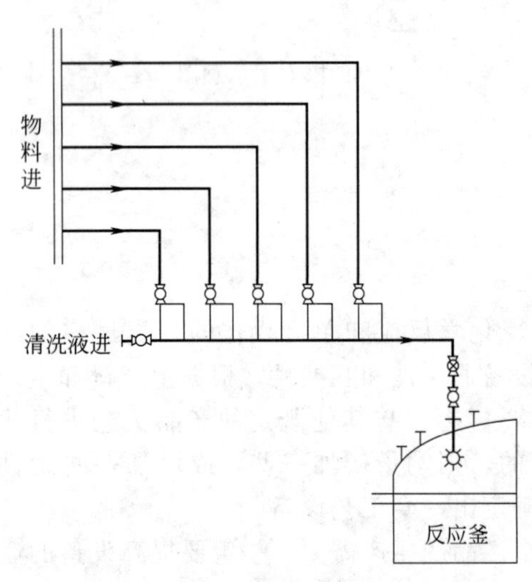

图 6-24　清洗管道设计

(5) 清洗设备及管路　产品更新快、设备可以互相切换轮流使用以便调整产能是多功能原料药生产的特点，因此批间清洗或大清洗的频率非常高，如何保证设备及管道清洁变得尤其重要，合理设置清洗系统是设计的重点。清洗一般分为淋洗和循环清洗，但淋洗往往由于清洗液流速或与被清洗物质的相容性不够很难达到理想的清洗效果，而循环清洗则是设备及管道通过循环泵进行，因此无论是溶剂耗损量还是清洗效果都优于直接淋洗。在进行管路设计时，考虑到清洗的效果，应尽量避免管道清洗死角，将清洗液进口设置在待清洗管道或设备的端部，必要时可设置喷淋球。清洗管道设计见图 6-24。

(6) 多功能分配设备及切换方案　在多功能原料药合成车间的设计中，如何实现设备与设备间的重新组合分配，能方便地搭建起不同体系的组合，实现反应、结晶、蒸馏、分层、脱色等不同功能是车间设计的重点。这里介绍溶剂分配站（S. M. F）及工艺分配站（P. M. F）两项技术，溶剂分配站（S. M. F）主要目的是保证车间内每台需要加入液体原料或清洗溶剂的设备能够方便接收来自于罐区或桶料输送区的溶剂。溶剂分配站一般考虑设置在车间的较高处，物料的进料管（带压）放置在上层，来自于车间各处的设备进料管排放在下方，以便物料能够流淌干净。管道之间通过金属软管连接，并增加自控切断阀与压力表，软管连接完毕后充氮试压，检测连接的正确性及是否有泄漏。典型溶剂分配站如图 6-25 所示。

工艺分配站（P. M. F）主要目的是在生产准备期间，将各设备的进料或出料口通过分配站互相重新连接，以形成不同排列组合的生产方式和生产规模为目的。工艺分配站将车间变成拥有多种的可能性以应对不同产品的需求。工艺分配站进料管道均需通过车间内的输送泵送入分配站，出料管道和溶剂分配站管道一般来自于车间各设备进料管。由于涉及批间的清洗，因此不与溶剂分配站管道合用。同样连接的正确性亦由最后氮气试压来确保。管道站接管模式：将各种用途的管道集中起来，通过软管连接，可以组成任意的组合，实现任意设备间的物料转移。

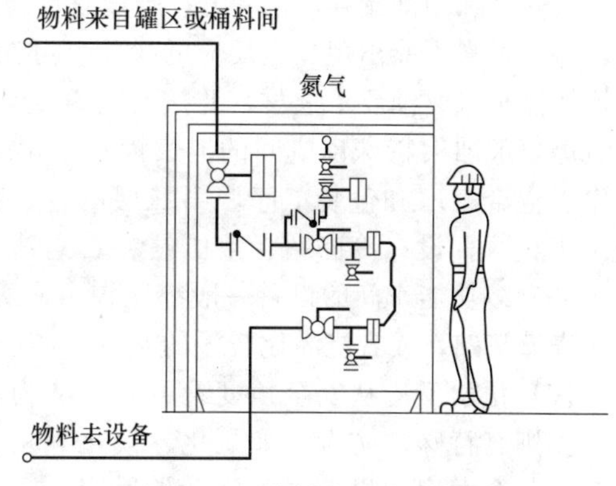

图 6-25　溶剂分配站示意图

（三）车间布置

车间布置的一般原则要求和设计方法，也适用于多功能车间，设计时还得考虑下列几点。

(1) 原料药合成车间多为甲、乙类车间，原辅料多为易燃、易爆、易挥发的甲类溶剂，因此对建筑物的耐火等级、建筑面积、泄爆面积、安全疏散、防火分区的分割等均有严格的要求。根据《建筑设计防火规范》(GB 50016—2014) 中的相关规定来确定多功能原料药合成车间的布局，在建筑外形的选择上较为常用的是长条形的车间布局，考虑到泄爆面积的计算，车间的进深不宜过大，每层的层高宜适当增加 。长条形车间的另一个优点是防火分区切割较为方便，生产车间内有部分操作间、辅助用房等非甲类防火区，需要用防火防爆墙使其与甲类生产区分隔。在多功能甲类生产车间建筑外形上“匚”字型车间也时常被采用，此形状车间的设计难点在于如何合理切割防火分区及留出泄爆面。多功能车间的建筑形式，多数是单层或者主体是单层、局部是二层的混合结构。建筑面积 500～2000m^2，少数可超过 2000m^2。

(2) 生产操作面不宜过大，布置力求紧凑，以便更换产品时重新组成生产操作线。

(3) 容量较小（2000L 以下）的反应设备可不设操作台，直接支撑在地面上，这样既利操作又易移位。

(4) 容量较大的反应设备可设单个或整体操作台。操作台上应按可能使用的最大反应罐外径作出预留孔，如果使用小反应罐，可随时加梁缩小孔径。

(5) 原料药生产设备布置一般有两种：垂直及水平布局（即前面所述的重力流及平面流两种布置方式）。垂直布局的优点是有效利用高差来实现物料的转移，从防火分区分隔的角度来说比较方便，不同分区之间可通过门斗互通，是适用于较大的反应釜的布置方法。水平布局则适用于较小规模的反应釜，防火分区水平切割，同层设备间物料转运可通过真空或输送泵作为动力输送。从生产流程角度来说，按高位槽（釜）、反应釜（结 晶釜）、离心机、干燥机的顺序整体布置，布置时需根据不同产品生产防止交叉污染，特别是对于后端离心及干燥工段，设计时可将反应区、离心区及干燥区分为不同的隔间内，尽量单独设置。另外物流通道、人流通道、工具运送存放、器具清洗位置等均应列入考量范围内，合理规划车间内的人物流及功能房间。原料药生产车间配置精烘包工段时，按 GMP 要求采用 D 级区的居多，其上游反应及结晶设备若设置在密闭容器中时，可设置在非净化区，反应后的物料至结晶设备之间可增设精密过滤器，结晶后的物料通过管道直接进入精烘包内的离心干燥设备，如此布置可压缩净化区的空间，送风及排风量相应减少，相对节能。在精烘包工段内，离心干燥区域按爆炸危险区设置防护措施，需注意设置适当的压差，以免爆炸危险区的气体散逸至非爆炸危险区内。

设备布置基本按物流由上向下垂直方向的原则进行设计，例如：第四层设尾气洗涤区、导热油换热区和中间罐存放区；第三层设有反应工序、萃取工序，按甲类防爆区设置消防安全设施，考虑将来可能出现加氢反应的操作，可在三层的角落处设置特殊反应间，其设备和管道系统均按满足氢腐蚀要求选材，并按《建筑设计防火规范》（GB 50016—2006）有氢气介质存在的泄爆要求加大特殊反应间的泄爆面积；第二层设有结晶工序、离心工序、干燥工序、粉碎工序、混合工序和包装工序，第二层的各工序的操作环境按 D 级洁净度要求设计；首层为公用工程区，设有冷冻站、空压站、真空站、纯化水站、高浓度污水收集站等功能。

(6) 多功能车间的设备一般都比较小，所用动力不大，故凡能借自重保持稳定的设备，尽量不浇灌基础，或者浇灌比较浅的基础。离心机布置在反应罐的下方，由反应罐的位置决定。

(7) 化学反应从安全角度看可以归纳为两大类：一类只有一般防毒、防火和防爆要求；另一类则有特殊的防毒（如氯化、溴化等）、防火、防爆要求。对于前一类反应可以布置在一个或几个大房间里；对于后一类反应，必须从建筑和通风上作针对性的处理，对剧毒的化学反应岗位，应单独隔开并设置良好的排风。如把整个反应罐置于通风柜中，工作人员在通风柜外面操作。高压反应须设防爆墙和泄压屋顶，这类反应器可以与多功能车间放在一栋建筑中，也可以另建专用建筑。

(8) 蒸馏、回收处理的塔器应适当集中，布置于高层建筑中，以利于操作和节省建筑物的空间。

(9) 多功能车间的工艺设备、物料管道等拆装比较频繁，而且工艺设备的布置不可能像单产品专业车间一样完全按工艺流程顺序，这样造成原料、中间体的运输频繁。因此，车间内部应有足够宽度的水平运输通道，垂立运输应设载货电梯或简易货吊，载货电梯的货箱大小要能容纳手推车。

(10) 多功能车间辅助用室及生活用室的组成和布置要求与单产品专业车间相同。但多功能车间可设置设备仓库和安排面积较大的试验分析室，以贮存暂时不用的工艺设备和满足产品的工艺研究之需。一般按 3 个或 5 个反应釜为一组作为一个模块组进行布置，考虑到多功能车间适用于多品种，车间布置时一般考虑布置一些特殊模块组，如高温模块、深冷模块等。

(11) 适当预留扩建余地，一般每隔 3～4 个操作单元预留一个空位，以便以后更换产品时增加相应的设备。

(12) 必须考虑设备检修、拆卸所需的起重运输设备，如果不设永久性的起重运输设备，则应有安装起重运输设备的场地及预埋吊钩，这样便于设备的更换和检修移位。

(13) 车间或厂区内应设置备品备件库和工具间，以便更换产品时调整设备、管道、阀门之用，备用的设备、管材和五金工具等存于其中。

(14) 多功能原料药生产过程中为了满足多种工艺要求，必须在自动化控制方面达到较高水平，在常见制药工艺中由于加氢工艺中存在氢气，在厂房建设和设备构造方面与其他工艺存在较大差异，需要配置独立的区域或车间，尽量避免与其他工艺共用车间。

(四) 净化空调系统设计

根据使用功能及室内要求不同，洁净空调区域相应地分为防爆与非防爆 2 个区域，为节约投资费用及运行成本，2 个区域合用 1 台空调机组。①为确保安全，防爆区与非防爆区分别设置送风主管，并在防爆区送风。主管穿出防爆墙处设置止回阀，防止含有溶剂的气体倒流；②防爆洁净区域采用全新风运行，排风风机采用防爆型，集中设置在屋顶指定区域，风机配置中效过滤器，防止气体倒灌；③送风设备采用组合式空调机组，布置在独立的空调机房内，风管穿入洁净防爆空调区域处设防火阀及止回阀，空调机组采用非防爆设备；④非防爆区域采用循环风，区域回风接入空调机组的二次回风段，可大大减少空气恒温恒湿处理过程中的冷热抵消引起的能量消耗。洁净 D 级区域空调系统的新风经初效过滤、冷却后在二次回风段与室内回风混合，再经过蒸汽加热、蒸汽加湿、加压、中效过滤后送入各房间，末端采用高效过滤器，安装于各洁净室洁净空气入口处。为方便系统调节各房间送回风支管，均设置定风量调节阀。

第五节　药品洁净车间要求及原料药“精烘包”工序布置设计

药品洁净车间主要是原料药车间的精、烘、包工序和制剂车间。洁净车间设计除需遵循一般车间常用的设计规范和规定外，还需遵照《药品生产质量管理规范》《洁净厂房设计规范》。其中《药品生产质量管理规范》(GMP) 是洁净车间设计的根本性法规。

一、《药品生产质量管理规范》的一般要求

《药品生产质量管理规范》(GMP) 是药品生产和质量管理的基本准则，适用于药品制剂生产的全过程和原料药生产中影响成品质量的关键工序。医药洁净厂房的设计必须围绕工艺流程规定，综合土建、供排水、供电、通风、净化空调、自控等专业的要求，建造符合GMP规定的药品生产工厂。

GMP要求硬件设施（厂房、设施、设备以及与产品相适应的洁净环境）达到国家规定的要求。其中空气洁净度是核心理念。根据原料药种类以及车间生产药品剂型的不同，均有不同洁净级别的要求，主要是控制洁净生产环境温度、湿度、压差，监控洁净生产环境中的微生物数量和尘埃粒子数，确保生产环境满足产品生产洁净度。洁净车间设计重点是防止药品生产中产生混淆、交叉污染和差错事故。

GMP的空气洁净度环境控制分区概念与空气的洁净含义，其一系指洁净空气，其二是指空气净化。空气净化的洁净程度称“洁净度”，通常用一定面积或一定体积空气中所含污染物质（主要指悬浮粒子和微生物）的大小和数量来表示。按生产岗位不同的洁净要求，产生了按洁净度划分环境区域。2010版GMP把生产车间划分为一般生产区和洁净区（A、B、C、D级洁净区）。

1. 对悬浮粒子的要求

依据GMP（2010版）规定，洁净室（区）空气洁净度级别所允许的悬浮粒子有明确的要求，具体见表6-3。

表6-3　洁净室（区）空气洁净度级别对悬浮粒子的要求

洁净度级别	悬浮粒子最大允许数/m^3			
	静态		动态③	
	≥0.5μm	≥5.0μm②	≥0.5μm	≥5.0μm
A级①	3520	20	3520	20
B级	3520	29	352000	2900
C级	352000	2900	3520000	29000
D级	3520000	29000	不作规定	不作规定

① 为确认A级洁净区的级别，每个采样点的采样量不得少于$1m^3$。A级洁净区空气悬浮粒子的级别为ISO 4.8，以≥5.0μm的悬浮粒子为限度标准。B级洁净区（静态）的空气悬浮粒子的级别为ISO 5，同时包括表中两种粒径的悬浮粒子。对于C级洁净区（静态和动态），空气悬浮粒子的级别分别为ISO 7和ISO 8。对于D级洁净区（静态），空气悬浮粒子的级别为ISO 8。测试方法可参照ISO 14644-1。

② 在确认级别时，应当使用采样管较短的便携式尘埃粒子计数器，避免≥5.0μm悬浮粒子在远程采样系统的长采样管中沉降。在单向流系统中，应当采用等动力学的取样头。

③ 动态测试可在常规操作、培养基模拟灌装过程中进行，证明达到动态的洁净度级别，但培养基模拟灌装试验要求在“最差状况”下进行动态测试。静态是指在全部安装完成并已运行但没有操作人员在场的状态。动态是指生产设施按预定的工艺模式运行并有规定数量的操作人员进行现场操作的状态。

依据GMP规定，应当按以下要求对洁净区的悬浮粒子进行动态监测：

① 根据洁净度级别和空气净化系统确认的结果及风险评估，确定取样点的位置并进行日常动态监控。

② 在关键操作的全过程中，包括设备组装操作，应当对A级洁净区进行悬浮粒子监测。生产过程中的污染（如活生物、放射危害）可能损坏尘埃粒子计数器时，应当在设备调试操作和模拟操作期间进行测试。A级洁净区监测的频率及取样量，应能及时发现所有人为干预、偶发事件及任何系统的损坏。灌装或分装时，由于产品本身产生粒子或液滴，允许灌装点≥5.0μm悬浮粒子出现不符合标准的情况。

③ 在B级洁净区可采用与A级洁净区相似的监测系统。可根据B级洁净区对相邻A级洁净区的影响程度，调整采样频率和采样量。

④ 悬浮粒子的监测系统应当考虑采样管的长度和弯管的半径对测试结果的影响。

⑤ 日常监测的采样量可与洁净度级别和空气净化系统确认时的空气采样量不同。

⑥ 在A级和B级洁净区，连续或有规律地出现少量≥5.0μm悬浮粒子时，应进行调查。

⑦ 生产操作全部结束，操作人员撤出生产现场并经15～20min（指导值）自净后，洁净区的悬浮粒子应当达到表中的“静态”标准。

⑧ 应当按照质量风险管理的原则对C级和D级洁净区（必要时）进行动态监测。监控要求以及警戒限度、纠偏限度可根据操作的性质确定，但自净时间应当达到规定要求。

⑨ 应当根据产品及操作的性质制定温度、相对湿度等参数，这些参数不应对规定的洁净度造成不良影响。

⑩ 应当制定适当的悬浮粒子监测警戒限度和纠偏限度。操作规程中应当详细说明结果超标时需采取的纠偏措施。

2. 对微生物的要求

应当对微生物进行动态监测，评估无菌生产的微生物状况。监测方法有沉降菌法、定量空气浮游菌采样法和表面取样法（如棉签擦拭法和接触碟法）等。动态取样应当避免对洁净区造成不良影响，应当制定适当的微生物监测警戒限度和纠偏限度，操作规程中应当详细说明结果超标时需采取的纠偏措施。

对表面和操作人员的监测，应当在关键操作完成后进行。在正常的生产操作监测外，可在系统验证、清洁或消毒等操作完成后增加微生物监测（表6-4）。

表6-4 洁净区微生物监测的动态标准①

洁净度级别	浮游菌/(cfu/m³)	沉降菌(φ90mm)/(cfu /4h)②	表面微生物	
			接触(φ55mm)/(cfu/碟)	五指手套/(cfu/手套)
A级	<1	<1	<1	<1
B级	10	5	5	5
C级	100	50	25	—
D级	200	100	50	—

① 表中各数值均为平均值。

② 单个沉降碟的暴露时间可以少于4h，同一位置可使用多个沉降碟连续进行监测并累积计数。

为达到上述的洁净要求，洁净室车间平面布置设计时一般注意如下几点：

(1) 洁净区中人员和物料的出入口必须分设，原辅料和成品的出入口分开；人员和物料进入洁净室要有各自的净化用室和设施，如人员更衣、洗手、手消毒、物料脱外包、清洁、灭菌等过程。

(2) 生产区要减少生产流程的迂回往返，尽量减少人员流动和动作。

(3) 洁净区只允许存放与操作有关的物料，设置必要的工艺设备，用于制造、贮存的区域不得作为非该区域人员的通道。

(4) 人、物电梯应分开，不要设在洁净室（区）内，否则要给予保护。

(5) 空气洁净度高的房间宜设在人员最少到达的地方，宜在洁净室的最里面；空气洁净度相同的房间宜相对集中；不同空气洁净度房间之间相联系要有防止污染的措施，如气闸室、空气吹淋室、传递窗等。洁净区与非洁净区之间压差应不低于15Pa，不同级别洁净区之间的压差应不低于10Pa。必要时，相同洁净度级别的不同功能区域（操作间）之间也应当保持适当的压差梯度。

(6) 维修保养室不宜设在洁净室内。厂房设计和安装应当能够有效防止昆虫或其他动物进入。采取必要措施，避免使用灭鼠药、杀虫剂、烟熏剂等对设备、物料、产品造成污染。

二、原料药“精烘包”工序布置设计

“精烘包”是原料药生产的最后工序，也是直接影响成品质量的关键步骤。它包括：粗品溶解、脱色过滤、重结晶、过滤、干燥、粉碎、筛分、总混、包装或浓缩液无菌过滤、喷雾（或冷冻）干燥、筛分、总混、包装等步骤。除粗品溶解和脱色过滤为一般生产区外，其他过程均为洁净区。

（一）总体设计

原料药“精制、烘干、包装”工序简称“精烘包”工序。“精烘包”工序应与原料药生产区分隔并自成一个独立的区域。“精烘包”工序生产区应布置在主导风向的上风侧，原料药生产区应布置在下风侧。“精烘包”工序与上一工序的联系、交接应方便。避免原料药、中间体及半成品等与成品的交叉污染和混染。成品送中间贮存或仓贮区的路线要合理，应避免通过严重污染区。精烘包周围的道路采用不易起尘的材料构筑，露土地面用耐寒草皮覆盖或种植不产生花絮的树木。

（二）原料药“精烘包”生产环境洁净级别

原料药分为无菌原料药和非无菌原料药。

对于非无菌原料药而言，“精烘包”工序主要包括粗品溶解、脱色过滤、重结晶、过滤、干燥、粉碎、筛分、包装等工序。按照GMP规定：非无菌原料药精制、干燥、粉碎、包装等生产操作的暴露环境应按D级洁净区要求设置。一般设计中，除粗品溶解和脱色过滤为一般生产区外，其他过程均为D级洁净区。

无菌药品是指法定药品标准中列有无菌检查项目的制剂和原料药，包括无菌制剂和无菌原料药。无菌药品要求不能含有活微生物，必须符合内毒素的限度要求，即无菌、无热原或细菌内毒素，无不溶性微粒/可见异物。无菌药品按生产工艺分为两类：采用最终灭菌的工艺为最终灭菌产品；部分或全部工序采用无菌生产工艺的为非最终灭菌产品。无菌药品的生产必须严格按照精心设计并经验证的方法及规程进行，产品的无菌或其他质量特性绝不能只依赖于任何形式的最终处理或成品检验（包括无菌检查）。因此无菌原料药的粉碎、过筛、混合、分装的车间布置设计须在B级背景下的A级进行。

非最终灭菌无菌原料药主要分为溶剂结晶型、冷冻干燥型和喷雾干燥型三种。溶剂结晶是最为常见的一种无菌原料药生产工艺。非最终灭菌无菌原料药的“精烘包”工艺通常是把精制过程（包括原料溶解）和无菌过程（从除菌过滤至包装）结合在一起，将无菌过程作为生产工艺的一个单元操作来完成（见图6-26）。目前生产上最常用的是无菌过滤法，即将非无菌中间体或原材料配制成溶液，再通过0.22μm孔径的除菌过滤器以达到除去细菌的目的，在以后精制的一系列单元操作中一直保持无菌，最后生产出符合无菌要求的原料药。在灭菌生产工艺中，除了除菌过滤外，还包括设备灭菌、包装材料灭菌、无菌衣物灭菌等。这些灭菌过程经验证能保证从非无菌状态转化成无菌状态。

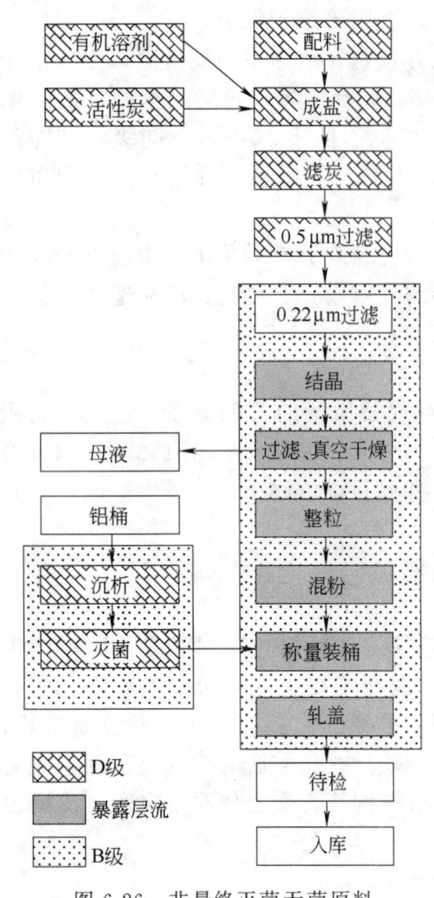

图 6-26　非最终灭菌无菌原料药工艺流程框图

无菌原料药的生产环境等级主要有：

(1) B 级背景下的 A 级　无菌原料药暴露的环境，如出箱、分装、取样、压盖、加晶种、多组分混合（开桶，上料）等，接触无菌原料药的内包材或其他物品灭菌后暴露的环境，包括其转运过程，常会用到可移动的层流车。无菌原料药生产中，很多设备在 SIP 或高压蒸汽灭菌后使用前需要再进行管线连接组装，所有的连接组装操作必须在 A 级层流保护下进行。无菌产品或灭菌后的物品的转运、贮存环境，除非在完全密封的条件下，不能保存在 B 级环境下，加盖的桶、盒子等不能视为完全密封保存。通常用层流操作台（罩）来维持该区的环境状态。层流系统在其工作区域必须均匀送风，风速指导值为 0.36～0.54m/s。应有数据证明层流的状态并须验证。推荐使用隔离罩或隔离器。

(2) B 级区　指为高风险操作 A 级区提供的背景区域。在密封系统下进行的无菌结晶，过滤，洗涤，干燥，混粉，过筛，内包装贴签等操作的环境。

(3) C 级下的局部层流　接触无菌原料药的物品灭菌前精洗以及精洗后的暴露环境；除菌过滤器安装时的暴露环境；B 级区下使用的无菌服清洗后的净化与整理环境；待灭菌的设备最终清洗时的暴露环境。

(4) C 级　无菌原料药配料的环境；无菌原料药内包材或其他灭菌后进入无菌室的物品的粗洗环境；从 D 级到 B 级区的缓冲。

(5) D 级　从一般区到 C 级的缓冲。

（三）工艺布局及土建一般要求

1. 总体要求

(1) “精烘包”应与原料药生产区分隔并自成一个独立的区域。避免原料药、中间体、半成品等与成品的交叉污染和混染。“精烘包”工序与上一工序的联系、交接应方便。成品送中间贮存或仓贮区的路线要合理，应避免通过严重污染区。

(2) “精烘包”工序按工艺流程的需要进行分隔，一般分成重结晶、分离室、干燥室、包装室、留样室和合格品贮存室等，以及人员和物料净化室及通道。这些用室功能和作用不同，但要相互呼应成为一体。

(3) 有洁净度要求的生产厂房，投资大，运行费用（如水、电、汽）高。因此，在满足工艺要求的前提下，应尽量减小其建筑面积。

(4) 车间地坪的室内标高一般高出室外地坪 0.2～0.3m，生产车间普通洁净室的吊顶高度一般为 2.7～3.0m，有特殊生产操作洁净室的吊顶高度需根据生产操作要求确定，技术夹层净高 2.0～3.5m，办公室和生活用房高度为 2.6～3.2m。

(5) 安排好各种暗敷管道的走向及竖井，管道可以和通风夹墙、技术走廊等结合起来处理。

(6) 洁净级别相同的房间尽可能安排在一起，以利通风，使空调布置合理。洁净级别要求不同的房间互相联系要有防污染措施，如气闸、风淋室、缓冲间及传递窗等。

(7) 在有窗的厂房中一般将洁净要求高的房间布置在内侧或中心部位，也可将无菌洁净室安排在外侧，但加一封闭式的外走廊缓冲。

(8) "精烘包"工序人流、物流入口应尽量少，这样容易控制全车间的洁净度。

(9) 空调室应紧靠洁净区，使通风管道线路最短，合理地布置回风管道，发挥洁净空调效果。

(10) 工艺用水、压缩空气（压料用）、氮气等根据工艺要求进行净化处理。

2. 无菌原料药的工艺布局探讨

工艺布局常采用模块化设计。模块化设计是将各种不同的设备有目的地组合在一起以满足一种或多种功能的需要，其优点是功能明确，配置完善，布置紧凑，然后再将各种单元模块按需要进行组合，即可实现不同产品的生产。

在设计中可将生产工艺分为下列模块着重设计：①反应及纯化区；②重结晶、过滤、干燥区（可细分为液-液分离模块、固-液分离模块、精制模块、成品干燥包装模块）；③分装区；④其他区（如三废处理模块及公用工程模块等）。同时，由于反应及重结晶工段多使用有机溶剂，因此，无菌原料药精制车间布置通常分防爆生产区和非防爆生产区，区域间按规范作严格分隔。

(1) 反应及纯化区　该区既实现最后一步反应（常为成盐），同时，又实现产品精制过程（常为活性炭脱色精制）。因后续重结晶通常设为 B 级区，所以该区按无菌原料药精制要求应设为 D 级。设计须注意：①该区域生产过程中多使用乙醇、丙酮等易燃易爆溶剂，故为甲类生产区，需集中布置在车间外侧，易于泄爆，并设置合理的疏散通道及出口，以满足国家防火防爆安全规范的要求。②活性炭与其他物料送入通道尽量分开。传统的除炭过滤器为板框压滤机，成本低廉，但影响环境卫生；新型的除炭装置有在线活性炭过滤器，其将活性炭复合在滤芯骨架上，操作简单清洁，但更换滤芯成本较高。③过滤设备洗涤和活性炭炭渣收集区应相对封闭，以尽可能减少交叉污染。④该区域人流入口宜单独设立，避免与高级别洁净区相混。⑤注意与重结晶罐相连管道的设计。因为本区域的管道通常不需要最终灭菌，但与重结晶罐相连管道除外。由于该管道清洗灭菌被归入重结晶罐管路系统，D 级区需要为该清洗灭菌管路系统考虑必要的衔接设计。⑥除菌过滤器一般配置为三级，第一级为预过滤器（0.45μm），第二级为冗余过滤器（0.22μm），第三级为主除菌过滤器（0.22μm）。除菌过滤暴露时应采用单向流保护。

(2) 重结晶、过滤干燥区　重结晶需要注意：①设计时应注意该区域的净空高度，需满足高位槽、结晶罐、离心机多层布置，同时考虑操作平台的高度。②安装结晶罐的操作平台的设计应满足洁净区要求。在与结晶间相邻房间设置辅助区，将大量辅助管道、阀门布置其中，最大限度减少结晶罐周围的管道和阀门。③注意结晶罐所用溶剂的无菌过滤管路设计。④结晶罐除罐内设喷淋球外，着重考虑进出管道清洗及灭菌管路系统设计，并保证纯蒸汽灭菌时的凝水排放通畅有效。同时对于灭菌温度采集点的设置也是一个重点，应在整个管路系统中理论上可能的温度最低点上设温度探头。⑤有些结晶工序采用溶剂，还需考虑热无菌氮气的供应和纯蒸汽灭菌后吹干设备。⑥注意结晶罐进料管上无菌过滤器的管路设计，应主要考虑灭菌时的需求。

过滤需注意：选用"三合一"设备做过滤用，或选用侧出料离心机，这样结晶罐出料至过滤设备可通过密闭管道输送以减少暴露操作。采用全封闭设备生产模式能有效地避免产品遭受环境污染，"三合一"设备是原料药生产中常用的关键设备。为密闭系统，有单独的取样系统，设有手动和自动操作程序，便于进行 CIP 和 SIP，或接触药品的部位能拆卸后清洗灭菌。

干燥区的设计关键是选择合适的干燥设备，以及考虑过滤湿料至干燥设备的转运方式。①干燥设备通常选用真空回转干燥机或真空V形干燥机，这两种设备在采用合适设计后都可达到在线清洗和在线灭菌要求。②关键的物料转运方式和湿料的物性有很大关系。一般自动出料离心机或三合一设备出料时会加一出料设施，具有顶推和破碎大块滤饼功能。如果破碎后的湿颗粒可以被真空抽吸，将简化转移过程——只需采用真空上料设计即可；若是真空难以输送的物料，可采用类似固体制剂生产中颗粒转移设备——周转罐配套无菌分体阀（α/β阀）进行转移。此时不可避免会使用小车及提升设备，在设计中要尽量避免其对高洁净环境的负面影响。无菌分体阀分为主动阀和被动阀两部分，分别装在要对接的两个容器上。真空转料系统及无菌分体阀是目前常用的两种固体物料转运方式。考虑到周转运输及洗涤灭菌方便，可选用较小体积的周转罐。对于类似湿糯米粉的湿料，也会有温度的敏感性，不适用回转干燥器。就目前装备水平看，只能选用盘式层流烘箱干燥，在装盘和收粉环节需做额外保护设计以降低被污染的风险。③若有混粉工序，应布置在单独房间内完成，并根据添加成分的包装形式，考虑如何将添加成分送入混粉设备；添加成分是否需要粉碎，是否有无菌检查项目，以及混粉设备的消毒灭菌方式。

(3) 分装区　高污染风险的操作宜在隔离操作器中完成。隔离操作器及其所处环境的设计，应能够保证相应区域空气的质量达标。传输装置可设计成单门或双门，也可是同灭菌设备相连的全密封系统。物料进出隔离操作器应当特别注意防止污染。无菌生产的隔离操作器所处的环境至少应为D级洁净区。

干燥后的成品粉一般较轻，大多数情况下都可以采用真空上料作为转移输送方式。目前，无菌原料粉定量分装主流配置是选用带层流的隔离器来完成。隔离器入口进灭菌后的空桶、胶塞及橡胶密封圈，通过分段的传送带送至分装工位，采用真空上料的原粉罐，通过重力下料顶杆推进，自动定位定量灌装（装量可调，精度可控）。在灌装的下个工位，通过手套箱隔离操作，人工上塞和密封圈，进入下个工位轧盖后，出隔离器。该成套设备取室内风通过自带层流装置保证隔离器内的层流。设计上只需考虑内包材清洗灭菌后与该隔离器采用层流车的对接。由于自动灌装和轧盖在分隔的两个工位完成，通过有效组织隔离器内的空气流向，可以做到两种操作互不干扰。该隔离器内的主要零部件可拆洗，灭菌后通过手套箱在隔离器内在位组装，因此，只需考虑清洗灭菌后工器具部件与隔离器的无菌对接。

需要注意的是：①粉料贮罐采用重力流下料，因此局部高度会大于3m，设计时根据粉料罐高度，可局部提升吊顶，并保证该局部区域的采光（主要是检修操作用），并组织合适的空气流，不使该区域成为部分死角。②尽管B级区内不得设置地漏、水池，但仍需为该套隔离器分装设备配置合适的下水连接设施，以利该设备必要的管路清洗和灭菌过程。③目前，主流无菌原粉灌装隔离器都没有贴签工位。因此，B级区内完成轧盖的无菌粉成品桶是靠挂标识来识别。当班分装完成后都通过传递窗传至一般区，为降低混淆的风险，可通过生产排班当班完成无菌粉桶牌贴工序，或在接受间设门禁，指定专人清点接受存放，待检验合格后贴签入库。④多工位用手套操作，对于手套完整性检查及更换规定要完备。⑤灌装RABS用VHP消毒前，应注意内部对重点部位进行人工擦拭，如：垫圈和手套等部位，作为对消毒效果的辅助保证措施。如与VHP发生器连接，管道要用不锈钢材质并尽可能短。注：如果用无菌塑料袋做内包装，须考虑塑料袋的灭菌设施及采用合适的转运方式。

(4) 工艺布局及土建要求其他注意事项

① 无菌原料药生产的洁净区包括：防爆洁净区、非防爆洁净区及关键过程洁净区，这些区域需明确划分，以便设计时采用不同的方案。

② 无菌原料精制车间B级区面积较大，由于设备尺寸和操作需要，需对应较大空间，

同时约有一半区域为防爆区。且防爆区空调系统不得回风。因此，根据设备具体发热量、区域内的实际操作人数和操作空间，精心设计洁净空调尤为重要，否则将严重影响产品的成本。

③ 对于大空间的洁净空调，空气参数均匀性是一个挑战。

④ 无菌原料药的溶解投料、分离干燥等环节多涉及大宗固体物料的输送，在厂房设计时有多层布局及单层布局两种。多层布局投资大，需要多层的洁净区，运行成本高，但无菌粉体利用重力传递，降低了劳动强度和设备投资，工艺质量风险也较小。因此物料提升和粉体真空输送技术在固体物料转运方面的应用也日趋成熟，这就可以解决许多原来在单层洁净区不易解决的问题。单层布局投资小，洁净区面积小，运行成本低。对于个别粉体流动性较差的产品，不适合重力传递，只能采用平面布局，这也是目前多功能生产线较多采用平面布局的原因。因此，在设计时可将多层布局及单层布局相结合，从投资、物料输送的可行性及工艺质量风险控制上综合考虑，以求厂房布局的合理。

⑤ 与产品直接有关联的工器具、衣物等的灭菌设施（现多用湿热灭菌柜）的排水管道应考虑空气封设计。

⑥ 在生产中实现各生产模块/区域各自独立又紧密的联系，同时，生产过程被有效地限制在一个密闭的环境中，基本完成了各区域内部工艺过程的密闭生产，而在各模块/区域之间的生产连接中，出于密闭生产的考虑，尽量使用卡箍连接的封闭管道系统完成各模块/区域间物料输送，又得以确保产品无菌。

(四) 人员、物料净化和安全一般要求

(1) 人员净化出入口与物料净化出入口应分别独立设置，物料传送路线应短捷，并避免与人流路线交叉。输送人员和物料的电梯宜分开设置，电梯不宜设置在洁净区内，需设置在洁净区的电梯，应采取确保制药洁净区空气洁净度等级的措施。或可考虑采用洁净层间提升机的方式保证洁净区空气洁净度的要求。需设置在洁净区内的楼梯，可考虑采用不锈钢楼梯或不锈钢包裹的混凝土楼梯，并进行净化送风处理，保证楼梯的洁净度要求。

(2) 从一般区进入无菌 B 级区的人流物流通道要有 D、C、B 的洁净级别梯度。

(3) 进入洁净区的人员必须按图 6-27、图 6-28 的程序进行净化。

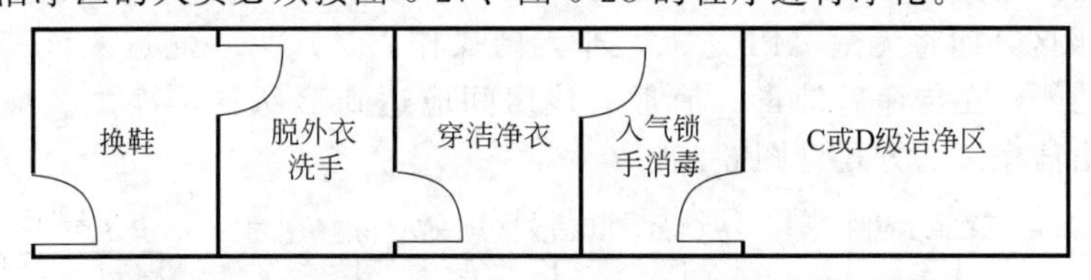

图 6-27 人员从一般区进洁净区（C 级或 D 级）示意图

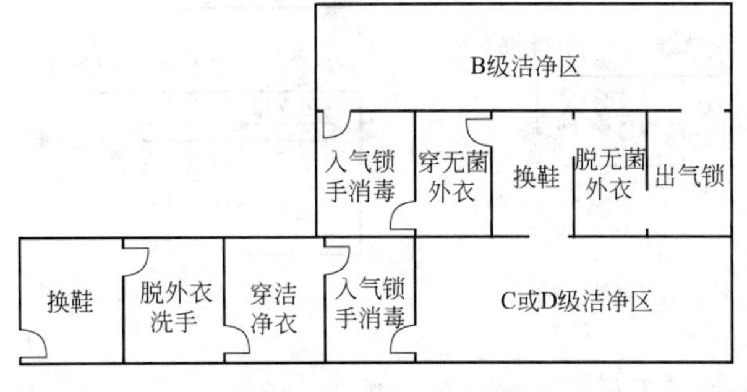

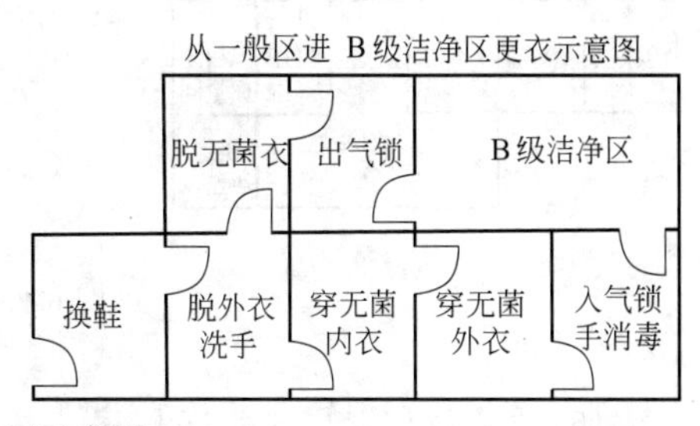

图 6-28 人员进入无菌洁净区示意图

凡进入D级的洁净区的人员（包括操作人员、机修人员、后勤人员）均需经过以下程序：

换鞋→穿洁净服→戴帽→进入

凡进入B级洁净区的人员均需经过以下程序：

换鞋→脱外衣→洗手、消毒→穿无菌内衣→穿无菌外衣→手消毒→气锁→进入

应当按照气锁方式设计更衣室，使更衣的不同阶段分开，尽可能避免工作服被微生物和微粒污染。更衣室应当有足够的换气次数。更衣室后段的静态级别应当与其相应洁净区的级别相同。必要时，可将进入和离开洁净区的更衣间分开设置，一般情况下，洗手设施只能安装在更衣的第一阶段。换鞋间一般设置排风或者更鞋柜有独立的排风措施。

(4) 现行GMP（2010版）对洁净区的着装要求为：

① D级洁净区　应将头发、胡须等相关部位遮盖；应当穿合适的工作服和鞋子或鞋套；应当采取适当措施，以避免带入洁净区外的污染物。

② C级洁净区　应将头发、胡须等相关部位遮盖；应戴口罩；应穿手腕处收紧的连体服或衣裤分开的工作服，并穿适当的鞋子或鞋套；工作服应不脱落纤维或微粒。

③ A/B级洁净区　应用头罩将所有头发以及胡须等相关部位全部遮盖，头罩应塞进衣领内；应戴口罩以防散发飞沫；必要时戴防护目镜；应戴经灭菌且无颗粒物（如滑石粉）散发的橡胶或塑料手套，穿经灭菌或消毒的脚套，裤腿应塞进脚套内，袖口应塞进手套内；工作服应为灭菌的连体工作服，不脱落纤维或微粒，并能滞留身体散发的微粒。

个人外衣不得带入通向B级或C级洁净区的更衣室。进入A/B级洁净区，应更换无菌工作服；或每班至少更换一次，但应用监测结果证明这种方法的可行性。操作期间应经常消毒手套，并在必要时更换口罩和手套。

(5) 物料（包括原辅料、包装材料、容器工具等）在进入洁净区前均需在物净间内进行物净处理（清除外表面上的灰尘污染及脱除外包），再用消毒水擦洗消毒，然后在设有紫外灯的传递窗内消毒，传入洁净区。物料也可通过经过验证的其他方式进入洁净区。对在生产过程中易造成污染的物料应设置专用的出入口。进入无菌洁净室（区）的原辅料、包装材料和其他物品还应在出入口设置物料、物品灭菌用的灭菌室和灭菌设施。大宗无菌原料药从无菌区传出可通过传递窗（B/C或B/D）进行，也可有单独的物料传出通道。如果需要无菌操作人员从B级区开门将无菌API送入，非无菌操作人员从另一侧进入该房间取出时，该房间应有消毒功能，在传递后消毒。消毒后该房间应达到B级区洁净度。最好要具有互锁装置。物料进出洁净区的方式见图6-29。

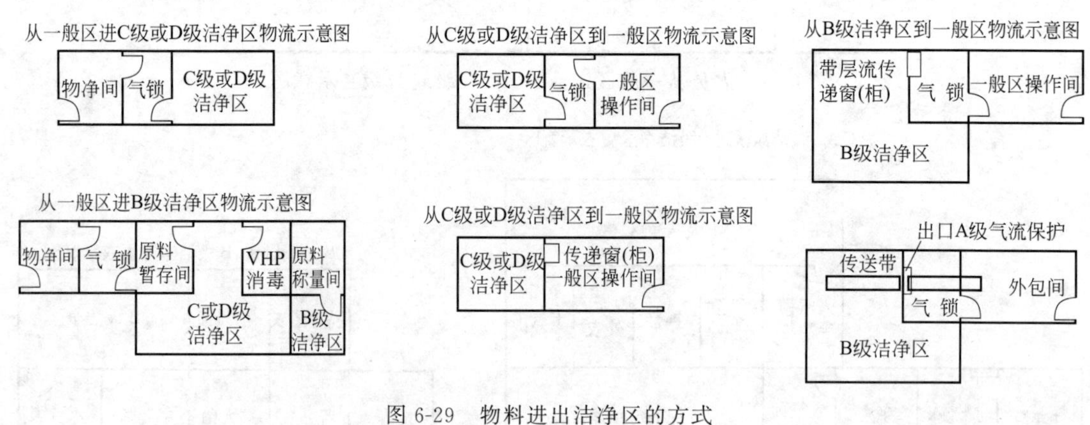

图6-29　物料进出洁净区的方式

(6) “精烘包”属于洁净厂房，其耐火等级不低于二级，洁净区的安全出口应符合《建

筑设计防火规范》的要求，无窗厂房应在适当位置设置门或窗，以备消防人员出入和车间工作人员疏散。

（五）室内装修

（1）墙壁和顶棚表面应光洁、平整，不起灰，易清洗。常用的内墙面材料有石瓷墙面、特殊涂料、水磨石或彩钢板等。无洁净度要求的房间可用石灰刷白，有洁净度要求的房间可用特殊涂料或彩色钢板等特殊墙面材料。墙与墙、地面、顶棚相接处应有一定弧度。

（2）原料药车间地面应光滑、平整，易于清洗。常采用的地面是不易起尘的水磨石、塑料、耐酸瓷板地面。洁净区地面通常采用环氧自流坪、PVC 塑料等。

（3）门窗选型要简单，不易积尘，清扫方便。门窗要密封，与墙连接要平整，防止污染物渗入。门常用塑钢或不锈钢制造，窗常用钢和铝合金制造，无菌洁净区门窗不应采用木质材料，门应向洁净级别高的方向开启。凡洁净区与非洁净区之间隔墙上的窗要设双层窗，其中一层为固定窗。传递窗采用平开钢窗或玻璃拉窗两种形式。洁净区要做到窗户密闭。洁净区疏散门须向疏散方向开启。

（六）设备和管道

（1）洁净区内只布置必要的设备，易污染或散热大的设备要设法布置在洁净区外，如必须放在洁净区内，应布置在靠近回、排风口。

（2）设备应选择耐腐蚀、耐磨、不生锈的材料（如不锈钢）制造，结构尽量简单，内部避免死角，外表面保持光滑，尽可能密闭操作，实现自动化。设备支架与操作台要选用光滑、不腐蚀材料。

（3）合理考虑设备的起吊、进场的运输路线，门窗、留孔要能容纳进场设备通过，必要时可将间隔墙设计成可拆卸的轻质墙。

（4）当设备安装在跨越不同洁净等级的房间或墙面时，应采取可靠的密封隔断方法。

（5）要防止传动机械的漏油、起尘，并采取减震、消音措施，洁净室内的噪声不得超过 80dB。

（6）地面或基础高出地面部分可采用水磨石表面或环氧地坪。

（7）洁净区的管道尽可能暗设。必须明敷的管道外表面应易于清洗消毒。与“精烘包”无关的管道不要穿过本工序。

（七）空调系统

送入洁净区的空气除要求洁净外，还要控制一定温度和湿度。因此空气需要加热、冷却或加湿、去湿处理。

（1）口服原料药的“精烘包”工序，洁净级别为 D 级，采取初、中、高效或亚高效空气过滤系统可以达到。防爆区洁净空调系统不允许回风，以防易爆物质聚积。洁净区与非洁净区之间需保持 15Pa 压差。

（2）无菌原料药的结晶、干燥等高风险生产区域，洁净级别为 A/B 级，采用初效、中效、高效三级过滤及局部层流可以达到，高效过滤器设置在净化空调系统的末端，如洁净室的顶棚上。如为防爆生产，则不设回风，洁净室内采取正压。

（3）青霉素类药物的“精烘包”工序应设专门的空调设施，排风口应安装高效过滤器，使排出气体无残留青霉素类药物，以防污染大气。激素及对人有严重危害的药物，循环送风系统必须经过初、中、高三级过滤，它可以控制室内洁净度，减少有害药物（如激素）粉尘的含量，保护工人健康。随着国家对环境的保护力度加大，同时对于要求较高的企业，排风口加高效之后还应增设尾气洗涤吸收系统。

(4) 干燥、称量和包装岗位的操作，有可能部分处于敞口状态，需采用局部层流保护，同时应有除尘措施。空调系统送、回风口位置也很重要，一般以顶部或侧面送风、下侧回风方式为好，以免粉尘飞扬。

(5) 生产工艺对温度和湿度无特殊要求时，空气洁净度A级、B级的医药洁净室（区）温度应为20～24℃，相对湿度应为45%～60%；空气洁净度D级的医药洁净室（区）温度应为18～26℃，相对湿度应为45%～65%。人员净化及生活用室的温度，冬季应为16～20℃，夏季为26～30℃。生产工艺对温度和湿度有特殊要求时，应根据工艺要求确定。吸湿性强的无菌药物的生产，可根据产品吸湿性确定操作温度和湿度，并可用局部低湿工作台代替整室的低湿处理。洁净房间换气次数应根据室内发尘量、湿热负荷计算、室内操作人员所需新鲜空气量等因素要求计算的最大量来确定。一般洁净度情况下，B级洁净区取35～70次/h；C级洁净区取20～30次/h；D级洁净区取15～25次/h；A级洁净区层流气流速度0.45m/s±20%。

(八) 电气设计

医药洁净室（区）应根据生产要求提供足够的照度。主要工作室一般照明的照度值不宜低于300lx；辅助工作室、走廊、气闸室、人员净化和物料净化用室（区）不宜低于150lx。对照度有特殊要求的生产部位可设置局部照明。照明灯具宜选用吸顶明装，它与平顶接缝应用密封胶封闭，光源宜采用高效荧光灯。需要灭菌的洁净室，如没有防爆要求，可用紫外灯，建议6～15m^2空间设1～2支紫外灯，其控制开关应设在洁净区外。配电板、仪表、接线盒、控制器、导线及其他器件尽量避免置于洁净室内，必须安装的电器应隐藏在墙壁、天花板内。

(九) 非无菌原料药“精烘包”工序布置设计举例

非无菌原料药的“精烘包”工序布置设计技术难度明显低于无菌原料药，图6-30是某原料药“精烘包”车间平面布置图。该车间设计了D级的洁净区，满足了非无菌原料药的要求。

(十) 原料药车间合成工序与“精烘包”工序组合形式

原料药车间分为独立的全合成生产车间、独立的精烘包生产车间，同时也有将合成和精烘包工序有机结合的综合生产车间。综合生产车间较多地采用以下几种结合方式，即可做成对应的车间布置方案：

(1) 合成和精烘包区域在同一层水平布置，即同一层内，一边是合成区域，各种工序生产出的粗品，同层运输至另一边的精烘包区域，进入脱色间投料，再经过结晶、离心、干燥、粉碎、混合、取样待检暂存、内包、外包等工序制成成品，再通过货梯转运至厂区仓库。这种布局方式，每个产品线工序从头到尾在本层解决，不会有上下层的物料联系；但由于车间尺寸不能太长，而产品的各功能间需求又不能少，所以适合产能不大的产品生产；且同层转移灵活，方便，只要工艺步骤流程通顺，甲类与丙类区域合理对接，对于较小品种的生产线是个不错的选择。同时合成区域大多设置为钢平台，钢平台与柱子有埋板焊接、牛腿支撑的连接方式，反应釜悬挂布置在钢平台上，钢平台上部布置高位槽、冷凝器等，下部布置接受罐、离心机、母液罐等设备。与洁净区相邻的墙体采用防爆墙体隔离，再通过缓冲门斗进行人、物流联系。粗品投料后，经过脱色、精制、离心、干燥、粉碎、混合、内外包等各步工序生产，最后将成品同层转运入库。

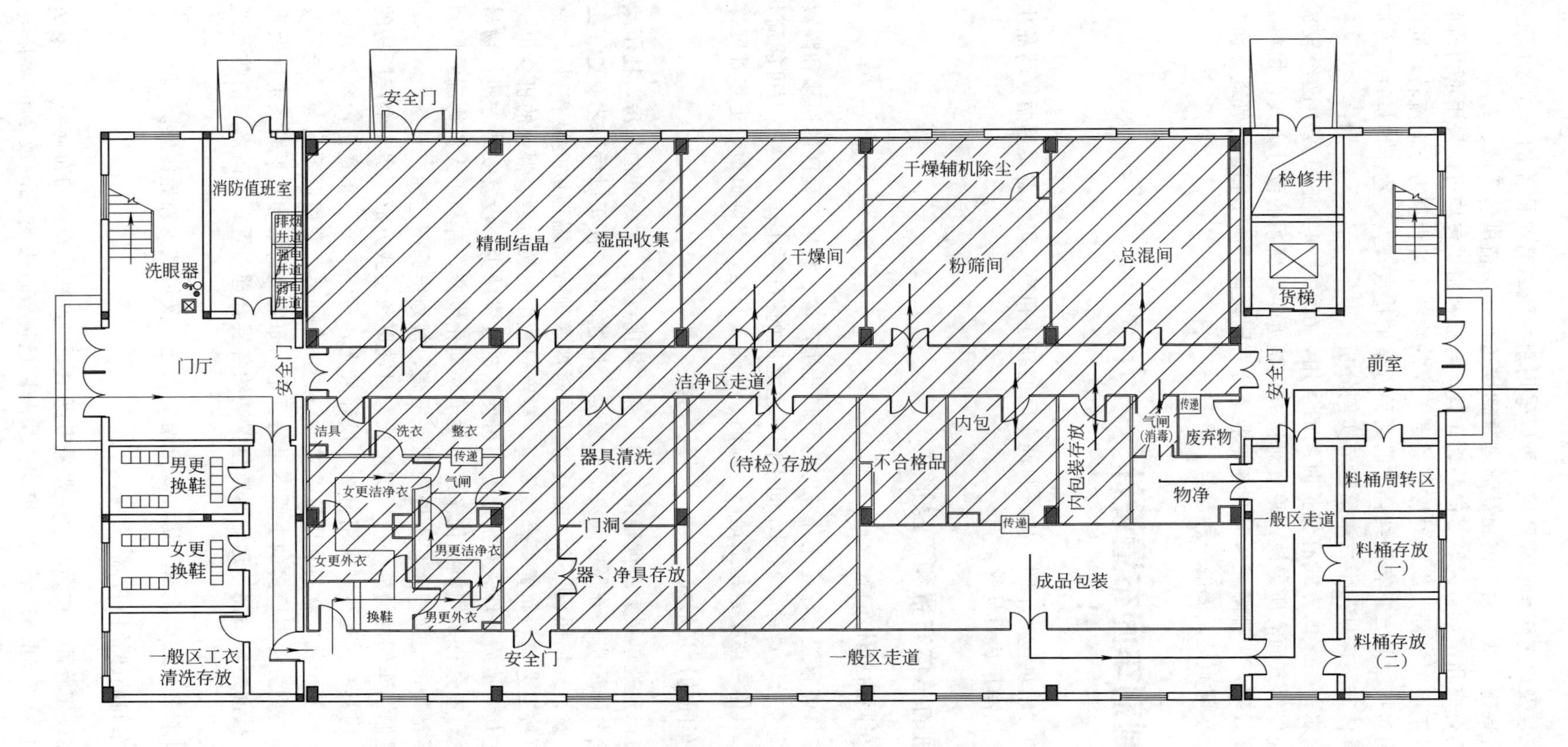

图 6-30 某原料药“精烘包”车间平面布置图

(2) 车间二层及以上全是合成区域，可以采用重力流或者平面流的方式进行工艺联系，布置各产品的合成生产线。得到的粗品通过货梯运送至一层精烘包区域。

(3) 车间的合成和精烘包区域竖向贴邻布置，合成和精烘包均可以采用重力流的方式进行工艺联系，各工序关键部位纵向对接，关键工序的物料全过程重力方向流转，同时保证各设备操作均密闭对接。此方案有机结合了前两种方案的特点，人、物流均是垂直方向运行和管理的模式（具体方案详见第十六章第三节实例分析）。

总之，物料水平对接的方式有较长时间的运用，在设计和实施过程中已经较成熟、可靠。但能耗、环保等方面有所欠缺；垂直对接方式是近年较新颖的设计方式，物料利用重力自然流转，提高效率，减排降耗。但在各专业综合协同设计、施工和运行管理方面，提出较高的要求，也是车间布局发展的一种趋势。

第六节　制剂车间布置设计

和原料药的“精烘包”车间一样，制剂车间的新建和改造仍然需要遵循《药品生产质量管理规范》和《洁净厂房设计规范》。

一、制剂车间的总体布置和厂房形式

（一）制剂车间的总体布置

制剂车间的总体布置设计应充分考虑与原料药生产区、公用工程区的衔接和隔离（见图6-30）。同时也应充分考虑综合制剂车间不同剂型之间的衔接和隔离。尽最大可能简化衔接、降低相互干扰。具体考虑要素包括地形、风向、运输、安全、空调负荷、土建难度等。

（二）制剂车间的厂房形式

制剂车间可以建造单层大跨度轻钢结构厂房，其优点是：大跨度的厂房，柱子减少，有利于按区域概念分隔厂房，分隔房间灵活、紧凑、节省面积，便于以后工艺变更、更新设备或进一步扩大产量；外墙面积最少，能耗少（这对严寒地或高温地区更显有利），受外界污染也少；车间可按工艺流程布置得合理紧凑，生产过程中交叉污染、混杂的机会也少；投资省，上马快，尤其对地质条件较差的地方，可使基础投资减少；设备安装方便；物料、半成品及成品的输送，有条件采用机械化输送，便于联动化生产，有利于人流物流的控制和便于安全疏散等。不足是占地面积大，土地利用率不高，规划指标不达标。

多层厂房是制剂车间的另外一种厂房形式。目前以条型或方形厂房为生产厂房的主要形式。这种多层厂房具有占地少，采用自然通风和采光容易，生产线布置比较容易，对剂型较多的车间可减少相互干扰，物料利用位差较易输送，车间运行费用低等优点。老厂改造、扩建时多采用此种类型。多层厂房的主要不足是：平面布置上需增加水平联系走廊及垂直运输电梯、楼梯等；层间运输不便，运输通道位置制约各层合理布置；在疏散、消防及工艺调整等方面受到约束。

制剂车间目前多采用固定窗厂房，既可增加采光，又可减少外界污染。

（三）制剂车间的建筑模数制

制剂车间在确定跨距、柱距时，主要是考虑主要生产线或设备的布局要求。多层厂房柱距大多是6m，也有7.5m或9m等。单层厂房跨度已突破过去的18m或24m界限，宽度达

50m以上、长度超过80m的大型单层厂房也屡见不鲜。这得益于材料工业轻质材料的发展。由于大跨距、大柱距造价高，梁底以上的空间难以利用，又需增加技术隔层的高度，所以限制其推广，但如果能在梁上预埋不同管径、不同高度的套管，使除风管之外的多数硬管利用其空间来安装，则可以大大提高空间的利用率，也可以有效地降低技术夹层的高度。

二、车间组成

从功能上分，车间可由下述几个部分所组成：

(1) 仓储区　制剂车间的仓库位置的安排大致有两种：一种是集中式，即原辅材料、包装材料、成品均在同一仓库区，这种形式是较常见的，在管理上较方便，但要求分隔明确、收存货方便；另一种是原辅材料与成品库（附包装材料）分开设置，各设在车间的两侧，这种形式在生产过程进行路线上较流畅，减少往返路线，但在车间扩建上要特殊安排。

仓储的布置现一般采用多层装配式货架，物料均采用托板分别储存在规定的货架位置上，装载方式有全自动电脑控制堆垛机、手动堆垛机及电瓶叉车。高架仓库是目前仓库发展的热点，受药品的性质及采购特点的限制，故多采用背靠背的托盘货架存放方式。设计应注意：

① 仓储区应有足够的空间，确保有序存放待验、合格、不合格、退货或召回的原辅料、包装材料、中间产品、待包装产品和成品等各类物料和产品。

② 仓储区的设计和建造应当确保能够满足物料或产品的储存条件（如温湿度、避光）和安全储存的要求，设有通风和照明设施，定期进行检查和监控。

③ 高活性的物料或产品以及印刷包装材料应储存于安全区域。

④ 接收、发放和发运区域应能够保护物料、产品免受外界天气（如雨、雪）的影响。接收区的布局和设施应能够确保到货物料在进入仓储区前可对外包装进行必要的清洁。

⑤ 如采用单独的隔离区域储存待验物料，待验区应有醒目的标识，且只限于经批准的人员出入。不合格、退货或召回的物料或产品应隔离存放。如采用其他方法替代物理隔离，则该方法应具有同等的安全性。

⑥ 通常应当有单独的物料取样区。取样区的空气洁净度级别应与生产级别一致。如在其他区域或采用其他方式取样，应能够防止污染或交叉污染。

⑦ 仓储内容应分别采用严格的隔离措施，互不干扰，存取方便。仓库只能设一个管理出入口，若将进货与出货分设两个缓冲间但由一个管理室管理是允许的。

⑧ 仓库的设计要求室内环境清洁、干燥，并维持在认可的温度限度之内。仓库的地面要求耐磨、不起灰、较高的地面承载力、防潮。

(2) 称量与备料室　生产过程要求备料室要靠近生产区。根据生产工艺要求，备料室内应设有原辅料存放间、称量配料间、称量后原辅料分批存放间、生产过程中剩余物料的存放间、粉碎间、过筛间、筛后原辅料存放间。称量室（或称量单元）是制药用于取样、称量、分析的专用局部净化设备，称量区域内维持负压状态，洁净空气形成垂直单向气流，部分洁净空气在工作区循环，部分排出洁净区域，以控制工作区的粉尘及尘埃不扩散到操作区外，保障操作人员不吸入所操作的药品粉尘，从而形成高洁净的工作环境。称量室宜靠近原辅料室，其空气洁净度等级宜同配料室；当原辅料需要粉碎处理后才能使用时，还需要设置粉碎间、过筛间以及筛后原辅料存放间。对于可能产生污染的物料，要设置专用称量间及存放间，并且还要根据物料的性质正确地选用粉碎机，必要时可以设置多个粉碎间。

(3) 辅助区　辅助区包括清洗间、清洁工具间、维修间、休息室、更衣室和盥洗室等。

① 清洗间　洁净厂房内，应有洁净服的洗涤、干燥室，设备及容器具洗涤区。清洗洗涤区洁净级别应与该生产所在房间的级别相同，并符合相应的空气洁净度要求。

清洗对象有设备、容器、工器具。清洗后设备需在洁净干燥的环境下存放。无菌A/B级区的设备及容器应在本区域外清洗，该区域内禁止设置水池和地漏。工器具的清洗室的空气洁净度不应低于D级，有的是在清洗间中设一层流罩，高洁净度区域用的容器在层流罩下清洗、消毒并加盖密闭后运出。设备及容器的清洗尽量不单间操作，设置洗涤与存放两间。工器件清洗后可通过消毒柜消毒后供使用。与容器清洗相配套的要设置清洁容器储存室，工器件也需有专用储存柜存放。

洁净工作服洗涤、干燥需在洁净区内进行。无菌洁净工作服必须是在层流下进行整理、封装，然后经灭菌柜灭菌后存放在洁净工作服存衣柜中，以备使用（其洁净级别与穿着工作服后的生产操作环境洁净级别相同）。此外，洁净工作服的衣柜不应采用木质材料，以免生霉或变形，应采用不起尘、不腐蚀、易清洗、耐消毒的材料。

② 清洁工具间　专门负责车间的清洁消毒工作，故房间内要设有清洗、消毒用的设备。凡用于清洗揩抹用的拖把及抹布要进行消毒工作。此房间还要储存清洁用的工具、器件，包括清洁车。清洁工具间可一个车间设置一间，一般设在洁净区附近，也可设在洁净区内。

③ 维修间　维修间应尽可能与生产区分开，存放在生产区的工具，应放置在专门的房间的工具柜中。

(4) 生产区　生产区包括生产工艺实施所需房间。生产工艺区合理布局，应有合理平面布置；严格划分洁净区域；防止污染与交叉污染；方便生产操作。生产区应有足够的平面和空间，有足够的场所合理安放设备和材料，以便操作人员能有条理地进行工作，从而防止不同药品之间发生混杂，防止其他药品或其他物质带来的交叉污染，并防止任何生产或控制步骤事故的发生。

此外，对于一些特殊的生产区，如发尘量大的粉碎、过筛、压片、充填、原料药干燥等岗位，若不能做到全封闭操作，则除了设计必要的捕尘、除尘装置外，还应考虑设计缓冲室，以避免对邻室或共用走道产生污染。另外，如固体制剂配浆、注射剂的浓配等散热、散湿量大的岗位，除设计排湿装置外，也可设计缓冲室，以避免散湿和散热量大而影响相邻洁净室的操作和环境空调参数。

(5) 中贮区　制药车间内部应设置降低人为差错，防止生产中混药的物料中贮区（又称中间站），其面积应足以存放物料、中间产品、待验品和成品，且便于明确分区，以最大限度地减少差错和交叉污染。

不管是上下工序之间的暂存还是中间体的待验，都需有场地有序地暂存，中贮面积的设置有几种排法：可将贮存、待验场地在生产过程中分散设置；也可将中贮区相对集中。

分散式是指在生产过程中各自设立颗粒中贮区、素片中贮区、包衣片中贮区等。优点是各个独立的中贮区邻近生产操作室，二者联系方便，不易引起混药，中小企业采用较多；缺点是不便管理，且由于片面追求人流、物流分开，有的在操作室和中贮区之间开设了专用物料传递的门，不利于保证操作室和中间站的气密性和洁净度。

集中式是指生产过程中只设一个大中贮区，专人负责，划区管理，负责对各工序半成品入站、验收、移交，并按品种、规格、批号区别存放，标志明显。优点是便于管理，能有效地防止混淆和交叉污染；缺点是对管理者的要求很高。集中式目前已在各类企业中普遍采用。设计人员应考虑使工艺过程衔接合理，重要的是进出中贮区或中贮间生产区域的路线与布局要顺应工艺流程，不迂回、不往返、不交叉，更不要贮放在操作室内，并使物料传输的距离变短。

(6) 质检区　药品的质检区（分析、检验、留样观察等实验室）应与药品生产区分开设置。阳性对照、无菌检查、微生物限度检查、抗生素微生物检定等实验室以及放射性同位素检定室等应分开设置；无菌检查室、微生物限度检查实验室应为无菌洁净室，其空气洁净度等级不应低于B级，并应设置相应的人员净化和物料净化设施；当采用隔离器进行无菌检查试验时，隔离器房间可按D级设置；抗生素微生物检定实验室和放射性同位素检定室的空气洁净度等级不宜低于D级；有特殊要求的仪器应设置专门的仪器室；原料药中间产品质量检验对环境有影响时，其检验室不应设置在该生产区内。

(7) 包装区　包装区平面布局设计的一般原则是：包装车间与邻近生产车间和中心贮存库相毗连；包装车间要设置与生产规模相适应的物料暂存空间；生产线与生产线要有隔离措施（隔墙或软隔断）；内、外包装工序要隔离。

(8) 公用工程及空调区　为避免外来因素对药品产生污染，在进行工艺设备平面布置设计时，洁净生产区内只设置与生产有关的设备、设施。其他公用工程辅助设施如压缩空气压缩机、真空泵、除尘设备、除湿设备、排风机等应与生产区分区布置。

(9) 人物流净化通道　洁净区的通道，应保证通道直达每一个生产岗位。不能把其他岗位操作间或存放间作为物料和操作人员进入本岗位的通道，更不能把一些双开门的设备作为人员的通道，如双门烘箱。这样可有效地防止因物料运输和操作人员流动而引起的不同品种药品交叉污染。

多层厂房内运送物料和人员的电梯应分开。由于电梯和井道是很大的污染源，且电梯及井道中的空气难以进行净化处理，故洁净区内不宜设置电梯。因工艺流程的特殊要求、厂房结构的限制、工艺设备需立体布置、物料要在洁净区内从下而上用电梯运送时，电梯与洁净生产区之间应设气闸或缓冲间等来保证生产区空气洁净度。若某种生产物料易与其他物料产生化学反应及交叉污染，则该生产物料生产区域及物流通道应与其他物料分开设置。进入洁净区的操作人员和物料应分别设置入口通道。生产过程中使用或产生的如活性炭、残渣等容易污染环境的物料和废弃物，应设置专门的出入口，以免污染原辅料或内包材料。如废品（碎玻璃，分装、压塞、轧盖废品，空包装桶，不合格品）的运出要采取通道用传递柜＋气锁的方式实行通道单设（图6-31）。进入洁净区的物料和运出洁净区的成品的进出口最好分开设置。

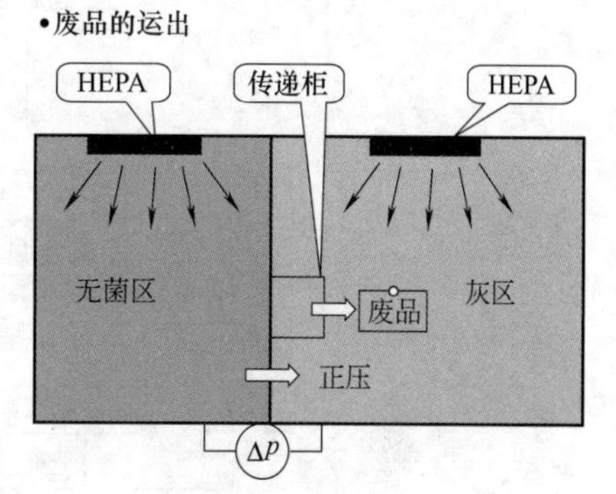

图6-31　废品的运出方式

三、制剂车间布置设计的原则

(一) 总体要求

① 车间按生产区、洁净区的二区要求设计。

② 为保证空气洁净度要求，平面布置时应考虑人流、物流要严格分开，无关人员和物料不得通过生产区。

③ 车间的厂房、设备、管线布置和设备安放，要从防止产品污染方面考虑，设备间应留有适当的便于清扫的间距。

④ 车间厂房必须具有防尘、防昆虫、防鼠类等的有效措施。

⑤ 不允许在同一房间内同时进行不同品种或同一品种、不同规格的操作。

⑥ 车间内应配置更换品种及日常清洗设备、管道、容器等的在线清洗、在线消毒设施，这些设施的设置不能影响车间内洁净度的要求。

⑦ 对一些设计要求高的车间，将一般区走廊设置为受控但非洁净区。

（二）一般原则

(1) 车间应按工艺流程合理布局，有利于设施安装、生产操作及设备维修，并能保证对生产过程进行有效的管理，生产出合格产品。

(2) 车间布置要防止人流、物流之间的混杂和交叉污染，要防止原材料、中间体、半成品的交叉污染和混杂。做到人流、物流协调；工艺流程协调；洁净级别协调。

图 6-32 为物流图，该图的特点是：仓储区靠近生产区，设于中央通道一侧，仓储区与生产区的距离要尽量缩短，以方便将原辅料分别送至各生产区及接受各生产区的成品，减少途中污染；进入生产区的物料和运出生产区的成品的进出口分开设置，在仓储区和生产区之间设有独立输送原辅料的进口及输送成品的出口，物料入口单独设置，并设缓冲区，物料在缓冲区内清除外包装，传递路线为单向流，并尽量短；物料进入洁净区之前必须进行清洁处理；设置与生产和洁净级别要求相适应的中间产品、待包装产品的储存间。保证物料分区存放；整个生产流程为单向物流，既有效减少了交叉污染的概率，又提高了生产效率。

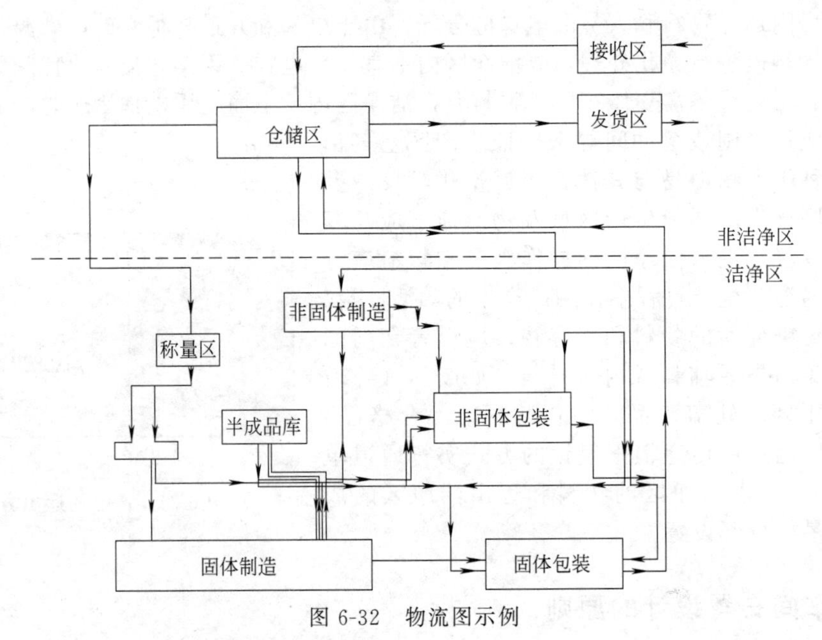

图 6-32　物流图示例

(3) 要有合适的洁净分区，其洁净要求应与所实施的操作相一致。洁净度高的工序应布置在室内的上风侧，易造成污染的设备应靠近回风口。洁净级别相同的房间尽可能地结合在一起。相互联系的洁净级别不同的房间之间要有防污染措施，如设置必要的气闸、风淋室、缓冲间及传递窗等。在布置上要有与洁净级别相适应的净化设施与房间，如换鞋、更衣、缓冲等人身净化设施；生产和储存场所应设置能确保与其洁净级别相适应的温度、湿度和洁净度控制的设施。

(4) 在不同洁净等级区域设置缓冲间、更衣间。物净间与洁净室之间应设置气闸室或传递窗（柜），用于传递原辅料、包装材料和其他物品。

(5) 人员净化用室应根据产品生产工艺和空气洁净等级要求设置，不同空气洁净等级的医药洁净室（区）的人员净化用室宜分别设置。

(6) 厂房应有与生产量相适应的面积和空间，建设结构和装饰要有利于清洗和维护。

(7) 车间内应有良好的采光、通风，按工艺要求可增设局部通风。

四、制剂车间布置的特殊要求

1. 车间的总体要求

(1) 车间按生产区、辅助区等的分区要求设计。

(2) 为保证空气洁净度要求，平面布置时应考虑人流、物流要严格分开，无关人员和物料不得通过生产区。

(3) 车间的厂房、设备、管线布置和设备安放，要从防止产品污染方面考虑，设备间应留有适当的便于清扫的间距。

(4) 车间厂房必须具有防尘、防昆虫、防鼠类等的有效措施。

(5) 不允许在同一房间内同时进行不同品种或同一品种、不同规格的操作。

(6) 车间内应配置更换品种及日常清洗设备、管道、容器等的在线清洗、在线消毒设施，这些设施的设置不能影响车间内洁净度的要求。

2. 特殊制剂车间布置的要求

(1) 生产特殊性质的药品，如高致敏性药品（如青霉素类）或生物制品（如卡介苗等），必须采用专用和独立的厂房、生产设施和设备。青霉素类药品产尘量大的操作区域应保持相对负压，排至室外的废气应经过净化处理并符合要求，排风口应当远离其他空气净化系统的进风口。

(2) 生产 β-内酰胺结构类药品、性激素类避孕药品必须使用专用设施（如独立的空气净化系统）和设备，并与其他药品生产区严格分开。

(3) 生产某些激素类、细胞毒性类、高活性化学药品应使用专用设施（如独立的空气净化系统）和设备；特殊情况下，采取特别防护措施并经过必要的验证。

(4) 用于上述第（1）、（2）、（3）项的空气净化系统，其排风应经过净化处理。

(5) 中药材的前处理、提取、浓缩必须与其制剂生产严格分开。中药材的蒸、炒、炙、煅等炮制操作应有良好的通风、除烟、除尘、降温设施。

(6) 动物脏器、组织的洗涤等处理必须与其制剂生产严格分开。

(7) 含不同核素的放射性药品，生产区必须严格分开。

(8) 生产用菌毒种与非生产用菌毒种、生产用细胞与非生产用细胞、强毒与弱毒、死毒与活毒、脱毒前与脱毒后的制品、活疫苗与灭活疫苗、人血液制品、预防制品等的加工或灌装不得同时在同一生产厂房内进行，其贮存要严格分开。不同种类的活疫苗的处理及灌装应彼此分开。强毒微生物及芽孢菌制品的区域与相邻区域保持相对负压，并有独立的空气净化系统。

3. 生产区的隔断

为满足产品的工艺要求，车间要进行隔断，原则是防止产品、原材料、半成品和包装材料的混杂和污染，又留有足够的面积进行操作。

(1) 必须进行隔断的地点包括：①一般生产区和洁净区之间；②通道与各生产区域之间；③原料库、包装材料库、成品库、标签库等；④原材料称量室；⑤各工序及包装间等；⑥易燃物存放场所；⑦设备清洗场所；⑧其他。

(2) 进行分隔的地点应留有足够的面积。以注射剂生产为例说明：①包装生产线如进行非同一品种或非同一批号产品的包装，应用板进行必要的分隔；②包装线附近的地板上划线作为限制进入区；③半成品、成品的不同批号间的存放地点应进行分隔或标以不同的颜色以示区别，并应堆放整齐，留有间隙，以防混料；④合格品、不合格品及待检品之间，其中不合格品应及时从成品库移到其他场所；⑤已灭菌产品和未灭菌产品间的分隔。

五、制剂车间洁净分区概念

药厂生产中，微生物的传播途径主要有：①工具和容器；②人员；③原材料；④包装材料；⑤空气中的尘粒。其中①、②项可以通过卫生消毒、净化制度来解决；③项可以通过原材料检验手段、保存条件、工艺处理等来解决；④项可以通过洗涤、消毒来解决。第⑤项空气中的尘粒是一个很关键的污染源。研究表明，高洁净度区域的菌落数相对较少，尘粒数可以通过不同的过滤方式来控制，同时对不同要求的生产岗位可采用不同的洁净级别控制。由此产生了一个新的车间洁净分区概念，即按照洁净度对生产车间进行分区。

1. 生产区域的划分

根据药品工艺流程和质量要求，对制剂车间进行合理洁净分区。按规范可将制剂车间分为2个区，即一般生产区、洁净区（D级、C级、B级和A级）。

2. 车间洁净度的细分

(1) 一般生产区　无洁净级别要求房间所组成的生产区域。

(2) 洁净区　有洁净级别要求房间所组成的生产区域。无菌药品生产设计必须符合相应的洁净度4个级别要求，并达到洁净区“静态”和“动态”要求的标准。

A级　高风险操作区，如灌装区、放置胶塞桶和与无菌制剂直接接触的敞口包装容器的区域、无菌装配或连接操作的区域，应当用单向流操作台（罩）维持该区的环境状态。单向流系统在其工作区域必须均匀送风，风速为0.36～0.54m/s。在密闭的隔离操作器或手套箱内，可使用较低的风速。

B级　指无菌配制和灌装等高风险操作A级洁净区所处的背景区域。

C级和D级　指无菌药品生产过程中重要程度较低的操作步骤的洁净区。

无菌药品的生产操作环境可参照表6-5和表6-6进行选择。口服液体和固体制剂、腔道用药（含直肠用药）、表皮外用药品等非无菌制剂生产的暴露工序区域及其直接接触药品的包装材料最终处理的暴露工序区域，应按D级洁净区的要求设置，根据产品的标准和特性对各洁净区域采取适当的微生物监控措施。

表6-5　最终灭菌产品生产操作环境

洁净度级别	最终灭菌产品生产操作示例
C级背景下的局部A级	高污染风险①的产品灌装（或灌封）
C级	1. 产品灌装（或灌封） 2. 高污染风险②产品的配制和过滤 3. 眼用制剂、无菌软膏剂、无菌混悬剂等的配制、灌装（或灌封） 4. 直接接触药品的包装材料和器具最终清洗后的处理
D级	1. 轧盖 2. 灌装前物料的准备 3. 产品配制（指浓配或采用密闭系统的配制）和过滤直接接触药品的包装材料和器具的最终清洗

① 此处的高污染风险是指产品容易长菌、灌装速度慢、灌装用容器为广口瓶、容器须暴露数秒后方可密封等状况。
② 此处的高污染风险是指产品容易长菌、配制后需等待较长时间方可灭菌或不在密闭系统中配制等状况。

表6-6　非最终灭菌产品生产操作环境

洁净度级别	非最终灭菌产品的无菌生产操作示例
B级背景下的A级	1. 处于未完全密封①状态下产品的操作和转运，如产品灌装（或灌封）、分装、压塞、轧盖②等 2. 灌装前无法除菌过滤的药液或产品的配制 3. 直接接触药品的包装材料、器具灭菌后的装配以及处于未完全密封状态下的转运和存放 4. 无菌原料药的粉碎、过筛、混合、分装

续表

洁净度级别	非最终灭菌产品的无菌生产操作示例
B级	1. 处于未完全密封①状态下的产品置于完全密封容器内的转运 2. 直接接触药品的包装材料、器具灭菌后处于密闭容器内的转运和存放
C级	1. 灌装前可除菌过滤的药液或产品的配制 2. 产品的过滤
D级	直接接触药品的包装材料、器具的最终清洗、装配或包装、灭菌

① 轧盖前产品视为处于未完全密封状态。

② 根据已压塞产品的密封性、轧盖设备的设计、铝盖的特性等因素，轧盖操作可选择在C级或D级背景下的A级送风环境中进行。A级送风环境应当至少符合A级区的静态要求。

根据GMP要求切实制定标准，因提高标准将增加能耗。

以下是洁净分区的细化：

D级　口服液体和固体制剂、腔道用药（含直肠用药）、表皮外用药品等非无菌制剂生产的暴露工序区域及其直接接触药品的包装材料最终处理的暴露工序区域；非最终灭菌无菌制剂的直接接触药品的包装材料、器具的最终清洗、装配或包装、灭菌等岗位；最终灭菌无菌制剂的直接接触药品的包装材料、器具的最终清洗，产品配制（浓配或采取密闭系统的配制），灌装前物料的准备，轧盖等。

C级　非最终灭菌无菌制剂灌装前可除菌过滤药液或产品的配制、过滤，B级区器具清洗、灭菌等；最终灭菌无菌制剂产品配制、过滤、灌装，眼用制剂、无菌软膏剂、无菌悬混剂等的配制、灌装，直接接触药品的包装材料、器具的最终清洗后的处理，如大、小容量注射剂的稀配、过滤、灌装，瓶及塞的精洗，加塞；滴眼剂的灌封；无菌粉针胶塞精洗、轧盖，冻干的药液配制及过滤、胶塞精洗、轧盖；无菌原料药的玻璃瓶精洗等。另外，对于最终灭菌无菌制剂产品灌装（或灌封），必须在C级背景下的局部A级环境生产。

B级　主要用于非最终灭菌无菌制剂生产，为A级层流提供背景，同时适用于：处于未完全密封状态下的产品置于完全密封容器内的转运，直接接触药品的包装材料、器具灭菌后处于完全密封容器内的转运等。如冻干及粉针产品生产灌装间的背景，无菌生产区的走廊等。

A级　主要用于非最终灭菌无菌制剂生产，如灌装、分装、压塞、轧盖，灌装前无法除菌过滤的药液或产品的配制，直接接触药品的包装材料、器具灭菌后的装配以及处于未完全密封容器内的转运，无菌原料药的粉碎、过筛、混合、分装等。

各种药品生产环境的空气洁净度级别见表6-7。

表6-7　各种药品生产环境的空气洁净度级别

药品种类		洁净级别	
可灭菌小容量注射剂（＜50mL）		浓配、粗滤：D级	
		稀配、精滤：C级	
		灌封：A/C级	
可灭菌大容量注射剂（≥50mL）		浓配：D级	
		稀配、滤过	非密闭系统：C级
			密闭系统：D级
		灌封：A/C级	
非最终灭菌的无菌药品		配液	无法除菌滤过：A/B级
			可除菌滤过：C级
		灌封分装、冻干、压塞：A/B级	
		轧盖：A/B级（或A/C级）	
栓剂	除直肠用药外的腔道用药	暴露工序：D级	
	直肠用药	暴露工序：D级	

药品种类		洁净级别
口服液体药品	非最终灭菌	暴露工序：D级
	最终灭菌	暴露工序：D级
外用药品	深部组织创伤和大面积体表创伤用药	暴露工序：A/B级
	表皮用药	暴露工序：D级
眼用药品	供角膜创伤或手术用滴眼剂	暴露工序：A/B级
	一般眼用药品	暴露工序：A/B级
口服固体药品		暴露工序：D级
原料药	药品标准有无菌检查要求	暴露工序：A/B级
	其他原料药	暴露工序：D级

根据具体生产品种的不同，确定了各个岗位的洁净级别后，就能为绘制如图 6-33 所示的药厂洁净区级别概念设计提供依据。

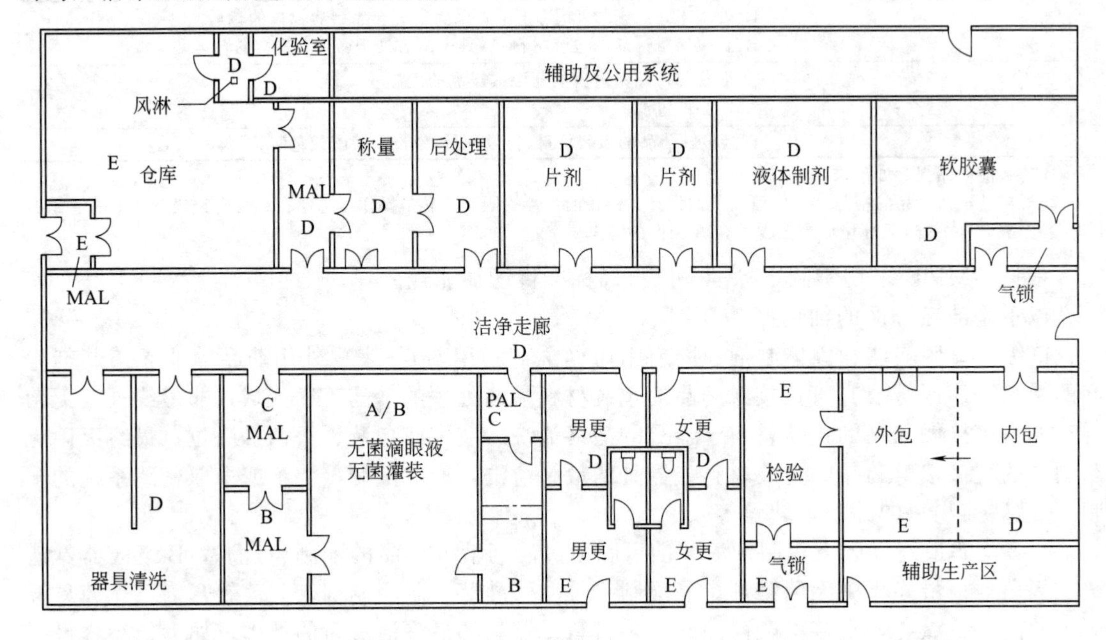

图 6-33　药厂洁净区级别概念设计

为了达到洁净目的，一般采取的空气净化措施主要有三项：第一是空气过滤，利用过滤器有效地控制从室外引入室内的全部空气的洁净度；第二是组织气流排污，在室内组织起特定形式和强度的气流，利用洁净空气把生产环境中产生的污染物排除出去；第三是提高室内空气静压，防止外界污染空气从门及各种漏隙部位侵入室内。

六、制剂车间布置设计的步骤

1. 布局设计

在布局设计过程中，首先应了解产品生产过程与要求，制定出设备设施明细表。设施明

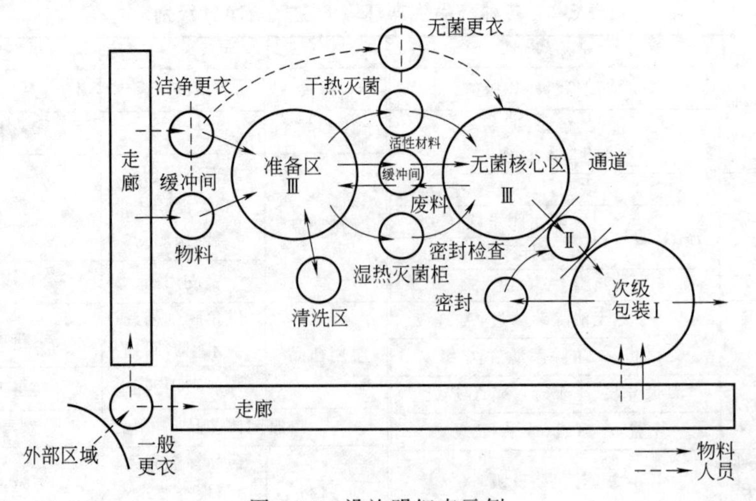

图 6-34　设施明细表示例

细表应对所有影响生产操作的区域进行评估，确定相互之间的关系，建立符合 GMP 生产要求的最佳流程。图 6-34 所示为一个典型的设施明细表，这是设计的基础。在设计时应从整体上进行设计，对人流、物流和产品的转移有充分的理解，并考虑到净化空调系统（HVAC）和其他设施的设计。

生产流程图和设施明细表决定了设备之间的关系，以及各结构单元组合的方案。将所需的结构单元有效排列结合起来并达到设施明细表的要求，便形成了布局设计。应将设备的需求和人流、物流要求结合起来形成一个有效的概念性布局。图 6-35 为一个概念性布局的示例。设备布局设计时，应考虑到房间尺寸、建筑框架和进入路线，并满足消防要求。图6-36是一个设备布局的例子。

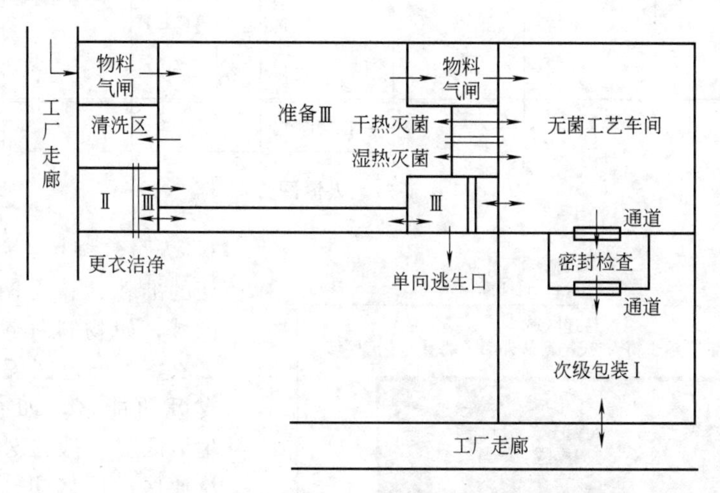

图 6-35 概念性布局的示例

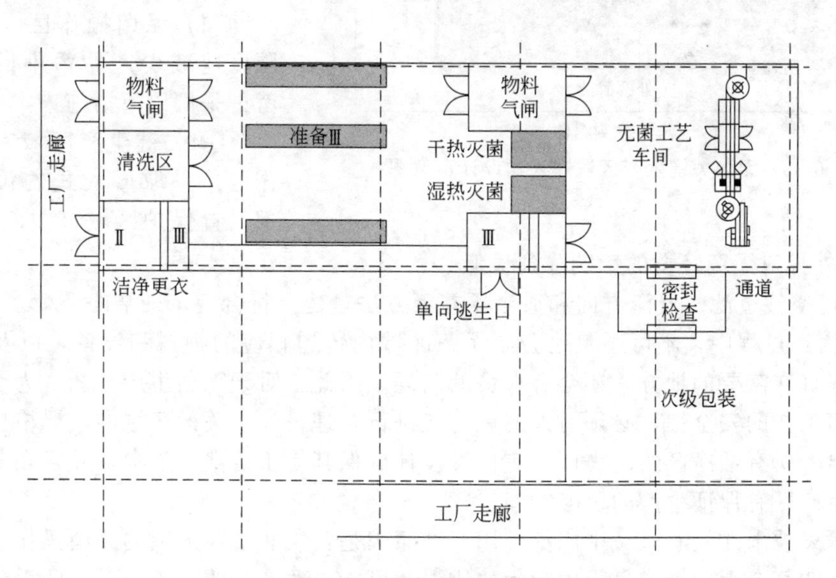

图 6-36 设备布局的示例

人流设计时，应确定从车间大门、办公室或操作区域到更衣区的合理路线。对于产品、原料、设备和人员流动，应在设备布局图纸中明确阐述，如图 6-37 所示。

2. 功能区设计

工艺设计的厂区功能可分为五类：产品、部件的无菌操作区；无菌操作区相邻接的物

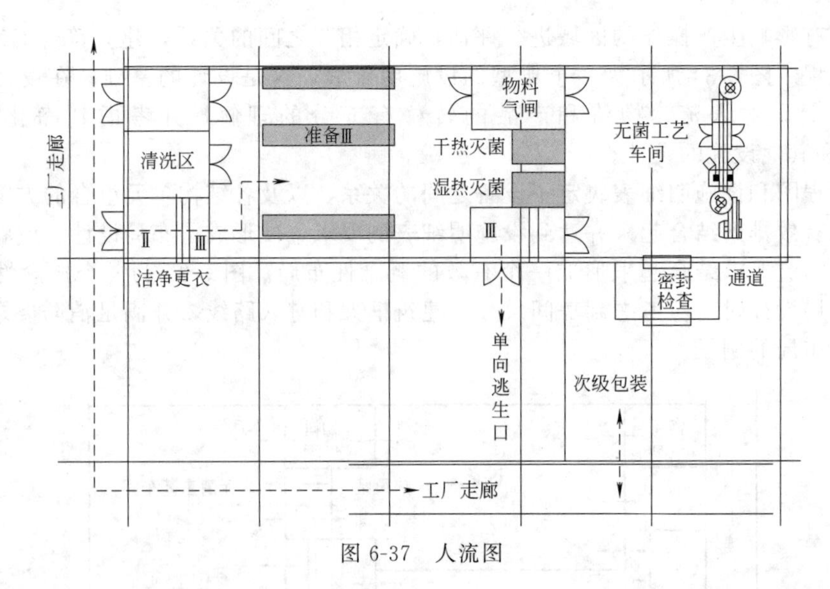

图 6-37　人流图

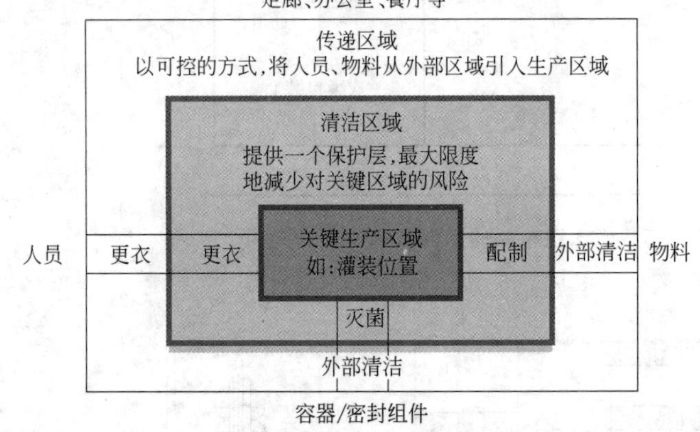

图 6-38　无菌关键生产区域嵌入式设计示意图

料/人员气锁；无菌操作区关联密切的准备区；无菌准备区的邻接区域，如物料气锁、人员的洁净更衣室、外包区等；一般的辅助/支援功能区，如仓储、事务区、生活区、一般区外的无防护要求流通区，厂区更衣间等。现对重要区域的功能设计分述如下：

(1) 无菌操作区　为了最大限度地减少产品污染的风险，应考虑采用以下措施：

① 关键生产区域（如无菌操作区）采取嵌入式的设计，在外部设置保护区域（图 6-38 嵌入式设计），使外界对无菌环境的影响降到最低。

② 通过空气过滤、气流方向和适当压差等方法，建立符合规定的洁净环境。

③ 在生产过程中，不可避免地会向无菌区域内传递相应的物料和设备，以及产生相应的活动，并且在需要的地方，还会有人员的出现。因此，对于无菌生产工艺，为了维持生产环境和无菌工艺的安全性，必须对人流和物流进行合理设计。关键区域内，严格控制人员和物料的进出。所有洁净区的内表面，应通过设计确保其易于清洗、消毒，并且在需要时可进行灭菌。生产区有保证生产的足够空间。

现在隔离技术在核心区域中广泛应用，其原因是：①非最终灭菌的无菌操作工艺存在很大的变数；②每个无菌操作过程中产生的错误都可能导致产品的污染；③一些手动或机械操作在个无菌操作过程中存在很大的污染风险；④保护产品和操作人员安全以及法律法规的需要。

因此，RABS 与隔离器技术应运而生，它的三项特点是：①单向流；②屏障区；③可干预，即在生产时只能通过在灌装机关键部位设的手套箱进行人为干预。

该定义有 7 项标准：①硬性隔壁，以在生产和操作人员之间形成物理的隔离；②单向流通，ISO 5 级标准；③采用手套和自动装置，以避免灌装时人员进入；④设备的传输系统应能避免使产品暴露在不洁净的环境当中；⑤表面高度消毒处理；⑥环境达到 ISO 7 级要求；⑦干预极少，且需要在干预后进行清除污染的处理。门要上锁，并带有开锁登记系统；带有正压；环境符合 ISO 5 级要求。

常见的隔离系统有：

① RABS（限制通道屏障系统），其分为 O-RABS 和 C-RABS。O-RABS（开放式限制通道屏障系统）使用在核心生产区域为 A 级，整体为 B+A，正压层流系统保护产品。操作者在 B 级通过手套来进行 A 级区域的操作，手动灭菌。直接房间取排风。C-RABS（密闭式限制通道屏障系统）使用在核心生产区域为 A 级，整体为 B+A，控制压力层流保护产品和操作者。操作人员通过无菌传递接口传送物品，自动 VIP 灭菌。自循环取排风。

② Isolator（隔离器系统）使用时外部洁净室的环境为 C 级或 D 级，严格控制压力保护产品和操作者。与工艺操作人员完全隔离，自动 VIP 灭菌。自循环取排风。

(2) 无菌准备区和辅助区　连接无菌区的准备区和辅助区与核心区的无菌操作是相互依存的。为确保关键区域的 GMP 符合性，辅助区域应与洁净室紧邻，以尽量减少相关的操作，但必须与非洁净区保持完全独立，如图 6-39 所示。如果有必要，它们可以相邻，通过视窗和传递窗连接。

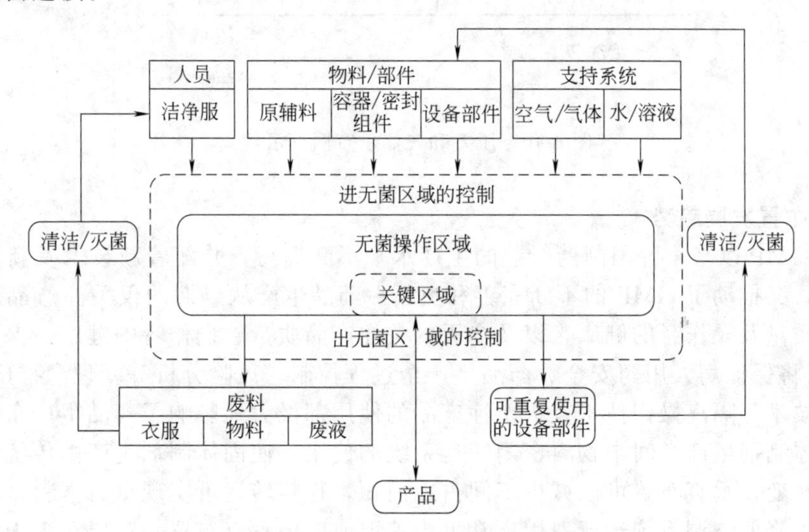

图 6-39　无菌准备区和辅助区设计示意图

连接两侧的高压灭菌柜、隧道烘箱、清洗机，可作为进入洁净区的机械辅助室。进入通道应设置在两个区域中的低级别区域，在关键区域一侧应严格密封。这些服务区域应对相邻区域保持正压。

洁净室吊顶的最佳维修方案是设计便于行走的维修通道。如高压灭菌器，可以通过维修通道进行维修（最好从生产区外部进入作业）。

更衣室的设计须与更衣规程相符，且更衣效果需由现场操作人员确认。进入无菌操作区的更衣间应尽可能设置专用的入口/出口，以防止无菌衣着交叉污染。洁净区和无菌操作区的更衣室可设置在同一区域，但应对区域内的人员行为进行控制，或分别设置洁净区和无菌操作区更衣室。更衣用器具应适用于 C 级或更高洁净级别，以确保更衣室的标准和装饰与进入区域相适应。

(3) 仓储区　仓库内的原料储存区一般应远离核心洁净区。但要求在准备区和无菌操作区内可存放一定量的半成品、产品、部件。核心洁净区内的储存区需有专用区域并且使用专用的 HVAC。

(4) 净化空调系统（HVAC） 无菌产品生产污染风险最大的步骤应在中央核心区，并依次向外布置污染风险小的操作。房间之间的压差和气流方向也从核心向周边递减和流动。HVAC 的设计应保证实现压差布置和气流方向（见图 6-40）。

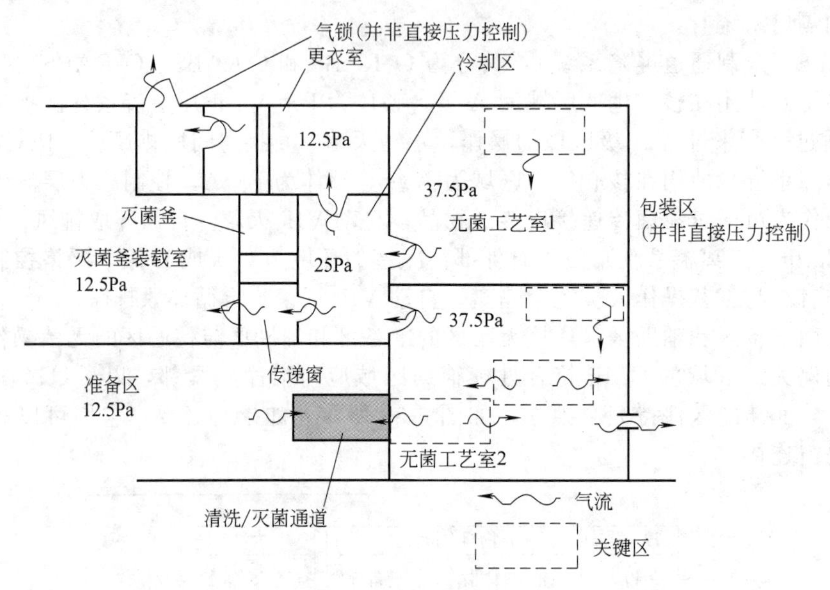

图 6-40 压差和气流示意图（示例）

3. **车间布置发展趋势**

自推行 GMP 以来，各国制药行业的生产水平不断提高，并随着新技术及新设备的不断涌现及运用，又推动了 GMP 的不断完善和更新。药品生产从早期的仅关注产品质量，进步到关注产品质量及操作者的健康，以及今天的关注产品质量、操作者的健康、保护环境的要求。GMP 已将保证病人用药安全、药品生产全过程控制、风险分析等新理念推广开来，

吹灌封技术、隔离操作技术及一次性产品的使用都极大地影响了药品生产车间的布置方式，例如固体制剂生产车间中物料密闭转运系统的使用，使固体制剂生产由传统的水平布置向垂直布置转变，垂直布置可以减少车间占地面积，物料转运可实现重力下料，减少洁净区面积和体积，降低空调系统运行费用。常见为三层或四层垂直布置，三层布置中，主生产区通常位于二层，三层为物料称量、粉碎、配料等前处理区，以及为制粒、总混、压片、包衣等岗位下料区，一层为包装区及接料区，内包装物料在二层下料。根据生产中采用的物料密闭转运系统的密闭等级的不同，可将下料区、接料区、中间物料暂存区设置在受控的一般区（CNC）内，可最大限度地减少洁净区面积，生产区清场方便，特别适用于多品种、大批量生产。但此方案设备一次投资较大，且需要设置物料电梯在层间转运物料 IBC（中型储运箱）。

隔离操作技术的使用可以大大降低人的干扰造成的产品污染风险，对于高毒性、高活性产品生产采用隔离器（isolator）是最佳选择，隔离器只有在安装、检修时才能打开，每次打开在封闭后需重新验证合格才能投入使用，生产运行中操作者只能通过手套箱进行必要的操作。隔离器自带空气处理系统、CIP 系统、VHP 灭菌系统，隔离器不仅可以降低产品污染风险，保证产品质量、保护操作者和生产环境，还可以降低隔离器所在的背景环境的洁净度级别，最低可以为 D 级区，使用隔离器的优点是安全、节能，缺点是设备投资大、设备维护成本高，目前国内采用该设备的较少，但在欧盟、美国应用较多。

若采用限制通道屏障系统（RABS），可以减少生产过程中人的因素干扰，相对于隔离器设备投资较少、有利于保证产品质量，缺点是不能降低生产区域的洁净度级别，目前在国内应用较为广泛。

一次性产品的使用可降低产品交叉污染风险，传统生产中需重复使用的设备、容器及部件需要经过清洗烘干或灭菌后再投入使用，清洗过程不仅需要消耗大量的纯化水、注射用水，而且会由于清洗不彻底而增加产品交叉污染风险，因此各国GMP都对清洗验证提出越来越高高的要求，若使用一次性产品，可以极大地减少纯化水、注射用水的使用量，简化生产过程。已有实践数据证明在中小规模生产中使用一次性产品可以降低生产成本。一次性产品的使用在产品附加值较高的生物制药中应用较为广泛。

七、车间布置中的若干技术要求

1. 工艺布置的基本要求

对极易造成污染的物料和废弃物，必要时要设置专用出入口，洁净厂房内的物料传递路线要尽量短捷。相邻房间的物料传递尽量利用室内传递窗，减少在走廊内输送。人员和物料进入洁净厂房要有各自的净化用室和设施。净化用室的设置要求应与生产区的洁净级别相适应。生产区的布置要顺应工艺流程，减少生产流程的迂回、往返。操作区内只允许放置与操作有关的物料。人员和物料使用的电梯宜分开。电梯不宜设在洁净区，必须设置时，电梯前应设置气闸室。货梯与洁净货梯也应分开设置。全车间人流、物流入口理想状态是各设一个，这样容易控制车间的洁净度。

工艺对洁净室的洁净度级别应提出适当的要求，对高级别洁净度（如A级）的面积要严格加以控制。工艺布置时洁净度要求高的工序应置于上风侧，对于水平层流洁净室则应布置在第一工作区；对于产生污染多的工艺应布置在下风侧或靠近排风口。洁净室仅布置必要的工艺设备，以求紧凑并在减小面积的同时也要有一定间隙，以利于空气流通，减少涡流。易产生粉尘和烟气的设备应尽量布置在洁净室的外部，如必须设在室内时，应设排气装置，并尽量减小排风量。

2. 洁净度的基本要求

在满足工艺条件的前提下，为提高净化效果，有空气洁净度要求的房间宜按下列要求布置：

(1) 空气洁净度的房间或区域　空气洁净度高的房间或区域宜布置在人最少到达的地方，并靠近空调机房，布置在上风侧。空气洁净度相同的房间或区域宜相对集中，以利通风，布置合理化。不同洁净级别的房间或区域宜按空气洁净度的高低由里及外布置。同时，相互联系通道之间要有气闸室、空气吹淋室、缓冲间、传递窗等防止污染措施。在有窗厂房，一般应将洁净级别较高的房间布置在内侧或中心部位，在窗户密闭性较差的情况下布置又需将无菌洁净室安排在外侧时，可设封闭式外走廊，作为缓冲区，在无窗厂房中无此要求。

(2) 原材料、半成品和成品　洁净区内应设置与生产规模相适应的原材料、半成品、成品存放区，并应分别设置待验区、合格品区和不合格区。这样就能有条不紊地工作，从而防止不同药品、中间体之间发生混杂的危险，防止由其他药品或其他物质带来的交叉污染，并防止遗漏任何生产或控制步骤的事故发生。仓库的布局与安排应有利于洁净厂房使用的原辅料、包装材料、待验品的输送。根据工艺流程，可在仓库和车间之间设一输送原辅料的入口并设一送出成品的出口，使运输距离最短。

(3) 合理安排生产辅助用室　生产辅助用室应按下列要求布置：称量室宜靠近原料库，其洁净级别同配料室。对D、C级区的设备及容器具清洗室可放在本区域内，B级区的设备及容器具清洗室宜设在本区域外，其洁净级别可低于生产区一个级别。清洁工具洗涤、存放室要留有清洁工具洗涤、存放的空间。洁净工作服的洗涤、干燥可在D级或C级区，无菌服的整理须有层流保护。维护保养室不宜设在洁净生产区内。

(4) 人员净化通道　进入车间控制区的人员需进行总更。总更通常包括换鞋、存外衣、洗手、穿工作服。需进入洁净区的人员再经二次更衣（即更洁净服）进洁净区。车间卫生间宜设在总更换鞋前，更洁净服程序需满足各洁净区相关要求。

(5) 物流路线　由车间外来的原辅料等的外包装不能直接进入洁净区，需经过脱外包、物净、消毒处理后方能进入。物料进入洁净区方式需通过微生物污染验证。

(6) 空调间的安排　空调间的安排宜靠近洁净区，使通风管路线最短。空调机房位置的选择要根据工艺布置及洁净区的划分安排可与生产区同层布局，也可布局在生产区的上层，最好保证有最短捷、交叉最少的送回风管道，多层厂房的技术夹层内布局安排很重要。因技术夹层不可能很高，而各专业管道较多，作为体积最大、线路最长的风道若不安排好，将直接影响其他管道的布置。

3. 人员净化用室、生活用室布置的基本要求

人员净化用室宜包括雨具存放室、换鞋室、存外衣室、盥洗室、消毒、换洁净工作服和气闸室或空气吹淋室等。洁净区人员净化更衣程序包括换鞋室、脱外衣、洗手、更洁净衣、手消毒、气锁等。人员净化用室要求从外到内逐步提高洁净度，更衣室后段静态洁净级别应当与生产区洁净级别一致。在保证洁净区人员净化更衣程序基础上，更衣间的设置可根据更衣程序进行组合，并配有相应的SOP（更衣标准操作程序）。一般来讲，更衣前段（如换鞋、脱外衣、洗手等）应与更衣后段（如穿洁净衣、手消毒等）分开，特别是更衣的后道程序（穿无菌外衣），必须独立设置。更衣室应按气锁设计，也可在更衣室后设置专门气锁，以隔离更衣区与生产区。对于B级洁净区（无菌生产核心区），要考虑退出通道的设计，可将进入和退出洁净区的更衣间分开设置（图6-41），退出后换下的洁净衣，宜直接送至单独设置的无菌衣洗衣间。当洁净生产区操作人员较多时，需分别设置男女更衣通道（带退出通道双性别更衣室见图6-42），当洁净区操作人员较少时（特别是B级区），可按单性别设置更衣通道（采用单性别更衣设计见图6-43），可以采用分时段进入方式或安排单性别操作人员。如工艺简单，人数少，或布置需要，也可采用无菌生产更衣通道套更方式设计，即人员先进入低级别洁净区，然后进入高级别区。注意次序不能颠倒，不能先进高级别区，再进入低级别区（见图6-44）。更衣区是一个人员净化渐进过程，各房间送风均经过高效过滤、各房间之间维持一定压力梯度，最后达到与生产区相同的等级。根据2010版GMP要求，更衣后道工序，即穿洁净衣房间和手消毒房间级别与生产区相一致（见图6-45）。B级无菌区更

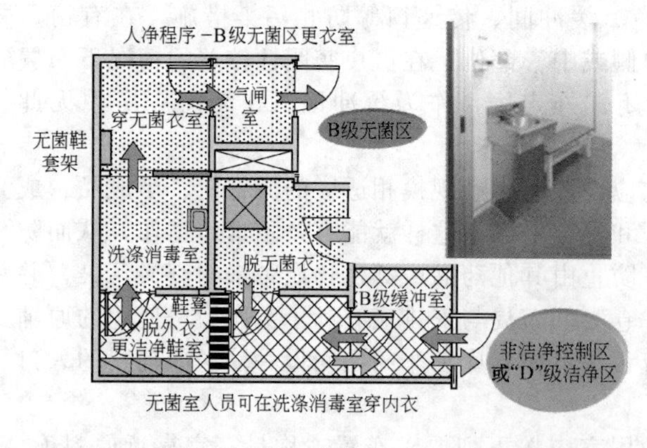

图6-41　进入和退出洁净区的更衣间分开设置

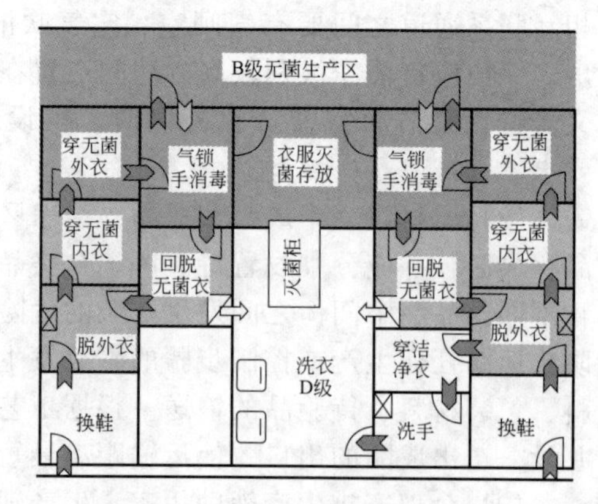

图6-42　带退出通道双性别更衣室

衣参考程序见图 6-46。

人员净化用室和生活用室的布置应避免往复交叉，一般按下列程序进行布置：

(1) 非无菌洁净区　非无菌洁净区更衣流程图示例见图 6-47。

(2) 无菌洁净区　无菌洁净区更衣流程图示例见图 6-48。

人员净化用室应根据产品生产工艺和空气洁净等级要求设置，不同空气洁净等级的医药洁净室（区）的人员净化用室宜分别设置，空气洁净等级相同的无菌洁净室（区）和非无菌洁净室（区），其人员净化用室应分别设置。

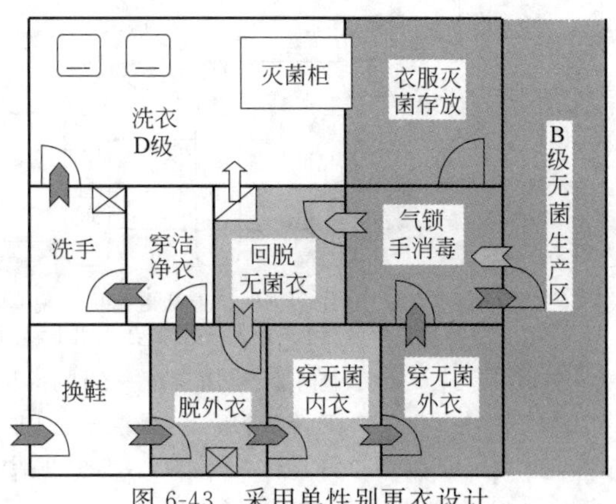

图 6-43　采用单性别更衣设计

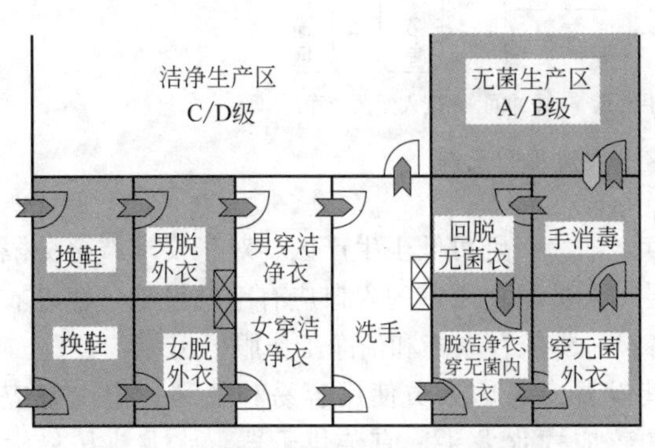

图 6-44　无菌生产更衣通道套更方式

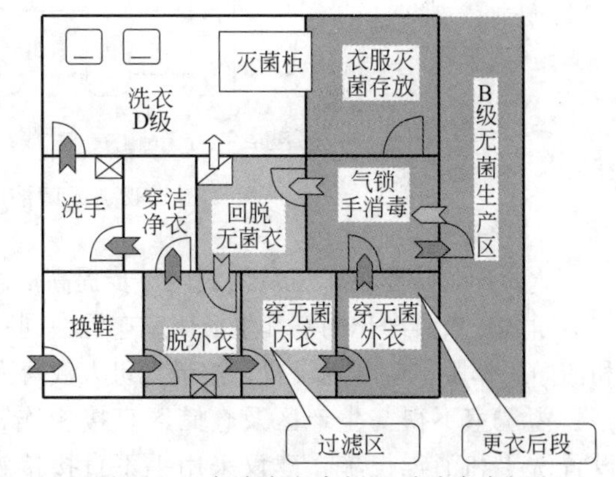

图 6-45　穿洁净衣房间和手消毒房间级别与生产区相一致

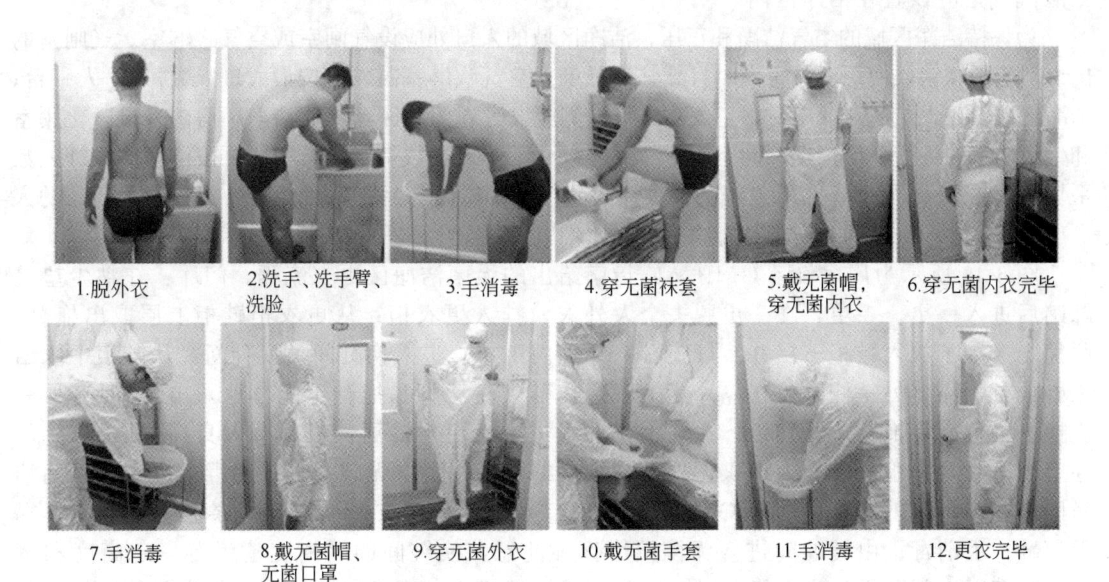

图 6-46　B 级无菌区更衣参考程序

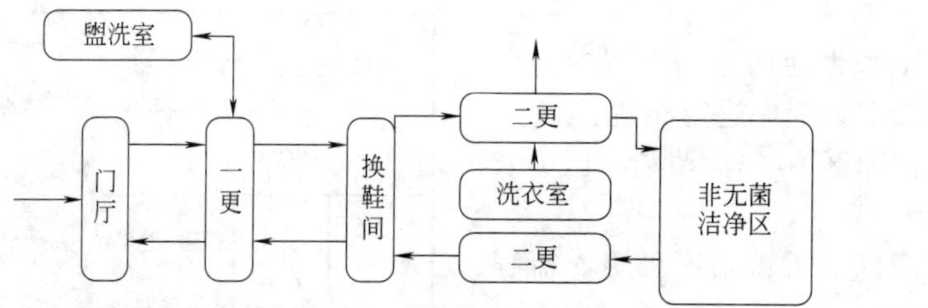

○ 一更:脱去外衣,挂入更衣柜 → 脱掉鞋子换上拖鞋 → 穿上内工衣 → 在一更洗手台洗手→进入一更、二更之间的换鞋间

○ 换鞋间:更换洁净工鞋 → 在洗手台洗手 → 进入二更

○ 二更:穿洁净服 → 手消毒 → 进入非无菌洁净区

图 6-47　非无菌洁净区更衣流程图示例

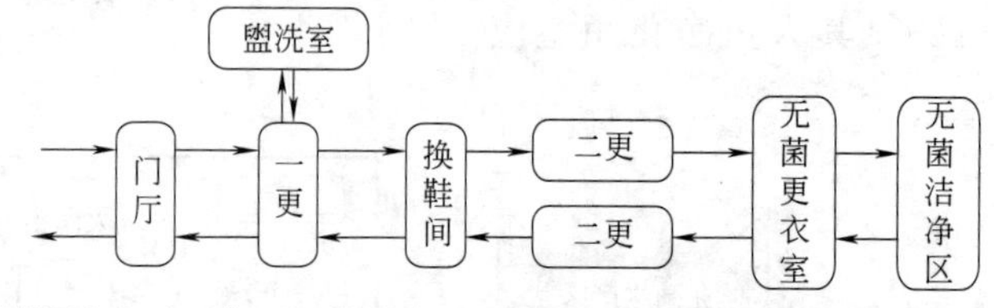

○ 无菌更衣室:穿无菌工衣,戴口罩 → 手消毒 →缓冲间 → 进入无菌洁净区

图 6-48　无菌洁净区更衣流程图示例

人员净化用室要求应从外到内逐步提高洁净度，洁净级别可低于生产区。对于要求严格分隔的洁净区，人员净化用室和生活用室布置在同一层。人员净化用室的入口应有净鞋设施。存外衣和洁净工作服室应分别设置，按最大班人数每人各设一外衣存衣柜和洁净工作服柜。

盥洗室不得与生产区及仓储区直接相连，其设置应考虑人员使用容易和便利。盥洗室应设置洗手和消毒设施，建议采用手不直接接触的感应式水龙头，宜装烘干器，水龙头按最大班人数每 10 人设一个。盥洗室不能直接和生产区或储藏区相连，要保持干净，通风。洁净工服洗衣室应设置在洁净区内。

为保持洁净区域的空气洁净和正压，洁净区域的入口处应设气闸室或空气吹淋室。气闸室的出入门应予联锁，使用时不得同时打开。设置单人空气吹淋室时，宜按最大班人数每 30 人一台；洁净区域工作人员超过 5 人时，空气吹淋室一侧应设旁通门。医药工业洁净厂房内人员净化用室和生活用室的面积，应根据不同空气洁净度等级和工作人员数量确定。一般可按洁净区设计人数平均每人 4～6m^2 计算。青霉素等高致敏性药品、某些甾体药品、高活性药品及有毒害药品的人员净化用室，应采取防止有毒有害物质被人体带出人员净化用室的措施。

图 6-49 所示为厂房设备 GMP 实施指南给出的无菌洁净区更衣流程。门厅：在粘尘垫上踩踏后进入一更。一更：在一更脱去个人外衣，挂入更衣柜；从更衣柜鞋柜上层取出拖鞋；脱掉个人鞋子放入鞋柜下层并换好拖鞋；穿上内工衣，进入换鞋间。换鞋间：从鞋柜中取出工鞋放至隔离凳另一侧；坐在隔离凳上脱掉拖鞋（注意脚和拖鞋不能着地）；在隔离凳另一侧换上工鞋；将拖鞋放入鞋柜；在洗手台洗手进入二更。二更：根据个人身高选取洁净服；穿上洁净服，自检头发、内工衣无外露，领口粘贴好，工衣无破损；手消毒；进入非无菌洁净区。在粘尘垫上踩踏后进入 C 级区更衣室：穿上无菌内衣；手消毒；穿上无菌外衣；穿无菌鞋；手消毒；由缓冲间进入无菌洁净区。注意：换鞋间的隔离凳建议有一定高度和宽度，高度以大部分人员坐上换鞋时，鞋和脚不沾地为宜，宽度以不能未经隔离凳而容易跨过为宜。隔离凳建议高度 0.6m，宽度 0.8m（供参考），长度可根据具体人数设计。更衣柜内衣物与鞋应分开放置，建议设有空气循环，减少异味。存外衣室和洁净工作服室应分别设

置，并每人一柜；脱外衣与穿洁净服在一室的可隔开存放。盥洗室应设洗手和烘干设备。

厕所、淋浴室、休息室等生活用室可根据需要设置，但不得对医药洁净室（区）产生不良影响。厕所和淋浴室不得设置在医药洁净区域内，宜设置在人员净化室外，需设置在人员净化室内的厕所应有前室；淋浴室可以不作为人员净化的必要措施，特殊需要设置时，可靠近盥洗室。在制剂厂房中厕所宜设置在总更换鞋之前。如多层厂房操作人员较多时，也可设在总更换鞋之后的车间控制区内，但需要设置前室，以便于更衣和换鞋。

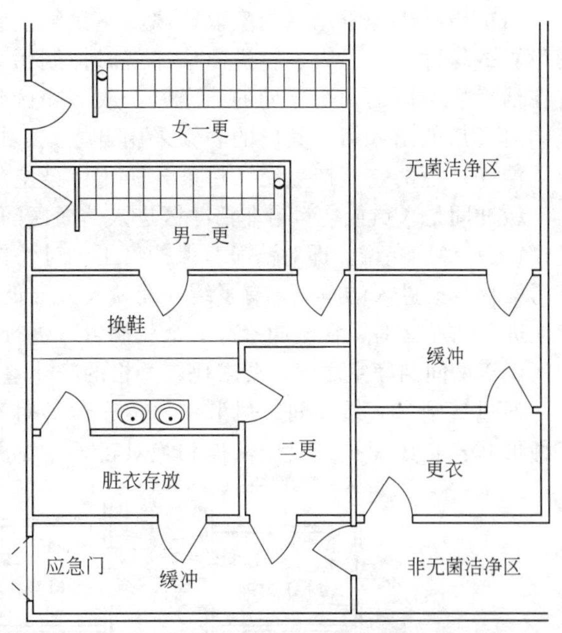

图 6-49　无菌洁净区更衣流程示例

在制剂厂房中淋浴室设置主要用于保护操作人员免受或减轻活性物料、有毒物料及高致敏性物料等的危害。在洁净区设置淋浴间时宜设前室，因为淋浴室湿度很高，距洁净区较近，又影响洁净区的湿度。淋浴是人员净化的一种手段，淋浴可清除人体表面的污垢、微生物和汗液。但国外资料表明：淋浴后不但不能降低人体的发尘量，相反，淋浴后使皮肤干燥，从而使皮肤屑脱落，增大了发尘量。目前国内外制剂车间进入 C 级甚至 B 级洁净区的人员，并不经过淋浴室。对于有毒、活性物质、高致敏性物料生产岗位，其员工操作后宜进行淋浴。设计中要特别注意解决好淋浴室的排风问题，并使其与人员净化用房维持一定的负压差。

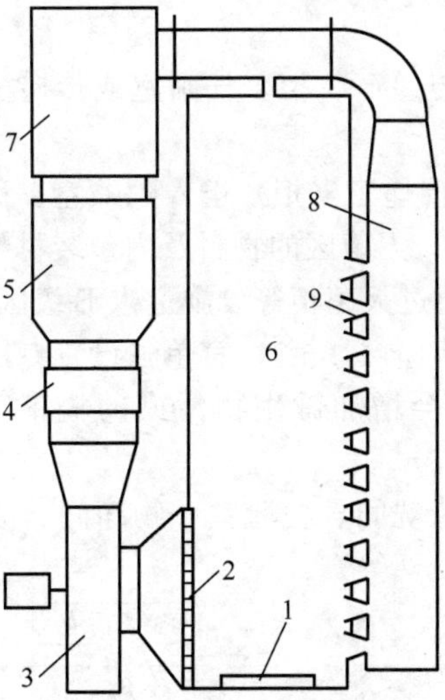

一般淋浴室设在洁净区之外的车间存外衣室附近较理想，这样，淋浴室的湿气不致影响洁净区的湿度。既能减少污染，又能解决洗澡问题。

生产人员休息室应与其他区域分开。

图 6-50　单人吹淋室

1—站人转盘；2—回风格栅；3—风机；4—电加热器；5—中效过滤器；6—门；7—高效过滤器；8—静压箱；9—喷嘴

净化风淋室、气闸室和缓冲室是人员进入洁净生产区间的三项净化措施。净化风淋室（又称为浴尘室、空气吹淋室等）的作用是强制吹除工作人员及其工作服表面的附着尘粒，是一种通用性较强的局部净化设备（如图 6-50 所示），安装于洁净室与非洁净室之间。当人与货物要进入洁净区时需经风淋室吹淋，其吹出的洁净空气可去除人与货物所携带的尘埃，能有效地阻断或减少尘源进入洁净区。风淋室分三个部分：中间为风淋间，底部为站人转盘，旋转周期 14s，以保证人体受到同样的射流作用，并且射流强弱不等，使工作服产生抖动，使灰尘易除掉；左部为风机、电加热器、过滤器等；右部为静压箱、喷嘴、配电盘间。风淋室的门有联锁和自动控制装置。不能将出入门同时开启。使用风淋室时，当超过 5 个人时，应设置旁通门，以便于安全疏散并延长风淋室使用寿命，因下班时工人不必经风淋室而由旁通门外出。

目前设计中通常用气闸室取代风淋室。气闸室是为保持洁净区的空气洁净度和正压控制而设置的缓冲室，是人、物进出洁净室时控制污染空气进入洁净室的隔离室。气闸室通常设置在洁净度不同的两个相同的洁净区，或洁净区与非洁净区之间。气闸室必须有两个以上不能同时开启的出入门，其门的联锁采用自控式、机械式或信号显示等方法。目的是隔断两个不同洁净环境的空气产生交叉污染，防止污染空气进入洁净区。

缓冲间是人员或物料自非洁净区进入洁净区的必然通道，其气压是自外（非洁净区）向内（洁净区）梯度递增。即对洁净室保持负压，对外保持正压。其设置就是为了防止非洁净区气流污染物直接进入洁净室，有了缓冲间就大大降低了这种可能。同时还具有人员或物料自非洁净区进入洁净区时，在缓冲室有一个“搁置”进行自净（主要是物料）和补偿压差的作用。缓冲间位于两间洁净室之间，要求比较严格的净化室，常常设置两道或更多道缓冲间。

通过气闸室、缓冲间、风淋室、传递窗等对不同等级洁净区以及与一般区的压差隔离有三种形式：正压保护、负压保护和绝对正压（见图 6-51）。

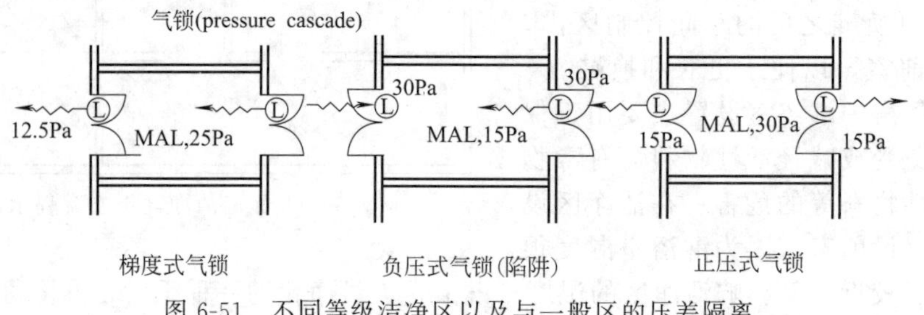

图 6-51　不同等级洁净区以及与一般区的压差隔离

Ⓛ—渗透气流；MAL—物流气锁

4. **物料净化用室的基本要求**

物料净化用室应包括物料外包装清洁处理室、气闸室或传递窗、柜。气闸室或传递窗的出入门应有防止同时打开的联锁措施。

原辅料外包装清洁室，设在洁净区外，经处理后由气锁或传递窗（柜）送入贮藏室、称量室。包装材料清洁室，设在洁净室外，处理后送入贮藏室。凡进入无菌区的物料及内包装材料除设清洁室外，还应设置灭菌室。灭菌室设于 D 级区域内，物料通过灭菌柜等设施进入 B 级区域。生产过程中产生的废弃物出口不宜与物料进口合用一个气锁或传递窗（柜），宜单独设置专用传递设施。实践表明：采用双开门气锁向无菌区内传递物料，会增加微生物污染的概率（见图 6-52）。产品的运出不宜采用双开门气锁方式（见图 6-53）。

几个值得注意的地方：工卫间、外包材等暂存间、在位清洗间、检验室、物净间、废料间（如废弃的活性炭、废胶塞、废铝盖、原辅料内包材、碎玻璃等）。

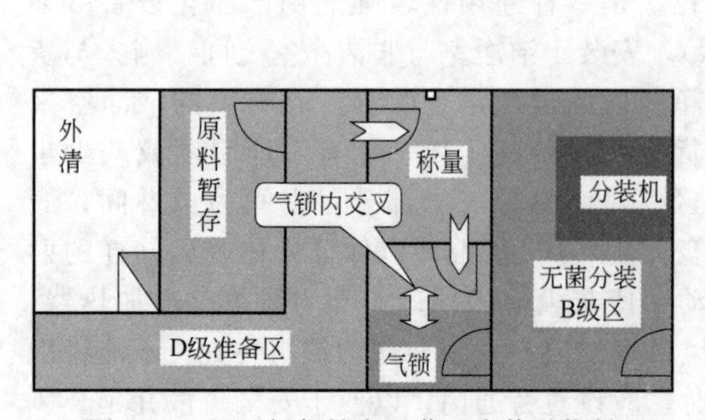

图 6-52　双开门气锁向无菌区内传递物料

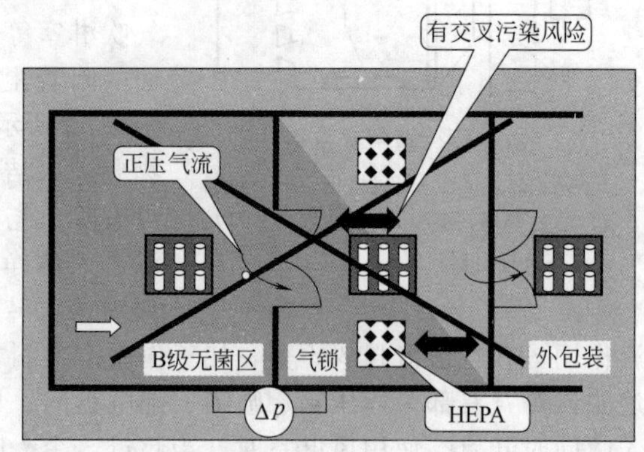

图 6-53　产品的运出不宜采用双开门气锁方式

5. **注射剂生产人员与物料净化流程**

下面仅以注射剂为例说明人、物净化的通道和流程。

(1) 人员净化流程　见图 6-54。

(2) 注射剂直接包装容器净化、灭菌　西林瓶、安瓿、胶塞、铝盖的净化、灭菌见图 6-55～图 6-58。

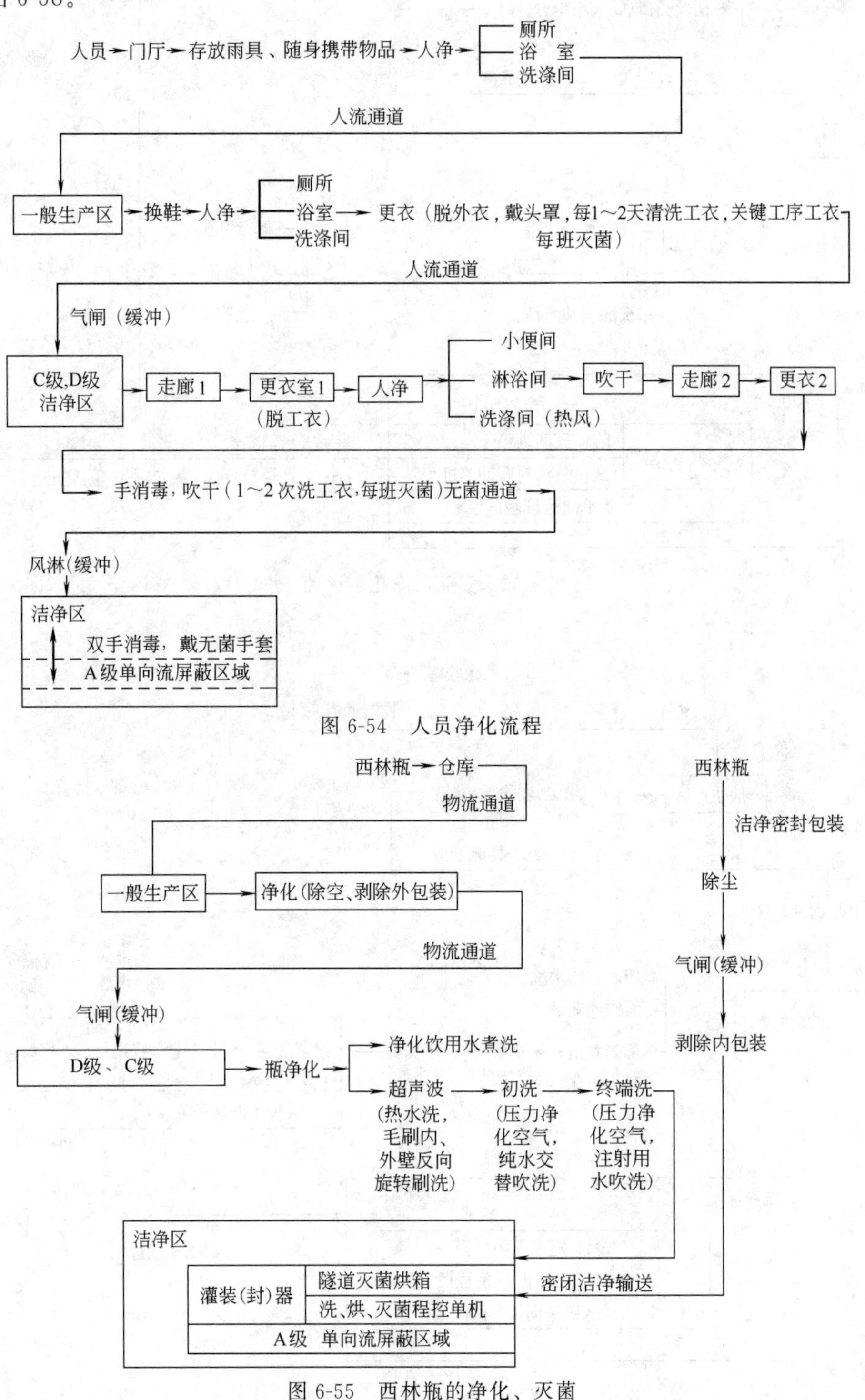

图 6-54　人员净化流程

图 6-55　西林瓶的净化、灭菌

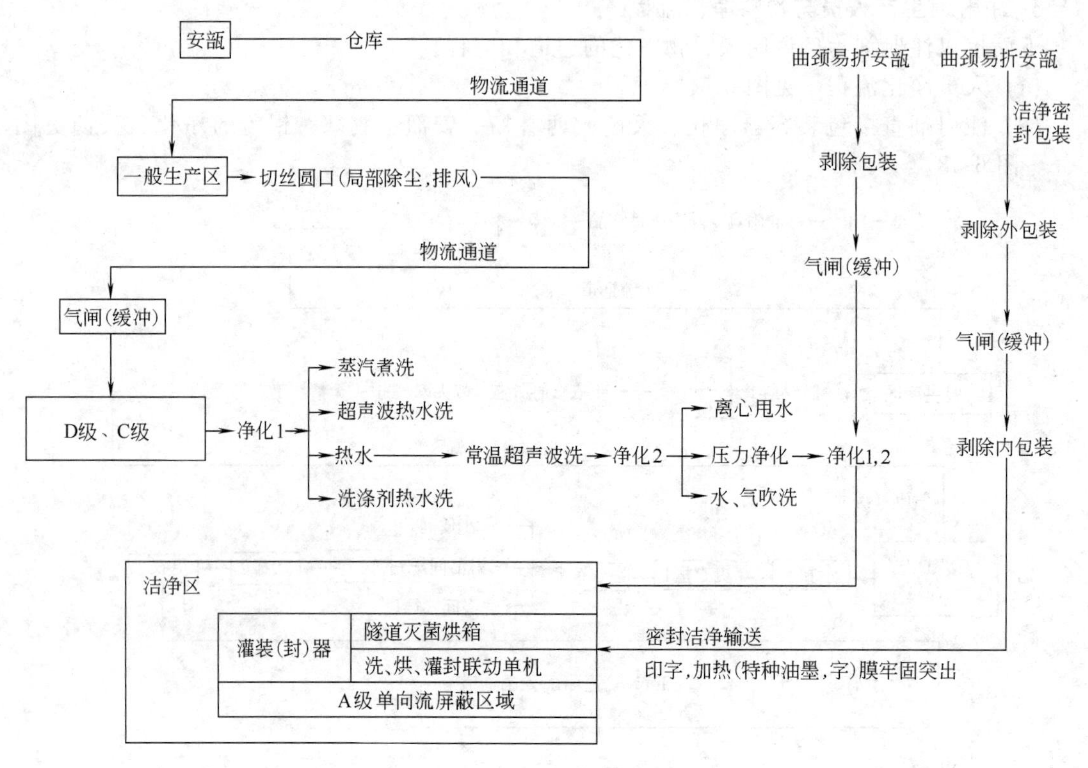

图 6-56　安瓿的净化、灭菌

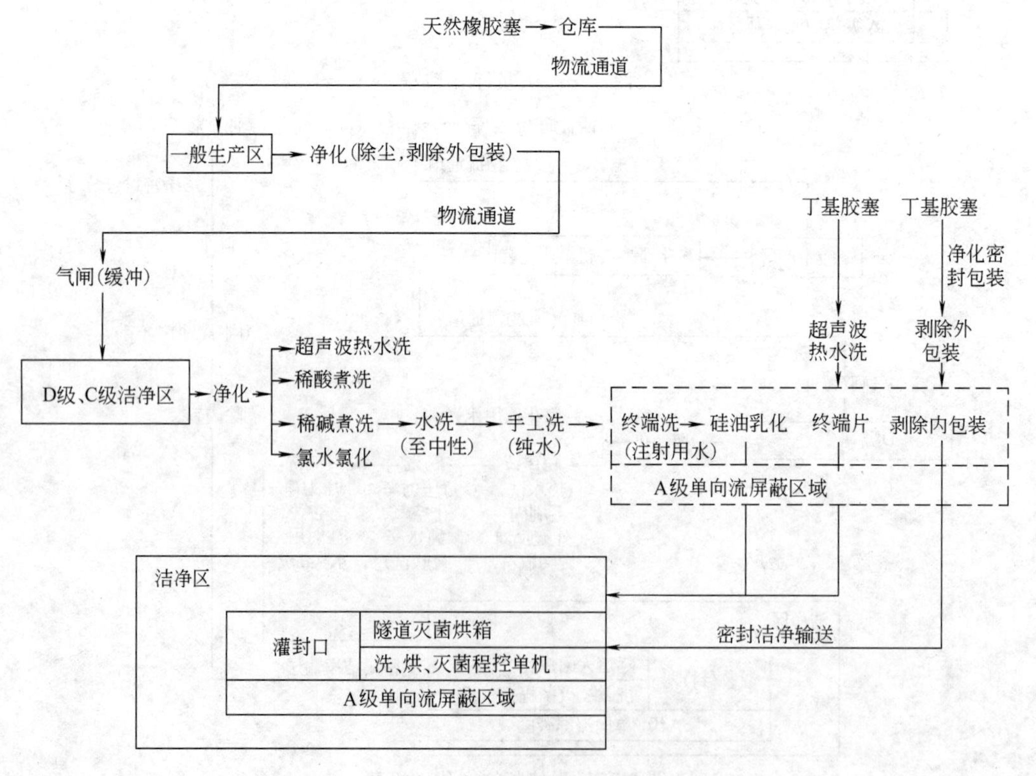

图 6-57　胶塞的净化、灭菌

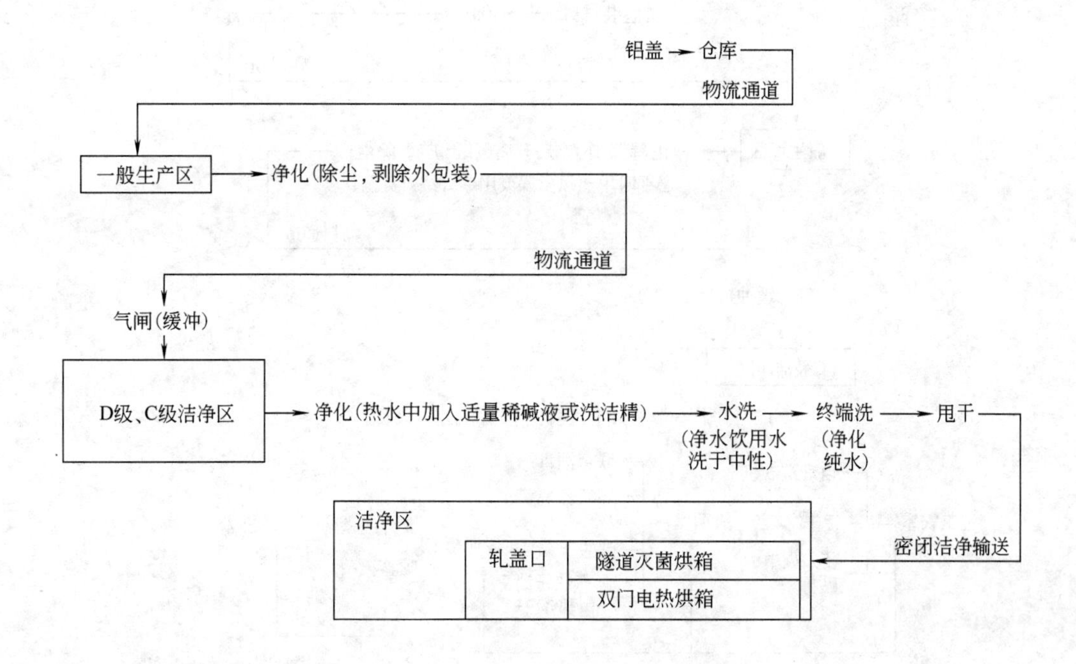

图 6-58 铝盖的净化、灭菌

(3) 原辅料进入洁净室的净化、灭菌 见图 6-59。

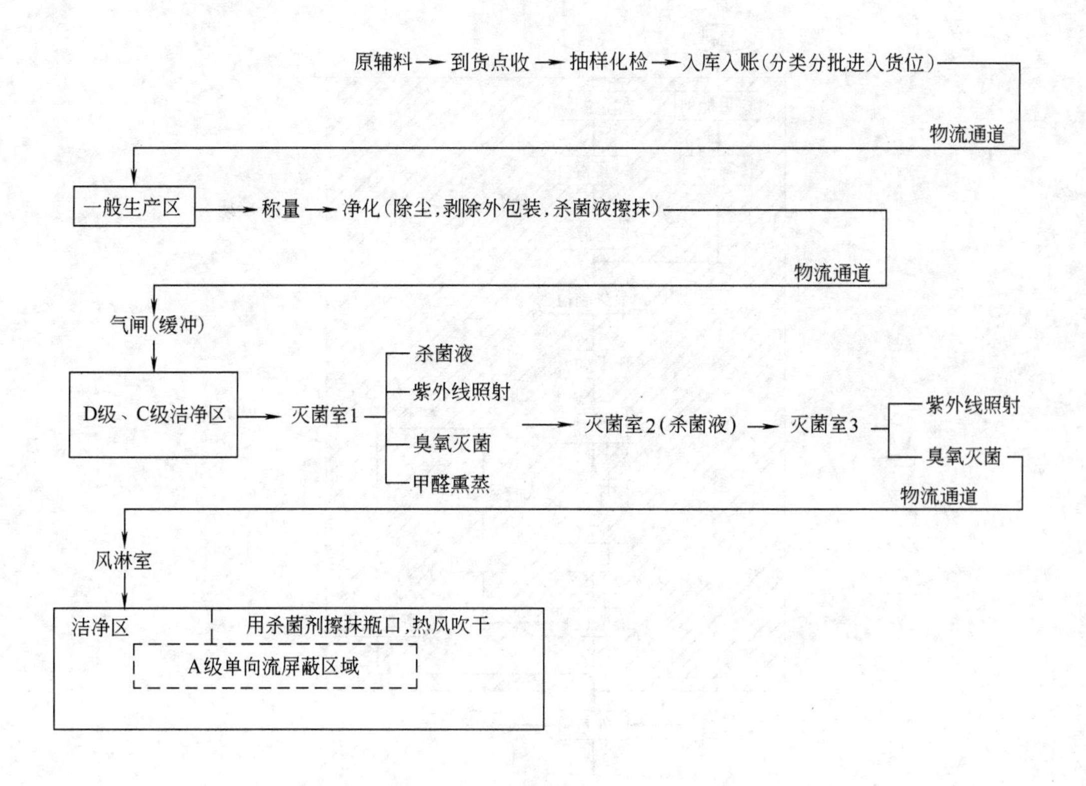

图 6-59 原辅料进入洁净室的净化、灭菌

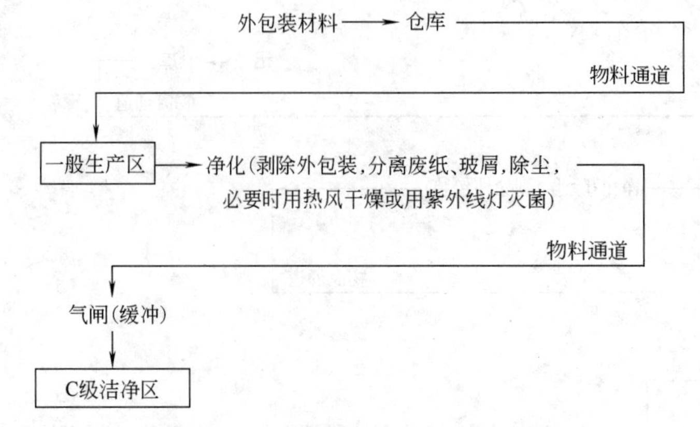

图 6-60　外包装材料的净化、灭菌

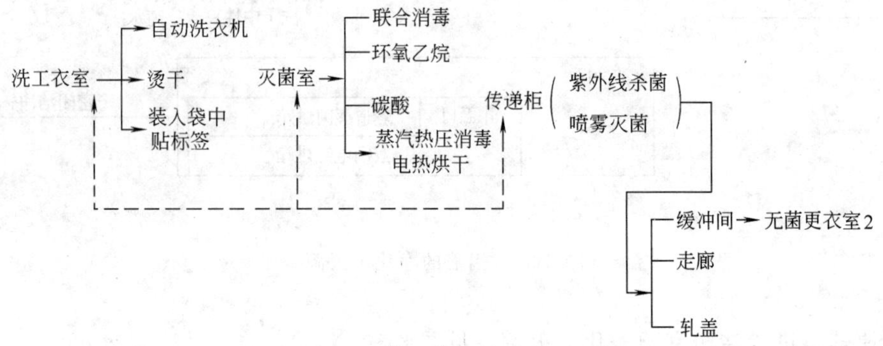

图 6-61　无菌工作服的净化、灭菌

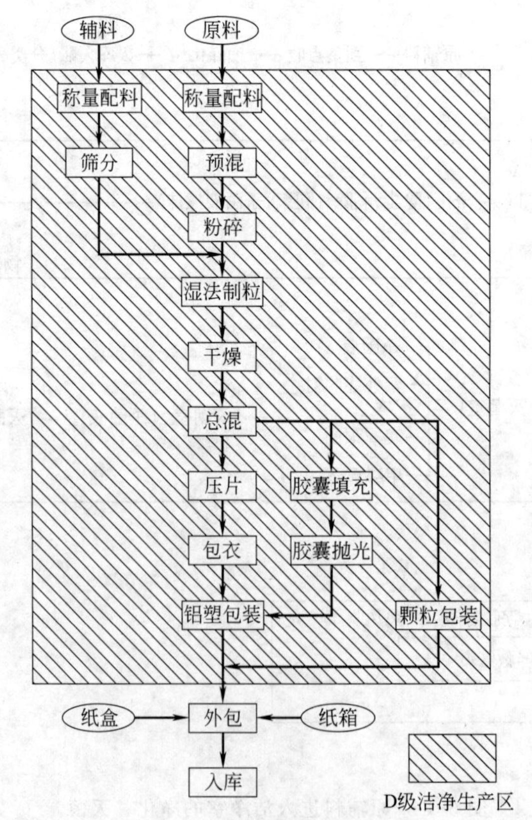

图 6-62　片剂生产工艺流程及环境区域划分示意图

(4) 外包装材料进入 C 级洁净区的净化　见图 6-60。

(5) 无菌工作服的净化、灭菌　见图 6-61。

八、制剂车间布置设计举例

1. 片剂车间布置

(1) 片剂的生产工序及区域划分　片剂为固体口服制剂的主要剂型，产品属非无菌制剂。片剂的生产工序包括原辅料预处理、配料、制粒、干燥、总混、压片、包衣、洗瓶、包装。片剂生产工艺流程及环境区域划分如图 6-62 所示。片剂生产及配套区域的设置要求见表 6-8。

表 6-8　片剂生产及配套区域设置要求

区域	要求	配套区域	区域	要求	配套区域
仓储区	按待验、合格、不合格品划区，温度、湿度、照度要控制	原材料、包装材料、成品库，取样室，特殊要求物品区	包装区	如用玻璃瓶需设洗瓶、干燥区，内包装环境要求同生产区，同品种包装线间距 1.5m，不同品种间要设屏障	内包装、中包装、外包装室，各包装材料存放区
称量区	宜靠近生产区、仓储区，环境要求同生产区	粉碎区，过筛区，称量工具清洗、存放区			
制粒区	温度、湿度、洁净度、压差控制，干燥器的空气要净化，流化床要防爆	制粒室，溶液配制室，干燥室，总混室，制粒工具清洗区	中间站	环境要求同生产区	各生产区之间的储存、待验室
			废片处理区		废片室
压片区	温度、湿度、洁净度、压差控制，压片机局部除尘，就地清洗设施	压片室，冲模室，压片室前室	辅助区	位于洁净区之外	设备、工器具清洗室，清洁工具洗涤存放室，工作服洗涤、干燥室，维修保养室
包衣区	温度、湿度、洁净度、压差控制，噪声要控制，包衣机局部除尘，就地清洗设施，如用有机溶剂需防爆	包衣室，溶液配制室，干燥室	质量控制区		分析化验室

片剂车间的空调系统除要满足厂房的净化要求和温湿度要求外，重要的一条就是要对生产区的粉尘进行有效控制，防止粉尘通过空气系统发生混药或交叉污染。

为实现上述目标，除在车间的工艺布局、工艺设备选型、厂房、操作和管理上采取一系列措施外，对空气净化系统要做到：在产尘点和产尘区设隔离罩和除尘设备；控制室内压力，产生粉尘的房间应保持相对负压；合理的气流组织；对多品种换批次生产的片剂车间，各生产区均需分室，产生粉尘的房间不采用循环风，外包装可同室但需设屏障。控制粉尘装置可用：沉流式除尘器、环境控制室、层流称量室等。对于高危险性的成分，应考虑在隔离装置（手套箱）中进行物料称量。隔离装置可以是固定的，也可是可移动的。该装置装有高效过滤器和位置合适的手套式操作口（见图 6-63）。容器或物料桶可使用称量隔离装置直接装料，但这需要一个提升平台使物料

图 6-63　隔离装置（手套箱）

桶位于下方，或隔离装置安装在物料桶装料区域之上的楼层。

片剂生产需有防尘、排尘设施，凡通入洁净区的空气应经初、中、高效（亚高效）过滤器过滤，局部除尘量大的生产区域，还应安排吸尘设施，使生产过程中产生的微粒减少到最低程度。洁净区一般要求保持室温 18～28℃，相对湿度 45%～55%，生产泡腾片产品的车间，则应维持更低的相对湿度。

(2) 片剂车间的布置形式　片剂车间属口服固体制剂车间，口服固体制剂理想的厂房布置可采用“同心圆”原则进行设计（如图 6-64 所示）。

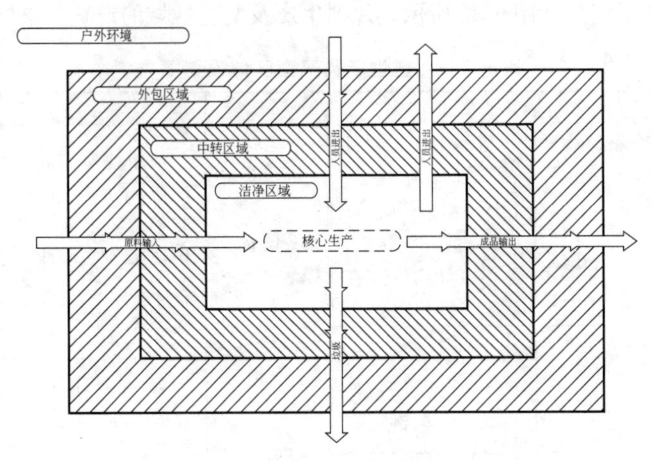

图 6-64　厂房布置模式参考

片剂车间常用布置形式有水平布置和垂直布置。

水平布置是将各工序布置在同一平面上，一般为单层大面积厂房。水平布置有两种方式：①工艺过程水平布置，将空调机、除尘器等布置于其上的技术夹层内，也可布置在厂房一角；②将空调机等布置在底层，而将工艺过程布置在二层。

垂直布置是将各工序分散布置于各楼层，利用重力进行加料，有两种布置方式：①二层布置，将原辅料处理、称量、压片、糖衣、包装及生活间设于底层，将制粒、干燥、混合、空调机等设于二层；②三层布置，将制粒、干燥、混合设于三层，将压片、糖衣、包装设于二层，将原辅料处理、称量、生活间及公用工程设于底层。

(3) 片剂车间布置方案的提出与比较

方案一［见图 6-65 (a)］　箭头表示物料在各工序间流动的方向及次序。合格的片剂原辅料一般均放于生产车间内，以便直接用于生产。此方案将原料、中间品、包装材料仓库设于车间中心部位，生产操作沿四周设置。原辅料由物料接收区、物料质检区进入原辅料仓库，经配料区进入生产区。压制后片子经中间品质检区（包括留验室、待包装室）进入包装区。这样的结构布局优点是空间利用率大，各生产工序之间可采用机械化装置运送材料和设备，原辅料及包装材料的贮存紧靠生产区；缺点是流程条理不清（图中箭头有相互交叉），物料交叉往返，容易产生混药或相互污染与差错。

方案二［见图 6-65 (b)］　本方案与方案一面积相同。为克服发生混药或相互污染的可能性，可作物料运输不交叉的车间布置设计。将仓库、接收、放置等贮存区置于车间一侧，而将生产、留检、包装基本构成环形布置，中间以走廊隔开。在相同厂房面积下基本消除了人物流混杂。

方案三［见图 6-65 (c)］　物料由车间一端进入，成品由另一端送出，物料流向呈直线，不存在任何相互交叉，这样就避免了发生混药或污染的可能。这种布局缺点是所需车间面积较大。

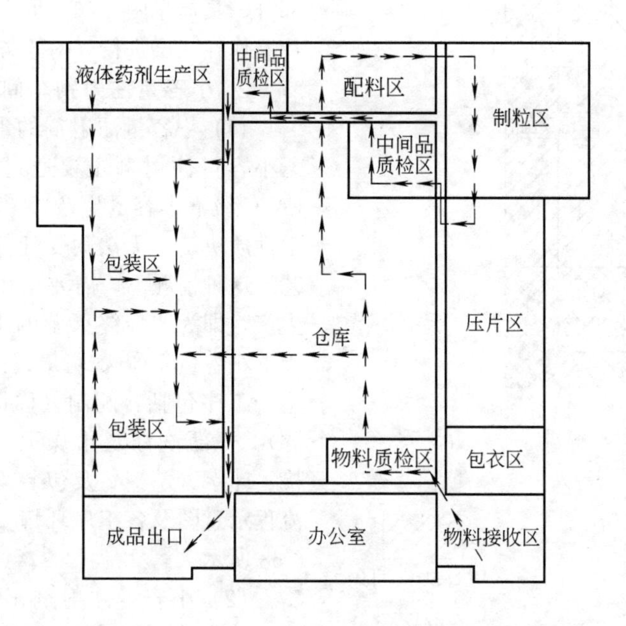

(a) 方案一

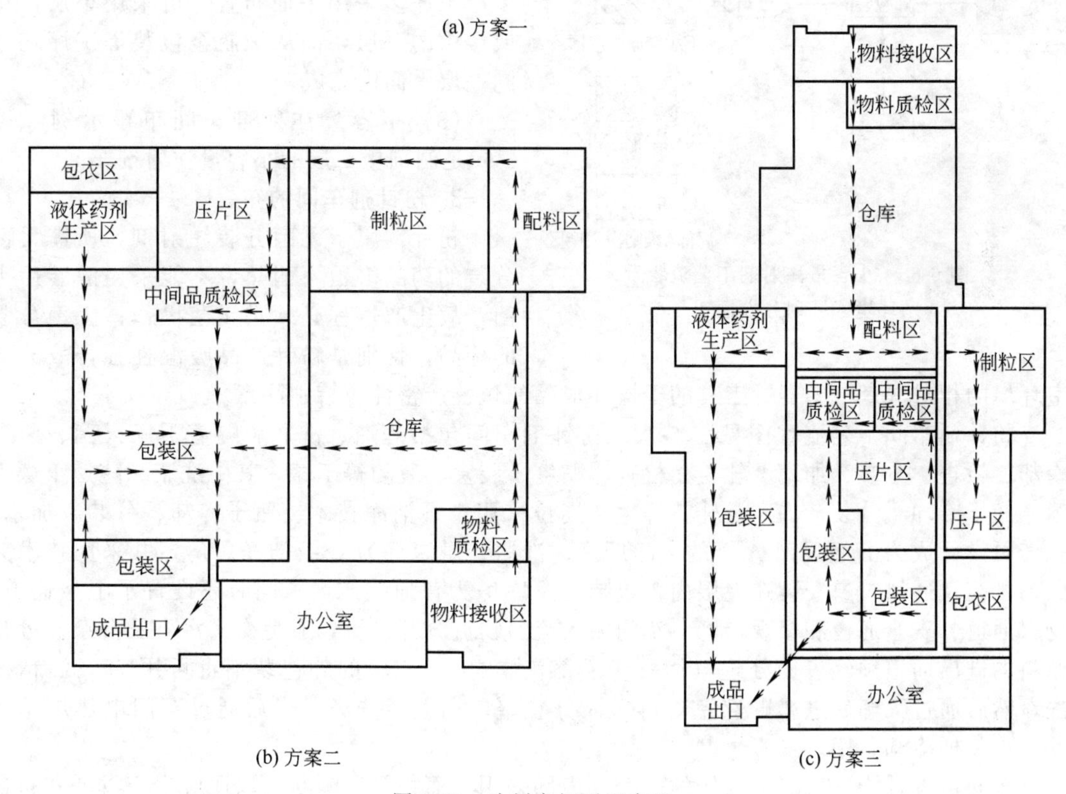

(b) 方案二　　(c) 方案三

图 6-65　片剂车间平面布置

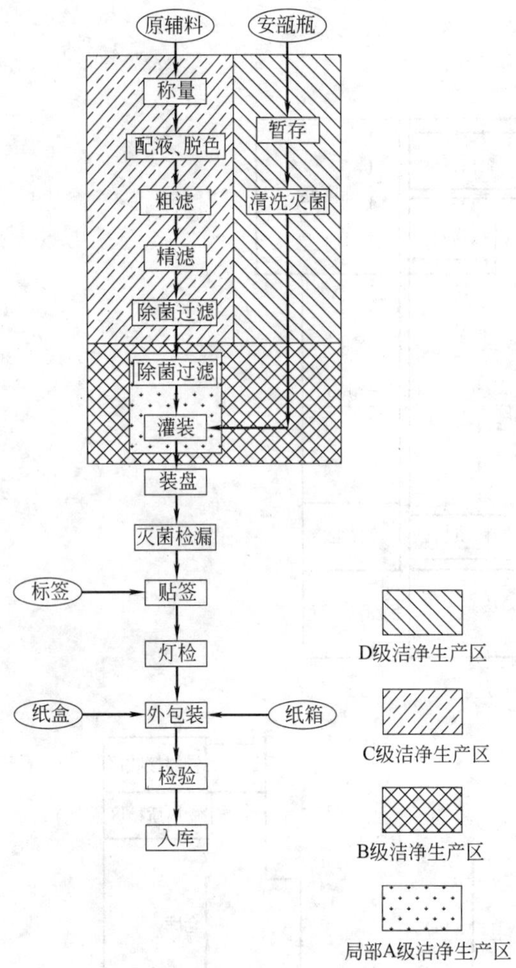

图 6-68　小容量注射剂工艺流程及环境区域划分方框图

当然，更多的是设计和建设固体制剂综合车间，片剂车间只是固体制剂综合车间的一小部分，具体见图 6-66（见文后插页），该图中压片操作在二层进行（图 6-67，见文后插页）。

2. 小容量注射剂车间布置

(1) 小容量注射剂的生产工序及区域划分

小容量注射剂主要通过最终灭菌工艺生产（A/C 级下小容量生产）。其中有些原料药的化学性质决定了无法耐受任何形式的最终灭菌工艺。这种情况下，需要采用无菌生产工艺进行生产，即为非最终灭菌的小容量注射剂（A/B 级下小容量生产）。可最终灭菌小容量注射剂的生产工序包括：配制（称量、配制、粗滤、精滤）、安瓿洗涤及干燥灭菌、灌封、灭菌、灯检、印字（贴签）及包装。小容量注射剂工艺流程示意图及各工序环境空气洁净度要求见图 6-68 所示。

(2) 小容量注射剂车间的布置形式　其生产工序多采用平面布置，可采用单层厂房或楼中的一层，即从洗瓶至包装等工序均在同一层平面内完成。

(3) 小容量注射剂车间布置示例　图 6-69是制剂楼二层的小容量注射剂车间。

3. 粉针剂车间的布置

粉针剂属于无菌分装注射剂，所需无菌分装的药品多数不耐热，不能采用灌装后灭菌，故生产过程必须是无菌操作；无菌分装的药品，特别是粉针产品吸湿性强，故分装室环境的相对湿度、容器、工具的干燥和成品的包装严密性应特别注意。

粉针剂车间工艺流程图见图 6-70。粉针剂车间包括理瓶、洗瓶、隧道干燥灭菌、瓶子冷却、检查、分装、加塞、轧盖、检查、贴签、装盒、装箱等工序，其中洗瓶、隧道干燥灭菌、瓶子冷却、分装、加塞及轧盖等生产岗位采用空气洁净技术。瓶子冷却、分装、加塞、轧盖可设计成为 B 级局部 A 级的洁净厂房；洗瓶、烘瓶等为 D 级洁净厂房，并采用技术夹层，工艺及通风管道安装在夹层内，包装间及库房为普通生产区。同时还设置了卫生通道、物料通道、安全通道和参观走廊。车间内人流、物流分开设置，避免交叉污染及混杂。分装原料的进出通道须经表面处理（用石炭酸溶液揩擦），原料的外包装消毒可用 75%酒精擦洗，然后通过灭菌后进入贮存室，再送入分装室。铝盖经洗涤干燥后通过双门电热烘箱干燥，再装桶冷却备用。

车间可设计为三层框架结构的厂房。内部采用大面积轻质隔断，以适应生产发展和布置的重新组合。层与层之间设有技术夹层供敷设管道及安装其他辅助设施使用。

图 6-71 为无菌分装粉针剂车间工艺布置图。该工艺选用联动线生产，瓶子的灭菌设备为远红外隧道烘箱，瓶子出隧道烘箱后即受到局部 A 级的层流保护。胶塞处理选用胶塞清洗灭菌一体化设备，出胶塞及胶塞存放均设置 A 级层流保护。

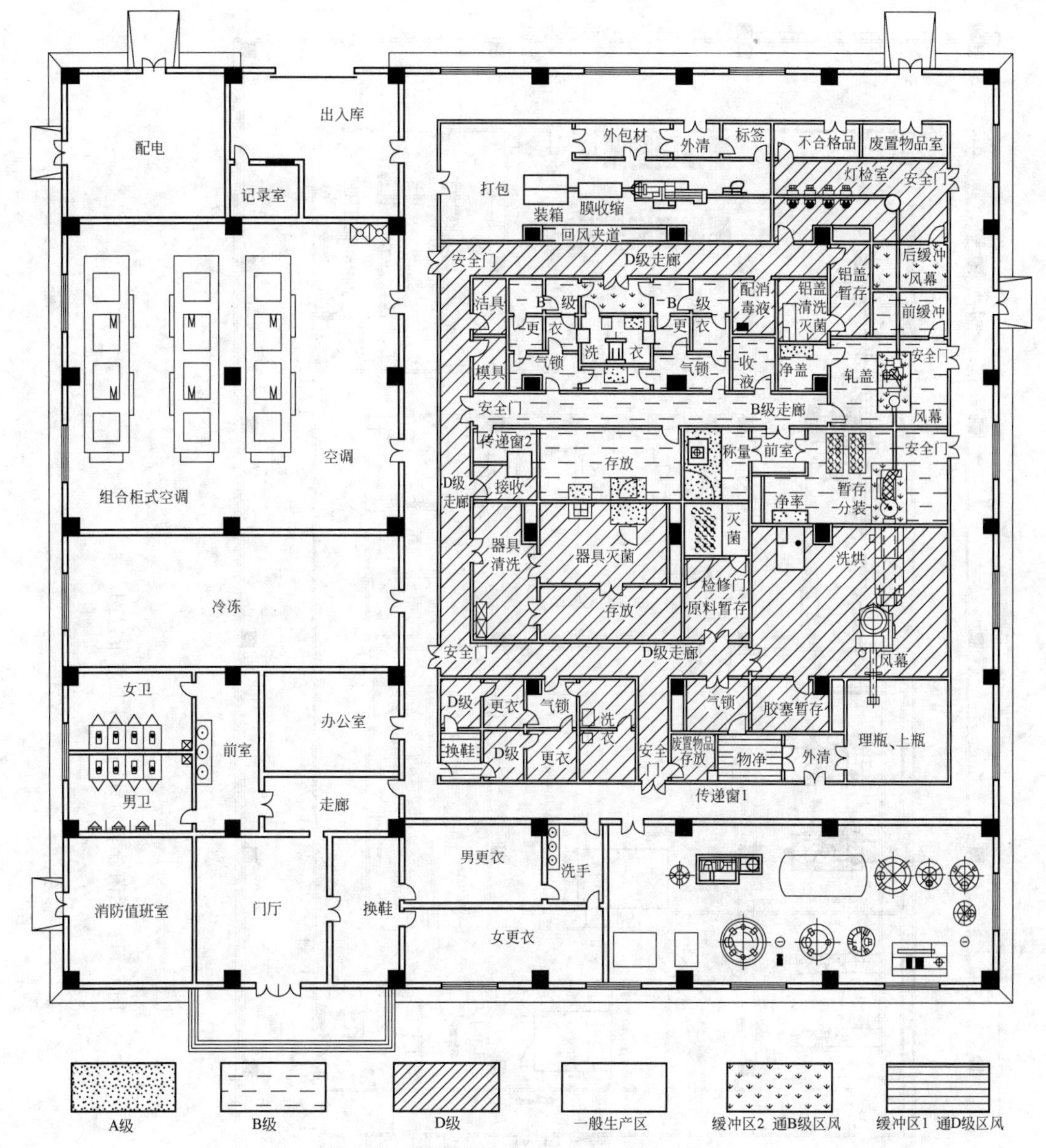

图 6-69　小容量注射剂车间平面布置图

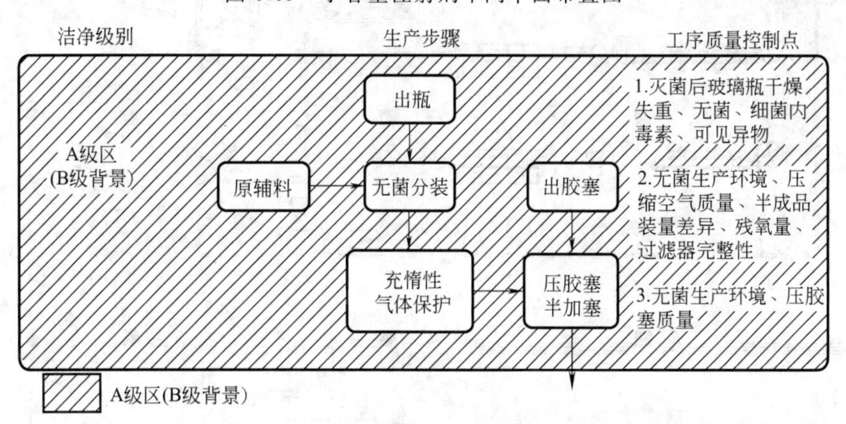

图 6-70　无菌分装粉针剂车间工艺流程示例

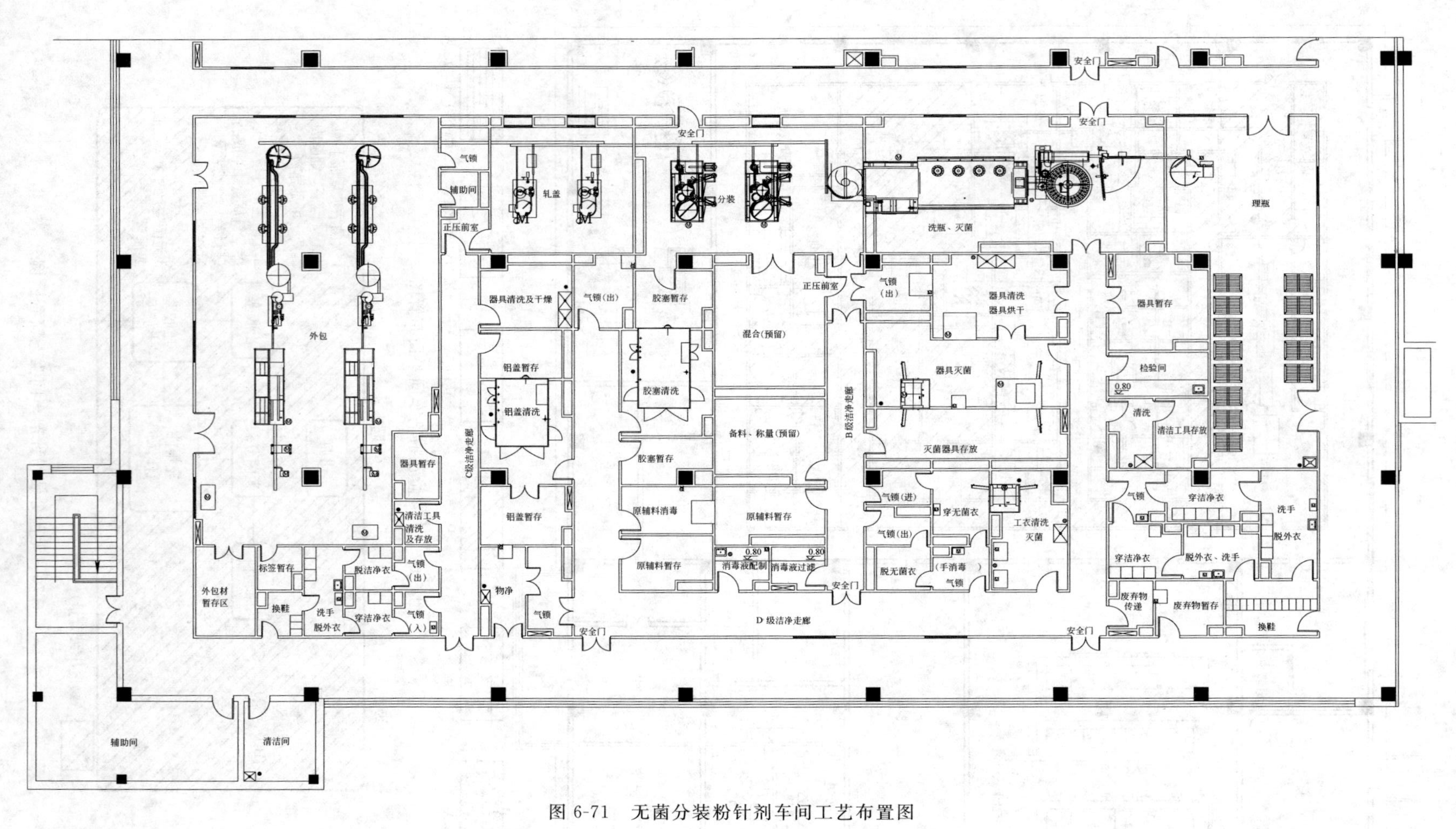

图 6-71 无菌分装粉针剂车间工艺布置图

4. 冻干粉针剂车间布置

(1) 冻干工艺关键工序对环境的要求

① B级背景下的A级　产品的灌装、半加塞、冻干过程中，制品处于未完全密封状态下的转运，直接接触药品的包装材料、器具灭菌后的装配、存放，以及处于未完全密封状态下的转运。

② B级　冻干过程中制品处于未完全密封状态下的产品置于完全密封容器内的转运。直接接触药品的包装材料、器具灭菌后处于密闭容器内的转运和存放。

③ C级背景下的A级　对于非最终灭菌产品，轧盖应在B级背景下的A级进行；也可在C级背景下的A级送风环境中操作，A级送风环境应至少符合A级区的静态要求。

冻干粉针剂的生产工艺流程和环境区域划分示例见图6-72。

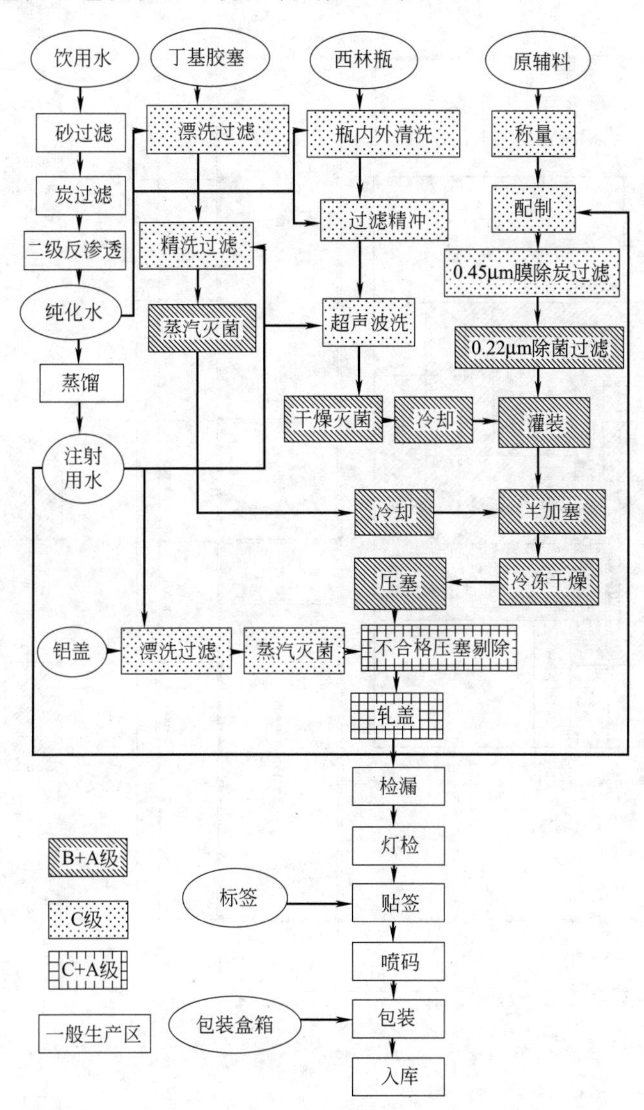

图6-72　冻干粉针剂的生产工艺流程和环境区域划分示例

(2) 车间平面布置示例　从冻干粉针剂车间平面布置图（图6-73）可见：灌装间、冻干间、轧盖间、灯检间、包装间在一条连贯的输送线上，通过AGV小车（自动移动小车）、输瓶转盘、输瓶网带传输；浓配间、稀配间、灌装间在一条线上，通过管路输送料液；胶塞

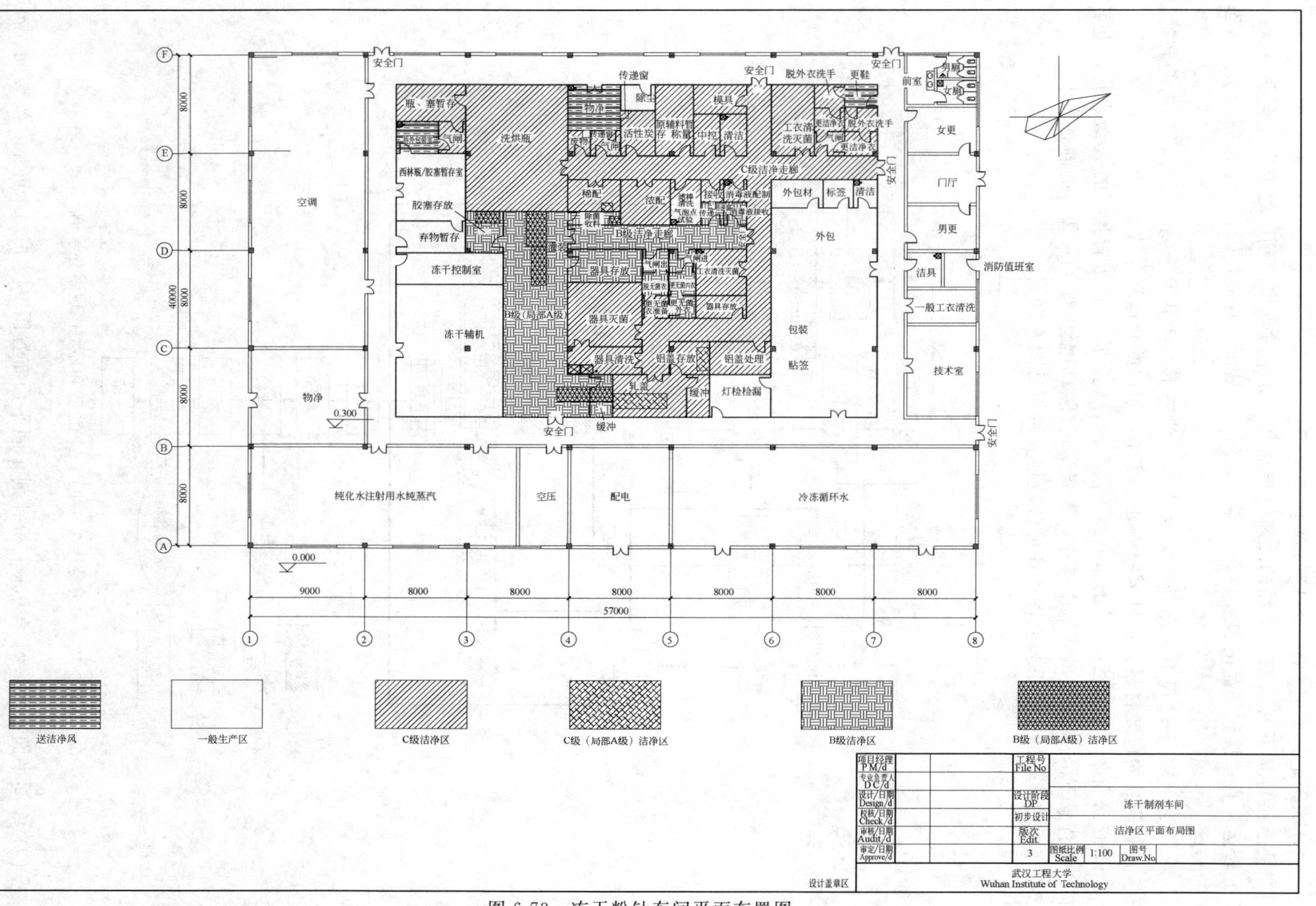

图 6-73　冻干粉针车间平面布置图

暂存、存放、处理与灌装机集中于一处，便于胶塞处理完后直接送去灌装机半加塞；铝盖的暂存、存放、清洗灭菌与轧盖机集中于一处，便于铝盖处理完后直接送去轧盖；将配液、灌装、冻干相邻安排，能缩短管路长度以及 AGV 小车的轨道长，尽量减少成本。

5. 中药提取车间布置

(1) 中药提取的生产工序及区域划分　中药提取车间制备流浸膏、浸膏、干膏或干粉。其生产工序及其洁净度要求为：由流浸膏、浸膏制干膏、干粉、粉碎过筛、包装等工序划为洁净区，其级别为 D 级，中药的提取、浓缩为一般生产区，见图 6-74。

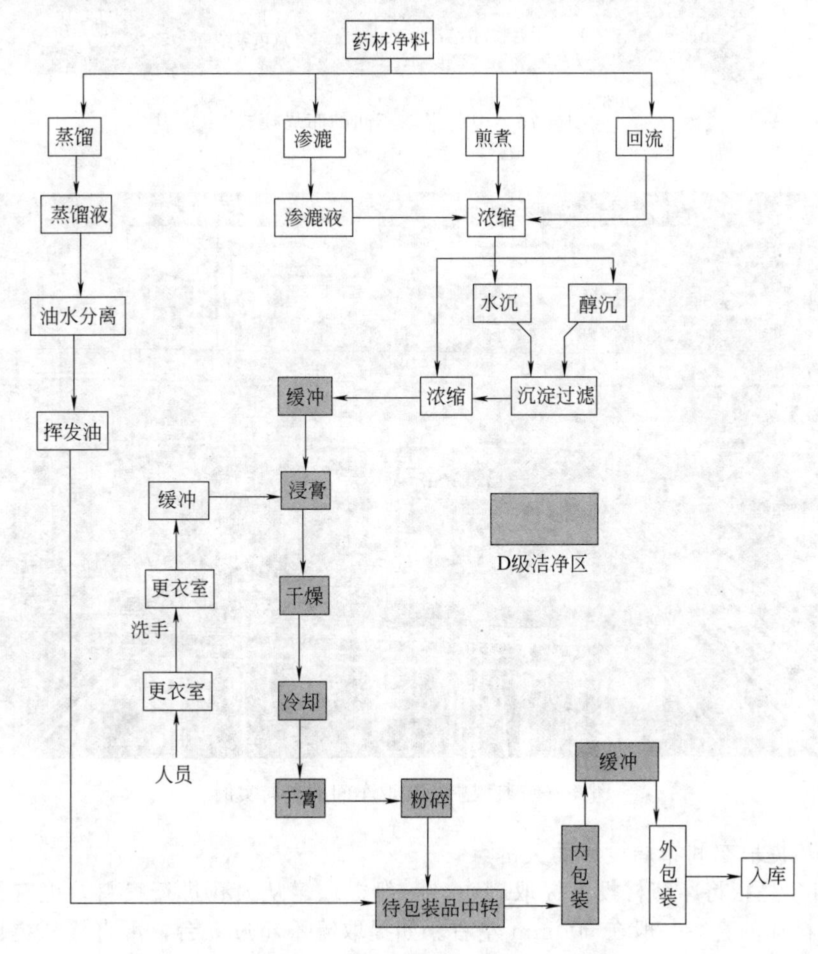

图 6-74　中药提取的生产工序及区域划分

(2) 中药提取车间的布局　一种典型中药提取车间（以下简称提取车间）的布局模式：采用四层的布局，提取罐挂在三层楼面上，四层为投料层，二层为轨道小车出渣层，一层设置大的药渣储槽，储槽下方可容纳接渣汽车将药渣直接运出车间。

四层除投料功能的设置外，还可设置净药材库，或根据工艺需求设置中药的前处理工序。三层和二层是一个连通的区域，三层仅用来挂置提取罐，四周一般留出参观面，中间部分为中空的设置，主要的出渣、浓缩、精制区域都设置在二层楼面上，空间一般在 12m 上下，开敞通畅，一般不设置隔断，以利于通风散热和采光。一般收膏区设置在浓缩设备的正下方的一层洁净生产区域内，如有干燥等工序也设置在该洁净区域内，一层还有门厅、总更系统及公用辅助系统，用简单的立面分区图可表示如图 6-75 所示。图 6-76 所示为典型中药提取车间的布局实例。

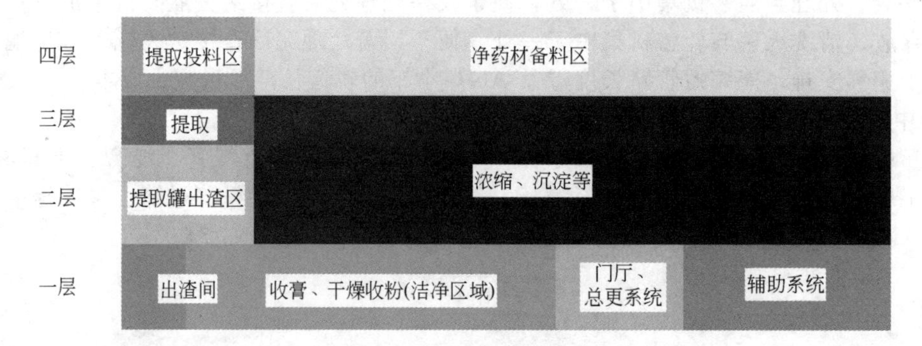

图 6-75 中药提取车间的布局模式

图 6-76 典型中药提取车间的布局实例

(3) 中药提取车间布局设计的关键点

① 投料 是指将净药材投入提取罐中，一般提取罐从人孔进行投料，也有提取罐专设投料孔。投料孔的直径一般在500mm左右。如提取罐不超过5台，可直接从提取罐人孔投料，不需专设投料层，则提取采用三层布局即可。

如中药提取车间规模较大，提取罐超过5台，应设置四层作为投料层。四层还可设置投料备料区，备料区功能包括净药材暂存、净药材称量备料、称量后暂存。可分区设置，也可根据管理要求分隔设置。也可将备料功能设置在相应的前处理车间，则该区仅设置投料前暂存即可。

目前大多采用人工将药材从投料孔倒入的投料方式。除人工投料外，对大规模的提取车间还有其他投料方式，如采用IBC投料：在前处理工段按批将药材装入IBC料斗，推至投料口上方，打开落料蝶阀，将药材投下。该方式避免了人工投料的粉尘飞扬，前提是药材的流动性好，可从IBC料斗顺畅出料。

对于相对单一、规模较大的品种生产使用传送带进行投料方式尤为适用。方法是用一条主输送带和各个支输送带将各个投料孔连接起来，药材分批从主输送带的上料端上输送带，利用每个分支输送带的挡板将药材送入相应的支输送带，然后自投料孔落下。每条主输送带每次只能投一罐药材，可以根据投料的总耗时来确定需要多少条主输送带。

对于品种单一、流动性好的药材，还可用真空方式进行管道输送，设置缓冲斗将药材倒入，对应的提取罐抽真空，将药材投入。另外还有用有轨小车或AGV小车进行投料的方式，原理与上述方式类似，可根据实际需要进行选择。

② 提取　中药提取是中药生产过程中重要的单元操作，常规提取是指用溶剂将药材中的有效成分从药材组织内溶解出来的方法。溶剂一般是水或乙醇，即水提和醇提。GMP要求提取物用来生产注射剂的提取过程需用纯化水进行提取，其他产品采用饮用水即可。

目前较常用的提取罐为直筒形或倒锥形的提取罐，易起泡的品种可以采用蘑菇形的提取罐，称为多功能提取罐，一般无搅拌。选型以 $3m^3$ 和 $6m^3$ 为多，出于出渣门密封技术的限制，一般不推荐使用过大的提取罐。

水提过程可不设回流，水蒸气可直接排放，设计中需注意排汽管的设置，为保持外立面的美观，可在室内走立管去屋面排放，总排汽管下端应设置排水管以排放凝水，该凝水排放管最好与其他设备下水和地漏分开，单独出户较好，以防止凝水中夹带的热蒸汽影响其他排水点。

③ 出渣　出渣流程设计是提取车间设计成败的关键之一，是中药现代化的基本要求。传统的中药提取车间，一般将提取罐出渣门打开后，将药渣直接放至地面，然后人工铲至小推车内，不仅工人劳动强度高，更造成提取车间地面药渣满地、污水横流，环境相当恶劣。现代化的提取车间必须避免这种现象的发生。

目前最常用的出渣方式，是有轨出渣小车结合出渣储槽的方式。提取罐的下方地面设置轨道，自动出渣小车在轨道上运动，可根据指令自动定位于需要出渣的提取罐下方，小车两侧设有挡板，防止出渣门开启时药渣飞溅。药渣完全泄出后，可启动提取罐清洗程序，将提取罐冲洗干净，清洗水可直接落入出渣车内，出渣小车配备清洗喷管，可对准提取罐出渣盖进行冲洗，将盖冲洗干净。关闭出渣门，提取罐可进行下一批提取。出渣小车沿轨道运行至出渣储槽上方与储槽进渣口对接，出渣小车启动挤渣程序将药渣挤至无液渗出状态，将挤干的药渣卸至药渣储槽。药渣储槽下方可容拖渣汽车进出，储槽放料至汽车拖箱内，将药渣运出车间。该过程见图6-77。

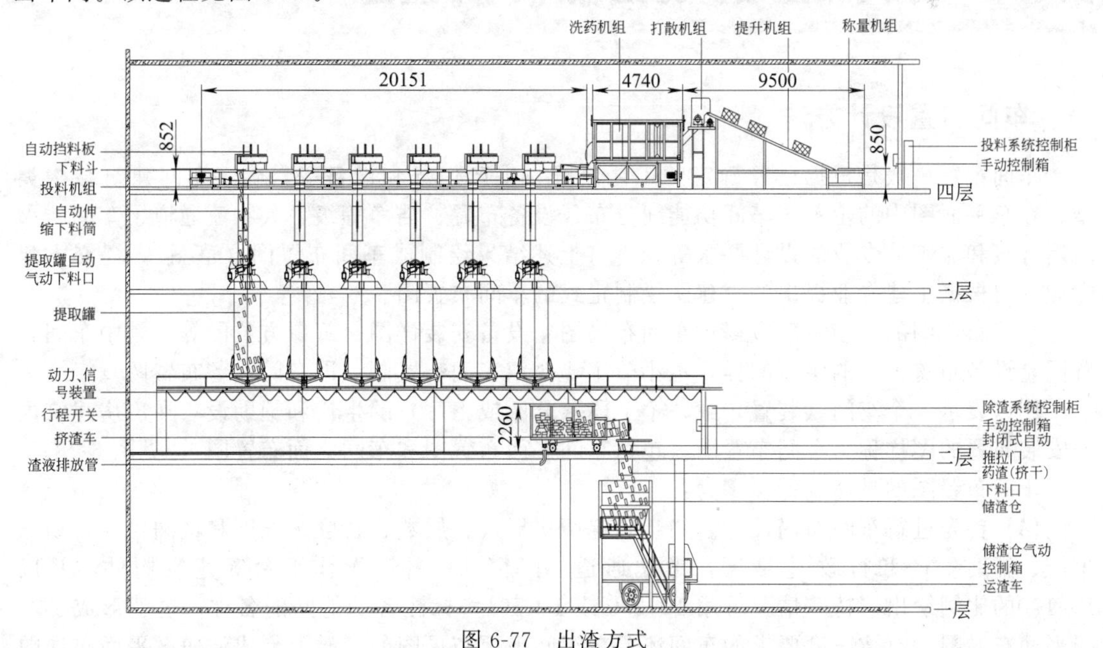

图6-77　出渣方式

④ 提取　提取罐一般成排布局，每排提取罐设置一套出渣装置，出渣的时间影响到整个提取流程的周期。出渣小车从定位于一个提取罐下方开始出渣，到完成出渣定位于下一台提取罐下方，即为一个出渣周期，一个出渣周期宜控制在15min左右。建议10个左右的提取罐布置一套出渣装置较为合适，一般不超过12个。以12个提取罐连续出渣为例，需3h才能将渣出完，如每天每台提取罐多次投料的话，第一台投料罐与最后一台时间上将相差3h。超过12台，将难以安排出渣操作时间，给生产管理带来困难。

大规模中药提取生产将成排布置多台提取罐，排与排之间的间距需考虑出渣轨道与出渣小车运行的安全距离，每排提取罐之间的间距在3500mm左右为宜，以利于出渣车安全错车。

常用的提取罐一般为$3m^3$或$6m^3$，一般要求提取罐出渣门打开后，门的最下端距地面高度不小于2.3m。应将相同规格的提取罐成排布局，渣车规格相同，布局也比较美观。不同规格的提取罐也可以布置成一排，但距楼面的高度会不同，这时渣车应能满足大罐卸渣容量的要求，同时应加高挡板，以适应小罐出渣口较高的要求。

目前出渣小车为有轨小车，由于技术和投资的限制，目前还鲜有无轨出渣小车用于生产。很多出渣装置设置于甲类防爆生产区内，要注意小车车轮与轨道之间的防静电处理，金属的车轮与金属的轨道之间会产生静电火花，要避免使用，可使用塑胶轮。

⑤ 收膏　是一个非密闭的过程。收膏过程一般设置在洁净区内。洁净区的洁净级别与其制剂配制操作区的洁净度级别一致。

由于一般收膏的浓度在1.35g/mL左右，物料流动性较差，如果浓缩与收膏分楼层设置，建议收膏的区域与浓缩区域正对，让出料管为竖直管道，管道短且便于清洗。如果浓缩与收膏是同层布置，则需要有一墙之隔。由于出膏一般是重力流，需将浓缩器的出膏口抬高至高于收膏桶的高度方可。收膏间可根据品种分隔成不同品种的多个收膏间，考虑清洗的需要，收膏间注意应在适当的位置预留地漏，以方便管道的清洗和场地的清场工作。

收膏间一般较热，需对空调系统提出排风或增大换气次数的要求。

第七节　车间布置设计方法和车间布置图

一、车间布置设计方法

车间布置一般是根据已经确定的工艺流程、生产任务和设备等，确定车间建筑结构类型、在总平面图中的位置、车间功能间分布、设备布置、洁净等级、人物流通道、车间防火防爆等级和非工艺专业的设计要求等，再将上述结果绘制成车间布置图（草图），提交土建专业，再根据土建专业提出的土建图绘制正式的车间布置图。

车间布置图的绘制一般应提供车间布局图、设备安装详图、管口方位图等。其中车间布置图是设备布置设计的主要图样，本小节主要介绍车间布置图（即车间设备布置图）。

用以表示一个车间（装置）或一个工段（分区或工序）的生产和辅助设备在厂房建筑内外安装布置的图样称为车间布置图（包括车间平面布置图和车间立面布置图），见图6-78。

车间布置图的具体设计步骤为：

(1) 首先进行车间布局设计。初步确定厂房形式、层数、宽度、长度和柱网尺寸，划分生产、辅助生产和行政-生活区，考虑通道、门窗、楼梯、操作平台等建筑构件，并以1∶100的比例绘出（特殊情况可用1∶200或1∶50），标注各功能间的名称，这就形成了车间平面布局图。有洁净度要求的车间还要在车间平面布局图的基础上形成洁净区平面布局图

(标出各个功能间的洁净等级)、洁净区人流物流平面走向图、洁净区平面压差分布图。

(2) 进行设备布置设计。在生产区将设备按布置设计原则精心尺寸定位，同时考虑安装和非工艺专业的要求，将设备按其最大的平面投影尺寸，以1∶100的比例绘出（特殊情况可用1∶200或1∶50)，标注设备位号和名称、定位尺寸，这就形成了车间设备平面布置图(一般简称车间平面布置图)。一般至少需考虑两个方案。

(3) 将完成的布置方案提交有关专业征求意见，从各方面进行比较，选择一个最优的方案，再经修正、调整和完善后，绘成布置图，提交土建专业设计建筑图。

(4) 工艺设计人员从土建专业取得建筑图后，再绘制成正式的车间布置图（包括车间平面布置图和车间立面布置图)；有洁净度要求的车间还需绘制正式的洁净区平面布局图、洁净区人流物流平面走向图、洁净区平面压差分布图。

初步设计和施工图设计都要绘制车间布置图，但它们的作用不同，设计深度和表达要求也不完全相同。

二、初步设计车间布置图

(1) 初步设计车间平面布置图　一般每层厂房绘制一张。它表示厂房建筑占地大小，内部分隔情况，以及与设备定位有关的建筑物、构筑物的结构形状和相对位置。具体内容有：

① 厂房建筑平面图，注有厂房边墙及隔墙轮廓线，门及开向，窗和楼梯的位置，柱网间距、编号和尺寸，以及各层相对高度。

② 安装孔洞、地坑、地沟、管沟的位置和尺寸，地坑、地沟的相对标高。

③ 操作台平面示意图，操作台主要尺寸与台面相对标高。

④ 设备外形平面图，设备编号、设备定位尺寸和管口方位。

⑤ 辅助室和生活行政用室的位置、尺寸及室内设备器具等的示意图和尺寸。

(2) 初步设计车间剖面图　是在厂房建筑的适当位置上，垂直剖切后绘出的立面剖视图，表达在高度方向设备布置情况。剖视图内容有：

① 厂房建筑立面图，包括厂房边墙轮廓线，门及楼梯位置（设备后面的门及楼梯不画)，柱间距离和编号，以及各层相对标高，主梁高度等。

② 设备外形尺寸及设备编号。

③ 设备高度定位尺寸。

④ 设备支撑形式。

⑤ 操作台立面示意图和标高。

⑥ 地坑、地沟的位置及深度。

三、初步设计车间布置图的绘制

初步设计车间布置图的绘制步骤一般如下：

(1) 考虑视图配制所需表达车间布置的各种图样。

(2) 选定绘图比例，常用1∶100或1∶200，个别情况也可考虑采用1∶50或其他适合的比例。大的主项分散绘制时，必须采用同一比例。

(3) 确定图纸幅面，一般采用A1幅面，如需绘制在几张图纸上，则规格力求统一，小的主项可用A2幅面，但不宜加宽或加长。为便于读图，在图下方和右方需画出一个参考坐标，即在图纸内框的下边和右边外侧以3mm长的粗线划分若干等份：A1下边为8等份，右边为6等份；A2下边为6等份，右边为4等份。若图幅以短边为横向时，A1下边为6等份，右边为8等份。右边自上向下写1，2，3，4…，下边自右向左写A，B，C…。

(4) 绘制平面图：①画建筑定位轴线；②画与设备安装布置有关的厂房建筑基本结构；

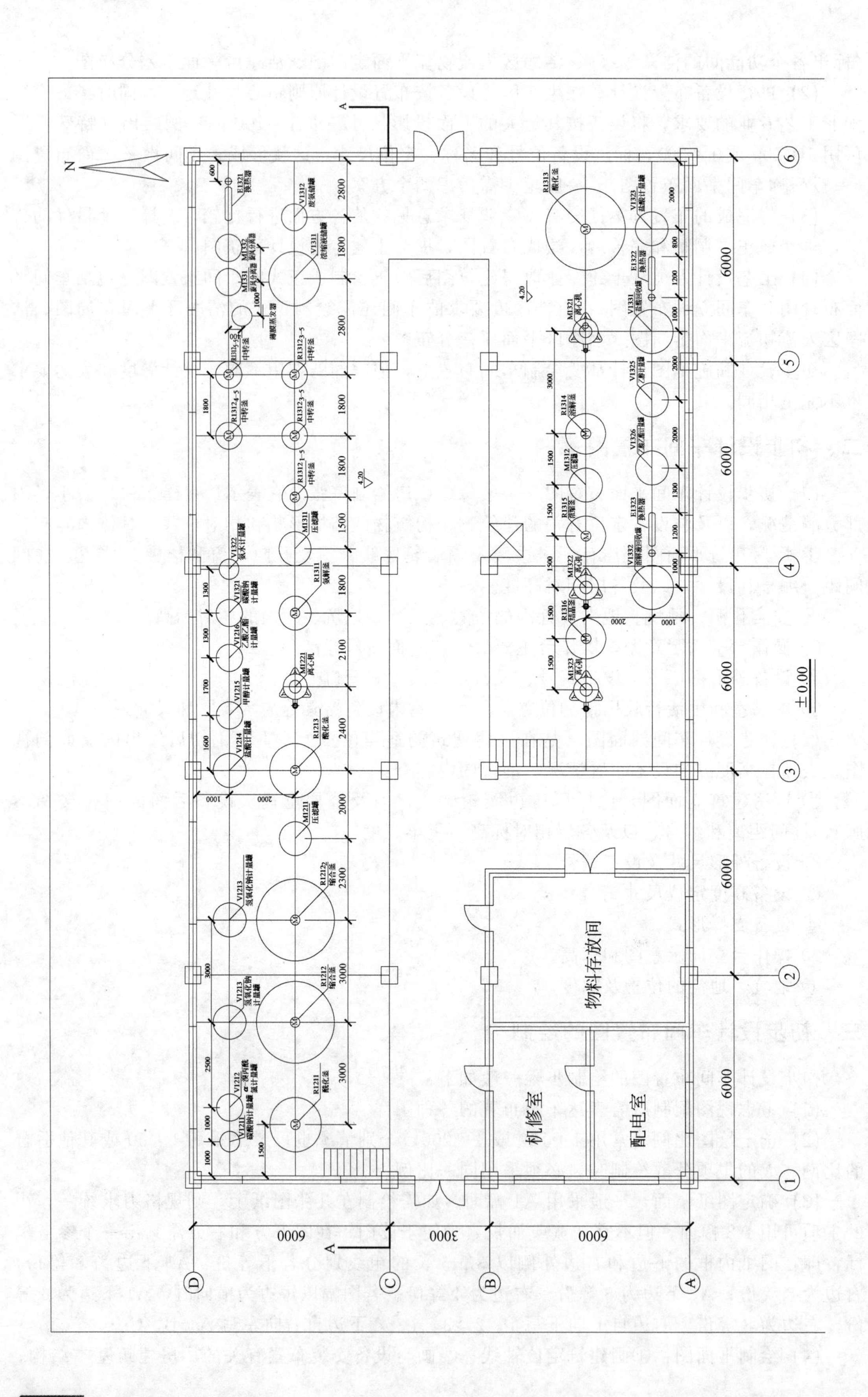
物料存放间
机修室
配电室
±0.00

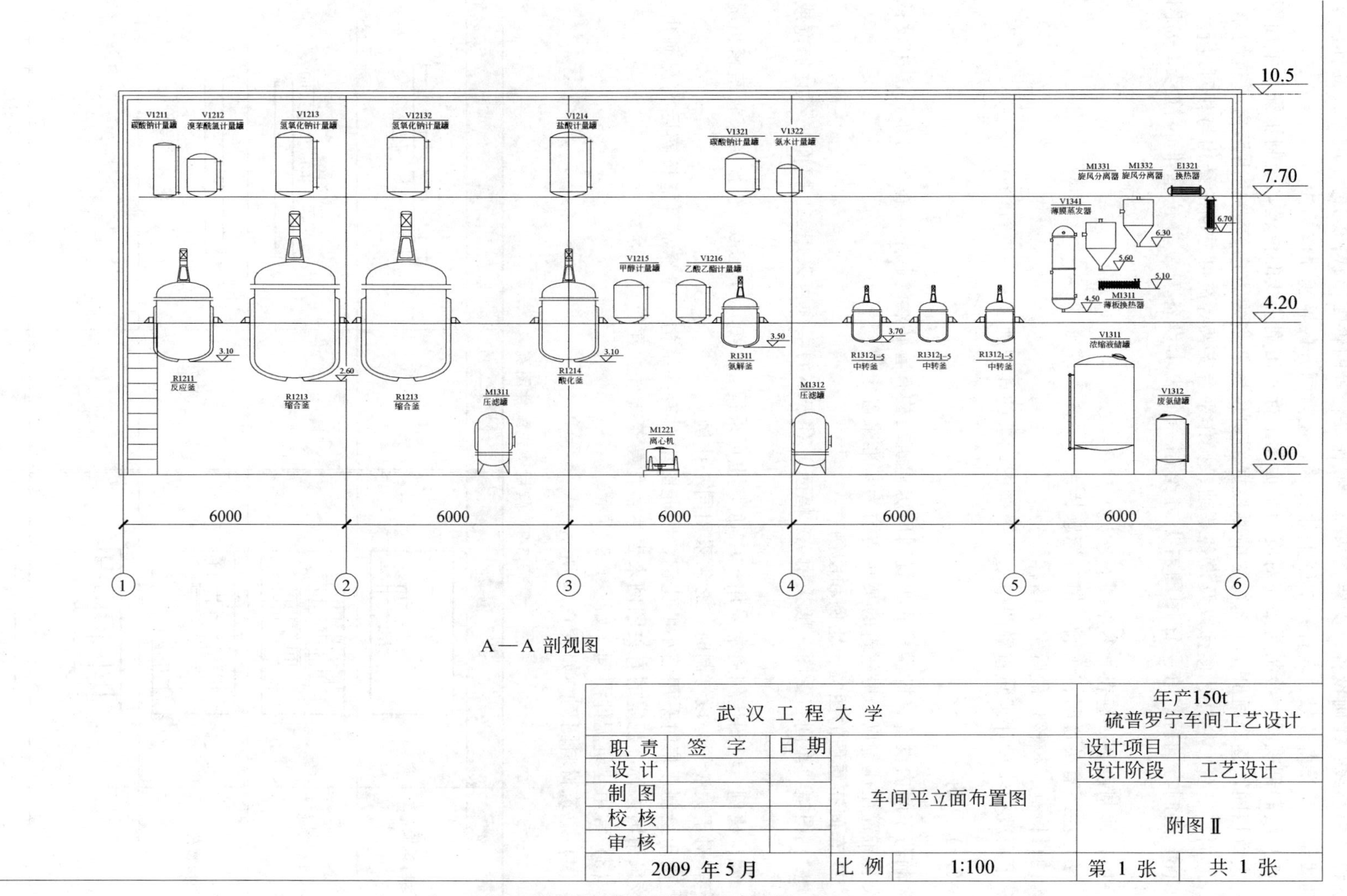

图 6-78 原料药车间平立面布置图

③画设备中心线；④画设备、支架、基础、操作平台等的轮廓形状；⑤标注尺寸；⑥标注定位轴线编号及设备位号、名称；⑦图上如分区，还需画分区界线并作标注。

(5) 绘制剖视图。绘制前要在对应的平面图上标示出剖切线的位置，绘制步骤与平面图绘制大致相同，逐个画出。在剖视图中要根据剖切位置和剖视方向，表达出厂房建筑的墙、柱、地面、平台、栏杆、楼梯以及设备基础、操作平台支架等高度方向的结构与相对位置。

(6) 绘制方向标。在平面图的右上方绘制一个表示设备安装方位基准的符号，如图6-86。

(7) 编制设备一览表（参见图6-87）。

(8) 注写有关说明、图例，填写标题栏。

(9) 检查、校核，最后完成图样。

下面就初步设计车间布置图中的各个构图元素的详细画法一一进行论述。

(一) 厂房

制药车间内设备（机器）的布置同厂房建筑结构有着必然的联系，在车间布置图中设备的安装布置往往是以厂房建筑的某些结构为基准来确定的。

1. 车间布置图的图幅、比例和图例

(1) 图幅　车间布置图一般采用A1幅面，对于小的主项可采用A2幅面，不宜加宽或加长。

(2) 比例　绘图比例通常采用1∶100，也可采用1∶200、1∶50，视设备布置疏密情况而定，对于大装置分段绘制时，必须采用同一比例。

由于绘制厂房时采用缩小的比例，因此图中对有些结构、内容不可能按实际情况画出，应该采用国家标准规定的有关图例来表达各种建筑配件、建筑材料等。

(3) 常用建筑配件图例　如表6-9所示。

(4) 建筑材料图例　如表6-10所示。

表6-9　常用建筑配件图例

名　称	图　例	名　称	图　例
底层楼梯	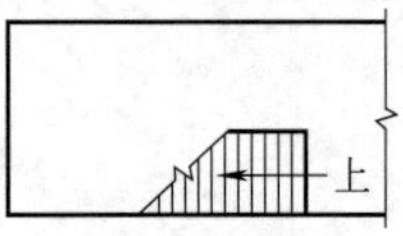 上	入口坡道	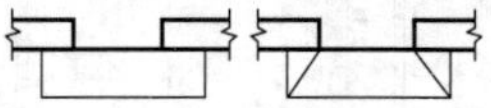
中间层楼梯	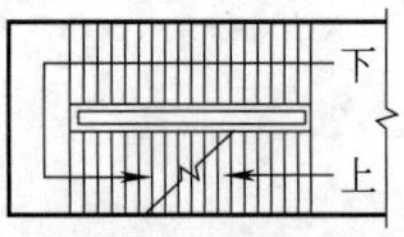 下 上	墙上预留洞口	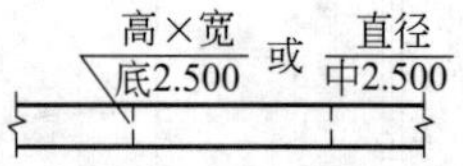 高×宽 / 底2.500　或　直径 / 中2.500
顶层楼梯	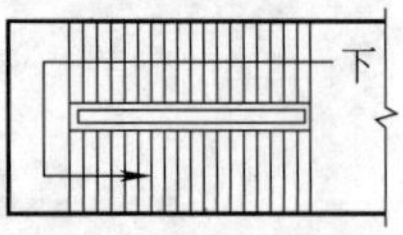 下	墙上预留槽	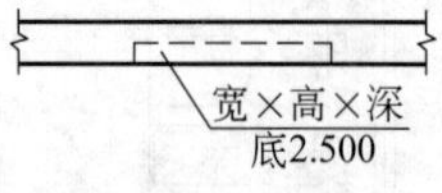 宽×高×深 / 底2.500
厕所间	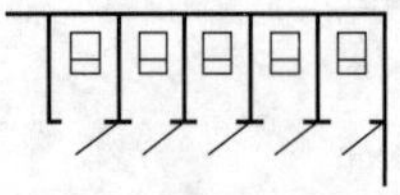	检查孔	
淋浴小间	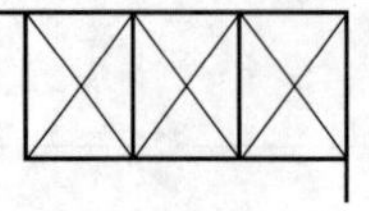	高窗	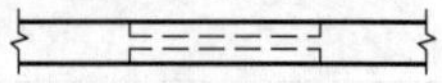

续表

名　称	图　例	名　称	图　例
孔洞		双扇门	
坑槽		对开折门	
烟道		单扇内外开双层门	
通风道		双扇双面弹簧门	
空门洞		单扇双面弹簧门	
单扇门		双扇内外开双层门	

表 6-10　建筑材料图例

图　例	名　称	图　例	名　称	图　例	名　称	图　例	名　称
	自然土壤		毛石		钢筋混凝土		胶合板
	夯实土壤		普通砖		木材		石膏板
	沙、灰土		耐火砖		金属		多孔材料
	混凝土		空心砖		砂砾石碎砖三合土		玻璃
	天然石材		饰面砖		防水材料或人造板		纤维材料或人造板

2. 图示方法

(1) 用细点划线画出承重墙、柱等结构的建筑定位轴线。

(2) 画出厂房形式，车间布置图中应按比例并采用规定的图例画出厂房占地大小、内部分隔情况以及和设备布置有关的建筑物及其构件，如门、窗、墙、柱、楼梯、操作平台、吊轨、栏杆、安装孔洞、管沟、明沟、散水坡等 [厂房基本结构如门、窗、墙、柱、楼梯、操作平台等都采用细实线（常用 0.25mm 或 0.35mm）]。厂房出入口、交通道、楼梯等都需精心安排。一般厂房大门宽度要比通过的设备宽度大 0.2m 以上，比满载的运输设备大

0.6～1.0m，单门宽一般为900mm，双门宽有1200mm、1500mm、1800mm，楼梯坡度45°～60°，主楼梯45°的较多。砖墙宽240mm，彩板宽一般为50mm。

(3) 与设备安装定位关系不大的门、窗等构件，一般只在设备平面布置图上画出它们的位置及门的开启方向等，在剖视图上则不予表示。

(4) 车间布置图中，对于生活室和专业用房间如配电室、控制室等均应画出，但只以文字标注房间名称。

3. 尺寸标注

车间布置图的标注包括厂房建筑定位轴线的编号，建筑物及其构件的尺寸、设备的位号、名称、定位尺寸及其他说明等。

厂房建筑及其构件应标注如下尺寸：①厂房建筑物的长度、宽度总尺寸；②厂房柱、墙定位轴线的间距尺寸；③为设备安装预留的孔、洞以及沟、坑等定位尺寸；④地面、楼板、平台、屋面的主要高度尺寸及其他与设备安装定位有关的建筑结构件的高度尺寸。

(1) 尺寸标注形式　如图6-79所示。

(2) 定位轴线　如图6-79所示，把房屋的墙、柱等承重构件的轴线用细点划线画出，并进行编号，称为定位轴线。定位轴线用以确定房屋主要承重构件的位置，房屋的柱距与跨度，便于施工时定位放线及查阅图纸。定位轴线编号方法：自西向东方向，自左至右用阿拉伯数字1，2，3…依次编号，称横向定位轴线。由南向北方向，自下而上用英文字母A，B，C…依次编号，称纵向定位轴线，其中I，O，Z三个字母不可编号，以免与数字1，0，2混淆。定位轴线编号中小圆的直径为8mm，用细实线画出，通常把横向定位轴线标注在图形的下方，纵向定位轴线标注在图形的左侧（当房屋不对称时，右侧也需标注）。在剖面图上一般只画出建筑物最外侧的墙、柱的定位轴线及编号。

(3) 厂房平面的尺寸标注　由于厂房总体尺寸数值大，精度要求不高，所以尺寸允许注成封闭链形。同时为施工方便，还需标注必要的重复尺寸，在绘制厂房时，通常沿长、宽两个方向分别标注两道尺寸，如图6-79所示。

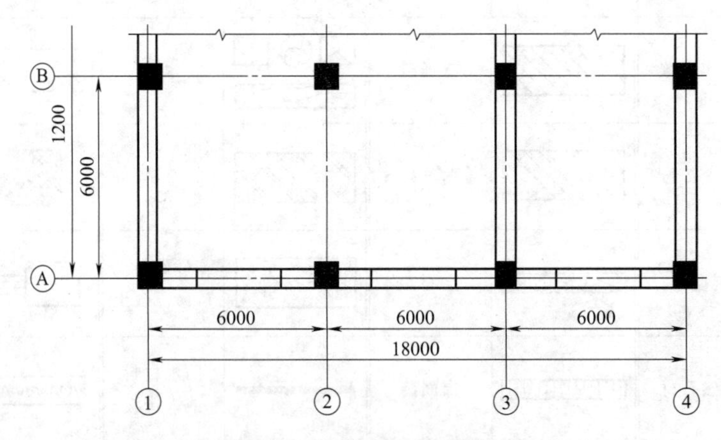

图6-79　厂房平面的尺寸标注

第一道尺寸为外包尺寸，表示房屋的总长，如图6-79中的18000；第二道尺寸为轴线尺寸，表示墙、柱定位轴线之间的距离，如6000。建筑平面图中所有尺寸单位均为mm。

(4) 厂房立面的尺寸标注　对楼板、梁、屋面、门、窗等配件的高度位置，以标高形式来标注，其标注形式如图6-80所示。标高的单位为m，在图中不必注明单位。数字注到小数点以后第三位。通常以底层室内地面为零点标高，零点标高以上为正值，数字前可省略符号“+”，零点以下为负值，数字前必须加符号“-”。

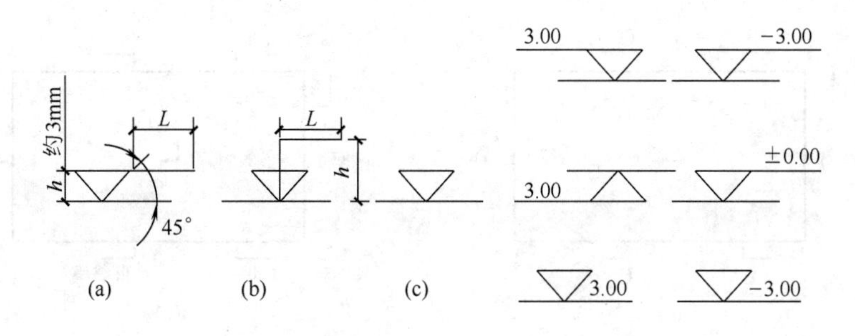

图 6-80　厂房立面的尺寸标注

（二）设备

1. 设备的视图

车间布置图中的视图通常包括一组平面图和立面剖视图。

(1) 平面图　设备是车间布置图中主要表达的内容，因此图中的设备都应以粗实线（常用0.5mm或0.7mm）按比例画出其外形。被遮盖的设备轮廓一般不画。位于室外面又与厂房不连接的设备一般只在底层平面图上予以表示。穿过楼层的设备，每层平面图上均需画出设备的平面位置。车间布置图一般只绘平面图，只有当平面图表示不清楚时，才绘立面图或局部剖视图。平面图一般是每层厂房绘制一个，多层厂房按楼层或大的操作平台分层绘制，如有局部操作台时，则在该平面图上可以只画操作台下的设备，对局部操作台及其上面设备另画局部平面图，如不影响图面清晰，也可重叠绘制，操作台下的设备用虚线画出。

平面图可以绘制在一张图纸上，也可绘在不同的图纸上。在同一张图纸上绘制几层平面图时，应从最底层0.000平面开始画起，由下而上、由左到右排列，在平面图的下方相应用标高注明平面图名称（见图6-81）。

(2) 剖视图　对于比较复杂的装置，为表达在高度方向设备安装布置的情况，则采用立面剖视图。剖视图应完整、清楚地反映设备与厂房高度方向的关系。在充分表达的前提下，剖视图的数量应尽可能少。

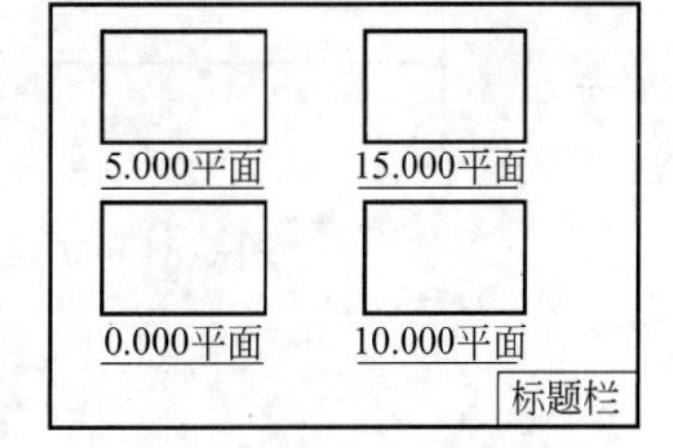

图 6-81　多层平面图的布置

① 用细实线画出厂房剖视图。与设备安装定位关系不大的门窗等构件和表示墙体材料的图例，在剖视图上则一概不予表示。注写厂房定位轴线编号。

② 用粗实线按比例画出带管口的设备立面示意图，被遮挡的设备轮廓一般不予画出，并加注位号及名称（应与工艺流程图中一致）。

③ 标注厂房定位轴线间的尺寸；标注厂房室内外地面标高；标注厂房各层标高；标注设备基础标高；必要时，标注主要管口中心线、设备最高点等标高。

剖视图中，规定设备按不剖绘制，其剖切位置及投影方向应按《机械制图》国家标准或《建筑制图》国家标准在平面图上标注清楚，如图6-82所示。当剖视图与各平面图均有联系时，其剖切位置在各层平面图上都应标记，如图6-82中的A—A剖视图。

剖视图与平面图可以画在同一图纸上，也可以单独绘制。如画在同一张图上时，则按剖视顺序，从左至右、由下而上顺序排列。剖视图下方应注明相应的剖视名称，如“I—I（剖视）”等（见图6-83）。剖切位置需要转折时，一般以一次旋转剖为限。

2. 设备的标注

除标注厂房尺寸外，设备也应标注尺寸。车间布置图中一般不注出设备定形尺寸，而只注定

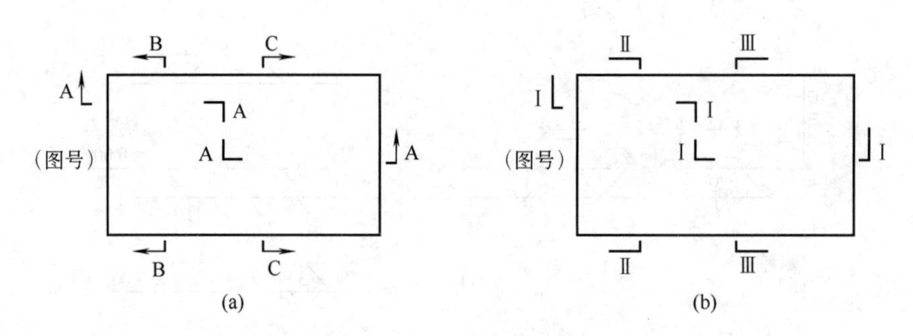

图 6-82　平面图上剖切位置及投影方向的标注方法

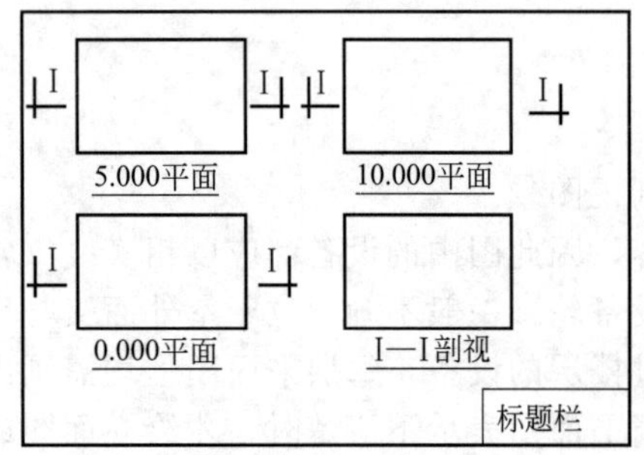

图 6-83　剖视图和平面图的对应

位尺寸。

(1) 平面定位尺寸　设备在平面图上的定位尺寸一般应以建筑定位轴线为基准。

① 立式设备　标注设备中心线到柱中心线间的距离。当某一设备已采用建筑定位轴线为基准标注定位尺寸后，邻近设备可依次用已标出定位尺寸的设备的中心线为基准来标注定位尺寸。

② 卧式设备　标注设备中心线、固定端支座或管口中心线到柱中心线间的距离（见图 6-84）。

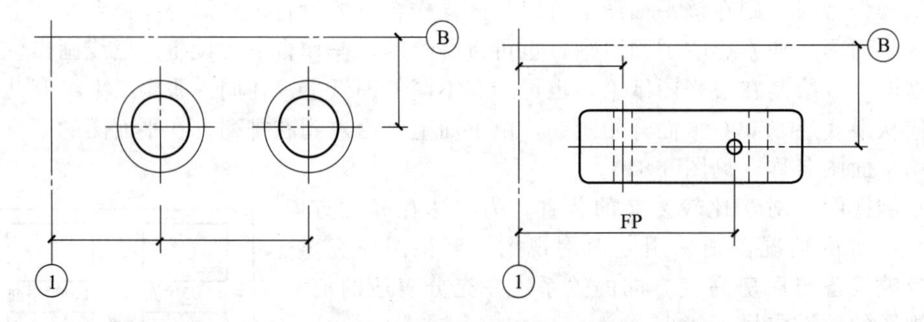

图 6-84　立式设备（左图）和卧式设备（右图）的平面定位尺寸

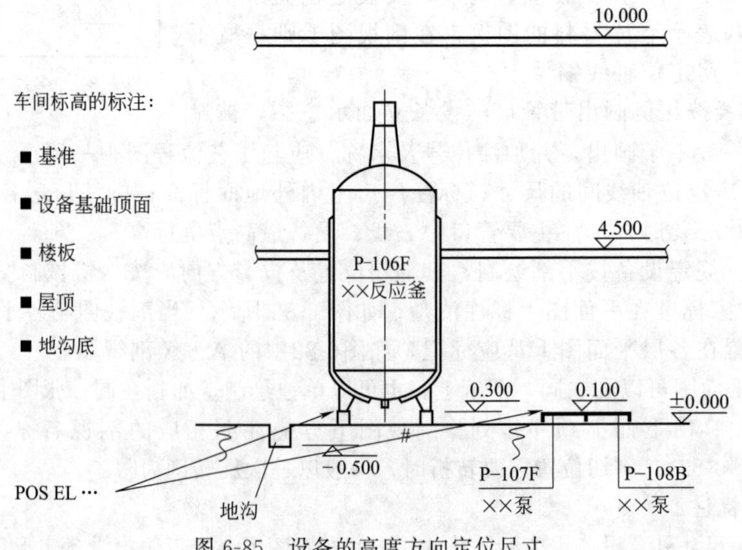

图 6-85　设备的高度方向定位尺寸

(2) 高度方向定位尺寸　一般选用主厂房地面为基准（±0.000 或 EL100.000）。

① 立式设备　标注设备的基础面（即承重的支撑点）的标高（POS EL×××.×××）。

② 卧式设备　标注设备中心线的标高（CL EL×××.×××）。

必要时也可标注设备的支架、挂架、吊架、法兰面或主要管口中心线、设备最高点（塔器）等的标高（见图 6-85）。如精馏塔可标注基础的标高和最高点标高。

(3) 名称及位号的标注　车间布置图中所有设备，均需标出名称与位号，名称和位号应与工艺管道及仪表流程图一致。设备名称和位号在平面图和剖视图上都需标注，一般标注在相应图形的上方或下方，如图 6-78 所示。也有的只标位号不标名称。

(4) 安装方位标　安装方位标是确定设备安装方位的基准，一般将方位标符号画在图纸的右上角，以粗实线画出直径为 24mm 的圆和水平、垂直两轴线，并分别注以 0°、90°、180°、270°等字样。通常以北向或接近北向的建筑轴线为零度方位基准（即所谓建筑北向），并注以“N”字样，如图 6-86 所示。

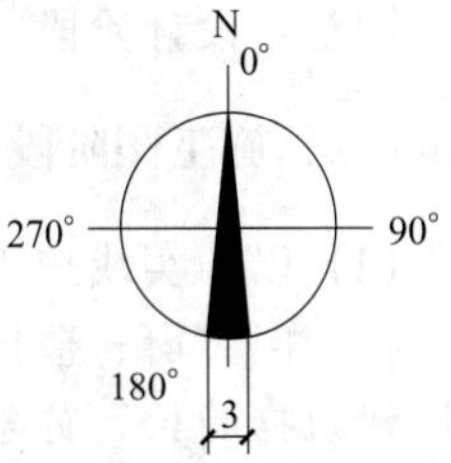

N
0°
270°
90°
180°
3

图 6-86　安装方位标

(5) 设备一览表及标题栏　车间布置图中应将设备的位号、名称、技术规格及图号（或标准号）等在标题栏上方列表说明，也可单独制表在设计文件中附出，此时设备应按定型、非定型分类编制，如图 6-87 所示。

标题栏的格式与设备图一致。在图名栏内，应分行填写，上行×××车间布置图，下行 EL×××平面，或×—×剖视。

4	1104	输送泵	2WG-251	不锈钢	5			直径:1000
3	1103	浓配罐	DH400	不锈钢	1			
2	1102	通风橱	TF-1200B	不锈钢	2			1200×7500×2400
1	1101	电子称	称量范围:10kg	不锈钢	2			
序号	设备位号	设备名称	型号/规格	材料	数量(台)	设备图号	安装图号	外形尺寸

项目经理 P M/d.		工程号 File No				
专业负责人 D C/d.						
设计/日期 Design/d.	2011/11/28	设计阶段 D P	冻干制剂车间			
校核/日期 Check/d.	2011/11/29	初步设计				
审核/日期 Audit/d.	2011/12/3	版次 Edit	工艺设备布置平面图			
审定/日期 Approve/d.	2011/12/4	3	图纸比例 Scale	1:100	图号 Draw.No	
武汉工程大学 Wuhan Institute Of Technology						

H

11　　12

图 6-87　设备一览表及标题栏

四、施工图阶段车间布置图

初步设计阶段布置设计经审批后即可进入施工图阶段设备布置设计。本阶段的设计内容和强度较之初步设计阶段更加明确、完整和具体，它必须满足设备安装定位所需的全部条件。

（一）施工图阶段车间布置图的内容

本阶段车间布置图的内容同初步设计阶段车间布置图的内容。

1. 图纸部分

(1) 同初步设计阶段一样，要在平、剖面图上表示出厂房的墙、窗、门、柱、楼梯、通道、坑、沟及操作台等位置。

(2) 表示出厂房建筑物的长、宽总尺寸及柱、墙定位轴线间的尺寸。

(3) 表示出所有固定位置的全部设备（加上编号和名称）及其轴线和定位尺寸。

(4) 表示出全部设备的基础或支承结构的高度。

(5) 表示出全部吊轨及安装孔。

2. 设备一览表

同初步设计阶段。

3. 方位标

同初步设计阶段。

（二）施工图阶段车间布置图的绘制

(1) 以细实线按 1∶100、1∶200（有时也采用 1∶300、1∶400）比例画出厂房的墙、梁、柱、门、窗、楼板、平台、栏杆、屋面、地面、孔、洞、沟、坑等全部建筑线，并标注厂房建筑物的长、宽总尺寸。

(2) 标注柱网编号及柱、墙定位轴线的间距尺寸。

(3) 标注每层平面高度。

(4) 采取同样比例，以粗实线绘制设备的外形及主要特征（如搅拌、夹套、蛇管等），并绘出主要物料管口方位及其代号，标注设备编号及名称。对多台相同的设备，可只对其中的一台设备详细绘制，其他可简明表示。

(5) 尺寸的标注。

① 基准　以设备中心线或设备外轮廓为基准线，建筑物、构筑物以轴线为基准线，标高以室内地坪为基准线。

② 标准设备平面位置（纵横坐标）　定位尺寸以建筑定位轴线为基准，注出其与设备中心线或设备支座中心线的距离。悬挂于墙上或柱上的设备，应以墙的内壁或外壁、柱的边为基准，标注定位尺寸。

③ 标注设备立面标高　定位尺寸一般可以用设备中心线、机泵的轴线、设备的基础面、支架、挂耳、法兰面等相对于室内地坪（±0.00）的标高来表示。

④ 穿过多层楼面设备的基准　当设备穿过多层楼面时，各层都应以同一建筑轴线为基准线。

(6) 方向标志。在平面图上，应用指北针表示出方位，指北针统一画在左上角。绘制时，尽量选取指北针向上 180°内的方位。

习　　题

6-1　车间布置设计的内容包括哪些？

6-2　在进行设备布置应注意哪些问题？

6-3　哪些产品的生产可以采用多功能车间的形式进行？

6-4　车间布置图的内容包括哪些？

6-5　初步设计车间平面布置图的具体内容是什么？

6-6　无菌产品的人员净化程序和非无菌产品的有何异同？

6-7　EHS 规范指什么？

6-8　给出下列英文缩写的英文全称和中文意思：GMP、cGMP、API、PID、PFD。

6-9　试画出一种无菌原料药的工艺流程框图。

6-10　冻干粉针剂车间物料输送的方式更新很快，试给出原料药、胶塞、西林瓶、铝盖的转运方式。

第七章 管道设计

第一节 概述

一、管道设计的作用和目的

管道在制药车间起着输送物料及公用工程介质的重要作用，是制药生产中联系全局的重要部分。药厂管道犹如人体内的血管，规格多，数量大，在整个工程投资中占有重要比例。因此，正确的管道设计（piping layout）和安装，对减少工厂基本建设投资以及维持日后的正常操作及维护有着十分重要的意义。

二、管道设计的条件

在进行管道设计时，除建构筑物平、立面图外，应具有如下基础资料：①工艺管道及仪表流程图；②设备布置图；③设备施工图（或工程图）；④设备表及设备规格书；⑤管道界区接点条件表；⑥管道材料等级规定、配管材料数据库；⑦有关专业设计条件。

三、管道设计的内容

在初步设计阶段，设计带控制点工艺流程图时，首先要选择和确定管道、管件及阀件的规格和材料，并估算管道设计的投资；在施工图设计阶段，还需确定管沟的断面尺寸和位置，管道的支承方式和间距，管道和管件的连接方式，管道的热补偿与保温，管道的平、立面位置，以及施工、安装、验收的基本要求。施工图阶段管道设计的成果是管道平、立面布置图，管道轴测图及其索引，管架图，管道施工说明，管段表，管道综合材料表及管道设计预算。

管道设计的具体内容如下：

(1) 管径的计算和选择　根据物料性质和使用工况，选择各种介质管道的材料；根据物料流量和使用条件，计算管径和管壁厚度，然后根据管道现有的生产情况和供应情况作出决定。

(2) 地沟断面的决定　地沟断面的大小及坡度应按管道的数量、规格和排列方法确定。

(3) 管道的设计　根据工艺流程图，结合设备布置图及设备施工图进行管道的设计，应包含如下内容：

① 各种管道、管件、阀件的材料和规格，管道内介质的名称、介质流动方向用代号或符号表示；标高以地平面为基准面或以所在楼层的楼面为基准面。

② 同一水平面或同一垂直面上有数种管道，不易表达清楚时，应该画出其剖面图。

③ 如有管沟时应画出管沟的截面图。

(4) 提出资料　管道设计应提出的资料包括。

① 将各种断面的地沟尺寸数据提给土建。

② 将车间上水、下水、冷冻盐水、压缩空气和蒸汽等用量及管道管径及要求（如温度、压力等条件）提给公用系统。

③ 管道管架条件（管道布置、载荷、水平推力、管架形式及尺寸等）提给土建。

④ 设备管口修改条件返给设备布置。

⑤ 如甲方要求还需提供管道投资预算。

(5) 编写施工说明　施工说明是对图纸内容的补充，图纸内容只能表达一些表面的尺寸要求，对其他的要求无法表达，所以需要以说明的形式对图纸进行补充，以满足工程设计要求。施工说明应包含设计范围，施工、检验、验收的要求及注意事项，例如焊接要求、热处理要求、探伤检验要求、试压要求、静电接地要求、各种介质的管道及附件的材料、各种管道的安装坡度，保温刷漆要求等问题。

第二节　管道、阀门和管件及其选择

一、管道

(一) 管道的标准化

管道材料的材质、制造标准、检验验收要求、规格等种类都很多，同种规格管道由于使用温度、压力不同，壁厚也都不一样。为方便采购和施工，应尽量减少种类，尽量使用市场上已有品种和规格以降低采购成本，降低安装及检验成本，减少备品备件的数量，方便使用过程的维护和改造。

1. 公称压力

制药化工产品种类繁多，即使是同一种产品，由于工艺方法的差异，对管道温度、压力和材料的要求都不相同。在不同温度下，同一种材料的管道所能承受的压力不一样。为了实现管道材料的标准化，需要统一压力的数值，减少压力等级的数量，以利于管件、阀门等管道组成件的选型。公称压力是管道、管件和阀门在规定温度下的最大许用工作压力（表压，温度范围 0～120℃），由 PN 和无量纲数组成，代表管道组成件的压力等级。管道系统中每个管道组成件的设计压力，应不小于在操作中可能遇到的最苛刻的压力温度组合工况的压力。

2. 公称直径

公称直径又称公称通径，它代表管道组成件的规格，一般由 DN 和无量纲数组成。这个数值与端部连接件的孔径或外径（用 mm 表示）等特征尺寸直接相关。不同规范的表达方式可能不同，所以也可使用其他标识尺寸方法，例如螺纹、压配、承插焊或对接焊的管道元件，可用 NPS（公称管道尺寸）、OD（外径）、ID（内径）或 G（管螺纹尺寸标记）等标识的管道元件。同一公称直径的管道或管件，采用的标准确定后，其外径或内径即可确定，但管壁厚可根据压力计算确定选取。管件和阀件的标准则规定了各种管件和阀件的外廓尺寸和装配尺寸。

(二) 管径的计算和确定

管径的选择是管道设计中的一项重要内容，除了安全因素外，管径的大小决定管道系统的建设投资和运行费用，管道投资费用与动力系统的消耗费用有着直接的联系。管径越大，建设投资费用越大，但动力消耗费用可降低，运行费用就小。

1. 管道流速的确定

流量确定的情况下，管道流速就成了确定管径的决定因素，一般应考虑的因素为：

(1) 工艺要求　对于需要精确控制流量的管道，还必须满足流量精确控制的要求。

(2) 压力降要求　管道的压力降必须小于该管道的允许压力降。

(3) 经济因素　流速应满足经济性要求。

(4) 管壁磨损限制　流速过高会引起管道冲蚀和磨损的现象，部分腐蚀介质的最大流速见表 7-1。

表 7-1　部分腐蚀介质的最大流速

介质名称	最大流速/(m/s)	介质名称	最大流速/(m/s)
氯气	25.0	碱液	1.2
二氧化硫气	20.0	盐水和弱碱液	1.8
氨气 $p\leqslant 0.7\text{MPa}$	20.2	酚水	0.9
$0.7\text{MPa}<p\leqslant 2.1\text{MPa}$	8.0	液氨	1.5
浓硫酸	1.2	液氯	1.5

流速的选取应综合考虑各种因素。一般说来，对于密度大的流体，流速值应取得小些，如液体的流速就比气体小得多；对于黏度较小的液体，可选用较大的流速，而对于黏度大的液体，如油类、浓酸、浓碱液等，则所取流速就应比水及稀溶液低；对含有固体杂质的流体，流速不宜太低；否则固体杂质在输送时，容易沉积在管内。在保证安全和工艺要求的前提下，尽量考虑经济性。常用介质的流速选取见表 7-2 的推荐值。

表 7-2　常用介质流速的推荐值

介质名称	流速/(m/s)	介质名称	流速/(m/s)
饱和蒸汽　主管	30～40	压缩气体　0.1～0.2MPa(A)	8.0～12
饱和蒸汽　支管	20～30	压缩气体　0.2～0.6MPa(A)	10～20
低压蒸汽　＜1.0MPa	15～20	压缩气体　0.6～1.0MPa(A)	10～15
中压蒸汽　1.0～4.0MPa	20～40	压缩气体　1.0～2.0MPa(A)	8.0～10
高压蒸汽　4.0～12.0MPa	40～60	压缩气体　2.0～3.0MPa(A)	3.0～6.0
过热蒸汽　主管	40～60	压缩气体　3.01～25.0MPa(A)	0.5～3.0
过热蒸汽　支管	35～40	煤气	2.5～15
一般气体　常压	10～20	煤气　初压 200mmH_2O	0.75～3.0
高压乏气	80～100	煤气　初压 6000mmH_2O	3.0～12
蒸汽　加热蛇管入口管	30～40	半水煤气　0.01～0.15MPa(A)	10～15
氧气　0～0.05MPa	5.0～8.0	烟道气　烟道内	3.0～6.0
氧气　0.05～0.6MPa	6.0～8.0	烟道气　管道内	3.0～4.0
氧气　0.6～1.0MPa	4.0～6.0	氯化甲烷　气体	20
氧气　1.0～2.0MPa	4.0～5.0	氯化甲烷　液体	2
氧气　2.0～3.0MPa	3.0～4.0	二氯乙烯	2
车间换气通风　主管	4.0～15	三氯乙烯	
车间换气通风　支管	2.0～8.0	乙二醇	2
风管距风机　最远处	1.0～4.0	苯乙烯	2
风管距风机　最近处	8.0～12	二溴乙烯　玻璃管	1
压缩空气　0.1～0.2MPa	10～15	自来水　主管 0.3MPa	1.5～3.5
压缩气体　真空	5.0～10	自来水　支管 0.3MPa	1.0～1.5

续表

介质名称	流速/(m/s)	介质名称	流速/(m/s)
工业供水　<0.8MPa	1.5～3.5	PN<0.01MPa 低压乙炔	<15
压力回水	0.5～2.0	PN=0.01～0.15MPa 中压乙炔	<8
水和碱液　<0.6MPa	1.5～2.5	PN>0.15MPa 高压乙炔	≤4
自流回水　有黏性	0.2～0.5	氨气　真空	15～25
离心泵　吸入口	1～2	氨气　0.1～0.2MPa	8～15
离心泵　排出口	1.5～2.5	氨气　0.35MPa	10～20
往复式真空泵　吸入口	13～16	氨气　<0.06MPa	10～20
	最大 25～30	氨气　<1.0～2.0MPa	3.0～8.0
油封式真空泵　吸入口	10～13	氮气　5.0～10.0MPa	2～5
空气压缩机　吸入口	<10～15	变换气　0.1～1.5MPa	10～15
空气压缩机　排出口	15～20	真空管	<10
通风机　吸入口	10～15	真空度 650～700mmHg 管道	80～130
通风机　排出口	15～20	废气　低压	20～30
旋风分离器　入气	15～25	废气　高压	80～100
旋风分离器　出气	4.0～15	化工设备排气管	20～25
结晶母液　泵前速度	2.5～3.5	氢气	≤8.0
结晶母液　泵后速度	3～4	氮　气体	10～25
齿轮泵　吸入口	<1.0	氮　液体	1.5
齿轮泵　排出口	1.0～2.0	氯仿　气体	10
黏度和水相仿的液体	取与水相同	氯仿　液体	2
自流回水和碱液	0.7～1.2	氯化氢　气体(钢衬胶管)	20
锅炉给水　>0.8MPa	>3.0	氯化氢　液体(橡胶管)	1.5
蒸汽冷凝水	0.5～1.5	溴　气体(玻璃管)	10
凝结水(自流)	0.2～0.5	溴　液体(玻璃管)	1.2
气压冷凝器排水	1.0～1.5	硫酸　88%～93%(铅管)	1.2
油及黏度大的液体	0.5～2	硫酸　93%～100%(铸铁管、钢管)	1.2
黏度较大的液体(盐类溶液)	0.5～1	盐酸　(衬胶管)	1.5
液氨　真空	0.05～0.3	往复泵(水类液体)　吸入口	0.7～1.0
液氨　<0.6MPa	0.3～0.5	往复泵(水类液体)　排出口	1.0～2.0
液氨　<1.0MPa,2.0MPa	0.5～1.0	黏度 50cP 液体(ϕ25 以下)	0.5～0.9
盐水	1.0～2.0	黏度 50cP 液体(ϕ25～50)	0.7～1.0
制冷设备中盐水	0.6～0.8	黏度 50cP 液体(ϕ50～100)	1～1.6
过热水	2	黏度 100cP 液体(ϕ25 以下)	0.3～0.6
海水,微碱水　<0.6MPa	1.5～2.5	黏度 100cP 液体(ϕ25～50)	0.5～0.7
氢氧化钠　0～30%	2	黏度 100cP 液体(ϕ50～100)	0.7～1.0
氢氧化钠　30%～50%	1.5	黏度 1000cP 液体(ϕ25 以下)	0.1～0.2
氢氧化钠　50%～73%	1.2	黏度 1000cP 液体(ϕ25～50)	0.16～0.25
四氯化碳	2	黏度 1000cP 液体(ϕ50～100)	0.25～0.35
工业烟囱(自然通风)	2.0～3.0	黏度 1000cP 液体(ϕ100～200)	0.35～0.55
	实际 3～4	易燃易爆液体	<1
石灰窑窑气管	10～12		

注：1. 以上主支管长 50～100m。

2. 1cP=10^{-3}Pa·s。

2. 管径计算

流体的管径是根据流量和流速确定的。根据流体在管内的速度，可用下式求取管径：

$$d=1.128\sqrt{\frac{V_s}{u}} \tag{7-1}$$

式中，d 为管道直径，m（或管道内径，mm）；V_s 为管内介质的体积流量，m^3/s；u 为流体的流速，m/s。

管道的管径还应该符合相应管道标准的规格数据，常用公称直径的管道外径见表 7-3。

表 7-3 常用公称直径的管道外径

公称直径(*DN*)		无缝管		焊接管
mm	in①	英制管外径/mm	公制管外径/mm	英制管外径/mm
15	1/2	22	18	21.3
20	3/4	27	25	26.9
25	1	34	32	33.7
32	1¼	42	38	42.4
40	1½	48	45	48.3
50	2	60	57	60.3
65	2½	76	76	76.1
80	3	89	89	88.9
100	4	114	108	114.3
125	5	140	133	139.7
150	6	168	159	168.3
200	8	219	219	219.1
250	10	273	273	273
300	12	324	325	323.9
350	14	356	377	355.6
400	16	406	426	406.4
450	18	457	480	457
500	20	508	530	508

① 1in＝2.54cm。

（三）管壁厚度

管道的壁厚有多种表示方法，管道材料所用的标准不同，其所用的壁厚表示方法也不同。一般情况下管道壁厚有以下两种表示方法：

1. 以钢管壁厚尺寸表示

中国、国际标准化组织 ISO 和日本部分钢管标准采用壁厚尺寸表示钢管壁厚系列。大部分国标管材都用厚度表示。

2. 以管道表号表示

这是 1938 年美国国家标准协会 ANSIB36.10（焊接和无缝钢管）标准所规定的，属国际通用壁厚系列，它在一定程度上反映了钢管的承压能力。中国石化总公司标准 SHJ405 规定无缝钢管的壁厚系列也采用此种方法。

管道表号（Sch.）是管道设计压力与设计温度下材料许用应力的比值乘以 1000，并经圆整后的数值。即：

$$\mathrm{Sch.}=\frac{p}{[\sigma]^{t}}\times 1000 \tag{7-2}$$

式中，p 为设计压力，MPa；$[\sigma]^{t}$ 为设计温度下材料许用应力，MPa。

管径确定后，应该根据流体特性、压力、温度、材质等因素计算所需要的壁厚，然后根据计算壁厚确定管道的壁厚。工程上为了简化计算，一般根据管径和各种公称压力范围，查阅有关手册（如《化工工艺设计手册》等）可得管壁厚度。常用公称压力下管道壁厚见表7-4～表7-6。

表 7-4　无缝碳钢和合金钢管壁厚　　单位：mm

材料	PN /MPa	DN																			
		10	15	20	25	32	40	50	65	80	100	125	150	200	250	300	350	400	450	500	600
20 12CrMo 15CrMo 12CrMoV	≤1.6	2.5	3	3	3	3	3.5	3.5	4	4	4	4	4.5	5	6	7	7	8	8	8	9
	2.5	2.5	3	3	3	3	3.5	3.5	4	4	4	4	4.5	5	5	7	7	8	8	9	10
	4.0	2.5	3	3	3	3	3.5	3.5	4	4	4.5	5	5.5	7	8	9	10	11	12	13	15
	6.4	3	3	3	3.5	3.5	3.5	4	4.5	5	6	7	8	9	11	12	14	16	17	19	22
	10.0	3	3.5	3.5	4	4.5	4.5	5	6	7	8	9	10	13	15	18	20	22			
	16.0	4	4.5	5	5	6	6	7	8	9	11	13	15	19	24	26	30	24			
	20.0	4	4.5	5	6	5	7	8	9	11	13	15	18	22	28	32	36				
	4.0T	3.5	4	4	4.5	5	5	5.5													
10 Cr5Mo	≤1.6	2.5	3	3	3	3	3.5	3.5	4	4.5	4	4	4.5	5.5	7	7	8	8	8	8	9
	2.5	2.5	3	3	3	3	3.5	3.5	4	4.5	4	5	4.5	5.5	7	7	8	9	9	10	12
	4.0	2.5	3	3	3	3	3.5	3.5	4	4.5	5	5.5	6	8	9	10	11	12	14	15	18
	6.4	3	3	3	3.5	4	4	4.5	5	6	7	8	9	11	13	14	16	18	20	22	26
	10.0	3	3.5	4	4	4.5	5	5.5	7	8	9	10	12	15	18	22	24	26			
	16.0	4	4.5	5	5	6	7	8	9	10	12	15	18	22	28	32	36	40			
	20.0	4	4.5	5	6	7	8	9	11	12	15	18	22	26	34	38					
	4.0T	3.5	4	4	4.5	5	5	5.5													
16Mn 15MnV	≤1.6	2.5	2.5	2.5	3	3	3	3	3.5	3.5	3.5	3.5	4	4.5	5	5.5	6	6	6	6	7
	2.5	2.5	2.5	2.5	3	3	3	3	3.5	3.5	3.5	3.5	4	4.5	5	5.5	6	7	7	8	9
	4.0	2.5	2.5	2.5	3	3	3	3	3.5	3.5	4	4.5	5	6	7	8	8	9	10	11	12
	6.4	2.5	3	3	3	3.5	3.5	3.5	4	4.5	5	6	7	8	9	11	12	13	14	16	18
	10.0	3	3	3.5	3.5	4	4	4.5	5	6	7	8	9	11	13	15	17	19			
	16.0	3.5	3.5	4	4.5	5	5	6	7	8	9	11	12	16	19	22	25	28			
	20.0	3.5	4	4.5	5	5.5	6	7	8	9	11	13	15	19	24	26	30				

注：表中 4.0T 表示外径加工管螺纹的管道，适用于 $PN\leqslant 4.0$ 的阀件连接。

表 7-5　无缝不锈钢管壁厚　　单位：mm

材料	PN /MPa	DN																			
		10	15	20	25	32	40	50	65	80	100	125	150	200	250	300	350	400	450	500	600
0Cr8Ni9 含 Mo 不锈钢	≤1.0	2	2	2	2.5	2.5	2.5	2.5	2.5	2.5	3	3	3.5	3.5	3.5	4	4	4.5			
	1.6	2	2.5	2.5	2.5	2.5	2.5	3	3	3	3	3	3.5	3.5	4	4.5	5	5			
	2.5	2	2.5	2.5	2.5	2.5	2.5	3	3	3	3.5	3.5	4	4.5	5	6	6	7			
	4.0	2	2.5	2.5	2.5	2.5	2.5	3	3	3.5	4	4.5	5	6	7	8	9	10			
	6.4	2.5	2.5	2.5	3	3	3	3.5	4	4.5	5	6	7	8	10	11	13	14			
	4.0T	3	3.5	3.5	4	4	4	4.5													

表 7-6　焊接钢管壁厚　　单位：mm

材料	*PN* /MPa	*DN*															
		200	250	300	350	400	450	500	600	700	800	900	1000	1100	1200	1400	1600
碳钢焊接管（Q235A、20）	0.25	5	5	5	5	5	5	5	6	6	6	6	6	6	7	7	7
	0.6	5	5	6	6	6	6	6	7	7	7	7	8	8	8	9	10
	1.0	5	5	6	6	6	7	7	8	8	9	9	10	11	11	12	
	1.6	6	6	7	7	8	8	9	10	11	12	13	14	15	16		
	2.5	7	8	9	9	10	11	12	13	15	16						
焊接不锈钢管	0.25	3	3	3	3	3.5	3.5	3.5	4	4	4	4.5	4.5				
	0.6	3	3	3.5	3.5	3.5	4	4	4.5	5	5	6	6				
	1.0	3.5	3.5	4	4.5	4.5	5	5.5	6	7	7	8					
	1.6	4	4.5	5	6	6	7	7	8	9	10						
	2.5	5	6	7	8	9	9	10	12	13	15						

（四）管道的选材

制药工业生产用管道、阀门和管件材料的选择原则主要是依据输送介质的浓度、温度、压力、腐蚀情况、压力事故、供应来源和价格等因素综合考虑决定，因此必须高度重视。

管道材料的选用原则：

(1) 满足工艺物料要求　管道材料要满足工艺物料对材质的要求，管道材料不能对工艺物料造成污染。

(2) 材料的使用性能　每种材料都有其温度和压力的适用范围，超过了其适用范围的使用条件都会影响材料的使用性能，导致管道的失效或者安全事故。

(3) 材料的加工工艺性能　管道系统是由管道和管件、阀门等元件组成的，所以材料的工艺性能应该适应加工工艺要求，工艺性能一般为焊接、切削加工、锻轧和铸造性能。管道材料中焊接和切削性能尤其重要，应满足其要求。

(4) 材料的经济性能　经济性是选材的重要因素，包括材料价格和制造、安装价格。

(5) 材料的耐腐蚀性能　管道的材料应该满足耐腐蚀性能，介质对管道的腐蚀速度直接关系到管道的使用寿命，影响管道的安全和经济性。各种材料的耐腐蚀数据可以查阅相关的腐蚀数据手册。管道壁厚计算中的腐蚀裕量的选取与腐蚀速度有关：

$$腐蚀裕量=腐蚀速度\times使用寿命$$

(6) 材料的使用限制　主要从材料的使用要求和安全性方面考虑。不同的材料有不同的使用要求，选择材料时应按照材料的适用范围和特性来选用。常用材料的使用限制如下：

a. 球墨铸铁用于受压管道组成件时，使用温度为－20～350℃，不能用于 GC1 级管道。

b. 灰铸铁管道组成件的使用温度为－10～230℃，设计压力不大于 2.0MPa。

c. 可锻铸铁管道组成件的使用温度为－20～300℃，设计压力不大于 2.0MPa。

d. 灰铸铁和可锻铸铁管道组成件用于可燃介质时，其设计温度不大于 150℃，设计压力不大于 1.0MPa。

e. 灰铸铁和可锻铸铁管道组成件不能用于 GC1 级管道或剧烈循环工况。

f. 碳素结构钢设计压力不大于 1.6MPa，不能用于剧烈循环工况。

g. 用于焊接的碳钢、铬钼合金钢，含碳量不大于 0.30%。

h. 对于 L290 和更高强度等级的高屈强比材料，不宜用于设计温度大于 200℃的高温管道。

i. 低碳（含碳量≤0.08%）非稳定化不锈钢（如 304、316）在非固溶状态下（包括固溶后热加工或焊接）不得用于可能发生晶间腐蚀的环境。

j. 超低碳不锈钢不宜在425℃以上长期使用。

k. 铅、锡等低熔点金属及其合金不能用于输送可燃介质管道。

l. 对于衬里材料，由于衬里和基材的黏结力问题，一般不宜使用在负压状态。

m. 对可燃、易燃的非金属材料管道，应该有适当的防火措施。

（五）常用管材

制药工业常用管道有金属管和非金属管。常用的金属管有铸铁管、硅铁管、焊接钢管、无缝钢管（包括热轧和冷拉无缝钢管）、有色金属管（如铜管、黄铜管、铝管、铅管）、衬里钢管。常用的非金属管有耐酸陶瓷管、玻璃管、硬聚氯乙烯管、软聚氯乙烯管、聚乙烯管、玻璃钢管、有机玻璃管、酚醛塑料管、石棉-酚醛塑料管、橡胶管和衬里管道（如衬橡胶、搪玻璃管等）。

常用管道的类型、选材和用途见表7-7。

表7-7　常用管道的类型、选材和用途

管道类型		适用材料	一般用途	标准号
无缝钢管	中低压用	普通碳素钢、优质碳素钢、低合金钢、合金结构钢	输送对碳钢无腐蚀或腐蚀速度很小的各种流体	GB/T 8163—2018 GB 3087—2008 GB 9948—2013
	高温高压用	20G、15CrMo、12Cr2Mo等	合成氨、尿素、甲醇生产中大量使用	GB/T 5310—2017 GB 6479—2013
	不锈钢	0Cr18Ni9等	液碱、丁醛、丁醇、液氨、硝酸、硝铵溶液的输送	GB/T 14976—2012
焊接钢管	水煤气输送管道	Q235-A		GB/T 3091—2015
	双面埋弧自动焊大直径焊接钢管		适用于输送水、压缩空气、煤气、冷凝水和采暖系统的管路	GB 9711—2011
	螺旋缝电焊钢管	Q235、16Mn等		SY 5036—1983
	不锈钢焊接钢管	0Cr18Ni9等		HG 20537-3.4—1992
食品工业用不锈钢管		0Cr18Ni9等	用于洁净物料的输送	QB/T 2467—2017
金属软管	钎焊不锈钢软管	0Cr18Ni9等	一般用于输送带有腐蚀性气体	
	P2型耐压软管	低碳镀锌钢带	一般用于输送中性的液体、气体及混合物	
	P3型吸尘管	低碳镀锌钢带	一般用于通风、吸尘的管道	
	PM1型耐压管	低碳镀锌钢带	一般用于输送中性液体	
有色金属	铜管和黄铜管	T2、T3、T4、TUP、TU1、TU2、H68、H62	适用于一般工业部门，用作机器和真空设备上的管路及压力小于10MPa的氧气管道	GB/T 1527～1530—2017
	铅及其合金管	纯铅、Pb4、Pb5、Pb6、铅锑合金（硬铅）、PbSb4、PbSb6、PbSb8	适用于化学、染料、制药及其他工业部门作耐酸材料的管道，如输送15%～65%的硫酸、干或湿的二氧化硫、60%的氢氟酸、浓度小于80%的乙酸，铅管的最高使用温度为200℃，但温度高于140℃时，不宜在压力下使用	GB/T 1472—2014
	铝及其合金	L2、L3、工业纯铝	铝管用于输送脂肪酸、硫化氢及二氧化碳，铝管最高使用温度200℃，温度高于160℃时，不宜在压力下使用。铝管还可以用于输送浓硝酸、乙酸、甲酸、硫的化合物及硫酸盐。不能用于盐酸、碱液，特别是含氯离子的化合物。铝管不可用对铝有腐蚀的碳酸镁、含碱玻璃棉保温	GB/T 6893—2010 GB/T 4436—2012

续表

<table>
<tr><th colspan="2">管道类型</th><th>适用材料</th><th>一般用途</th><th>标准号</th></tr>
<tr><td rowspan="2">纤维缠绕玻璃钢管</td><td>承插胶黏直管、对接直管和O形环承插连接直管</td><td>玻璃钢</td><td>一般用在工程压力0.6～1.6MPa、公称直径大于50mm的管道上</td><td rowspan="2">HG/T 21633—1991</td></tr>
<tr><td>玻璃钢管</td><td>玻璃钢</td><td>低压接触成型直管使用压力≤0.6MPa，长丝缠绕直管使用压力≤1.0MPa</td></tr>
<tr><td colspan="2">增强聚丙烯管</td><td>聚丙烯</td><td>具有轻质高强、耐腐蚀性好、致密性好、价格低等特点。使用温度为120℃，使用压力≤1.0MPa</td><td>HG 20539—1992</td></tr>
<tr><td colspan="2">玻璃钢增强聚丙烯复合管</td><td>玻璃钢、聚丙烯</td><td>一般用于公称直径15～400，$PN\leqslant$1.6MPa的管道上</td><td>HG/T 21579—1995</td></tr>
<tr><td colspan="2">玻璃钢增强聚氯乙烯复合管</td><td>玻璃钢、聚氯乙烯</td><td>使用压力≤1.6MPa</td><td>HG/T 21636—1987（规格尺寸）
HG 20520—1992（设计规定）</td></tr>
<tr><td colspan="2">钢衬改性聚丙烯管</td><td>钢、聚丙烯</td><td>使用压力＞1.6MPa</td><td rowspan="3">HG/T 20538—2016</td></tr>
<tr><td colspan="2">钢衬聚四氟乙烯推压管</td><td>钢、聚四氟乙烯</td><td>使用压力＞1.6MPa</td></tr>
<tr><td colspan="2">钢衬高性能聚乙烯管</td><td>钢、聚乙烯</td><td>具有耐腐蚀、耐磨损等特点</td></tr>
<tr><td colspan="2">钢喷涂聚乙烯管</td><td>钢、聚乙烯</td><td>使用压力≤1.6MPa</td><td></td></tr>
<tr><td colspan="2">钢衬橡胶管</td><td>钢、橡胶</td><td>使用压力可＞1.6MPa</td><td>HG 21501—1993</td></tr>
<tr><td colspan="2">钢衬玻璃管</td><td>钢、玻璃</td><td>使用压力可＞1.6MPa</td><td></td></tr>
<tr><td colspan="2">搪玻璃管</td><td>搪、瓷釉</td><td>使用压力＜0.6MPa</td><td>HG/T 2130—2009</td></tr>
<tr><td colspan="2">化工用硬聚氯乙烯管(UPVC)</td><td>聚氯乙烯</td><td>使用压力≤1.6MPa</td><td>GB/T 4219.1—2008</td></tr>
<tr><td colspan="2">ABS管</td><td>ABS</td><td>使用压力≤0.6MPa</td><td></td></tr>
<tr><td colspan="2">耐酸陶瓷管</td><td>陶瓷</td><td>使用压力≤0.6MPa</td><td></td></tr>
<tr><td colspan="2">聚丙烯管</td><td>聚丙烯</td><td>一般用于化工防腐管道上</td><td></td></tr>
<tr><td colspan="2">氟塑料管</td><td>聚四氟乙烯</td><td>耐腐蚀，且耐负压</td><td></td></tr>
<tr><td colspan="2">输水、吸水胶管</td><td>橡胶</td><td>① 夹套输水胶管，输送常温水和一般中性液体，公称压力≤0.7MPa
② 纤维缠绕输水胶管，输送常温水，工作压力≤1.0MPa
③ 吸水胶管，适用于常温水和一般中性液体</td><td>HG/T 2184—2008</td></tr>
<tr><td colspan="2">夹布输气管</td><td>橡胶</td><td>一般适用输送压缩空气和惰性气体用</td><td></td></tr>
<tr><td colspan="2">输油、吸油胶管</td><td>耐油橡胶</td><td>① 夹布吸油胶管，适用于输送40℃以下的汽油、煤油、柴油、机油、润滑油及其他矿物油类。工作压力≤1.0MPa
② 吸油胶管，适用于抽吸40℃以下的汽油、煤油、柴油以及其他矿物油类</td><td></td></tr>
<tr><td colspan="2">输酸、吸酸胶管</td><td>耐酸胶</td><td>① 夹布输稀酸（碱）胶管，适用于输送浓度在40%以下的稀酸（碱）溶液（硝酸除外）
② 吸稀酸（碱）胶管，适用于抽吸浓度在40%以下的稀酸（碱）溶液（硝酸除外）
③ 吸浓硫酸管，适用于抽吸浓度在95%以下的浓硫酸及40%以下的硝酸</td><td></td></tr>
</table>

续表

管道类型	适用材料	一般用途	标准号
蒸汽胶管	合成胶	①夹布蒸汽胶管，适用于输送压力≤0.4MPa的饱和蒸汽或温度≤150℃的热水 ②钢丝编织蒸汽胶管，供输送压力≤1.0MPa的饱和蒸汽	
耐磨吸引胶管	合成胶	适用于输送含固体颗粒的液体和气体	
合成树脂复合排吸压力软管	合成树脂	适用于输送或抽吸燃料油、变压器油、润滑油以及化学药品、有机溶剂	

二、阀门

阀门是管道系统的重要组成部件，在制药生产中起着重要的作用。阀门可以控制流体在管内的流动，其主要功能有启闭、调节、节流、自控和保证安全等作用。通过接通和截断介质，防止介质倒流，调节介质压力、流量、分离、混合或分配介质，防止介质压力超过规定数值，以保证设备和管道安全运行等。因此，正确合理地选用阀门是管道设计中的重要问题。

如何根据工艺过程的需要，合理地选择不同类型、结构、性能和材质的阀门，是管道设计的重点。各种阀门因结构形式与材质的不同，有不同的使用特性、适合场合和安装要求。选用阀门的原则是：①流体特性，如是否有腐蚀性、是否含有固体、黏度大小和流动时是否会产生相态的变化；②功能要求，按工艺要求，明确是切断还是调节流量等；③阀门尺寸，由流体流量和允许压力降决定；④阻力损失，按工艺允许的压力损失和功能要求选择；⑤温度、压力、由介质的温度和压力决定阀门的温度和压力等级；⑥材质，决定于阀门使用的温度和压力等级与流体特性。

通过对上述各项指标进行判断，列出阀门的技术规格，即阀门的型号和公称直径等参数，用于进行采购。

通用阀门规格书应包含下列内容：采用的标准代号；阀门的名称、公称压力、公称直径；阀体材料、阀体连接形式；阀座密封面材料；阀杆与阀座结构；阀杆等内件材料，填料种类；阀体中法兰垫片种类、紧固件结构及材料；设计者提出的阀门代号或标签号；其他特殊要求。

（一）阀门的分类

按照阀门的用途和作用分类，可分为：切断阀类（其作用是接通和截断管路内的介质，如球阀、闸阀、截止阀、蝶阀和隔膜阀）；调节阀类（其作用是调节介质的流量、压力，如调节阀、节流阀和减压阀等）；止回阀类（其作用是防止管路中介质倒流，如止回阀和底阀）；分流阀类（其作用是分配、分离或混合管路中的介质，如分配阀、疏水阀等）；安全阀类。

按照驱动形式来分类，可分为：手动阀；动力驱动阀（如电动阀、气动阀）；自动类（此类须外力驱动，利用介质本身能量使阀门动作，如止回阀、安全阀、自力式减压阀和疏水阀等）。

按照公称压力来分类，可分为：真空阀门（工作压力低于标准大气压）；低压阀门（公称压力≤1.6MPa）；中压阀门（公称压力为2.5MPa、4.0MPa、6.4MPa）；高压阀门（公称压力 10～80MPa)；超高压阀门（公称压力大于 100MPa）。

按照温度等级分类，可分为：超低温阀门（工作温度低于−80℃）；低温阀门（工作温度−80～−40℃）；常温阀门（工作温度−40～120℃）；中温阀门（工作温度 120～450℃）；高温阀门（工作温度高于 450℃）。

国内采用的分类法通常既考虑工作原理和作用，又考虑阀门结构，可分为：闸阀；蝶阀；截止阀；止回阀；旋塞阀；球阀；夹管阀；隔膜阀；柱塞阀等。

（二）阀门的选择

常用介质的阀门选择见表 7-8。

表 7-8　阀门选择

流体名称	管道材料	操作压力/MPa	连接方式	阀门类型		推荐阀门型号	保温方式
				支管	主管		
上水	焊接钢管	0.1～0.4	≤2",螺纹连接 ≥2½",法兰连接	≤2",球阀 ≥2½",蝶阀	蝶阀	Q11-116C DTD71F-1.6C	
清下水	焊接钢管	0.1～0.3			闸阀	Q41F-1.6C	
生产污水	焊接钢管、铸铁管	常压	承插,法兰,焊接			根据污水性质定	
热水	焊接钢管	0.1～0.3	法兰,焊接,螺纹	球阀	球阀	Q11F-1.6 Q41F-1.6	岩棉、矿物棉、硅酸铝纤维玻璃棉
热回水	焊接钢管	0.1～0.3					
自来水	镀锌焊接钢管	0.1～0.3	螺纹				
冷凝水	焊接钢管	0.1～0.8	法兰,焊接	截止阀 柱塞阀		J41T-1.6 U41S-1.6C	
蒸馏水	无毒 PVC、PE、ABS 管、玻璃管、不锈钢管(有保温要求)	0.1～0.8	法兰,卡箍	球阀		Q41F-1.6C	
纯化水、注射用水、药液等	卫生级不锈钢薄壁管	0.1～0.8	卡箍	隔膜阀			
蒸汽	3"以下,焊接钢管 3"以上,无缝钢管	0.1～0.6	法兰,焊接	柱塞阀	柱塞阀	U41S-1.6(C)	岩棉、矿物棉、硅酸铝纤维玻璃棉
压缩空气	<1.0MPa 焊接钢管； >1.0MPa 无缝钢管	0.1～1.5	法兰,焊接	球阀	球阀	Q41F-1.6C	
惰性气体	焊接钢管	0.1～1.0	法兰,焊接				
真空	无缝管或硬聚氯乙烯管	真空	法兰,焊接				
排气		常压	法兰,焊接				
盐水	无缝钢管	0.3～0.5	法兰,焊接				软木、矿渣棉、泡沫聚苯乙烯、聚氨酯
回盐水		0.3～0.5	法兰,焊接				
酸性下水	陶瓷管、衬胶管、硬聚氯乙烯管	常压	承插,法兰			PVC、衬胶	
碱性下水	无缝钢管	常压	法兰,焊接			Q41F-1.6C	
生产物料	按生产性质选择管材	≤42.0	承插,焊接,法兰				
气体(暂时通过)	橡胶管	<1.0					
液体(暂时通过)	橡胶管	<0.25					

注：表中的“"”是指英寸。

（三）常用的阀门介绍

常用阀门及其应用范围见表7-9。

表7-9 常用阀门类型及其应用范围

阀门名称及示图	基本结构与原理	优点	缺点	应用范围
旋塞阀	中间开孔柱锥体作阀芯，靠旋转锥体来控制阀的启闭	结构简单，启闭迅速，流体阻力小，可用于输送含晶体和悬浮物的液体管路中	不适于调节流量，磨光旋塞费工时，旋转旋塞较费力，高温时会由于膨胀而旋转不动	120℃以下输送压缩空气、废蒸汽-空气混合物；在120℃、10×10^5 Pa[或$(3\sim5)\times10^5$Pa更好]下输送液体，包括含有结晶及悬浮物的液体，不得用于蒸汽或高热流体
球阀	利用中心开孔的球体作阀芯，靠旋转球体控制阀的启闭	价格比旋塞贵，比闸阀便宜，操作可靠，易密封，易调节流量，体积小，零部件少，重量轻。公称压力大于16×10^5Pa，公称直径大于76mm。现已取代旋塞	流体阻力大，不得用于输送含结晶和悬浮物的液体	在自来水、蒸汽、压缩空气、真空及各种物料管道中普遍使用。最高工作温度300℃，公称压力为325×10^5Pa
闸阀	阀体内有一平板与介质流动方向垂直，平板升起阀即开启	阻力小，易调节流量，用作大管道的切断阀	价贵，制造和修理较困难，不宜用非金属抗腐蚀材料制造	用于低于120℃低压气体管道，压缩空气、自来水和不含沉淀物介质的管道干线，大直径真空管等。不宜用于带纤维状或固体沉淀物的流体。最高工作温度低于120℃，公称压力低于100×10^5Pa
截止阀（节流阀）	采用装在阀杆下面的阀盘和阀体内的阀座相配合，以控制阀的启闭	价格比旋塞贵，比闸阀便宜，操作可靠，易密封，能较精确调节装置，制造和维修方便	流体阻力大，不宜用于高黏度流体和悬浮液以及结晶性液体，因结晶固体沉积在阀座影响紧密性，且磨损阀盘与阀座接触面，造成泄漏	在自来水、蒸汽、压缩空气、真空及各种物料管道中普遍使用。最高工作温度300℃，公称压力为325×10^5Pa
止回阀（单向阀）	用来使介质只做单一方向的流动，但不能防止渗漏	升降式比旋启式密闭性能好，旋启式阻力小，只要保证摇板旋转轴线的水平，可以任意形式安装	升降式阻力较大，卧式宜装水平管上，立式应装垂直管线上。本阀不宜用于含固体颗粒和黏度较大的介质	适用于清净介质

续表

阀门名称及示图	基本结构与原理	优点	缺点	应用范围
疏水阀(圆盘式)	当蒸汽从阀片下方通过时,因流速高、静压低,阀门关闭;反之,当冷凝水通过时,因流速低、静压降甚微,阀片重力不足以关闭阀片,冷凝水便连续排出	自动排除设备或管路中的冷凝水、空气及其他不凝性气体,同时又能阻止蒸汽的大量逸出		凡需蒸汽加热的设备以及蒸汽管路等都应安装疏水阀
安全阀	压力超过指定值时即自动开启,使流体外泄,压力恢复后即自动关闭以保护设备与管道	杠杆式使用可靠,在高温时只能用杠杆式。弹簧式结构精巧,可装于任何位置	杠杆式,体积大,占地大,弹簧式在长期缓热作用下弹性会逐渐减少。安全阀须定时鉴定检查	直接排放到大气的可选用开启式,易燃易爆和有毒介质选用封闭式,将介质排放到排放总管中去。主要地方要安装双阀
隔膜阀	利用弹性薄膜(橡皮、聚四氟乙烯)作阀的启闭机构	阀杆不与流体接触,不用填料箱,结构简单,便于维修,密封性能好,流体阻力小	不适用于有机溶剂和强氧化剂的介质	用于输送悬浮液或腐蚀性液体
蝶阀	阀的关阀件是一圆盘形结构	结构简单,尺寸小,重量轻,开闭迅速,有一定调节能力		用于气体、液体及低压蒸汽管道,尤其适合用于较大管径的管路上
减压阀	用以降低蒸汽或压缩空气的压力,使之形成生产所需的稳定的较低压力		常用的活塞式减压阀不能用于液体的减压,而且流体中不能含有固体颗粒,故减压阀前要装管道过滤器	

(四) 常用阀门的结构

各种阀门的结构如图 7-1～图 7-11 所示。

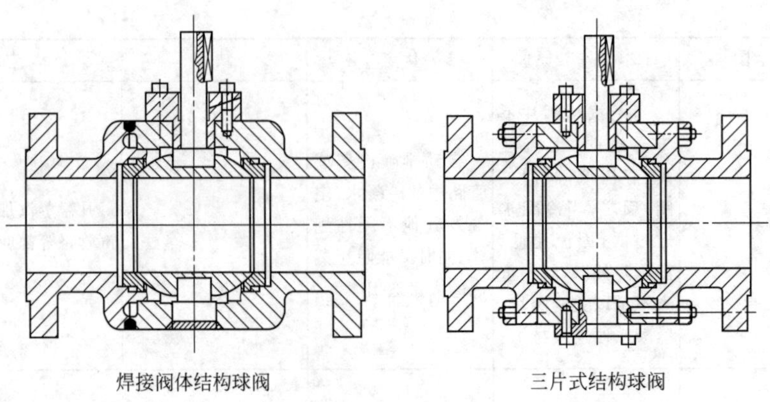

焊接阀体结构球阀　　三片式结构球阀

图 7-1　球阀

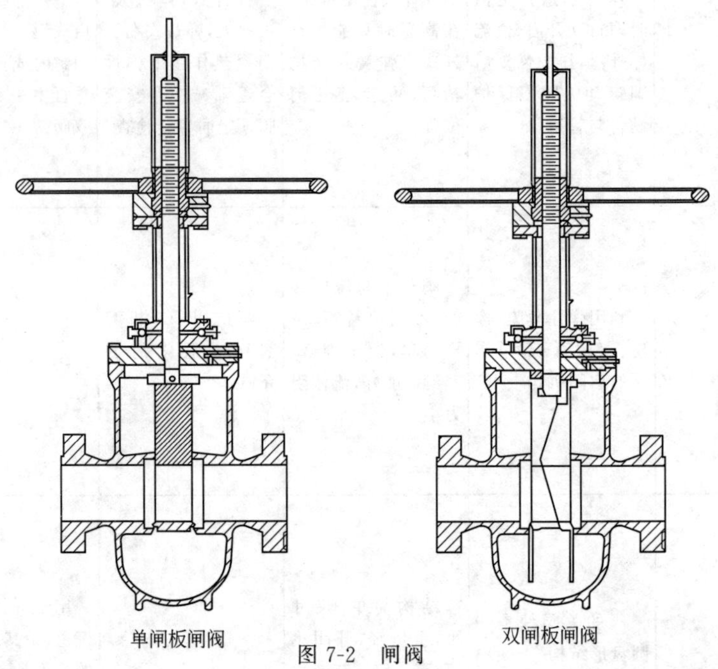

单闸板闸阀　　双闸板闸阀

图 7-2　闸阀

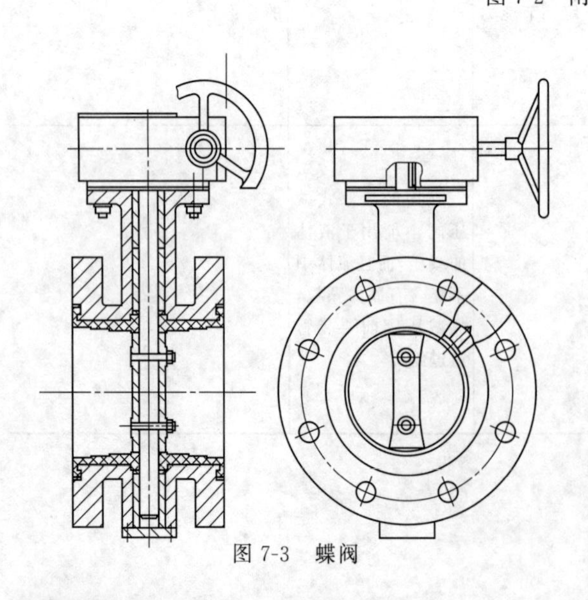

图 7-3　蝶阀

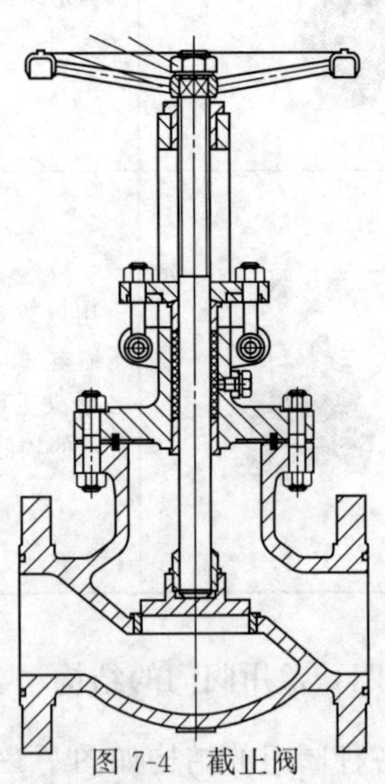

图 7-4　截止阀

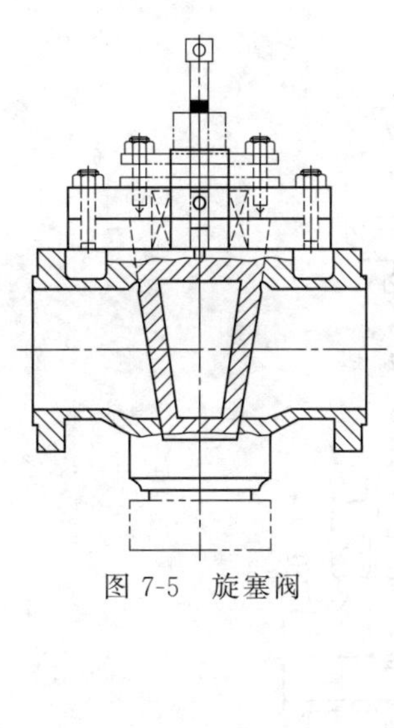
图 7-5　旋塞阀

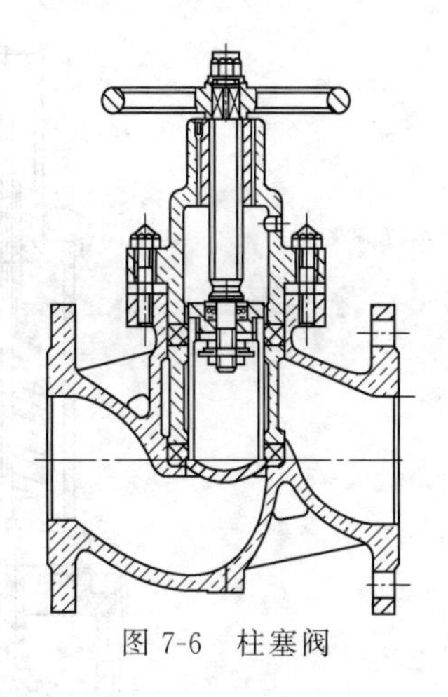
图 7-6　柱塞阀

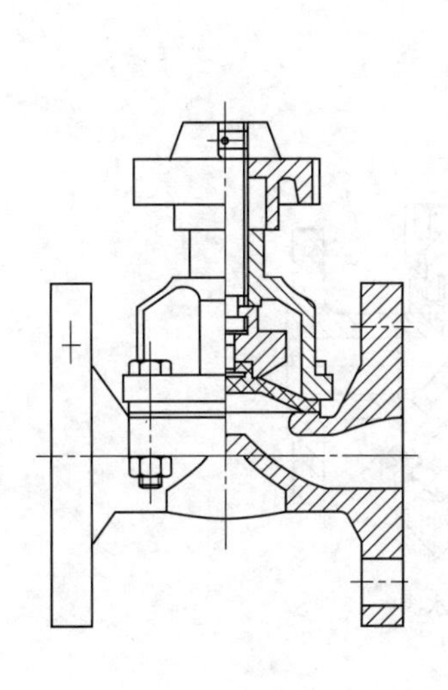
图 7-7　隔膜阀

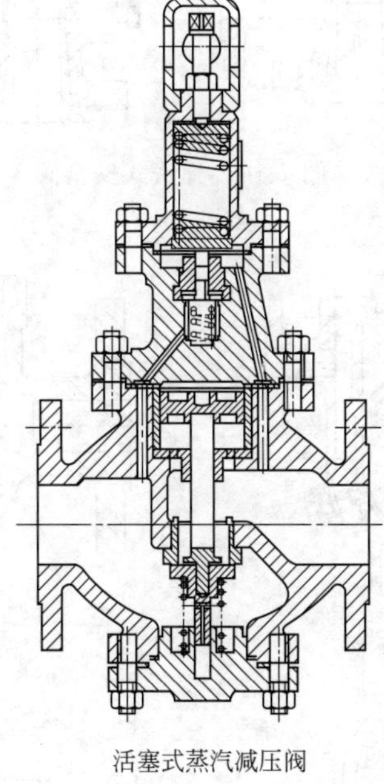
活塞式蒸汽减压阀

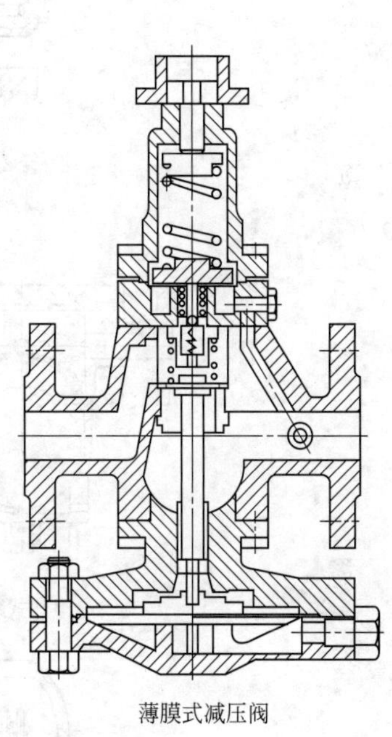
薄膜式减压阀

图 7-8　减压阀

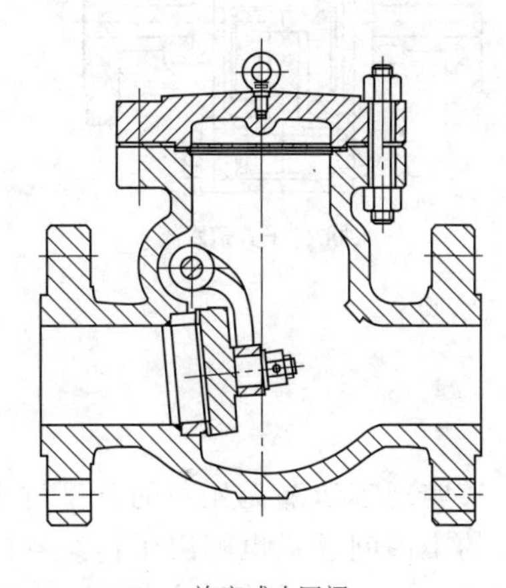
旋启式止回阀

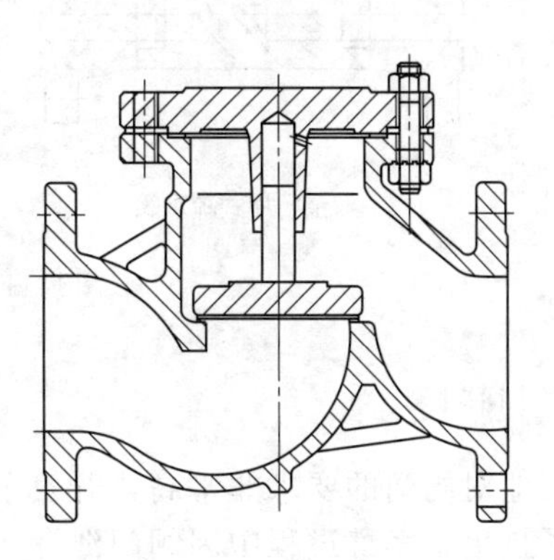
升降式止回阀

图 7-9　止回阀

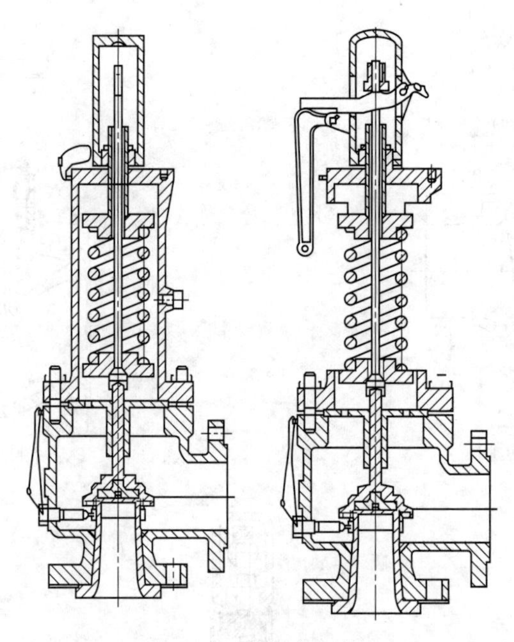

图 7-10　弹簧式安全阀

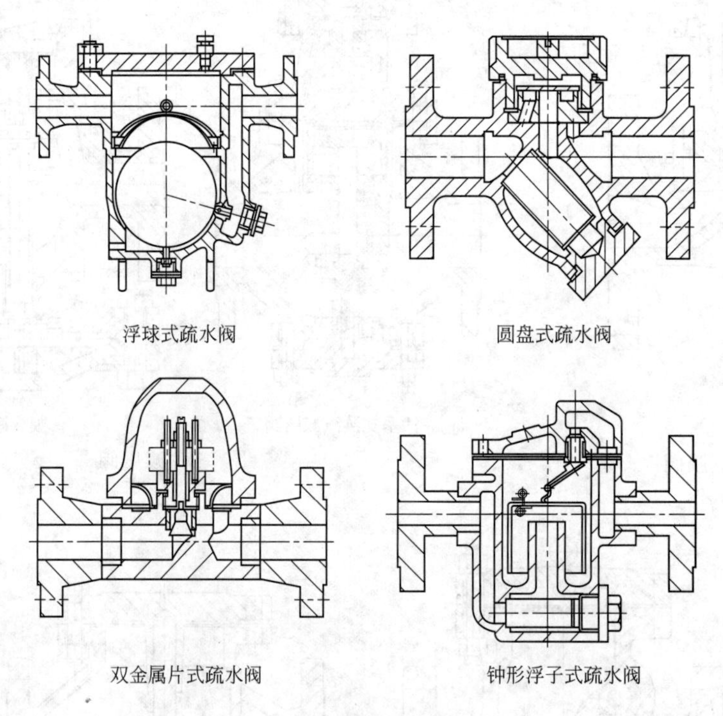

图 7-11　疏水阀

（五）新型阀门

抗生素工业对阀门的要求非常高，开发了能够实现零泄漏无死角的新型抗生素阀，从而有效地解决了抗生素发酵过程中因阀门泄漏导致的染菌问题，也解决了传统阀门蒸汽灭菌存在的死角问题。各种新型阀门有：截止阀（见图 7-12）、三通移种专用阀（见图 7-13）、调节型放料阀（见图 7-14）和具有完全切断功能的球阀（见图 7-15）等。

图 7-12　三通抗生素截止阀

图 7-13　气动三通移种专用阀

图 7-14　气动手动调节型放料阀

图 7-15　气动 O 形切断球阀

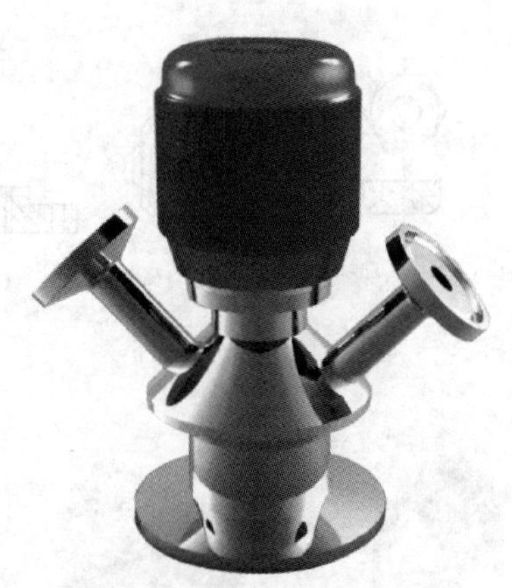

图 7-16　卡接无菌取样阀

图 7-17　气动罐底阀

为了防止发酵过程取样染菌，开发了新型取样阀，见图 7-16。无菌取样阀采用 316L 型不锈钢的卡箍或卡焊两种连接方式，手动取样，但带有调节限位装置。而新型自动化气动或手动进料两用阀门能满足对发酵液的碳源、氮源定量要求高的情况，图 7-17 所示气动罐底阀连接方式为焊接，采用 304、316、316L 等不锈钢，公称直径规格为 $DN10 \sim DN50$。其优点为气动自控放料，或手动操作，并带有调节限位装置。

具有卫生级、洁净级的新型阀门、管件逐步面世。如用于原料药精干包和药物制剂生产过程的卫生级气动不锈钢直通隔膜阀（见图 7-18），采用焊接、卡焊等连接，选用 316L 不锈钢材料，阀门规格常见的有 $DN25 \sim DN50$。此阀门特点为控制方式采用常闭，阀体密封性极好，堰槽采用球体结构，真正做到了无死角。其可安装于任何位置，介质流向对阀门开闭没有影响。广泛应用于发酵罐、配制罐、灌装机、冷冻干燥设备、无菌过滤器、制水设备、纯化水（PW）、注射用水（WFI）输送与分配无菌超滤机、无菌流体输送及 CIP、SIP 等。

图 7-18　卫生级气动不锈钢直通隔膜阀

（六）阀门的安装

为了安装和操作方便，管道上的阀门和仪表的布置高度一般为：阀门安装高度为0.8～1.5m；取样阀1m左右；温度计、压力计安装高度为1.4～1.6m；安全阀安装高度为2.2m；并列管路上的阀门、管件应保持应有距离，整齐排列安装或错开安装。

三、管件

管件的作用是连接管道与管道、管道与设备、安装阀门、改变流向等，如有弯头、活接头、三通、四通、异径管、内外接头、螺纹短节、视镜、阻火器、漏斗、过滤器、防雨帽等。可参考《化工工艺设计手册》选用。图7-19为常用管件示意图。图7-20为卫生级管件。

图7-19 常用管件

图7-20 卫生级管件

四、管道的连接

管道连接方法有螺纹连接、法兰连接、承插连接和焊接连接，见图7-21。管道连接在一般情况下首选焊接结构，如不能焊接时可选用其他结构，如镀锌管采用螺纹连接。在需要更换管件或者阀门等情况下应选用可拆式结构，如法兰连接、螺纹连接及其他一些可拆卸连接结构。输送洁净物料的管路所采用的连接方式和结构应不能对所输送的物料产生污染。

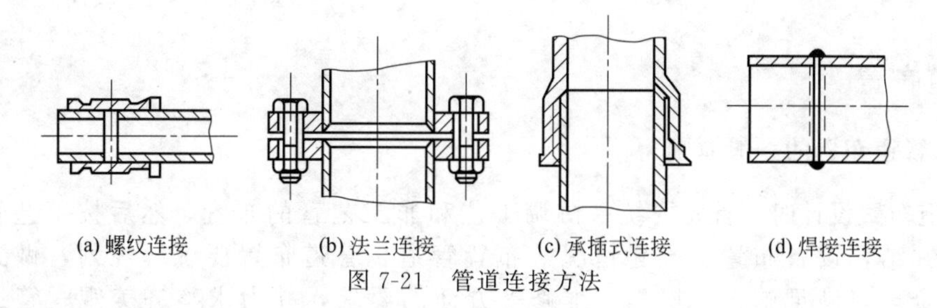

图 7-21　管道连接方法

此外还有卡箍连接和卡套连接等。卡箍连接是一种新型钢管连接方式，也叫沟槽连接件，见图 7-22。它包括两大类产品：

① 起连接密封作用的管件有刚性接头、挠性接头、机械三通和沟槽式法兰，其由三部分组成：密封橡胶圈、卡箍和锁紧螺栓。位于内层的橡胶密封圈置于被连接管道的外侧，并与预先滚制的沟槽相吻合，再在橡胶圈的外部扣上卡箍，然后用两颗螺栓紧固即可。由于其橡胶密封圈和卡箍采用特有的可密封的结构设计，使得沟槽连接件具有良好的密封性，并且随管内流体压力的增高，其密封性相应增强。

② 起连接过渡作用的管件有弯头、三通、四通、异径管、盲板等。卡箍是用两根钢丝环绕成环状。卡箍具有造型美观、使用方便、紧箍力强、密封性能好等特点。

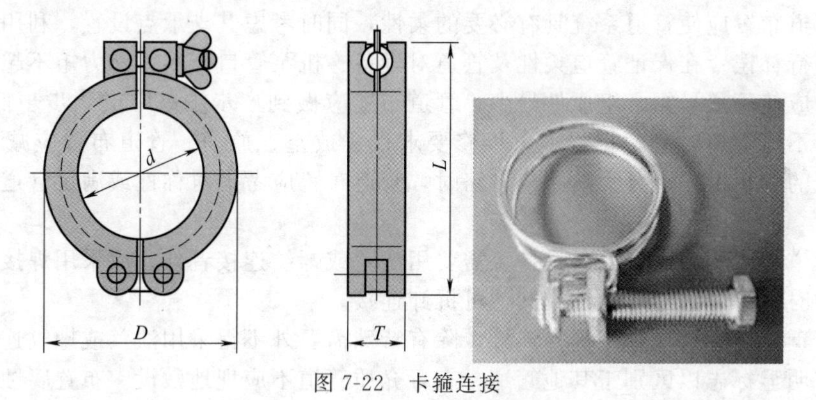

图 7-22　卡箍连接

卡套连接是用锁紧螺帽和丝扣管件将管材压紧于管件上的连接方式，见图 7-23。卡套式管接头由三部分组成：接头体、卡套、螺母。当卡套和螺母套在钢管上插入接头体后，旋紧螺母时，卡套前端外侧与接头体锥面贴合，内刃均匀地咬入无缝钢管，形成有效密封。

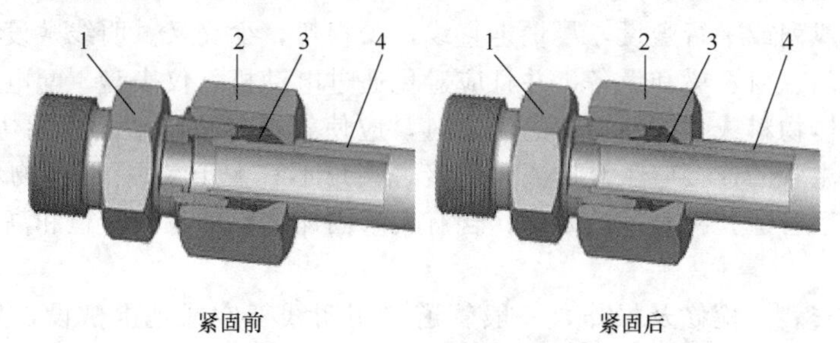

图 7-23　卡套连接示意图

1—接头体；2—螺母；3—卡套；4—管材

第三节 管道设计方法

一、管道布置

(一) 管道布置的一般原则

在管道布置设计时，首先要统一协调工艺和非工艺管的布置，然后按工艺管道及仪表流程图并结合设备布置、土建情况等布置管道。管道布置要统筹规划，做到安全可靠、经济合理，满足施工、操作、维修等方面的要求，并力求整齐美观。管道布置的一般原则为：

(1) 管道布置不应妨碍设备、机泵及其内部构件的安装、检修和消防车辆的通行。

(2) 厂区内的全厂性管道的敷设，应与厂区内的装置、道路、建筑物、构筑物等协调，避免管道包围装置，减少管道与铁路、道路的交叉。对于跨越、穿越厂区内铁路和道路的管道，在其跨越段或穿越段上不得装设阀门、金属波纹管补偿器和法兰、螺纹接头等管道组成件。

(3) 输送介质对距离、角度、高差等有特殊要求的管道以及大直径管道的布置，应符合设备布置设计的要求。

(4) 管道布置应使管道系统具有必要的柔性，同时考虑其支承点设置，利用管道的自然形状达到自行补偿；在保证管道柔性及管道对设备、机泵管口作用力和力矩不超出过允许值的情况下，应使管道最短，组成件最少；管道布置应做到“步步高”或“步步低”，减少气袋或液袋。不可避免时应根据操作、检修要求设置放空、放净。管道布置应减少“盲肠”；气液两相流的管道由一路分为两路或多路时，管道布置应考虑对称性或满足管道及仪表流程图的要求。

(5) 管道除与阀门、仪表、设备等需要用法兰或螺纹连接者外，应采用焊接连接。当可能需要拆卸时应考虑法兰、螺纹或其他可拆卸连接。

(6) 有毒介质管道应采用焊接连接，除有特殊需要外不得采用法兰或螺纹连接。有毒介质管道应有明显标志以区别于其他管道，有毒介质管道不应埋地敷设。布置腐蚀性介质、有毒介质和高压管道时，不得在人行通道上方设置阀件、法兰等，以免渗漏伤人，并应避免由于法兰、螺纹和填料密封等泄漏而造成对人身和设备的危害。易泄漏部位应避免位于人行通道或机泵上方，否则应设安全防护。管道不直接位于敞开的人孔或出料口的上方，除非建立了适当的保护措施。

(7) 管道应成列或平行敷设，尽量走直线，少拐弯，少交叉。明线敷设管道尽量沿墙或柱安装，应避开门、窗、梁和设备，并且应避免通过电动机、仪表盘、配电盘上方。

(8) 布置固体物料或含固体物料的管道时，应使管道尽可能短，少拐弯和不出现死角；固体物料支管与主管的连接应顺介质流向斜接，夹角不宜大于45°；固体物料管道上弯管的弯曲半径不应小于管道公称直径的6倍；含有大量固体物料的浆液管道和高黏度液体管道应有坡度。

(9) 为便于安装、检修及操作，一般管道多用明线架空或地上敷设，且价格较暗线便宜；确有需要，可埋地或敷设在管沟内。

(10) 管道上应适当配置一些活接头或法兰，以便于安装、检修。管道成直角拐弯时，可用一端堵塞的三通代替，以便清理或添设支管。管道宜集中布置。地上的管道应敷设在管架或管墩上。

(11) 按所输送物料性质安排管道。管道应集中成排敷设，冷热管要隔开布置。在垂直排列时，热介质管在上，冷介质管在下；无腐蚀性介质管在上，有腐蚀性介质管在下；气体管在上，液体管在下；不经常检修管在上，检修频繁管在下；高温管在上，低温管在下；保温管在上，不保温管在下；金属管在上，非金属管在下。水平排列时，粗管靠墙，细管在外；低温管靠墙，热管在外，不耐热管应与热管避开；无支管的管在内，支管多的管在外；不经常检修的管在内，经常检修的管在外；高压管在内，低压管在外。输送易燃、易爆和剧毒介质的管道，不得敷设在生活间、楼梯间和走廊等处。管道通过防爆区时，墙壁应采取措施封固。蒸汽或气体管道应从主管上部引出支管。

(12) 根据物料性质的不同，管道应有一定坡度。其坡度方向一般为顺介质流动方向(蒸汽管相反)，坡度大小为：蒸汽管道 0.005，水管道 0.003、冷冻盐水管道 0.003，生产废水管道 0.001，蒸汽冷凝水管道 0.003，压缩空气管道 0.004，清净下水管道 0.005，一般气体与易流动液体管道 0.005，含固体结晶或黏度较大的物料管道 0.01。

(13) 管道通过人行道时，离地面高度不少于 2m；通过公路时不小 4.5m；通过工厂主要交通干道时一般应为 5m。需要热补偿的管道，应从管道的起点至终点就整个管系进行分析，以确定合理的热补偿方案。长距离输送蒸汽的管道，在一定距离处应安装冷凝水排除装置。长距离输送液化气体的管道，在一定距离处应安装垂直向上的膨胀器。输送易燃液体或气体时，应可靠接地，防止产生静电。

(14) 管道尽可能沿厂房墙壁安装，管与管间及管与墙间的距离以能容纳活接头或法兰、便于检修为度。一般管路的最突出部分距墙不少于 100mm；两管道的最突出部分间距离，对中压管道约 40～60mm，对高压管道约 70～90mm。由于法兰易泄漏，故除与设备或阀门采用法兰连接外，其他应采用对焊连接。但镀锌钢管不允许用焊接，$DN \leqslant 50$mm 可用螺纹连接。

(15) 管道穿过建筑物的楼板、屋顶或墙面时，应加套管，套管与管道门的空隙应密封。套管的直径应大于管道隔热层的外径，并不得影响管道的热位移。管道上的焊缝不应在套管内，并距离套管端部不应小于 150mm。套管应高出楼板、屋顶面 50mm。管道穿过屋顶时应设防雨罩。管道不应穿过防火墙或防爆墙。

(16) 多功能原料药种类多，故其设备管道材质必须具备较高的兼容性，在设备管道材质的选择中要注重这点，保证车间运作的高效性。例如可根据设备与管道的不同作用进行材质的选择，输送原料的管道中可选钢衬四氟管，其具有较高的耐腐蚀性，且适应绝大多数物料的性质，但其导静电力能力不足，因此在工程设计中必须在管路上安装相应的管件，并且安装保持相等的距离，以保证应有的导电性能。对于多功能原料药合成车间，由于工艺的复杂性，车间内管道及自控仪表数量种类不少，电气桥架、仪表桥架、风管占用空间远多于一般其他类型生产车间。因此管道设计不能单单仅指定各类管道、风管、桥架的标高，应该在设备布置的同时规划主管、风管、桥架、检修通道的走向及空间位置，提前与相关专业设计人员进行沟通，并将其作为基础条件提交给其他专业，以免发生碰撞。工艺管道及公用工程管道布置时，需要综合考量车间内各层及房间使用点情况，合理设置设备使用同步率，减少不必要的管材浪费；主管布置时应注意冷媒放下层，热媒放上层，易燃、可燃介质靠外侧，以便维护及观察是否有渗漏；房间内或设备周边的配管需考虑人员操作面，合理设置操作阀的高度，保持主操作面管道阀门布置整齐、美观，上下层穿管或架空支管尽量成排成组布置以利于支吊架制作安装。不同生产模块之间设置带快速接头的管道连接，便于不同生产模块的组合。管道连接多采用卡箍，便于更换和拆卸重组。

（二）洁净厂房内的管道设计

在洁净厂房内，工艺管道主要包括净化水系统和物料系统等。公用工程主管线包括洁净空调、煤气管道、上水、下水、动力、空气、照明、通信、自控、气体等。一般情况下除煤气管道明装外，洁净室内管道尽量走到技术夹层、技术夹道、技术走廊或技术竖井中，从而减少污染洁净环境的机会。洁净环境中的管道布置需满足下列要求：

1. 管道布置要求

(1) 技术夹层系统的空气净化系统管线，包括送、回风管道、排气系统管道、除尘系统管道。这种系统管线的特点是管径大，管道多且广，是洁净厂房技术夹层中起主导作用的管道。管道的走向直接受空调机房位置、逆回风方式、系统的划分等三个因素的影响，而管道的布置是否理想又直接影响技术夹层。

(2) 暗敷管道技术夹层的几种形式为：①仅顶部有技术夹层，此形式在单层厂房中较普遍；②二层洁净车间时，底层为空调机房、动力等辅助用房，则空调机房上部空间可作为上层洁净车间的下夹层，亦可将空调机房直接设于洁净车间上部；③管道竖井，生产岗位所需的管线管径较大，管线多时可集中设于管道竖井内引下，但多层及高层洁净厂房的管道竖井，至少每隔一层要用钢筋混凝土板封闭，以免发生火警时波及各层。技术走廊使用与管道竖井相同。

(3) 在满足工艺要求的前提下，工艺管道应尽量缩短。管道中不应出现使输送介质滞流和不易清洁的部位。工艺管道的主管系统应设置必要的吹扫口、放净口和取样口。氮气、压缩空气等气体的水平管道敷设管径发生变化时，应采用顶平的偏心异径管，防止产生气袋。纯水、冷冻水等液体管道设计安装时应注意保持一定的坡度，管径变化时采用底平的偏心异径管，避免产生液袋造成清洁消毒和灭菌的困难。液体管道如纯水等的输送管道系统应采取循环方式，不应留有液体滞留的“死区”。气体公用工程管道的主管在洁净厂房的进口处，可设置过滤器、减压阀、入口的总阀、压力表、真空表、计量仪、安全阀、放散管等。液体公用工程管道可设置过滤器、入口总阀、压力表、温度计、计量仪等。

(4) 洁净区内应少敷设管道。工艺管道的主管宜敷设在技术夹层或技术夹道或技术竖井中。需要经常拆洗、消毒的管道采用可拆式活接头，宜明敷。易燃、易爆、有毒物料管道也宜明敷，当需要穿越技术夹层时，应采取安全密封措施。

(5) 与本洁净室无关的管道不宜穿越本洁净室。

(6) 医药工业洁净厂房内的管道外表面，应采取防结露措施。

(7) 空气洁净度 A 级的医药洁净室（区）不应设置地漏。空气洁净度 B 级、C 级的医药洁净室（区）应避免设置地漏。必须设置时，要求地漏材质不易腐蚀，内表面光洁，易于清洗，有密封盖，并应耐消毒灭菌。

(8) 医药工业洁净厂房内应采用不易积存污物、易于清扫的卫生器具、管材、管架及其附件。

(9) 对于高致敏性、易感染、高药理活性或高毒性原料药，其所使用的污水管道、废弃物容器应有适当的防泄漏措施（例如双层管道、双层容器）。

(10) 无菌原料药设备所连接的管道不能积存料液，能保证灭菌蒸汽的通过。

(11) 输送气体或液体废弃物的管路应合理设计和安装，以避免污染（如真空泵、旋风分离器、气体洗涤塔、反应罐/容器的公用通风管道）。应考虑使用单向阀，排空阀要安装在最低点，在设计时还要考虑到管路的清洗方法。

(12) 洁净室及其技术夹层、技术夹道内应设置灭火设施和消防给水系统。

(13) 管道布置除应考虑设备操作与检修外，更应充分考虑易于设备的清洗与灭菌。凹槽、缝隙、不光滑平整都是微生物滋生、侵入的潜在危险。因此，在管线设计时，尽量减少管道的连接点，因为每个连接点都存在因泄漏而导致微生物侵入的潜在风险。同样，不光滑平整的焊接也要杜绝。因此，设计时应尽量减少焊接点，最大限度地减少不光滑平整的机会。对于小口径管线，可通过采用弯管的方式来替代弯头的焊接，弯管的弯曲半径至少应为3倍 DN，弯管处不得出现弯扁或褶皱现象。

(14) 若管线的设计不可避免地存在袋形的话，应设计高点放空、低点排净。

2. 管道材料、阀门和附件要求

管道、管件的材料和阀门应根据所输送物料的理化性质和使用工况选用。采用的材料和阀门应保证满足工艺要求，使用可靠，不应吸附和不污染介质，施工和维护方便。

(1) 引入洁净室的明管材料一般采用不锈钢（如316和316L钢）。工艺物料的主管不宜采用软性管道。不应采用铸铁、陶瓷、玻璃等脆性材料。如采用塑性较差的材料时，应有加固和保护措施。气体管道的管材需考虑管材的透气性要小、管材内表面吸附、解吸气体的作用要小、内表面光滑、耐磨损、抗腐蚀、性能稳定、焊接处理时管材组织不发生变化等要求。液态的公用工程管道的管材一般选用316L不锈钢材质，另外聚丙烯（PP）、聚氯乙烯（PVC）、高密度聚乙烯（HDPE）等也是通常可选的材料。纯水的输送管道材料应无毒、耐腐蚀、易于消毒，一般采用内壁表面粗糙度 $0.5\mu m$ 的优质不锈钢或其他不污染纯化水的材料。

(2) 工艺管道上阀门、管件和材料应与所在管道的材料相适应。

(3) 洁净室内采用的阀门、管件除满足工艺要求外，应采用拆卸、清洗、检修均方便的结构形式，如卡箍连接等。阀门选用也应考虑不积液的原则，不宜使用普通截止阀、闸阀，宜使用清洗消毒方便的旋塞、球阀、隔膜阀、卫生蝶阀、卫生截止阀等。阀门的选型上高纯气体管道一般选用密封性能良好的针形阀、球阀、真空角阀等，材质尽量考虑不锈钢。在法兰的选型上，因为高颈焊接法兰安装焊接后能保持与管道内径一致，可以很好地避免凹槽的产生导致细菌滋生，所以一般选用高颈焊接法兰。密封垫片可选用有色金属、不锈钢或聚四氟乙烯。

3. 管道的安装、保温要求

(1) 工艺管道的连接一般采用焊接，不锈钢管采用内壁无痕的对接氩弧焊。管道连接时应最大限度减少焊接点，且注意不能错位焊接。公用工程的支管一般口径较小，可以采用弯管的方式替代弯头的焊接，但需注意弯管的弯曲半径不能过小，且弯管处不能出现褶皱现象。管道与阀门的连接一般采用法兰、卡箍、螺纹或其他密封性能优良的连接件。凡接触物料的法兰和螺纹的密封应采用聚四氟乙烯等不易污染介质的材料。

(2) 洁净室内的管道应排列整齐，尽量减少阀门、管件和管道支架的设置。管外壁均应有防锈措施。管架材料应采用不易锈蚀、表面不易脱落颗粒性物质的材料。

(3) 洁净室内的管道应根据其表面温度、发热或吸热量、环境的温度和湿度确定绝热保温形式。冷保温管道的外壁温度不得低于环境的露点温度。管道保温层表面必须平整、光洁，不得有颗粒性物质脱落，并宜用不锈钢或其他金属外壳保护。

(4) 各类管道不应穿越与其无关的控制区域，穿越控制区墙、楼板、顶棚的各类管道应敷设套管，套管内的管道不应有焊缝、螺丝和法兰。管道与套管之间，套管在穿越墙壁、天花板时，应有可靠的密封措施。

(三) 管道的标识和涂色

主要固定管道应标明内容物名称和流向。应该让现场操作和管理人员能够看到主要设备和固定管道的标识，便于操作和避免由于设备管道标识不清而导致的差错（见图 7-24）。

图 7-24 管道内容物及流向标识示例

（四）典型设备的管道布置

1. 立式容器

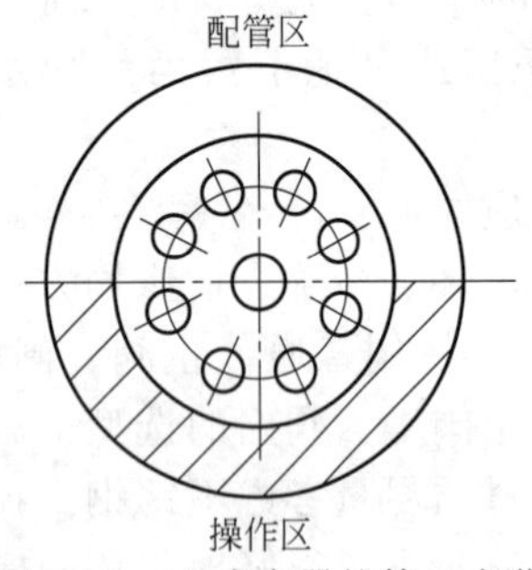

图 7-25 立式容器的管口方位

（1）管口方位 立式容器的管口方位取决于管道布置的需要，一般划分为操作区与配管区两部分（见图 7-25）。加料口、温度计和视镜等经常操作及观察的管口布置在操作区，排出管布置在容器底部。

（2）管道布置 立式容器一般成排布置，因此将操作相同的管道一起布置在容器的相应位置，可避免误操作。两个容器成排布置时，可将管口对称布置。三个以上容器成排布置时，可将各管口布置在设备的相同位置。有搅拌装置的容器，管道不得妨碍搅拌器的拆卸和维修。图 7-26 为立式容器的管道布置简图。

2. 卧式容器

（1）管口方位 卧式容器的管口方位图见图 7-27。

① 液体和气体的进口一般布置在容器一端的顶上（也能从底部进入），液体出口一般在另一端的底部，蒸汽出口则在液体出口的顶上。在对着管口的地方设防冲板，这种布置适合于大口径管道，有时能节约管道与管件。

② 放空管在容器一端的顶上，放净口在另一端的底下，容器向放净口那头倾斜。若容器水平安装，则放净口可安装在易于操作的任何位置或出料管上。如果人孔设在顶部，放空口则设在人孔盖上。

③ 安全阀可设在顶部任何地方，最好安在有阀的管道附近，这可与阀共用平台和通道。

④ 吹扫蒸汽进口在排气口另一端的侧面，切向进入，使蒸汽在罐内回转前进。

⑤ 进出口分布在容器的两端，若进出料引起的液面波动不大，则液面计的位置不受限制，否则应放在容器的中部。压力表则装在顶部气相部位，在地面上或操作台上看得见的地方。温度计装在近底部的液相部位，从侧面水平进入，通常与出口在同一断面上，对着通道或平台。人孔可布置在顶上、侧面或封头中心，以侧面较为方便；但在框架上和支承上占用面积较大，故以布置在顶上为宜。人孔中心高出地面 3.6m 以上设操作平台。支座以布置在离封头 $L/5$ 处为宜。接口要靠近相连的设备，如排出口应靠近泵入口，工艺、公用工程和安全阀接管尽可能组合起来并对着管架。

（2）管道布置 卧式容器的管道布置见图 7-27。它的管口一般布置在一条直线上，各

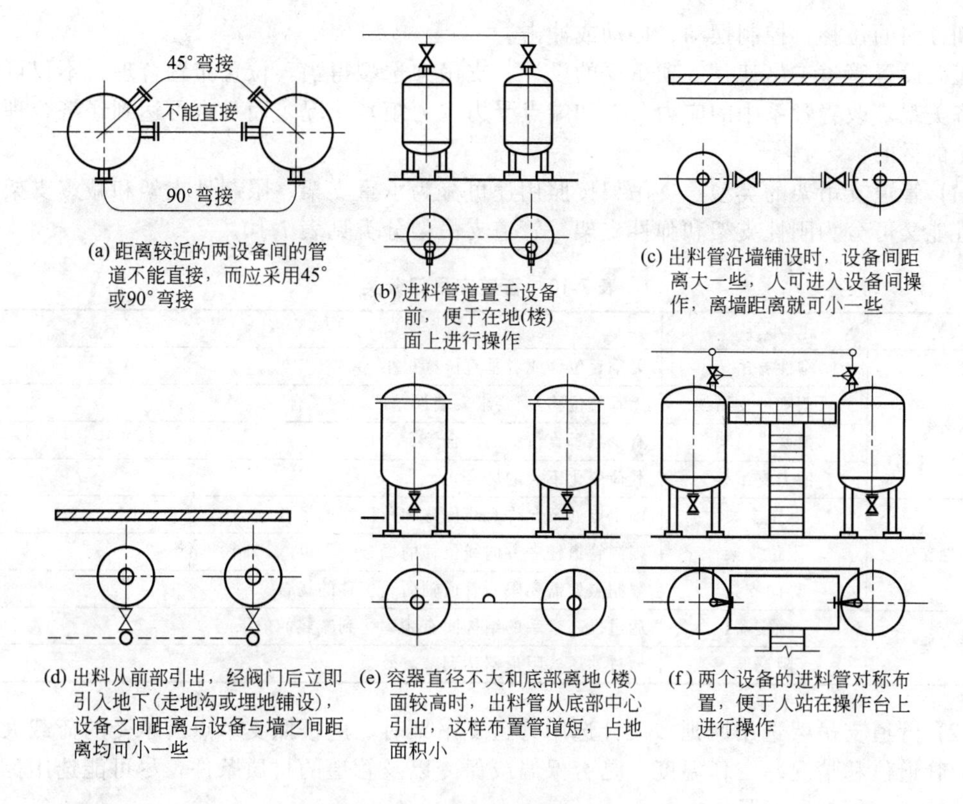

图 7-26 立式容器的管道布置

种阀门也直接安装在管口上。若容器底部离操作台面较高，则可将出料管阀门布置在台面上，在台面上操作，否则将出料管阀门布置在台面下，并将阀杆接长，伸到台面上进行操作。

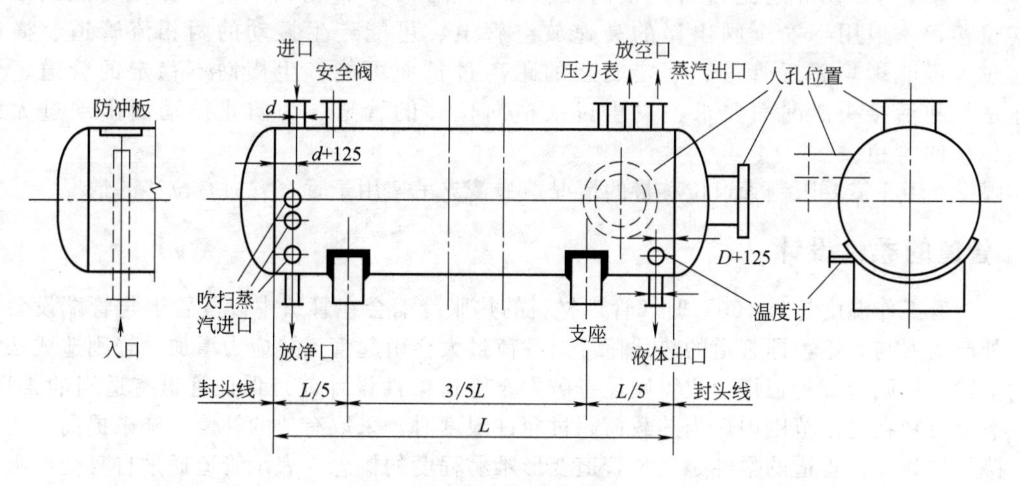

图 7-27 卧式容器的管口方位

二、管道的支承

管道支吊架用于承受管道的重量荷载（包括自重、充水重、保温重等），阻止管道发生非预期方向的位移，控制摆动、振动或冲击。

正确设置管道支吊架是一项重要的设计，支吊架选型得当，位置布置合理，不仅可使管道整齐美观，改善管系中的应力分布和端点受力（力矩）状况，而且也可达到经济合理和运行安全的目的。

(1) 管道支吊架的类型　支吊架按照用途可分为承重支架、限制性支架和减震支架。从力学性能又可分为刚性支架和弹性支架。管道支吊架分类见表 7-10。

表 7-10　管道支吊架分类

大类	小类	用　途
承重支架	刚性支吊架	无垂直位移或者垂直位移很小
	可调刚性支吊架	无垂直位移,但要求安装误差严格的场合
	弹簧支吊架	有少量垂直位移的场合
	恒力支吊架	载荷变化不大的场合
限制性支架	固定支架	固定点处不允许有线位移和角位移的场合
	限位支架	限制管道任一方向线位移的场合
	导向支架	限制点处需要限制管道轴向线位移的场合
减振支架	减震器	通过提高管系的结构固有频率达到减震的效果
	阻尼器	通过油压式阻尼器达到减震效果

(2) 管道支吊架选用原则　设计选用管道支吊架时，应按照支承点所承受的荷载大小和方向、管道位移情况、工作温度、是否保温或保冷以及管道的材质条件，尽可能选用标准支吊架、管卡、管托和管吊。

当标准管托满足不了使用要求的特殊情况下，就会用到一些特殊形式的管托和管吊。如高温管道、输送冷冻介质的管道、生产中需要经常拆卸检修的管道、合金钢材质的管道、架空敷设且不易施工焊接的管道等。

导向管托可以防止管道过大的横向位移和可能承受的冲击荷载，以保证管道只沿着轴向位移，一般用于安全阀出口的高速放空管道、可能产生振动的两相流管道、横向位移过大可能影响邻近管道、固定支架的距离过长而可能产生横向不稳定的管道、为防止法兰和活接头泄漏而要求不发生过大横向位移的管道、为防止振动而出现过大的横向位移的管道。

限位架用于需要限制管道位移量的情况，弹簧支吊架用于垂直方向有位移的情况。

三、管道的柔性设计

当管道工作温度超过 150℃时，管道材料的热胀冷缩会在管道中以及管道与管端设备的连接处产生力与力矩，即管道的热载荷。热载荷过大会引起管道热应力增加，轻则造成法兰密封泄漏，重则造成管道焊缝或管端设备破裂。管道柔性设计就是保证管道有适当的柔性，将热载荷限制在允许范围内，当热载荷超过允许限度时，采取有效的补偿措施来提高管道柔性，降低热载荷。管道的柔性是反映管道变形难易程度的概念，表示管道通过自身变形吸收热胀冷缩和其他位移的能力。可以通过改变管道的走向、选用补偿器和选用弹簧支吊架方式来改变管道的柔性。

(1) 管道的补偿　管道的热补偿有自然补偿和补偿器补偿两种方法。

自然补偿是管道的走向按照具体情况呈各种弯曲形状，管道利用自然的弯曲形状所具有的柔性补偿其自身的热膨胀和端点位移。自然补偿特点是构造简单，运行可靠，投资少。

补偿器补偿是用补偿器的变形来吸收管系的线位移和角位移，常见的补偿器有 π 形补偿器、波形补偿器和套管式补偿器。当自然补偿不能满足要求时，需采用这种补偿方法。

(2) 柔性设计的方法　热载荷计算是管道柔性设计的主要内容，工业生产装置中的管道系统多为具有多余约束的超静定结构。对于复杂管道可用固定架将其划分成几个较为简单的管段，如L形管段，U形管段、Z形管段等，再进行分析计算。

管道应首先利用改变走向获得必要的柔性，若布置空间的限制或其他原因也可采用波形补偿器或其他类型补偿器获得柔性。

管道柔性计算方法包括简化分析方法和计算机分析方法。一般情况下列管道可不需进行详细柔性设计（计算机应力分析）：①与运行良好的管道柔性相同或基本相当的管道；②和已分析管道相比较，确认有足够柔性的管道；③对具有同一直径、同一壁厚、无支管、两端固定、无中间约束并能满足下列要求的非极度危害或非高度危害介质管道。

四、管道的隔热

设备和管道的隔热可以减少过程中的热量或冷量损失，节约能源；能避免、限制或延迟设备或管道内介质的凝固、冻结，以维持正常生产；隔热可以减少生产过程中介质的温升或者温降，以提高设备的生产能力；保冷可以防止设备和管道及其组成件表面结露；保温可以维持工作环境，防止因表面过热导致火灾和防止操作人员烫伤。

除工艺过程要求必须裸露、散热的设备和管道外，介质操作温度大于50℃设备和管道需要隔热。如果工艺要求限制热损失的地方，即使介质操作温度小于或等于50℃时，也应全部采用保温。当表面温度超过60℃时，应设置防烫伤保温。

保冷适用于操作温度常温以下的设备和管道，需阻止或减少冷介质和载冷介质在生产和输送过程中的冷损失，即温度升高。需要阻止低温设备和管道外壁表面凝露时也需要保冷。

(1) 隔热结构　隔热结构是保温和保冷结构的统称。保温结构一般由隔热层和保护层组成。对于室外及埋地的设备与管道，可根据需要增加防锈层与防潮层。保冷结构由防锈层、隔热层、防潮层和保护层组成。

隔热结构设计应符合隔热效果好、劳动条件好、经济合理、施工和维护方便、防水、美观等基本要求。应保证使用寿命长，在使用过程中不得有冻坏、烧坏、腐烂、粉化、脱落等现象。

隔热结构应有足够的机械强度，不会因受自重或偶然外力作用而破坏。对有振动的管道与设备的隔热结构应加固。隔热结构一般不考虑可拆卸性，但需要经常维修的部位一般采用可拆卸隔热结构。防锈层、隔热层、防潮层和保护层的设计应符合GB 50264《工业设备及管道绝热工程设计规范》的规定。

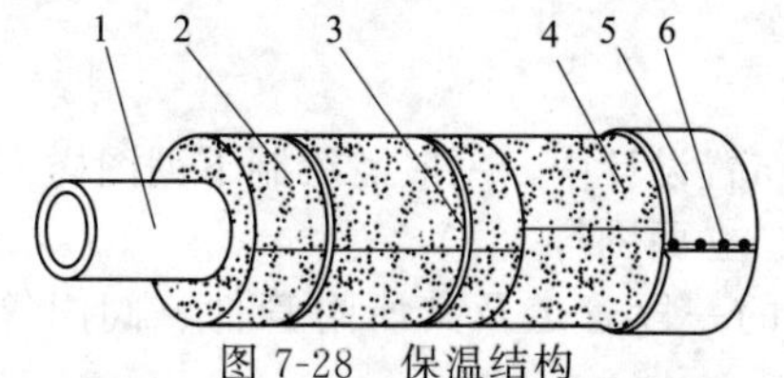

图7-28　保温结构

1—防腐层，管道外壁除锈后刷底漆；2—保温层；3—捆扎镀锌铁丝或钢带；4—外保护层；5—半圆头自攻螺钉

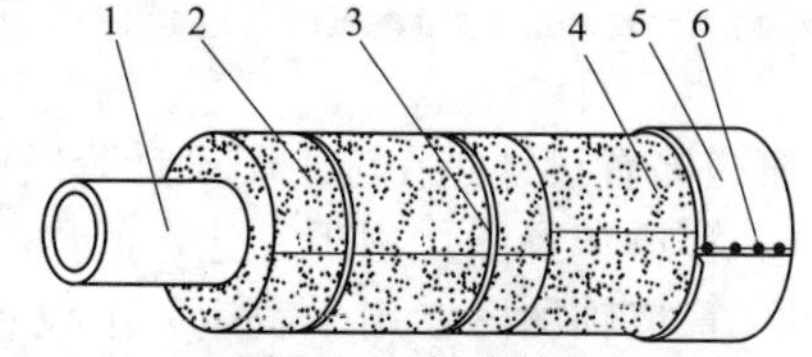

图7-29　保冷结构

1—防腐层，管道外壁除锈后刷底漆；2—保冷层；3—捆扎镀锌铁丝或钢带（当为双层或多层保冷时，内层保冷层外用不锈钢丝或钢带）；4—防潮层，第一层为阻燃型石油沥青玛蹄脂，第二层为有碱粗格平纹玻璃布，第三层为阻燃型石油沥青玛蹄脂；5—外保护层；6—金属保护层用咬口或钢带捆扎

保温结构顺序：防锈层、保温层、保护层、防腐蚀及识别层，见图 7-28。

保冷结构顺序：防锈层、保冷层、防潮层、保护层、防腐蚀及识别层，见图 7-29。

(2) 隔热材料　工程中使用的隔热材料应为国内常用的隔热材料，各项技术指标要符合要求，隔热材料受潮后严禁使用。

设备和管系的隔热层厚度可根据管径、设备尺寸和设备、管道的表面温度，确定隔热层厚度。当保温层厚度超过 100mm，保冷层厚度超过 80mm 时，应采用双层结构，各层厚度宜相近，且内外层缝隙彼此错开。

保温材料制品应具有最高安全使用温度、耐火性能、吸水率、吸湿率、热膨胀系数、收缩率、抗折强度、pH 值及氯离子含量等测试数据；保冷材料制品应具有最低和最高安全使用温度、线膨胀率或收缩率、抗折强度、阻燃性、防潮性、抗蚀性、抗冻性等指标。

保温材料制品的最高安全使用温度应高于正常操作时的介质最高温度；保冷材料制品的最低安全使用温度应低于正常操作时的介质最低温度。

相同温度范围内有多种可供选择的隔热材料时，应选用热导率小，密度小，强度相对高，无腐蚀性，吸水、吸湿率低，易施工，造价低，综合经济效益较高的材料。

在高温条件下或低温条件下，经综合经济比较后，可选用复合材料。

(3) 隔热计算　保温计算应根据工艺要求和技术经济分析选择保温计算公式。当无特殊工艺要求时，保温层的厚度应采用经济厚度法计算，但若经济厚度偏小，以致散热损失量超过最大允许散热损失量标准时，应采用最大允许热损失量下的厚度；防止人身遭受烫伤的部位其保温层厚度应按表面温度法计算，且保温层外表面的温度不得大于 60℃；当需要延迟冻结凝固和结晶的时间及控制物料温降时，其保温厚度应按热平衡方法计算。

保冷计算应根据工艺要求确定保冷计算参数，当无特殊工艺要求进行保冷厚度计算，应用经济厚度调整。保冷的经济厚度必须用防结露厚度校核。

隔热层厚度的计算比较复杂。通常，一般管路的保温层厚度由表 7-11 确定。

表 7-11　一般管路保温层厚度的选择

保温材料的热导率 /[kcal/(h·m·℃)]	流体温度 /℃	不同管路直径(mm)的保温层厚度/mm				
		<50	60～100	125～200	225～300	325～400
0.075	100	40	50	60	70	70
0.08	200	50	60	70	80	80
0.09	300	60	70	80	90	90
0.10	400	70	80	90	100	100

第四节　管道布置设计

管道布置设计是在施工图设计阶段中进行的。在管道布置设计中，一般需绘制下列图样：

① 管道布置图，用于表达车间内管道空间位置的平、立面图样。

② 管道轴测图，用于表达一个设备至另一个设备间的一段管道及其所附管件、阀门等具体布置情况的立体图样。

③ 管架图，表达非标管架的零部件图样。

④ 管件图，表达非标管件的零部件图样。

一、管道布置图

管道布置图又称配管图，是表达车间（或装置）内管道及其所附管件、阀门、仪表控制点等空间位置的图样。管道布置图是车间（或装置）管道安装施工中的重要依据。

（一）管道平面布置图的版次

国际上管道平面布置图不同版次的工作程序确定步骤见图 7-30。在实际应用中，可根据装置的不同设计条件分别确定管道平面布置图的版次。

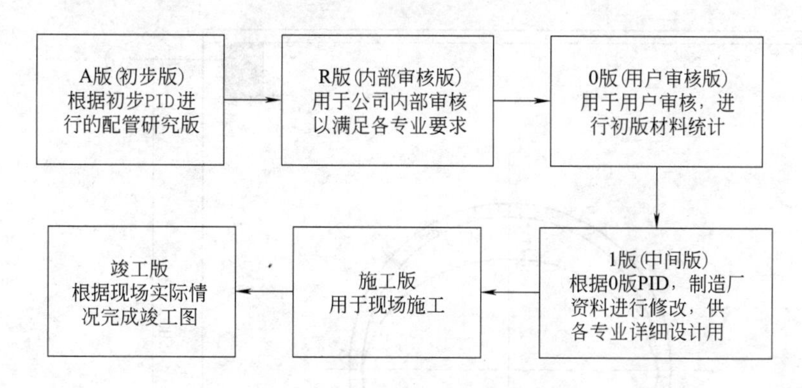

图 7-30　管道平面布置图的版次

（二）管道布置图的内容

管道布置图含管道布置图和分区索引图。各部分内容如下：

1. 管道布置图

管道布置图一般包括以下内容：

(1) 一组视图　画出一组平、立面剖视图，表达整个车间（装置）的设备、建筑物以及管道、管件、阀门、仪表控制点等的布置安装情况。

(2) 尺寸与标注　注出管道以及有关管件、阀门、仪表控制点等的平面位置尺寸和标高，并标注建筑定位轴线编号、设备位号、管段序号、仪表控制点代号等。

(3) 方位标　表示管道安装的方位基准。

(4) 管口表　注写设备上各管口的有关数据。

(5) 标题栏　注写图名、图号、设计阶段等。

图 7-31、图 7-32 为某车间设备的局部管道平面和立面布置图。

2. 分区索引图

当整个车间（装置）范围较大，管道布置比较复杂，装置或主项在管道布置图不能在一张图纸上完成时，则管道布置图需分区绘制。这时，还应同时绘制分区索引图，以提供车间（装置）分区概况（图 7-33）。也可以工段为单位分区绘制管道布置图，此时在图纸的右上方应画出分区简图，分区简图中用细斜线（或两交叉细线）表示该区所在位置，并注明各分区图号。若车间（装置）内管道比较简单，则分区简图可省略。

以小区为基本单位，将装置划分为若干小区。每个小区的范围，以使该小区的管道平面布置图能在一张图纸上绘制完成为原则。

小区数不得超过 9 个。若超过 9 个，应采用大区和小区结合的分区方法。应将装置先分成总数不超过 9 个的大区，每个大区再分为不超过 9 个的小区。只有小区的分区按 1 区、2 区…9 区进行编号。大区与小区结合的分区，大区用一位数，如 1、2…9 编号；小区用两位数编号，其中大区号为十位数，小区号为个位数，如 11、12…19 或 21、22…29。

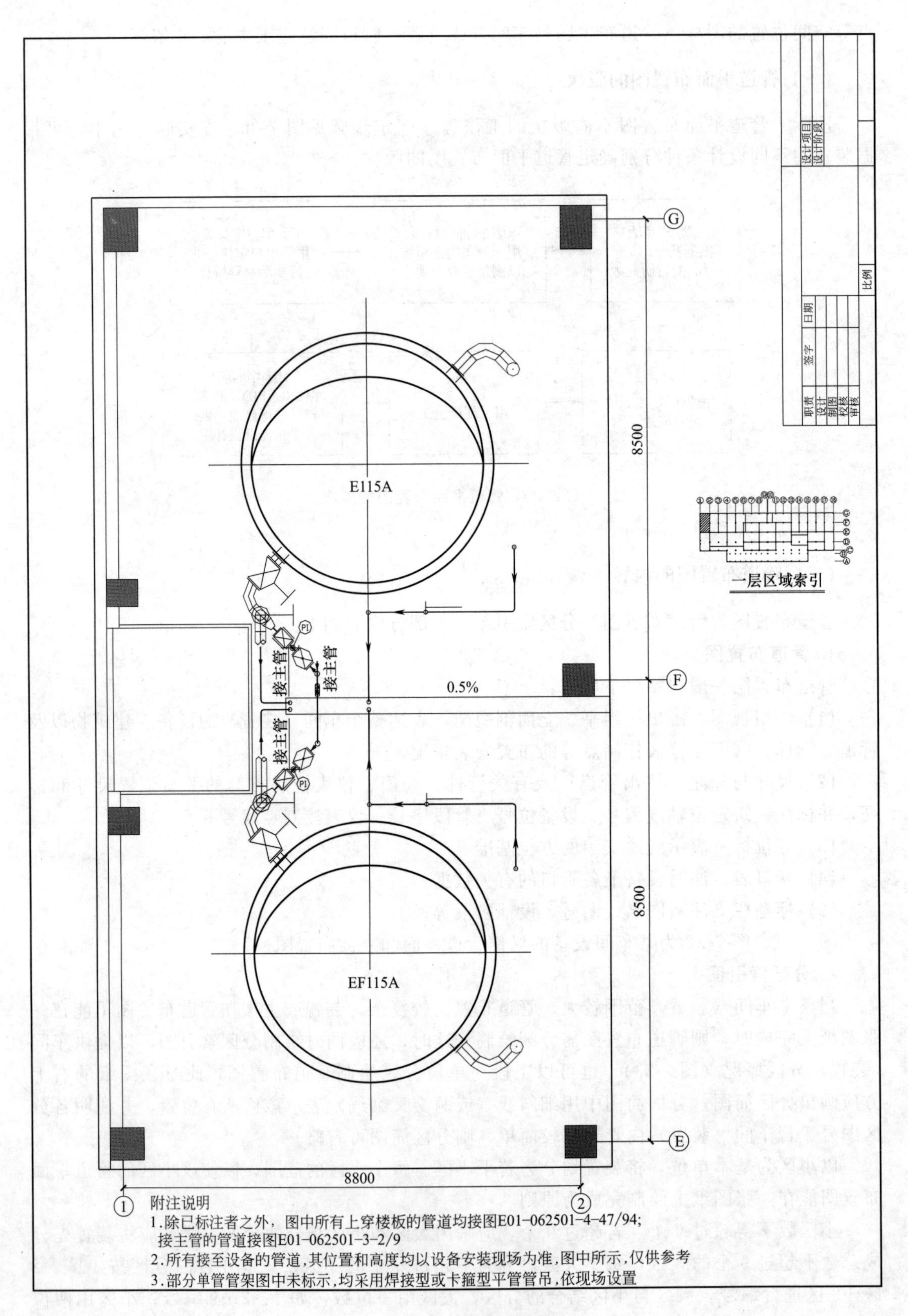

图 7-31 管道平面布置图

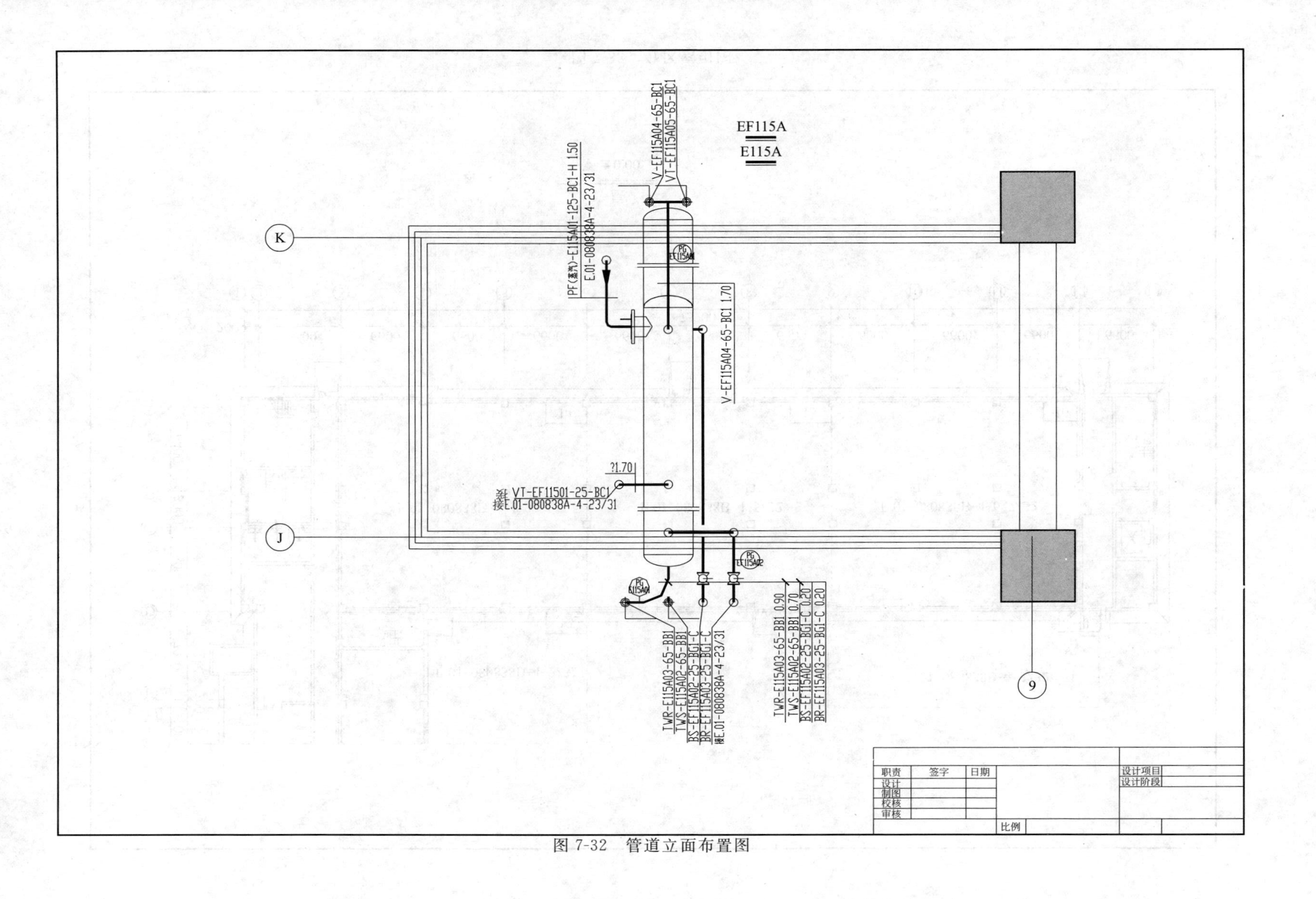

图 7-32 管道立面布置图

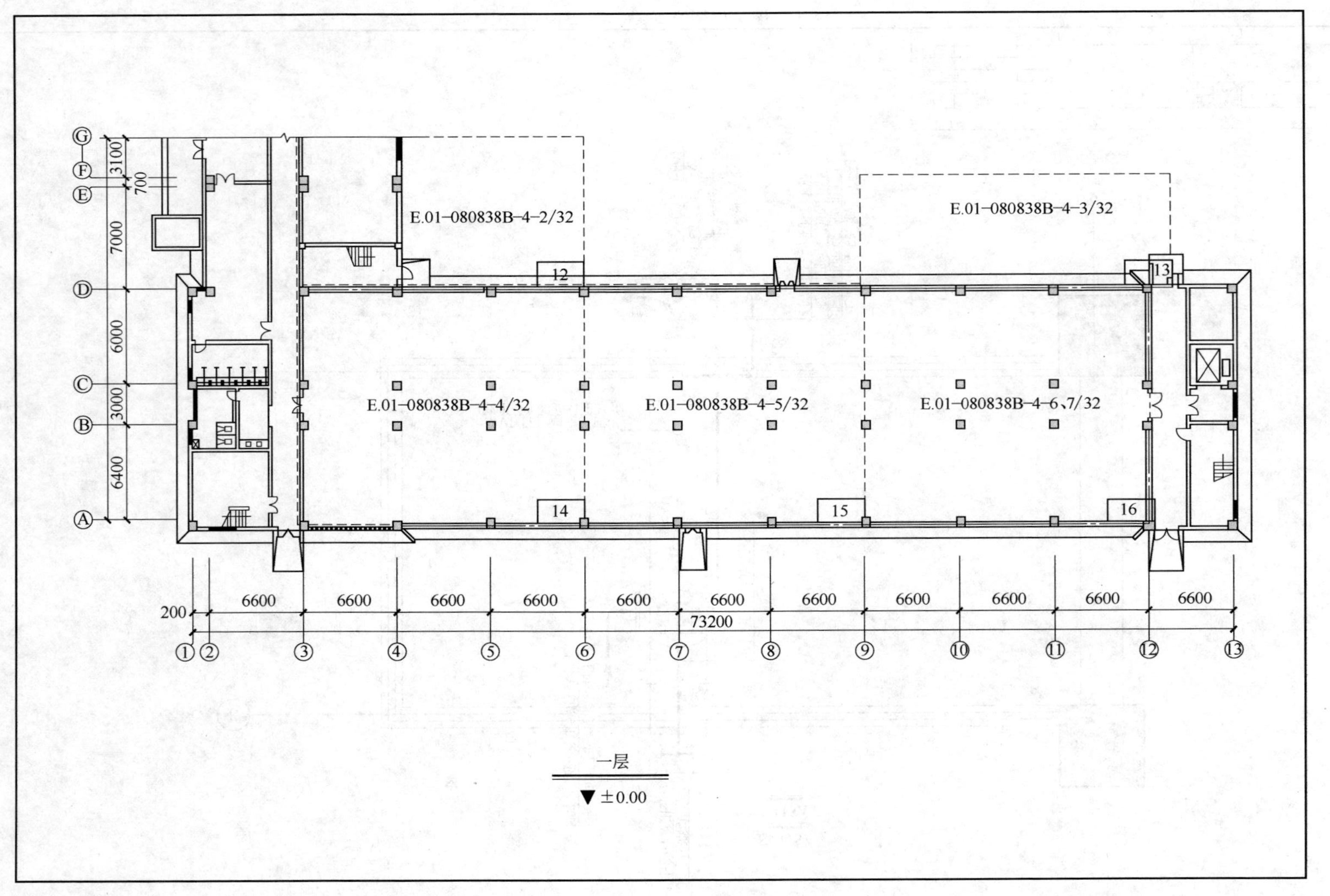

E.01-080838B-4-2/32
E.01-080838B-4-3/32
E.01-080838B-4-4/32
E.01-080838B-4-5/32
E.01-080838B-4-6.7/32
12
13
14
15
16
6600
200
73200
3100
700
7000
6000
3000
6400
一层
▼±0.00

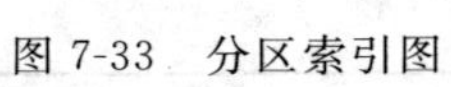
图 7-33 分区索引图

只有小区的分区索引图，分区界线用粗双点划线表示。大区与小区结合的，大区分界线用粗双点划线，小区分界线以中粗双点划线表示。分区号应写在分区界限的右下角矩形框内。

管道布置图应以小区为基本单位绘制。区域分界线用粗双点划线表示，在线的外侧标注分界线的代号、坐标和与其相邻部分的图号。分界线的代号采用 B.L（装置边界）、M.L（接续线）、COD（接续图）。

（三）管道布置图的绘制步骤

1. 管道平面布置图的绘制步骤

① 确定表达方案，视图的数量、比例和图幅后，用细实线画出厂房平面图。画法同设备布置图，标注柱网轴线编号和柱距尺寸。

② 用细实线画出所有设备的简单外形和所有管口，加注设备位号和名称。

③ 用粗单实线画出所有工艺物料管道和辅助物料管道平面图，在管道上方或左方标注管段编号、规格、物料代号及其流向箭头。

④ 用规定的符号或代号在要求的部位画出管件、管架、阀门和仪表控制点。

⑤ 标注厂房定位轴线的分尺寸和总尺寸、设备的定位尺寸、管道定位尺寸和标高。

⑥ 绘制管口方位图。

⑦ 在平面图上标注说明和管口表。

⑧ 校核审定。

2. 管道立面布置图的绘制步骤

① 画出地平线或室内地面、各楼面和设备基础，标注其标高尺寸。

② 用细实线按比例画出设备简单外形及所有管口，并标注设备名称和位号。

③ 用粗单实线画出所有主物料和辅助物料管道，并标注管段编号、规格、物料代号、流向箭头和标高。

④ 用规定符号画出管道上的阀门和仪表控制点，标注阀门的公称直径、形式、编号和标高。

（四）管道布置图的视图

1. 图幅与比例

(1) 图幅　管道布置图图幅一般采用 A0，比较简单的也可采用 A1 或 A2，同区的图应采用同一种图幅，图幅不宜加长或加宽。

(2) 比例　常用比例为 1∶30，也可采用 1∶25 或 1∶50。但同区的或各分层的平面图应采用同一比例。

2. 视图的配置

管道布置图中需表达的内容通常采用平面图、立面图、剖视图、向视图、局部放大图等一组视图来表达。

平面图的配置一般应与设备布置图相同，对多层建（构）筑物按层次绘制。各层管道布置平面图是将楼板（或层顶）以下的建（构）筑物、设备、管道等全部画出。当某层的管道上、下重叠过多，布置较复杂时，可再分上、下两层分别绘制。

管道布置在平面图上不能清楚表达的部分，可采用立面剖视图或向视图补充表示。该剖视图或者轴测图可画在管道平面布置图边界线外的空白处，或者绘在单独的图纸上。一般不允许在管道平面布置图内的空白处再画小的剖视图或者轴测图。绘制剖视图时应按照比例画，可根据需要标注尺寸。轴测图可不按照比例画，但应该标注尺寸。剖视图一般用符号

A—A、B—B等大写英文字母表示，在同一小区内符号不能重复。平面图上要表示剖切位置、方向及标号。为了表达得既简单又清楚，常采用局部剖视图和局部视图。剖切平面位置线的标注和向视图的标注方法均与机械图标注方法相同。管道布置图中各图形的下方均需注写“±0.000平面”、“A—A剖视”等字样。

3. 视图的表示方法

管道布置图应完整表达装置内管道状态，一般包含以下几部分内容：建（构）筑物的基本结构、设备图形、管道、管件、阀门、仪表控制点等的安装布置情况；尺寸与标注，注出与管道布置有关的定位尺寸、建筑物定位轴线编号、设备位号、管道组合号等；标注地面、楼面、平台面、吊车的标高；管廊应标注柱距尺寸（或坐标）及各层的顶面标高；标题栏，注出图名、图号、比例、设计阶段及签名。

4. 管道布置图上建（构）筑物应表示的内容

建筑物和构筑物应按比例根据设备布置图画出柱梁、楼板、门、窗、楼梯、吊顶、平台、安装孔、管沟、篦子板、散水坡、管廊架、围堰、通道、栏杆、爬梯和安全护栏等。生活间、辅助间、控制室、配电室等应标出名称。标出建筑物、构筑物的轴线及尺寸。标出地面、楼面、操作平台面、吊顶、吊车梁顶面的标高。

按比例用细实线标出电缆托架、电缆沟、仪表电缆盒、架的宽度和走向，并标出底面标高。

5. 管道布置图上设备应表示的内容

用细实线按比例以设备布置图所确定的位置画出所有设备的外形和基础，标出设备中心线和设备位号。设备位号标注在设备图形内，也可以用指引线指引标注在图形附近。

画出设备上有接管的管口和备用口，与接管无关的附件如手（人）孔、液位计、耳架和支脚等可以略去不画。但对配管有影响的手（人）孔、液位计、支脚、耳架等要画出。

吊车梁、吊杆、吊钩和起重机操作室要表示出来。

卧式设备的支撑底座需要按比例画出，并标注固定支座的位置，支座下如为混凝土基础时，应按比例画出基础的大小。

重型或超限设备的“吊装区”或“检修区”和换热器抽芯的预留空地用双点划线按比例表示。但不需标注尺寸。

6. 管道布置图上管道应表示的内容

(1) 管道 管道布置图的管道应严格按工艺要求及配管间距要求，依比例绘制，所示标高准确，走向来去清楚，不能遗漏。

管道在图中采用粗实线绘制，大管径管道（$DN \geqslant 400$mm或16in）一般用双线表示。绘成双线时，用中实线绘制。地下管道可画在地上管道布置图中，并用虚线表示，在管道的适当位置画箭头表示物料流向。

当几套设备的管道布置完全相同时，可以只绘一套设备的管道，其余可简化并以方框表示，但在总管上绘出每套支管的接头位置。

管道的连接形式，如图7-34(a)所示，通常无特殊必要，图中不必表示管道连接形式，只需在有关资料中加以说明即可，若管道只画其中一段时，则应在管道中断处画上断裂符号，如图7-34(b)所示。

管道转折的表示方法如图7-35所示。管道向下转折90°角的画法见图7-35(a)，单线绘制的管道，在投影有重影处画一细线圆，在另一视图上画出转折的小圆角，如公称通径$DN \leqslant 50$mm或2in管道，则一律画成直角。管道向上转折90°的画法见图7-35(b)、(c)。双线绘制的管道，在重影处可画一“新月形”剖面符号（也可只画“新月形”，不画剖面符号）。大于90°角转折的管道画法如图7-35(d)。

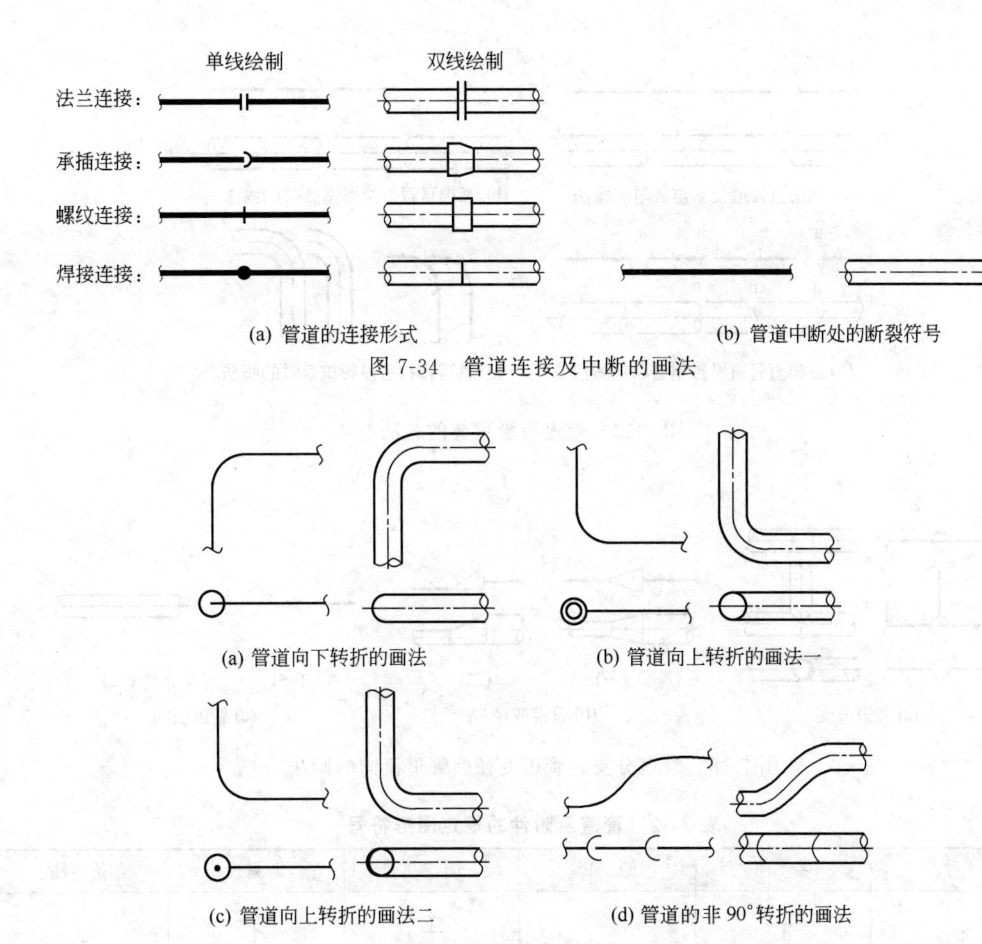

(a) 管道的连接形式　　(b) 管道中断处的断裂符号

图 7-34　管道连接及中断的画法

(a) 管道向下转折的画法　　(b) 管道向上转折的画法一

(c) 管道向上转折的画法二　　(d) 管道的非 90°转折的画法

图 7-35　管道转折的画法

管道交叉画法见图 7-36，当管道交叉投影重合时，其画法可以把下面被遮盖部分的投影断开，如图 7-36（a）所示；也可以将上面管道的投影断裂表示，见图 7-36（b）。

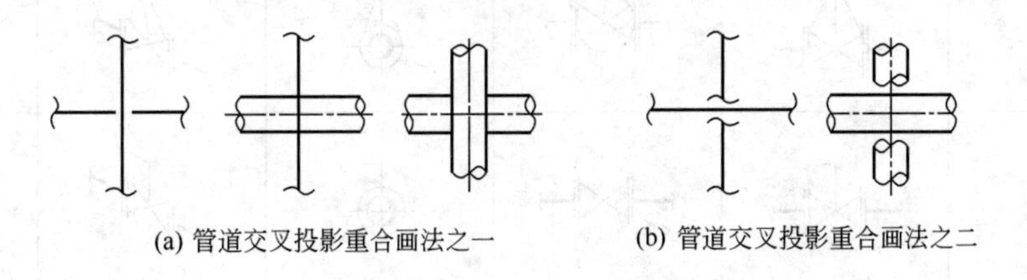

(a) 管道交叉投影重合画法之一　　(b) 管道交叉投影重合画法之二

图 7-36　管道交叉的画法

当管道投影发生重叠时，则将可见管道的投影断裂表示，不可见管道的投影画至重影处稍留间隙并断开，见图 7-37（a）；当多根管道的投影重叠时，可采用图 7-37（b）的表示方法，图中单线绘制的最上一条管道画以“双重断裂”符号；也可如图 7-37（c）所示在管道投影断开处分别注上 a、a 和 b、b 等小写字母，以便辨认；当管道转折后投影发生重叠时，则下面的管道画至重影处稍留间隙断开表示，如图 7-37（d）所示。

在管道布置中，当管道有三通等引出分支管时，画法如图 7-38 所示。不同管径的管道连接时，一般采用同心或偏心异径管接头，画法如图 7-38 所示。此外，管道内物料的流向必须在图中画上箭头予以表示，对用双线表示的管道，其箭头画在中心线上，单线表示的管道，箭头直接画在管道上，如图 7-38 所示。表 7-12 列出了管道及附件的规定图形符号。

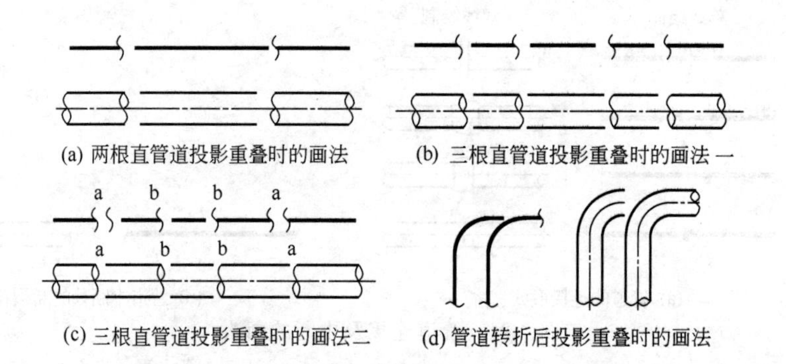

(a) 两根直管道投影重叠时的画法　(b) 三根直管道投影重叠时的画法一

(c) 三根直管道投影重叠时的画法二　(d) 管道转折后投影重叠时的画法

图 7-37　管道投影重叠的画法

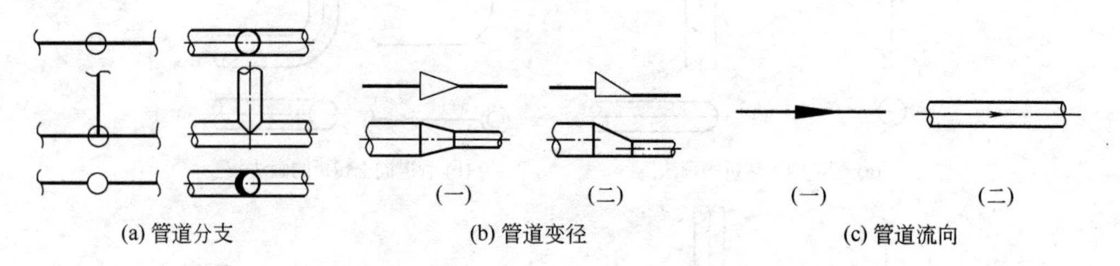

(a) 管道分支　(b) 管道变径　(c) 管道流向

图 7-38　管道分支、管道变径、管道流向的画法

表 7-12　管道及附件的规定图形符号

名　称	主　视	俯　视	侧　视	轴侧视	备　注
截止阀	XRO				
闸阀					
旋塞阀					
三通旋塞阀					
四通旋塞阀					
直流截止阀					

续表

名称	主视	俯视	侧视	轴侧视	备注
节流阀					
球阀					
角式截止阀					
蝶阀					
隔膜阀					
减压阀					
止回阀					
弹簧式安全阀					
底阀			同主视		
管形过滤器		同主视			
Y形过滤器					
T形过滤器					
流水器					

续表

名称		主视	俯视	侧视	轴侧视	备注
阻火器						
墨斗						
视镜						
伸缩节	波纹管式					
	流函式					
隐蔽壁						
限流孔板		XRO			XRO	限流孔板 XRO 的"X"为孔板孔径（mm），例"3RO"

(2) 管件、阀门、仪表控制点　管道上的管件（如弯头、三通异径管、法兰、盲板等）和阀门通常在管道布置图中用简单的图形和符号以细实线画出，其规定符号见相应图例，阀门与管件须另绘结构图。特殊管件如消声器、爆破片、洗眼器、分析设备等在管道布置图中允许作适当简化，即用矩形（或圆形）细线表示该件所占位置，注明标准号或特殊件编号。

管道上的仪表控制点用细实线按规定符号画出。一般画在能清晰表达其安装位置的视图上，其规定符号与第二章的带控制点的工艺流程图相同，见表 2-4 和表 2-10。

(3) 管道支架　管道支架是用来支承和固定管道的，其位置一般在管道布置图的平面图中用符号表示，如图 7-39 所示。

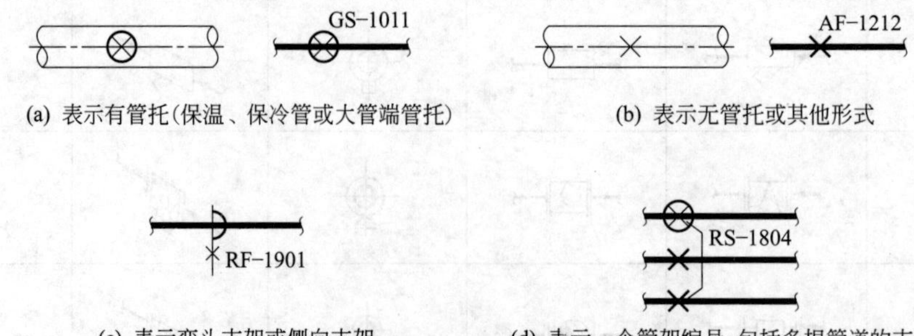

图 7-39　管道布置中管道支架的图示方法

（五）管道布置图的标注

管道布置图上应标注尺寸、位号、代号、编号等内容。

(1) 建（构）筑物　在图中应注出建筑物定位轴线的编号和各定位轴线的间距尺寸及地面、楼面、平台面、梁顶面、吊车等的标高，标注方式均与设备布置图相同。

(2) 设备和管口表

① 设备　设备是管道布置的主要定位基准，设备在图中要标注位号，其位号应与工艺管道仪表流程图和设备布置图上的一致，注在设备图形近侧或设备图形内，如图 7-31 和图 7-32 所示，也可注在设备中心线上方，而在设备中心线下方标注主轴中心线的标高（ϕ＋×.××）或支承点的标高（POS＋×.××）。

在图中还应注出设备的定位尺寸，并用 5mm×5mm 方块标注与设备图一致的管口符号，以及由设备中心至管口端面距离的管口定位尺寸，如图 7-40 所示（如若填写在管口表上，则图中可不标注）。

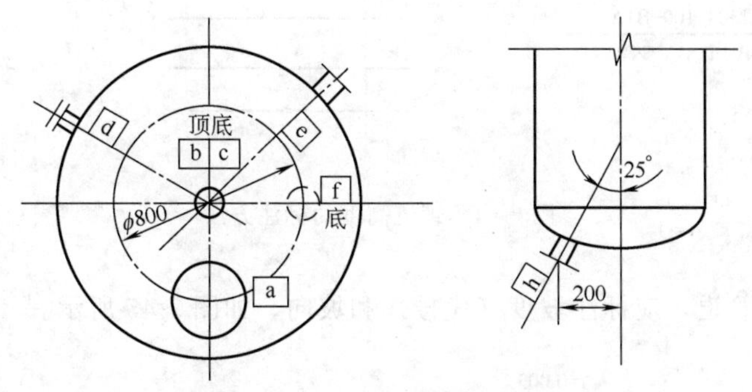

图 7-40　设备管口方位标注示例

② 管口表　管口表在管道布置图的右上角，表中填写该管道布置图中的设备管口。

(3) 管道　在管道布置图中应注出所有管道的定位尺寸、标高及管段编号。

① 管段编号　同一段管道的管段编号要和带控制点的工艺流程图中的管段编号一致。一般管道编号全部标注在管道的上方，也可分两部分别标注在管道的上下方，如图 7-41 所示。

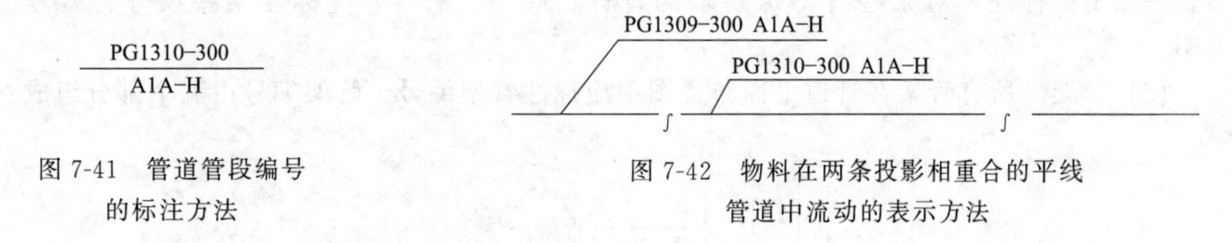

图 7-41　管道管段编号的标注方法

图 7-42　物料在两条投影相重合的平线管道中流动的表示方法

物料在两条投影相重合的平线管道中流动时，可标注为图7-42所示的形式

管道平面图上两根以上管道相重时，可表示为图 7-43 所示的形式。

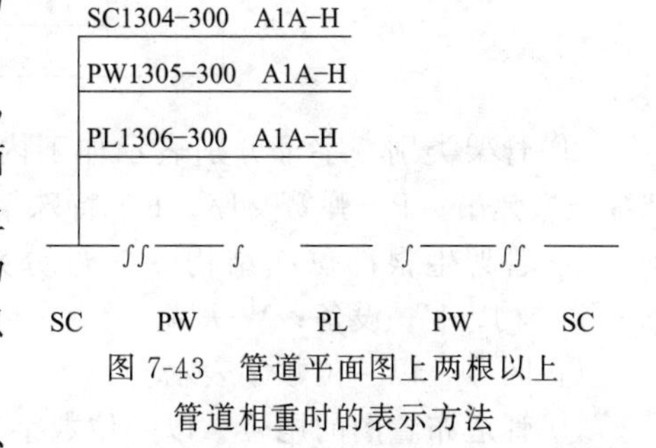

图 7-43　管道平面图上两根以上管道相重时的表示方法

② 定位尺寸和标高　管道布置图以平面图为主，标注所有管道的定位尺寸及安装标高。如绘制立面剖视图，则管道所有的安装标高应在立面剖视图上表示。与设备布置图相同，图中标高的坐标以 m 为单位，小数点后取三位数；其余尺寸如定位尺寸以 mm 为单位，只注数字，不注单位。

在标注管道定位尺寸时，通常以设备中心线、设备管口中心线、建筑定位轴线、墙面等为基准进行标注。与设备管口相连直接管段，因可用设备管口确定该段管道的位置，故不需要再标注定位尺寸。

管道安装标高以室内地面标高 0.000m 或 EL100.000m 为基准。管道按管底外表面标注安装高度，其标注形式为“BOP EL××.×××”，如按管中心线标注安装高度，则为“EL××.×××”。标高通常注在平面图管线的下方或右方，如图 7-44 所示，管线的上方或左方则标注与工艺管道仪表流程图一致的管段编号，写不下时可用指引线引至图纸空白处标注，也可将几条管线一起引出标注，此时管道与相应标注都要用数字分别进行编号，如图 7-44 所示。

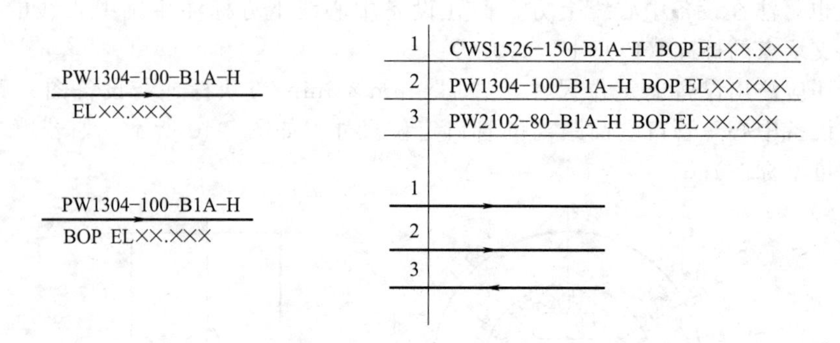

图 7-44 管道高度的标注方法

对于有坡度的管道，应标注坡度（代号）和坡向，如图 7-45 所示。

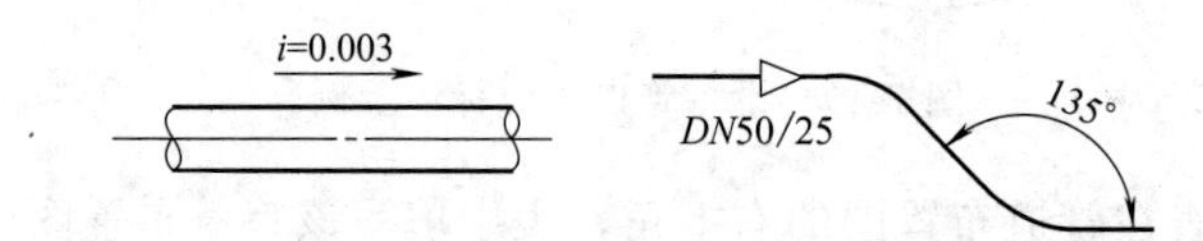

图 7-45 管道坡度和坡向的标注以及异径管和非 90°角的标注

(4) 管件、阀门、仪表控制点　管道布置图中管件、阀门、仪表控制点按规定符号画出后，一般不再标注，对某些有特殊要求的管件、阀门、法兰，应标注某些尺寸、型号或说明。

(5) 管架　所有管架在管道平面布置图中应标注管架编号。管架编号由五个部分组成：

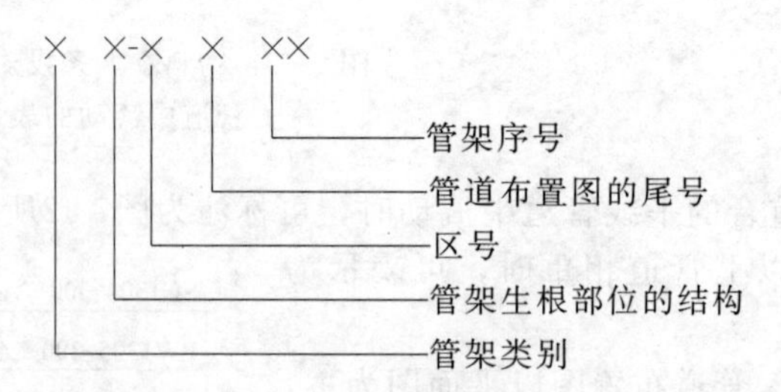

① 管架类别　字母分别表示如下内容：A—固定架；G—导向架；R—滑动架；H—吊架；S—弹吊；P—弹簧支座；E—特殊架；T—轴向限位架。

② 管架生根部位的结构　字母分别表示如下内容：C—混凝土结构；F—地面基础；S—钢结构；V—设备；W—墙。

③ 区号　以一位数字表示。

④ 管道布置图的尾号　以一位数字表示。

⑤ 管架序号　以两位数字表示，从 01 开始（应按管架类别及生根部位结构分别编写）。

水平向管道的支架标注定位尺寸，垂直向管道的支架标注支架顶面或者支承面的标高。

二、管道轴测图

管道轴测图是表示一个设备（或管道）至另一个设备（或管道）的整根管线及其所附管件、阀件、仪表控制点等具体配置情况的立体图样。图中表达管道制造和安装所需的全部资料。图面上往往只画整个管线系统中的一路管线上的某一段，并用轴测图的形式来表示，使施工人员在密集的管线中能清晰完整地看到每一路管线的具体走向和安装尺寸。如图 7-46 为油泵系统管道平立面布置图，图 7-47 则是油泵管路系统 L_4、L_5 管线的管道轴测图。管道轴测图绘制一般设计院都有统一的专业设计规定（包括常用缩写符号及代号；管道、管件、阀门及管道附件图形画法规定；常用工程名词术语；图幅、比例、线条、尺寸标注及通用图例符号规定等）。统一规定一般将对管道轴测图的图面表示、尺寸标注、图形接续分界线、延续管道和管道等级分界、隔热分界、方位和偏差、装配用的特殊标记、管道轴测图上的材料表填写要求等方面进行详细阐述。

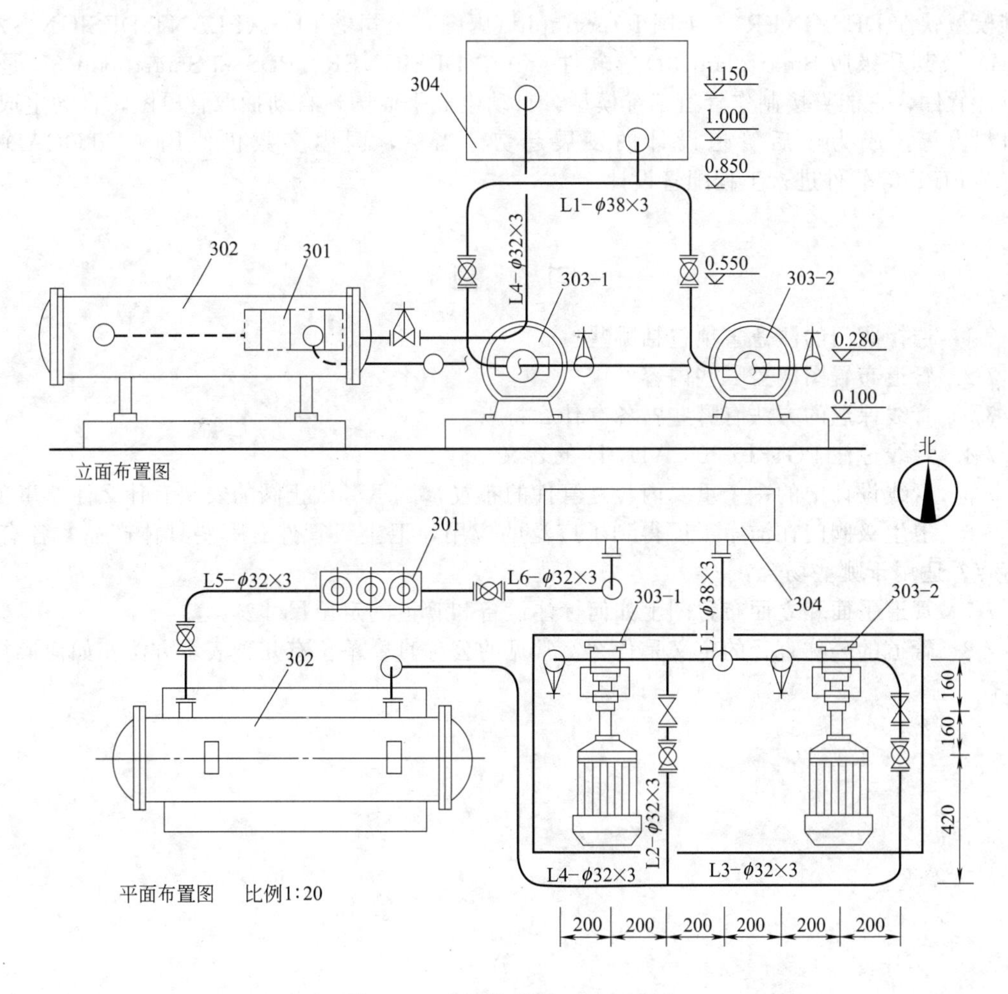

图 7-46　油泵管道平立面布置图

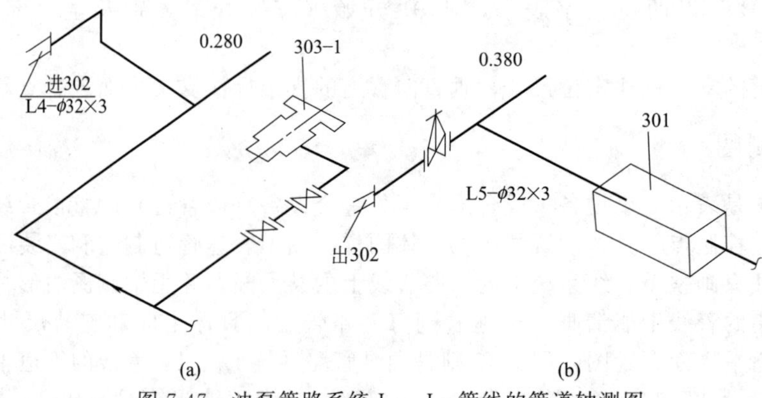

图 7-47 油泵管路系统 L_4、L_5 管线的管道轴测图

三、计算机在管道布置设计中的应用

目前利用计算机进行配管设计已经广泛应用于国内的设计院。计算机辅助配管软件应用越来越广的主要有美国 Rebis 公司的 AUTOPLANT（包括二维管道绘制软件 DRAWPIPE、三维模型软件 DESIGNER）、美国 Intergraph（鹰图）公司的 PDS（PLANT DESIGN SYSTEM）及其升级版 Smartplant 3D 等软件。其中 DESIGNER、PDS 和 Smartplant 3D 是三维设计软件，它能直接制作管道三维模型，自动生成平面图，自动抽取管段图，自动生成各种材料表等，成为今后管道设计的发展趋势。当然，国内多数仍使用 AUTOCAD 和 DRAWPIPE 等软件进行工程配管设计。

习　题

7-1　选择阀门的注意事项包括哪些？

7-2　管道布置图涵盖哪些内容？

7-3　管线保温的方法有哪些？各有什么特点？

7-4　管线标注 PG1310-300 A1A-H 的含义是什么？

7-5　管线设计中的一个重要内容是管件的布置，试思考截止阀的安装有什么注意事项。

7-6　卫生级阀门在洁净工厂得到了广泛的应用，卫生级管件有哪些具体产品？各有什么特点？适用于哪些场合？

7-7　管道平面和立面布置图上如何标注设备和管道的定位尺寸？

7-8　管道的公称直径的定义是什么？常见的公称直径单位有几种表示方法？如何换算？

第八章 净化空调系统设计

实施GMP的目的是在药品的制造过程中防止药品的混批、混杂、污染及交叉污染，它涉及药品生产的每一个环节，空气净化系统是其中的一个重要环节。医药工业空气净化系统的主要任务是控制室内悬浮微粒及微生物对生产的污染，以及防止交叉污染。

第一节 医药工业洁净厂房

医药工业洁净厂房环境控制的主要目的是为了防止污染或交叉污染，并为操作者提供舒适的操作环境。药厂洁净技术应用一定要根据生产的药品类型、生产规模和中、长期发展规划来进行。药厂洁净室关键技术主要在于控制尘埃和微生物，作为污染物质，微生物是药厂洁净室环境控制的重中之重。

一、对设施的要求

洁净区的厂房应设有必要的空调、通风、净化、防蚊蝇、防虫鼠、防异物混入等设施。医药工业洁净厂房要求气密性良好，内表面应平整光滑、无裂缝、接口严密、无颗粒物脱落、易清洗、易消毒；墙壁与地面交界处宜成弧形；地面应平整光滑、不开裂、耐磨、防潮、不易积聚静电且易于清洗。有外窗的房间要采用气密性良好的中空玻璃固定窗。门要求光滑，造型简单，关闭严密。开启方向一般应朝向压力较高的房间。

工艺布局应防止人流和物流的交叉污染。应分别设置人员和物料进出生产区域的出入口，并设置人员和物料进入医药洁净区的净化用室和设施。一般工作服存在带电位高，发尘量大的缺点，因此洁净区无菌衣、帽，应选用一些质地光滑，不含棉纤维又能“中合”正负电荷的防止静电作用的混纺织物为宜。要求不同的级别穿不同的衣服，目的主要是“不得混用”。物料应通过缓冲室经清洁、灭菌后进入洁净区。严禁不同洁净级别的洁净区之间的人员和物料出入，防止交叉污染。工器具应通过传递窗灭菌后进入。

洁净区的公用系统管线（横向或竖向）宜安装在技术夹层内，不得直接露于空间。洁净区内的管道、附件应采用不锈钢材质或其他不污染环境的材料。排水立管不应穿过B级、C级洁净区，穿越其他级别洁净区时，不应设检查口。无菌操作的B级洁净区内不得设置地漏，无菌操作的C级区应避免设置水池和地漏。当需要设置地漏时，应采用不易腐蚀的材质，内表面应光滑易清洗，应有密封盖并应能耐消毒灭菌。医药洁净区的照明光源，应采用不易积尘、便于擦拭、易于消毒灭菌的照明灯具。照明灯具可采用吸顶明装或嵌入式安装的方式。

二、对环境控制的要求

（一）对洁净度的要求

医药工业洁净厂房应当根据产品特性、工艺和设备等因素，确定无菌药品生产用洁净区的级别。每一步生产操作的环境都应当达到适当的动态洁净度标准，尽可能降低产品或所处理的物料被微粒或微生物污染的风险。根据中国2010版GMP附录1的规定，无菌药品生产所需的洁净区可分为A级、B级、C级和D级四个级别，各级别空气悬浮粒子的标准规定可参见表8-1。

表8-1　洁净区空气洁净度级别

洁净度级别	悬浮粒子最大允许数/m^3			
	静态		动态	
	≥0.5μm	≥5μm	≥0.5μm	≥5μm
A级	3520	20	3520	20
B级	3520	29	352000	2900
C级	352000	2900	3520000	29000
D级	3520000	29000	不做规定	不做规定

其中：

① 为了确定A级区的级别，每个采样点的采样量不得少于1m^3。A级洁净区空气悬浮粒子的级别为ISO 4.8，以≥5.0μm的悬浮粒子为限度标准。B级洁净区（静态）的空气悬浮粒子的级别为ISO 5，同时包括表中两种粒径的悬浮粒子。对于C级洁净区（静态和动态）而言，空气悬浮粒子的级别分别为ISO 7和ISO 8。对于D级洁净区（静态）空气悬浮粒子的级别为ISO 8。测试方法可参照ISO 14644-1。

② 在确认级别时，应当使用采样管较短的便携式尘埃粒子计数器，避免≥5.0μm悬浮粒子在远程采样系统的长采样管中沉降。在单向流系统中，应当采用等动力学的取样头。

③ 动态测试可在常规操作、培养基模拟灌装过程中进行，证明达到动态的洁净度级别，但培养基模拟灌装试验要求在“最差状况”下进行动态测试。

2010版GMP对于洁净度级别的定义是引用ISO 14644标准的。国内传统的洁净度级别定义是引用美国FS 209标准的。传统所讲的100级对应ISO 5级，10000级对应ISO 7级，100000级对应ISO 8级。

此外，中国2010版GMP还对洁净区的微生物水平做了要求，具体可参见表8-2。

表8-2　洁净区微生物监测动态标准

洁净度级别	浮游菌/(cfu/m^3)	沉降菌(ϕ90mm)/(cfu/4h)	表面微生物	
			接触(ϕ55mm)/(cfu/碟)	5指手套/(cfu/手套)
A级	<1	<1	<1	<1
B级	10	5	5	5
C级	100	50	25	—
D级	200	100	50	—

其中：

① 表中各数值均为平均值。

② 单个沉降碟的暴露时间可以少于4h，同一位置可使用多个沉降碟连续进行监测并累积计数。

（二）对压差的要求

压差控制是维持洁净室洁净度等级、减少外部污染、防止交叉污染的最重要、最有效的手段。洁净室内一般应保持正压，但当洁净室内工艺生产或活动使得室内空气内含高危险性的物质，如青霉素等高致敏性药物、高传染性高危险的病毒、细菌等，洁净室压差需保持相对负压。洁净室静压差具有如下作用：

① 洁净室门窗关闭时，防止周围环境的污染由门窗缝隙渗入洁净室内；

② 洁净室门窗开启时，保证足够的气流速度，尽量减少门窗开启和人员进入瞬时进入洁净室的气流，保证气流方向，以便把进入的污染减小到最低程度。

中国洁净厂房设计规范要求“不同等级的洁净室以及洁净区与非洁净区之间的压差应不小于 5Pa，洁净区与室外的压差应不小于 10Pa”；欧盟 GMP 推荐医药工业洁净室不同级别的相邻房间之间需保持 10～15Pa 的压差；WHO 的指南建议相邻区域之间通常采用 15Pa 的压差，一般可接受的压差为 5～20Pa。中国 2010 版 GMP 要求“洁净区与非洁净区之间、不同级别洁净区之间的压差应当不低于 10Pa，必要时，相同洁净度级别的不同功能区域（操作间）之间也应当保持适当的压差梯度”。从药品生产安全和防止交叉污染的角度考虑，医药工业洁净室的压差控制要求更高，因此，在医药工业洁净室的设计过程中，广泛采用10～15Pa 的设计压差。关键工艺性房间与相邻同级别房间、不同级别相邻房间之间应设置压差表或压差传感器，压差值应被记录，并设置报警系统。

（三）对温湿度的要求

洁净区的温度和相对湿度应与药品生产工艺相适应，满足产品和工艺的要求，并满足人体舒适的要求。除有特殊要求外，A 级、B 级洁净区温度一般应为 20～24℃，相对湿度一般应为 45％～60％；C 级、D 级洁净区温度一般应为 18～26℃，相对湿度一般应为 45％～65％。

生产工艺对温度和/或相对湿度有特殊要求时，应根据工艺要求确定。血液制品在生产过程中需要在不同的温度下进行分离提纯操作，有时需要低温操作。疫苗类产品在培养阶段需要保持较高的培养温度，且要求温度恒定；培养之后的冻胚阶段又需要较低的控制温度，一般为 2～8℃。冻干粉针产品在冻干后需要维持房间较低的相对湿度，有时要求≤30％。软胶囊存放对相对湿度要求条件较高，过低的相对湿度会使胶囊壳干掉，不利于保存。片剂、硬胶囊等产品在生产过程中要求较低的相对湿度，以避免黏结。各种工艺生产对于温湿度都有可能有特殊的要求，因此，在进行医药净化空调系统设计之前，一定要先明确工艺对温湿度的要求。

（四）对新风量的要求

医药工业洁净区内应提供一定的新鲜空气量，应取下列最大值：①补偿室内排风和保持正压所需的新鲜空气量；②保证人员舒适性，新鲜空气量应大于 $40m^3$/(人·h)。

（五）对照度的要求

医药工业洁净区应根据生产要求提供足够的照度，足够的照度是保证生产有序进行的必要条件，但也需考虑到节能，合理设计。一般应符合如下规定：①主要工作室一般照明的照度值宜为 300lx；②辅助工作室、走廊、气锁室、人员净化和物料净化用室的照度值不宜低于 150lx；③对照度有特殊要求的生产部位可设置局部照明。

（六）对噪声的要求

非单向流医药洁净区的噪声级（空态）不应大于 60dB（A），单向流和混合流医药洁净区的噪声级（空态）不应大于 65dB（A）。噪声过高会对洁净室内的操作人员的身体健康造成影响，净化空调系统设计过程中，系统的方案、设备、部件的选用，都应考虑到防止噪声超标。特别对于单向流洁净室，由于设备比较集中，噪声极易超标，需谨慎设计。

（七）其他特殊要求

避孕药品的生产厂房应与其他药品生产厂房分开，并装有独立的专用的空气净化系统。生产激素类、抗肿瘤类化学药品应避免与其他药品使用同一设备和空气净化系统；不可避免时，应采用有效的防护措施和必要的验证。放射性药品的生产、包装和储存应使用专用的、安全的设备，生产区排出的空气不应循环使用，排气中应避免含有放射性微粒，符合国家关于辐射防护的要求与规定。

第二节　净化空调系统的空气处理

送入洁净室的空气不但有洁净度的要求，还要有温度和湿度的要求，所以除了对空气过滤净化外，还需加热或冷却、加湿或去湿等各种处理。这套服务于净化区的空气处理系统称为净化空调系统。

一、空气过滤器

洁净室内的污染源按来源分为内部污染源和外部污染源。净化空调系统就是要通过各种技术手段消除上述污染源或降低其水平，而过滤技术是最主要的技术手段。常用的净化空调用过滤器，按国内规范分为粗效（初效）过滤器、中效过滤器、高中效过滤器、亚高效过滤器和高效过滤器五类，见表 8-3。

表 8-3　空气过滤器的分类（国内标准）

类别	额定风量下的效率/%	额定风量下的初阻力/Pa	备注	类别	额定风量下的效率/%	额定风量下的初阻力/Pa	备注
粗效	人工尘计重效率≥10以及粒径≥2μm $\eta \geqslant 20$	≤50	除注明外，效率为大气尘计数效率	高效 B 类	粒径≥0.5μm $99.99 \leqslant \eta < 99.999$	≤220	A、B、C三类效率为钠焰法效率；D、E、F类效率为计数效率。D、E、F类出厂要检漏
中效	粒径≥0.5μm $20 \leqslant \eta < 70$	≤80		高效 C 类	粒径≥0.5μm $\eta \geqslant 99.999$	≤250	
高中效	粒径≥0.5μm $70 \leqslant \eta < 95$	≤100		高效 D 类	粒径≥0.1μm $99.999 \leqslant \eta < 99.9999$	≤250	
亚高效	粒径≥0.5μm $95 \leqslant \eta < 99.9$	≤120		高效 E 类	粒径≥0.1μm $99.9999 \leqslant \eta < 99.99999$	≤250	
高效 A 类	粒径≥0.5μm $99.9 \leqslant \eta < 99.99$	≤190		高效 F 类	粒径≥0.1μm $\eta \geqslant 99.99999$	≤250	

由于种种原因，国内过滤器分类的方法应用并未得到全面推广，业内比较通行的过滤器分类方法是根据欧洲标准进行分类，分 G1、G2、G3、G4、M5、M6、F7、F8、F9、E10、E11、E12、H13、H14、U15、U16 和 U17 等规格，详见表 8-4。

各个国家过滤器规格分类的方法各不相同，图 8-1 可用于相互之间的简单比较。在空气洁净技术中，通常是将几种效率不同的过滤器串联使用。配置原则是：相邻二级过滤器的效率不能太接近，否则后级负荷太小；但也不能相差太大，这样会失去前级对后级的保护。

表 8-4　空气过滤器的分类（欧洲标准）

规格	EN 779—2012		EN 1882—2009	规格	EN 779—2012		EN 1882—2009
	计重法效率/%	计径计数法(0.4μm 平均)/%	最易穿透粒径法/%		计重法效率/%	计径计数法(0.4μm 平均)/%	最易穿透粒径法/%
G1	$\eta<65$	—	—	E10	—	—	$85\leqslant\eta<95$
G2	$65\leqslant\eta<80$	—	—	E11	—	—	$95\leqslant\eta<99.5$
G3	$80\leqslant\eta<90$	—	—	E12	—	—	$99.5\leqslant\eta<99.95$
G4	$\eta\geqslant90$	—	—	H13	—	—	$99.95\leqslant\eta<99.995$
M5	—	$40\leqslant\eta<60$	—	H14	—	—	$99.995\leqslant\eta<99.9995$
M6	—	$60\leqslant\eta<80$	—	U15	—	—	$99.9995\leqslant\eta<99.99995$
F7	—	$80\leqslant\eta<90$	—	U16	—	—	$99.99995\leqslant\eta<99.999995$
F8	—	$90\leqslant\eta<95$	—	U17	—	—	$\eta\geqslant99.999995$
F9	—	$\eta\geqslant95$	—				

注：EN 779—2002 中，M5、M6 分别对应 F5、F6；EN 1882—1998 中，E10、E11、E12 分别对应 H10、H11、H12。

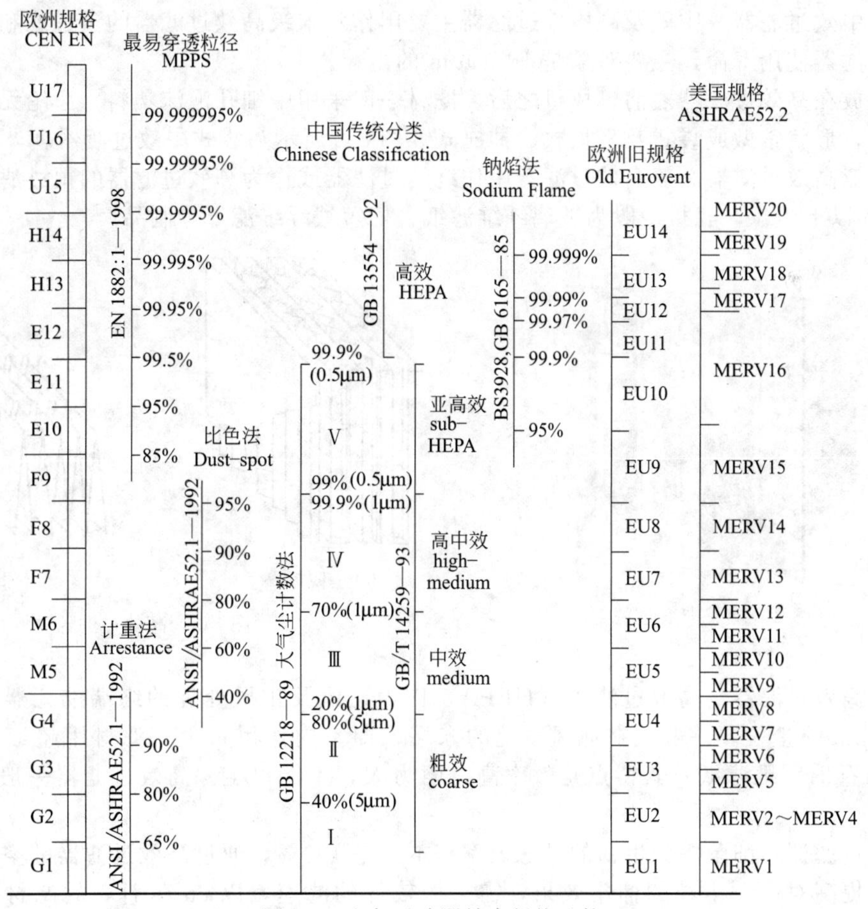

图 8-1　空气过滤器效率规格比较

空气净化处理中常采用粗效、中效、高效空气三级过滤。常用的过滤器组合方式有

G4＋F8＋H13 等。粗效过滤器布置在新风入口处，或空调机组入口处，主要过滤≥5μm 的大颗粒；中效过滤器集中布置在空气处理机组的正压段，主要提供对末端高效过滤器的保护；高效过滤器设置在净化空调系统的末端送风口内，安装高效过滤器的风口一般称为高效过滤风口。一般对于 A/B/C 级区域，采用 H14 级别的高效过滤器，D 级区域采用 H13 级别的高效过滤器。

净化空调系统内过滤器的选用既要考虑服务区域的洁净度级别，又要考虑生产工艺，生产情况以及节能运行等。此外，根据过滤器是否可以清洗回收，又可分为可清洗型、不可清洗型以及耐清洗型。一般粗、中效过滤器可选用可清洗型或耐清洗型，例如板式或袋式；末端高效过滤器选用不可清洗型，有隔板或无隔板式，现在应用较多的是无隔板式高效过滤器。

(1) 粗效过滤器 粗效过滤器（或称初效过滤器）主要用于对大于 5μm 的大颗粒尘埃的控制，依靠惯性作用和碰撞作用，滤速可达 1.2m/s。其滤材一般采用易于清洗更换的粗中孔泡沫塑料或涤纶无纺布（无纺布是不经过织机，而用针刺法、簇绒法等把纤维交织成织物，或用黏合剂使纤维黏合在一起而成）等化纤材料，形状有平板式、抽屉式、自动卷绕人字式、袋式。近年来逐渐用无纺布较多，渐渐代替泡沫塑料作滤材。其优点是：无味道，容量大，阻力小，滤材均匀，便于清洗，不像泡沫塑料那样易老化，成本也下降。

(2) 中效过滤器 中效及高中效过滤器主要用作对末级高效过滤器的预过滤和保护，延长高效过滤器使用寿命，主要对象是 1～10μm 的尘粒。

一般放在高效过滤器之前，风机之后。滤材一般采用中细孔泡沫塑料、涤纶无纺布、玻璃纤维等，形状常做成袋式及平板式、抽屉式。图 8-2 所示为袋式中效过渡器。

(3) 亚高效过滤器 亚高效过滤器用作终端过滤器或作为高效过滤器的预过滤，主要对象是 5μm 以下尘粒，滤材一般为玻璃纤维滤纸、棉短绒纤维滤纸等制品。

图 8-2 袋式中效过滤器

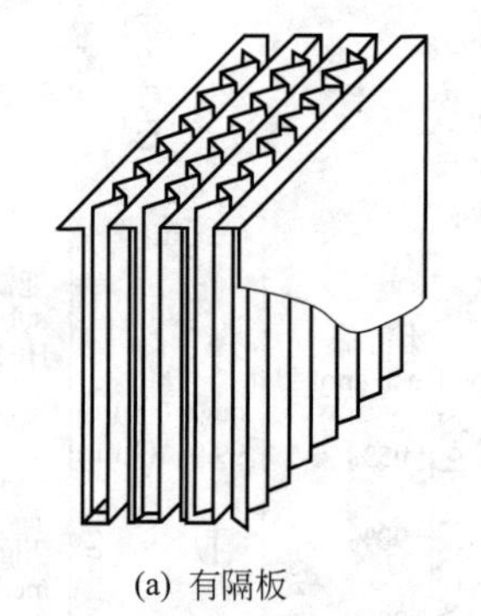

(a) 有隔板

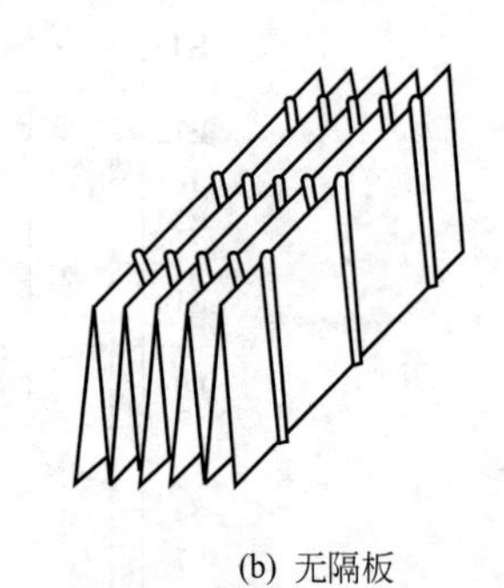

(b) 无隔板

图 8-3 高效过滤器

(4) 高效过滤器 高效过滤器（HEPA）作为送风及排风处理的终端过滤器，主要过滤小于 1μm 的尘粒。一般放在通风系统的末端，即室内送风口上，滤材用超细玻璃纤维纸或超细石棉纤维滤纸。其特点是效率高，阻力大，不能再生。高效过滤器一般能用 1～5 年。

高效过滤器对细菌等微生物的过滤效率基本上是 100%，通过高效过滤器的空气可视为无菌。为提高对微小尘粒的捕集效果，需采用较低的滤速，以 cm/s 计，故滤材需多层折叠，使其过滤面积为过滤器截面积的 50～60 倍。高效过滤器分为有隔板和无隔板两种形式，图 8-3 所示为高效过滤器的基本形式。

二、空气处理系统

制药净化空调系统一般采用全空气系统，按照回风方式可分为一次/二次回风系统、全新风系统、全循环系统等形式。

(1) 一次回风系统　一次回风系统是最为常见的空气处理形式，图 8-4 所示为一次回风系统及夏季的空气处理过程，室外新风和室内回风直接混合，经过表冷、加热、加湿等处理送入室内。

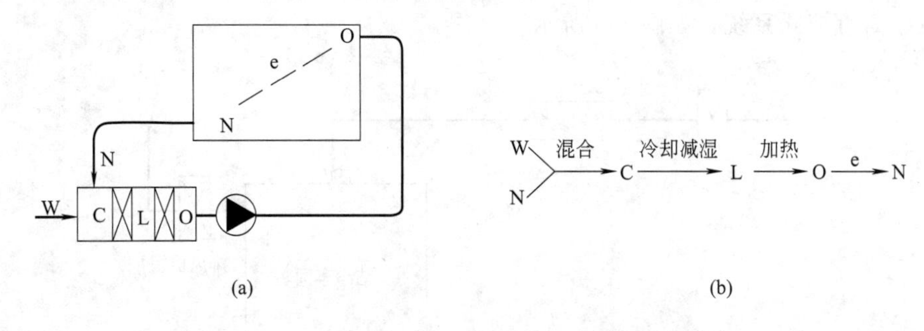

图 8-4　一次回风系统（a）及夏季空气处理过程（b）

W—室外新风；N—室内回风；C—混合点；

L—机器露点；O—送风点

新风出口处一般设置防虫滤网和/或可清洗式粗效过滤器，机组内设置粗、中效过滤器。其中中效过滤器设置在风机正压段，送风末端设置高效过滤器。一般室内回风口设置尼龙过滤网或粗效滤网。

(2) 二次回风系统　由于一次回风系统夏季使用表冷盘管进行除湿，需要将全部空气处理到比较低的机器露点，然后采用再热器来解决送风温差受限制的问题，这就产生了“冷热相消”的问题，不利于节能，而二次回风系统则很好地解决了这一问题。

典型的二次回风系统及其夏季处理过程如图 8-5 所示。房间的部分回风与新风混合之后，经表冷盘管处理至机器露点，然后再与其余的回风混合，送入室内。

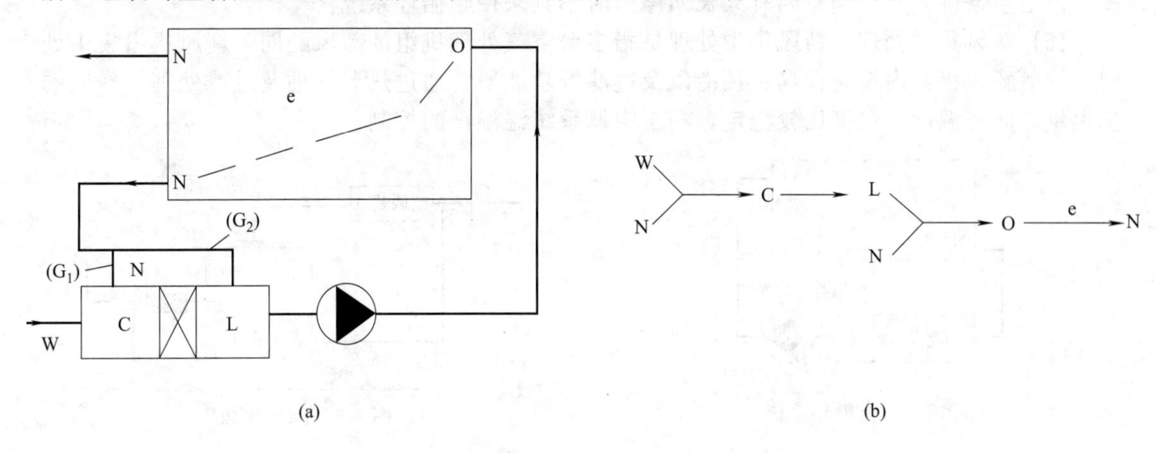

图 8-5　二次回风系统（a）及夏季处理过程（b）

由于这个过程中回风混合了二次，所以称为“二次回风”系统。二次回风系统和一次回风系统中房间的热、湿负荷是不变的，但是通过系统形式的变化，节省了部分冷量（等于再热器的再热量）以及再热器的再热量，起到了节能的作用。一次回风比和二次回风比通过热、湿负荷的计算确定，二次回风系统的机器露点要比一次回风系统低，这样需要的冷冻水温度更低；此外，二次回风系统的控制也要比一次回风系统复杂。

(3) 全新风系统　一次回风系统、二次回风系统都需要确定系统所需的最小新风量，利用回风，由于回风相对于新风而言，处理所需的冷、热量较小，特别是室外温湿度条件较差时，因此尽量利用回风可有效节能。但对于制药行业的部分产品的生产车间，基于工艺的考虑无法利用回风，如青霉素类等高致敏性产品的生产车间、疫苗生产车间、高毒性产品（如抗癌药）等的生产车间、有特殊气味的生产车间等，需要采用全新风的空气处理系统。全新风系统也称为直流式系统，如图 8-6 所示。

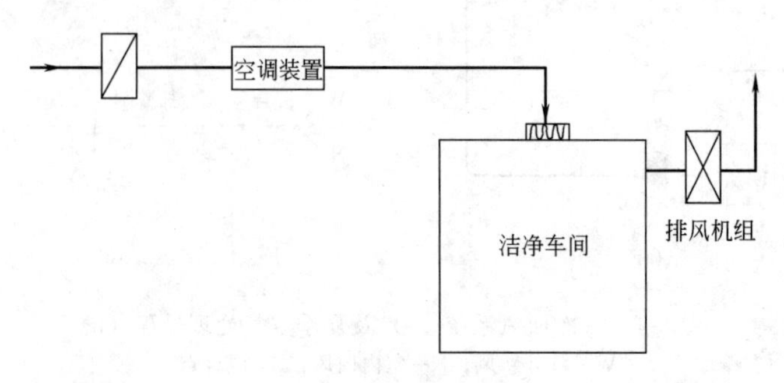

图 8-6　全新风系统

由于全新风系统能耗巨大，可考虑在新风和回风之间设置热回收装置。热回收装置按照形式可分为板式、转轮式、盘管式等。由于制药行业全新风系统要避免新风和回风之间的物质交换，避免交叉污染，因此，只能采用包括显热式板式换热器和盘管式热回收系统等在内的显热回收方式。此外，过渡季节室外新风处理所需的冷/热量可能小于处理回风所需的冷/热量，此时，回风系统也可以设置转换装置，转变为全新风系统，以利于节能。

(4) 全循环系统　对于部分温湿度精度要求很高，但室内较少有人员的房间（如储存物品、药品的恒温室），因为新风负荷会对空调系统的控制精度造成较大影响，则可采用全循环系统。全循环系统也称为封闭式系统，如图 8-7 所示，全循环系统能耗较少且控制精度高，但卫生条件较差，当室内有人长期停留时不宜采用全循环系统。

(5) 新风集中处理　新风集中处理是指多台空气处理机组的新风经同一新风机组集中处理。一般新风机组内设置预热、预冷以及过滤等功能段，通过热湿处理及过滤处理，新风的含尘量降低，温度、湿度比较稳定，利于空调系统温湿度的控制。

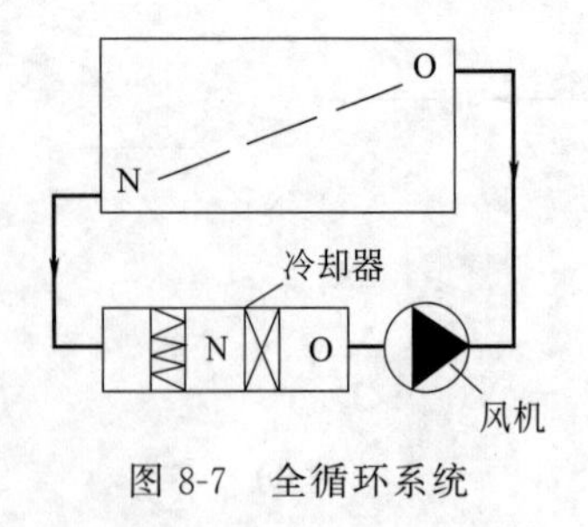

图 8-7　全循环系统

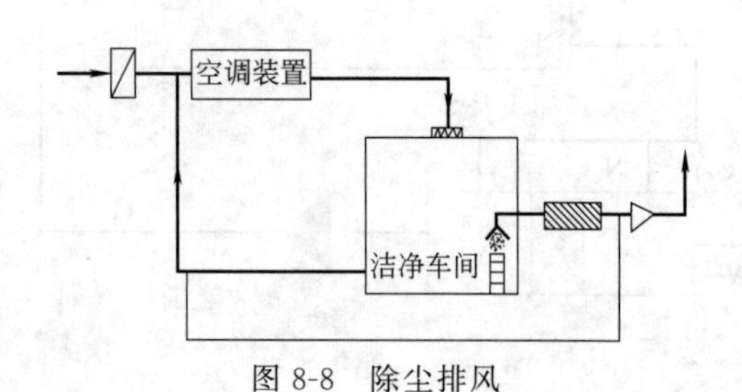

图 8-8　除尘排风

三、排风系统

制药行业洁净厂房内设置的排风系统，按照其作用可分为热湿排风、除尘排风和消毒排风等多种形式。

(1) 热湿排风　当房间有大量的热、湿负荷时，一般房间设置排风系统，以排除热、湿，减小空调系统负荷，如清洗间、灭菌间、有较大散热量的工艺房间等。

热湿排风可以是整个房间全部排风，不利用回风，也可以设置部分排风，主要取决于热、湿负荷的位置和负荷量。热、湿负荷较大且散发在整个房间时，宜采用全部排风；热、湿负荷集中于房间中某处时，可以采用部分排风。局部排风时，排风口的布置应根据散热/湿点的位置确定。

(2) 除尘排风　对于散发大量粉尘的房间应设置除尘排风（见图 8-8），如固体制剂的粉碎、过筛、制粒、干燥、整粒、混粉、压片等房间，中药材的筛选、切片、粉碎等房间，物料的称量间、取样间、轧盖间等。

除尘点的设置应根据生产工艺确定，除尘排风设备一般采用单机除尘器，当粉尘量较小时，也可采用过滤排风机组（见图 8-9）。常用的单机除尘器有袋式、滤筒式等。由于单机除尘器具有清灰的功能，因此延长了其使用寿命，避免了采用过滤排风机组需要经常更换过滤器的问题。单机除尘器的清灰方式有机械振打式和压缩空气脉冲反吹式等，清灰处理有定时清灰、压差式自控清灰等控制方式。为避免积灰，除尘排风系统风管内的风速要求比一般排风系统高；同时，为避免磨损，除尘排风系统的风管厚度也要比一般排风系统厚。

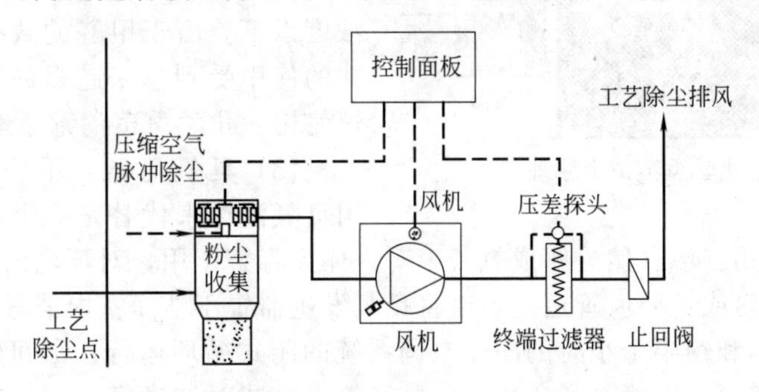

图 8-9　除尘排风系统示例

(3) 消毒排风　对于设置臭氧消毒、甲醛消毒、气化过氧化氢（VHP）消毒等空气消毒的空气处理系统，其消毒一般后需要将室内残留的较高浓度的臭氧、甲醛、过氧化氢等排出室外，因此需要设置消毒排风系统。

消毒排风系统一般连接在系统回风主管上，消毒排风时，系统切换为全新风运行，如设有变频器的消毒排风系统可设置为低频运行模式。

(4) 其他　排风除了以上几种排风系统外，对于有异味的房间，也需设置排风（包括局部排风）；对于系统内洁净度级别较低且产尘量较大的房间（如换鞋间、外清间等）一般也设置排风；此外，如果系统内所有房间没有热湿排风或除尘排风要求，而系统又需要一定的新风量，必要时也需设置排风系统，以利于新风进入系统。

医药工业洁净室的排风系统一般设置中效过滤器，以避免室外空气倒灌对室内洁净度产生影响以及防止对室外环境的影响。对于青霉素等高致敏性或者高毒性的生产车间，其排风系统应设置高效过滤器，必要时需采用安全更换型过滤器，也称为 BIBO（Bag-In-Bag-Out，袋进袋出方案），以保护操作人员。

四、空气消毒系统

实际生产时，由于机器的运行、人流、物流、建筑围护结构表面尘粒等原因，均会引起微生物的滋生（其中人员的污染是最主要的原因），这样洁净室（区）内空气必须进行消毒处理。目前制药行业对洁净室采用较普遍的消毒灭菌方法归纳起来有以下几种：

(1) 紫外灭菌　在洁净层流罩、传递窗、风淋室、洁净工作台或者整个洁净室内安装紫外灯，利用车间生产间隙、洁净室内无人时，开启紫外灯消毒灭菌的方式。紫外灭菌为表面灭菌，需要足够的紫外光强度和照射时间，且不能对内部进行灭菌。该方法的使用效果有限，不能作为最终灭菌的方法。

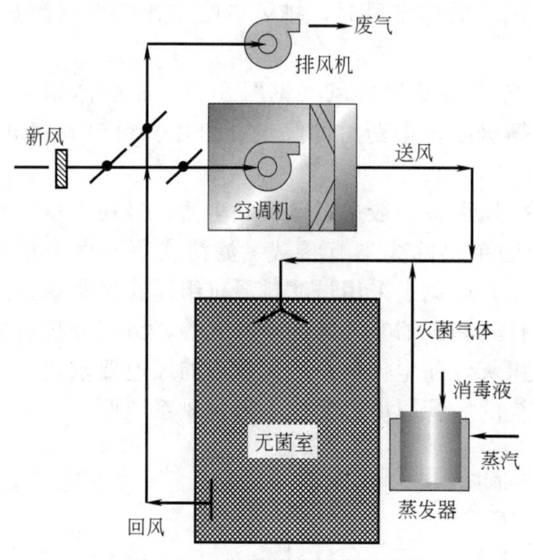

图 8-10　化学熏蒸消毒原理

(2) 化学熏蒸消毒　对洁净室净化空调系统采用消毒液气体熏蒸的方式进行消毒的方式。使用较普遍的消毒液有甲醛、戊二醛、过氧乙酸等，可以直接在洁净室内蒸发消毒液，也可以将消毒液气体直接送入净化空调系统，消毒液蒸发时辅助以约半个小时的净化空调系统的闭式循环运行，通过净化空调系统将熏蒸气体送入洁净室内，然后对洁净室进行密闭熏蒸约 8h。车间生产前对洁净室进行消毒排风（空气置换），将室内甲醛、戊二醛或过氧乙酸等的浓度降低至安全浓度以下。由于甲醛的致癌性，甲醛消毒方式的使用受到越来越多的质疑与争议，应谨慎使用。化学熏蒸消毒原理如图8-10所示。

(3) 臭氧消毒　甲醛熏蒸的弊病不少，用臭氧消毒来代替是一个好方法。臭氧具有强烈的杀菌消毒作用且可自然分解成氧气，对人体无毒害作用，对环境无污染。将臭氧发生器安装在空调机组内或送回风管道上，或将臭氧发生器置于洁净室内消毒，消毒操作中辅助以约 1h 的发生时间和约半个小时的净化空调系统的闭式循环运行，车间生产前对洁净室进行通风（全新风运行），以消除剩余臭氧。臭氧消毒方式对洁净室内无二次污染，对操作人员安全无害。

将臭氧发生器直接放在净化空调系统的机组或风道中，称为内置臭氧发生器；也可以将臭氧发生器放在净化空调系统的外面，将臭氧打入中央空调的风道中，然后送入各洁净室，称为外置式臭氧发生器。外置式臭氧发生器安装检修方便，但制造成本要高一点。按照冷却方式，臭氧发生器又可分为风冷式和水冷式，其中水冷式的效率较高，但需要提供冷却水。

按照卫生部消毒规范的要求，对空气消毒的臭氧浓度是 5mg/L。但事实上，洁净区的消毒不仅是对空气的消毒，还包括了对物体表面的消毒，而且不同级别洁净室的室内微生物水平要求不同，因此可根据不同洁净度级别选用不同的浓度进行消毒，一般 B 级区设计浓度不小于 20mg/L，C 级区设计浓度不小于 15mg/L，D 级区设计浓度不小于 10mg/L。消毒灭菌通常与排风问题在设计时一同考虑，可在总回风管设一旁路排风管通至室外，并设排风机组，需排风时开启旁路排风阀及排风机组，关闭总回风管，这样可将洁净室空气排至室外，当室内浓度低于安全浓度时，再切换回正常运行工况。

(4) VHP 消毒　汽化过氧化氢（VHP）生物灭菌系统是一种新型消毒工艺，1990 年 VHP 被 EPA 注册为一种高效灭菌剂，由 35％的双氧水通过 VHP 发生器汽化产生，实验证明，750～2000mg/L 的汽化双氧水灭菌效果等同于 300000mg/L 浓度的液态双氧水。VHP 消毒工艺正在为许多制药企业和研究实验室提供无菌环境，还被两家美国联邦大楼用于清除炭疽污染。

VHP 消毒对微生物有广谱杀菌作用，适用于真菌、细菌、病毒和芽孢的消毒，一般室温操作即可，在消毒过程结束后，汽化双氧水极易被还原成水和氧气。与其他灭菌方式相比无危害性的残留物，其主要优势在于对操作人员及环境没有危害；有好的物质相容性，包括很多金属和塑料，适用于房间消毒；快速的循环时间，一般需要3h；消毒过程容易自动化控制；灭菌工艺重复性好，极易通过验证。基于上述特点，VHP消毒正在被推广，其消毒过程类似于臭氧消毒过程。

五、洁净区气流组织

为了特定目的而在室内造成一定的空气流动状态与分布，通常叫做气流组织。一般来说，空气自送风口进入房间后首先形成射入气流，流向房间回风口的是回流气流，在房间内局部空间回旋的则是涡流气流。为了使工作区获得低而均匀的含尘浓度，洁净室内组织气流的基本原则是最大限度地减少涡流；使射入气流经过最短流程尽快覆盖工作区，希望气流方向能与尘埃的重力沉降方向一致；使回流气流有效地将室内灰尘排出室外。洁净区的气流组织分单向流和非单向流两种。

(1) 单向流洁净室　单向流洁净室以前叫做层流洁净室，但由于室内气流并非严格的层流，因此现在改称为单向流洁净室。单向流是指沿单一方向呈平行流线并且横断面上风速一致的气流。单向流洁净室的出现，对于空气洁净技术来说是一个重要的里程碑，使空气洁净技术发生了飞跃，使创造高洁净度的环境成为可能。单向流洁净室按气流方向又可分为垂直单向流和水平单向流两大类。

垂直单向流是指气流由上向下可获得均匀的向下单向平行气流，与尘埃重力沉降的方向一致，因而自净能力强，能够达到较高的洁净度级别。垂直单向流多用于灌封点的局部保护和单向流工作台。垂直单向流洁净室高效过滤器满布布置在天棚上，由侧墙下部或整个格栅地板回风，空气经过工作区时带走污染物。由于气流系垂直平行流，必须有足够气速，以克服空气对流，垂直断面风速需在0.25m/s，气流速度的作用是控制多方位污染、同向污染、逆向污染，并满足适当的自净时间。按照欧盟GMP及国内最新GMP的要求，医药工业洁净室单向流工作区的流速为0.36～0.54m/s。垂直单向流可实现工作区洁净度达到ISO 5级或更高的洁净度，典型垂直单向流洁净室见图8-11。

水平单向流是指气流为均匀的水平单向平行气流。水平单向流房间的高效过滤器满布布置在一面墙上，作为送风墙，对面墙上满布回风格栅作为回风墙。洁净空气沿水平方向均匀地从送风墙流向回风墙，离高效过滤器越近，空气越洁净，可达ISO 5级洁净度。操作人员等在气流的下游，以避免影响上游的工艺生产。典型水平单向流洁净室见图8-12。

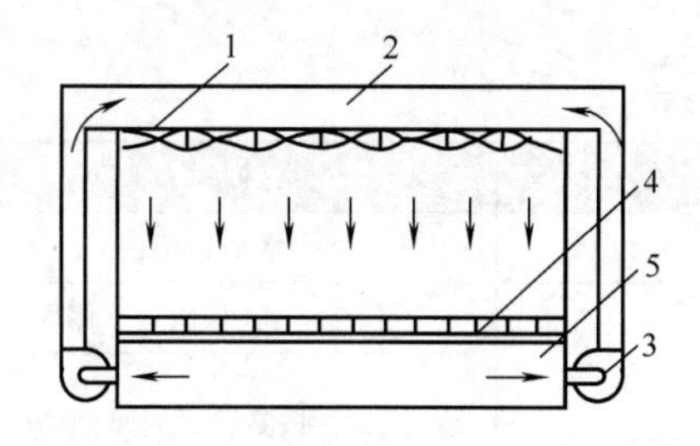

图8-11　典型垂直单向流洁净室

1—顶棚满布高效过滤器；2—送风静压箱；3—循环风机；4—格栅池板及中效过滤器；5—回风静压箱

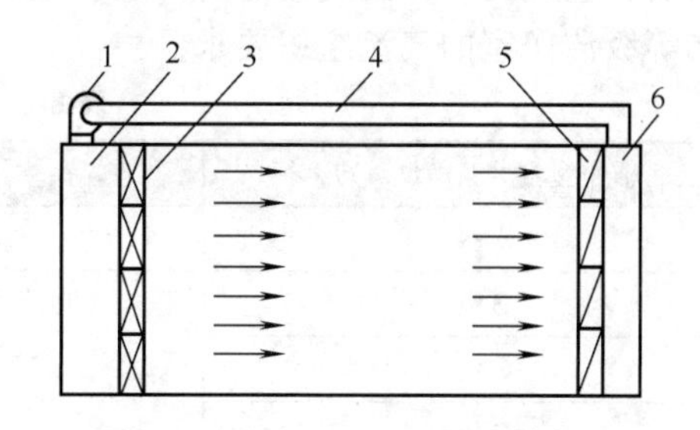

图8-12　典型水平单向流洁净室

1—循环风机；2—送风静压箱；3—高效过滤器；4—循环风道；5—中效过滤器；6—回风静压箱

局部单向流装置可在局部区域内提供单向流空气，如洁净工作台和单向流罩及带有单向流装置的设备（如针剂联合灌封机）等。局部单向流可放在B级或C级环境内使用，使之

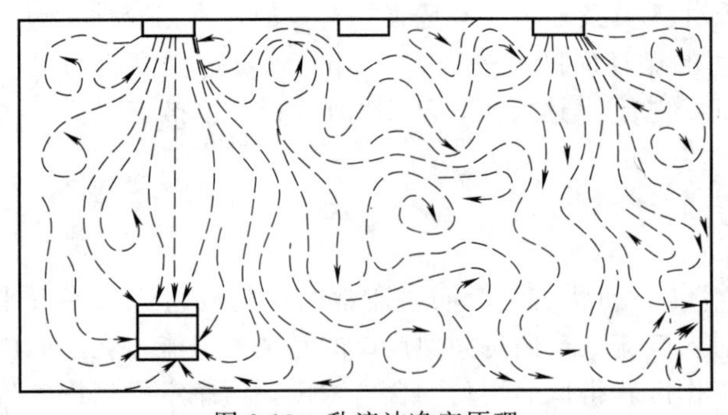
图 8-13　乱流洁净室原理

达到稳定的洁净效果，并能延长高效过滤器的使用寿命。

(2) 非单向流洁净室　凡不符合单向流定义的气流为非单向流。习惯上非单向流洁净室也称为乱流洁净室。乱流洁净室的作用原理是将含尘浓度水平较低的洁净空气从送风口送入洁净室，迅速向四周扩散、混合，同时把房间空气从回风口排走，用洁净空气稀释室内含尘浓度水平较高的空气，直至达到平衡。简而言之，乱流洁净室的原理就是稀释作用（图 8-13），而单向流洁净室的原理是活塞（置换）作用。

乱流洁净室一般在吊顶或侧墙上装送风口，在侧墙下部装回风口，即采用上送侧下回的气流组织形式，也有部分洁净度要求比较低的洁净室采用上送上回的气流组织形式，但这种气流组织形式不推荐。乱流洁净室的送风有高效过滤器顶送（有扩散板与无扩散板）、流线型散流器顶送、局部孔板顶送和侧送等形式。

非单向流洁净室的洁净度一般最高只能达到 ISO 6 级，由于其作用原理为稀释作用，因此室内换气次数越多，所得的洁净度也越高。表 8-5 所示为《医药工业洁净厂房设计规范》的不同等级洁净室的换气次数要求。

表 8-5　洁净室换气次数

空气洁净度等级	气流流型	平均风速/(m/s)	换气次数/(次/h)
100	单向流	0.2～0.5	—
10000	非单向流	—	15～25
100000	非单向流	—	10～15
300000	非单向流	—	8～12

注：1. 换气次数适用于层高小于 4m 的医药洁净室（区）。
2. 室内人员少、发尘少、热源少时应采用下限值。

在气流组织中，送风口应靠近洁净度高的工序；回风口应布置在洁净室下部，易产生污染的设备附近应有回风口；非单向流洁净室内设置洁净工作台应远离回风口；洁净室内局部排风装置应设在工作区气流的下风侧。表 8-6 所示为《医药工业洁净厂房设计规范》要求的不同等级洁净室的气流组织要求。

表 8-6　气流组织形式

洁净室空气洁净度等级	气流流型	送、回风方式
A 级	单向流	水平、垂直
B 级	非单向流	顶送下侧回、侧送下侧回
C 级		顶送下侧回、侧送下侧回、顶送顶回
D 级		

(3) 局部净化　为降低造价和运转费，在满足工艺条件下应尽量采用局部净化。局部净化是指使室内工作区域特定的局部空间的空气含尘浓度达到所要求的洁净度级别的净化方式。局部净化比较经济，可采用全室空气净化与局部空气净化相结合的方法，最为常见的是在 B 级或 C 级的背景环境中实现 A 级。如图 8-14 所示的单向流和非单向流组合的气流，也称为混合流。

另外，以两条层流工艺区和中间的乱流操作区组成的隧道形式洁净环境的净化处理方式叫洁净隧道，这是目前推广采用的全室净化与局部净化相结合的典型净化方式。

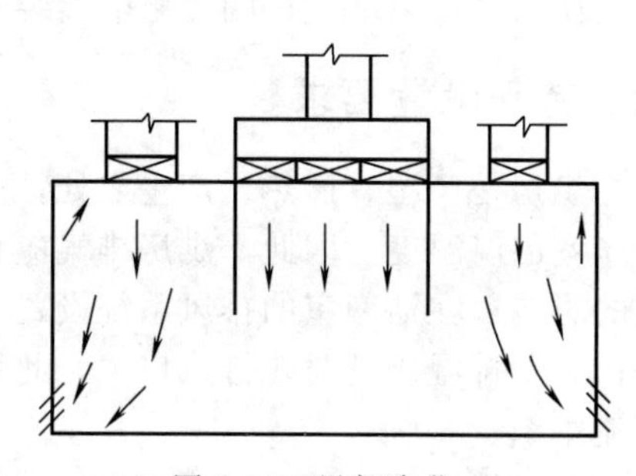
图 8-14 局部净化

(4) 隔离器及 RABS 隔离技术源于第二次世界大战时的手套箱，当时主要是用于放射性物质的处理，而在战后，这种适用于核工业的隔离技术逐渐被应用于制药工业、食品工业、医疗领域、电子工业、航天工业等众多的行业。隔离器在制药工业的应用主要用于药品的无菌生产过程控制以及生物学实验。隔离器在制药工业中的应用，不仅满足了对产品质量改进的需要，而同时也能用于保护操作者免受在生产过程中有害物质和有毒物质带来的伤害，降低了制药工业的运行成本。

隔离器采用物理屏障的手段将受控空间与外部环境相互隔绝，在内部提供一个高度洁净、持续有效的操作空间。它能最大限度降低微生物、各种微粒和热原的污染，实现无菌制剂生产全过程以及无菌原料药的灭菌和无菌生产过程的无菌控制。隔离器的高度密闭性可降低周边环境的洁净度要求，最低可至 D 级。但隔离器的采购成本较高。

RABS (restricted access barrier system) 是一种介于传统洁净室和隔离器之间的技术，对于无菌技术来说就是为了节省成本。与隔离器相比，其要求较低，形式也更多。RABS 可分为被动型、主动型和封闭型等形式（图 8-15），RABS 的特点是单向流、屏障、可干预，

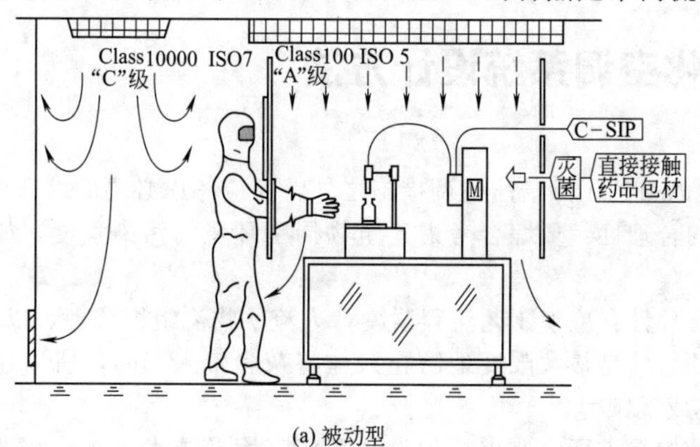

(a) 被动型

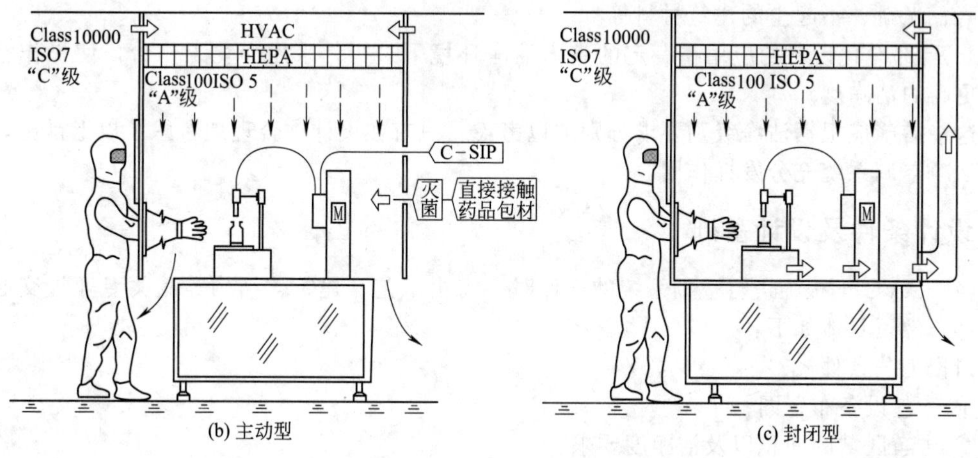

(b) 主动型

(c) 封闭型

图 8-15 RABS

已被认为是目前“先进的无菌隔离装置”。

六、特殊设置要求

烘房是产湿、产热、产尘之处，如果将烘房排气先排至洁净室内再排至室外，则会影响洁净室的温湿度。因此，烘房排气应直接排至室外。另外，为避免烘箱操作对洁净室气流组织的影响，在洁净室的排风系统设置不与烘房相连的排风口，其阀门的开关与烘箱的排湿阀联锁，即排湿阀开时，排风口关。此种设计烘房的湿热排风不会影响烘房和洁净室的温度和气流组织。

粉碎机高速运转时，除产尘外，局部亦会产生大量的热量，设置粉碎机的洁净区的换气次数，应根据热平衡及风量平衡加以校核。粉碎时产尘量和噪声相当大，为防噪声和粉尘向外界传播，一定要设置前室。另外，粉碎属原辅料的前处理，与固体制剂车间制粒一般不会同时进行，且一般情况下原辅料采购后，为减少损耗，应按原辅料批号（不是按投料批号）一批批大量处理，因此粉碎室宜设独立的净化空调系统，以减少日后生产时的能源成本。

铝塑包装机工作时产生 PVC 焦臭味，应考虑排风。铝塑包装机（采用远红外加热）工作时产生大量热量，房间的换气次数，应满足热平衡要求。因此，一般需考虑如下设计：①排风系统采用顶排，排风口位于铝塑包装机热合位置的上方，排风排至室外；②房间换气次数充分考虑设备发热量；

包衣一般采用大量的有机溶剂，根据安全要求包衣及其有关洁净室应设计为防爆区，防爆区采用全部排风、不回风，防爆区相对洁净区公共走廊为负压。

第三节　净化空调系统设计方法

为了达到净化的目的，除洁净空调措施之外，还应考虑必要的综合性措施相配合。

① 总图设计的合理性：要综合考虑建筑物周围环境的污染程度，如风向、绿化、防振等因素。

② 工艺布置合理性：应使工艺流程紧凑，人流、物流组织合理，以利于保持洁净操作。

③ 人身净化的目的是最大限度地防止人体将灰尘带入车间，所以建筑物内应考虑盥洗设备、空气吹淋室或气锁等。

④ 对建筑设计构造方面：要求合理设计车间高度及技术走廊、技术层的空间大小，选用耐磨、光滑、不起尘的建筑材料等。

⑤ 局部净化设备的应用在一定的室内洁净环境下进行，采用净化工作台，使操作空间获得更高的洁净度。

这些措施应根据洁净级别要求分别加以考虑，只有在设计中合理地考虑了以上措施，才能使洁净空调系统充分发挥作用。

一、设计条件及设计基础

当 HAVC 工程师进行空调系统的设计时，需由工艺、建筑、结构等相关专业提交必要的设计条件，具体如下：

(1) 工艺条件

① 工艺设备布置图；

② 洁净区域的面积以及洁净度要求；

③ 工艺生产所需的温湿度条件；

④ 工艺设备的散热量、散湿量；
⑤ 室内工作人员数量；
⑥ 特殊工艺的除尘要求等。
(2) 建筑条件
① 建筑平面布置图；
② 房间吊顶形式及吊顶高度；
③ 外墙、内墙等的形式；
④ 风、水管井的定位等。
(3) 结构条件
① 建筑的结构形式；
② 梁底、板底的高度，梁柱的位置等。
(4) 其他条件
① 业主要求；
② 法律法规、规范、指南等的要求。

二、系统设计

1. 系统划分

制药工业洁净厂房可能由多个车间组成，而每个车间又可能由多个工艺工序组成，因而区域面积大、室内设计条件要求各不一致，是多数制药工业洁净厂房的一个特点。因此，可能有多个系统服务于同一区域（车间或单体）。空调系统的划分需综合考虑如下条件：

(1) 生产需求：不同生产时间要求的区域应该采用分开的系统，因此一般不同的产品区域是不在同一系统中的，同一车间有可能有多个工序不同时进行，也应该分开系统。

(2) 洁净度要求：一般不同洁净度级别的区域不宜采用同一系统。

(3) 温湿度要求：不同温湿度控制要求的区域不应采用同一系统。温湿度控制要求包括控制基准值和精度，对于控制精度不同的区域，一般也不应采用同一系统。如果采用末端空调设备，也可将温湿度控制要求不同的区域采用同一系统。

(4) 热、湿负荷特性：同一系统的房间的热、湿负荷不宜相差太大。

(5) 同一空调系统服务的区域不宜太大，服务的区域过大，会导致机组过于庞大，不利于安装，太大的系统也会导致调试和运行维护的困难。

2. 系统方案

不同的洁净度要求、不同的气候条件、不同的室内温湿度控制要求等都会对系统方案产生影响。系统方案是指为达到室内控制要求而采用的空调系统形式。如前所述，医药工业洁净厂房的空调系统大多采用全空气式空调系统，全空气式空调系统由空气处理机组、风管系统、风口等组成。系统方案即要确定采用何种形式的空气处理机组、采用何种风系统、采用何种风口等。

(1) 室内设计参数　包括温湿度控制基准、控制精度、房间洁净度、房间对外压差等，根据工艺条件等确定。

(2) 空气过滤的选用　根据系统服务区域的洁净度要求、室外气象条件确定采用何种过滤器组合。在洁净空调系统中，通常把不同类型的过滤器串联使用，以满足不同的洁净要求，其总的过滤效率可用下式表示：

$$\eta=(1-\eta_1)(1-\eta_2)(1-\eta_3)\cdots(1-\eta_n)$$

式中，η 为总的过滤效率；η_n 为第 n 级过滤器的过滤效率。

目前，粗效/中效/高效的三级过滤系统已被广泛采用。对于A、B级区域，末端高效过滤器采用 H14 级别；对于 C、D 级区域，末端高效过滤器采用 H13 级别。而粗效和中效过滤器的选择则要根据室外气象条件、室内产尘量等综合考虑选择。具体的计算详见《空气洁净技术原理》。

(3) 空气处理形式　一次回风系统较多被选用。当有较高的节能要求时，可考虑采用二次回风系统，以及选用热回收装置。

(4) 气流组织形式　对于 A 级区域，一般采用单向流。可采用 FFU 的形式，或者循环风机箱＋高效静压箱的形式等；对于 B、C、D 级区域，一般采用非单向流，房间内上送下侧回的气流组织形式。

(5) 排风方案　需要确定哪些房间需要设置排风、排风的比例等。局部排风系统在下列情况时应单独设置：①非同一净化空调系统；②排风介质混合后能产生或加剧腐蚀性、毒性、燃烧爆炸危险性；③排出含有害物毒性相差很大的。

对于药厂来说，青霉素等强致敏性药物、某些甾体药物、高活性药物、有毒害药物的排风系统应单独设置，以便特殊处理和管理。此外，生产青霉素类等高致敏性药品必须使用独立的厂房与设施，分装室应保持相对负压，排至室外的废气应经净化处理并符合要求，排风口应远离其他洁净空调系统的进风口；生产 β-内酰胺结构类药品必须使用专用设备和独立的空气净化系统，并与其他药品生产区域严格分开。

图 8-16　典型组合式空气处理机组

(6) 设备选择　组合式空气处理机组由若干个功能段组合而成，不同的组合方式可以实现不同的控制目标（见图 8-16）。一般组合式空气处理机组功能段有：进风段、过滤器段（粗效、中效等）、表冷段、加热段、加湿段、风机段、均流段、消声段、出风段等。

过滤器段需确定过滤器的级别要求、形式要求等，过滤器段还需设置压差显示装置，一般有压差表、压差开关、压差传感器等形式。表冷段一般采用铜管铝翅片，这种形式具有较高的换热效率；加热段如采用热水加热，一般也采用铜管铝翅片，当采用蒸汽加热时，可采用钢管形式。加湿段应采用干蒸汽形式，无菌区域宜采用纯蒸汽加湿。机组内的接水盘、挡水盘等宜采用不锈钢等不易腐蚀、不易生菌的材质。风机段一般选用离心式风机，应采用高效、低噪的风机。洁净空气处理机组相比于一般的空气处理机组，需要有较高的机外余压。另外，服务于洁净区域的空气处理机组内的风机一般采用变频运行，一方面可以满足系统内过滤器堵塞引起的阻力增加，另外可以满足各种不同工况运行的要求。此外，组合式空气处理机组的框架要求高强度，需要放冷桥，要求有很好的保温性能和隔声效果，整机漏风率要求较高。除组合式空气处理机组外，还要确定排风机组的形式、排风过滤器的选用、除尘机组的选择、臭氧发生器的形式等。

三、设计计算

(一) 负荷计算

空调房间冷（热）、湿负荷是确定空调系统送风量和空调设备容量的基本依据。在室内外热、湿扰量作用下，某一时刻进入控制区域内的总热量和湿量称为在该时刻的得热量和得湿量。当得热量为负值时称为耗（失）热量。对应得热量需要供应的冷量即为冷负荷；对应耗热量需要提供的热量即为热负荷；为维持室内相对湿度所需除去或增加的湿量称为湿负荷。

一般房间内夏季得热量为正值，需要向房间提供冷量，即需要确定冷负荷；冬季得热量为负值，需要向房间提供热量，即需要确定热负荷。由于多数工艺房间内有人体散湿量、工艺过程散湿量、工艺设备散湿量等，需要进行除湿。

一般夏季车间的余热较冬季耗量大，而夏季容许的送风温差和空调处理设备可能达到的送风温差又都较冬季更受限制。因此，一般以夏季工况计算所需送风量。根据室内负荷确定送风量的公式如下：

$$G=\frac{Q}{(i_{\mathrm{N}}-i_0)}=\frac{W}{(d_{\mathrm{N}}-d_0)}\times 10^3$$

式中，G 为送风量，kg/s；Q 为室内余热量，kW；W 为室内余湿量，kg/s；i_{N}为室内设计工况下空气的焓值，kJ/kg 干空气；d_{N}为室内设计工况下空气的含湿量，kg/kg 干空气；i_0为送入空调房间空气的焓值，kJ/kg 干空气；d_0为送入空调房间空气的含湿量，kg/kg 干空气。

得热量通常包括以下几个方面：由于太阳辐射进入房间的热量和通过维护结构传入的热量；人体、照明设备、各种工艺设备和电气设备进入房间的热量。具体的计算方法不做赘述。

(二) 风量计算

一般洁净室的送风量由热湿负荷计算和洁净度要求来确定，二者取最大值。表 8-5 给出了国内规范对于不同级别洁净度洁净室的换气次数要求。由于医药工业的发展，人们意识到提供更洁净的环境对于药品生产质量的提高有着至关重要的作用，因此现在多数设计采用的换气次数高于规范要求。对此，ISPE（国际制药工程协会）推荐的换气次数如下：

B 级区：40～60 次/h；

C 级区：20～40 次/h；

D 级区：6～20 次/h。

而经验表明，要达到 B 级区静态 ISO 5 级的要求，需要更高的换气次数，建议不小于 50 次/h。

确定了换气次数，就可以计算房间的送风量了。

$$\mathrm{SA}=\text{房间体积}\times n$$

式中，SA 表示房间的送风量，m^3/h；n 表示换气次数，单位为次/h。

根据质量守恒，得出：

$$\mathrm{SA}=\mathrm{RA}+\mathrm{EA}+\mathrm{LA}$$

式中，RA 表示房间的回风量；EA 表示房间的排风量；LA 表示房间的漏风量。当房间对外漏风时，漏风量为正，反之则为负值。

漏风量，即渗透风量，是指通过门缝、窗缝、围护结构缝隙等向外（或向内）渗透的风量。漏风量的计算有换气次数法和缝隙法两种。根据房间对外和对相邻房间的压差，计算确定房间的漏风量。需要说明的是，由于安装水平所限及计算模型所限，漏风量无法做到准确计算，其计算结果仅限用于回、排风量的指导计算。根据计算的漏风量和之前确定的排风方案，就可以确定房间的回、排风量。

(三) 新风量计算

如前所述，医药工业洁净区的新风量应取补偿室内排风和保持正压所需的新鲜空气量和保证室内卫生条件所需新鲜空气量的最大值。根据工程经验，A级区域系统新风比不宜低于1%；B、C、D级区域系统新风比不宜低于10%。

(四) 系统风量计算

系统送风量为系统内各房间送风量之和，系统回风量为系统内各个房间回风量之和，系统新风量为系统内各房间新风量之和。系统风量之间的关系如下：

$$SA_S = RA_S + FA_S$$

式中，SA_S表示系统送风量；RA_S表示系统回风量；FA_S表示系统新风量。

四、设备计算与选型

(一) 空气处理机组计算

1. 风量及机外余压

在系统方案阶段，设计者已经将系统内空气处理设备的基本功能段确定。当系统内房间的设计计算完成后，就可以进行系统空气处理设备的计算，从而确定所需的设备具体要求。空气处理机组的处理风量，是在系统送风量的基础上，增加10%～20%的余量（一般指导值）确定的。即：

$$SA_E = (1.1 \sim 1.2) SA_S$$

式中，SA_E表示空气处理机组的处理风量。

根据处理风量，可以选择空气处理机组的基本型号。一般空气处理机组的型号决定其截面尺寸，不同厂商的规格尺寸均有不同，但最基本选型的要求是满足设计风量下的截面风速不大于2.5m/s的风速。除了确定处理风量外，还需要确定机组的新风比，即新风量占总处理风量的比例。新风比一般是在系统新风量与系统送风量之比的基础上增加1%～3%，增加的部分主要考虑系统风管正压部分的漏风量。

$$FAR = (FA_S / SA_S)[1 + (1\% \sim 3\%)]$$

确定了空气处理机组的处理风量，还需要确定机组的机外余压，以便于选择风机。机组的机外余压是指空气处理机组进风口和出风口之间的静压差，用于克服系统的阻力。系统的阻力主要包括风管、风口、风阀和房间内的阻力，需要根据计算确定。需要注意的是，系统内高效风口的阻力是随其使用过程中堵塞的情况逐渐变化的，设计的机外余压需按照其终阻力进行计算。另外，机外余压应满足机组内过滤器终阻力时可提供的机外余压。

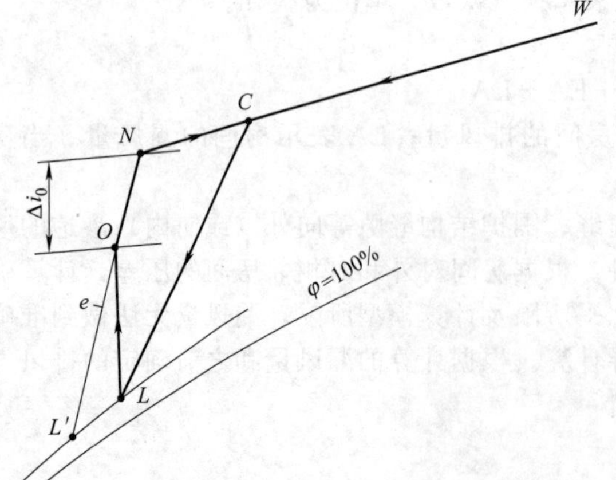

图8-17 一次回风系统夏季处理过程的焓湿图表示

2. 冷、热、湿

空气处理机组的冷、热、湿计算基于空气处理过程的选择和焓湿图，下面以一次回风系统为例介绍其计算过程。

根据焓湿图（图8-17），为了把处理风量从C点降温减湿（减焓）到L点，所需配制的制冷设备的冷却能力，就是这个设备夏季处理空气所需的冷量，即

$$Q_0 = G(i_C - i_L)$$

式中，Q_0为空气处理机组的制冷量，kW；G为处理风量，kg/s；i_C和i_L分别为

C 点和 L 点的焓值，kJ/kg。C 点的焓值根据室内点 N、室外点 W 的焓值和新风比确定。

$$i_C = \text{FAR} \times i_W + (1-\text{FAR}) \times i_N$$

式中，i_W 和 i_N 分别为 W 点和 N 点的焓值，单位 kJ/kg。

而再热量为把处理风量从 L 点升温至 O 点所需的热量，即

$$Q_1 = G(i_O - i_L)$$

式中，Q_1 为空气处理机组的再热量，kW；i_O 为 O 点的焓值，kJ/kg。

在冬季，如采用蒸汽加湿（等温加湿），混合后的空气从 C' 点处理至 E 点，对于医药工业洁净室，其室内散湿量最小宜按照 0 进行计算，即图 8-18 中 E 点和 N 点的含湿量相同，因此，空气处理机组的加湿量为：

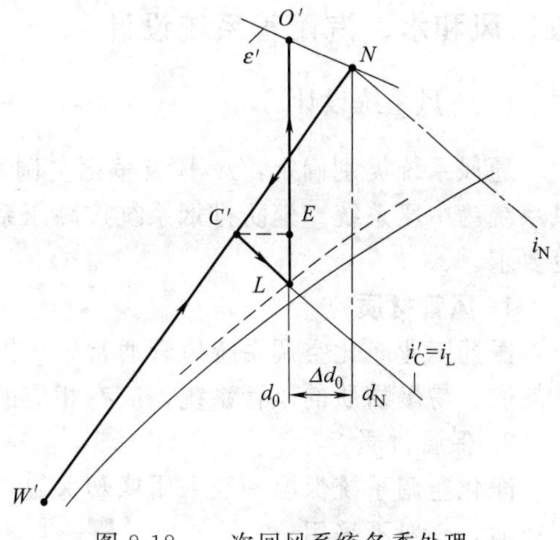

图 8-18　一次回风系统冬季处理过程的焓湿图表示

$$d_0 = G(d_E - d_{C'}) = G_{W'}(d_N - d_{W'})$$

式中，d_0 为空气处理机组的加湿量，kg/s；d_E、$d_{C'}$、d_N 和 $d_{W'}$ 分别为 E 点、C' 点、N 点和 W' 点的含湿量，kg/kg；$G_{W'}$ 为空气处理机组的新风量，kg/s。

而加湿量为把处理风量从 E 点加热至 O' 点所需的热量，即

$$Q_2 = G(i_{O'} - i_E)$$

式中，Q_2 为空气处理机组的制热量，kW；$i_{O'}$ 和 i_E 分别为 O' 点和 E 点的焓值，kJ/kg。

空气处理机组选型过程中，除了确定各功能段的冷、热量和加湿量，还需给出其进、出风的具体参数，可根据焓湿图给出。

（二）排风设备选型计算

排风设备的选型计算主要确定其排风量和机外余压（或全压）。排风机组的排风量，是在系统排风量的基础上，增加 10%～20% 的余量（一般指导值）确定的。即：

$$EA_E = (1.1 \sim 1.2) \times EA_S$$

式中，EA_E 表示排风机组的排风量，m^3/h；EA_S 表示系统排风量，m^3/h，为各房间排风量之和。排风机组机外余压（或全压）的计算同空气处理机组机外余压的计算。

（三）其他设备选择计算

其他设备如臭氧发生器、除尘机组等的选择，均应根据计算确定其主要技术参数后确定。

（四）风口选择计算

1. 高效风口

高效风口的选择计算一般需满足设计风量不大于额定风量的 80%。具体的数量和规格根据房间形状、送风量确定。

2. 百叶回/排风口

房间侧墙回/排风百叶的选择需满足风口风速的要求，即在设计风量下，房间内回/排风口的风速不宜超过 2.0m/s，走廊回/排风口的风速不宜超过 4.0m/s。

五、风和水、汽配管系统设计

（一）风系统设计

通风系统类别确定：A/B级净化空调系统为高压系统；C/D级净化空调系统和一般通风系统为中压系统。消防排烟系统按高压系统进行设计。高、中压系统的设计需满足相关规范要求。

1. 风管材质

医药工业净化空调系统风管通常采用镀锌薄钢板制作。矩形风管弯头采用内外弧形。含有易燃、易爆物质的风管系统，应有相应的防火、防爆措施，如采用等电位接地等。

2. 保温材质

净化空调系统保温一般采用橡塑保温，难燃材质。因为玻璃棉保温材质有可能影响洁净室环境，一般不采用。

3. 风阀设计

风阀应安装在便于操作的位置，并注明开关位置。保温风管上的调节阀应采用保温型，净化系统风阀内表面应镀锌或喷塑处理。风管穿越防火墙、机房墙、楼板等处设70℃防火阀。

4. 风管系统设计

风管的规格根据其设计风量确定，一般需保证主风管风速不大于8m/s；主支风管风速宜为5～7m/s；连接单个风口的支风管风速不大于4.5m/s。

5. 外墙进风口和排风口

要特别注意药厂排风系统的排风口与空调系统的新风采气口保持足够的水平距离及高度差。青霉素等强敏性药物、某些甾体药物、高活性药物、有毒害药物的排风口应装置高效空气过滤器，使这些药物引起的污染危险降低到最低限度。其排风口与其他药物操作室空调系统的新风口之间，必须保持一定距离。

6. 消声设备

一般在送、回风主管设消声设施。净化空调系统消声器一般选用微穿孔板的形式。

（二）水、汽配管系统设计

1. 配管材质

冷冻水管、热水管一般采用无缝钢管和/或镀锌钢管；蒸汽及蒸汽凝水管道均采用无缝钢管；排水管一般采用镀锌钢管和/或UPVC管。当加湿蒸汽采用纯蒸汽时，管道宜采用不锈钢材质。

2. 保温材质

冷冻水、热水供回水管道保温材料通常采用橡塑管壳，难燃B1级；蒸汽管道及蒸汽凝结水管道保温材料为防潮超细玻璃棉管套带夹筋铝箔贴面。

3. 阀门选择

冷冻水管、热水管上阀门一般采用蝶阀和截止阀，口径较大时采用蝶阀，口径较小时采用截止阀；蒸汽及凝结水管道采用截止阀。冷冻水管、热水管管道与阀门的连接的按阀门接口形式，用丝扣或法兰连接。蒸汽及凝结水管道均采用焊接连接。无缝钢管与阀件作丝扣连接处采用加厚无缝钢管。镀锌钢管及配件一般均以丝扣连接。

4. 管道坡度

冷冻水、热水管道坡度逆流向向下。蒸汽及其凝水管道坡度顺流向向下。排水管道坡度顺流向向下。

5. 管道清洗与水压试验

管道在试压前应先清洗排污 2 次，直到放出水洁净为止。管道系统清洗时，水流应不经过所有设备。清洗结束后卸下所有管道过滤器滤网，洗净后再装入。管道水压试验压力为工作压力的 1.5 倍，最低不小于 0.6MPa，10min 内压力下降不大于 0.02MPa，外观无渗漏。

6. 其他

空调箱冷凝水排水管上均设 U 形水封管。冷冻水、热水系统最高点安装排气阀，最低点设排污阀。空调箱表冷盘管冬季应能放空。

六、气锁的设计

为了更好地控制洁净室的洁净度，并减少洁净室内部与外部环境的相互影响，气锁室（air lock）被广泛用于洁净室设计中。

气锁室按其压差设计分为三种：其一是从高净化级别房间到低净化级别房间或非净化区压差依次降低，这可以有效防止低级别或无级别房间对高级别房间的影响，称为梯级（cascade）气锁；其二是气锁室对两边的房间均为正压，这样可以有效防止两边房间的相互干扰，称为正压（bubble）气锁；其三是气锁室对两边的房间均为负压，这样也可以有效防止两边的相互干扰，称为负压（sink）气锁。如图 8-19 所示（图中箭头方向表示压差方向）。

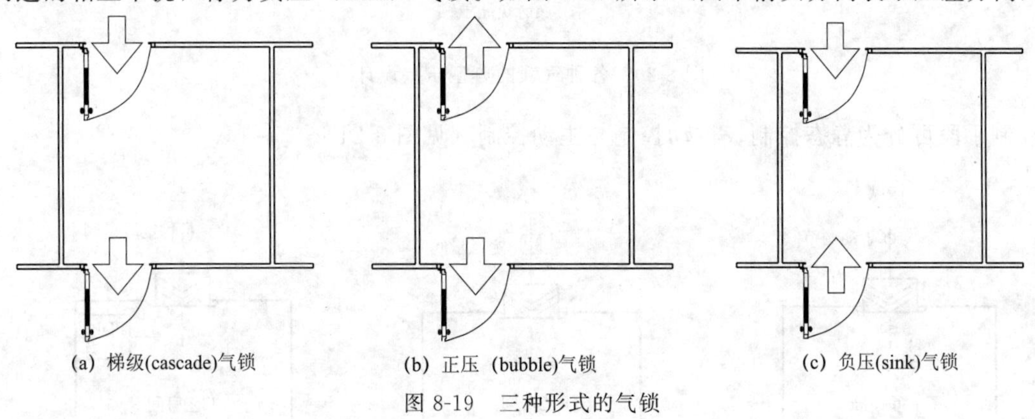

图 8-19 三种形式的气锁

其中，梯级气锁一般用于不同级别的洁净区之间；或有防泄漏需求的同级别洁净室之间。正压气锁和负压气锁用于有防泄漏需求（如高致敏性、高毒性的药品生产区、疫苗等生产区）的不同级别洁净区之间，通常正压气锁用于无污染操作（进入更衣和物料进入气锁），负压气锁用于有污染操作（脱衣、物料消毒和物料出口气锁）。有低湿度要求的洁净室（区）也宜设置正压气锁。

当气锁用于不同级别洁净区之间时，只要保证高级别和低级别之间 10～15Pa 的压差即可，无需每个门两侧均按 10～15Pa 的压差设计。

图 8-20 所示为各种气锁的典型压差设计。

对于大空间的洁净室，保持较高的正压值有一定的困难，也可设置一个对两边都是正压的气锁，从而降低大空间洁净室的对外正压值。

在医药工业洁净室设计过程中，应选用合适的气锁形式，以保证区域之间的压差，并防止污染和交叉污染。

七、洁净室的压差控制

通过净化空调系统对房间送风、回风及排风风量的调节来实现压差控制要求。通常采用

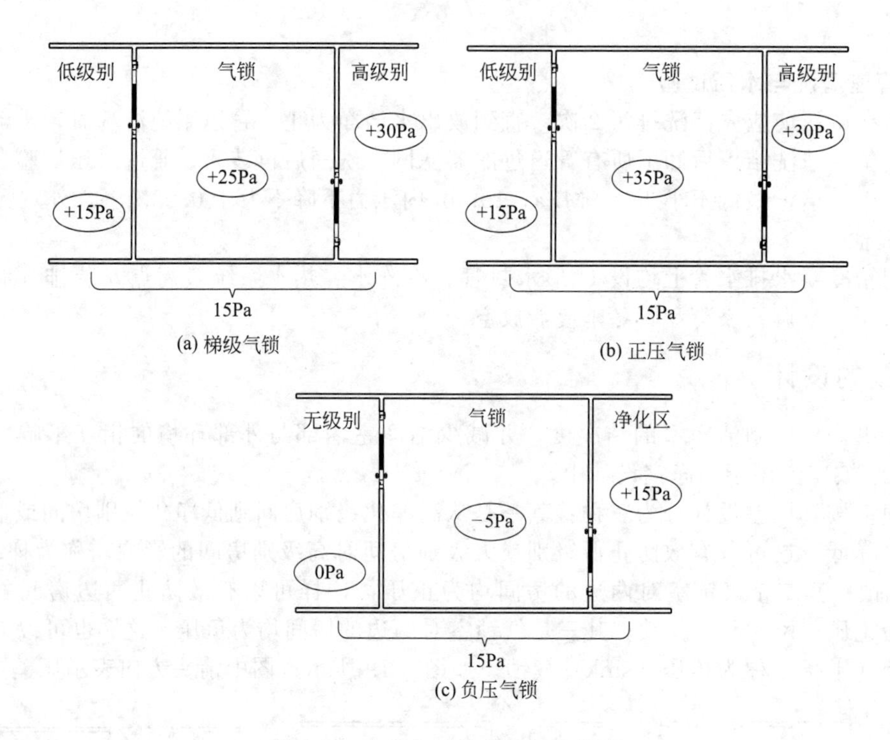

(a) 梯级气锁　(b) 正压气锁　(c) 负压气锁

图 8-20　各种气锁的典型压差设计

的控制手段可分为静态控制、被动控制与主动控制（见图 8-21）。

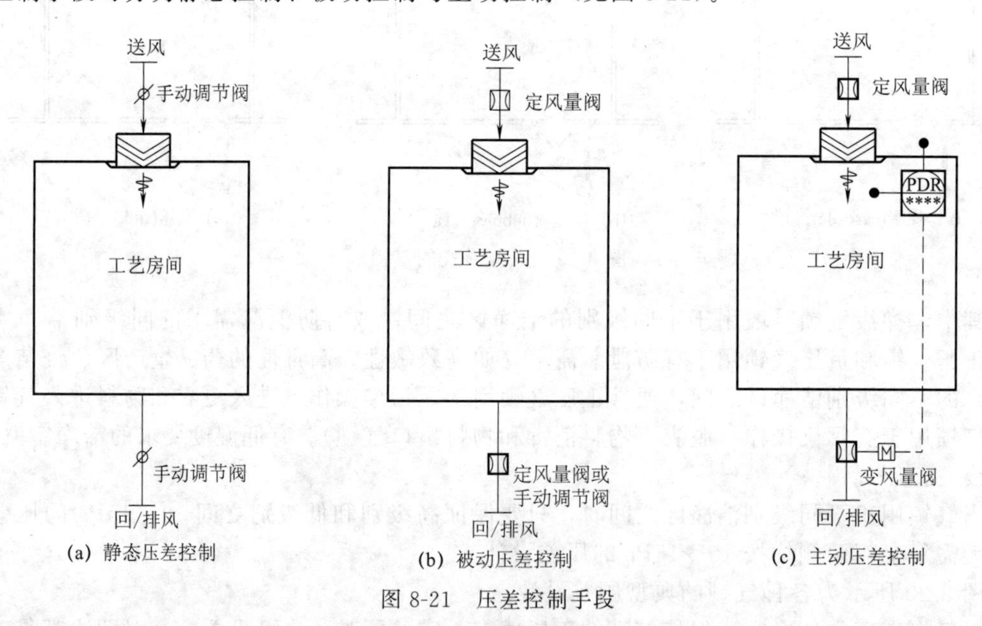

(a) 静态压差控制　(b) 被动压差控制　(c) 主动压差控制

图 8-21　压差控制手段

其中静态控制的成本最低，但其控制效果最差，长期运行容易出现区域压差失衡。主动压差控制的控制效果最佳，但其成本较高，需要较大的一次性投入。被动压差控制的效果居于其中，应用较广。

上述控制手段中所用到的定风量阀，是一种机械式自力装置，其控制不需要外加动力，它依靠风管内气流力来定位控制阀门的位置，从而在整个压力差范围内将气流保持在预先设定的流量上。比较常用的定风量阀有气囊式定风量阀（见图 8-22）、弹簧式定风量阀等（见

图 8-23）等。不带执行机构的文丘里阀，也应属于机械式定风量阀的一种。

变风量阀包括文丘里阀、带压差传感器的多叶调节阀等。其中文丘里阀的调节性能较好、反应速度较快，但价格相对较高，可用于控制要求较高的洁净室（见图 8-24）。

图 8-22　气囊式定风量阀（参考妥思样本）

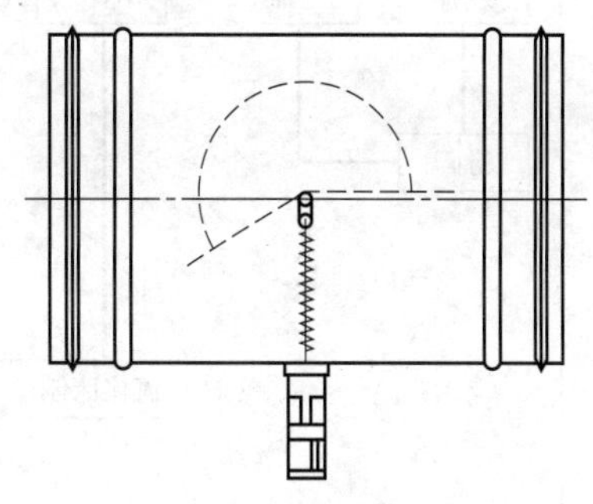

图 8-23　弹簧式定风量阀（参考巴科尔样本）

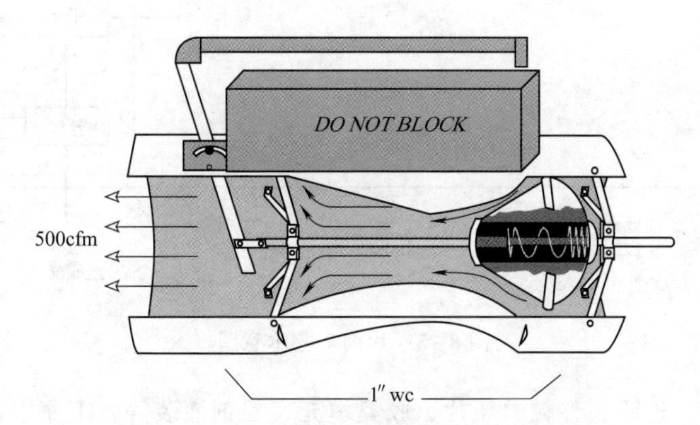

图 8-24　文丘里阀（参考菲尼克斯样本）

1cfm=1ft^3/min=28.317mL/min；1″wc=249Pa

第四节　空气洁净技术的应用

随着我国加入世界贸易组织（WTO），医药行业将面临国际激烈的竞争，我国医药企业面临挑战与机遇。如何在源头控制药品的质量，帮助我国医药企业有效地参与国际竞争，医药工业洁净厂房空气生产净化技术显得尤为重要。

一、片剂生产

片剂生产车间的空调系统除要满足厂房的净化要求和温湿度要求外，重要的一条就是要对生产区的粉尘进行有效控制，防止粉尘通过空气系统发生混药或交叉污染。

片剂产品属于非无菌制剂，洁净度级别为 D 级。为实现上述目标，除要满足厂房的洁净和温湿度要求，并在车间的工艺布局、工艺设备选型、厂房、操作和管理上采取一系列措施外，对空气净化系统要做到：在产尘点和产尘区设隔离罩和除尘设备；控制室内压力，产生粉尘的房间应保持相对负压；合理的气流组织；对多品换批生产的片剂车间，产生粉尘的房间不采用循环风。最重要的一条就是要对生产区的粉尘进行有效控制，防止粉尘通过空气系统发生混药或交叉污染，如图 8-25 所示。

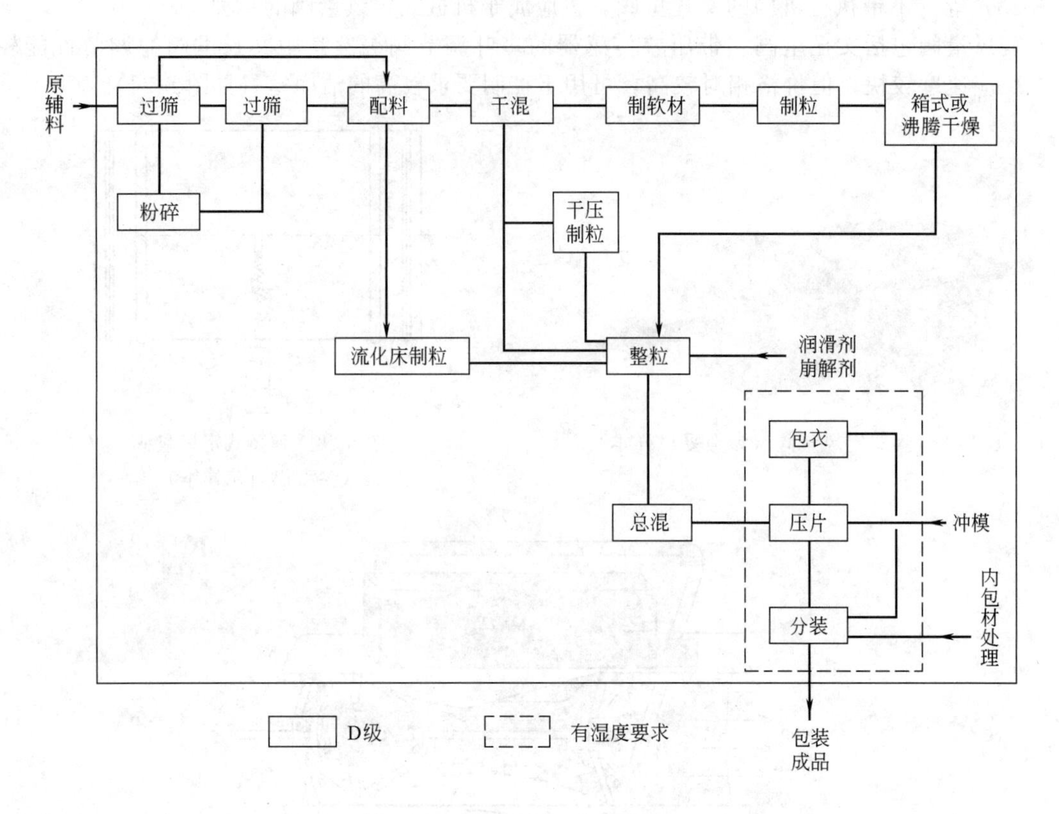

图 8-25　片剂工艺示意图

在称量、混合、过筛、整粒、压片、胶囊填充、粉剂灌装等各工序中，最易发生粉尘飞扬扩散，特别是通过洁净空调系统发生混药或交叉污染。对于有强毒性、刺激性、过敏性的粉尘，问题就更严重，因此，粉尘控制和清除就成为片剂生产需要解决的重要问题。粉尘控制和清除采用的措施为物理隔离、就地排除、压差隔离和全新风全排等。

1. 物理隔离

为了防止粉尘飞扬扩散，最好是把尘源用物理屏障加以隔离，不应等到粉尘已扩散到全房间再去通风稀释。物理隔离也适用于对尘源无法实现局部排尘的场合。例如，尘源设备形状特殊，排尘吸气罩无法安装，只能在较大范围内进行物理隔离，具体分类可见图 8-26。

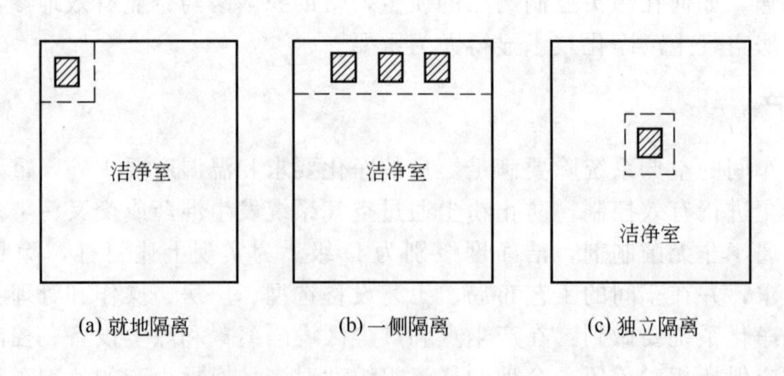

图 8-26　三种物理隔离方式

采取物理隔离措施以后，空气净化方案可以有以下三种：

(1) 被隔离的生产工序对空气洁净度有相当要求　这种情况下可向隔离区内送洁净风，达到一定洁净度级别。在隔离区门口设缓冲室，缓冲室与隔离区内保持同一洁净度级别而使其压力高于隔离区和外面的车间。也可以把缓冲室设计成“负压陷阱”，即其压力低于两边房间。但此时由于人员进出可能将压入缓冲室的内室空气裹带了一些出来，如果不仅考虑尘的浓度还要考虑尘的性质的影响，则后一种方式不如前述的那种方式。

(2) 被隔离的生产工序对空气洁净度要求不高　这种情况下可在隔离区内设独立排风，使隔离区外车间内的空气经过物理屏障上的风口进入隔离区。如果发尘量不大则不必开风口，通过缝隙或百叶进风就可以了。

(3) 隔离区需要很大的排风量　这种情况下，这部分排风如完全来自外面的车间，将增加大系统的冷、热负荷和净化负荷。在这种情况下可以把隔离区内的排风经过除尘过滤后再送回隔离区，即形成自循环。但为了使隔离区略呈负压，在经过除尘过滤后的回风管段上开一旁通支管排到室外或车间内（见图 8-27）。

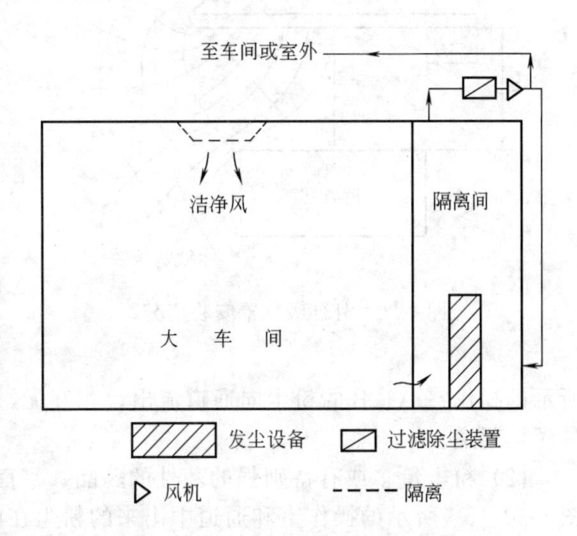

图 8-27　用隔离区的排风原理（剖面）

要特别指出的是除尘过滤装置的位置。图 8-28（a）所示单机除尘器和工艺设备放在同一房间简单易行，是一种最常见的方式。但由于这种除尘器的效率较低，排入生产车间的空气含有较高尘粒浓度，所以其出口如不设亚高效或高效过滤器是不宜使用的。图 8-28（b）所示为将除尘器设置在靠近生产车间的机械室内，此种方式可减少噪声影响，避免除尘因清除灰尘不当对车间造成二次污染。图 8-28（c）所示则是将整个机械室作为一个排风负压室，在隔堵上设有带过滤器的排风口，无论除尘器的开停都不会影响房间的风量平衡。

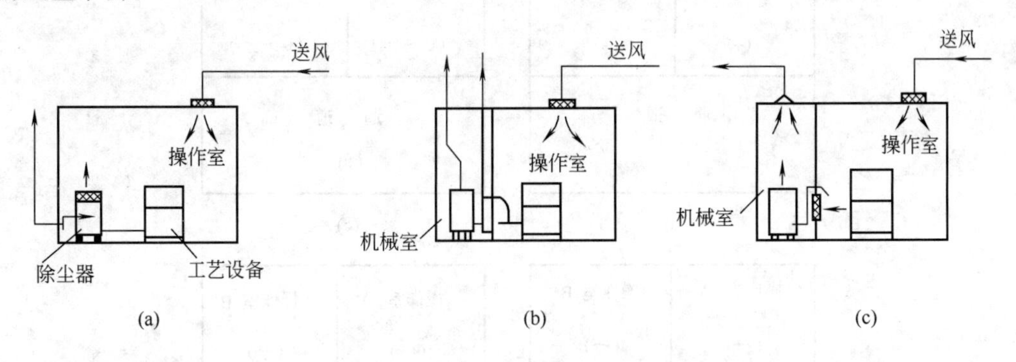

图 8-28　单机除尘器的布置方式

2. 就地排除

物理隔离也需要排除含尘空气，但就地排除措施的除尘则是因为有些工序如果隔离起来会对操作带来不便，或者尘源本身容易在局部位置层积。就地排除措施，即安装外部吸气罩。由于外部吸气罩一般都安装在尘源的上部或侧面，其尺寸和安装位置应按图 8-29 所示。

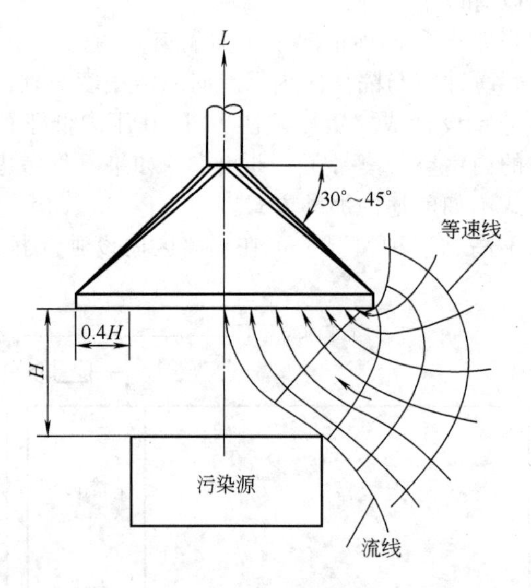

图 8-29　外部吸气罩安装情况

为了避免横向气流影响，罩口离尘源不要太高，其高度 H 尽可能小于或等于 $0.3A$（罩口长边尺寸），外部吸气罩的排风量计算详见《通风设计手册》。

3. 压差隔离

对于不便于设置物理隔离、局部设置吸气罩的车间，或者虽然可以在局部设置吸气罩，但要求较高，还需进一步确保扩散到车间内的污染不会再向车间外面扩散，这就要靠车间内外的压力差来控制区域气流的流动，分以下两种情况：

(1) 粉尘量少或没有特别强的药性的药品　平面设计可按图 8-30 中的（a）或（b）这两种形式考虑。图 8-30（a）所示的前室为缓冲室，而通道边门和操作室边门不同时开启，使操作室 A 的空气不会流向通道和操作室 B（或相反）。图 8-30（b）所示的操作室 A、B 的粉尘向通道流出，相互无影响。通道污染空气不会流入操作室，但容易污染通道。

(2) 粉尘量多或有特别强的药性的药品　平面可设计如图 8-30（c）、（d）这两种形式。图 8-30（c）所示的操作室和通道中出来的粉尘在前室中排除，不进入通道。图 8-30（d）所示通道作为洁净通道，应使通道压力增大，操作室粉尘不能流向通道。由于通道的空气有时会进入操作室，因此，有必要将通道的洁净度级别与操作室设计一致甚至更高。

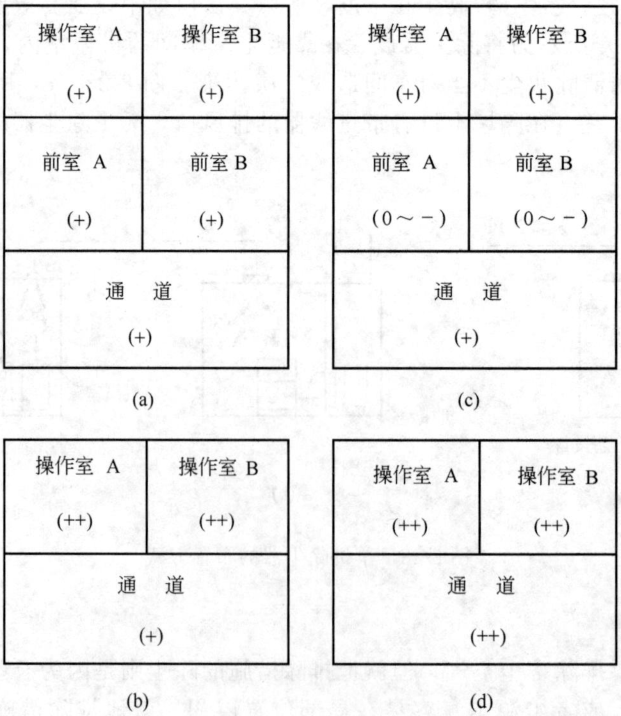

操作室 A (+)　操作室 B (+)
前室 A (+)　前室 B (+)
通　道 (+)
(a)

操作室 A (+)　操作室 B (+)
前室 A (0～－)　前室 B (0～－)
通　道 (+)
(c)

操作室 A (++)　操作室 B (++)
通　道 (+)
(b)

操作室 A (++)　操作室 B (++)
通　道 (++)
(d)

图 8-30　压差控制的平面设计

4. 全新风全排

对于多品种换批生产的固体制剂车间，为了防止交叉污染，应采用全新风而不能用循环风，目的是尽可能减少新风用量。

二、水针剂生产

水针剂生产分为最终灭菌产品和非最终灭菌产品，其主要生产工序对洁净度有着不同的要求。净化系统可使用水针洗灌封联动机的空气净化装置或选用U形布置的水针流水线。作为针剂的共同点，都应属于无菌药品，在灌封口都要求局部A级的措施。实现局部A级有五种方式，包括大系统敞开式、小系统敞开式、层流罩敞开式、阻漏层送风末端和小室封闭式。水针剂工艺如图8-31所示。

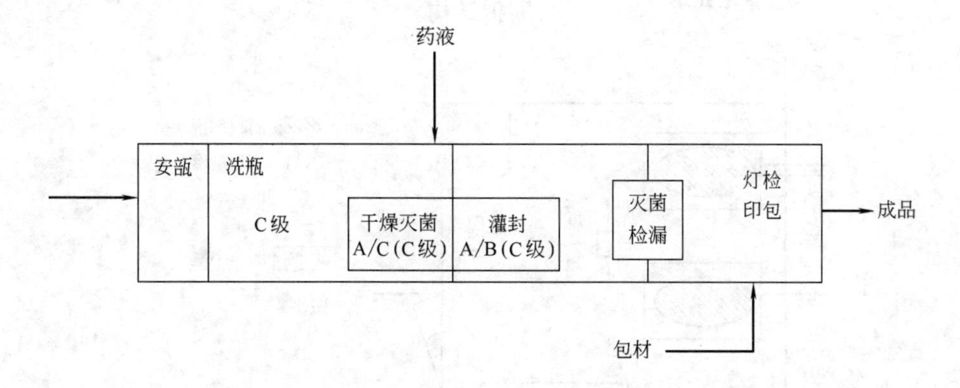

图8-31 水针剂工艺示意图（括号内为可灭菌水针剂）

(1) 大系统敞开式　在洁净车间中设一敞开式局部A级区，并将局部A级的送回风都纳入大系统中，见图8-32。它的优点是噪声可以很小，也不要单设机房，但由于局部A级风量大，使这种房间不是过冷就是过热。这种车间生产工序的产品往往具有特殊性，如有强的致敏性，所以纳入大系统并不合适。如果一定要这样做，最好使局部A级靠近机房，这样可以缩短大管径送回风管的长度。

(2) 小系统敞开式　使该局部A级送回风自成独立系统，这是常用的一种方法，可以解决风机压头、风量不匹配问题，但噪声可能仍较大。可以将风机放入回风夹层中（见图8-33），在回风夹层中和送风管段中考虑消声吸声措施。

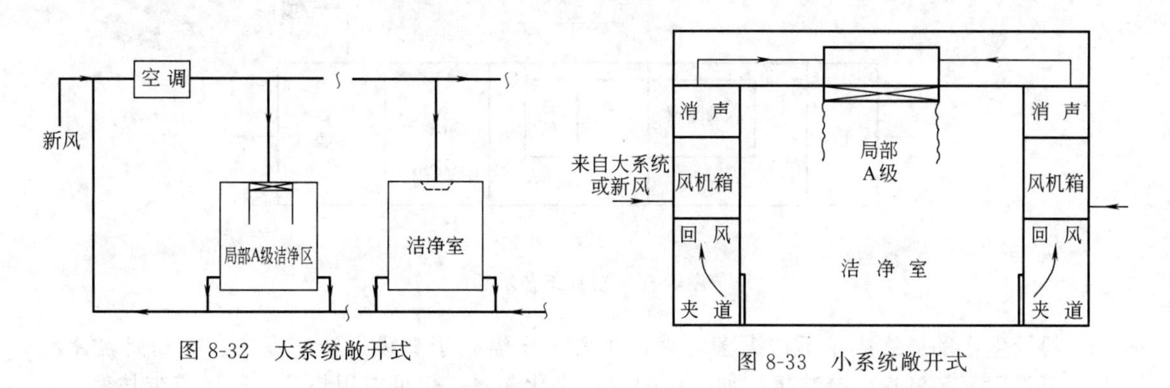

图8-32 大系统敞开式

图8-33 小系统敞开式

(3) 层流罩敞开式　可将上侧回风口封死，在贴顶棚安装的层流罩顶部另开回风口，如图8-34所示。此回风口连接管道引向房间的侧墙，在侧墙上做回风夹层，从下部开回风口，

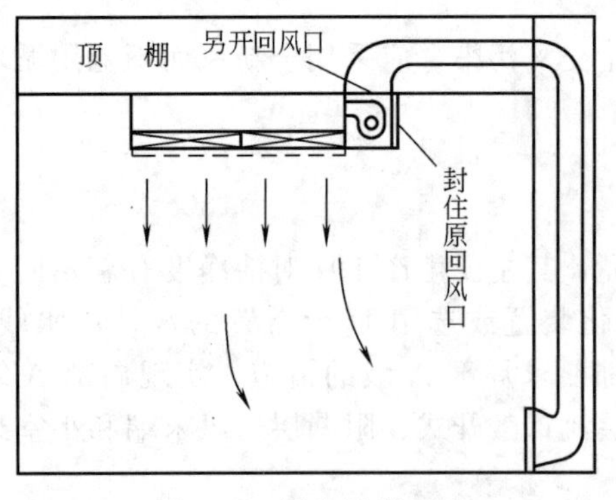

图 8-34　层流罩敞开式

由于只能单侧回，房间不能太宽。

(4) 阻漏层送风末端　阻漏层送风末端即阻漏层送风口，它是最新的研究成果和产品，具有减小层高、阻止漏泄、对乱流可扩大主流区、风机和过滤器与风口分离、方便安装和维修等特点，凡用层流罩的地方均可用它代替。除阻漏层送风末端外，还有近似于层流罩的 FFU（净化单元）末端方式。

(5) 小室封闭式　如图 8-35 所示，灌封机被置于单向流洁净小室内，小室可以是刚性或柔性围护结构。

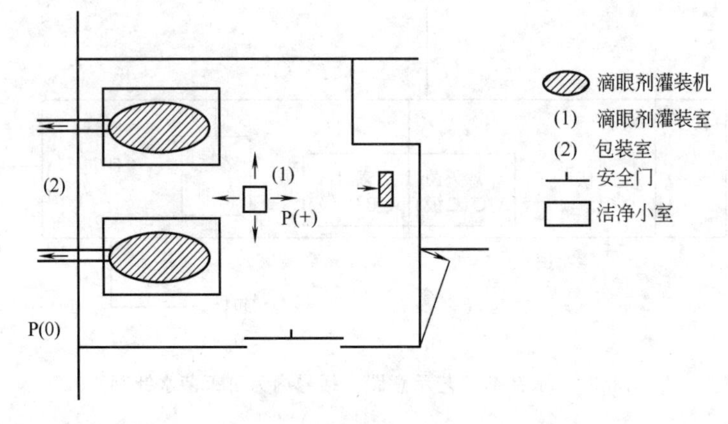

图 8-35　局部 A 级措施之四

三、粉针剂生产

注射用无菌粉末简称粉针。凡是在水溶液中不稳定的药物，如青霉素 G、先锋霉素类及一些医用酶制剂（胰蛋白酶、辅酶 A 等）及血浆等生物制剂均可制成注射用无菌粉末。根据生产工艺条件和药物性质不同，将冷冻干燥法制得的粉末，称为冻干粉针；而用其他方法如灭菌溶剂结晶法、喷雾干燥法制得的称为注射无菌分装产品（见图 8-36）。

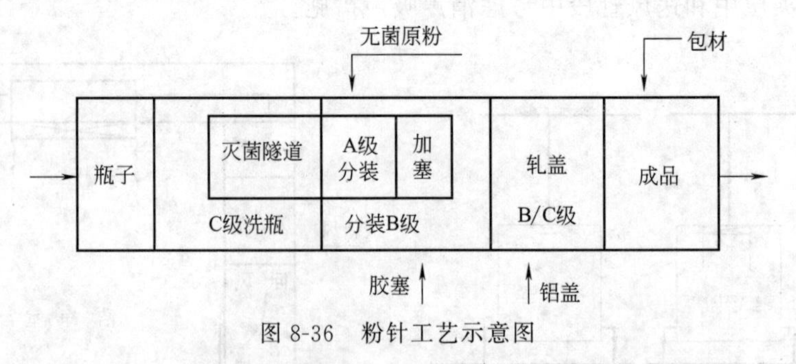

图 8-36　粉针工艺示意图

粉针生产的最终成品不作灭菌处理，主要工序需处于高级别洁净室中。在粉针流水线上，可采用灭菌隧道、分装机、加盖机的空气净化装置，也可应用粉针生产层流带技术。粉针剂的分装、压塞、轧盖、无菌内包装材料最终处理的暴露环境为 A 级。称量、精洗瓶工序、无菌衣准备工序的环境洁净度要求最低为 C 级。配液、无菌更衣室、无菌缓冲走廊的空气洁净度级别为B级。灌装压塞和灭菌瓶贮存的洁净度级别为A级或B级背景下局部A级。

为保证洁净厂房的洁净度及部分无菌区无菌要求，应对洁净室的洁净度、温度、湿度、风速、压差以及微生物数等按规定监测。定期消毒，及时更换初、中效过滤器以保护高效过滤器，彻底做好卫生管理工作。

四、输液生产

大输液又名可灭菌大容量注射剂，是指将配制好的药液灌入大于50mL的输液瓶或袋内，加塞、加盖、密封后用蒸汽热压灭菌而制备的灭菌注射剂。为了降低生产过程中的污染，大输液生产设备应具有自动化、连续化的能力，图8-37所示为玻璃瓶大输液的自动化连续灌装工艺流程。

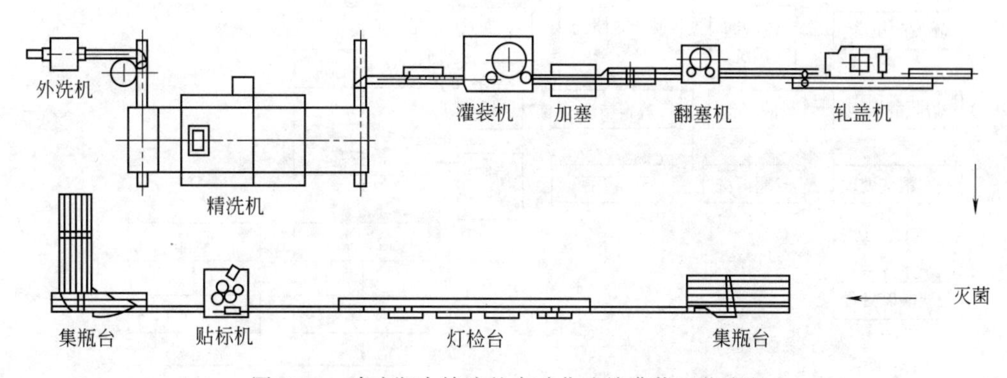

图8-37 玻璃瓶大输液的自动化连续灌装工艺流程

大输液的稀配、过滤、内包装材料（如胶塞、涤纶膜、容器）的最终处理环境为C级；灌装操作环境为A级；浓配或采用密闭系统的稀配、轧盖的环境为D级。大输液生产洁净区域划分及工艺流程方框图，见图8-38。

结合其生产特点，大输液车间的空气净化措施如下：

(1) 输液车间的洁净重点应放在直接与药物接触的开口部位。因为产品暴露于室内空气的生产线如洗瓶、吹瓶、瓶子运输等处，很容易染菌，所以要做好室内空气净化和灭菌的一些措施，如紫外灯杀菌、消毒液气体熏蒸、臭氧消毒等。

(2) 为防止送风口高效过滤器长霉，应采用防潮高效过滤器，该过滤器采用金属或塑料框、铝箔分隔板和喷胶处理过的过滤滤纸。

(3) 防止车间温度过高。例如，稀配车间，常设有盛着80℃高温液体的大容器，其外表面温度高达50℃以上。由于容器高大，其散热表面积就增加。而且这种大容器的个数较多。如果该洁净车间送风是按洁净度计算的，它一般都小于热、湿负荷计算的。当用该洁净度下的换气次数进行送风时，不足以消除车间内余热、余湿，结果常导致这种车间的温度过高，加上潮湿的原因，这种车间就给人以闷热的感觉。

洁净空调系统必须得到验证，应在设计阶段认真进行设计和审图，尽量将返工改造降至最低，以利于顺利通过测试和验证。表8-7是整个医药厂房洁净室系统的组成。

除药品直接关系疗效外，保证药品质量的重要环节是生产方法，其优劣由选用的生产技术及生产环境两个主要方面所决定。生产环境是个动态的概念，它是环境控制的各项措施综合作用的结果，其中药厂的建筑设计与装修，净化空调系统的设计与运行、维护占有重要地位。

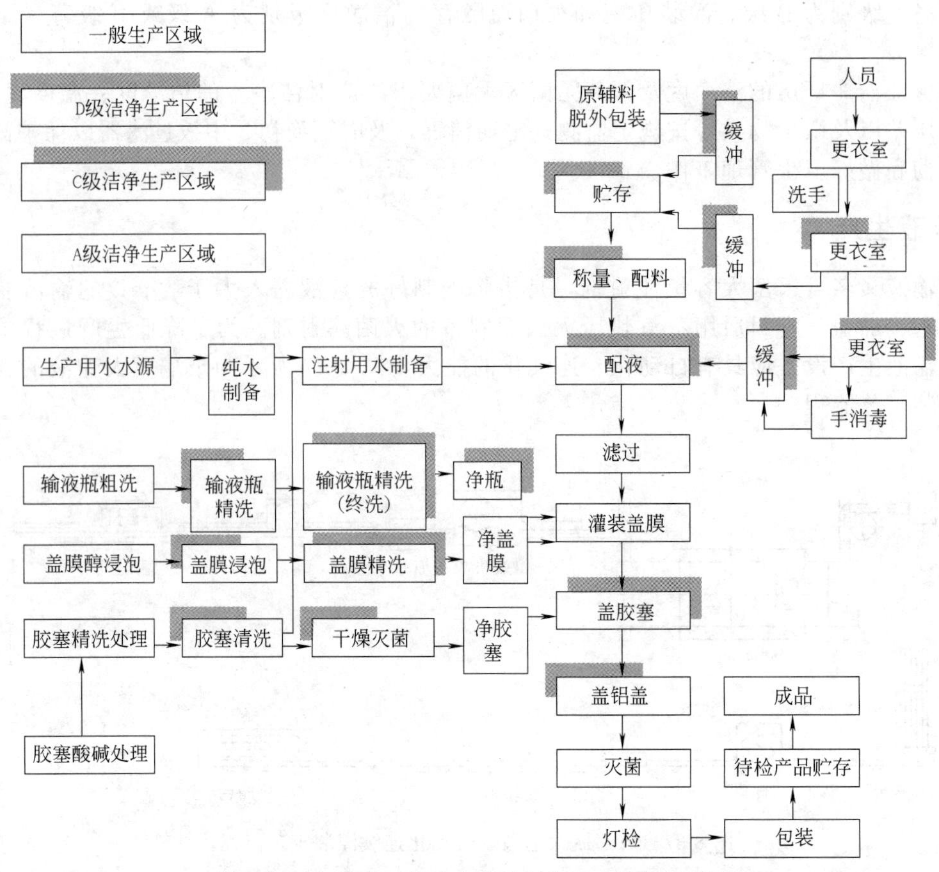

图 8-38　大输液生产洁净区域划分及工艺流程框图

表 8-7　医药厂房洁净室系统的组成

编号	名　　称
1	建筑结构(室内装修含彩钢板围护、自流平地面等)
2	净化空调系统
3	排风除尘系统
4	公用动力系统
5	制药工艺设备及工艺管道系统
6	电气照明系统
7	通信消防安全设施系统
8	环境控制设施系统

五、人流与物流净化通道

(一) 人流净化通道

中国 2010 版 GMP 指出：不同空气洁净度等级的洁净区之间的人员和物料出入，应有防止交叉污染的措施。典型的人净系统包括从外到内设置的厕所、浴室、换鞋室、第一更衣室、洗手室、第二更衣室、气锁室（设洗手消毒设施）、洁净工作区。厕所、浴室、换鞋室、第一更衣室、洗手室为低洁净区，空调系统只设初效、中效过滤器；第二更衣室、气锁室、洁净工作区为洁净区，设初效、中效、高效过滤器；气锁室两扇门采用联锁装置。另外，第二更衣室与洗手室相接的门最好设闭门器。

除换鞋室、更衣室外送回风系统全部采用顶送侧回方式，厕所、浴室、洗手室等有水、汽、臭气的地方采用机械排风，换鞋室、更衣室等易产尘之处在单侧墙下部布置回风。

（二）物流净化通道

以固体制剂为例，片剂、胶囊剂、颗粒剂的物料流程程序为原辅料、内包装材料→拆包间→缓冲间→洁净区；外包装材料→拆包缓冲间→外包装间；待包装产品（洁净区）→缓冲间→外包装间。

在布局设计时，首先应了解产品生产过程的要求，由此制定出一个设备设施明细表；另外在设计过程中，设计人员、建筑人员、工程人员和品管人员之间应该加强合作，这是成功设计的关键。设施明细表应该对所有影响生产操作的区域进行评估，确定相互之间的关系，建立符合 GMP 和生产要求的最佳流程。图 8-39 所示为一个典型的设施明细表，这是设计的基础。在设计时应从整体上进行设计，对人流、物流和产品的转移有充分的理解，并考虑到 HVAC 和其他设施的设计。

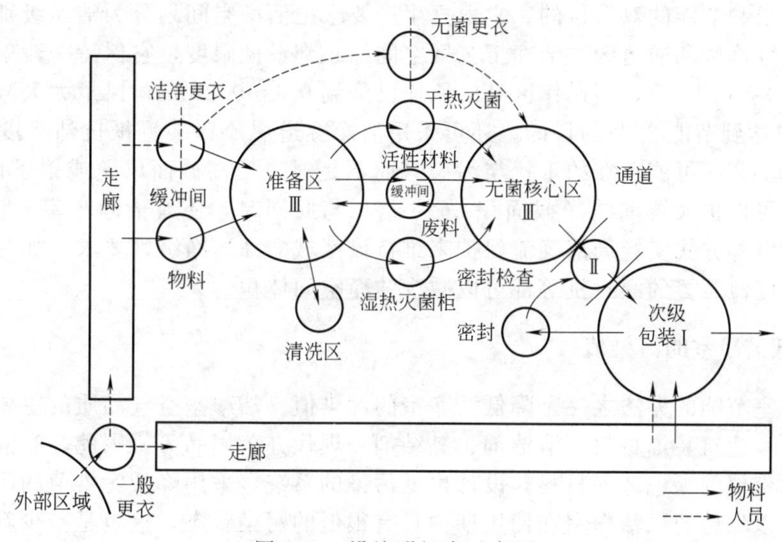

图 8-39　设施明细表示意图

第五节　节能措施探讨

在药厂洁净室设计中，应采用先进的节能技术和措施，降低能耗，以满足药品生产降低成本的需求。

一、建筑布局

（一）设计合适的车间型式

现代药厂洁净厂房以建造单层大框架正方形大面积厂房最佳，其显著优点之一是外墙面积最小、能耗少，可节约建筑、冷热负荷的投资和设备运转费用。其次是控制和减少窗墙比，加强门窗构造的气密性要求。此外，在有高温差的洁净室设置隔热层，围护结构应采取隔热性能和气密性好的材料及构造，建筑外墙内侧保温或夹芯保温复合墙板，在湿度控制房间要有良好防潮的密封室，所有这些均能达到节能的目的。

（二）减少洁净空间体积

减少洁净空间体积特别是减少高级别洁净室体积是实现节能的快捷有效的重要途径。净化系统的风量取决于房间体积和换气次数，而换气次数大多由洁净级别所确定，因此要降低洁净系统的风量可从洁净空间的减少入手，意味着降低风量比，即可降低换气次数，以减少送风的动力消耗。洁净室是普通空调办公楼单位面积耗能的多倍。应按不同的空气洁净度等级要求分别集中布置，尽最大努力减少洁净室的面积，高级别洁净室能耗一般高于低级别洁净室，因此减少洁净室的面积或减少高级别洁净室的面积就是降低能量消耗。同时，洁净度要求高的洁净室尽量靠近空调机房布置，以减少管线长度，减少能量损耗。

（三）采用洁净隧道等节能技术

减少洁净空间体积的实用技术之一是建立洁净隧道或隧道式洁净室来达到满足生产对高洁净度环境要求和节能的双重目的。它根据生产要求把洁净空间划分为洁净级别不同的工艺区、操作区、维修区和通道区。洁净工艺区空间缩小到最低限度，它保持一般单向流的截面风速，大约0.3～0.4m/s，而操作区处的风速已降到0.1～0.2m/s，风量大大减少。据称减少体积30%，达到节能25%的目的。还可采用洁净隧道层流罩装置抵抗洁净度低的操作区对洁净度高的工艺区可能存在的干扰与污染（而不是通过提高截面风速或罩子面积），在同样总风量下，可以扩大罩前洁净截面积5～6倍。与此同时，还有洁净小室、洁净工作台、自净器、微环境等方式实行局部气流保护来维持该区域的高洁净级别要求，如带层流的称量工作台以及带层流装置的灌封机等都可以减少洁净空间体积。

（四）降低洁净室的污染值

药厂洁净室节能的方法之一是降低洁净室的污染值。洁净室空气品质的主要污染源不再是人，而是新型建筑装饰材料、清洁剂、黏结剂、现代办公用品等。因此，有前途的节能方法是使用低污染值的绿色环保材料，设计出低污染的系统，采用降低污染值的手段，并制订严格维护计划以保持药厂洁净室在使用期内具有很低的污染状态，这也是减少新风负荷，降低能耗的很好出路之一。

二、工艺条件

（一）适宜的空气洁净等级标准设计

药厂洁净室设计中对空气洁净度等级标准的确定，应在生产合格产品的前提下，综合考虑工艺生产能力情况、设备的大小、操作方式和前后生产工序的连接方式、操作人员的多少、设备自动化程度、设备检修空间、设备清洗方式等因素，以保证投资最省、运行费用最少，最为节能的总要求，采取就低不就高的原则，决定最小生产空间。一是按生产要求确定净化等级，如对注射剂配制稀配B级，而浓配对环境要求不高，可定为C级；二是对洁净要求高、操作岗位相对固定场所允许使用局部净化措施，如大输液的灌封等均可在C级背景下局部A级的生产环境下操作；三是生产条件变化下允许对生产环境洁净要求的调整，如注射剂稀配B级，当采用密闭系统时生产环境可为C级；四是降低某些药品生产环境的洁净级别，如口服固体制剂等生产均可在D级环境下生产。

(二) 适宜的温、湿度的设计

在满足生产工艺的前提下，从节能的角度出发，确定合适的洁净度等级、温度、相对湿度等参数。GMP规定药厂洁净室生产条件：温度18～26℃，相对湿度45%～65%。考虑到室内相对湿度，过高易长霉菌，不利于洁净环境要求，过低易产生静电，使人体感觉不适。根据制剂生产实际，只有少数工艺（如胶囊剂）对温度或相对湿度有一定要求，其他均着眼于操作人员的舒适感。从我国人员的习惯和体质看，夏天温度应22～24℃，相对湿度55%比较合适。冬天应该在20℃以上。相对湿度从45%降到自然状态，如20%则节能是明显的。根据我国实际，冬夏温、湿度要求都应降低，而非无菌制剂的要求还可比无菌制剂再低些，这样就能节省大量能量。因此，这是降低洁净车间热（冷）负荷的有效途径和技术措施。

(三) 适宜洁净室换气次数的设计

换气次数与生产工艺、设备先进程度及布置情况、洁净室尺寸及形状以及人员密度等密切相关。如对于布置普通安瓿封灌机的房间就需要较高的换气次数，而对于布置带有空气净化装置的洗灌封联动机的水针生产房间，就只需较低换气次数即可保持相同的洁净度。可见，在保证洁净效果的前提下，减少换气次数，减少送风量是节能的重要手段之一。

(四) 适宜的照明设计

药厂洁净室照明应以能满足工人生理、心理上的要求为依据，对于高照度操作点可以采用局部照明，而不宜提高整个车间的最低照度标准。同时，非生产房间照明应低于生产房间，但以不低于100lx为宜。根据日本工业标准照度级别，中精密度操作定为200lx，而药厂操作不会超过中精密操作。因此，把最低照度从≥300lx降到150lx是合适的，可节约一半能量。

(五) 适宜的洁净气流综合利用设计

洁净气流综合利用将工艺过程和空调系统的热回收，是可以直接获益的节能措施。因此应充分利用这部分热量，使之达到物尽其用的目的。对于无尘粒影响的药厂洁净室，实行洁净气流串联，将洁净室按洁净度高低水平串联起来，然后由一个机组贯通送风，最初送风经过高级别至低级别的房间后再回到空调机组，可节省若干高效过滤器。对于以消除余热为主，净化要求不太高的房间，可交叉利用洁净气流，并采用下送上回流向，因为下送可减少送风速度，提高送风温度，减少温差，上回则提高回风温度，有利于热回收，因此在不影响洁净要求的前提下，可节能30%～40%。工艺生产中应利用所有排风对新风预热预冷，采用热回收也是减少工艺负荷的积极有效的节能手段。

三、工艺装备

药厂洁净室工艺装备的设计和选型，在满足机械化、自动化、程控化和智能化的同时，必须实现工艺设备的节能化。如在水针剂方面，设计入墙层流式新型针剂灌装设备，机器与无菌室墙壁连接在一起，维修在隔壁非无菌区进行，不影响无菌环境。机器占地面积小，减少了洁净车间中A级单向流所需的空间，减少了工程投资费用，减少了人员对环境洁净度的影响，大大节约了能源。同时，采取必要技术措施，减少生产设备的排热量，降低排风量。如将可能采用水冷方式的生产设备尽可能地选用水冷设备，加强洁净室内生产设备和管道的隔热保温措施，尽量减少排热量，降低能耗。

四、净化空调系统

医药工业洁净厂房能耗巨大，其中净化空调系统的能耗约占建筑能耗的50%左右。降低净化空调系统的能耗，既有利于降低制药企业生产成本，又有利于节能环保，造福社会。

(一) 合理划分空气净化系统

医药工业洁净厂房应充分考虑房间热湿负荷特性、生产运行情况、洁净度等级要求等，合理划分空调系统。不同操作时间的房间或区域一般应分开设置空调系统，以避免合用系统引起的部分区域生产时其余区域空调同时运行的能耗浪费。不同产品的生产区域合用空调系统、存储区域与生产区域合用空调系统或洗衣区域与生产区域合用空调系统时，应特别注意运行时间是否一致。

(二) 空气处理系统的节能设计

空气处理机组中的风机能耗主要是由系统的风量、静压及风机效率决定的，实现节能的一个重要措施就是合理组织空气处理机组中各种空气过滤器的设置，降低系统阻力。高效空气过滤器的阻力在净化空调系统的阻力中占有比较大的比例，其带来的能耗也是较大的。应选用低阻力型高效空气过滤器，以降低系统阻力，节省运行能耗。根据工程实践经验，建议高效空气过滤器选型时设计风量不要超过其额定风量的80%。这样可以降低高效空气过滤器的阻力，节约运行能耗，还可以提高其可靠性。选用高效率的风机也有利于降低系统能耗。此外，采用变频技术也可以通过调节电机运行频率，改变风机运行曲线，以满足过滤器阻力变化过程中系统阻力特性变化的要求，具有明显的节能效果。

(三) 空气处理方式的节能设计

医药工业洁净厂房净化空调送风量较大，当洁净区内无设备散热时，夏季房间的送风温差一般为2～4℃。但为满足除湿需求，送风需要处理至较低的温度，一般为13～14℃。若采用一次回风系统，需要将降温除湿后的空气再热，由此便产生了“冷热相消”的问题，造成能耗浪费。二次回风系统则很好地解决了这一问题。来自房间的部分回风与新风混合之后，经过表冷盘管处理至机器露点，然后再与其余回风混合送入室内。

二次回风系统设计时应注意如下事项：需要确保冷冻水水温，以确保系统除湿能力；一次回风和二次回风的回风量宜采用定风量控制；表冷盘管宜按照一次回风系统条件进行选取。

通常建议无大量工艺散热的B、C级区净化空调系统采用二次回风系统。

(四) 热回收技术的应用

由于新风的处理通常要比回风的处理耗费更多的公用工程耗量，当系统新风量较大时，可设置热回收装置，热回收装置可以将排风的热量或冷量进行回收，从而实现节能。这会导致初投资的增加，且热回收装置会增加系统阻力，增加系统运行能耗，热回收装置自身也可能需要动力消耗。因此，需要进行相关经济技术分析，明确热回收系统的运行条件，并根据投资回报期合理采用。

通常是在新风与排风之间设置热回收装置。根据《全国民用建筑工程设计技术措施》(2009年版)，对设有相对独立的新风、排风系统，且新风量较大时，可设置排风热回收装置。医药工业洁净厂房净化系统，排风中通常有热湿、粉尘、异味、活性成分等，因此一般采用板式、热管式或中间热媒式热回收装置。图8-40所示为中间热媒式热回收系统，这种系统在医药工业洁净厂房净化系统中得到较为广泛的应用。

热回收装置一般需要设置旁通，根据热回收装置的性能系数自动控制其运行。通常在冬季其运行节能的效果较好。

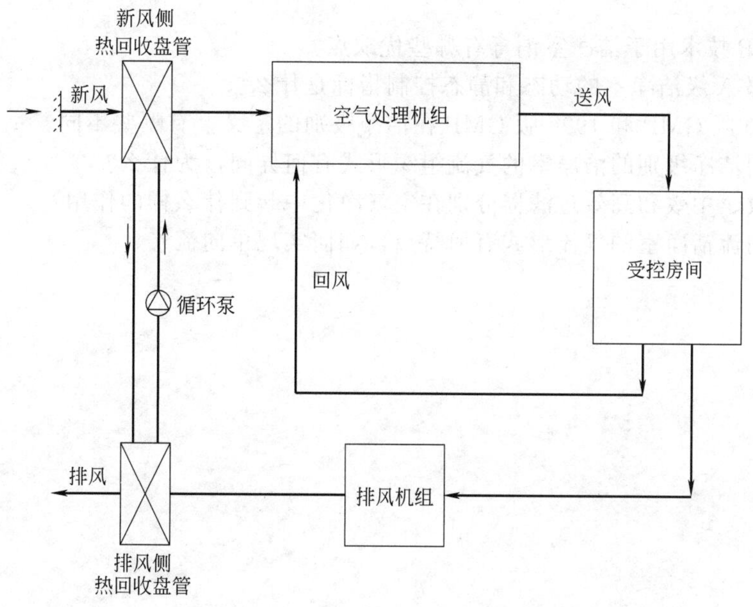

图 8-40　中间热媒式热回收系统

此外，还可以在直流式系统（全新风系统）的表冷盘管前后设置热回收装置，以降低夏季制冷量和再热量，实现节能。

(五) 空气净化系统运行节能

在满足药厂洁净室工艺洁净度要求下，应合理确定换气次数。医药工业洁净厂房无菌区净化系统通常是连续运行的，非生产时段运行会造成能源浪费。在非生产时段，应合理调整系统环境参数的控制要求，以值班模式运行，以降低运行能耗。值班模式应确保洁净度，根据风险分析的结果，适当调整温湿度、压差的控制范围，降低换气次数，并通过关闭排风减少新风比，以降低运行能耗。值班模式调整环境参数控制范围的节能效果是十分明显的。一般可通过风机变频运行、双位定风量阀的应用、变风量阀和电动风阀的应用、自动控制等技术措施实现值班模式运行。图 8-41 所示为值班模式实现的系统方案。系统送风机变频运行，房间送风管设置压力无关型双位定风量阀或变风量阀，以实现不同工况的风量需求；房间回风或排风管设变风量阀或电动风阀，以维持房间压差。通过自控系统，实现值班模式运行，

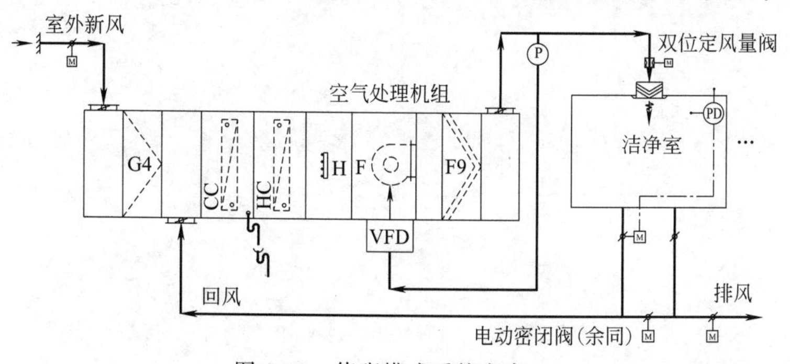

图 8-41　值班模式系统方案

从而降低非生产时段暖通空调系统的运行能耗。

习　题

8-1　VHP 技术用于洁净室消毒有哪些优缺点？

8-2　局部 A 级洁净室的动态和静态控制指标是什么？

8-3　2010 版 GMP 和 1998 版 GMP 在洁净级别的定义上有哪些不同？

8-4　不同洁净级别的洁净室的气流组织形式有何异同，为什么？

8-5　粗效、中效和高效过滤器分别在空气净化中起到什么样的作用？

8-6　单向流洁净室的气流形式有何特点，如何实现单向流？

第九章 制药用水系统设计

第一节 制药用水概述

制药用水在制药过程中的广泛应用表明其重要性是毋庸置疑的。在大容量注射液中，90%左右成分是注射用水；同时，制药用水又是良好的溶剂，具有极强的溶解能力和极少的杂质，广泛用于制药设备和系统的在线清洗。

水在制药工业中既作为原料、溶剂，又作为清洗剂。各国药典对制药用水的质量标准、用途都有明确的定义和要求；各个国家和组织的GMP将制药用水的生产和储存分配系统视为制药生产的关键系统，对其设计、安装、验证、运行和维护等提出了明确要求。

一、制药用水的分类与应用范围

(一) 制药用水的分类

在2010版《中国药典》及GMP中，将制药用水定义为如下四类：

(1) 饮用水　为天然水经净化处理所得的水，其质量必须符合现行中华人民共和国《生活饮用水卫生标准》(GB 5749—2006)。饮用水可作为药材净制时的漂洗用水、制药用具的粗洗用水、药材的提取溶剂。

(2) 纯化水　为饮用水经蒸馏法、离子交换法、反渗透法或其他适宜的方法制得的制药用水。纯化水主要指标是电阻率和细菌、热原，通过控制纯化水电阻率控制离子含量。不含任何添加剂，其质量应符合纯化水项下的规定。

(3) 注射用水　为纯化水经蒸馏所得的水。应符合细菌内毒素试验要求。注射用水必须在防止细菌内毒素产生的设计条件下生产、储藏及分装，其质量应符合注射用水项下的规定。

(4) 灭菌注射用水　本品为注射用水照注射剂生产工艺制备所得，不含任何添加剂。

(二) 制药用水的应用范围

制药用水根据不同类别，分别用于原料药、制剂各工序过程中，见表9-1。

表9-1　制药用水的应用范围

类　别	应用范围
饮用水	药品包装材料粗洗用水、中药材和中药饮片的清洗、浸润、提取等用水 《中国药典》同时说明，饮用水可作为药材净制时的漂洗、制药用具的粗洗用水。除另有规定外，也可作为药材的提取溶剂

续表

类　别	应用范围
纯化水	非无菌药品的配料、直接接触药品的设备、器具和包装材料最后一次洗涤用水、非无菌原料药精制工艺用水、制备注射用水的水源、直接接触非最终灭菌棉织品的包装材料粗洗用水等 纯化水可作为配制普通药物制剂用的溶剂或试验用水；作为中药注射剂、滴眼剂等灭菌制剂所用饮片的提取溶剂；口服、外用制剂配制用溶剂或稀释剂；非灭菌制剂用器具的精洗用水；也用作非灭菌制剂所用饮片的提取溶剂。纯化水不得用于注射剂的配制与稀释
注射用水	直接接触无菌药品的包装材料的最后一次精洗用水、无菌原料药精制工艺用水、直接接触无菌原料药的包装材料的最后洗涤用水、无菌制剂的配料用水等。注射用水可作为配制注射剂、滴眼剂等的溶剂或稀释剂及容器的精洗
灭菌注射用水	灭菌注射用灭菌粉末的溶剂或注射剂的稀释剂。其质量应符合灭菌注射用水项下的规定

二、制药用水生产系统的组成

制药用水系统主要是纯化水、高纯水和注射用水。从功能角度而言，制药用水系统主要由生产单元和储存与分配管网单元两部分组成（图 9-1）；纯蒸汽系统主要由生产单元与分配管网单元两部分组成。

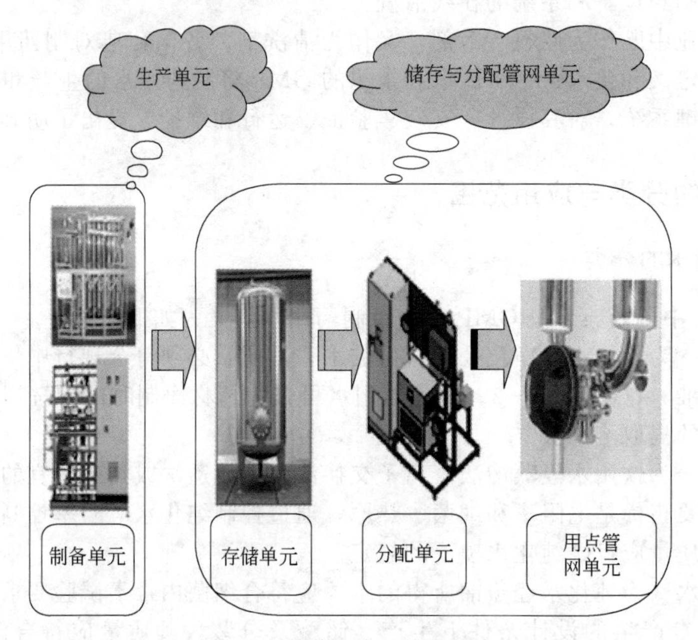

图 9-1　制药用水系统的组成

生产单元主要包括纯化水机、高纯水机、蒸馏水机和纯蒸汽发生器，其主要功能为连续、稳定地将原水“净化”成符合企业内控指标或药典要求的制药用水。储存与分配管网单元主要包括储存单元、分配单元和用点管网单元。

(1) 纯化水系统　主要包括纯化水机、纯化水储存单元、纯化水分配单元和纯化水用点管网单元。

(2) 高纯水系统　主要包括高纯水机、高纯水储存单元、高纯水分配单元和高纯水用点管网单元。

(3) 注射用水系统　主要包括蒸馏水机、注射用水储存单元、注射用水分配单元和注射用水用点管网单元。

(4) 纯蒸汽系统　主要包括纯蒸汽发生器和纯蒸汽用点管网单元。

第二节 制药用水工艺与设备

一、制药用水工艺

纯化水的制备应以饮用水作为原水，并采用合适的单元操作或组合的方法。常用的纯化水制备方法包括膜过滤、离子交换、电法去离子（EDI）、蒸馏等，其中膜过滤法又可细分为微滤、超滤、纳滤和反渗透（RO）等。纯化水机的工艺主要经过了三个发展阶段，第一代纯化水机采用“预处理→阴床/阳床→混床”工艺，系统需要大量的酸、碱化学药剂来再生阴阳离子树脂；第二代纯化水机采用“预处理→反渗透→混床”工艺，反渗透技术的应用极大地降低了纯化水机制备工艺中化学药剂的使用量，但还是需要部分化学药剂处理混床；第三代纯化水机采用“预处理→反渗透→EDI”工艺，有效避免了再生化学药剂的使用，现已成为各国纯化水机制备的主流工艺。电法去离子（electro-deionization，EDI）技术的出现是水处理工业的一次划时代的革命，标志着水处理工业全面跨入绿色产业的时代。

二、制药用水生产设备

制药行业纯化水制备系统一般由前端的预处理系统和后端的纯化系统两部分组成。纯化水生产是以饮用水作为原水，采用合适的单元操作或组合的方法制备，常见的有：蒸馏法、离子交换法、电渗析法（EDR）、反渗透法（RO）、电法去离子（EDI）等。而注射用水则是以纯化水为原水经蒸馏制得。

（一）水质预处理

饮用水可采用混凝、沉淀、澄清、过滤、软化、消毒、去离子等物理、化学或物理化学的方法进行制备，用于减少水中特定的无机物和有机物。预处理系统的主要目的是去除原水中的不溶性杂质、可溶性杂质、悬浮物、有机物、胶体、微生物和过高的浊度和硬度，使主要水质参数达到后续处理设备的进水要求，从而有效减轻后续纯化系统的净化负荷。有效和可靠的预处理是生产制药用水不可缺少的一部分。预处理系统一般包括原水箱、多介质过滤器、活性炭过滤器、软化处理器、精密过滤器等多个单元。预处理系统如图 9-2 所示。

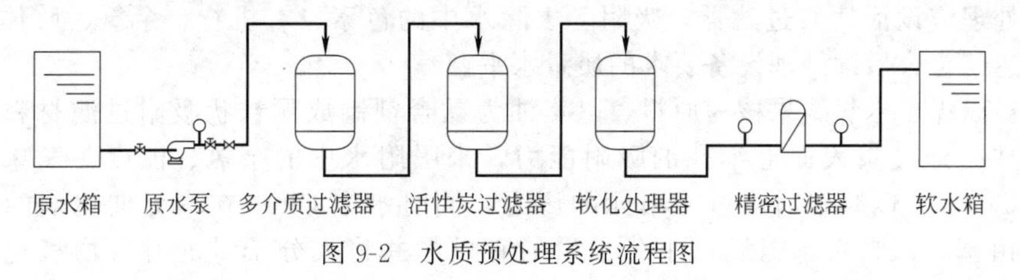

图 9-2 水质预处理系统流程图

(1) 原水箱　原水箱是预处理的第一个处理单元，一般设置一定体积的缓冲水罐，其体积的配置需要与系统产量相匹配，具备足够的缓冲时间并保证整套系统的稳定运行。原水箱的材质有 FRP、PE 或不锈钢等多种选择，可按预处理的消毒方式不同适当选择。由于罐体的缓冲时间会造成水流的流速较慢，存在产生微生物繁殖的风险，所以需要采取措施避免市政水或其他原水进入制水系统可能产生的微生物繁殖的风险。一般建议在进入缓冲罐前添加一定量的次氯酸钠溶液，该添加浓度需要和罐体的缓冲时间相匹配，预处理单元次氯酸钠的浓度不宜过高或过低，一般控制在 0.3～0.5mg/L，可通过余氯监测仪进行自动检测，并在进入 RO 膜之前进行去除。

(2) 多介质过滤装置　多介质过滤器是利用一种或多种过滤介质，在一定的压力下把浊度较高的水通过一定厚度的粒状或非粒状材料，以吸附、截留等方式有效去除杂质，使水澄清的过滤装置。软化水、电渗析、反渗透等一般采用多介质过滤器进行预处理。

多介质过滤器（图 9-3）大多填充石英砂、无烟煤、锰砂等，滤除悬浮物、机械杂质、有机物等。其特点是去除大颗粒悬浮物，满足深层净化的水质要求。滤料经过反洗可多次使用，使用寿命长等。多介质过滤器工艺在国内有广泛的应用，其运行成本也比较低，日常维护比较简单，只需要在自控程序设置上进行定期反洗，即可恢复多介质过滤器的处理效果，将截留在滤料孔隙中的杂质排出。过滤器的反洗程序可以通过浊度仪或进出口压差来判定是否反洗，也可以在系统中设定反洗的间隔时间（设计值一般为 24h/次）。由于进水水质的波动对多介质过滤器的运行状态会有比较大的影响，通常会设置一个手动装置启动反洗的功能。在原水缓冲罐中定量投加 NaClO 能有效控制多介质过滤器的微生物繁殖。为保证系统有良好的运行效果，需对机械过滤装置内的填料介质进行定期更换，更换周期一般为 2～3 年。

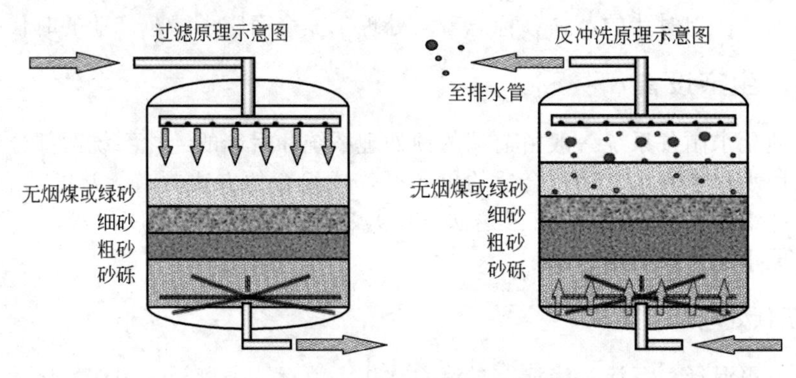

图 9-3　多介质过滤器的工作原理

(3) 活性炭过滤器　活性炭过滤器主要是通过炭表面毛细孔的吸附能力和活性自由基去除水中的游离氯、色度、有机物、胶体、微生物等以及部分重金属等有害物质，以防止它们对纯化系统的反渗透膜和 EDI 造成影响。当原水中有机物含量超过后续处理设备的进水标准时，会对后续处理设备造成危害，影响设备的运行使用寿命和出水水质。为除去这部分有机物，预处理应设活性炭过滤器，吸附、去除水中的色素、有机物、余氯、胶体、微生物等，使水达到符合后续处理设备要求的质量水平。

活性炭以煤、木炭或果核为原料，以焦油为黏合剂制成颗粒状吸附过滤材料。活性炭过滤器主要是通过炭表面毛细孔的吸附能力，来吸附水中的余氯、浊度、气味和部分总有机碳（TOC），以减轻后端过滤单元的压力。同时水中 ClO^- 在碳为催化剂的条件下能生成氧自由基，氧自由基能氧化小分子量的有机物并将大分子量的有机物氧化成小分子量的有机物。活性炭过滤器易成为细菌滋生场所。要采取蒸汽等对其进行消毒。当活性炭过滤吸附趋于饱和时，需对活性炭过滤器进行及时反冲洗，活性炭过滤器反冲洗的设计值一般为 24h。

(4) 软化处理器　软化处理器也称软化器，主要功能是去除水中的硬度，如钙、镁离子。通常由盛装树脂的容器、树脂、阀或调节器以及控制系统组成。介质为树脂，目前主要是用钠型阳离子树脂中有可交换的阳离子 Na^+ 来交换出原水中的钙、镁离子、钡/锶等而降低水的硬度，以防止钙、镁等离子在反渗透膜表面结垢，使原水变成软化水后出水硬度能达到＜1.5mg/L。同时采用 80℃热水、过氧乙酸、碱进行消毒。

软化器通常的配备是两个，当一个进行再生时，另一个可以继续运行，确保生产的连续性。容器的简体部分通常由玻璃钢或碳钢内部衬胶制成。通常使用PVC或PP/ABS或不锈钢材质的管材和多接口阀门对过滤器进行连接，通过PLC控制系统对软化器进行控制。系统提供一个盐水储罐和耐腐蚀的泵，用于树脂的再生。

(5) 加药装置　在制药用水系统中，化学加药是必不可缺的组成单元，良好的加药装置设计不仅是系统保持长期高效运行的基础，也是工艺性能达标的重要保障(图9-4)。通常情况下，化学加药单元被设计在前处理系统中，其中包括原水罐、原水输送泵、多介质过滤器或超滤器、活性炭过滤器、软化器、保安过滤器、RO高压泵、RO等处理单元。纯化水机常采用市政水、地表水或地下水为原水，水质本身是比较稳定的，而为了提高后续去离子单元的处理效率，有必要投加特定化学品到前处理中以达到某种处理目的。常用的化学药剂为混凝剂PAC（聚合氯化铝）、消毒剂NaClO（次氯酸钠）、还原剂$NaHSO_3$（亚硫酸氢钠）、苛性钠(NaOH)等。

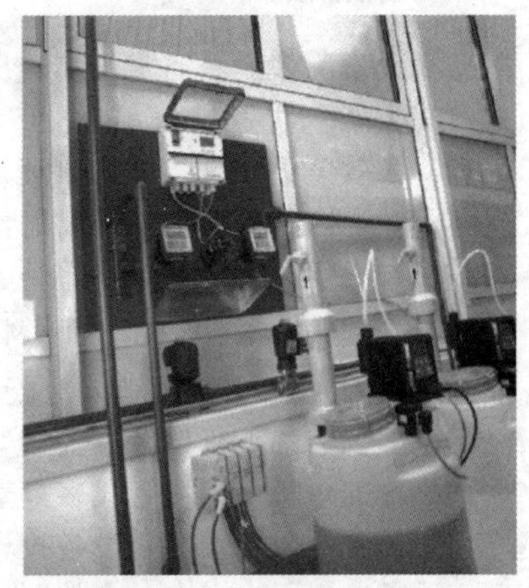
图9-4　加药装置

(6) 紫外装置　常见的紫外装置有低压紫外灯管、低压汞齐紫外灯管和中压紫外灯管三种。低压紫外灯管内部填充的汞蒸气压力小于10^3Pa，仅有185nm和253.7nm处的紫外线输出，且单只灯管功率一般小于100W；低压汞齐紫外灯管与低压紫外灯管类似，单只灯管功率最高可达到800W；中压紫外灯管内部填充的汞蒸气压力介于10^4～10^6Pa之间，且在200～400nm之间有连续的紫外输出，单只灯管功率最高可达7000W。

在制药用水系统中，紫外灯的作用主要包括消毒杀菌、降低TOC指标、臭氧破除及除余氯等。用于紫外消毒的紫外灯可安装在活性炭后、RO之前，用来控制活性炭产水侧或RO浓水回用（如果有）工艺中的微生物负荷，从而保护下游的RO及EDI装置，降低RO/EDI定期消毒的频率；同时，紫外灯也可安装在EDI产水侧与纯化水储罐之间的管道上，用于降低进入储罐的纯化水中微生物数量，有效降低纯化水储存与分配单元的微生物负荷。

通常，只有在要求TOC严重低于药典水平500μg/L的界限值时才开始使用。用于降低TOC所需要的紫外光强度能量级别比建议的用于微生物控制的紫外光强度水平要高得多。紫外灯用在去离子工艺之后，作为加强微生物控制和减少TOC（如果需要的话）的最终处理步骤。它一般不能作为降解TOC的一级处理方法。热塑性材料被紫外光照射后容易发生降解，因此，紫外灯附近建议采用不锈钢材料。

紫外光可以取代活性炭过滤工艺用于去除余氯。通过紫外光作用可实现余氯100%的光解，典型的用于光解余氯的紫外光剂量是标准紫外光消毒剂量的20倍以上。

(7) 精密过滤器　又称保安过滤器。筒体外壳一般采用不锈钢材质制造，内部采用PP熔喷、线烧、折叠、钛滤芯、活性炭滤芯等管状滤芯作为过滤元件。根据不同的过滤介质及设计工艺选择不同的过滤元件，以达到出水水质的要求。机体也可选用快装式，以方便快捷地更换滤芯及清洗。

(8) 原水预处理常见工艺

① 当原水（河水、自来水等）浊度小于30时，在原水中加入絮凝剂，通过机械过滤器、滤芯过滤器，得到的饮用水再用紫外线消毒即可。

② 当原水同时除浊、有机物和余氯时，在原水中加入絮凝剂，通过机械过滤器、活性

炭过滤器，并加入亚硫酸氢钠，再通过滤芯过滤器，即可得到饮用水。

③ 当进料水含盐量大于500mg/L时，在原水中加入絮凝剂，通过机械过滤器、活性炭过滤器、滤芯过滤器，再用电渗析器或反渗透装置处理，即可得到饮用水。

(二) 蒸馏法

常用设备为多效蒸馏水机和气压式蒸馏水机，其中多效蒸馏水机又有列管式、盘管式和板式三种类型。

(1) 多效蒸馏水机　工作原理是让经充分预热的纯化水通过多效蒸发和冷凝，排除不凝性气体和杂质，从而获得高纯度的蒸馏水。

① 基本工艺流程

进料水预热 → 料液蒸发 → 汽液分离 → 蒸汽冷凝 → 蒸馏水

② 结构组成　由蒸馏塔、冷凝器、高压水泵、电气控制元器件及有关管道、阀门、计量显示仪器仪表加上机架、电控制箱等主要部件组成。

此类蒸馏水机采用列管式多效蒸发器制取蒸馏水。理论上，效数越多，能量的利用率就越高，但随着效数的增加，设备投资和操作费用亦随之增大，且超过五效后，节能效果的提高并不明显。实际生产中，多效蒸馏水机一般采用3～5效。

图9-5所示为列管式四效蒸馏水机的工艺流程，其中最后一效即第四效也称为末效。工作时，进料水经冷凝器5，依次经各蒸发器内的发夹形换热器被加热至142℃进入蒸发器1。在蒸发器1内，加热蒸汽（165℃）进入管间将进料水蒸发，蒸汽被冷凝后排出。进料水在蒸发器1内约有30%被蒸发，其余的进入蒸发器2（130℃）内，生成的纯蒸汽（141℃）作为热源进入蒸发器2。在蒸发器2内，进料水被再次蒸发，所产生的纯蒸汽（130℃）作为热源进入蒸发器3，而由蒸发器1引入的纯蒸汽则全部被冷凝为蒸馏水。蒸发器3和4的工作原理与蒸发器2的相同。最后从蒸发器4排出的蒸馏水及二次蒸汽全部引入冷凝器，被进料水和冷却水冷凝。进料水经蒸发后所剩余的含有杂质的浓缩水由末效蒸发器的底部排出，而不凝性气体由冷凝器5的顶部排出。通常情况下，蒸馏水的出口温度约为97～99℃。

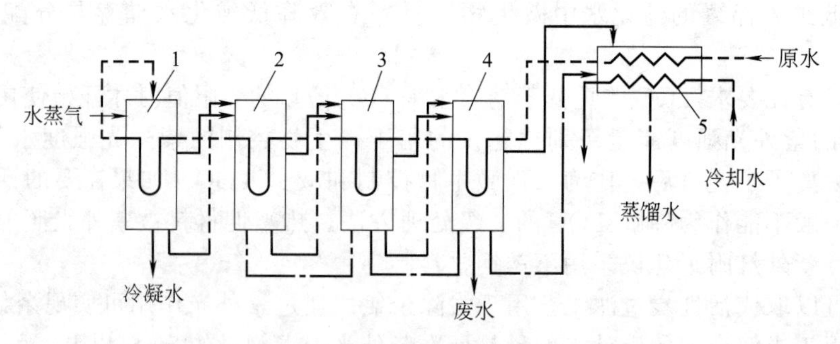

图9-5　列管式四效蒸馏水机工艺流程图

1～4—蒸发器；5—冷凝器

(2) 蒸汽压缩式蒸馏水机　蒸汽压缩式（简称汽压式，又作热压式）蒸馏水机是利用动力对二次蒸汽进行压缩、循环蒸发而制备注射用水的设备。

① 结构组成　主要由自动进水器、热交换器、加热室、蒸发室、冷凝器、蒸汽压缩机或罗茨鼓风机等组成。

② 工作原理　如图9-6所示，原水自进水管经预热器由离心泵打入蒸发的管内，受热蒸发；蒸汽自蒸发室上升，经除沫器进入压缩器；蒸汽被压缩成热蒸汽，在蒸发冷凝器的管

内进水进行热交换，纯蒸汽被冷凝为蒸馏水，冷凝时释放的热量使进水受热蒸发；蒸馏水经水泵打入蒸馏水换热器，对新进水进行预热，成品水经蒸馏水出口引出。

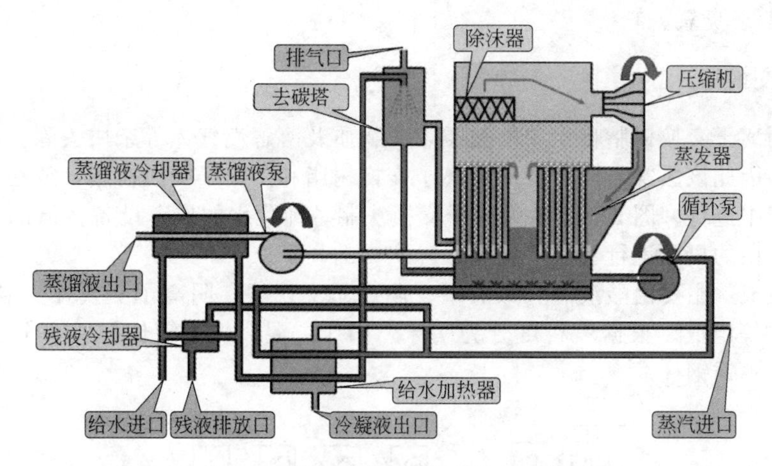

图 9-6　蒸汽压缩式蒸馏水机的工作原理

从进入系统的方式来分，可分为机械式蒸汽再压缩设备，即如果压缩使用机械驱动的离心式压缩机、罗茨鼓风机、轴流压气机等方式，这种工艺通常称为机械式蒸汽再压缩。这种热压式设备是使用高压动力蒸汽喷射器，这种工艺通常称为热力学压缩或蒸汽压缩。工作时，原水自进水管进入预加热器，此后由泵打入蒸发冷凝器的管内受热蒸发。蒸汽自蒸发室上升，经除沫器后，由压缩机或风机等压缩成过热蒸汽，在蒸发冷凝器的管间，通过管壁与进料水进行热交换，使进料水受热蒸发，自身则因放出潜热而冷凝，再经泵打入换热器对新进水进行预热，产品由出口排出。蒸发冷凝器下部设有蒸汽加热管及辅助电加热器。

(三) 超滤

超滤以压力为驱动力，使去离子水中的大、中分子物质及细菌热原被分离，形成浓缩水被排除，从而得到高纯度的超滤水。用于医药、食品等工业用纯水、超纯水制备的预处理。

超滤采用错流膜工艺，超滤组件的超滤膜呈中空毛细管状，管壁密布微孔。原液在一定压力下通过管内或管外流动，溶剂及小分子溶质通过膜为超滤液，原液被浓缩为浓缩液，从而达到部分溶剂及溶质的分离、浓缩、过滤的目的。其非离子和大分子去除能力极佳，可去除：胶体-铁、硅等；内毒素（运行温度 80℃，灭菌温度 121℃或 138℃）；微生物；有机大分子等物质（相对分子质量 1000～100000）。通过去除热原和控制细菌，制备注射水、注射剂产品用水、有内毒素要求的纯化水（欧洲药典的高纯水）、注射水质量淋洗用水、蒸馏水机或纯蒸汽发生器供水、能被用来制备非肠道注射剂的生产用注射用水（如果允许）或最终淋洗用水。

超滤装置的进水要求很高，基本不应再有污染物的存在，否则会严重损坏装置的寿命，简单地说就是膜被阻塞了。因此，往往把它放在离子交换装置的下游，此时进水中的有机物、微生物、胶状物和内毒素已经很少了。

控制热原的聚合物超滤系统可采用热水消毒，连续热运行。与陶瓷膜相比，膜成本低，投资和运行均比蒸馏低，但高温下系统完整性受限制，一些膜不能蒸汽消毒。

陶瓷膜超滤采用单片、单或多通道元件，大孔径透水性支撑多层阿尔法氧化铝层烧结在一起，具有热、化学稳定的特点。去除热原优点是：可蒸汽消毒验证，连续高温高压运行，可显著去除内毒素/细菌，可反洗，投资和运行成本低于蒸馏，寿命比聚合物膜长。去除热原缺点是：投资成本比聚合物膜高，透过压高（是聚合膜的 1～4 倍）。

陶瓷膜超滤主要运行参数：水回收率95%；可达300℃高温；压力可达1.034MPa；pH0～14；内毒素去除率达lg4。陶瓷膜超滤消毒可选择的方法主要有：蒸汽、热水、化学试剂（pH0～14）、臭氧。

（四）离子交换法

该法是利用离子交换树脂将水中的盐类、矿物质及溶解性气体等杂质去除。由于水中杂质的种类繁多，因此该法常需同时使用阳离子交换树脂和阴离子交换树脂，或在装有混合树脂的离子交换器中进行。图9-7所示为离子交换法制备纯化水的成套设备。借助于离子交换剂上的离子和水中的离子进行交换反应而去除水中的离子。

(1) 结构组成　主要由酸液罐、碱液罐、阳离子交换柱、阴离子交换柱、混合交换柱、再生柱和过滤器等组成。根据填料可分为阴床、阳床、混床；按罐体材质可分为有机玻璃柱、玻璃钢柱、不锈钢柱。

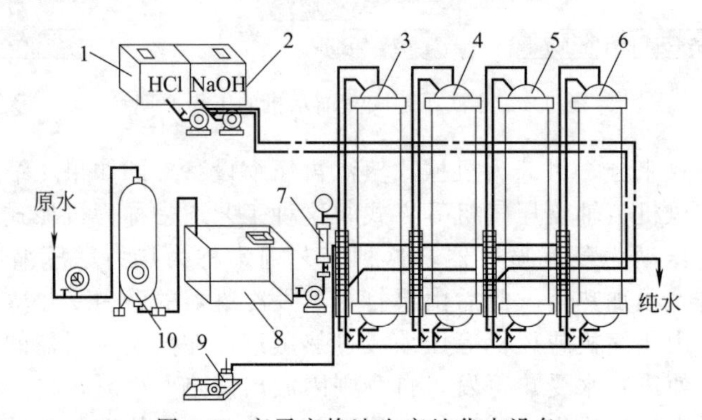

图9-7　离子交换法生产纯化水设备

1—酸液罐；2—碱液罐；3—阳离子交换柱；4—阴离子交换柱；5—混合交换柱；6—再生柱；7—转子流量计；8—储水箱；9—真空泵；10—过滤器

(2) 工作原理　原水先经过滤器除去有机物、固体颗粒、细菌及其他杂质，再进入阳离子交换柱，使水中的阳离子与树脂上的氢离子进行交换，并结合成无机酸。然后原水进入阴离子交换柱，以去除水中的阴离子。经阳离子和阴离子交换柱后，原水已得到初步净化。此后，原水进入混合离子交换柱使水质得到再一次净化，即得产品纯水。

通过混床的水进入纯化水罐前，应设3～5μm滤器，以防细小树脂残片进入，过滤器应设压差表；通过混床纯化水保持循环流动，使水质稳定，循环管线上应设电导仪。

混床再生周期包括：分离树脂反洗、化学剂介入、慢洗、快洗、排空、空气混合、最终淋洗。而化学再生要求有：合适的化学强度、化学剂量、化学剂接触时间、化学剂流量。

树脂使用一段时间后，会逐步失去交换能力，因此需定期对树脂进行活化再生。阳离子树脂可用5%盐酸溶液再生，阴离子树脂用5%氢氧化钠溶液再生。由于阴离子、阳离子树脂所用的再生试剂不同，因此混合柱再生前需于柱底逆流注水，利用阴离子、阳离子树脂的密度差而使其分层，将上层的阳离子树脂引入再生柱，两种树脂分别于两个容器中再生，再生后将阳离子树脂抽入混合柱中混合，使其恢复交换能力。

离子交换树脂细菌控制模式：频繁化学再生，循环，热水消毒（更换树脂后加热到65～80℃消毒，卫生管路连接，316L不锈钢电抛光容器）。化学消毒试剂有过氧乙酸、氯、甲醛、过氧化氢。若以上方法都不行，则更换树脂。

(3) 特点

① 预处理要求简单，工艺成熟，出水水质稳定，设备初期投入低。

② 在原水含盐量低的应用区域运行成本较低。

③ 离子交换床阀门众多，操作复杂烦琐。

④ 离子交换法自动化操作难度大，投资高。

⑤ 需要酸碱再生，再生废水必须经处理合格后排放，存在环境污染隐患。

⑥ 细菌易在床层中繁殖，且离子交换树脂会长期向纯水中渗溶有机物。

⑦ 在含盐量高的区域，运行成本高。

(4) 离子交换法制备纯化水常见工艺

① 当进料水含盐量小于 300 mg/L 时，经预处理后的原水，通过阳离子交换柱、阴离子交换柱、阴离子交换柱、混床处理，再用 0.45μm 微滤过滤，制得纯化水。

② 当进料水含盐量为 500～600 mg/L 时，经预处理后的原水，先用电渗析处理，通过阳离子交换柱、阴离子交换柱、阴离子交换柱、混床处理后，再用 0.45μm 微滤过滤，制得纯化水。

③ 当二氧化碳含量高于 50mg/L 时，经预处理后的原水，通过阳离子交换柱和脱气塔后，再用阴离子交换柱、阴离子交换柱、混床处理，再用 0.45μm 微滤过滤，得纯化水。

(五) 电渗析法

(1) 电渗析原理　电渗析器中交替排列着许多阳膜和阴膜，分隔成小水室。当原水进入这些小室时，在电场作用下，溶液中的离子作定向迁移。阳膜只允许阳离子通过而把阴离子截留下来；阴膜只允许阴离子通过而把阳离子截留下来。结果这些小室的一部分变成含离子很少的淡水室，出水称为淡水，而与淡水室相邻的小室则变成聚集大量离子的浓水室，出水称为浓水，从而使离子得到了分离和浓缩，水得到了净化（图 9-8）。

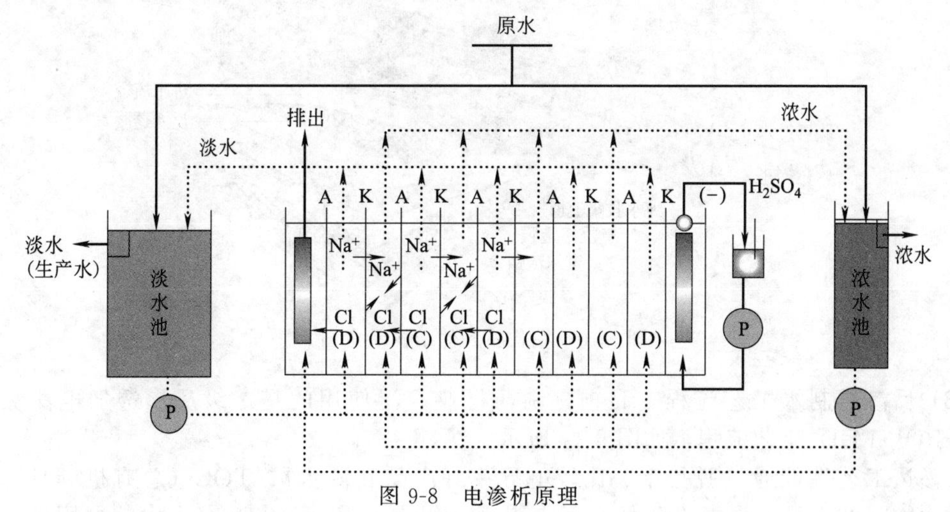

图 9-8　电渗析原理

K—阳离子交换膜；A—阴离子交换膜；D—淡水室；C—浓水室

(2) 结构组成与特点　电渗析器有立式和卧式两种。基本部件：离子交换膜、隔板、电极、极框、压紧装置等。电渗析与离子交换相比，有以下异同点：

① 分离离子的工作介质虽均为离子交换树脂，但前者是呈片状的薄膜，而后者则为圆球形的颗粒。

② 从作用机理来说，离子交换属于离子转移置换，而电渗析属于离子截留置换，离子交换膜在过程中起离子选择透过和截阻作用。所以应该把离子交换膜称为离子选择性透过膜。

③ 电渗析的工作介质不需要再生，但消耗电能；离子交换的工作介质必须再生，但不消耗电能。

（六）反渗透法

(1) 反渗透原理　反渗透（RO）亦称逆渗透，其作用原理是扩散和筛分。在进水侧（浓溶液）施加足够操作压力以克服水的自然渗透压，当高于自然渗透压的操作压力施加于浓溶液侧时，水分子自然渗透的流动方向就会逆转，进水中的水分子部分通过膜并成为稀溶液侧的纯化水（图 9-9）。反渗透装置进口处需安装 3～5μm 过滤器。水持续地通过半透膜，而离子和微粒留在未透过水中，未透过水被排出或再循环。此过程中，反渗透工艺克服了渗透压、通过膜的摩擦损失、产品侧的余压（管道、设备）、膜额外压力损失（结垢、污垢）等压力。

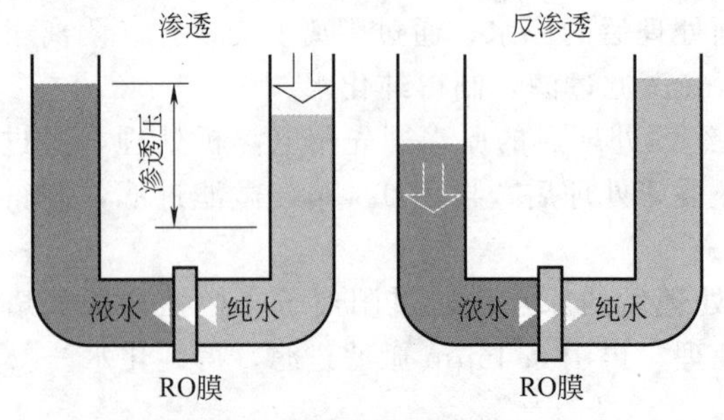

图 9-9　反渗透的原理

反渗透工艺能够有效去除除气体外的所有污染物质，如减少无机物污染、有机物污染、胶体、微生物、内毒素，而且化学试剂需求少，运行成本合理，投资成本可靠性高。

(2) 反渗透膜的结构　反渗透膜有非对称膜和均相膜两类。当前使用的膜材料主要为醋酸纤维素和芳香聚酰胺类。其组件有中空纤维式、卷式、板框式和管式，卷式结构是制药行业中常规使用的 RO 膜（图 9-10）。

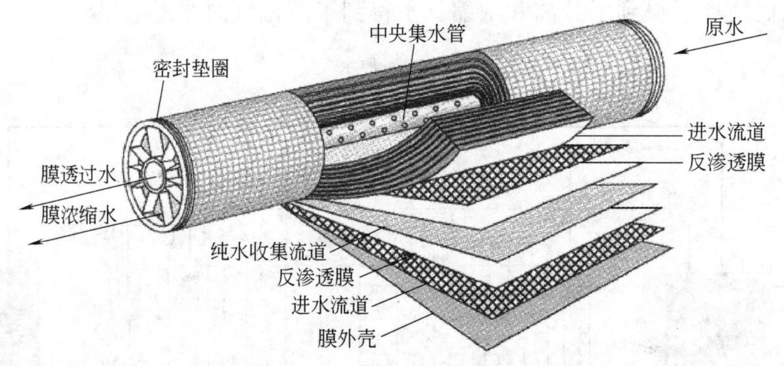

图 9-10　卷式膜元件结构示意图

(3) 反渗透制水工艺流程　目前，制药行业广泛使用的是二级反渗透加电法去离子（RO＋RO＋EDI）工艺流程，如图 9-11 所示。

反渗透工艺性能通过脱盐率、比较电导率（产品和源水）、TOC（总有机碳）降低水平、微生物降低水平、内毒素降低水平来表现。压力、温度、TDS（水中的总固体含量）、回收率、pH 都会影响 RO 性能。

大多数系统不允许原水有游离氯，生物膜和浮游菌可发生，可用过氧乙酸、氢氧化钠、甲醛、盐酸、热水 80℃定期消毒，预处理系统性能是关键因素。

(4) 反渗透法制备纯水常见工艺

① 经预处理的原水，通过反渗透、混床、0.45μm 微滤过滤处理，可得纯化水（水质可达 0.2～0.1μS/cm）。

② 经预处理的原水，通过二级反渗透、0.45μm 微滤过滤处理，可得纯化水（水质可达 2～0.5μS/cm）。

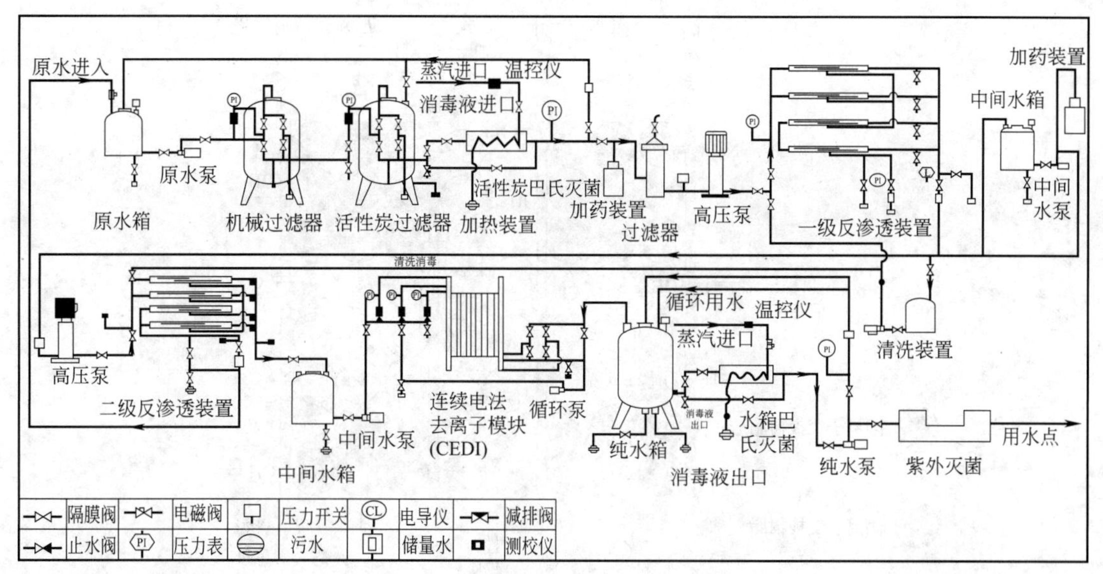

图 9-11　二级反渗透纯化水工艺流程

③ 经预处理的原水，通过反渗透和 EDI 技术处理可得纯化水（水质可达0.067μS/cm）。

④ 经预处理的原水，通过弱酸床、反渗透、阳柱、阴柱、阴柱、混床、0.45μm 微滤过滤处理，可得纯化水（水质可达 0.125μS/cm）。

⑤ 经预处理的原水，通过弱酸床、反渗透、脱气塔、混床、0.45μm 微滤过滤处理，可得纯化水（水质可达 0.125μS/cm）。

（七）电法去离子

电法去离子技术（EDI）是将电渗析（ED）与离子交换（IX）有机结合的新型脱盐工艺，EDI 装置应用在反渗透系统之后，以反渗透纯水作为给水，取代传统的混合离子交换技术（MB-DI）。EDI 通过在电渗析器隔板中填充混床树脂，从而在直流电场作用下同时实现连续去离子和树脂的连续电再生，具有连续、稳定、清洁、高效、操作简单等显著优点。2000 年，美国药典 24 版推荐 EDI 作为“纯化水”的生产方法，目前已成为纯化水制备工艺中广为应用的除盐方法。

（1）工作原理　EDI 设备是将电渗析和离子交换技术科学地结合在一起，使用阴阳离子交换树脂床、选择性的渗透膜、电极及淡浓水隔室部件组成 EDI 工作单元，并按需要装配成一定生产能力的模块，在直流电的驱动下实现优质、高效地纯化水。

在工艺过程中，驱动力为恒定的电场，使水中的无机离子和带电粒子迁移。阴离子向正电极（阳极）移动，而阳离子向负极移动，离子选择性的渗透膜确保只有阴离子能够到达阳极，且阳离子能够到达阴极，并迁移防止方向颠倒。与此同时，电位的势能又将水电解成氢离子和氢氧根离子，从而使树脂得以连续再生，且不需要添加再生剂（图 9-12）。

CEDI 是连续电去离子（continuous electro-deionization）的缩写，全球第一台 CEDI 膜堆商品名为 Ionpure，CEDI 是离子交换领域最前沿的技术，可以连续运行，成本显著降低。

（2）结构组成　CEDI 技术于 1987 年首先用于工业化。EDI 根据结构不同可以分为板式（图 9-13）和卷式；主要是板式，卷式也有应用，但存在一定的局限性［最大进水压力 60～90psi（1psi＝6894.76Pa）；需要更大的压力降；浓水易结垢，需要频繁清洗］。根据运行工艺不同可以分为浓水循环和非浓水循环；根据电源要求不同分为高压低流和低压高流，

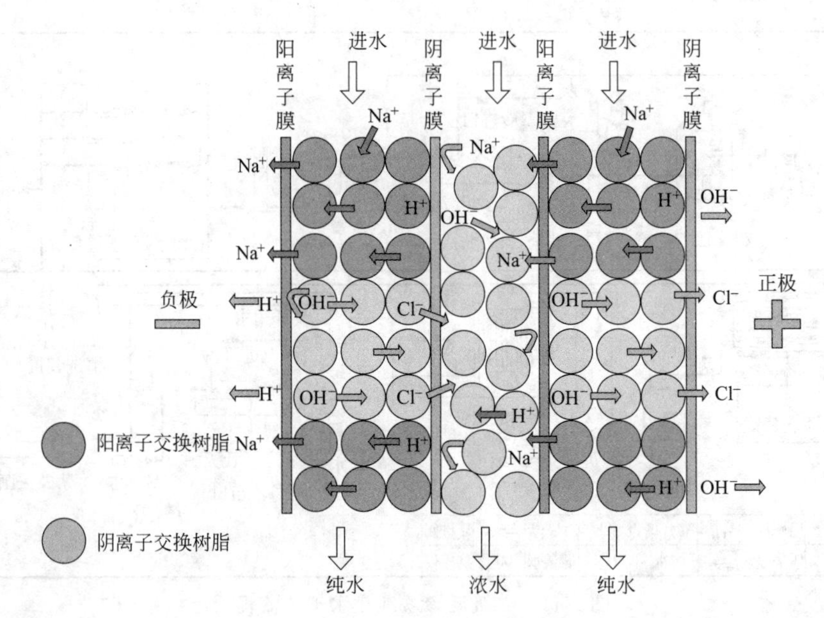

图 9-12 EDI 工作原理示意图

客户可根据实际情况合理选择。

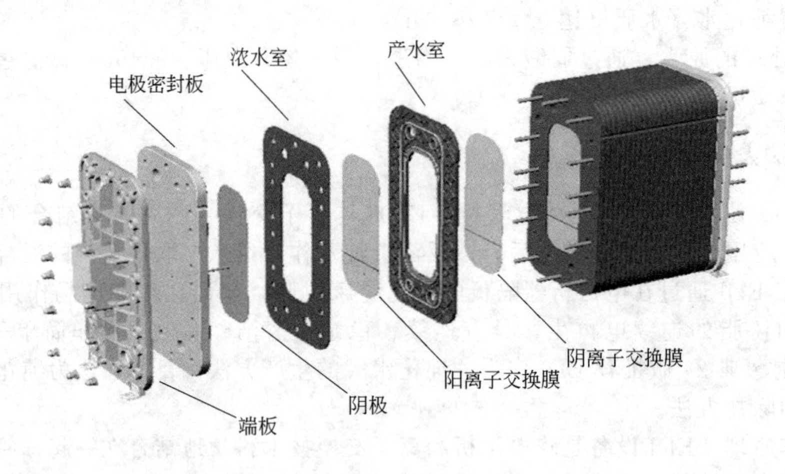

图 9-13 Ionpure 的 CEDI 膜堆结构示意图

(3) EDI 工艺特点 该工艺具有流程短，占地面积小，自动化程度高，可连续运行，不会因再生而停机，操作管理简便，出水水质高且稳定，运行费用低，不需化学再生，无酸碱废液排放，模块化生产，并可实现 PLC 全自动控制等特点。其最大特点是利用电能而不是化学能对树脂再生，在高电能梯度下，产生大量 H^+ 和 OH^-，使纯化水腔的树脂连续再生。再生只耗电，不需酸碱再生和水洗，无污水排放，运行费用低，不会因再生而停机，占地空间小，省略了混床和再生装置。

EDI 技术将电渗析技术和离子交换技术相融合，通过阴、阳离子交换膜对阴、阳离子的选择性透过作用与离子交换树脂对离子的交换作用，在直流电场的作用下实现离子的定向迁移，从而完成水的深度除盐，水质电阻率可达 10MΩ · cm 以上。在进行除盐的同时，水电离产生的氢离子和氢氧根离子对离子交换树脂进行再生，因此不需酸、碱化学再生而能连续制取超纯水。与传统的混床技术相比，EDI 工艺摒弃伴生废酸、废碱污染的传统离子交换技术，具有无化学污染、连续再生、启动和操作简单、模块更换方便、产水纯度更高、回收率更高、占地面积小、低微生物污染风险等多个优点，对保护环境、节约能源非常有利。同时，EDI系统的树脂使用量仅为传统混床工艺的5%，经济高效。由于大部分溶解于水中的气体如二氧化碳等都呈弱电性，EDI可以对其进行有效去除。

(4) Ionpure CEDI膜堆的特点　①采用Ionpure独有的全填充专利技术（产水室、浓水室、极水室均填充离子交换树脂）；②不需要加盐，不需要浓水循环，不需要单独极水排放，两进两出（淡水进/出，浓水进/出）系统最简单，运行维护简单；③浓水和极水可全部回用至反渗透前，水利用率可达100%；④全树脂填充，膜堆内阻低，膜堆电耗约为其他加盐类膜堆的30%，约为其他非全树脂填充不加盐膜堆的10%；⑤膜堆集成度高，系统占地少；⑥膜堆水流阻力小，供水泵能耗低；⑦可以即开即用（相对加盐型膜堆）。

（八）纯化水系统的水污染控制

控制污染始终是水系统生产质量管理的核心任务，制药用水系统的污染类型主要是杂质和微生物两大类。杂质是指微粒、铁锈、无机盐、气体及有机物等；微生物是指各种细菌及热原等。污染物的来源，有外源性和内源性两种。

(1) 水系统外源性污染途径　外源性污染途径包括：革兰阴性菌在低营养条件下易形成生物膜；纯化水的进水（饮用水）水质随季节及水源污染程度变化；系统的排气口、排水口与外界接触所引起的污染，例如贮罐的排气口无呼吸过滤器保护；注射用水从被污染的出口倒流；由于设备泄漏、外部不洁，冷却水对制水系统形成交叉污染等；由于更换活性炭过滤器和离子交换器中的活性炭和去离子树脂，细炭粒和树脂残片带来的污染。

(2) 内源性污染途径　水系统运行过程中所致的污染包括：革兰阴性菌细胞壁外膜分泌的脂多糖，成为内毒素的发源地；纯化水系统的微生物污染有可能导致注射用水细菌内毒素的增加，使其水质波动；蒸馏水机选型不当，产品有质量问题或是操作不当，热原会被未气化的水滴带入注射用水中；最主要的内源性污染因素是水处理单元设备、贮存与分配系统的设计、安装不当，产生有利于微生物生存、繁殖的生物膜。

(3) 水系统的灭菌方法

① 纯蒸汽灭菌　制药用水系统应首选纯蒸汽灭菌，这种方法消毒效果最可靠，但管道系统及贮罐需耐压。

② 巴氏消毒灭菌　巴氏消毒主要用于纯化水管路系统，在循环回路上安装换热器或贮罐带夹套，将纯化水加热到80℃以上（以最难温升处达到80℃开始计时），维持1h，即可达到预定要求，关键在于管路要有加温保温装置（加热量＞散热量），保证灭菌温度和时间。输送泵、传感器等也应耐受80℃以上热水。

③ 过热水灭菌　过热水灭菌与巴氏消毒灭菌类似，区别在于加热开始前，系统内用过滤的氮气或压缩空气充压至约0.25MPa，然后将系统水温加热到125℃，持续一段时间，再冷却排放，系统用过滤的氮气或压缩空气充压保护。

④ 臭氧消毒灭菌　臭氧消毒分两种：一是对水的消毒，当其浓度达0.3mg/L时，只要0.5～1min即达到致死细菌效果；二是对空管路消毒，原理同空气净化原理。使用臭氧水消毒并在用水前开启紫外灯减少臭氧残留，是制药用水系统（尤其是纯化水）消毒的常用方法之一。

⑤ 紫外线消毒　紫外线有一定的杀菌能力，通常安装在纯化水系统中用于控制微生物的滋生，延长运行周期，另在臭氧灭菌系统中可用于残余臭氧的分解。

⑥ 气化过氧化氢消毒　气化过氧化氢（VHP）生物灭菌技术是一种在常温状态下将液态过氧化氢转换成气态过氧化氢的灭菌消毒方法，1990年气化过氧化氢被美国EPA（美国环境保护署）注册为一种高效灭菌剂。其主要特点是干燥、作用快速、无毒无残留等。

(4) 预防水系统污染的措施

① 在贮罐内顶部设置在线清洗喷淋球，喷淋水应能覆盖全部水面上的罐顶部分，不留死角。

② 注射用水系统循环水泵采用卫生级泵，且采用其本身输送的介质进行密封。

③ 输水管道应采用316L不锈钢材料。

④ 管道的连接以轨道自动惰性气体保护焊接为主，加上卫生卡箍连接为辅的连接体系。

⑤ 管道中使用的阀门采用不锈钢隔膜阀。

⑥ 系统设置双管板热交换器，严格控制流动与贮存水的水温。

⑦ 系统中设置较多取样点，方便系统验证和日常监控等。

(5) 热水消毒型EDI装置　热水消毒是已被证实为比化学消毒更能有效抑制微生物生长的方法，已被医药行业广泛认可。

最具代表性的热水消毒型EDI装置Ionpure HWS-I膜堆操作简单，性能稳定，运行成本低，可用于连续生产高纯水而不需要停机再生。其特点是：①可用85℃±5℃的热水消毒；②操作简单，不需要缓慢升温和缓慢降温，易于实现自动化；③消毒时可承受30psi/2bar（1psi=6894.76Pa，1bar=10^5Pa）压力，消毒后能快速恢复生产；④双O形圈密封保证运行无泄漏，可抵达任何缝隙、死角和界面；⑤150次热水消毒后性能无衰减，对EDI造成的损害的可能性比化学药剂小；⑥不需要加盐和浓水循环；⑦可在7bar（100psi），45℃下连续运行。⑧与水接触的部件均符合FDA要求。

(九) 纯蒸汽发生器

(1) 纯蒸汽的分类　制药厂用的蒸汽依用途分为三类：工厂蒸汽、洁净蒸汽和纯蒸汽。ASME BPE 2009标准对于洁净蒸汽和纯蒸汽的定义如下：

① 洁净蒸汽　由锅炉制备的蒸汽，锅炉中未添加任何可能被净化、过滤或分解过的添加剂。在制药行业通常用于临时加热。

② 纯蒸汽　由蒸汽发生器产生的蒸汽，冷凝后水质质量达到注射用水的要求。

(2) 纯蒸汽发生器工作原理　纯蒸汽发生器由两个并联的柱体组成，即双壳无缝管卫生洁净型交换器和除污染柱体。生产时原料水通过进料泵输送到除污染柱体和热交换器的管子一侧，液位由液位计控制。其工作原理见图9-14。

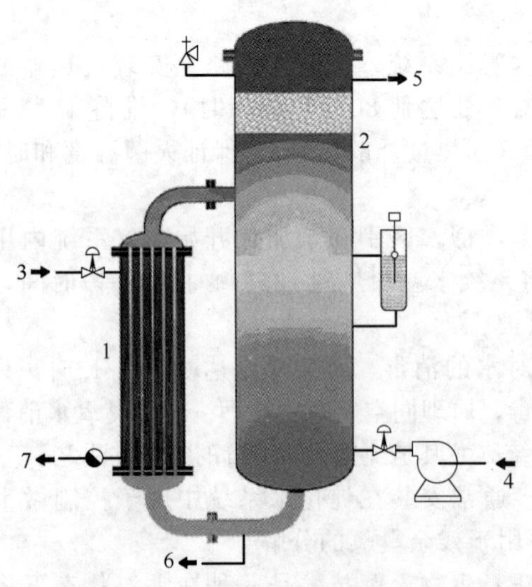

图9-14　纯蒸汽发生器工作原理

1—蒸发器；2—分离器；3—工业蒸汽；4—原料水；5—纯蒸汽；6—浓缩水排放；7—冷凝水排放

工业蒸汽或过热水进入到热交换器后，将原料水加热到蒸发温度，并在两个柱体内部形成强烈的热循环。纯蒸汽在蒸发器（除污染柱）中产生，蒸汽的低速和柱体的高度在重力作用下将会去除任何可能不纯净的小水滴。通过气动调节器调节工业蒸汽进汽阀门的开启度，纯蒸汽阻力可以恒定维持在设定的0～0.3 MPa压力值。当纯蒸汽有非冷凝气体含量限制要求时，蒸汽发生器将会配置特殊的进料水脱气装置。纯蒸汽发生器可以使用工业蒸汽进行加热，也可以使用过热水加热。

我国规定：注射用水必须以纯水为水源，用蒸馏法制得的蒸馏水制取，因此，蒸馏法制注射用水仍然是我国医药企业普遍采用的方法。

第三节　制药用水储存与分配系统

制药用水储存分配系统的良好设计是保证制药用水质量的重要前提之一，“纯化水、注射用水的制备、储存和分配应当能够防止微生物的滋生”是 GMP 对制药用水储存分配系统的核心要求。针对制药用水储存分配系统的设计制造主要原则可以概括如下：

(1) 采用连续循环的方式为各使用点供水，注射用水循环温度须保持在 70℃以上；

(2) 储罐的容量应与用水量及系统制备的产水能力相匹配，尽量缩短制药用水从制备到使用的储存时间；

(3) 储罐和输配管道的设计和安装应无死角和盲管，采用 304 及 316L 等材料，内壁表面 $Ra \leqslant 0.8\mu m$；

(4) 管件、阀门、输送泵等采用卫生级设计及相应材质，储罐、管路以及元件能够完全排尽所用的水；

(5) 储罐的通气口应当安装不脱落纤维的疏水性除菌滤器、回水设置喷淋球等；

(6) 设置卫生级的在线监测仪表对水质和系统工作状态进行在线监测和控制；

(7) 设置适宜的消毒灭菌装置对存储分配系统进行定期消毒灭菌。

一、储存与分配系统的基本原理

储存与分配管网系统包括储存单元、分配单元和用水点管网单元。

对于储存与分配系统，储罐容积与输送泵的流量之比称为储罐周转或循环周转，如注射用水储罐为 $5m^3$，注射用水泵体为 $10m^3/h$，则储罐周转时间为 30min。对于生产、储存与分配系统，储罐容积与蒸馏水机产能之比称为系统周转或置换周转。如注射用水储罐为 $5m^3$，蒸馏水机产能为 $0.5m^3/h$，则系统周转时间为 10h（图 9-15）。

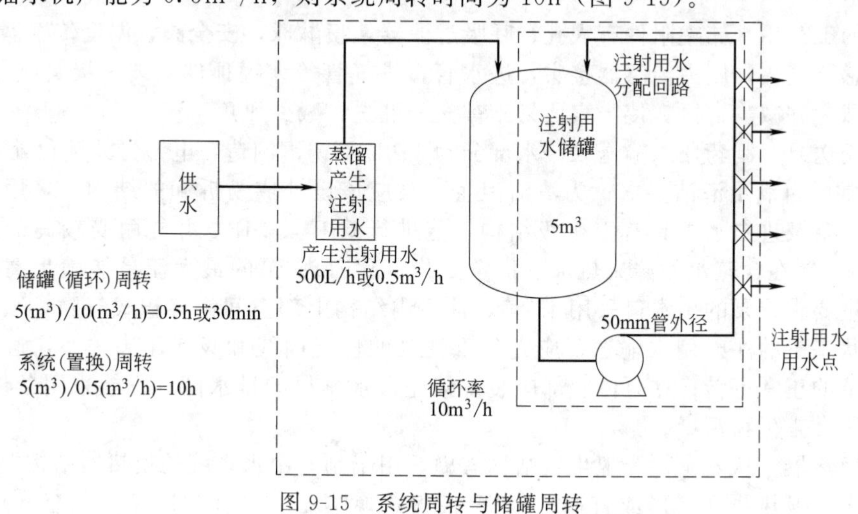

图 9-15　系统周转与储罐周转

二、储存单元

储存单元用来储存符合药典要求的制药用水并满足系统的最大峰值用量要求。储存系统必须保持供水质量，以便保证产品终端使用的质量合格。储存系统允许使用产量较小、成本较少并满足最大生产要求的制备系统。从控制细菌角度看，储罐越小越好，因为这样系统循环率会较高，降低了细菌快速繁殖的可能性。较小的制备系统运行比较接近连续的动态湍流状态，一般而言，储存系统的腾空次数需满足1～5次/h，推荐为2～3次/h，相当于储罐周转时间为20～30min为宜。对于臭氧消毒的储存与分配系统，罐体容量降低有利于缩减罐体内表面积，这样更有利于臭氧在水中的快速溶解。储存单元主要由储罐和储罐附件、输送泵、换热器等组成。

（一）储罐的选择

储罐大小的选择主要依据经济考虑以及预处理量。同一个生产车间，采用稍小的制备单元配备稍大的储罐与采用稍大的制备单元配备稍小的储罐均能满足生产需求。一般而言，系统周转时间控制在1～2h为宜。水机产量选择过大，则投资增加显著；储罐容积选择过大，则罐体腾空次数受限，微生物污染的风险升高。

有效容积比是指罐体的有效容积与实际总容积的比率。制药用水系统的储罐可按照有效容积比0.8～0.85来考虑。

储罐有立式和卧式两种形式，其选择原则需结合罐体容积、安装要求、罐体刚性要求、投资要求和设计要求综合考虑。通常情况下，立式罐体优先考虑，因为立式罐体的最低排放点是一个“点”，很容易满足“全系统可排尽”。但出现如下几个状况时，卧式或许是更好的选择：罐体体积过大时，如超过10000L；制水间对罐体高度有限制时；蒸馏水机出水口需高于罐体入水口时；相同体积时，卧式罐体的投资较立式罐体节省较多。

当储存与分配系统采用巴氏消毒时，罐体一般采用材质316L的常压或压力设计，按ASME BPE标准进行设计和加工，罐体外壁带保温层以维持温度并防止人员烫伤。罐体附件包含：360°旋转喷淋球、压力传感器、温度传感器、带电加热夹套的呼吸器、液位传感器、罐底排放阀。

（二）储罐附件

常见的工艺用水储罐附件有人孔，呼吸过滤器，喷淋球，安全阀，温度传感器接头，高低液位传感器接头，压力传感器接头，进水管，进气管等。罐顶件安装时接头应尽可能短，靠近清洗球，并减少盲区，使内表面易于被充分淋洗，减少死角。

(1) 输送泵　制药用水输送泵浸水部分为316L不锈钢制造，电抛光并钝化处理。$Ra=0.8\mu m$通常已可满足清洁要求；为清洁卫生，泵应该设计成易拆卸的结构，采用易清洁的开式叶轮；泵及进出水管具有卫生级结构，能进行CIP及SIP，并能耐受较高的工作压力（约10bar）；能在含蒸汽的湍流热水下稳定工作（WFI）；泵的最大流量能满足高峰用水量加回水流量要求；泵的出水口采用45°角，使泵内结构上部空间无容积式气隙，减少气蚀发生；在热状态下的注射用水输送，应充分重视泵的性能曲线和吸水压头关系，避免产生汽蚀，影响泵的正常运转；在泵体底部应装将泵壳余水排尽的排水阀；不能采用备用泵设计，避免死水段带来生物污染。

(2) 换热器　从安全性及卫生级结构考虑，用于制药用水系统的换热器结构形式有：双管端板管壳式换热器（U形或直通）、双壁板板式换热器（选型时选择湍流充分）、卫生级套管式换热器、储水罐带夹套等。

换热器的换热面积可按最大泵流量从65℃升至85℃所需热量计算。双管端板式管壳式换热器与双壁板式换热器都具有相类似的设计原理，均以双层换热板代替单层换热板，当双板之间穿孔，出现介质泄漏时，介质只能泄漏到板与板之间，再从板与板之间流到外面，可确保冷热介质无法混淆。若为其他类型的换热器，则应安装仪表，连续监测压差，保证洁净流一侧总是正压，避免管壁渗漏污染。

三、制药用水的分配系统

(一) 制药用水分配系统的形式

制药用水系统根据使用温度分为三个不同温度形式：热水系统，常温水系统，冷水系统。国际制药工程师协会（ISPE）列举了如下 8 种常用的制药用水分配形式：①热储存，热分配系统；②热储存，冷却再加热系统；③单罐，平行环路系统；④常温储存，常温分配系统；⑤热储存，独立循环系统；⑥批处理循环系统；⑦臭氧灭菌的储存分配系统；⑧多分支，单通道系统。

(1) 热储存，热分配系统　当所有使用点都需要热水（高于 70℃）时可选用这个配置（图 9-16）。储罐温度的维持是因为蒸汽在夹套加热，或者在循环环路上使用换热器。通常水返回要通过罐顶部的喷淋球来确保整个顶部表面是润湿的。该系统提供了很好的微生物控制，操作简单。另外，储罐和环路需要的消毒频率较低，而当温度能维持在 80℃ 时根本不需要消毒。

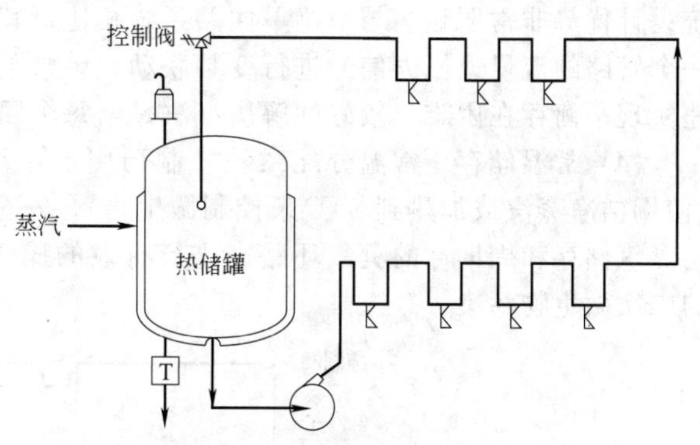

图 9-16　热储存，热分配系统

(2) 热储存，冷却再加热系统　当生产的水是热的，而使用点需低温水时，能量消耗很大，最合适的方式见图 9-17。它的优点是在不需要很大能量消耗的情况下能够对环路进行冷却和再加热。从储罐里出来的热水通过换热器冷却，循环到使用点，然后通过储罐上的旁路返回到泵的吸入端。通过关闭冷却介质和打开返回到储罐上的阀门使热水通过环路来对环路进行周期性的消毒。另一个选择是通过排放较低温度的水直到回路变热，然后返回到储罐。储罐的水通过夹套进行蒸汽加热或通过环路上换热器加上外部泵的循环来实现。

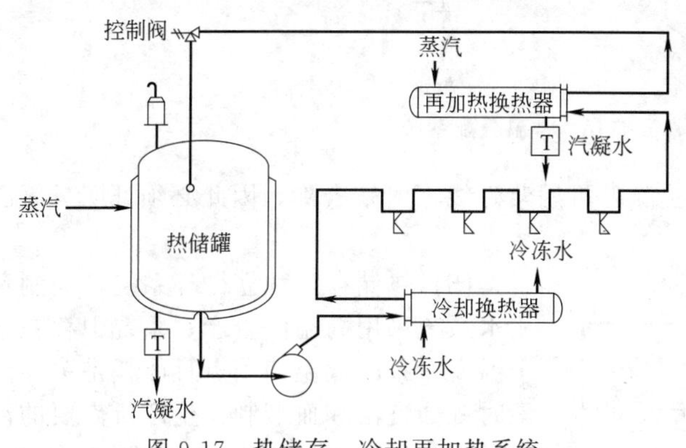

图 9-17　热储存，冷却再加热系统

当水从使用点阀门流出，储罐的热水流入环路并通过换热器进行冷却。热水冲洗储罐和循环泵之间连接的短管路以防死角。这样管道就可以保持相对较高的温度。如果使用率很低，少量的水能连续或定时返回到储罐，要保持管路被冲洗。第三个选择是使循环水返回到储罐出口阀门的后面，这样死角就可忽略。

(3) 单罐，平行环路系统　单罐平行环路系统由多个分配回路与单个储罐组成的分配系统。图 9-18 所示为由两个单独回路组成的单储罐系统，一个回路为热循环，另一个回路为瞬时冷却再加热系统。

该系统优势为占地面积小，便于多个分配回路的集中管理和模块化设计。当系统有较多

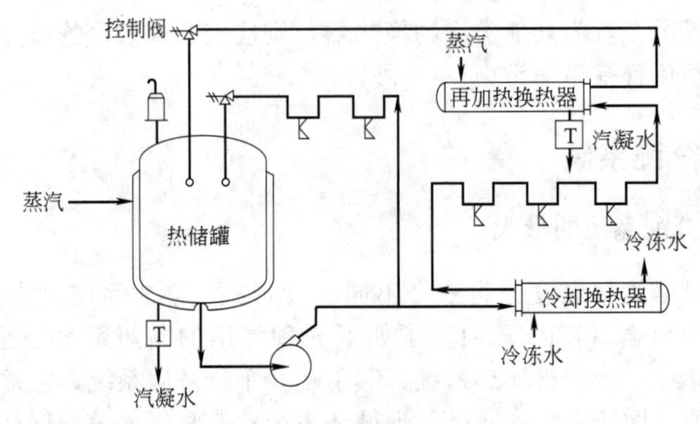

图 9-18　单罐，平行环路系统

热水使用点和冷水使用点并存，或整个系统的用水点非常多且单循环管网无法实现时，该系统设计优势非常明显。与单罐单回路系统相比，其初期投资费用相对较低。因输送泵只能与一个管路的流量或压力信号进行变频联动，单泵单罐的平行循环系统对多个回路的压力和流速实现平衡存在困难，较好的解决办法是给每个回路均安装独立的输送泵。

(4) 常温储存，常温分配系统　制药用水在常温下储存和分配水并进行周期性的消毒(使用洁净蒸汽或加热到80℃来控制微生物)，安全且节约成本（图 9-19）。常温系统也可使用臭氧储存和周期性的臭氧环路来进行有效的操作。0.02～0.2mg/L 的臭氧含量能防止水的二次微生物污染。

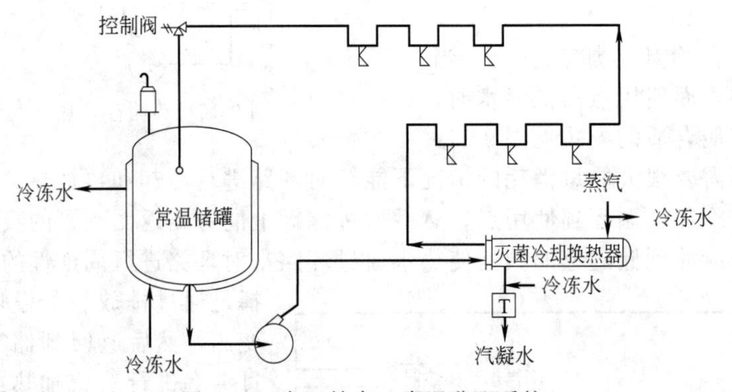

图 9-19　常温储存，常温分配系统

臭氧在使用前必须完全从工艺水中去除，可用紫外线辐射来去除，因此必须证明臭氧已被去除，如使用在线监测。

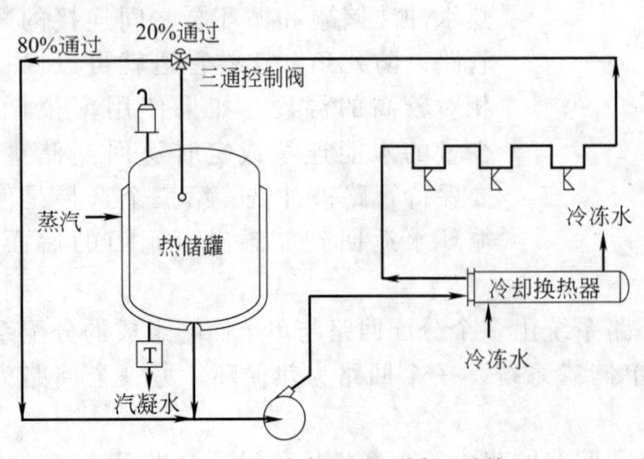

图 9-20　热储存，独立循环系统

(5) 热储存，独立循环系统　当制药用水系统采用高温法生产，系统中存在多个温度一致的低温使用点且能耗是关键因素时（如疫苗和血液制品生产所需要的注射用水系统），热储存、独立循环系统是一个很好选择（图 9-20）。它的最大优点是在能耗受限情况下实现热储存、冷却再加热循环。储罐内的热水经热交换器瞬时冷却后流至各使用点，并采用旁路管网重新回到输送泵入口端，通过罐体夹套工业蒸汽加热或回路主管网上热交换器加热的方式实现系统的热储存。

(6) 批处理循环系统　此系统有时用于资金紧张、系统小、微生物质量关注程度低的情况，而管道可经常冲洗或消毒的情况下也可使用。当水是连续使用时，有很好的应用（图 9-21）。

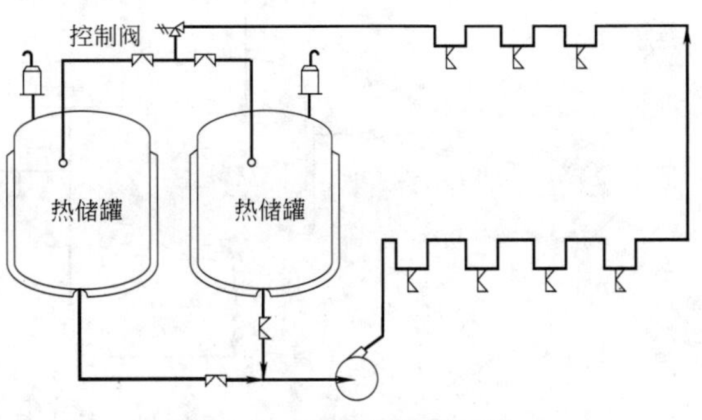

图 9-21　批处理循环系统

在用水量较小时，优势较小，因为在不使用水时，生产线上的水是停滞的，微生物控制很难维持，因此必须建立冲洗（如每天）和消毒环路计划来维持微生物污染，使其在可接受的限度之内。如需更频繁地消毒，就会增加操作成本。在非再循环系统中，用在线监控作为系统水质量指示是非常困难的。分批罐再循环系统通常限于较小系统，资金投入和操作成本均高。

(7) 臭氧灭菌的储存分配系统　当生产出的水是热的，需要严格控制微生物，又很少有时间进行消毒的情况下，采用图 9-22 的方式是最合适的。它能控制好微生物，也很容易消毒。如果有多个低温使用点，和使用点的换热器相比，它需要较少的资金投入。储罐里出来的热水通过第一个换热器时被冷却，循环到使用点，然后在返回储罐前通过第二个换热器进行再次加热。环路消毒可以通过周期性地关闭冷却介质来完成。由于不需要冲洗，水消耗量较小。此方式的主要缺点是高能耗，不论环路中是否有使用点用水，它都要冷却和再加热循环水。

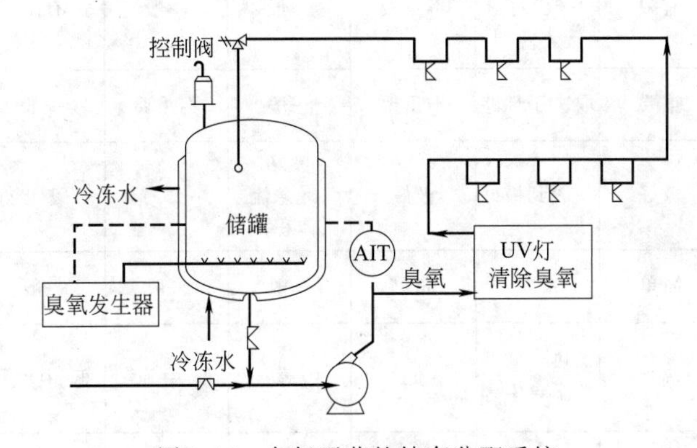

图 9-22　臭氧灭菌的储存分配系统

(8) 多分支，单通道系统　此方式是结合一个储罐，搭配多种环路的分配方案。图9-23展示了一个热储罐和两个独立的环路；一个热分配和一个冷却再加热的环路。平行环路非常普遍，有多个温度要求时非常有优势。或当区域很大，用一个单一环路成本较高或压力满足不了要求时应用。主要问题是平衡不同的环路来维持合适的压力和流量。这可以通过用压力控制阀或为每个环路提供单独泵来完成。

(二) 储存分配系统的比较

表 9-2 比较了目前应用于制药行业的几种储存和分配选项。比较是基于资金、能耗、操作成本、维护、可验证性和其他因素。每个系统的每个类别分为低、中、高。特定情况下特殊的储存和分配选项取决于所描述的特殊条件。对使用者来说，质量是要优先考虑的。

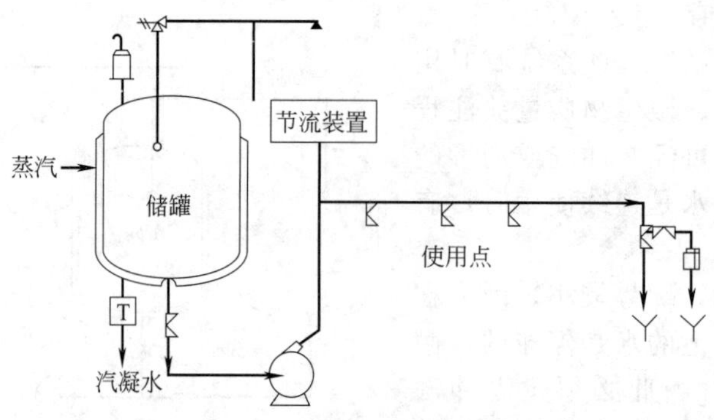

图 9-23　多分支，单通道系统

表 9-2　储存分配系统比较表

项目 \ 类别	批处理循环系统	多分支,单通道系统	单罐,平行环路系统	热储存,热分配系统	常温储存,常温分配系统	热储存,冷却再加热系统	热储存,独立循环系统	使用点热交换系统	无储罐的常温循环
资金成本	高	低	中等	低	低-中等	中等	中等	高	低
水消耗	高	高	中等	低	低-中等	低	中等	高	中等
能量消耗	低	低	取决于环路	低	低	高	中等	中等	低
可验证性	简单	复杂	复杂	简单	一般	简单	一般	一般	一般
可操作性	复杂	复杂	取决于环路	简单	一般	一般	一般	一般-复杂	一般
维护要求	中等	低	取决于环路	中等	低	中等	中等	高	中等
罐周转率	不重要	有限	对常温罐一般,对热罐不重要	不重要	一般	一般	有限	不重要	不适用
管线冲洗要求	重要	重要	取决于环路	不重要	一般	不重要	一般	重要	一般
满足高峰需要的能力	局限于质保控制	极好	一般到极好	极好	极好(冷急流体积)	一般	一般-极好	局限于交换器尺寸	一般
环路平衡和控制需求	一般	简单	重要	简单	一般	一般	一般	重要	一般
微生物/内毒素生长可能性	低-中等	高③	热＝低 常温＝中等	低	中等①	低-中等②	低-中等②	中等	热＝低 常温＝中等
什么情况下最适合	生产方法不可靠,用水前需QA放行,需要小系统	资金紧张,连续使用,经常冲洗或消毒	多种温度要求和压力限制	需要热水,生产的水是热的,或微生物控制很关键	常温或冷水高峰需求量高,水在常温下生产	严格的微生物控制,消毒时间的限制,能量消耗不是所关注的,很多低温使用点	常温到冷水的需求高,关注单位能量消耗,很多低温使用点	需要热水和温水,低温使用点少	空间限制或关注罐的周转率,资金有限
什么情况下最不适合	关注资金和操作成本	偶尔使用,或关注操作成本	水压平衡困难	起始资金或能量紧缺或不足	消毒不适合操作计划	单位能量消耗高	单位能量消耗高,或关注罐的周转率	空间、起始资金或能量紧缺或不足	常温或冷水需求量高

① 低温每 24h 热水消毒一次。

② 储罐始终是热的，环路是冷的或常温的，每 24h 热水消毒一次。在进入储罐前的返回环路要进行加热。

③ 经常进行热水冲洗或蒸汽消毒能有效控制微生物负荷。如果每个分支在高周转率下使用（至少每天一次），也能明显地降低微生物负荷。

(三) 工艺用水储存和保护

纯化水储罐采用不锈钢材料或经验证无毒、耐腐蚀、不渗出污染离子的其他材料制作。储罐通气口应安装不脱落纤维疏水性除菌滤器。不宜采用可能滞水从而导致污染的液位计和温度表。纯化水储存周期不宜大于24h。

注射用水储罐采用优质低碳不锈钢或其他经验证合格的材料制作。储罐采用保温夹套，保证注射用水在80℃以上存放。无菌制剂用注射用水宜采用氮气保护。不用氮气保护的注射用水储罐通气口应安装不脱纤维的疏水性除菌滤器。应采用不会形成滞水污染的显示液面、温度、压力等参数传感器。注射用水储存周期不宜大于12h。

(四) 工艺用水输送

纯化水宜用循环管道输送。管路设计应避免盲管和死角。管路采用不锈钢或经验证无毒、耐腐蚀、不渗出污染离子的其他管材，阀门宜采用无死角隔膜阀。

注射用水管路应保温，注射用水在循环中应控制温度不低于65℃。管路设计从供水主干线中心线为起点，不宜具有长于6倍直径的死终端。管路采用优质低碳不锈钢钢管，阀门宜采用无死角隔膜阀。

纯化水和注射用水宜用易拆卸清洗、消毒的不锈钢泵输送。在需用压缩空气或氮气压送纯化水和注射用水场合，压缩空气和氮气必须净化处理。

习 题

9-1 制药用水的分为哪几类？各有何特点？

9-2 纯化水的生产有哪些方法？各有何特点？

9-3 制药用水生产系统由哪几部分组成？

9-4 反渗透及电法去离子的基本原理是什么？

9-5 简述制药用水分配系统的形式及特点。

9-6 热水消毒型CEDI有何特点？

第十章 非工艺设计项目

第一节 建筑设计概论

一、工业厂房结构分类和基本组件

工业建筑是指用以从事工业生产的各种房屋，一般称为厂房。

(一) 厂房的结构组成

在厂房建筑中，支承各种荷载的构件所组成的骨架，通常称为结构，它关系到整个厂房的坚固、耐久和安全。各种结构形式的建筑物都是由地基、基础、墙、柱、梁、楼板、屋盖、隔墙、楼梯、门窗等组成的。

(1) 地基　地基是建筑物的地下土壤部分，它支承建筑物（包括一切设备和材料等重量）的全部重量。

① 地基的承载力　地基必须具有足够的强度（承载力）和稳定性，才能保证建筑物正常使用和耐久性。建筑地基的土，分为岩石、碎石土、黏性土和人工填土。若土壤具有足够的强度和稳定性，可直接砌置建筑物，这种地基称为天然地基；反之，须经人工加固后的土壤称为人工地基。

② 土壤的冻胀　气温在0℃以下，土壤中的水分在一定深度范围内就会冻结，这个深度叫做土壤的冻结深度。由于水的冻胀和浓缩作用，会使建筑物的各个部分产生不均匀的拱起和沉降，使建筑物遭受破坏。所以在大多数情况下，应将基础埋置在最大冻结深度以下。在砂土、碎石土及岩石土中，基础砌置深度可以不考虑土壤冻结深度。

③ 地下水位　从地面到地下水水面的深度称为地下水的深度。地下水对地基强度和土的冻胀都有影响，若水中含有酸、碱等侵蚀性物质，建筑物位于地下水中的部分要采取相应的防腐蚀措施。

(2) 基础　在建筑工程上，把建筑物与土壤直接接触的部分称为基础，基础承担着厂房结构的全部重量，并将其传到地基中去，起着承上传下的作用。为了防止土壤冻结膨胀对建筑的影响，基础底面应位于冻结深度以下10～20cm。

① 条形基础　当建筑物上部结构为砖墙承重时，其基础沿墙身设置，做成长条形，称为条形基础。

② 杯形基础　杯形基础是在天然地基上浅埋（＜2m）的预制钢筋混凝土柱下的单独基础，它是一般单层和多层工业厂房常用的基础形式。基础的上部做成杯口，以便预制钢筋混凝土柱子插入杯口固定。

③ 基础梁　当厂房用钢筋混凝土柱作承重骨架时，其外墙或内墙的基础一般用基础梁代替，墙的重量直接由基础梁来承担。基础梁两端搁置在杯口基础顶上，墙的重量则通过基

础梁传到基础上。

(3) 墙

① 承重墙　承重墙是承受屋顶、楼板和设备等上部的载荷并传递给基础的墙。一般承重墙的厚度是 240mm（一砖厚）、370mm（一砖半厚）、490mm（二砖厚）等几种。墙的厚度主要满足强度要求和保温条件。

② 填充墙　工业建筑的外墙多为此种墙体，它一般不起承重作用，只起围护、保温和隔声作用，仅承受自重和风力的影响。为减轻重量，常用空心砖或轻质混凝土等轻质材料作填充墙。为保证墙体稳定，防止由于受风力影响使墙体倾倒，墙与柱应该相连接。

③ 防爆墙和防火墙　易燃易爆生产部分应用防火墙或防爆墙与其他生产部分隔开。防爆墙或防火墙应有自己的独立基础，常用 370mm 厚砖墙或 200mm 厚的钢筋混凝土墙。在防爆墙上不允许任意开设门、窗等孔洞。

(4) 柱　柱是厂房的主要承重构件，目前应用最广的是预制钢筋混凝土柱。柱的截面形式有矩形、圆形、工字形等。矩形柱的截面尺寸为 400mm×600mm，工字形柱的截面尺寸为 400mm×600mm、400mm×800mm 等。

(5) 梁　梁是建筑物中水平放置的受力构件，它除承担楼板和设备等载荷外，还起着联系各构件的作用，与柱、承重墙等组成建筑物的空间体系，以增加建筑物的刚度和整体性。梁有屋面梁、楼板梁、平台梁、过梁、连系梁、墙梁、基础梁和吊车梁等。梁的材料一般为钢筋混凝土。可现场浇制，亦可工厂或现场预制，预制的钢筋混凝土梁强度大，材料省。梁的常用截面为高大于宽的矩形或 T 形。

(6) 屋顶　厂房屋顶起着围护和承重的双重作用。其承重构件是屋面大梁或屋架，它直接承接屋面荷载并承受安装在屋架上的顶棚、各种管道和工艺设备的重量。此外，它对保证厂房的空间刚度起着重要的作用。工业建筑常用预制的钢筋混凝土平顶，上铺防水层和隔热层，以防雨和隔热。

(7) 楼板　楼板就是沿高度将建筑物分成层次的水平间隔。楼板的承重结构由纵向和横向的梁和楼板组成。整体式楼板由现浇钢筋混凝土制，装配式楼板则由预制件装配。楼板应有强度、刚度、最小结构高度、耐火性、耐久性、隔声、隔热、防水及耐腐蚀等功能。

(8) 建筑物的变形缝

① 沉降缝　当建筑物上部荷载不均匀或地基强度不够时，建筑物会发生不均匀的沉降，以致在某些薄弱部位发生错动开裂。因此，将建筑物划分成几个不同的段落，以允许各段落间存在沉降差。

② 伸缩缝　建筑物因气温变化会产生变形，为使建筑物有伸缩余地而设置的缝叫伸缩缝。

③ 抗震缝　抗震缝是避免建筑物的各部分在发生地震时互相碰撞而设置的缝。设计时可考虑与其他变形缝合并。

(9) 门、窗和楼梯

① 门　为了正确地组织人流、车间运输和设备的进出，保证车间的安全疏散，在设计中要预先合理地布置好门。门的数目和大小取决于建筑物的用途、使用上的要求、人的通过数量和出入货物的性质和尺寸、运输工具的类型以及安全疏散的要求等。

② 窗　厂房的窗不仅要满足采光和通风的要求，还要根据生产工艺的特点，满足其他一些特殊要求。例如有爆炸危险的车间，窗应有利于泄压；要求恒温恒湿的车间，窗应有足够的保温隔热性能；洁净车间要求窗防尘和密闭等。

③ 楼梯　楼梯是多层房屋中垂直方向的通道。按使用性质可分为主要楼梯、辅助楼梯和消防楼梯。多层厂房应根据厂房的火灾危险性以及厂房的防火分区设置楼梯。楼梯坡度一般采用30°左右，辅助楼梯可用45°。疏散楼梯最小净宽度不宜小于1.1m，高层厂房和甲、乙、丙类多层厂房的疏散楼梯应采用封闭楼梯间或室外楼梯。建筑高度大于32m且任一层人数超过10人的厂房，应采用防烟楼梯间或室外楼梯。

（二）建筑物的结构

建筑物的结构有砖木结构、混合结构、钢筋混凝土结构和钢结构等。

(1) 钢筋混凝土结构　由于使用上的要求，需要有较大的跨度和高度时，最常用的就是钢筋混凝土结构形式，钢筋混凝土结构的优点：强度高，耐火性好，不必经常进行维护和修理，与钢结构比较，可以节约钢材，医药化工厂经常采用钢筋混凝土结构。缺点：自重大，施工比较复杂。

(2) 钢结构　钢结构房屋的主要承重结构件如屋架、梁柱等都是用钢材制成的。优点：制作简单，施工快。缺点：金属用量多，造价高，并须经常进行维修保养。

(3) 混合结构　混合结构一般是指用砖砌的承重墙，而屋架和楼盖则用钢筋混凝土制成的建筑物。这种结构造价比较经济，能节约钢材、水泥和木材，适用于一般没有很大荷载的车间，它是医药化工厂经常采用的一种结构形式。

（三）厂房的定位轴线

厂房定位轴线是划分厂房主要承重构件标志尺寸和确定其相互位置的基准线，也是厂房施工放线和设备定位的依据。具体参见第六章。

当厂房跨度在18m或18m以下时，跨度应采用3m的倍数；在18m以上时，尽量采用6m的倍数。所以厂房常用跨度为6m、12m、15m、18m、24m、30m、36m。当工艺布置有明显优越性时，才可采用9m、21m、27m和33m的跨度。以经济指标、材料消耗与施工条件等方面来衡量，厂房柱距应采用6m，必要时也可采用9m。单层厂房的特点，适应性强，适于工艺过程为水平布置的安排，安装体积较大、较高的设备。它适用于大跨度柱网及大空间的主体结构，具有较大的灵活性，适合洁净厂房的平面、空间布局，其结构较多层厂房简单，施工工期较短，便于扩建。常用结构形式有钢筋混凝土柱厂房和钢结构厂房，前者居多，一般柱距6～12m，跨度12～30m，但占地面积大，在土地有限的城市及开发区受到限制。

（四）洁净厂房的室内装修

1. 基本要求

① 洁净厂房的主体应在温度变化和震动情况下，不易产生裂纹和缝隙。主体应使用发尘量少、不易黏附尘粒、隔热性能好、吸湿性小的材料。洁净厂房建筑的围护结构和室内装修也都应选气密性良好，且在温湿度变化下变形小的材料。

② 墙壁和顶棚表面应光洁、平整、不起尘、不落灰、耐腐蚀、耐冲击、易清洗。避免眩光，便于除尘，并应减小凹凸面，踢脚不应突出墙面。在洁净厂房的装修的选材上最好选用彩钢板吊顶，墙壁选用仿瓷釉油漆。墙与墙、地面、顶棚相接处应有一定弧度，宜做成半径适宜的弧形。壁面色彩要和谐雅致，有美学意义，并便于识别污染物。

③ 地面应光滑、平整、无缝隙、耐磨、耐腐蚀、耐冲击，不积聚静电，易除尘清洗。

④ 技术夹层的墙面、顶棚应抹灰。需要在技术夹层内更换高效过滤器的，技术夹层的墙面及顶棚也应刷涂料饰面，以减少灰尘。

⑤ 送风道、回风道、回风地沟的表面装修应与整个送风、回风系统相适应，并易于除尘。

⑥ 洁净度B级以上洁净室最好采用天窗形式，如需设窗时应设计成固定密封窗，并尽量少留窗扇，不留窗台，把窗台面积限制到最小限度。门窗要密封，与墙面保持平整。充分考虑对空气和水的密封，防止污染粒子从外部渗入。避免由于室内外温差而结露。门窗造型要简单，不易积尘，清扫方便。门框不得设门槛。

2. 洁净室内的装修材料和建筑构件

洁净室内的装修材料应能满足耐清洗、无孔隙裂缝、表面平整光滑、不得有颗粒物质脱落的要求。对选用的材料要考虑到该材料的使用寿命、施工简便与否、价格来源等因素。洁净室内装修材料基本要求见表10-1。

表10-1 洁净室内装修材料要求一览表

项目	使用部位			要求	材料举例
	吊顶	墙面	地面		
发尘性	√	√	√	材料本身发尘量少	金属板材、聚酯类表面装修材料、涂料
耐磨性		√	√	磨损量少	水磨石地面、半硬质塑料板
耐水性	√	√	√	受水浸不变形，不变质，可用水清洗	铝合金板材
耐腐蚀性	√	√	√	按不同介质选用对应材料	树脂类耐腐蚀材料
防霉性	√	√	√	不受温度、湿度变化而霉变	防霉涂料
防静电	√	√	√	电阻值低，不易带电，带电后可迅速衰减	防静电塑料贴面板，嵌金属丝水磨石
耐湿性	√	√		不易吸水变质，材料不易老化	涂料
光滑性	√	√	√	表面光滑，不易附着灰尘	涂料、金属、塑料贴面板
施工	√	√	√	加工、施工方便	
经济性	√	√	√	价格便宜	

(1) 地面与地坪　地面必须采用整体性好、平整、不裂、不脆和易于清洗、耐磨、耐撞击、耐腐蚀的无孔材料。地面还应是气密的，以防潮湿和尽量减少尘埃的积累。

① 水泥砂浆地面　这类地面强度高，耐磨，但易于起尘，可用于无洁净度要求的房间，如原料车间、动力车间、仓库等。

② 水磨石地面　这类地面整体性好，光滑，耐磨，不易起尘，易擦洗清洁，有一定的强度，耐冲击。这种地面要防止开裂和返潮，以免尘土、细菌积聚、滋生。常用于分装车间、针片剂车间、实验室、卫生间、更衣室、结晶工段等，它是洁净车间常用的地面材料。

③ 塑料地面　这类地面光滑，略有弹性，不易起尘，易擦洗清洁，耐腐蚀。常用厚的硬质的乙烯基塑料地面和PVC塑料地面，它适用于设备荷重轻的岗位。缺点是易产生静电，因易老化，不能长期用紫外灯灭菌，可用于会客室、更衣室、包装间、化验室等。

④ 耐酸瓷板地面　这类地面用耐酸胶泥贴砌，能耐腐蚀，但质较脆，经不起冲击，破碎后降低耐腐蚀性能。这类地面可用于原料车间中有腐蚀介质的区段，也可在可能有腐蚀介质滴漏的范围局部使用。例如，将有腐蚀介质的设备集中布置，然后将这一部分地面用挡水线围起来，挡水线内部用这类铺贴地面。

⑤ 玻璃钢地面　具有耐酸瓷板地面的优点，且整体性较好。但由于材料的膨胀系数与混凝土基层不同，故也不宜大面积使用。

⑥ 环氧树脂磨石子地面　它是在地面磨平后用环氧树脂（也可用丙烯酸酯、聚氨酯等）罩面，不仅具有水磨石地面的优点，而且比水磨石地面耐磨，强度高，磨损后还可及时修补，但耐磨性不高，宜用于空调机房、配电室、更衣室等。另一种是自流平面层工艺，一般为环氧树脂自流平，涂层厚约2.5～3mm，它是环氧树脂＋填料＋固化剂＋颜料。

(2) 墙面与墙体　墙面和地面、天花板一样，应表面光滑、光洁，不起尘，避免眩光，耐腐蚀，易于清洗。

1）墙面

① 抹灰刷白浆墙面　只能用于无洁净度要求的房间，因表面不平整，不能清洗，易有颗粒性物质脱落。

② 油漆涂料墙面　这种墙面常用于有洁净要求的房间，它表面光滑，能清洗，且无颗粒性物质脱落。缺点是施工时若墙基层不干燥，涂上油漆后易起皮。普通房间可用调和漆，洁净度高的房间可用环氧漆，这种漆膜牢固性好，强度高。乳胶漆不能用水洗，这种漆可涂于未干透的基层上，不仅透气，而且无颗粒性物质脱落，可用于包装间等无洁净度要求但又要求清洁的区域。有关各种涂料层的应用可见表10-2。

表10-2　各种涂料层应采用的涂料

涂层名称	应采用的涂料种类
耐酸涂层	聚氨酯、环氧树脂、过氯乙烯树脂、乙烯树脂、酚醛树脂、氯丁橡胶、氯化橡胶等涂料
耐碱涂层	过氯乙烯树脂、乙烯树脂、氯化橡胶、氯丁橡胶、环氧树脂、聚氨酯等涂料
耐油涂层	醇酸树脂、氨基树脂、硝基树脂、缩丁醛树脂、过氯乙烯树脂、醇溶酚醛树脂、环氧树脂等涂料
耐热涂层	醇酸树脂、氨基树脂、有机硅树脂、丙烯酸树脂等涂料
耐水涂层	氯化橡胶、氯丁橡胶、聚氨酯、过氯乙烯树脂、乙烯树脂、环氧树脂、酚醛树脂、沥青、氨基树脂、有机硅等涂料
防潮涂层	乙烯树脂、过氯乙烯树脂、氯化橡胶、氯丁橡胶、聚氨酯、沥青、酚醛树脂、有机硅树脂、环氧树脂等涂料
耐溶剂涂层	聚氨酯、乙烯树脂、环氧树脂等涂料
耐大气涂层	丙烯酸树脂、有机硅树脂、乙烯树脂、天然树脂漆、油性漆、氨基树脂、硝基树脂、过氯乙烯树脂等涂料
保色涂层	丙烯酸树脂、有机硅树脂、氨基树脂、硝基树脂、乙烯树脂、醇酸树脂等涂料
保光涂层	醇酸树脂、丙烯酸树脂、有机硅树脂、乙烯树脂、硝基树脂、醋酸丁酸纤维等涂料
绝缘涂层	油性绝缘漆、酚醛绝缘漆、醇酸绝缘漆、环氧绝缘漆、氨基漆、聚氨酯漆、有机硅漆、沥青绝缘漆等涂料

③ 白瓷砖墙面　墙面光滑，易清洗，耐腐蚀，不必等基层干燥即可施工，但接缝较多，不易贴砌平整，不宜大面积用，用于洁净级别不高的场所。

④ 不锈钢板或铝合金材料墙面　耐腐蚀、耐火、无静电、光滑、易清洗，但价格高，用于垂直层流室。

⑤ 水磨石台度　为防止墙面被撞坏，故采用水磨石台度。由于垂直面上无法用机器磨，只能靠手工磨，施工麻烦，不易磨光，故光滑度不够理想，优点是耐撞击。

使用方便的乙烯基树脂材料薄板，板厚1mm或2mm，常用在最高质量的无菌车间内。在墙与墙、墙与天花板的连接处，将乙烯基树脂涂在拱形的模板上，以便于清洁。高质量的填充橡胶，即使是在负压环境中也能保证材料牢固地固定在墙壁上。所有连接处都被缝合住，以保证墙的表面光滑、密封。

2）墙体

① 砖墙　这是常用而较为理想的墙体。缺点是自重大，在隔间较多的车间中使用造成

自重增加。

② 加气砖块墙体　加气砖材料自重仅为硅的35%。缺点是面层施工要求严格，否则墙面粉刷层极易开裂，开裂后易吸潮长菌，故这种材料应避免用于潮湿的房间和要用水冲洗墙面的房间。

③ 轻质隔断　在薄壁钢骨架上用自攻螺丝固定石膏板或石棉板，外表再涂油漆或贴墙纸，这种隔断自重轻，对结构布置影响较少。常用的有轻钢龙骨泥面石膏板墙、轻钢龙骨爱特板墙、泰柏板墙及彩钢板墙体等，而彩钢板墙又有不同的夹芯材料及不同的构造体系。应该说，在药厂的洁净车间里，以彩钢板作为墙体已经成为目前的一种流行与时尚。

④ 玻璃隔断　用钢门窗的型材加工成大型门扇连续拼装，离地面90cm以上镶以大块玻璃，下部用薄钢板以防侧击。这种隔断也是自重较轻的一种。配以铝合金的型材也很美观实用。

⑤ 抗爆板　防火抗爆板是一种型钢外覆抗爆板结构，内添岩棉纤维。抗爆板具有抗爆、隔火隔热、隔声降噪、抗运动物体冲击的复合防护功能。与钢筋混凝土抗爆墙相比具有重量轻和易装易卸等优点。

如果是全封闭厂房，其墙体可用空心砖及其他轻质砖，这既保温、隔声，又可减轻建筑物的结构荷载。也有为了美观和采光选用空心玻璃（绿、蓝色）做大面积的玻璃幕墙。若靠外墙为车间的辅助功能室或生活设施，可采用大面积固定窗，为了其空间的换气，可设置换气扇或安装空调，或在固定窗两边配可启的小型外开窗（应与固定窗外形尺寸相协调）。

(3) 天棚及饰面　由于洁净环境要求，各种管道暗设，故设技术隔离（或称技术吊顶）。天棚要选用硬质、无孔隙、不脱落、无裂缝的材料。天棚与墙面接缝处应用凹圆脚线板盖住。所用材料必须能耐热水、消菌剂，能经常冲洗。

天棚分硬吊顶及软吊顶两大类。

1) 硬吊顶　即用钢筋混凝土吊顶。这种形式的最大优点是在技术夹层内安装、维修等方便；吊顶无变形开裂之变；天棚刷面材料施工后牢度也较高。缺点是结构自重大；吊顶上开孔不宜过密，施工后工艺变动则原吊顶上开孔无法改变；夹层中结构高度大，因有上翻梁，为了满足大断面风管布置的要求，故夹层高度一般大于软吊顶。

2) 软吊顶　又称为悬挂式吊顶。它按一定距离设置拉杆吊顶，结构自重大大减轻，拉杆最大距离可达2m，载荷完全满足安装要求，费用大幅度下降。为提高保温效果，可在中间夹保温材料。这种吊顶的主要形式有：钢骨架-钢丝网抹灰吊顶；轻钢龙骨纸面石膏板吊顶；轻钢龙骨爱特板吊顶；彩钢板吊顶；高强度塑料吊顶等。天棚饰面材料使用：无洁净度要求的房间可用石灰刷白；洁净度要求高的一般使用油漆，要求同墙面；对轻钢龙骨吊顶要解决板缝伸缩问题，可采用贴墙纸法，因墙纸有一定弹性，不易开裂。

(4) 门窗设计

1) 门　门在洁净车间设备中有两个主要功能：第一是作为人行通道；第二是作为材料运输通道，不管是用手或手推车运输少量材料，还是用码垛车运输大量材料。这两种操作功能对门都有不同要求。随着洁净级别的增加，为了减少污染负荷，限制移动是非常重要的。

员工进出的大门在低级别的车间中，用涂在木门和铁门上的标准漆来区分。这些门是表面上有塑料薄膜，棱上有硬木、金属或塑料薄膜的实心木门。在GRP更高级别的药品申报中，对门有很高的要求，一般为不锈钢门和玻璃门。选择门和其他装饰材料的要点是要保持门的耐磨和表面无裂缝。将门装进建筑开口时一定要注意细节设计。金属器具的选择也很重要，闭合器必须工作顺畅，以抵抗相当大的车间正压。

洁净室用的门要求平整，光滑，易清洁，不变形。门要与墙面齐平，与自动启闭器紧密配合在一起。门两端的气塞采用电子联锁控制。门的主要形式有：

① 铝合金门　一般的铝合金门都不理想，使用时间长，易变形，接缝多，门肚板处接灰点多，要特制的铝合金门才合适。

② 钢板门　国外药厂使用较多，此种门强度高，这是一种较好的门，只是观察玻璃圆圈的积灰死角要做成斜面。

③ 不锈钢板门　同钢板门，但价格较高。

④ 中密度板观面贴塑门　此门较重，宜用不锈钢门框或钢板门框。

⑤ 彩钢板门　强度高，门轻，只是进出物料频繁的门表面极易刮坏漆膜。

还可用工程塑料。

无论何种门，在离门底 100mm 高处应装 1.5mm 不锈钢护板，以防推车刮伤。

2）窗　玻璃是一种非常适合洁净车间的材料。它坚硬、平滑、密实、易清洗的特性很符合洁净车间的设计标准。它能很好地镶嵌在原有的建筑框架中或是使用较厚的、叠片板来完成整个高度的区分。洁净室窗户必须是固定窗，形式有单层固定窗和双层固定窗。洁净室内的窗要求严密性好，并与室内墙齐平。尽量采用大玻璃窗，不仅为操作人员提供敞亮愉快的环境，也便于管理人员通过窗户观察操作情况，同时这样还可减少积灰点，又有利于清洁工作。洁净室内窗若为单层的，窗台应陡峭向下倾斜，内高外低，且外窗台应有不低于 30°的角度向下倾斜，以便清洗和减少积尘，并避免向内渗水。双层窗（内抽真空）更适宜于洁净度高的房间，因二层玻璃各与墙面齐平，无积灰点。目前常用材料有铝合金窗和不锈钢窗。

3）门窗设计的注意点

① 洁净级别不同的联系门要密闭，平整，造型简单。门向级别高的方向开启。钢板门强度高，光滑，易清洁，但要求漆膜牢固，能耐消毒水擦洗。蜂窝贴塑门的表面平整光滑，易清洁，造型简单，且面材耐腐蚀。

② 洁净区要做到窗户密闭。空调区外墙上、空调区与非空调区之间隔墙上的窗要设双层窗，其中一层为固定窗。对老厂房改造的项目若无法做到一层固定，则一定将其中一层用密封材料将窗缝封闭。

③ 无菌洁净区的门窗不宜用木制，因木材遇潮湿易生霉长菌。

④ 凡车间内经常有手推车通过的钢门，应不设门槛。

⑤ 传递窗的材料以不锈钢的材质较好，也有以砖、混凝土及底板为材料的，表面贴白瓷板，也有用预制水磨石板拼装的。

⑥ 传递窗有两种开启形式：一为平开钢（铝合金）窗；二为玻璃推拉窗。前者密闭性好，易于清洁，但开启时要占一定的空间。后者密闭性较差，上下槛滑条易积污，尤其滑道内的滑轮组更不便清洁；但开启时不占空间，当双手拿东西时可用手指拨动。

应注意的是，充分利用洁净厂房的外壳和主体结构作为洁净室围护结构的支承物，把洁净室围护结构——顶棚、隔墙、门窗等配件和构造纳入整个洁净厂房的内装修而实现装配化，简称内装修装配化。

为防止积尘，造成不易清洗、消毒的死角，洁净室门、窗、墙壁、顶棚、地（楼）面的构造和施工缝隙，均应采取可靠的密闭措施。凡板面交界处，宜做圆势过渡，尤其是与地面的交角，必须做密封处理，以免地面水渗入壁板的保温层，造成壁板内的腐蚀，对于大输液、水针、口服液等触水岗位，其壁板宜安装于与壁板同一宽度的 100～120mm 的“高台”上，以防止水渗入保温层，影响保温效果和造成壁板腐蚀。

顶棚也称技术隔层（的底板），它承担风口布局（开孔）照明灯具安装（一般为吸顶洁净灯），电线（大部分是照明线，也有少数敷设动力线管线）技术隔层内还用于布设给排水，工艺管线，如物料、工艺用水、蒸汽、工艺用气（压缩净化气体、氯气、氧气、二氧化碳气、煤气等），免不了进行检修，故顶板的强度应比壁板高，其壁厚（即镀锌铁皮）应较墙板厚。若壁板用0.42～0.45mm厚，则顶棚宜用0.78～1mm为宜，由于顶板的开孔率高，面积又较大，开孔后，其强度降低。此外，技术隔层内设检修通道，以降低集中荷载，或者顶板隔一定距离，一般2m×2m（或按计算）作吊杆，以免有移动荷载时变形，连接处裂缝，导致洁净室空气泄漏。

二、土建设计条件

土建设计在设计院中一般分为建筑专业与结构专业。

建筑设计主要是根据建筑标准对化工和制药厂的各类建筑物进行设计。建筑设计应将新建的建筑物的立面处理和内外装修的标准，与建设单位原有的环境进行协调。对墙体、门、窗、地坪、楼面和屋面等主要工程做法加以说明。对有防腐、防爆、防尘、高温、恒温、恒湿、有毒物和粉尘污染等特殊要求的，在车间建筑结构上要有相应的处理措施。

结构设计主要包括地基处理方案，厂房的结构形式确定及主要结构构件（如地基、柱、楼层梁等）的设计，对地区性特殊问题（如地震等）的说明及在设计中采取的措施，以及对施工的特殊要求等。

（一）设计依据

(1) 气象、地质、地震等自然条件资料

① 气象资料　对建于新区的工程项目，需列出完整的气象资料；对建于熟悉地区的一般工程项目，可只选列设计直接需用的气象资料。

② 地质资料　厂区地质土层分布的规律性和均匀性，地基土的工程性质及物理力学指标，软弱土的特性，具有湿陷性、液化可能性、盐渍性、胀缩性的土地的判定和评价。地下水的性质、埋深及变幅，在设计时只应以地质勘探报告为依据。

③ 地震资料　建厂地区历史上地震情况及特点，场地地震基本烈度及其划定依据，以及专门机关的指令性文件。

(2) 地方材料　简要说明可供选用的当地大众建材以及特殊建材（如隔热、防水、耐腐蚀材料）的来源、生产能力、规格质量、供应情况、运输条件及单价等。

(3) 施工安装条件　当地建筑施工、运输、吊装的能力，以及生产预制构件的类型、规格和质量情况。

(4) 当地建筑结构标准图和技术规定。

（二）设计条件

(1) 工艺流程简图　应将车间生产工艺过程加以简要说明。这里生产工艺过程是指从原料到成品的每一步操作要点、物料用量、反应特点和注意事项等。

(2) 厂房布置及说明　利用工艺设备布置图，并加简要说明，如房屋的火灾危险性、高度、层数、地面（或楼面）的材料、坡度及负荷，门窗位置及要求等。

(3) 设备一览表　应包括流程位号、设备名称、规格、重量（设备重量、操作物料荷重、保温、填料、震动等）、装卸方法、支承型式等项。

(4) 安全生产

① 按照职业病危害预评价、安全生产预评价以及环境预评价的要求进行设计。

② 根据生产工艺特性，按照防火标准确定防火等级。

③ 根据生产工艺特性，按照卫生标准确定卫生等级。

④ 根据生产工艺所产生的毒害程度和生产性质，考虑人员操作防护措施以及排除有害

烟尘的净化措施。

⑤ 提供有毒气体的最高允许浓度。

⑥ 提供爆炸介质的爆炸范围。

⑦ 特殊要求，如汞蒸气存在时，女工对汞蒸气毒害的敏感性。

(5) 楼面的承重情况。

(6) 楼面、堵面的预留孔和预埋件的条件，地面的地沟，落地设备的基础条件。

(7) 安装运输情况

① 工艺设备的安装采取何种方法，人工还是机械，大型设备进入房屋需要预先留下安装门，多层房屋需要安装孔以便起吊设备至高层安装，每层楼面还应考虑安装负荷等。

② 运输机械采取何种形式，是起重机、电动吊车、货梯、还是吊钩等；起重量多少，高度多少，应用面积多大等。同时考虑设备维修或更换时对土建的要求。

(8) 人员一览表　包括人员总数、最大班人数、男女工人比例等。

(9) 其他

① 在土建专业设计基础上，工艺专业进一步进行管道布置设计，并将管道在厂房建筑上穿孔的预埋件及预留孔条件提交土建专业；暖通专业的排风、排烟管井，电气电信专业的管井。

②《药品生产质量管理规范》(GMP) 的要求。包括总体布局、环境要求、厂房、工艺布局、室内装修、净化设施等。

此外，设计中工艺专业应提出建筑物特征表的相关内容，见表 10-3。

表 10-3　建筑物特征表

序号	车间名称	范围		人员情况		安全生产			操作环境					腐蚀特征	防雷等级
		标高	建筑曲线	生产班数	定员人数	火险分类	毒性等级	爆炸	卫生等级	有害介质或粉尘	噪声情况	温度	湿度		

第二节　仓库

仓库由储存物品的库房、运输传送设施（如吊车、电梯、滑梯等）、出入库房的输送管道和设备、消防设施、管理用房等组成。在安全的前提下，要做到储存多，进出快、保管好、费用省、损耗少。

一、仓库功能

以系统的观点来看待仓库，仓库应该具备以下功能：

(1) 储存和保管功能　仓库具有一定的空间，用于储存物品，并根据储存物品的特性配备相应的设备，以保持储存物品完好性。例如：储存挥发性溶剂的仓库，必须设有通风设备，以防止空气中挥发性物质含量过高而引起爆炸。储存药品的仓库，需防潮、防尘、恒温，因此，应设立空调、恒温等设备。在仓库作业时，还有一个基本要求，就是防止搬运和堆放时碰坏、压坏物品。从而要求搬运器具和操作方法的不断改进和完善，使仓库真正起到储存和保管的作用。

(2) 调节供需的功能　创造物质的时间效用是医药流通环节的两大基本职能之一，物流的这一职能是由物流系统的仓库来完成的。现代化大生产的形式多种多样，从生产和消费的连续来看，每种不同医药产品都有不同的特点，有些产品的生产是均衡的，而消费是不均衡的，还有一些产品生产是不均衡的，而消费却是均衡不断地进行的。要使生产和消费协调起来，这就需要仓库起“蓄水池”的调节作用。

(3) 调节货物运输能力　各种运输工具的运输能力是不一样的。船舶的运输能力很大，火车的运输能力较小，汽车的运输能力很小。这种运输能力的差异，也是通过仓库进行调节和衔接的。

(4) 流通配送加工的功能　现代仓库的功能已处在由保管型向流通型转变的过程之中，即仓库由储存、保管货物的中心向流通、销售的中心转变。仓库不仅要有储存、保管货物的设备，而且还要增加分拣、配套、捆绑、流通加工、信息处理等设置。这样，既扩大了仓库的经营范围，提高了物质的综合利用率，又方便了消费，提高了服务质量。

(5) 信息传递功能　伴随着以上功能的改变，导致了仓库对信息传递的要求。在处理仓库活动有关的各项事务时，需要依靠计算机和互联网，通过电子数据交换（EDI）和条形码技术来提高仓储物品信息的传输速度，及时而又准确地了解仓储信息，如仓库利用水平、进出库的频率、仓库的运输情况、顾客的需求以及仓库人员的配置等。

(6) 产品生命周期的支持功能　根据美国物流管理协会 2002 年 1 月发布的物流定义：在供应链运作中，以满足客户要求为目的，对货物、服务和相关信息在产出地和销售地之间实现高效率和低成本的正向和理想逆向的流动与储存所进行的计划执行和控制的过程。可见，现代物流包括了产品从“生”到“死”的整个生产、流通和服务的过程。因此，仓储系统应对产品生命周期提供支持。

随着强制性质量标准的贯彻和环保法规约束力度加大，规定了制造商和配送商要负责进行包装材料的回收，必然导致退货逆向物流和再循环回收等逆向物流的产生。逆向物流与传统供应链方向相反，是要将最终顾客持有的不合格产品、废旧物品回收到供应链上的各个节点。作为供应链中的重要一环，在逆向物流中仓库又承担了退货管理中心的职能：负责及时准确定位问题商品；通知所有相关方面和发现退回商品的潜在价值；为企业增加预算外或抢救性收入；改进退货处理过程，控制可能发生的偏差；评估并最终改善处理绩效等。

二、仓库分类

进行仓库分类必须要符合存放条件不同（阴凉、常温、冷藏）分开存放，易串味品、中药饮片/中药材和非药品分开分类的原则。

(1) 按建筑形态划分　①平房型仓库；②二层楼房型仓库；③多层楼房型仓库；④地下仓库；⑤立体仓库。

(2) 按功能划分

① 生产仓库　为企业生产或经营储存原材料、燃料及产品的仓库，称生产仓库，也有的称之为原料仓库或成品仓库。

② 储备仓库　专门长期存放各种储备物资，以保证完成各项储备任务的仓库，称储备仓库。如战略物资储备、季节物资储备、备荒物资储备、流通调节储备等。

③ 集配型仓库　以组织物资集货配送为主要目的的仓库，称集配型仓库。

④ 中转分货型仓库　配送型仓库中的单品种、大批量型仓库，因其具有储备作用又称储备型仓库。

⑤ 加工型仓库　以流通加工为主要目的的仓库，称为加工型仓库。一般的加工型仓库是集加工厂和仓库的两种职能，将商品的加工仓储业务结合在一起。

⑥ 流通仓库（类似配送中心） 专门从事中转、代存等流通业务的仓库，称为流通仓库。这种仓库主要以物流中转为主要职能。在运输网点中，也以换载为主要职能。

(3) 按照建造面积划分 大型、中型和小型仓库。药品生产、批发和零售连锁企业应按经营规模设置相应的仓库。其面积（指建筑面积），大型企业不应低于1500m²，中型企业不应低于1000m²，小型企业不应低于500m²。

(4) 按照建筑的技术设备条件划分 ①通用仓库；②保温、冷藏、恒温恒湿仓库；③危险品库。

三、仓库的布置

仓库平面布置指对仓库的各个部分（存货区、入库检验区、理货区、流通加工区、配送备货区、通道以及辅助作业区）在规定范围内进行全面合理的安排。仓库布置是否合理，将对仓储作业的效率、储存质量、储存成本和仓库盈利目标的实现产生很大影响。

在进行仓库总平面布置时，应该满足如下要求：①遵守各种建筑及设施规划的法律法规；②满足仓库作业流畅性要求，避免重复搬运的迂回运输；③保障商品的储存安全；④保障作业安全；⑤最大限度地利用仓库面积；⑥有利于充分利用仓库设施和机械设备；⑦符合安全保卫和消防工作要求；⑧考虑仓库扩建的要求。

仓库布置时，通常采取区域划分的原则，具体如下：

(1) 区域的色标管理。绿色代表正常，合格品库（区）/发货区/零货称取区用绿色标；黄色代表待定（待处理），待验区（库）/退货区（库）用黄色标；红色代表不正常，不合格品库（区）用红色标。

(2) 符合“三个一致”的原则：药品性能一致，药品养护措施一致，消防方法一致。

(3) 分区要便于药品分类，集中保管。

(4) 充分利用仓库空间，有利于合理存放药品。

(5) 货区分位要适度。

(6) 有利于提高仓库的经济效益，有利于保证安全生产和文明生产。

四、仓库储存环境

药品储存应符合以下要求：

(1) 药品应按标示的储存条件存放，未明确标示温度范围的，应按常温2～20℃，阴凉2～25℃，冷藏2～8℃存放。储存相对湿度35%～75%。

(2) 药品应按质量状态实行色标管理：待确定药品为黄色，合格药品为绿色，不合格药品为红色。

(3) 储存药品应避免阳光直射。

(4) 搬运和堆码药品应严格遵守外包装标示的要求规范操作，堆码高度应适宜，避免损坏药品包装。

(5) 药品堆码时，垛距不小于5cm，与仓库间墙、顶、温湿度调控设备及管道等设施间距不小于30cm，与地面的间距不小于10cm。

(6) 药品应按批号堆码，不同批号的药品不得混垛。

(7) 药品与非药品、外用药与其他药品应分开存放；中药材和中药饮片与其他药品分库存放。

(8) 麻醉药品、第一类精神药品应专库存放，医疗用毒性药品应专库（柜）存放；双人双锁保管，专人管理，专账记录。

(9) 第二类精神药品应专库（柜）存放，专人管理，专账记录。

(10) 危险品按国家有关规定存放。

(11) 拆零药品应集中存放，并保留原包装及说明书。

(12) 储存药品的货架、底垫等设施设备应保持清洁，无杂物，完好无损。

五、安全条件

仓库安全是保障生产持续进行的一个重要环节。按照不同类别仓库特点，安全要求也有所不同。

(一) 一般原料仓库

通常医药化工原料仓库，都是存放一些有机溶剂和固体原料，就一般原材料仓库来看，安全条件也有一定的通用规则，通常安全要求体现如下几个方面：

(1) 原料仓库一般按照使用就近原则，布置在厂区厂房的主导风向的下风向。

(2) 仓库内的原料要结合性能差别，分区、分类摆放，严禁混放。

(3) 为了安全出发，仓库内的照明和用电一定采取防爆灯以及防爆开关与插座，避免电火花的产生，同时，增加通风排风系统，避免挥发性气体的蓄积。

(4) 结合储存原材料的性质特点，做好消防设施的选用。如干粉灭火器、消防沙、灭火毯等。尤其是遇水燃烧、爆炸的有机原料，严禁使用消防水栓进行处置。

(5) 仓库周围要设置应急导流渠，防止液体原料泄露，造成土壤、水质环境污染。

(二) 危险品仓库

危险化学品必须储存在经省、自治区、直辖市人民政府经济贸易管理部门或者设区的市级人民政府负责危险化学品安全监督管理综合工作的部门审查批准的危险化学品仓库中。未经批准不得随意设置危险化学品储存仓库。储存危险化学品必须遵照国家法律、法规和其他有关的规定，如《危险化学品安全管理条例》《常用化学危险品贮存通则》《易燃易爆性商品储藏养护技术条件》等，除了上述一般原料仓库要求以外，还需要注意以下情况。

(1) 仓库应远离居民区和水源。

(2) 避免阳光直射、曝晒，远离热源、电源、火源，库内在固定方便的地方配备与毒害品性质适应的消防器材、报警装置和急救药箱。

(3) 不同种类毒害品要分库存放，危险程度和灭火方法不同的要分库存放，性质相抵(如氧化剂和还原剂)的禁止同库混存。

(4) 剧毒品应专库贮存或存放在彼此间隔的单间内，执行“五双”制度(双人验收、双人保管、双人发货、双把锁、双本账)，安装防盗报警装置。此外，发现剧毒化学品被盗、丢失或者误售、误用时，必须立即向当地公安部门报告。

(5) 装卸对人身有毒害及腐蚀性物品时，操作人员应根据危险条件，穿戴相应的防护用品。

① 装卸毒害品人员应具有操作毒品的一般知识。操作时轻拿轻放，不得碰撞、倒置，防止包装破损商品外溢。作业人员应戴手套和相应的防毒口罩或面具，穿防护服。

② 装卸腐蚀品人员应穿工作服，戴护目镜、胶皮手套、胶皮围裙等必需的防护用具。操作时，应轻搬轻放，严禁背负肩扛，防止摩擦振动和撞击。

③ 作业中不得饮食，不得用手擦嘴、脸、眼睛。每次作业完毕，应及时用肥皂(或专用洗涤剂)洗净面部、手部，用清水漱口，防护用具应及时清洗，集中存放。

(三) 成品仓库

制药企业的成品仓库，主要是存放最终制备的原料药成品和有一定剂型的药品成品。成品仓库的安全条件相对以上两者而言，不是那么严苛，主要是依据《药品经营质量管理规范》(GSP) 的相关条款要求来进行的。

(1) 库房的选址、设计、布局、建造、改造和维护应当符合药品储存的要求，防止药品的污染、交叉污染、混淆和差错。

(2) 避光、通风、防潮、防虫、防鼠等。按照《中华人民共和国药典》规定的贮藏要求进行储存。

(3) 按包装标示的温度要求储存药品，能有效调控温湿度及室内外空气交换，同时具有自动监测、记录库房温湿度的设备。

六、仓库设备

仓库设备是能正常存储、转运和运行仓库职能的硬件基础，在防潮、调节温湿度、照明等方面都发挥着必不可少的作用。按照其功能可分为转运设备、存贮设备和运行设备。

(一) 转运设备

转运设备包括登高车、液压叉车、搬运车、自动输送轨道等，如图 10-1 所示。

(a) 登高车　(b) 液压叉车　(c) 搬运车　(d) 自动输送轨道

图 10-1　常用转运设备

(二) 存储设备

存储设备包括货架、托盘、仓储笼、物料盒、周转箱等，其中货架和托盘是仓库中最常见的设备。

1. 货架

货架泛指存放货物的架子。在仓库设备中，货架是指专门用于存放成件物品的保管设备。货架在物流及仓库中占有非常重要的地位，不仅要求货架数量多，而且要求具有多功能，并能实现机械化、自动化要求。

不同类型的货架有不同的特点。

高位货架具有装配性好、承载能力大及稳固货架作用强等特点。货架用材使用冷热钢板。通廊式货架（如图10-2所示）为储存大量同类的托盘货物而设计。托盘一个接一个按深度方向存放在支撑导轨上，增大了储存密度，提高了空间利用率。这种货架通常运用于储存空间昂贵的场合，如冷冻仓库等。通廊式货架有4个基本组成部分：框架、导轨支撑、托盘导轨和斜拉杆等。这种货架仓库利用率高，可实现先进先出，或先进后出，适合储存大批量、少品种货物，批量作业，可用最小的空间提供最大的存储量。其适用于大批量、少品种的货物存储作业。叉车可直接驶入货道内进行存取货物，作业极其方便。

货架机械设备需求：反平衡式叉车或堆高机。货架的特点：适用于库存流量较低的储存；可提供20%～30%的可选性；用于取货率较低的仓库。地面使用率较高，为60%。

图10-2 通廊式货架

图10-3 横梁式货架

横梁式货架（如图10-3所示）是最流行、最经济的一种货架形式，安全方便，适合各种仓库，直接存取货物。它是最简单也是最广泛使用的货架，可充分地利用空间。采用方便的托盘存取方式，有效配合叉车装卸，极大地提高作业效率。机械设备要求：反平衡式叉车或堆高机。堆高机可提高地面空间使用率30%，操作高度达16m以上。横梁式货架的特点：流畅的库存周转；可提供百分之百的挑选能力；提高平均的取货率。

重力式货架（如图10-4所示）相对普通托盘货架而言，不需要操作通道，故增加60%的空间利用率；托盘操作遵循先进先出的原则；自动储存回转；储存和拣选两个动作的分开大大提高了输出量，由于是自重力使货物滑动，而且没有操作通道，所以减少了运输路线和叉车的数量。在货架每层的通道上，都安装有一定坡度的、带有轨道的导轨，入库的单元货物在重力的作用下，由入库端流向出库端。这样的仓库，在排与排之间没有作业通道，大大提高了仓库面积利用率。但使用时，最好同一排、同一层上为相同的货物或一次同时入库和出库的货物。层高可调，配以各种型号叉车或堆垛机，能实现各种托盘的快捷存取。单元货格最大承载可达5000kg，是各行各业最常用的存储方式。

阁楼式货架（如图10-5所示）适用于场地有限品种繁多、数量少的情况下，它能在现有的场地上增加几倍的利用率，可配合使用升降机操作。全组合式结构，专用轻钢楼板，造价低，施工快。可根据实际场地和需要，灵活设计成二层、多层，充分利用空间。

图 10-4　重力式货架

图 10-5　阁楼式货架

2. 托盘

托盘（pallet）是用于集装、堆放、搬运和运输单元负荷的货物和制品的水平平台装置，便于装卸、搬运单元物资和小数量的物资，同时具有防潮功能，保持药品与地面之间有一定距离的设备。一般托盘按照材质分类如下：

(1) 木制托盘　以天然木材为原料制造的托盘，是现在使用最广泛的。其价格便宜，结实耐用。

(2) 塑料托盘　以工业塑料为原材料制造的托盘。比木制托盘略贵，载重也较小，但是随着塑料托盘制造工艺的进步，一些高载重的塑料托盘已经出现，正在慢慢取代木制托盘。

(3) 金属托盘　以钢、铝合金、不锈钢等材料为原材料加工制造的托盘。

(4) 钢托盘　其采用镀锌钢板或烤漆钢板制成，100%环保，可以回收再利用，资源不浪费。特别是用于出口时，不需要熏蒸、高温消毒或者防腐处理。

(5) 纸托盘　以纸浆、纸板为原料加工制造的托盘。随着整个国际市场对包装物环保性要求的日益提高，为了达到快速商检通关以实现快速物流的要求，托盘生产商们研制出高强度的纸托盘。

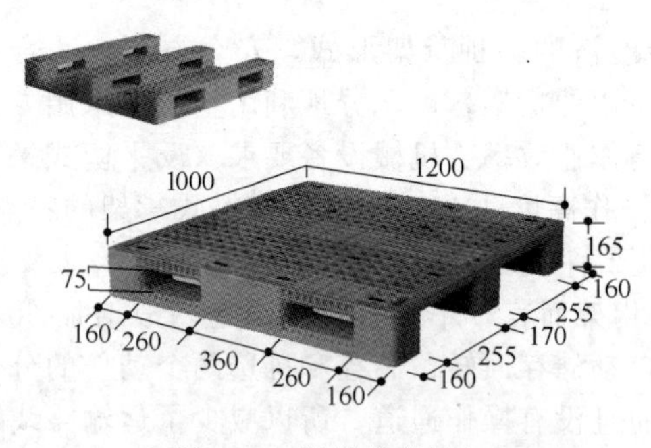

图 10-6　塑料蜂窝托盘

(6) 蜂窝托盘　蜂窝的六边形结构是蜜蜂的杰作，它以最少的材料消耗构筑成坚固的蜂巢，其结构具有非凡的科学性。蜂窝纸板就是仿造蜂巢的结构，以纸为基材，用现代化技术机电合一生产出这种蜂窝状的新型材料，如图10-6所示。它质轻、强度高、刚度好，并具有缓冲、隔振、保温、隔热、隔声等性能。同时它的成本低，适用性广，广泛应用于包装、储运、建筑业、车船制造业、家具业等，以替代木材、泥土砖、发泡聚苯乙烯（EPS）等，对减少森林砍伐、保护生态环境具有重大意义。

(7) 复合托盘　以两种或两种以上的不同材料经过一定的处理，使其发生化学变化而得到的材料，以此为原材料加工制造的托盘。塑木托盘：采用国际最先进的专利技术生产的塑木材料，通过组装而成的各种规格、尺寸的托盘、垫板。它综合了木托盘和塑料托盘及钢制托盘的优点，基本摒弃了其不足，价格却低于其他各类托盘。产品具有强度高、韧性好、不变形、不吸潮、不霉蛀、抗腐蚀、耐老化、易加工、低成本、可回收、无污染等优点。

（三）运行设备

运行设备包括空调恒温恒湿机组、冷库的冷冻机组、照明设备、管理上的计算机设施等。

(1) 空调恒温恒湿机组　空调恒温恒湿机由制冷系统、加热系统、控制系统、湿度系统、送风循环系统和传感器系统等组成。上述系统分属电气和机械制冷两大方面。

(2) 冷冻机　冷冻机是用压缩机改变冷媒气体的压力变化来达到低温制冷的机械设备。所采用的压缩机，因其使用条件和压缩工作介质不同，不同于一般的空气压缩机。它与空气压缩机类似，按冷冻机结构和工作原理上的差别，也可分为活塞式、螺杆式、离心式等几种不同形式。冷冻机是压缩制冷设备中最重要的组成部分之一。

(3) 照明设备　照明光源一般均采用工矿灯，工矿灯按照光源种类可分为传统光源工矿灯和 LED 工矿灯。

相比于传统光源工矿灯 LED 工矿灯具有很大优势：

① LED 工矿灯显色指数（RA）高 RA＞70；

② LED 工矿灯光效高，更加节能，相当于 100W 的 LED 工矿灯可替代 250W 的传统光源工矿灯；

③ 传统光源都具有灯具温度高的缺点，灯具温度可达 200～300℃。而 LED 本身是冷光源，灯具温度低，更加安全，属于冷驱动。

④ LED 工矿灯技术在不断的创新中，最新型的鳍片式散热器工矿灯更加合理的散热器设计，大大减轻了工矿灯具的重量，使 80W LED 工矿灯的总体重量下降到了 4kg 以下，并可完美解决 80～300W LED 工矿灯的散热问题。

七、仓库管理

医药仓库是储存医药商品、物资的重要场所。其基本任务是：在保证安全的前提下，做到储存多，进出快，保管好，费用省，损耗少，为促进医药生产和流通的发展服务。

（一）商品、物资入库、出库

(1) 仓库必须根据《药品管理法》及有关规定，建立健全商品、物资出入库的验收复核制度、作业程序和工作质量标准。

(2) 仓库要根据业务部门提报的月、季、年度商品、物资进出库计划，编制储存计划。

(3) 商品、物资入库要把好验收关。

(4) 商品、物资出库，必须有正式凭证。

(5) 商品、物资出库要把好复核关。

（二）商品、物资储存

(1) 商品、物资要实行分区、分类管理。

(2) 以安全、方便、节约为原则。

(3) 仓库必须设保管账（卡）。

(4) 仓库要通过商品、物资进、出、存等活动，随时了解有无积压、不配套、近期失效、盲目进货、仓库存货而门市脱销等问题，积极向业务部门反映情况，以利改进工作。

（三）商品物资养护

(1) 仓库要建立健全养护组织。

(2) 仓库要维护商品、物资的质量。

(3) 仓库要监督商品、物资的质量。

(4) 仓库要建立商品、物资养护档案。

(四) 仓库核算和定额管理

(1) 仓库要根据本单位的条件，实行独立核算。

(2) 仓库必须加强财产管理。

(3) 仓库要实行定额管理。大中型仓库定额的主要项目：①单位面积储存量（t/m^2）；②收发货差错率（万分）；③账货相符率（%）；④平均保管损失（元/万元）；⑤平均保管费用（元/t）；⑥人均工作量（t/人）。

(五) 仓库安全

(1) 企业和仓库必须有领导干部主管安全工作，把安全工作列入议事日程。切实做好防火、防盗、防破坏、防工伤事故、防自然灾害、防霉变残损等工作，确保人身、商品物资和设备安全。

(2) 仓库要制定安全工作的各项规章制度，制定生产作业的操作规程。

(3) 仓库严格执行《中华人民共和国消防条例》《仓库防火安全管理规则》和《化学危险物品安全管理条例》。仓库防火工作要实行分区管理、分级负责的制度。按区、按级指定防火负责人，防火负责人对本责任区的安全负全部责任。仓库的存货区要和办公室、生活区、汽车库、油库等严格分开。不得紧靠库房、货场收购和销售商品，规模很小的基层仓库也要根据具体条件尽量分开，以保安全。新建、扩建、改建仓库，应按《建筑设计防火规范》有关规定办理，面积过大的库房要设防火墙以及消防喷淋系统。

(4) 仓库必须严格管理火种、火源、电源、水源。

(5) 仓库必须根据建筑规模和储存商品、物资的性质，配置消防设备，做到数量充足、合理摆布、专人管理、经常有效、严禁挪作他用。大中型仓库和雷区仓库要安装避雷设备。仓库消防通道要保持经常畅通。

(6) 仓库实行逐级负责的安全检查制度。库房有可靠的安全防护措施，能够对无关人员进入实行可控管理，防止药品被盗、替换或者混入假药。

(7) 仓库发生火灾或其他事故，必须按照规定迅速上报。企业和仓库领导要抓紧对事故的清查处理。

第三节　公用系统

一、供水和排水

在医药化工企业中，用水量是很大的。它包括了生产用水（工艺用水和冷却用水）、辅助生产用水（清洗设备及清洗工作环境用水）、生活用水和消防用水等，所以供排水设计是医药化工厂设计中一个不可缺少的组成部分。

1. 水源

一般是天然水源和市政供水。天然水源有地下水（深井水）和地表水（河水、湖水等）。规模比较大的工厂企业，可在河道或湖泊等水源地建立给水基地。当附近无河道、湖泊或水库时，可凿深井取水，对于规模小且又靠近城市的工厂，亦可直接使用城市自来水作为水源。

2. 供水系统

根据用水的要求不同，各种用水都有其单独的系统，如生产用水系统、生活用水系统和消防用水系统。目前大多数生活用水和消防用水合并为一个供水系统。厂内一般为环形供水，它的优点是当任何一段供水管道发生故障时，仍能不断供应各部分用水。

3. 冷却水的循环使用

在医药化工厂中，冷却用水占了工业用水的主要部分。由于冷却用水对水质有一定的要求，因此，从水源取来的原水一般都要经过必要的处理（如沉淀、混凝和过滤）以除去悬浮物，必要时还需经过软化处理以降低硬度才能使用。为了节约水源以及减少水处理的费用，大量使用冷却水的医药化工厂应该循环使用冷却水，即把经过换热设备的热水送入冷却塔或喷水池降温（冷却塔使用较多见），在冷却塔中，热水自上向下喷淋，空气自下而上与热水逆流接触，一部分水蒸发，使其余的水冷却。水在冷却塔中降温约5～10℃，经水质稳定处理后再用作冷却水，如此不断循环。

4. 排水

工业企业污水的水源大体上有三个方面：生活污水（来自厕所、浴室及厨房等排出的污水）；生产污水（生产过程中排出的废水和污水，包括设备及容器洗涤用水、冷却用水等）和大气降水（雨水、雪水等）。污水的排除方法有两类：合流系统和分流系统。在合流系统中是将所有的污水通过一个共同的水管到污水处理池处理达标后，排放至市政污水管道。分流系统是将生活污水和大气污水与生产污水分开排除，或生产污水和生活污水合流而大气污水分流。

5. 洁净区域排水系统的要求

洁净区域的排水体制一般采用分流制，将生产污水（热）、生产污水（冷）、生产污水（活性）、生产废水及蒸汽冷凝水分别设置管道排出去。具有活性物质的排水还需要进行灭活处理。排水系统除须遵守我国的给水、排水设计规范外，还须遵守GMP的有关规定。

6. 给排水设计条件

制药工艺设计人员应向给排水专业设计人员提供下述条件：

(1) 供水条件

① 生产用水　其供水条件包括：工艺设备布置图，并标明用水设备的名称；最大和平均用水量；需要的水温；水质；水压；用水情况（连续或间断）；进口标高及位置（标示在布置图上）；水类别及等级。

② 生活消防用水　其供水条件包括：工艺设备布置图，标明厕所、淋浴室、洗涤间的位置；工作室温；总人数和最大班人数；生产特性；根据生产特性提供消防要求，如采用何种灭火剂等。

③ 化验室用水。

(2) 排水条件

① 生产下水　其排水条件包括：工艺设备布置图，并标明排水设备名称；水量，水管直径；水温；成分；余压；排水情况（连续或间断）；出口标高及位置（标示在布置图上）。

生产下水分为两部分：一部分是生产过程中所产生的污水，达排放标准的直接排入下水道，未达到排放标准的经处理后达标再排入下水道；另一部分是洁净下水，如冷却用水，一般回收循环使用。

② 生活、粪便下水　工艺设备布置图，并标明厕所、淋浴室、洗涤间位置；总人数、使用淋浴总人数、最大班人数、最大班使用淋浴人数；排水情况。

二、供电

（一）车间供电系统

车间用电通常由工厂变电所或由供电网直接供电。输电网输送的都是高压电，一般为10kV、35kV、60kV、110kV、154kV、220kV、330kV，而车间用电一般最高为6000V，中小型电机只有380V，所以必须变压后才能使用。通常在车间附近或在车间内部设置变电室，将电压降低后再分配给各用电设备。

(1) 车间供电电压　由供电系统与车间需要决定，一般高压为6000V或3000V，低压为380V。高压为6000V时，150kW以上电机选用6000V，150kW以下电机用380V；高压为3000kV时，100kW以上电机选用3000V，100kW以下电机使用380V。

医药工业洁净厂房内的配电线路应按照不同空气洁净度等级划分的区域设置配电回路。分设在不同空气洁净度等级区域内的设备一般不宜由同一配电回路供电。进入洁净区的每一配电线路均应设置切断装置，并应设在洁净区内便于操作管理的地方。若切断装置设在非洁净区，则其操作应采用遥控方式，遥控装置应设在洁净区内。洁净区内的电气管线宜暗敷，管材应采用非燃烧材料。

(2) 用电负荷等级　根据用电设备对供电可靠性的要求，将电力负荷分成三级。

① 一级负荷　设备要求连续运转，突然停电将造成着火、爆炸或重大设备损毁、人身伤亡或巨大的经济损失时，称一级负荷。一级负荷应有两个独立电源供电，按工艺允许的断电时间间隔，考虑自动或手动投入备用电源。

② 二级负荷　突然停电将产生大量废品、大量原料报废、大减产或将发生重大设备损坏事故，但采用适当措施能够避免时，称为二级负荷。对二级负荷供电允许使用一条架空线供电，用电缆供电时，也可用一条线路供电，但至少要分成两根电缆并接上单独的隔离开关。

③ 三级负荷　一、二级负荷以外的分为三级负荷，三级负荷允许供电部门为检修更换供电系统的故障元件而停电。

(3) 人工照明　照明所用光源一般为白炽灯和荧光灯。照明方式分为：

① 一般照明　在整个场所或场所的某部分照度基本上均匀的照明。对光照方面无特殊要求，或工艺上不适宜装备局部照明的场所，宜单独使用一般照明。

② 局部照明　局限于工作部位的固定或移动的照明。对局部点需要高照明度并对照射方向有要求时，宜使用单独照明。

③ 混合照明　一般照明和局部照明共同组成的照明。

照明的照度按以下系列分级：2500lx、1500lx、1000lx、750lx、500lx、300lx、200lx、150lx、100lx、75lx、50lx、30lx、20lx、10lx、5lx、3lx、2lx、1lx、0.5lx、0.2lx。

（二）洁净厂房的人工照明

(1) 洁净厂房照明特点　洁净厂房通常是大面积密闭无窗厂房，由于厂房面积较大，对操作岗位只能依靠人工照明。

(2) 照度标准　为了稳定室内气流以及节约冷量，故选用光源上都采用气体放电的光源而不采用热光源。国外洁净车间的照度标准较高，约800～1000lx。我国洁净厂房照度标准为300lx，一般车间、辅助工作室、走廊、气闸室、人员净化和物料净化用室可低于300lx，如采用150lx。

(3) 灯具及布置　洁净厂房使用的灯具为：

① 照明灯　洁净区内的照明灯具宜明装，但不宜悬吊。照明应无影，均匀。灯具常用形式有嵌入式、吸顶式两种。嵌入式灯具的优点是室内吊顶平整美观，无积灰点，但平顶构造复杂，当风口与灯具配合不好时，极易形成缝隙，故应可靠密封缝隙，其灯具结构应便于清扫，更换方便。吸顶灯安装简单，当车间布置变动时灯具改动方便，平顶整体性好。若组成光带式就更好些，可提高光效，并可处理好吊顶内外的隔离，如有缝隙可用硅胶密封。

② 蓄电池自动转换灯　洁净厂房内有很多区域无自然采光，如停电，人员疏散采用蓄电池自动转换灯，就能自动转换应急，作善后处理，或做成标志灯，供疏散用，且应有自动充电自动接通措施。

③ 电击杀虫灯　洁净厂房入口处及分入口处，须装电击杀虫灯，以保证厂房内无昆虫飞入。

④ 紫外光灯　紫外线杀菌灯用在洁净厂房的无菌室、准备室或其他需要消毒的地方，安装后作消毒杀菌用。紫外线波长为136～390nm，按相对湿度60%的基准设计。紫外光灯在设计中可采用三种安装形式：吊装式；侧装式；移动式。洁净室灯具开关应设在洁净室外，室内宜配备比第一次使用数为多的插座，以免临时增添造成施工困难。不论插座还是开关，应有密封的、抗大气影响的不锈钢（或经阳极氧化表面的铝材）盖子，并装于隐蔽处。线路均应穿管暗设。对易燃易爆的洁净区，电气设计系统除满足洁净规范要求外，还应符合国家电气规范第五百条规定。

（三）电气设计条件

电气工程包括电动、照明、避雷、弱电、变电、配电等，它们与每个制药生产车间都有密切关系。制药工艺设计人员应向电气工程设计人员提供如下设计条件：

(1) 电动条件　工艺设备布置图，标明电动设备位置；生产特性；负荷等级；安装环境；电动设备型号、功率、转数；电动设备台数、备品数；运转情况；开关位置，并标示在布置图上；特殊要求，如防爆、联锁、切断；其他用电，如化验室、车间机修、自控用电等。

(2) 照明、避雷条件　工艺设备布置图，标明灯具位置；防爆等级；避雷等级；照明地区的面积和体积；照度；特殊要求，如事故照明、检修照明、接地等。

(3) 弱电条件　工艺设备布置图，标明弱电设备位置；火警信号；警卫信号；行政电话；调度电话；扬声器及电视监视器等。

三、冷冻

常见的供冷方式一般为两种：一是采用集中的冷冻机房，用冷冻机房提供5～10℃的冷冻水作为空调系统的冷源；二是不设冷冻机房而选用冷风机，它的工作原理是采用直接蒸发式的表冷器，直接用制冷剂来冷却空气。

这两种方式各有优缺点，前者系统稍复杂，配套设备多，占地面积也大，但冷量调节灵活，适用范围广。例如，冷冻盐水，包括氯化钙水溶液、丙二醇水溶液和乙二醇水溶液等，氯化钙水溶液因对碳钢管道有腐蚀作用而逐渐被淘汰。后者系统简单，运行也方便，但适用范围较窄，一般只适用于新风比较小的系统。

四、采暖通风

（一）采暖

采暖是指在冬季调节生产车间及生活场所的室内温度，从而达到生产工艺及人体生理的要求，实现医药生产的正常进行。一般原则如下：

① 设计集中采暖时。生产厂房工作地点的温度和辅助用室的室温应按现行的《工业企业设计卫生标准》执行。在非工作时间内，如生产厂房的室温必须保持在0℃上时，一般按5℃考虑值班采暖。当生产对室温有特殊要求时，应按生产要求确定。

② 设置集中采暖的车间。如生产对室温没有要求，且每名工人占用的建筑面积超过100m^{2}时，不宜设置全面采暖系统，但应在固定工作地点和休息地点设局部采暖装置。

③ 设置全面采暖的建筑物时，围护结构的热阻应根据技术经济比较结果确定，并应保证室内空气中水分在围护结构内表面不发生结露现象。

④ 采暖热媒的选择应根据厂区供热情况和生产要求等，经技术经济比较后确定，并应最大限度地利用废热。如厂区只有采暖用热时，一般采用高温热水为热媒；当厂区供热以工艺用蒸汽为主，在不违反卫生、技术和节能要求的条件下，也可采用蒸汽作热媒。

⑤ 全年日平均温度稳定低于或等于5℃的日数大于或等于90天的地区，宜采用集中采暖。

采暖系统可以分为局部采暖和集中采暖两类，局部采暖在制药厂中很少使用，这里仅介绍医药化工厂中常用的集中采暖形式（包括热水式、蒸汽式、热风式及混合式几种）。

(1) 热水采暖系统　包括低温热水采暖系统（水温＜100℃）和高温热水采暖系统（水温＞100℃）。热水采暖系统按循环动力的不同，又分为重力循环系统和机械循环系统；按供回水方式不同分为单管和双管两种系统。

(2) 蒸汽采暖系统　包括低压蒸汽采暖系统（汽压≤70kPa），高压蒸汽采暖系统（汽压＞70kPa）。

(3) 热风式采暖系统　是把空气经加热器加热到不高于70℃，然后用热风道传送到需要的场所。这种采暖系统用于室内要求通风换气次数多或生产过程不允许采用热水式或蒸汽式采暖的情况。例如有些气体（如乙醚、二硫化碳等低燃点物质的蒸气）和粉尘与热管道或散热器表面接触会自燃，就不能采用这种情况。热风式采暖的优点是易于局部供热以及易于调节温度，在制药化工厂中较为常用，一般都与室内通风系统相结合。

(4) 混合式采暖系统　生产过程中要求在恒温恒湿情况下使用，如制剂车间。为达到恒温恒湿的要求，车间里一面送热风（往往也可能是冷风），同时在自动控制下喷出水汽控制空气湿度。

(二) 通风

车间通风的目的在于排除车间或房间内余热、余湿、有害气体或蒸气、粉尘等，使车间内作业地带的空气保持适宜的温度、湿度和卫生要求，以保证劳动者的正常环境卫生条件。

(1) 自然通风　设计中指的是有组织的自然通风，即可以调节和管理的自然通风。自然通风的主要成因，就是由室内外温差所形成的热压和室外四周风速差所造成的风压。通过房屋的窗、天窗和通风孔，根据不同的风向、风力，调节窗的启闭方向来达到通风要求。

(2) 机械通风

① 局部通风　所谓通风，即在局部区域把不符合卫生标准的污浊空气排至室外，把新鲜空气或经过处理的空气送入室内。前者称为局部排风，后者称为局部送风。局部排风所需的风量小，排风效果好，故应优先考虑。

如车间内局部区域产生有害气体或粉尘时，为防止气体及粉尘的散发，可用局部通风办法（比如局部吸风罩），在不妨碍操作与检修的情况下，最好采用密封式吸（排）风罩。对需局部采暖（或降温），或必须考虑的事故排风的场所，均应采用局部通风方式。

在有可能突然产生大量有毒气体、易燃易爆气体的场所，应考虑必要的事故排风。

② 全面通风和事故排风　全面通风用于不能采用局部排风或采用局部排风后室内有害

物浓度仍超过卫生标准的场合。采用全面通风时，要不断向室内供给新鲜空气，同时从室内排除污染空气，使空气中有害物浓度降低到允许浓度以下。

对在生产中发生事故时有可能突然散发大量有毒有害或易燃易爆气体的车间，应设置事故排风。事故排风所必需的换气量应由事故排风系统和经常使用的排风系统共同保证。发生事故时，排风所排出的有毒有害物质通常来不及进行净化或其他处理，应将它们排到10m以上的大气中，排气口也须设在相应的高度上。事故排风需设在可能发散有害物质的地点，排风的开关应同时设在室内和室外便于开启的地点。

根据具体情况填写采暖通风与空调、局部通风设计条件如表10-4所示。

表10-4 采暖通风与空调、局部通风设计条件

工程名称		工程代号	采暖通风与空调、局部通风设计条件	审核	设计阶段
项目名称（竣工段）				校核	投资日检
				编制	编号

采暖通风与空调

序号	房间名称	防爆等级	生产类别	室温/℃		湿度		有害气体或粉尘		事故排风设备位号	其他要求		备注
				冬季	夏季	冬季	夏季	名称	数量/(mg/m^2)		正(负)压/Pa	洁净级别	

局部通风

序号	设备位号及名称	有害物及粉尘		密闭设备		断开设备		要求通风方式		特殊要求（风量、风压、温湿度等）	备注
		名称	数量	操作面积/m^2	排气温度/℃	有害物料	温度/℃	通风或排风	间断或输出		

五、消防

医药企业，特别是原料药的生产企业，大量使用易燃易爆、有腐蚀性的反应原辅料和溶剂，因此给消防工作带来十分严峻的考验。

（一）消防工作的基本方针

(1) 各单位消防工作应指定专门领导负责，制订结合本单位实际的防火工作计划。组建基本消防队伍，绘制消防器材平面布置图。

(2) 消防器材管理要由保卫部门或指定专人负责，并进行登记造册，建立台账。

(3) 明确防火责任区，将防火工作切实落实到车间、班组，做到防火安全人人有责，处处有人管。

(4) 建立定期检查制度，杜绝火灾、爆炸事故的发生，若发现隐患，应及时整改，并在安全台账上作记录。

（二）危险化学品分类

(1) 危险化学品的概念　化学品中具有易燃、易爆、毒害、腐蚀、放射性等危险特性，在生产、储存、运输、使用和废弃物处置等过程中容易造成人身伤亡、财产毁损、污染环境的，均属危险化学品。

(2) 危险化学品的分类原则　危险化学品目前常见并用途较广的约有数千种，其性质各不相同，在对危险化学品分类时，掌握“择重归类”的原则，即根据该化学品的主要危险性来进行分类：根据运输的危险性将危险货物分为九类：第 1 类爆炸品；第 2 类压缩气体和液化气体；第 3 类易燃液体；第 4 类易燃固体、自燃物品和遇湿易燃物品；第 5 类氧化剂和有机过氧化物；第 6 类毒害品和感染性物品；第 7 类放射性物品；第 8 类腐蚀品；第 9 类杂类。

（三）消防安全标志设置

消防安全标注设置通常引用标准 GB 13495《消防安全标志》、GB/J 16《建筑设计防火规范》。

1. 设置原则

(1) 制剂车间由于其洁净度的要求，通常都是封闭的环境，因此在楼层之间、楼道之间必须相应地设置“紧急出口”标志。在远离紧急出口的地方，应将“紧急出口”标志与“疏散通道方向”标志联合设置，箭头必须指向通往紧急出口的方向。

(2) 紧急出口或疏散通道中的单向门必须在门上设置“推开”标志，在其反面应设置“拉开”标志。

(3) 紧急出口或疏散通道中的门上应设置“禁止锁闭”标志。

(4) 疏散通道或消防车道的醒目处应设置“禁止阻塞”标志。

(5) 需要击碎玻璃板才能疏散的出口地方必须设置“击碎板面”标志，并配备消防斧或锤。如洁净区的玻璃安全门。目前消防上对玻璃安全门的安全性存在质疑，洁净区的安全门均采用可开启的密闭洁净门。

(6) 建筑中的隐蔽式消防设备存放地点应相应地设置“灭火设备”“灭火器”和“消防水带”等标志。室外消防梯和自行保管的消防梯存放点应设置“消防梯”标志。远离消防设备存放地点的地方应将灭火设备标志与方向辅助标志联合设置。

(7) 在下列区域应相应地设置“禁止烟火”“禁止吸烟”“禁止放易燃物”“禁止带火种”“禁止燃放鞭炮”“当心火灾——易燃物”“当心火灾——氧化物”和“当心爆炸——爆炸性物质”等标志：

① 具有甲、乙、丙类火灾危险的生产厂区、厂房等的入口处或防火区内；

② 具有甲、乙、丙类火灾危险的仓库的入口处或防火区内；

③ 具有甲、乙、丙类液体储罐、堆场等的防火区内；

④ 可燃、助燃气体储罐或罐区与建筑物、堆场的防火区内；

⑤ 民用建筑中燃油、燃气锅炉房，油浸变压器室，存放、使用化学易燃、易爆物品的商店、作坊、储藏间内及其附近；

⑥ 甲、乙、丙类液体及其他化学危险物品的运输工具上。

(8) 存放遇水爆炸的物质或用水灭火会对周围环境产生危险的地方应设置“禁止用水灭火”标志。

2. 设置要求

(1) 消防安全标志应设在与消防安全有关的醒目的位置。标志的正面或其邻近不得有妨碍公共视读的障碍物。

(2) 除必需外，标志一般不应设置在门、窗、架等可移动的物体上，也不应设置在经常被其他物体遮挡的地方。

(3) 设置消防安全标志时，应避免出现标志内容相互矛盾、重复的现象。尽量用最少的标志把必需的信息表达清楚。

(4) 方向辅助标志应设置在公众选择方向的通道处，并接通向目标的最短路线设置。

(5) 设置的消防安全标志，应使大多数观察者的观察角接近 90°。

(6) 消防安全标志的尺寸由最大观察距离 D 确定。测出所需的最大观察距离以后，根据 GB 13495 附录 A 确定所需标志的大小。

(7) 标志的偏移距离 X 应尽量缩小。对于最大观察距离为 D 的观察者，偏移角一般不宜大于 5°，最大不应大于 15°。如果受条件件限制，无法满足该要求，应适当加大标志的尺寸，以满足醒目度的要求。

(8) 在所有有关照明下，标志的颜色应保持不变。

(9) 消防安全标志牌的制作材料

① 疏散标志牌应用不燃材料制作，否则应在其外面加设玻璃或其他不燃透明材料制成的保护罩。

② 其他用途的标志牌其制作材料的燃烧性能应符合使用场所的防火要求；对室内所用的非疏散标志牌，其制作材料的氧指数不得低于 32。

(10) 疏散标志的设置要求

① 疏散通道中，“紧急出口”标志宜设置在通道两侧部及拐弯处的墙面上，标志牌的上边缘距地面不应大于 1m，如图 10-7（a）所示。也可以把标志直接设置在地面上，上面加盖不燃透明牢固的保护板，如图 10-7（b）所示。标志的间距不应大于 20m，袋形走道的尽头离标志的距离不应大于 10m。

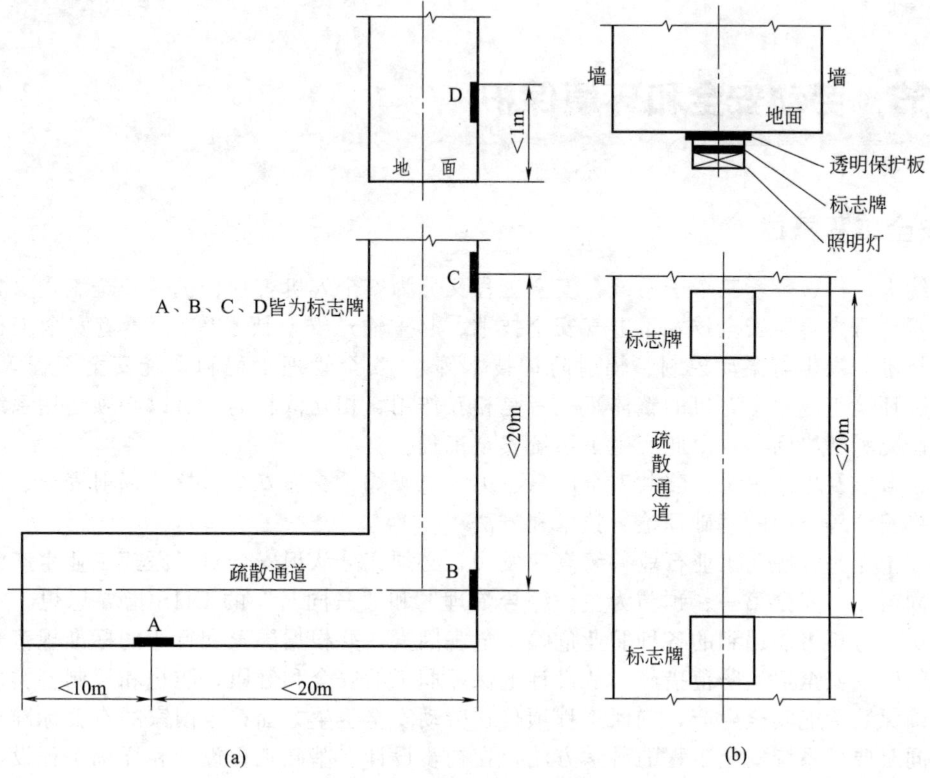

图 10-7 疏散标志的设置要求

② 疏散通道出口处，“紧急出口”标志应设置在门框边缘或门的上部，如图 10-8 所示 A 或 B 的位置。标志牌的上边缘距天花板高度不应小于 0.5m。位置 A 处的标志牌下边缘距地面的高度不应小于 2.0m。

③ 如果天花板的高度较小，也可以在图 10-8 中 C、D 的位置设置标志，标志的中心点距地面高度应为 1.3～1.5m。

④ 附着在室内墙面等地方的其他标志牌，其中心点距地面高度应为 1.3～1.5m。

⑤ 在室内及其出入口处，消防安全标志应设置在明亮的地方。消防安全标志中的禁止标志（圆环加斜线）和警告标志（三角形）在日常情况下其表面的最低平均照度不应小于 5lx，最低照度和平均照度之比（照度均匀度）不应小于 0.7。

(11) 消防安全标志牌　应设置在室外明亮的环境中。日常情况下使用的各种标志牌的表面最低平均照度不应小于 5lx，照度均匀度不应小于 0.7。夜间或较暗环境下使用的消防安全标志牌应采用灯光照明，以满足其最低平均照度要求，也可采取自发光材料制作。设置在道路边缘供车辆使用的消防安全标志牌也可采用逆向反射材料制作。

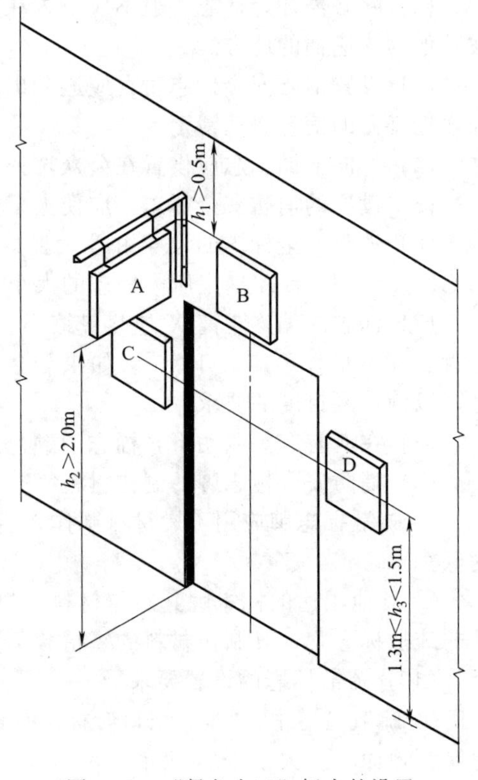

图 10-8　“紧急出口”标志的设置

第四节　劳动安全和环境保护

一、安全工程概述

围绕人、机、环境三个子系统，安全工程又分为安全人机工程、机械安全工程（如锅炉安全技术、压力容器安全技术、电气安全技术、起重输送安全技术等）、环境安全工程（工业防毒技术、噪声与振动控制、辐射防护技术等）、安全管理工程和系统安全工程等分支。人、机、环境组成一个有机的整体，三者是相互作用、相互依赖的，所以必须运用系统科学的方法研究和解决问题，由此产生了系统安全工程。

本领域涉及生产安全、公共安全应急、火灾与爆炸、交通安全、核与辐射安全、国境检验与检疫安全等方面的基础理论、技术和方法。

近几十年来，医药工业行业持续高速发展，必须充分认识安全对于医药工业生产的重要性，牢固树立“安全第一、预防为主、综合治理”和“三同时”的 EHS 指导思想。在设计过程中认真分析可能遇到的各种职业危险、危害因素，并根据国家和行业的标准规范采取各种有效的劳动安全卫生防范措施，从设计上保障职工的安全和健康，防止和控制各类事故的发生，确保装置能安全生产，确保工程项目在劳动安全卫生方面符合国家的有关标准规范的要求。同时要用系统安全工程的科学方法，在初步设计、基础工程设计和详细工程设计阶段对工艺流程、总图、布置、设备选型、材料选择进行系统安全分析，对发现的不安全因素要采取措施，力争消灭在施工投产之前。

从医药工业生产的角度看，安全设计是工程设计中的一个重要环节，工业安全主要有两个方面：一是设计人员具体考虑落实所需的以防火防爆为主的安全措施；二是防止污染扩散形成的暴露源对人身造成的健康危害。因此，安全工程人员除了要通晓化工专业知识外，还要了解燃烧和爆炸方面的知识，具备生物化学和毒理方面的知识，更要掌握系统安全分析的技能，熟悉各种安全标准规范。

二、劳动安全

（一）防火防爆的基本概念

医药企业为创造安全生产的条件，必须采取各种措施防止火灾与爆炸的发生。

(1) 燃点　某一物质与火源接触而能着火，火源移去后，仍能继续燃烧的最低温度，称为它的燃点或着火点。

(2) 自燃点　某一物质不需火源即自行着火，并能继续燃烧的最低温度，称为它的自燃点或自行着火点。

同一种物质的自燃点随条件的变化而不同。压力对自燃点有很大影响，压力越高，自燃点越低。自燃点是氧化反应速度的函数，而系统压力是影响氧化速度的因素之一。

可燃气体与空气混合物的自燃点，随其组成改变而不同。大体上是，混合物组成符合等当量反应计算量时，自燃点最低；空气中氧的浓度提高，自燃点亦降低。

(3) 闪点　液体挥发出的蒸气与空气形成混合物，遇火源能够闪燃的最低温度，称为该液体的闪点。液体达到闪点时，仅仅是指它所放出的蒸气足以燃烧，并不是液体本身能燃烧，故火源移去后，燃烧便停止。

两种可燃液体混合物的闪点，一般介于原来两种液体的闪点之间，但常常并不等于由这两种组分的分子分数而求得的平均值，通常要比平均值低1～11℃。具有最低沸点或最高沸点的二元混合液体，亦具有最低闪点或最高闪点。

燃点与闪点的关系：易燃液体的燃点约高于闪点1～5℃。可燃液体的闪点在100℃以上者，燃点与闪点相差可达30℃或更高；而苯、乙醚、丙酮等的闪点都低于0℃，二者相差只有1℃左右。对于易燃液体，因为燃点接近于闪点，所以在估计这类易燃液体的火灾危险性时，可以只考虑闪点而不考虑其燃点。

(4) 爆炸　物系自一种状态迅速地转变成另一种状态，并在瞬间以机械功的形式放出大量能量的现象，称为爆炸。爆炸亦可视为气体或蒸气在瞬间剧烈膨胀的现象。

(5) 爆炸的分类　根据爆炸的定义，爆炸可分为物理性爆炸和化学性爆炸两大类。

物理性爆炸是由于设备内部压力超过了设备所能承受的强度而引起的爆炸，其间没有化学反应。

化学性爆炸分为：简单分解的爆炸物的爆炸；复杂分解的爆炸物的爆炸；爆炸性混合物的爆炸等三类。

(6) 爆炸极限　可燃气体或蒸气在空气中刚足以使火焰蔓延的最低浓度，称为该气体或蒸气的爆炸下限；刚足以使火焰蔓延的最高浓度，称为爆炸上限。在下限以下及上限以上的浓度时，不会着火。爆炸极限一般用可燃气体或蒸气在混合物中的体积分数或浓度（每立方米混合气体中含若干克）表示。

每种物质的爆炸极限并不是固定的，而是随一系列条件变化而变化。混合物的初始温度越高，则爆炸极限的范围越大，即下限越低，而上限越高。当混合物压力在0.1MPa以上时，爆炸极限范围随压力的增加而扩大（一氧化碳除外）；当压力在0.1MPa以下时，随着初始压力的减小，爆炸极限的范围也缩小；到压力降到某一数值时，下限与上限结成一点，压力再降低，混合物即变成不可爆炸。这一最低压力，称为爆炸的临界压力。

（二）防火防爆技术

1. 发生火灾与爆炸的主要原因

任何种类的燃烧，凡超出有效范围者，都称为火灾。火灾与爆炸发生的原因很复杂，一般可归纳为：

(1) 外界原因　如明火、电火花、静电放电、雷击等。

(2) 物质的化学性质　如可燃物质的自燃，危险物品的相互作用等。

(3) 生产过程和设备在设计或管理中的原因　如设计错误，不符合防火或防爆要求；设备缺少适当的安全防护装置，密闭不良；操作时违反安全技术规程；生产用设备以及通风、采暖、照明设备等失修与使用不当等。

(4) 其他原因。

2. 生产的火灾危险性分类

生产的火灾危险性是按照在生产过程中使用或产生的物质的危险性进行分类的；可分为甲、乙、丙、丁、戊五类，以便在生产工艺、安全操作、建筑防火等方面区别对待，采取必要的措施，使火灾、爆炸的危险性减到最小限度。一旦发生火灾爆炸，将火灾影响限制在最小范围内。对于可燃气体采用爆炸下限分类：爆炸下限<10%为甲类；爆炸下限≥10%为乙类。受到水、空气、热、氧化剂等作用时能产生可燃气体的物质，按可燃气体的爆炸下限分类；对于可燃液体采用闪点分类：闪点<28℃为甲类；≥28℃至<60℃为乙类；≥60℃为丙类。有些固体如樟脑、萘、磷等能缓慢地挥发出可燃蒸气，有的物质受到水、空气、热、氧化剂等作用能产生可燃蒸气，也按其闪点分类。对于可燃粉尘、纤维一类的物质，凡是在生产过程中排出浮游状态的可燃粉尘、纤维物质，并能够与空气形成爆炸混合物的，全部列为乙类。甲、乙类生产厂房，属于有爆炸危险的建筑，建筑设计应采用防爆措施。生产火灾危险分类见表 10-5。

一座厂房内或其防火墙间有不同性质的生产时，其分类应按火灾危险性较大的部分确定，但火灾危险性大的部分占本层面积的比例小于5%（丁、戊类生产厂房中的油漆工段小于10%），且发生事故时不足以蔓延到其他部位，或采取防火措施能防止火灾蔓延时，可按火灾危险性较小的部分确定。

3. 厂房的耐火等级

耐火等级高低是按建筑物耐火程度来划分的。为了限制火灾蔓延和减小爆炸损失，生产厂房必须具备一定的建筑耐火等级。根据我国《建筑设计防火规范》，将建筑物耐火等级分为四级，它是由建筑构件的燃烧性能和最低耐火极限决定的。具体划分时以楼板为基准，如钢筋混凝土楼板的耐火极限可达 1.5h，即以一级为 1.5h（二级为 1.0h，三级为 0.5h，四级为 0.25h），然后再配备楼板以外的构件，并按构件在安全上的重要性分级选定耐火极限，如：梁比楼板重，要选 2.0h；柱比梁更重，要选 2～3h；防火墙则需 4h。一级耐火等级建筑，用钢筋混凝土结构楼板、屋顶、砌体墙组成；二级耐火等级建筑和一级基本相似，但所用材料的耐火极限可以较低；三级耐火等级建筑，用木结构屋顶，钢筋混凝土楼板和砖墙组成的砖木结构；四级耐火等级建筑，用木屋顶，难燃烧体楼板和墙的可燃结构。

厂房的耐火等级、层数和面积应与生产的火灾危险类别相适应。甲、乙类生产应采用一、二级耐火等级；丙类生产应不低于三级；丁、戊类生产可任选一级。若采用一、二级耐火等级，因防火条件较好，层数可不限。但从便于疏散人员、扑救火灾出发，对甲、乙类生产除工艺上必须采用多层外，最好采用单层厂房；切不能将甲、乙类生产设在地下室或半地下室内。丙类生产火灾危险仍较大，采用三级耐火等级时，按照疏散和灭火的需要，不要超过两层。丁、戊类生产在采用三级耐火等级时，可以多层但不能超过三层。从减少火灾损失出发，对各类生产的各级耐火等级厂房，防火墙间的占地面积也有不同的限制。

表 10-5　生产的火灾危险性分类

生产类别	火灾危险性的特征
甲	使用或生产下列物质： 1. 闪点＜28℃的易燃液体 2. 爆炸下限＜10%的可燃气体 3. 常温下能自行分解或在空气中氧化即能导致迅速自燃或爆炸的物质 4. 常温下受到水或空气中水蒸气的作用，能产生可燃气体并引起燃烧或爆炸的物质 5. 遇酸、受热、撞击、摩擦以及遇有机物或硫磺等易燃的无机物，极易引起燃烧或爆炸的强氧化剂 6. 受撞击、摩擦或与氧化剂、有机物接触时能引起燃烧或爆炸的物质 7. 在压力容器内本身温度超过自燃点的物质
乙	使用或产生下列物质： 1. 闪点≥28℃至＜60℃的易燃、可燃液体 2. 爆炸下限≥10%的可燃气体 3. 助燃气体和不属于甲类的氧化物 4. 不属于甲类的化学易燃危险固体 5. 生产中排出浮游状态的可燃纤维或粉尘，并能与空气形成爆炸性混合物者
丙	使用或产生下列物质： 1. 闪点≥60℃的可燃液体 2. 可燃固体
丁	具有下列情况的生产： 1. 对非燃烧物质进行加工，并在高热或熔化状态下经常产生辐射热、火花或火焰的生产 2. 利用气体、液体、固体作为燃料或将气体、液体进行燃烧作其他用的各种生产 3. 常温下使用或非加工难燃烧物质的生产
戊	常温下使用或加工非燃烧物质的生产

注：在生产过程中，如使用或产生易燃、可燃物质的量较少，不足以构成爆炸或火灾危险时，可按实际情况确定其火灾危险性的类别。

4. 电气防爆

根据爆炸和火灾危险场所的电力装置的设计规定，将爆炸和火灾危险场所分为三类八级（见表 10-6）。

表 10-6　厂房的耐火等级、层数和面积

生产类别	耐火等级	最多允许层数	防火墙间最大允许占地面积/m²	
			单层厂房	多层厂房
甲	一级	不限	4000	3000
	二级	不限	3000	2000
乙	一级	不限	5000	4000
	二级	不限	4000	3000
丙	一级	不限	不限	6000
	二级	不限	7000	4000
	三级	2	3000	2000

生产类别	耐火等级	最多允许层数	防火墙间最大允许占地面积/m²	
			单层厂房	多层厂房
丁	一、二级	不限	不限	不限
	三级	3	4000	2000
	四级	1	1000	—
戊	一、二级	不限	不限	不限
	三级	3	5000	3000
	四级	1	1500	—

注：1. 厂房内如有自动灭火设备，防火墙间最大允许占地面积可按本表增加 50%。
2. 对虽无多大火灾危险，但有特殊贵重机器、仪器、仪表的厂房，仍用一级耐火等级。

第一类　气体或蒸气爆炸性混合物的爆炸危险场所。

Q-1 正常情况下能形成爆炸性混合物的场所。

Q-2 正常情况下不能形成，而仅在不正常情况下能形成爆炸性混合物的场所。不正常情况包括设备的事故损坏、误操作及设备的拆卸检修等。

Q-3 在不正常情况下，只能在场所的局部地区形成爆炸性混合物的场所。

第二类　粉尘或纤维爆炸性混合物的场所。

G-1 正常情况下能形成爆炸性混合物的场所。

G-2 正常情况下不能形成，而仅在不正常情况下能形成爆炸性混合物的场所。

第三类　火灾危险场所，按可燃物质的状态划分为三级。

H-1 闪点高于场所环境温度的可燃液体。在数量和配置上，能引起火灾危险的场所，如柴油、润滑油。

H-2 可燃粉尘或可燃纤维，在数量和配置上，能引起火灾危险的场所，如镁粉、焦炭粉。

H-3 固体状可燃物质，在数量和配置上，能引起火灾危险的场所，如煤、布、木、纸、中药材。

Q-1、Q-2、G-1、G-2 场所应选用防爆电器，线路亦应按防爆要求敷设。

5. 厂房的防爆

在厂房的防爆设计中，主要考虑的措施是：①用框架防爆结构；②设置泄压面积；③合理布置；④设置安全出口。厂房的安全疏散距离（即厂房安全出口至最远工作地点的允许距离）见表 10-7。

表 10-7　厂房的安全疏散距离

生产类别	耐火等级	单层厂房/m	多层厂房/m
甲	一、二级	30	25
乙	一、二级	75	50
丙	一、二级 三级	75 60	50 40
丁	一、二级 三级 四级	不限 60 50	不限 50 —
戊	一、二级 三级 四级	不限 100 60	不限 75 —

注：厂房安全出口一般不应少于两个，门、窗向外开。

6. 杜绝火源

① 杜绝电气设备产生的火源，如电线、电气动力设备、电气照明设备、变压器和配电盘。

② 杜绝静电产生的火源。

③ 杜绝摩擦撞击产生的火源。

④ 杜绝雷电产生的火源。

生产建设须将安全措施置于首位，制剂车间大多属于丙类生产岗位，但也有少数产品使用有机溶剂，分别属甲、乙类生产岗位。因此，建筑设计应按防爆、防火分区考虑，机械动力设备、电器开关按钮、照明灯具等必须符合防爆要求，并有防静电接地措施。在平面布局上，其位置应在车间外人流不集中处，结构上应考虑泄压、防爆、防火要求、材料，用于泄压的墙体，屋顶应符合保温、轻质、脆性、耐火和不燃烧、无毒等特性。泄压面积要认真计算，泄压面积与防爆区空间体积的比值（m^2/m^3）宜采用0.05～0.22范围内数值。设计防爆墙时，所选用材料除应具有较高强度外，还应具有不燃烧的性能。防火墙上不应设置通气孔道，不宜开设门、窗、洞口，必须开设时应采用防爆门窗。

（三）洁净厂房的防火与安全

由于制药工业有洁净度要求的厂房，在建筑设计上均考虑密闭（包括无窗厂房或有窗密闭操作的厂房）空调，所以更应考虑重视防火和安全问题。

1. 洁净厂房的特点

(1) 空间密闭。一旦火灾发生后，烟量特别大，对于疏散和扑救极为不利，同时由于热量无处泄漏，火源的热辐射经四壁反射，室内迅速升温，使室内各部门材料缩短达到燃点的时间。当厂房为无窗厂房时，一旦发生火灾不易被外界发现，故消防问题更显突出。

(2) 平面布置曲折，增加了疏散路线上的障碍，延长了安全疏散的距离和时间。

(3) 若干洁净室通过风管彼此相通，火灾发生时，特别是火灾刚起尚未发现而仍继续送回风时，风管将成为火及烟的主要扩散通道。

2. 洁净厂房的防火与安全措施

根据生产中所使用原料及生产性质，严格按“防火规范”中生产的火灾危险性分类定位。一般洁净厂房无论是单层还是多层，均采用钢筋混凝土框架结构，耐火等级为一、二级。内装饰围护结构的材料符合表面平整、不吸湿、不透湿、隔热、保温、阻燃、无毒的要求。顶棚、壁板（含夹心材料）应为不燃体，不得采用有机复合材料。

为便于生产管理和人流的安全疏散，应根据火灾危险性分类、建筑物的耐火等级决定厂房的防火间距。每座厂房按其分层，或单层大面积厂房按其生产性质（如火灾危险性、洁净等级、工序要求等）进行防火分区，配套相应的消防设施。

根据洁净厂房的特点，结合有关防火规范，洁净厂房的安全与防火措施的重点是：

(1) 洁净厂房的耐火等级不应低于二级，一般钢筋混凝土框架结构均满足二级耐火等级的构造要求。

(2) 甲乙类生产的洁净厂房，宜采用单层厂房，按二级耐火等级考虑，其防火墙间最大允许占地面积，单层厂房应为$3000m^2$，多层厂房应为$2000m^2$。丙类生产的洁净厂房，按二级耐火等级考虑，其防火墙间最大允许占地面积，单层厂房应为$8000m^2$，多层厂房应为$4000m^2$。甲乙类生产区域应采用防爆墙和防爆门斗与其他区域分隔，并应设置足够的泄压面积。

(3) 为了防止火灾的蔓延，在一个防火区内的综合性厂房，其洁净生产与一般生产区域之间应设置非燃烧体防火墙封闭到顶。穿过隔墙的管线周围空隙应采用非燃烧材料紧密填塞。防火墙耐火极限要4h。

(4) 采取电气井及管道井技术。竖井的井壁应为非燃烧体，其耐火极限不应低于1h，12cm厚砖墙可满足要求。井壁口检查门的耐火极限不应低于0.6h。竖井中各层或间隔应采用耐火极限不低于1h的不燃烧体。穿过井壁的管线周围应采用非燃烧材料紧密填塞。

(5) 提高顶棚抗燃烧性能，有利于延缓顶棚燃烧倒塌或向外蔓延。甲、乙类生产厂房的顶棚应为非燃烧体，其耐火极限不宜小于0.25h，丙类生产厂房的顶棚应为非燃烧体或难燃烧体。

(6) 洁净厂房每一生产层、每一防火分区或每一洁净区段的安全出口均不应少于两个。安全出口应分散均匀布置，从生产地点至安全出口（外部出口或楼梯）不得经过曲折的人员净化路线。安全疏散门应向疏散方向开启，且不得采用吊门、转门、推拉门及电动自控门。

(7) 无窗厂房应在适当部位设门或窗，以备消防人员进入。当门窗口间距大于 80m 时，应在该段外墙的适当部位设置专用消防口，其宽度不应小于 750mm，高度不应小于 1800mm，并有明显标志。

(8) 对疏散距离的设置。根据火灾实验的温度-时间曲线，通常半小时温升极快，不燃结构的火灾初起阶段持续时间在 5～20min 范围内，起火点尚在局部燃烧，火势不稳定，因而这段时间对于人员疏散、抢救物资、消防灭火是极为重要的，故疏散时间与距离以此进行计算。一般制剂厂房为丙类生产，个别岗位有使用易燃介质，但在车间布置时均将其安排在车间外围，有利于疏散。

人群在平地上行走速度约为 16m/min，楼梯上为 10m/min，考虑到途中附加的障碍，若控制疏散距离为 50m，可在 3～4min 内疏散完毕。此时一般尚处于火灾初起阶段，当然还需有明显的引导标志和紧急照明为前提。

防火规范对于一级或二级耐火建筑物中乙类生产用室的疏散距离规定是单层厂房 75m、多层厂房 50m，故定 50m 疏散距离是合适的。

目前设计中，对安全疏散有两种误区：一种是强调生产使用面积，因而安全出口只借用人员净化路线或穿越生产岗位设出口，缺少疏散路线指示标志；另一误区是不顾防火分区面积，不考虑同一时间生产人员的人数和火灾危险性的类别，单纯强调安全疏散的重要性。如：丙类生产厂房套用甲类的设防标准。丙类厂房生产人数（同时间）不超过 5 人，面积仅不超过 150m^2 的防火分区内设两个直通安全出口，又设外环走廊（用于生产的物流运输仅 5m)，非生产面积占去 40%（通道)。应指出的是，两个内廊的安全门均可直通楼梯口，防火分区周围的环形通道是多余的。作为设计者，在符合“防火规范”的条件下，应设法提高生产使用面积，以有效地节约工程投资费用。

按生产类别，医药制剂绝大部分属丙类，甚至有些可属丁、戊类（如常规输液、口服液)，极个别属甲、乙类（如不溶于水而溶于有机溶剂的冻干类产品)，故在防火分区中应严格按《建筑防火规范》规定设置安全出口。以丙类厂房为例，面积超过 500m^2，同一时间生产人员在 30 人左右，宜设 2～3 个安全出口。其位置应与室外出口或楼梯靠近，避免疏散路线迂回、曲折，其路线从最远点至外部出口（或楼梯）单层厂房的疏散距离为 80m、多层厂房为 60m。洁净区的安全出口安装封闭式安全玻璃，并在疏散路线安装疏散指示灯。楼梯间设防火门，此外，洁净厂房疏散走廊，应设置机械防排烟设施，其系统宜与通风、净化空调系统合用，但必须有可靠的防火安全措施。为及时灭火，还宜设置建立烟岗报警和自动喷淋灭火系统。

一般情况下常把人流入口当作安全出入口来安排，但由于人流路线复杂、曲折，常会有逆向行走的可能。故人流入口不要作为疏散口，或不要作为唯一疏散口，要增设短捷的安全出口通向室外或楼梯间。

(四) 静电的消除

静电的主要危害表现为：在生产上影响效率和成品率，在卫生上涉及个人劳动保护，安全上可能引起火灾、爆炸等事故。

洁净室消除静电应从消除起电的原因、降低起电的程度和防止积累的静电对器件的放电等方面入手综合解决。

(1) 消除起电原因　消除起电原因最有效的方法之一是采用高导电率的材料来制作洁净室的地坪、各种面层和操作人员的衣鞋。为了使人体服装的静电尽快地通过鞋及工作地面泄漏于大地，工作地面的导电性能起着很重要的作用。因此，对地面抗静电性能提出一定要求，即抗静电地板对静电来说是良导体，而对220V、380V交流工频电压则是绝缘体。这样既可以让静电泄漏，又可在人体不慎误触220V、380V电源时，保证人身安全。

(2) 减少起电程度　加速电荷的泄漏以减少起电程度可通过各种物理和化学方法来实现。

① 物理方法　接地是消除静电的一种有效方法，其简单、可靠、省钱，接地必须符合安全技术规程的要求。

② 调节湿度法　控制生产车间的相对湿度在40%～60%，可以有效地降低起电程度，减少静电发生。提高相对湿度可以使衣服纤维材料的起电性能降低，当相对湿度超过65%时，材料中所含水分足以保证积聚的电荷全部泄漏掉。

③ 化学方法　化学处理是减少电气材料上产生静电的有效方法之一。它是在材料的表面镀覆特殊的表面膜层和采用抗静电物质。如在地坪和工作台介质面层的表面、设备和各种夹具的介质部分上涂覆一层暂时性的或永久性的表面膜。

三、清洁工艺与清洁生产

清洁工艺和清洁生产是指将综合预防的环境保护策略持续应用于生产过程和产品中，以期减少对人类和环境的风险。具体措施包括：不断改进设计；使用清洁的能源和原料；采用先进的工艺技术与设备；改善管理；综合利用；从源头削减污染，提高资源利用效率；减少或者避免生产、服务和产品使用过程中污染物的产生和排放。清洁生产是实施可持续发展的重要手段。

清洁生产的观念主要强调三个重点：

① 清洁能源　包括开发节能技术，尽可能开发利用再生能源以及合理利用常规能源。

② 清洁生产过程　包括尽可能不用或少用有毒有害原料和中间产品。对原材料和中间产品进行回收，改善管理，提高效率。

③ 清洁产品　包括以不危害人体健康和生态环境为主导因素来考虑产品的制造过程甚至使用之后的回收利用，减少原材料和能源使用。

(1) 实施产品绿色设计　具体做法是，在产品设计之初就注意未来的可修改性，容易升级以及可生产几种产品的基础设计，提供减少固体废物污染的实质性机会。产品设计要达到只需要重新设计一些零件就可更新产品的目的，从而减少固体废物。在产品设计时还应考虑在生产中使用更少的材料或更多的节能成分，优先选择无毒、低毒、少污染的原辅材料替代原有毒性较大的原辅材料，防止原料及产品对人类和环境的危害。

(2) 实施生产全过程控制　清洁的生产过程要求企业采用少废、无废的生产工艺技术和高效生产设备；尽量少用、不用有毒有害的原料；减少生产过程中的各种危险因素和有毒有害的中间产品；使用简便、可靠的操作和控制；建立良好的卫生规范（GMP）、卫生标准操作程序（SSOP）、危害分析与关键控制点（HACCP）；组织物料的再循环；建立全面质量管理系统（TQMS）；优化生产组织；进行必要的污染治理，实现清洁、高效的利用和生产。

(3) 实施在线清洗（CIP）控制　在车间工艺设计中，尤其是多品种共线生产，为预防污染及混料，在线清洗是非常重要的设计环节，是药品安全生产的重要保证。在线清洗技术旨在提高产品质量和延长产品寿命的同时，极大地减少人工干预和清洗生产设备及管路的时间。

(4) 实施材料优化管理　材料优化管理是企业实施清洁生产的重要环节。选择材料、评估化学使用、估计生命周期是能提高材料管理的重要方面。企业实施清洁生产，在选择材料时要关心其再使用与可循环性，具有再使用与再循环性的材料可以通过提高环境质量和减少成本获得经济与环境收益。实行合理的材料闭环流动，主要包括原材料和产品的回收处理过程的材料流动、产品使用过程的材料流动和产品制造过程的材料流动。

四、环境保护

在医药生产中环境保护和污染治理，主要从以下几方面着手：

(1) 控制污染源。采用少污染或不污染的工艺和原料路线，代替污染程度严重的路线。

(2) 改革有污染的产品或反应物品种。

(3) 排料封闭循环。医药生产中可以采用循环流程来减少污染和充分利用物料。

(4) 改进设备结构和操作。

(5) 减少或消除生产系统的泄漏。为达此目的，应提高设备和管道的严密性，减少机械连接，采用适宜的结构材料，并加强管理等。

(6) 控制排水，清污分流，有显著污染的废水与间接冷却水分开。根据工业废水的具体情况，经处理后稀释排放或循环使用。间接冷却用水经降温后循环利用。

(7) 回收和综合利用是控制污染的积极措施。如氯霉素的生产中，采用异丙醇铝-异丙醇还原后水解母液中含有大量盐酸、三氯化铝。有些药厂把水解液蒸除异丙醇后，供毛纺厂洗羊毛脂用或造纸厂中和碱用，还可以利用它来制备氢氧化铝。

五、三废处理

(1) 废水　主要是由车间生产废水等高浓度废水，车间设备冲洗、地面冲洗等低浓度废水及蒸汽冷凝排水等组成。车间废水的预处理是在车间外设高、低浓度废水池收集车间的生产废水，再经由管架送至厂区废水处理站。

(2) 废气　主要有车间的水蒸气、粉尘废气、有机溶剂废气。

水蒸气无毒、无害，通过屋顶排气筒高空排放；粉尘经车间的排风系统过滤除尘处理后，通过屋顶排气口排放除尘效率可以达到99%。有机溶剂废气为生产过程中挥发的溶剂，在可能产生有机溶剂废气的工段设废气支管，汇入车间废气总管，经过梯度冷凝和喷淋塔吸收后，接入厂区废气总管，去厂区废气处理站处理。

(3) 固废　车间固废包括生产过程产生的蒸馏高沸物残液、脱水脱色过滤残渣等。车间固废装袋运输到厂区固废堆场进行处理。

第五节　工程经济

一、工程项目的设计概算

概算是指大概计算车间的投资。其作为上级机关对基本建设单位拨款的依据，同时也作为基本建设单位与施工单位签订合同付款及基本建设单位编制年度基本建设计划的依据。由于扩大初步设计，没有详细的施工图纸，因此对于每个车间的费用，尤其是一些零星的费用，不可能很详细地编制出来。概算主要提供有关车间建筑、设备及安装工程费用的基本情况。

“预算”是在施工阶段编制的，预算是预备计算车间的投资，作为国家对基本建设单位正式拨款的依据，同时也为基本建设单位与施工单位进行工程竣工后结算的依据。由于有了施工图，因此，有条件编制得详细和完整。预算包括车间内部的全部费用。

每个生产车间的概、预算包括土建工程、给排水工程、采暖通风工程、特殊构筑物工程、电气照明工程、工艺设备及安装工程、工艺管道工程、电气设备及安装工程和器械、工具及生产用家具购置等的概、预算。工程预算是根据各工程数量乘以工程单价，采用表10-8的格式编制的。整个车间的综合概预算汇总采用表 10-9 的格式。

(一) 工程概算费用的分类

(1) 设备购置费　设备购置费应包括设备原价及运杂费用，如：需要安装及不需要安装的所有设备、工器具及生产家具（用于生产的柜、台、架等）购置费；备品备件（设备、机械中较易损坏的重要零部件材料）购置费；作为生产工具设备使用的化工原料和化学药品以及一次性填充物的购置费。

表 10-8　×××预算书格式

建设单位名称：

预算：　　元（其中包括设备费、安装费和购置费）

技术经济指标：　　单位、数量

预算书编号：

工程名称：

工程项目：

根据　　图纸　设备明细表及×××年价格和定额编制

序号	项目名称和项目编号	设备及安装工程名称	数量及单位	重量/t		预算价值/元					
				单位重量	总重量	单位价值			总价值		
						设备	安装工程		设备	安装工程	
							总计	其中工资		总计	其中工资

编制人：　　　　审核人：　　　　负责人：

×年×月×日　编制

表 10-9　综合概预算汇总

序号	概预算书编号	工程和费用名称	概、预算价值/元						技术经济指标		
			建筑工程	设备	安装工程	器械、工具及生产用家具购置	其他费用	总值	单位	数量	单位价值/元

(2) 安装工程费　安装工程费包括：主要生产、辅助生产、公用工程项目中需要安装的工艺、电气、自控、机运、机修、电修、仪修、通风空调、供热等定型设备、非标准设备及现场制作的气柜、油罐的安装工程费；工艺、供热、供排水、通风空调、净化及除尘等各种管道的安装工程费；电气、自控及其他管线、电线、电线等材料的安装工程费；现场进行的设备内部充填、内衬，设备及管道防腐、保温（冷）等工程费；为生产服务的室内供排水、煤气管道、照明及避雷、采暖通风等的安装工程费。

(3) 建筑工程费　建筑工程费包括：一般土建工程，即主要生产、辅助生产、公用工程等的厂房、库房、行政及生活福利设施等建筑工程费；构筑物工程，即各种设备基础、操作平台、栈桥、管架管廊、地沟、冷却塔、水池、道路、围墙、厂门等工程费；场地平整以及厂区绿化等工程费；与生活用建筑配套的室内供排水、煤气管道、照明及避雷、采暖通风等安装工程费。

(4) 其他费用　其他费用是指工程费用以外的建设项目必须支出的费用。

1）建设单位管理费　建设项目从立项、筹建、建设、联合试运转及后评估等全过程管理所需费用。其中包括如下内容：

① 建设单位开办费　指新建项目为保证筹建和建设期间工作正常进行所需办公设备、生活家具、用具、交通工具等的购置费用。

② 建设单位经费　系指建设单位管理人员的基本工资、工资性补贴、劳动保险费、职工福利费、劳动保护费、待出保险费、办公费、差旅交通费、工会经费、职工教育经费、固定资产使用费、工具用具使用费、标准定额使用费、技术图书资料费、生产工人招募费、工程招标费、工程质量监督检测费、合同契约公证费、咨询费、审计费、法律顾问费、业务招待费、排污费、绿化费、竣工交付使用清理及竣工验收费、后评估费用等。

2）临时设施费　是指建设单位在建设期间所用临时设施的搭设、维修、摊销费用或租赁费用。

3）研究试验费　是指为本建设项目提供或验证设计参数、数据资料等进行必要的研究试验及按设计规定在施工中必须进行试验、验证所需的费用，以及支付科技成果、先进技术等的一次性技术转让费。

4）生产准备费　是指新建企业或新增生产能力的企业，为保证竣工交付使用进行必要生产准备所发生的费用。其费用内容包括：生产人员培训费；生产单位提前进厂费。

5）土地使用费　是指建设项目取得土地使用权所需支付的土地征用及迁移补偿费用或土地使用权出让金。

6）勘察设计费　是指为本建设项目提供项目建议书、可行性研究报告及设计文件所需费用（含工程咨询、评价等）。

7）生产用办公与生活家具购置费　是指新建项目为保证初期正常生产、生活和管理所必需的或改扩建项目新补充的办公、生活家具、用具等的费用。

8）化工装置联合试运转费　即新建企业或新增生产能力的扩建企业，按设计规定标准，对整个生产线或车间进行预试车和化工投料试车所发生的费用支出大于试运转收入的差额部分费用。

9）供电贴费　指建设项目申请用电或增加用电容量时，应交纳的由供电部门规划建设的110kV及以下各级电压的外部供电工程费用。

10）工程保险费　为建设项目对在建设期间付出施工工程实施保险部分的费用。

11）工程建设监理费　指建设单位委托工程监理单位，按规范要求，对设计及施工单位实施监理与管理所发生的费用。

12）施工机构迁移费　为施工企业因建设任务的需要，成建制地由原基地（或施工点）调往另一施工地承担任务而发生的迁移费用。

13）总承包管理费　总承包单位在组织从项目立项开始直到工程试车竣工等全过程中的管理费用。

14）引进技术和进口设备所需的其他费用。

15）固定资产投资方向调节税　国家为贯彻产业政策调整投资结构，加强重点建设而收缴的税金。

16）财务费用　指为筹集建设项目资金所发生的贷款利息、企业债券发行费、国外借款手续费与承诺资、汇兑净损失及调整外汇手续费、金融机构手续费以及筹措建设资金发生的其他财务费用。

17）预备费　包括基本预备费（指在初步设计及概算内难以预料的工程和费用）与工程造价调整预备费两部分。

18）经营项目铺底流动资金　经营性建设项目为保证生产经营正常进行，按规定列入建设项目总资金的铺底流动资金。

（二）工程概算的划分

在工程设计中，对概算项目的划分是按工程性质的类别进行的，这样可便于考核工程建设投资的效果。我国设计概算项目划分为四个部分。

(1) 工程费用　系指直接构成固定资产项目的费用。它是由主要生产项目、辅助生产项目、公用工程（供排水，供电及电讯，供汽，总图运输，厂区之内的外管）、服务性工程项目、生活福利工程项目及厂外工程项目等六个项目组成。

(2) 其他费用　系指工程费用以外的建设项目必须支付的费用。具体包括上述一（一）(4) 其他费用中的第 1)～11) 款、第 13) 款以及城市基础设施配套费等项目。

(3) 总预备费　包括基本预备费和涨价预备费两项。前者系指在初步设计及其设计概算中未可预见的工程费用；后者系指在工程建设过程中由于价格上涨、汇率变动和税费调整而引起的投资增加需预留的费用。

(4) 专项费用

① 投资方向调节税　有时国家在特定期间可停征收此项税费。

② 建设期贷款利息　指银行利用信用手段筹措资金对建设项目发放的贷款，在建设期间根据贷款年利率计算的贷款利息金额。

③ 铺底流动资金　按规定以流动资金（年）的 30％作为铺底流动资金，列入总概算表。注意该项目不构成建设项目总造价（即总概算价值），只是将该资金在工程竣工投产后，计入生产流动资产。

二、项目投资

（一）总投资构成

建设项目总投资是指为保证项目建设和生产经营活动正常进行而发生的资金总投入量，它包括项目的固定资产投资及伴随着固定资产投资而发生的流动资产方面的投资，见图10-9所示。

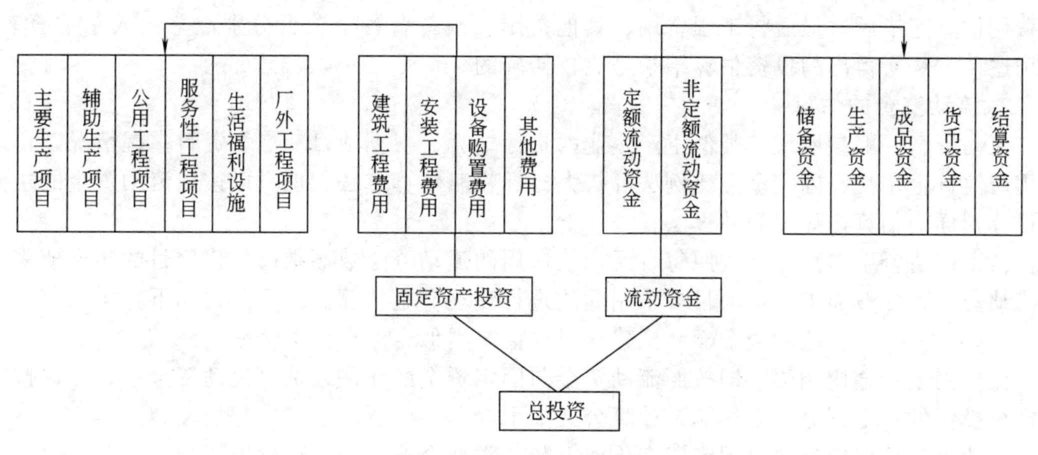

图 10-9　项目投资构成图

固定资产投资一般包括建筑工程费、设备购置费（含工具及生产用具购置费）、安装工程费及其他费用四大类。

流动资产投资包括定额流动资金和非定额流动资金两部分。定额流动资金包括储备资金、生产资金和成品资金。这三部分资金是企业流动资金的主要组成部分，其占用量最多。且具有一定的规律性，可以实行严格酌情定额管理，故称为定额流动资金。非定额流动资金包括货币资金和结算资金。这两部分资金由于影响变化的因素较多，需用量变化较大，很难事先确定一个确切的数额，故称非定额流动资金。建设项目总投资的计算公式如下：

不包括建设期投资贷款利息的总投资：

总投资＝固定资产投资＋流动资金

包括建设期投资贷款利息的总投资：

总投资＝固定资产投资＋固定资产投资贷款建设期利息＋流动资金

(二) 投资估算方法

项目建设总投资通常由以下三部分构成：基本建设投资、生产经营所需要的流动资金和建设期贷款利息。

1. 基本建设投资估算

基本建设投资是指拟建项目从筹建起到建筑、安装工程完成及试车投产的全部建设费，它是由单项工程综合估算、工程建设其他费用项目估算和预备费三部分组成。

(1) 单项工程综合估算　是指按某个工程分解成若干个单项工程进行估算，如把一个车间分解为若干个装置，然后对此若干个装置逐个进行估算。汇总所有的单项工程估算即为单项工程综合估算，它包括主要生产项目、辅助生产项目、公用工程项目、服务性工程项目、生活福利设施和厂外等工程项目的费用，是直接构成固定资产的项目费用。单项工程综合估算通常由建筑工程费用、设备购置费和安装工程费用组成。

(2) 工程项目其他费用　是指一切未包括在单项工程投资估算内，但与整个建设有关，按国家规定可在建设投资中开支的费用。工程建设其他费用，包括土地购置及租赁费、赔偿费、建设单位管理费、交通工具购置费、临时工程设施费等。此部分费用是按照工程综合费用的一定比例计算的。

(3) 预备费　是指一切不能预见的与工程相关的费用。在进行估算时，要把每一项工程，按照设备购置费、安装工程费、建筑工程费和其他基建费等分门别类进行估算。由于要求精确、严格，估算都是以有关政策、规范、各种计算定额标准及现行价格等为依据。在各项费用估算完毕后，最后将工程费用、其他费用、预备费各个项目分别汇总列入总估算表。采用这种方法所得出的投资估算结果是比较精确的。

2. 流动资金的估算

流动资金一般参照现有类似生产企业的指标估算。根据项目特点和资料掌握情况，可以采用产值资金率法、固定资金比例法等扩大指标粗略估算方法，也可以按照流动资金的主要项目分别详细估算，如定额估算法。

(1) 产值资金率法　即按照每百元产值占用的流动资金数额乘以拟建项目的年产值来估算流动资金。一般加工工业项目多采用此法进行流动资金估算。计算公式如下：

流动资金额＝拟建项目产值×类似企业产值资金率

(2) 固定资金比例法　即按照流动资金与固定资金的比例来估算流动资金额，亦即按固定资金投资的一定百分比来估算。计算公式如下：

流动资金额＝拟建项目固定资产价值总额×类似企业固定资产价值资金率

式中，类似企业固定资产价值资金率是指流动资金占固定资产价值总额的百分比。

在缺乏足够数据时，流动资金也可按固定资金的12%～20%估计。

汇总基本建设投资和流动资金及建设期贷款利息之和即为工程项目建设的总投资。

三、成本估算

（一）产品成本的构成及其分类

1. 产品成本的构成

产品成本是指工业企业用于生产和经营销售产品所消耗的全部费用，包括耗用的原料及主要材料、辅助材料费、动力费、工资及福利费、固定资产折旧费、低值易耗品摊销及销售费用等。通常把生产划分为制造成本、行政管理费、销售与分销费用、财务费用和折旧费四大类，前三类成本的总和称为经营成本，其关系见图10-10所示。

从图10-10中可以看出，经营成本是指生产总成本减去折旧费和财务费用（利息）。经营成本的概念在编制项目计算期内的现金流量表和方案比较中是十分重要的。

2. 产品成本的分类

产品成本根据不同的需要分类并具有特定的含义，国内在计划和核算成本中，通常将全部生产费用按费用要素和成本计算项目两种方法分类。前者称为要素成本，后者称为项目成本。为了便于分析和控制各个生产环节上的生产耗费，产品成本通常计算项目成本。项目成本是按生产费用的经济用途和发生地点来归集的，如图10-11所示。

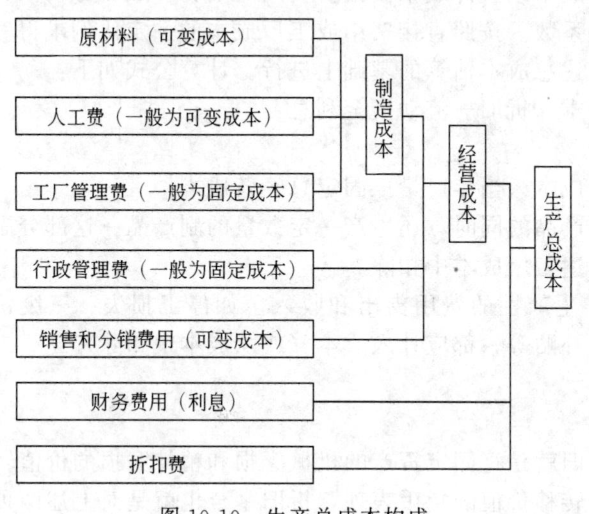

图10-10　生产总成本构成

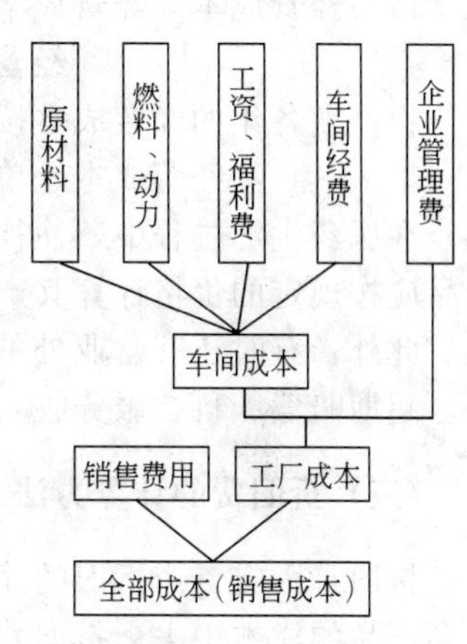

图10-11　项目成本构成图

在投资项目的经济评价中，还要求将产品成本划分为可变成本与固定成本。可变成本是指在产品总成本中随着产量增减而增减的费用，如生产中的原材料费用、人工工资（计件）等。固定成本是指在产品的总成本中，在一定的生产能力范围内，不随产量的增减而变动的费用，如固定资产折旧费、行政管理费及人工工资（计时工资）等。项目经济评价中可变成本与固定成本的划分通常是参照类似企业两种成本占总成本的比例来确定。

（二）产品成本估算

年产品成本估算以成本核算原理为指导，在掌握有关定额、费率及同类企业成本水平等资料的基础上，按产品成本的基本构成，分别估算产品总成本及单位成本。为此，先要估算以下费用：

(1) 原材料　指构成产品主要实体的原料和主要材料，以及有助于产品形成的辅助材料，而单耗是生产每千克产品所需要各种原材料的质量（kg）。

单位产品原材料成本＝单位产品原材料消耗定额×原材料价格

(2) 工资及福利费　指直接参加生产的工人工资和按规定提取的福利基金。工资部分按设计直接生产工人定员人数和同行业实际平均工资水平计算；福利基金按工资总额的一定百分比计算。

(3) 燃料和动力　指直接用于工艺过程的燃料和直接供给生产产品所需的水、电、蒸气、压缩空气等费用（亦称公用工程费用），分别根据单位产品消耗定额乘以单价计算。

(4) 车间经费　指为管理和组织车间生产而发生的各种费用：一种方法是根据车间经费的主要构成内容分别计算折旧费、维修费和管理费；另一种方法则是按照车间成本的前三项（见图 10-11）之和的一定百分比计算。无论采用哪种方法，估算时都应分析同类型企业的开支水平，再结合本项实际考虑一个改进系数。

以上（1）～（4）之和构成车间成本。

(5) 企业管理费　指为组织和管理全厂生产而发生的各项费用。企业管理费的估算与车间经费估算的方法相类似：一种方法是分别计算厂部的折旧费、维修费和管理费；另一种方法是按车间成本或直接费用的一定百分比计算。企业管理费的估算也应在对现有同类企业的费用情况分析后求得，企业管理费与车间成本之和构成工厂成本。

(6) 销售费用　指在产品销售过程中发生的运输、包装、广告、展览等费用。销售费用与工厂成本两者之和构成销售成本，即总成本或全部成本。销售费用的估算一般在分析同类企业费用情况的基础上，考虑适当的改进系数。按照直接费用或工厂成本的一定比例求得。

(7) 经营成本　经营成本的估算在上述总成本估算的基础上进行。计算公式如下：

$$经营成本=总成本-折旧-流动资金利息$$

投产期各年的经营成本按下式估算：

$$经营成本=单位可变经营成本\times当年产量+固定总经营成本$$

在医药生产过程中，往往在生产某一产品的同时，还生产一定数量的副产品。这部分副产品应按规定的价格计算其产值，并从上述工厂成本中扣除。

此外，有时还有营业外的损益，即非生产性的费用支出和收入。如停工损失、三废污染、超期赔偿、科技服务收入、产品价格补贴等，都应计入成本（或从成本中扣除）。

（三）折旧费的计算方法

折旧是固定资产折旧的简称。所谓折旧就是将固定资产的机械磨损和精神磨损的价值转移到产品的成本中去。折旧费就是这部分转移价值的货币表现，折旧基金也就是对上述两种磨损的补偿。

折旧费的计算是产品成本、经营成本估算的一个重要内容。常用的折旧费计算方法有如下几种：

1. 直线折旧法

直线折旧法亦称平均年限法，是指按一定的标准将固定资产的价值平均转移为各期费用，即在固定资产折旧年限内，平均地分摊其磨损的价值。其特点是在固定资产服务年限内的各年的折旧费相等。年折旧率为折旧年限的倒数，也是相等的。折旧费分摊的标准有使用年限、工作时间、生产产量等，计算公式如下：

$$固定资产年折旧费=\frac{固定资产原始价值-预计残值+预计清理费}{预计使用年限}$$

2. 曲线折旧法

曲线折旧法是在固定资产使用前后期不等额分摊折旧费的方法。它特别考虑了固定资产的无形损耗和时间价值因素。曲线折旧法可分为前期多提折旧的加速折旧法和后期多提折旧的减速折旧法。

(1) 余额递减折旧法　即以某期固定资产价值减去该期折旧额后的余额，依次作为下期计算折旧的基数，然后乘以某个固定的折旧率，因此又称为定率递减法。计算公式如下：

$$年折旧费=年初折余价值\times折旧率$$

$$年初折余价值=固定资产原始价值-累计折旧费$$

$$折旧率=1-\left(\frac{固定资产净残值}{固定资产原始价值}\right)^{1/n}$$

式中，n 为使用年限。

(2) 双倍余额递减法　先按直线法折旧率的双倍，不考虑残值。按固定资产原始价值计算第一年折旧费，然后按第一年的折余价值为基数，以同样的折旧率依次计算下一年的折旧费。由于双倍余额递减法折旧，不可能把折旧费总额分摊完（即固定资产的账面价值永远不会等于零），因此到一定年度后。要改用直线法折旧，这是西方国家的税法所允许的。双倍余额递减法的计算公式如下：

$$年折旧费=年折余价值\times折旧率$$

$$年折余价值=固定资产原始价值-累计折旧费$$

年折旧率为直线法折旧率的 2 倍。采用使用年限法时为：

$$折旧率=\frac{2}{预计使用年限}$$

在项目经济要素的估算过程中，折旧费的具体计算应根据拟建项目的实际情况，按照有关部门的规定进行。我国绝大部分固定资产是按直线法计提折旧，折旧率采用国家根据行业实际情况统一规定的综合折旧率。根据国家有关建设期利息计入固定资产价值的规定，项目综合折旧费的计算公式如下：

$$年折旧费=\frac{固定资产投资\times固定资产形成率+建设期利息-净残值}{折旧年限}$$

四、工程项目的财务评价

项目财务评价是指在现行财税制度和价格条件下，从企业财务角度分析计算项目的直接效益和直接费用，以及项目的盈利状况、借款偿还能力、外汇利用效果等，以考察项目的财务可行性。

根据是否考虑资金的时间价值，可把评价指标分成静态评价指标和动态评价指标两大类。因项目的财务评价是以进行动态分析为主，辅以必要的静态分析，所以财务评价所用的主要评价指标是财务净现值、财务净现值比率、财务内部收益期、动态投资回收期等动态评价指标，必要时才加用某些语态评价指标，如静态投资回收期、投资利润率、投资利税率和静态借款偿还期等。下面介绍几种常用的评价指标：

(一) 静态投资回收期

投资回收期又称还本期（payout time)，即还本年限，是指项目通过项目净收益（利润和折旧）回收总投资（包括固定资产投资和流动资金）所需的时间，以年表示。

当各年利润接近可取平均值时，有如下关系：

$$P_{\mathrm{t}}=\frac{I}{R}$$

式中，P_t 为静态投资回收期；I 为总投资额；R 为年净收益。

求得的静态投资回收期 P_t 与部门或行业的基准投资回收期 P_c 比较，当 $P_t \leqslant P_c$ 时，可认为项目在投资回收上是令人满意的。静态投资回收期只能作为评价项目的一个辅助指标。

（二）投资利润率

投资利润率是指项目达到设计生产能力后的一个正常生产年份的年利润总额与项目总投资的比率。对生产期内各年的利润总额变化幅度较大的项目应计算生产期年平均利润总额与总投资的比率。它反映单位投资每年获得利润的能力，其计算公式为：

$$投资利润率=\frac{R}{I}\times 100\%$$

式中，R 为年利润总额；I 为总投资额。

年利润总额 R 的计算公式为：

年利润总额＝年产品销售收入－年总成本－年销售税金－年资源税－年营业外净支出

总投资额 I 的计算公式为：

总投资额＝固定资产总投资(不含生产期更新改造投资)＋建设期利息＋流动资金

评价判据：当投资利润率＞基准投资利润率时，项目可取。

基准投资利润率是衡量投资项目可取性的定量标准或界限。在西方国家，是由各公司自行规定，称为最低允许收益率。后来在工业项目评估中成为基准。

习　题

10-1　厂房的定位轴线由哪些部分组成？绘制时有哪些注意事项？对柱距和跨距有何要求？

10-2　环氧树脂自流平地面的工艺操作如何进行？

10-3　耐酸、耐碱涂层有哪些种类？

10-4　洁净室的门窗设计要注意哪些问题？

10-5　甲级防爆车间和乙级防爆车间的定义是什么？

10-6　消除药厂静电的方法有哪些？

10-7　仓库的托盘可采用哪些材质？各有什么特点？

10-8　放射性药品和第一类精神药在仓库设置中有何特殊要求？

10-9　结合化工市场七日讯原料报价，以及腺嘌呤的合成工艺，计算腺嘌呤的单耗和原材料成本。工艺描述如下：

将4,6-二氯-5-硝基嘧啶10kg，溶于250L水和150L冰醋酸的混合溶液中，加入约30kg Fe粉，65℃下反应。5h后，停止加热，直接趁热过滤，200L水洗涤铁泥，合并滤液，冷却析晶，得到针状晶体（即4,6-二氯-5-氨基嘧啶）5.3kg；

取4,6-二氯-5-氨基嘧啶4.5kg加入100L甲酰胺中，加入10kg碳酸钾。升温到60℃，反应6h后，直接滴加10kg氨水，继续反应3h，停止反应，减压去除甲酰胺，残余物加入250L水溶解，同时加入0.45kg活性炭脱色，趁热过滤，滤液冷却析晶，干燥，得到淡黄色固体2.5kg（即腺嘌呤）。

10-10　某厂区总体布置图如下，结合厂区总图布置原则，请谈谈设计特点以及设计缺陷。

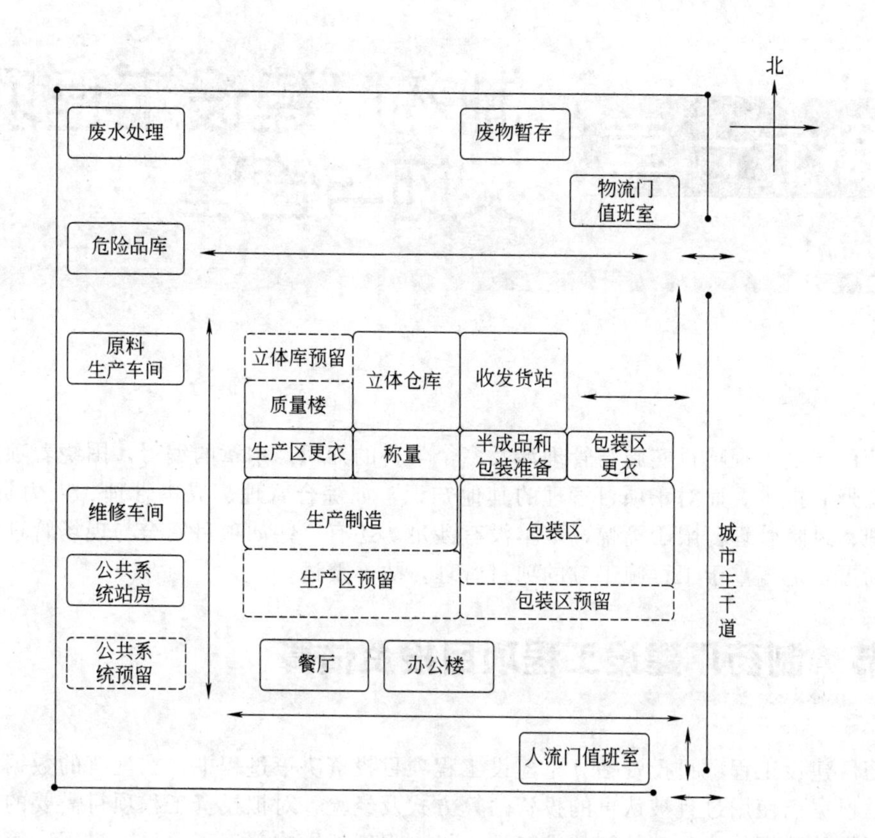
北
废水处理
废物暂存
物流门
值班室
危险品库
原料
生产车间
立体库预留
立体仓库
收发货站
质量楼
生产区更衣
称量
半成品和
包装准备
包装区
更衣
维修车间
生产制造
包装区
城市主干道
公共系
统站房
生产区预留
包装区预留
公共系
统预留
餐厅
办公楼
人流门值班室

第十一章 制药厂建设工程项目实施与管理

制药厂建设工程项目实施与管理涉及多个学科的知识。本章的编写，围绕着项目工程师的工作视野而推进。而对于项目管理的其他知识，如综合管理、成本管理、人力资源管理、采购管理、风险管理，限于篇幅，基本没有涉足。还有一些如项目安全与现场管理的项目管理知识则更多地偏重于工程施工方的项目管理，故不赘述。

第一节 制药厂建设工程项目投资估算

制药厂建设工程项目投资估算是建设工程项目投资决策过程中，在现有的数据和资料的基础上，根据已使用过且被认可的投资估算方式及经验，对拟投资工程项目需要的资金额进行相对可靠的数据估测。其估算的准确性，极大程度地影响着工程项目的投资决策工作，也会对整个建设工程项目的设计工作（关系到下一阶段的设计概算和施工图预算的编制）、建设施工过程及装备水平、招投标管理工作产生深刻的影响。投资估算在建设工程项目管理中的主要作用有以下几个方面：

(1) 在项目投资决策阶段　通过对投资额的初步估算，分析企业基本情况及项目对企业的相关关系，以确定是否对该工程项目进行下一步的研究。

(2) 在工程项目建议书编写阶段　投资估算是基于项目建议书中的产品方案、建设规模、主要生产工艺、建筑物的构成、初选厂址方案基本明确的条件下给出，此投资估算额为工程项目的审批提供了重要的参考依据，可以说是项目立项的关键数据，其意义对于审批者而言是据此判断一个建设工程项目是否需要进行下一阶段的工作，从而是否同意项目建议书的审批。现行技术参考资料中，普遍对此阶段的估算精度的要求是误差控制在±30%以内，而在国内一些大型医药企业的改扩建设项目中，通过对一些过往项目的综合分析，此项估算的精度可以控制在±20%以内。

(3) 在项目可行性研究阶段　投资估算在项目可行性研究阶段是投资决策的重要依据，在研究过程中发挥着支柱作用，是对工程项目经济效益进行计算、分析、评价的重要指标，当可行性研究报告被批准以后，其投资估算额就作为设计任务书中下达的投资限额，不得随意突破。

(4) 在项目设计阶段　投资估算对设计概算起控制作用，设计概算不得突破批准的投资估算。

(5) 在编写计划任务书阶段　工程投资估算对于工程整体资金的计划分配提供了依据，并成为编制计划阶段预算的重要参照标准，确保预算额保持在工程投资额之内。

(6) 在项目施工阶段　工程投资的估算是考核施工阶段实际成本控制有效与否的重要依据。

一、工程项目投资估算的内容

工程项目投资估算可以分为固定资产投资估算和流动资金估算两部分，其中固定资产投资估算包括设备及工器具购置费、建筑安装工程费、工程建设其他费用、预备费、建设期利息。

二、制药厂建设项目投资估算方法

制药厂建设项目投资估算工作，多采用固定资产静态投资分类估算法，因估算精度相对较高，主要用于项目可行性研究阶段的投资估算。

1. 建筑工程费的估算

(1) 单位建筑工程投资估算法　是以单位建筑工程量乘以建筑工程总量来估算建筑工程投资费用的方法。一般根据制药厂工业厂房或民用办公室的单位建筑面积（平方米）的投资乘以相应的建筑工程总量估算建筑工程费。例如，提取车间平均每平方米投资额为2000元，则$1000m^2$提取车间总建筑工程投资估算为200万元。

(2) 单位实物工程量投资估算法　是以单位实物工程量的投资乘以实物工程总量来估算建筑工程投资费用的方法。制药厂建设投资估算中，常用于路面、围墙的费用估算。

(3) 概算指标投资估算法　是以建筑面积、体积或成套设备安装的台或项为计量单位而规定的劳动、材料和机械台班的消耗量标准和造价指标，以项目实施地专门机构发布的概算指标为依据而编制。

2. 设备及工器具购置费的估算

设备及工器具的购置费是由设备购置费、工器具购置费和设备运费组成。在制药厂建设项目投资估算实际工作中，工程咨询服务单位多采用市场询价的方式，采集相关设备采购费用进行设备和工器具的估算。每年召开的春秋两届制药机械博览会，也为设计和工程咨询单位和制药厂建设的相关人员提供了一个开放的技术和商务咨询平台。当然，制药机械博览会采集的设备采购费和实际经过招投标得来的采购费用不尽相同，但完成设备及工器具的购置费估算工作，是可以满足要求的，且供货厂商的报价基本上都是包含了设备运杂费用的，而传统的设备的价格估算方式：

设备原价＝材料费＋加工费＋辅助材料费＋专用工具费＋材料损失费＋非标设计费＋包装费＋利润＋税金

则较少应用，只是作为报价基础而存在。值得特别关注的是，进口制药机械设备的估算要考虑下列几种因素：

(1) 进口设备的交货方式

①内陆交货；②目的地交货；③装运港交货

(2) 进口设备抵岸价

进口设备抵岸价＝货价＋国际运费＋运输保险费＋银行财务费＋外贸手续费＋关税＋增值税

上述费用对设备估算影响较大，实际工作中，多以制药厂建设方业主与设备供应商直接商议确定。

3. 安装工程费的估算

现行的安装工程费依照住房城乡建设部财政部建标［2013］44号文规定：“建筑安装工程费用按费用构成要素划分由人工费、材料费、施工机具使用费、企业管理费、利润、规费和税金组成。

4. 工程建设其他费用的组成

工程建设其他费用是指从工程筹建起到工程竣工验收交付使用止的整个建设期间，除建筑安装工程费用和设备、工器具购置费以外的，为保证工程建设顺利完成和交付使用后能够正常发挥效用而发生的各项费用的总和。具体费用组成和计算方法如表11-1所示。

表11-1 工程建设其他费用的组成和计算方法

费用组成		说明与计算方法
土地使用费	农业土地征用费	由土地补偿费、安置补助费、土地投资补偿费、土地管理费、耕地占用税等组成
	取得国有土地使用费	包括土地使用权出让金、城市建设配套费、拆迁补偿与临时安置补助费
与未来企业生产经营相关的其他费用	联合试运转费	单项工程费用总和×试运转费率或以试运转费的总金额
	生产准备费	包括生产职工培训费，生产单位提前进场施工、设备安装、调试以及熟悉工艺流程及设备性能等人员的工资、工资性补贴、职工福利费、差旅交通费、劳动保护费等
	办公和生活家具购置费	设计定员人数×综合指标
与项目建设有关的其他费用	建设单位管理费	包括建设单位开办费和建设单位经费
	勘察设计费	包括项目建议书、可行性研究和设计文件所需费用，按《工程勘察设计收费标准》计算
	研究试验费	为本工程提供或验证设计参数、数据资料，包括自行或委托其他部门研究实验所需人工费、材料费、实验设备及仪器使用费、支付的科研费用、先进技术的一次性转让费
	临时设施费	建设期间建设单位所需临时设施的搭设、维修、摊销费用或租赁费用
	工程监理费	根据国家物价局、建设部文件规定计算
	工程保险费	根据不同的工程类别，分别以其建筑安装工程费乘以建筑安装工程费保险费率计算
	引用技术和进口设备其他费	包括出国人员费用、国外工程技术人员来华费用、技术引进费、分期或延期付款利息、担保费以及进口设备检验鉴定费

5. 预备费的组成

按我国现行规定，预备费包括基本预备费和涨价预备费。

(1) 基本预备费　基本预备费是指在项目实施中可能发生难以预料的支出，需要预先预留的费用，基本预备费的内容包括：

① 在批准的初步设计范围内，技术设计、施工图设计及施工过程中所增加工程的费用；设计变更、局部地基处理等增加的费用。

② 一般自然灾害造成损失和预防自然灾害所采取的措施费用。实行工程保险的工程项目预备费用应适当降低。

③ 竣工验收时为鉴定工程质量对隐蔽工程进行必要的挖掘和修复费用。

计算公式为：

基本预备费=(设备及工器具购置费+建筑安装工程费+工程建设其他费用)×基本预备费率

(2) 涨价预备费　涨价预备费指项目在建设期内由于物价上涨、汇率变化等因素影响为需要增加的费用。

第二节　制药厂建设工程项目的项目组织管理

近十余年，国内制药厂工程建设发展迅速，每年度两届的制药机械行业博览会上众多的制药设备供应商和云集的制药设备采购商共同证明了这一点。然而，制药厂建设的专业一体化供应商并不多，且专业集成度也不高，国内专业从事制药厂建设的工程公司也并不多见，发展受限的原因，主要是专业从事工程建设的工程公司对于制药厂的制药工艺了解不足，而制药厂的工程技术人员，也受到专业限制，对工程建设的各个环节了解不多，一旦完成一个建设项目的建设工作，转而进入制药厂的生产环节的运行、维护工作，得不到一个专业提升的平台，也没有时间详细了解制药厂建设的各个参与方对项目的全部需求。幸而一些有志的制药厂建设供应商和一些专业的医药设计院已经认识到这类问题并开始了一些专业化的探索，加强这些跨行业的工程技术的研究、实践工作，并取得了一些可喜的成果，而工程项目组织管理的知识，正是研究参与工程建设各方需求并合理组织管理的工具。

一、项目组织

项目组织是指为完成特定的项目任务而建立起来的工作组织，它是项目的所有者按一定的规则构成的整体，能够对项目内外环境的变化做出迅速的反应，是项目的行为主体构成的系统。它具有以下几个方面的特性：

(1) 项目组织是为了完成项目的预定目标和任务而组建的集合体，项目的组织设置应满足完成项目所有工作和任务的需求。同时为了确保组织的有效运行，设置的组织单元及其相应的任务和职责都应落实在相应的部门和人员身上，并有明确的组织运行规则来指导组织的运行。因此，项目组织具有目的性。

(2) 项目组织是为某一项目目标的实现而建立的临时机构，当项目目标实现后，这一项目组织就可能会解散。因此，项目组织具有一次性和暂时性的特点。

(3) 项目组织的建立需要结合项目的特点、参与的单位、所在的环境、涉及的范围等内容来确定组织的结构形式，哪种组织结构有利于项目目标的实现就可以采用相应的组织形式。因此，项目组织结构具有较强的灵活性。

(4) 组织内各方之间的关系以合同约定为条件，相互之间的行为都有约束性。

(5) 组织是一个柔性组织，具有较强的可变性，不仅表现在许多项目管理人员随着项目任务的承接和完成而改变自己的工作职责和权限，而且还可以依据项目实施的具体情况采用不同的组织策略来实现项目的目标。

(6) 由于项目是一次性的，每个项目都是一个新的一次性组织，因而项目人员的思想稳定性差，容易造成人员效率低下和短期行为，各部门之间也容易产生矛盾和冲突。

二、项目组织与企业组织的主要区别

项目组织不同于一般的组织，它具有自身的组织特殊性，这个特殊性是由项目的特点决定的，同时它又决定了项目的组织结构和运行规则，也决定了人们在项目中的组织行为和项目的管理过程。项目组织与企业组织的主要区别是：

(1) 项目组织具有一次性和暂时性的特点，而企业组织则具有稳定性和长期性；

(2) 项目组织的建立常结合项目的特点、所在的环境、涉及的范围等内容灵活地确定组织的结构形式，而企业组织一般不随外部环境的变化而变化，具有长远的战略目标、管理体制和运行机制；

(3) 项目组织内各方之间的关系主要以合同关系为主，而企业组织内各方之间的关系主要以行政关系为主；

(4) 项目组织结构以满足实现项目目标为目的，以追求组织结构简单化和高效化为核心；而企业组织以企业的长远发展为目标，相对而言，更注重组织结构的系统化；

(5) 由于项目组织的临时性，项目人员思想稳定性差，而企业组织的长期稳定性要求企业员工必须树立长远的思想，通过积极的努力来实现自身的价值；

(6) 企业组织内的各部门和人员长期稳定，相互之间熟悉了解，容易相互配合和协调，而项目组织内各单位之间的协调已成为项目管理的重点工作内容之一。

三、工程项目管理组织及其特点

1. 工程项目管理组织

工程项目管理是从事工程项目管理的企业受业主委托、按照合同约定，代表业主对工程项目进行全过程或若干阶段的管理和服务。因此，工程项目管理组织就是为实施工程项目预定目标而建立的组织机构，它由完成项目管理工作的人、单位和部门组织形成。在国内的制药厂建设项目中，制药企业的业主们较少采用建设工程全过程交托工程项目管理公司进行管理的方式，多数采用传统的平行发包模式进行，将项目建设的过程由设计、监理、采购、咨询单位、施工单位分别完成，而项目管理过程，如对设计、招标、施工各方的协调基本上由业主方完成。业主方在事实上将自己置身于项目管理公司位置并行使着项目管理公司职责，但作为制药企业的业主，受限于自身的企业性质、技术人员的专业知识结构，产生的管理效果往往是不太理想的（不少企业的建设项目超期完工、投资费用数次追加、施工质量不尽如人意，就证实了这种情况）。本章节为描述制药厂建设工程项目的管理组织内容，我们认定工程项目管理公司为项目管理人。

作为组织机构，工程项目管理组织是根据项目管理目标，通过科学设计而建立的组织实体。该组织一般根据项目管理的职能设置管理部门，是由领导体制、部门设置、层次划分、职责分工、规章制度和信息系统等构成的有机整体，它以合理有效的组织结构为框架形成项目管理的权力系统、责任系统、利益系统和信息系统，各系统按项目管理流程开展各项工作并完成自己管理职能内的工作和任务。

如同其他项目组织一样，工程项目组织也常常具有临时性，它以工程项目的预定目标为指导，将工程项目的各项工作分解到组织的各个单位或部门。各个单位或部门为了完成自己的任务，也相应地建立必要的项目组织，如业主将成立项目管理部；勘察设计单位将成立设计小组；施工单位将成立施工项目经理部；监理单位将成立针对该项工程的监理部等。由此可以看出，工程项目管理组织是一个具有多级层次的管理组织系统，这个系统将以实现项目预定目标为核心，由目标产生工作任务，由工作任务决定承担者，由承担者形成组织并展开与之相关的一系列工作。

2. 项目管理组织的特点

在工程项目管理组织内，按照项目的范围管理和系统结构分解，组织内的部门和人员有两种性质的工作任务，一是专业技术性任务，二是项目管理性任务。

(1) 专业技术性任务。项目的专业技术性任务包括工程设计、工程施工、设备安装和材料供应、工程监理等几个方面。这些工作一般由设计单位、专业承包公司、供应商和监理公司等单位来承担，他们通过投标来获得工程承包和管理的资格，并按照合同规定完成相应的工程项目任务。这些任务主要有：制定详细的工程管理计划和实施方案，按期完成工程设计或材料供应，对工程进行质量、安全、进度、成本等方面的监督和管理，向业主和项目管理者汇报工程的实施状况，为业主提供最终的合格产品等。

(2) 项目管理性任务。项目管理性任务分布在项目的各个阶段。在项目决策阶段，项目管理性任务包含有项目的前期策划和调研，项目的审批和立项。在项目准备阶段，项目管理性任务包含有项目的资金筹集，项目的信息发布和招标组织，项目开工手续的办理以及相关部门之间的协调等。在项目的施工过程中，项目管理任务性主要集中在项目的信息管理和资料整理，项目的会议组织和文件的审批与传达，特别是相关部门之间的协调工作更是项目管理任务中的主要工作。在项目的竣工阶段，项目管理性任务包含有工程验收的组织、项目移交的组织，相关部门之间的协调也依然是主要管理任务之一。

四、工程项目管理组织的组成及其类型

工程项目管理组织是专门为完成工程建设项目任务而组建的项目组织。在工程建设中，由于社会化大生产和专业化分工，一个项目的参加单位或部门可能包含有几个、甚至数十个，不仅有投资商、业主、承包商、设计单位、监理单位、分包商、供应商等，而且对于那些大型或特大型工程，还可能包含有保险公司、信托公司、中介公司、政府职能监察部门等单位，这些单位和部门通过行政的或合同的关系连接形成了一个庞大的组织体系，为实现共同的目标而履行着各自的职责，承担着各自的任务。

工程项目组织主要参与方：

(1) 项目的投资者，即项目的直接投资单位。以前，项目的投资者多以政府或企业独资的形式出现，但随着社会的发展，工程项目的资本结构已呈现出多元化，项目可以以多种方式进行融资。为此，项目投资者就可能是政府、本国企业、金融机构、私人以及外国资本或中外合资企业。

(2) 业主，即项目的所有者，亦称投资主体。在一般的小型工程项目中，业主和项目的投资者的身份常常是一体的，但对于大型工程项目，由于项目的规模较大，投资较多，工期较长，投资人和投资主体就有了区别。投资人主要为项目提供资金，承担投资风险，行使与风险相对应的管理权利，其主要目的是获取投资回报，而投资主体不仅要承担所有的工程风险，还必须组织项目的实施，并最终实现项目的预定目标，投资主体将拥有工程项目产品的最终所有权。

(3) 项目任务的承担者。它包括项目的咨询单位、勘察和设计单位、施工单位、材料供应商、项目管理公司、监理单位等。他们接受业主的委托，完成项目指导、设计或管理任务。如在工程项目中，项目管理或咨询公司在接受业主的委托之后，在项目的实施过程中以业主的身份对项目实施管理，主要的工作体现在项目的管理工作方面。而承包商、供应商、勘察和设计单位、监理等单位则承担工程项目的设计、施工和技术指导服务，为工程提供材料和设备，使工程达到设计规定的要求。

(4) 工程项目使用者，即项目建成后负责使用的单位或个人。

(5) 政府及其相关职能部门。工程项目的立项与实施不仅需要政府主管部门的备案，而且因在工程项目的实施过程中需要水电气等能源，还需要其相关职能部门的必要支持和帮助。对于那些事关国家和政府形象的工程或事关群众利益的工程以及在社会上有较大影响的工程，政府还要增派有关部门对工程实施监督和管理，以确保工程项目达到预期的目的。

由此可以看出，在工程项目建设中，工程项目管理组织是一个多方的组合体，但这个组合体除了包含投资商、业主、承包商、设计单位、监理单位；分包商、供应商等多个单位外，工程项目的业主、承包商、设计单位、材料设备供应等单位也都有自己相应的工程项目管理组织，这些组织之间既有区别，又有各自的管理工作、职责和任务，也有相互之间的联系，所有这些组织就组成了一个组织系统。在这个系统中，项目管理各部门按照项目管理流程和各自的职责完成属于自己管理职能内的工作。

五、工程项目管理组织策划的工作内容和步骤

工程项目组织策划是项目管理的一项重要工作。通常工程项目组织策划过程属于项目计划的一部分，它包括从制定项目的组织策略到完成合同和项目手册的过程。主要包括如下四个方面的工作：

(1) 在工程项目组织策划前应进行项目的总目标分析，完成相应阶段项目的工程技术系统设计和结构分解工作，进行环境调查和项目制约条件的分析。这些是项目组织策划的基础

工作。

(2) 确定项目的实施组织策略，即确定项目实施组织和项目管理模式总的指导思想：如何实施该项目？业主如何管理项目？控制到什么程度？总体确定哪些工作由企业内部组织完成？哪些工作由承包商或管理公司完成？业主准备面对多少承包商？业主准备投入多少管理力量？采用什么样的材料和设备的供应方式？

(3) 涉及项目实施者任务的委托及相关的组织工作：

① 项目承发包策划。即对项目结构分解得到的项目活动进行具体分类、打包和发包，考虑采用什么样的工程承发包方式，如“设计-采购-施工”总承包，或“设计-施工”总承包，或分阶段、分专业工程平行承包。这对项目的组织结构有决定性作用。

② 招标和合同策划工作。这里包括两方面的工作：

a. 招标策划。项目招标的总体安排，各项招标过程的策划和招标工作安排。

b. 合同策划。合同形式的选择和合同条件的选择，通过合同定义项目工作内容，划分责权利关系，定义项目控制的权力，定义项目管理工作过程。

③ 招标文件和合同文件的起草。

(4) 涉及项目管理任务的组织工作。

① 项目管理模式的确定。即业主所采用的项目管理模式，如“设计＋管理”模式、“施工＋管理”模式。可由业主自己派人管理或委托项目管理公司。它与项目的承发包方式有密切的联系。

② 项目管理组织设置。通常在实施任务委托前，就必须建立项目实施的管理组织体系，委托项目管理公司（咨询公司、监理公司），由项目经理组建项目经理部或管理小组。应将整个项目管理工作在业主自己委派的人员、委托的项目管理公司和承包商之间进行分配，清楚划分各自的工作范围、分配职责、授予权力，并且以合同的形式具体地描述这种安排。

a. 确定合适的项目管理组织结构。

b. 将项目管理职能及业务活动分解落实到各个职能人员或部门，明确各自的工作任务、目标和范围、权力和职责，解决项目管理组织内部的责任体系问题，并以表格（如责任矩阵）或书面说明（如项目管理规则）的形式确认。

c. 人员分配。选配具有相应能力的人员通常能较快适应项目管理的需要。

d. 项目管理工作流程的设计。确定项目的沟通规则和各种决策规则，这里包括极其重要的、同时又是十分复杂的内容，如招标投标程序、质量控制程序、采购和库存控制程序、工程变更程序、成本（或投资）控制程序等。

e. 组织策划的结果通常由招标文件和合同文件、项目组织结构图、项目管理章程和组织责任矩阵图、项目手册等来定义。

六、建设工程项目的管理模式

工程项目管理模式主要有：

(1) 业主方全权管理项目投资者（所有者）委托一个业主代表（这个业主代表，也可以是业主企业内部的一个中层管理人员，或者是一个职能部门负责人），成立以他为首的项目经理部以业主的身份进行项目的整个管理工作。业主自己招募项目管理人员，成立项目经理部直接管理承包商、供应商和设计单位。

(2) 当工程采用“设计-采购-施工”总承包方式时，由工程的总承包商负责项目上具体的管理工作，业主仅承担项目宏观管理与高层决策的工作。

(3) 委托项目管理公司（咨询公司）进行管理。业主将项目管理工作以合同形式委托给项目管理公司，由项目管理公司派出项目经理作为业主的代理人，在工程中行使合同（项目管理合同和承包合同）赋予的权力，直接管理工程。在这样的项目中，业主主要负责项目的宏观控制和高层决策，一般不与承包商直接接触。

(4) 业主方委托项目管理咨询公司与业主人员共同进行项目管理。

七、制药厂建设项目业主方团队建设

（一）组织形式

国内制药企业一般采用如下方式之一参与制药厂建设工程。

1. **寄生式项目组织形式**（非独立的、非专职的项目组织）

这种项目组织形式适用于项目小、对环境不敏感、项目各参与者之间界面处理方便、时间和费用压力不大、更偏向于技术且项目任务对企业不很重要的项目。这是一种弱化的非正式的项目组织形式，项目组织的功能和作用很弱，项目经理仅作为一个联络小组的领导，从事收集、处理和传递信息，提供咨询的工作，与项目相关的决策主要由企业领导作出，所以项目经理对项目目标不承担责任，项目经理利用他的说服和谈判的艺术，利用与各方面的人事关系进行工期和成本监督，协调、激励项目参与者。这种项目组织对企业的项目组织运作规则要求不高，因为项目成员都是兼职的，发生矛盾和冲突时，一般通过企业组织协调解决。

寄生式项目组织的优点是：

① 由于项目寄生于企业组织之上，不需要建立新的组织机构，对企业原组织机构影响小；

② 项目管理成本较低；

③ 项目组织设置比较灵活。

寄生式项目组织的缺点是：

① 项目经理没有组织上的权力，无法对最终目标和成果负责，项目目标无法保证，不同职能之间的协调困难，常常会引起组织摩擦、互相推诿和因多头领导而带来的混乱；

② 由于项目由职能部门负责，常常比较狭隘、不全面，项目中的决策可能有助于项目经理自己的职能部门，而不反映整个项目的最佳利益和公司的总目标；

③ 对环境变化的适应性差；

④ 项目管理作为人们的一项附带工作，项目责任淡化，组织责任感和凝聚力不强；

⑤ 缺少对项目的领导，有拖延决策的危险，对项目实施无法进行有效的控制，项目组织本身无力解决争执，必须靠企业上层解决。

2. **独立式项目组织形式**（独立的、专职的项目组织）

独立式项目组织形式是对寄生式项目组织形式的硬化，即在企业中成立专门的项目机构（或部门），独立地承担项目管理任务，对项目目标负责，所以这种组织形式有时被称为“企业中的企业”。在项目过程中，项目成员已摆脱职能部门的任务，完全进入项目，项目结束后，项目组织解散或重新构成其他项目组织。专职的项目经理专门承担项目管理任务，对项目组织拥有完全的权力，并承担项目责任。

独立式项目组织的优点是：

① 完全集中项目参与者的力量于项目实施上，能独立地为项目工作，决策简单、迅速，对外界干扰反应敏捷，管理方便，能够调动项目成员的积极性，协调容易，内部争执较少，可避免权力争执和资源分配争执，便于加强领导，统一指挥，项目的组织任务、目标、权力、职责透明且易于落实，目标能得到保证；

② 独立式项目组织的设置能迅速有效地对项目目标和用户需要作出反应，更好地满足

用户的要求；

③ 这种组织形式适用于对环境特别敏感的、特别大的、持续时间长的、目标要求高（如工期短、费用压力大、经济性要求高）的项目；

④ 企业对项目的运作不需要完全规范化的运作制度，企业对项目的管理比较容易。由于企业和项目、项目和部门之间界面比较清楚，项目的责任制易于落实和考核；

⑤ 项目经理独当一面，全权负责整个项目管理工作，有利于项目管理人才的培养。

独立式项目组织的缺点是：

① 由于项目工作过程是不均衡的，特别在项目开始时从原职能部门调出人员，项目结束又将这些人员推向原职能部门，这种人事上的波动不仅会影响原部门的工作，而且会影响项目组织成员的组织行为，他们会比职能组织中的人员更感到失业的威胁、专业上的停滞不前以及个人发展的问题，这会影响他们的工作积极性，难以集中企业的全部资源优势进行项目实施，特别是关键的技术人员；

② 这种以企业内的“小企业”，用责任承包的形式独立完成项目任务的模式，容易产生小生产式的项目管理；

③ 企业风险大，由于项目经理权利太大，企业的信息、人力、资金和物资等资源流动都集中在项目经理这个瓶颈上，容易在项目上失控。

制药企业内部涉及制药企业建设项目的部门，主要是生产部门、技术质量部门、设备维修部门、公用工程部门、仓储管理部门。合理选择，组建适合本企业的建设团队是一项重要的工作。

（二）优秀工程部经理要求条件

(1) 素质　在市场经济环境中，工程部经理的素质是最重要的，特别是专业化的工程部经理，不仅应具备一般领导者的素质，还应符合项目管理的特殊要求。

① 工程部经理应有项目的使命感。有工程项目全生命期管理的理念，注重项目对社会的贡献和历史作用，注重社会公德，保证社会利益，严守法律和规章。

② 工程部经理必须具有良好的职业道德，将本企业的利益放在第一位，不谋私利，必须有工作的积极性、热情和敬业精神。

③ 由于项目是一次性的，项目管理是常新的工作，富于挑战性，所以他应具有创新精神，务实的态度，有强烈的管理信心和愿望，勇于挑战，勇于决策，勇于承担责任和风险，并努力追求工作的完美，追求高的目标，不安于现状。

④ 为人诚实可靠，讲究信用，有敢于承担错误的勇气，言行一致，正直，办事公正、公平，实事求是。其个人行为应以项目的总目标和整体利益为出发点，应以没有偏见的方式工作，正确地执行合同，解释合同。

⑤ 具有合作精神，能够与他人共事，不能搞管理上的神秘主义，不能用诸葛亮式的“锦囊妙计”来分配任务和安排工作。

(2) 能力

① 具有工程管理工作经历和经验，最好是具有同类项目成功的经历，对项目工作有成熟的判断能力、思维能力、随机应变能力。工程部经理的技术技能被认为是最重要的，但又不能是纯技术专家，他最重要的是对制药厂建设项目和工程技术系统的机理有成熟的理解，能预见问题，能事先估计到各种需要。

② 具有很强的沟通能力、激励能力和处理人事关系的能力。工程部经理的职务是个典型的低权力的领导职位，主要靠领导艺术、影响力和说服力而不是靠权力和命令行事。由于项目组织的特点，工程部经理能采取的激励措施是很有限的。

③ 有较强的组织管理能力和协调能力。能胜任小组领导工作，知人善任。敢于和善于授权；能协调好各方面的关系，善于人际交往；能处理好与各层面的关系，与企业内部各部门有较好的人际关系，能够与外界交往，与上层组织沟通；工作具有计划性，能有效地利用好项目时间；善于管理矛盾与解决冲突；具有追寻目标和跟踪目标的能力，

④ 思维敏捷，有洞察力，有较强的语言表达能力和说服能力，有谈判技巧。

工程部经理必须对制药厂建设项目全过程十分熟悉，包括行政过程、实施技术过程和系统过程。在工程中能够发现问题，提出问题，能够从容地处理紧急情况，具有应付突发事件的能力，以及对风险、复杂现象的抽象能力和抓住关键问题的能力。

(3) 知识　工程部经理通常应接受过大学以上的专业教育，必须具有专业知识，一般来自工程的某个主要专业，对制药厂建设项目而言，以制药工程专业或化工工艺专业或化工机械专业或其他专业工程方面的专家为好，否则很难在项目中被人们所接受和真正介入项目工作。

要接受过项目管理的专门培训或再教育，掌握项目管理的知识。

工程部经理需要掌握如下三方面的知识：

① 制药或化工领域的相关专业知识是项目经理的专业根底。项目管理是分领域的，不同领域项目管理的差异很大。

② 一般的管理知识，如管理学、经济学、工程经济学、系统工程、组织行为学、财务管理等理论和方法。

③ 项目管理的知识，包括综合管理、范围管理、时间管理、成本管理、人力资源管理、采购管理、质量管理、沟通管理、风险管理等。

第三节　制药厂建设工程项目发包及招标投标

一、制药厂建设工程项目的发包模式

建设工程项目的发包模式主要有：总分包模式、平行承包模式、联合体承包模式、合作体承包模式以及 CM 模式（即代建制模式），以下重点就制药厂建设工程项目常用的三种模式进行简要介绍。

(一) 总分包模式

总分包模式是指业主将建设工程项目全过程或其中某几个阶段（如设计、施工）的全部工作发包给一家资质条件符合要求的总承包单位，由该总承包单位再将若干专业性较强的部分工程任务发包给不同的专业分包单位去完成，并统一协调和监督各分包单位的工作。采用这种模式业主只与总承包单位发生合同关系，总承包单位与各专业分包单位发生合同关系。

总分包模式的特点：

① 有利于业主的项目组织管理；

② 有利于控制工程造价和工程质量；

③ 有利于缩短建设工期；

④ 招标发包工作难度较大。

(二) 平行承包模式

平行承包模式是指业主将建设工程项目的设计、施工以及设备和材料采购的任务分别发

包给若干个设计单位、施工单位和设备材料供应单位。采用这种模式业主分别与各承包单位签订合同，各承包单位之间的关系是平行的，他们之间没有合同关系。制药厂建设工程项目多采用这种模式，制药厂作为业主方选择专业的医药工程设计院（公司）对项目进行设计，选择专业的施工公司承包土建及设备安装、暖通工程等项目施工，业主方自主进行全过程的招标采购工作和安装工程招标（除国家规定的土建工程外）或委托招标代理公司进行招标工作。

平行承包模式的特点：

① 有利于业主择优选择承包单位。由于合同内容比较单一，且合同价值相对小、风险相对可控，业主可以在较大的范围内进行选择，从而为择优选择承包单位创造条件。

② 有利于控制工程质量，由于整个建设工程项目竞夺分解发包给各承包单位，合同约束与相互制约使每一部分能够较好地实现质量要求。

③ 有利于缩短建设周期。由于建设工程项目设计和施工任务经过分解分别发包，设计与施工可以形成搭接关系，从而有利于缩短建设周期。

④ 不利于业主的项目组织管理。由于业主要签订的合同数量多，使建设工程项目系统内结合部位数量增加，从而使业主组织管理和协调工作量增大且对业主的综合专业能力提出了较高的要求。

⑤ 工程造价控制难度大。由于建设工程项目总合同价在所有承包合同均已签订后才能够确定，从而影响了工程造价控制的实施，增加了工程造价控制的难度。

（三）联合体承包模式

联合体承包模式是指业主将建设工程项目的施工任务发包给一个由几家公司组成的联合体。联合体通常由一家或几家公司发起，经过协商确定各自投入联合体的资金份额、机械设备、人员数量等，签署联合体章程，建立联合体组织机构，产生联合体代表，以联合体的名义与业主签订工程承包合同。

联合体承包往往是由于业主发包的建设工程项目规模巨大或技术复杂，以及由于市场竞争激烈，由一家公司承包有困难时，几家公司自愿联合起来去竞争承揽工程施工任务，以发挥各自的特长和优势。

对业主而言，采用联合体承包模式与采用总分包模式的特点基本相同，合同结构简单，组织协调工作量小，而且有利于工程造价控制。

二、招标、投标的基本概念和特性

（一）基本概念和特性

招标投标是市场经济条件下进行大宗货物的买卖、建设工程项目的发包以及服务项目的采购与提供时，所采用的一种交易方式。招标投标的目的是为了签订合同，其特点是单一的买方设定包括功能、质量、期限、服务、价格为主的标的，约请若干卖方通过投标报价进行竞争，买方从中选择优胜者并与其达成交易协议，随后按合同实现标的。

鉴于制药厂以生产药品为主营业务的特点，对建设工程项目并非特别在行，建安类人才储备不足，大多数采用独立式项目组织形式对制药厂建设项目进行项目管理，招标工作作为建设工程项目的重要经济活动，全程由项目工程部承担招标具体业务的实施，依照公司的管理规程，组成招标委员会并由其下辖的文件工作小组负责项目招标文件的编制及开评标流程的设定，项目工程部其他成员根据各自的专业特长对项目招标工作提供技术支持并可担任部分评委工作。

（二）建设工程项目招标方式

《招标投标法》规定，招标分公开招标和邀请招标两种方式。

1. 公开招标

公开招标亦称无限竞争性招标，招标人在公共媒体上发布招标公告，提出招标项目和要求，符合条件的一切法人或组织都可以参加投标竞争，都有同等竞争的机会。按规定应该招标的建设工程项目，一般应采用公开招标方式。

公开招标的优点是招标人有较大的选择范围，可在众多的投标人中选择报价合理、工期较短、技术可靠、资信良好的中标人。但是公开招标的资格审查和评标的工作量比较大、耗时长、费用高，且有可能因资格预审把关不严导致鱼目混珠的现象发生。

如果采用公开招标方式，招标人就不得以不合理的条件限制或排斥潜在的投标人。例如不得限制本地区以外或本系统以外的法人或组织参加投标等。

2. 邀请招标

邀请招标亦称有限竞争性招标，招标人事先经过考察和筛选，将投标邀请书发给某些特定的法人或者组织，邀请其参加投标。

为了保护公共利益，避免邀请招标方式被滥用，各个国家和世界银行等金融组织都有相关规定：按规定应该招标的建设工程项目，一般应采用公开招标，如果要采用邀请招标，需经过批准。

对于有些特殊项目，采用邀请招标方式确实更加有利。根据《中华人民共和国招标投标法实施条例》（中华人民共和国国务院令第613号）第八条，国有资金占控股或者主导地位的依法必须进行招标的项目，应当公开招标；但有下列情形之一的，可以邀请招标：①技术复杂、有特殊要求或受自然环境限制，只有少量潜在投标人可供选择；②采用公开招标方式的费用占项目合同金额的比例过大。

招标人采用邀请招标方式，应当向三个以上具备承担招标项目的能力、资信良好的特定的法人或者其他组织发出投标邀请书。

世界银行贷款项目中的工程和货物的采购，可以采用国际竞争性招标、有限国际招标、国内竞争性招标、询价采购、直接签订合同、自营工程等采购方式。其中国际竞争性招标和国内竞争性招标都属于公开招标，而有限国际招标则相当于邀请招标。

（三）建设工程项目招标文件

招标人应当根据招标项目的特点和需要编制招标文件。建设工程项目招标文件是投标人准备投标文件和参加投标的依据，也是招标投标活动当事人的行为准则和评标的重要依据。招标文件应当包括招标项目的技术要求、用户需求书（URS）、对投标人资格审查的标准、投标报价要求和评标标准等所用实质性要求和条件以及签订合同的主要条款。国家对招标项目的技术、标准有规定的，招标人应当按照其规定在招标文件中提出相应要求。不允许当事人通过协议降低这方面的要求。

招标人如要对已发出的招标文件进行必要的澄清或修改，应当在招标文件要求提交投标文件截止时间至少15日前，以书面形式通知所有招标文件收受人。该澄清或者修改内容为招标文件的组成部分。

招标文件是招标活动公平、公正的重要体现，招标文件不得要求或者标明特定的生产供应者以及含有倾向或者排斥潜在投标人的其他内容。

（四）投标人及其资格条件

招标人可以根据招标项目本身的特点和要求，要求投标申请人提供有关资质、相关业绩和能力等的证明，并对投标申请人进行资格审查。资格审查分为资格预审和资格后审。

资格预审是指招标人在招标开始之前或者开始初期，由招标人对申请参加投标的潜在投标人资质条件、相关业绩、信誉、技术、资金等多方面的情况进行资格审查；经认定合格的潜在投标人，才可以参加投标。

通过资格预审可以使招标人了解潜在投标人的资信情况，包括财务状况、技术能力以及以往从事类似工程的施工经验，从而选择优秀的潜在投标人参加投标，降低将合同授予不合格的投标人的风险。通过资格预审，可以淘汰不合格的潜在投标人，从而有效地控制投标人的数量，减少多余的投标，进而减少评审阶段的工作时间，减少评审费用，也为不合格的潜在投标人节约投标的无效成本。通过资格预审，招标人可以了解潜在投标人对项目投标的兴趣，如果潜在投标人的兴趣大大低于招标人的预料，招标人可以修改招标条款，以吸引更多的投标人参加竞争。

（五）开标、评标、中标

1. 开标

所谓开标，是指建设工程项目招标人将所有投标人的投标文件启封揭晓。开标由招标人或者招标代理人主持，邀请所有投标人参加，在招标文件预先确定的提交投标文件截止时间的同一时间及地点公开进行。开标时，由开标主持人以招标文件递交的先后顺序逐个开启投标文件，宣读投标人名称、投标价格和投标文件的其他主要内容。开标过程应当记录，并存档备查。

2. 评标

评标分为评标的准备、初步评审、详细评审、编写评标报告等过程。依法必须进行招标的项目，其评审委员会由招标人的代表和有关技术、经济等方面的专家组成，成员人数为五人以上的单数，其中技术、经济等方面的专家不得少于成员总数的三分之二。

初步评审主要是进行符合性审查，即重点审查投标书是否实质上响应了投标文件的要求。审查内容包括：投标资格审查、投标文件完整性审查、投标担保的有效性、与招标文件是否有显著的差异和保留等。如果投标文件实质上不响应招标文件的要求，将作无效标处理，不必进行下一阶段的评审。另外还要对报价计算的正确性进行审查，如果计算有误，通常的处理方法是：大小写不一致的以大写为准，单价与数量的乘积之和与所报的总价不一致的应以单价为准；标书正本和副本不一致的，则以正本为准。这些修改一般应由投标人代表签字确认。

详细评审是评标的核心，是对标书进行实质性审查，包括技术评审和商务评审。技术评审主要是对投标书的技术方案、技术措施、技术手段、技术装备、人员配备、组织结构、进度计划等的先进性、合理性、可靠性、安全性、经济性等进行分析评价。商务评审主要是对投标书的报价高低、报价构成、计价方式、计算方法、支付条件、取费标准、价格调整、税费、保险及优惠条件等进行评审。

评标方法可以采用评议法、综合评分法或评标价法等，可根据不同的招标内容选择确定相应的方法。制药厂建设工程项目多采用综合评分法进行评标，技术指标和商务评审双侧重。

3. 中标

评标委员会应当按照招标文件确定的标准和方法，对投标文件进行评审和比较；设有标底的，应当参考标底。评标委员会完成评标后，应当向招标人提出书面评标报告，并推荐合格的中标候选人确定中标人。招标人也可以授权评标委员会直接确定中标人。中标的投标应当符合下列条件：

① 能够最大限度地满足招标文件中规定的各项综合评价标准；

② 能够满足招标文件的实质性要求。

中标人确定后，建设工程项目招标人应当向中标人发出中标通知书，并同时将中标结果通知所有未中标的投标人，并依法退还未中标的投标人的投标保证金。中标通知书对招标人和中标人具有法律效力。中标通知书发出以后，中标人改变中标结果的，或者中标人放弃中标项目的，应当依法承担法律责任。

招标人和中标人应当自中标通知书发出之日起 30 日内，按照招标文件和中标人的投标文件订立书面合同。招标人和中标人不得再行订立背离合同实质性内容的其他协议。招标文件要求中标人提交履约保证金的，中标人应当提交。

第四节　制药厂建设工程项目施工前期管理及施工过程管理

一、合同管理

（一）项目合同的分类与选择

合同管理是建设工程项目管理的重要内容之一。在制药厂建设工程项目的实施过程中，往往会产生许多合同，比如设计合同、监理合同、咨询合同、设备采购合同、施工承包合同、材料供货合同等。合同管理，不仅包括对每个合同的签订、履行、变更和解除等过程的控制和管理，还包括对所有合同进行筹划的过程，因此，合同管理的主要工作内容有：根据项目的特点和要求设定设计任务委托模式和施工任务承包模式（合同结构）、合同索赔等。在制药厂建设工程项目中，业主方往往会签订以下几个方面的合同：

(1) 设计合同。业主方将建设工程项目的设计任务委托给具备设计专业资质的医药设计单位来完成，并与之签订专业设计合同。

(2) 施工承包合同。业主方将土建或设备安装施工任务委托给具备专业施工资质的单位来完成，并与之签订专业承包合同。

(3) 设备采购合同。业主方将根据项目建设的工艺需求，采购制药生产设备，并与设备供应单位签订合同。

（二）建筑工程合同的分类

建筑工程合同是指与一个项目建设直接相关的各种合同，并非指一个参建单位在某项目建设过程中签订的所有合同。工程合同种类繁多，可以从不同的角度进行分类。

(1) 按承包的工作性质划分。按承包工作性质的不同，一般将工程合同划分为勘察合同、设计合同、建设监理合同、施工合同、材料设备采购合同以及其他工程咨询合同等。

(2) 按承包的工程范围划分。按承包工程范围的不同，一般将工程合同划分为项目总承包合同、施工总承包合同、专业分包合同、劳务分包合同等。

① 交钥匙合同。这种合同有时又叫“统包”或“一揽子”合同。整个项目的设计和实施通常由一个承包商承担，签订一份合同。项目业主只对项目概括地叙述一般情况，提出一般要求，而把项目的可行性研究、勘测、设计、施工、设备采购和安装及竣工后一定时期内的试运行和维护等，全部承包给一个承包商。显然这种方式，业主就必须很有经验，能够同承包商讨论工作范围、技术要求、工程款支付方式和监督施工方式、方法。因此这种合同方式最适合于承包商非常熟悉的那类技术要求高的大型工程项目。

② 设计-采购-施工合同。与交钥匙合同类似，只是承包的范围不包括试生产及生产准备。

③ 设计-采购合同。承包商只负责工程项目设计和材料设备的采购，工程施工由甲方另行委托。

④ 单项合同。单项合同，如设计合同和施工合同等。设计合同，承包商只承包工程项目设计和实施中的设计技术服务，而大部分工作由业主统一协调控制；施工合同，承包商只能按图施工，无权修改设计方案，承包范围单一。

(3) 按合同计价方式划分。按合同计价方式的不同，一般将工程合同划分为总价合同、单价合同、成本加酬金合同等。

① 总价合同。总价合同是合同总价不变或影响合同价格的关键因素固定的一种合同。采用这种合同，对业主支付款项来说比较简单，评标时易于按低价定标。业主按合同规定的进度方式付款，在施工中可集中精力控制质量和进度。

总价合同有以下三种形式：

a. 固定总价合同。承包商以初步设计的图纸（或施工设计图）为基础，报一个合同总价，在图纸及工程要求不变的情况下，其合同总价固定不变。这种合同承包商要考虑承担工程的全部风险因素，因此一般报价较高。

这种合同形式一般适用风险不大，技术不太复杂，工期不长（一年以内），工程施工图纸不变，工程要求十分明确的项目。如果施工图变更，工程要求提高，应考虑合同价格的调整。

b. 调值总价合同。这种合同除了与固定总价合同一样外，所不同的是在合同中规定了由于通货膨胀引起的工料成本增加到某一规定的限度时，合同总价应作相应的调整。这种合同业主承担了通货膨胀的风险因素，一般，工期在一年以上时可采用这种形式。

c. 估计工程量总价合同。这种合同要求投标者在报价时，根据图纸列出工程清单和相应分费率为基础计算出的合同总价，据之以签订合同。当改编设计或新增项目而引起工程量增加时，可按新增的工程量和合同中已确定的相应的费率来调整合同价格。这种合同一般只适用于工程量变化不大的项目。这种报价和合同方式对业主非常有利，他可以了解承包商投标报价是如何计算得来的，在谈判时可以压价，同时，业主不承担任何风险。

② 单价合同。有以下三种形式：

a. 估计工程量单价合同。业主在准备此类合同招标文件时，应有工程量表，在表中应列出每项工程量，承包商在工程量表中只填入相应的单价，计算出投标报价作为合同总价。业主每月按承包商所完成的核定工程量支付工程款。待工程验收移交后，以竣工结算的价款为合同价。估计工程量单价合同应在合同中规定单价调整的条款。如果一个单项工程当实际量比招标文件中工程量表中的工程量相差某一百分数（如 25%）时，应由合同双方讨论对单价的调整。这种合同，业主和承包商共同承担风险，是比较常见的一种合同形式。

b. 纯单价合同。这种合同在招标文件中只提出项目一览表、工程范围及工程要求的说明，而没有详细的图纸和工程量表，承包商在投标时，只需列出各工程项目的单价。业主按承包商实际完成的工程量付款。这种合同形式适用于来不及提供施工详细图就要开工的工程项目。

c. 单价与包干混合式合同。在有些项目中，有些子项目容易计算工程量，如挖方。但有的子项目不容易计算工程量，如施工倒流和小型设备的安装与调试。对于容易计算工程量的，可采用单价的形式，而对于不容易计算工程量的，应用包干的形式。在工程施工中，业主分别按单价合同和总价合同的形式支付工程款。

③ 成本加酬金合同。成本加酬金合同也称为成本补偿合同或成本加费用合同。这种合

同一般是在工程内容及其技术经济和设计指标尚未完全确定而又急于上马的工程，或者是一个前所未有的崭新工程和施工风险很大的工程中采用。在采用这种合同时，工程成本费用可按实报实销的方式，或业主和承包商事先商定，估算出一个工程成本，在此基础上，按不同的方法业主向承包商支付一定的酬金。成本加酬金合同一般有以下几种形式：

a. 成本价固定百分比酬金（费用）合同。合同双方约定工程成本中的直接费用实报实销，然后按直接费用的某一百分比提取酬金。这种工程合同的缺点是总造价随实际发生的工程成本的增大而增大。该合同简单易行，但不利于鼓励承包商降低成本、缩短工期的积极性。

b. 成本价固定酬金合同。根据合同双方讨论约定的工程估算成本来确定一笔固定的酬金。其估算成本仅作为确定酬金而用，而工程成本仍按实报实销的原则。这种合同形式避免了成本价固定百分比酬金合同中酬金水涨船高的现象，虽不能鼓励承包商降低成本，但可以鼓励承包商为尽快得到固定酬金而缩短工期。

c. 成本加浮动酬金合同。这种合同具有奖罚的性质，因此又称成本加奖罚金合同。合同是经合同双方确定工程的一个概算直接成本和一个固定的酬金，然后，将实际发生的直接工程成本与概算的直接成本比较。若实际成本低于概算成本，就奖励某一固定的或节约成本的某一百分比的酬金，若实际成本高于概算成本，就罚某一固定的或增加成本的某一百分比的酬金。当招标时，工程设计的图纸和规范的准备不够充分，不能据此来比较准确地确定合同总价时可以采用这种合同。此种合同，从理论上讲是比较合理的一种合同形式，对合同双方都无多大风险，促使承包商既关心成本的降低，又注意工期的缩短。关键是在预先确定直接的工程成本时要有一定的准确程度，一般要求达到70%的精度，否则影响酬金的计算。

（三）项目参与各方的合同管理

1. 业主的合同管理

业主对合同的管理主要体现在项目合同的前期策划和合同签订后的监督方面，业主要为承包商的合同实施提供必要的条件，向项目派驻具备相应资质的代表，或者聘请监理单位及具备相应资质的人员负责监督承包商履行合同。业主方合同管理实用表如表11-2～表11-5所示。

表11-2　项目合同编制计划表（标准）

编号：　　　　　　　　　　　　　　　　　　　　填表日期：________年____月____日

合同类型	项目阶段		调研时间			合同拟定审批时间			合同签订时间	备注
	部门	项目进行阶段	起	止	结果	起	止	修改时间		
建设工程设计、勘察合同										
工程项目物资购销合同										
项目工程检测合同										

表11-3　项目合同会审表

编号：　　　　　　　　　　　　　　　　　　　　填表日期：________年____月____日

申报部门		申报日期	
项目名称		合同编号	
送审日期		审批日期	
经办人		联系电话	
密级	□一般　□机密　□绝密		
合同类别	□施工类　□材料设备类　□室外环境类　□其他		

续表

<table>
<tr><td rowspan="3">签约单位</td><td>甲方</td><td colspan="5"></td></tr>
<tr><td>乙方</td><td colspan="5"></td></tr>
<tr><td>丙方</td><td colspan="5"></td></tr>
<tr><td rowspan="4">合同内容摘要</td><td>承包范围</td><td colspan="5"></td></tr>
<tr><td>合同价款及单方造价</td><td colspan="3"></td><td>计价方式</td><td></td></tr>
<tr><td>付款方式</td><td colspan="3"></td><td>期限</td><td></td></tr>
<tr><td>质量要求</td><td colspan="3"></td><td>保修约定</td><td></td></tr>
<tr><td rowspan="4">合作单位说明</td><td rowspan="2">合作单位说明及选择理由</td><td colspan="3" rowspan="2"></td><td>投标资料编号</td><td></td></tr>
<tr><td>考查审批表编号</td><td></td></tr>
<tr><td>目标成本总额</td><td colspan="3"></td><td>与合同价款的差异</td><td></td></tr>
<tr><td>成本差异说明</td><td colspan="5"></td></tr>
<tr><td rowspan="2">会签栏</td><td>项目部</td><td></td><td>法务部</td><td></td><td>工程技术部</td><td></td></tr>
<tr><td>财务部</td><td></td><td>副总经理</td><td></td><td>总经理</td><td></td></tr>
</table>

表 11-4 项目合同汇总表

填表人：　　　　　　　　　　　　　　　　　　　　　填表日期：______年____月____日

序号	项目内容				项目负责人	合同编号	备注
	项目类型	项目名称	起止日期	合同内容			

表 11-5 项目合同档案记录表

编号：　　　　　　　　　　　　　　　　　　　　　　填表日期：______年____月____日

<table>
<tr><td>项目名称</td><td></td><td>合同名称</td><td></td></tr>
<tr><td>合同编号</td><td></td><td>合同价款</td><td></td></tr>
<tr><td>合同双方</td><td colspan="3"></td></tr>
<tr><td>生效日期</td><td></td><td>合作方式</td><td></td></tr>
<tr><td>签约日期</td><td></td><td>签约地点</td><td></td></tr>
<tr><td>合同项目履行地</td><td></td><td>合同标的</td><td></td></tr>
<tr><td>合同主要内容</td><td colspan="3"></td></tr>
<tr><td>档案编号</td><td></td><td>档案负责人</td><td></td></tr>
<tr><td>项目完成额度(金额)</td><td></td><td>项目损失(金额)</td><td></td></tr>
<tr><td>备注</td><td colspan="3"></td></tr>
</table>

2. 承包商的合同管理

承包商的合同管理是最细致、最复杂，也是最困难的合同管理工作，承包商的总体目标是通过项目承包获得利益，这个目标必须通过两步来实现。

① 通过投标竞争，战胜竞争对手，承接项目，并签订一个有利的合同。

② 在合同规定的工期和预算成本范围内完成合同规定的项目实施和保修责任，全面正确地履行自己的合同义务，争取盈利。同时，通过双方圆满的合作，项目顺利实施，承包商赢得了信誉，为将来在新的项目上的合作和扩展业务奠定基础。

这要求承包商在合同生命期的每个阶段都必须有详细的计划和有力的控制，以减少失误，减少双方的争执，减少延误和不可预见的费用支出，这一切都必须通过合同管理来实现。

承包合同是承包商在项目中的最高行为准则，承包商在项目实施过程中的一切活动都是为了履行合同责任，所以，广义地说，项目的实施和管理全部工作都可以纳入合同管理的范围，合同管理贯穿于项目实施的全过程和项目实施的各个方面。

3. 监理工程师的合同管理

业主和承包商是合同的双方，监理单位受业主雇佣为其监理项目，进行合同管理，负责进行项目的进度控制、质量控制、投资控制以及做好协调工作，它是业主和承包商合同之外的第三方，是独立的法人单位。

监理工程师对合同的监督管理与承包商在实施项目时管理的方法和要求都不一样，承包商是项目的具体实施者，它需要制定详细的进度和实施方法，研究人力、机械的配合和调度，安排各个部位实施的先后次序以及按照合同要求进行质量管理，以保证高速优质地完成项目。监理工程师则不去具体地安排实施和研究如何保证质量的具体措施，而是宏观上控制实施进度，按承包商在开工时提交的实施进度计划以及月计划、周计划进行检查督促，对项目质量则是按照合同中技术规范、图纸内的要求去进行检查验收。监理工程师可以向承包商提出建议，但并不对如何保证质量负责，监理工程师提出的建议是否采纳，由承包商自行决定，因为它要对项目质量和进度负责。对于成本问题，承包商要精心研究如何去降低成本，提高利润率。而监理工程师主要是按照合同规定，特别是项目工作量表的规定，严格为业主把住支付这一关，并且防止承包商的不合理的索赔要求。监理工程师的具体职责是在合同条件中规定的，如果业主要对监理工程师的某些职权作出限制，它应在合同专用条件中作出明确规定。

(四) 项目合同的履行与违约责任

1. 项目合同的履行

项目合同的履行是指合同生效后，当事人双方按照合同约定的标的数量、质量、价款、履行期限、履行地点履行方式等完成各自应承担的全部义务的行为。严格履行合同是双方当事人的义务，因此，合同当事人必须共同按计划履行合同，实现合同所要达到的各类预定的目标。

项目合同的履行有实际履行和适当履行两种形式。

(1) 实际履行　项目合同的实际履行，即要求按照合同规定的标的来履行。实际履行，已经成为我国合同法规定的一个基本原则。采用该原则对项目合同的履行具有十分重大的意义。由于项目合同的标的物大都为指定物，因此不得以支付违约金或赔偿损失来免除一方当事人继续履行合同规定的义务。如果允许合同当事人的一方用货币代偿合同中规定的义务，那么合同当事人的另一方可能在经济上蒙受更大的损失或无法计算的间接损失。此外，即使当事人一方在经济上的损失得到一部分补偿，但是对于预定的项目目标或任务，甚至国家计划的完成，某些涉及国计民生、社会公益的项目不能得到实现，实际上会有更大的损失。所以，实际履行的正确含义只能是按照项目合同规定的标的履行。

当然，在贯彻以上原则时，还应从实际出发。在某些情况下，过于强调实际履行，不仅在客观上不可能，而且还会给对方和社会利益造成更大的损失。这样，应当允许用支付违约金和赔偿损失的办法，代替合同的履行。

(2) 适当履行　项目合同的适当履行，即当事人按照法律和项目合同规定的标的按质、按量的履行，义务人不得以次充好、以假乱真，否则，权利人有权拒绝接受。所以在签订合同时，必须对标的物的规格、数量、质量作具体规定以便按规定履行义务，权利人按规定验收。

2. 违约责任

违约责任是指合同当事人违反合同约定，不履行义务或者履行义务不符合约定所应承担的责任。违约责任制度是保证当事人履行合同义务的重要措施，有利于促进合同的全面履行。没有违约责任制度，“合同具有法律约束力”便成为空话。

当事人一方不履行合同义务或者履行合同义务不符合约定的，应当承担如下责任：①继续履行合同，违约人应继续履行没尽到的合同义务；②采取补救措施，如质量不符合约定的，可以要求修理、更换、重做、退货、减少价款或者报酬等；③支付违约金；④赔偿损失，违约方在继续履行义务、采取补救措施、支付违约金后，对方仍有其他损失的，则应当赔偿损失的。损失的赔偿额应相当于因违约所造成的损失，包括合同履行后可以获得的利润。

因不可抗力导致不能履行合同责任，可以部分或全部免除合同责任。但如果当事人拖延履行合同责任后发生不可抗力，不能免除责任；法律规定和合同约定有免责条件，当发生这些条件时，可以不承担责任。

（五）项目合同纠纷处理

合同纠纷通常具体表现在，当事人双方对合同规定的义务和权利理解不一致，最终导致对合同的履行或不履行的后果和责任的分担产生争议。合同纠纷的解决通常有如下几个途径：

(1) 协商。这是一种最常见的、也是首先采用的解决方法。当事人双方在自愿、互谅的基础上，通过双方谈判达成解决争执的协议。这是解决合同争执的最好方法，具有简单易行、不伤和气的优点。

(2) 调解。调解是在第三者（如上级主管部门、合同管理机构等）的参与下，以事实、合同条款和法律为依据，通过对当事人的说服，使合同双方自愿地、公平合理地达成解决协议。如果双方经调解后达成协议，由合同双方和调解人共同签订调解协议书。

(3) 仲裁。仲裁是仲裁委员会对合同争执所进行的裁决，我国实行一裁终局制，裁决作出后，若合同当事人就同一争执再申请仲裁或向人民法院起诉，则不再予以处理。

仲裁作出裁决后，由仲裁机构制作仲裁裁决书。对仲裁机构的仲裁裁决，当事人应当履行。当事人一方在规定的期限内不履行仲裁机构的仲裁裁决，另一方可以申请法院强制执行。

(4) 诉讼。诉讼解决是指司法机关和案件当事人在其他诉讼参与人的配合下，为解决案件依法定诉讼程序所进行的全部活动。基于所要解决的案件的不同性质，可以分为民事诉讼、刑事诉讼和行政诉讼。而在项目合同中一般只包括广义上的民事诉讼（即民事诉讼和经济诉讼）。

项目合同当事人因合同纠纷而提出的诉讼一般由各级法院的经济审判庭受理并裁决。根据某些合同的特殊情况，还必须由专业法院进行审理，如铁路运输法院、水上运输法院、森林法院及海事法院等。项目合同争议协调表如表 11-6 所示。

二、项目施工前期管理

（一）建设用地的办理

1. 建设用地规划许可证的办理程序

建设用地规划许可证是城市规划区内，经城市规划行政主管部门审核，许可用地的法律凭证。凡是未取得建设用地规划许可证，而取得建设批准文件，占用土地的，批准文件无效。建设用地规划许可证是业主办理的重要的建设文件，其办理程序如下：

表 11-6 项目合同争议协调表

项目名称		合同编号	
争议双方(甲方)			
争议双方(乙方)			
协调方			
争议原因			
甲方单位 项目主管意见			
乙方单位 项目主管意见			
争议协调方案			
双方确认签署	甲方单位授权人		乙方单位授权人
	签字(盖章)： 日期：____年___月___日		签字(盖章)： 日期：____年___月___日

① 领取规划审批申请表，并注意有关内容；

② 填写申请表，盖业主和申报单位公章；

③ 提交“申报要求”中“建设用地许可证”所列要求的文件和图纸；

④ 经审查符合申报要求后，发给业主或申报单位建设用地规划许可证立案表，作为取件凭证；

⑤ 在立案规定的取件时间，到发件处领取“建设用地规划许可证”。

2. 临时用地的办理

为了维护社会经济秩序，按照国家法律、法规和政策的规定，除办理好业主所属义务范围内的用地许可证外，若施工场地狭小，不能满足施工要求时，就必须办理临时设施范围内的土地征用、租用的申请及施工使用许可执照与占道的许可证。办理临时用地许可证时应注意：

① 凡是业主和施工单位在施工过程中，需要设置临时用地、建筑材料堆场、堆放渣土或者临时性建房和其他临时设施等均要按临时用地申请，由批准建设工程项目征用土地的机关审批，核发“临时用地许可证”。

② 凡是临时用地和临时建设工程，均需经有关政府规划管理机构审批，规定使用期限，核发临时用地规划许可证和临时建设工程许可证，再到公安、交通管理部门办理占地手续。

③ 凡是临时用地，使用期限一般为 2 年。因工作需要，特殊情况可延长使用期限，但是必须在使用期满前 2 个月向批准部门提出申请，申述理由，经批准后方可继续使用。

④ 凡是临时用地，应遵守有关市政设施管理单位的规定，如通信电缆、供气与供水管线处不准堆料，不准损坏道路、树木等。

⑤ 凡是临时用地和临时建设工程，不能任意改变其使用性质，不得转让。不得交换使用、租赁、买卖，不得建成永久工程等。使用完毕以后，使用单位应无条件恢复地貌，办理交回手续。

⑥ 凡是临时用地和临时建设工程，均应交纳用地费用。

⑦ 凡是临时用地和临时建设工程，未办理任何用地手续或者擅自转让、交换、买卖等以及扩大用地范围或逾期不交回的，均称违章用地。对于违章用地应按有关规定进行相应的处罚。

(二) 设计交底与图纸会审

施工图是建设工程项目施工的依据，设计交底与图纸会审是施工前的一项重要准备工作。为了使施工单位熟悉有关的设计图纸，充分了解设计意图、工艺与质量要求和施工特点，并能发现问题，提出意见与建议，把图纸上的差错、缺陷的纠正与补充完成在施工之前，业主应主持做好设计交底与图纸会审工作。

1. 设计交底

施工活动开始以前，业主有责任组织设计单位对设计意图、工程技术与施工注意事项向施工单位做出明确的交底。设计交底的程序是：

① 由设计单位介绍设计意图、结构特点、施工及工艺要求、技术措施和有关注意事项及关键问题；

② 由施工单位提出图纸中存在的问题和疑点，以及需要解决的技术难题；

③ 通过设计单位、施工单位、监理单位三方研究和商讨，拟订出解决问题的办法。设计交底要做出会议纪要，作为对设计图纸的补充、修改以及施工的依据之一。

设计交底的内容主要包括以下几个方面：

① 施工图设计的依据，包括初步设计文件、主管部门的要求、采用的主要设计规范、市场供应的主要建筑材料情况等；

② 设计意图，诸如设计思想、结构设计意图、基础开挖及基础处理方案、设备安装与调试要求等；

③ 施工注意事项，如基础处理及主体工程施工的质量要求、对建筑材料的要求、主体工程设计中采用新技术对施工的要求等。

2. 图纸会审

图纸会审一般在施工单位完成自审的基础上，由业主主持，监理单位组织，邀请设计单位、施工单位、质量监督管理部门等有关人员参加。对于大型、复杂的建设工程项目，业主应事先组织专业技术人员进行预审，并将问题汇总，提出初步意见，做到在会审前对设计胸中有数。

鉴于图纸会审的重要性，业主应要求参加会审的各方充分准备，认真对待。通过图纸会审重点要解决以下问题：

① 理解设计意图和业主对工程建设的要求；

② 审查工程结构是否安全，设计深度是否满足指导施工的要求，新技术、新工艺、新材料的采用有无问题；

③ 审查设计中贯彻国家及行业规范、标准的情况；

④ 审查图纸上的工程部位、高程、尺寸及材料标准等数据是否准确一致，各专业图纸在结构、管线、设备标注上有无矛盾，各种管线的走向是否合理，有无矛盾；

⑤ 根据设计图纸的要求，审查施工单位是否具有组织施工的条件；

⑥ 审查图纸上标明的内容与施工合同中明确的工作范围有无差异，如发现差异较大将影响工期与费用时，施工单位应向业主提出，并与业主在工期与费用方面另行讨论。

图纸会审要有专人做好记录，并作出会议纪要，注明会审的时间、地点、主持与参加单位、参加人员，就会审中提出的问题，应着重说明处理和解决的意见与办法。会审纪要经参加会审的单位签字认可后，一式若干份，分别送交有关单位执行及存档，将作为竣工验收依据文件的组成部分。

（三）施工组织设计的审查

1. 施工组织设计审查的原则

施工组织设计是施工单位编制的用于指导施工活动的技术经济文件。业主应在施工合同中明确审查施工组织设计的权力，在施工活动开始以前，应委托监理单位对施工单位编制的施工组织设计进行审查，审查过程中应体现以下原则：

① 审查施工组织设计是否符合国家的技术政策，是否充分考虑施工合同规定的条件、施工现场条件及法规条件的要求，突出“质量第一”的原则；

② 审查施工组织设计是否具有针对性，即施工组织设计是否针对本工程的特点及难点编制，施工条件是否分析充分；

③ 审查施工组织设计是否具有可操作性，即施工单位是否有能力执行并保证工期和施工质量，施工组织设计是否切实可行；

④ 审查施工组织设计中的质量管理和技术管理体系、质量保证措施是否健全且切实可行；

⑤ 审查施工组织设计中的施工顺序是否合理，施工方案与施工进度计划是否协调一致，施工方案与施工平面图的布置是否协调一致；

⑥ 审查施工组织设计中的安全、环保、消防和文明施工措施是否符合有关规定并切实可行。

2. 施工方案的审查

施工方案是施工组织设计的核心内容，施工方案的优劣直接影响工程质量和工期。施工方案的审查要点应包括以下内容：

① 应根据工程结构的特点、工程量的大小、气候及现场的施工环境等因素审查主要施工过程的施工方法和施工机械的选择是否科学合理、先进适用；

② 审查施工起点流向是否满足业主对工程分期分批竣工投产的要求；

③ 审查施工顺序是否能够保证施工质量及施工安全的要求；

④ 审查施工技术组织措施是否能够满足保证工程质量、工期、现场文明施工的要求。

3. 施工进度计划的审查

施工进度计划反映完成建设工程项目的各施工过程的组成及所需时间、施工顺序，同时也反映各施工过程的劳动组织及配备的施工机械台班数。施工进度计划一般应采用网络计划技术编制，应合理地组织流水作业和立体交叉作业。施工进度计划的审查要点应包括以下内容：

① 审查施工进度计划中的计划工期及阶段工期目标是否符合施工合同规定的要求，分析计划工期实现的可靠性；

② 审查业主提供的施工场地与进度计划所需的施工场地供需是否一致，各施工单位场地的利用是否相互干扰，影响施工进度；

③ 审查施工进度计划是否根据现场的施工条件和施工单位的组织管理能力编制，是否具有真实性和可行性；

④ 审查施工进度计划是否具有科学性，是否安排得既合理、又符合施工合同的规定，能够确保工程质量；

⑤ 审查各施工过程的施工顺序是否符合施工技术与组织的要求；

⑥ 审查主导施工过程的起、止时间及持续时间安排是否正确合理；

⑦ 从施工工艺、质量与安全的角度审查平行、搭接、立体交叉作业的施工内容的安排是否合理；

⑧ 审查施工总承包单位与分包单位分别编制的施工进度计划是否协调一致，专业分工与计划衔接是否明确合理；

⑨ 审查业主供应材料、设备的时间是否与施工进度计划相协调。

4. 施工平面图的审查

施工平面图是安排和布置施工现场的基本依据，也是组织文明施工的重要条件。在施工的不同阶段，现场的施工内容不同，要有反映相应施工内容的施工平面图。施工平面图的审查要点应包括以下内容：

① 审查施工平面图的内容是否全面，是否包括了用于生产和生活的主要设施；

② 审查施工平面布置是否能够满足正常施工活动的需要；

③ 审查施工平面布置是否遵守安全生产、防火条例和环境保护等国家有关法律、法规的规定。

5. 资源需要量计划的审查

施工进度计划编制完毕以后，施工单位即可依照其编制资源需要量计划。资源需要量计划主要应包括材料、劳动力和机械设备需要量计划。资源需要量计划的审查要点应包括以下内容：

① 审查材料、劳动力和机械设备需要量计划是否与施工进度计划相协调，能否保证施工进度计划的顺利进行；

② 审查施工所需的材料、劳动力和机械设备是否能够得到及时的供应；

③ 审查主要材料与机械设备的规格、型号、性能、技术参数及质量标准能否满足工程的需要。

(四) 施工材料与设备的准备

施工材料与设备的准备是指业主应做好由自身采购的材料与设备的准备工作。施工前，业主应委托监理工程师认真核算材料与设备的种类、规格和数量，及时与供应单位签订供应合同，并严格按照合同的要求履行自己的职责，做好组织供应工作，确保按材料与设备需要量计划的规定按时到场，并符合质量要求，以保证施工活动的顺利进行。对于大型永久设备和金属加工产品还应考虑组织进厂督造，以确保其质量。

(五) 施工许可证的办理

施工许可证制度是《中华人民共和国建筑法》所规定的一项重要的法律制度，国际上很多国家政府对于工程管理都实行施工许可制度。建设工程项目开工以前，业主应按照国家有关规定向工程所在地县级以上人民政府建设行政主管部门申请领取施工许可证。

申请领取施工许可证应当具备以下条件：

① 已经办理该建设工程项目用地批准手续；

② 在城市规划区的建设工程项目，已经取得规划许可证；

③ 需要拆迁的，其拆迁进度符合施工要求；

④ 已经确定建筑施工企业；

⑤ 有满足施工需要的施工图纸及技术资料；

⑥ 有保证工程质量和安全的具体措施；

⑦ 建设资金已经落实；

⑧ 法律、行政法规规定的其他条件。

收到申请以后，建设行政主管部门应当在15日内对符合条件的颁发施工许可证。业主应当自领取施工许可证之日起三个月内开工。因故不能按期开工的，应当向发证机关申请延期；延期以两次为限，每次不超过三个月。既不开工又不申请延期或者超过延期时限的，施工许可证自行作废。

在建的建设工程项目因故中止施工的，业主应当自中止施工之日起一个月内向发证机关报告，并按照规定做好建设工程项目的维护管理工作。恢复施工时，应当向发证机关报告；中止施工满一年的工程恢复施工前，业主应当报发证机关核验施工许可证。

三、项目施工进度控制

（一）施工进度控制方法和原理

建设工程项目施工进度控制是指业主委托监理工程师对施工单位编制的施工进度计划进行审查，并将该计划付诸实施，在实施的过程中经常检查实际进度是否按计划要求进行，对出现的进度偏差分析原因，采取补救措施或调整、修改原计划，直到工程竣工验收交付使用。建设工程项目施工进度控制的目的是确保项目按时竣工。

建设工程项目的施工进度受到许多因素的影响，监理工程师应事先对影响进度的各种因素进行调查并预测其影响程度。然而，在施工进度计划执行过程中，由于影响因素的复杂性，往往使施工活动难以按照原计划进行，这就要求监理工程师掌握控制原理，不断地进行检查，将实际情况与计划安排进行对比，分析偏离计划的主要原因，然后要求施工单位采取相应的措施。措施的采用有两种情况，一是通过采取措施，维持原计划，使之正常实施；二是采取措施后，还不能维持原计划，就必须对原计划进行相应的调整或修改，再按新的计划实施。这样不断地计划、检查、分析、调整计划的动态循环过程就是进度控制。

（二）施工进度控制的主要工作内容

1. 编制施工进度控制方案

施工进度控制方案是在建设工程项目监理规划的指导下，由监理工程师编制的更具有实施性与操作性的监理业务文件。其主要内容包括：

① 进行施工进度目标分解，绘制进度控制目标分解图，并进行进度控制目标的风险分析；

② 确定进度控制的主要工作内容和深度，安排与进度控制有关的各项工作的时间及工作流程；

③ 确定进度控制的方法与具体措施。

2. 编制或审查施工进度计划

为了保证建设工程项目施工任务的按期完成，监理工程师必须编制或审查施工进度计划。对于大型建设工程项目的施工，由于单项工程多、工期长，业主往往采用分期分批发包，这时就要求监理工程师编制施工总进度计划，以确定分期分批的项目组成、各批工程项目的开工与竣工顺序和时间安排、全场性准备工作的内容与进度安排等。当建设工程项目有总承包单位时，监理工程师就没有必要编制施工总进度计划，而只需对施工总承包单位提交的施工总进度计划进行审查即可。

对于常见的单位工程承包，监理工程师应要求施工单位编制和提交单位工程施工进度计划，自己负责审查。如果监理工程师在审查施工进度计划的过程中发现问题，应及时向施工单位提出书面修改意见，并协助施工单位进行修改。

3. 下达开工令

监理工程师应根据业主与施工单位双方关于工程开工的准备情况，选择合适时机并尽可能及时地下达开工令，要求施工单位开始施工。

4. 监督施工进度计划的实施

监督施工进度计划的实施是施工进度控制的经常性工作。监理工程师应及时地检查施工单位报送的施工进度报表，同时进行必要的现场实地检查，并将与其计划进度相比较，以判定是否出现进度偏差。如果出现进度偏差，则应分析偏差产生的原因及其对进度控制目标的影响程度，以便研究对策，纠正偏差。必要时还应对后期的进度计划进行适当的调整，以保证工程按期竣工。

5. **审批与控制工程延期**

所谓工程延期，是指由于施工单位以外的原因造成施工工期的拖延。如果发生了工程延期时间，施工单位应及时提出申请，报监理工程师审批。监理工程师应根据施工单位的申请和施工合同的规定，适当地将合同工期予以顺延。监理工程师批准工程延期后，新的合同工期应等于原定的合同工期加上工程延期时间。

发生工程延期事件，不仅影响施工活动的进展，而且会给业主带来经济损失。因此，业主应与监理工程师密切配合，做好以下工作，以减少或避免工程延期事件的发生。

(1) 选择合适的时间下达开工令　监理工程师在下达开工令之前，应充分考虑业主的施工前期准备工作是否充分到位，特别是征地、拆迁工作是否已完成，设计图纸能否及时提供，付款方面是否存在问题等，以避免由于这些方面存在的问题导致工程延期。

(2) 履行合同中规定的职责　在施工过程中，业主与监理工程师应按照施工合同的规定履行自己的职责，分别做好各自的工作，特别是监理工程师应提醒业主做好对施工活动影响较大的施工场地与设计图纸的提供、建筑材料与设备的供应、工程款的支付等工作，以减少或避免由此而造成的工程延期。

(3) 妥善处理工程延期事件　当工程延期事件发生后，监理工程师应根据施工合同的规定妥善处理工程延期事件，既要在调查研究的基础上合理批准工程延期的时间，又要尽量减少工程延期对业主所造成的经济损失。

特别应该指出的是，业主在工程施工中应少干预、多协调，支持监理工程师开展工作，以避免由于自身的干扰与阻碍导致工程延期事件的发生。

6. **处理工程延误**

所谓工程延误，是指由于施工单位自身的原因造成施工工期的拖延。如果发生工程延误事件，监理工程师有权要求施工单位采取有效措施进行赶工，如果经过一段时间的赶工，实际进度还没有明显的改进，仍然落后于计划进度的要求并且将影响工程按期竣工时，监理工程师应要求施工单位修改施工进度计划，并提交监理工程师重新确认。只是要求施工单位在合理的状态下进行赶工，而不是对工程延误的批准，并不能解除施工单位的一切责任，施工单位应承担赶工的额外开支和误期损失赔偿。

如果由于施工单位自身的原因造成工程延误，而施工单位又没有按照监理工程师的指令改变延误状态时，业主与监理工程师应相互配合地做好以下工作，以减少损失。

(1) 停止付款　在施工过程中，当施工单位的施工进度拖后且又不采取措施积极赶工或赶工活动不能使监理工程师满意时，监理工程师可采取拒绝签发工程进度款支付凭证、业主可采取停止付款等方式制约施工单位。

(2) 经济处罚　如果施工单位未能按施工合同规定的工期按时完成施工任务时，监理工程师应向业主建议对其进行经济处罚，以作为业主损失的补偿费。经济处罚的额度，一般是合同规定的金额或是施工单位投标书附件中标明的金额。

(3) 取消承包资格　为了保证合同工期，如果监理工程师证明施工单位严重违反合同的规定，而又不积极采取补救措施，则业主有权取消其承包资格。在工程实践中，如果发生施工单位在接到监理工程师的开工通知后，无正当理由拒不开工，或在施工过程中无正当理由要求延长工期，施工进度缓慢又无视监理工程师的书面警告等情况，施工单位都有可能被取消承包资格。

四、项目施工质量控制

建设工程项目质量是指建设工程项目满足业主需要的，符合国家法律、法规、技术规范、标准、设计文件及合同规定的特性综合。建设工程项目施工质量是形成建设工程项目实体质量的决定性环节。

（一）业主的质量责任和义务

在项目建设过程中，业主应根据国家颁布的《建设工程质量管理条例》以及合同、协议和有关文件的规定承担以下相应的质量责任和义务。

(1) 业主要根据工程特点和技术要求，按有关规定选择相应资质等级的勘察、设计单位和施工单位，在合同中必须有质量条款，明确质量责任，并真实、准确、齐全地提供与建设工程有关的原始资料。凡建设工程项目的勘察、设计、施工、监理以及工程建设有关重要设备材料等的采购，均应实行招标，依法确定程序和方法，择优选定中标者。不得将应由一个承包单位完成的建设工程项目肢解成若干部分发包给几个承包单位；不得迫使承包单位以低于成本的价格竞标；不得任意压缩合理工期；不得明示或暗示设计单位或施工单位违反建设强制性标准，降低建设工程质量。

(2) 业主应根据工程的特点，配备相应的质量管理人员。对国家规定强制实行监理的建设工程项目，必须委托有相应资质等级的工程监理单位进行监理。业主应与监理单位签订委托监理合同，明确双方的责任和义务。

(3) 业主在工程开工前，负责办理有关施工图设计文件审查、工程施工许可证和工程质量监督手续，组织设计和施工单位认真进行设计交底和图纸会审；在工程施工中，应按国家现行有关工程建设的法律、法规、技术标准及合同规定，对工程质量进行检查，涉及建筑主体和承重结构变动的装修工程，业主应在施工前委托原设计单位或者具有相应资质等级的设计单位提出设计方案，方可施工。工程项目竣工后，应及时组织设计、施工、工程监理等有关单位进行竣工验收，未经验收备案或验收备案不合格的，不得交付使用。

(4) 业主按合同的约定负责采购相应的建筑材料、建筑构配件和设备，应符合设计文件和合同要求，对发生的质量问题，应承担相应的责任。

（二）建设工程项目施工质量控制的主要工作

1. 材料、设备进场的质量控制

业主应委托监理工程师对进场的材料、设备进行质量控制。凡运到施工现场的原材料、半成品或构配件，应有产品出厂合格证及技术说明书，并由施工单位按规定进行检验，向监理工程师提交检验或实验报告，经监理工程师审查并确认其质量合格后，方准进场。凡是没有产品出厂合格证明或检验不合格者，不得进场。如果监理工程师认为供货方所提交的有关产品合格证明的文件以及施工单位提交的检验或试验报告，仍不足以说明到场产品的质量符合要求时，监理工程师可以再行组织复验或抽样检查，确认其质量合格后方允许进场。

工地交货的机械、设备也应有产品出厂合格证及技术说明书。机械、设备到场后，订货方应在规定的索赔期限内开箱检验，并按技术说明书和质量保证文件进行检查验收，检验人员对其质量检查确认合格后，予以签署验收单。过检验发现质量不符合要求时，监理工程师不予验收，由供货方予以更换或进行处理，合格后再行检查、验收。

对于由业主订货的进口材料、设备的检查验收，应会同国家商检部门进行。如在检验中发现质量问题或数量不符合规定要求时，应取得业主及商检人员签署的商务记录，在规定的索赔期限内进行索赔。

检验合格后的材料、设备的保管存放由施工单位负责，监理工程师应对保管存放的条件和时间进行监控。

2. 质量控制点的设置

质量控制点是指为了保证施工作业过程的质量而确定的重点控制对象、关键部位或薄弱环节。设置质量控制点是保证达到施工质量要求的必要前提，因此，业主应会同监理工程师根据施工活动的特点事先确定质量控制点，并分析可能造成质量问题的原因，再针对原因制定相应的对策和措施进行预控。质量控制点一般应设置在：

① 施工过程中的关键工序或缓解以及隐蔽工程；

② 施工中的薄弱环节或质量不稳定的工序、部位；

③ 对后续工程施工或对后续工序质量或安全有重大影响的工序、部位；

④ 采用新技术、新工艺、新材料的部位或环节；

⑤ 施工中无足够把握的、施工条件困难的或技术难度大的工序或环节。

3. 施工现场劳动组织及人员上岗资格的控制

业主应委托监理工程师对施工现场劳动组织及作业人员上岗资格进行检查和控制。施工单位必须做到：

① 作业活动的直接负责人（包括技术负责人）、专职质检人员、安全员以及与作业活动有关的测量员、材料员、实验员在岗；

② 从事作业活动的操作者数量必须满足作业活动的需要，相应工种配置能保证作业有序、持续地进行；

③ 管理层及作业层各类人员的岗位职责、作业现场的安全与消防规定、试验室及现场试验检测的有关规定等相关制度要健全；

④ 主要施工管理人员以及从事特殊作业的人员持证上岗。

4. 对施工单位质量控制工作的监控

业主应委托监理工程师对施工单位的质量控制工作进行监控，使其能在质量管理中始终发挥良好的作用。如发现不能胜任的管理与作业人员，可要求施工单位撤换，当其组织不完善时，应督促其改进。

监理工程师应监督与协助施工单位完善工序质量控制，使其能将影响工序质量的因素都纳入质量管理的范围，及时检查与审核施工单位提交的质量统计分析资料，对于质量控制点的工作内容还要再进行试验和复核。

5. 在施工过程中进行质量跟踪监控

监理工程师要在施工过程中进行跟踪监控，监督各项施工活动。随时注意施工单位在施工准备阶段对影响工程质量的各种因素所做的安排，在施工过程中是否发生了不利于保证工程质量的变化，诸如施工材料质量、混合料的配合比、施工机械的运行与使用情况、计量设备的准确性、上岗人员的组成与变化、工艺与操作等情况是否始终符合要求等。如果发现问题，监理工程师有权要求施工单位予以处理，直至满意。必要时，还可指令施工单位暂时停工加以解决。

监理工程师应严格施工工序间的交接检查，对于主要工序和隐蔽工程，要按照相关规范的要求，由监理工程师在规定的时间内检查，确认质量符合要求后，才能进行下道工序的施工。

6. 施工过程中的检查验收

对于各工序的产出品，应先由施工单位进行自检，自检合格后提交监理工程师检查，确认其质量合格后，方可进行下道工序的施工。

对于质量控制点或监理工程师对施工单位的质量状况不能确信者，以及重要的材料、半成品、设备的使用等，还需由监理工程师进行平行检验，亲自进行试验或技术复核。

当检验批、分项、分部工程完工后，应先由施工单位对其进行自检，确认合格后，再提交监理工程师检查、确认，监理工程师应按合同文件的要求，根据施工图纸及有关文件、规范、标准等，从产品外观、几何尺寸以及内在质量等方面进行检查、审核，如确认其质量符合要求，则予以验收；如发现有质量缺陷，则指令施工单位进行处理或返工，待质量合乎要求后再予以验收。监理工程师在根据合同要求进行检验批、分项、分部工程验收的同时，还应根据工程性质，按工程质量检验评定标准，要求施工单位进行分部、分项工程质量等级的品定，以便进行核查。

7. 隐蔽工程验收

隐蔽工程是指将被其后工程施工所隐蔽的分项、分部工程。隐蔽工程在隐蔽以前所进行的检查验收称为隐蔽工程验收。由于检查对象要被其他工程覆盖，对以后的检查整改造成障碍，故显得尤为重要，它是施工质量控制的一个关键过程。

8. 工程变更的监控

建设工程项目施工过程中，由于前期勘察设计的原因，外界条件的变化，未探明的地下障碍、管线、文物，地质条件不符，施工工艺方面的限制，业主要求的改变等都可能涉及工程变更。做好工程变更的控制工作是施工作业过程质量控制的一项重要内容。

工程变更的要求可能来自施工单位、设计单位或业主。为确保施工质量，不同情况下工程变更的实施，具有不同的工作程序。

(1) 施工单位的要求及处理　在施工过程中，施工单位提出的工程变更要求可能是要求作某些技术修改或要求作设计变更。

① 对技术修改要求的处理　所谓技术修改，这里是指施工单位根据施工现场具体条件和自身的技术、经验和施工设备等情况，在不改变原设计原则的前提下，提出对原设计进行某些技术上的修改要求，例如，对基坑开挖边坡的修改、对某种规格的钢筋进行代换等。

施工单位提出技术修改的要求时，应向监理工程师书面说明要求修改的内容及原因或理由。技术修改问题一般由专业的监理工程师组织施工单位和设计单位代表参加，经各方签字同意并形成会议纪要，经总监理工程师批准后实施。

② 工程变更的要求　这种工程变更是指在施工期间，施工单位提出对于设计文件中所表达的设计标准状态的改变或修改。施工单位提出工程变更后，总监理工程师根据其申请，经与设计、施工单位和业主研究后，签发“工程变更单”，并附有设计单位提出的变更设计图纸，施工单位签发后按变更后的图纸施工。

(2) 设计单位提出变更的处理

① 设计单位首先向业主报送“设计变更通知”及有关附件；

② 业主会同监理、施工单位对“设计变更通知”进行研究，必要时可要求设计单位提供进一步的资料，以便对变更做出决定；

③ 总监理工程师签发“工程变更单”，并将设计单位发出的“设计变更通知”作为该“工程变更单”的附件，施工单位按新的工程变更图实施。

(3) 业主（或监理工程师）要求变更的处理

① 业主（或监理工程师）将变更的要求通知设计单位，如果在要求中包括有相应的方案或建议，则应一并提交；

② 设计单位对业主（或监理工程师）提出的变更要求进行研究，并向业主提出对该变更的建议方案；

③ 业主授权监理工程师研究设计单位提交的变更建议方案，必要时会同施工、设计单位一起进行研究，并向业主反馈意见；

④ 业主做出变更的决定后由总监理工程师签发“工程变更单”指令施工单位按变更的决定组织施工。

需要指出的是在施工过程中无论哪一方面提出工程变更，业主都要授权监理工程师对变更进行仔细认真的审查，必要时可经相关方面研究，确认变更的必要性后，由总监理工程师发布变更指令生效予以实施。

第五节 制药厂建设工程项目后期管理工作

一、工程项目竣工验收

工程项目竣工管理是项目管理的重要内容和终结阶段的主要工作。实行工程项目竣工验收制度，是全面考核建设工程、检查工程是否符合设计文件和工程质量要求，是否符合验收标准，能否交付使用、投产，是否符合经济效益的重要环节。

工程项目竣工验收，就是由建设单位、施工单位和监理工程师共同组成项目验收委员会，以项目批准的设计任务书和设计文件，以及国家（或部门）颁发的施工验收规范和质量检验标准为依据，按照一定的程序和手续，在项目建成并试生产合格后，对工程项目的总体进行检验和认证（综合评价、鉴定）的活动。

工程项目竣工验收交付使用，是工程项目周期的最后一个程序。工程项目竣工验收是全面考核基本建设工作、检查是否合乎设计要求和工程质量的重要环节，是投资成果转入生产或使用的标志。

（一）工程项目竣工验收的内容

工程项目竣工验收内容随工程项目的不同而异，一般包括下列内容。

1. 工程项目技术资料的验收

工程项目技术资料的验收包括下列内容：工程地质、水文、气象、地形、地貌、建筑物、构筑物及重要设备安装位置、勘察报告和记录；初步设计、技术设计、关键的技术试验、总体规划设计；土质试验报告、基础处理；建筑工程施工记录、单位工程质量检查记录、管线强度记录、密封性试验报告、设备及管线安装施工记录及质量检查记录、仪表安装施工记录；设备试车、验收运转、维护记录；产品的技术参数、性能、图纸、工艺说明、工艺规程、技术总结、产品检验、包装、工艺图；设备的图纸、说明书；涉外合同、谈判协议、意向书；各单项工程及全部管网竣工图等资料。

2. 工程项目综合资料的验收

工程项目综合资料的验收包括：项目建议书及批件、可行性研究报告及批件、项目评估报告、环境影响评估报告、设计任务书；土地征用申报及批准的文件、承包合同、招投标文件、施工执照、项目竣工验收报告；验收鉴定书。

3. 工程项目财务资料的验收

工程项目财务资料的验收包括下列内容：历年建设资金供应（拨、贷）情况和使用情况；历年批准的年度财务决算；历年年度投资计划、财务收支计划；建设成本资料；支付使用的财务资料；设计概算、预算资料；施工决算资料。

4. 工程项目建筑工程的验收

在全部工程验收时，建筑工程早已建成了，有的已进行了交工验收，这时主要是如何运用资料进行审查验收。其主要内容如下：

① 建筑物的位置、标高、轴线是否符合设计要求；

② 对基础工程中的土石方工程、垫层工程、砌筑工程等资料的审查（因为这些工程在交工验收时已验收过）；

③ 结构工程中的砖木结构、砖混结构、内浇外砌结构、钢筋混凝土结构的审查验收；

④ 屋面工程的基层、屋面瓦、保温层、防水层等的审查验收；

⑤ 门窗工程的审查验收；

⑥ 装修工程的审查验收（抹灰、油漆等工程）。

5. 工程项目安装工程的验收

工程项目安装工程的验收，分为建筑设备安装工程、工艺设备安装工程以及动力设备安装工程的验收。

建筑设备安装工程是指民用建筑物中的上下水管道、暖气、煤气、通风管道、电气照明等安装工程。对于这类工程，应检查这些设备的规格、型号、数量、质量是否符合设计要求，检查安装时的材料、材质、材种，并进行试压、闭水试验，照明检查。

工艺设备安装工程包括生产、起重、传动、试验等设备的安装，以及附属管线敷设和油漆、保温等。对这类工程，主要检查设备的规格、型号、数量、质量；设备安装的位置、标高；机座尺寸、质量；单机试车、无负荷联动试车、有负荷联动试车；管道的焊接质量、洗清、吹扫、试压、试漏、油漆、保温及各种阀门等。

动力设备安装工程是指有锅炉和变配电室（所）、蒸汽管道和动力配电线路的验收。

（二）工程项目竣工验收的依据与条件

1. 工程项目竣工验收的依据

工程项目竣工验收的依据主要包括以下几个方面：

① 有关主管部门（公司）对该项目的批复文件，包括可行性研究报告及批复文件、环境影响评价报告及批复文件、设计任务书、初步设计批复文件以及与项目建设有关的各种文件；

② 工程设计文件，包括初步设计或扩大初步设计、技术设计、施工图设计和设计说明；

③ 设备技术资料，主要包括设备清单及其技术说明书；

④ 项目有关的标准规范，如现行的《工程施工及验收规范》《工程质量检验评定标准》等；

⑤ 招标文件及合同文件，包括施工承包方的工作内容和应达到的标准，以及施工过程中的设计修改变更通知书等；

⑥ 全部竣工资料，包括全部工程的竣工图及说明。

实际验收时，工程项目的规模、工艺流程、各种管线、土地使用、建筑工程的建筑面积和结构形式、技术装备、技术标准、环境保护设施、劳动卫生、卫生消防等，都必须与各种批准的文件内容和合同文件一致。对从国外引进的新技术、关键设备或成套设备的项目，以及中外合资建设的项目，还应按照签订的合同和外国提供的设计文件等资料进行审核验收。

2. 工程项目竣工验收的条件

工程项目的竣工验收一般应符合以下条件：

① 完成工程设计和合同约定的各项内容；

② 施工单位在工程完工后，根据国家有关法律与法规、工程建设强制性标准、设计文件及合同要求，对工程质量进行检查确认；

③ 有完整的技术档案和施工管理资料；

④ 工程使用的主要建筑材料、建筑构配件和设备的进场试验报告；

⑤ 已签署的工程质量保修书；

⑥ 建设单位提交工程竣工报告，申请竣工验收；

⑦ 监理单位提交工程质量评估报告；

⑧ 勘察、设计单位提交勘察、设计文件质量自评报告；

⑨ 建设单位取得工程的规划、消防、环保验收认可文件；

⑩ 取得电梯准用证及燃气工程验收证明文件；

⑪ 安监站已出具《建设工程施工安全评价书》；

⑫ 建设行政主管部门和质量监督站等部门签发整改的问题已全部整改完成；

⑬ 建设单位向城建档案馆报送一套完整的工程档案，并取得城建档案馆出具的认可文件。

（三）制药厂工程项目的洁净车间竣工验收的内容

洁净室的工程验收宜分为两个阶段进行，即先进行竣工验收，再进行综合性能全面评定。竣工验收和综合性能全面评定由建设单位负责，设计、施工单位配合。

1. 竣工验收

竣工验收的检测和调整应在空态或静态下进行。综合性能全面评定的检测状态，由建设、设计和施工单位三方协商确定。任何一种检测得出的洁净度级别，必须注明检测状态。

在空态及静态条件下检测时，室内检测人员不应多于2人，均必须穿洁净工作服，尽量少走动。

竣工验收应在对各分部工程做外观检查、单机试运转、系统联合试运转，空态或静态条件下的洁净室性能检测和调整以及对有关的施工检查记录审查合格后进行。竣工验收的具体内容及提交的文件：

① 图纸会审记录、技术核定单和竣工图；

② 主要工程材料、构配件、设备报审表，相应的出厂合格文件质量证明书，检验报告、产品合格证等；

③ 空调制冷系统安装工程检验批质量验收记录表；

④ 管道隐蔽工程检查验收记录；

⑤ 管道系统清洗（冲洗或吹扫）记录；

⑥ 管道设备强度及严密性试验记录；

⑦ 分部（子分部）工程观感检查记录；

⑧ 设备单机试运转记录；

⑨ 系统无生产负荷联合试运转与调试记录；

⑩ 通风与空调分部工程质量控制资料核查记录；

⑪ 通风与空调分部工程观感质量检查记录；

⑫ 通风机安装工程检验批质量验收记录表；

⑬ 通风与空调设备安装工程检验批质量验收记录表；

⑭ 风管系统安装工程检验批质量验收记录表；

⑮ 风管与配件制作工程检验批质量验收记录表；

⑯ 风管系统安装工程检验批质量验收记录表（空调系统）；

⑰ 通风与空调分部工程安全和功能检验及抽样检测记录；

⑱ 风管与设备防腐绝热工程检验批质量验收记录表；

⑲ 空调制冷系统安装工程检验批质量验收记录表；

⑳ 空调水系统安装工程检验批质量验收记录表（设备）；

㉑ 空调水系统安装工程检验批质量验收记录表（金属管道）；

㉒ 风管系统安装工程检验批质量验收记录表（净化空调系统）；
㉓ 建筑电气分部工程观感质量检查记录；
㉔ 电线、电缆穿管和线槽敷线工程检验批质量验收记录表；
㉕ 开关、插座、风扇安装工程检验批质量验收记录表；
㉖ 专用灯具安装工程检验批质量验收记录表；
㉗ 风管漏风检查记录；
㉘ 竣工报告。

2. 综合性能全面评定

综合性能全面评定的性能检测应由有检测经验的单位承担，必须用符合要求的、经过计量检定合格并在有效期内的仪表，按《洁净室施工及验收规范》（GB 50591—2010）的方法检测，最后提交的检测报告应符合 GB 50591—2010 的有关规定。

综合性能全面评定检测进行之前，必须对洁净室和净化空调系统再次全面彻底清扫，但严禁使用一般吸尘机吸尘。清扫后由身着洁净工作服的人员擦拭表面，清洗剂可根据场合选用纯水、有机溶剂、中性洗涤剂和自来水，有防静电要求的，最后宜用沾有防静电液的抹布擦一遍。

检测工作在系统调整好至少运行 24h之后再进行。

综合性能检测时，建设、设计、施工单位均须在场配合、协调。

二、工程项目竣工结算

（一）工程项目竣工结算的目的及作用

1. 工程项目竣工结算的目的

在工程项目的生命周期中，施工图预算是在开工前编制的。但是，由于建筑产品的固定性，体积庞大和生产周期长等特点，或者由于工程地质条件的变化，施工图的设计变更，施工现场发生的各种签证等会引起原工程预算的变化。因此，建筑施工企业在建筑工程竣工后，应及时编制竣工结算。施工单位编制的竣工结算是向建设单位进行建筑工程最后一次工程结算的依据。

2. 工程项目竣工结算的作用

① 竣工结算是施工单位与建设单位结清工程费用的依据，通过竣工结算可以确定企业的货币收入，补充施工企业在生产过程中的资金消耗。

② 竣工结算是施工企业内部进行成本核算，确定工程实际成本的重要依据。

③ 竣工结算是建设单位编制竣工决算的主要依据。

④ 竣工结算是施工单位衡量企业管理水平的重要依据。通过竣工结算与施工图预算相比，就能及时发现竣工结算比施工图预算超支或节约的情况；通过竣工结算，总结经验和教训，找出不合理的设计以及在施工过程中造成浪费的原因，使施工企业不断提高施工质量以及加强施工企业内部的管理，努力提高施工管理水平。

⑤ 竣工结算工作完成以后，标志着业主和施工单位双方权利和义务的结束，即双方合同关系的解除。

（二）编制竣工结算的条件与依据

1. 编制竣工结算的条件

(1) 质量合格是工程的必要条件。结算以工程计量为基础，计量必须以质量合格为前提。所以，并不是对承包商已完成的工程全部进行支付，而是只支付其中质量合格的部分，对于工程质量不合格的部分一律不予支付。

(2) 符合合同条件。一切结算均需符合合同的要求。例如，动员预付款的支付款额要符合标书中规定的数量，支付的条件应符合合同条件的规定，即承包商提供预付款保函之后才予以支付预付款。

(3) 变更项目必须有监理工程师的变更通知。FIDIC（国际咨询工程师联合会）合同条件规定，没有工程师的指示，承包商不得做任何变更。如果承包商未收到指示就进行变更，则无理由就此类变更的费用要求补偿。

(4) 支付金额必须大于临时支付证书规定的最小额度。合同条件规定，如果在扣除保留金和其他金额之后的净额少于投标书附件中规定的临时支付证书的最小限额，工程师没有义务开具任何支付证书。不予支付的金额将按月结算，直到达到或超过最低限额时才予以支付。

2. 编制竣工结算的依据

① 工程竣工报告和工程竣工验收单；

② 设计变更通知单及施工现场变更记录；

③ 施工图预算及图纸会审纪要；

④ 现行建筑安装工程预算定额、建筑安装工程管理费定额及其他取费标准；

⑤ 施工单位和建设单位签订的工程施工合同或协议书及调整合同价款的规定；

⑥ 工程签证及其他有关材料。

（三）竣工结算的有关规定

《建设工程施工合同（示范文本）》（GF-2013-0201）通用条款中对竣工结算做了详细规定。

(1) 工程竣工验收报告经发包人认可后28天内，承包人向发包人递交竣工结算报告及完整的结算资料，双方按照协议书约定的合同价款及专用条款约定的合同价款的调整内容，进行工程竣工结算。

(2) 发包人收到承包人递交的竣工结算报告及结算资料后28天内进行核实，给予确认或者提出修改意见。发包人确认竣工结算报告后通知经办银行向承包人支付工程竣工结算价款，从第29天起按承包人收到竣工结算价款后14天内将竣工工程交付发包人。

(3) 发包人收到竣工结算报告及结算资料后28天内无正当理由不支付工程竣工结算价款，从第29天起按承包人同期向银行贷款利率支付拖欠工程价款的利息，并承担违约责任。

(4) 发包人收到竣工结算报告及结算资料后28天内不支付工程竣工结算价款，承包人可以催告发包人支付结算款。发包人在收到竣工结算报告及结算资料后56天内仍不支付的，承包人可以与发包人协议将该工程折价，也可以由承包人申请人民法院将该工程依法拍卖，承包人就该工程折价或者拍卖的价款优先受偿。

(5) 工程竣工验收报告经发包人认可后28天内，承包人未能向发包人递交竣工结算报告及完整的结算资料，造成工程竣工结算不能正常进行或工程竣工结算价款不能及时支付，发包人要求交付工程的，承包人应当交付；发包人不要求支付工程的，承包人承担保管责任。

(6) 发包人与承包人对工程竣工结算价款发生争议时，按关于争议的约定处理。

(7) 办完工程竣工结算手续后，承包人和发包人应按国家有关规定和当地建设行政主管部门的规定，将竣工结算报告及结算资料，按分类管理的要求，纳入工程竣工资料汇总。承包人负责工程施工技术资料归档；发包人则负责编制工程竣工决算的依据，并按规定及时向有关部门移交进行竣工备案。

三、工程项目竣工档案管理

完备的竣工档案是项目竣工验收的重要条件之一，它来自于项目参建各单位在项目实施期间收集积累的工程文档资料。工程文档资料管理的水平，直接影响到竣工档案的系统性、完整性和准确性。

（一）工程项目文档资料的管理和移交

1. 工程文档资料

工程文档资料是在项目实施过程中与工程进度同步形成的，是从项目立项开始直到项目实施结束、竣工验收为止，各阶段所产生的、与项目相关的各种文件、资料、设计图纸、图表、计算资料、试验报告与试验资料、工程照片、记录照片、录像、光盘等。工程文档资料的主要来源有：

(1) 工程项目实施过程中直接形成的文件资料。如项目决策阶段形成的文件资料；工程勘察设计文件、招投标文件、各种合同文件（包括合同变更、签证、索赔和补充文件）；设备材料方面的文件；工程施工过程形成的文件、资料和现场记录（包括施工、工程监理、业主等单位的现场记录）；资金来源和财务管理文件资料；单项工程及全面竣工验收文件；项目审计监督文件；工程项目内部各单位之间各种形式的往来文件，各种会议记录、纪要、专家咨询意见等。

(2) 对工程项目的实施有直接或间接影响的法律、法规以及有关政策，政府有关部门和各级地方部门的有关规定或其他类似文件。

(3) 与工程项目有关的其他资料。

2. 工程文档资料的管理

工程项目业主要将工程文档管理作为项目管理的重要内容之一，并依据国家档案管理要求，在项目建设开始时就成立档案管理小组，明确专人负责，制定相关办法，规定工程文档的收集范围、时间和归档要求，并建立合理的文档分类体系、文函资料编码体系、文函资料收发登记和处理制度等，以便确保工程文档的收集、整理、归档工作与项目的立项、准备、建设实施以及竣工验收同步进行。

3. 工程文档资料管理的目的与要求

工程文档资料管理的目的是在项目实施期提供便利的查阅条件；为以后编制竣工档案奠定基础；能准确有效地为项目正常生产服务。工程文档资料管理的要求是文档必须完整、准确、系统，图面整洁、装订整齐、签字手续完备，图片、照片等要附情况说明；竣工图真实、准确、完整，能反映实际情况，必须做到图物相符。

4. 工程文档资料的收集、整理与移交

所有参加项目建设的单位，包括设计、施工、监理等单位，要在建设项目业主统一组织安排下分工负责，按照工程编制及监理项目档案体系，对本单位分管项目的工程文档进行全面系统的收集、整理、归档后妥善保存；在单项（单位）工程交工验收时，经监理工程师签证、工程项目业主检查复核后，移交工程项目业主保管。

（二）工程项目竣工档案的形成和编制要求

1. 竣工档案的形成

竣工档案的形成与工程文档资料的收集、积累直接相关。竣工资料档案的记录、整编、审定等工作是在工程文档资料的基础上随着单项工程验收、全面竣工验收同步进行的。在单项工程验收时，施工单位要在已收集、整理和归档的工程文档基础上，按工程项目业主统一

规定的要求，整理一套合格的档案资料，按归档范围、文件内容、文件性质等，以单项工程进行整理，分别按管理文件、项目文件、施工文件、建设文件、法律性文件等类别进行组卷、排列、编目，形成竣工档案，提交竣工验收委员会。

2. 竣工档案的编制要求

竣工档案应依据国家有关主管部门颁发的《基本建设项目档案管理暂行规定》《建设项目竣工文件编制及档案整理规范》以及《建设工程文件归档整理规范》的规定，按照安全、系统、完整、准确、规范、及时的基本要求进行编制。

（三）工程项目竣工档案的主要内容

(1) 建设项目文件。包括工程项目立项、可行性研究、环境影响评价、项目评估等所有申报及批复文件；规划、环保、消防、卫生、人防、抗震等文件；工程项目用地、征地拆迁文件；工程勘察、测绘和工程设计文件；工程招投标及相关合同文件；工程概算、施工预算；工程监理文件；工程施工总结等。

(2) 工程技术文件。包括施工文件；施工组织设计、技术交底、开工报告等；图纸会审、设计变更洽商记录；原材料试验报告、定位测量等；设备试验报告记录；预检记录、隐检记录；工程质量事故处理记录。

(3) 工程项目设备清单。包括设备名称、规格、数量、产地、出厂合格证、设备用途、说明书、设备性能、备品备件名称等。

(4) 工程项目竣工文件。包括竣工验收申请及批复、验收会议文件等；竣工技术资料、竣工验收图纸；水、暖、电气、管线等设备安装布置图及设计说明书；生产设备安装施工图及说明书；工程项目质量评审资料、工程设计总说明书以及竣工验收委员会（小组）会议记录及鉴定书等；工程项目财务决算、工程项目审计结论。

(5) 工程项目财务文件。包括年度财务计划；工程项目概算、预算和决算；固定资产移交清单及交接凭证；主要耗材、器材移交清单。

(6) 工程项目运行技术文件。包括运行技术准备、试车调试、生产试运行原始记录和总结资料、生产操作规程、事故分析报告等。

(7) 工程项目科研项目。包括科研计划、试验分析、计算、研究成果等。

(8) 工程项目涉外文件。包括项目涉外商务文件和有关技术文件。

(9) 环境、安全、卫生、消防考核记录。

(10) 相应的单个专业验收组的验收报告及验收纪要。

（四）工程项目竣工档案的验收与移交

项目业主按照统一规定的要求，将项目竣工档案整理完毕后，根据档案管理的行政主管部门要求，在大型项目的验收前，要进行专门的档案管理与移交的预验收。只有在档案管理部门认可并通过验收后，才有资格申请国家对项目的正式验收。项目通过国家正式验收后，项目业主即可将项目固定资产和项目竣工档案移交给生产单位统一保管，作为今后维护、改造、扩建、科研、生产组织的重要依据。移交要编制“工程档案资料移交清单”。

四、投产准备

投产准备是指项目在建设期间为竣工后能及时投产所做的各项准备工作。在整个工程项目实施过程中，从始至终都要注意使项目建成后如何顺利投入生产的各项准备工作，这是由建设阶段顺利转入生产阶段的必要条件，是项目管理的重要组成部分。

项目的试运行、试生产是投产准备工作的最后一项工作，这是对项目建设的质量和运转性能的全面检验，也是正式投产前，由试验性生产向正式投产的过渡过程，一般来讲，项目需经过一段时间的试生产，待生产过程基本稳定、并取得业主认可后，方能进行验收并转入正常运行生产。

（一）投产准备工作的步骤

投产准备工作贯穿于项目建设的各个阶段，但各个阶段准备工作的要求不同，现分述如下。

1. 前期及施工阶段的准备工作

工程项目前期，在建立项目筹建机构的同时，应同时设置生产准备机构，同时应结合建设进度，编制生产准备的工作计划，主要工作如下：

① 组织职工分批分期培训；

② 根据设计的产品纲领、生产工艺方法，落实设备、原材料、燃料、动力供应的内外部生产条件；

③ 做好生产技术准备，如制定产品的技术标准、设备的操作维护规程，组织试运行和试生产；

④ 施工进入设备安装调试阶段后，要组织生产人员参加设备的安装调试。

2. 试生产验收阶段的准备工作

工程完工后，建筑安装单位要进行设备调试和联动无负荷试车，合格后交给建设单位，由经过培训的生产工人进行联动有负荷试运行（一般要连续进行72h），然后转入试生产。此时，建筑安装单位应配合建设单位进行。

试运行、试生产阶段是生产准备工作的高峰和结束，生产所需要的原材料、燃料要提前到厂，生产工人要进行操作规程考核。

（二）投产准备工作的内容

1. 投产准备工作计划的编制

在初步设计批准之后，应结合项目建设的进度，计划下列内容：投产准备机构的设置、人员培训、技术准备、物资准备、外部协作条件的准备、建立规章制度和试运行等的计划。

2. 投产准备机构的设置

随着项目建设的进展，投产准备机构应由小到大，逐步完善，到建设后期大量设备进入全面安装调试阶段，应配备生产管理人员，并参加安装调试，待进入工程结束阶段，项目工程部应与投产准备的生产部合并，成立生产管理机构。

3. 生产管理人员及工人的配备和培训

应根据初步设计规定的劳动定员和劳动组织计划来确定各类人员的人数，并分批分期进行培训。在建设后期，参加设备的安装调试。

4. 生产技术准备与有关规章制度的建立

生产技术准备内容如下：

① 参加设计审查，熟悉生产工艺、技术、设备；

② 进行生产工艺准备，熟悉原材料、燃料、动力、半成品、成品的技术要求；

③ 逐步建立健全规章制度，在试运行验收阶段，要建立符合本企业生产技术特点的生产管理指挥系统，建立一套生产、供应、销售、计划、检查考核制度、统计制度、技术管理制度、劳动人事管理制度、财务管理制度、各职能科室的责任制度，保证正式投产后各项工作有章可循。

（三）试生产工作的内容

在项目竣工验收之前要做好试运行、试生产，竣工验收之后（正式移交之后）要做好项目的投产组织工作。

试运行、试生产在项目建设中是技术上的一个关键时刻，试运行不成功，就会引起返工，拖长投产期，造成投资费用增加。

竣工验收只是形成了固定资产，有了生产能力，并不等于达到了设计规定的生产能力，项目建成投产达到设计生产能力，要经历一个过程，在这一过程中，需进行许多调整改进工作，只有达到了设计的生产能力，才是对设计质量的验证，才是技术方案的真正实现。因此，必须做好项目验收前的试生产工作以及项目验收后投产初期的组织工作。

试生产阶段主要考核的内容如下：

① 对各种工艺设备、电器、仪表等单体设备的性能、参数进行单体运转考核，对生产装置系统进行联动运行考核；

② 对设备及工艺指标进行考核；

③ 对生产装置及有直接工艺联系的公用工程进行联动试车考核；

④ 对消耗指标、产品质量进行考核，对设计规定的经济指标进行考核。

第十二章 生物发酵车间设计及示例

第一节 生物发酵车间设计概述

生物发酵是指利用微生物，在适宜的条件下，将原料经过特定的代谢途径转化为人类所需要的产物（如抗生素、氨基酸、维生素和糖类）的过程。

一、生物发酵车间设计考虑的基本因素

生物发酵车间设计考虑的基本因素包括产品类别、设计规模、生产工艺、发酵水平、产品收率、染菌率、操作制度、发酵装置规格等。生物发酵车间设计时应首先根据微生物类别和培养要求合理确定发酵装置的规格和操作制度，再根据产品设计规模、发酵水平、产品收率、染菌率等确定设备数量，然后按照生产工艺的要求确定车间平面布置、公用工程的配套能力及自动检测控制的形式。

生物发酵车间最重要的装备是发酵罐，其他设备围绕发酵罐进行配置和布局。通用式发酵罐是指具有机械搅拌和空气分布装置的生物反应设备。从20世纪末开始，生物技术进入快速发展时期，出现了很多新型的发酵、纯化设备和控制手段，发酵罐规模也出现了大型化的趋势。除传统的机械搅拌发酵罐外，还推出了工业化的气升式发酵罐、自吸式发酵罐、高位筛板式发酵罐、细胞培养光照发酵罐、强力循环式发酵罐、固态发酵罐等。

发酵罐的搅拌形式除传统的桨式、涡轮式外也出现了多棒式、船用螺旋式、气体导入式等新型搅拌形式，对于超大型发酵罐，为了实现发酵液本身及其与空气的充分混合，并减小能量的损耗，也可以采用一个主搅拌和几个副搅拌配合使用的方式。为了满足不断增长的市场需求，大型、节能、高效的发酵罐成为发展趋势。目前抗生素发酵罐以80～200m^3为主，而氨基酸、柠檬酸等产品普遍采用150～450m^3的发酵罐。

发酵生产受许多因素的影响和工艺条件的制约，为了最大限度提高菌种的表达能力，必须通过关键参数的监测和控制来提供一个相对的最佳生长环境，并保证稳定的发酵培养曲线，从而保证下游纯化工艺的稳定性以及批之间生产的稳定性。发酵过程通常使用计算机控制和记录，应进行计算机验证，确保与规定的工艺一致。现在一般监测罐温、罐压、空气流量、搅拌转速、pH、溶氧、效价、糖含量、氨基氮含量、前体浓度、菌体浓度等参数。前六项参数能采用传感器在线监测，对于后五项参数，由于某些酶电极不能耐受高温灭菌，一般只能取样罐外测定或通过几种相关参数的测定间接得到。

二、生物发酵车间设计的特点

(1) 工艺控制应当重点考虑以下内容：工作菌种的维护；接种和扩增培养的控制；发酵过程中关键工艺参数的监控；菌体生长、产率的监控；收集和提取纯化工艺过程需保护中间产品和原料药不受污染；在适当的生产阶段进行微生物污染水平监控，必要时进行细菌内毒素监测。

(2) 须严格控制染菌。由于发酵本身是一个生物过程，发酵过程所用的物料也是有利于微生物生长的良好培养基，所以使产品在生产过程中不受其他微生物污染尤其重要。一般采用密闭的生产系统对生产过程提供一级保护，发酵罐及管道采用 CIP 和 SIP 的方式进行彻底清洗和灭菌，并保证培养基配制好转移到种子罐或发酵罐中后应在接种前在位灭菌，某些不能进行在线灭菌的培养基（如氨基酸和生物素）需要采用过滤方式确保无菌后进入发酵罐中。对于生产种子的制备等开放系统采用局部保护措施，如超净工作台或 A 级层流罩等。同时，对车间环境进行相应的控制以提供二级保护，如对出入车间的人流、物流、空气等采取合适的控制污染措施，对进出人员执行更衣制度，采用密闭系统输送固体原辅料，采用密闭系统收集消毒或生产过程中排出的废汽和废水，定期对生产环境消毒灭菌，并须经常更换所使用的消毒剂等。

(3) 生物发酵车间是耗能大户，从生产工艺选择到设备选型及布局，以及管道布局等，均要考虑节能措施。由于培养基的消毒、冷却操作是一个间歇过程，且耗能巨大，在这个环节的设计中，可以采用不同罐批错时消毒冷却、回收高温冷却水二次利用、利用高温培养基预热低温培养、高温压缩空气热量回收等措施降低能耗。

(4) 发酵过程生产周期较长，且为半连续过程，设备布局和管道系统设计应顺畅、规范。

(5) 发酵生产车间放热量大，排汽点多，需重点考虑通风除湿、自然采光等措施。排汽点应尽量采用密闭管道收集，集中处理后排放。发酵尾气通常要经过适当处理后达标排放。

(6) 提炼过程多使用酸、碱等及有机溶剂，土建设计上需采取防腐和防火防爆措施。

(7) 发酵过程生产周期较长，且为半连续过程，如果生产中突然停电，将会使空气停供、罐压消失以致产生染菌，造成重大损失。因此，生物发酵车间一般推荐二类负荷供电，以确保电力的持续供应。

(8) 基础料的配制岗位固体物料投料量非常大，设计时应注意减轻劳动强度，方便运输和投料。原料称量、暂存要设计好。同时配制岗位的粉尘控制也是一个重要内容。

(9)《药品生产质量管理规范》2010 版第五十一条菌种培养或发酵：

① 需在无菌操作条件下添加细胞基质、培养基、缓冲液和气体时，应采用密闭或封闭系统。如果初始容器接种、转种或加料（培养基、缓冲液）使用敞口容器操作，应有控制措施和操作规程将污染的风险降到最低程度。

② 当微生物污染可能危及原料药质量时，敞口容器的操作应在生物安全柜或相似的控制环境下进行。

③ 操作人员应穿着适宜的工作服，并在处理培养基时采取特殊的防护措施。

④ 应对关键的运行参数（如温度、pH、搅拌速度、通气量、压力）进行监测，确保与规定的工艺一致。菌体生长、生产能力（必要时）也应当监控。

⑤ 菌种培养设备使用后应清洁和灭菌。必要时，发酵设备应清洁、消毒或灭菌。

⑥ 菌种培养基使用前应灭菌，以保证原料药的质量。

⑦ 应有适当操作规程监测各工序是否染菌，并规定应采用的措施，该措施应评估染菌对产品质量的影响，确定能消除污染使设备恢复到正常的生产条件。在处置被染菌的生产物料时，应对发酵工艺中检出的外来有机体进行鉴别，并在必要时评估外来有机体对产品质量

的影响。

⑧ 染菌事件的所有记录均应保存。

⑨ 更换品种生产时，对多产品共用设备应在清洁后进行必要的检测，以便将交叉污染的风险降到最低程度。

(10)《药品生产质量管理规范》2010 版第五十二条收获、分离和纯化：

① 无论是在破坏后除去菌体或菌体碎片，还是收集菌体组分，收获步骤的操作所用的设备以及操作区的设计，应能将污染风险降低到最低程度。

② 灭活繁殖中的有机体、去除菌体碎片或培养基组分（应当注意减少降解和污染、防止质量受损）的收获及纯化操作规程，应足以确保所得中间产品或原料药具有持续稳定的质量。

③ 所有设备使用后应适当清洁，必要时应消毒。如果中间产品和原料药的质量能得到保证，所用设备也可连续多批生产不用清洁。

④ 如果使用敞口系统，分离和纯化操作的环境条件应能保证产品质量。

⑤ 如果设备用于多个产品的收获、分离、纯化时，需要增加额外的控制手段，如使用专用的色谱柱或进行附加检测。

第二节 生物发酵车间设计示例

一、设计任务

某药厂年产某抗生素 17t。年工作日 330 天，生产班制为每天三班，每班 8h。放罐单位 1050U/mL，成品效价 590U/mg，发酵周期 5.5 天，发酵罐装料系数 0.8。

二、生产工艺选择及流程设计

生产工艺采用该药厂的成熟工艺技术，沙土孢子经斜面、子瓶、一级种子罐、二级种子罐，到发酵罐培养 130h，放罐。

（一）流程设计

(1) 制备母液斜面孢子　将保存在 2～6℃冰箱中的沙土孢子在无菌室超净工作台上接种于已灭菌的斜面培养基上，于 37℃培养 9～10 天，取出放入冰箱（2～6℃）保存备用。

(2) 制备子瓶斜面孢子　将生长好且在冰箱存放 1 周以上的母瓶取出，制成菌悬液接种于子瓶斜面上，于 (37±0.5)℃恒温室培养 8～9 天，培养好的子斜面，测摇瓶效价合格后保存在 2～6℃冰箱中备用。

(3) 制备孢悬液　取子瓶斜面数只，在无菌室内超净工作台上制备成孢悬液，以压差法将孢悬液接入一级种子罐内。

(4) 发酵　一级种子罐在 (35±1)℃，罐压 0.04MPa 左右，通气培养 40～60h 后，移种于二级种子罐，在 (34±0.5)℃继续通气培养约 40h，后期适当补料。培养完成后，移种至发酵大罐内，在 32～34℃下继续通气培养 130h 后放罐。发酵过程中，按糖氮代谢的实际情况补料，发酵 15～20h 第一次补料，40h 左右第二次补料，70h 左右第三次补料至足量。视代谢情况，后期适当补水。

（二）工艺流程图

带控制点的三级罐岗位工艺管道及仪表流程详见图 12-1（见文后插页）。

三、物料衡算和能量衡算

（一）计算基础数据

年工作日：330天。生产班制为三班，每班8h。一级种子罐：基础配料体积$1m^3$。二级种子罐：基础配料体积$5m^3$。发酵大罐：基础配料体积$25m^3$。

（二）物料衡算

以发酵大罐（$65m^3$）物料衡算为例。

设实消时耗用蒸汽量为W，培养基从60℃升温至121℃，培养基升温所需热量：

$Q'=c'm'\Delta t'=4.187\times 25\times 10^3\times 61=6385175kJ$，0.3MPa饱和蒸汽的焓$H_1=2742.1kJ/kg$，121℃时水的焓$H_2=507.9kJ/kg$，$\Delta H=2742.1-507.9=2234.2kJ/kg$，则：

$$6385175=W\times 2234.2$$

$$W=2857.9kg$$

再分析实消时热量损失，假设实消时间为1h，发酵罐外表面不保温，热量损失为发酵罐通过热传导和辐射形式向环境散发的热量。

热传导散热量：

$$Q_1=KA\Delta t$$

式中，A为发酵大罐的外表面积；设环境温度为35℃，由于发酵罐外表面温度在升温时是不断变化的，达到120℃后再持续一段时间，其最大温差$\Delta t=121-35=86$℃；查《化工工艺设计手册》，取$K=125.6kJ/(m^2\cdot h\cdot ℃)$。

已知发酵大罐（$65m^3$）直径为3200mm，筒体高度为7500mm，立式盆头底，忽略壁厚，其表面积为：

$$3.14\times 3.2\times(7.5+0.1)+1.0748\times 3.2^2\approx 87.4m^2$$

$$Q_1=125.6\times 87.4\times 86\approx 944059.8kJ/h$$

最大辐射散热量：

$$Q_2=C_0\left(\frac{T}{100}\right)^4 A$$

$$=5.67\times\left(\frac{121+273}{100}\right)^4\times 87.4\approx 119420.6J/s\approx 429914.2kJ/h$$

热量损失转化成蒸汽量为：$1\times\dfrac{944059.8+429914.2}{2234.2}\approx 615kg$

实消时必须采用活蒸汽，通过排汽阀排放的蒸汽由于未变成冷凝水进入发酵罐，此处忽略不计。

因此，实消时蒸汽通入并转化为冷凝水的量为：$2857.9+615=3472.9kg\approx 3.5t$。

基础配料量25t，其中培养基占10.185%，即$25\times 10.185\%=2.546t$，配料水量为$25-2.546=22.454t$，实消后量为$25+3.5=28.5t$。

根据工艺规程，知其接种量为15t，补料量为25t，发酵时间130h，通气比为1∶0.8（体积比）。设发酵液密度为$1t/m^3$，则发酵初期体积为$28.5+15=43.5t$，发酵后期放罐体积为$65\times 90\%=58.5t$。

发酵液平均体积：

$$\frac{43.5+58.5}{2}=51t$$

通入压缩空气量：

$$51\times 0.8\times 130\times 60\times 1.293kg/m^3\approx 411.5t/周期$$

现计算通气过程中由排气带走的水量：

已知通入空气的相对湿度 $\phi_1=70\%$，温度 $t_1=40℃$，空气压力 $p_1=0.28\text{MPa}$，排出空气的相对湿度 $\phi_2=100\%$，温度 $t_2=34℃$，空气压力 $p_2=0.15\text{MPa}$。查表得 $t_1=40℃$ 水的饱和蒸汽压 $p_{s1}=7375.26\text{Pa}$，$t_2=34℃$ 水的饱和蒸汽压 $p_{s2}=5319.47\text{Pa}$。

40℃空气的湿度：

$$H_1=\frac{0.622\phi_1 p_{s1}}{p-\phi_1 p_{s1}}=\frac{0.622\times0.7\times7375.26}{280000-0.7\times7375.26}\approx0.0115\text{kg/kg 绝干气}$$

34℃空气的湿度：

$$H_2=\frac{0.622\phi_2 p_{s2}}{p-\phi_2 p_{s2}}=\frac{0.622\times1\times5319.47}{280000-1\times5319.47}\approx0.012\text{kg/kg 绝干气}$$

排气带走的水量：$411.5\times(0.0226-0.0115)\approx4.57\text{t}$

发酵大罐物料平衡图如图 12-2 所示。

(三) 能量衡算

以发酵罐冷却水计算为例（正常发酵过程），已知：发酵过程的发酵热 20935kJ/(m³·h)，大罐正常发酵时，体积为 55m³，拟采用 $\Delta t=5℃$ 的地下水冷却，通过能量衡算，计算正常发酵时冷却水用量 m。

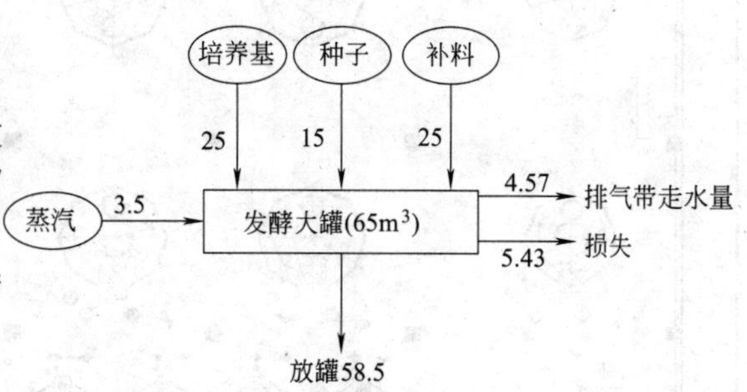

图 12-2 发酵大罐物料平衡图（单位：t）

发酵热 $Q=20935\times55=1151425\text{kJ/h}$

循环水带走热量：

$$Q'=Cm\Delta t=4.187\times m\times5$$
$$1151425=4.187\times m\times5$$
$$m=55\text{t/(罐·h)}$$

四、设备选择

(一) 发酵罐

拟利用现有 65m³ 发酵罐，公称容积 $V_o=65\text{m}^3$，设计年产量 $G=17\text{t/年}$，年工作日 $m=330$ 天，发酵周期 $t=5.90$ 天（141.6h）（含辅助时间），平均发酵水平 $U_m=1050\text{U/mL}$，装料系数 $\eta_o=80\%$，发酵液收率 $\eta_m=85\%$，成品效价 $U_p=590\text{U/mg}$，提炼总收率 $\eta_p=34.42\%$。

由
$$G=V_o\eta_o\times10^6U_m\eta_m\eta_p\frac{1}{U_p\times10^9}n\frac{m}{t}$$

$$n=\frac{1000GU_pt}{V_om\eta_p\eta_m\eta_oU_m}=\frac{1000\times17\times590\times5.90}{65\times330\times0.3442\times0.85\times0.8\times1050}=11.26\text{ 台}$$

故选择 12 台 65m³ 的发酵罐可满足生产。

(二) 二级种子罐

拟利用现有 12m³ 种子罐。

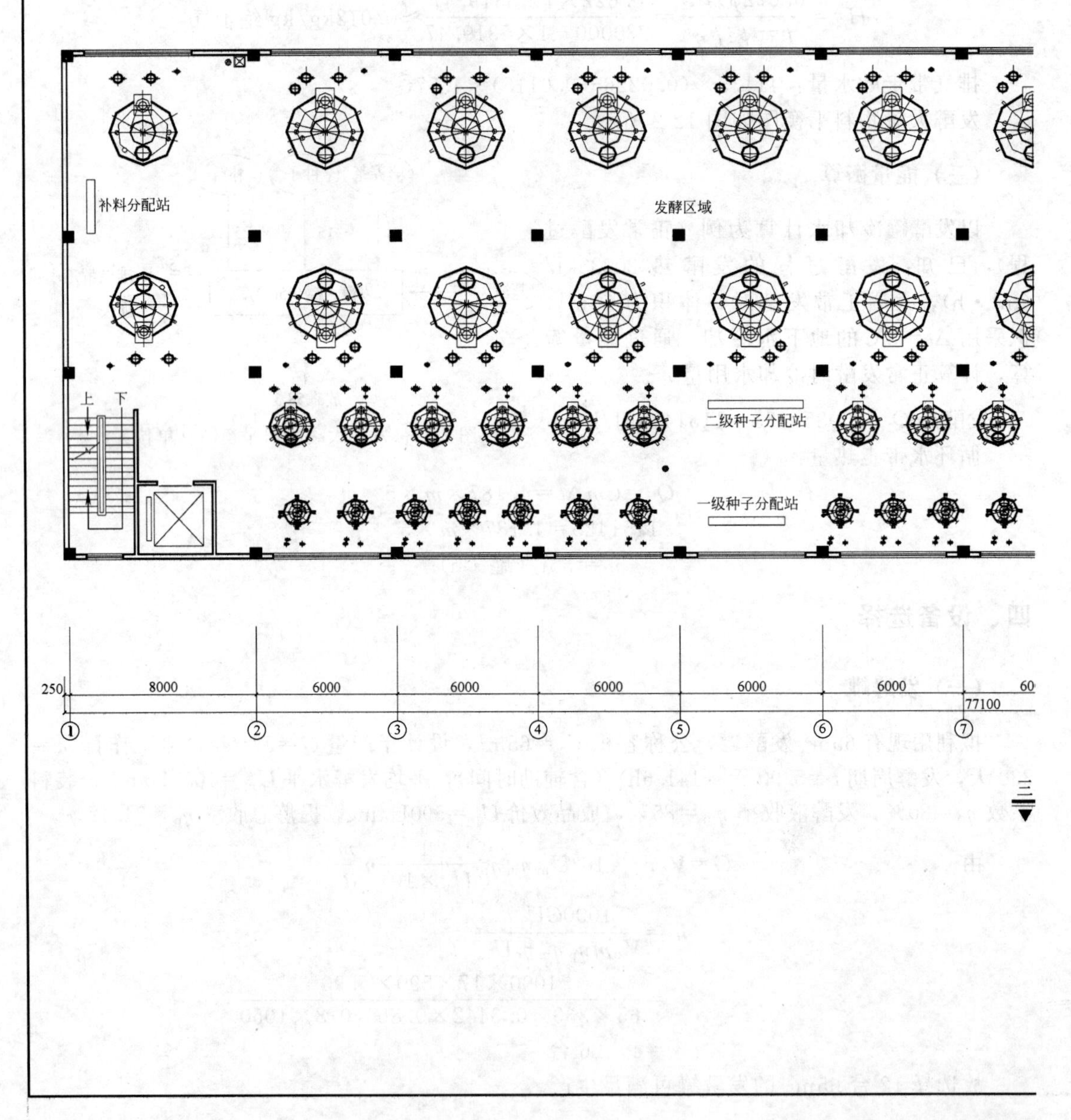
补料分配站
发酵区域
二级种子分配站
一级种子分配站
上
下
250
8000
6000
6000
6000
6000
6000
77100
①
②
③
④
⑤
⑥
⑦

图 12-3 三层工艺

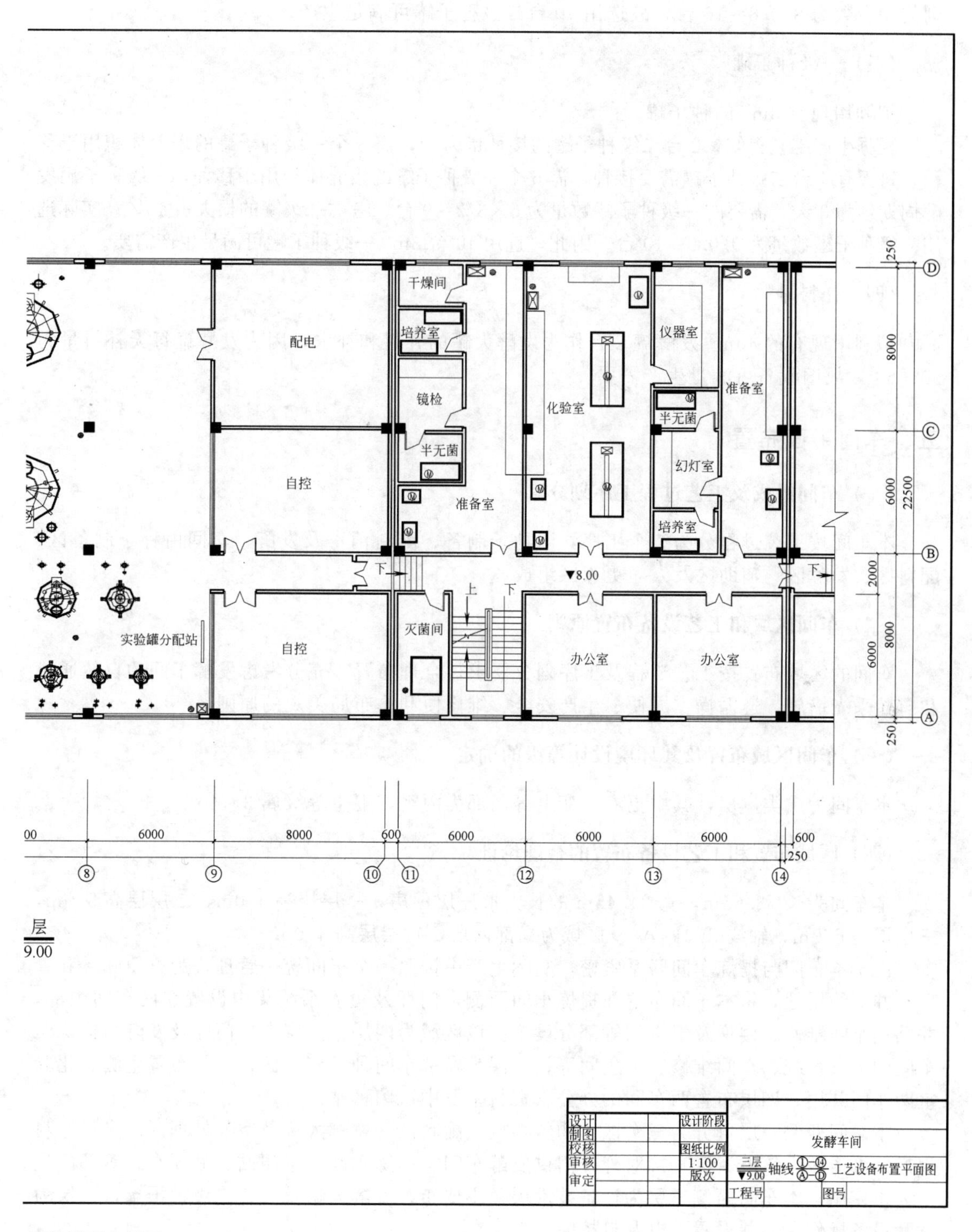

干燥间
培养室
镜检
半无菌
准备室
配电
自控
自控
实验罐分配站
化验室
仪器室
半无菌
幻灯室
培养室
准备室
灭菌间
办公室
办公室
上
下
下
下
▼8.00
层
9.00
设计
制图
校核
审核
审定
设计阶段
图纸比例
1:100
版次
发酵车间
三层
▼9.00
轴线
工艺设备布置平面图
工程号
图号

设备平面布置图

根据生产工艺，65m^3 大罐每罐的接种量为15t，需 2 个种子罐的培养体积用于移种，12台大罐发酵周期为 6 天，故每天有 2 台大罐需要接种，需二级种子罐数为 4 台。二级种子罐发酵周期为 2 天，因此需二级种子罐数 8 台同时生产。考虑二级罐损失及染菌概率占 20%，则需罐台数为 8/0.8=10 台，故选用 10 台二级种子罐可满足生产。

（三）一级种子罐

拟利用现有 3m^3 的种子罐。

根据生产工艺得知，2 台二级种子罐的接种量为 4t，需 3 个一级种子罐的培养体积用于移种，每天有 4 台二级种子罐需要接种，需 6 个一级种子罐的培养体积用于移种，一级种子罐发酵周期约为 3 天，需要的一级种子罐数量为 6×3/2=9 台，考虑一级罐的损失占 10%。实际选用一级种子罐数量为 9/0.9=10 台。因此，选用 10 台 3m^3 一级种子罐可满足生产需要。

（四）补料罐

拟利用现有的 40m^3 发酵罐 2 台作为发酵大罐的补料和补水，因为发酵罐每天补料量为 50～60t，故旧设备可满足生产需要。

五、车间平面布置

（一）车间组成及工艺过程工序划分

本车间按工艺过程分为三个工序，即种子制备、配料消毒及发酵。车间由种子制备区、配料区、发酵区、辅助区及人净更衣区组成。

（二）车间区域和工艺设备布置原则

车间的区域布置按工艺流程及工序划分要求，合理布置，充分考虑发酵车间的自然通风和自然采光措施，遵循操作方便、生产安全、维修便利、布局美观的原则。

（三）车间区域布置及其环境设计等级的确定

本车间为戊类厂房，其中更衣、变电等局部为丙类，卫生等级属 3、4 级。

（四）区域布置和工艺设备布置的合理论证

本车间为长 73.65m，宽 24.45m 的长方形三层厂房，一层层高 4.0m，二层层高 5.0m，三层层高 6.0m，轴线⑪-⑭/Ⓐ-Ⓓ区域为局部四层，每层层高 4.0m。

由于本车间与提炼车间联系紧密，实际生产中按照一个车间统一管理，为方便联系和管理，并节约用地，将本车间布置在提炼车间西侧，门厅及更衣系统集中设置在两车间中部，并共用车间维修、楼梯及卫生间等部分设施。该区域为四层：一层布置门厅及发酵与提炼两车间的更衣系统、车间维修、卫生间等；二层为发酵车间种子制备区；三层布置生测、化验室两车间共用；四层布置两车间的办公、资料室及中试菌种站。

本车间西侧一层可分为三个区：物料存放、配料区；发酵大罐及空气处理区；全厂原料生产的淋浴区。该淋浴区直接对外开门供发酵车间、提炼车间、空压站、循环水站等部门生产人员使用。本车间西侧二层为设备技术层，主要布置发酵大罐及一、二级种子罐，三层为发酵设备操作层，并设置配电及自控间。

车间工艺设备平面布置详见图 12-3。

六、车间主管设计和配管设计

该发酵车间根据工艺要求，共设 6 套公用管道系统：0.3MPa 饱和蒸汽系统、饮用水系统、循环水系统、冷冻水系统、热水系统、无菌空气系统。

根据车间布置情况，公用管道系统主管集中敷设在三层楼板下，由于主管道管径较大，主管设计时，充分考虑管道支撑形式，并需向结构专业提出管架承重及预埋钢板条件，供结构专业核算梁、柱的受力情况，必要时采取加强措施，以确保结构安全。

由于发酵车间各级发酵罐配管较多，一般采用分配站方式，车间内设有一级种子分配站、二级种子分配站、补料分配站等。

车间工艺主管布置详见图 12-4（见文后插页）。

第十三章 制剂车间设计及示例

第一节 制剂车间设计概述

一、制剂车间设计考虑的基本因素

制剂产品剂型和种类较多，分类方法也各不相同。对于制剂车间设计来讲，着重考虑的是产品的特性、产品的交叉污染及其造成的危害程度。从产品的种类和性质来讲，制剂产品（相对应生产车间或生产线）可分为青霉素类产品、头孢类产品、激素类产品、细胞毒性类（抗肿瘤）产品、生物制品、放射性药品等较为特殊类别的产品和普通类产品。以上分类方法并非严格意义上按产品性质的所有产品分类，而是特殊类产品相互之间或者对其他普通产品可能产生的污染有时会造成严重的危害，因此《药品生产质量管理规范》（GMP）对各类产品的生产提出了相应的不同要求：①生产特殊性质的药品，如高致敏性药品（如青霉素类）或生物制品（如卡介苗或其他用活性微生物制备而成的药品），必须采用专用和独立的厂房、生产设施和设备，青霉素类药品产尘量大的操作区域应当保持相对负压，排至室外的废气应当经过净化处理并符合要求，排风口应当远离其他空气净化系统的进风口；②生产β-内酰胺结构类药品、性激素类避孕药品必须使用专用设施（如独立的空气净化系统）和设备，并与其他药品生产区严格分开；③生产某些激素类、细胞毒性类、高活性化学药品应当使用专用设施（如独立的空气净化系统）和设备；④特殊情况下，如采取特别防护措施并经过必要的验证，上述药品制剂则可通过阶段性生产方式共用同一生产设施和设备。

另外，制剂产品还有其他分类方式，如按剂型可分为片剂、（软、硬）胶囊、颗粒剂、口服液、软膏剂、喷雾剂、栓剂、洗剂、滴眼剂、小容量注射剂、大容量注射剂、冻干粉针剂、无菌粉针剂等，还有传统中药的汤、散、丸、膏、酒、片等剂型。制剂车间设计要考虑各种剂型的生产工艺及其特点，尤其是要关注药品是否有无菌要求，即该药品是否是无菌药品。

对于制剂车间设计来说，产品的生产班次安排对产品生产产量、设计规模、工程投资影响较大，应根据业主要求和生产工艺合理确定。

二、制剂车间设计的特点

(1) 制剂车间一般对生产场所的空气洁净度有较高要求，依产品剂型的不同，药品生产洁净区的空气洁净度要求不同，生产场所的空气洁净度按2010版《药品生产质量管理规范》（GMP）要求划分为A、B、C、D。具体级别定义可参见第六章。无菌药品中可最终灭菌产品生产的操作环境通常分为C级、C级背景下的局部A级、D级；非最终灭菌产品生产的操作环境通常分为B级、B级背景下的局部A级、C级、D级。对于非最终灭菌产品和最终灭菌产品各工序适应的洁净等级详见第六章。

(2) 制剂车间药品生产洁净区空调系统运行能耗在车间运行成本中占据很大的比重，因此制剂车间内空调系统设计与系统划分至关重要。空调系统划分应有利于车间节能运行，并根据工艺生产特点采取相应的密闭或隔离措施，以尽可能利用空调系统回风。由于制剂生产通常为间歇生产，并从控制压差的角度出发，空调系统的设置中单台大风量机组已被按区域划分的多台小风量机组所取代。

(3) 为节省占地、方便物料运输，制剂车间一般应靠近原辅料及成品仓库。同一制剂车间内一般有几种剂型的产品同时生产，剂型相近或相似、生产区及洁净度要求相同的剂型通常尽可能集中设置。随着车间生产能力的大幅提高，车间内物流系统设计需引起重视，物流自动化输送正逐渐成为趋势。

(4)《药品生产质量管理规范》2010 版附录 1 无菌药品还提出了隔离操作技术在制剂中的应用："第十四条 采用隔离操作技术能最大限度降低操作人员的影响，并大大降低无菌生产中环境对产品微生物污染的风险。高污染风险的操作宜在隔离器中完成。隔离操作器及其所处环境的设计，应能保证相应区域空气的质量达到设定标准。传输装置可设计成单门或双门，甚至可以是同灭菌设备相连的全密封系统。物品进出隔离操作器应特别注意防止污染。隔离操作器所处环境的级别取决于其设计及应用。无菌生产的隔离操作器所处环境的级别至少应为 D 级。"

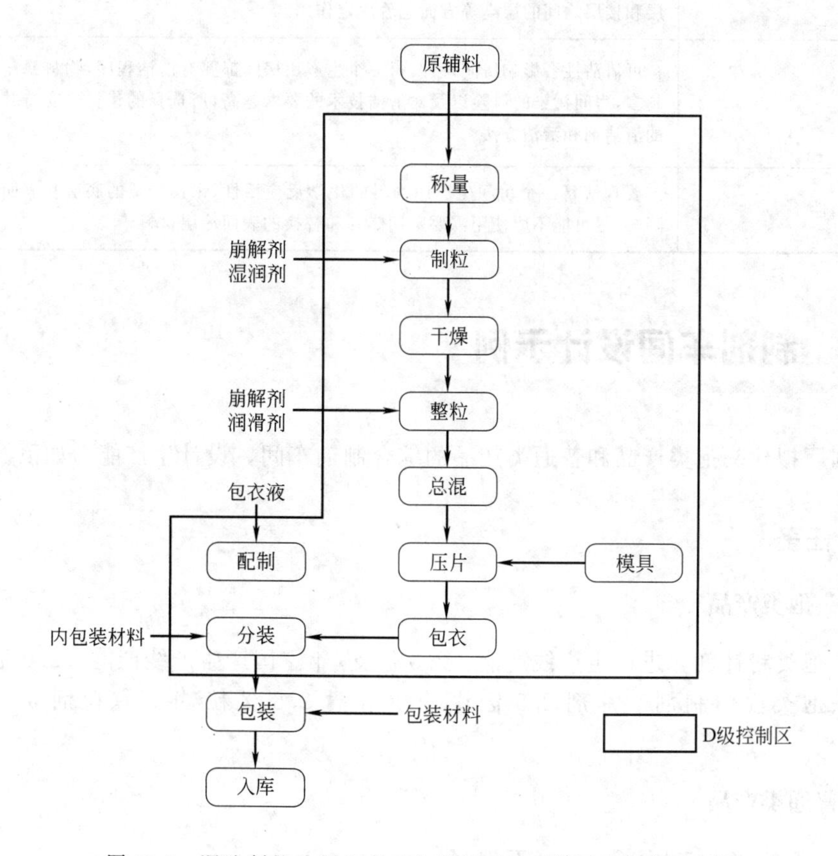

图 13-1　湿法制粒片剂生产工艺流程图及环境区域划分示意图

(5) 按照《药品生产质量管理规范》2010 版的规定，口服液体和固体制剂、腔道用药(含直肠用药)、表皮外用药品等非无菌制剂生产的暴露工序区域及其直接接触药品的包装材料最终处理的暴露工序区域，应参照“无菌药品”附录中D级洁净区的要求设置，企业可根据产品的标准和特性对该区域采取适当的微生物监控措施。例如湿法制粒片剂生产工艺流程图及环境区域划分示意图如图13-1所示。

(6) 在厂房设计时要考虑的产品和工艺特性（表13-1)。上述特性可能在整个工艺步骤期间发生变化，应该在适当的单元操作进行考虑。这些要求是工艺本身固有的，会影响到整个厂房设计。

表13-1　产品和工艺特性与厂房设计考虑的对应关系表

产品和工艺特性	厂房设计考虑
产品危险特性	产品危险特性对厂房布局的影响是通过风险评估确定的，采用的措施包括增加物料和人员气闸室，更衣间和设备空间要求以及环境取样和监测
爆炸性	厂房要有防爆炸设计，建筑要防爆，设备要有爆炸抑制系统，法令指南和保险法对每一栋厂房有特殊要求
光照和紫外光的敏感性	在厂房布局、照明设计时要考虑自然光和厂房照明系统对光/紫外光敏感物料的影响
吸湿性	建筑施工的细节和平面布局设置要考虑物料的吸湿特性，可以设置水蒸气屏障，采用必要的气闸室来隔离高湿度区域与低湿度区域
流动性	流动性会影响物料传送要求，例如在决定是采用水平工艺布局还是垂直工艺布局、楼层和楼层之间的层高等方面起着决定作用
可清洁性	可清洁性会影响房间设计，每一个生产用房间都要有清洁程序，物料暴露到房间环境越多，房间污染的风险以及对清洁技术的要求越高，所选择的建材要支持并耐受拟使用的清洁剂和清洁方法
化学反应活性	要理解每一个房间生产用物料的化学反应活性，采用合适的底层和表面涂层来防止降解，尽可能不要使用需要定期修补和替换的表面涂层材料

第二节　制剂车间设计示例

某制剂厂拟建头孢类产品和普通类产品的综合制剂车间，设计生产能力如下。

一、设计任务

（一）头孢类产品

(1) 头孢类粉针剂　进口生产线产能：2.0亿支/年。国产生产线产能：2.0亿支/年。

(2) 头孢类固体制剂　片剂2.5亿片/年；胶囊2.5亿粒/年；颗粒剂5000万袋/年(1g/袋)。

（二）普通类产品

(1) 10mL玻璃瓶口服液：6000万支/年。

(2) 120mL塑料瓶口服液：4500万瓶/年。其中：已有生产线生产能力1500万瓶/年，新建生产线生产能力3000万瓶/年。

(3) 洗剂生产线：500万瓶/年（100～200mL)。

(4) 普通固体制剂：片剂 2.5 亿片/年；胶囊 2.5 亿粒/年；颗粒剂 5000 万袋/年(5g/袋)。

二、生产工艺选择及流程设计

本设计中所涉及的几种剂型均为较为普遍的常规剂型，生产工艺成熟可靠，工艺流程按各种剂型的通用流程进行设计，并在工艺选择和流程设计中充分体现 GMP 要求。

(一) 粉针剂

按工艺要求将合格原辅料分装于无菌西林瓶中，经加塞、轧盖、灯检、贴签、装盒、装箱后入库待检。

(二) 固体制剂

合格原辅料经称量、筛分、制粒、干燥、整粒、总混后得到干颗粒，干颗粒或进入袋包间包装成颗粒剂产品，或进入胶囊生产区制成相应规格的胶囊剂，或进入片剂生产区制成相应规格的片剂。包衣后素片、填充后胶囊经铝塑（铝）包装后，与颗粒剂产品一同去装盒、装箱、入库待检。

(三) 120mL 塑料瓶西药口服液

合格原辅料经称量、配料、过滤后去灌装、塑料颗粒分别经制瓶机、制盖机制成塑料瓶及塑料盖，塑料瓶经理瓶、灌装、旋盖后去贴签、装盒、装箱、入库待检。

(四) 10mL 玻璃瓶中药口服液

蔗糖经化糖、过滤后去浓配罐，再加入合格原辅料、中药提取液，经浓配、冷藏、离心、稀配后去灌装。口服液瓶经洗涤、烘干灭菌后去灌装、轧盖，免洗铝盖经传递窗进入，灌装轧盖后口服液瓶去灭菌、检漏、灯检、贴签、装盒、装箱、入库待检。

(五) 中药外洗剂

合格原辅料、中药提取液经浓配、冷藏、离心、稀配后去灌装。外购塑料瓶经理瓶、灌装、旋盖后去灭菌、贴签、装盒、装箱、入库待检。

三、物料衡算和能量衡算

(一) 计算基础数据

年工作日：250 天。生产班别：2 班生产，每班 8h，班有效工时 6～7h。生产方式：间歇式生产。

(二) 物料衡算

以头孢类固体制剂为例，设计规模：片剂 2.5 亿片/年；胶囊 2.5 亿粒/年；颗粒剂 5000 万袋/年（1g/袋）。

假设片剂平均片重为 0.3g/片，胶囊的平均粒重为 0.3g/粒。

则片剂的年制粒量为：$2.5\times10^{8}\times0.3\times10^{-6}=75\text{t}$/年

日制粒量为：75/250＝300kg/天

班制粒量为：300/2＝150kg/班

胶囊的年制粒量为：$2.5\times10^{8}\times0.3\times10^{-6}=75$t/年

日制粒量为：75/250=300kg/天

班制粒量为：300/2=150kg/班

颗粒剂的年制粒量为：$5000\times10^{4}\times1\times10^{-6}=50$t/年

日制粒量为：50/250=200kg/天

班制粒量为：200/2=100kg/班

故班总制粒量为：150+150+100=400kg/班

假设原辅料损耗为2%，年原辅料总耗量：

$$\frac{75+75+50}{0.98}\approx 204\text{t/年}$$

(三) 能量衡算

以纯化水系统采用纯蒸汽灭菌所需的纯蒸汽用量计算为例。

【例】 纯化水系统由$10m^3$的立式316L不锈钢储罐及长100m、管径$DN50$的316L不锈钢管道及输送泵组成，采用0.3MPa（表压）的纯蒸汽灭菌，灭菌时用卡箍连接的同材质短管代替泵连接管路系统。已知：不锈钢材料的比热容$C_p=0.50$kJ/(kg·℃)，$10m^3$不锈钢纯化水储罐重量$m=1900$kg，直径$D=2400$mm，$H=2000$mm，立式椭圆形封头，管路系统不保温，灭菌温度121℃，维持30min。计算：纯化水系统采用纯蒸汽灭菌的纯蒸汽用量。

解 (1) 先分析管路系统从20℃（环境温度）升温至121℃后的传热情况。

① 传入热量

系统内持续通入0.3MPa的饱和纯蒸汽，温度143℃，其焓值$H_1=2742.1$kJ/kg，121℃水的焓值$H_2=507.9$kJ/kg，143℃饱和纯蒸汽转化为121℃的水的焓变为2234.2kJ/kg，设通入纯蒸汽量为G_1。

② 传出热量

管路系统通过热传导散热量Q_1：

$$Q_1=KA\Delta t$$

查《化工工艺设计手册》，取$K=125.6$kJ/(m^2·h·℃)。

A为$10m^3$储罐及100m管道的外表面积之和。

$$\Delta t=121-20=101℃$$

储罐表面积：$A_1=\pi DH+2\times$封头表面积$\approx3.14\times2.4\times2+2\times6.60\approx28.3m^2$

$$\left(\text{封头表面积}=1.46\times\frac{\pi D^2}{4}\right)$$

管道表面积：$A_2=\pi dL=3.14\times0.05\times100=15.7m^2$

$$Q_1=125.6\times(28.3+15.7)\times101=558166.4\text{kJ/h}$$

管路系统内表面温度为121℃时，假设外表面温度近似为121℃，其辐射热为Q_2。

将管路系统近似看成黑体，其最大辐射热为：

$$Q_2=C_o\left(\frac{T}{100}\right)^4A$$

$$=5.67\times\left(\frac{121+273}{100}\right)^4\times(28.3+15.7)=60120.2\text{W}=60120.2\text{J/s}$$

$$\approx216432.7\text{kJ/h}$$

③ 排放活蒸汽的量 G_2

采用纯蒸汽灭菌时，各使用点及储罐需分别打开阀门排气，以达到活蒸汽灭菌的目的。假设每次同时排气点为 2 个，排气管内径 DN10，蒸汽流速 20m/s，蒸汽密度 $2.12kg/m^3$，则蒸汽排放量：

$$G_2 = 2\times\frac{\pi}{4}d^2\rho u$$

$$= 2\times0.785\times0.01^2\times20\times2.12\times3600\approx24kg/h$$

根据能量守恒定律，达到灭菌稳态时通入蒸汽量 G_1 用于克服热损失，则：

$$G_1\Delta H = Q_1 + Q_2$$

$$G_1 = \frac{Q_1+Q_2}{\Delta H}$$

$$= \frac{558166.4+216432.7}{2234.2} = 346.7kg/h$$

因此，灭菌达到稳态时纯蒸汽耗量为：346.7＋24＝370.7kg/h。

(2) 再来分析纯水系统从 20℃升温至 121℃时的传热情况，这是一个非稳态过程，由于升温时间可以调节，可以通过适当延长通入纯蒸汽的时间来达到。

整个管路系统从 20℃升温至 121℃所需吸收的总能量 $Q=Cm\Delta t$，储罐重量 $m_1=1900kg$。

假设管道壁厚为 2.0，其重量为 3.5kg/m，则管路系统重量 $m_2=100\times3.5=350kg$。

$$Q=0.50\times(1900+350)\times(121-20)=113625kJ$$

其热量相当于蒸汽量为：113625/2234.2＝50.8kg

考虑升温时热量损失为 15%，蒸汽量为：50.8×1.15＝58.42kg

该数值与维持稳态灭菌时蒸汽消耗量 370.7kg/h 相比相对较小，因此保证蒸汽流量为 370.7kg/h 即可满足该管路系统灭菌要求。

此例目的仅为介绍计算方法，实际生产中，纯化水系统一般采用 80℃热水循环的巴氏消毒法。注射水系统管路通常采用 70℃保温循环，需考虑采用纯蒸汽灭菌或过热水循环灭菌。无菌药品生产中配料系统必要时也需采用纯蒸汽灭菌，以降低生物负载。纯蒸汽灭菌系统的大小对纯蒸汽灭菌时的消耗量有重要影响。

四、设备选择

(一) 粉针剂生产

(1) 进口线　拟采用四条生产线独立布置，以满足同时生产不同品种的要求。年总产量为 2 亿瓶，每条线产量为 5000 万瓶/年；年工作日 250 天，每天 2 班，则每班需生产 10 万瓶；班有效工作时间 6h，则需生产线产量为 278 瓶/min。

拟进口三条气流分装生产线，生产能力为 300 瓶/min，可满足生产要求；或利用一条进口气流分装生产线，生产能力为 300 瓶/min，可满足生产要求。

(2) 国产线　拟采用二条生产线独立布置，使用国产的螺杆分装生产线，每条线产量为 1 亿瓶/年；年工作日 250 天，每天 2 班，则每班需生产 20 万瓶；班有效工作时间 6h，则需生产线产量为 556 瓶/min。故每条线选用生产能力为 240 瓶/min 的螺杆分装机及轧盖机各 3 台，可以满足生产要求。

（二）头孢固体制剂生产

头孢固体制剂产量为：胶囊 2.5 亿粒/年（0.3g/粒），片剂 2.5 亿片/年（0.3g/片），颗粒剂 5000 万袋/年（1g/袋），年工作日 250 天，每天 2 班，则每班处理量为 400kg/班。

（1）粉碎、筛分　拟选用 GF300A2X 型的粉碎机组一台，其生产能力为 100～300kg/h（80～120 目）；并选用 CW-180A 型微粉碎机一台，其生产能力为 30～100kg/h（80～300 目）；另选 XZS500 型筛分机一台，其生产能力为 100～350kg/h，可满足生产要求。

（2）制粒、干燥　拟选用一台湿法制粒机，其生产能力为 100kg/批，每批操作时间 30min；拟使用一台原有的沸腾干燥制粒机，其生产能力为 200～300kg/批，可与湿法制粒机配套，也可用作一步制粒机。由于甲方工艺要求，拟选用一台干法制粒机 GK-70 型，其生产能力为 20～60kg/h，可满足生产要求。

（3）压片　每班需压片量为 50 万片/班，班有效工作时间 6.5h，则所需压片机产量为 7.7 万片/h。拟选用 ZP35 型压片机一台，其生产能力为 6 万～13 万片/h，可满足生产要求。另选一台备用。

（4）包衣　所有素片包薄膜衣，每班包衣量为 150kg。拟选用一台 BGB-150C 型高效包衣机，批生产能力为 150kg，批操作时间约 2.5h，可满足生产要求。

（5）胶囊充填　每班需充填胶囊量为 50 万粒/班，班有效工作时间 6.5h，则所需胶囊充填机产量为 7.7 万粒/h。拟选用 NJP-800 型自动胶囊充填机，其生产能力为 4.8 万粒/h，2 台可满足生产要求。

（6）颗粒剂包装　每班需包装颗粒量为 10 万袋/班，班有效工作时间 6.5h，则所需颗粒包装机产量为 257 袋/min。拟选用 DXDK-900 型颗粒自动包装机一台，其生产能力为 320 袋/min，可满足生产要求。

（7）铝塑（铝）包装　片剂、胶囊剂均采用铝塑（铝）包装，年产量为 5 亿片（粒）。拟选用 CVC-1990 型铝塑（铝）包装机一台，其生产能力为 300 板/min，可满足生产要求。

（三）新建 120mL 塑料瓶口服液

（1）灌装生产线　需新建产量为 3000 万瓶/年的塑料瓶口服液生产线，年工作日 250 天，每日 2 班，班产量为 6 万瓶，班有效工作时间 6h，需要的小时产量为 1 万瓶，拟选用产量为 170 瓶/min 的灌装生产线，可满足生产需要。

（2）配料罐　灌装生产线产量为 170 瓶/min，班配料量为 $170\times60\times6\times0.12\times1.01\approx7418L$（1.01 是安全系数），每班配料 2 批，批配料量为 3709L，装料系数取 0.85，配料罐容积为 $3709/0.85=4363.5L$。

故选用 4500L 的配料罐可满足生产需要，考虑到配料后检验等待时间，并方便生产调配，选用配料罐 2 台。

（四）10mL 玻璃瓶口服液

（1）洗灌封生产线　需新建产量为 6000 万支/年的 2 条玻璃瓶口服液生产线，年工作日 250 天，每日 2 班，每条线班产量为 6 万支，班有效工作时间 6h，需要的小时产量为 1 万支。拟选用产量为 1.8 万支/h 的洗灌封生产线，可满足生产需要。

（2）配料罐　班配料量为 $1.8\times6\times10^4\times10\times10^{-3}\times1.2=1296L$（1.2 是安全系数），每班配料 2 批，批配料量为 648L，装料系数取 0.85，配料罐容积为 $648/0.85\approx762L$。

故选用 800L 的配料罐可满足生产需要，考虑到配料需浓配和稀配，故选用配料罐 2 台。

(3) 灭菌检漏柜　每条线班产量为 6 万支，拟选用型号为 XG1. ODG-2. 5 的灭菌检漏柜，其装量为 6. 8 万支/批，故每班灭菌一批，每条线选用 1 台可满足生产需要。

(五) 中药外洗剂

(1) 灌装机　需新建产量为 500 万瓶/年的中药外洗剂，年工作日 250 天，每日 2 班，班产量为 1 万瓶，班有效工作时间 6h，需要的产量为 28 瓶/min。拟选用型号为 GCB4D 的四泵直线式灌装机，其产量为 30～80 瓶/min，故选用 1 台可满足生产需要。

(2) 配料罐　灌装机产量为 30～80 瓶/min，取其产量为 50 瓶/min，班有效工作时间 6h，班配料量为 $50\times60\times6\times150\times10^{-3}\times1.2=3240L$。每班配料 2 批，批配料量为 1620L，装料系数取 0. 85，配料罐容积为 1620/0. 85＝1906L。

故选用 2000L 的配料罐可满足生产需要，考虑到配料需浓配和稀配，选用配料罐 2 台。

(3) 旋盖机　灌装机产量为 30～80 瓶/min，旋盖机产量需与之配套。拟选用型号为 FXG6 的旋盖机，其产量为 30～80 瓶/min，故选用 1 台可满足生产需要。

五、车间平面布置

(一) 车间布置原则

本项目按产品分类有头孢类、普通类；按剂型分类有无菌粉针分装、口服固体制剂、口服液体制剂、洗剂。本项目在车间组合时为避免头孢类产品污染普通类产品，将头孢类产品和普通类产品分别集中在各自独立的建筑单体内，各单体人流及物流完全分开，头孢类产品单体处于普通类产品单体的下风向。由于厂区用地紧张，为节省用地，将公用工程及仓库设置在两生产单体之间，既起到物理隔离的作用，也使公用系统管线、物料运输、成品入库等到两生产单体的距离最短。

(二) 头孢类综合制剂车间

头孢类综合制剂车间根据业主要求及生产特点，在一层布置了四条进口粉针剂生产区（气流分装）以及相应的辅助生活区（门厅、换鞋、更衣、洗衣、卫生间）、辅助生产区（空调机房）。在二层布置了口服固体制剂（片剂、胶囊、颗粒剂）生产区、2 条国产粉针剂生产区（螺杆分装线）、辅助生产区（空调机房、过滤器清洗烘干、设备保全、备件存放）。

本车间为长 71. 9m、宽 60. 5m 的二层框架结构，层高 6. 0m。主要人流入口位于车间的北面，物流入口位于车间的南面，人、物分流明显且物料运输距离短而便捷。一般生产区与洁净区人员由门厅经统一的更衣措施后各自进入一般生产区和洁净区（经与需进入洁净级别相适应的人员净化更衣后）；原辅料由物料通道经物净措施进入相应洁净生产区。在各生产区内，按 GMP 要求及工艺流程顺序布置并结合生产特点，流程紧凑且减少折返，分区合理；在洁净区内设置了技术夹层，既方便各专业管线的布置，又有利于保证洁净区的洁净度，并降低能耗；各洁净区内设置有疏散门供紧急疏散之用。将口服固体制剂布置在二层，是因为包衣区因使用易燃易爆的有机溶剂，包衣区需布置在防爆区域内，为方便泄爆，将其设置在车间西部靠外墙处，通过防爆门斗使其与非防爆区域有效隔离。无菌粉针车间洁净级别要求高，其中分装区域洁净度级别为 B 级背景下的 A 级，因此将无菌粉针车间布置在车间中间区域，四周设置走廊，满足人员参观需求，并利于空调节能。各车间南部均为包装岗位，紧邻仓库，方便车间成品入库。

（三）普通类综合制剂车间

本综合制剂车间是由 120mL 塑料瓶口服液、10mL 玻璃瓶口服液、中药外洗剂、普通固体制剂及预留车间组成为一幢二层楼的综合生产厂房，其中将运输量较大的 120mL 塑料瓶口服液、10mL 玻璃瓶口服液的生产布置在厂房的一层，而将运输量相对较小的中药外洗剂、普通固体制剂及预留车间的生产布置在厂房的二层。各生产区域分别通过人流及物流走廊与生产管理、质检部门及仓库区相通，成为一个有机整体。

该车间为长 66.9m、宽 68.6m 的二层框架结构，每层层高 6m，西面与质检及辅助工程楼、综合仓库相连。主要人流入口位于车间的北面，物流入口位于车间的西面，人、物分流明显且物料运输距离短而便捷。一般生产区与洁净区人员由门厅经统一的更衣措施后进入各自的生产岗位，物料从西面库区通过物流通道进入各车间的生产区域后按流程顺序生产再经外包成成品后通过物流通道进入库区。在洁净区内设置了技术夹层，方便各专业管线的布置，保证洁净区的洁净度，降低能耗；各洁净区内设置有疏散门供紧急疏散之用。

新建 120mL 塑料瓶口服液生产区为方便塑料颗粒的运输，将其布置在车间一层西面，尽量缩短运输距离；并且由于该区域生产中需使用麻醉品可待因为原料，为满足国家药品食品监督管理局对麻醉药品的管理要求，将该生产区域紧靠麻醉品库，并在麻醉品库及麻醉品出库经传递窗进入配料罐的路线上均设置监视摄像头，以确保安全。利旧 120mL 塑料瓶口服液生产区制微囊岗位需使用易燃易爆的有机溶剂，该岗位布置在防爆区域内，通过防爆措施使其与非防爆区域有效隔离。为满足其泄爆要求，将其布置在车间一层东面，靠外墙布置，侧面泄爆。车间一层中部布置玻璃瓶口服液生产区。车间二层西面布置中药外洗剂生产区，二层中部布置固体制剂生产区，二层东面为预留车间。

车间平面布置见图 13-2、图 13-3（见文后插页）。

六、车间主管设计和配管设计

本车间根据生产工艺要求，管道系统设置为：城市自来水系统、纯化水系统、注射用水系统、0.3MPa 及 0.6MPa 饱和蒸汽系统、0.3MPa 纯蒸汽系统、冷冻水系统、循环水系统、压缩空气系统及氮气系统。

管道系统管道材质选择：城市自来水系统采用不锈钢管；纯化水系统、注射用水系统、纯蒸汽系统、氮气系统、压缩空气系统采用 316L 不锈钢管；0.3MPa 及 0.6MPa 饱和蒸汽系统采用无缝钢管；冷冻水系统、循环水系统采用焊接钢管；其中进入洁净区后的非保温明装管道，为方便清洁管道，管道材质采用不锈钢。

车间内工艺主管道布置在技术夹层内，根据使用点分布情况，合理安排走向，管道布置考虑集中且就近设置的原则，成列平行走直线，力求整齐、美观。洁净区内纯化水系统、注射用水系统考虑环形分配干线。各生产区分别独立设置循环系统。配管考虑从夹层下到使用点尽量集中落下，并给设备有足够的操作空间，进入洁净室的工艺支管，尽量采用明敷方式，非保温明管材质为不锈钢。

第十四章 中药前处理和提取车间设计及示例

一个典型的中药厂包含中药提取和中药制剂两部分，中药的提取区域一般由中药材仓库、中药的前处理、净药材仓库和中药提取四大部分组成，四个部分根据生产的性质和规模可组合成一个或多个车间。

第一节 中药前处理和提取车间设计概述

1. 中药前处理工序物料运输量大

随着我国医药工业的发展，中药制剂的规模不断扩大，中药材年处理量上万吨甚至几万吨的规模已不鲜见。如此大规模的物料输送需要合理规划物料的流向。首先需要将中药材仓库、药材前处理、净药材和提取四个功能区按物料流向有机布置，同时采用物料连廊、自动传输等手段，利用物料的重力输送代替货梯垂直提升输送等立体布局模式，使物料路线简捷，无折返，降低工人劳动强度，提高生产效率。

2. 中药前处理工序产尘量大

大量的中药前处理工序如挑选、洗药的投料、破碎、粉碎、炮制等均为产尘操作，生产过程中需采取有效的除尘措施，同时还应该根据药材的特点和工艺流程的性质，将产尘工序进行自动化和密闭化生产，这也是今后中药现代化生产努力的方向。

3. 中药提取工序散热、散湿量大

中药的提取、出渣、浓缩、沉淀等工序多为高温过程，对环境的散热量和散湿量较大，除需要考虑合理的通排风措施外，更要做好设备和管道的保温工作，采用合理的降温措施以及采用密闭化和管道化的工艺流程设计，达到降温、排湿的目的。

4. 药渣排放易对环境造成污染

传统的中药提取车间药渣满地、污水横流，是中药现代化进程的“拦路虎”之一。因此药渣的清洁排放是提取车间设计的重点。可采用药渣自动收集装置来解决这一难题，如采取自动出渣小车接渣、药渣储槽收集、拖渣汽车外运的方式将药渣在相对密闭的过程中送出车间，降低对提取车间环境的污染。同时提倡对药渣进行堆肥化处理或干燥后进废热锅炉生产蒸汽，变废为宝，实现节能和环保双赢。

5. 中药提取车间大量使用有机溶剂，生产火灾危险性类别较高

中药提取车间的醇提、渗滤、醇沉工序以及色谱、萃取等精制工序大量使用有机溶剂，车间的火灾危险性类别为甲类防爆生产区，应严格按照国家的相关规范做好防火防爆措施。设计中，尽量减少防爆区的面积，将非防爆生产性质的工序设置在甲类区以外。如一般水提醇沉工艺，宜将水提工艺和醇沉工序分别布置在非防爆区和防爆区，将危害物质限定在最小的区域范围内，降低对环境的危害。如果生产规模较大，提倡将不使用有机溶剂生产过程的品种单独设置车间，以减低整体工程的造价，节约生产成本。

6. 中药提取车间生产品种多，流程复杂

传统的中药提取车间生产品种多，流程复杂，管线多，车间“跑、冒、滴、漏”现象严重，生产环境差，生产设备落后，劳动强度高。为顺应中药现代化建设要求，选用先进节能设备，加强系统的维修、管理，采用自动化程度高的物料输送系统等是改善现状的有效手段。目前我国有不少中药企业通过中药现代化改造，实现了从提取到精制全过程自动化控制，基本实现无人操作，是我国中药企业改造的方向。

7. GMP 对中药生产车间的厂房和设施的要求

中药生产车间的硬件要求如下：

(1) 中药材和中药饮片的取样、筛选、称重、粉碎、混合等操作易产生粉尘的，应当采取有效措施，以控制粉尘扩散，避免污染和交叉污染，如安装捕尘设备、排风设施或设置专用厂房（操作间）等。

(2) 中药材前处理的厂房内应当设拣选工作台，工作台表面应当平整、易清洁，不产生脱落物。

(3) 中药提取、浓缩等厂房应当与其生产工艺要求相适应，有良好的排风、水蒸气控制、防止污染和交叉污染等设施。

(4) 中药提取、浓缩、收膏工序宜采用密闭系统进行操作，并在线进行清洁，以防止污染和交叉污染。采用密闭系统生产的，其操作环境可在非洁净区；采用敞口方式生产的，其操作环境应当与其制剂配制操作区的洁净度级别相适应。

(5) 中药提取后的废渣如需暂存、处理时，应当有专用区域。

(6) 浸膏的配料、粉碎、过筛、混合等操作，其洁净度级别应当与其制剂配制操作区的洁净度级别一致。中药饮片经粉碎、过筛、混合后直接入药的，上述操作的厂房应当能够密闭，有良好的通风、除尘等设施，人员、物料进出及生产操作应当参照洁净区管理。

(7) 中药注射剂浓配前的精制工序应当至少在 D 级洁净区内完成。

(8) 非创伤面外用中药制剂及其他特殊的中药制剂可在非洁净厂房内生产，但必须进行有效的控制与管理。

(9) 中药标本室应当与生产区分开。

第二节　中药前处理和提取车间设计示例

一、设计任务

某药厂拟建药材前处理能力 9000t/年、提取能力 8000t/年的中药前处理及提取综合车间，年工作日 250 天，两到三班生产，班有效工作时间 6～8h。

二、生产工艺选择及流程设计

（一）中药材前处理

部分原药材经挑选、清洗、切制后去干燥，干燥净药材入净药材存放待用。需炮制的药材经蒸煮、炒、煅、榨汁、发酵、水煮等炮制工序入净药材库暂存。部分需粉碎的净药材去粉碎，粉碎后的生药粉经湿热灭菌后装桶入库，可作为制剂车间的原料生药粉直接入药。少量需制成饮片外销的原药材经挑选、清洗、切制后干燥，干燥净药材进行内、外包装，入饮片库存放。部分不需炮制即可去水提投料的原药材经挑选、清洗、切制后装入 IBC 料斗，进入提取车间水提区投料。

（二）中药材提取

(1) 水提工艺流程　净药材去水提罐投料进行静态提取，部分药材需先经蒸馏后再按规定比例投料提取。提取液经固液分离，双效浓缩至相对密度 1.20，经二次浓缩至相对密度 1.35。部分浸膏装桶入冷库储藏备用，部分浸膏经微波干燥或带式真空干燥，部分浸膏与灭菌生粉混合后进行干燥，干膏粉碎得干膏粉装桶入库待用。

(2) 水提澄清工艺流程　净药材去水提罐投料进行静态提取，提取液经固液分离，双效浓缩至相对密度 1.05，静置澄清，取上清液二次浓缩至相对密度 1.35，浸膏装桶入冷库储藏备用。

(3) 水提醇沉工艺流程　净药材去水提罐投料进行静态提取，提取液经固液分离，双效浓缩至相对密度 1.20，加乙醇进行沉淀，取上清液，经离心分离后二次浓缩至相对密度 1.35，浸膏装桶入冷库储藏备用。

(4) 醇提工艺流程　净药材加乙醇进行热回流提取，提取液浓缩至规定浓度后出液进行二次浓缩。浸膏装桶入冷库储藏备用。

(5) 渗漉工艺流程　渗漉药材装罐，加乙醇浸润，润湿后，滴加乙醇进行渗漉，收集渗漉液，浓缩至规定相对密度收膏，浸膏装桶入冷库储藏备用。

以上工艺过程具体生产洁净要求为：中药提取、浓缩、收膏工序宜采用密闭系统进行操作，并在线进行清洁，以防止污染和交叉污染；采用密闭系统生产的，其操作环境可在非洁

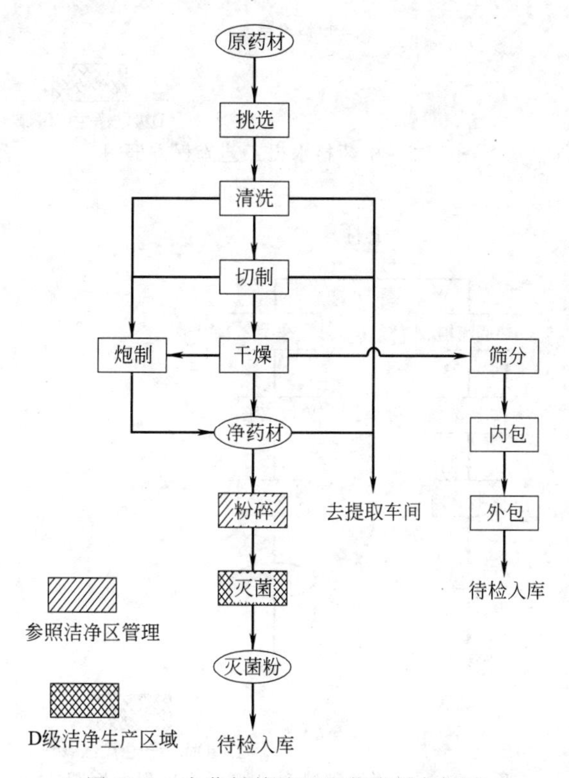

图 14-1　中药材前处理工艺流程方框图

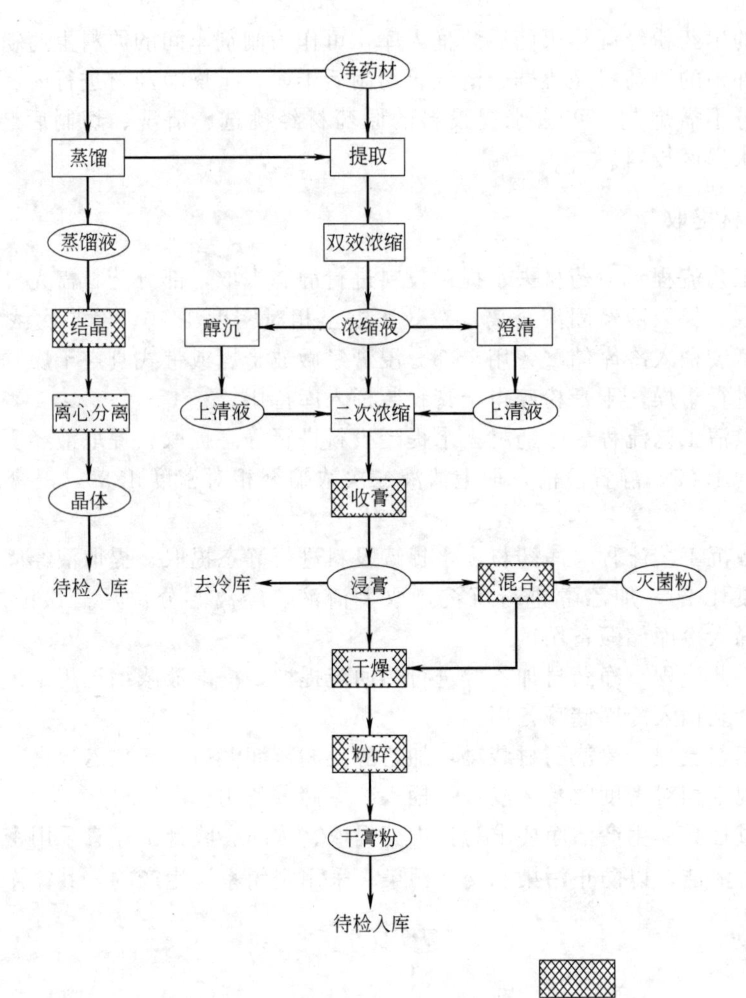

图 14-2　中药材水提工艺流程方框图

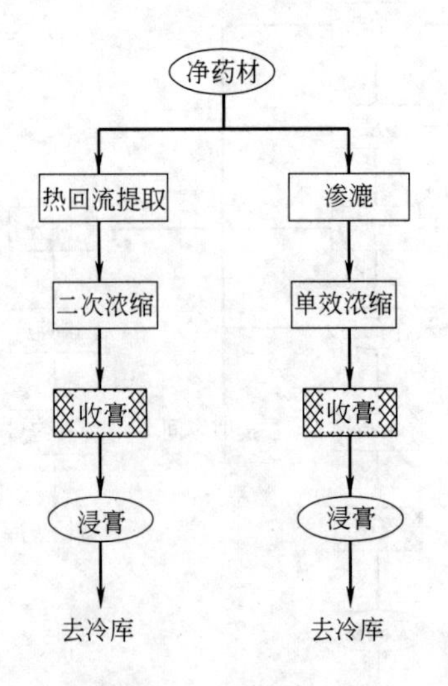

图 14-3　中药材醇提和渗漉工艺流程方框图

净区；浸膏的配料、粉碎、过筛、混合等操作，其洁净度级别应当与其制剂配制操作区的洁净度级别一致，为D级洁净生产区域；中药饮片经粉碎、过筛、混合后直接入药的，上述操作的厂房应当能够密闭，有良好的通风、除尘等设施，人员、物料进出及生产操作应当参照洁净区管理。

因此，以上工艺过程，净药材的粉碎区设为参照洁净区管理区域，生粉灭菌区设为D级洁净生产区域，浸膏的装桶、干燥等工序设为D级洁净生产区域。

（三）工艺流程方框图

中药材前处理工艺流程方框图见图14-1。中药材水提工艺流程方框图见图14-2。中药材醇提和渗漉工艺流程方框图见图14-3。

（四）工艺流程图

以蒸馏和水提工艺为例，带控制点的工艺流程图见图14-4。

（五）工艺流程的自动化设计

对传统中药企业进行现代化改造，实现过程的机械化和自动化生产，对工艺流程的现代化设计是很重要的一环。应将传统敞开式操作过程通过现代工艺转变为管道化、密闭化生产，积极采用新工艺、新技术、新设备，引进工业自动化控制技术，实现产品的均一性和可追溯性，提高产品质量，改善生产环境，减低劳动强度。如采用现代工业生产的提取、浓缩、沉淀、分离、精制等先进生产设备，使进料—加水（醇）—提取—出渣—分离—浓缩—沉淀—精制—浓缩收膏等整个生产过程密闭化、连续化、管道化，利用计算机控制系统，进行温度、压力、时间、流量、密度等各个参数的控制，实现整个过程的自动化生产。

以提取罐的控制为例，提取罐的控制有如下控制点：药材自动输送计量控制；溶剂量的计量、控制；浸泡、保温、升温、煎煮温度控制；煎煮循环逻辑控制、间歇时间控制；浸泡、保温、煎煮时间控制；选择出药路径；自动选择出药储罐；出药结束判断；出渣系统接口控制；罐底锁与罐底开启装置的联锁与保护。

三、物料衡算和能量衡算

（一）物料衡算

（1）基础数据　年工作日：250天/年。生产班制：2～3班/天。班有效工作时间：6.0～8.0h/天。年药材前处理能力为9375t；年药材提取能力为8000t。

（2）前处理和提取药材量　前处理和提取药材日产量和批量见表14-1。

表14-1　前处理和提取药材日产量和批量

序号	药材处理方式	批处理量/(t/批)	日处理量/(t/天)	日生产班制/(班/天)	序号	药材处理方式	批处理量/(t/批)	日处理量/(t/天)	日生产班制/(班/天)
1	净选	—	37.5	2	7	灭菌	—	11	2
2	清洗、切制	—	35	2	8	水提	6.6	19.8	3
3	干燥	—	19	2	9	水提澄清	3.78	11.34	3
4	蒸煮	—	4.7	2	10	水提醇沉	2.0	—	3
5	炒、煅、发酵等炮制	—	1	2	11	醇提	2.0	—	3
6	粉碎	—	13.6	2	12	渗漉	3.0	—	3

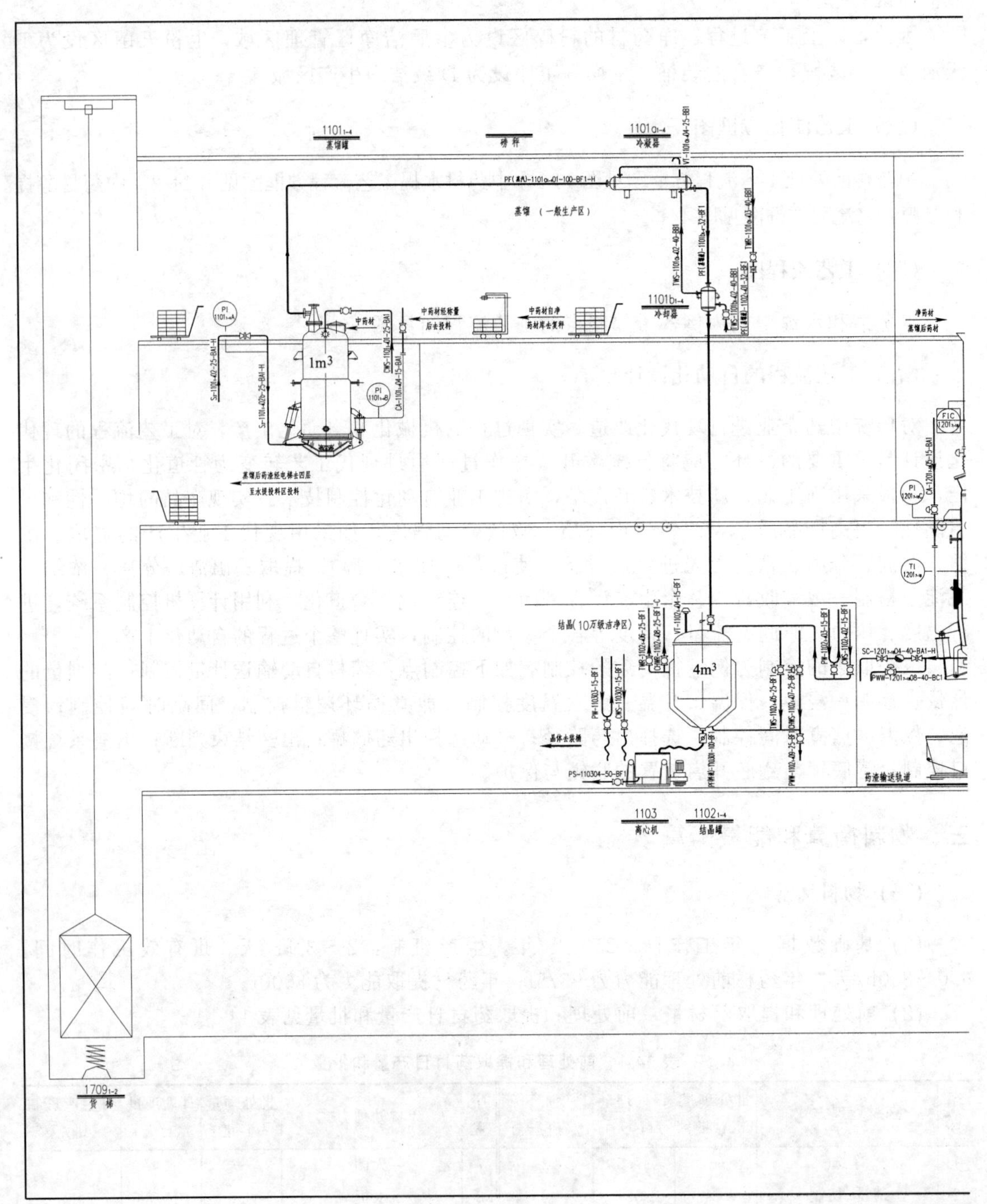

图 14-4　水提、蒸馏岗位

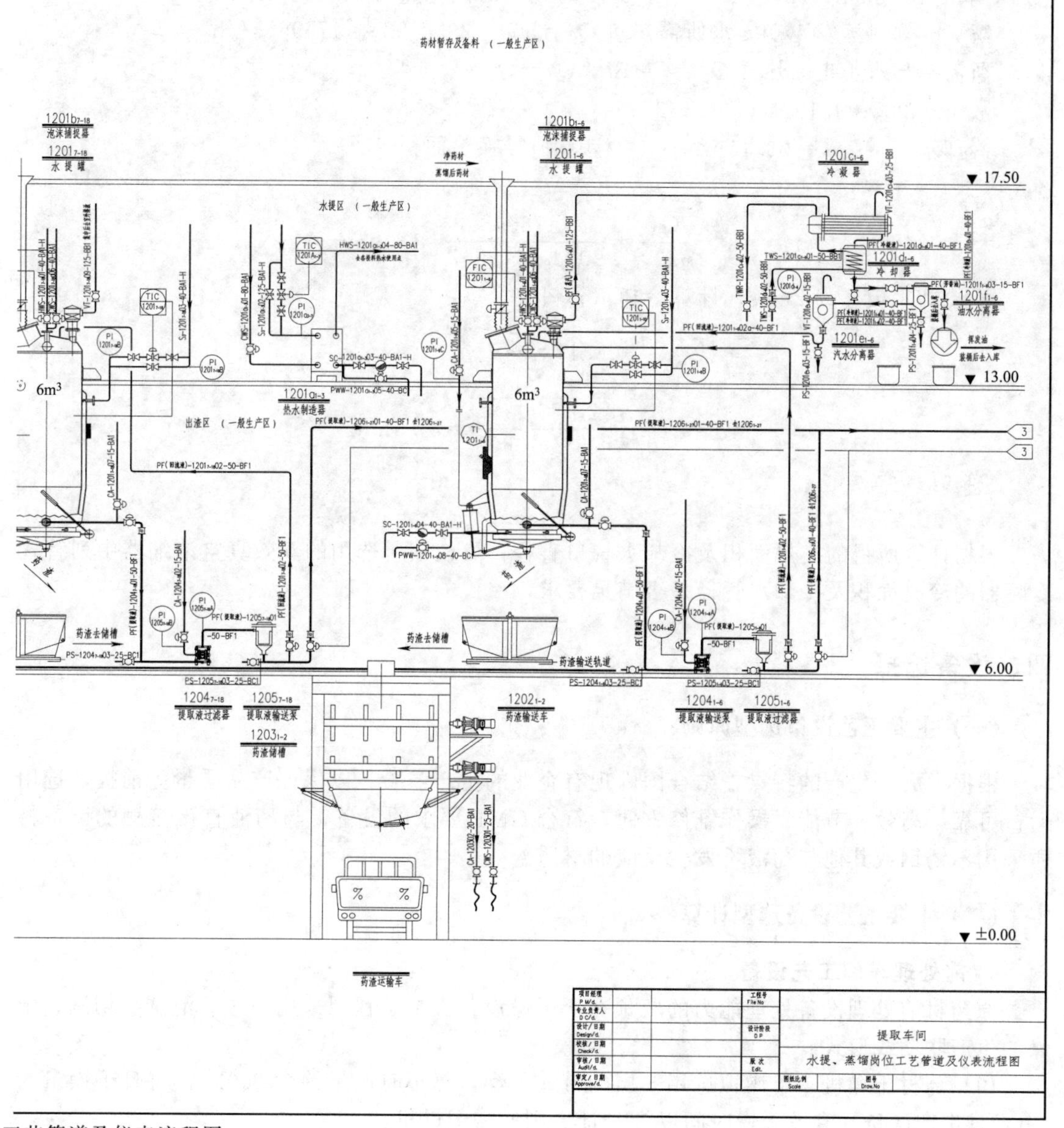

▼ 22.00
药材暂存及备料 （一般生产区）
泡沫捕捉器
水提罐
冷凝器
▼ 17.50
水提区 （一般生产区）
冷却器
油水分离器
汽水分离器
▼ 13.00
6m³
6m³
热水制造器
出渣区 （一般生产区）
药渣去储槽
药渣去储槽
药渣输送轨道
▼ 6.00
提取液过滤器
提取液输送泵
药渣储槽
药渣输送车
提取液输送泵
提取液过滤器
▼ ±0.00
药渣运输车
提取车间
水提、蒸馏岗位工艺管道及仪表流程图

工艺管道及仪表流程图

汇总每个产品消耗的药材量，可得到总的药材年消耗量，并据此进行设备选型计算。

（二）能量衡算

以计算双效浓缩器冷却水耗量为例。

【例】 已知双效真空浓缩器的蒸发能力为1000kg水/h，二效蒸发温度为60℃，二效蒸发能力为500kg水/h，列管式冷凝器采用循环水冷却，循环水进口温度$t_1=25$℃，出口温度$t_2=35$℃，换热介质逆流流动的有效平均温差$\Delta t_m=29.7$，列管式冷凝器的传热系数K取值2093.5kJ/(m²·h·℃)，60℃时，水的汽化热为2353.93kJ/kg。

解 60℃时蒸发500kg水所需热量$Q_1=500\times2353.93=1176965$kJ/h

所需冷却水带走的热量$Q_2=Cm\Delta t$，$Q_1=Q_2$

故$1176965=4.187m\times(35-25)$

冷却水耗量：$m=28.11$m³/h　　计算所需换热面积A：

$$KA\Delta t_m=Q_1$$

$$A=\frac{Q_1}{k\Delta t_m}=\frac{1176965}{2093.5\times29.7}=18.9\text{m}^2$$

取冷却水流速为2m/s，计算冷却水管口直径d：

$$28.11=\frac{\pi}{4}d^2\mu$$

$$d=\sqrt{\frac{28.11}{0.785\times2\times3600}}=70.5\text{mm}$$

圆整取$d=70$mm

根据计算所得的换热面积及冷却水管口直径，可校核所选用的双效真空浓缩器中列管式冷凝器的冷凝面积及冷却水管径是否满足要求。

四、设备选择

（一）主要工艺设备选型原则

根据中成药生产的特点，结合国内现有企业的生产经验，以保证产品质量为前提，选用运行可靠、高效、节能、操作维修方便，符合GMP要求的设备，与药液直接接触的设备材质采用不锈钢或其他与药液不发生反应的材质。

（二）主要工艺设备选型计算

1. 前处理车间工艺设备

原药材前处理设备处理能力的瓶颈在于干燥设备。本工程拟采用净选、清洗、切制、干燥的生产联动线形式。

(1) 药材干燥机　干燥拟选用5层的带式干燥，每小时产量约为200kg，每日干燥量为19t，日生产两班，有效干燥时间以12h计。则所需干燥机：

$$\frac{19}{200\times10^{-3}\times12}=7.9\text{台}$$

即需要8台带式干燥机，拟选用净选、清洗、切制、干燥的生产联动线8条。

(2) 药材粉碎　每日粉碎量为13.6t，日生产两班，有效粉碎时间以10h计。粉碎机稳定生产能力约200kg/h。则所需粉碎机：

$$\frac{13.6}{200\times10^{-3}\times10}=6.8\text{套}$$

综合考虑品种安排和清场等诸多实际因素，拟选用10套粉碎机组，以适应生产要求。

(3) 灭菌　每日粉碎量为11t，拟采用湿热灭菌柜进行灭菌，每批灭菌周期为1.5h，每批灭菌能力以200kg计。日生产两班，有效灭菌时间以12h计。则所需灭菌柜：

$$\frac{11}{\frac{12}{1.5}\times200\times10^{-3}}=6.9\text{台}$$

选用8台湿热灭菌柜可满足生产需求。

2. 提取车间工艺设备

提取车间应按照品种的划分，确定不同工艺流程的提取浓缩生产线，针对不同生产线的批产量需求，配制相应的设备。下面以其中水提醇沉工艺为例，进行设备选型计算。

(1) 水提罐　水提醇沉的批产量要求为2000kg/批，拟选用$6m^3$提取罐进行提取，每罐投料量为1000kg。则所需提取罐：

$$2000/1000=2\text{台}$$

选用2台$6m^3$直筒型多功能提取罐。

(2) 提取液储罐　提取过程加水两次，分别是药材量的4倍，两次出液间隔2h。每台提取罐两次出液量分别为药材量的3倍和4倍，即3000kg和4000kg，由于出液后提取液既可开始浓缩，浓缩能力为2500kg水/h（见下一步选型计算）。可以看出，提取液储罐仅需能装下4000kg提取液就可满足生产要求。取储罐装料系数0.85，则所需提取液储罐：

$$4/0.85=4.7m^3$$

可以选用$5\sim6m^3$储罐2台。设计中综合考虑各项不利因素，选用$6m^3$提取液储罐2台。

(3) 双效浓缩器　该批次提取液总量为：

$$2000\times(3+4)=14000kg$$

浓缩至规定相对密度后，浓缩液量约为2000kg，则蒸发量为：

$$14000-2000=12000kg$$

由于三班生产，批有效浓缩能力以5h计，则所需双效浓缩器：

$$12000/5=2400kg$$

可以选用蒸发能力2500kg水/h的双效浓缩器1台。

(4) 醇沉罐　醇沉工艺的加醇量约为浓缩液的3.5倍，则醇沉液为：

$$2000\times3.5=7000kg$$

取醇沉罐的装料系数为0.65，则所需醇沉罐：

$$7/0.65=10.77m^3$$

每批次可选用$6m^3$醇沉罐2台。

同时需要考虑的是，该工艺为三班制连续运转，醇沉的沉淀周期为24h，浓缩进罐和醇沉液出液即清洗均分别占用醇沉罐各一个班的时间。因此，醇沉罐的占用周期为5个班的时间，故醇沉罐的数量为：

$$2\times5=10\text{台}$$

3. 车间主要工艺设备一览表

车间主要工艺设备一览表见表14-2。

表 14-2 主要工艺设备一览表

车间	序号	设备名称	数量/台(套)	规格或生产能力	产地
前处理车间	1	净选、清洗、切药、干燥联动生产线	8	200kg/h	南京
	2	洗药机	1	200～500kg/h	南京
	3	直线往复式切药机	1	150～350kg/h	南京
	4	剁刀式切药机	1	200～500kg/h	南京
	5	蒸煮罐	6	$2m^2$	常熟
	6	带式干燥	2	200kg/h	常州
	7	微波干燥	3	200kg/h	甘肃
	8	热风循环烘箱	30	CT-C-Ⅱ	常州
	9	炒药机	8	60～160kg/h	南京
	10	粉碎机组	10	0～400kg/h	烟台
	11	灭菌柜	8	0～3.0kg/h	连云港

车间	序号	设备名称	数量/台(套)	规格或生产能力	产地
提取车间	12	水提罐	15	$6m^2$	常熟
	13	提取液储罐	15	$6m^2$	常熟
	14	双效浓缩器	9	1500～2500kg(水)/h	常熟
	15	澄清罐	15	$6m^2$	常熟
	16	球形浓缩器	7	1000～2000kg/h	常熟
	17	醇沉罐	10	$6m^2$	常熟
	18	热回流提取	4	$3m^2$	浙江
	19	渗漉罐	3	$3m^2$	常熟
	20	渗漉液储罐	3	$3m^2$	常熟
	21	厢式微波干燥器	4	25kW	甘肃
	22	乙醇回收系统	1	0～600kg/h	常熟
	23	乙醇调配系统	2	$6m^2$	常熟
	24	出渣系统	3		青岛

五、车间平面布置

本工程前处理提取部分为联体建筑物，由一个“L”形的前处理车间、一个长方形的提取车间和两座连廊组成，联体建筑物形成一个东西长 129m、南北宽 99m 的长方形四层建筑。建筑物的南北中部设置了消防通道。

前处理车间为“L”形，位于北面和西面，主要由原药材库、前处理及净药材库等组成。传统的设计为满足这些功能往往会设置成 2～3 个车间。本设计中将这些前后关联的区域设置成同一个单体，大大方便了物料的输送，极大地缩短了物料的水平和垂直输送距离。区域合并带来车间体量的增加，“L”形的建筑造型使得车间虽然体量加大，但不影响自然采光和通风，和“U”形等建筑造型一样，都是比较合理的外形设置。

提取车间是甲类生产车间，在总图布局上宜设计为单独的建筑单体。提取车间位于南面，车间西面和北面分别在三四层设有连廊与前处理车间相通，是药材由前处理车间进入提取车间的重要通道。相比两个独立的前处理车间和提取车间，联体车间的设置有效缩短了物料运输距离，避免了药材在各自车间内反复的垂直输送，药材也不需经由厂区道路输送，减小了被污染的风险，同时也避免了对厂区环境产生污染。

前处理车间为四层建筑，可以分为北面和西面两个部分。北面为仓库部分，西面为前处理部分。车间四层与提取车间楼面等高，南面和东面又有连廊与其相通，主要设置为去提取车间投料的净药材库、去提取车间投料的原药材库和净选区域，以方便药材直接通过连廊去提取车间。其他楼层根据药材前处理各功能区的布局，相应设置对应的原药材库和净药材库，药材基本都在同层输送，是比较理想的物流方式。

由于前处理的物料量较大，采用传统的挑选、清洗、切制、干燥的单机操作的模式，会成倍增加物料的周转量和周转场地，因此设计中，将这些工序用输送带组成挑选—清洗—切制—干燥联动生产线形式，除挑选上料和干燥收料需人工操作外，彻底取消过程中的人工周转。同时考虑到带式干燥机上料端较高，设计分别将挑、洗、切布置在三层，干燥布置在二层的对应位置，使干燥前的物料直接通过重力进入带式干燥机，路径短，同时无能耗，是理想的布局模式。在二层收得的干燥净药材，大部分需粉碎成生药粉。设计中，将粉碎品种的净药材库设置在二层，将粉碎区设置在一层，但将粉碎的投料孔区域设置在二层，从净药材库领出的物料直接在同层进入粉碎投料控制区域，经由投料装置去一层的粉碎机组进行粉碎。投料区与粉碎

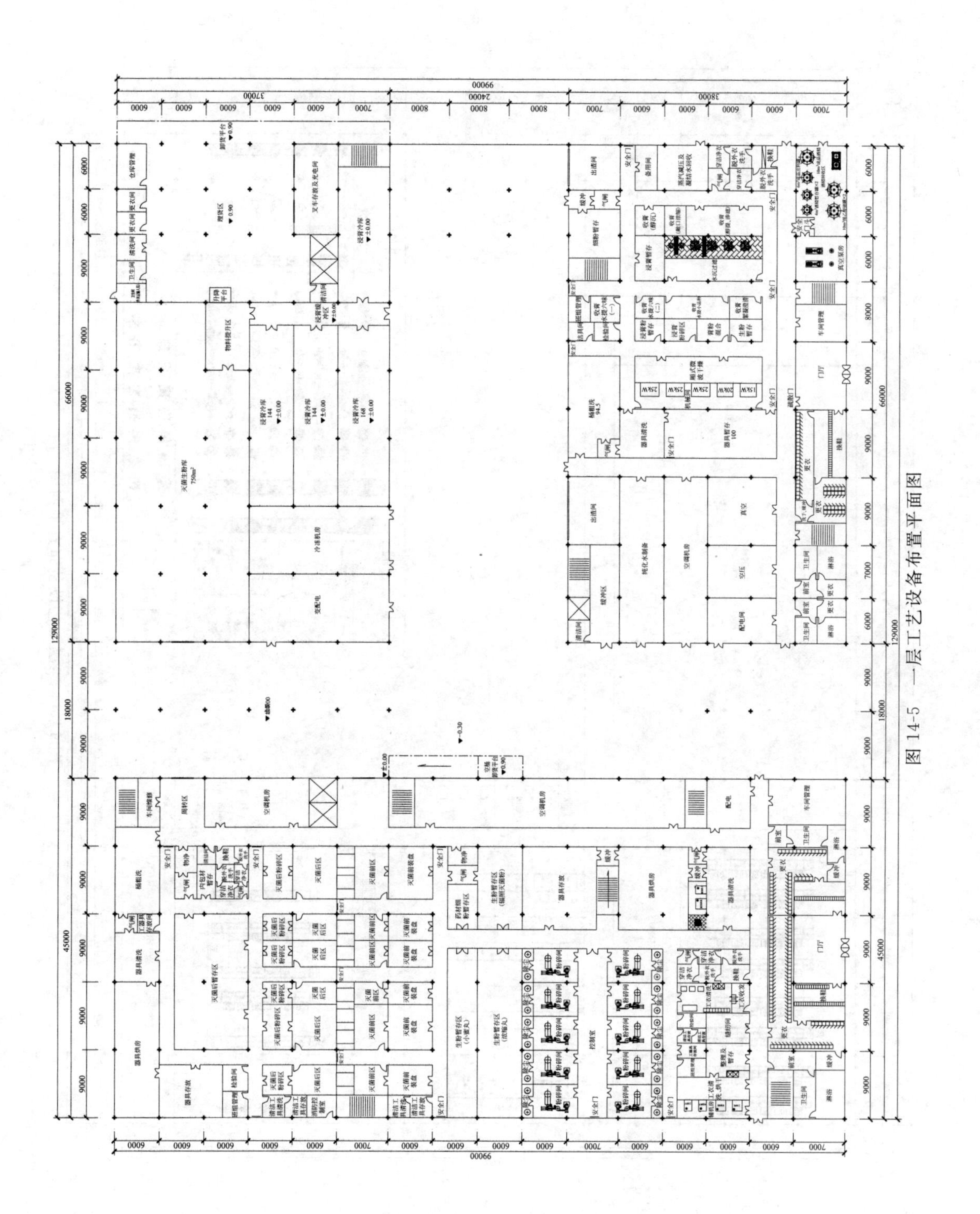

图 14-5 一层工艺设备布置平面图

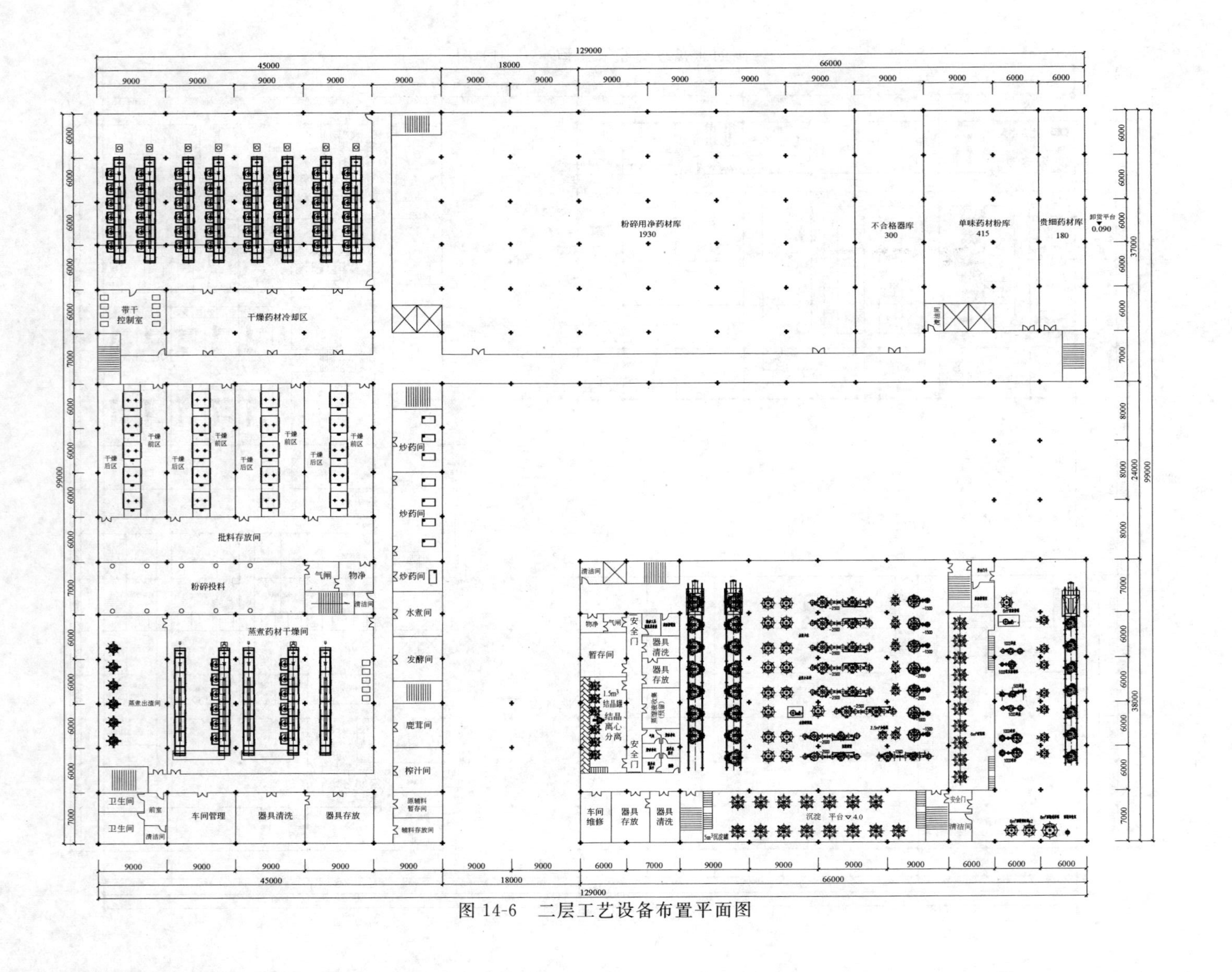

图 14-6　二层工艺设备布置平面图

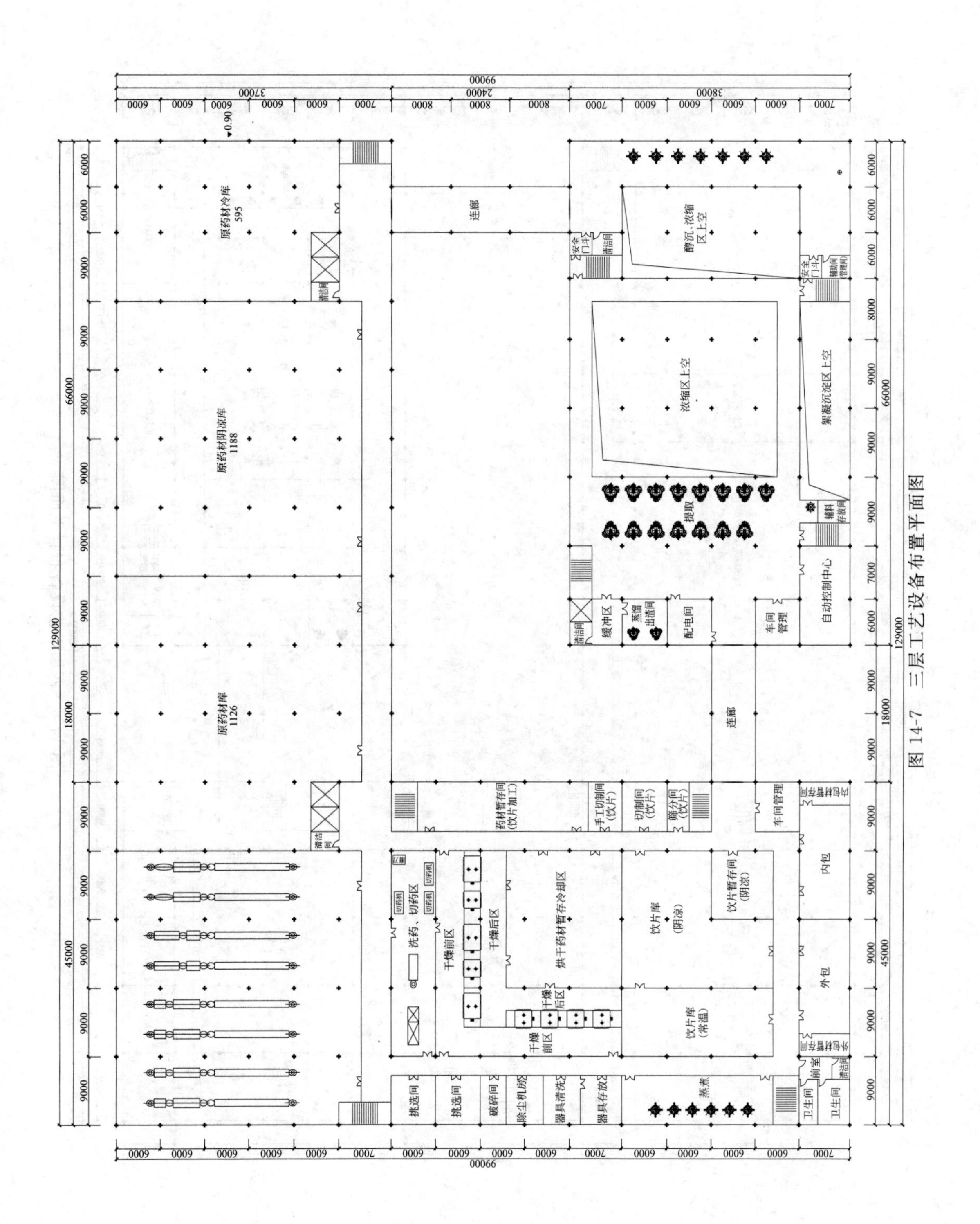

图 14-7 三层工艺设备布置平面图

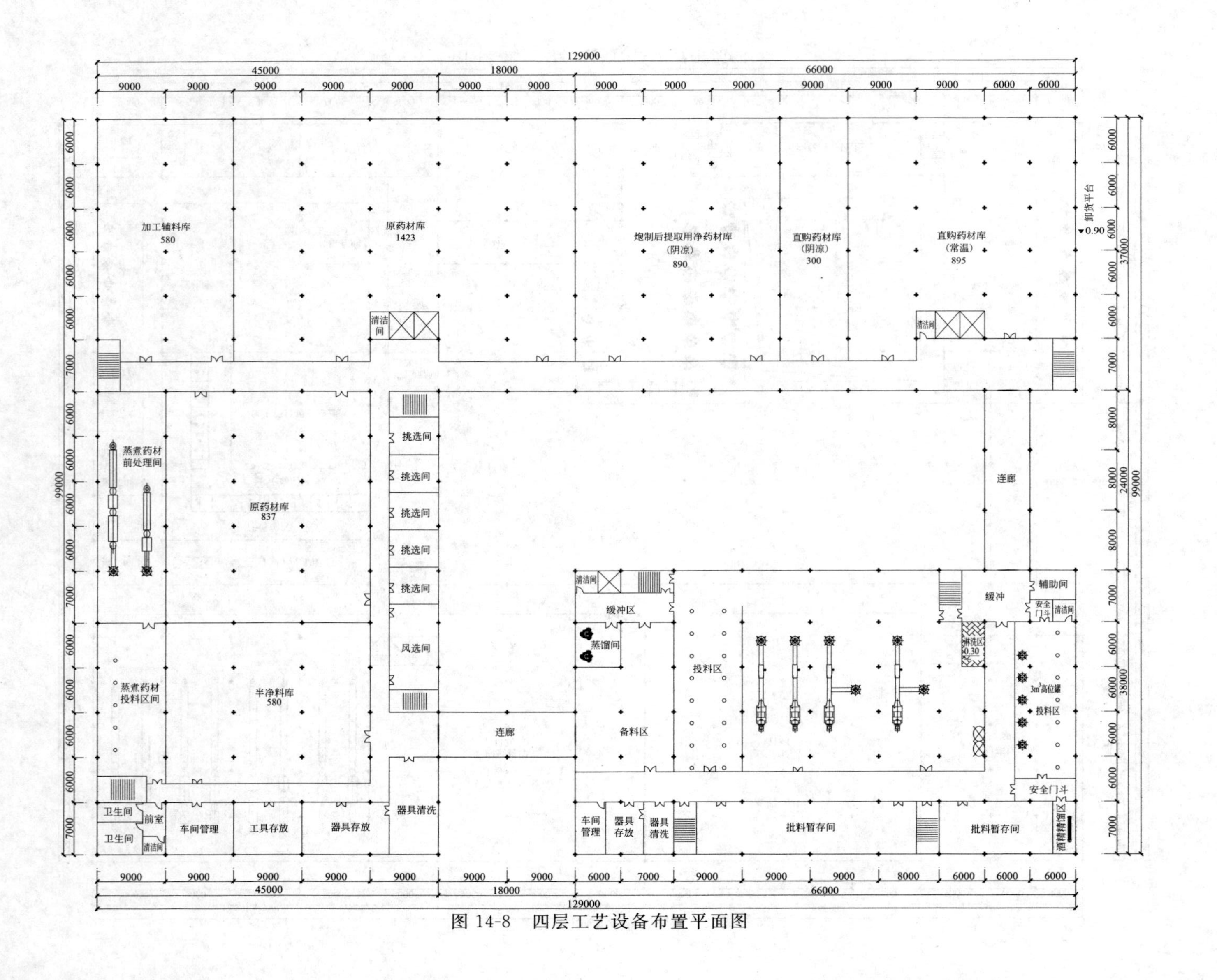

图 14-8 四层工艺设备布置平面图

区同属参照洁净区管理区域，内部设置洁净楼梯直接相通，投料区人员直接从一层区域更衣后由内部楼梯进入二层，需清洗干燥的器具也可直接在一层处理，无需单独设置。

根据工艺流程，粉碎后的生药粉需进行灭菌，根据《药品生产质量管理规范》(2010版)，粉碎区域为参照洁净区管理区域，但灭菌粉必须同后续的制剂区域洁净级别一致，应为D级洁净区域。为避免物料在洁净区域外的再次周转，设置双扉灭菌柜，灭菌柜一端设置在粉碎区，另一端设置在灭菌收粉区域，经由灭菌装置将两个区域完全分隔开，同时又能满足GMP的要求。物料仅在各控制区域内输送，减小了污染的风险。

在以上的各个工序中，原药材上料、挑选、粉碎、灭菌后粉碎等工序都是产尘操作，需要设置相应的除尘设施，如选用专业的带除尘设施的半封闭上料系统和投料系统，选用带除尘系统的成套粉碎装置等，均可有效地减少产尘，保护环境。

还有大量的工艺过程为干燥等产热过程，工作环境的通风降温措施是工人劳动保护的重要措施。首先在布局上将这些区域尽量靠外墙设置，易于进行通排风处理。同时应注意通风的气流组织，如对于带式干燥，出料端是工人的主要操作区，风的流向应是冷的新风由出料端向进料端吹送。宜将出料端与干燥机主体用实体墙进行隔离，保证出料端温度得到有效控制。

提取车间按照物料的流向进行立体布局设计，共设置为四层，从上至下依次为：四层设置提取药材的前处理，备料及提取投料区，三层设置提取区域，二层为提取自动出渣区域及浓缩沉淀等区域，一层设置出渣外运装车区域、收膏、干燥等D级洁净生产区域。从药材的工艺路线来看，药材前处理、投料、提取、出渣、药渣外运各个工序，由上至下，均通过重力或自动出渣小车完成，减少周转，节省能耗。药材或药渣完全可以在相对密闭的空间内完成，减少对环境的污染，完全改变传统提取车间药渣满地、污水横流的脏乱局面，整个过程基本可以实现自动控制。其他大量的浓缩、沉淀、分离等区域设置在二层，其上的三层基本为镂空层，空间高达10m，整体风格雄伟大气，结合南北通透的设计，有利于车间的排风、降温及采光。在镂空区域的上层即三层楼面设置环形参观走廊，方便管理人员现场监管，更可以用于对外参观功能，由上至下俯瞰整齐大气的二层区域，一改传统中药企业的落后面貌，是展示企业形象的重要区域。浓缩区域的一层对应区域设置洁净收膏区，收膏管直接通过垂直的管道将黏稠的浸膏送入洁净装桶区域，有利于浸膏的流动、收集，同时管道更易于清洗。

提取车间水提、浓缩区域为非防爆生产区，醇提、渗漉、醇沉等工序的区域为甲类防爆生产区域，将两个区域分开设置为两个防火分区，以节约工程造价，同时方便维修和管理。

在前处理和提取车间的布局中，如何实现最佳物流路线是设计的重点和难点。同时，通过合理的布局和工艺流程设计，实现节能、环保，降低劳动强度，实现自动化控制，充分体现现代化中药企业的崭新形象，都是设计所追求的。

车间一层至四层工艺设备平面布置见图14-5～图14-8。

第十五章 生物制品车间设计及示例

第一节 生物制品车间设计概述

生物制品包括：细菌类疫苗（含类毒素），病毒类疫苗，抗毒素与抗血清，血液制品，细胞因子，生长因子，酶，按药品管理的体内及体外诊断试剂，以及其他生物活性制剂如毒素、抗原、变态反应原、单克隆抗体、抗原抗体复合物、免疫调节剂及微生态制剂等。其生产方法有：①微生物和细胞培养，包括DNA重组或杂交瘤技术；②生物组织提取；③通过胚胎或动物体内的活生物体繁殖。

生物制品的生产涉及生物材料及生物过程，如细胞培养、活生物体繁殖、生物组织提取等，其生产过程具有可变性。生物制品的生产过程的副产品也存在可变性。在生物制品生产过程中，其使用的培养基同时也可能是污染微生物生长的良好培养基。生物制品质量控制所使用的生物学分析检测方法通常比理化测定具有更大的可变性。

生物制品的生产过程根据产品的不同面临着不同等级的生物安全保护问题，同时生产过程既涉及高危因子的操作，也需要保障产品生产所需要的洁净级别，这就要求在生物制品设计时，选择合理的生产工艺及设备（操作过程如密闭操作、隔离操作等，生产设备如生物安全柜、隔离器等），进行必要的功能分区（如有毒生产区、无毒生产区、辅助功能区等），空调系统设计既要满足生产过程的净化要求，又要尽可能降低能耗。

一、GMP对生物制品车间厂房和设备的要求

生物制品车间的硬件要求如下：

(1) 生物制品生产环境的空气洁净度级别应当与产品和生产操作相适应，厂房与设施不应对原料、中间体和成品造成污染。

(2) 生产过程中涉及高危因子的操作，其空气净化系统等设施应当符合特殊要求。

(3) 生物制品的生产操作应当在符合表15-1中规定的相应级别的洁净区内进行，未列出的操作可参照表15-1在适当级别的洁净区内进行。

(4) 在生产过程中使用某些特定活生物体的阶段，应当根据产品特性和设备情况，采取相应的预防交叉污染措施，如使用专用厂房和设备、阶段性生产方式、密闭系统等。

(5) 灭活疫苗（包括基因重组疫苗）、类毒素和细菌提取物等产品灭活后，可交替使用同一灌装间和灌装、冻干设施。每次分装后，应当采取充分的去污染措施，必要时应当进行灭菌和清洗。

(6) 卡介苗和结核菌素生产厂房必须与其他制品生产厂房严格分开，生产中涉及活生物的生产设备应当专用。

表 15-1 生物制品各工序的洁净等级

洁净度级别	生产操作示例
B级背景下的局部A级	GMP附录一无菌药品中非最终灭菌产品规定的各工序 灌装前不经除菌过滤的制品其配制、合并等
C级	体外免疫诊断试剂的阳性血清的分装、抗原与抗体的分装
D级	原料血浆的合并，组分分离，分装前的巴氏消毒 口服制剂其发酵培养密闭系统环境(暴露部分需无菌操作) 酶联免疫吸附试剂等体外免疫试剂的配液、分装、干燥、内包装

(7) 致病性芽孢菌操作直至灭活过程完成前应当使用专用设施。炭疽杆菌、肉毒梭状芽孢杆菌和破伤风梭状芽孢杆菌制品须在相应专用设施内生产。

(8) 其他种类芽孢菌产品，在某一设施或一套设施中分期轮换生产芽孢菌制品时，在任何时间只能生产一种产品。

(9) 使用密闭系统进行生物发酵的可以在同一区域同时生产，如单克隆抗体和重组DNA制品。

(10) 无菌制剂生产加工区域应当符合洁净度级别要求，并保持相对正压；操作有致病作用的微生物应当在专门的区域内进行，并保持相对负压。采用无菌工艺处理病原体的负压区或生物安全柜，其周围环境应当是相对正压的洁净区。

(11) 有菌（毒）操作区应当有独立的空气净化系统。来自病原体操作区的空气不得循环使用；来自危险度为二类以上病原体操作区的空气应当通过除菌过滤器排放，应当定期检查滤器的性能。

(12) 用于加工处理活生物体的生产操作区和设备应当便于清洁和去污染，清洁和去污染的有效性应当经过验证。

(13) 用于活生物体培养的设备应当能够防止培养物受到外源污染。

(14) 管道系统、阀门和呼吸过滤器应当便于清洁和灭菌。宜采用在线清洁、在线灭菌系统。密闭容器（如发酵罐）的阀门应当能用蒸汽灭菌。呼吸过滤器应为疏水性材质，且使用效期应当经过验证。

(15) 应当定期确认涉及菌毒种或产品直接暴露的隔离、封闭系统无泄漏风险。

(16) 生产过程中被病原体污染的物品和设备应当与未使用的灭菌物品和设备分开，并有明显标志。

(17) 在生产过程中，如需要称量某些添加剂或成分（如缓冲液），生产区域可存放少量物料。

(18) 洁净区内设置的冷库和恒温室，应当采取有效的隔离和防止污染的措施，避免对生产区造成污染。

二、生物制品车间设计的要点

基于生物制品的生产特性和《药品生产质量管理规范》要求，进行生物制品车间设计时，要重点考虑以下特点和要求：

（一）生物制品车间布局设计方面

(1) 生物制品（如卡介苗或其他用活性微生物制备而成的药品），必须采用专用和独立的厂房、生产设施和设备。

(2) 致病性芽孢菌操作在灭活进行完成前应当使用专用设施。炭疽杆菌、肉瘤梭状芽孢杆菌和破伤风梭状芽孢杆菌制品必须在相应专用设施内生产。其他种类芽孢菌产品在某一设施或一套设施中分期轮换生产芽孢菌制品时，同一时间只能生产一种产品。

(3) 灭活疫苗（包括基因重组疫苗）、类毒素和细菌提取物等产品灭活后可交替使用同一灌装间和灌装、冻干设施。每次分装后，应采取充分的去污染措施（如清洗和灭菌等）。

(4) 严格区分有毒和无毒区，根据生物安全要求设置生物安全隔离措施。有毒区的各类器具、物料、废弃物等出有毒区时应经过灭活处理。使用二类以上病原体进行生产时，对产生的污染和可疑污染物品应当在原位消毒，完全灭活后方可移出工作区。活性或有毒生产废水必须经过灭活处理后送至污水处理装置。

(5) 在生物制品车间洁净区内设置的冷库和恒温室，应当采取有效的隔离和防止污染的措施（如前室，洁净恒温室等），避免对生产区造成污染。对于生产过程中有可能产生悬浮微粒导致的活性微生物扩散的离心或混合操作过程，应采取有效隔离措施（如设置单独操作间、采用隔离器或选用密闭设备等）。

（二）生物制品车间净化空调系统方面

(1) 生物制品的空气洁净级别应与产品和生产操作相适应，其净化级别满足 GMP 规定要求。

(2) 对于操作有致病作用的微生物应当在专门的区域内进行，并保持相对负压；采用无菌工艺处理病原体的负压区或生物安全柜，其周围环境应当是相对正压的洁净区。

(3) 对于有毒操作区而言，其净化空调系统应独立。在有毒区内，净化空调系统采用直排风系统（不回风）。对于来自危险度为二类以上病原体操作区的空气，应当通过除菌过滤器排放，且滤器应当定期检查。对于四类病原体（如减毒活疫苗），其有毒操作区净化空调系统是否回风及其回风应采取的措施应根据岗位具体情况，按照风险分析方法进行确定。

(4) 生物制品的空气净化系统，其排风应经净化处理；当使用或生产某些致病性、剧毒、放射性、活病毒、活细菌的物料或产品时，净化空调系统的送风和压差应作适当调整，以防止有害物质外溢。

第二节　生物制品车间设计示例

一、设计任务

（一）产品名称及产量

产品名称：×××病毒减毒活疫苗。

规格：冻干粉针剂，(2mL 西林瓶)，0.5mL/支，1 人份/支。

产量：1000 人份/年。

（二）生产制度及日操作班次

年工作日：250 天。

生产班次：单班制，部分岗位二班制、三班制。

生产方式：间歇式生产。

二、生产工艺选择及流程设计

（一）生产工艺选择

采用人二倍体细胞×××株，与×××病毒接种于1L罗氏瓶，经过传代的人二倍体细胞，进行细胞培养的方式生产×××病毒减毒活疫苗。

（二）生产工艺简述

将人二倍体细胞株进行传代，到所需代时，将×××病毒株接种于细胞，进行36℃静止培养，达到要求后用洗脱液反复洗脱，将无用或有害物质洗脱出去，收获病毒液。对病毒液进行超声波处理、离心和过滤等纯化工序，即为原液。检定合格的原液加适量稳定剂即为半成品，然后将半成品灌入已经过清洗灭菌处理的西林瓶内并加塞、冻干、轧盖、灯检、贴签、包装，制成相应规格的冻干粉针制剂产品。图15-1为×××病毒减毒活疫苗原液生产工艺流程，图15-2为×××病毒减毒活疫苗分装冻干生产工艺流程。

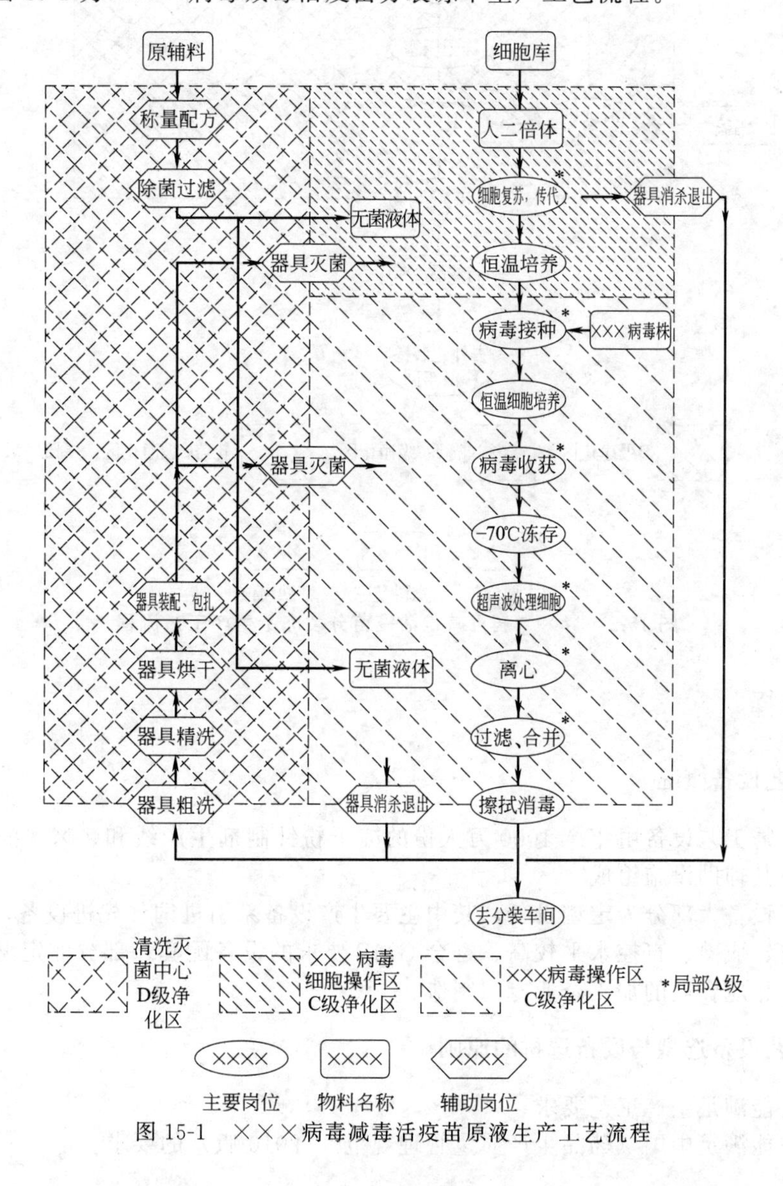

图15-1 ×××病毒减毒活疫苗原液生产工艺流程

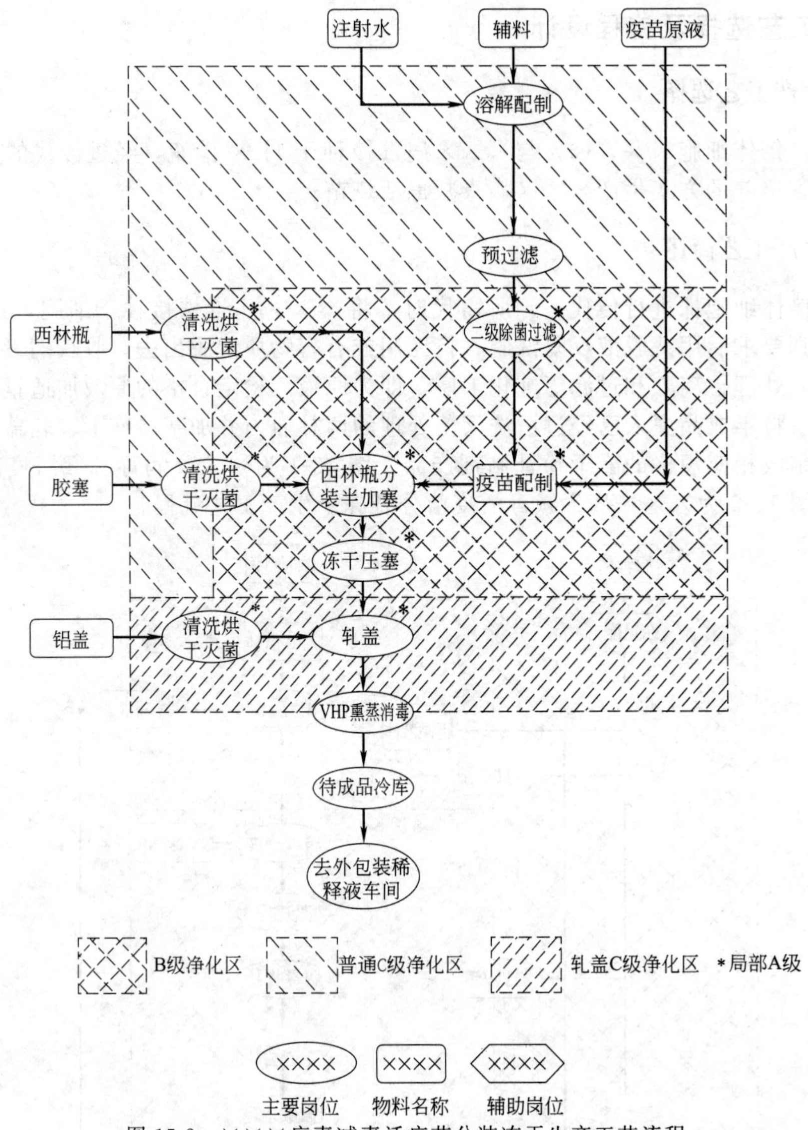

图 15-2　×××病毒减毒活疫苗分装冻干生产工艺流程

三、设备选择

（一）工艺设备概况

本工程所需工艺设备由年产 1000 万人份的冻干粉针制剂生产线和×××病毒减毒疫苗原液生产线及其辅助设施组成。

上述工艺设备大部分为定型设备，其中主要生产设备系引进国外先进设备，同时采用了部分国内先进、成熟、自控水平较高、符合 GMP 要求的设备配套；部分非定型设备由建设单位选定具有相应资质的加工企业专门制造。

（二）工艺设备选型与设备选材的原则

选用设备能满足生产工艺要求。

选用设备能满足中国《药品生产质量管理规范》（2010 版）的要求。

设备切合实际，经济合理，部分关键设备进口，其他设备选型立足国内一流水平，可靠，节能，安全，环境污染少，操作维修方便，生产过程自动化水平高。

设备与药物直接接触部分均为符合规范要求的卫生级材料。

（三）设备选型与计算

1. ×××病毒减毒活疫苗原液生产线

依据工艺要求及设计规模，生物原液每天产量 4×10^4 人份，年生产制品量为（人份）：

$$4\times10^4\times250=1000\times10^4$$

所有×××病毒减毒活疫苗原液的生产设备均按此能力配备。受业主的技术保密要求影响，主要设备能力计算过程忽略。根据已有的生产经验，其主要的生产设备选型如下：

细胞扩增工厂 20 套，25 批/(套·年)，500 批/年；全自动配液罐注装置 4 台；生物恒温培养系统 8 套；2000L 配液系统 4 套；提纯处理系统 8 套。

2. 冻干粉针制剂生产线

(1) 配液系统　设计选用引进美国 GE 公司的原液自动配制系统 2 套，完成每批 8 万支（规格为 2mL 西林瓶，装液量为 1mL）的生产需要处理的原液量为：

$$1\text{mL}\times8\times10^4=8\times10^4\ \text{mL}=80\text{L}$$

(2) 洗烘灌联动线　设计选用引进德国 B+S 公司的西林瓶洗烘灌塞联动机 1 套，其生产能力为 400 瓶/min，完成每批 8 万支的生产任务需耗时：

$$\frac{80000}{400\times60}=3.33\text{h}$$

(3) 冻干机　设计选用 1 套国内技术领先全自动进出料系统和 10m^2 冷冻干燥机 2 套，其单台生产能力为 4×10^4 瓶，根据冻干工艺要求，完成每批 8 万支冻干时间约为 24h。

(4) 轧盖机　设计选用 1 套引进德国 B+S 公司全自动轧盖机，其单台其生产能力为 400 瓶/min，完成每批 8 万支轧盖需要耗时 3.4h（计算参见洗烘灌联动线）。

四、车间平面布置

（一）工艺平面布置原则

(1) 按 GMP 要求划分一般生产区和洁净生产区。洁净区主要分为有菌（毒）操作区和无菌（毒）操作区。

(2) 严格执行《建筑设计防火规范》（GB 50016—2014）的要求。

(3) 根据×××病毒减毒疫苗生产工艺特点及人物周转要求，合理进行工艺布局。

(4) 车间人、物流合理组织，确保主要人、物分流。

(5) 根据生物安全要求设置生物安全隔离设施。

(6) 细胞区、有毒区、清洗配液设计时既考虑生产过程中的联系，又考虑防止交叉污染。

(7) 工艺设备布置遵循操作方便、生产安全、维修便利、布局美观的原则。

(8) 布局总体考虑生产过程自动化，减少物料管线传输距离，并设置上下技术夹层，竖向技术夹道或平面检修技术夹道，方便了生产过程中的维护，减少了部分维护操作给工艺生产带来的二次污染。

（二）车间组成及工艺过程工序划分

本 GMP 厂房为一幢二层矩形框架结构建筑物，主要柱网为（8m×8m），南北两端各有一跨柱网加宽为（9m×8m），各层层高均为 8m，建筑占地面积为 $4224m^2$，总建筑面积约 $8448m^2$。火灾危险性类别为丙类，其中气瓶存放区属局部乙类，卫生等级为 3 级、4 级。

厂房的一层为×××病毒减毒活疫苗冻干粉针制剂车间及本楼配套的动力辅助设施；二层为×××病毒减毒活疫苗原液车间，还包含与之配套的清洗灭菌中心和空调机房等辅助用房。其中一层的辅助设施包含外包区（含原辅料、包装材料库、外包间、灯检、暂存冷库、不合格品库及成品冷库）、门厅总更衣区（含门厅、总更衣、中央监控室、消防值班室、工艺技术室、卫生间等）、辅助区（含气瓶存放、废弃物存放、生物废水处理间、工业蒸汽减压站等）、动力设施区（含变配电室、冷冻、循环水、空调、压缩空气制备等）以及制水间（纯化水和注射水制备）等。各区功能明确，分区明显。

（三）车间区域布置及其环境设计级别的确定

依据 GMP 要求和工艺生产特点，原液车间划分为 C＋A 级细胞操作区、C＋A 级病毒操作区、B＋A 级病毒纯化区、D 级清洗灭菌区和一般生产区；冻干粉针制剂车间划分为 C 级分装辅助区、B＋A 级无菌灌装冻干作业区、C 级轧盖区和一般生产区。

（四）区域布置和工艺设备布置的合理性论证

本 GMP 厂房人流出入口设计在东面，与厂区的人流主干道相连，物流出入口设置在该厂房西北角，废弃物退出则设置在该厂房西南角，从总体上做到人物分流、清污分流。将仓库、公用辅助区集中设置在一层，主要生产区设置在二层，其中一层、二层均设置配套的上技术夹层，二层局部设置竖向技术夹层，将公用工程管道、设施与净化生产区分开设置，分别管理。

1. 一层工艺布置

本 GMP 厂房总的人流出入口设置在一层的东侧，在经过大楼门禁系统人员识别后，工作人员通过门厅，通过换鞋、更衣、洗手等总更净化程序后进入生产区的控制区走道，一层的工作人员直接进入一层生产区各人流入口，其他楼层的工作人员则通过电梯或楼梯进入相应楼层。

由于考虑设备荷载、震动、管理程序等原因，本楼一层布置设置了×××病毒冻干粉针制剂车间，用于×××病毒疫苗原液的冻干分装。按照《药品生产质量管理规范》，将该车间划分为三个洁净系统：灌装冻干核心 B＋A 级洁净区；为 B＋A 级区配套的 C 级分装辅助区；轧盖专用的 C 级洁净区。

车间内物流采用倒“L”形设计，使车间内的物流路线尽量短捷，并利于西林瓶自烘干灭菌后至轧盖结束前的 A 级保护。

B＋A 级无菌区的更衣室按照气锁方式设计，使更衣的不同阶段分开，尽可能避免工作服被微生物和微粒污染。进入和离开洁净区的更衣间分开设置。离开 B 级无菌区的衣物和器具需要经过湿热灭菌后退到 C 级分装辅助区，减少病毒扩散风险。

B＋A 级无菌区由于采用了 RABS（限制通道屏障系统）和冻干机自动进出料系统，将人员与无菌环境隔离，限制人员接触无菌药品，减少无菌环境人员和托盘的使用，从而更有利于保障无菌生产。胶塞和分装头的灭菌后转运采用带 RTP（无菌转移系统）的无菌呼吸袋，避免了容器内无菌材料受到再次污染。

疫苗原液通过无菌焊管机将疫苗原液由 C 级分装辅助区转移至 B＋A 级无菌区，消除了疫苗原液罐进入 B＋A 级无菌区带来的污染风险以及病毒原液暴露带来的病毒扩散风险。

B＋A 级无菌区与其他区域之间通过气锁进行隔离，气锁采用联锁系统防止两侧的门同时打开，并保证良好的气流和压差控制，由于涉及生物安全，采用负压气闸，气闸排风加装高效过滤器。

由于轧盖区会产生大量的微粒，故本工程将轧盖区单设为独立C级洁净区，轧盖及灭菌后铝盖的转运在C级背景A级层流下进行。轧盖区域加以适当的抽风。

根据生产工艺需要，本GMP车间一层还设置了本单体使用的变配电、冷冻空压机房、工艺制水间等辅助设施，方便动力部门进行设备的操作维护，也便于与生产区域的隔离。

2. 二层工艺布置

生物制品车间二层的人通过一层更衣后，通过电梯或楼梯从二层的东北角进入生物制品车间，物流进出口通过设置在车间西北角的物流电梯进入生物制品车间，废弃物通过车间西南角的物流电梯到达一层后，去国家指定医用废弃物回收机构统一处理。×××病毒原液车间按工艺划分为细胞操作区、病毒操作区和清洗灭菌中心，这三个生产区域相对独立，又存在一定联系，清洗灭菌中心为细胞操作区、病毒操作区服务，并提供该区域工作需要的清洗后无菌器具、清洗灭菌后洁净服以及无菌培养液等物料。细胞操作区为病毒操作区提供病毒制备用的工作细胞。设计选用“U”形布局模式，器具的清洗、灭菌、使用采用单循环模式，实现了人和物的单向流动，以确保产品质量。

(1) ×××细胞操作区　本区域为×××病毒原液制备前的细胞培养区域，具备完整的工艺生产功能间，设置独立对外的人物出入口，人物的退出需经过必要的消杀措施。本区域所使用的无菌材料均来自清洗灭菌中心。

(2) ×××病毒操作区　本区域为×××病毒疫苗细胞种毒及种毒后的培养收获区域，具备完整的工艺生产功能间，设置独立对外的人物出入口，人物的退出需经过必要的消杀措施。本区域所使用的无菌材料均来自清洗灭菌中心。

(3) 清洗灭菌中心　本区域的功能主要为：为细胞操作区和病毒操作区提供器具清洗、烘干、存放、装配及灭菌服务，灭菌后的器具可直接退回到各操作区；细胞操作区和病毒操作区所用全部液体的称量配液等操作，配好的液体除菌过滤后，由管道输送至各使用岗位，小液体则通过传递窗送至相邻的各生产区；细胞操作区和病毒操作区的洁净工衣在本区经过洗衣机清洗烘干后，经由灭菌柜送至相邻的各生产区，供各生产区循环使用。

(五) 生物安全防护

按照《中国医学微生物菌种保藏管理办法》规定，本工程涉及的疫苗用×××病毒固定毒为四类危险，即弱危险，但为策安全，本区域采用了部分BL2级生物安全防护手段。对上述病毒的防护，我们采取了以下措施：首先是人员污染，进入病毒区人员一律着无菌隔离衣，人员从病毒操作区出来需经充分的气闸停留及脱无菌隔离衣，被污染的脏衣服须集中灭菌后重新使用或销毁；其次是物料及设备脱污染，所有出病毒区的工具、设备均要经过化学消杀或热力灭活后再进行清洗灭菌循环使用或弃去，病毒区的废液须经过热力消杀后才能去厂区污水处理站作进一步处理；最后是厂房设施保障，生产区设计为全密闭厂房，各生产区域之间严格隔离，人物流分通道进入生产区，净化空调系统分区域设置，有毒区净化空调系统独立，有毒区排风设置高效过滤器。各生产区的临界气锁均设为采用负压气锁，气锁排风加装高效过滤器。

另外，在洁净区内均设置了技术夹层，方便各专业管线的布置，同时保证了洁净区的洁净度，并在一定意义上降低了能耗。洁净区还设置了疏散门，供紧急疏散之用。一层工艺设备安装布置平面图见图15-3（见文后插页），二层工艺设备安装布置平面图见图15-4（见文后插页）。

五、车间主管设计和配管设计

车间管道系统的敷设遵循安全、节能、美观、实用、符合 GMP 要求的原则。工艺管道系统包括工艺蒸汽、纯蒸汽、冷凝水、城市自来水、纯化水、注射用水、循环冷冻/冷却给水、循环冷冻/冷却回水、压缩空气、CO_2、N_2、O_2 等管道系统。主管道一般敷设在技术夹层内，纯化水和注射用水主管路为循环管路系统。

第十六章 化学制药车间设计及示例

第一节 化学制药车间设计概述

化学制药车间生产的主要特点如下：

(1) 反应步骤多、工艺路线长、反应过程复杂　设计需考虑流程通畅、布局合理、充分利用重力流。

(2) 反应使用的化工原料种类多、理化性质复杂　设计需充分了解各种原料的理化性质，重点关注剧毒、易燃易爆、高温高压、强腐蚀等危险物质和岗位。

(3) 使用易燃、易爆有机溶剂　设计需考虑各专业的防火、防爆措施及溶剂回收利用或无害化处理排放。

(4) 使用有毒、有害物质　设计需考虑多种隔离或通排风措施的设置，并符合职业健康卫生、劳动安全规章。

(5) 使用有腐蚀性物质　设计需考虑设备、管道及建筑物的防腐。

(6) 操作过程中可能有高温、高压等工艺条件　设计需考虑压力容器和压力管道安全防范措施。

(7) 车间配套公用工程种类复杂、条件要求较高　设计需考虑公用工程配套的均衡性、各种系统设置的合理性及节能措施。

(8) 对化学制药精制岗位有洁净度要求　设计需按现行 GMP 要求设置与精烘包岗位相适应的洁净区。

第二节 化学制药车间设计示例

一、设计任务

1. 产品名称及产量

黄体酮：45t/年。

2. 年工作日及生产班制

年工作日：300 天/年。生产班制：三班/天。

二、生产工艺选择及流程设计

（一）生产工艺选择

本项目设计产品生产工艺资料由建设单位提供。工艺资料包括各步反应化学方程式、原辅料配比、操作条件、操作周期、各步反应收率及原辅料、中间体、成品等物化性质等。

(1) 生产方法　采用化学合成法，以醋酸妊娠双烯醇酮（以下简称双烯）作为起始原料，经过氢化、水解、氧化、精制等化学、物理过程制得黄体酮成品。

(2) 工艺过程及工序划分　本车间分六个工序：氢化物制备工序，水解物制备工序，氧化物制备工序，一精物制备工序，二精物制备工序，三精物制备工序（含粉碎、混合、包装工序）。

(3) 化学反应方程式及各步质量收率　产品化学反应方程式如图 16-1 所示。

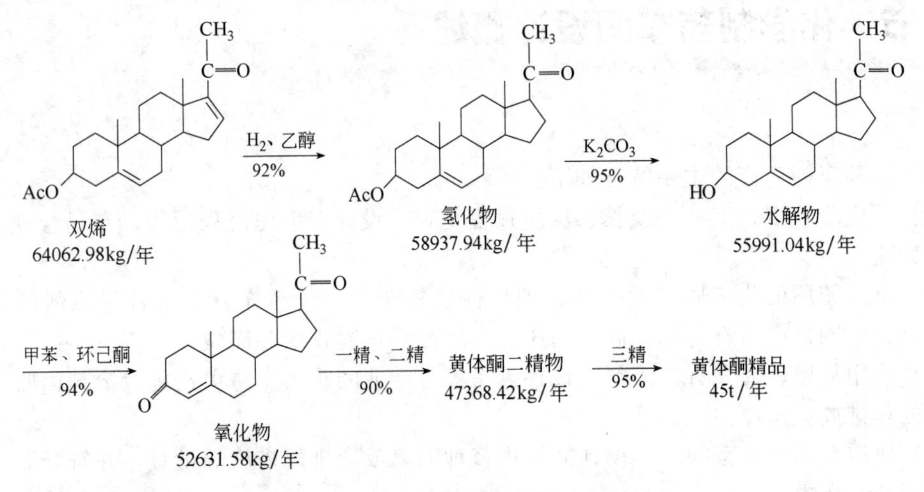

图 16-1　年产 45t 黄体酮化学反应方程式

（二）工艺流程设计

(1) 工艺流程简述（以第六工序黄体酮三精物的制备为例）　在脱色釜中依次加入黄体酮二精物、乙醇（总用量的 97%），搅拌加热溶解，待固体完全溶解后，加入活性炭，升温回流 1h，脱炭过滤。滤渣送市政处理。

将滤液转至结晶釜中，控制温度 60℃±5℃，减压浓缩乙醇至体系一半的体积（浓度≥99%，回收率为 90%），缓慢降温析出结晶，控制温度 0～5℃，搅拌 2h，结晶、过滤（滤液与本步蒸馏出的乙醇合并回收套用），滤饼用 5℃的乙醇（总用量的 3%）洗涤。洗涤完毕，滤饼在 40℃条件下干燥，真空干燥 6～8h，得黄体酮精品（含量 99%）。按要求筛分、气流粉碎、总混、内包、外包、入库。粉碎混合包装的总收率为 99.8%（相对黄体酮二精物，收率范围 88.00%～98.00%；总收率，相对双烯，收率范围 60.00%～70.00%）。

(2) 工艺流程设计（以第六工序黄体酮三精物的制备为例）　黄体酮三精物制备过程涉及以下单元操作过程：①脱色回流；②压滤；③冷冻析晶；④离心洗涤；⑤真空干燥；⑥筛分；⑦气流粉碎；⑧总混；⑨内包；⑩外包。

每个单元操作均有各种典型的设备组合型式，通过以上各单元操作的合适设备组合形成了相应的生产流程。每个单元操作的设备类型选择要根据生产工艺性质需要和设计者经验来确定，而设备的大小则需要进行物料衡算和能量衡算，并考虑设备的制备性能。

黄体酮三精物制备的工艺流程图见图 16-2 和图 16-3。

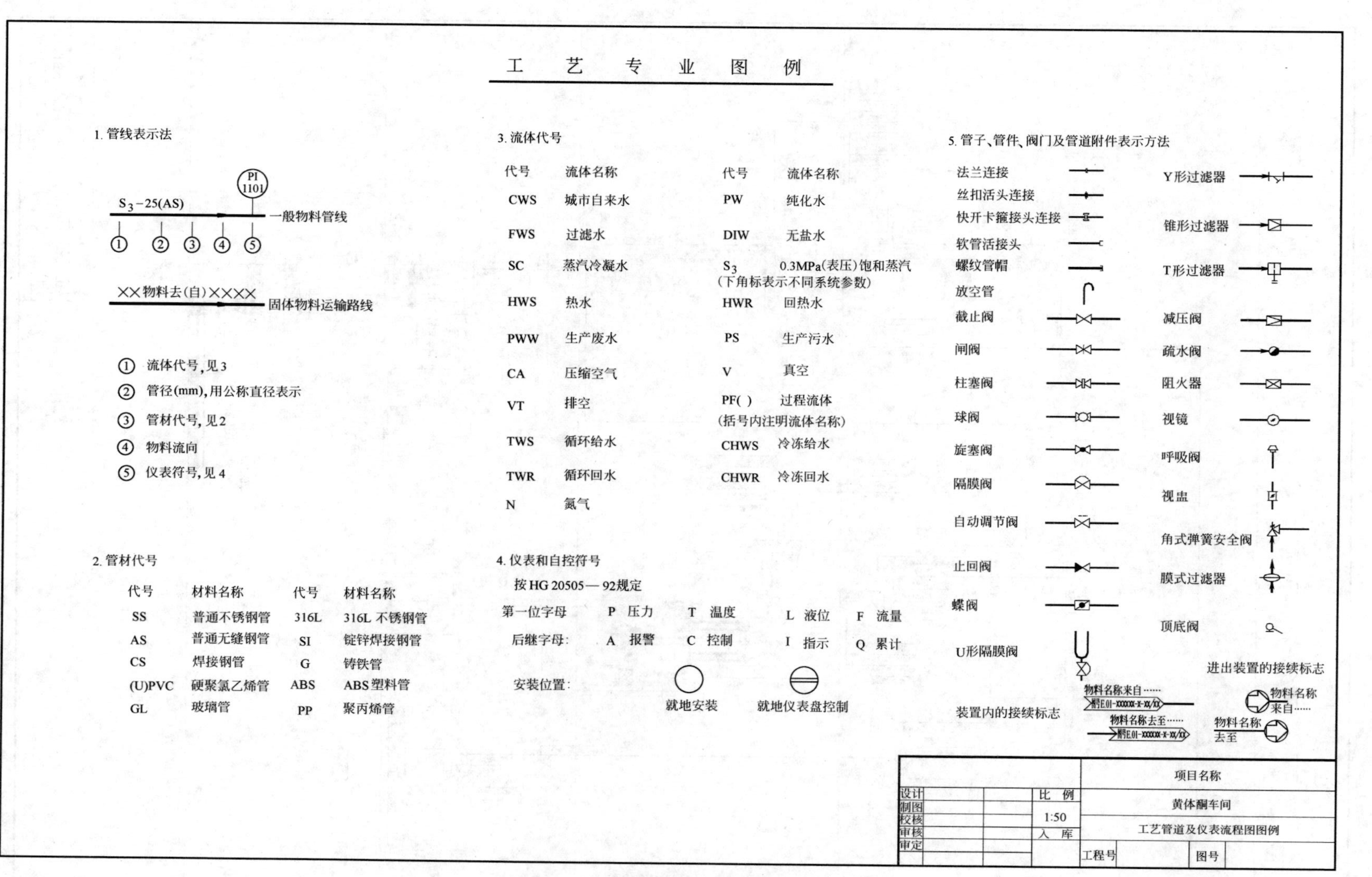

图 16-2 工艺管道及仪表流程图图例

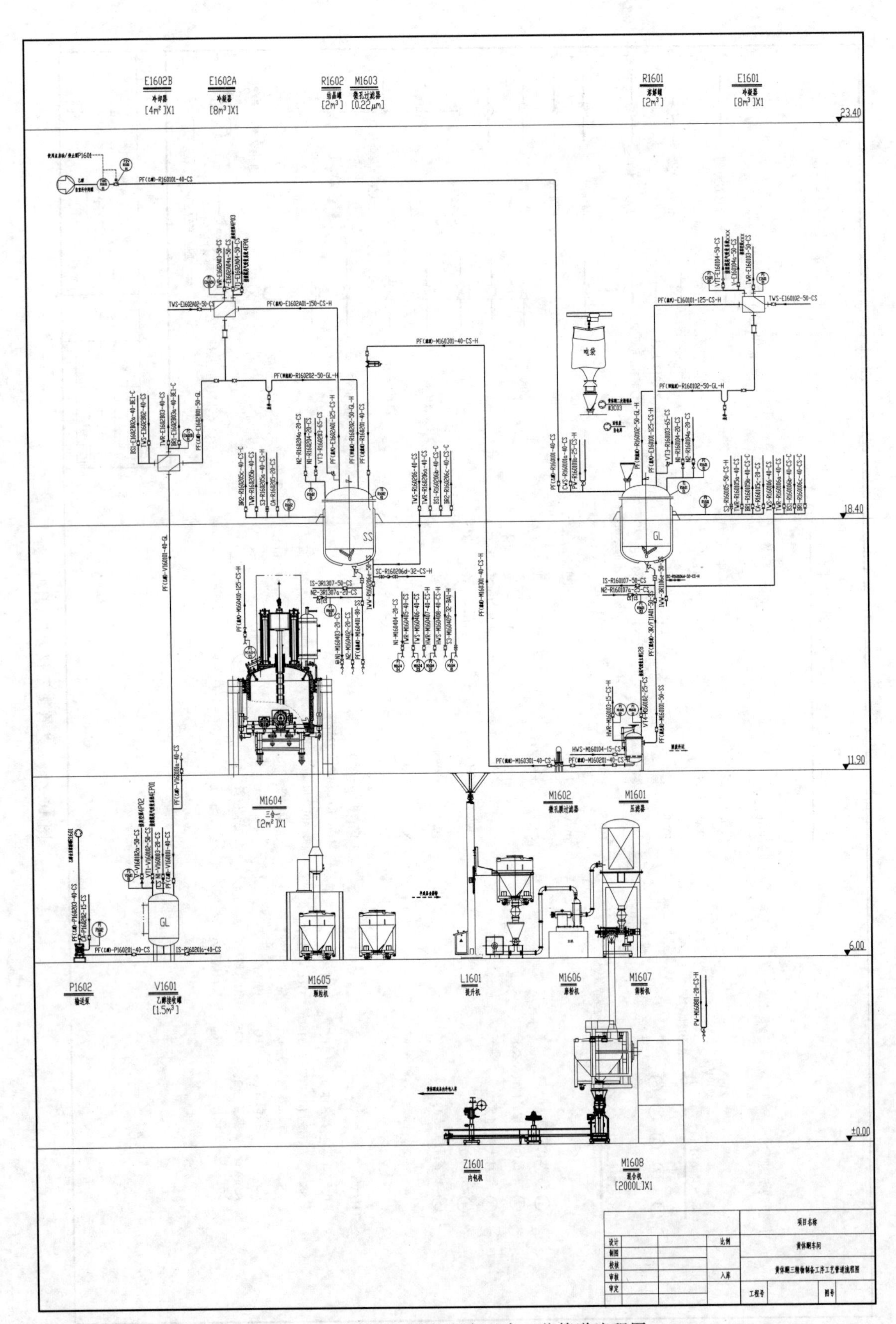

图 16-3　黄体酮三精物制备工序工艺管道流程图

（三）物料衡算和能量衡算

1. **物料衡算**（以黄体酮三精物制备为例）

（1）物料衡算基础数据

① 投料及配比（以黄体酮二精物为基准）

黄体酮二精物	乙醇	活性炭
0.845(W)	0.145(W)	0.01(W)

② 年生产批数计算

根据生产工艺，黄体酮三精制备生产周期约为 23h，按 1 天计算，年工作日 300 天。则年生产批数为 300（批/年）。

（2）物料衡算

① 每批黄体酮二精物投料量计算

根据黄体酮成品的年产量和成品制备这一步收率（或总收率）计算到黄体酮二精物的总投料量为 47368.42kg/年，则其批投料量为 47368.42/300≈157.89（kg/批）。

② 黄体酮三精物制备的物料衡算：详见图 16-4（图中各物料的单位为 kg/批）。

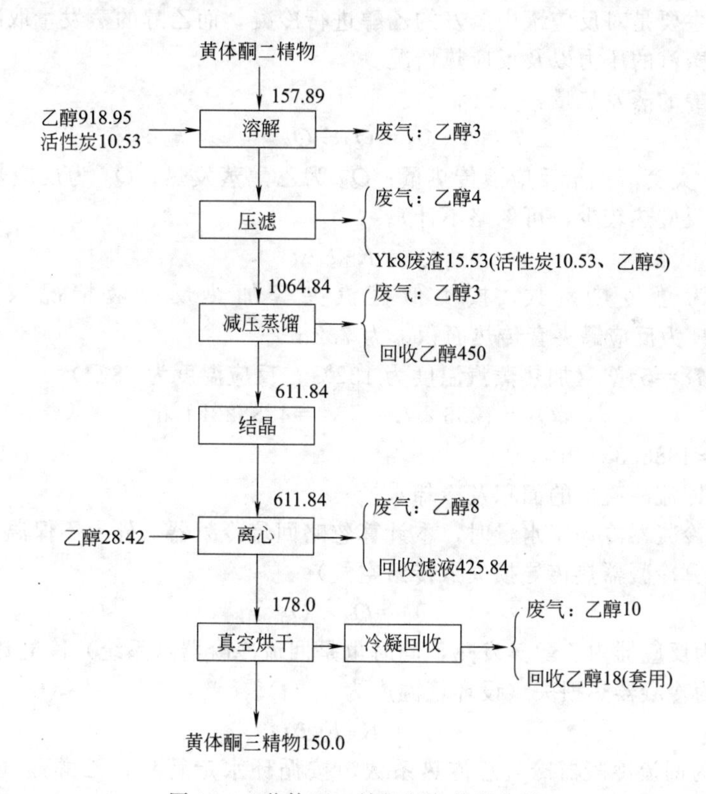

图 16-4　黄体酮三精物制备物料衡算

2. **能量衡算**

药物生产的整个过程由许许多多的基本单元操作组成，每个单元操作过程均伴随着能量的转换，并需要保持平衡。每个过程均需要由系统吸收能量或放出能量，相应地，外界需对系统提供能量或移出能量。由此确定外供的公用工程消耗，如蒸汽、冷冻水、循环水等用量。

以黄体酮三精物制备过程中的溶解回流过程为例，计算回流冷凝器的冷却水用量及冷凝器面积。

(1) 溶解反应罐容积计算

乙醇投料量为918.95kg，约合1126.16L

黄体酮二精物投料量为157.89kg，约合146.20L

活性炭投料量为10.53kg，约合5.26L

以上物质合计1126.16+146.20+5.26=1277.62L

考虑到本步反应为较温和的吸热反应，故取装料系数为0.725。

计算反应罐容积为1277.62/0.725=1762.23L。选用一个2000LK型搪玻璃反应罐，其常用参数如下：计算容积2179L，夹套换热面积7.2m^2，电机功率4kW，容器内公称压力0.25～1.0MPa，夹套内公称压力0.6MPa。

(2) 回流反应过程操作条件

反应罐：常回流反应，蒸汽加热（0.2MPa），反应温度78℃。

回流冷凝器：循环水（32～37℃，0.25MPa）冷却，螺旋板式换热器，不锈钢材质，物料走壳程，循环水走管程。

(3) 回流冷凝器的冷却水用量及换热面积计算

回流冷凝器主要是对反应罐中蒸发的乙醇进行冷凝，而乙醇的蒸发量取决于反应罐夹套加热面积、加热蒸汽的压力以及反应热情况。

首先计算乙醇的蒸发热量：

$$Q_1=Q_2+Q_3$$

式中，Q_1 为夹套蒸汽给反应液传热量；Q_2 为乙醇蒸发热；Q_3 为反应热（本反应过程为吸热反应，其反应热较少，可忽略不计）。

$$Q_1=K_1F\Delta t_1$$

式中，K_1 为总传热系数，按类似蒸汽夹套加热反应液情况取值为：1256kJ/(m^2·h·℃)；F 为反应罐夹套传热面积，为7.2m^2。

Δt_1=132－78=54℃（加热蒸汽温度为132℃，反应温度为78℃）

$$Q_1=1256\times7.2\times54=488333\text{kJ/h}$$

相应的 $Q_2\approx$488333kJ/h

其次，计算回流冷凝器的面积及冷却水量。

在计算回流冷凝器冷却用水量时，本计算忽略回流冷凝器（外表不保温，78℃）热体辐射热损失，仅计算冷凝器热传导损失（传给空气）

$$Q_2=Q_4+Q_5$$

式中，Q_2 为反应器内乙醇蒸发热，同时也是回流冷凝器（系统）冷凝热；Q_4 为冷却水带走热量；Q_5 为冷凝器热损失（设环境温度为40℃）。

$$Q_4=K_4F_4\Delta t_4$$

式中，K_4 为回流冷凝器冷凝总传热系数，按循环水走管程，乙醇蒸气走壳程的情况，其值取为1700kJ/(m^2·h·℃)；F_4 为回流冷凝器面积。

$$\Delta t_4=\frac{(78-32)-(78-37)}{\ln\dfrac{78-32}{78-37}}=43.5℃$$

（循环水温度为32～37℃）

$$Q_5=K_5F_5\Delta t_5$$

式中，K_5 为回流冷凝器热损总传热系数，在冷凝器外表面无保温情况下，其取值为

209kJ/（m^2·h·℃）；F_5 为回流冷凝器外表面积（本计算过程需进行试差，8m^2 螺旋板式换热器外形尺寸为 ϕ600mm×1000mm，外表面积约为 1.88m^2）。

$$\Delta t_5 = 78 - 40 = 38℃$$

$$Q_5 = K_5 F_5 \Delta t_5 = 209 \times 1.88 \times 38 = 14931\text{kJ/h}$$

由以上计算可得出

$$Q_4 = Q_2 - Q_5 = 488333 - 14931 = 473402\text{kJ/h}$$

$$Q_4 = K_4 F_4 \Delta t_4 = 1700 \times F_4 \times 43.5 = 473402\text{kJ/h}$$

$$F_4 = 6.4\text{m}^2$$

故此回流冷凝器可按 8m^2 选取。

冷却水用量 $W = (488333 - 14931)/[4.187 \times (37-32)] = 22613$kg/h

（四）工艺设备选择

1. 工艺设备选型的方法

① 以生产过程所属的单元操作类型确定设备型式

② 以物料衡算结果确定设备容积等参数

③ 以能量衡算结果确定设备传热面积等参数

④ 根据物料性质和操作条件确定设备材质

⑤ 根据生产过程操作参数确定设备工作及设计温度、压力等指标

⑥ 根据同类生产设备的使用情况以及经验来验证工艺设备选型的合理性和可靠性，并最终由生产实践检验。

2. 黄体酮生产车间主要工艺设备选择说明

(1) 本车间生产过程为间歇式化学合成过程。操作单元较多，如气固液体投料、升温回流、蒸馏浓缩、萃取分层、压滤、重结晶、降温析晶、离心、干燥、粉碎、混合、包装等；涉及的原辅料种类众多，如氢气、甲醇、石油醚、乙醇等易燃易爆等危险化学品；有盐酸，硫酸等强腐蚀物质。

本产品生产设备的反应釜有耐腐蚀的搪玻璃开式反应罐，有密闭性比较好的不锈钢闭式反应罐；冷凝器一般采用不锈钢管壳式列管换热器或螺旋板式换热器，有腐蚀性介质的，可采用搪玻璃片式冷凝器、石墨列管式冷凝器或聚四氟乙烯翅片式换热器；过滤有保温要求的采用带夹套的快开式压滤器，离心分离采用不锈钢立式自动下卸料或者卧式自动下卸料离心机；干燥设备按工艺特点选用双锥真空回转干燥机或真空球形干燥机；物料投料一般采用提升机、真空上料器、投料漏斗等；输送泵一般选用离心泵、磁力泵或隔膜泵等；真空设备一般选用液环式真空泵组、干式螺杆真空泵组等。

(2) 设备生产能力按最终产品每批生产 150kg 计算，其反应罐，洗涤罐的容积均在 1000～6000L 之间，换热器面积为 6～20m^2，其他贮罐、计量罐等容器在 1000～5000L 之间，以能够满足批量生产为原则。

（五）车间平面布置

1. 合成药车间布置需考虑的因素

(1) 根据生产车间工序多少、设备数量、物料输送情况、允许占地面积等因素确定车间层数，在可能条件下，尽量采用单层框架厂房。

(2) 根据生产设备大小及布置方式、物料输送、车间通风等因素确定车间层高。

(3) 根据各生产工序物料性质、生产条件等确定车间内部的分隔。

对于以下岗位最好进行区域分隔或单独设置。

① 有毒岗位　应采取隔离措施，并采取必要的通风措施以保护操作人员安全。

② 易燃易爆岗位　与其他非易燃易爆岗位进行有效分区，可采用防爆墙和缓冲门斗进行隔离。

③ 高温高压、氢化等危险性大的岗位　宜布置在独立车间。如受工艺或其他条件限制也可布置在车间的一端，并采取相应防火防爆、泄爆措施。

④ 有刺激性气体排放（如醋酸排放等）的岗位　可分隔布局，并考虑通风和防腐等措施。

⑤ 生产物料污染较大（如活性炭等）的岗位　可分隔布局，以避免污染物对其他岗位的污染。

(4) 一般精烘包岗位、各辅助房间等需进行区域分隔。

(5) 对于振动较大、重量较大的设备宜布置在底层。有剧烈振动的设备，其操作台和基础不得与建筑物的柱、墙、基础连在一起。

(6) 设备应避免布置在建筑物的沉降缝或伸缩缝处。设备布置应避免影响人和物的通行。设备布置应尽可能避免布置在窗前，以免影响采光和开窗，如必需布置在窗前时，设备与墙间的净距应大于0.6m。

(7) 车间布置尽可能考虑未来工艺路线的改进和预留一定的发展空间。

2. 黄体酮车间布置及工艺设备安装说明

(1) 车间布置　本车间为激素类生产车间，车间分割为两个独立的生产区域。西面区域为黄体酮的合成区及其精烘包区，东面区域是预留产品生产的合成区。东西两个生产区域的人流独立，各自进出独立的更衣系统；物流货梯在两区域交界之处，物料密闭转运至车间，通过严格生产管理措施，进入货梯分别运送至各层生产区。

本车间为西面生产区域四层、东面生产区域三层的立体框架式结构生产厂房，长75m，宽21m。一层西面为黄体酮生产区域的总更、精烘包区及干燥等功能间，层高6m；一层东面为预留产品生产区（包含储罐区和干燥区），南面中间设置有总物流口。二层西面为精烘包区（包含颗粒间、粉碎间、清洗间等）及离心区，东面为合成生产区和离心区，层高5.9m。三层西面为精烘包区（脱色间、分离干燥间）、合成的反应层及投料层，东面为预留产品合成区的反应层及投料层，层高6.5m。四层西面为精烘包脱色投料层、结晶区、辅助间、空调机房间等，层高5m，东面为屋面。

本设计的各产品物料流向均采用垂直流方式布局。车间东面的合成区三层为投料层，主要为高位罐、冷凝器、反应釜，溶解或反应后的物料通过管道重力流至二层的离心机中；二层为离心层、反应层，布置离心机、反应釜，采用卧式刮刀下卸料式离心机可与一层的干燥器对接；一层为干燥层。车间西面的精烘包区四层为投料及反应层，经溶解压滤至结晶釜，进行溶剂蒸馏后降温析结晶重力流至三层的离心机，三层为离心、干燥层，二层为颗粒接收层，干燥后物料通过管道放料至二层料斗接收，再经同层转移和提升上料，投料进行气流粉碎后，粉料靠重力落入一层的混合机中进行混合，再重力流在混合内包间采取自动包装线进行称重分装和内外包，成品经内外包装后送出车间入库。车间所需的真空泵、热水罐等辅助设备布置在车间北面室外。高浓度废水收集罐与低浓度废水收集池在车间室外的南面。

黄体酮车间平面布置图详见图16-5。

(2) 工艺设备安装

① 概况　本车间为一座四层、局部三层的框架式结构厂房，共有各种工艺设备256台，总重约429.48t，其中最大的设备为混合机（位号M1608），其外形尺寸为3950mm×3550mm×4000mm，重约3.5t，最重的设备为卧式刮刀离心机（位号M1201），其外形尺寸为3091mm×2100mm×2140mm，重约20t（含平台）。

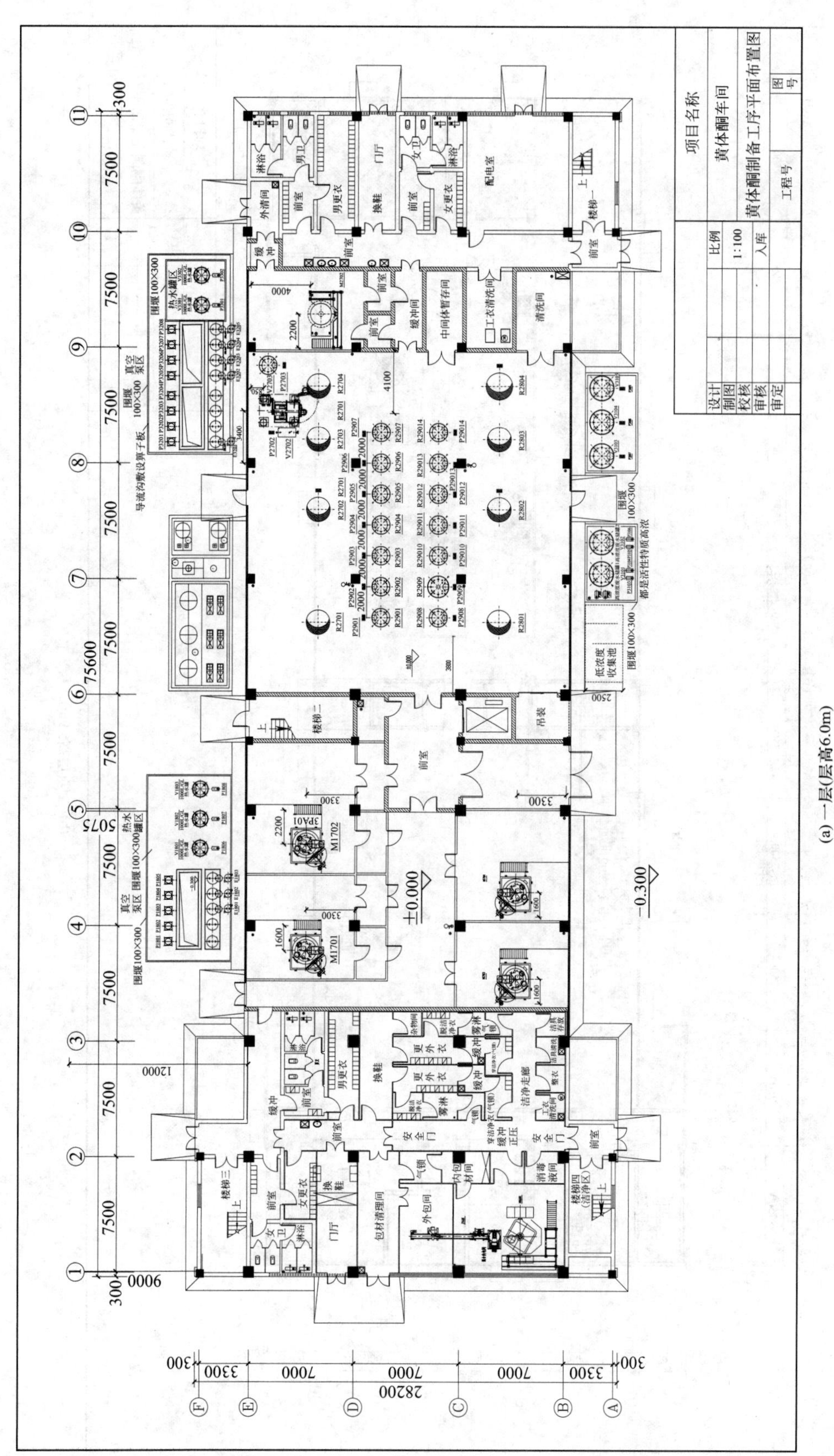

(a) 一层(层高6.0m)

图 16-5

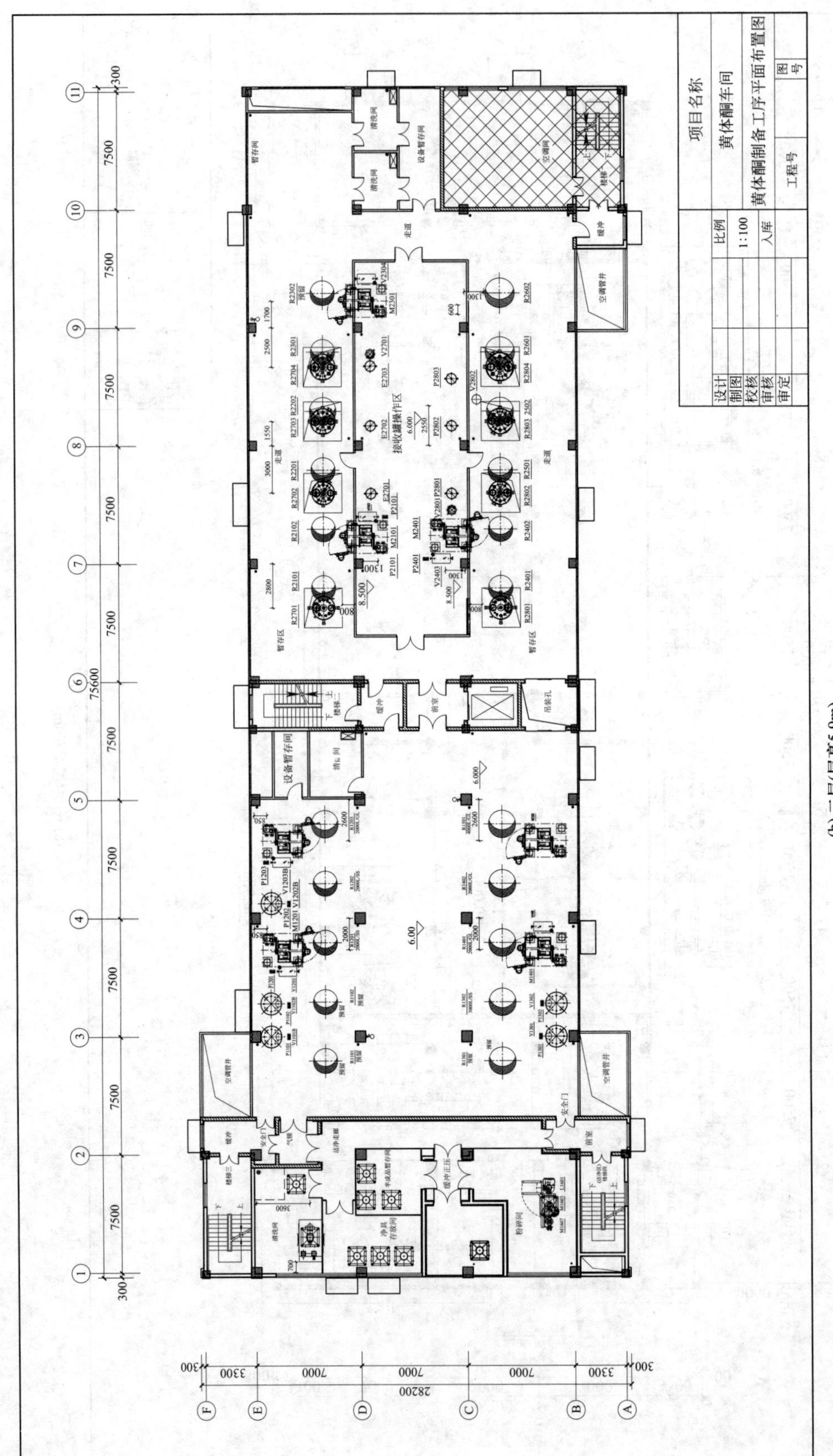

项目名称
黄体酮车间
黄体酮制备工序平面布置图
比例
1:100
设计
制图
校核
审核
审定
工程号
图号
接收罐操作区
暂存区
走道
设备暂存间
清洗间
空调间
空调管井
楼梯
缓冲
前室
吊装孔
安全门
粉碎间
75600
28200

(b) 二层(层高5.9m)

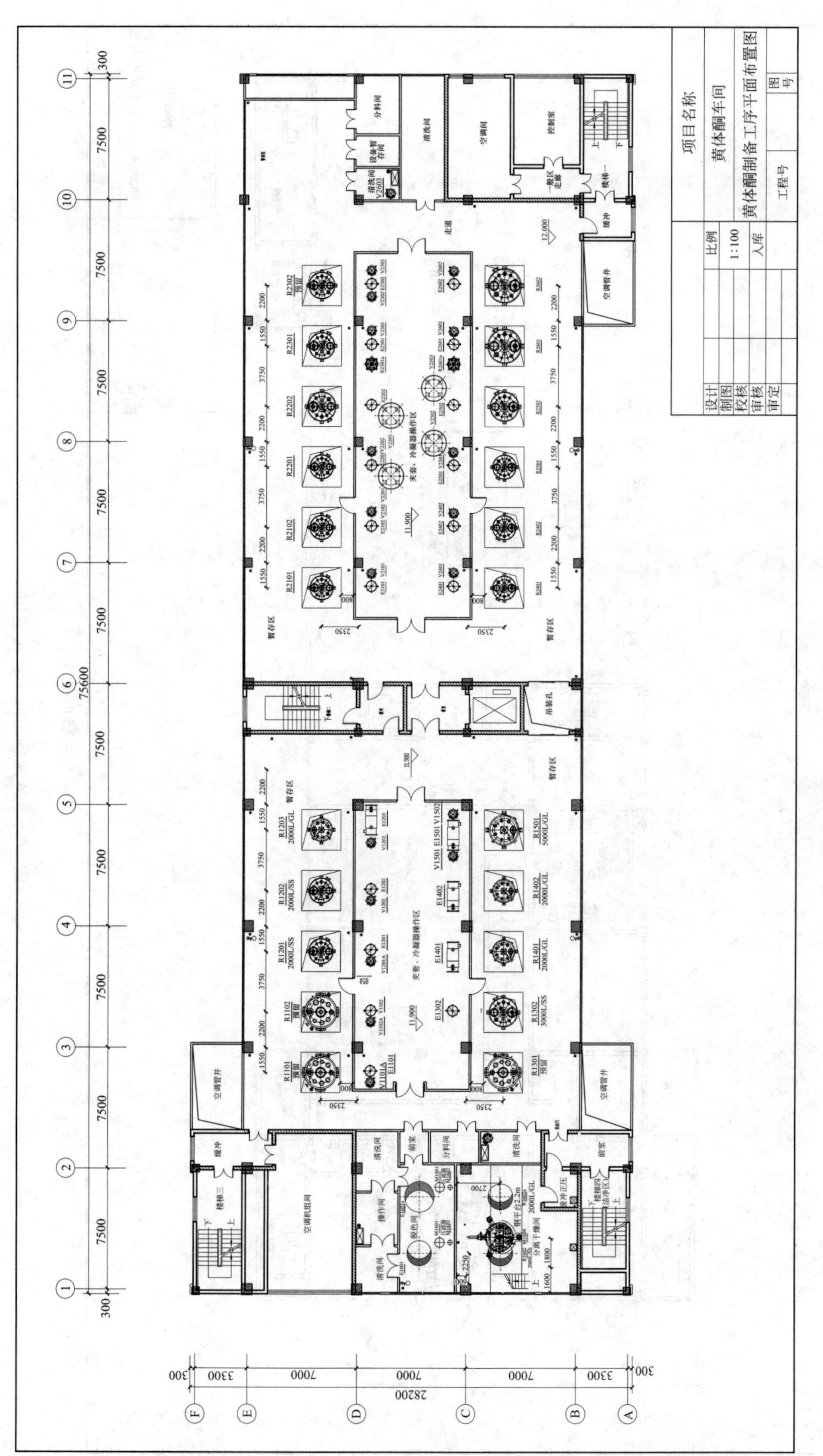

(c) 三层(层高6.5m)

图 16-5

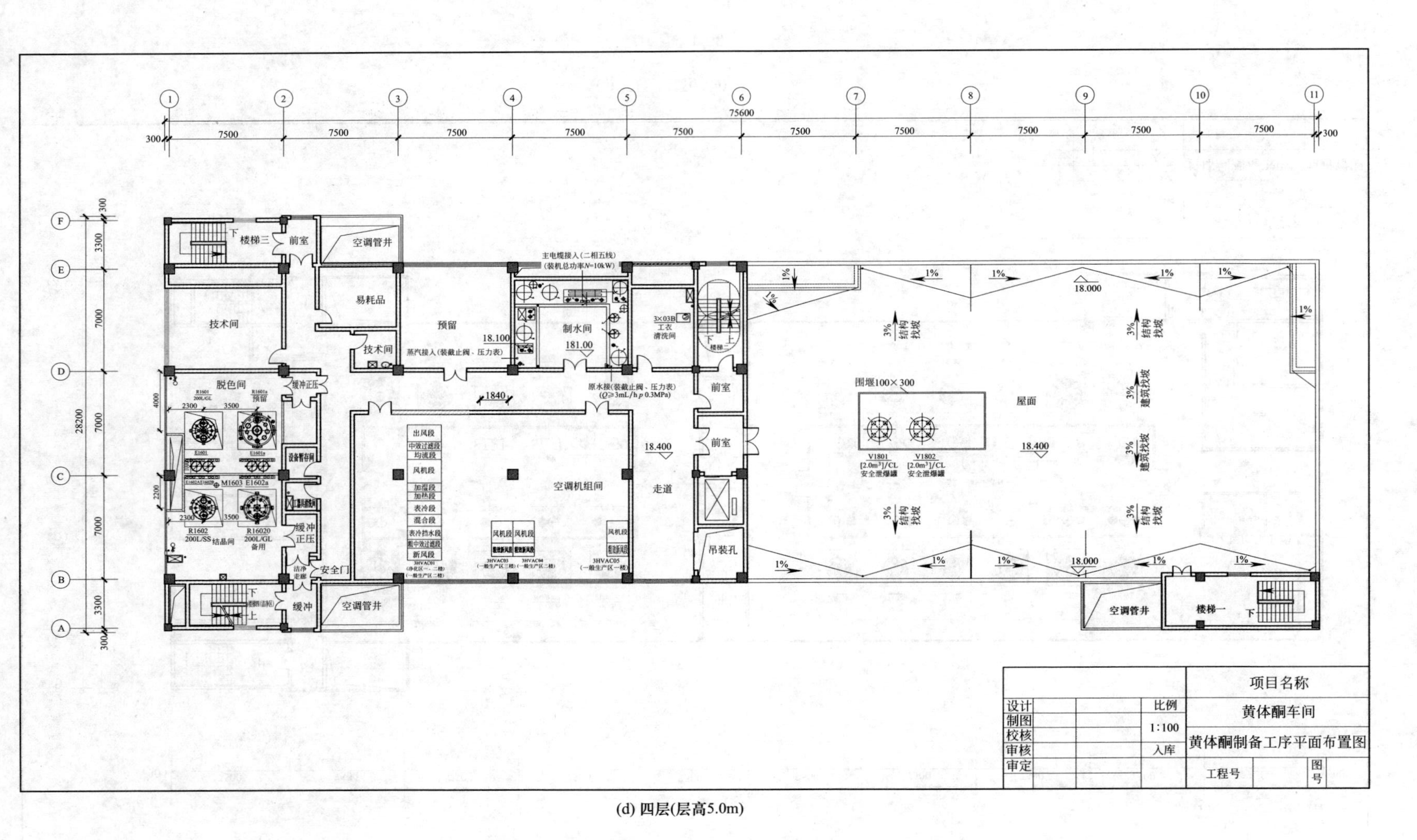

(d) 四层(层高5.0m)

图 16-5 黄体酮车间平面布置图

② 设备运输与安装

a. 本车间大部分设备为大中型设备，底层设备一般均可由厂房物流大门进入，位于二层以上的大中型设备可由货梯后部的设备吊装孔提升到各层，提升具体方案由施工单位现场确定。

b. 各设备进入厂房后，均可用小车或木排（置于滚杠上）运至设备就位处，每个设备顶均设置吊装钩，可吊装就位。

c. 需要安装地脚螺栓的设备，位于底层和室外的，采用在设备基础上预留地脚螺栓安装孔，待设备安装就位后再进行二次浇注的方案。位于二层以上的设备，当地脚螺栓小于M20时，采用先在设备基础上预埋钢板，待设备安装时再焊接地脚螺栓的方案；对于大于M20的地脚螺栓，则采用预埋地脚螺栓和预留地脚安装孔等方案。

（六）车间主管设计和配管设计

1. 车间管道系统设计概述

在进行车间管道的布置和安装设计时，首先应保证安全、正常生产及便利操作、检修，其次应节约材料及投资，同时应保护工人安全，应尽可能地整齐、美观、以创造良好的生产环境。

由于原料药合成车间的生产品种繁多，操作条件不一（如高温、高压真空及低温）和被输送介质的性质的复杂（如易燃、易爆、毒害性及腐蚀性），因此管路安装设计应根据具体的生产特点，结合设备布置、建筑物与构筑物情况等进行综合考虑。管路安装设计的一般注意事项如下：

(1) 布置管路时，应对全车间所有管路（即生产系统管路、公用工程系统管路、电缆桥架、给排水管路、采暖通风管路等）全盘规划，协同布置，各安其位。

(2) 应了解建筑物、构筑物、设备的结构及其所用材料，以便固定管路。

(3) 为便于安装、检修和操作管理，管路尽量架空敷设，必要时（如离心泵的吸入管路不可架空时）可沿地面、埋地或管沟敷设。

(4) 管路安装时，应尽可能避免“气袋”“液袋”和“盲肠”的管路方式；可采取气体步步高，液体步步低的方式，尽可能顺流至使用点；有些管路在合适的最低点位置设置放尽口，以防止积液。

(5) 管路不应挡门、挡窗；应避免通过电动机、配电间、仪表间的上空。

(6) 管路的布置不要妨碍设备和管件和阀门的检修。塔、反应釜、离心机、干燥器等的管路不可从人孔正前方通过，以免妨碍打开人孔。

(7) 管路应成列平行敷设，尽量走直线，少拐弯（用作自然补偿或方便安装检修者除外）交叉，力求整齐、美观。

(8) 在螺纹连接的管路上应适当配置一些活接头（特别是阀门附近），以便安装、拆卸和检修。

(9) 敷设管路时，其焊缝不得设在支架范围内，焊缝至支吊架边缘的距离一般大于150mm。

(10) 当管路穿过用以隔离爆炸或易燃性区域的墙壁或楼板时，管路与穿孔间的缝隙应用水泥砂浆堵塞。若是铸铁管，可以浇沥青，亦可以采用填料函作为密封装置。

(11) 穿过墙壁或楼板间的一段管路内不得有焊缝或法兰连接，宜加设套管。

(12) 管路敷设应尽量集中，在穿过墙壁或楼板时，尤应注意。

(13) 管路敷设应有坡度，坡度方向一般均为顺介质流动方向，但亦有与介质流动方向相反者。

(14) 某些不耐高温的材料所制成的管路（如聚氯乙烯管、橡胶管），应避开热力管道，如热水、蒸汽管道。

(15) 包有保温（冷）层的管路，应安装在不易被溅湿的地方，若必须敷设在潮湿或者淋湿的地点，保温（冷）层应采取防护铝皮等相应的防湿措施。

(16) 距离较近的两设备的连接管，最好不直连（有波形伸缩器的或两个设备中的一个设备没有同建筑物固定者除外）。一般采用45°斜接或90°弯接。

(17) 管路与阀门的重量不宜考虑支撑在设备上（尤其是铝制设备、非金属材料设备等）。

(18) 保温管路应设大于保温层厚度的管托放在管架上；不保温管路可不设管托，直接放在管架上。

(19) 不锈钢管不得与碳钢制的管架直接接触，以免因电位差而造成腐蚀核心。因此管架应涂以良好绝缘漆，或在管路与管架间垫以其他绝缘材料（如石棉板、橡胶板、塑料板等）。

(20) 输送有毒或腐蚀性介质的管路，不得在人行道上设置阀件、伸缩器、法兰等，以免管路泄漏时发生事故。

(21) 输送易燃、易爆介质的管路，不得穿越丙类及以下火灾类别的区域（如技术间、楼梯间、配电间、消防值班室等），如果实在需要穿越丙类区域的吊顶，则需要敷设套管，并在套管内设置可燃气体探测仪，吊顶内宜设置相应通排风装置。

(22) 输送易燃、易爆介质的管路，一般应设有防火安全装置和防爆安全装置，如安全阀、爆破片、阻火器、水封等。

(23) 易燃、易爆及有毒介质的放空管，应接入相应尾气吸收系统，最终排放至尾气处理系统。

(24) 管路上的安装仪表用的根部元件或紧固件，宜在管路安装时一起做好。这样既保证安装质量又可防止在管路安装后再焊接根部元件或紧固件时，焊渣落入管路中而影响生产。

(25) 采用成型无缝管件（弯头、异径管）时，不宜直接与平焊法兰焊接（可以和对焊法兰直接焊接），其间要加一段直管，直管长度一般不小于其公称直径并不小于120mm。

(26) 当支管从主管的上侧引出，在支管上靠近主管处安装阀门时，宜装在支管的水平管段上。

(27) 管路安装完毕后，应按有关规定做强度及严密度试验，在未试验或试验未合格时，焊缝及接头处不得涂漆或保温。

(28) 管路试压后，在开工前必须用压缩空气或惰性气体进行吹洗，吹除管路中的灰渣或残留的其他物质。

2. 车间主管设计

(1) 确定车间主管系统　根据工艺生产需要，确定车间主要物料管道、公用工程管道（如蒸汽管、蒸汽冷凝水管、自来水管、热水管、循环水管、冷冻水管、冷冻盐水管、N_2管、空压管、真空管等）。

黄体酮车间的主管系统为：蒸汽管（S3-0.3MPa）、自来水管（CWS）、热水管（热水进HWS，热水回HWR）、循环水（循环水供TWS，循环水回TWR）、冷冻盐水（冷冻盐水进BS，冷冻盐水回BR）、空压管（CA）、真空管（V）。

(2) 车间主管计算　根据各使用点对于介质的使用情况，并综合考虑同时使用系数，来确定该种主管介质流量，按合理经济流速确定管径；根据介质压力和介质性质，确定管道公称压力。对压降有要求管道需进行管道阻力计算。对于热力管道还需进行管道应力计算，并采取相应的应力补偿措施。

(3) 车间主管设计　化学合成车间主管一般布置在走廊（主管廊）或操作台上（下）等便于与设备配管衔接的空间。在进行主管布置时，一般需考虑管路的排列、管路间距、管架的跨度、管路的荷载和安装等问题：

① 管路的排列可根据下述原则进行综合考虑：

a. 垂直面排列时，一般考虑热介质管路，无腐蚀介质管路，气体介质、高压介质管路，保温管路，不经常检修管路在上面；冷介质，有腐蚀介质，液体介质，低压介质，检修频繁及非保温管路在下面。

b. 水平排列（沿墙、沿柱敷设管架）时，一般考虑大管路，常温管路，支管少，不经常检修，高压管路靠近墙、柱敷设；小管路，热管路，支管多，经常检修，低压管路在远端。

② 管路间距是指管路中心距，一般考虑管路最突出部分（管外壁、法兰外边、保护层外壁）距墙壁、柱边的净空不小于100mm；距离管架横梁端部不小于100mm。两管路最突出部分的净空，中低压管路约40～60mm，高压管路约70～90mm。

③ 管架跨度和管路荷载，可以查询相关手册得到数据。

④ 管路安装有以下因素需要注意：

a. 管道安装应符合《压力管道安全技术监察规程——工业管道》(TSG D0001)，《压力管道规范　工业管道》(GB/T 20801)，其他管道安装应符合《工业金属管道工程施工规范》(GB 50235) 以及其他相关规范的要求。

b. 管道的坡度、坡向及管道组成件的安装方向应符合设计规定。

c. 法兰、焊缝及其他连接件的设置应便于检修，并不得紧贴墙壁、楼板或管架。

d. 单体内易燃易爆溶剂管道应有防静电接地措施。易燃易爆溶剂管道的法兰、螺纹接口两侧应用导线做跨接，其电阻不应小于0.03Ω。

e. 管道穿越道路、墙体、楼板或构筑物时，应加设套管或砌筑涵洞进行保护，并符合下列规定：管道焊缝不应设置在套管内，穿过墙体的套管长度不得小于墙体厚度，穿过楼板的套管应高出楼板50mm，穿过屋面的套管应设置防水肩和防雨帽，管道与套管之间应填塞对管道无害的不燃材料，穿过洁净区墙壁及吊顶的管道应加套管并用硅胶等密封，管道的高点与低点应分别备有排气口和排液口，并位于容易接近的地方。如该处（相同高度）有其他接口可利用时，可不另设排气口或排液口。除管廊上的管道外，对于公称直径小于或等于25mm的管道可省去排汽口。对于蒸汽伴热管迂回时出现的低点处，可不设排液口。

3. 配管设计

配管是从主管连接至设备以及设备与设备之间连接的管路系统。配管设计的原则是整齐美观，操作及维修方便，管道材质及操作参数可同主管。从主管接至支管的方式有上接（从蒸汽管）、平接（如空压管）、下接（如水管）等。

参考文献

[1] 张珩主编. 制药工程工艺设计. 第2版. 北京：化学工业出版社，2013.
[2] 周丽莉主编. 制药设备与车间设计. 第2版. 北京：中国医药科技出版社，2011.
[3] 唐燕辉，梁伟. 药物制剂生产专用设备及车间工艺设计. 北京：化学工业出版社，2003.
[4] 张洪斌等. 药物制剂工程技术与设备. 第2版. 北京：化学工业出版社，2010.
[5] 张珩，万春杰主编. 药物制剂过程装备与工程设计. 北京：化学工业出版社，2012.
[6] 王志祥. 制药工程学. 第3版. 北京：化学工业出版社，2015.
[7] 杨基和，蒋培华. 化工工程设计概论. 北京：中国石化出版社，2007.
[8] 张珩，王存文主编. 制药设备与工艺设计. 北京：高等教育出版社，2008.
[9] 陈声宗. 化工设计. 第3版. 北京：化学工业出版社，2012.
[10] 王静康. 化工过程设计. 第2版. 北京：化学工业出版社，2006.
[11] (英) G. C. 科尔. 制药生产设备应用与车间设计. 张珩，万春杰译. 原著第2版. 北京：化学工业出版社，2008.
[12] 俞子行，路振山，石少均. 制药化工过程及设备. 北京：中国医药科技出版社，1991.
[13] 刘落宪，邢黎明，姚淑娟等. 制药工程制图. 北京：中国标准出版社，2000.
[14] 中国石化集团上海工程有限公司. 化工工艺设计手册（上下册）. 第4版. 北京：化学工业出版社，2009.
[15] 娄爱鹃，吴志泉，吴叙美. 化工设计. 上海：华东理工大学出版社，2002.
[16] 计志忠. 化学制药工艺学. 北京：中国医药科技出版社，1998.
[17] 邝生鲁. 化学工程师技术全书（上、下册）. 北京：化学工业出版社，2001.
[18] 蒋作良. 药厂反应设备及车间工艺设计. 北京：中国医药科技出版社，1994.
[19] 黄英. 化工过程设计. 西安：西北工业大学出版社，2005.
[20] 杨志才. 化工生产中的间歇过程——原理、工艺及设备. 北京：化学工业出版社，2001.
[21] 黄璐，王宝国. 化工设计. 北京：化学工业出版社，2001.
[22] 吴思方，邵国壮，梁世中，等. 发酵工厂工艺设计概况. 北京：中国轻工业出版社，1995.
[23] 朱宏吉，张明贤. 制药设备与工程设计. 第2版. 北京：化学工业出版社，2011.
[24] 马瑞兰，金玲. 化工制图. 上海：上海科学技术文献出版社，2000.
[25] 郑晓梅，魏崇光. 化工制图. 北京：化学工业出版社，2002.
[26] 国家食品药品监督管理局. 药品生产质量管理规范，2010.
[27] 药品GMP指南编委会. 药品GMP指南. 北京：中国医药科技出版社，2011.
[28] 叶张荣. 制药用水分配系统若干设计问题讨论. 医药工程设计，2012，33 (1)：9-13.
[29] 梁书臣，张素霞，刘树林. 无菌原料药的无菌工艺验证探讨. 机电信息，2009，2：44-48.
[30] 许钟麟. 空气洁净技术原理. 北京：科学出版社，2003.